수험생의 단기학습 완성을 위한

전자계산기 기사 필기

과년도 7주완성

최신판
최신기출문제수록

계산기문제연구회 지음

Engineer Computer

최신 기출문제 및 세세한 해설

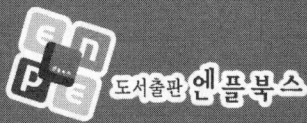

머·리·말

본 수험서는 한국산업인력공단에서 주관 및 시행하는 전자계산기기사로서 시스템을 구성하는 Hardware 및 관련 Software 프로그램 설계, 유지보수 및 운용관리에 관한 기술과 그 응용에 관한 업무를 수행할 수 있는 직무 내용을 가지고 있으며, 국가기술자격증 취득 자체가 자기계발, 취업이나 각종 시험의 가산점 혜택 등을 위한 영역이기도 합니다.

이 책의 특징은

2003년부터 최근까지 출제되었던 기출문제를 분석하여 비중이 높은 문제에 대해서는 상세한 해설 및 다양한 방법으로 이해할 수 있도록 이미지로 표현하였으며, 최종적으로 수험생이 실력이 Up이 될 수 있도록 출제 빈도가 높은 부분은 해설만으로도 중요도를 파악하기 쉽도록 구성하였습니다. 7주 만에 마무리할 수 있도록 노력하였으며 수험생의 부담을 최소화한 필기 수험서로서, 한권으로 자격시험을 보다 완벽하게 준비할 수 있도록 하였습니다.

❶ 반복되는 문제는 해설을 반복하여 출제의 흐름과 실력을 향상될 수 있도록 하였습니다.

❷ 계산적인 문제는 간단한 수식의 방법과 원리로 해결할 수 있도록 하였습니다.

❸ 과년도 문제를 통한 응용, 유사한 출제 문제를 좀 더 쉽게 접근할 수 있도록 하였습니다.

❹ 7주간의 기간으로 다년 간 출제된 문제 중 시험에 자주 출제되는 부분만을 가장 쉽게 한 권의 책으로 수험 대비하도록 하였습니다.

본 수험서로 공부하는 모든 수험생에게 전자계산기기사 1차 필기 합격의 결과와 더 나아가 국가기술자격 취득의 영예 및 관련 분야에 활동할 수 있게 되기를 기원합니다

끝으로 이 책을 편집, 발행하는 데 많은 도움을 주신 도서출판 엔플북스 사장님, 그리고 편집 및 제작을 담당하신 분들에게 감사의 마음을 전합니다.

2018년 9월

CONTENTS
목·차

01 과년도 출제문제 1

2003년 출제문제/3
- 2003년 2회 시행 ·· 3
- 2003년 4회 시행 ·· 15

2004년 출제문제/28
- 2004년 2회 시행 ·· 28
- 2004년 4회 시행 ·· 41

2005년 출제문제/53
- 2005년 2회 시행 ·· 53
- 2005년 4회 시행 ·· 65

2006년 출제문제/77
- 2006년 2회 시행 ·· 77
- 2006년 4회 시행 ·· 89

2007년 출제문제/102
- 2007년 2회 시행 ·· 102
- 2007년 4회 시행 ·· 115

2008년 출제문제/128
- 2008년 2회 시행 ·· 128
- 2008년 4회 시행 ·· 141

2009년 출제문제/154
- 2009년 2회 시행 ··· 154
- 2009년 4회 시행 ··· 168

2010년 출제문제/181
- 2010년 2회 시행 ··· 181
- 2010년 4회 시행 ··· 195

2011년 출제문제/209
- 2011년 2회 시행 ··· 209
- 2011년 4회 시행 ··· 223

2012년 출제문제/236
- 2012년 2회 시행 ··· 236
- 2012년 4회 시행 ··· 249

2013년 출제문제/263
- 2013년 2회 시행 ··· 263
- 2013년 4회 시행 ··· 276

2014년 출제문제/290
- 2014년 2회 시행 ··· 290
- 2014년 4회 시행 ··· 304

2015년 출제문제/317
- 2015년 2회 시행 ··· 317
- 2015년 4회 시행 ··· 331

2016년 출제문제/345
- 2016년 2회 시행 ··· 345
- 2016년 4회 시행 ··· 358

2017년 출제문제/371
- 2017년 2회 시행 ··· 371
- 2017년 4회 시행 ··· 384

2018년 출제문제/
- 2018년 4회 시행 ··· 397

2019년 출제문제/
- 2019년 4회 시행 ··· 411

2020년 출제문제/
- 2020년 4회 시행 ··· 424

2021년 출제문제/
- 2021년 4회 시행 ··· 437

02 과년도문제 해설 및 정답   451

- 2003년 해설 및 정답 ··· 453
- 2004년 해설 및 정답 ··· 473

- 2005년 해설 및 정답 ·········· 494
- 2006년 해설 및 정답 ·········· 517
- 2007년 해설 및 정답 ·········· 539
- 2008년 해설 및 정답 ·········· 557
- 2009년 해설 및 정답 ·········· 575
- 2010년 해설 및 정답 ·········· 595
- 2011년 해설 및 정답 ·········· 617
- 2012년 해설 및 정답 ·········· 636
- 2013년 해설 및 정답 ·········· 668
- 2014년 해설 및 정답 ·········· 680
- 2015년 해설 및 정답 ·········· 700
- 2016년 해설 및 정답 ·········· 725
- 2017년 해설 및 정답 ·········· 742
- 2018년 해설 및 정답 ·········· 762
- 2019년 해설 및 정답 ·········· 773
- 2020년 해설 및 정답 ·········· 787
- 2021년 해설 및 정답 ·········· 802

과년도출제문제 01

2003년 2회 시행 과년도출제문제

제1과목 시스템프로그래밍

01 인터프리터(interpreter) 언어에 해당하는 것은?
① COBOL
② C
③ FORTRAN
④ BASIC

02 운영체제를 수행 기능에 따라 분류할 경우 제어 프로그램에 해당하는 것은?
① 언어 번역 프로그램
② 서비스 프로그램
③ 데이터 관리 프로그램
④ 문제 프로그램

03 Bench mark program이란 무엇인가?
① IPL을 하기 위한 프로그램
④ 운영체제의 tuning을 하기 위한 프로그램
③ 컴퓨터의 성능분석을 위한 프로그램
④ Disk를 초기화시키기 위한 프로그램

04 어셈블리 언어의 의사(pseudo)명령이 아닌 것은?
① DC(define constant) 명령
② START(beginning of program) 명령
③ USING(base register의 사용) 명령
④ BAL(branch and link) 명령

05 일반적인 로더(general loader)에 가장 근접한 것은?
① direct linking loader
② absolute loader
③ direct loader
④ compile and go loader

06 원시 프로그램을 기계어로 번역해 주는 프로그램에 해당하지 않는 것은?
① 컴파일러(Compiler)
② 어셈블러(Assembler)
③ 인터프리터(Interpreter)
④ 로더(Loader)

07 한번 호출된 자료나 명령은 곧바로 다시 사용될 가능성이 있으며, 또한 한 기억장소가 호출되면 인접된 장소들이 연속되어 사용될 가능성이 높음을 의미하는 것은?
① Locality
② Thrashing
③ Swapping
④ Overlay

08 인터럽트 발생 시 실행 중인 CPU의 상태를 포함하고 있는 것은?
① CSW(Channel Status Word)
② CAW(Channel Address Word)
③ PSW(Program Status Word)
④ CCW(Channel Command Word)

09 오퍼레이팅 시스템의 실 저장장소(real storage)의 관리기법으로 best fit 방법을

사용한다고 가정할 때, 다음 표와 같은 메모리의 상태에서 10K 크기의 프로그램 시행을 위하여 어느 부분이 할당되겠는가?

분할번호	크기	상태
1	5K	free
2	12K	free
3	10K	in use
4	9K	free
5	16K	free

① 분할번호 1   ② 분할번호 2
③ 분할번호 4   ④ 분할번호 5

10 프로그램 언어의 실행 과정으로 옳은 것은?
① 로더 - 링커 - 컴파일러
② 컴파일러 - 로더 - 링커
③ 링커 - 컴파일러 - 로더
④ 컴파일러 - 링커 - 로더

11 언어 번역기에 의하여 생성되는 최종 실행 프로그램이 보다 적은 기억 장소를 사용하여 보다 빠르게 작업을 처리할 수 있도록, 주어진 환경에서 최상의 명령어 코드를 사용하여 작업을 수행할 수 있도록 하는 것을 무엇이라 하는가?
① Code Integration
② Code Optimization
③ Code Generation
④ Code Initialization

12 로더(Loader)의 기능에 해당하지 않는 것은?
① Allocation   ② Loading
③ Translation   ④ Linking

13 Virtual memory에서 page fault가 발생할 때 가장 오랫동안 사용되지 않은 page를 교체하는 방법은?
① FIFO   ② LRU
③ LFU   ④ LIFO

14 프로그램의 수가 많아지거나 또는 한 프로그램에서 사용하는 page의 수가 사용 가능한 page frame에 비해서 매우 크게 되어 대부분의 시간을 page falut를 처리하는 데 보내게 되는 현상은?
① working set
② thrashing
③ demand paging
④ prepaging

15 프로그래머에게 프로그램이 실행되고 있는 상황을 알 수 있게 하여 프로그램의 오류 수정을 쉽게 도와주는 유틸리티 프로그램은 무엇인가?
① Text editor
② Linker
③ Tracer
④ Library Programs

16 매크로 프로세서(Macro processor)의 기본 수행작업에 해당하지 않는 것은?
① 매크로 정의 확장
② 매크로 정의 인식
③ 매크로 호출 인식
④ 매크로 호출 확장

17 이중 패스 어셈블러에서 패스 1의 작업이 아닌 것은?
① 명령어 길이의 결정
② 리터럴의 기억
③ 위치 계수기 관리
④ 기호 테이블에서 해당 기호 찾기

18 선점(preemptive)형 스케줄링 알고리즘에 해당하는 것은?
① HRN
② SJF
③ FIFO
④ Round Robin

19 교착 상태의 발생 조건에 해당하지 않는 것은?
① 상호 배제(mutual exclusion)
② 대기 조건(hold-and-wait)
③ 기아 상태(starvation)
④ 환형 대기(circular wait)

20 페이징 시스템에서 페이지의 크기에 관한 설명으로 옳지 않은 것은?
① 페이지의 크기가 작을수록 페이지 테이블의 크기가 커진다.
② 페이지의 크기가 클수록 내부단편화가 감소한다.
③ 페이지의 크기가 클수록 참조되는 정보와 무관한 정보들이 많이 적재된다.
④ 작은 크기의 페이지가 보다 적절한 작업세트를 유지할 수 있다.

제2과목 전자계산기구조

21 컴퓨터의 입·출력버스와 입·출력장치 사이의 정보를 전송하는 데 필요한 회로를 무엇이라고 하는가?
① 모듈(module)
② 인터페이스(interface)
③ 캐시(cache)
④ 인스트럭션(instruction)

22 병렬 처리를 위한 컴퓨팅 시스템이 아닌 것은?
① 파이프라이닝
② 멀티프로세서
③ 배열 프로세서
④ 매크로 프로세서

23 인터럽트 처리 루틴에서 반드시 사용되는 레지스터는?
① Index Register
② Accumulator
③ Program Counter
④ MAR

24 인터프리터(Interpreter)와 컴파일러(compiler)가 다른 점은?
① 목적 프로그램의 생산
② 원시 프로그램의 번역
③ 목적 프로그램의 실행
④ 원시 프로그램의 생산

25 DMA 제어기의 구성에 포함되지 않는 것은?

① 워드 카운터 레지스터
② 데이지 체인
③ 주소 레지스터
④ 자료 버퍼 레지스터

26 부동 소수점 수(floating point number)가 기억장치 내에 있을 때 bit를 필요로 하지 않는 정보는?
① 전체 수 부호(sign)
② 지수(exponent)
③ 소수점
④ 소수(mantissa)

27 논리회로군(Logic circuit families)의 성능을 평가하는 요소가 아닌 것은?
① fan-out
② power-dissipation
③ propagation delay
④ turnaround time

28 3-cycle 인스트럭션은?
① ROR(Rotate right)
② ADD(indirect)
③ CPA(Complement Accumulator)
④ LDA(direct)

29 16-bit 컴퓨터 시스템에서 다음과 같은 2가지의 인스트럭션 형식을 사용할 때 최대 연산자의 수는?

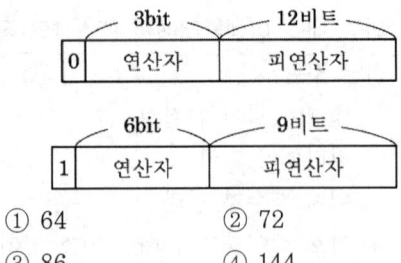

① 64   ② 72
③ 86   ④ 144

30 논리 연산에 들어가지 않는 것은?
① NOT   ② Complement
③ OR   ④ Load

31 인터럽트 서비스 루틴의 기능이 아닌 것은?
① 처리기 상태 복구
② 인터럽트 원인 결정
③ 처리기 레지스터의 상태 보존
④ 상대적으로 높은 레벨의 마스크 레지스터 클리어

32 그림에서 F의 값은?

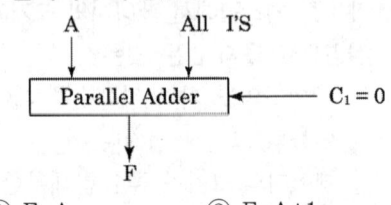

① F=A   ② F=A+1
③ F=A-1   ④ F=0

33 연산 방식에 대한 설명 중 옳지 않은 것은?
① 직렬연산방식은 병렬연산방식보다 시간이 많이 걸린다.
② 직렬연산방식은 hardware가 간단하다.
③ 병렬연산방식은 hardware가 간단하다
④ 병렬연산방식은 hareware 구성 시 가

격이 비싸다.

34 자기드럼 기억장치의 드럼 표면이 트랙(track)당 6,000개의 셀(cell)로 된 30개의 트랙으로 구분되어 있다면 몇 비트(bit)의 정보를 기억할 수 있는가?
① 200
② 5,070
③ 6,030
④ 180,000

35 아래 스위칭 회로의 논리식이 옳은 것은?

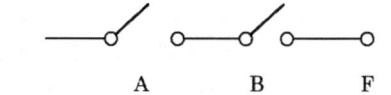

① F=A+B
② F=A・B
③ F=A-B
④ F=A/(B+A)

36 동시에 여러 개의 입・출력장치를 제어할 수 있는 채널은?
① Duplex channel
② Register channel
③ Selector channel
④ Multiplexer channel

37 누산기(accumulator)에 대한 설명 중 옳은 것은?
① 연산장치에 있는 레지스터의 하나로서 연산 결과를 기억하는 장치이다.
② 기억장치 주변에 있는 회로인데 가감승제 계산 및 논리 연산을 행하는 장치이다.
③ 일정한 입력 숫자들을 더하여 그 누계를 항상 보관하는 장치이다.
④ 정밀 계산을 위해 특별히 만들어 두어 유효 숫자의 개수를 늘리기 위한 것이다.

38 CPU에서 DMA 제어기로 보내는 자료가 아닌 것은?
① DMA를 시작시키는 명령
② 입・출력하고자 하는 자료의 양
③ 입력 또는 출력을 결정하는 명령
④ 입・출력에 사용할 CPU 레지스터에 대한 정보

39 Associative 기억장치에 사용되는 기본 요소가 아닌 것은?
① 일치 지시기
② 마스크 레지스터
③ 인덱스 레지스터
④ 검색 데이터 레지스터

40 데이터 통신에 가장 많이 사용되는 코드는?
① BCD
② Gray
③ ASCII
④ EBCDIC

제3과목 마이크로전자계산기

41 다음 메모리 소자 중 휘발성 메모리 소자는?
① ROM
② RAM
③ PLA
④ Bubble memory

42 언어 처리용 소프트웨어가 아닌 것은?
① Compiler
② Assembler
③ Interpreter
④ Device Driver

43 마이크로프로세서 내에서 연산 후 연산 결과가 저장되는 레지스터는?
① 누산기
② 인덱스 레지스터
③ 프로그램 카운터
④ 인스트럭션 레지스터

44 ROM의 기억 특성은?
① 휘발성이며, 파괴적으로 읽는다.
② 비휘발성이며, 파괴적으로 읽는다.
③ 휘발성이며, 비파괴적으로 읽을 수 있다.
④ 비휘발성이며, 비파괴적으로 읽을 수 있다.

45 시프트 레지스터(shift register)의 입·출력 방식 중 시간이 가장 적게 걸리는 것은?
① 직렬입력-직렬출력
② 직렬입력-병렬출력
③ 병렬입력-직렬출력
④ 병렬입력-병렬출력

46 스택(Stack)과 관계없는 명령어는?
① CALL   ② POP
③ PUSH   ④ MOVE

47 다음 설명 중 옳지 않은 것은?
① virtual memory는 실제의 번지공간(address space)이 확대된다.
② virtual memory는 속도를 증가시키기 위해서 사용된다.
③ virtual memory는 소프트웨어에 의해 실현된다.
④ virtual memory에서 사용할 수 있는 보조기억장치는 DASD(Direct Access Storage Device)이다.

48 Cycle steal과 관련있는 것은?
① DMA   ② Data buffer
③ Internal bus ④ Interrupt

49 어떤 마이크로컴퓨터 시스템의 데이터 버스(Data bus)가 16비트, 어드레스 버스가 24비트로 구성되었을 때, 이 컴퓨터 시스템 주기억장치의 최대 용량은?
① 64킬로 바이트(Kbyte)
② 256킬로 바이트
③ 1메가 바이트(Mbyte)
④ 16메가 바이트

50 실제 하드웨어 시스템이 만들어지기 전에 미리 실행해 보아 완성된 시스템에서 디버깅을 보다 용이하게 할 수 있는 기능을 가진 장치를 무엇이라 하는가?
① Editor   ② Compiler
③ Locator   ④ Emulator

51 반도체 기억소자로서 기억용량이 비교적 크고, refresh를 필요로 하는 read/write 기억장치는?
① DRAM   ② SRAM
③ EPROM   ④ PLA

52 마이크로컴퓨터와 입·출력장치 인터페이

스(interface)를 위하여 궁극적으로 일치시켜줄 필요가 없는 것은?
① 시스템 버스(bus)
② 전기적인 신호(signal)
③ 정보교환 코드(code)
④ 전송제어 방식(protocol)

53 제어 프로그램에 속하는 것은?
① 수퍼바이저 프로그램
② 언어 처리 프로그램
③ 유틸리티 프로그램
④ 응용 프로그램

54 어떤 통신 선로의 전송 속도는 9600bps이며, 한 개 전송 문자는 8비트 데이터와 4비트의 제어 비트로 구성되어 있다면 1초당 전송되는 문자의 개수는?
① 400개 ② 800개
③ 1200개 ④ 2400개

55 8비트 마이크로프로세서(microprocessor)를 정확하게 정의한 것은?
① 모든 버스가 8라인으로 된 마이크로프로세서
② 데이터 버스가 8라인으로 된 마이크로프로세서
③ 한 어(word)가 8비트로 구성된 마이크로프로세서
④ 어드레스 버스가 8라인으로 된 마이크로프로세서

56 각 데이터(data)의 끝부분에 특별한 체크(checker) 바이트(byte)가 있어 error를 찾아내는 방법은?
① data conversion check
② data flow check
③ parity scheme check
④ cyclic redundancy check

57 로더(loader)의 설명 중 옳은 것은?
① symbol 언어로 작성된 프로그램을 기계어로 바꾸어 주는 동작
② 연계편집 프로그램(linkage editor)에 의해서 실행 가능한 형태로 된 프로그램
③ 운영 체제를 구성하는 각종 프로그램들을 종류와 특성에 따라 구분하여 보관해 두는 기억영역
④ 어떤 데이터 기억매체로부터 다른 기억매체로 전송 또는 복사하는 프로그램

58 가장 길이가 긴 인스트럭션은?
① 0주소 인스트럭션
② 1주소 인스트럭션
③ 2주소 인스트럭션
④ 3주소 인스트럭션

59 계산 결과에 의해서 결과의 상태를 나타내는 레지스터는?
① Flag register
② Accumulator
③ IR(Instruction register)
④ Temporary register

60 중앙처리장치의 제어를 필요로 하지 않는 입·출력 방법은?
① 메모리 맵에 의한 입·출력

② 디엠에이(DMA)에 의한 입·출력
③ 인터럽트 제어에 의한 입·출력
④ 프로그램 제어에 의한 입·출력

제4과목 논리회로

61 다음 그림과 같은 MUX를 구성하기 위한 논리식은?

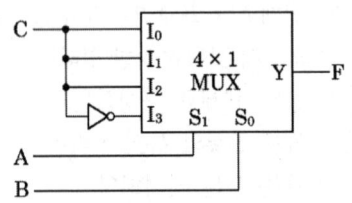

① $F(A,B,C)=\Sigma(1,3,5,6)$
② $F(A,B,C)=\Sigma(0,1,5,8)$
③ $F(A,B,C)=\Sigma(2,5,7,8)$
④ $F(A,B,C)=\Sigma(0,2,4,6)$

62 논리식 $\overline{AB}+AB+\overline{A}B$를 정리하면?

① $A+B$
② $\overline{A}+B$
③ $A+\overline{B}$
④ $\overline{A}+\overline{B}$

63 그림은 전가산기이다. 출력 S와 C_o의 논리식은?

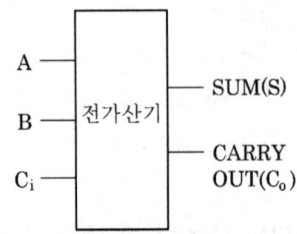

① $S = \overline{A \oplus B \oplus C_i}$,
  $C_o = AB + BC + AC$

② $S = A + B + C$,
  $C_o = \overline{AB + BC + AC}$

③ $S = A \oplus B \oplus C_i$,
  $C_o = AB + BC + AC$

④ $S = \overline{A + B + C}$,
  $C_o = \overline{AB + BC + AC}$

64 논리회로의 논리 상태를 표현한 것 중 옳지 않은 것은?

① 1, 0
② high, low
③ on, off
④ input, output

65 16비트 256워드의 일치 선택(coincident-select)형 메모리에 요구되는 2진 번지 선택수는 몇 개인가?

① 4
② 8
③ 12
④ 24

66 순서 논리회로를 설계하는 방법을 순서에 옳게 나열한 것은?

> ① 상태표 작성
> ② 동작상태를 상태도로 표시
> ③ 플립플롭을 논리식으로 표시
> ④ 플립플롭의 여기표 작성
> ⑤ 논리식을 회로도로 표시

① ① → ② → ③ → ④ → ⑤
② ② → ③ → ① → ④ → ⑤
③ ⑤ → ④ → ③ → ① → ②
④ ② → ① → ④ → ③ → ⑤

67 마이크로컴퓨터 시스템의 각 구성 요소를 연결하는 3대 신호 집단이 아닌 것은?

① Address Bus ② I/O Bus
③ Data Bus   ④ Control Bus

68 다음 논리회로의 출력 f는?

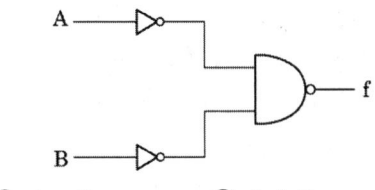

① A · B
② A + B
③ $\overline{A \cdot B}$
④ $\overline{A + B}$

69 Exclusive-OR의 설명으로 옳은 것은?
① 입력이 같을 때 출력=1, 서로 다를 때 출력=0 발생
② 입력이 같을 때 출력=0, 서로 다를 때 출력=1 발생
③ 보통 동치 게이트(equivalence gate)라 불린다.
④ Mod-2 합산 형태로 취급할 수 없다.

70 AND 게이트와 배타적 OR 게이트의 기능을 동시에 가지고 있는 회로는?
① 전가산 회로   ② 반가산 회로
③ 전감산 회로   ④ 반감산 회로

71 특정한 비트나 문자를 삭제하기 위해 필요한 연산은?
① OR   ② AND
③ MOVE   ④ ROTATE

72 컴퓨터의 구성 요소 중 입·출력장치에 해당되지 않는 것은?

① 키 보드(key Board)
② CRT Display
③ Printer
④ CPU

73 101010₍₂₎의 1의 보수는?
① 010101   ② 101011
③ 111111   ④ 010111

74 다음 그림의 카운터는 어떠한 카운터인가?

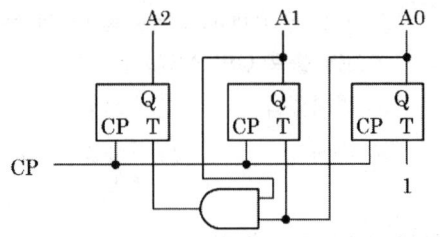

① 동기식 모듈-6 2진 카운터
② 동기식 모듈-8 2진 카운터
③ 비동기식 모듈-5 2진 카운터
④ 비동기식 모듈-7 2진 카운터

75 16진수 AF63을 8진수로 나타내면?
① 135713   ② 152734
③ 147325   ④ 127543

76 RS 플립플롭에서 R=S=1일 때 발생되는 결점을 보완한 플립플롭은?
① D 플립플롭   ② T 플립플롭
③ RS 플립플롭   ④ JK 플립플롭

77 한 선으로 정보를 받아서 2개 이상의 가능한 출력선들 중 하나를 선택하여 받은 정보를 전송하는 회로는?

① DECODER
② ENCODER
③ DEMULTIPLEXER
④ MULTIPLEXER

78 비동기형 5진 계수회로를 설계 시 필요한 flip-flop은?
① 1개　② 2개
③ 3개　④ 4개

79 JK Flip-Flop에서 J=K=1일 때 클록이 인가되면 출력 Q의 상태는?
① 변화없음　② Set
③ Reset　④ Toggle

80 회로를 간단화하면?

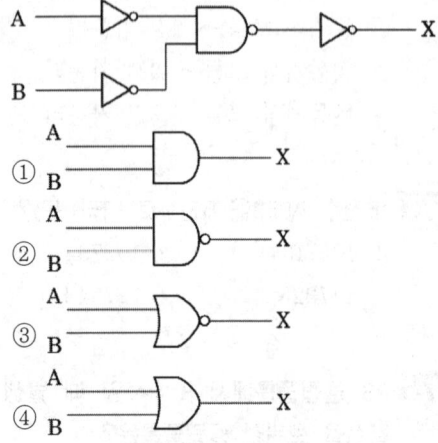

● 제5과목 데이터통신

81 25개의 구간을 망형으로 연결하면 필요한 회선의 수는 몇 회선인가?
① 250　② 300
③ 350　④ 500

82 정보의 전송제어 절차의 단계를 올바르게 나타낸 것은?
① 회선접속 → 데이터 링크의 확립 → 데이터 전송 → 데이터 링크의 해제 통보 → 회선절단
② 회선접속 → 데이터 전송 → 데이터 링크의 확립 → 데이터 링크의 해제 통보 → 회선절단
③ 회선접속 → 데이터 링크의 확립 → 데이터 링크의 해제 통보 → 데이터 전송 → 회선절단
④ 회선접속 → 데이터 링크의 확립 → 데이터 전송 → 회선절단 → 데이터 링크의 해제 통보

83 회선교환방식에서 제어 신호의 종류가 아닌 것은?
① 감시 제어신호
② 신호 제어신호
③ 주소 제어신호
④ 통신망 관리 제어신호

84 수신 스테이션은 비트 에러나 프레임의 손실을 검사하게 되고, 에러가 검출되면 자동적으로 송신 스테이션에게 재전송을 요청하는 자동 재전송 요청(Automatic Repeat reQuest)을 하게 되는데, 다음 중 ARQ 방식이 아닌 것은?
① Go-back-N ARQ
② 정지-대기(Stop-and-Wait) ARQ

③ 선택적 재전송(Selective-Repeat) ARQ
④ 슬라이딩 윈도우(Sliding-Window) ARQ

85 지능 다중화기에 대한 설명으로 옳지 않은 것은?
① 비동기식 다중화 장비이다.
② 통계적 다중화기라고 한다.
③ 가격이 저렴하고 접속에 소요되는 시간이 단축된다.
④ 주소 회로, 흐름 제어, 오류 제어 등의 기능이 있다.

86 인터넷 프로토콜 아키텍처를 구성하는 4계층이 아닌 것은?
① 표현 계층 ② 전송 계층
③ 인터넷 계층 ④ 링크 계층

87 누화(Crosstalk) 및 상호변조잡음(Inter-modulation noise)과 관계있는 멀티플렉싱은?
① TDM ② FDM
③ DM ④ STDM

88 서로 다른 주파수들이 똑같은 전송 매체를 공유할 때 이 주파수들이 서로의 합과 차의 신호를 발생함으로써 발생되는 잡음을 무엇이라 하는가?
① 상호변조 잡음 ② 열 잡음
③ 누화 잡음 ④ 충격 잡음

89 LAN의 매체 접근 방법에 따른 분류로 옳지 않은 것은?

① CSMA/CD ② 토큰 버스
③ 토큰 링 ④ LLC

90 흐름 제어방식에서 한 번에 여러 개의 프레임을 전송할 경우 효율적인 기법은?
① 정지 및 대기
② 슬라이딩 윈도우
③ 다중 전송
④ 적응성 ARQ

91 데이터 전송 속도의 척도를 나타내는 것이 아닌 것은?
① 변조 속도
② 데이터 신호 속도
③ 반송파 주파수 속도
④ 베어러(Bearer) 속도

92 다음의 라우팅 프로토콜 중에서 여러 자율 시스템(Autonomous System) 간에 라우팅 정보를 교환하는 라우팅 프로토콜은?
① BGP(Border Gateway Protocol)
② RIP(Routing Information Protocol)
③ OSPF(Open Shortest Path First)
④ IGP(Interior Gateway Protocol)

93 LAN의 CSMA/CD 방식에서 운용상의 특징으로 옳은 것은?
① LAN에 연결되어 있는 어느 한 DTE가 고장이 나더라도 다른 DTE의 통신에는 전혀 영향을 미치지 않는다.
② 충돌이 발생하더라도 다른 기기의 데이터 전송은 가능하다.
③ 통신량이 많아지더라도 채널의 이용률

은 떨어지지 않는다.
④ 지연 시간을 충분히 예측할 수 있다.

94 여러 단말기가 같은 장소에 위치하는 경우, 다중화 기능을 이용하여 전송로의 수를 감소시키기 위해 사용하는 장비는?
① 모뎀   ② 허브
③ 멀티플렉서 ④ 라우터

95 다음에서 세션 계층의 설명으로 옳지 않은 것은?
① 암호화와 형식 변환의 기능을 제공한다.
② 통신 시스템 간의 회화 기능을 제공한다.
③ 전송하는 정보의 일정한 부분에 체크점(check point)을 둔다.
④ 소동기점과 대동기점을 이용하여 회화 동기를 조절한다.

96 VAN이 제공하는 4가지 기능의 큰 분류에 속하지 않는 것은?
① 전송 기능   ② 실시간 기능
③ 교환 기능   ④ 정보처리 기능

97 종점 간에 오류 수정과 흐름 제어를 수행하여 신뢰성 있고 투명한 데이터 전송을 제공하는 것은 OSI 7계층 중 어느 계층인가?
① 물리 계층
② 데이터 링크 계층
③ 네트워크 계층
④ 트랜스포트 계층

98 전송 오류 제어 방식에서 오류 제어용 코드 부가 방식이 아닌 것은?
① 패리티 검사
② 해밍 코드 사용방식
③ 순환 중복 검사방식
④ 궤환 전송방식과 연속 전송방식

99 정보를 0과 1로 표시하고, 이것을 직류의 전기 신호로 전송하는 것은?
① 베이스밴드 전송 방식
② 직렬 전송 방식
③ 병렬 전송 방식
④ 대역 전송 방식

100 적절한 전송 경로를 선택하고 이 경로로 데이터를 전달하는 인터네트워킹(internetworking) 장비는?
① 리피터(repeater)
② 브리지(bridge)
③ 라우터(router)
④ 게이트웨이(gateway)

2003년 4회 시행 과년도출제문제

제1과목 시스템프로그래밍

01 현재까지 나타난 리터럴들의 값을 현재의 주기억장치 위치에 넣을 것을 어셈블러에게 지시하는 명령은?
① DC ② USING
③ LTORG ④ EQU

02 일반적인 로더(general loader)에 가장 가까운 것은?
① direct loader
② absolute loader
③ compile-and-go loader
④ direct linking loader

03 절대로더(absolute loader)에서 어셈블러의 기능은?
① 기억장소 할당(allocation)
② 연계(linking)
③ 재배치(relocation)
④ 적재(loading)

04 프로그램 실행을 위하여 메모리 내에 기억 공간을 확보하는 작업을 무엇이라고 하는가?
① linking ② allocation
③ loading ④ compile

05 다중 프로그래밍 시스템에서 어떤 프로세스가 아무리 기다려도 결코 발생하지 않을 사건을 기다리고 있을 때, 그 프로세스는 어떤 상태라고 볼 수 있는가?
① Dead-Lock ② Working Set
③ Semaphore ④ Critical Section

06 Interrupt의 종류에 해당하지 않는 것은?
① I/O Interrupt
② Program Interrupt
③ Supervisor Call Interrupt
④ Register Interrupt

07 시간구역성(temporal locality)의 예가 아닌 것은?
① 순환(looping)
② 스택(stack)
③ 집계(totaling)에 사용되는 변수
④ 배열순례(array traversal)

08 페이지 교체 기법 중 가장 오랫동안 사용되지 않은 페이지를 교체할 페이지로 선택하는 기법은?
① FIFO
② LRU
③ NUR
④ SECOND CHANCE

09 언어해석기에서 프로그램의 구조와 작업 내용을 이해하고 이를 기계어로 번역하기

위하여 문법에 정의된 내용에 따라 연산자, 피연산자, 키워드 등을 판별하고 이들 각각의 구성 요소들의 구조를 알아내는 작업은?
① Parsing   ② Semantics
③ Recursion   ④ Interpretation

10 언어의 유효한 구조에 관한 규칙을 무엇이라 하는가?
① Syntax   ② Semantics
③ Formula   ④ Link

11 운영체제를 수행 기능에 따라 두 가지로 분류한 것으로 가장 적절한 것은?
① 처리프로그램, 슈퍼바이져프로그램
② 제어프로그램, 슈퍼바이져프로그램
③ 처리프로그램, 제어프로그램
④ 작업제어프로그램, 슈퍼바이져프로그램

12 로더(loader)의 기능이 아닌 것은?
① allocation   ② linking
③ relocation   ④ translating

13 운영체제가 수행하는 기능으로 거리가 먼 것은?
① 언어번역
② 입/출력 관리
③ 프로세서 관리
④ 정보관리

14 매크로의 처리 순서이다. ☐ 안에 알맞은 것은?

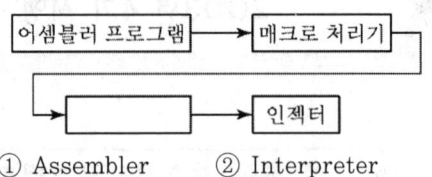

① Assembler   ② Interpreter
③ Compiler   ④ Loader

15 기억 장소의 연속된 위치를 서로 다른 뱅크로 구성하여 하나의 주소를 통하여 여러 개의 위치에 해당되는 기억장소를 접근할 수 있도록 하는 것은?
① 파이프라인(pipeline)
② 버퍼링(buffering)
③ 스풀링(spooling)
④ 인터리빙(interleaving)

16 기계어 명령문(machine instruction)의 오퍼랜드가 명령문 수행에 필요한 정보의 메모리 주소를 나타낸다면, 이러한 번지(addressing) 기법을 무엇이라 하는가?
① immediate addressing
② direct addressing
③ indirect addressing
④ indexing addressing

17 프로세스 스케쥴링(scheduling) 중 각 프로세스에게 차례대로 일정한 시간 할당량(time slice) 동안 처리기를 차지하도록 하는 것은?
① FIFO   ② Round Robin
③ SJF   ④ SRT

18 매크로 프로세서가 기본적으로 수행해야

할 작업의 종류가 아닌 것은?
① 매크로 정의 인식
② 매크로 정의 저장
③ 매크로 호출 인식
④ 매크로 호출 저장

19 원시 프로그램을 하나의 긴 스트링으로 보고 원시 프로그램을 문자 단위로 스캐닝하여 문법적으로 의미있는 그룹들로 분할하는 과정은?
① Syntax analysis
② Code generation
③ Code optimization
④ Lexical analysis

20 어셈블러를 이중 패스로 구성하는 주된 이유는?
① 어셈블러의 크기
② 오류 처리
③ 전향 참조(forward reference)
④ 다양한 출력 정보

● 제2과목 전자계산기구조

21 MOS device를 사용한 램(RAM)의 두 가지 형은?
① 스태틱(static)형과 다이내믹(dynamic)형
② IC형과 DC형
③ 스태틱형과 포인터(pointer)형
④ 멀티플렉서(multiplexer)형과 시그널(signal)형

22 명령의 대상이 되는 data가 내부 레지스터에 있고 구체적인 레지스터는 명령(instruction) 그 자체에 함축되어 있는 주소지정방식은?
① implied addressing mode
② register addressing mode
③ immediate addressing mode
④ direct addressing mode

23 Cycle steal과 interrupt에 관한 설명 중 옳은 것은?
① interrupt가 발생하면 interrupt가 처리될 때까지 CPU는 쉰다.
② interrupt 발생 시에는 CPU의 상태보전이 필요없다.
③ instruction 수행 도중에 cycle steal이 발생하면 CPU는 그 cycle steal 동안 정지된 상태가 된다.
④ cycle steal의 발생 시에는 CPU의 상태 보존이 필요하다.

24 캐시(cache)메모리에 있어서 액세스 시간(access time)이 100ns, 주기억장치의 액세스 시간이 1000ns이고, 캐시의 적중이 0.9일 때 이 시스템의 유효 액세스 시간은?
① 140ns   ② 150ns
③ 190ns   ④ 230ns

25 타이머(timer)에 의하여 발생되는 인터럽트(interrupt)는 어디에 해당되는가?
① I/O 인터럽트
② 프로그램 인터럽트
③ 익스터널(external) 인터럽트

④ 머신 체크(machine check) 인터럽트

26 다른 컴퓨터를 이용해서 어셈블리 언어의 프로그램을 기계어의 프로그램으로 변환하는 데 필요한 것은?
① 어셈블리 　　② 크로스 어셈블러
③ 매크로 　　　④ 컴파일러

27 폰 노이만(Von Neumann)형 컴퓨터의 연산자 기능으로서 적합하지 않은 것은?
① 병렬처리 기능
② 함수연산 기능
③ 입・출력 기능
④ 전달 기능

28 인스트럭션 수행을 위한 CPU 상태의 변환을 무엇이라 하는가?
① Micro operation
② Fetch
③ Control routine
④ Automation

29 컴퓨터에서 사용하는 명령어의 기능별 분류와 명령어의 연결이 옳은 것은?
① 제어 기능-JMP(Jump 명령)
② 전달 기능-ROL(Rotate Left 명령)
③ 함수연산 기능-LDA(Load Acc 명령)
④ 입・출력 기능-CMP(Complement 명령)

30 op-code가 4비트이면 명령어는 몇 개가 생성될 수 있는가?
① 2^4-1 　　　② 2^4
③ 2^3 　　　　④ 2^3-1

31 컴퓨터 시스템과 주변장치 간의 데이터 전송 방식에 해당되지 않는 것은?
① 루프 입・출력(loop I/O) 방식
② DMA(direct memory access) 방식
③ 인터럽트 입・출력(interrupt I/O) 방식
④ 프로그램 입・출력(programmed I/O) 방식

32 중앙처리장치가 주기억장치보다 더 빠르기 때문에 프로그램 실행 속도를 중앙처리장치의 속도에 근접하도록 하기 위해서 사용되는 기억장치는?
① 가상 기억장치
② 모듈 기억장치
③ 보조 기억장치
④ 캐시 기억장치

33 여러 개의 처리기가 각각 다른 데이터 스트림에 대하여 다른 인스트럭션 스트림을 수행하는 구조를 무엇이라 하는가?
① SISD 　　　② SIMD
③ MISD 　　　④ MIMD

34 아래에 있는 Algorithm이 설명하는 연산 방법은?

[1] $z \leftarrow 0$
[2] Y=0이면 끝, 아니면 [3]을 수행
[3] $Z \leftarrow Z + X$, $Y \leftarrow Y - 1$ 하고 [2]로부터 반복 수행

① 덧셈 　　　② 뺄셈

③ 나눗셈　　④ 곱셈

35 명령문 구성 형태 중 하나의 오퍼랜드가 어큐뮬레이터 속에 포함된 주소 방법은?
① 0-번지　　② 1-번지
③ 2-번지　　④ 3-번지

36 입·출력 동작 시 하드웨어적으로 우선순위를 결정하는 방식은?
① 폴링(Polling) 입·출력
② 핸드셰이킹(Handshaking) 입·출력
③ 데이지-체인(Daisy-Chain) 입·출력
④ 다중 인터럽트(Multi-interrupt) 입·출력

37 10진 데이터의 입·출력 시 사용하는 데이터 형식은?
① 16진수 형태　　② 2진수 형태
③ pack 형태　　④ unpack 형태

38 자기 테이프 Record 크기가 40자로서 블록(Block)의 크기가 1600자일 경우 블록 팩터(Block Factor)는?
① 30　　② 35
③ 40　　④ 45

39 임의 처리(random access)에 불편한 기억장치는?
① 자기코어장치
② 자기디스크장치
③ 자기드럼장치
④ 자기테이프장치

40 10진수 741을 2진화 10진 코드(BCD code)로 표시하면?
① 0010 1110 0101
② 0111 0100 0001
③ 0010 1111 0101
④ 0111 0110 0001

제3과목 마이크로전자계산기

41 CPU가 입·출력 데이터 전송을 메모리에서의 데이터 전송과 같은 명령으로 수행할 수 있는 입·출력 제어 방식은?
① programmed I/O
② memory-mapped I/O
③ interrupt I/O
④ isolated I/O

42 입·출력 인터페이스에 관한 설명 중 옳지 않은 것은?
① CPU와 주변장치 간의 자료흐름에 대한 동기화 과정을 수행한다.
② CPU와 주변장치 간의 자료 전달을 효율적으로 통제한다.
③ 각 주변장치에 대응되는 인터페이스 모듈이 존재한다.
④ 메모리 버스를 통해서 CPU와 연결된다.

43 컴퓨터와 주변장치 사이에서 데이터 전송 시에 입·출력 주기나 완료를 나타내는 두 개의 제어 신호를 사용하여 데이터 입·출력을 하는 방식은?

① strobe 방법
② polling 방법
③ interrupt 방법
④ handshaking 방법

44 다음 Micro instruction 중 STORE ACC 명령은?

① MAR ← MBR(AD)
　MBR ← M
　AC ← AC ∧ MBR
② MAR ← MBR(AD)
　MBR ← M
　EAC ← AC + MBR
③ MAR ← MBR(AD)
　MBR ← M, AC ← 0
　AC ← AC + MBR
④ MAR ← MBR(AD)
　MBR ← AC
　M ← MBR

45 형식 명령 중에서 3-번지 명령과 관계가 없는 것은?

① 번지 필드(field)는 레지스터를 지정할 수 없다.
② 번지 필드가 메모리 번지를 지정할 수도 있다.
③ 3-번지 명령 형식은 수식 계산기 프로그램의 길이를 짧게 할 수도 있다.
④ 2진 코드로 명령을 나타낼 때 너무 많은 비트가 필요하다.

46 주컴퓨터에서 원격지에 설치한 장비로서 여러 개의 단말장치들을 접속, 이들로부터 발생하는 메시지들을 저장하여 하나의 메시지로 농축해서 전송함으로써 통신회선의 사용 효율을 증대시키는 장비를 무엇이라 하는가?

① decoder　　② demultiplexer
③ concentrator　④ encoder

47 마이크로컴퓨터용 소프트웨어 개발 과정이 옳은 것은?

① 문제설정 → 프로그램 설계분석 → 코딩 → 테스트 → 유지보수
② 문제설정 → 코딩 → 프로그램 설계분석 → 유지보수 → 테스트
③ 프로그램 설계분석 → 문제설정 → 코딩 → 유지보수 → 테스트
④ 코딩 → 문제설정 → 프로그램 설계분석 → 유지보수 → 테스트

48 마이크로컴퓨터의 CPU 구성 요소가 아닌 것은?

① CU(Control Unit)
② 입·출력 버퍼(Buffer)
③ 주기억장치(Main Memory)
④ ALU(Arithmetic Logic Unit)

49 프로그래머가 프로그램 내에서 동일한 부분을 반복하여 사용하는 불편을 없애기 위해 사용하는 프로세서는?

① Macro Processor
② Compiler
③ Assembler
④ Loader

50 마이크로 컨트롤러는 연산용 마이크로프로세서와 차이점이 있다. 이러한 차이점이 아닌 것은?
① 단일 칩 CPU
② 입·출력 능력
③ 인터럽트 처리 능력
④ 비트 조작 처리 능력

51 CPU의 간섭을 받지 않고 직접 마이크로전자계산기의 기억장치와 외부장치가 자료를 전달하는 방법은?
① DMA(Direct Memory Access)
② 인터럽트에 의한 입·출력
③ 프로그램에 의한 입·출력
④ 병렬(Parallel) 입·출력

52 자료전송 방법에 관한 설명 중 옳지 않은 것은?
① 비동기 전송에서는 문자와 문자 사이 시간 간격은 일정하지 않다.
② 비동기 전송에서는 시작 비트와 정지 비트가 필요하다.
③ 동기 전송에서는 송신측과 수신측의 클록에 대한 동기가 필요하다.
④ 동기 전송은 2400bps(bit per second) 이하의 통신선로에 적합하다.

53 고수준 언어로 작성된 프로그램을 기계어로 번역하기 위한 프로그램은?
① 에디터　② 컴파일러
③ 어셈블러　④ 로더

54 8192word의 용량을 갖고, 한 word가 8bit인 Dynamic RAM이 있다. 이 RAM chip을 이용하여 64K 용량을 가진 16bit의 주기억장치를 설계하고자 할 때 필요한 chip의 수는 몇 개인가?
① 8　② 12
③ 16　④ 32

55 다음 기억소자 중 휘발성(Volatile) 기억소자는?
① Core memory
② RAM
③ ROM
④ Bubble memory

56 가상 기억체제에 대한 설명 중 옳지 않은 것은?
① 컴퓨터의 속도 향상과는 상관없이 주소공간을 확대하기 위한 목적으로 사용한다.
② 사용할 수 있는 보조기억장치는 DASD 구조이어야 한다.
③ 오버레이(overlay) 문제가 발생할 수 있다.
④ 사용자가 실제 기억 용량보다 큰 가상 공간을 사용할 수 있다.

57 마이크로프로세서가 여러 개의 입·출력(I/O) 장치 중 희망하는 장치를 지정하기 위해 사용하는 버스(BUS)는?
① 레지스터 연결 BUS
② DATA BUS
③ Address BUS

④ 제어 BUS

58 어느 마이크로프로세서가 512개의 명령어를 가지고 있고 하나의 명령어에 두 개의 operand를 갖는다면 명령어는 몇 비트로 구성되는가? (단, operand 종류는 8가지이다.)
① 5비트   ② 10비트
③ 15비트   ④ 20비트

59 기억장치의 정보를 중앙처리장치(CPU)로 기억시키는 것을 의미하는 것은?
① transfer   ② load
③ store   ④ fetch

60 인스트럭션 안의 주소필드로서 자료가 있는 곳의 위치를 지정하는 주소지정방식은?
① 직접주소   ② 간접주소
③ 상대주소   ④ 즉치주소

제4과목 논리회로

61 10진수 268를 3초과코드(Excess-3 code)로 변환한 것으로 옳은 것은?
① 0101 1001 1011
② 0010 0110 1000
③ 0110 1010 1100
④ 0011 1001 1000

62 다음 논리회로에 대한 진리표 중 옳지 않은 것은?

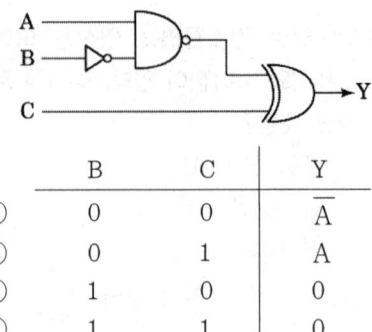

	B	C	Y
①	0	0	$\overline{A}$
②	0	1	A
③	1	0	0
④	1	1	0

63 다음 그림의 연산회로 이름은?

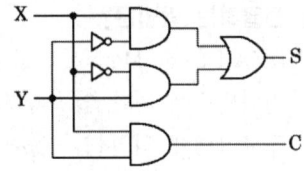

① half adder
② full adder
③ half subtractor
④ full subtractor

64 다음은 각 플립플롭의 여기표이다. 옳은 것은? (단, $Q_{(t)}$는 현재상태, $Q_{(t+1)}$은 다음 상태, X는 리던던시 조건임)

①

$Q_{(t)}$	$Q_{(t+1)}$	S	R
0	0	0	X
0	1	1	X
1	0	X	1
1	1	X	0

②

$Q_{(t)}$	$Q_{(t+1)}$	J	K
0	0	0	X
0	1	1	0
1	0	0	1
1	1	X	0

③

$Q_{(t)}$	$Q_{(t+1)}$	D
0	0	0
0	1	1
1	0	0
1	1	1

④

$Q_{(t)}$	$Q_{(t+1)}$	T
0	0	1
0	1	0
1	0	0
1	1	1

65 아래의 회로가 $A_2 A_1 A_0 = 011$의 상태에 있다고 가정하자. 이때 두 개의 COUNT PULSE를 입력시키면 각 PULSE에 의해 상태가 어떻게 변화하겠는가?

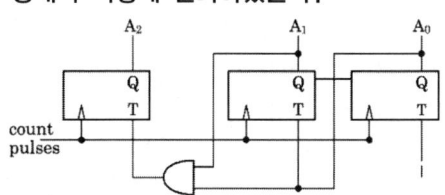

① 011 → 010 → 001
② 011 → 101 → 111
③ 011 → 100 → 101
④ 011 → 001 → 111

66 BCD를 10진수로 변환하는 회로는?
① 해독기(decoder)
② 부호기(encoder)
③ 멀티플렉서(multiplexer)
④ 디멀티플렉서(demultiplexer)

67 회로 중 기능이 다른 것은?

①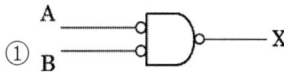

②
A
B ───NOR─── X

③
A
B ───NOR───┐
A   ├─NAND─ X
B ───NOR───┘

④
A
B ───NOR───▷○─ X

68 J-K Flip-Flop의 J입력과 K입력을 하나로 연결하면 어떤 Flip-Flop의 동작을 하는가?
① D Flip-Flop
② T Flip-Flop
③ M/S Flip-Flop
④ RS Flip-Flop

69 다음 회로의 기능은?

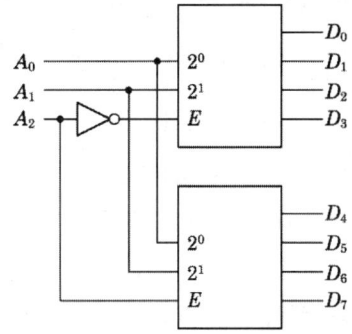

① 3×8 디코더   ② 2×4 디코더
③ 2×8 디코더   ④ 2×8 멀티플렉서

70 전력 소모가 가장 적은 IC는?
① RTL   ② CMOS
③ TTL   ④ ECL

71 데이터 분배회로로 사용되는 것은?

① 시프트 레지스터
② 디멀티플렉서
③ 인코더
④ 멀티플렉서

72 순서 논리회로가 아닌 것은?
① 플립플롭(flip-flop)
② 가산기(adder)
③ 레지스터(register)
④ 계수기(counter)

73 아래의 회로에서 CP(CLOCK PULSE)에 따라 A와 C를 동시에 측정하였더니, A=0111100으로 측정치가 나타났다. 이 C의 측정치는? (단, ABCE=0000 초기치 가정)

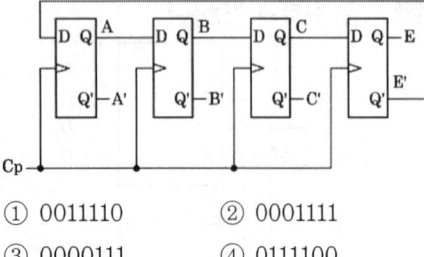

① 0011110   ② 0001111
③ 0000111   ④ 0111100

74 시프트 레지스터(Shift Register)를 만드는 데 가장 적합한 flip-flop은?
① RS flip-flop   ② RST flip-flop
③ D flip-flop   ④ T flip-flop

75 플립플롭과 관계되지 않는 것은?
① JK
② RS
③ RIPPLE
④ MASTER-SLAVE

76 A값이 0011, B값이 0101일 때 그림에서 출력 Y값은?

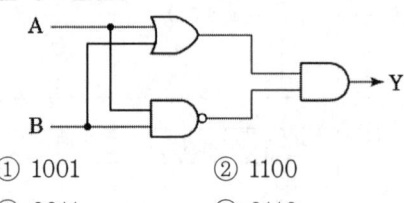

① 1001   ② 1100
③ 0011   ④ 0110

77 다음 논리회로의 논리식은?

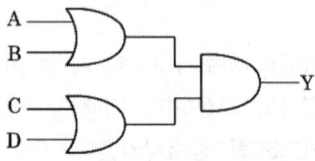

① Y=AB+CD
② Y=(A+B)(C+D)
③ Y=AB(C+D)
④ Y=(A+B)+(C+D)

78 다음 회로도는 어떤 기능의 소자에 관한 것인가?

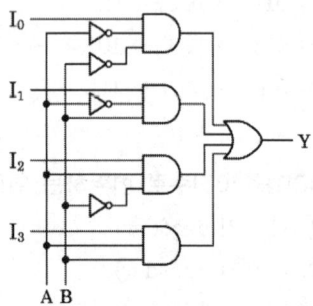

① 멀티플렉서(Multiplexer)
② 디코더(Decoder)
③ 인코더(Encoder)
④ 디멀티플렉서(Demultiplexer)

79 레이스(Race) 현상을 방지하기 위하여 사용하는 것은?
① 무안정 M/V
② M/S Flip Flop
③ Schmitt Trigger
④ JK Flip Flop

80 JK 플립플롭에서 J의 값이 1이며, K의 값이 0인 경우 출력값은?
① 불변(previous state)
② 리셋(reset)
③ 세트(set)
④ 토글(toggle)

제5과목 데이터통신

81 여러 개의 채널을 몇 개의 소수 회선으로 공유화시키는 장치는?
① 다중화기 ② 집중화기
③ 변·복조기 ④ 선로 공동이용기

82 모뎀을 이용하여 단말기 간의 통신 시 단말기와 모뎀 사이의 신호 중 RTS는 무엇을 뜻하는가?
① 송신할 데이터가 없다.
② 수신할 데이터가 없다.
③ 송신할 데이터가 있다.
④ 수신할 데이터가 있다.

83 HDLC 데이터 전송 모드의 동작 모드가 아닌 것은?
① 정규 응답 모드(Normal Response Mode)
② 동기 응답 모드(Synchronous Response Mode)
③ 비동기 응답 모드(Asynchronous Response Mode)
④ 비동기 평형 모드(Asynchronous Balanced Mode)

84 정지화상 압축 기술의 표준은?
① MPEG ② JPEG
③ H261 ④ G711

85 정보통신 기술발전에 의해 출현한 정보화의 한 형태로서, 한 건물 또는 공장, 학교 구내, 연구소 등의 일정지역 내의 설치된 통신망으로서 각종 기기 사이의 통신을 실행하는 통신망은?
① LAN ② WAN
③ MAN ④ ISDN

86 전송을 위한 5단계의 제어 절차 중 제3단계는?
① 데이터 링크의 종결
② 정보 메시지의 전송
③ 데이터 링크의 설정
④ 데이터 통신회선의 절단

87 동기식 전송 방식의 구성 형식은 동기 문자와 제어정보, 데이터 블록으로 구성되는데 이러한 구성 형식을 무엇이라 하는가?
① 플래그 ② 패리티
③ 프레임 ④ 사이클

88 망(network) 구조의 기본 유형이 아닌 것은?
① 스타형 ② 링형
③ 트리형 ④ 십자형

89 쿼드 비트를 사용하여 1,600baud의 변조 속도를 지니는 데이터 신호가 있다. 이때 데이터 신호속도(bps)는?
① 2,400 ② 3,200
③ 4,800 ④ 6,400

90 서비스, 응답, 경보 및 휴지 상태 복귀 신호 등의 기능을 수행하는 제어신호는?
① 감시 제어신호(supervisory control signal)
② 주소 제어신호(address control signal)
③ 호 정보 제어신호(call information control signal)
④ 망 관리 제어신호(communication management control signal)

91 통신 양단 간(end-to-end)의 에러제어와 흐름제어를 하는 계층은?
① 응용 계층 ② 네트워크 계층
③ 물리 계층 ④ 트랜스포트 계층

92 멀티드롭 선로에 연결할 수 있는 단말기의 수를 결정하는 요인이 아닌 것은?
① 선로의 길이
② 선로의 속도
③ 단말기에 의해 생기는 교통량
④ 하드웨어와 소프트웨어의 처리 능력

93 정보통신망의 서비스 부분 중 광범위하게 분산되어 있는 컴퓨터 시스템, 프로그램 또는 데이터 등의 각종 지원을 통신 선로를 거쳐서 이용함을 목적으로 하는 서비스는?
① 조회 처리 서비스
② 정보 처리 서비스
③ 정보 제공 서비스
④ 네트워크 서비스

94 대역폭(bandwidth)에 관한 설명으로 옳은 것은?
① 최고 주파수를 의미한다.
② 최저 주파수를 의미한다.
③ 최고 주파수의 절반을 의미한다.
④ 최고 주파수와 최저 주파수 사이 간격을 의미한다.

95 회선 제어 방식 중 가장 간단한 형태로 회선의 접근을 위해 서로 경쟁하는 방식의 대표적인 시스템은?
① ALOHA 시스템
② Roll-call 폴링 시스템
③ Hub-go-ahead 폴링 시스템
④ Selection 시스템

96 지능 다중화기의 설명 중 옳지 않은 것은?
① 실제 보낼 데이터가 있는 DTE에만 각 부채널에 시간폭을 할당한다.
② 주소제어, 흐름제어, 오류제어 등의 기능이 제공된다.
③ 실제 전송할 데이터가 있는 부채널에만 시간폭을 할당하므로 많은 데이터 전송이 가능하다.
④ 가격이 싸고, 접속에 소요되는 시간이

길어진다.

97 다중화 방식 중 각 채널 할당 시간이 공백인 경우(idle time) 다음 차례에 의한 연속 전송이 가능하여 전송 전달 시간을 빠르게 하는 방식은?
① 코드 분할다중화
② 주파수 분할다중화
③ 동기식 시분할다중화
④ 비동기식 시분할다중화

98 패킷 교환망의 주요 기능으로 옳지 않은 것은?
① 경로선택 제어 ② 트래픽 제어
③ 에러 제어   ④ 액세스 제어

99 TCP/IP 네트워크를 구성하기 위해 1개의 C 클래스 주소를 할당받았다. C 클래스 주소를 이용하여 네트워크상의 호스트들에게 실제로 할당할 수 있는 최대 IP 주소의 개수는?
① 253개   ② 254개
③ 255개   ④ 256개

100 전진 에러 수정(FEC : Forward Error Correction) 방식에서 에러를 수정하기 위해 사용하는 방식은?
① 해밍 코드(Hamming Code)의 사용
② 압축(compression)방식 사용
③ 패리티 비트(Parity Bit)의 사용
④ Huffman Coding 방식 사용

2004년 2회 시행 과년도출제문제

제1과목 시스템프로그래밍

01 주기억장치 관리 기법의 배치 전략 중 입력된 작업을 가장 큰 공백에 배치하는 방법은?
① first-fit
② worst-fit
③ best-fit
④ good-fit

02 로더(loader)의 기능이 아닌 것은?
① 적재(loading)
② 번역(compile)
③ 할당(allocation)
④ 연계(linking)

03 유한자동기(finite-state automata)에 적용되는 문법은?
① 문맥자유형 문법(context-free grammar)
② 정규 문법(regular grammar)
③ 문맥의존형 문법(context-sensitive grammar)
④ 비제한 문법(no restriction grammar)

04 프로세서들이 서로 작업을 진행하지 못하고 영원히 대기상태로 빠지게 되는 현상을 무엇이라고 하는가?
① thrashing
② working set
③ semaphore
④ deadlock

05 원시 프로그램을 기계어로 번역해 주는 프로그램에 해당하지 않는 것은?
① 컴파일러(Compiler)
② 어셈블러(Assembler)
③ 인터프리터(Interpreter)
④ 로더(Loader)

06 Multiprogramming 작업 시, 한 구분 안에 있는 프로그램이 다른 구분에 있는 장소를 사용하지 못하게 함으로써, 사용자들을 서로 보호해 주는 기능을 하는 것은?
① Index register
② Accumlator
③ Bound register
④ Program Counter

07 한 번 호출된 자료나 명령은 곧바로 다시 사용될 가능성이 있으며, 또한 한 기억장소가 호출되면 인접된 장소들이 연속되어 사용될 가능성이 높음을 의미하는 것은?
① Locality
② Thrashing
③ Swapping
④ Overlay

08 페이징 시스템에서 페이지의 크기에 관한 설명으로 옳지 않은 것은?
① 페이지의 크기가 작을수록 페이지 테이블의 크기가 커진다.
② 페이지의 크기가 클수록 내부단편화가 감소한다.
③ 페이지의 크기가 클수록 참조되는 정보와 무관한 정보들이 많이 적재된다.

④ 작은 크기의 페이지가 보다 적절한 작업세트를 유지할 수 있다.

09 우선순위 스케줄링 알고리즘에서 발생할 수 있는 무한연기 현상을 해결하기 위해서 제안된 방법은?
① 세마포어(semaphore)
② 에이징(aging) 기법
③ 문맥전환(context switching)
④ 구역성(locality)

10 교착상태(deadlock) 발생의 필수 조건이 아닌 것은?
① Mutual exclusion
② Hold and wait
③ Circular wait
④ Preemption

11 처리기 경영에서 보류 상태에 있는 여러 개의 작업 중 일부를 선정하여 시행될 수 있도록 준비 상태로 바꾸는 일을 하는 것은?
① Spooler
② Job Scheduler
③ Process Scheduler
④ Traffic controller

12 컴퓨터의 처리속도가 인간의 반응속도보다 빠른 것을 이용하여 컴퓨터가 사용자들의 일을 고르게 처리해 줌으로써, 각 사용자가 독립된 컴퓨터를 사용하는 것처럼 느껴지는 시스템은?
① Time Sharing System
② Swapping System
③ Batch Processing System
④ On-line System

13 프로그램들을 기억장치에 놓고 수행할 수 있도록 준비하는 프로그램은?
① 로더(loader)
② 어셈블러(assembler)
③ 매크로(macro)
④ 컴파일러(compiler)

14 매크로 프로세서의 기본적인 수행 작업으로 볼 수 없는 것은?
① 매크로 정의 인식
② 매크로 정의 저장
③ 매크로 호출 인식
④ 매크로를 구성하고 있는 인스트럭션의 실행

15 원시 프로그램을 기계어로 번역하는 순서대로 명령어 및 자료를 직접 주기억장치에 적재하여 곧바로 프로그램을 수행하는 방식의 loader는?
① Compile-and-go loader
② Direct-linking loader
③ Relocation loader
④ Absolute loader

16 절대로더(absolute loader)를 이용할 경우 어셈블러에 의해 처리되는 것은?
① 기억 장소 할당(allocation)
② 재배치(relocation)
③ 연결(linking)
④ 적재(loading)

17 이중(two) 패스 어셈블러를 사용하는 가장 주된 이유는?
① 심벌이 정의되기 이전에 사용될 수 있기 때문이다.
② 어셈블러는 투 패스로만 사용해야 하기 때문이다.
③ 어셈블러에 매크로 기능을 부여하기 위해서이다.
④ 슈도 오퍼레이션(Pseudo operation)이 있기 때문이다.

18 주소바인딩의 의미로 적절한 것은?
① 물리적 주소공간에서 논리적 주소공간으로의 사상
② 논리적 주소공간에서 물리적 주소공간으로의 사상
③ 물리적 주소공간에서 물리적 주소공간으로의 사상
④ 주소를 심벌로 사상

19 운영체제를 수행기능에 따라 분류할 때 제어 프로그램에 해당하지 않는 것은?
① 언어 번역 프로그램
② 감시 프로그램
③ 데이터 관리 프로그램
④ 작업 제어 프로그램

20 프로그래머에게 프로그램이 실행되고 있는 상황을 알 수 있게 하여 프로그램의 오류 수정을 쉽게 도와주는 유틸리티 프로그램은 무엇인가?
① Text editor
② Linker
③ Tracer
④ Library Programs

제2과목 전자계산기구조

21 DMA란?
① 인터럽트와 같다.
② Direct Memory Acknowledge의 약자이다.
③ Direct Main Accumulator의 약자이다.
④ 메모리와 입·출력 디바이스 사이에 데이터의 주고받음이 직접 행해지는 기법

22 인터럽트 처리 과정 중 인터럽트를 요청한 장치를 소프트웨어로 판별하는 방법은?
① 폴링(polling) 방법
② 스택(stack)을 이용하는 방법
③ 인터럽트 주소 결정 회로를 이용하는 방법
④ 장치 번호 버스(device code bus)를 이용하는 방법

23 two address machine에서 기억용량이 $65536 = 2^{16}$이고, word length가 40bits라면 이 명령형(instruction format)에 대한 명령 코드는 몇 bit로 구성되는가?
① 5 ② 6
③ 7 ④ 8

24 일반적인 컴퓨터와 달리 명령어를 실행할 때 실행할 명령어의 순서와 상관없이 단지

피연산자의 준비 여부에 따라 실행되며, 데이터의 종속 여부에 따라 수행 순서가 결정되는 방식으로 이론상으로 최대의 병렬성을 얻을 수 있는 컴퓨터 구조는?
① 배열 처리기(array processor)
② 시스톨릭 처리기(systolic processor)
③ 파이프라인 처리기(pipeline processor)
④ 데이터 흐름형 컴퓨터(data flow computer)

25 컴퓨터가 인터럽트 루틴 수행 후에 처리되는 것은?
① 전원을 다시 동작시킨다.
② 모니터 화면에 인터럽트 종류를 디스플레이한다.
③ 메모리의 내용을 지워서 다른 프로그램이 적재될 수 있도록 한다.
④ 인터럽트 처리 시 보존시켰던 PC 및 제어상태 데이터를 PC와 제어상태 레지스터에 복구한다.

26 디지털 IC의 특성을 나타내는 중요한 비교평가 요소가 아닌 것은?
① 전파 지연시간
② 전력 소모
③ 팬 아웃(fan out)
④ 공급 전원전압

27 기억장치에 접근을 위하여 판독신호를 내고 나서 다음 판독신호를 낼 수 있을 때까지의 시간을 무엇이라 하는가?
① 탐색 시간(seek time)
② 전송 시간(transfer time)
③ 접근 시간(access time)
④ 사이클 시간(cycle time)

28 10110과 01110을 Exclusive-OR하였을 때의 결과는?
① 00111　　② 00110
③ 11000　　④ 11001

29 Exclusive-OR gate의 출력은?
① $\overline{AB}+AB$　　② $\overline{A}\overline{B}+AB$
③ $\overline{AB}+A\overline{B}$　　④ $A\overline{B}+\overline{A}B$

30 제어 메모리에서 번지를 결정하는 방법으로 옳지 않은 것은?
① 마이크로 명령에서 지정하는 번지로 무조건 분기
② 서브루틴은 call과 return
③ 상태 비트에 따른 조건부 분기
④ 명령어 분석에 따른 조건부 분기

31 컴퓨터의 입·출력 버스와 입·출력장치 사이의 정보를 전송하는 데 필요한 회로를 무엇이라 하는가?
① 모듈(module)
② 인터페이스(interface)
③ 캐시(cache)
④ 인스트럭션(instruction)

32 다음 10진수 중 2421 코드로 표시된 1011과 같은 값은?
① 4　　② 5
③ 6　　④ 7

33 인터럽트의 발생 원인으로 적당하지 않은 것은?
① 일방적인 인스트럭션 수행
② 수퍼바이저 콜
③ 정전이나 자료 전달의 오류 발생
④ 전압의 변화나 온도 변화

34 레지스터(Register)에서 일반적으로 주로 쓰는 기억소자는?
① Flip-Flop
② Magnetic core
③ Magnetic tape
④ Magnetic disk

35 마이크로 오퍼레이션을 순서적으로 발생시키는 데 필요한 것은?
① 스위치   ② 레지스터
③ 누산기   ④ 제어신호

36 중앙처리장치를 모듈화하여 데이터 및 명령어의 길이를 다양하게 설계하는 데 적합한 프로세서는?
① 퍼지 프로세서
② 인공지능 프로세서
③ 비트 슬라이스 프로세서
④ RISC 프로세서

37 마이크로 명령 형식을 표시한 것이다. 적합하지 않은 것은?
① 수평 마이크로 명령
② 제어 마이크로 명령
③ 수직 마이크로 명령
④ 나노 명령

38 메모리 인터리빙(interleaving)의 설명이 아닌 것은?
① 저속의 블록 단위 전송이 가능하다.
② 캐시 기억장치, 고속 DMA 전송 등에서 많이 사용된다.
③ 기억장치의 접근시간을 효율적으로 높일 수 있다.
④ 각 모듈을 번갈아 가면서 접근(access)할 수 있다.

39 부동소수점(Floating point) 데이터의 정규화란(Normalize) 무엇을 의미하는가?
① 지수(exponent)의 가장 오른쪽 숫자(digit)가 0이 아니도록 하는 과정
② 지수(exponent)를 최대한 크게 하는 과정
③ 지수를 최대한 작게 하는 과정
④ 가수(mantissa)의 가장 왼쪽 숫자(digit)가 0이 아닌 숫자가 오도록 하는 과정

40 병렬처리기 구성에서 명령 파이프라인(instruction pipeline)이 사용하는 버퍼의 구조는?
① LIFO   ② FILO
③ FOLO   ④ FIFO

제3과목 마이크로전자계산기

41 문자 하나의 전송 시간이 0.05초, 한 문자의 길이가 11비트로 구성이 되었다면 자료 전송률은?
① 440Baud
② 110Baud
③ 220Baud
④ 550Baud

42 PC(Program Counter)를 올바르게 설명한 것은?
① 수치, 논리연산을 위한 레지스터이다.
② 명령어를 해독하기 위한 레지스터이다.
③ 다음에 실행할 명령어 주소를 기억하는 레지스터이다.
④ 주기억장치의 유효 주소를 계산하는데 필요한 레지스터이다.

43 마이크로 동작(micro-operation)에 대한 가장 옳은 설명은?
① 컴퓨터의 빠른 계산동작
② 레지스터에 저장된 자료를 처리하기 위한 기본신호 동작
③ 2진수 연산에서 쓰이는 동작
④ 어셈블리 언어의 한 명령어에 의해 이루어지는 동작

44 마이크로컴퓨터를 구성하는 주요 버스가 아닌 것은?
① 검사 버스(test bus)
② 자료 버스(data bus)
③ 주소 버스(address bus)
④ 제어 버스(control bus)

45 동시에 여러 개의 입·출력장치를 제어할 수 있는 채널은?
① 멀티플렉서 채널
② 레지스터 채널
③ Duplex 채널
④ Simplex 채널

46 컴퓨터의 PRU는 4가지 단계를 반복적으로 거치면서 동작한다. 다음 중 속하지 않는 단계는?
① Interrupt cycle
② Fetch cycle
③ Branch cycle
④ Execution cycle

47 기억장치의 액세스 속도를 향상시키기 위한 방법이 아닌 것은?
① 캐시(cache) 메모리
② 가상(virtual) 메모리
③ 메모리 뱅킹(banking)
④ 메모리 인터리빙(interleaving)

48 마이크로컴퓨터 시스템과 외부회로 사이의 데이터 전달 입·출력(I/O) 방식이 아닌 것은?
① programmed I/O
② interrupt I/O
③ DMA(direct memory access)
④ paged I/O

49 ROM으로 조합 논리회로를 설계하고자 한다. 설계하고자 하는 함수는 입력이 8개이

고, 출력이 4개라고 한다면 필요한 ROM의 용량은?
① 256Words, 4bits/word
② 64Words, 4bits/word
③ 16Words, 4bits/word
④ 8Words, 4bits/word

50 데이터를 포트를 통해 병렬로 출력시킬 때 사용되는 신호선이 아닌 것은?
① WRITE   ② ADDRESS BUS
③ DATA BUS   ④ READ

51 48Kbyte의 기억용량을 가진 8bit 마이크로컴퓨터의 address line은 몇 개인가?
① 8   ② 12
③ 16   ④ 32

52 소스 프로그램의 컴파일이 불가능한 소규모 마이크로컴퓨터에서 이를 컴파일하기 위해 보다 대용량의 컴퓨터를 이용, 컴파일 작업을 수행하고자 한다. 이때 사용되는 컴파일러를 무엇이라 하는가?
① Macro Compiler
② Absolute Compiler
③ Cross Compiler
④ Relocation Compiler

53 부트스트래핑 로더(Bootstrapping loader)가 하는 일은?
① 시스템을 효율적으로 사용할 수 있게 한다.
② 컴퓨터 가동 시 운영체제(operating system)를 주기억장치로 읽어온다.
③ 모든 주변장치를 초기화한다.
④ 명령어를 해석한다.

54 0-주소(zero address) 명령 형식에 속하는 것은?
① 모든 연산은 스택(stack)에 있는 자료를 이용하여 수행하고, 그 결과 또한 스택에 보존된다.
② 하나의 입력 자료의 주소만 사용하고 나머지 자료는 AC(accumulator)에 기억된 자료를 사용하여 연산을 수행하고 난 후 결과는 AC에 보존한다.
③ 하나의 명령어 수행을 위하여 최소한 네 번 기억장치에 접근해야 하므로 수행 시간이 길다.
④ 연산의 결과를 명령 형식의 결과 주소 부분과 중앙처리장치 내의 AC에 동시에 기억시키도록 할 수 있다.

55 ALU의 기능이 아닌 것은?
① 가산을 한다.
② AND 동작을 한다.
③ complement 동작을 한다.
④ PC(프로그램 카운터)를 1만큼 증가시킨다.

56 two pass 어셈블러에서 second pass 시 사용되는 테이블이 아닌 것은?
① 의사 명령어(pseudo-instruction) 테이블
② MRI(Memory Reference Instruction) 테이블
③ 번지 기호(Address symbol) 테이블

④ 매크로(Macro) 테이블

57 카운터 타이머 회로(counter timer circuit)에 대하여 설명한 것은?
① 두 개의 주변기기를 접속하기 위하여 사용된다.
② 스타트 신호와 스톱 신호를 붙이기 위하여 사용된다.
③ 병렬데이터를 직렬데이터로 변환하기 위하여 사용된다.
④ 입·출력 통신용 인터페이스에서 전송 펄스의 발생을 위해 사용된다.

58 입·출력장치의 처리 속도는 늦고, 중앙처리장치의 속도는 빠르기 때문에 중앙처리장치의 효율을 높이기 위해서 사용되는 장치는?
① buffer ② decoder
③ multiplexer ④ demultiplexer

59 인터럽트 발생 시 소프트웨어에 의해서 차례로 검사하여 가장 우선 순위가 높은 인터럽트를 찾아내어 수행하는 방식은?
① Busy 방식
② Polling 방식
③ Direct Memory Access
④ Vector Interrupt

60 프로그램을 작성하여 기계어 번역 시 또는 실행 시 문법적 오류나 논리적 오류를 바로잡는 과정을 무엇이라 하는가?
① Assembly ② Loading
③ Debugging ④ Editing

제4과목 논리회로

61 다음 회로에서 출력 F로 나올 수 없는 것은?

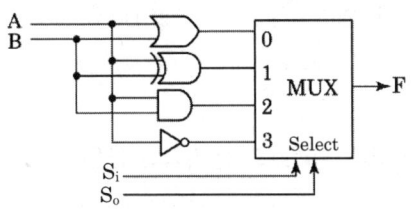

① $\overline{B}$ ② $\overline{A}B + A\overline{B}$
③ AB ④ $A + B$

62 8진 카운터를 구성하고자 할 경우 몇 개의 J-K 플립플롭이 필요한가?
① 3개 ② 4개
③ 8개 ④ 16개

63 마스터 슬레이브 JK-FF에서 클록 펄스가 들어올 때마다 출력 상태를 반전시키기 위한 J와 K의 입력으로 옳은 것은?
① J=1, K=1 ② J=1, K=0
③ J=0, K=1 ④ J=0, K=0

64 다음의 JK 플립플롭으로 설계된 회로는 몇 진 counter인가?

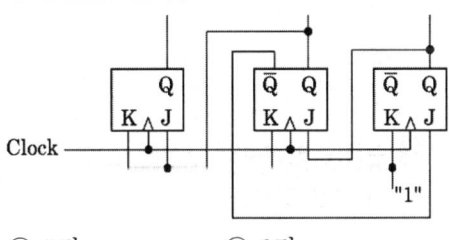

① 5진 ② 6진
③ 7진 ④ 8진

65 0과 1의 조합에 의하여 어떠한 기호라도 표현될 수 있도록 부호화를 행하는 회로를 무엇이라 하는가?
① Encoder ② Decoder
③ Comparator ④ Detector

66 다음 진리표의 논리식이 옳은 것은?

A	B	C	F
0	0	0	0
0	0	1	1
0	1	0	1
0	1	1	1
1	0	0	0
1	0	1	1
1	1	0	0
1	1	1	1

① $F = \overline{A}B + AC$
② $F = AB + \overline{B}$
③ $F = \overline{A}B + C$
④ $F = AB + B$

67 어떤 플립플롭의 전파 지연 시간(propagation delay)이 50ns라고 하면 이 플립플롭이 정상적인 동작을 하도록 인가할 수 있는 클록의 최대 주파수는 몇 MHz인가?
① 5 ② 10
③ 20 ④ 50

68 순서 논리회로의 구성에 관한 설명 중 옳지 않은 것은?
① 기억 소자가 필요하다.
② 조합 논리회로를 포함한다.
③ 카운터는 순서 논리회로가 아니다.
④ 입력신호와 레지스터의 상태에 따라서 출력이 결정된다.

69 병렬 2진 가산기에 두 개의 입력 A, B 및 올림수 C를 다음 그림과 같이 인가한다면 수행되는 출력 F의 기능은?

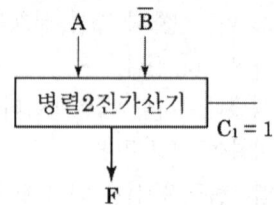

① 올림수를 포함한 덧셈(Addition with carry)
② 뺄셈(Subtraction)
③ 증가(Increment)
④ 감소(Decrement)

70 입력 펄스의 수를 세는 회로는?
① 카운터 ② 레지스터
③ 디코더 ④ 인코더

71 비트 A와 B가 있을 때 반가산기가 할 수 있는 기능은?
① $A \oplus B$ 및 AB
② $A \oplus B$ 및 $A + B$
③ $A + B$ 및 AB
④ $A + B$ 및 $\overline{AB}$

72 A, B 두 개의 변수로 구성된 논리함수의 최소항(minterm)에 속하지 않는 것은?
① AB ② AB'
③ A'B ④ (AB)'

73 다음 레지스터 중 CPU의 상태에 대한 정보를 저장하고 있는 것은?
① PSW(Program Status Word)
② ACC(Accumulator)
③ PC(Program Counter)
④ IR(Instruction Register)

74 분기 명령이 수행될 때 다음의 레지스터 중 그 내용이 바뀌는 것은?
① 누산기 ② 프로그램 카운터
③ MAR ④ 인덱스 레지스터

75 다음 회로도의 A값이 1100이고, B값이 0001일 때 출력 F의 값은?

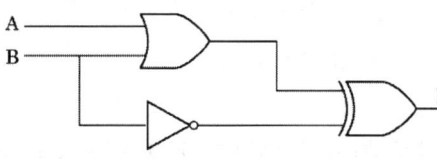

① 0011 ② 1100
③ 1101 ④ 1011

76 2진수 101100의 2의 보수는?
① 010011 ② 010100
③ 010101 ④ 010010

77 CPU와 관련된 양방향 버스는?
① Address Bus ② Control Bus
③ I/O Bus ④ Data Bus

78 JK 플립플롭의 특성 방정식은? 이때, $Q_{(t)}$는 현재 상태, $Q_{(t+1)}$은 다음 상태이다.
① $Q_{(t+1)} = \overline{J}\,\overline{Q}_{(t)} + KQ_{(t)}$
② $Q_{(t+1)} = \overline{J}\,Q_{(t)} + K\overline{Q}_{(t)}$
③ $Q_{(t+1)} = J\overline{Q}_{(t)} + \overline{K}\,Q_{(t)}$
④ $Q_{(t+1)} = JQ_{(t)} + \overline{K}\,\overline{Q}_{(t)}$

79 다음 회로의 명칭은?

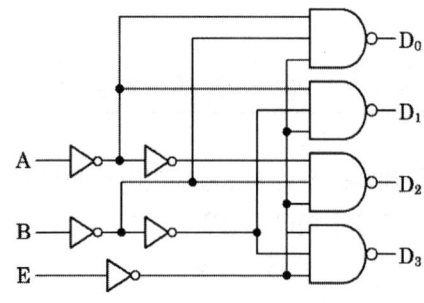

① 인코더
② 멀티플렉서
③ 디멀티플렉서
④ 패리티 체크 회로

80 T 플립플롭에 대한 여기표는?

①
$Q_{(t)}$	$Q_{(t+1)}$	출력
0	0	0
0	1	1
1	0	1
1	1	0

②
$Q_{(t)}$	$Q_{(t+1)}$	출력
0	0	0
0	1	0
1	0	1
1	1	1

③
$Q_{(t)}$	$Q_{(t+1)}$	출력
0	0	0
0	1	1
1	0	0
1	1	1

④

$Q_{(t)}$	$Q_{(t+1)}$	출력
0	0	1
0	1	0
1	0	1
1	1	0

A : 회선의 접속
B : 정보의 전송
C : 데이터 링크의 설정
D : 회선의 절단
E : 데이터 링크의 해제

① A → C → B → E → D
② A → C → B → D → E
③ C → A → B → E → D
④ C → A → B → D → E

제5과목 데이터통신

81 데이터 전송 시스템에 있어서 통신 방식의 종류가 아닌 것은?
① 단방향 통신방식
② 반이중 통신방식
③ 회선 다중방식
④ 전이중 통신방식

82 보(baud) 속도가 2400보이고, 한 번에 2개의 비트를 전송할 때 데이터 신호속도(bps)는 얼마인가?
① 2400　② 4800
③ 7200　④ 9600

83 펄스 파형을 그대로 변조없이 전송하는 방식은?
① 베이스 밴드 전송방식
② 직렬 전송방식
③ 대역 전송방식
④ 병렬 전송방식

84 다음 전송 제어의 단계를 순서대로 나열한 것은?

85 주파수 분할 다중화기(FDM)에서 부채널 간의 상호 간섭을 방지하기 위한 지역은?
① 가드 밴드(Guard Band)
② 채널(channel)
③ 버퍼(Buffer)
④ 슬롯(Slot)

86 ITU-T의 X시리즈 권고안 중 공중 데이터 네트워크에서 패킷형 터미널을 위한 DCE와 DTE 사이의 접속 규격은?
① X.3　② X.21
③ X.25　④ X.40

87 에러 제어에 사용되는 자동반복 요청(ARQ) 기법이 아닌 것은?
① stop-and-wait ARQ
② go-back-N ARQ
③ auto-repeat ARQ
④ selective-repeat ARQ

88 송신측은 하나의 블록을 전송한 후 수신측에서 에러의 발생을 점검한 다음 에러 발

생 유무 신호를 보내올 때까지 기다리는 ARQ 방식은?
① 연속적 ARQ
② 적응적 ARQ
③ Go-Back-N ARQ
④ 정지와 대기 ARQ

89 둘 이상의 컴퓨터 사이에 데이터 전송을 할 수 있도록 미리 정보의 송·수신측에서 정해둔 통신 규칙은?
① 프로토콜　② 링크
③ 터미널　④ 인터페이스

90 전송 데이터가 있는 동안에만 시간 슬롯을 할당하는 다중화 방식은?
① 통계적 시분할 다중화
② 광파장 분할 다중화
③ 동기식 시분할 다중화
④ 주파수 분할 다중화

91 다음 OSI 7계층과 이와 관련된 표준으로 서로 옳지 않게 연결된 것은?
① 물리 계층 : RS-232C
② 데이터 링크 계층 : HDLC
③ 네트워크 계층 : X.25
④ 수송 계층 : ISDN

92 통신 경로에서 오류 발생 시 수신측은 오류의 발생을 송신측에 통보하고 송신측은 오류가 발생한 프레임을 재전송하는 오류 제어 방식은?
① 에코 점검
② 순방향 오류 수정(FEC)
③ 역방향 오류 수정(BEC)
④ ARQ(Automatic Repeat Request)

93 TCP/IP에서 네트워크 계층과 관련이 없는 프로토콜은?
① IGMP　② SNMP
③ ICMP　④ IP

94 현재 많이 사용되고 있는 LAN 방식 중 "10Base-T"의 10이 의미하는 것은?
① 케이블의 굵기가 10mm이다.
② 데이터 전송 속도가 10Mbps이다.
③ 접속할 수 있는 단말의 수가 10대이다.
④ 배선할 수 있는 케이블의 길이가 10m 이다.

95 주파수 분할 다중화(FDM) 방식에 대한 설명 중 옳지 않은 것은?
① 전송되는 각 신호의 반송 주파수는 동시에 전송된다.
② 전송하려는 신호의 필요 대역폭보다 전송 매체의 유효 대역폭이 작을 때 사용된다.
③ 반송 주파수는 각 신호의 대역폭이 겹치지 않도록 충분히 분리되어야 한다.
④ 전송 매체를 지나는 신호는 아날로그 신호이다.

96 다음 중 IP의 라우팅 프로토콜이 아닌 것은?
① IGP　② RIP
③ EGP　④ HDLC

97 인터-네트워킹을 위해 사용되는 네트워크 장비가 아닌 것은?
① 리피터(Repeater)
② 브리지(Bridge)
③ 라우터(Router)
④ 증폭기(Amplifier)

98 다음 공중 데이터 교환망 중 고정 대역폭(band width)을 사용하는 방식은?
① 회선 교환
② 메시지 교환
③ 데이터그램 교환
④ 가상회선 교환

99 인터네트워킹을 위한 브리지(Bridge)의 역할이 아닌 것은?
① A에서 송신한 모든 프레임을 읽고, B로 주소 지정된 것들을 받아들인다.
② B에 대한 매체 액세스 제어 프로토콜을 사용하여 B에게로 프레임을 재전송한다.
③ B에서 A로의 트래픽은 같다.
④ A에서 송신한 프레임의 내용과 형식을 수정한다.

100 데이터 링크 제어 문자 중에서 수신측에서 송신측으로 부정 응답으로 보내는 문자는?
① NAK(Negative AcKnowledge)
② STX(Start of TeXt)
③ ACK(ACKnowledge)
④ ENQ(ENQuiry)

2004년 4회 시행 과년도출제문제

제1과목 시스템프로그래밍

01 Loader의 기능이 아닌 것은?
① allocation ② linking
③ relocation ④ compile

02 프로그램이나 데이터를 위해 메모리 내에 기억 공간을 확보하는 작업을 무엇이라 하는가?
① allocation ② relocation
③ loading ④ linking

03 어셈블리어로 프로그램을 작성할 때, 고급 언어와 비교하여 가장 큰 장점으로 볼 수 있는 것은?
① 명령어들이 간략하기 때문에 프로그램이 간단하게 된다.
② 명령어의 종류가 많으므로 초보자가 이용하기에 적합하다.
③ 기능이 단순하므로 프로그램 개발이 용이하다.
④ 하드웨어를 직접 활용할 수 있어 처리 속도가 빠르다.

04 절대 로더에서 연결(linking) 기능의 주체는?
① 컴파일러 ② 로더
③ 어셈블러 ④ 프로그래머

05 컴퓨터의 CPU에 어떠한 신호를 보내어 CPU가 하던 일을 잠시 멈추고 다른 작업을 처리하도록 하는 방법은?
① interleaving ② spooling
③ interrupt ④ deadlock

06 컴퓨터 성능평가의 기준 사항으로 거리가 먼 것은?
① CPU 사용률 ② 처리율
③ 반환시간 ④ 비용

07 운영체제가 수행하는 기능으로 거리가 먼 것은?
① 언어번역 ② 입/출력 관리
③ 프로세서 관리 ④ 정보관리

08 원시 프로그램이 수행되기까지의 system program의 실행 순서가 옳은 것은?
① compiler - loader - linkage editor
② compiler - linkage editor - loader
③ loader - compiler - linkage editor
④ linkage editor - compiler - loader

09 일반적인 로더(general loader)에 가장 가까운 것은?
① compile-and-go loader
② absolute loader
③ dynamic linking loader
④ direct linking loader

10 운영체제의 제어 프로그램에 해당하지 않는 것은?
① language translator program
② supervisor program
③ data management program
④ job management program

11 교착상태(dead lock) 발생의 필요 조건이 아닌 것은?
① mutual exclusion
② hold and wait
③ preemption
④ circular wait

12 데이터가 입력된 순간에 곧바로 작업을 처리하는 컴퓨터 시스템으로 화학공장 또는 원자력 발전소 등의 공정 제어 시스템, 은행의 온라인 처리 시스템 등에 사용되는 시스템은?
① 실시간 시스템(real time system)
② 오프라인 시스템(off-line system)
③ 다중 처리 시스템(multiprocessing system)
④ 일괄처리 시스템(batch system)

13 Job scheduling 정책 중 time slice 개념과 가장 밀접한 관련이 있는 것은?
① SRT ② SJF
③ Round Robin ④ FIFO

14 Formal grammar의 4가지 형태에 해당하지 않는 것은?
① Regular grammar
② Context-free grammar
③ Context sensitive grammar
④ Generator grammer

15 매크로 프로세서가 기본적으로 수행하는 작업이 아닌 것은?
① 매크로 정의 인식
② 매크로 정의 저장
③ 매크로 호출 인식
④ 매크로 기억 장소 할당

16 어셈블러가 두 개의 패스(Pass)로 구성되는 이유로 가장 적합한 것은?
① 패스 1, 2의 어셈블러 프로그램이 작아서 경제적이기 때문에
② 한 개의 패스로는 프로그램이 너무 커서 유지보수가 어렵기 때문에
③ 한 개의 패스로는 처리속도는 빠르나 메모리가 많이 소요되기 때문에
④ 기호를 정의하기 전에 사용할 수 있어 프로그램 작성이 용이하기 때문에

17 Global reference들을 절대번지로 바꾸거나 linking과 상대번지를 바꾸는 과정 등과 같이 변하기 쉬운 것을 확고하게 결정짓는 것을 무엇이라고 하는가?
① binding ② thrashing
③ paging ④ parsing

18 한 프로그램에서 사용하는 각 페이지마다 count를 두어서 현시점에서 볼 때 가장 오래 전에 사용된 페이지가 희생자가 되는 스케줄링 알고리즘을 무엇이라 하는가?

① LRU ② LFU
③ FIFO ④ LIFO

19 프로그램에서 오류가 발생한 위치와 오류가 발생하게 된 원인을 추적하기 위하여 사용되는 것은?
① text editor ② tracer
③ linker ④ binder

20 컴파일러 언어에 해당하지 않는 것은?
① COBOL ② C
③ FORTRAN ④ BASIC

제2과목 전자계산기구조

21 그림과 같은 논리회로의 기능은? (단, A, B는 입력, Y는 출력으로 본다.)

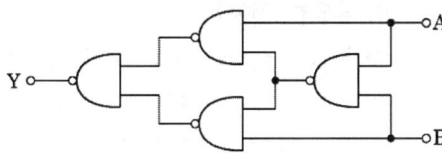

① equivalance
② exclusive-OR
③ implication
④ NAND

22 하드웨어 원인에 의한 인터럽트에 속하지 않는 것은?
① 정전(Power Fail)
② Machine Check
③ overflow/underflow
④ 프로그램 수행이 무한 루프일 때 time에 의해 발생

23 가상(Virtual) memory에 대한 설명으로 옳은 것은?
① 가상메모리 체제는 컴퓨터의 속도를 개선하기 위한 방법이다.
② 소프트웨어보다는 하드웨어에 의해 실현된다.
③ 가상 메모리는 데이터를 미리 주기억 장치에 저장한 것을 말한다.
④ 보조 기억장치로는 DASD이어야 한다.

24 바이트 머신의 데이터 형식을 표시한 아래 표는 어떠한 데이터 형식을 표시하는가?

부호	지수부	가수부
(sign)	(exponent)	(Mantissa)

① 고정 소수점 데이터(fixed point data)
② 팩(pack) 형식의 10진수(decimal number)
③ 부동 소수점 데이터(floating point data)
④ 가변장 논리 데이터(variable length logical data)

25 FETCH 메이저 스테이트에서 수행되는 마이크로 오퍼레이션이 아닌 것은?
① MAR←PC : PC의 값을 MAR로 이동
② PC←PC+b : PC의 값을 인스트럭션의 바이트 수 b만큼 증가
③ IR←MBR(OP) : MBR에서 연산(operation) 부분을 인스트럭션 레지스터로 옮김
④ IEN←0 : 인터럽트를 disable시킨다.

26 메모리 인터리빙(interliving)과 관계가 적은 것은?
① 프로그램 내에 조건부 분기(branch) 인스트럭션이 있을 때 효과적이다.
② 복수 모듈 기억장치를 이용한다.
③ 기억장치에 접근을 각 모듈에 번갈아 가면서 하도록 한다.
④ 각 인스트럭션에서 사용하는 데이터의 주소에 관계가 있다.

27 마이크로 오퍼레이션은 어디에 기준을 두고서 실행되나?
① Flag   ② Clock
③ Memory ④ RAM

28 내용에 의해 접근하는 내용 주소화 기억장치(content addressable memory)인 것은?
① associative memory
② bubble memory
③ virtual memory
④ D.M.A

29 자료에 접근하는 방법에 따라서 여러 가지의 주소지정방식이 있다. 다음 중 다른 주소지정방식보다 가장 신속한 방식은?
① 직접주소방식
② 간접주소방식
③ 자료자신방식
④ 계산에 의한 방식

30 병렬 처리기에 해당되지 않는 것은?
① 파이프라인(pipeline) 처리기
② 언어(language) 처리기
③ 다중(multi) 처리기
④ 배열(array) 처리기

31 하드웨어 신호에 의하여 특정번지의 서브루틴을 수행하는 것은?
① Vectored interrupt
② Handshaking mode
③ subroutine call
④ DMA 방식

32 I/O operation과 관계없는 것은?
① Channel   ② Handshaking
③ Interrupt   ④ Emulation

33 다음의 고정점 이진수 표현(Binary fixed point representation)방식 중 0의 표현이 유일한 것은?
① Signed-magnitude 방식
② Signed-1's Complement 방식
③ Signed-2's Complement 방식
④ 모두 유일하지 않다.

34 기억장치 내에서 프로그램과 자료의 위치 이동이 가능하게 되려면 사용되는 주소는 어떤 주소이어야 하는가?
① 절대 주소   ② 상대 주소
③ 완전 주소   ④ 양식 주소

35 아래 스위칭 회로의 논리식이 옳은 것은?

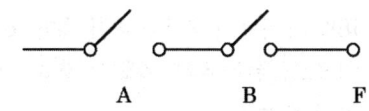

① F=A+B ② F=A·B
③ F=A−B ④ F=A/(B+A)

36 3초과 코드(Excess-3code) 1011은 10진수로 얼마인가?
① 8   ② 11
③ 14 ④ 17

37 Register 사이의 자료 전송의 형태가 아닌 것은? (Inter-Register Transfer)
① Parallel transfer(병렬전송)
② Serial transfer(직렬전송)
③ Direct transfer(직접전송)
④ Bus transfer(버스전송)

38 중앙연산처리장치에서 마이크로 오퍼레이션이 순서적으로 일어나게 하려면?
① 레지스터   ② 누산기
③ 스위치   ④ 제어신호

39 다음 알고리즘은 어떤 연산에 관한 것인가?

(1) Q←0
(2) X<Y이면 (3)을 수행,
    X≥Y이면 X←X−Y와 Q←Q+1을 수행하고 다시 (2)를 수행.
(3) R←X
(4) End.

① 곱셈
② 나눗셈
③ 보수를 이용한 가산
④ 덧셈을 이용한 거듭제곱

40 입·출력 속도(I/O speed)를 향상시키기 위한 목적과 관계가 적은 것은?
① Cache Memory
② DMA(Direct Memory Access)
③ PLA(Programmable Logic Array)
④ CAM(Content Addressable Memory)

제3과목 마이크로전자계산기

41 입·출력 인터페이스(I/O interface) 구성에 꼭 필요한 부분이라고 볼 수 없는 것은?
① 주소 버스   ② 데이터 버스
③ 제어 버스   ④ 명령어 디코더

42 DMA의 입·출력 방식과 관계없는 것은?
① DMA 제어기가 필요하다.
② CPU의 계속적인 간섭이 필요하다.
③ 비교적 속도가 빠른 입·출력 방식이다.
④ 기억장치와 주변장치 사이에 직접적인 자료 전송을 제공한다.

43 여러 회선이 하나의 회선을 공유하려면 어떤 회로를 사용하면 좋은가?
① 멀티플렉서   ② 디멀티플렉서
③ 인터페이스   ④ 버스회로

44 한 컴퓨터를 위하여 작성한 프로그램을 프로세서가 다른 컴퓨터를 이용하여 실행하

여 볼 수 있도록 하는 것을 무엇이라고 하는가?
① 에뮬레이터 ② 시뮬레이터
③ 컴파일러   ④ 모니터

45 Handshaking의 설명 중 옳지 않은 것은?
① 하나의 제어선만 필요하다.
② 비동기 자료 전송 방법에 속한다.
③ 스트로브 제어보다 개선된 방법이다.
④ 자료 전송률은 속도가 느린 장치에 의해서 결정된다.

46 평균 접근시간(access time)이 가장 긴 보조기억장치는?
① 자기디스크 ② 자기테이프
③ 자기드럼   ④ 플로피디스크

47 고수준 언어로 작성된 프로그램을 기계어로 번역하기 위한 프로그램은?
① 에디터   ② 컴파일러
③ 어셈블러   ④ 로더

48 형식 명령 중에서 3-번지 명령과 관계가 없는 것은?
① 번지 필드(field)는 레지스터를 지정할 수 없다.
② 번지 필드가 메모리 번지를 지정할 수도 있다.
③ 3-번지 명령 형식은 수식 계산기 프로그램의 길이를 짧게 할 수도 있다.
④ 2진 코드로 명령을 나타낼 때 너무 많은 비트가 필요하다.

49 16K 바이트의 기억용량을 갖는 8비트 마이크로컴퓨터에서 필요한 최소 어드레스 라인 수는?
① 8   ② 14
③ 16   ④ 32

50 입·출력장치의 속도와 CPU의 속도 차이로 인한 단점을 해결하기 위하여 고려된 인터페이스(interface) 장치는?
① channel 장치
② 지능 단말장치
③ Modem 장치
④ 멀티플렉서 장치

51 Assembler를 옳게 설명한 것은?
① BASIC program을 source program으로 변환하는 장치이다.
② source program을 BASIC program 으로 변환하는 program이다.
③ Machine language program을 BASIC program으로 변환하는 장치
④ source program을 Machine language program으로 변환하는 program이다.

52 주소지정방식을 자료접근 방법에 따라 분류할 때 해당하지 않는 것은?
① direct addressing
② immediate addressing
③ indirect addressing
④ relative addressing

53 각 데이터(data)의 끝부분에 특별한 체크

(checker) 바이트(byte)가 있어 error를 찾아내는 방법은?
① data flow check
② parity scheme check
③ data conversion check
④ cyclic redundancy check

54 중앙처리장치의 하드웨어(hardware) 요소들을 기능별로 나눌 때 속하지 않는 기능은?
① 계수 기능   ② 기억 기능
③ 연산 기능   ④ 제어 기능

55 마이크로프로세서의 처리 능력(performance)과 가장 관계가 적은 것은?
① clock의 주파수
② Data bus width
③ Addressing mode
④ Software의 호환성

56 프로그래머에게 실제의 주기억장치보다 훨씬 큰 주기억용량을 가진 것처럼 느끼게 하는 기억장치 운용방식은?
① cache memory
② virtual memory
③ auxiliary memory
④ associative memory

57 누산기(accumulator)를 clear하고자 할 때 사용하면 효과적인 명령어는?
① X-OR   ② shift
③ rotate   ④ exchange

58 제어 데이터(control data)를 기억시키기에 적당한 기억장치는?
① RAM   ② ROM
③ DRAM   ④ SRAM

59 어셈블리어로 작성된 프로그램 중 기계어로 번역되지 않고 단지 어셈블러에게 특별한 조작만 요구하는 명령을 무엇이라 하는가?
① 명령 코드
② 의사(pseudo) 명령
③ 오퍼랜드
④ 주석

60 다음과 같은 순서로 마이크로 동작을 하는 명령은?

> ① 유효 번지를 전송한다.
> ② 오퍼랜드를 읽는다.
> ③ Acc에 가산하고, 캐리는 E에 저장한다.
> (Acc는 Accumulator, E는 Flip-Flop)

① AND 명령
② LDA(Load to Acc) 명령
③ ADD 명령
④ STA(Store Acc) 명령

제4과목 논리회로

61 R-S 플립플롭에서 R=0, S=1일 때 출력 Q의 상태는?
① 부정   ② 1
③ 0   ④ complement

62 동기형 15진 계수기를 구성하려면 필요한 Flip-Flop의 개수는?
① 2   ② 3
③ 4   ④ 5

63 컴퓨터의 산술논리장치(ALU)에 없어도 되는 것은?
① 가산기   ② 승산기
③ 비교기   ④ 메모리

64 전가산기(full adder)의 입·출력 개수는?
① 입력 2개, 출력 4개
② 입력 2개, 출력 3개
③ 입력 3개, 출력 2개
④ 입력 3개, 출력 3개

65 불 대수의 정리 중 옳지 않은 것은?
① $\overline{A \cdot B} = \overline{A} + \overline{B}$
② $A \cdot (A+B) = A$
③ $A + \overline{A}B = A + B$
④ $A(\overline{A} + AB) = A + B$

66 JK Flip-Flop에서 J=K=1일 때 클록이 인가되면 출력 Q의 상태는?
① 변화없음   ② Set
③ Reset   ④ Toggle

67 주인의 역할을 하는 회로와 종의 역할을 하는 2개의 별개 플립플롭으로 구성된 플립플롭은?
① JK 플립플롭   ② T 플립플롭
③ MS 플립플롭   ④ D 플립플롭

68 디멀티플렉서(demultiplexer)란?
① 많은 입력 중 1개 선택
② 2^n개의 입력, n개의 출력
③ 많은 수의 정보통신장비를 적은 수의 채널로 전송
④ 정보를 한 선으로 받아서 여러 개의 가능한 출력선 중 하나를 선택하여 전송

69 비동기식 99진 리플 카운터로 동작시키려면 몇 개의 플립플롭이 필요한가?
① 4개   ② 5개
③ 6개   ④ 7개

70 16진수 FF는 10진수로는 얼마인가?
① 254   ② 255
③ 244   ④ 245

71 디지털 IC의 내부 오류(internal fault)가 아닌 것은?
① 두 핀 간의 단락
② 입·출력의 개방
③ 신호 라인의 개방
④ 입·출력의 Vcc 또는 접지와의 단락

72 에러를 검출하여 정정할 수 있는 부호는?
① 해밍 코드
② excess-3 코드
③ 8421 코드
④ 2421 코드

73 다음 그림에 보이는 회로의 출력 A의 파형은?

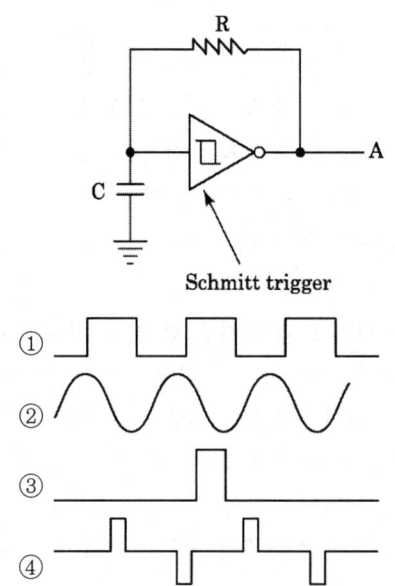

74 제어장치의 역할이 아닌 것은?
① 입·출력을 제어한다.
② 두 수의 크기를 비교한다.
③ 시스템 전체를 감시 제어한다.
④ 다른 장치로 데이터를 전송한다.

75 정논리회로에서의 다음 트랜지스터 회로의 기능은?

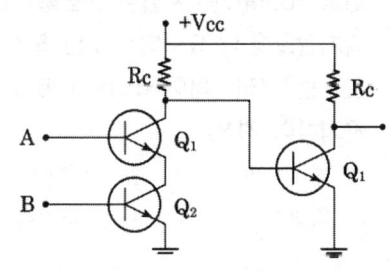

① OR 회로　　② AND 회로
③ NAND 회로　④ EOR 회로

76 Mod-16 2진 카운터의 모든 상태를 완전히 디코더하기 위해 필요한 AND 게이트 수는?
① 4개　　② 8개
③ 16개　　④ 32개

77 64개의 다른 입력 조합을 받아들이기 위한 디코더의 입·출력 개수는 각각 몇 개씩인가?
① 입력 : 6, 출력 : 64
② 입력 : 6, 출력 : 32
③ 입력 : 5, 출력 : 64
④ 입력 : 5, 출력 : 32

78 코드화된 정보를 해독하여 해당하는 출력을 내보내는 회로를 무엇이라 하는가?
① Encoder　　② Decoder
③ Multiplexer　④ Demultiplexer

79 다음 그림과 같은 회로의 명칭은?

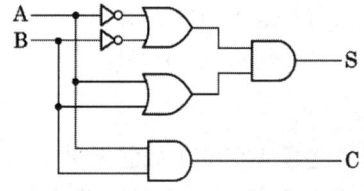

① 승산기　　② 비교기
③ 전가산기　④ 반가산기

80 컴퓨터에서 주소와 기억장소를 결부시키는 것은?
① 사상함수　② 연산함수
③ 가상공간　④ 제어함수

제5과목 데이터통신

81 데이터 링크 계층에서 수행할 전송 제어 절차의 순서가 올바르게 나열된 것은?
① 회선연결→데이터 링크 확립→데이터 전송→데이터 링크 종료→회선절단
② 데이터 링크 확립→회선연결→데이터 전송→회선절단→데이터 링크 종료
③ 데이터 링크 확립→회선연결→데이터 전송→데이터 링크 종료→회선절단
④ 회선연결→데이터 링크 확립→데이터 전송→회선절단→데이터 링크 종료

82 VAN(Value Added Network)의 주요 통신 처리 기능 중 회선의 접속, 각종 제어 순서 등의 데이터 통신을 할 때 통신 순서를 변환하는 기능은?
① Mail Box 기능
② 동보 통신 기능
③ Format 변환 기능
④ Protocol 변환 기능

83 회선을 제어하기 위한 제어 문자 중 실제 전송할 데이터 집합의 시작임을 의미하는 통신 제어 문자는?
① SOH(Start of Header)
② STX(Start of Text)
③ SYN(Synchronous Idle)
④ DLE(Data Link Escape)

84 다음은 인터넷의 도메인의 설명이다. 옳지 않은 것은?

WWW.hankook.co.kr
① www : 호스트 컴퓨터 이름
② hankook : 소속 기관
③ co : 소속기관의 서버 이름
④ kr : 소속 국가

85 메시지 교환의 특징 중 옳지 않은 것은?
① 각 메시지마다 전송 경로가 다르다.
② 데이터의 전송 지연 시간이 매우 짧다.
③ 네트워크에서 속도나 코드 변환이 가능하다.
④ 각 메시지마다 수신 주소를 붙여서 전송한다.

86 단순한 정보의 수집 및 전달 기능뿐만 아니라 정보의 저장, 가공, 관리 및 검색 등과 같이 정보에 부가가치를 부여하는 통신망은?
① LAN   ② WAN
③ VAN   ④ MAN

87 최고 4000Hz를 포함한 신호를 PCM으로 디지털화할 때 요구되는 초당 최소 샘플링 횟수는? (단, 나이퀴스트 표본화 이론에 근거하여 계산)
① 2,000회   ② 4,000회
③ 8,000회   ④ 16,000회

88 종단 사용자(end-to-end) 간의 신뢰성을 위한 계층은?
① 응용   ② 표현
③ 트랜스포트   ④ 물리

89 디지털 데이터를 아날로그 신호로 변환하는 방법이 아닌 것은?
① ASK ② FSK
③ PSK ④ PCM

90 데이터 링크 프로토콜인 HDLC(High level Data Link Control)에서 프레임의 동기를 제공하기 위해 사용되는 구성 요소는?
① 플래그(Flag)
② 제어부(Control)
③ 정보부(Information)
④ 프레임 검사 시퀀스(Frame Check Sequence)

91 PCM(펄스 부호화 변조)의 과정에 포함되지 않는 것은?
① 다중화 ② 샘플링
③ 양자화 ④ 부호화

92 현재 많이 사용되고 있는 LAN 방식인 10BASE-T에서 10이 가리키는 의미는?
① 데이터 전송 속도가 10Mbps
② 케이블의 굵기가 10밀리미터
③ 접속할 수 있는 단말의 수가 10대
④ 배선할 수 있는 케이블의 길이가 10미터

93 패킷 교환 방식에서 트래픽 제어 기법이 아닌 것은?
① 에러 제어(error control)
② 흐름 제어(flow control)
③ 혼잡 제어(congestion control)
④ 교착상태 회피(deadlock avoidance)

94 X.25를 설명한 것 중 옳지 않은 것은?
① 1976년에 처음 승인되었다.
② DTE와 DCE 간의 인터페이스를 규정하고 있다.
③ 공중회선 교환망에 대한 ITU-T의 권고안이다.
④ 물리 계층, 데이터 링크 계층, 패킷 계층들에 대한 기능으로 구성된다.

95 데이터 전송회선과 컴퓨터와의 전기적 결합과 전송문자를 조립, 분해하는 장치는?
① 신호변환장치 ② 통신제어장치
③ 다중화장치 ④ 망제어장치

96 다음 그림과 같은 전송 방식의 이름은?

| SYN | SYN | STX | TEXT | ETX | 오류검출 |

① 문자 동기방식
② 비트지향형 동기방식
③ 조보식 동기방식
④ 프레임 동기방식

97 한 개의 프레임을 전송하고, 수신측으로부터 ACK 및 NAK 신호를 수신할 때까지 정보 전송을 중지하고 기다리는 ARQ(automatic repeat request) 방식은?
① CRC 방식
② Go-back-N 방식
③ stop-and-wait 방식
④ selective repeat 방식

98 네트워크 내에서 패킷의 대기 지연(Queuing

delay)이 너무 높아지게 되어 트래픽이 붕괴되지 않도록 네트워크 측면에서 패킷의 흐름을 제어하는 트래픽 제어는?
① 흐름 제어(flow control)
② 혼잡 제어(congestion control)
③ 재결합 데드락(reassembly deadlock)
④ 데드락 방지(deadlock avoidance) 제어

99 베이직 데이터 전송제어 절차에 비하여 HDLC 전송제어 절차의 특징으로 옳지 않은 것은?
① 신뢰성 향상
② 전송효율의 향상
③ 일문일답형
④ 비트투명성 확보

100 TCP/IP의 응용 계층에 해당하는 프로토콜이 아닌 것은?
① FTP　　② TCP
③ SNMP　　④ SMTP

2005년 2회 시행 과년도출제문제

제1과목 시스템프로그래밍

01 인터프리터(interpreter)에 대한 설명으로 가장 적절한 것은?
① 어셈블리어로 작성된 원시 프로그램을 기계어로 번역하는 프로그램이다.
② 고급어로 작성된 프로그램을 어셈블리어로 바꾸는 프로그램이다.
③ 원시 프로그램을 한 문장씩 해석하고 번역한 다음 즉시로 실행시키는 프로그램이다.
④ 기계어로 번역된 목적 프로그램을 메모리에 올려 수행시키는 프로그램이다.

02 가상 기억장치 관리 기법 중 가장 오랫동안 사용되지 않은 페이지를 교체할 페이지로 선택하는 기법은?
① LRU   ② LFU
③ FIFO ④ OPT

03 어셈블러에 의하여 독자적으로 번역된 여러 개의 목적 프로그램과 프로그램에서 사용되는 내장 함수들을 하나로 모아서 컴퓨터에서 실행될 수 있는 실행 프로그램을 생성하는 역할을 하는 것은?
① library program
② pseudo instruction
③ reserved instruction set
④ linkage editor

04 현재까지 나타난 리터럴들의 값을 현재의 주기억장치 위치에 넣을 것을 어셈블러에게 지시하는 명령은?
① DC   ② USING
③ LTORG   ④ EQU

05 운영체제(operating system)에 관한 사항으로 거리가 먼 것은?
① 사용자에게 컴퓨터 사용의 편리를 제공한다.
② 자원(resource)의 효율적 관리를 제공한다.
③ 원시 프로그램을 목적 프로그램으로 변환하는 번역기능을 제공한다.
④ 새로운 시스템 기능의 효과적 개발, 검증 그리고 제공을 이룰 수 있어야 한다.

06 매크로 프로세서의 기본적인 수행작업이 아닌 것은?
① 매크로 정의 인식
② 매크로 호출 인식
③ 매크로 구문 인식
④ 매크로 호출 확장

07 작업 제어 언어(job control language)에 대한 설명으로 부적합한 것은?
① 사용자와 시스템과의 교량적 역할을 담당한다.
② 프로그램의 실행순서를 명시한다.

③ 어카운팅(accounting)에 필요한 정보를 제공한다.
④ 운영체제와는 무관하다.

08 로더(loader)의 종류에 해당하지 않는 것은?
① compile-and-go loader
② absolute loader
③ relocating loader
④ allocating loader

09 구문 분석기가 올바른 문장에 대해 그 문장의 구조를 트리로 표현한 것으로 루트, 중간, 단말 노드로 구성되는 것은?
① 파스 트리   ② 구문 트리
③ 중간 트리   ④ 구조 트리

10 절대로더(absolute loader)를 사용할 때 4가지 기능과 그 기능에 대한 수행 주체의 연결이 틀린 것은?
① Allocation - by programmer
② Linking - by assembler
③ Relocation - by assembler
④ Loading - by loader

11 교착상태 발생의 필요 조건이 아닌 것은?
① 상호배제   ② 원형대기
③ 선점   ④ 점유와 대기

12 운영체제의 성능 평가 항목으로 거리가 먼 것은?
① 처리 능력(throughput)

② 반환 시간(turn-around time)
③ 사용 가능도(availability)
④ 비용(cost)

13 고급 언어로 작성된 원시 프로그램을 해석하고 분석하여 컴퓨터에서 실행될 수 있는 실행 프로그램을 생성하는 것은?
① Compiler
② Loader
③ Application program
④ Macro

14 어셈블러를 two-pass로 구성하는 주된 이유는?
① 한 개의 pass만을 사용하면 처리 속도가 감소하기 때문에
② 한 개의 pass만을 사용하면 유지보수가 어렵기 때문에
③ 한 개의 pass만을 사용하면 비용 발생이 크기 때문에
④ 한 개의 pass만을 사용하면 기호를 모두 정의한 뒤에 해당 기호를 사용해야만 하기 때문에

15 가변분할 기억장치 경영에서 기억장치 할당방법과 관계가 먼 것은?
① first fit   ② best fit
③ worst fit   ④ last fit

16 2Pass Assembler의 패스 2에서 가연산자의 오퍼랜드 부분이 명시된 자료형에 따라서 변환되고 값이 계산되어 목적코드로 전환되는 가연산자는?

① EQU   ② USING
③ DS   ④ DC

17 언어해석기에서 프로그램의 구조와 작업 내용을 이해하고 이를 기계어로 번역하기 위하여 문법에 정의된 내용에 따라 연산자, 피연산자, 키워드 등을 판별하고 이들 각각의 구성 요소들의 구조를 알아내는 작업은?
① Parsing   ② Semantics
③ Recursion   ④ Interpretation

18 UNIX 시스템의 정의와 가장 관련되는 언어는?
① LISP   ② PASCAL
③ C   ④ ALGOL

19 운영체제의 제어 프로그램 중 작업의 연속 처리를 위한 스케줄 및 시스템 자원 할당을 담당하는 것은?
① service program
② supervisor program
③ data management program
④ job control program

20 프로세스들이 서로 작업을 진행하지 못하고 영원히 대기 상태로 빠지게 되는 현상은?
① semaphore   ② monitor
③ deadlock   ④ working set

제2과목 전자계산기구조

21 부동 소수점 수(floating point number)가 기억장치 내에 있을 때 bit를 필요로 하지 않는 정보는?
① 전체 수 부호(sign)
② 지수(exponent)
③ 소수점
④ 소수(mantissa)

22 다음 중 잘못 연결된 것은?
① 랜덤 접근방식 - 주기억장치
② 순차 접근방식 - 자기 테이프
③ 직접 접근방식 - 자기 디스크
④ 내용에 의한 접근방식 - 자기 드럼

23 CPU의 Hardware 요소들을 기능별로 분류할 때 포함되지 않는 것은?
① 연산 기능   ② 제어 기능
③ 입·출력 기능   ④ 전달 기능

24 I/O 장치와 메모리 간에 CPU를 통하지 않고 고속으로 직접 Data를 주고받는 입·출력 제어방법을 무엇이라 하는가?
① Time Sharing
② interrupt
③ DMA(Direct Memory Access)
④ CAM(Content Access Memory)

25 반가산기(half adder)에서 입력을 A, B라고 하면 이에 준하는 출력 부분의 캐리(carry) 값은?

① A   ② B
③ AB   ④ A+B

26 컴퓨터의 입·출력장치에 대한 입·출력 방식이 아닌 것은?
① 버퍼에 의한 입·출력
② 채널 제어기에 의한 입·출력
③ 중앙처리장치에 의한 입·출력
④ DMA(Direct Memory Access) 방식

27 채널에 관한 설명 중 옳지 않은 것은?
① 신호를 보낼 수 있는 전송로이다.
② 입·출력은 DMA 방법으로도 수행한다.
③ 입·출력 수행 중 어떤 오류 조건에서 중앙처리장치에 인터럽트를 걸 수 있다.
④ 자체적으로 자료의 수정 또는 코드 변환 등의 기능을 수행할 수 없다.

28 다음 그림은 메이저 상태(major state)의 변천도를 보여주고 있다. ㄱ-ㄴ-ㄷ 이 순서대로 올바르게 나열된 것은?

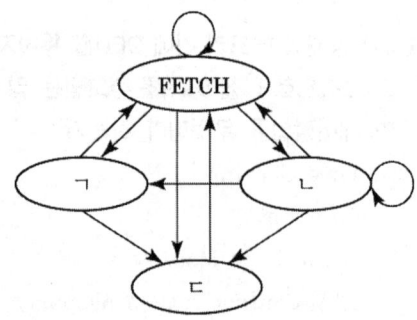

① EXECUTE-INDIRECT-INTERRUPT
② INDIRECT-EXECUTE-INTERRUPT
③ EXECUTE-INTERRUPT-INDIRECT
④ INTERRUPT-EXECUTE-INDIRECT

29 2진 정보 1001을 그레이 부호로 바꾸면?
① 0110   ② 1110
③ 1100   ④ 1101

30 다음에서 인터럽트 벡터에 필수적인 것은?
① 분기번지   ② 메모리
③ 제어규칙   ④ Acc

31 명령을 수행하기 위해 CPU 내의 레지스터와 플래그의 상태 변환을 일으키는 작업을 무엇이라 하는가?
① fetch
② program operation
③ micro operation
④ count operation

32 1개의 Full adder를 구성하기 위해서는 최소 몇 개의 Half adder가 필요한가?
① 1개   ② 2개
③ 3개   ④ 4개

33 다음 알고리즘은 어떤 연산에 관한 것인가? (단, X : 피제수, Y : 제수, Q : 몫, R : 나머지임)

(1) Q←0
(2) X<Y이면 (3)을 수행, X≥Y이면 X←X-Y와 Q←Q+1을 수행하고 다시 (2)를 수행
(3) R←X
(4) End

① 곱셈
② 나눗셈

③ 보수를 이용한 가산
④ 덧셈을 이용한 거듭제곱

34 zero-address 명령 형식에 속하는 것은?
① 연산의 결과는 누산기에 남는다.
② 하나의 명령어 수행을 위하여 최소한 4번 기억장치에 접근하여야 하므로 수행 시간이 길다.
③ 누산기에 기억된 자료를 사용하여 연산을 수행한다.
④ 모든 연산은 stack을 이용하여 수행하고, 그 결과도 stack에 보존한다.

35 병렬 처리 시스템에 해당되지 않는 것은?
① 스타트 앤 스톱 처리기
② 파이프 라인 처리기
③ 어레이 처리기
④ 멀티 처리기

36 입·출력장치의 인터럽트 우선순위를 하드웨어적으로 결정하는 방식은?
① Polling   ② Daisy-Chain
③ Strobe   ④ Handshake

37 동시에 양쪽 방향으로 전송이 가능한 전송방식은?
① Simplex   ② Half-duplex
③ Full-duplex ④ on-line

38 어떤 computer의 메모리 용량은 1024 word이고 1word는 16bit로 구성되어 있다면 MAR과 MBR은 몇 bit로 구성되어 있는가?

① MAR=10, MBR=8
② MAR=10, MBR=16
③ MAR=11, MBR=8
④ MAR=11, MBR=16

39 computer 시스템에서 1-address machine, 2-address machine, 3-address machine으로 나눌 때 기준이 되는 것은?
① operation code
② 기억장치의 크기
③ register 수
④ operand의 address

40 컴퓨터 내에는 처리기가 하나밖에 없지만 한순간에 처리기 내에서 처리되고 있는 인스트럭션이 다수가 될 수 있는 처리기는?
① 배열 처리기(array processor)
② 다중 처리기(multiple processor)
③ VLSI 처리기
④ 파이프라인 처리기(pipeline processor)

제3과목 마이크로전자계산기

41 보조기억장치에 저장되어 있는 정보를 주기억장치로 읽어오는 작업을 의미하는 것은?
① transfer   ② load
③ store   ④ compile

42 인터럽트 요청 및 서비스에 관한 순서가 옳게 된 것은?

① 인터럽트 요청
② 레지스터 내용의 저장
③ I/O 주변장치 인식
④ 인터럽트 인식
⑤ 주프로그램으로 복귀
⑥ 주프로그램의 실행
⑦ 인터럽트 해결

① ①-②-③-④-⑦-⑤-⑥
② ①-④-②-③-⑦-⑤-⑥
③ ①-④-③-②-⑦-⑤-⑥
④ ①-②-④-③-⑦-⑤-⑥

43 microprocessor를 경유하지 않고 메모리와 입·출력장치 간에 직접 자료 전송이 가능한 방식은?
① Interrupted I/O
② programmed I/O
③ synchronous I/O
④ DMA

44 입·출력장치와 CPU 사이의 자료 교환 시에 사용되는 기법들이다. 성격이 다른 것은?
① Parity bit 전송
② Synchronous 전송
③ Cyclic redundancy character 전송
④ echo back

45 그림은 마이크로프로세서와 메모리 사이의 관계를 설명한 것이다. B의 내용으로 알맞은 것은?

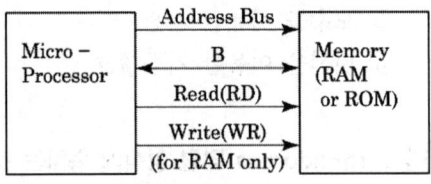

① I/O Bus(IOBUS)
② Data Bus(DBUS)
③ Control Lines
④ Control Signal

46 다음 NAND 회로의 논리식 f는?

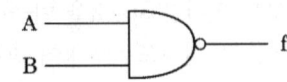

① $f = \overline{A} + \overline{B}$ ② $f = A \cdot B$
③ $f = A + B$ ④ $f = \overline{A} \cdot \overline{B}$

47 컴퓨터 시스템을 구성하고 있는 하드웨어 장치와 일반 사용자 또는 응용 프로그램의 중간에 위치하여 사용자들이 보다 쉽고 간편하게 컴퓨터 시스템을 이용할 수 있도록 컴퓨터 시스템을 제어하고 관리하는 프로그램은 무엇인가?
① 프리젠테이션 프로그램
② 운영체제
③ 컴파일러
④ 스프레드시트 프로그램

48 50개의 입·출력 외부장치를 주소 지정하려고 한다. 몇 개의 어드레스선이 필요한가?
① 4개   ② 5개
③ 6개   ④ 7개

49 베이직과 같이 고급 언어로 씌어진 원시

프로그램을 직접 수행하는 프로그램은?
① 컴파일러(Compiler)
② 인터프리터(Interpreter)
③ 어셈블러(Assembler)
④ 기계어(Machine Language)

50 LIFO(Last-in, First-out) 구조는?
① ROM ② Queue
③ ALU ④ Stack

51 로더의 기능으로 옳지 않은 것은?
① allocation ② linking
③ loading ④ translation

52 마이크로프로세서 내에서 연산 후 연산 결과가 저장되는 레지스터는?
① 누산기
② 인덱스 레지스터
③ 프로그램 카운터
④ 인스트럭션 레지스터

53 사용자의 요구에 따라 제조 단계에서 프로그램과 에디터를 기억시키는 ROM은?
① PROM ② EPROM
③ EEPROM ④ Mask ROM

54 다음의 설명 중 옳지 않은 것은?
① Pure Procedure는 자신을 변형시키지 않는 프로그램이다.
② Inpure Procedure는 자신을 변형시키는 프로그램이다.
③ Closed Program을 Macro Definition이라고도 한다.
④ Sub Program은 어떤 작업을 수행하기 위해 다른 Program을 사용할 수 있도록 고안된 일련의 명령이다.

55 연산을 위하여 누산기(ACC)를 사용하여 수행하는 명령어 형식은?
① 0-주소 형식 ② 1-주소 형식
③ 2-주소 형식 ④ 3-주소 형식

56 주 메모리의 성능을 평가하는 중요한 요소가 아닌 것은?
① 사이클 시간 ② 대역폭
③ 기억소자 ④ 기억용량

57 마이크로프로세서가 어떤 명령을 수행하기 위해서 제일 먼저 하는 동작은?
① PC←PC+1 ② MBR←PC
③ MAR←PC ④ MAR←IR

58 순차접근 방식이고 속도가 빠르며 메모리 셀이 콘덴서로 되어 있어 충전 전하를 이동시키면서 시프트 레지스터 기능을 갖는 보조기억장치는?
① 자기 버블(magnetic bubble)
② CCD(charge coupled device)
③ 자기 테이프(magnetic tape)
④ 자기 코어(magnetic core)

59 마이크로컴퓨터에서 각 장치 간의 연결을 버스(Bus)로 구성할 때 해당되지 않는 것은?
① 주소 버스 ② 제어 버스

③ 프로그램 버스 ④ 데이터 버스

60 한 번에 하나의 워드만을 전송하는 DMA 방식은?
① Burst 방식
② Cycle Stealing 방식
③ Daisy Chain 방식
④ Strobe Control 방식

제4과목 논리회로

61 다음 회로의 기능은?

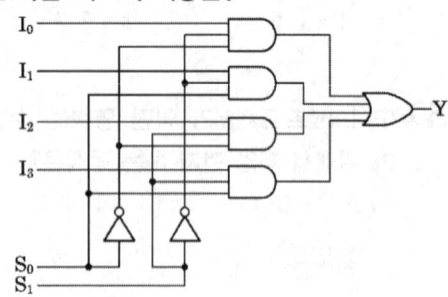

① 4×1 MUX   ② 6×1 MUX
③ 4×1 디코더   ④ 6×1 인코더

62 10진수의 입력을 전자계산기의 내부 code로 변환시키는 장치는?
① Decoder   ② Multiplexer
③ Encoder   ④ Adder

63 에러(Error) 검출이 가능하지 못한 코드(code)는?
① Gray code
② Parity code
③ 2-out-of-5 code
④ Hamming code

64 순서 논리회로가 아닌 것은?
① 플립플롭(flip-flop)
② 가산기(adder)
③ 레지스터(register)
④ 계수기(counter)

65 레이스(race) 현상을 방지하기 위하여 사용되는 것은?
① 슈미트 트리거
② 단안정 멀티바이브레이터
③ 무안정 멀티바이브레이터
④ 마스터/슬레이브 플립플롭

66 다음 논리회로는 어떤 회로에 해당하는가?

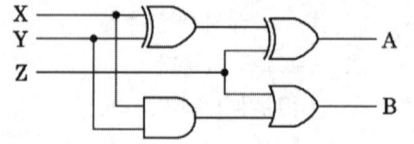

① 전가산기   ② 반가산기
③ 전감산기   ④ 반감산기

67 J-K 플립플롭의 특성 방정식(Characteristic equation)은?
① $Q_{(t+1)} = JQ + KQ$
② $Q_{(t+1)} = J\overline{Q} + K\overline{Q}$
③ $Q_{(t+1)} = \overline{J}Q + \overline{K}Q$
④ $Q_{(t+1)} = J\overline{Q} + \overline{K}Q$

68 디코더(Decoder)는 어떤 입력을 받는가?

① BCD Code   ② Gray Code
③ 3중 Code   ④ Cyclic Code

69 32×4 ROM인 경우 입력선의 개수는?
① 2   ② 4
③ 5   ④ 8

70 반감산기에서 차를 얻기 위해 사용되는 게이트는?
① AND 게이트   ② OR 게이트
③ NOR 게이트   ④ EX-OR 게이트

71 두 개의 자료 (11001011)$_2$과 (11110000)$_2$의 데이터를 ALU에 의해 어떤 연산이 수행되어 (11000000)$_2$의 결과가 나왔다. 이때 ALU에서 이루어진 연산은?
① XOR 연산   ② OR 연산
③ NOT 연산   ④ AND 연산

72 그림의 논리회로는 어떤 게이트 함수와 같은가?

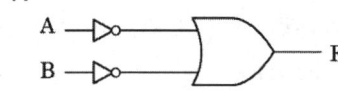

① NOR   ② NAND
③ XOR   ④ AND

73 다음 그림의 논리회로도는 어떤 논리함수를 구현한 것인가?

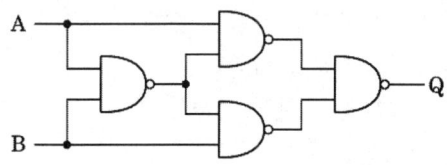

① NAND   ② NOR
③ XOR   ④ XNOR

74 모든 명령어 실행 시 가장 먼저 필요한 사이클은?
① Interrupt cycle
② Indirect cycle
③ Excute cycle
④ Fetch cycle

75 병렬 가산기(Parallel Adder)의 동작을 올바르게 표현한 것은?
① 2진수 각 자리의 덧셈을 2자리씩 끊어서 행하는 동작을 한다.
② 2진수 각 자리의 덧셈을 4자리씩 끊어서 행하는 동작을 한다.
③ 2진수 각 자리의 덧셈을 동시에 행하여 그 답을 내는 동작을 한다.
④ 반가산기를 병렬로 접속하여 구성한 것으로 동작은 2자리씩 끊어서 행한다.

76 많은 입력 중 선택된 입력선의 2진 정보를 출력선에 넘기므로 데이터 선택기라고도 불리는 것은?
① DeMultiplexer
② Multiplexer
③ PLA
④ Decoder

77 다음 회로의 기능은?

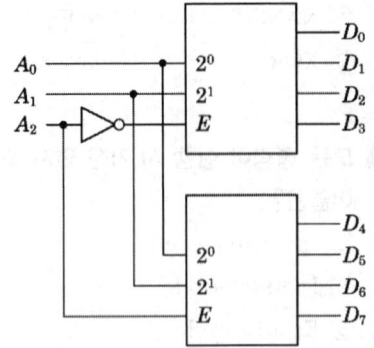

① 3×8 디코더 ② 2×4 디코더
③ 2×8 디코더 ④ 2×8 멀티플렉서

78 직렬 전송 레지스터와 병렬 전송 레지스터의 장·단점을 옳게 설명한 것은?
① 직렬 전송 레지스터는 빠르게 동작하나 비경제적이다.
② 직렬 전송 레지스터는 빠르게 동작하나 회로가 복잡하다.
③ 병렬 전송 레지스터는 빠르게 동작하나 회로가 복잡하다.
④ 병렬 전송 레지스터는 느리게 동작하나 경제적이다.

79 2진 계수회로에 가장 적합한 플립플롭은?
① RS 플립플롭 ② D 플립플롭
③ T 플립플롭 ④ JK 플립플롭

80 RS 플립플롭에서 R=S=1일 때 발생되는 결점을 보완한 플립플롭은?
① D 플립플롭 ② T 플립플롭
③ RR 플립플롭 ④ JK 플립플롭

제5과목 데이터통신

81 모뎀이 6개 비트를 각 신호 변화에 전송하고, 2400baud에서 동작한다면 모뎀의 속도는?
① 2,400bps ② 4,800bps
③ 9,600bps ④ 14,400bps

82 다음에서 프로토콜의 구성 요소가 아닌 것은?
① 엔티티(entity)
② 구문(syntax)
③ 의미(semantic)
④ 타이밍(timing)

83 HDLC(High level Data Link Control)의 동작 모드가 아닌 것은?
① 정규 응답 모드(NRM : Normal Response Mode)
② 비동기 응답 모드(ARM : Asynchronous Response Mode)
③ 비동기 평형 모드(ABM : Asynchronous Balanced Mode)
④ 동기 응답 모드(SRM : Synchronous Response Mode)

84 사용 가능한 주파수 대역을 나누어서 통화로를 할당하는 방식은?
① 주파수 분할 다중화
② 시분할 다중화
③ 진폭 분할 다중화
④ 통계적 다중화

85 5개의 서브넷을 브리지로 이용할 때 전송 가능 회선은 몇 개가 필요한가?
① 12   ② 10
③ 8   ④ 6

86 전송제어 절차를 바르게 나타낸 것은?

> ① 통신 회선 접속 ② 정보 전송
> ③ 데이터 링크 해제 ④ 데이터 링크 확립
> ⑤ 통신 회선 분리

① ① → ④ → ② → ③ → ⑤
② ⑤ → ④ → ③ → ① → ②
③ ② → ① → ③ → ④ → ⑤
④ ④ → ② → ① → ③ → ⑤

87 "모든 스테이션이 중앙 스위치에 연결된 형태로 두 스테이션은 회선교환에 의해 통신을 행한다." 위의 내용은 무엇을 설명한 것인가?
① 토폴로지   ② 토큰 링
③ 성형망   ④ 토큰 버스

88 터미널과 컴퓨터 사이에 RS-232C를 이용하여 직접 접속하는 모뎀의 이름은?
① 널(Null) 모뎀
② 동기식 모뎀
③ 비동기식 모뎀
④ 인터페이스 모뎀

89 송신 스테이션이 데이터 프레임을 연속적으로 전송해 나가다가 NAK를 수신하게 되면 에러가 발생한 프레임을 포함하여 그 이후에 전송된 모든 데이터 프레임을 재전송하는 방식은?
① Stop-and-wait ARQ
② Go-back-N ARQ
③ Selective-Repeat ARQ
④ Non Selective-Repeat ARQ

90 ARQ(Automatic Repeat Request) 방식의 설명으로 가장 올바른 것은?
① 에러를 검출만 하는 방식
② 부호를 전송하고, 반복하는 방식
③ 데이터나 정보의 에러에 대비하는 방식
④ 에러를 검출하고, 재전송을 요구하는 방식

91 여러 개의 채널들이 하나의 통신 회선을 통하여 결합된 신호의 형태로 전송되고 수신측에서 다시 이를 여러 개의 채널 신호로 분리하는 역할을 수행하는 장비는?
① 모뎀(Modem)
② 게이트웨이(Gateway)
③ 다중화 장비(Multiplexer)
④ 라우터(Router)

92 LAN 분류 시 매체 접근 방식에 따른 분류에 해당하지 않는 것은?
① CSMA/CD
② Token Ring
③ Token Bus
④ LLC(Logical Link Control)

93 가상 회선방식에서 통신망 내의 트래픽 제어의 원활한 흐름을 위해 망 내의 노드와 노드 사이에 전송하는 패킷의 양이나 속도

를 규제하는 제어의 이름은?
① 오류제어 ② 순서제어
③ 흐름제어 ④ 경로제어

94 통신회선을 직접 보유 혹은 임대하여 사용하고, 정보 전달 및 새로운 가치를 부가하며, 다음 그림과 같은 기능에 따른 계층으로 분류되는 통신망과 가장 관계있는 것은?

| 정보처리 계층 |
| 통신처리 계층 |
| 네트워크 계층 |
| 전송 계층 |

① LAN ② WAN
③ ISDN ④ VAN

95 TCP/IP에 관한 설명 중 옳지 않은 것은?
① TCP/IP 프로토콜은 인터넷 프로토콜로도 불리운다.
② IP는 데이터의 전달을 위해 연결성 방식을 사용한다.
③ TCP는 데이터 전달의 신뢰성을 위해 연결성 방식을 사용한다.
④ UDP는 데이터의 전달을 위해 비연결성 방식을 사용한다.

96 HDLC로 알려진 데이터 링크 제어 프로토콜의 플래그(flag)에 대한 설명으로 옳지 않은 것은?
① 프레임의 목적과 기능을 나타낸다.
② 동기화에 사용된다.
③ 프레임의 시작과 끝을 표시한다.
④ 항상 01111110의 형식을 취한다.

97 어떤 신호 f(t)를, f(t)가 가지는 최고 주파수의 2배 이상으로 채집하면, 채집된 신호는 원래의 신호가 가지는 모든 정보를 포함한다는 이론은?
① 표본화 ② 양자화
③ 부호화 ④ 이진화

98 1계층에서 3계층 사이의 프로토콜이 서로 다른 네트워크를 상호 접속하는 것은?
① 허브   ② 리피터
③ 브리지 ④ 라우터

99 데이터 통신 프로토콜에 대한 설명으로 거리가 먼 것은?
① ISO의 OSI 7계층 구조가 일반적으로 사용되는 프로토콜이다.
② 계층 구조를 독립화하여 설계 및 유지보수가 간편하다.
③ 시스템 간의 상호 접속을 위한 개념을 규정한다.
④ 하위 1계층만이 네트워크 중계 운영을 담당한다.

100 다음 시분할 다중화기 중 종류가 다른 하나는?
① 동기 시분할 다중화기
② 비동기 시분할 다중화기
③ 지능적 시분할 다중화기
④ 통계적 시분할 다중화기

2005년 4회 시행 과년도출제문제

제1과목 시스템프로그래밍

01 주기억장치의 배치 전략 중 입력된 작업을 가장 큰 공백에 배치하는 전략은?
① 최악 적합 전략
② 최적 적합 전략
③ 최초 적합 전략
④ 최종 적합 전략

02 프로세서들이 서로 작업을 진행하지 못하고 영원히 대기상태로 빠지게 되는 현상을 무엇이라고 하는가?
① thrashing ② working set
③ semaphore ④ deadlock

03 시간구역성(temporal locality)의 예가 아닌 것은?
① 순환(looping)
② 스택(stack)
③ 집계(totaling)에 사용되는 변수
④ 배열순례(array traversal)

04 이중(two) 패스 어셈블러를 사용하는 가장 주된 이유는?
① 심벌이 정의되기 이전에 사용될 수 있기 때문이다.
② 어셈블러는 투 패스로만 사용해야 하기 때문이다.
③ 어셈블러에 매크로 기능을 부여하기 위해서이다.
④ 슈도 오퍼레이션(Pseudo operation)이 있기 때문이다.

05 페이징 시스템에서 페이지의 크기에 관한 설명으로 옳지 않은 것은?
① 페이지의 크기가 작을수록 페이지 테이블의 크기가 커진다.
② 페이지의 크기가 클수록 내부단편화가 감소한다.
③ 페이지의 크기가 클수록 참조되는 정보와 무관한 정보들이 많이 적재된다.
④ 작은 크기의 페이지가 보다 적절한 작업세트를 유지할 수 있다.

06 Unix에서 inode의 개념으로 가장 적절한 것은?
① 각 사용자가 소유한 파일의 정보
② 각 그룹이 소유한 파일의 정보
③ 각 프로세스가 소유한 개방된 파일의 정보
④ 파일 시스템이 소유한 파일의 정보

07 연산결과를 일시적으로 기억하는 register는?
① index register
② accumulator
③ general register
④ base register

08 주소 바인딩의 의미로 적절한 것은?
① 물리적 주소공간에서 논리적 주소공간으로의 사상
② 논리적 주소공간에서 물리적 주소공간으로의 사상
③ 물리적 주소공간에서 물리적 주소공간으로의 사상
④ 주소를 심벌로 사상

09 운영체제의 성능 평가 항목으로 거리가 먼 것은?
① 처리 능력　② 신뢰도
③ 비용　④ 사용 가능도

10 프로그램 언어의 구문(Syntax)형식을 정의하는 가장 보편적인 기법은?
① BNF　② algorithm
③ procedure　④ flowchart

11 프로그래머에게 프로그램이 실행되고 있는 상황을 알 수 있게 하여 프로그램의 오류 수정을 쉽게 도와주는 유틸리티 프로그램은 무엇인가?
① Text editor
② Linker
③ Tracer
④ Library Programs

12 절대 로더(absolute loader)를 이용할 경우 어셈블러에 의해 처리되는 것은?
① 기억 장소 할당(allocation)
② 재배치(relocation)
③ 연결(linking)
④ 적재(loading)

13 원시 프로그램을 기계어로 번역하는 순서대로 명령어 및 자료를 직접 주기억장치에 적재하여 곧바로 프로그램을 수행하는 방식의 loader는?
① Compile-and-go loader
② Direct-linking loader
③ Relocation loader
④ Absolute loader

14 선점(preemptive)형 스케줄링 알고리즘에 해당하는 것은?
① HRN　② SJF
③ FIFO　④ Round Robin

15 매크로 프로세서가 기본적으로 수행해야 할 작업의 종류가 아닌 것은?
① 매크로 정의 인식
② 매크로 정의 저장
③ 매크로 호출 인식
④ 매크로 호출 저장

16 매크로의 처리 순서이다. 빈 공간 속의 내용으로 적절한 것은?

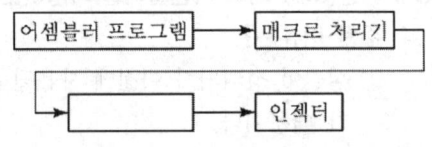

① Assembler　② Interpreter
③ Compiler　④ Loader

17 로더(loader)의 기능에 해당하지 않는 것은?
 ① allocation ② compile
 ③ linking ④ relocation

18 운영체제를 수행기능에 따라 분류할 때 제어 프로그램에 해당하지 않는 것은?
 ① 언어 번역 프로그램
 ② 감시 프로그램
 ③ 데이터 관리 프로그램
 ④ 작업 제어 프로그램

19 언어 번역기에 의하여 생성되는 최종 실행 프로그램이 보다 적은 기억 장소를 사용하여 보다 빠르게 작업을 처리할 수 있도록, 주어진 환경에서 최상의 명령어 코드를 사용하며 작업을 수행할 수 있도록 하는 것을 무엇이라 하는가?
 ① Code Integration
 ② Code Optimization
 ③ Code Generation
 ④ Code Initialization

20 프로세스의 상태가 아닌 것은?
 ① 보류상태(Hold state)
 ② 준비상태(Ready state)
 ③ 삭제상태(Delete state)
 ④ 실행상태(Run state)

● **제2과목 전자계산기구조**

21 Gray code 1111을 2진 코드로 바꾸면?
 ① $1010_{(2)}$ ② $1011_{(2)}$
 ③ $0111_{(2)}$ ④ $1001_{(2)}$

22 다음 수치 코드에 대한 설명 중 옳지 않은 것은?
 ① 수치 코드에는 자리값을 가지고 있는 가중 코드(weighted code)와 자리값이 없는 비가중 코드(non-weighted code)로 구분할 수 있다.
 ② 10진 자기보수화 코드로는 2421 code, excess-3 code 등이 대표적이다.
 ③ 3초과 코드는 8421 코드에 10진수 3을 더한 코드로 코드 내에 하나 이상의 1이 반드시 포함되어 있어 0과 무신호를 구분하기 위한 코드이다.
 ④ 그레이 코드(Gray Code)는 대표적인 가중(weighted) 코드로 인접한 코드의 비트가 1비트만 변하며 산술 연산에 적합하다.

23 EBCDIC로 좌측 입력 레지스터에 D2E2가 입력되어 있다. 출력 레지스터의 내용이 00E2가 되도록 하려면 우측 입력 레지스터의 내용을 어떻게 하면 되는가?

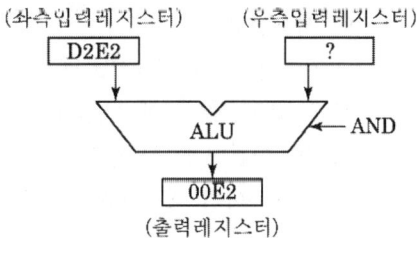

 ① D002 ② 00FF
 ③ E2E2 ④ E200

24 CPU에서 DMA 제어기로 보내는 자료가 아닌 것은?
① DMA를 시작시키는 명령
② 입·출력하고자 하는 자료의 양
③ 입력 또는 출력을 결정하는 명령
④ 입·출력에 사용할 CPU 레지스터에 대한 정보

25 탐구시간(seek time)의 정의에 해당하는 것은?
① 헤드가 원하는 레코드를 찾을 때까지의 시간
② 헤드가 원하는 실린더를 찾을 때까지의 시간
③ 헤드가 원하는 레코드를 주기억장치로 전달할 때까지의 시간
④ 헤드가 한 트랙을 한바퀴 회전하는 데 걸리는 시간

26 DMA(Direct Memory Access)에 대한 설명으로 옳은 것은?
① CPU와 레지스터를 직접 이용하여 자료를 전송한다.
② 일반적으로 속도가 느린 입·출력장치에 사용한다.
③ 입·출력에 사용할 CPU 레지스터 정보를 DMA 제어기에 보낸다.
④ CPU와 무관하게 주변장치는 기억장치를 access하여 데이터를 전송한다.

27 연산 명령 자체로 특수한 곱셈과 나눗셈을 수행하거나 혹은 곱셈과 나눗셈에 보조적으로 이용되는 것은?
① 산술적 shift ② 논리적 shift
③ ADD   ④ 로테이트

28 다음의 마이크로 오퍼레이션과 관련 있는 것은?

MAR←MBR(ADDR)
MBR←M(MAR)
EAC←AC+MBR

① AND   ② ADD
③ JMP   ④ BSA

29 벡터 형태의 데이터를 처리하는 데 가장 효율적인 병렬 처리기는?
① 파이프라인 처리기
② 배열 처리기
③ 다중 처리기
④ VLSI 처리기

30 부동 소수점(floating point)수가 기억장치 내에 있을 때 실제 자리를 필요로 하지 않는 것은?
① 부호(sign)
② 지수(exponent)
③ 소수점(decimal point)
④ 가수(mantissa)

31 다음 명령어 형식 중 옳지 않은 것은?
① 0-주소 명령어 형식은 스택을 사용한다.
② 1-주소 명령어 형식은 누산기를 사용한다.
③ 2-주소 명령어 형식은 MOVE 명령이 필요하다.

④ 3-주소 명령어 형식은 내용이 연산 결과 저장으로 소멸된다.

32 불 대수 식의 정리 중 옳지 않은 것은?
① $A + AB = A$
② $A + \overline{A}B = A + B$
③ $A + 0 = A$
④ $A(\overline{A} + AB) = A + B$

33 CAM(Content Addressable Memory)의 특징으로 가장 옳은 것은?
① 값이 싸다.
② 구조 및 동작이 간단하다.
③ 명령어를 순서대로 기억시킨다.
④ 저장된 내용의 일부를 이용하여 정보의 위치를 검색한다.

34 차기 인스트럭션(Next instruction)의 번지를 지시하는 것은?
① Data register
② Program counter
③ Memory address register
④ Instruction register

35 데이터의 주소를 표현하는 방식에 따라 분류할 때 계산에 의한 주소는 어디에 해당하는가?
① 완전주소
② 약식주소
③ 생략주소
④ 자료 자신

36 1비트(bit)를 기억하는 소자는?
① register
② accumulator
③ flip-flop
④ delay

37 타이머(timer)에 의하여 발생되는 인터럽트(interrupt)는 어디에 해당하는가?
① I/O 인터럽트
② 프로그램 인터럽트
③ 외부(external) 인터럽트
④ 기계 착오(machine check) 인터럽트

38 10진수 956에 대한 BCD(Binary Coded Decinal) 코드는?
① 1101 0101 0110
② 1000 0101 0110
③ 1001 0101 0110
④ 1010 0101 0110

39 주기억장치에 기억된 명령을 꺼내서 해독하고, 시스템 전체에 지시 신호를 내는 것은?
① channel
② ALU
③ control unit
④ I/O unit

40 디멀티플렉서(Demultiplexer)에 대한 설명 중 옳은 것은?
① data selector라고도 불려진다.
② 2^n개의 input line과 n개의 output line을 가졌다.
③ n개의 input line과 2^n개의 output line을 가졌다.
④ 1개의 input line과 n개의 selection line을 갖는다.

제3과목 마이크로전자계산기

41 소스 프로그램의 컴파일이 불가능한 소규모 마이크로컴퓨터에서 이를 컴파일하기 위해 보다 대용량의 컴퓨터를 이용, 컴파일 작업을 수행하고자 한다. 이때 사용되는 컴파일러를 무엇이라 하는가?
① Macro Compiler
② Absolute Compiler
③ Cross Compiler
④ Relocation Compiler

42 레지스터(register)군에 속하지 않는 것은?
① Accumulator
② ALU(Arithmatic Logic Unit)
③ Program Counter
④ Stack Pointer

43 CPU가 무엇을 하고 있는가를 나타내는 상태를 무엇이라 하는가?
① Fetch state
② Major state
③ Stable state
④ Unstable state

44 다중 프로세서(multiprocessor)에서 IOP와 메모리장치 상호간의 연결방법으로서 적합하지 않은 것은?
① 크로스바 스위치(crossbar switch)
② 이중 버스(dual bus) 구조
③ 다중 포트(multiport) 메모리
④ 다중 포인트(multipoint) 메모리

45 DMA 제어기의 구성에 포함되지 않는 것은?
① 워드 카운터 레지스터
② 자료 버퍼 레지스터
③ 데이지 체인
④ 주소 레지스터

46 마이크로프로그램과 거리가 가장 먼 것은?
① 마이크로 인스트럭션으로 구성되어 있다.
② 제어장치에 이용하는 경향이 있다.
③ 마이크로프로그램은 중앙처리장치에 기억된다.
④ 대규모 집적회로의 이용이 가능해서 제어기의 비용이 절감된다.

47 DMA 처리 중에 인터럽트가 발생하는 시점은?
① CPU가 DMA 제어기를 초기화할 때
② DMA 제어기가 데이터 전송을 마쳤을 때
③ 사이클 스틸링(cycle stealing)이 발생하는 순간
④ DMA가 메모리 참조를 시작할 때

48 주소지정방식 중 다음에 수행할 명령의 주소를 일시 기억하는 프로그램 카운터(PC)와 오퍼랜드에 기록된 변위값이 더해져 자료의 위치를 찾아내는 주소지정방식은?
① Immediate Addressing Mode
② Indirect Addressing Mode
③ Relative Addressing Mode
④ Implied Addressing Mode

49 두 장치가 공통 클록을 사용하지 않고 비동기적으로 작동할 때 전송을 제어하는 방식은?
① 핸드셰이크 방식
② 폴링 방식
③ 인터럽트 방식
④ 페이징 방식

50 마이크로컴퓨터를 위한 대규모 프로그램을 개발하려고 할 때 마이크로컴퓨터를 사용하여 어셈블하려면 여러 가지 제한(메모리 용량, 입·출력장치의 제한 등)을 받게 된다. 이때 이용할 수 있는 소프트웨어 유틸리티(Utility)는?
① Cross assembler
② Debugger
③ Screen editor
④ simulator

51 컴퓨터 제어장치의 기본 사이클에 속하지 않는 것은?
① Fetch Cycle
② Direct Cycle
③ Execute Cycle
④ Interrupt Cycle

52 기억장치의 액세스 속도를 향상시키기 위한 방법이 아닌 것은?
① 캐시(cache) 메모리
② 가상(virtual) 메모리
③ 메모리 뱅킹(banking)
④ 메모리 인터리빙(interleaving)

53 마이크로컴퓨터용 소프트웨어 개발 과정이 옳은 것은?
① 문제설정→프로그램 설계분석→코딩→테스트→유지보수
② 문제설정→코딩→프로그램 설계분석→유지보수→테스트
③ 프로그램 설계분석→문제설정→코딩→유지보수→테스트
④ 코딩→문제설정→프로그램 설계분석→유지보수→테스트

54 512byte 크기의 메모리를 필요로 하는데 사용되는 어드레스 라인(address line)은 몇 개인가?
① 8   ② 9
③ 11 ④ 10

55 주컴퓨터에서 원격지에 설치한 장비로서 여러 개의 단말장치들을 접속, 이들로부터 발생하는 메시지들을 저장하여 하나의 메시지로 농축해서 전송함으로써 통신회선의 사용효율을 증대시키는 장비를 무엇이라 하는가?
① decoder   ② demultiplexer
③ concentrator   ④ encoder

56 번역어(translator)에 속하지 않는 것은?
① 컴파일러   ② 인터프리터
③ 로더   ④ 어셈블러

57 two pass 어셈블러에서 second pass 시 사용되는 테이블이 아닌 것은?

① 의사 명령어(pseudo-instruction) 테이블
② MRI(Memory Reference instruction) 테이블
③ 번지 기호(Address symbol) 테이블
④ 매크로(Macro) 테이블

58 마그네틱 테이프에 자료를 기록할 때 블록킹(Blocking)하는 이유로 옳은 것은?
① 프로그램 작성을 쉽게 하기 위하여
② 데이터의 처리속도 향상 및 테이프를 절약하기 위하여
③ 착오의 혼입 방지하기 위하여
④ 테이프 복사를 쉽게 하기 위하여

59 메모리와 입·출력장치를 구별하는 제어선이 필요 없는 입·출력 주소지정방식은?
① memory mapped I/O
② isolated I/O
③ interrupted I/O
④ programmed I/O

60 256×2램(RAM)으로 주소 1000_{16}~$17FF_{16}$ 사이의 기억장치를 구성하려면 몇 개나 필요한가? (단, 기억장치 한 번지는 8비트로 되어 있다.)
① 8   ② 16
③ 32 ④ 64

제4과목 논리회로

61 다음 중 패리티 비트 코드의 설명 중 가장 옳지 않은 것은?
① 잡음이 들어가면 에러의 가능성이 있어 이를 검출할 수 있다.
② odd 패리티와 even 패리티가 있다.
③ 두 비트가 동시에 에러가 발생해도 검출이 가능하다.
④ 송신측에 패리티 발생기가 있고 수신측에 검사기가 있다.

62 2진수 $11001011_{(2)}$을 그레이 코드로 변환하면?
① $01010001_{(G)}$ ② $11101111_{(G)}$
③ $10101110_{(G)}$ ④ $00010000_{(G)}$

63 데이터 분배회로로 사용되는 것은?
① 시프트 레지스터
② 디멀티플렉서
③ 인코더
④ 멀티플렉서

64 다음 그림이 나타내는 논리회로는?

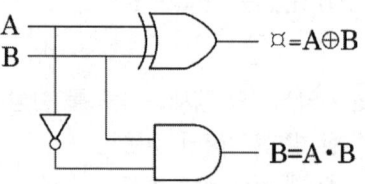

① 반감산기   ② 전감산기
③ 반가산기   ④ 전가산기

65 Exclusive-OR 설명으로 옳은 것은?

① 입력이 같을 때 출력=1, 서로 다를 때 출력=0 발생
② 입력이 같을 때 출력=0, 서로 다를 때 출력=1 발생
③ 보통 동치 게이트(equivalence gate)라 불린다.
④ Mod-2 합산 형태로 취급할 수 없다.

66 JK형 플립플롭에 NOT 게이트를 추가하여 만들면 어떤 기능을 갖는 플립플롭인가?
① RST Flip-Flop
② JK Flip-Flop
③ D Flip-Flop
④ T Flip-Flop

67 입력 펄스의 수를 세는 회로는?
① 복호기   ② 계수기
③ 레지스터   ④ 인코더

68 비동기형 5진 계수회로를 설계 시 필요한 flip-flop은?
① 1개   ② 2개
③ 3개   ④ 4개

69 비트 A와 B가 있을 때 반가산기가 할 수 있는 기능은?
① $A \oplus B$ 및 AB
② $A \oplus B$ 및 $A+B$
③ $A+B$ 및 AB
④ $A+B$ 및 $\overline{AB}$

70 부호화된 2진 정보를 n개의 입력선으로 받아 최대 2^n개의 다른 출력선으로 정보를 발생시키는 회로는?
① 인코더   ② 디코더
③ 멀티플렉서   ④ 전감산기

71 $101010_{(2)}$의 1의 보수는?
① 010101   ② 101011
③ 111111   ④ 010111

72 컴퓨터의 기억용량이 1Mbyte일 때 필요한 주소선의 수는?
① 16개   ② 20개
③ 24개   ④ 32개

73 마스터 슬레이브(Master slave) 플립플롭은 어떤 현상을 해결하기 위한 플립플롭인가?
① Toggle 현상   ② Race 현상
③ Hogging 현상   ④ 전파지연 현상

74 다음 소자 중에서 ROM과 유사한 성격을 가지며, AND array와 OR array로 구성된 것은?
① PLA   ② Shift Register
③ RAM   ④ LSI

75 $A \cdot B + B + A \cdot C$를 간단히 하면?
① $A+B$ ② $\overline{A}+B$
③ $A+\overline{B}$ ④ $\overline{A}+\overline{B}$

76 순서 논리회로의 구성에 관한 설명 중 옳지 않은 것은?

① 기억 소자가 필요하다.
② 조합 논리회로를 포함한다.
③ 카운터는 순서 논리회로가 아니다.
④ 입력신호화 레지스터의 상태에 따라서 출력이 결정된다.

77 그림의 코드 변환 회로의 명칭은?

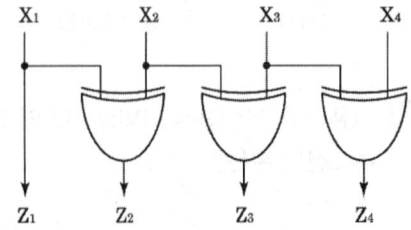

① BCD-gray 코드 변환기
② BCD-2421 코드 변환기
③ BCD-3초과 코드 변환기
④ BCD-9의 보수 변환기

78 고정소수점 표현 방식 중 음의 정수 표현으로 적합하지 않은 것은?
① 부호와 절대치 표현
② 부호화된 1의 보수 표현
③ 부호화된 2의 보수 표현
④ 정규화 표현

79 CPU의 구성 요소로 옳은 것은?
① decoder와 처리장치
② 처리장치와 제어장치
③ 제어장치와 decoder
④ 연산장치와 누산기

80 T flip-flop의 차기 상태(next state) $Q_{(t+1)}$을 T 입력과 현재 상태 Q로 표시하면?

① $Q_{(t+1)} = TQ$ ② $Q_{(t+1)} = T\overline{Q} + \overline{T}Q$
③ $Q_{(t+1)} = \overline{T}\,\overline{Q}$ ④ $Q_{(t+1)} = TQ + \overline{T}\,\overline{Q}$

● 제5과목 데이터통신

81 HDLC의 프레임 구조를 올바르게 나타낸 것은?
① 플래그 – 제어부 – 주소부 – 정보부 – FCS – 플래그
② 플래그 – 제어부 – 정보부 – 주소부 – FCS – 플래그
③ 플래그 – 주소부 – 제어부 – 정보부 – FCS – 플래그
④ 플래그 – 정보부 – 제어부 – 주소부 – FCS – 플래그

82 홀수 패리티 비트를 사용하여 문자를 전송할 경우 에러가 일어난 경우는?
① 11100011   ② 11101111
③ 10101011   ④ 11100111

83 망(network) 구조의 기본 유형이 아닌 것은?
① 스타형   ② 링형
③ 트리형   ④ 십자형

84 데이터(Date) 전송제어의 순서 중 옳게 나열된 것은?
① 회선접속 → 데이터 링크 확립 → 정보 전송 → 회선절단 → 데이터 링크 해제
② 데이터 링크 확립 → 회선접속 → 정보 전송 → 데이터 링크 해제 → 회선절단

③ 회선접속 → 데이터 링크 확립 → 정보 전송 → 데이터 링크 해제 → 회선절단
④ 데이터 링크 확립 → 회선접속 → 정보 전송 → 회선절단 → 데이터 링크 해제

85 여러 개의 터미널 신호를 하나의 통신회선을 통해 전송할 수 있도록 하는 장치는?
① 변·복조기　② 멀티플렉서
③ 신호변환기　④ 디멀티플렉서

86 OSI 네트워크 환경에서 사용자에게 서비스를 제공하는 계층은?
① 데이터 링크 계층
② 물리 계층
③ 응용 계층
④ 세션 계층

87 송신측에서 정보비트에 오류 정정을 위한 제어 비트를 추가하여 전송하면 수신측에서 이 비트를 사용하여 에러를 검출하고 수정하는 방식은?
① Go back-N 방식
② Selective Repeat 방식
③ Stop and Wait 방식
④ Forward Error Correction 방식

88 PCM의 단계를 올바르게 나타낸 것은?
① 표본화 → 양자화 → 부호화
② 표본화 → 부호화 → 양자화
③ 양자화 → 부호화 → 표본화
④ 양자화 → 표본화 → 부호화

89 주파수 분할 다중화에서 부채널 간의 간섭을 방지하기 위한 대역은?
① Buffer　② Slot
③ Channel　④ Guard Band

90 출발지에서 목적지까지 이용 가능한 전송로를 찾아본 후에 가장 효율적인 전송로를 선택하는 것은?
① Routing　② DNS
③ Peer　④ Hub

91 전송할 데이터가 없는 단말장치에도 타임 슬롯을 할당하는 시분할 다중화(TDM) 방식은?
① 비동기 시분할 멀티플렉싱
② 통계 시분할 멀티플렉싱
③ 동기 시분할 멀티플렉싱
④ 지능형 시분할 멀티플렉싱

92 패킷(packet) 교환과 관계가 없는 것은?
① 패킷 단위로 데이터 전송
② 메시지 단위로 데이터 전송
③ 가상회선 방식
④ 데이터그램 방식

93 TCP/IP의 응용 계층 프로토콜이 아닌 것은?
① TELNET　② SMTP
③ ROS　④ FTP

94 데이터 링크 제어 프로토콜로 올바른 것은?
① TCP　② DTE/DCE
③ HDLC　④ UDP

95 데이터 비트 7bit, start와 stop 및 패리티 비트가 각각 1bit로 구성된 문자를 1600 bps의 회선을 사용하여 비동기식으로 전송하면 데이터 최대 전송 속도는 얼마인가?
① 9600(자/분)   ② 7200(자/분)
③ 9000(자/분)   ④ 8200(자/분)

96 토큰 링 방식에 사용되는 네트워크 표준안은?
① IEEE 802.2   ② IEEE 802.3
③ IEEE 802.5   ④ IEEE 802.6

97 TCP/IP 프로토콜의 IP 계층에 대응하는 OSI 참조 모델의 계층은?
① 물리 계층
② 전송 계층
③ 네트워크 계층
④ 세션 계층

98 디지털 데이터를 아날로그 신호로 변조하는 방법으로만 묶여 있는 것은?
① 위상 변조, 진폭 변조
② 주파수 변조, 시간 변조
③ 진폭 편이 변조, 시간 편이 변조
④ 주파수 편이 변조, 위상 편이 변조

99 어느 회선의 속도가 400보(baud)이고, 각 신호가 4비트의 정보를 나타낸다면 데이터 전송률은 몇 bps인가?
① 400bps   ② 800bps
③ 1600bps   ④ 3200bps

100 TCP/IP 프로토콜을 구성하는 계층이 아닌 것은?
① 표현 계층   ② 전송 계층
③ 인터넷 계층   ④ 링크 계층

2006년 2회 시행 과년도출제문제

제1과목 시스템프로그래밍

01 Job scheduling 정책 중 time slice 개념과 가장 밀접한 관련이 있는 것은?
① SRT ② SJF
③ Round Robin ④ FIFO

02 매크로 프로세서의 기능에 해당하지 않는 것은?
① 매크로 정의 인식
② 매크로 정의 확장
③ 매크로 정의 저장
④ 매크로 호출 인식

03 컴파일러 언어에 해당하지 않는 것은?
① COBOL ② C
③ FORTRAN ④ BASIC

04 어셈블리어로 프로그램을 작성할 때, 고급 언어와 비교하여 가장 큰 장점으로 볼 수 있는 것은?
① 명령어들이 간략하기 때문에 프로그램이 간단하게 된다.
② 명령어의 종류가 많으므로 초보자가 이용하기에 적합하다.
③ 기능이 단순하므로 프로그램 개발이 용이하다.
④ 하드웨어를 직접 활용할 수 있어 처리 속도가 빠르다.

05 원시 프로그램을 기계어로 번역해 주는 프로그램에 해당하지 않는 것은?
① 컴파일러(Compiler)
② 어셈블러(Assembler)
③ 인터프리터(Interpreter)
④ 로더(Loader)

06 일반적인 로더(general loader)에 가장 근접한 것은?
① direct linking loader
② absolute loader
③ direct loader
④ compile and go loader

07 인터럽트의 종류 중 시스템 타이머에서 일정한 시간이 만료된 경우나 오퍼레이터가 콘솔상의 인터럽트 키를 입력한 경우 발생하는 것은?
① 외부 인터럽트
② 입/출력 인터럽트
③ 기계 검사 인터럽트
④ 프로그램 검사 인터럽트

08 운영체제의 성능 평가 요소로 거리가 먼 것은?
① 처리 능력 ② 반환 시간
③ 사용 가능도 ④ 비용

09 프로그램 실행을 위하여 메모리 내에 기억

공간을 확보하는 작업을 무엇이라고 하는가?
① linking   ② allocation
③ loading   ④ compile

10 로더의 기능이 아닌 것은?
① 할당(allocation)
② 번역(translation)
③ 링킹(linking)
④ 로딩(loading)

11 주기억장치 관리 기법의 배치 전략 중 입력된 작업을 가장 큰 공백에 배치하는 방법은?
① first-fit   ② worst-fit
③ best-fit   ④ good-fit

12 Macro를 처리하여 확장된 어셈블리 프로그램을 만들어 주는 것은?
① Macro processor
② Assembly program
③ Loader
④ Compiler

13 어셈블러를 이중 패스로 구성하는 주된 이유는?
① 어셈블러의 크기
② 오류 처리
③ 전향 참조(forward reference)
④ 다양한 출력 정보

14 운영체제가 수행하는 기능으로 거리가 먼 것은?
① 언어번역
② 입/출력 관리
③ 프로세서 관리
④ 정보관리

15 너무 자주 페이지 교환이 일어나는 경우를 말하는 것으로서 어떤 프로세스가 프로그램 수행에 소요되는 시간보다 페이지 교환에 소요되는 시간이 더 큰 경우를 의미하는 것은?
① locality   ② thrashing
③ working set   ④ spooling

16 보다 효율적으로 주기억장치를 접근하기 위하여 기억장치를 구성하는 방법으로서, 기억 장소의 연속된 위치를 서로 다른 뱅크로 구성하여 하나의 주소를 통하여 여러 개의 위치에 해당되는 기억 장소를 접근할 수 있도록 하는 것은?
① 파이프라인(pipeline)
② 버퍼링(buffering)
③ 스풀링(spooling)
④ 인터리빙(interleaving)

17 운영체제를 수행 기능에 따라 분류할 경우 제어 프로그램에 해당하는 것은?
① 언어 번역 프로그램
② 서비스 프로그램
③ 데이터 관리 프로그램
④ 문제 프로그램

18 사용자 컴퓨터를 좀 더 쉽고 편리하게 사용할 수 있도록 도와주기 위하여 사용되는

프로그램을 의미하는 것은?
① 유틸리티 프로그램
② 기계어 프로그램
③ 원시 프로그램
④ 언어번역 프로그램

19 교착상태(deadlock) 발생의 필수 조건이 아닌 것은?
① Mutual exclusion
② Hold and wait
③ Circular wait
④ Preemption

20 데이터가 입력된 순간에 곧바로 작업을 처리하는 컴퓨터 시스템으로 화학공장 또는 원자력 발전소 등의 공정 제어 시스템, 은행의 온라인 처리 시스템 등에 사용되는 시스템은?
① 실시간 시스템(real time system)
② 오프라인 시스템(off-line system)
③ 다중 처리 시스템(multiprocessing system)
④ 일괄처리 시스템(batch system)

제2과목 전자계산기구조

21 해독기라 하며, N개의 신호를 입력받아 2^N개의 출력신호를 얻는 회로는?
① 인코더　　② 디코더
③ 멀티플렉서　④ 디멀티플렉서

22 보통 4K 어(WORD)의 기억 용량을 갖는 코어 기억장치는 엄밀히 말하여 몇 개 어(WORD)의 기억 용량을 갖는가?
① 4,000개　② 4,056개
③ 4,096개　④ 4,136개

23 다음은 인터럽트 체제의 동작을 나열하였다. 수행 순서를 올바르게 표현한 것은?

① 현재 수행 중인 프로그램을 안전한 장소에 기억시킨다.
② 인터럽트 요청 신호 발생
③ 보존한 프로그램 상태로 복귀
④ 인터럽트 서비스 루틴의 수행
⑤ 어느 장치가 인터럽트를 요청했는가 찾는다.

① ② → ⑤ → ① → ③ → ④
② ② → ① → ④ → ⑤ → ③
③ ② → ④ → ① → ⑤ → ③
④ ② → ① → ⑤ → ④ → ③

24 10진 데이터의 입·출력 시 사용하는 데이터 형식은?
① 16진수 형태
② 2진수 형태
③ pack 형태
④ unpack 형태

25 컴퓨터 연산에서 단항(unary) 연산에 해당되지 않는 것은?
① Shift
② Complement
③ Rotate
④ OR

26 메이저 스테이트 중 하드웨어로 실현되는 서브루틴의 호출이라고 볼 수 있는 것은?
① FETCH 스테이트
② INDIRECT 스테이트
③ EXECUTE 스테이트
④ INTERRUPT 스테이트

27 비동기 데이터(asynchronous data) 전송에 필요한 신호는?
① 처음과 마지막(start/stop) 비트
② 인터럽트(interrupt)
③ 상태(status) 자료
④ 캐리(carry)

28 다음 중 기억장치가 아닌 것은?
① 자기 드럼 장치
② 자기 디스크 장치
③ 자기 테이프 장치
④ 자기 잉크 문자 읽어내기 장치

29 베이스 레지스터 주소지정방식의 특징이 아닌 것은?
① 베이스 레지스터가 필요하다.
② 프로그램의 재배치가 용이하다.
③ 다중 프로그래밍 기법에 많이 사용된다.
④ 명령어의 길이가 절대 주소지정방식보다 반드시 길어진다.

30 다음 중 데이터의 주소를 표현하는 방식이 아닌 것은?
① 완전 주소   ② 불완전 주소
③ 생략 주소   ④ 약식 주소

31 다음이 설명하고 있는 것은?
- 데이터를 디스크에 분산 저장하는 기술
- Low-order와 High-order 방식이 있다.

① 페이징   ② 블록킹
③ 세그먼트   ④ 디스크 인터리빙

32 레코드(record)의 삽입(Insertion)이나 삭제(Deletion)가 빈번할 때 가장 적합한 데이터 구조는?
① Array 구조
② 계층 구조
③ Binary Tree 구조
④ Linked list 구조

33 복수 개의 프로세서가 하나의 제어 프로세서에 의해 제어되며 주로 배열이나 벡터 처리에 적합한 구조로 높은 처리능력을 갖는 명령 및 데이터 스트림(stream) 처리기는?
① SISD   ② SIMD
③ MISD   ④ MIMD

34 10진수 741을 2진화 10진 코드(BCD code)로 표시하면?
① 0010 1110 0101
② 0111 0100 0001
③ 0010 1111 0101
④ 0111 0110 0001

35 아래 스위칭 회로의 논리식이 옳은 것은?

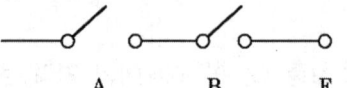

① F=A+B   ② F=A·B
③ F=A−B   ④ F=A/(B+A)

36 Associative 기억장치에 사용되는 기본 요소가 아닌 것은?
① 일치 지시기
② 마스크 레지스터
③ 인덱스 레지스터
④ 검색 데이터 레지스터

37 2진수 $(1011)_2$을 Gray code로 변환하면?
① 1001   ② 1100
③ 1111   ④ 1110

38 컴퓨터의 메모리 용량이 16K×32bit라 하면 MAR(Memory Address Register)와 MBR(Memory Buffer Register)은 각각 몇 비트인가?
① MAR : 12, MBR : 16
② MAR : 32, MBR : 14
③ MAR : 12, MBR : 32
④ MAR : 14, MBR : 32

39 인터럽트 처리 방법 중 가장 빠른 것은?
① 단일우선순위 폴링
② 단일우선순위 벡터
③ 복수우선순위 폴링
④ 복수우선순위 벡터

40 아래 진리표(Truth table)는 무슨 회로인가?

A	B	C(A,B)
1	1	0
1	0	1
0	1	1
0	0	1

① NOR 회로   ② AND 회로
③ OR 회로   ④ NAND 회로

제3과목 마이크로전자계산기

41 제어 프로그램 개발 시 중요한 점과 거리가 먼 것은?
① 수행 속도가 빠르도록 한다.
② 고급(high-level) 언어일수록 좋다.
③ 기억 장소를 효율적으로 사용해야 한다.
④ 이해하기 쉬워야 하며, 조직적이어야 한다.

42 핸드셰이킹(Handshaking)의 설명 중 옳지 않은 것은?
① 하나의 제어선만 필요하다.
② 비동기 자료 전송 방법에 속한다.
③ 스트로브(strobe) 제어보다 개선된 방법이나.
④ 자료 전송률은 속도가 느린 장치에 의해서 결정된다.

43 어떤 통신 선로의 전송 속도는 9600bps 이며, 한 개 전송문자는 8비트 데이터와 4비트의 제어 비트로 구성되어 있다면 1초당 전송되는 문자의 개수는?
① 400개   ② 800개

③ 1200개   ④ 2400개

44 운영체제의 목적이라고 볼 수 없는 것은?
① 신뢰도(reliability) 향상
② 처리 능력(throughput)의 향상
③ 컴퓨터 모델의 다양화
④ 응답 처리 시간(turnaround time)의 단축

45 주기억장치로부터 캐시 메모리로 데이터를 전송하는 방법 중 적합하지 않은 것은?
① Indirect mapping
② Associative mapping
③ Direct mapping
④ Set-associative mapping

46 CPU에서 연산 시 한 개의 오퍼랜드(Operand) 역할을 하고, 연산의 결과가 저장되는 레지스터는?
① 누산기(Accumulator)
② 데이터 계수기(Data Counter)
③ 프로그램 계수기(Program Counter)
④ 명령 레지스터(Instruction Register)

47 마이크로컴퓨터의 시스템 소프트웨어 중 사용자가 작성한 프로그램을 실행하면서 에러를 검출하고자 할 때 사용되는 것은?
① 로더(loader)
② 디버거(debugger)
③ 컴파일러(compiler)
④ 텍스트 에디터(text editor)

48 자료전송 방법에 관한 설명 중 옳지 않은 것은?
① 비동기 전송에서는 문자와 문자 사이 시간 간격은 일정하지 않다.
② 비동기 전송에서는 시작 비트와 정지 비트가 필요하다.
③ 동기 전송에서는 송신측과 수신측의 클록에 대한 동기가 필요하다.
④ 동기 전송은 1200bps(bit per second) 이하의 통신선로에 적합하다.

49 어느 마이크로프로세서가 512개의 명령어를 가지고 있고 하나의 명령어에 두 개의 operand를 갖는다면 명령어는 몇 비트로 구성되는가? (단, operand 종류는 8가지이다.)
① 5비트   ② 10비트
③ 15비트   ④ 20비트

50 입·출력 채널(channel) 제어기의 설명으로 옳지 않은 것은?
① 입·출력 명령 해독
② 지시된 명령의 실행 상황을 제어
③ CPU의 명령에 의해서만 조작 가능
④ 각 입·출력장치에 명령 실행 지시

51 응용 프로그래머를 위해 미리 프로그램 업체에서 제공하는 작업용 프로그램을 무엇이라 하는가?
① macro
② DBMS
③ library program
④ monitoring program

52 입·출력장치의 처리 속도는 늦고, 중앙처리장치의 속도는 빠르기 때문에 중앙처리장치의 효율을 높이기 위해서 사용되는 장치는?
① buffer
② decoder
③ multiplexer
④ demultiplexer

53 가상 메모리에서 페이지 교체 알고리즘에 해당되지 않는 것은?
① Write-through 알고리즘
② LRU(Least Recently Used) 알고리즘
③ FIFO(First-In First-Out) 알고리즘
④ LFU(Least Frequently Used) 알고리즘

54 로더(loader)의 설명으로 옳은 것은?
① symbol 언어로 작성된 프로그램을 기계어로 바꾸어주는 동작
② 목적 프로그램(Object Program)을 실행하기 위해 메모리에 적재하는 역할을 수행하는 시스템 프로그램
③ 운영체제를 구성하는 각종 프로그램들을 종류와 특성에 따라 구분하여 보관해 두는 기억영역
④ 어떤 데이터 기억매체로부터 다른 기억매체로 전송 또는 복사하는 프로그램

55 second-pass 어셈블러에서 2번째 pass에 사용되는 테이블로서 적합하지 않은 것은?
① MRI(memory reference instruction) 테이블
② 번지 기호 테이블(address symbol table)
③ 슈도 명령 테이블(pseudo-instruction table)
④ 명령 테이블(instruction table)

56 어느 컴퓨터의 기억 용량이 65,536바이트이다. 필요한 주소 선(address line)은 몇 비트인가?
① 8   ② 16
③ 32   ④ 64

57 다음과 같은 순서로 마이크로 동작을 하는 명령은?

> ① 유효 번지를 전송한다.
> ② 오퍼랜드를 읽는다.
> ③ Acc에 가산하고, 캐리는 E에 저장한다.
>   (Acc는 Accumulator, E는 Flip-Flop)

① AND 명령
② LDA(Load to Acc) 명령
③ ADD 명령
④ STA(Store Acc) 명령

58 시스템 소프트웨어에 속하지 않는 것은?
① 패키지(package)
② 컴파일러(compiler)
③ 어셈블러(assembler)
④ 인터프리터(interpreter)

59 마이크로컴퓨터와 주변장치와의 데이터 전달 방식이 아닌 것은?
① 루프 입·출력(loop I/O)
② DMA(direct memory access)
③ 인터럽트 입·출력(interrupt I/O)

④ 프로그램 입·출력(programmed I/O)

60 사이클 스틸(Cycle Steal)과 인터럽트의 차이점을 설명한 것 중 옳지 않은 것은?
① 인터럽트가 발생하면 수행하고 있던 프로그램은 정지되나 인터럽트 처리 루틴의 수행을 위하여 중앙처리장치는 인스트럭션을 수행한다.
② 사이클 스틸이 발생하면 중앙처리장치는 완전히 그 사이클 동안 쉬고 있다.
③ 사이클 스틸이 발생했을 때 중앙처리장치의 상태보전이 필요하다.
④ 인터럽트가 발생했을 때 중앙처리장치의 상태보전이 필요하다.

제4과목 논리회로

61 JK플립플롭에서 $J_n=K_n=1$일 때 cp가 인가되면 Q의 출력은?
① Q_n　　② toggle
③ Q_{n+1}　　④ 1

62 다음 회로의 기능은?

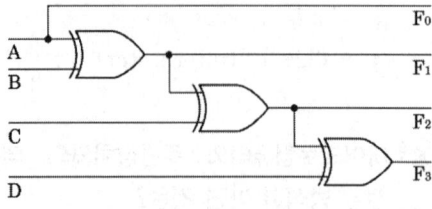

① BCD-그레이 코드 변환회로
② 그레이 코드-BCD 변환회로
③ BCD-2421 변환회로
④ 2421-BCD 변환회로

63 D 플립플롭 특성 방정식은 $Q_{(t+1)}=D$이다. 이 의미는?
① 플립플롭의 다음 상태는 현재 상태에 종속적이다.
② 플립플롭의 다음 상태는 D에만 종속적이다.
③ 플립플롭의 다음 상태는 항상 토글이다.
④ 플립플롭의 다음 상태는 항상 0이다.

64 JK Flip-Flop의 특성 식은?
① $Q_{(t+1)}=J\overline{Q}+\overline{K}Q$
② $Q_{(t+1)}=\overline{J}\,\overline{Q}+KQ$
③ $Q_{(t+1)}=JQ+KQ$
④ $Q_{(t+1)}=JQ+\overline{K}\,\overline{Q}$

65 컴퓨터의 키(key)를 누르면 어떤 회로를 거쳐서 코드화되는가?
① decoder
② encoder
③ multiplexer
④ demultiplexer

66 프로그램을 지울 때 일정 파장의 자외선이 필요한 것은?
① mask ROM　　② DRAM
③ EPROM　　④ EEPROM

67 디코더의 출력선이 8개라면 입력선은 몇 개인가?
① 4개　　② 3개

③ 2개　　④ 1개

68 2진수 10110의 2의 보수는?
① 10001　② 01010
③ 01001　④ 01011

69 플립플롭(FLIP-FLOP)과 같은 기능을 갖는 것은?
① 슈미트 트리거(Schmitt Trigger)
② 비안정 멀티바이브레이터
③ 단안정 멀티바이브레이터
④ 쌍안정 멀티바이브레이터

70 전가산기(Full Adder)의 구성은?
① 반가산기 2개, OR 게이트 1개
② 반가산기 2개, OR 게이트 2개
③ 반가산기 2개, AND 게이트 1개
④ 반가산기 2개, AND 게이트 2개

71 반가산기 S(sum)의 논리식과 관계없는 것은?
① $S = \overline{A}B + A\overline{B}$
② $S = A \oplus B$
③ $S = (A+B)(\overline{A}+\overline{B})$
④ $S = \overline{A} + \overline{B}$

72 다음의 진리표에 해당하는 논리식은?

A	B	C	F
0	0	0	0
0	0	1	0
0	1	0	0
0	1	1	1
1	0	0	0
1	0	1	1
1	1	0	1
1	1	1	1

① $F = ABC + AB\overline{C} + A\overline{B}C + \overline{A}BC$
② $F = ABC + A\overline{B}C + \overline{A}BC + \overline{A}BC$
③ $F = ABC + AB\overline{C} + \overline{A}BC + \overline{A}BC$
④ $F = ABC + AB\overline{C} + A\overline{B}C + A\overline{B}C$

73 다음 이진수 $(0101)_2$의 3초과 코드값은?
① 0111　② 0110
③ 1001　④ 1000

74 다음 그림과 같이 멀티플렉서를 이용하여 구성한 조합 논리회로가 나타내는 출력 Y를 민텀의 합형으로 표현하면?

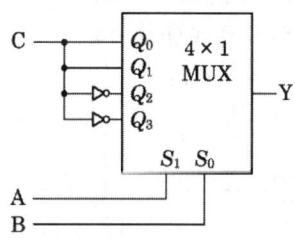

① $Y(A,B,C) = \Sigma(1,3,4,6)$
② $Y(A,B,C) = \Sigma(1,3,5,7)$
③ $Y(A,B,C) = \Sigma(1,3,5)$
④ $Y(A,B,C) = \Sigma(0,3,4,5)$

75 Modulo-6 계수기를 만들려면 최소 몇 개의 플립플롭이 필요한가?

① 1개　　② 2개
③ 3개　　④ 6개

76 RS 플립플롭의 부정 상태를 정의하여 사용할 수 있게 개량한 플립플롭은?
① D F/F　　② T F/F
③ MS F/F　　④ JK F/F

77 게이트당 전력 소모가 가장 적은 IC는?
① RTL　　② CMOS
③ TTL　　④ ECL

78 두 개의 데이터를 비교하는 데 적합한 논리 연산은?
① AND　　② OR
③ NOR　　④ EX-OR

79 아래의 회로가 $A_2A_1A_0=011$의 상태에 있다고 가정하자. 이때 두 개의 COUNT PULSE를 입력시키면 각 PULSE에 의해 상태가 어떻게 변화하겠는가?

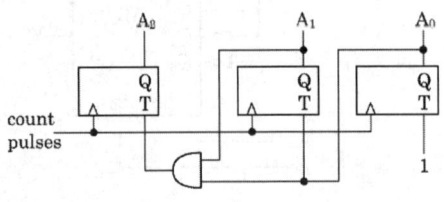

① 011 → 010 → 001
② 011 → 101 → 111
③ 011 → 100 → 101
④ 011 → 001 → 111

80 $F(w,x,y,z)=\Sigma(1,3,7,11,15)$이며, 무관조건(don't care condition)은 $d(w,x,y,z)=\Sigma(0,2,5)$인 불 함수를 간략화한 결과는?
① $F=x+y+z$　　② $F=wx+y$
③ $F=\overline{w}z+yz$　　④ $F=z(w+y)$

제5과목 데이터통신

81 정보통신 기술발전에 의해 출현한 정보화의 한 형태로서, 한 건물 또는 공장, 학교 구내, 연구소 등의 일정지역 내(근거리)에 설치된 통신망으로서 각종 기기 사이의 통신을 실행하는 통신망은?
① LAN　　② WAN
③ VAN　　④ ISDN

82 OSI 7계층과 이와 관련된 표준으로 서로 옳지 않게 연결된 것은?
① 물리 계층 : RS-232C
② 데이터 링크 계층 : HDLC
③ 네트워크 계층 : X.25
④ 전송 계층 : ISDN

83 데이터 전송제어절차 5단계 동작 과정을 순서대로 적은 것은?
① 통신회선 접속 → 데이터 링크 설정 → 데이터 전송 → 데이터 링크 종결 → 통신회선 절단
② 데이터 링크 확립 → 통신회선 접속 → 데이터 전송 → 데이터 링크 종결 → 통신회선 절단
③ 통신회선 접속 → 데이터 링크 설정 → 데이터 전송 → 통신회선 절단 → 데이

터 링크 종결
④ 데이터 링크 설정 → 통신회선 접속 → 데이터 전송 → 통신회선 절단 → 데이터 링크 종결

84 한 전송로의 데이터 전송 시간을 일정한 시간폭(time slot)으로 나누어 각 부채널에 차례로 분배하는 방식의 다중화는?
① 시분할 다중화
② 주파수분할 다중화
③ 위상분할 다중화
④ 위치분할 다중화

85 HDLC 데이터 전송 모드의 동작 모드가 아닌 것은?
① 정규 응답 모드(Normal Response Mode)
② 동기 응답 모드(Synchronous Response Mode)
③ 비동기 응답 모드(Asynchronous Response Mode)
④ 비동기 평형 모드(Asynchronous Balanced Mode)

86 문자 동기 전송방식에서 데이터 투과성(Data Transparent)을 위해 삽입되는 제어문자는?
① ETX   ② STX
③ DLE   ④ SYN

87 통신 프로토콜의 정의로 가장 올바른 것은?
① 정보 전송의 통신 규약이다.
② 통신 하드웨어의 표준 규격이다.
③ 통신 소프트웨어의 개발 환경이다.
④ 하드웨어와 사람 사이의 인터페이스이다.

88 다음 중 음성주파수 대역이 4kHz일 때, 디지털화하기에 가장 적당한 샘플 주파수는?
① 2kHz   ② 4kHz
③ 7kHz   ④ 10kHz

89 디지털 신호를 음성대역(0.3~3.4kHz) 내의 아날로그 신호로 변환(변조)한 후 음성 전송용으로 설계된 전송로에 송신한다든지 반대로 전송로부터의 아날로그 신호를 디지털 신호로 변환(복조)하는 장치를 무엇이라 하는가?
① 모뎀(MODEM)
② 단말(Terminal)
③ 전화교환기
④ 허브(HUB)

90 정보에 따라 위상을 변화시키는 디지털 변조 방식은?
① ASK   ② FSK
③ PSK   ④ PCM

91 아날로그-디지털 부호화 방식인 송신측 PCM(Pulse Code Modulation) 과정을 순서대로 바르게 나타낸 것은?
① 표본화(Sampling) → 양자화(Quantization) → 부호화(Encoding)
② 양자화(Quantization) → 부호화(Encoding) → 표본화(Sampling)
③ 부호화(Encoding) → 양자화(Quantization) → 표본화(Sampling)

④ 표본화(Sampling) → 부호화(Encoding)
→ 양자화(Quantization)

92 아날로그 데이터(음성)를 디지털 신호로 전송하기에 적합한 변조 방법은?
① AM   ② PCM
③ ASK   ④ FM

93 OSI(Open System Interconnection) 7계층에서 다음 설명에 해당하는 계층은?

> 통신 송·수신 양 종점(end-to-end or end-to-user) 간에 투명하고 균일한 전송 서비스를 제공해 주는 계층으로 전송 데이터의 다중화 및 중복 데이터의 검출, 누락 데이터의 재전송 등 세부 기능을 가진다.

① 응용 계층   ② 네트워크 계층
③ 전송 계층   ④ 표현 계층

94 전송 데이터가 있는 동안에만 시간 슬롯을 할당하는 다중화 방식은?
① 통계적 시분할 다중화
② 광파장 분할 다중화
③ 동기식 시분할 다중화
④ 주파수 분할 다중화

95 다음에서 자동 반복 요청(ARQ)의 종류가 아닌 것은?
① 자동반송 ARQ
② 정지대기 ARQ
③ 연속적 ARQ
④ 적응적 ARQ

96 단순한 정보의 수집 및 전달 기능뿐만 아니라 정보의 저장, 가공, 관리 및 검색 등과 같이 정보에 부가가치를 부여하는 통신망은?
① LAN   ② WAN
③ VAN   ④ MAN

97 순방향 에러 수정(Forward Error Correction) 방식에 사용되는 검사 방식은?
① 수평 패리티 검사 방식
② 군계수 검사 방식
③ 수직 패리티 검사 방식
④ 해밍 코드 검사 방식

98 OSI 참조모델에서 데이터 링크 계층은 몇 계층에 해당하는가?
① 계층 2   ② 계층 3
③ 계층 5   ④ 계층 7

99 데이터 전송을 하고자 하는 모든 단말장치에 서로 대등한 입장에 있으며, 송신 요구를 먼저 한 쪽이 송신권을 갖는 방식을 무엇이라 하는가?
① Contention 방식
② Polling 방식
③ Selecting 방식
④ Routing 방식

100 VAN의 통신처리 기능으로서의 회선제어, 접속 등의 통신절차를 변환하는 기능은?
① 프로토콜 변환   ② 부호 변환
③ 양자화 변환   ④ 제어 변환

2006년 4회 시행 과년도출제문제

제1과목 시스템프로그래밍

01 매크로의 처리 순서 중 괄호 안 내용으로 옳은 것은?

> 어셈블리 프로그램 → 매크로 처리기 → (　) → 기계어

① 컴파일러　　② 어셈블러
③ 인터프리터　④ 로더

02 어셈블러가 두 개의 패스(Pass)로 구성되는 이유로 가장 적합한 것은?
① 패스 1, 2의 어셈블러 프로그램이 작아서 경제적이기 때문에
② 한 개의 패스로는 프로그램이 너무 커서 유지보수가 어렵기 때문에
③ 한 개의 패스로는 처리속도는 빠르나 메모리가 많이 소요되기 때문에
④ 기호를 정의하기 전에 사용할 수 있어 프로그램 작성이 용이하기 때문에

03 어떤 내용에 -1을 곱하여 2의 보수로 만들 때가 있다. 레지스터에 기억된 내용을 2의 보수로 바꾸어 주는 어셈블리 명령은?
① CBW　　② MUL
③ NEG　　④ SUB

04 교착상태(dead lock) 발생의 필요 조건이 아닌 것은?
① mutual exclusion
② hold and wait
③ preemption
④ circular wait

05 언어의 유효한 구조에 관한 규칙을 무엇이라 하는가?
① Syntax　　② Compile
③ DBMS　　④ Link

06 일반적인 로더(general loader)에 가장 가까운 것은?
① compile-and-go loader
② absolute loader
③ dynamic linking loader
④ direct linking loader

07 프로그램 언어의 실행 과정 순서로 옳은 것은?
① 로더 → 링커 → 컴파일러
② 컴파일러 → 로더 → 링커
③ 링커 → 컴파일러 → 로더
④ 컴파일러 → 링커 → 로더

08 Bench Mark Program이란 무엇인가?
① 저급 언어를 고급 언어로 변환시키는 프로그램
② 컴퓨터의 성능 분석을 위한 프로그램
③ 고급 언어를 기계어로 번역하는 프로그램

④ 컴퓨터 시스템을 초기화시키는 프로그램

09 너무 자주 페이지 교환이 일어나는 경우로서, 어떤 프로세스가 프로그램 수행에 소요되는 시간보다 페이지 교환에 소요되는 시간이 더 큰 경우를 의미하는 것은?
① 모니터(Monitor)
② 스래싱(Thrashing)
③ 단편화(Fragmentation)
④ 세마포어(Semaphore)

10 매크로 프로세서의 기본 수행 기능이 아닌 것은?
① 매크로 정의 인식
② 매크로 정의 저장
③ 매크로 호출 인식
④ 매크로 호출 저장

11 JCL(Job Control Language)에 대한 설명으로 옳지 않은 것은?
① 작업이 수행되는 조건 및 출력선택 등을 제어하기 위한 언어이다.
② 작업의 실행, 종료 또는 사용 파일의 지정 등을 할 때 사용하는 작업 단계를 표시하는 언어이다.
③ 기계어를 고급 언어로 변환시키는 언어이다.
④ 몇 개의 명령어를 조합할 때 그 기능을 완수할 수 있다.

12 운영체제를 수행기능에 따라 분류했을 때, 처리 프로그램(processing program)에 해당하지 않는 것은?

① Service program
② Language translator program
③ Problem program
④ Supervisor program

13 운영체제의 성능 평가 요소로 거리가 먼 것은?
① 처리 능력   ② 비용
③ 사용 가능도 ④ 신뢰도

14 인터럽트의 종류 중 시스템 타이머에서 일정한 시간이 만료된 경우나 오퍼레이터가 콘솔상의 인터럽트 키를 입력한 경우 발생하는 것은?
① SVC 인터럽트
② 외부 인터럽트
③ 입/출력 인터럽트
④ 재시작 인터럽트

15 Loader의 기능이 아닌 것은?
① allocation   ② linking
③ relocation   ④ compile

16 어셈블리 언어에 대한 설명으로 옳지 않은 것은?
① machine code를 mnemonic symbol로 표현한 것이다.
② CPU로 쓰이는 processor에 따라 그 종류가 다르다.
③ machine 명령문과 pseudo 명령문이 있다.
④ high level의 언어이다.

17 인터프리터(interpreter) 기법의 언어에 해당하는 것은?
① COBOL ② C
③ FORTRAN ④ BASIC

18 0과 1의 2진수로만 되어 있으며, 컴퓨터가 바로 이해하고 수행할 수 있는 가장 기초적인 언어를 의미하는 것은?
① 고급 언어
② 기계어
③ 저급 언어
④ 어셈블리어

19 구문 분석기가 올바른 문장에 대해 그 문장의 구조를 트리로 표현한 것으로 루트, 중간, 단말 노드로 구성되는 트리는 무엇인가?
① 인덱스 트리 ② 주소 트리
③ 파스 트리 ④ 산술 트리

20 원시 프로그램을 하나의 긴 스트링으로 보고 원시 프로그램을 문자 단위로 스캐닝하여 문법적으로 의미있는 그룹들로 분할하는 과정은?
① Syntax analysis
② Code generation
③ Code optimization
④ Lexical analysis

● 제2과목 전자계산기구조

21 PC의 인터럽트(interrupt) 가운데 프린터에 용지가 부족할 때 발생되는 인터럽트는?
① PC 하드웨어 인터럽트
② 인텔 하드웨어 인터럽트
③ PC 소프트웨어 인터럽트
④ 응용 소프트웨어 인터럽트

22 다음 중 임의 처리(random access)에 적합하지 않은 기억장치는?
① 자기 코어 장치
② 자기 디스크 장치
③ 자기 드럼 장치
④ 자기 테이프 장치

23 다음 중 0-주소(zero address) 방식에 대한 설명은?
① 연산의 처리 결과를 항상 누산기(Accumulator)에 저장하는 어드레스 방식
② 연산의 실행을 위해서 언제나 스택(Stack) 영역에 접근해야 하는 어드레스 방식
③ 연산 후에도 입력된 자료가 변하지 않고 보존되는 어드레스 방식
④ 1개의 명령어에 2개의 어드레스를 갖는 방식

24 인터럽트 처리루틴을 사용하지 않고 직접 인터럽트 취급루틴의 수행을 개시할 수 있도록 각 장치의 인터럽트 취급루틴으로 분기하는 명령어들로 구성된 부분은?
① 채널 명령어
② 인터럽트 벡터
③ 인터럽트 체인
④ 인터럽트 분기 루틴

25 두 개의 데이터를 혼합하거나 일부에 삽입하는 데 사용되는 연산은?
① AND 연산
② OR 연산
③ MOVE 연산
④ Complement 연산

26 다음 일련의 마이크로 오퍼레이션은 어느 사이클인가?

T1 : MAR←PC
T2 : MBR←M(MAR), PC←PC+1
T3 : OPR←MBR(OP), I←MBR(I)

① FETCH CYCLE
② EXECUTE CYCLE
③ INDIRECT CYCLE
④ INTERRUPT CYCLE

27 $(01111011)_2$에 대한 2의 보수(2's Complement)는?
① 10000100   ② 10000101
③ 10010100   ④ 10010101

28 명령어의 처리 시 기억장치에 접근할 필요가 없는 주소지정방식은?
① direct addressing mode
② indirect addressing mode
③ relative addressing mode
④ immediate addressing mode

29 다음 중 불 대수(Boolean algebra)가 옳지 않은 것은?
① $A + \overline{A} \cdot B = A + B$
② $A \cdot (\overline{A} + B) = A \cdot B$
③ $A + A \cdot B = A$
④ $A + A = 1$

30 I/O operation과 관계없는 것은?
① Channel   ② Handshaking
③ Interrupt   ④ Emulation

31 여러 개의 처리기가 각각 다른 데이터 스트림(stream)에 대하여 다른 instruction 스트림을 수행하는 구조는?
① SISD   ② SIMD
③ MISD   ④ MIMD

32 3초과 코드(Excess-3 code) 1011은 10진수로 얼마인가?
① 8   ② 11
③ 14   ④ 17

33 병렬 처리를 위한 컴퓨팅 시스템으로 적절하지 않은 것은?
① 파이프라이닝
② 멀티프로세서
③ 배열 프로세서
④ 매크로 프로세서

34 자료에 접근하기 위해 기억 내용의 일부를 이용하여 액세스하는 기억장치로 주소의 개념이 없다는 특징과 함께 고속의 액세스가 가능하지만 기억장치의 크기가 제한되어 있는 기억장치를 무엇이라 하는가?
① Associative Memory

② SASD(Sequential Access Storage Device)
③ DASD(Direct Access Storage Device)
④ DRO(Destructive Read Out) Memory

35 바이트 머신의 데이터 형식을 표시한 아래 표는 어떠한 데이터 형식을 표시하는가?

부호	지수부	가수부
(sign)	(exponent)	(Mantissa)

① 고정 소수점 데이터(fixed point data)
② 팩(pack) 형식의 10진수(decimal number)
③ 부동 소수점 데이터(floating point data)
④ 가변장 논리 데이터(variable length logical data)

36 기억장치에 접근을 위하여 판독신호를 내고 나서 다음 판독신호를 낼 수 있을 때까지의 시간을 무엇이라 하는가?
① 탐색 시간(seek time)
② 전송 시간(transfer time)
③ 접근 시간(access time)
④ 사이클 시간(cycle time)

37 폰 노이만(Von Neumann)형 컴퓨터의 연산자 기능으로 적합하지 않은 것은?
① 추적 기능
② 함수 연산 기능
③ 제어 기능
④ 전달 기능

38 모든 명령(Instruction) 수행 시 유효 주소를 구하기 위한 메이저 상태를 무엇이라 하는가?
① FETCH 메이저 상태
② EXECUTE 메이저 상태
③ INDIRECT 메이저 상태
④ INTERRUPT 메이저 상태

39 컴퓨터 주기억장치의 용량이 256MB라면 주소 버스는 최소한 몇 Bit이어야 하는가?
① 20Bit 이상
② 24Bit 이상
③ 26Bit 이상
④ 28Bit 이상

40 인터럽트 가운데 CPU 하드웨어의 신호에 의해서 발생되지 않는 것은?
① 스택이 넘칠 때
② 정전이 일어날 때
③ 시스템 호출이 일어날 때
④ 입·출력장치가 데이터의 전송을 요구할 때

● 제3과목 마이크로전자계산기

41 명령어가 수행되면 CPU 내의 레지스터들이 정의된 상태 변환을 하는 오퍼레이션은?
① 매크로 오퍼레이션
② 마이크로 오퍼레이션
③ 인스트럭션 오퍼레이션
④ 스테이트 오퍼레이션

42 다음 중 DMA의 입·출력 방식과 관계없는 것은?
① DMA 제어기가 필요하다.

② CPU의 계속적인 간섭이 필요하다.
③ 비교적 속도가 빠른 입·출력 방식이다.
④ 기억장치와 주변장치 사이에 직접적인 자료 전송을 제공한다.

43 다음 중 기억장치 사이클 타임(Mt)과 기억장치 접근 시간(At)의 관계식으로 가장 옳은 것은?
① Nt=At
② Mt≥At
③ Nt≤At
④ Mt>At

44 다음 중 스태틱 램(static RAM)을 구성하는 회로는?
① 플립플롭
② 전하충방전
③ 단안정 멀티바이브레이터
④ 비안정 멀티바이브레이터

45 부트스트랩핑 로더(Bootstrapping loader)가 하는 일은?
① 시스템을 효율적으로 사용할 수 있게 한다.
② 컴퓨터 가동 시 운영체제(operating system)를 주기억장치로 읽어온다.
③ 모든 주변장치를 초기화한다.
④ 명령어를 해석한다.

46 고수준 언어로 작성된 프로그램을 기계어로 번역하기 위한 프로그램은?
① 에디터
② 컴파일러
③ 어셈블러
④ 로더

47 한 컴퓨터를 위하여 작성한 프로그램을 프로세서가 다른 컴퓨터를 이용하여 실행하여 볼 수 있도록 하는 것을 무엇이라고 하는가?
① 에뮬레이터
② 시뮬레이터
③ 컴파일러
④ 모니터

48 A와 B 레지스터의 내용이 각각 01101110, 11100110일 때 A와 B의 EX-OR 연산 결과는?
① 01100110
② 11101110
③ 10001000
④ 01110111

49 프로그래머가 프로그램 내에서 동일한 부분을 반복하여 사용하는 불편을 없애기 위해 사용하는 프로세서는?
① Macro Processor
② Compiler
③ Assembler
④ Loader

50 어떤 마이크로컴퓨터 시스템의 데이터 버스(data bus)가 16비트, 어드레스 버스(address bus)가 24비트로 구성되었을 때, 이 컴퓨터 시스템 주기억장치의 최대 용량은?
① 64킬로 바이트(Kbyte)
② 256킬로 바이트
③ 1메가 바이트(Mbyte)
④ 16메가 바이트

51 컴퓨터 시스템에 예기치 않은 일이 발생하

였을 때 그것을 제어 프로그램에 알려주는 것을 무엇이라고 하는가?
① PSW(Program State Word)
② Interrupt
③ Mask
④ Controllling

52 마이크로컴퓨터와 주변장치와의 데이터 전달 방법은 크게 세 가지 방법으로 집약될 수 있다. 해당되지 않는 것은?
① Programmed I/O
② Interrupt I/O
③ Channel I/O
④ DMA

53 다음 중 단항(unary) 연산인 것은?
① AND　　② OR
③ EX-OR　④ MOVE

54 제어 프로그램의 중추적 기능을 담당하는 프로그램으로서 처리 프로그램의 실행 과정과 시스템 전체의 동작 상태를 감독하고 지원하는 기능을 수행하는 제어 프로그램은?
① data management program
② supervisor program
③ system control program
④ status control program

55 메모리 중 리프레시(refresh) 사이클이 사용되는 것은?
① SRAM　　② EPROM
③ DRAM　　④ PLA

56 마이크로프로세서의 명령이 인출 사이클 시 가장 먼저 실행되는 과정 중 기억장치의 위치 주소가 프로그램 카운터(PC)에서 어느 곳으로 전송되는가?
① 기억장치 버퍼 레지스터(MBR)
② 기억장치 주소 레지스터(MAR)
③ 명령 레지스터(IR)
④ 범용 레지스터(GPR)

57 다음 중 누산기가 꼭 필요한 명령 형식은?
① 0-주소 인스트럭션
② 1-주소 인스트럭션
③ 2-주소 인스트럭션
④ 3-주소 인스트럭션

58 기계어 프로그램을 받아들여 상대 번지를 절대 번지로 바꿔 기억 장소에 할당하고, 여러 개의 프로그램을 연결하여 컴퓨터가 실행할 수 있는 상태로 만드는 프로그램은?
① 디버깅 프로그램
② 로더 프로그램
③ 진단 프로그램
④ 운영체제

59 시스템 동작 개시 후 최초로 주기억장치에 프로그램을 로드하는 것은?
① IPL(Initial Program Load)
② Assembler
③ Listing Program
④ Utility Program

60 프로그램의 실행 결과가 목적했던 대로 얻어지지 않으면 프로그램 작성 시 문법상의 오류나 논리상의 오류가 있었는지 찾아 수정해야 한다. 이것은 프로그램의 개발 단계 중 어디에 속하는가?
① 문제분석
② 문서화
③ 디버그
④ 처리 순서의 결정

제4과목 논리회로

61 다음 회로도의 A값이 1100이고, B값이 0001일 때 출력 F의 값은?

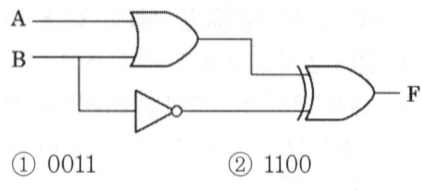

① 0011
② 1100
③ 1101
④ 1011

62 16진수 "3CB8"을 2진수로 변환하면?
① 0101 1100 1011 0011
② 1001 1110 1100 1100
③ 0011 1100 1011 1000
④ 0010 1101 1101 1001

63 조합 논리회로를 설계할 때 사용되지 않는 것은?
① ROM
② Decoder
③ PLD
④ Flip Flop

64 10진수 42+29를 3-초과 코드(Excess-3 code)로 계산한 것으로 옳은 것은?
① 1010 1010
② 1010 0100
③ 1101 1110
④ 0111 1000

65 산술연산과 논리연산 동작을 수행한 후 결과를 축적하는 register는?
① 누산기
② 인덱스 레지스터
③ 플래그 레지스터
④ RAM

66 Mode-16 2진 카운터의 모든 상태를 완전히 디코더하기 위해 필요한 AND 게이트 수는?
① 4개
② 8개
③ 16개
④ 32개

67 그림과 같은 회로의 명칭은?

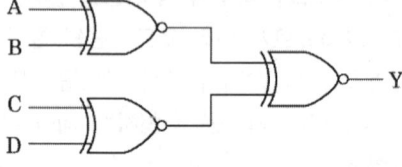

① 다수결 회로
② 우수 패리티 발생 회로
③ 기수 패리티 발생 회로
④ 비교 회로

68 2진수 "1111"의 2의 보수(2's complement)는?
① 0000
② 0001
③ 1111
④ 1110

69 다음과 같이 4×1 MUX를 설계하려고 한다. □에 공통적으로 들어갈 회로는?

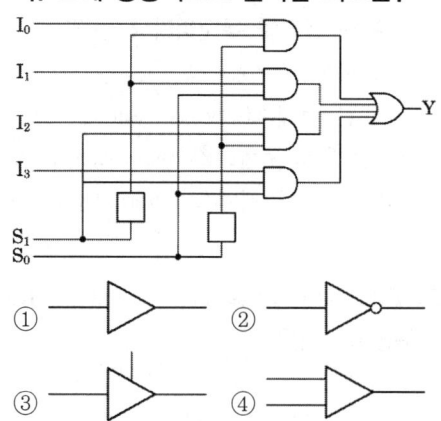

① ▷ ② ▷○
③ ▷ ④ ▷

70 다음 중 모드-9 카운터를 구성하기 위한 최소 플립플롭의 수는?
① 3   ② 4
③ 5   ④ 6

71 다음 중 입력이 모두 1일 때인 출력이 1이 되는 게이트는?
① EX-OR 게이트
② AND 게이트
③ NOR 게이트
④ NAND 게이트

72 전가산기(full adder)의 입·출력 개수는?
① 입력 2개, 출력 4개
② 입력 2개, 출력 3개
③ 입력 3개, 출력 2개
④ 입력 3개, 출력 3개

73 플립플롭의 특성에 관해 설명한 것 중 옳지 않은 것은?
① D 플립플롭은 RS 플립플롭의 변형이다.
② T 플립플롭은 JK 플립플롭을 1개의 입력으로 만든 것이다.
③ RS 플립플롭의 S=0, R=0 상태의 불안정 상태를 개선한 것이 JK 플립플롭이다.
④ RS 플립플롭의 S=1, R=1 상태의 불안정 상태를 개선한 것이 JK 플립플롭이다.

74 두 비트를 더해서 합(S)과 자리올림수(C)를 구하는 반가산기(Half Adder)에서 올림수(Carry) 비트를 나타낸 논리식은?
① $C = \overline{A} \cdot \overline{B}$ ② $C = A + B$
③ $C = A \cdot B$ ④ $C = \overline{A} + \overline{B}$

75 64개 다른 입력 조합을 받아들이기 위한 디코더의 입·출력 개수는 각각 몇 개씩인가?
① 입력 : 6, 출력 : 64
② 입력 : 6, 출력 : 32
③ 입력 : 5, 출력 : 64
④ 입력 : 5, 출력 : 32

76 다음 진리표(truth table)에서 출력 Y의 최소화 결과는?

A	B	Y
0	0	1
0	1	0
1	0	1
1	1	1

① $Y = A + \overline{B}$ ② $Y = \overline{A} + B$

③ Y = $\overline{A}+\overline{B}$ ④ Y = AB

77 십진수 59를 BCD 코드(8421 코드)로 인코딩하면?
① 1000 1100   ② 0101 1001
③ 0011 1011   ④ 0101 0111

78 16K×32 메모리를 구축하기 위하여 4개의 16K×8 메모리들이 사용된다. 하나의 메모리가 필요로 하는 번지는 몇 비트인가?
① 8   ② 14
③ 16   ④ 24

79 JK Flip-Flop에서 J=K=1일 때 클록이 인가되면 출력 Q의 상태는?
① 변화없음   ② Set
③ Reset   ④ Toggle

80 A, B 두 개의 변수로 구성된 논리함수의 최소항(minterm)에 속하지 않는 것은?
① AB   ② A$\overline{B}$
③ $\overline{A}$B   ④ $\overline{AB}$

제5과목 데이터통신

81 다음 중 패킷 교환 방식의 특징이 아닌 것은?
① store-and-forward 방식
② 융통성이 매우 큰 교환 방식
③ 패킷의 길이가 제한적임
④ 트래픽량이 적은 경우에 적절

82 컴퓨터 통신에서 컴퓨터 상호간 또는 컴퓨터 단말기 간에 데이터를 송·수신하기 위한 통신 규약을 무엇이라 하는가?
① 프로토콜(protocol)
② 채널 액세스(channel access)
③ 네트워크 토폴로지(network topology)
④ 터미널 인터페이스(terminal interface)

83 HDLC(High Data Link Control) frame 구성 순서는?
① 플래그 → 주소부 → 정보부 → 제어부 → 검사부 → 플래그
② 플래그 → 주소부 → 제어부 → 정보부 → 검사부 → 플래그
③ 플래그 → 검사부 → 주소부 → 정보부 → 제어부 → 플래그
④ 플래그 → 제어부 → 주소부 → 정보부 → 검사부 → 플래그

84 다음 중 ISDN에 대한 설명이 아닌 것은?
① 음성(비음성) 서비스를 포함한 광범위한 서비스를 제공한다.
② 음성 신호와 컴퓨터 단말기에서 사용되는 신호, 그리고 텔레비전의 영상 신호 등을 하나의 통신망으로 연결이 가능하다.
③ 데이터베이스나 정보 처리 기능의 이용 범위가 넓어지게 되어 통신의 이용 가치를 높이게 된다.
④ 서로 다른 여러 서비스를 공유할 수 있는 아날로그망이다.

85 일반적으로 많은 단말기로부터 많은 양의 통신을 필요로 하는 경우에 유리한 네트워크 형태는?
① 성형　　② 환형
③ 계층형　④ 망형

86 다수의 타임 슬롯으로 하나의 프레임이 구성되고, 각 타임 슬롯에 채널을 할당하여 다중화하는 것은?
① TDMA　② CDMA
③ FDMA　④ CSMA

87 데이터 링크 제어 문자 중에서 수신측에서 송신측으로 부정 응답으로 보내는 문자는?
① NAK(Negative AcKnowledge)
② STX(Start of TeXt)
③ ACK(ACKnowledge)
④ ENQ(ENQuiry)

88 데이터 전송 속도가 초당 9600bps인 회선 상에 한 번의 신호로 세 개의 bit를 전송할 때 신호속도는?
① 3200baud　② 4800baud
③ 6400baud　④ 9600baud

89 OSI 7-layer 모델에 해당되지 않는 것은?
① Application layer
② Data link layer
③ Network layer
④ Internet layer

90 디지털 전송(Digital Transmission)의 특징으로 옳은 것은?
① 신호에 포함된 잡음도 증폭기에서 같이 증폭되므로 왜곡 현상이 심하다.
② 아날로그 전송보다 훨씬 적은 대역폭을 필요로 한다.
③ 아날로그 전송과 비교하여 유지 비용이 훨씬 더 요구된다.
④ 장거리 전송 시 데이터의 감쇠 및 왜곡 현상을 방지하기 위해서 리피터(Repeater)를 사용한다.

91 다음 중 아날로그-디지털 부호화 방법이 아닌 것은?
① ASK(Amplitude Shift Keying)
② FSK(Frequency Shift Keying)
③ QAM(Quadrature Amplitude Modulation)
④ CDM(Code Division Multiplexing)

92 다음 그림과 같은 전송 방식은?

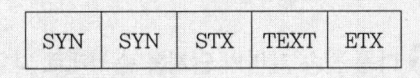

① 문자 동기방식
② 비트지향형 동기방식
③ 조보식 동기방식
④ 프레임 동기방식

93 데이터를 설정된 통신 회선을 통하여 전송하는 방식으로 정보량이 많을 때와 파일 전송 등의 긴 메시지 전송에 적합하며 정보 전송의 필요성이 생겼을 때 상대방을 호출하여 연결하고, 이 물리적인 연결이 정보 전송이 종료될 때까지 계속 유지되는

망은 무엇인가?
① 패킷교환망   ② 회선교환망
③ X.25   ④ 데이터그램망

94 인터넷 접속환경을 구현해 주는 통신규약인 PPP(Point to Point Protocol)를 설명한 것 중 틀린 것은?
① 오류감지 기능이 없다.
② 다중 프로토콜을 지원한다.
③ 압축기능을 제공한다.
④ 동기/비동기 회선 모두를 통하여 전송한다.

95 여러 개의 채널을 몇 개의 소수 회선으로 공유화시키는 장치는?
① 변조기
② 집중화기
③ 복조기
④ 선로 공동 이용기

96 다음 전송 제어의 단계를 순서대로 나열한 것은?

> A : 회선의 접속
> B : 정보의 전송
> C : 데이터 링크의 설정
> D : 회선의 절단
> E : 데이터 링크의 해제

① A → C → B → E → D
② A → C → B → D → E
③ C → A → B → E → D
④ C → A → B → D → E

97 하나의 메시지 단위로 축적-전달(store-and-forward) 방식에 의해 데이터를 교환하는 방식은?
① 음성교환용 회선교환방식
② 메시지 교환방식
③ 데이터 전용회선 교환방식
④ 패킷 교환방식

98 송신측은 하나의 블록을 전송한 후 수신측에서 에러의 발생을 점검한 다음 에러 발생 유무 신호를 보내올 때까지 기다리는 ARQ 방식은?
① continuous ARQ
② adaptive ARQ
③ Go-Back-N ARQ
④ stop and wait ARQ

99 HDLC 전송제어 절차에서 채용하고 있는 방식이며, 데이터를 송신할 때 데이터 블록 구간을 플래그 순서로 식별하고 그림과 같은 형태로 플래그가 구성되는 동기 방식은?

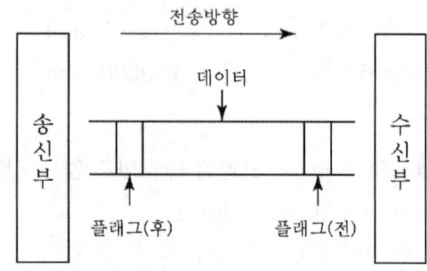

① 문자 동기 방식
② 프레임 동기 방식
③ 스위칭 동기 방식
④ 연속 동기 방식

100 다음의 설명 내용에 해당되는 것은?

- 제한된 지역 내의 통신
- 파일의 공용
- 공중망을 이용하는 광역통신망에 대조되는 통신망
- 소단위의 고속정보통신망

① 종합정보통신망(ISDN)
② 부가가치통신망(VAN)
③ 근거리통신망(LAN)
④ 가입전산망(Teletex)

2007년 2회 시행 과년도출제문제

제1과목 시스템프로그래밍

01 컴퓨터의 CPU에 어떠한 신호를 보내어 CPU가 하던 일을 잠시 멈추고 다른 작업을 처리하도록 하는 방법은?
① interleaving ② spooling
③ interrupt ④ deadlock

02 절대 로더에서 연결(linking) 기능의 주체는?
① 컴파일러 ② 로더
③ 어셈블러 ④ 프로그래머

03 일반적인 로더(general loader)에 가장 가까운 것은?
① direct loader
② absolute loader
③ compile-and-loader
④ direct linking loader

04 다중 프로그래밍 시스템에서 어떤 프로세스가 아무리 기다려도 결코 발생하지 않을 사건을 기다리고 있을 때, 그 프로세스는 어떤 상태라고 볼 수 있는가?
① Deadlock
② Working Set
③ Semaphore
④ Critical Section

05 어떤 기호적 이름에 상수값을 할당하는 어셈블리 명령은?
① ORG ② INCLUDE
③ END ④ EQU

06 오퍼레이팅 시스템의 실 저장장소(real storage)의 관리기법으로 best fit 방법을 사용한다고 가정할 때, 다음과 같은 메모리 상태에서 10K 크기의 프로그램 실행을 위하여 어느 부분이 할당되겠는가?

분할번호	크기	상태
1	5K	free
2	12K	free
3	10K	in use
4	9K	free
5	16K	free

① 분할번호 1 ② 분할번호 2
③ 분할번호 4 ④ 분할번호 5

07 인터프리터(interpreter)에 대한 설명으로 가장 적절한 것은?
① 어셈블리어로 작성된 원시 프로그램을 기계어로 번역하는 프로그램이다.
② 고급어로 작성된 프로그램을 어셈블리어로 바꾸는 프로그램이다.
③ 원시 프로그램을 한 문장씩 해석하고 번역한 다음 즉시로 실행시키는 프로그램이다.
④ 기계어로 번역된 목적 프로그램을 메모리에 올려 수행시키는 프로그램이다.

08 이중(two) 패스 어셈블러를 사용하는 가장 주된 이유는?
① 심벌이 정의되기 이전에 사용될 수 있기 때문이다.
② 어셈블러는 투 패스로만 사용해야 하기 때문이다.
③ 어셈블러에 매크로 기능을 부여하기 위해서이다.
④ 슈도 오퍼레이션(Pseudo operation)이 있기 때문이다.

09 매크로 프로세서의 수행 작업으로 거리가 먼 것은?
① 매크로 정의 확장
② 매크로 정의 인식
③ 매크로 정의 저장
④ 매크로 호출 인식

10 로더(loader)의 기능이 아닌 것은?
① allocation   ② linking
③ relocation   ④ translating

11 컴퓨터 성능평가의 기준 사항으로 거리가 먼 것은?
① CPU 사용률   ② 처리율
③ 반환시간   ④ 비용

12 프로그램의 수가 많아지거나 또는 한 프로그램에서 사용하는 page의 수가 사용 가능한 page frame에 비해서 매우 크게 되어 대부분의 시간을 page fault를 처리하는 데 보내게 되는 현상은?
① working set
② thrashing
③ demand paging
④ prepaging

13 Job Control Language의 기능으로 거리가 먼 것은?
① 프로그램을 연속적으로 실행한다.
② 작업이 비정상적으로 끝날 때 memory dump를 한다.
③ 고급 언어로 작성된 프로그램을 기계어로 번역한다.
④ 언어번역 프로그램 및 Linkage editor에 대한 정보를 제공한다.

14 컴퓨터가 직접 이해할 수 있는 2진수만으로 이루어진 언어를 의미하는 것은?
① assembly language
② high level language
③ assembler
④ machine language

15 프로그램에서 오류가 발생한 위치와 오류가 발생하게 된 원인을 추적하기 위하여 사용되는 것은?
① text editor   ② tracer
③ linker   ④ binder

16 기계어 명령문(machin instruction)의 오퍼랜드가 명령문 수행에 필요한 정보의 메모리 주소를 나타낸다면, 이러한 번지(addressing) 기법을 무엇이라 하는가?
① immediate addressing

② direct addressing
③ indirect addressing
④ indexing addressing

17 컴퓨터의 처리속도가 인간의 반응속도보다 빠른 것을 이용하여 컴퓨터가 사용자들의 일을 고르게 처리해 줌으로써, 각 사용자가 독립된 컴퓨터를 사용하는 것처럼 느껴지는 시스템을 의미하는 것은?
① Time Sharing System
② Swapping System
③ Batch Processing System
④ On-line System

18 한 프로그램에서 사용하는 각 페이지마다 계수기(counter)를 두어서 현시점에서 볼 때 가장 오래 전에 사용된 페이지가 희생자가 되는 스케줄링 알고리즘을 무엇이라 하는가?
① LRU　　② LFU
③ FIFO　　④ OPT

19 운영체제의 제어 프로그램에 해당하지 않는 것은?
① language translator program
② supervisor program
③ data management program
④ job management program

20 운영체제의 종류에 해당하지 않는 것은?
① JAVA
② UNIX
③ WINDOWS NT
④ LINUX

제2과목　전자계산기구조

21 indirect cycle 동안에 컴퓨터는 무엇을 하는가?
① 명령을 읽는다.
② 오퍼랜드(operand)를 읽는다.
③ 인터럽트(interrupt)를 처리한다.
④ 오퍼랜드(operand)의 유효 주소(address)를 읽는다.

22 불 대수를 설명한 것 중 옳지 않은 것은?
① $A + (B \cdot C) = (A + B)(A + C)$
② $A + \overline{A} = 1$
③ $A \cdot B = B \cdot A$
④ $A + 1 = A$

23 병렬 처리기에 해당되지 않는 것은?
① 파이프라인(pipeline) 처리기
② 언어(language) 처리기
③ 다중(multi) 처리기
④ 배열(array) 처리기

24 10진수 +426을 언팩 10진수 형식(unpacked decimal format)으로 표현하면?
① F 4 F 2 C 6
② F 4 F 2 D 6
③ 4 F 2 F 6 C
④ 4 F 2 F 6 D

25 1비트(bit)만을 기억하는 소자로 가장 적당한 것은?
① encoder ② decoder
③ flip-flop ④ delay

26 버퍼 메모리의 목적에 해당되지 않는 것은?
① 주기억장치 용량을 크게 한다.
② 데이터를 주기억장치에서 읽어내거나 주기억장치에 저장하기 위해 임시로 자료를 기억하는 공간이다.
③ 한 번 저장되어 있는 데이터가 CPU에서 여러 번 사용된다.
④ 많은 데이터를 주기억장치에서 한 번에 가져 나간다.

27 스택(Stack), 스택 포인터(Stack Pointer) 및 A 레지스터가 다음 그림과 같이 있다. POP A란 명령을 수행한 후의 스택 포인터 및 A 레지스터의 값은?

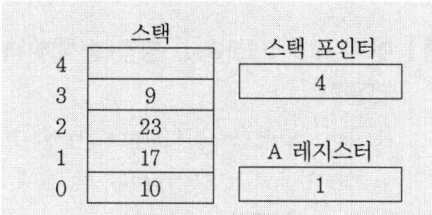

① 스택 포인터=2, A 레지스터=9
② 스택 포인터=2, A 레지스터=23
③ 스택 포인터=3, A 레지스터=9
④ 스택 포인터=2, A 레지스터=1

28 인쇄장치 중에서 인쇄되는 문자가 보통 활자체로 되지 않고 점에 의해 인쇄되는 프린터는?
① print wheel printer
② dot matrix printer
③ chain printer
④ bar printer

29 다음 중에서 정보처리 단위로 가장 큰 것은?
① 필드(Field)
② 파일(File)
③ 레코드(Record)
④ 비트(Bit)

30 병렬처리기 구성에서 명령 파이프라인(instruction pipeline)이 사용하는 버퍼의 구조는?
① LIFO ② FILO
③ FOLO ④ FIFO

31 인출 사이클(fetch cycle)의 첫 마이크로 오퍼레이션은?
① MAR←PC ② AC←AC+MBR
③ MAR←MBR ④ IR←MBR

32 10진수 21.6을 2진수로 변환한 것은?
① 10111.1011 ② 10101.1101
③ 10101.1010 ④ 10101.1001

33 ALU에서 처리되지 않는 것은?
① 가산 ② 감산
③ 자리 이동 ④ 어드레스 증가

34 연산자 코드(operation code)의 기능이 아닌 것은?

① 입·출력 명령 수행
② 제어 명령 수행
③ 유효 주소 지정 기능
④ 산술 연산 명령 수행

35 다음 중 채널의 종류가 아닌 것은?
① software channel
② character multiplexer channel
③ selector channel
④ block multiplexer channel

36 인터럽트의 발생 요인으로 적당하지 않은 것은?
① 정전 시
② 부프로그램 호출
③ 프로그램 착오
④ 불법적인 인스트럭션 수행

37 RISC 방식 컴퓨터의 특징으로 옳은 것은?
① 주소지정방식이 다양하다.
② 명령어 길이가 가변적이다.
③ 제어장치가 단순하고 속도가 빠르다.
④ CISC 구조보다 데이터 처리속도가 늦다.

38 대부분의 컴퓨터 그래픽 카드용으로 사용되고 있으며 3D 그래픽 향상을 목적으로 만들어진 버스 방식은?
① PCI   ② AGP
③ EISA   ④ MCA

39 고정 소수점(fixed point) 방식에 관한 설명 중 옳은 것은?

① 2의 보수로 표현 방식이 1의 보수 표현 방식보다 하드웨어로 구현하기 쉽다.
② 크게 지수부분과 가수부분으로 나눈다.
③ 부호는 양수(+)일 때 0으로, 음수(-)일 때는 1로 부호 비트를 표현한다.
④ 2의 보수 표현방법에서 0은 +0, -0 두 가지가 있다.

40 그레이 코드에 대한 설명으로 옳지 않은 것은?
① 자기 보수의 특성을 가지고 있다.
② 가중치를 갖지 않는 코드이다.
③ 코드 변환을 위해 EX-OR 게이트를 사용한다.
④ 아날로그/디지털 변환기를 제어하는 코드에 사용된다.

● 제3과목 마이크로전자계산기

41 0-주소(0-address) 명령 형식에 속하는 것은?
① 모든 연산은 스택(stack)에 있는 자료를 이용하여 수행하고, 그 결과 또한 스택에 보존된다.
② 하나의 입력 자료의 주소만 사용하고 나머지 자료는 누산기(accumulator)에 기억된 자료를 사용하여 연산을 수행하고 난 후 결과를 누산기에 보존한다.
③ 하나의 명령어 수행을 위하여 최소한 4번 기억장치에 접근해야 하므로 수행시간이 길다.
④ 연산의 결과를 명령 형식의 결과 주소

부분과 중앙처리장치 내의 누산기에 동시에 기억시키도록 할 수 있다.

42 마이크로프로세서의 특징으로 가장 거리가 먼 것은?
① 소형이며, 경량이다.
② 가격이 싸고, 소비전력이 작다.
③ 게이트의 수가 적어 신뢰성이 낮다.
④ 마이크로프로세서 특징을 이용한 신제품 개발은 개발 기간을 최소한으로 단축시킬 수 있다.

43 어느 마이크로프로세서의 instruction cycle 중 fetch cycle의 마이크로 명령을 순서 없이 기술한 것이다. 가장 먼저 수행되는 것부터 순서대로 나열한 것은?

a : MBR←M, PC←PC+1
b : MAR←PC
c : OPR←MBR(OP)

① b → c → a   ② b → a → c
③ c → b → a   ④ c → a → b

44 빛이나 전기에 의해 충전될 수 있고 한 반도체의 출력이 인접한 다른 반도체의 입력이 되도록 정렬되어 있으며, 디지털 카메라 등에서 주로 이미지를 저장하는 데 사용되는 것은?
① EPROM(Erasable Programmable ROM)
② CCD(Charge Coupled Device)
③ Bubble memory
④ Floppy disk

45 다음 중 어셈블리 언어의 명령어에서 꼭 필요한 것은?
① 라벨(Label)
② OP 코드(Operation Code)
③ 연산자(Operand)
④ 주석(Comment)

46 크로스 어셈블러(Cross Assembler)를 옳게 설명한 것은?
① 목적 프로그램 최적화 프로그램(Optimizer)이다.
② 고급 언어를 기계어로 변환하는 번역 프로그램이다.
③ 매크로 명령을 어셈블리 언어로 변환하는 번역 프로그램이다.
④ 어셈블리 언어 프로그램을 서로 다른 목적 컴퓨터(Target Computer)의 기계어로 번역하는 번역 프로그램이다.

47 전처리기라고도 하며, 고급 언어로 작성된 프로그램을 그에 대응하는 다른 고급 언어로 번역하는 것은?
① assembler   ② preprocessor
③ compiler   ④ interpreter

48 산술 논리장치에서 연산 결과의 상태를 나타내는 레지스터는?
① Flag register
② Accumulator
③ IR(Instruction register)
④ Temporary register

49 프로그램 작성 시 순서도를 작성하는 이유로 가장 옳은 것은?
① 프로그램의 논리 체계 설정
② 프로그램 작성 시 반드시 필요
③ 컴파일과 실행에 필요
④ 시스템 분석에 필요

50 8085 CPU에서 클록은 약 2.4576MHz이다. LDA 명령을 수행하는 데 13개 T 스테이트가 필요하다. 이때 명령 사이클은 약 몇 μs 인가?
① 13 ② 5.2
③ 4.3 ④ 3.2

51 다음 중 제어 프로그램에 속하는 것은?
① 수퍼바이저 프로그램
② 언어 처리 프로그램
③ 유틸리티 프로그램
④ 응용 프로그램

52 다음 중 화상회의에서 많이 사용되는 압축 · 부호화 방식의 표준으로 p×64kbps (p=1~30)의 전송 속도를 가지는 것은?
① H.261 ② JPEG
③ MPEG ④ DSP

53 일반적으로 프로그램 카운터(PC)의 값과 명령어의 주소부분에 있는 주소를 가지고 유효 주소를 찾는 주소지정방식은?
① 즉시 주소지정방식
② 상대 주소지정방식
③ 간접 주소지정방식
④ 레지스터 주소지정방식

54 마이크로컴퓨터에서 병렬 입·출력 인터페이스가 아닌 것은?
① PIO ② PPI
③ ACIA ④ PIA

55 다음 카르노(Karnaugh)맵으로 된 논리 함수를 최소화할 경우 맞는 것은?

	$\overline{C}\overline{D}$	$\overline{C}D$	CD	$C\overline{D}$
$\overline{A}\overline{B}$	1	0	0	1
$\overline{A}B$	1	1	1	1
AB	0	0	1	0
$A\overline{B}$	1	0	0	1

① $A\overline{B}+\overline{B}D+\overline{B}CD$
② $\overline{A}B+\overline{D}+BCD$
③ $\overline{A}B+\overline{B}\overline{D}+BCD$
④ $A\overline{B}+D+\overline{B}CD$

56 다음 중 고급 언어가 아닌 것은?
① JAVA ② C++
③ PASCAL ④ Assembly 언어

57 가상기억체제에 대한 설명 중 옳지 않은 것은?
① 컴퓨터의 속도 향상과는 상관없이 주소공간을 확대하기 위한 목적으로 사용한다.
② DASD는 가상기억장치로 사용되는 대표적 보조기억장치이다.
③ 오버레이(overlay) 문제가 발생할 수 있다.

④ 사용자가 실제 기억 용량보다 큰 가상 공간을 사용할 수 있다.

58 연산을 위하여 누산기(accumulator)를 사용하여 수행하는 명령어 형식은?
① 0-주소 형식　② 1-주소 형식
③ 2-주소 형식　④ 3-주소 형식

59 다음 중 ROM의 구성 회로로 알맞은 것은?
① Decoder, OR Gate
② Encoder, AND Gate
③ Multiplexer, OR Gate
④ Demultiplexer, AND Gate

60 중앙처리장치로부터 입·출력 지시를 받으면 직접 주기억장치에 접근하여 데이터를 입·출력하고 입·출력에 관한 모든 동작을 독립적으로 수행하는 입·출력 제어 방식은?
① 프로그램에 의한 입·출력 제어 방식
② 인터럽트에 의한 입·출력 제어 방식
③ DMA에 의한 입·출력 제어 방식
④ 프로세서에 의한 입·출력 제어 방식

제4과목 논리회로

61 논리식 $\overline{A \cdot B} \mid A \cdot \overline{B}$ 와 같은 것은?
① $A \cdot B + \overline{A} \cdot \overline{B}$
② $\overline{A} \cdot B + A \cdot \overline{B}$
③ $A \cdot B + \overline{A \cdot B}$
④ $A \cdot \overline{B} + \overline{A} + \overline{B}$

62 10진수 24를 BCD code로 나타내면?
① 01010111　② 00011000
③ 01100100　④ 00100100

63 F(A, B, C, D)=Σ(0, 1, 2, 5, 8, 9, 10)을 Maxterm(product of sums)으로 간소화한 것은?
① $F = \overline{B} \cdot \overline{D} + \overline{B} \cdot \overline{C} + \overline{A} \cdot \overline{C} \cdot D$
② $F = A \cdot B \cdot C + C \cdot D + B \cdot \overline{D}$
③ $F = (\overline{A} + \overline{B}) \cdot (\overline{C} + \overline{D}) \cdot (\overline{B} + D)$
④ $F = (B + D) \cdot (B + C) \cdot (A + C + \overline{D})$

64 4비트 2진수를 4비트 그레이 코드(Gray code)로 변환하는 회로를 나타낸 것은?

①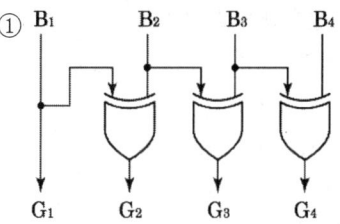

②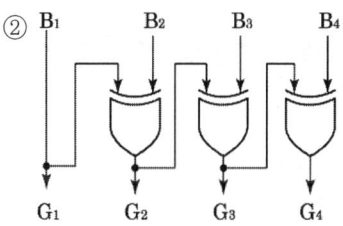

③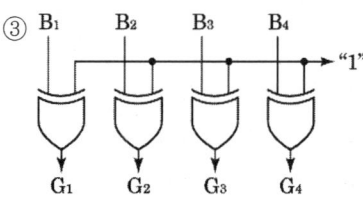

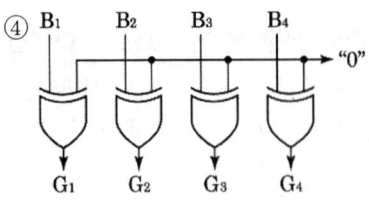

65 레이스(Race) 현상을 방지하기 위하여 사용하는 것은?
① 무안정 M/V
② M/S Flip-Flop
③ Schmitt Trigger
④ JK Flip-Flop

66 1선으로 정보를 받아서 2개 이상의 출력이 가능한 선들 중 하나를 선택하여 받은 정보를 전송하는 회로는?
① DECODER
② ENCODER
③ DEMULTIPLEXER
④ MULTIPLEXER

67 다음 그림의 계수기는 몇 진 계수기인가?

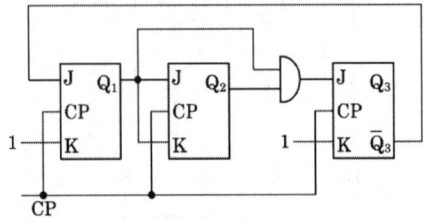

① 동기식 4진 계수기
② 동기식 5진 계수기
③ 동기식 6진 계수기
④ 동기식 7진 계수기

68 다음 논리회로의 이름은 무엇인가?

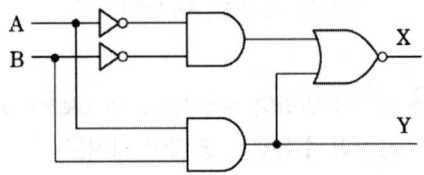

① 디코더   ② 인코더
③ 반가산기   ④ 반감산기

69 다음 중 전가산기(full-adder)의 입력을 A, B, C라 할 때 sum의 출력으로 옳은 것은?
① $(A \cdot \overline{B} + \overline{A} \cdot B) \oplus C$
② $(\overline{A} \cdot \overline{B} + A \cdot B) \oplus C$
③ $\overline{A} \cdot \overline{B} \cdot \overline{C} + A \cdot B \cdot C$
④ $A \cdot \overline{B} \cdot \overline{C} + \overline{A} \cdot \overline{B} \cdot C + \overline{A} \cdot B \cdot \overline{C}$

70 다음과 같이 동작하는 소자는?

입력				출력	
D_0	D_1	D_2	D_3	X	Y
1	0	0	0	0	0
0	1	0	0	0	1
0	0	1	0	1	0
0	0	0	1	1	1

① 인코더   ② 디코더
③ MUX   ④ DEMUX

71 고정소수점 표현 방식 중 음의 정수 표현으로 적합하지 않은 것은?
① 부호와 절대치 표현
② 부호화된 1의 보수 표현
③ 부호화된 2의 보수 표현
④ 정규화 표현

72 다음 비교회로에서 논리 F₁의 기능은?

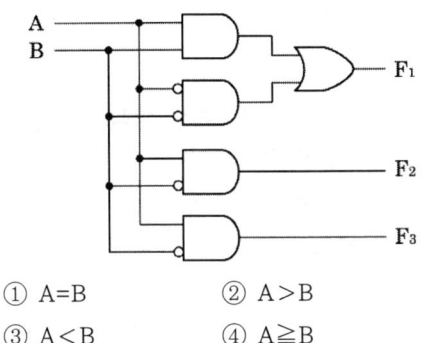

① A=B
② A>B
③ A<B
④ A≧B

73 다음 카르노 맵(Karnaugh map)을 간단히 한 논리식 F와 같은 게이트는?

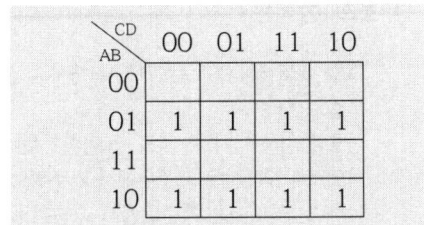

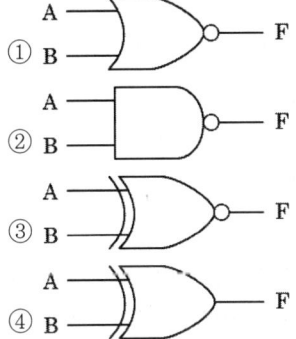

74 CPU와 관련된 양방향 버스는?
① Address Bus
② Control Bus
③ I/O Bus
④ Data Bus

75 불 대수의 정리 중 옳지 않은 것은?
① $\overline{A \cdot B} = \overline{A} + \overline{B}$
② $A \cdot (A+B) = A$
③ $A + \overline{A} \cdot B = A + B$
④ $A(\overline{A} + A \cdot B) = A + B$

76 R-S 플립플롭에서 R=0, S=1일 때 출력 Q의 상태는?
① 부정
② 1
③ 0
④ complement

77 16진수 FF는 10진수로는 얼마인가?
① 244
② 245
③ 254
④ 255

78 논리식 F=((A⊕B)⊕(C⊕D))로 나타낼 수 있는 회로는?
① 전가산기 회로
② 4비트 병렬 가산기 회로
③ 짝수 패리티 발생기 회로
④ 홀수 패리티 발생기 회로

79 영어의 대소문자 52가지와 숫자 0부터 9까지 표현하려면 최소한 몇 비트가 필요한가?
① 3
② 4
③ 5
④ 6

80 100까지 카운트할 수 있는 카운터는 최소 몇 개의 플립플롭이 필요한가?
① 5
② 6
③ 7
④ 8

제5과목 데이터통신

81 4800bps의 8위상 편이변조방식 모뎀의 변조 속도는 몇 보(baud)인가?
① 800 ② 1600
③ 3200 ④ 6400

82 동기식 전송 방식과 관련이 없는 것은?
① 문자 또는 비트들의 데이터 블록을 송·수신한다.
② 전송데이터와 제어정보를 합쳐서 레코드라 한다.
③ 제어정보의 앞부분을 프리앰블, 뒷부분을 포스트앰블이라 한다.
④ 문자 위주와 비트 위주 동기식 전송으로 구분된다.

83 패킷 교환망에서 패킷을 적절한 경로를 통해 오류 없이 목적지까지 정확하게 전달하기 위한 기능으로 옳지 않은 것은?
① 흐름 제어 ② 에러 제어
③ 경로 배정 ④ 집중화

84 여러 개의 터미널 신호를 하나의 통신회선을 통해 전송할 수 있도록 하는 장치는?
① 변·복조기 ② 멀티플렉서
③ 신호변환기 ④ 디멀티플렉서

85 다음 중 라우팅 프로토콜이 아닌 것은?
① BGP(Border Gateway Protocol)
② EGP(Exterior Gateway Protocol)
③ SNMP(Simple Network Management Protocol)
④ RIP(Routing Information Protocol)

86 패킷교환의 가상회선 방식과 회선교환방식의 공통점은?
① 전용회선을 이용한다.
② 별도의 호(call) 설정 과정이 있다.
③ 회선 이용률이 낮다.
④ 데이터 전송 단위 규모를 가변으로 조정할 수 있다.

87 다음이 설명하고 있는 디지털 전송 신호의 부호화 방식은?

- IEEE 802.3의 CSMA/CD LAN에서의 전송 부호로 사용된다.
- 신호 준위 천이가 매 비트 구간의 가운데서 비트 1에 대해서는 고준위에서 저준위로 천이하며, 비트 0은 저준위에서 고준위로 천이한다.

① Alternating Mark Inversion 코드
② Manchester 코드
③ Bipolar 코드
④ Non Return to Zero 코드

88 가상회선 패킷교환 방식에서 모든 패킷이 전송되면, 마지막으로 이미 확립된 접속을 끝내기 위해 이용되는 패킷은?
① Call Accept 패킷
② Clear Request 패킷
③ Call Identifier 패킷
④ Reset 패킷

89 다음 중 데이터(Data) 전송제어의 절차를 순서대로 옳게 나열한 것은?
① 회선접속 → 데이터 링크 확립 → 정보 전송 → 회선절단 → 데이터 링크 해제
② 데이터 링크 확립 → 회선접속 → 정보 전송 → 데이터 링크 해제 → 회선절단
③ 회선접속 → 데이터 링크 확립 → 정보 전송 → 데이터 링크 해제 → 회선절단
④ 데이터 링크 확립 → 회선접속 → 정보 전송 → 회선절단 → 데이터 링크 해제

90 다음 중 데이터 전송에서 오류 발생의 주된 원인으로 옳지 않은 것은?
① 신호 감쇠 현상
② 지연 왜곡
③ 잡음
④ 채널 수

91 시분할 다중화(TDM)의 설명으로 옳은 것은?
① 여러 신호를 전송매체의 서로 다른 주파수 대역을 이용하여 동시에 전송하는 기술이다.
② 동기식 시분할 다중화(STDM)는 한 전송회선의 대역폭을 일정한 시간 단위로 나누어 각 채널에 할당하는 방식이다.
③ STDM은 대역폭을 감소시키는 효과가 있어, 전체적인 전송 시스템의 성능이 향상되는 장점이 있다.
④ 비동기식 시분할 다중화(ATDM)는 헤더 정보를 필요로 하지 않으므로, STDM에 비해 시간 슬롯당 정보 전송률이 증가한다.

92 하나의 메시지 단위로 저장-전달(Store-and-Forward) 방식에 의해 데이터를 교환하는 방식은?
① 메시지 교환
② 공간분할 회선 교환
③ 패킷 교환
④ 시분할 회선 교환

93 데이터 전송 중 발생한 에러를 검출하는 기법으로 옳지 않은 것은?
① Parity Check
② Block Sum Check
③ Slide Window Check
④ Cyclic Redundancy Check

94 다음 LAN의 네트워크 토폴로지는 어떤 형인가?

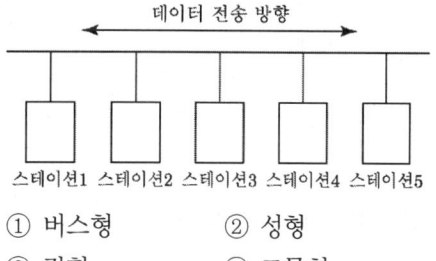

① 버스형   ② 성형
③ 링형   ④ 그물형

95 인터넷 응용서비스 중에서 가상 터미널(VT) 기능을 갖는 것은?
① FTP   ② Archie
③ Gopher   ④ Telnet

96 효율적인 전송을 위하여 넓은 대역폭(혹은 고속 전송속도)을 가진 하나의 전송링크를

통하여 여러 신호(혹은 데이터)를 동시에 실어 보내는 기술은?
① 집중화 ② 다중화
③ 부호화 ④ 변조화

③ Transport
④ Physical

97 인터넷 프로토콜로 사용되는 TCP/IP의 계층화 모델 중 Transport 계층에서 사용되는 프로토콜은?
① FTP ② IP
③ ICMP ④ UDP

98 HDLC의 프레임 구조를 올바르게 나타낸 것은?
① 플래그 – 제어부 – 주소부 – 정보부 – FCS – 플래그
② 플래그 – 제어부 – 정보부 – 주소부 – FCS – 플래그
③ 플래그 – 주소부 – 제어부 – 정보부 – FCS – 플래그
④ 플래그 – 정보부 – 제어부 – 주소부 – FCS – 플래그

99 다음 중 TCP(Transmission Control Protocol)의 특징이 아닌 것은?
① 접속형(Connection-Oriented) 서비스
② 경로 설정(Routing) 서비스
③ 전이중(Full-Duplex) 전송 서비스
④ 신뢰성(Reliability) 서비스

100 OSI 7계층에서 종단 사용자(end-to-end) 간의 신뢰성을 위한 계층은?
① Application
② Presentation

2007년 4회 시행 과년도출제문제

제1과목 시스템프로그래밍

01 Bench mark program이란 무엇인가?
① 원시 프로그램의 기계어 번역을 위한 프로그램
② 교육을 위한 프로그램
③ 컴퓨터의 성능 분석을 위한 프로그램
④ Disk를 초기화시키기 위한 프로그램

02 로더(loader) 기능에 해당하지 않는 것은?
① Allocation   ② Linking
③ Loading   ④ Assemble

03 한번 호출된 자료나 명령은 곧바로 다시 사용될 가능성이 있으며, 또한 한 기억장소가 호출되면 인접된 장소들이 연속되어 사용될 가능성이 높음을 의미하는 것은?
① locality   ② Thrashing
③ Swapping   ④ Overlay

04 어셈블러를 두 개의 패스로 구성하는 이유로 가장 적절한 것은?
① 패스 1, 2의 어셈블러 프로그램이 작아서 경제적이기 때문에
② 기호를 정의하기 전에 사용할 수 있어 프로그램 작성이 용이하기 때문에
③ 한 개의 패스만을 사용하면 메모리가 많이 소요되기 때문에
④ 한 개의 패스만을 사용하면 프로그램의 크기가 증가하여 유지 보수가 어렵기 때문에

05 페이지 교체 알고리즘 중 최근에 사용하지 않은 페이지를 교체하는 기법으로서 각 페이지마다 2개의 비트, 즉 참조 비트와 변형 비트를 사용하는 것은?
① FIFO   ② LFU
③ LRU   ④ NUR

06 운영체제를 기능별로 분류할 경우 제어 프로그램에 해당하지 않는 것은?
① 감시 프로그램
② 문제 프로그램
③ 작업 제어 프로그램
④ 자료 관리 프로그램

07 Job scheduling 정책 중 time slice 개념과 가장 밀접한 관련이 있는 것은?
① SRT
② SJF
③ Round Robin
④ FIFO

08 기억장치 관리 전략에서 배치 전략의 종류 중 다음 설명에 해당하는 것은?

> 프로그램이나 데이터가 들어갈 수 있는 크기의 빈 영역 중에서 단편화가 가장 많이 발생하는 분할 영역에 배치시킨다.

① Worst fit   ② Best fit
③ First fit   ④ Last fit

09 선점 스케줄링에 해당하는 것은?
① RR   ② FIFO
③ SJF   ④ HRN

10 어셈블리어에 대한 설명으로 옳지 않은 것은?
① 명령 기능을 쉽게 연상할 수 있는 기호를 기계어와 1 : 1로 대응시켜 코드화 한 기호 언어이다.
② 어셈블리어의 기본 동작은 동일하지만 작성한 CPU마다 사용되는 어셈블리어가 다를 수 있다.
③ 고급 언어에 해당한다.
④ 어셈블리어에서 사용되는 명령은 의사 명령과 실행 명령으로 구분할 수 있다.

11 여러 개의 병렬 프로세스가 공통의 자원에 접근할 때 그 조작을 정당하게 실행하기 위하여 접근 중인 임의의 시점에서 하나의 프로세스만이 그 접근을 허용하도록 제어하는 것을 무엇이라 하는가?
① working set
② segmentation
③ mutual exclusion
④ synchronization

12 어셈블리에서 어떤 기호적 이름에 상수값을 할당하는 명령은?
① INCLUDE   ② ORG
③ ASSUME   ④ EQU

13 다음 시스템 소프트웨어 중 성격이 나머지 셋과 다른 하나는?
① 로더   ② 컴파일러
③ 인터프린터   ④ 어셈블러

14 다음은 매크로의 처리 순서이다. (가)의 내용으로 가장 적절한 것은?

어셈블러 프로그램 → 매크로 처리기 → (가) → 기계어

① Aseembler   ② Interpreter
③ Compiler   ④ Loader

15 운영체제의 성능 평가 기준으로 거리가 먼 것은?
① 비용   ② 처리능력
③ 사용가능도   ④ 신뢰도

16 교착상태 발생의 필요 충분 조건이 아닌 것은?
① 상호배제   ② 선점
③ 환형대기   ④ 점유 및 대기

17 로더의 종류 중 로더를 따로 구성하지 않고 번역기가 로더의 역할까지 담당하는 것은?
① Absolute 로더
② Compile-and-go 로더
③ Overlay 로더
④ Dynamic loading 로더

18 프로그램 내에서 양쪽 오퍼랜드에 기억된 내용을 서로 바꾸어야 할 때 사용하는 어

셈블리어 명령은?
① NEW ② CBW
③ CWD ④ XCHG

19 매크로 프로세서의 처리 과정 중 다음 설명에 해당하는 것은?

> 원시 프로그램 내에 매크로의 시작을 알리는 Macro 명령을 인식한다.

① 매크로 확장과 인수 치환
② 매크로 호출 인식
③ 매크로 정의 저장
④ 매크로 정의 인식

20 이중 패스(2-pass) 어셈블리어 패스 1의 작업이 아닌 것은?
① 명령어 길이의 결정
② 리터럴의 기억
③ 위치 계수기 관리
④ 기호 테이블에서 해당 기호 찾기

● 제2과목 전자계산기구조

21 다음 중 overflow가 생기는 경우는? (단, 최상위 비트는 부호 비트임)
①　　010010
　+) 000111
②　　010010
　+) 001111
③　　010010
　+) 111001
④　　010010
　+) 001011

22 19를 8bit의 2의 보수로 나타내면?
① 11101100 ② 11101101
③ 00010011 ④ 10010011

23 1개의 Full adder를 구성하기 위해서는 최소 몇 개의 Half adder가 필요한가?
① 1개 ② 2개
③ 3개 ④ 4개

24 주소지정방식 중 레지스터의 값을 초기화 할 때 주로 사용하는 것은?
① 레지스터 주소지정방식
② 간접 주소지정방식
③ 즉시 주소지정방식
④ 상대 주소지정방식

25 기억장치가 1024word로 구성되고, 각 word는 16bit로 이루어져 있을 때, PC, MAR, MBR의 각 bit 수를 바르게 나타내는 것은?
① 16, 10, 10 ② 10, 10, 16
③ 10, 16, 16 ④ 16, 16, 10

26 기억장치 중 CAM(Content Addressable Memory)이라고 하는 것은?
① cache 기억장치
② assoicative 기억장치
③ 가상 기억장치
④ 주 기억장치

27 직접 메모리 액세스(DMA)의 특징이 아닌 것은?

① CPU의 도움 없이 메모리와 I/O 장치 사이에서 전송을 시행한다.
② CPU와 DMA 제어기는 메모리와 버스를 공유한다.
③ CPU의 상태 보존은 반드시 필요하다.
④ 사이클 스틸을 발생하여 메모리 장치와 I/O 장치 사이의 자료전송을 수행한다.

28 2진 코드 $(0110)_2$를 그레이(Gray) 코드로 변환시킨 것으로 옳은 것은?
① 1010
② 0101
③ 1111
④ 1001

29 N가지의 정보를 2진수 코드로 부호화하는 데 필요한 비트수는?
① $\dfrac{n}{\lfloor \log_2 N \rfloor}$
② $\dfrac{n}{\log_{10} N}$
③ $\dfrac{\lfloor \log_2 N \rfloor}{2}$
④ $\log_2 N$

30 단말기, 프린터, 카드판독기 등과 같은 비교적 저속의 입·출력장치를 제어하는 채널로 한 번에 한 바이트만 전송하는 것은?
① 바이트 선택 채널
② 선택 채널
③ 블록 멀티플렉서 채널
④ 바이트 멀티플렉서 채널

31 다음 연산을 수행한 결과와 일치하는 것은?

$1011_2 + 34_8$

① 37_{10}
② 38_{10}
③ 27_{16}
④ 28_{16}

32 보조기억장치의 일반적인 특징으로 옳지 않은 것은?
① 중앙처리장치와 직접 자료 교환이 불가능하다.
② 접근시간(access time)이 크다.
③ 일반적으로 주기억장치에 데이터를 저장할 때는 DMA 방식을 사용한다.
④ CPU에 의한 기억장치의 접근 빈도가 높다.

33 두 데이터를 비교하는 데 가장 효과적인 논리연산은?
① AND
② Exclusive-OR
③ NAND
④ NOT

34 컴퓨터에서 사용되는 모든 마이크로 오퍼레이션 중에서 수행시간이 가장 긴 것을 마이크로 사이클 타임으로 정하는 것은?
① 비동기식 가변식
② 비동기 고정식
③ 동기 가변식
④ 동기 고정식

35 메모리에서 두 개의 데이터를 가져와서 연산하고 결과를 다시 메모리에 저장한다고 하자. 이때 메모리에 한 번 접근하는 데 1사이클, 연산하는 데 1사이클이 소요되고, 각각 4클록씩 걸린다면 10MHz의 CPU에서 이 작업은 전부 몇 초가 걸리는가?
① $0.4\mu s$
② $4\mu s$
③ $1.6\mu s$
④ $16\mu s$

36 컴퓨터 내부에서 수치 정보의 표현이 만족해야 하는 조건이 아닌 것은?
① 기억공간을 작게 차지해야 한다.
② 데이터의 처리 및 CPU 내의 이동이 용이해야 한다.
③ 10진수와 상호 변환이 용이해야 한다.
④ 정밀도가 낮아야 한다.

37 I/O operation과 관계가 없는 것은?
① channel   ② handshaking
③ interrupt   ④ emulation

38 인터럽트에 관하여 기술한 내용 중 옳지 않은 것은?
① 인터럽트의 요청장치를 인식하는 소프트웨어적인 방법인 polling 방법은 하나 이상의 장치가 인터럽트를 요청했을 때 오직 하나의 인터럽트 장치만 인식되는 단점이 있다.
② 인터럽트의 요청장치를 인식하는 하드웨어적인 방법인 daisy chain 방법은 구성상 인터럽트 장치들이 중앙처리장치에 물리적으로 가까운 순서대로 우선순위가 부여된다.
③ 정전처럼 인터럽트의 신속한 처리를 위해서는 인터럽트 반응 시간이 빨라야 하므로 하드웨어적인 인터럽트 처리가 필요하다.
④ 인터럽트가 발생되면 해결 후에 작업을 계속하기 위해서 어떠한 경우라도 반드시 수행 중인 프로그램을 스택 등에 보관하여야 한다.

39 여러 주변장치에서 동시에 인터럽트가 발생하여 버스에서 신호의 혼돈이 생기는 것을 방지하기 위한 하드웨어적인 방법은?
① polling   ② cycle steal
③ DMA   ④ daisy chain

40 플린(Flynn)이 분류한 병렬 컴퓨터 중에서 실제 사용되기 어려운 것은?
① SISD   ② SIMD
③ MISD   ④ MIMD

제3과목 마이크로전자계산기

41 마이크로프로그램에 대한 설명 중 틀린 것은?
① 사용자 프로그램의 각 명령어가 이것에 의해 미세 동작으로 구분되어 수행된다.
② 사용자가 임의로 변경할 수 없는 것이 대부분이다.
③ control unit 내에 저장되어 있다.
④ 명령어(micro-instruction)의 비트 수는 프로세서가 사용하는 데이터의 비트 수와 같아야 한다.

42 명령 레지스터(Instruction Register)의 기능에 해당되는 것은?
① Flags를 저장한다.
② 명령어 주소를 갖는다.
③ 특정 주소 방식에서 사용된다.
④ Op-code를 저장한다.

43 8인치 양면(double side single density) 플로피 디스크는 77실린더(cylinder)에 트랙(track)당 26섹터(sector)로 섹터당 128바이트를 기록할 수 있게 되어 있다. 총 기억용량에 가장 가까운 것은?
① 250KByte ② 256KByte
③ 500KByte ④ 512KByte

44 DMA(Direct Memory Access) 방식에 대한 설명 중 올바른 것은?
① 메모리의 내용이 누산기(accumulator)만을 거쳐서 전송된다.
② CPU가 데이터 전송 과정을 직접 제어한다.
③ 많은 양의 데이터를 고속으로 전송하는 데는 적합하지 않다.
④ DMA 제어를 위한 별도의 하드웨어가 필요하다.

45 데이터의 저장 명령으로부터 기억장치에 저장하기 위하여 기억장치에 데이터가 전송될 때까지의 시간을 의미하는 것은?
① data transmission time
② access time
③ seek time
④ latency time

46 어셈블러 의사 명령(Pseudo instruction)의 기능과 상관없는 것은?
① 기계어로 번역된다.
② 어셈블러의 동작을 지시한다.
③ 기억장소에 빈 장소를 마련한다.
④ 다른 프로그램에서 정의된 기호를 사용할 수 있게 한다.

47 마이크로컴퓨터를 위한 대규모 프로그램을 개발하려고 할 때 마이크로컴퓨터를 사용하여 어셈블하려면 여러 가지 제한(메모리 용량, 입·출력장치의 제한 등)을 받게 된다. 이러한 문제점을 해결하기 위하여 마이크로컴퓨터 대신에 중·대형 컴퓨터를 사용하는데, 이때 이용되는 소프트웨어 유틸리티(Utility)는?
① cross assembler
② debugger
③ screen editor
④ simulator

48 어셈블러 지시어(assembler directives)란?
① 어셈블리 명령이 부족하여 보충하기 위해 만들어진 것이다.
② 목적코드가 만들어지며 어셈블러의 동작을 지시하는 데 사용된다.
③ 목적코드가 만들어지지 않고 어셈블러의 동작을 제어하는 데 사용된다.
④ 기계이 명령과 같은 목적코드기 만들어지지 않는다.

49 누산기(accumulator)를 clear하고자 할 때 사용하던 효과적인 명령어는?
① X-OR   ② shift
③ rotate   ④ exchange

50 $112.75_{(10)}$를 2진법으로 변환한 것은?
① 1110000.11
② 1100000.11

③ 1010000.01
④ 1001000.11

51 매크로 레벨 구조의 정의가 아닌 것은?
① 명령의 집합
② 데이터의 형식
③ 소프트웨어 종류
④ 기억장치의 논리적 호출방식

52 실제 하드웨어 시스템이 만들어지기 전에 미리 실행해보아 완성된 시스템에서 디버깅을 보다 용이하게 할 수 있는 기능을 가진 장치를 무엇이라 하는가?
① Editor
② Compiler
③ Locator
④ Emulator

53 8비트 마이크로프로세서의 경우 일반적으로 내부 버스와 레지스터의 크기는 얼마인가?
① 4bit
② 8bit
③ 16bit
④ 32bit

54 병렬 입·출력 인터페이스에서 데이터가 입·출력되었음을 알 수 있는 제어에 필요한 신호는 어느 것인가?
① reset 신호
② strobe 신호
③ ALE 신호
④ latch

55 DRAM에 대한 설명으로 맞지 않는 것은?
① 1비트의 정보를 하나의 플립플롭에 기억한다.
② 일정 시간이 지나면 기억된 정보가 소멸된다.
③ 일반적으로 대용량의 메모리에 사용된다.
④ 정보의 소멸을 방지하기 위해 일정시간마다 재충전이 필요하다.

56 다음의 설명 중 옳지 않은 것은?
① Pure Procedure는 자신을 변형시키지 않는 프로그램이다.
② Impure Procedure는 자신을 변형시키는 프로그램이다.
③ Closed Program을 Macro definition이라고도 한다.
④ Sub Program은 어떤 작업을 수행하기 위해 다른 Program을 사용할 수 있도록 고안된 일련의 명령이다.

57 마이크로프로그램 제어 방식의 특징에 대한 설명으로 가장 옳지 않은 것은?
① 강력한 명령집합 기능을 갖춘 매크로 레벨구조를 싼 값으로 실현할 수 있다.
② 제어 논리의 수정은 게이트의 배치 혹은 배선의 변경으로 쉽게 이루어진다.
③ 고장 진단이 용이하다.
④ 매크로 레벨 명령 집합을 후에 확장할 수 있으므로 컴퓨터의 수명을 길게 할 수 있다.

58 하드웨어 우선순위 인터럽트 장치인 데이지 체인(daisy chain) 방법에서 인터럽트 요구장치의 연결 방법은?
① 직렬연결

② 병렬연결
③ 직렬 및 병렬연결
④ 폴링(Polling)

59 다음 중 UART가 수행할 수 있는 동작이 아닌 것은?
① 키보드나 마우스로부터 들어오는 인터럽트를 처리한다.
② 외부 전송을 위해 패리티 비트를 추가한다.
③ 데이터를 외부로 내보낼 때에는 시작비트와 정지비트를 추가한다.
④ 바이트들을 외부에 전달하기 위해 하나의 병렬 비트 스트림으로 변환한다.

60 마이크로프로세서에서 진행 중인 작업을 중단하고 초기 상태의 레지스터 값을 변환하는 것은?
① 리셋   ② 인터럽트
③ 타이머 ④ 카운터

제4과목 논리회로

61 다음 $\overline{A}C + \overline{A}B + A\overline{B}C + BC$의 식을 간략화한 것은?
① $A\overline{B} + \overline{A}C$ ② $C + \overline{A}B$
③ $\overline{A} + \overline{B}C$ ④ $B + \overline{A}C$

62 그림은 전가산기이다. 출력 S와 C_0의 논리식은?

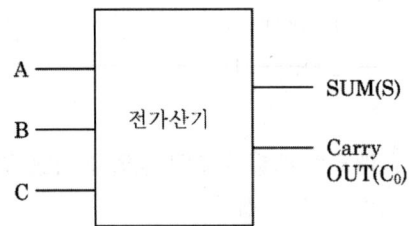

① $S = \overline{A \oplus B \oplus C}$
  $C_0 = AB + BC + AC$
② $S = A + B + C$
  $C_0 = \overline{AB + BC + AC}$
③ $S = A \oplus B \oplus C$
  $C_0 = AB + BC + AC$
④ $S = \overline{A + B + C}$
  $C_0 = \overline{AB + BC + AC}$

63 2진수의 8비트 입력을 3비트 출력 코드로 변환하는 소자는?
① decoder   ② multiplexer
③ encoder   ④ counter

64 그림의 회로에 나타나는 출력 전압은?

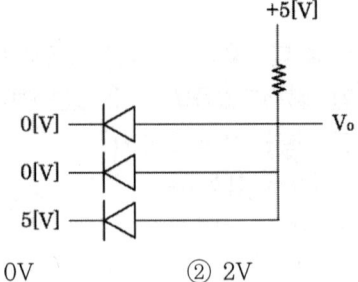

① 0V   ② 2V
③ 2.5V   ④ 5V

65 다음 중 오류(ERROR) 검출 방식이 아닌 것은?

① CHECK SUM
② PARITY CODE
③ HAMMING CODE
④ EXCESS-3 CODE

66 다음 그림의 연산회로 이름은?

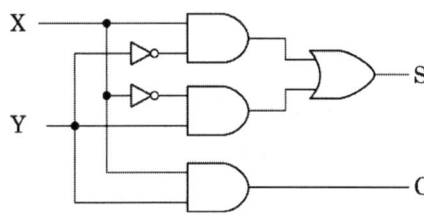

① Half adder
② Full adder
③ Half subtracter
④ Full subtracter

67 논리식 B(A+B)를 간단히 한 것은?
① A   ② B
③ 1   ④ AB

68 다음 회로의 기능은?

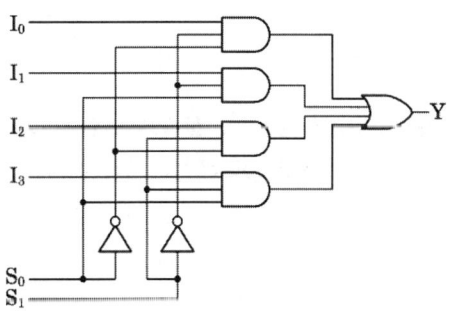

① 4×1 MUX   ② 6×1 MUX
③ 4×1 디코더   ④ 6×1 인코더

69 다음 논리회로의 출력 f는?

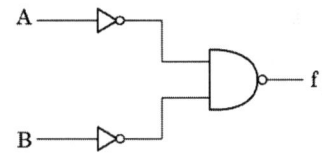

① $\overline{A \cdot B}$ ② $\overline{A + B}$
③ $\overline{\overline{A \cdot B}}$ ④ $\overline{\overline{A + B}}$

70 다음 그림은 메모리 셀(memory cell)의 논리 구조도이다. 읽기/쓰기(read/write)를 제어하기 위한 단자는?

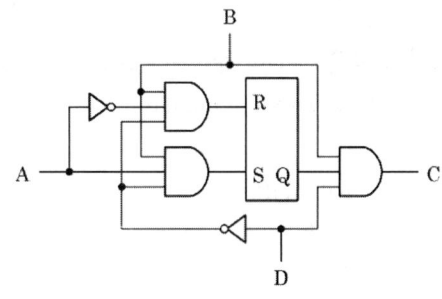

① A   ② B
③ C   ④ D

71 다음은 어떤 기능을 갖춘 회로인가?

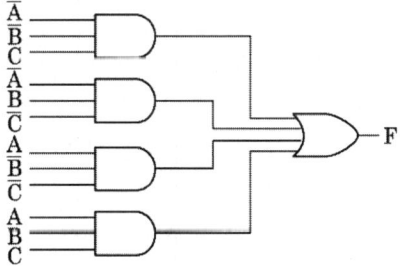

① 다수결 회로   ② matrix 회로
③ 비교회로   ④ parity checker

72 excess-3 코드 1100 0110을 10진수로 나타내면?
① 306 ② 201
③ 198 ④ 93

73 다음 그림은 어떤 논리 연산을 표시하는가?

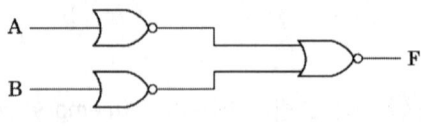

① NOR ② OR
③ NAND ④ AND

74 다음 중 CPU의 내부 구성 요소가 아닌 것은?
① Instruction Register
② ALU
③ Accumulator
④ RAM

75 다음은 어떤 동작을 하는 회로인가?

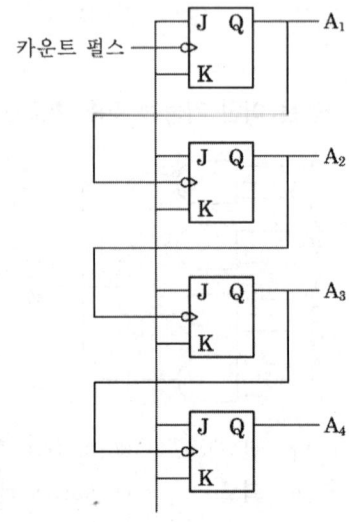

① 4비트 2진 리플 카운터
② 4비트 동기식 2진 카운터
③ BCD 리플 카운터
④ 시프트 레지스터

76 어셈블러나 컴파일러에 의해서 번역된 기계어 프로그램을 무엇이라 하는가?
① 원시 프로그램
② 응용 프로그램
③ 목적 프로그램
④ 시스템 프로그램

77 다음 회로에서 입력이 A=1, B=1, C_i=1로 될 경우 출력 X와 Y의 값은?

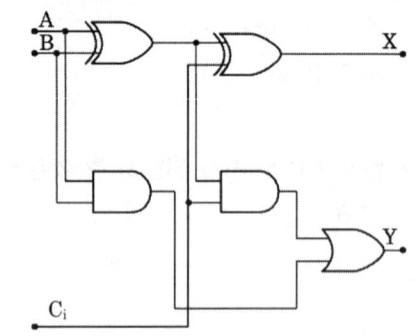

① X=0, Y=0 ② X=0, Y=1
③ X=1, Y=0 ④ X=1, Y=1

78 비동기식 99진 리플 카운터로 동작시키려면 몇 개의 플립플롭이 필요한가?
① 4개 ② 5개
③ 6개 ④ 7개

79 2진수 0101000011011을 16진수로 변환한 것으로 옳은 것은?
① 51B ② 41B
③ 51C ④ 41C

80 n개의 입력을 최대 2^n개의 서로 다른 정보로 변환해주는 조합 논리회로는 무엇인가?
① 인코더 ② 디코더
③ 디멀티플렉서 ④ 비교기

● 제5과목 데이터통신

81 다음 중 전용 전송로를 사용하는 방식은?
① 회선 교환 방식
② 메시지 교환 방식
③ 데이터그램 방식
④ 가상 회선 방식

82 문자 시작과 끝에 START 비트와 STOP 비트가 부가되어 전송의 시작과 끝을 알려 전송하는 방식은?
① 비동기식 전송 ② 동기식 전송
③ 전송 동기 ④ PCM 전송

83 다음 LAN 네트워크 토폴로지(Topology)는 어떤 형인가?

① 링형 ② 성형
③ 버스형 ④ 트리형

84 OSI 7계층 구조로 최하위 계층부터 최상위 계층의 순서가 옳은 것은?

① Physical Layer → Network Layer → Transport Layer → Data Link Layer → Session Layer → Presentation Layer → Application Layer
② Physical Layer → Network Layer → Data Link Layer → Transport Layer → Session Layer → Presentation Layer → Application Layer
③ Physical Layer → Data Link Layer → Network Layer → Transport Layer → Session Layer → Presentation Layer → Application Layer
④ Physical Layer → Data Link Layer → Network Layer → Transport Layer → Presentation Layer → Session Layer → Application Layer

85 HDLC(High-level Data Link Control)에 관련된 설명이 아닌 것은?
① 비트지향형 전송을 한다.
② CRC 방식을 이용하여 오류제어를 한다.
③ 정지 및 대기 방식을 사용한다.
④ 정보 프레임과 감독 프레임 등이 있다.

86 전송오류제어 중 오류가 발생한 프레임뿐만 아니라 오류검출 이후의 모든 프레임을 재전송하는 ARQ 방식은?
① Go-back-N ARQ
② Stop-and Wait ARQ
③ Selective Repeat ARQ
④ Non-Selective Repeat ARQ

87 다음에서 데이터 링크 전송제어 절차의 순

서가 올바른 것은?

① 데이터 전송   ② 회선접속
③ 데이터 링크 확립 ④ 회선절단
⑤ 링크종료

① ⑤-④-②-③-①
② ②-③-①-⑤-④
③ ②-③-⑤-①-④
④ ②-③-①-④-⑤

88 인터넷상에서 도메인 주소를 IP 주소로 변환하여주는 서버를 무엇이라고 하는가?
① 웹 서버   ② DNS 서버
③ 파일 서버   ④ 팝 서버

89 TCP 헤더에 포함되는 정보가 아닌 것은?
① 긴급 포인터 ② 호스트 주소
③ 순서 번호   ④ 체크섬

90 다음 중 자유경쟁으로 채널 사용권을 확보하는 방법으로 노드 간의 충돌을 허용하는 네트워크 접근 방법은?
① Slotted Ring
② Token Passing
③ CSMA/CD
④ Polling

91 HDLC에서 피기백킹(Piggybacking) 기법을 통해 데이터에 대한 확인 응답을 보낼 때 사용되는 프레임은?
① I-프레임   ② S-프레임
③ U-프레임   ④ A-프레임

92 다음 중 IP의 라우팅 프로토콜이 아닌 것은?
① IGP   ② RIP
③ EGP   ④ HDLC

93 전송시간을 일정한 간격의 시간 슬롯(time slot)으로 나누고, 이를 주기적으로 각 채널에 할당하는 다중화 방식은?
① 주파수 분할 다중화
② 동기식 시분할 다중화
③ 코드 분할 다중화
④ 공간 분할 다중화

94 PCM(Pulse Code Modulation) 과정에 포함되지 않는 것은?
① 다중화   ② 샘플링
③ 양자화   ④ 부호화

95 호스트의 물리 주소를 통해 논리 주소인 IP 주소를 얻어오기 위해 사용되는 프로토콜은?
① ICMP   ② IGMP
③ ARP   ④ RARP

96 다음 중 패킷 교환망의 설명으로 틀린 것은?
① 가상 회선 방식과 데이터그램 방식이 있다.
② 전송에 실패한 패킷의 경우 재전송이 가능하다.
③ 패킷단위로 헤더를 추가하므로 패킷별 오버헤드가 발생한다.
④ 실시간 전송이나, 다량의 데이터 전송에 적합하다.

97 다음 중 멀티포인트(Multi-point) 방식에서 보조국(Secondary Station)이 주국(Primary Station)에게 보낼 데이터를 갖고 있는지 확인하는 방식은?
① 폴링(Polling)
② 셀렉션(Selection)
③ 요청(Request)
④ 응답(Response)

98 주파수 분할 다중화에서 인접한 채널 간의 간섭을 방지하기 위한 대역은?
① Buffer   ② Slot
③ Channel   ④ Guard Band

99 어느 회선의 속도가 400baud이고, 각 신호가 4비트의 정보를 나타낸다면 데이터 전송률은 몇 bps인가?
① 400   ② 800
③ 1600   ④ 3200

100 다음 중 아날로그 데이터를 디지털 신호로 변환하는 것은?
① PCM(Pulse Code Modulation)
② AM(Amplitude Modultation)
③ PSK(Phase Shift Keying)
④ FDM(Frequency Division Multiplexing)

2008년 2회 시행 과년도출제문제

제1과목 시스템프로그래밍

01 어셈블리에서 어떤 기호적 이름에 상수값을 할당하는 명령어는?
① ASSUME ② EQU
③ INCLUDE ④ INT

02 여러 개의 프로그램을 논리에 맞게 하나로 결합하여 실행 가능한 프로그램으로 만들어 주는 것은?
① Base register
② JCL
③ Linkage editor
④ Accumulator

03 원시 프로그램이 수행되기까지의 순서가 옳은 것은?
① compiler → loader → linkage editor
② compiler → linkage editor → loader
③ loader → compiler → linkage editor
④ linkage editor → compiler → loader

04 매크로 프로세서의 기능에 해당하지 않는 것은?
① 매크로 정의 인식
② 매크로 정의 치환
③ 매크로 정의 저장
④ 매크로 호출 인식

05 매크로가 3개의 기계어 명령어로 정의되어 있을 때, 주프로그램에서 매크로 호출을 3번 할 경우 확장된 명령어 수는?
① 0 ② 3
③ 6 ④ 9

06 어셈블리에서 베이스 레지스터를 지정하는 명령어는?
① USING ② DIV
③ NEG ④ BCT

07 원시 프로그램을 기계어로 번역해 주는 프로그램에 해당하지 않는 것은?
① 컴파일러(Compiler)
② 어셈블러(Assembler)
③ 인터프리터(Interpreter)
④ 로더(Loader)

08 프로그램 언어의 구문 형식을 정의하는 가장 보편적인 기법은?
① BNF ② Algorithm
③ Procedure ④ Flowchart

09 어셈블러가 원시 프로그램을 목적 프로그램으로 번역할 때 현재의 오퍼랜드에 있는 값을 다음 명령어의 번지로 할당하는 명령어는?
① ORG ② END
③ EVEN ④ PAGE

10 운영체제의 성능 평가 기준으로 거리가 먼 것은?
① Throughput
② Turn Around Time
③ Cost
④ Reliability

11 일반적 로더(General Loader)에 가장 가까운 것은?
① Absolute Loader
② Compile And Go Loader
③ Direct Linking Loader
④ Dynamic Loading Loader

12 전향 참조(Forward Reference)를 해결하기 위하여 일반적으로 사용하는 어셈블러 기법은?
① One-pass
② Two-pass
③ Three-pass
④ Four-pass

13 절대로더를 사용하는 경우 기억장소 할당의 수행 주체는?
① 프로그래머   ② 어셈블러
③ 로더   ④ 링커

14 교착 상태 발생의 필요조건이 아닌 것은?
① 상호 배제 조건
② 점유 및 대기 조건
③ 선점 조건
④ 환형 대기 조건

15 프로세스 스케줄링(Scheduling) 중 각 프로세스에게 차례대로 일정한 시간 할당량(Time Slice) 동안 처리기를 차지하도록 하는 것은?
① FIFO   ② Round Robin
③ SJF   ④ SRT

16 로더(Loader)의 기능이 아닌 것은?
① Allocation   ② Link
③ Compile   ④ Relocation

17 페이지 교체 기법 중 가장 오랫동안 사용되지 않은 페이지를 교체할 페이지로 선택하는 기법은?
① FIFO
② LRU
③ LFU
④ SECOND CHANCE

18 기억장치 배치 전략에 해당하지 않는 것은?
① First Fit   ② High Fit
③ Best Fit   ④ Worst Fit

19 프로세스가 일정 시간 동안 자주 참조하는 페이지들의 집합을 의미하는 것은?
① Working Set   ② Locality
③ Thrashing   ④ Segment

20 프로세스(Process)의 정의가 될 수 없는 것은?
① 실행 중인 프로그램
② PCB를 가진 프로그램

③ 프로세서가 할당되는 실체
④ 동기적 행위를 일으키는 주체

제2과목 전자계산기구조

21 인터럽트가 발생할 때의 처리 순서를 옳게 나열한 것은?

> ㄱ : CPU에 인터럽트 요청
> ㄴ : 인터럽트 처리 루틴에서 어느 장치가 인터럽트를 요청했는지 판별
> ㄷ : CPU는 현재 수행 중인 프로그램의 상태를 기억장소에 보관
> ㄹ : 인터럽트 취급 루틴을 실행시켜 해당하는 인터럽트에 대해 조치를 취함
> ㅁ : 원래 상태로 복귀하여 처리 중인 프로그램을 계속적으로 실행

① ㄱ-ㄴ-ㄷ-ㄹ-ㅁ
② ㄱ-ㄷ-ㄴ-ㄹ-ㅁ
③ ㄴ-ㄱ-ㄷ-ㄹ-ㅁ
④ ㄴ-ㄷ-ㄱ-ㅁ-ㄹ

22 다음 그림에서 병렬가산기 출력 F는?

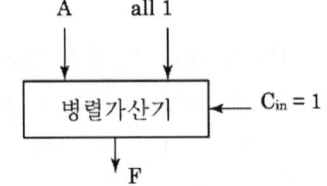

① F=A
② F=A-1
③ F=A+1
④ F=A+B

23 10진수 8을 Excess-3 코드로 바르게 나타낸 것은?

① 1000
② 1100
③ 1011
④ 1001

24 다음 중 채널 명령어의 구성 요소가 아닌 것은?
① 데이터 어드레스
② 입·출력 명령의 종류
③ 데이터 크기
④ 명령어의 작성일자

25 다음 중 특정 비트를 반전시킬 때 사용하는 연산은?
① AND
② OR
③ EX-OR
④ MOVE

26 다음 중 컴퓨터의 필수적인 구성 장치가 아닌 것은?
① 입·출력장치
② 기억장치
③ 콘솔장치
④ 중앙처리장치

27 멀티플렉서 채널과 셀렉터 채널의 차이로 옳은 것은?
① I/O 장치의 크기
② I/O 장치의 용량
③ I/O 장치의 속도
④ I/O 장치와 주기억장치의 연결

28 입·출력 전송이 중앙처리장치의 레지스터를 경유하지 않고 수행되는 방법은?
① I/O Interface
② Strove control
③ Inter leaving
④ DMA

29 Gray code 1111을 2진 코드로 바꾸면?
① 1010₍₂₎ ② 1011₍₂₎
③ 0111₍₂₎ ④ 1001₍₂₎

30 기억장치와 입·출력장치의 차이점을 나타낸 것 중에서 가장 중요한 차이점은?
① 정보의 단위 ② 동작의 자율성
③ 착오 발생률 ④ 동작 속도

31 다음 중 레지스터에 기억된 자료에서 특정한 위치의 비트 내용을 시험하는 방법은?
① rotate ② overlap
③ move ④ decoder

32 소프트웨어 우선순위와 비교하여 하드웨어 우선순위 인터럽트의 특징으로 옳은 것은?
① 유연성이 있다.
② 가격이 싸다.
③ 응답 속도가 빠르다.
④ 우선순위는 소프트웨어로 결정한다.

33 RISC 방식 컴퓨터의 특징으로 가장 옳은 것은?
① 주소지정방식이 다양하다.
② 많은 수의 명령어를 가진다.
③ 파이프라인 구조에 효율적이다.
④ 명령어 길이가 가변적이다.

34 컴퓨터에서 10진 데이터를 연산처리할 때의 데이터 형식은?
① 16진수 형태
② 2진수 형태
③ 팩(pack) 형태
④ 언팩(unpack) 형태

35 중앙처리장치가 모든 명령어(instruction)의 종류에 관계없이 반드시 거쳐야 하는 상태는?
① indirect cycle
② fetch cycle
③ direct cycle
④ interrupt cycle

36 다음 중 채널의 기능이 아닌 것은?
① 입·출력 명령 지시
② 입·출력 명령 해독
③ 입·출력 데이터 저장
④ 데이터 입·출력 실행

37 기억장치에 기억된 정보를 액세스하기 위하여 주소를 사용하는 것이 아니고, 기억된 정보의 일부분을 이용하여 원하는 정보를 찾는 것은?
① RAM
② Associative memory
③ ROM
④ Virtual memory

38 다음 중 memory buffer에 대한 설명으로 올바른 것은?
① memory의 용량을 증가시킨다.
② memory의 기억을 쉽게 한다.
③ memory의 고장을 대비해서 구성된다.
④ memory의 access에 필요한 시간을 줄인다.

39 기억장치의 총 용량이 4096비트이고 워드 길이가 16비트일 때 프로그램 카운터(PC), 주소 레지스터(AR), 데이터 레지스터(DR)의 크기로 옳은 것은?
① PC=12, AR=12, DR=16
② PC=12, AR=12, DR=8
③ PC=8, AR=8, DR=16
④ PC=16, AR=8, DR=16

40 캐시 메모리의 기록 정책 가운데 쓰기(write) 동작이 이루어질 때마다 캐시 메모리와 주기억장치의 내용을 동시에 갱신하는 방식은?
① write-through
② write-back
③ write-once
④ write-all

제3과목 마이크로전자계산기

41 격리(isolated)형과 메모리 맵(memory map)형 입·출력 방식에 대한 설명 중 옳지 않은 것은?
① 메모리 맵 입·출력 방식은 메모리의 번지를 I/O 인터페이스 레지스터까지 확장하여 저장하는 것이다.
② 메모리 맵 입·출력 방식은 메모리에 대한 제어신호만 필요로 하고, 메모리와 입·출력 번지 사이의 구분이 필요하다.
③ 격리형 입·출력 방식은 마이크로프로세서와 메모리 및 I/O 장치를 인터페이스할 때 메모리와 I/O 장치의 입·출력 제어신호(Read/Write)를 별도로 하여 구성하는 방법이다.
④ 격리형 입·출력 방식은 I/O 인터페이스 번지와 메모리 번지가 구별된다.

42 연산자(operation code)의 기능으로 옳지 않은 것은?
① 함수 연산 기능
② 주소 지정 기능
③ 입·출력 기능
④ 제어 기능

43 2의 보수를 취하는 ALU에서 A=11110000, B=00010100일 때 A-B의 수행 후 상태 비트 S(sign) 및 Z(zero)의 값으로 옳은 것은? (단, S는 연산의 결과가 음수일 때, 그리고 Z는 연산의 결과가 "0"일 때 각각 set된다.)
① S=0, Z=0
② S=0, Z=1
③ S=1, Z=0
④ S=1, Z=1

44 다음 중 액세스 시간이 가장 짧은 것은?
① RAM
② ROM
③ 입력장치
④ 프로세서 내의 레지스터

45 우선순위가 높은 장치로부터 인터럽트 라인을 직렬로 연결하여, 상위의 인터럽트 요청이 없는 경우에 한하여 하위로 인터럽트 인정 신호가 넘어가는 형태의 인터럽트 우선순위 결정 방식은?

① 병렬 우선순위 방식
② 근착 우선순위 방식
③ 데이지 체인 방식
④ 선착 우선순위 방식

46 다음 DMA(Direct Memory Access)에 대한 설명 중 틀린 것은?
① 데이터의 입·출력 전송이 직접 메모리 장치와 주변장치 사이에서 이루어지는 인터페이스이다.
② DMA로 인하여 CPU는 기억장치의 사이클 동안에 입·출력 자료와 관계없는 프로그램을 수행할 수 있다.
③ 사이클 스틸(cycle steal)이 발생하면 수행하고 있던 프로그램은 정지되며 인터럽트 처리 루틴의 수행을 위하여 CPU는 인스트럭션을 수행한다.
④ 기억장치 사이클 동안에 데이터 처리를 위한 채널(channel) 사용이 요구되면 기억장치의 사용권이 DMA 인터페이스로 옮겨진다.

47 인터럽트(Interrupt)가 발생했을 경우 이를 처리하기 전에 그 내용을 기억시킬 필요가 없는 것은?
① Accumulator
② State Register
③ Program Counter
④ Instruction Register

48 입·출력장치의 처리 속도는 늦고, 중앙처리장치의 속도는 빠르기 때문에 중앙처리장치의 효율을 높이기 위해서 사용되는 장치는?
① buffer   ② decoder
③ multiplexer   ④ demultiplexer

49 마이크로컴퓨터용 소프트웨어 개발 과정이 옳은 것은?
① 요구분석 → 프로그램 설계 → 코딩 → 테스트 → 유지보수
② 요구분석 → 코딩 → 프로그램 설계 → 유지보수 → 테스트
③ 프로그램 설계 → 요구분석 → 코딩 → 유지보수 → 테스트
④ 코딩 → 요구분석 → 프로그램 설계 → 유지보수 → 테스트

50 ALU에서 계산된 결과가 Overflow가 발생했는지의 유·무를 체크하기 위해서 사용되는 Gate는?
① OR Gate   ② NOR Gate
③ EX-OR Gate   ④ NAND Gate

51 마이크로컴퓨터에서 중앙처리장치와 기억장치 그리고 입·출력장치 간의 데이터를 주고받기 위해 공통으로 연결되는 버스는?
① 어드레스 버스 ② 데이터 버스
③ 제어 버스   ④ 채널

52 어드레스(address)가 16선(line)이고, 데이터(data)가 8선인 프로세스에서 어드레스 1선을 추가하면 전체 프로세서의 용량은 얼마나 되는가?
① 526KBYTE   ② 128KBYTE
③ 64KBYTE   ④ 32KBYTE

53 어느 프로그램 중 0123번지에 CALL A 명령이 있다. 이 CALL A를 수행한 후 stack에 기억된 값은?

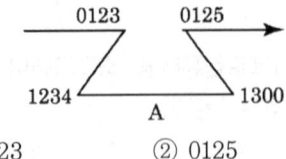

① 0123 ② 0125
③ 1234 ④ 1300

54 컴퓨터를 이용하여 프로그램을 작성하여 실행 파일을 만든 후 트레이닝 키트나 target system으로 실행 파일을 전송하는 것을 무엇이라 하는가?
① Assemble
② Link
③ Down Loading
④ Up Loading

55 다음 그림과 같은 Common Cathode 타입의 7-Segment에 숫자 "2"를 출력하기 위한 신호로 맞는 것은?

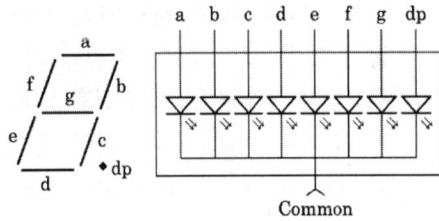

① a, b, d, e, g는 "0", c, f, dp는 "1"을 출력하고 Common 단자에 "1"을 출력
② a, b, d, e, g는 "0", c, f, dp는 "1"을 출력하고 Common 단자에 "0"을 출력
③ a, b, d, e, g는 "1", c, f, dp는 "0"을 출력하고 Common 단자에 "1"을 출력
④ a, b, d, e, g는 "1", c, f, dp는 "0"을 출력하고 Common 단자에 "0"을 출력

56 되부름 서브루틴(recursive subroutine)을 처리하는 데 유용한 자료구조는?
① 큐(queue)
② 데큐(dequeue)
③ 환상 큐(circular queue)
④ 스택(stack)

57 인스트럭션 설계 시 고려 사항이 아닌 것은?
① 인스트럭션 형태
② 주소지정방식
③ 연산자의 종류
④ 인스트럭션 제어

58 마이크로프로세서 시스템을 개발하기 위한 장비로서 거리가 먼 것은?
① MDS(Microcomputer Development Software)
② Logic Analyzer
③ Digital Storage Scope
④ Spectrum Analyzer

59 어셈블리어에서 기계어와 1대 1의 대응관계가 있는 알파벳 코드는?
① 그레이 코드
② 니모닉 코드
③ 오브젝트 코드
④ 소스 코드

60 다음 중 임베디드 시스템 개발 시 디버깅

하기 위한 장비는?
① JNI   ② JAVA
③ ZTAG   ④ JTAG

제4과목 논리회로

61 병렬 2진 감산기를 가산기와 같은 회로로 쓸 때 필요한 회로는?
① 지연회로   ② 펄스회로
③ 제어회로   ④ 보수회로

62 다음 민텀의 합형으로 표현된 불 함수를 카르노도를 이용하여 간략화한 것 중 가장 간단한 논리식은?

y(A, B, C, D)
=Σ(0, 1, 2, 3, 4, 6, 9, 11, 13, 15)

① ABC + BCD
② BC + ABD + ABC
③ $\overline{AB} + \overline{AD} + AD$
④ A + BCD

63 다음 회로의 논리식은?

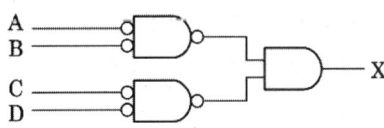

① A + B + C + D
② AB · CD
③ AB + CD
④ (A + B)(C + D)

64 16진수인 다음 식의 연산값은?

$(3D21)_{16} - (B44)_{16} = (\quad)_{16}$

① 31DD   ② 3B12
③ 21DD   ④ 2D13

65 JK 플립플롭의 특성식은?
① $Q_{(t+1)} = J\overline{Q} + \overline{K}Q$
② $Q_{(t+1)} = \overline{J}\,\overline{Q} + KQ$
③ $Q_{(t+1)} = JQ + KQ$
④ $Q_{(t+1)} = JQ + \overline{K}\,\overline{Q}$

66 그림과 같은 ECL 회로에서 출력 $\overline{D}$ 는 정 논리로 어떤 논리기능을 수행하는가?

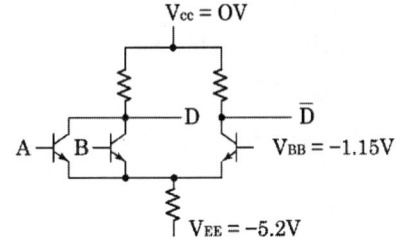

① AND   ② OR
③ NAND   ④ NOR

67 다음 회로의 기능은? (단, 출력은 F 쪽이다.)

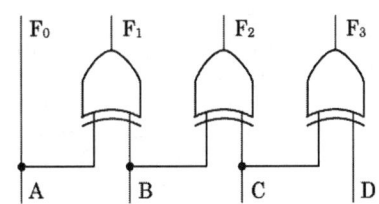

① BCD-그레이 코드 변환회로
② 아스키 코드-BCD 변환회로
③ BCD-2421 변환회로

④ 아스키 코드-BCD 변환회로

68 그림과 같은 게이트의 출력 a, b, c, d를 순서대로 나열한 것은? (단, Z는 high impedance 상태를 나타낸다.)

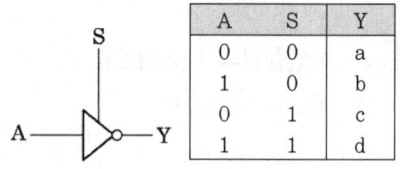

① 1, 0, 1, 0
② 1, 0, Z, Z
③ Z, Z, 1, 0
④ 0, 1, 0, 1

69 64개의 다른 입력 조합을 받아들이기 위한 디코더의 입·출력 개수는 각각 몇 개씩인가?
① 입력 : 6, 출력 : 64
② 입력 : 6, 출력 : 32
③ 입력 : 5, 출력 : 64
④ 입력 : 5, 출력 : 32

70 다음의 상태 변화를 가지는 COUNTER는 최소 몇 개의 플립플롭으로 구성되는가?

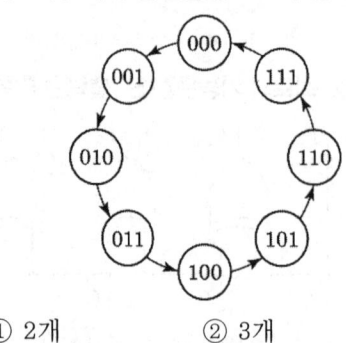

① 2개
② 3개
③ 4개
④ 8개

71 다음 회로의 명칭은 무엇인가?

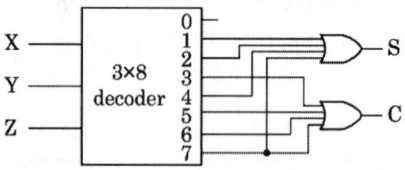

① 반가산기
② 전가산기
③ 인코더
④ 디코더

72 8비트의 데이터 버스와 16비트의 어드레스 버스를 갖는 메모리의 용량은?
① 256byte
② 32Kbyte
③ 64Kbyte
④ 128Kbyte

73 입력이 모두 0일 때만 출력이 1이 되는 게이트는?
① OR 게이트
② AND 게이트
③ NOR 게이트
④ EX-OR 게이트

74 논리식 (A+B)(A+C)와 등가인 식은?
① AB+C
② AC+B
③ A+BC
④ A+B

75 짝수 패리티 비트의 해밍(HAMMING) 코드로 0011011을 받았을 때 오류(ERROR)가 수정된 정확한 코드는?
① 0011001
② 0111011
③ 0001011
④ 0010001

76 다음 회로의 게이트 출력 X의 값으로 옳은 것은?

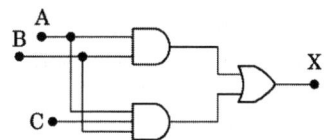

① X=ABC　　② X=AC(1+B)
③ X=AB　　　④ X=A(1+C)

77 3:8 디코더(decoder)를 이용하여 다음의 논리함수 f를 구현하려고 한다. 추가로 필요한 게이트는? (단, 주어진 디코더의 출력은 active-low이다.)

$$f(A, B, C) = \overline{A}C + \overline{A}B + A\overline{C}$$

① 5 input NOR
② 3 input NOR
③ 5 input NAND
④ 3 input NAND

78 다음의 카운터 회로는 몇 진 카운터인가? (단, 카운터 출력은 첨자 0이 붙은 쪽이 LSB라고 본다.)

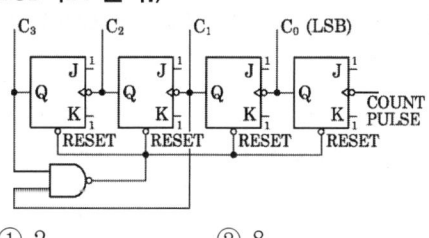

① 2　　　　② 8
③ 10　　　　④ 16

79 다음 특성표(characteristic table)를 만족하는 플립플롭은?

입력	Q	Q(t+1)
0	0	0
0	1	1
1	0	1
1	1	0

① RS 플립플롭　② D 플립플롭
③ JK 플립플롭　④ T 플립플롭

80 전감산기의 입력 중 관계없는 것은?
① 상위에서 자리 빌림
② 하위에서 자리 올림
③ 피감수
④ 감수

제5과목 데이터통신

81 OSI 7계층 중 암호화, 코드변환, 데이터 압축 등의 역할을 담당하는 계층은?
① Data link Layer
② Application Layer
③ Presentation Layer
④ Session Layer

82 인터네트워킹(internetworking)을 위한 장비에 해당하지 않는 것은?
① Router　　② Switch
③ Bridge　　④ Firewall

83 회선 교환(circuit switching)에 대한 설명으로 옳지 않은 것은?
① 송신스테이션과 수신스테이션 사이에

데이터를 전송하기 전에 먼저 교환기를 통해 물리적으로 연결이 이루어져야 한다.
② 음성이나 동영상과 같이 연속적이면서 실시간 전송이 요구되는 멀티미디어 전송 및 에러 제어와 복구에 적합하다.
③ 현재 널리 사용되고 있는 전화시스템을 대표적인 예로 들 수 있다.
④ 송/수신스테이션 간에 호 설정이 이루어지고 나면 항상 정보를 연속적으로 전송할 수 있는 정용 통신로가 제공되는 셈이다.

84 FDM(Frequency-Division Multiplexing) 방식의 설명으로 옳지 않은 것은?
① 주파수 분할 다중화는 전화의 장거리 전송망에 도입되어 사용되어 왔다.
② 가변 파장 송신장치(tunable laser), 가변 파장 수신장치(tunable filter)를 사용하여 특정채널을 선택한다.
③ 여러 신호를 전송 매체의 서로 다른 주파수 대역을 이용하여 동시에 전송하는 기술이다.
④ 인접한 채널 간의 간섭을 막기 위해 일반적으로 보호대역(Guard Band)을 사용한다.

85 IP address에 관한 설명으로 옳지 않은 것은?
① 5개의 클래스(A, B, C, D, E)로 분류되어 있다.
② A, B, C 클래스만이 네트워크 주소와 호스트 주소 체계의 구조를 가진다.
③ D 클래스 주소는 멀티캐스팅(multi-casting)을 사용하기 위해 예약되어 있다.
④ E 클래스는 특수 목적 주소로 공용으로 사용된다.

86 전송제어문자의 내용을 기술한 것 중 옳지 않은 것은?
① STX : 본문의 개시 및 헤딩의 종료를 표시한다.
② SOH : 정보 메시지의 헤딩의 개시를 표시한다.
③ ETX : 본문의 시작을 표시한다.
④ SYN : 문자 동기를 유지한다.

87 OSI 7계층 중 Data link 계층의 프로토콜과 관련이 없는 것은?
① X.25   ② HDLC
③ LLC   ④ PPP

88 토큰 링 방식에 사용되는 네트워크 표준안은?
① IEEE 802.2   ② IEEE 802.3
③ IEEE 802.5   ④ IEEE 802.6

89 데이터 전송을 하고자 하는 모든 단말장치는 서로 대등한 입장에 있으며, 송신 요구를 먼저 한 쪽이 송신권을 갖는 방식은?
① Contention 방식
② Polling 방식
③ Selecting 방식
④ Routing 방식

90 전송시간을 일정한 간격의 시간 슬롯(time slot)으로 나누고, 이를 주기적으로 각 채널에 할당하는 다중화 방식은?
① Code Division Multiplexing
② Wavelength Division Multiplexing
③ Space Division Multiplexing
④ Synchronous Time Division Multiplexing

91 디지털 변조에서 디지털 데이터를 아날로그 신호로 변환시키는 것을 키잉(Keying)이라고 하며, 키잉은 기본적으로 3가지 방식이 있다. 이에 해당하지 않는 것은?
① Amplitude-Shift Keying
② Code-Shift Keying
③ Frequency-Shift Keying
④ Phase-Shift Keying

92 WAN과 LAN의 설명으로 옳지 않은 것은?
① WAN은 국가망 또는 각 국가의 공중통신망을 상호 접속시키는 국제정보통신망으로 설계 및 구축, 운용된다.
② LAN은 사용자 구내망으로 구축되며, 제한된 영역에서의 구내 사설 데이터 통신망으로 운영될 수 있다.
③ LAN의 대표적인 예로는 일반 음성 전화망인 PSTN, 패킷 교환 데이터 통신망인 PSDN 등이 있다.
④ WAN은 공중 통신망 사업자가 구축하고, 일반 대중 가입자들에게 보편적인 정보통신 서비스를 제공한다.

93 ARQ 방식 중 Go-Back-N과 Selective Repeat ARQ에 대한 설명으로 옳지 않은 것은?
① Go-Back-N은 오류 발생 이후의 모든 프레임을 재요청한다.
② Selective Repeat ARQ는 버퍼의 사용량이 상대적으로 크다.
③ Go-Back-N은 프레임의 송신순서와 수신 순서가 동일해야 수신이 가능하다.
④ Selective Repeat ARQ는 여러 개의 프레임을 묶어서 수신확인을 한다.

94 PCM(Pulse Code Modulation) 방식에서 PAM(Pulse Amplitude Modulation) 신호를 얻는 과정은?
① 표본화 ② 양자화
③ 부호화 ④ 코드화

95 TCP/IP 프로토콜의 계층 구조 중 응용계층에 해당하는 프로토콜로 옳지 않은 것은?
① ICMP   ② Telnet
③ FTP   ④ SMTP

96 네트워크에 연결된 시스템은 논리주소를 가지고 있으며, 이 논리주소를 물리주소로 변환시켜 주는 프로토콜은?
① RARP   ② NAK
③ PVC   ④ ARP

97 하나의 통신채널을 이용하여 데이터의 송신과 수신이 교번식으로 가능한 통신방식은?
① 반이중 통신 ② 전이중 통신
③ 단방향 통신 ④ 시분할 통신

98 데이터 통신에서 오류를 검출하는 기법으로 옳지 않은 것은?
① Parity Check
② Block Sum Check
③ Cyclic Redundancy Check
④ Huffman Check

99 데이터의 전송 중 한 비트에 에러가 발생했을 경우 이를 수신측에서 정정할 목적으로 사용되는 것은?
① P/F   ② HRC
③ Checksum   ④ Hamming code

100 송신측에서 정보비트에 오류 정정을 위한 제어 비트를 가하여 전송하면 수신측에서 이 비트를 사용하여 에러 검출하고 수정하는 방식은?
① Go back-N 방식
② Selective Repeat 방식
③ Stop and Wait 방식
④ Forward Error Correction 방식

2008년 4회 시행 과년도출제문제

제1과목 시스템프로그래밍

01 매크로 관련 용어 중 매크로 호출 부분에 정의된 매크로 코드를 삽입하는 것을 무엇이라 하는가?
① 매크로 확장
② 매크로 호출
③ 매크로 정의
④ 매크로 라이브러리

02 절대로더(Absolute Loader)를 사용하는 경우 로더(Loader)에 의해서 수행되는 기능은 무엇인가?
① 기억장소 할당(allocation)
② 연결(linking)
③ 재배치(relocation)
④ 적재(loading)

03 다음 ( ) 안의 내용으로 옳게 짝지어진 것은?

> 가상기억장치 관리의 페이지 교체기법 중 (㉠) 페이지 교체 기법은 가장 오랫동안 사용되지 않은 페이지를 선택하여 교체하며, (㉡) 페이지 교체 기법은 호출된 횟수가 가장 적은 페이지를 교체한다.

① ㉠ LFU, ㉡ FIFO
② ㉠ LRU, ㉡ LFU
③ ㉠ FIFO, ㉡ LRU
④ ㉠ LRU, ㉡ FIFO

04 매크로 프로세서(Macro Processor)의 기본 수행작업에 해당하지 않는 것은?
① 매크로 정의 확장
② 매크로 정의 인식
③ 매크로 호출 인식
④ 매크로 호출 확장

05 일반적인 기능의 로더에 가장 가까운 것은?
① Compile And Go Loader
② Absolute Loader
③ Direct Linking Loader
④ Dynamic Loading Loader

06 프로세스가 일정 시간 동안 자주 참조하는 페이지의 집합을 의미하는 것은?
① Prepaging
② Thrashing
③ Locality
④ Working Set

07 어셈블리어에서 어떤 기호적 이름에 상수 값을 할당하는 명령은 무엇인가?
① EQU
② ASSUME
③ LIST
④ EJECT

08 어셈블리 언어로 작성된 원시 프로그램의 수행 순서로 옳은 것은?
① 원시 프로그램 → 어셈블러 → 로더 → 연결편집기
② 원시 프로그램 → 연결편집기 → 어셈블러 → 로더

③ 원시 프로그램 → 어셈블러 → 연결편집기 → 로더
④ 원시 프로그램 → 로더 → 연결편집기 → 어셈블러

09 기억장치 배치 전략 중 프로그램이나 데이터가 들어갈 수 있는 크기의 빈 영역 중에서 단편화를 가장 작게 남기는 분할 영역에 배치시키는 방법은?
① BEST FIT   ② WORST FIT
③ FIRST FIT ④ LAST FIT

10 운영체제를 수행 기능에 따라 분류할 경우 제어 프로그램에 해당하는 것은?
① 언어 번역 프로그램
② 서비스 프로그램
③ 데이터 관리 프로그램
④ 문제 프로그램

11 프로세스의 정의로 옳지 않은 것은?
① 지정된 결과를 얻기 위한 일련의 계통적 동작
② 목적 또는 결과에 따라 발생되는 사건들의 과정
③ 동기적 행위를 일으키는 주체
④ 프로세서가 할당되는 실체

12 시스템 소프트웨어로 볼 수 없는 것은?
① 컴파일러
② 매크로 프로세서
③ 로더
④ 재고처리 프로그램

13 어셈블러가 원시 프로그램을 목적 프로그램으로 번역할 때 현재의 오퍼랜드에 있는 값을 다음 명령어의 번지로 할당하는 명령은?
① ORG   ② EVEN
③ INCLUDE   ④ CREF

14 어셈블러가 두 개의 패스(Pass)로 구성되는 이유로 가장 적합한 것은?
① 패스 1, 2의 어셈블러 프로그램이 작아서 경제적이기 때문에
② 한 개의 패스로는 프로그램이 너무 커서 유지보수가 어렵기 때문에
③ 한 개의 패스로는 처리속도는 빠르나 메모리가 많이 소요되기 때문에
④ 기호를 정의하기 전에 사용할 수 있어 프로그램 작성이 용이하기 때문에

15 교착상태 발생의 필요충분조건이 아닌 것은?
① 상호 배제   ② 선점
③ 점유와 대기 ④ 환형 대기

16 어셈블리어에 관한 설명으로 적절하지 않은 것은?
① 고급 언어에 해당한다.
② 실행을 위해서는 기계어로 번역되어야 한다.
③ 어셈블리어에서 사용되는 명령은 의사 명령과 실행 명령으로 구분할 수 있다.
④ 프로그램에 기호화된 명령 및 주소를 사용한다.

17 운영체제의 역할로 거리가 먼 것은?
① 입·출력 관리 ② 프로세서 관리
③ 자원 관리   ④ 언어 번역

18 인터프리터 기법에 의해 프로그램을 수행하는 언어는?
① BASIC   ② C
③ PASCAL ④ COBOL

19 로더(Loader)의 기능에 해당하지 않는 것은?
① Allocation   ② Loading
③ Translation ④ Linking

20 프로그램 실행을 위하여 메모리 내에 기억 공간을 확보하는 작업을 무엇이라고 하는가?
① linking   ② allocation
③ loading   ④ compile

제2과목 전자계산기구조

21 다음 중 3-초과 코드에 포함되지 않는 것은?
① 0000   ② 0100
③ 1000   ④ 1100

22 파이프라인에 의한 이론적 최대 속도증가율은 파이프라인의 세그먼트 수와 같으나 실제로는 이론적 최대 속도증가율을 내지 못한다. 그 이유가 아닌 것은?
① 병목현상   ② 자원충돌
③ 데이터 장애 ④ 분기곤란

23 디멀티플렉서(Demultiplexer)에 대한 설명 중 옳은 것은?
① data selector라고도 불린다.
② 2^n개의 input line과 n개의 output line을 가졌다.
③ n개의 input line과 2^n개의 output line을 가졌다.
④ 1개의 input line과 n개의 selection line을 가졌다.

24 불 대수 식의 정리 중 옳지 않은 것은?
① $A + \overline{A}B = A$
② $A + AB = A + B$
③ $A + 0 = A$
④ $A(\overline{A} + AB) = A + B$

25 가상 기억체제에서 번지 공간이 1024K이고 기억 공간은 32K라고 가정할 때 주기억장치의 주소 레지스터는 몇 비트로 구성되는가?
① 12   ② 13
③ 14   ④ 15

26 다음과 같이 기술한 마이크로 동작에 해당하는 것은? (단, MAR은 Memory Address Register이며, MBR은 Memory Buffer Register이다.)

MAR ← M[address], MBR ← M[MAR]

① direct mode

② indirect mode
③ register mode
④ index register mode

27 캐시의 접근시간이 80ns, 주기억장치의 접근시간이 800ns, 히트율은 0.95라고 할 때 기억장치에의 평균 접근 시간은?
① 88ns　② 95ns
③ 116ns　④ 836ns

28 데이터 통신에 가장 많이 사용되는 코드는?
① BCD　② Gray
③ ASCII　④ EBCDIC

29 다음 중 전달기능의 인스트럭션 사용빈도가 매우 낮은 인스트럭션 형식은?
① 스택 인스트럭션 형식
② 메모리-메모리 인스트럭션 형식
③ 레지스터-레지스터 인스트럭션 형식
④ 레지스터-메모리 인스트럭션 형식

30 다음 중 연관 메모리(associative memory)의 특징이 아닌 것은?
① thrashing 현상 발생
② 내용 지정 메모리(CAM)
③ 메모리에 저장된 내용에 의한 access
④ 기억장치에 저장된 항목을 찾는 시간 절약

31 다중 처리기 상호 연결 방법 중 시분할 공유버스를 설명한 것은?
① 시분할 공유와 기타 방법의 혼합
② Multiprocessor를 비교적 경제적인 망으로 구성
③ 공유버스 시스템에서 버스의 수를 기억장치의 수만큼 증가시킨 구조
④ 프로세서, 기억장치, 입출력장치들 간에 하나의 버스 통신로만을 제공하는 방법

32 다음 중 인터럽트 가운데 소프트웨어적 우선순위 처리 기법은?
① 폴링(polling) 방법
② 벡터 인터럽트(vector interrupt) 방법
③ 데이지-체인(daisy-chain) 방법
④ 병렬 우선순위(parallel priority) 방법

33 다음은 명령어 수행 과정의 일반적인 순서이다. 명령어에 종속된 것으로 반드시 거치지 않아도 되는 단계끼리 묶은 것은?

① MAR ← PC, M(메모리) ← R(Read 신호)
② IR ← MBR
③ 제어신호 발생기 ← OP-code 주소 처리기
　← Operand부
④ MAR ← 주소 처리기, M ← R
⑤ 수행에 필요한 신호 발생
⑥ PC ← 다음에 수행할 명령어 주소

① ①, ②　② ②, ③
③ ③, ④　④ ④, ⑤

34 명령문 구성 형태 중 하나의 오퍼랜드가 누산기 속에 포함된 명령 형식은?
① 0-주소　② 1-주소
③ 2-주소　④ 3-주소

35 다음 그림의 회로는 무슨 gate인가? (단, 정논리의 경우임)

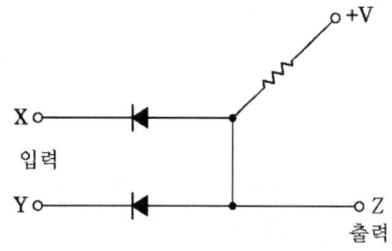

① AND gate ② OR gate
③ NAND gate ④ NOR gate

36 가상기억장치에서 새 페이지와 주기억장치 내의 페이지를 바꾸는 것을 무엇이라 하는가?
① thrashing ② swapping
③ buffering ④ mapping

37 다음은 JK 플립플롭을 사용한 Counter 회로이다. 어떤 Counter 회로인가?

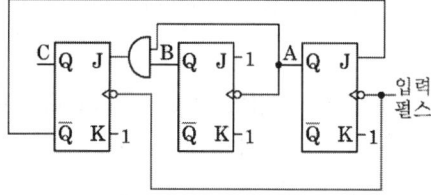

① MOD-4 Counter
② MOD-5 Counter
③ MOD-6 Counter
④ MOD-7 Counter

38 PLD(programmable logic device) 내의 programmable element를 어떻게 프로그램할지를 표시하는 산업표준의 텍스트 파일은?

① CEDEC file ② IEEE file
③ JEDEC file ④ ASCII file

39 인터럽트와 트랩을 비교 설명한 것 중 옳지 않은 것은?
① 트랩의 발생 시점은 동일한 입력에 대해서 일정하다.
② 인터럽트 발생에 대한 처리는 인터럽트 처리기(Interrupt handler)가 담당한다.
③ 인터럽트의 필요성은 CPU 실행과 입·출력의 순차적인 실행에 있다.
④ 인터럽트를 발생시킨 입·출력장치를 확인하는 방법으로는 폴링과 벡터를 사용한다.

40 플립플롭 회로에 그림과 같은 셋 신호(set signal), 리셋 신호(reset signal)를 줄 때, 그 출력 파형은?

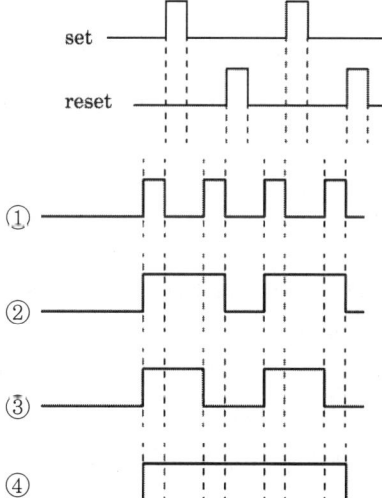

제3과목 마이크로전자계산기

41 다음 중 micro-cycle의 동기 가변식(synchronous variable)에 대한 설명으로 옳은 것은?
① 모든 마이크로 오퍼레이션 중 가장 짧은 것을 마이크로 cycle time으로 한다.
② 모든 마이크로 오퍼레이션 중 가장 긴 것을 마이크로 cycle time으로 한다.
③ 마이크로 오퍼레이션의 수행시간 차이가 클 때 사용되는 방식이다.
④ 제어가 간단하다.

42 명령어를 수행하는 과정 중에서 일어나는 내용으로 잘못된 것은?
① 명령어는 주기억장치에서 인출되어 중앙처리장치로 이동한다.
② 명령어의 OP-code는 명령 레지스터에서 코드화되어 컴퓨터에 어떤 동작을 할 것인가를 지시한다.
③ 기억 레지스터에 기억된 명령은 명령코드와 주소부로 나누어져 처리된다.
④ 명령 레지스터는 다음 명령어를 수행할 위치를 지정하도록 증가된다.

43 채널(channel)에 대한 설명으로 옳지 않은 것은?
① 채널은 주기억장치와 입·출력장치 사이에 존재한다.
② 자료의 처리 능력을 향상시키기 위해서 사용하며, 고성능으로 자료를 처리하는 입·출력 방식이다.
③ 채널을 이용하면 중앙처리장치는 입·출력에 많은 시간을 소비하지 않아도 된다.
④ 입·출력 기기의 준비나 작동원리를 인터럽트 신호에 의해서 자료를 처리하는 방식이다.

44 DRAM(dynamic RAM)에 대한 설명으로 옳지 않은 것은?
① refresh 회로가 필요하다.
② 가격이 저렴하고, 전력 소모가 적다.
③ 경제성이 뛰어나 주기억장치로 많이 사용된다.
④ 비소멸성(비휘발성) 소자이다.

45 CPU가 주기억장치(main memory)에서 정보를 읽어낼 때 필요 없는 것은?
① READ 신호
② 시스템 클록(clock)
③ 인터럽트 신호
④ 어드레스 버스(address bus)

46 누산기의 내용을 2회 우측으로 시프트(shift)한 효과는?
① 누산기의 값을 4배 한 값이 누산기에 기억된다.
② 누산기의 값을 2배 한 값이 누산기에 기억된다.
③ 누산기의 값을 2로 나눈 몫이 누산기에 기억된다.
④ 누산기의 값을 4로 나눈 몫이 누산기에 기억된다.

47 저속 장치에 연결되며, 다수의 입·출력장치를 동시에 운영할 수 있는 채널은?
① selector channel
② interactive channel
③ independent channel
④ multiplexer channel

48 여러 개의 입·출력장치가 연결되어 있을 때 CPU가 각 장치의 상태 플래그를 순서대로 검사하는 과정을 무엇이라 하는가?
① interrupting
② controlling
③ status checking
④ polling

49 연산장치의 기능에 속하지 않는 것은?
① 비교, 판단 ② 가산
③ 자리 이동   ④ 명령 해독

50 CPU가 자기의 상태를 인터페이스에 알려주는 경우를 무엇이라 하는가?
① Handshake ② Acknowledge
③ Data ready ④ Call

51 다음 중 가장 많은 Cycle time을 필요로 하는 명령어 형식은?
① 0 address 방식
② 1 address 방식
③ 2 address 방식
④ 3 address 방식

52 마이크로컴퓨터의 특징에 해당하지 않는 것은?
① 신제품 개발비와 유지비가 적어 경제성이 있다.
② 제품 자체를 소형화할 수 있다.
③ 소비전력이 적다.
④ 대용량 프로그램 처리에 적합하다.

53 데이터가 테이블(table) 형식으로 연속되어 있는 경우에 사용하기가 매우 편리한 주소지정방식은?
① 레지스터 주소지정방식
② 레지스터 간접 주소지정방식
③ 상대 주소지정방식
④ 즉시 주소지정방식

54 한 플랫폼에서 작동하도록 되어 있는 프로그램을 다른 플랫폼에서 작동하도록 수정하는 것을 무엇이라 하는가?
① 시뮬레이팅(Simulating)
② 오퍼레이팅(Operating)
③ 포팅(Porting)
④ 디버깅(Debugging)

55 다음 명령어들 중에서 시프트(shift) 명령어에 속하지 않는 것은?
① ROR(Rotate Right)
② COMC(Complement Carry)
③ SHR(Logical Shift Right)
④ SHRA(Arithmentic Shift Right)

56 그림과 같은 어느 프로그램 중 0123번지에 CALL A 명령이 있다. 이 CALL A를 수행한 후 PC에 기억된 값은? (단, 모든 명령

문은 1바이트라 한다.)

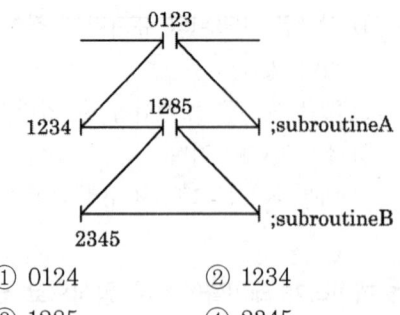

① 0124 ② 1234
③ 1285 ④ 2345

57 표준 비동기 직렬 데이터 전송에서 데이터 양식에 속하지 않는 것은?
① a start bit(0)
② 5 to 8 data bit
③ a status bit
④ parity bit

58 마이크로컴퓨터 개발 시스템에 대한 설명으로 옳지 않은 것은?
① 하드웨어 개발 시간과는 무관하다.
② 하드웨어를 조정하고 소프트웨어를 개발하며 오류를 조정하기 위한 장치이다.
③ 마이크로컴퓨터의 설계와 개발에 필요한 요구를 충족시킨다.
④ 마이크로컴퓨터 시스템 개발주기를 매우 빠르게 한다.

59 그림은 ROM의 기본구성도이다. Ⓐ부분의 기능에 대한 명칭은?

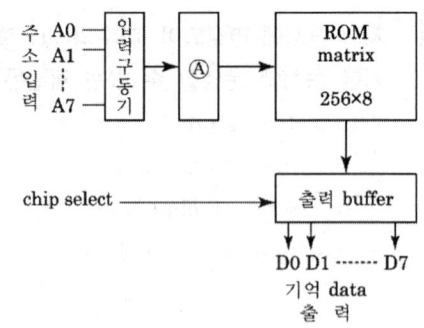

① decoder
② shift register
③ address buffer
④ encoder

60 마이크로프로그램 제어방식과 관계가 먼 것은?
① 제어장치의 회로구성이 간단하다.
② 프로그램의 교환, 변경이 가능하다.
③ 조합 논리회로를 적절히 사용한다.
④ 제어기억장치와 제어기억장치 레지스터가 필요하다.

제4과목 논리회로

61 다음 중 멀티플렉서에 대한 설명으로 옳은 것은?
① 해독기라고도 한다.
② 병렬에서 직렬로의 변환에 사용한다.
③ 2진수를 10진수로 바꾸어 주는 회로이다.
④ 여러 출력 중 하나를 선택 분배하는 것이다.

62 다음 회로의 설명으로 잘못된 것은?

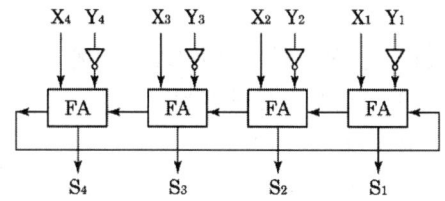

① 4비트 3초과 코드를 얻을 수 있다.
② 1의 보수를 이용하여 뺄셈을 한다.
③ 4비트의 2진 병렬 감산기이다.
④ X의 값이 0이면 보수를 얻을 수 있다.

63 A/D 변환기는 어떤 형태의 신호를 2진부호로 변환하는가?

① 펄스　　② 디지털
③ 비트　　④ 아날로그

64 다음 그림과 같은 회로의 명칭은?

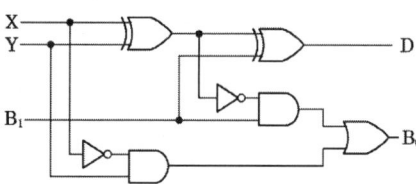

① 반가산기　　② 전가산기
③ 반감산기　　④ 전감산기

65 다음 회로의 출력을 바르게 나타낸 논리식은? (단, 게이트 1, 2는 오픈 컬렉터 TTL 회로이다.)

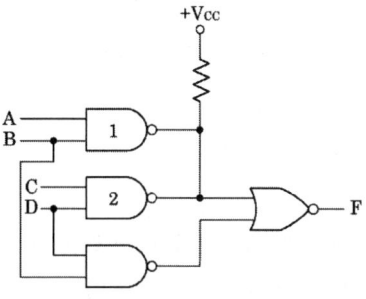

① $ABCD$
② $(A+C)BD$
③ $\overline{(AB)} \cdot \overline{(CD)} \cdot \overline{(BD)}$
④ $AB + CD + BD$

66 0과 1의 조합에 의하여 어떠한 기호라도 표현될 수 있도록 부호화를 행하는 회로를 무엇이라 하는가?

① Encoder　　② Decoder
③ Comparator　　④ Detector

67 (X+Y)(X+Z)를 간략화한 표현식은?

① XY+YZ　　② X+YZ
③ Y+Z　　④ YZ

68 다음 논리식과 다른 것은?

$$Z = \overline{(A + \overline{B} \cdot C)}$$

① $Z = \overline{A} \cdot B + \overline{A \cdot C}$
② $Z = \overline{A} \cdot \overline{(\overline{B} \cdot C)}$
③ $Z = \overline{A} \cdot B + \overline{A} \cdot \overline{C}$
④ $Z = \overline{A} \cdot (B + \overline{C})$

69 2진수를 그레이 코드로 변환하는 회로에 들어가는 논리게이트 명칭은?

① NOR 게이트
② EX-NOR 게이트
③ NAND 게이트
④ EX-OR 게이트

70 16비트 256워드의 일치 선택(coincident-select)형 메모리에 요구되는 2진 번지 선택 수는 몇 개인가?
① 4 ② 8
③ 12 ④ 24

71 다음 논리식 중 옳지 않은 것은?
① 0+A=A ② 1+A=1
③ 0·A=0 ④ 1·A=1

72 1MHz의 수정발진기가 있다. 이 출력을 분주하여 500Hz의 클록 주파수를 만들고자 한다. 이때 필요한 최소한의 플립플롭의 수는?
① 11 ② 10
③ 8   ④ 7

73 f(X, Y, Z)=Σ(0, 2, 4, 5, 7)인 논리식이 있다. 이것을 f(X, Y, Z)=Π( ) 형식으로 표현하면?
① Π(1, 3, 6) ② Π(1, 5, 6)
③ Π(1, 6)   ④ Π(5, 6)

74 다음 레지스터 형태 중 한 순간에 단지 1비트의 데이터가 들어가고, 모든 데이터 비트가 한 번에 출력되는 형태는?
① PISO ② PIPO
③ SISO ④ SIPO

75 다음 중 제어 타이밍을 얻기에 편리하고 디코더가 필요한 것은?
① 리플 카운터
② 존슨 카운터
③ 리셋 카운터
④ 링 카운터

76 JK 플립플롭에서 $J_N = K_N = 1$일 때 Q_{N+1}의 출력상태는?
① 반전 ② 부정
③ 1   ④ 0

77 전가산기 회로에서 캐리 C_n을 나타내는 것은?
① $C_n = (A \oplus B)C$
② $C_n = AB + C$
③ $C_n = \overline{(A \oplus B)}C + AB$
④ $C_n = (A \oplus B)C + AB$

78 다음과 같은 진리표(truth table)에 따라 동작하는 소자는?

입력		출력			
A	B	D_0	D_1	D_2	D_3
0	0	1	0	0	0
0	1	0	1	0	0
1	0	0	0	1	0
1	1	0	0	0	1

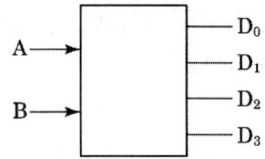

① 디코더　② 인코더
③ 멀티플렉서　④ 디멀티플렉서

79 다음 그림의 회로 명칭은?

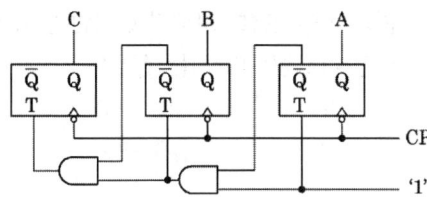

① 2진 감산계수기
② 2진 가산계수기
③ 8진 감산계수기
④ 8진 가산계수기

80 10진수 51을 그레이 코드(Gray code)로 변환하면?
① 101011　② 101010
③ 110101　④ 101101

● 제5과목 데이터통신

81 디지털 데이터를 아날로그 신호로 변환하는 방법이 아닌 것은?
① ASK　② FSK
③ PSK　④ PCM

82 OSI 참조 모델 중 다음이 설명하고 있는 기능을 수행하는 계층은?

- 종단 간 메시지 전달 서비스를 담당한다.
- 흐름 제어와 오류 복구를 통해 신뢰성 있는 메시지를 전달한다.
- 대표적인 프로토콜로는 TCP와 UDP가 있다.

① 세션 계층
② 트랜스포트 계층
③ 네트워크 계층
④ 데이터 링크 계층

83 다음이 설명하고 있는 데이터 링크 제어 프로토콜은?

- IETF의 표준 프로토콜이다.
- 오류 검출만 제공되며, 재전송을 통한 오류 복구와 흐름 제어 기능은 제공되지 않는다.
- 주로 두 개의 라우터를 접속할 때 사용된다.
- 비동기식 링크도 지원해야 하기 때문에 프레임은 반드시 바이트의 정수 배가 되어야 한다.

① HDLC　② PPP
③ LAPB　④ LLC

84 X.25는 ITU-T 표준으로 호스트 시스템과 패킷 교환망 간 인터페이스를 규정하고 있다. 이 기능에 포함되지 않는 것은?
① 링크 계층(link level)
② 패킷 계층(packet level)
③ 물리 계층(physical level)
④ 전송 계층(transport level)

85 웹 브라우저에서 지원하지 않는 서비스는?
① E-mail 서비스
② FTP 서비스

③ HTTP 서비스
④ SNMP 서비스

86 다음이 설명하고 있는 것은?

- 이동 단말이나 PDA 등 소형 무선 단말기 상에서 인터넷을 이용할 수 있도록 해주는 프로토콜의 총칭이다.
- HTML을 이동 단말로 전송하거나, 수신하는 경우 HTML 텍스트 코드를 그대로 송신하는 것이 아니고 이를 컴파일해서 컴팩트한 바이너리 데이터로 변환하여 이동 단말에 송신한다.

① HTTP   ② FTP
③ SMTP   ④ WAP

87 LAN을 망의 형상(Topology)으로 구분할 때, 각 노드에서 발생한 송신 요구가 충돌을 일으킬 경우에 재전송하거나 충돌을 피하기 위한 매체 액세스 방식으로 주로 CSMA/CD 방식을 사용하는 것은?

① Star형   ② Bus형
③ Ring형   ④ Loop형

88 데이터 통신에서 발생할 수 있는 오류(error)를 검출하는 기법이 아닌 것은?

① Parity Check
② Run Length Check
③ Block Sum Check
④ Cyclic Redundancy Check

89 이동통신 가입자가 셀 경계를 지나면서 신호의 세기가 작아지거나 간섭이 발생하여 통신 품질이 떨어져 현재 사용 중인 채널을 끊고 다른 채널로 절체하는 것을 의미하는 것은?

① Mobile Control
② Location registering
③ Hand off
④ Multi-Path fading

90 국(station) 간의 관계가 주/종 관계일 때 종국이 데이터를 보내려 한다면 먼저 주국으로부터 받아야 하는 신호는?

① ACK   ② ENQ
③ Poll   ④ SEL

91 TCP/IP에서 네트워크 계층과 관련이 없는 프로토콜은?

① IGMP   ② SNMP
③ ICMP   ④ IP

92 다음이 설명하고 있는 프로토콜은?

각 컴퓨터에서 IP 관리를 쉽게 하기 위한 프로토콜이며, TCP/IP 통신을 실행하기 위해 필요한 정보를 자동적으로 할당, 관리하기 위한 통신 규약으로서 RFC 1541에 규정되어 있다.

① LDP   ② DHCP
③ ARP   ④ RTCP

93 다음 중 IPv6에 대한 설명으로 옳지 않은 것은?

① IPv6 주소는 128비트 길이이다.
② 암호화와 인증 옵션 기능을 제공한다.
③ QoS는 일부 지원하지만, 품질 보장은 곤란하다.

④ 프로토콜의 확장을 허용하도록 설계되었다.

94 다음 데이터 전송 제어 절차를 순서대로 옳게 나열한 것은?

ⓐ 회선 접속
ⓑ 데이터 링크 확립
ⓒ 데이터 링크 해제
ⓓ 회선 절단
ⓔ 정보 전송

① ⓐ → ⓑ → ⓒ → ⓓ → ⓔ
② ⓐ → ⓑ → ⓔ → ⓓ → ⓒ
③ ⓐ → ⓑ → ⓔ → ⓒ → ⓓ
④ ⓐ → ⓔ → ⓑ → ⓓ → ⓒ

95 아날로그 데이터를 디지털 신호로 변화하는 과정에 포함되지 않는 것은?
① encryption
② sampling
③ quantization
④ encoding

96 데이터 전송 시스템에 있어서 통신 방식의 종류가 아닌 것은?
① 단방향 통신방식
② 반이중 통신방식
③ 회선 다중방식
④ 전이중 통신방식

97 다음 인터넷 도메인의 설명 중 옳지 않은 것은?

www.hankook.co.kr

① www : 호스트 컴퓨터 이름
② hankook : 소속 기관
③ co : 소속 기관의 서버이름
④ kr : 소속 국가

98 HDLC에서 사용되는 프레임의 유형이 아닌 것은?
① Information Frame
② Supervisory Frame
③ Unnumbered Frame
④ Control Frame

99 전송 데이터가 있는 동안에만 시간 슬롯을 할당하는 다중화 방식은?
① 통계적 시분할 다중화
② 광파장 분할 다중화
③ 동기식 시분할 다중화
④ 주파수 분할 다중화

100 데이터 링크 프로토콜인 HDLC에서 프레임의 동기를 제공하기 위해 사용되는 구성 요소는?
① 플래그(Flag)
② 제어부(Control)
③ 정보부(Information)
④ 프레임 검사 시퀀스(Frame Check Sequence)

2009년 2회 시행 과년도출제문제

제1과목 시스템프로그래밍

01 페이지 교체 알고리즘 중 한 프로세스에서 사용되는 각 페이지마다 카운터를 두어 현 시점에서 가장 오랫동안 사용되지 않은 페이지를 제거하는 것은?
① LFU　　② LRU
③ OPT　　④ FIFO

02 다음 중 시스템 프로그래밍 언어로 가장 적합한 것은?
① PASCAL　　② COBOL
③ C　　④ FORTRAN

03 어셈블리어에서 라이브러리에 기억된 내용을 프로시저로 정의하여 서브루틴으로 사용하는 것과 같이 사용할 수 있도록 그 내용을 현재의 프로그램 내에 포함시켜 주는 명령은?
① EVEN　　② ORG
③ EJECT　　④ INCLUDE

04 절대 로더(Absolute Loader)에서 어셈블러의 기능은?
① 기억장소 할당(Allocation)
② 연계(Linking)
③ 재배치(Relocation)
④ 적재(Loading)

05 Global Reference를 절대번지로 바꾸거나 Linking과 상대번지를 바꾸는 과정 등과 같이 변하기 쉬운 것을 확고하게 결정짓는 것을 무엇이라고 하는가?
① Binding　　② Thrashing
③ Paging　　④ Parsing

06 둘 이상의 프로세스가 서로 다른 프로세스가 요구하는 자원을 가지고 있으면서 상대방 자원을 요구하며 무한정 기다리고 있는 상태를 무엇이라고 하는가?
① Swapping　　② Overlay
③ Deadlock　　④ Scheduling

07 실행 중인 프로세스가 일정 시간 동안에 참조하는 페이지의 집합을 무엇이라고 하는가?
① Locality　　② Thrashing
③ Working Set　　④ Process

08 작성된 표현식이 BNF의 정의에 의해 바르게 작성되었는지를 확인하기 위해 만들어진 Tree의 명칭은?
① Parse Tree
② Binary Search Tree
③ Binary Tree
④ Skewed Tree

09 어셈블러를 이중 패스(Two pass)로 구성

하는 주된 이유는?
① 어셈블러의 크기
② 오류 처리
③ 전향 참조(Forward Reference)
④ 다양한 출력 정보

10 어셈블리어에 대한 설명으로 옳지 않은 것은?
① 연상 기계어라고도 한다.
② 프로그램은 0과 1로만 작성된다.
③ 어셈블러에 의해 기계어로 변환된다.
④ 어셈블러에 의해 번역된 형태를 목적 프로그램이라고 한다.

11 운영체제를 수행 기능에 따라 제어 프로그램과 처리 프로그램으로 구분할 경우 제어 프로그램에 해당하는 것은?
① 언어 번역 프로그램
② 자료 관리 프로그램
③ 서비스 프로그램
④ 문제 프로그램

12 어셈블리어에서 프로그램 작성 시 한 프로그램 내에서 동일할 코드가 반복될 경우 반복되는 코드를 한 번만 작성하여 특정 이름으로 정의한 후 그 코드가 필요할 때마다 정의된 이름을 호출하여 사용하는 것을 무엇이라고 하는가?
① Emulator   ② Macro
③ Preprocessor ④ Spooling

13 어셈블리어로 작성된 원시 프로그램이 실행되기까지의 과정으로 옳은 것은?

① 원시 프로그램 → 어셈블링 → 목적 프로그램 → 링크 → 로딩 → 실행
② 원시 프로그램 → 어셈블링 → 목적 프로그램 → 로딩 → 링크 → 실행
③ 원시 프로그램 → 링크 → 어셈블링 → 목적 프로그램 → 로딩 → 실행
④ 원시 프로그램 → 어셈블링 → 링크 → 목적 프로그램 → 로딩 → 실행

14 운영체제(Operating System)에 대한 설명으로 옳지 않은 것은?
① 대표적인 운영체제로는 MS-DOS, MS Windows, Linux, Unix 등이 있다.
② 운영체제는 사용자와 컴퓨터 하드웨어 사이에 매개체 역할을 하는 시스템 소프트웨어이다.
③ 운영체제의 주목적은 여러 컴퓨터 사용자가 서로 방해 받지 않고 효율적으로 컴퓨터를 이용하도록 하는 데 있다.
④ 운영체제는 컴퓨터 시스템에 항상 존재해야 하며 컴파일러, 문서편집기, 데이터베이스 관리시스템 등의 프로그램을 내장하고 있다.

15 의사 코드 명령(Pseudo Instruction)에 대한 설명으로 옳지 않은 것은?
① 어셈블러가 원시 프로그램을 번역할 때 어셈블러에게 필요한 작업을 지시하는 명령이다.
② 어셈블러 명령(Assembler Instruction)이라고도 한다.
③ 데이터 정의, 세그먼트와 프로시저 정의, 매크로 정의, 세그먼트 레지스터

할당, 리스트 파일의 지정 등을 지시할 수 있다.
④ 어셈블리 명령과 같이 기계어로 번역된다.

16 하나의 시스템에 독립된 여러 개의 프로그램을 기억시켜 이들을 동시에 처리함으로써 프로그램의 처리량을 극대화하는 시스템을 무엇이라고 하는가?
① 다중 프로그래밍 시스템
② 다중 처리 시스템
③ 분산 처리 시스템
④ 시분할 시스템

17 로더의 기능에 해당하지 않는 것은?
① Allocation   ② Linking
③ Relocation   ④ Compiling

18 매크로 프로세서가 수행하는 기본 기능에 해당하지 않는 것은?
① 매크로 정의 저장
② 매크로 정의 인식
③ 매크로 호출 인식
④ 매크로 구문 인식

19 JCL(Job Control Language)에 대한 설명으로 옳지 않은 것은?
① JCL은 OS와 사용자 간의 정보 제공 언어이다.
② JCL은 사용자 Job과 그의 시스템에 대한 요구를 일치시키는 기능을 갖는다.
③ 사용자는 JCL을 이용하여 그의 JOB 단계 순서와 운영에 대한 사항을 자세히 서술하여 시스템을 제어할 수 있다.
④ JCL은 기계어를 직접 수정하는 언어이다.

20 일반적 로더(General Loader)에 가장 가까운 것은?
① Compiler And Go Loader
② Direct Loader
③ Direct Linking Loader
④ Absolute Loader

제2과목 전자계산기구조

21 프로그램 카운터(PC)의 값을 2 증가하게 되는 명령어는? (단, PC 값은 1씩 증가한다고 가정한다.)
① Jump 명령   ② Halt 명령
③ Skip 명령   ④ Call 명령

22 $Y = \overline{\overline{A} \cdot B + A \cdot \overline{B}}$ 의 논리식을 간단히 하면?
① $Y = \overline{A} + B$
② $Y = A \cdot \overline{B}$
③ $Y = A \cdot \overline{B} + \overline{A} \cdot B$
④ $Y = A \cdot B + \overline{A} \cdot \overline{B}$

23 다음 중 부동소수점 덧셈 과정에서 필요하지 않은 연산은?
① 정규화   ② 가수덧셈
③ 지수조정   ④ 지수덧셈

24 전가산기(full-adder)의 carry 비트를 논리식으로 나타낸 것은? (단, x, y, z는 입력, C(carry)는 출력)
① $C = x \oplus y \oplus z$
② $C = \bar{x}y + \bar{x}z + yz$
③ $C = xy + (x \oplus y)z$
④ $C = xyz$

25 하드웨어 신호에 의하여 특정번지의 서브루틴을 수행하는 것은?
① vectored interrupt
② handshaking mode
③ subroutine call
④ DMA 방식

26 명령어 파이프라인이 정상적인 동작에서 벗어나게 하는 일반적인 원인이 아닌 것은?
① 자원충돌
② 유효주소의 계산
③ 데이터 의존성
④ 분기 곤란

27 메모리에 대한 설명 중 옳지 않은 것은?
① RAM : 모든 번지에 대한 액세스 시간이 같다.
② Non-Volatile 메모리 : 정전 시 내용을 상실한다.
③ Non-destructive 메모리 : READ 시 내용이 상실되지 않는다.
④ ROM : Write할 수 없다.

28 복수 개의 프로세서가 하나의 제어 프로세서에 의해 제어되며 주로 배열이나 벡터 처리에 적합한 구조로 높은 처리능력을 갖는 명령 및 데이터 스트림(stream) 처리기는?
① SISD   ② SIMD
③ MISD   ④ MIMD

29 파이프라인 프로세서(Pipeline processor)의 설명 중 가장 적합한 것은?
① 2개 이상의 명령어를 동시에 수행할 수 있는 프로세서
② Micro program에 의한 프로세서
③ Bubble memory로 구성된 프로세서
④ Control memory가 분리된 프로세서

30 다음 중 인터럽트를 요구한 입출력 기기를 확인하는 방법에 따른 분류로 옳은 것은?
① 내부 인터럽트, 외부 인터럽트
② 내부 인터럽트, 하드웨어 인터럽트
③ 차단 가능 인터럽트, 차단 불가능 인터럽트
④ 벡터형 인터럽트, 조사형 인터럽트

31 입출력장치 지정방식에서 Memory Mapped I/O 방식에 대한 설명으로 틀린 것은?
① 기억장치의 일부 공간을 입출력 포트에 할당한다.
② 기억장치와 입출력 번지 사이의 구별이 없다.
③ 기억장치의 이용 효율이 낮다.
④ 기억장치의 명령을 입출력 명령으로 사용 불가능하다.

32 디지털 IC의 특성을 나타내는 내용 중 전달지연 시간이 가장 짧은 것부터 차례로 나열한 것으로 옳은 것은?
① ECL-MOS-CMOS-TTL
② TTL-ECL-MOS-CMOS
③ ECL-TTL-CMOS-MOS
④ MOS-TTL-ECL-CMOS

33 다음은 어느 컴퓨터 시스템에서 사용하고 있는 ASCII 코드의 예이다. 이 중 코드의 성격이 다른 것은? (단, 각 코드의 가장 왼쪽 비트는 패리티 비트이다.)
① A : 10110001
② J : 01001010
③ 0 : 10111001
④ * : 00101010

34 다음 수치 코드에 대한 설명 중 옳지 않은 것은?
① 수치 코드에는 자리값을 가지고 있는 가중 코드(weighted code)와 자리값이 없는 비가중 코드(non-weighted code)로 구분할 수 있다.
② 10진 자기보수화 코드로는 2421 code, excess-3 code 등이 대표적이다.
③ 3초과 코드는 8421 코드에 10진수 3을 더한 코드로 코드 내에 하나 이상의 1이 반드시 포함되어 있어 0과 무신호를 구분하기 위한 코드이다.
④ 그레이 코드(Gray Code)는 대표적인 가중(weighted) 코드로 인접한 코드의 비트가 1비트만 변하여 산술연산에 적합하다.

35 덧셈 명령 ADD(0800)이 수행되면 연산장치로 보내지는 내용은? (단, ( )는 간접주소 방식을 뜻하고 기억장소 0800번지에는 2000이 저장되어 있음)
① 2000
② 2000번지의 내용
③ 0800
④ 0800의 내용

36 가상 기억장치(virtual memory)의 특징이 아닌 것은?
① 컴퓨터의 용량을 확장하기 위한 방법이다.
② 가상 기억공간의 구성은 프로그램에 의해서 수행된다.
③ 가상 기억장치의 목적은 기억공간이 아니라 속도이다.
④ 주기억장치와 보조기억장치가 계층 기억 체제를 이루고 있다.

37 매크로(MACRO) 명령어는 프로그램의 어느 것과 유사한가?
① NAME
② END문
③ CALL문
④ 파라미터(Parameter)

38 하나의 명령어가 아래처럼 6단계로 나누어 실행될 때 실행 순서가 맞는 것은?

① MAR←주소처리기, M←R(읽기신호)
② IR←MBR, PC←PC+1현재 수행 중인 명령어 크기
③ IR의 Op code→제어신호 발생기, Operand→주소처리기
④ MAR←PC, M←R(읽기신호) MBR←메모리 내용
⑤ PC←다음에 실행할 명령어의 시작 주소
⑥ 연산 종류에 해당하는 제어신호 발생, 실행

① ① → ② → ③ → ④ → ⑤ → ⑥
② ④ → ② → ③ → ① → ⑥ → ⑤
③ ⑤ → ③ → ④ → ② → ① → ⑥
④ ⑥ → ⑤ → ④ → ③ → ② → ①

39 주변장치나 메모리의 Data 입출력 방식이 아닌 것은?
① 채널의 사용
② 인터럽트 사용
③ 프로그램 사용
④ 버스의 사용

40 다음 중 롬(ROM) 내에 기억시켜 둘 필요가 없는 정보는?
① bootstrap loader
② micro program
③ display character code
④ source program

● 제3과목 마이크로전자계산기

41 다음 중 스택과 관련이 없는 것은?
① 서브루틴 수행
② 역표기법(Reverse polish)을 이용한 수식 계산

③ LIFO 구조
④ ALU

42 포팅을 통해 리눅스 프로그램/유틸리티를 MS 윈도에서 사용할 수 있도록 하는 프로그램은?
① cygwin
② perl
③ JDK
④ driver development kit

43 다음 중 컴퓨터를 구성하고 있는 것을 두 부분으로 분류할 때 가장 옳은 것은?
① 중앙처리장치(CPU)와 입출력장치
② 누산기(ACC)와 연산기(ALU)
③ 중앙처리장치(CPU)와 제어장치
④ 주기억장치와 보조기억장치

44 다음 용어 중 보조기억장치와 관계없는 것은?
① 섹터(Sector)
② 트랙(Track)
③ 볼륨(Volume)
④ 모뎀(Modem)

45 다음 중 중앙처리장치(CPU)에 가장 많이 의존하는 입·출력 방식은?
① 프로그램에 의한 입·출력
② 인터럽트에 의한 입·출력
③ 데이터 채널에 의한 입·출력
④ 입·출력 전용장치에 의한 입·출력

46 다음 마이크로프로세서 명령어 중 그 기능상 성격이 다른 것은?

① ADD ② SUB
③ MOV ④ INC

47 비동기(Asynchronous) 직렬 전송과 관련이 적은 것은?
① stop bit, start bit
② framing error
③ sync character
④ information bit

48 명령어 실행 시 기억장치로부터 가져온 내용을 가지고 주어진 동작을 수행하는 과정을 무엇이라고 하는가?
① Fetch cycle
② Indirect cycle
③ Execution cycle
④ Interrupt cycle

49 메모리에 저장된 내용이 그림과 같을 때 immediate, direct, indirect 어드레싱 모드를 사용하는 100번지의 명령이 수행되는 경우 실제 데이터는 순서대로 각각 얼마인가?

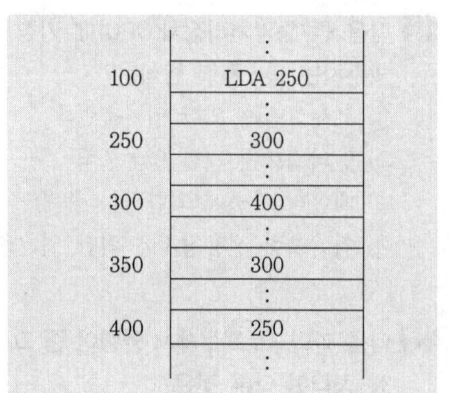

① 300, 400, 250
② 250, 300, 400
③ 100, 300, 400
④ 250, 300, 350

50 CALL 혹은 JUMP 명령을 실행할 때 결국 어느 레지스터가 수정되는가?
① accumulator
② MAR(memory address register)
③ PC(program counter)
④ flag register

51 CD-ROM은 초당 75개 섹터에 접근하여 데이터를 판독할 수 있고 1개 섹터에는 2KB의 데이터를 저장한다면 1시간 10분 동안 저장되는 데이터 용량은 약 얼마인가?
① 약 600MB ② 약 630MB
③ 약 10.5MB ④ 약 540MB

52 8085 CPU에서 클록은 약 2.4576MHz이다. LDA 명령을 수행하는 데 13개 T 스테이트가 필요하다. 이때 명령 사이클은 약 몇 μs인가?
① 13 ② 5.2
③ 2.5 ④ 3.2

53 마이크로컴퓨터의 레벨구조에서 하드웨어와 가장 밀접한 최하위 레벨 구조는 무엇인가?
① 소프트웨어 레벨
② 기본소자 레벨
③ 매크로 레벨

④ 마이크로 레벨

54 연계편집 프로그램(linking editor)은 목적 프로그램을 입력으로 읽는다면 출력으로는 어떤 프로그램을 생성하는가?
① 로드 프로그램(load program)
② 유틸리티 프로그램(utility program)
③ 매칭 프로그램(matching program)
④ 서비스 프로그램(service program)

55 다음 중 별도의 제어기를 필요로 하는 I/O 방식은?
① DMA 방식
② Memory mapped I/O 방식
③ Polled I/O 방식
④ Program controlled I/O 방식

56 프로그램을 작성하여 기계어 번역 시 또는 실행 시 문법적 오류나 논리적 오류를 바로잡는 과정을 무엇이라 하는가?
① Assembly   ② Loading
③ Debugging   ④ Editing

57 주기억장치의 고속화를 위해 사용되는 고속의 버퍼 메모리는?
① ROM   ② 가상 메모리
③ 캐시 메모리   ④ 보조기억장치

58 다음은 ROM 회로의 Logic Diagram이다. 이에 해당하는 진리표로 옳은 것은?(단, X는 절단 상태를 의미한다.)

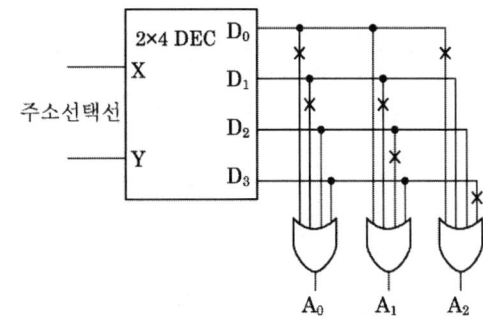

①
X	Y	A_0	A_1	A_2
0	0	0	1	0
0	1	0	0	1
1	0	1	0	1
1	1	1	1	0

②
X	Y	A_0	A_1	A_2
0	0	1	0	1
0	1	1	1	0
1	0	0	1	0
1	1	0	0	1

③
X	Y	A_0	A_1	A_2
0	0	1	1	1
0	1	1	0	0
1	0	0	0	0
1	1	0	1	1

④
X	Y	A_0	A_1	A_2
0	0	0	1	1
0	1	0	0	1
1	0	1	0	0
1	1	1	1	1

59 다음은 CPU가 프린터로 데이터를 출력하는 과정을 나타낸 것이다. 순서대로 올바르게 나열된 것은?

ㄱ. 데이터를 받을 준비가 된 상태면 CPU는 제어기에서 출력 명령과 데이터를 전송
ㄴ. CPU가 프린터 제어기에서 프린터의 상태를 검사하도록 요청
ㄷ. 제어기는 프린터의 상태를 검사하여 CPU에게 통보
ㄹ. 제어기는 프린트 동작을 위한 제어 신호와 함께 데이터를 프린터로 전송

① ㄴ → ㄱ → ㄷ → ㄹ
② ㄴ → ㄷ → ㄱ → ㄹ
③ ㄷ → ㄴ → ㄱ → ㄹ
④ ㄷ → ㄱ → ㄴ → ㄹ

60 인터페이스 버스가 세션 핸드셰이킹(handshaking) 방식을 사용할 때 사용하는 신호가 아닌 것은?
① DAV 신호
② RFD 신호
③ DAC 신호
④ START 신호

제4과목 논리회로

61 다음 중 가장 큰 수는?
① 10진수 245
② 8진수 455
③ 16진수 FC
④ 2진수 11101011

62 다음 회로에 대한 설명으로 틀린 것은? (단, 정의 논리이다.)

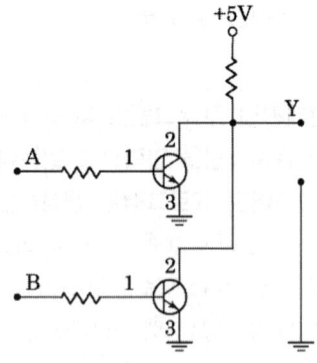

① NOR gate로 동작된다.
② 입력 A=0, B=0일 경우 출력 Y=1이 된다.
③ 입력 A=1, B=1일 경우 출력 Y=0이 된다.
④ 2개의 트랜지스터를 이용한 비교회로이다.

63 100까지 카운트할 수 있는 카운터는 최소 몇 개의 플립플롭이 필요한가?
① 5
② 6
③ 7
④ 8

64 2진수 11001011$_{(2)}$을 그레이 코드로 변환하면?
① 01010001$_{(G)}$
② 11101111$_{(G)}$
③ 10101110$_{(G)}$
④ 00010000$_{(G)}$

65 JK 플립플롭에서 J의 값이 1이며, K의 값이 0인 경우 수행되는 기능은?
① 불변(previous state)
② 리셋(reset)
③ 세트(set)
④ 토글(toggle)

66 다음 중 프로그램을 지울 때 일정 파장의 자외선이 필요한 것은?
① mask ROM   ② DRAM
③ (UV)EPROM ④ EEPROM

67 다음 RS 플립플롭 타이밍도의 결과값 (Q)은?

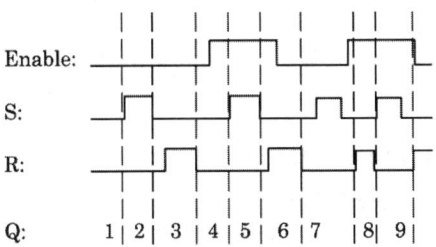

① 0-0-0-0-1-0-0-0-1
② 0-1-0-0-1-0-1-0-1
③ 0-0-1-0-0-1-0-1-0
④ 0-1-0-0-1-1-0-1-0

68 10진수 0.4375를 2진수로 변환한 것으로 옳은 것은?
① $0.1110_{(2)}$ ② $0.1101_{(2)}$
③ $0.1011_{(2)}$ ④ $0.0111_{(2)}$

69 다음 논리회로에서 OR 회로의 결과와 같은 것은?

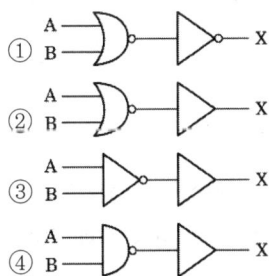

70 다음 논리식을 카르노 맵 방법을 이용하여 간소화한 것 중 옳은 것은?

$$Y = \overline{AB}C + AB\overline{D} + A\overline{B}\overline{C}D + ABCD$$

① $AC\overline{D} + B$ ② $\overline{A}BC$
③ $\overline{AB} + CD$ ④ $AB\overline{D} + \overline{B}D$

71 전가산기에 A=1, B=1, C_i=0을 가할 때, 합과 자리올림의 출력은?
① 합 : 0, 자리올림 : 0
② 합 : 1, 자리올림 : 0
③ 합 : 0, 자리올림 : 1
④ 합 : 1, 자리올림 : 1

72 그림과 같은 결선 논리회로의 출력식은?

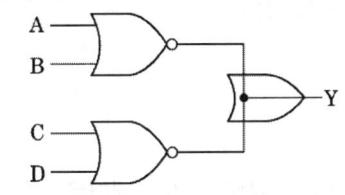

① $\overline{A+B} \cdot \overline{C+D}$
② $\overline{AB} + \overline{CD}$
③ $\overline{A+B} + \overline{C+D}$
④ $\overline{AB} \cdot \overline{CD}$

73 2의 보수법에 근거한 연산장치에서 8bit로 표현할 수 있는 10진수의 범위는?
① −128~+127   ② 0~255
③ −127~+127   ④ −128~+128

74 다음 회로도는 어떤 기능의 소자에 관한 것인가?

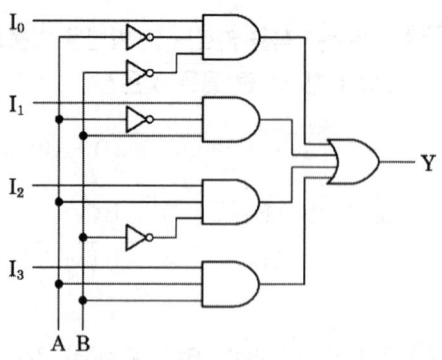

① 멀티플렉서(Multiplexer)
② 디코더(Decoder)
③ 인코더(Encoder)
④ 디멀티플렉서(Demultiplexer)

75 데이터 전송용으로 가장 많이 사용되는 코드인 ASCII code에서 숫자를 나타내는 존 bit의 값은?

① 100　　② 101
③ 011　　④ 110

76 다음 회로를 NAND 게이트만을 사용하여 구성하면?

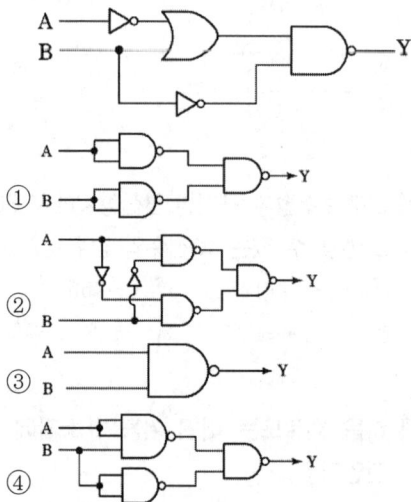

77 다음 입·출력표와 같이 동작하는 회로는?

입력		출력			
X	Y	D_0	D_1	D_2	D_3
0	0	1	0	0	0
0	1	0	1	0	0
1	0	0	0	1	0
1	1	0	0	0	1

① 인코더　　② 디코더
③ MUX　　④ DEMUX

78 다음 조합회로에서 a, b, x, y, z의 관계가 맞는 것은?

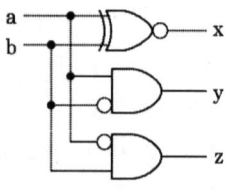

① 0, 1, 0, 1, 1　　② 1, 0, 0, 0, 1
③ 0, 0, 1, 0, 0　　④ 1, 1, 1, 1, 1

79 다음 그림과 같은 회로의 명칭은?

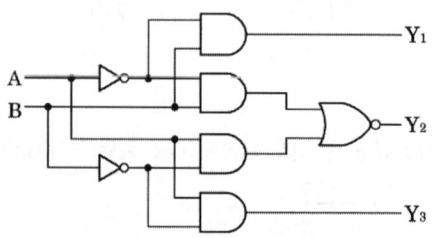

① 일치 회로　　② 반일치 회로
③ 다수결 회로　　④ 비교 회로

80 JK 플립플롭의 특성 방정식은? (단, Q는 현재 상태, $Q_{(t+1)}$은 다음 상태이다.)

① $Q_{(t+1)} = \overline{J}\,\overline{Q} + KQ$

② $Q_{(t+1)} = \overline{J}Q + K\overline{Q}$
③ $Q_{(t+1)} = J\overline{Q} + \overline{K}Q$
④ $Q_{(t+1)} = JQ + \overline{K}\,\overline{Q}$

제5과목 데이터통신

81 HDLC는 링크 구성 방식에 따라 세 가지 동작 모드를 가지고 있다. 다음 중 해당하지 않는 것은?
① 정규 응답 모드(NRM)
② 비동기 응답 모드(ARM)
③ 비동기 균형 모드(ABM)
④ 정규 균형 모드(NBM)

82 데이터 프레임을 연속적으로 전송해 나가다가 NAK를 수신하게 되면, 오류가 발생한 프레임 이후에 전송된 모든 데이터 프레임을 재전송하는 방식은?
① Stop-and-wait
② Stop-and-wait ARQ
③ Go-back-N ARQ
④ ARQ(automatic repeat request)

83 RTCP(Real-Time Control Protocol)의 특징으로 옳지 않은 것은?
① Session의 모든 참여자에게 컨트롤 패킷을 주기적으로 전송한다.
② RTCP 패킷은 항상 16비트의 경계로 끝난다.
③ 하위 프로토콜은 데이터 패킷과 컨트롤 패킷의 멀티플렉싱을 제공한다.
④ 데이터 전송을 모니터링하고 최소한의 제어와 인증 기능을 제공한다.

84 라우팅(routing) 프로토콜에 해당하지 않는 것은?
① BGP(Border Gateway Protocol)
② EGP(Exterior Gateway Protocol)
③ SNMP(Simple Network Management Protocol)
④ RIP(Routing Information Protocol)

85 다음이 설명하고 있는 에러 검출 방식은?

- 집단적으로 발생하는 오류에 대해 신뢰성 있는 오류 검출
- 프레임 단위로 오류 검출을 위한 코드를 계산하여 프레임 끝에 부착하는데 이를 FCS 라고 한다.

① Cyclic Redundancy Check
② Hamming Code
③ Parity Check
④ Block Sum Check

86 다음이 설명하고 있는 프로토콜은?

- IP 프로토콜에서는 오류 보고와 오류 수정 기능, 호스트와 관리 질의를 위한 메커니즘이 없기 때문에 이를 보완하기 위해 설계되었다.
- 메시지는 크게 오류 보고(error-reporting) 메시지와 질의(query) 메시지로 나눌 수 있다.

① IGMP(Internet Group Management Protocol)
② ICMP(Internet Control Message

Protocol)
③ BOOTP(Bootstrap Protocol)
④ IPv4(Internet Protocol version 4)

87 전송속도가 10Mbps이고, 버스의 총 길이가 2500m인 경우에 한 비트를 전송하는데 소요되는 비트시간이 1μs라고 할 때 슬롯 크기는 몇 bit인가? (단, 4개의 리피터를 사용하여 500m짜리 LAN 세그먼트를 5개 연결한 경우이며, 슬롯 시간은 51.2μs이다.)
① 64 ② 128
③ 256 ④ 512

88 무선 LAN의 매체 접근 제어 방식 중 경쟁에 의해 채널 접근을 제어하는 것은?
① PSK ② ASK
③ DCF ④ PCF

89 다음이 설명하고 있는 다중 접속 방식은?

- 시간축에서 여러 개의 단위 시간 구간(슬롯)으로 나누는 방식이다.
- 각자 자기에게 할당된 시간 구간(슬롯)을 다른 사용자의 시간 구간과 겹치지 않도록 한다.
- 슬롯 간 간섭을 피하기 위해 각 슬롯 간 보호 간격을 두고 있다.

① FDMA ② CDMA
③ SDMA ④ TDMA

90 무선 LAN의 장점으로 볼 수 없는 것은?
① 효율성 ② 확장성
③ 이동성 ④ 보안성

91 다음 중 데이터 링크 제어 프로토콜에 해당하는 것은?
① TCP ② DTE/DCE
③ HDLC ④ UDP

92 다음 중 비연결형(connectionless) 네트워크 프로토콜에 해당하는 것은?
① HTTP ② TCP
③ IP ④ X.25

93 X.25 프로토콜에서 정의하고 있는 것은?
① 다이얼 접속(dial access)을 위한 기술
② start-stop 데이터를 위한 기술
③ 데이터 비트 전송률
④ DTE/DCE 인터페이스

94 HDLC 프레임의 종류 중 링크의 설정과 해제, 오류 회복을 위해 주로 사용되는 것은?
① I-Frame ② U-Frame
③ S-Frame ④ R-Frame

95 다음 TCP/IP 관련 프로토콜 중 하이퍼텍스트 전송을 위한 프로토콜은?
① HTTP ② SMTP
③ SNMP ④ Mailto

96 다음 중 비적응 경로배정 방식인 플러딩(Flooding)에 대한 설명으로 가장 옳은 것은?
① 각 노드에 들어오는 패킷을 도착된 링크를 제외한 다른 모든 링크로 복사하여 전송하는 방식이다.

② 네트워크의 모든 근원지, 목적지 노드의 쌍에 대해서 한 경로씩을 미리 결정해 두는 방식이다.
③ 네트워크의 변화하는 상태에 따라 반응하여 경로를 결정한다.
④ 단순성과 견고성을 띠면서 트래픽의 부하를 훨씬 적게 한 방식으로 노드는 들어온 패킷에 대해 나가는 경로를 무작위로 1개만을 선택한다.

97 문자 위주의 전송에서 투명한 데이터의 전달을 위해 사용되는 제어 문자로 옳은 것은?
① DLE
② STX
③ SYN
④ DTM

98 TCP/IP 모델 중 패킷을 목적지까지 전달하기 위해 경로선택과 폭주 제어기능을 가지고 있으며, ARP, RARP, ICMP 등의 프로토콜이 제공되는 계층은?
① 응용계층
② 전송계층
③ 인터넷계층
④ 물리계층

99 다음 베이스 밴드 전송방식 중 비트 간격의 시작점에서는 항상 천이가 발생하며, "1"의 경우에는 비트 간격의 중간에서 천이가 발생하고, "0"의 경우에는 비트 간격의 중간에서 천이가 없는 방식은?
① NRZ-L 방식
② NRZ-M 방식
③ NRZ-S 방식
④ NRZ-I 방식

100 인터넷 응용서비스 중 가상 터미널(Virtual Terminal) 기능을 갖는 것은?
① FTP
② Archie
③ Gopher
④ Telnet

2009년 4회 시행 과년도출제문제

제1과목 시스템프로그래밍

01 시스템 소프트웨어에 해당하지 않는 것은?
① Compiler
② Macro Processor
③ Operating System
④ Word Processor

02 링킹에 대한 설명으로 가장 적합한 것은?
① 실제적으로 기계 명령어와 자료를 기억 장소에 배치한다.
② 고급 언어로 작성된 원시 프로그램을 기계어로 변환한다.
③ 프로그램들에 기억 장소 내의 공간을 할당한다.
④ 목적 모듈 간의 기호적 호출을 실제적인 주소로 변환한다.

03 운영체제의 성능 평가 기준으로 거리가 먼 것은?
① 비용
② 처리 능력
③ 사용 가능도
④ 신뢰도

04 프로그램이나 데이터가 들어갈 수 있는 크기의 빈 영역 중에서 단편화를 가장 많이 남기는 분할 영역에 배치시키는 기억장치 배치 전략은?
① First Fit
② Best Fit
③ Worst Fit
④ Large Fit

05 JCL(Job Control Language)에 대한 설명으로 옳지 않은 것은?
① 작업이 수행되는 조건 및 출력선택 등을 제어하기 위한 언어이다.
② 작업의 실행, 종료 또는 사용 파일의 지정 등을 할 때 사용하는 작업 단계를 표시하는 언어이다.
③ 기계어를 고급 언어로 변환시키는 언어이다.
④ 몇 개의 명령어를 조합할 때 그 기능을 완수할 수 있다.

06 매크로 프로세서가 수행하는 기본 기능에 해당하지 않는 것은?
① 매크로 구문 저장
② 매크로 확장과 인수치환
③ 매크로 정의 인식
④ 매크로 정의 저장

07 기계어에 대한 설명으로 옳지 않은 것은?
① 컴퓨터가 직접 이해할 수 있는 언어이다.
② 기종마다 기계어가 다르므로 언어의 호환성이 없다.
③ 0과 1의 2진수 형태로 표현되며 수행 시간이 빠르다.
④ 고급 언어에 해당된다.

08 서브루틴에서 자신을 호출한 곳으로 복귀시키는 어셈블리어 명령은?
① SUB　　② MOV
③ INT　　④ RET

09 어셈블리어에 대한 설명으로 옳지 않은 것은?
① 명령 기능을 쉽게 연상할 수 있는 기호를 기계어와 1:1로 대응시켜 코드화한 기호 언어이다.
② 어셈블리어의 기본 동작은 동일하지만 작성한 CPU마다 사용되는 어셈블리어가 다를 수 있다.
③ 어셈블리어로 작성한 원시 프로그램은 운영체제가 직접 어셈블한다.
④ 프로그램에 기호화된 명령 및 주소를 사용한다.

10 교착상태 발생의 필요 충분 조건이 아닌 것은?
① 상호 배제　　② 선점
③ 환형 대기　　④ 점유 및 대기

11 파일 디스크립터에 대한 설명으로 옳지 않은 것은?
① 파일 제어 블록(File Control Block)이라고도 한다.
② 파일마다 독립적으로 존재하며, 시스템에 따라 다른 구조를 가질 수 있다.
③ 사용자가 관리하므로 내용을 직접 참조할 수 있다.
④ 파일을 관리하기 위한 시스템이 필요로 하는 파일에 대한 정보를 갖고 있다.

12 절대로더(absolute loader)를 사용할 때 4가지 기능과 그 기능에 대한 수행 주체의 연결이 틀린 것은?
① Allocation － by programmer
② Linking － by assembler
③ Relocation － by assembler
④ Loading － by loader

13 프로그램 작성 시 한 프로그램 내에서 동일한 코드가 반복될 경우 반복되는 코드를 한 번만 작성하여 특정 이름으로 정의한 후, 그 코드가 필요할 때마다 정의된 이름을 호출하여 사용하는 것을 무엇이라고 하는가?
① Preprocessor　　② Literal
③ Macro　　④ Extension

14 다음 설명에 해당하는 디렉토리 구조는?

- 하나의 루트 디렉토리와 여러 개의 종속 디렉토리로 구성된다.
- 각 디렉토리는 서브 디렉토리나 파일을 가질 수 있다.
- 디렉토리의 생성과 파괴가 비교적 용이하다.
- DOS, Windows, UNIX 등의 운영체제에서 사용되는 디렉토리 구조이다.

① 일반적인 그래프 디렉토리 구조
② 1단계 디렉토리 구조
③ 2단계 디렉토리 구조
④ 트리 디렉토리 구조

15 어셈블러가 두 개의 패스(pass)로 구성되는 이유로 가장 적합한 것은?

① 입력 목적덱의 카드 종류가 많아 처리를 용이하게 하기 위해서
② 한 개의 패스로는 처리속도는 빠르나 프로그램이 커서 메모리가 많이 소요되기 때문에
③ 서브프로그램이나 서브루틴을 처리하기 위해서
④ 사용의 편의상 정의하기 전에 사용한 주소상수를 처리하기 위해서

16 스케줄링 기법 중 HRN의 우선 순위 계산식으로 옳은 것은?
① (대기시간-서비스시간)/서비스시간
② 서비스시간/(대기시간+서비스시간)
③ (대기시간+서비스시간)/서비스시간
④ 대기시간/(대기시간-서비스시간)

17 인터프리터에 대한 설명으로 옳지 않은 것은?
① 프로그램 실행 시 매번 번역해야 한다.
② 목적 프로그램으로 번역한 후, 링킹 작업을 통해 실행 프로그램을 생성한다.
③ 원시 프로그램의 변화에 대한 반응이 빠르다.
④ 시분할 시스템에 유용하다.

18 운영체제의 종류에 해당하지 않는 것은?
① JAVA
② UNIX
③ WINDOWS NT
④ LINUX

19 일반적인 로더에 가장 가까운 것은?
① Direct Linking Loader
② Dynamic Loading Loader
③ Absolute Loader
④ Compile And Go Loader

20 어떤 기호적 이름에 상수값을 할당하는 어셈블리어 명령은?
① ORG   ② INCLUDE
③ END   ④ EQU

제2과목 전자계산기구조

21 오류검출코드에 대한 설명으로 틀린 것은?
① Biquinary 코드는 5비트 중 1이 2개 있다.
② 2 out of 5 코드는 코드의 각 그룹 중 1의 개수가 2개 있다.
③ 링 카운터 코드는 10개의 비트로 구성되어 있으며, 모든 코드가 하나의 비트에 반드시 1을 가진다.
④ Hamming 코드는 오류검출 및 교정이 가능하다.

22 비동기식 버스에 대한 설명으로 틀린 것은?
① 각 버스 동작이 완료되는 즉시 연관된 다음 동작이 일어나므로 낭비되는 시간이 없다.
② 연속적 동작을 처리하기 위한 인터페이스 회로가 복잡해지는 단점이 있다.

③ 버스 클록의 첫 번째 주기 동안 CPU가 주소와 읽기 제어신호를 기억장치로 보낸다.
④ 일반적으로 소규모 컴퓨터 시스템에서 사용된다.

23 다음 스위칭 회로의 논리식으로 옳은 것은?

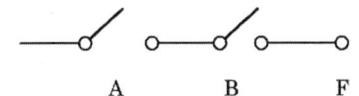

① F=A+B
② F=A·B
③ F=A-B
④ F=A/(B+A)

24 중앙연산처리장치에서 마이크로 오퍼레이션이 순서적으로 일어나게 하기 위해 필요한 것은?
① 레지스터
② 누산기
③ 스위치
④ 제어신호

25 16진수 FF0를 16의 보수(16's complement)로 표시하면?
① FFF
② 00F
③ 010
④ 000

26 0-주소 인스트럭션 형식을 사용하는 컴퓨터의 특징은?
① 모든 데이터의 처리가 내장되어 있는 누산기에 의해 이루어진다.
② 연산에 필요한 자료의 수소를 모두 구체적으로 지정해 주어야 한다.
③ 모든 연산은 스택에 있는 자료를 이용하여 수행한다.
④ 연산을 위해 입력 자료의 주소만을 지정해 주면 된다.

27 메모리로부터 읽혀진 명령어의 오퍼레이션 코드(OP-code)는 CPU의 어느 레지스터에 들어가는가?
① 누산기
② 임시 레지스터
③ 연산 논리장치
④ 인스트럭션 레지스터

28 다음 중 잘못 연결된 것은?
① 랜덤 접근방식 - 주기억장치
② 순차 접근방식 - 자기 테이프
③ 직접 접근방식 - 자기 디스크
④ 내용에 의한 접근방식 - 자기 드럼

29 중앙처리장치를 모듈화하여 데이터 및 명령어의 길이를 다양하게 설계하는 데 적합한 프로세서는?
① 퍼지 프로세서
② 인공지능 프로세서
③ 비트 슬라이스 프로세서
④ RISC 프로세서

30 계층적 기억장치에 대한 설명으로 틀린 것은?
① 상위 계층으로 올라갈수록 CPU에 의한 Access 빈도는 높아진다.
② 용량이 커질수록 bit당 가격이 낮아진다.
③ 용량이 커질수록 Access 시간이 짧아진다.
④ Access 속도가 빠를수록 bit당 가격도

높아진다.

31 명령어 형식에서 각 필드의 길이를 결정하는 데 영향을 주는 요소와 가장 거리가 먼 것은?
① 주소 지정방식의 수
② 클록(clock) 속도
③ 오퍼랜드의 수
④ 주소 영역

32 다중 처리기에 대한 설명으로 틀린 것은?
① 수행속도 등의 성능 개선이 목적이다.
② 하나의 복합적인 운영체제에 의하여 전체 시스템이 제어된다.
③ 각 프로세서의 기억장치만 있으며 공유 기억장치는 없다.
④ 한 작업을 여러 개의 프로세서로 나누어서 서로 다른 처리기에 할당하여 동시에 수행한다.

33 데이터를 전송할 때 입·출력 버스를 통하여 프로세서와 주변장치 사이에서 이루어지며, 데이터의 전송을 확인하기 위해서 상태 레지스터를 사용하는 전송 모드는?
① 프로그램된 I/O
② 인터럽트에 의한 I/O
③ 직접메모리접근(DMA)
④ 간접메모리접근(IMA)

34 하드웨어의 특성상 주기억장치가 제공할 수 있는 정보전달의 능력 한계를 무엇이라 하는가?
① 주기억장치 밴드폭
② 주기억장치 접근률
③ 주기억장치 접근 실패
④ 주기억장치 사용의 편의성

35 다음 중 I/O 제어기의 주요 기능이 아닌 것은?
① CPU와의 통신을 담당한다.
② I/O 장치와의 통신을 담당한다.
③ 데이터 버퍼링(data buffering) 기능을 수행한다.
④ 버스 중재를 한다.

36 프로그램에 의해 제어되는 동작이 아닌 것은?
① input/output
② branch
③ status sense
④ RNI(fetch)

37 10진수 +426을 언팩 10진수 형식(unpacked decimal format)으로 표현하면?
① F4F2C6   ② F4F2D6
③ 4F2F6C   ④ 4F2F6D

38 16진수 A4D를 8진수로 바꾸면?
① 5115   ② 5116
③ 5117   ④ 5118

39 10진수 3은 3-초과 코드(Excess-3 code)에서 어떻게 표현되는가?
① 0011   ② 0100
③ 0101   ④ 0110

40 DMA에 관한 설명 중 틀린 것은?
① 입출력 제어 방식의 한 형태이다.
② DMA 제어기는 주기억장치의 버스를 사용하기 위해서 CPU와 경쟁해서 주기억장치 사이클을 사용(사이클 훔침)한다.
③ 인터럽트는 다른 프로그램을 실행하기 위해서 CPU를 비워야 하나 DMA는 CPU가 1사이클 동안만 정지하므로 비울 필요가 없다.
④ DMA 제어기는 하나의 입출력 명령에 의해 여러 개의 데이터 블록을 입출력할 수 있으므로 많은 입출력 명령이 필요 없다.

◆ 제3과목 마이크로전자계산기

41 일반적으로 프로그램 카운터(PC)의 값과 명령어의 주소 부분에 있는 주소를 가지고 유효 주소를 찾는 주소지정방식은?
① 즉시 주소지정방식
② 상대 주소지정방식
③ 간접 주소지정방식
④ 레지스터 주소지성방식

42 소스 프로그램의 컴파일이 불가능한 소규모 마이크로컴퓨터에서 이를 컴파일하기 위해 보다 대용량의 컴퓨터를 이용, 컴파일 작업을 수행하고자 한다. 이때 사용되는 컴파일러는?
① Macro Compiler
② Absolute Compiler
③ Cross Compiler
④ Relocation Compiler

43 대부분의 마이크로프로세서 CPU 소켓 인터페이스는 어떤 구조를 기반으로 하는가?
① PGA 구조   ② DIP 구조
③ BGA 구조   ④ LGA 구조

44 프로그램 제어에 의한 전송(programmed I/O)방식에서 중앙처리장치와 입출력 기기 간에 주고받는 정보로서 필수적인 정보가 아닌 것은?
① 우선순위(priority)
② 데이터(data)
③ 상태(status)
④ 커맨드(command)

45 다음 중 I/O 버스를 통하여 접수된 command에 대한 해석이 이루어지는 곳은?
① 커맨드 디코더
② 상태 레지스터
③ 버퍼 레지스터
④ 인스트럭션 레지스터

46 10진수 23과 -46을 2의 보수 표현 방법에 의해 8bit로 표현한 것은?
① 10010111, 01101001
② 00010111, 11010010
③ 00110111, 11001001
④ 10110111, 01001001

47 캐시 메모리에 대한 설명으로 틀린 것은?

① 캐시 액세스 충돌 제거를 위해 분리 캐시를 사용한다.
② CPU와 주기억장치 사이에 놓인다.
③ 캐시 메모리의 액세스 타임은 주기억장치의 액세스 타임보다 늦다.
④ 캐시 메모리가 있는 경우 CPU가 메모리에 접근할 때 먼저 캐시 메모리를 조사한다.

48 시스템 동작 개시 후 최초로 주기억장치에 프로그램을 로드하는 것은?
① IPL(Initial Program Load)
② Assembler
③ Listing Program
④ Utility Program

49 플래그(flag) 레지스터가 나타내는 상태가 아닌 것은?
① carry의 발생
② 연산 결과의 부호
③ 인덱스(index) 레지스터의 증감 상태
④ overflow의 발생

50 8비트 마이크로프로세서의 경우 일반적으로 내부 버스와 레지스터의 크기는?
① 4bit   ② 8bit
③ 16bit   ④ 32bit

51 JTAG(Joint Test Action Group) 인터페이스에서 핀으로 칩 안에 구성되지 않는 것은?
① TDI(데이터 입력)
② TMS(모드)
③ TTS(전송)
④ TRST(리셋)

52 M×N의 명칭을 가지는 RAM에 대한 설명 중 틀린 것은?
① 저장 가능한 전체비트(bit) 수가 M×N개이다.
② N비트의 데이터가 입력 또는 출력된다.
③ 어드레스의 비트수는 M에 의해 결정된다.
④ M은 read 동작에 N은 write 동작에만 관계된다.

53 비동기식 직렬 입·출력 방식에 속하는 것은?
① EIA RS-232C
② GPIB(General Purpose Interface Bus)
③ HDLC(High-level Data Link Control)
④ BSC(Binary Synchronous Communication)

54 다음 중 CPU에 속하지 않는 것은?
① ALU
② general purpose register
③ contorl unit
④ PIO(parallel input output)

55 멀티미디어 응용프로그램들의 실행을 좀 더 빠르게 할 수 있도록 설계된 프로세서는?
① celeron   ② MMX
③ centrino ④ AMD

56 프로그램 작성 시 순서도를 작성하는 이유로 가장 옳은 것은?
① 프로그램의 논리 체계 설정
② 프로그램 작성 시 반드시 필요
③ 컴파일과 실행에 필요
④ 시스템 분석에 필요

57 마이크로프로세서는 클록(clock)에 의해 제어된다. 이 클록을 발생하는 회로는?
① 수정발진 ② LC발진
③ RC발진   ④ 마이크로 발진

58 마이크로컴퓨터용 소프트웨어 개발 과정이 옳은 것은?
① 요구분석 → 프로그램 설계 → 코딩 → 테스트 → 유지보수
② 요구분석 → 코딩 → 프로그램 설계 → 유지보수 → 테스트
③ 프로그램 설계 → 요구분석 → 코딩 → 유지보수 → 테스트
④ 코딩 → 요구분석 → 프로그램 설계 → 유지보수 → 테스트

59 마이크로컴퓨터와 외부장치 간에 적외선을 이용하여 데이터를 주고 받는 방식은?
① 블루투스(Bluetooth)
② IrDA
③ USB
④ IEEE1394

60 주루틴(main routine)의 호출명령에 의하여 명령실행제어만이 넘겨져서 고유의 루틴(routine) 처리를 행하도록 하는 것은?
① 열린 서브루틴(open subroutine)
② 폐쇄 서브루틴(closed subroutine)
③ 매크로(macro)
④ 벡터(vector)

제4과목 논리회로

61 다음 회로는 일반적인 순차회로의 모델이다. 여기서 "A"와 "B"가 뜻하는 것은?

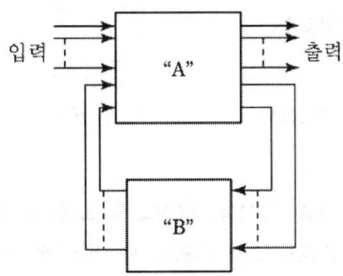

① A : 조합회로+플립플롭, B : 조합회로
② A : 플립플롭, B : 조합회로
③ A : 조합회로, B : 플립플롭
④ A : 플립플롭, B : 조합회로+플립플롭

62 주인의 역할과 종의 역할을 하는 2개의 별개 플립플롭으로 구성된 플립플롭은?
① JK 플립플롭   ② T 플립플롭
③ MS 플립플롭   ④ D 플립플롭

63 불 함수값 $f = A(B+CD)+\overline{BC}$일 때, NAND 게이트만을 사용하여 조합회로를 구성한다면 필요한 게이트의 수는? (단, 모든 AND 게이트는 최대 2입력 NAND 게이트임)

① 6   ② 7
③ 8   ④ 9

64 Wired-OR로 쓸 수 있는 TTL의 출력단은?
① Open-collector
② Totem-pole
③ Three-state
④ 없다.

65 5단의 링 카운터에 해당되는 % 듀티 사이클은?
① 50%   ② 25%
③ 20%   ④ 10%

66 다음 민컴의 합형으로 표현된 불 함수를 카르노도를 이용하여 간략화한 것 중 가장 간단한 논리식은?

y(A, B, C, D)
=Σ(0, 1, 2, 3, 4, 6, 9, 11, 13, 15)

① $ABC + BCD$
② $BC + ABD + ABC$
③ $\overline{AB} + \overline{AD} + AD$
④ $A + BCD$

67 ROM(Read Only Memory)의 주요 구성 요소는?
① 인코더와 OR 게이트
② 디코더와 OR 게이트
③ 인코더와 AND 게이트
④ 디코더와 AND 게이트

68 다음은 어떤 기능을 갖춘 회로인가?

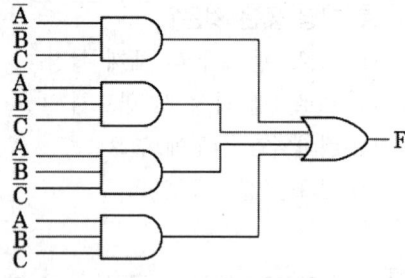

① 다수결 회로
② matrix 회로
③ 비교 회로
④ parity 발생회로

69 10진수 -0.75를 고정 소수점 방식(fixed-point system)에 의해 부호 비트와 크기 비트를 사용하여 나타내면?
① 0.01   ② 0.11
③ 1.01   ④ 1.11

70 시프트 레지스터(Shift Register)를 만드는 데 가장 적합한 플립플롭은?
① RS 플립플롭
② RST 플립플롭
③ D 플립플롭
④ T 플립플롭

71 다음 중 병렬 가산기의 특징으로 옳은 것은?
① 가격이 직렬 가산기에 비해 저렴하다.
② carry bit를 위한 기억소자가 필요하다.
③ 입력단자수가 n개이라면 출력단자수는 2^n개이다.
④ 연산 처리가 직렬 가산기에 비해 빠르다.

72 수식 (6375)₈+(BAF)₁₆=(X)₂에서 X는?
① 1100110100110
② 1100010101100
③ 1010010101100
④ 1010110101100

73 MSI와 LSI에 의해 조합 논리회로를 설계하는 방법 중 일반적인 성질을 이용하지 않는 것은?
① Decoder   ② Multiplexer
③ RAM   ④ PLA

74 다음 회로의 게이트 출력 X의 값으로 맞는 것은?

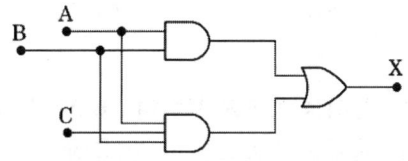

① X=AB   ② X=ABC
③ X=AB+BC   ④ X=AB+C

75 3비트에 대한 패리티를 발생시키는 even parity generator는?

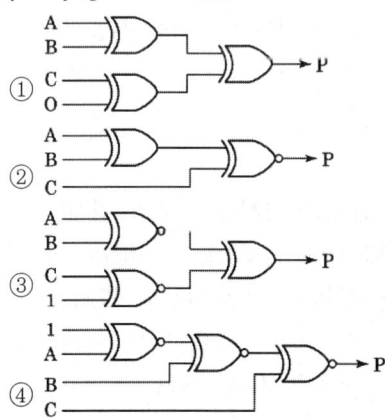

76 다음 회로에서 Q의 값은?

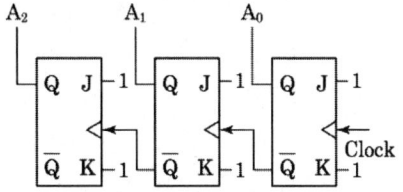

① Clock에 따라 1씩 증가된다.
② Clock에 따라 1씩 감소된다.
③ A₂ A₁ A₀ 값이 보수가 된다.
④ A₂ A₁ A₀ 값이 임의의 수를 발생한다.

77 부호 및 절대값 코드를 사용하여 full scale이 ±10V의 10bit 양극성 D/A 변환기가 있다. 디지털 입력 1110000000에 대한 출력값은?
① +7.5V   ② -7.5V
③ +8.5V   ④ -8.5V

78 PLA(Programmable Logic Array)에 관한 설명으로 틀린 것은?
① 프로그램 가능한 AND 및 OR 게이트 군이 내장된 소자이다.
② 다중입력과 다중출력을 갖는 논리함수를 구현하는 데 편리한 소자이다.
③ 한정된 개수의 입출력 단자를 가지는 한 개의 Chip으로 제조되어 있다.
④ 산술연산회로를 구현하는 데 주로 쓰이도록 연산기능을 내장하고 있다.

79 다음의 진리표에 해당하는 논리식은?

A	B	C	F
0	0	0	0
0	0	1	0
0	1	0	0
0	1	1	1
1	0	0	0
1	0	1	1
1	1	0	1
1	1	1	1

① $F = ABC + AB\overline{C} + A\overline{B}C + \overline{A}BC$
② $F = ABC + A\overline{B}C + A\overline{B}\overline{C} + \overline{A}BC$
③ $F = ABC + AB\overline{C} + \overline{A}BC + \overline{A}\overline{B}C$
④ $F = ABC + AB\overline{C} + A\overline{B}C + A\overline{B}\overline{C}$

80 다음 전가산기의 설명 중 틀린 것은?
① 입력은 가수 A, 피가수 B, 입력 자리올림수 C_i로 구성
② 출력 합의 식은 $(A \oplus B) \oplus C_i$
③ 출력 자리올림수의 식은 $(A+B)C_i + AB$
④ 반가산기 2개와 OR gate를 이용하여 전가산기 구성

제5과목 데이터통신

81 위상을 이용한 디지털 변조 방식으로 옳은 것은?
① ASK   ② FSK
③ PSK   ④ PCM

82 다음 중 DTE에서 출력되는 디지털 신호를 디지털 회선망에 적합한 신호형식으로 변환하는 장치로 옳은 것은?
① MODEM   ② CCU
③ DCS   ④ DSU

83 문자의 시작과 끝에 각각 START 비트와 STOP 비트가 부가되어 전송의 시작과 끝을 알려 전송하는 방식은?
① 비동기식 전송   ② 동기식 전송
③ 전송 동기   ④ PCM 전송

84 다수의 타임 슬롯으로 하나의 프레임이 구성되고, 각 타임 슬롯에 채널을 할당하여 다중화하는 것은?
① TDM   ② CDM
③ FDM   ④ CSM

85 점대점 링크를 통하여 인터넷 접속에 사용되는 프로토콜인 PPP(Point to Point Protocol)에 대한 설명으로 옳지 않은 것은?
① 재전송을 통한 오류 복구와 흐름제어 기능을 제공한다.
② LCP와 NCP를 통하여 유용한 기능을 제공한다.
③ IP 패킷의 캡슐화를 제공한다.
④ 동기식과 비동기식 회선 모두를 지원한다.

86 아날로그-디지털 부호화 방식인 송신측 PCM(Pulse Code Modulation) 과정을 순서대로 바르게 나타낸 것은?
① 표본화(Sampling) → 양자화(Quantization) → 부호화(Encoding)
② 양자화(Quantization) → 부호화(Encoding)

→ 표본화(Sampling)
③ 부호화(Encoding) → 양자화(Quantization)
→ 표본화(Sampling)
④ 표본화(Sampling) → 부호화(Encoding)
→ 양자화(Quantization)

87 다음 중 X.25 프로토콜의 계층 구조에 포함되지 않는 것은?
① 패킷 계층
② 링크 계층
③ 물리 계층
④ 네트워크 계층

88 컴퓨터를 이용한 정보통신 시스템에서 정확한 데이터를 주고받기 위해서는 컴퓨터 간의 미리 정해진 약속이 필요하다. 이러한 약속을 무엇이라 하는가?
① Topology
② Protocol
③ OSI 7 layer
④ DNS

89 HDLC(High-level Data Link Control)의 세 가지 동작모드 중 다음 설명에 해당하는 것은?

- 이 모드는 점대점이나 멀티포인트 불균형 링크 구성에 사용된다.
- 주 스테이션이 링크제어를 담당하며, 부 스테이션은 주 스테이션으로부터 폴 메시지를 수신한 경우에만 데이터를 전송할 수 있다.

① NRM
② ARM
③ ABM
④ NBM

90 다음 설명에 해당하는 IP주소의 클래스로 옳은 것은?

- 멀티캐스팅(Multicasting)을 사용하기 위해 예약되어 있다.
- 이 클래스는 netid와 Hostid가 없다.

① A 클래스
② B 클래스
③ C 클래스
④ D 클래스

91 다음 그림과 같은 전송 방식으로 옳은 것은?

| SYN | SYN | STX | TEXT | ETX |

① 문자 위주 동기방식
② 비트지향형 동기방식
③ 조보식 동기방식
④ 프레임 동기방식

92 TCP/IP 관련 프로토콜 중 IP 프로토콜을 보완하기 위한 인터넷 계층 프로토콜로 옳지 않은 것은?
① ICMP
② ARP
③ RARP
④ SNMP

93 데이터를 전송할 때에는 항상 정보에 대한 보안문제가 대두되며, 이를 해결하기 위해 다양한 암호화 방식이 사용된다. 다음이 설명하고 있는 암호화 방식을 사용하는 것은?

- 암호화할 때는 하나의 키를 사용하고, 해독 과정에서 또 다른 키를 사용한다.
- 망 내의 각 단말 시스템은 수신될 메시지의 암호화와 해독에 사용될 키의 쌍을 생성한다.
- 암호화는 공개키를 사용하고 복호화는 개인키를 사용한다.

① DES ② RSA
③ SEED ④ IDEA

94 블루투스(Bluetooth) 프로토콜 구조 중 오류제어, 인증(Authentication), 암호화를 정의하는 것은?
① Application Layer
② L2CAP Layer
③ RF Layer
④ Tunnel Layer

95 OSI 참조 모델 중 각 계층의 기능 설명이 옳지 않은 것은?
① 물리 계층 – 전기적, 기능적, 절차적 규격에 대해 규정
② 데이터 링크 계층 – 흐름 제어와 에러 복구
③ 네트워크 계층 – 경로 설정 및 폭주 제어
④ 전송 계층 – 코드 변환, 구문 검색

96 보(baud) 속도가 1400이고, 한 번에 3개의 비트를 전송할 때 데이터 신호속도(bps)는 얼마인가?
① 1200 ② 2800
③ 4200 ④ 5600

97 HDLC 프레임 구성에서 프레임 검사 시퀀스(FCS) 영역의 기능으로 옳은 것은?
① 전송 오류 검출
② 데이터 처리
③ 주소 인식
④ 정보 저장

98 다음 설명에 해당되는 ARQ 방식은?

> 데이터 프레임을 연속적으로 전송해 나가다가 NAK를 수신하게 되면, 오류가 발생한 프레임 이후에 전송된 모든 데이터 프레임을 재전송하는 방식이다.

① Stop-and-Wait ARQ
② Selective-Repeat ARQ
③ Go-back-N ARQ
④ Sequence-Number ARQ

99 TCP/IP 모델 중 응용계층 프로토콜에 해당하지 않은 것은?
① TELNET ② SMTP
③ ROS ④ FTP

100 매체 접근 제어 기법 중 CSMA/CD 방식에 대한 설명으로 옳지 않은 것은?
① 각 호스트들이 전송매체에 경쟁적으로 데이터를 전송하는 방식이다.
② 전송된 데이터는 전송되는 동안에 다른 호스트의 데이터와 충돌할 수 있다.
③ 토큰 패싱 방식에 비해 구현이 비교적 간단하다.
④ 지연시간의 예측이 용이하고, 실시간 요구하는 용도에 매우 적합하다.

2010년 2회 시행 과년도출제문제

제1과목 시스템프로그래밍

01 어셈블리어에서 어떤 기호적 이름에 상수 값을 할당하는 명령은?
① EQU
② ASSUME
③ LIST
④ EJECT

02 어셈블리어에 대한 설명으로 옳지 않은 것은?
① 어셈블러에 의하여 기계어로 번역됨
② 어셈블리어는 기종에 따라 내용의 차이가 없음
③ 기호로 표기되어 프로그램을 작성하기가 기계어보다 유리함
④ 고급 언어로 작성된 프로그램보다 처리시간이 일반적으로 빠름

03 세그먼테이션과 페이징 기법에 관한 설명으로 틀린 것은?
① 페이징 시스템의 페이지는 물리적 단위로 크기가 가변적이다.
② 세그먼트는 논리적 단위로 분할된 가변적 크기를 가진다.
③ 페이징의 경우 기억장소의 내부적 단편화가 일어날 수 있다.
④ 세그먼테이션의 경우 논리주소는 세그먼트 번호와 세그먼트 내의 오프셋 조합으로 이루어진다.

04 프로그램 작성 시 한 프로그램 내에서 동일한 코드가 반복될 경우 반복되는 코드를 한 번만 작성하여 특정 이름으로 정의한 후, 그 코드가 필요할 때마다 정의된 이름을 호출하여 사용하는 것은?
① 필터
② 리터럴 테이블
③ 매크로
④ 프로세스

05 로더의 기능이 아닌 것은?
① allocation
② linking
③ compile
④ loading

06 라운드 로빈 스케줄링 기법에 대한 설명으로 틀린 것은?
① 시간할당량이 클수록 FCFS와 같아진다.
② 시분할 시스템을 위해 고안된 방식이다.
③ 실행시간이 가장 짧은 프로세스에게 먼저 CPU를 할당한다.
④ 시간할당량이 작을수록 문맥교환이 빈번하게 발생한다.

07 언어번역 프로그램이 아닌 것은?
① linker
② assembler
③ compiler
④ interpreter

08 매크로의 기능이 추가된 프로그램의 실행과정에서 매크로 프로세서가 필요한 시점은?
① 원시 프로그램이 번역되기 직전
② 원시 프로그램이 번역된 직후
③ 번역된 목적모듈들이 연결되기 직전
④ 연결된 하나의 모듈이 주기억장치에 적재되기 직전

09 라이브러리에 기억된 내용을 프로시저로 정의하여 서브루틴으로 사용하는 것과 같이 사용할 수 있도록 그 내용을 현재의 프로그램 내에 포함시켜 주는 어셈블리어 명령은?
① CREF   ② ORG
③ INCLUDE   ④ EVEN

10 컴퓨터에서 프로그램 언어의 해독 순서를 바르게 나열한 것은?
① 컴파일러 → 링커 → 로더
② 로더 → 링커 → 컴파일러
③ 컴파일러 → 로더 → 링커
④ 링커 → 컴파일러 → 로더

11 목적 프로그램을 기억 장소에 적재시키는 기능만 수행하는 로더로서, 할당 및 연결 작업은 프로그래머가 프로그램 작성 시 수행하며, 재배치는 언어번역 프로그램이 담당하는 것은?
① Compile And Go Loader
② Direct Linking Loader
③ Absolute Loader
④ Dynamic Loading Loader

12 매크로 프로세서의 기능으로 옳지 않은 것은?
① 매크로 정의 인식
② 매크로 정의 저장
③ 매크로 호출 인식
④ 매크로 호출 저장

13 어셈블러에 의하여 독자적으로 번역된 여러 개의 목적 프로그램과 프로그램에서 사용되는 내장 함수들을 하나로 모아서 컴퓨터에서 실행될 수 있는 실행 프로그램을 생성하는 역할을 하는 것은?
① library program
② pseudo instruction
③ reserved instruction set
④ linkage editor

14 Bench Mark Program이란?
① 저급 언어를 고급 언어로 변환시키는 프로그램
② 컴퓨터의 성능 분석을 위한 프로그램
③ 고급 언어를 기계어로 번역하는 프로그램
④ 컴퓨터 시스템을 초기화시키는 프로그램

15 기계어에 대한 설명으로 옳지 않은 것은?
① 컴퓨터가 이용할 수 있는 0과 1만으로 명령을 표현한다.
② 컴퓨터의 내부구성과 종류에 따라 의존성을 가진다.
③ 전문적인 지식이 없어도 수정, 보완, 변경이 가능하다.

④ 처리속도가 빠르다.

16 어셈블리 언어를 두 개의 Pass로 구성하는 주된 이유는?
① 한 개의 Pass만을 사용하는 경우는 프로그램의 크기가 증가하여 유지 보수가 어려움
② 한 개의 Pass만을 사용하는 경우는 프로그램의 크기가 증가하여 처리속도가 감소함
③ 한 개의 Pass만을 사용하는 경우는 기호를 모두 정의한 뒤에 해당 기호를 사용해야 함
④ Pass1과 Pass2를 사용하는 경우는 프로그램이 작아서 경제적임

17 작업제어 언어에 대한 설명으로 옳지 않은 것은?
① 프로그램의 순서적 실행을 지시한다.
② 입출력장치의 배당을 위한 프로그램에서 정의된 논리적 장치와 물리적 장치를 연결한다.
③ 프로그램 및 시스템 운영에 관한 지시를 운영체제에게 전달한다.
④ 기종에 상관없이 동일하다.

18 프로그램 실행을 위하여 메모리 내에 기억 공간을 확보하는 작업은?
① linking   ② allocation
③ loading   ④ compile

19 시스템의 성능 평가 기준과 거리가 먼 것은?
① 비용   ② 처리 능력
③ 반환 시간   ④ 신뢰도

20 주소 바인딩의 의미로 가장 적합한 것은?
① 물리적 주소공간에서 논리적 주소공간으로의 사상
② 논리적 주소공간에서 물리적 주소공간으로의 사상
③ 물리적 주소공간에서 물리적 주소공간으로의 사상
④ 주소를 심벌로 사상

● **제2과목 전자계산기구조**

21 고속의 입출력장치에 적합하고 버스트(burst) 방식으로 데이터를 전송하는 것은?
① selector 채널
② multiplexer 채널
③ 데이터통신 프로세서
④ 데이터 채널

22 인터럽트 체제에서 우선순위 부과 방법과 거리가 가장 먼 것은?
① polling
② interrupt priority chain
③ interrupt service routine
④ interrupt request chain

23 정규화된 부동 소수점(floating point) 방식으로 표현된 두 수의 덧셈 과정이다. [보기] 중 그 순서가 올바른 것은?

[보기] A : 정규화 B : 지수의 비교
      C : 가수의 정렬 D : 가수의 덧셈

① B → C → D → A
② C → B → D → A
③ A → C → B → D
④ A → B → C → D

24 등각속도(CAV) 방식의 특징이 아닌 것은?
① 모든 트랙의 저장 밀도가 같다.
② 디스크 저장 공간이 비효율적으로 사용된다.
③ 회전 구동장치가 간단하다.
④ 디스크 평판이 일정한 속도로 회전한다.

25 다음에서 인터럽트 벡터에 필수적인 것은?
① 분기번지 ② 메모리
③ 제어규칙 ④ Acc

26 다중 처리기 상호 연결 방법 중 시분할 공유버스를 설명한 것은?
① 시분할 공유와 기타 방법의 혼합
② multiprocessor를 비교적 경제적인 망으로 구성
③ 공유버스 시스템에서 버스의 수를 기억장치의 수만큼 증가시킨 구조
④ 프로세서, 기억장치, 입출력장치들 간에 하나의 버스 통신로만을 제공하는 방법

27 외부하드디스크 드라이버, CD-ROM 드라이버, 스캐너 및 자기 테이프 백업 장치 등을 연결할 수 있는 장치는?

① RS-232C 포트
② 병렬 포트
③ SCSI
④ 비디오 어댑터 포트

28 DMA(Direct Memory Access)에 대한 설명으로 옳은 것은?
① CPU와 레지스터를 직접 이용하여 자료를 전송한다.
② 일반적으로 속도가 느린 입출력장치에 사용한다.
③ 입출력에 사용할 CPU 레지스터 정보를 DMA 제어기에 보낸다.
④ CPU와 무관하게 주변장치는 기억장치에 access하여 데이터를 전송한다.

29 CPU가 인스트럭션을 수행하는 순서로 옳은 것은?

㉠ 인터럽트 조사 ㉡ 인스트럭션 디코딩
㉢ 인스트럭션 fetch ㉣ operand fetch
㉤ execution

① ㉢ → ㉠ → ㉡ → ㉣ → ㉤
② ㉣ → ㉢ → ㉡ → ㉤ → ㉠
③ ㉡ → ㉢ → ㉣ → ㉤ → ㉠
④ ㉢ → ㉡ → ㉣ → ㉤ → ㉠

30 디멀티플렉서(demultiplexer)에 대한 설명 중 옳은 것은?
① data selector라고도 불린다.
② 2^n개의 input line과 n개의 output line을 가졌다.
③ n개의 input line과 2^n개의 output line

을 가졌다.
④ 1개의 input line과 n개의 selection line을 갖는다.

31 8진수 0.54를 10진수로 나타내면?
① 0.6875 ② 0.8756
③ 0.7568 ④ 0.5687

32 10진수 −456을 PACK 형식으로 표현한 것은?
① | 45 | 6D | ② | -4 | 56 |
③ | 45 | 6F | ④ | F4 | 56 |

33 3초과 코드(excess-3 code) 1011은 10진수로 얼마인가?
① 8   ② 11
③ 14 ④ 17

34 스택 메모리가 사용되는 경우로 가장 옳은 것은?
① 분기 명령이 실행될 경우
② DMA 요구가 받아들여졌을 경우
③ 분기 명령과 DMA 요구가 받아들여졌을 경우
④ 인터럽트가 받아들여졌을 경우

35 캐시의 쓰기 정책 중 write-through 방식의 단점에 해당하는 것은?
① 주기억장치의 내용이 무효 상태인 경우가 있다.
② 쓰기 시간이 길다.
③ 읽기 시간이 길다.
④ 하드웨어가 복잡하다.

36 한 단어가 25비트로 이루어지고 총 65536개의 단어를 가진 기억장치가 있다. 이 기억장치를 사용하는 컴퓨터 시스템의 명령어 코드는 하나의 indirect mode bit, operation code, processor register를 나타내는 2비트와 address part로 구분되어 있다. MBR, MAR, PC에 필요한 각각의 bit 수는?
① MBR : 23, MAR : 15, PC : 15
② MBR : 23, MAR : 15, PC : 14
③ MBR : 25, MAR : 16, PC : 16
④ MBR : 25, MAR : 16, PC : 15

37 IRG(Inter Record Gap)로 인한 기억 공간의 낭비를 줄이기 위하여 물리적 record를 만드는 데 필요한 것은?
① Blocking ② Mapping
③ Paging   ④ Buffer

38 다음 중 병렬처리기 방식이 아닌 것은?
① 파이프라인 방식
② 배열 방식
③ VLSI처리기 방식
④ 벡터 방식

39 다중 처리기의 목표가 아닌 것은?
① 보존성 향상
② 속도 향상
③ 신뢰성 향상
④ 유연성 향상

40 인스트럭션 세트의 효율성을 높이기 위하여 고려할 사항이 아닌 것은?
① 기억공간
② 레지스터의 종류
③ 사용빈도
④ 주소지정방식

제3과목 마이크로전자계산기

41 입출력 인터페이스 회로의 기본적인 기능이 아닌 것은?
① 데이터 형식의 변환
② 결과 처리
③ 전송의 동기 제어
④ 신호레벨의 정확

42 컴퓨터 제어장치의 기본 사이클에 속하지 않는 것은?
① fetch cycle
② direct cycle
③ execute cycle
④ interrupt cycle

43 입출력장치의 비동기식 제어방식에서 가장 많이 사용되는 방식은?
① open loop 방식
② closed loop 방식
③ handshake 방식
④ inter lock 방식

44 중앙처리장치에서 micro operation이 순

서적으로 일어나게 하려고 할 때 필요한 것은?
① 스위치 ② 레지스터
③ 누산기 ④ 제어신호

45 어떤 마이크로컴퓨터 시스템에서 버스 사이클과 DMA 전송을 실행할 경우 시스템 버스 요청 및 이양에 소요되는 시간은 500ns이고 DMA 전송 시 데이터 전송률이 100KByte/s일 경우 버스트(burst) 모드로 200바이트의 데이터를 전송할 때 소요되는 시간은? (단, 100KByte는 100000Byte로 계산한다.)
① $200\mu s$ ② $200.5\mu s$
③ $2000\mu s$ ④ $2000.5\mu s$

46 마이크로프로세서에서 데이터가 저장된 또는 저장될 기억장치의 장소를 지정하기 위해 사용하는 버스(bus)는?
① 레지스터 연결 버스
② 데이터 버스
③ 주소 버스
④ 제어 버스

47 마이크로컴퓨터의 시스템 소프트웨어 중 사용자가 작성한 프로그램을 실행하면서 에러를 검출하고자 할 때 사용되는 것은?
① 로더(loader)
② 디버거(debugger)
③ 컴파일러(compiler)
④ 텍스트 에디터(text editor)

48 UART에서 신호(시그널)가 Low라면 모뎀 또는 데이터 셋이 전화 링 신호를 받았음을 나타내는 것은?
① TXD   ② nDSR
③ nRI   ④ nDCD

49 DRAM(dynamic RAM)에 대한 설명 중 옳지 않은 것은?
① refresh 회로가 필요하다.
② 가격이 저렴하고, 전력 소모가 적다.
③ 경제성이 뛰어나 주기억장치로 많이 사용된다.
④ 비소멸성(비휘발성) 소자이다.

50 다음 마이크로 오퍼레이션과 관련 있는 것은? (단, EAC : 끝자리올림과 누산기, AC : 누산기)

MAR ← MBR(ADDR)
MBR ← M(MAR)
EAC ← AC+MBR

① AND   ② ADD
③ JMP   ④ BSA

51 격리(isolated)형과 메모리 맵(memory map)형 입출력 방식에 대한 설명 중 옳지 않은 것은?
① 메모리 맵 입출력 방식은 메모리의 번지를 I/O 인터페이스 레지스터까지 확장하여 저장하는 것이다.
② 메모리 맵 입출력 방식은 메모리에 대한 제어신호만 필요로 하고, 메모리와 입출력 번지 사이의 구분이 필요하다.
③ 격리형 입출력 방식은 마이크로프로세서와 메모리 및 I/O 장치를 인터페이스 할 때 메모리와 I/O 장치의 입출력 제어신호(Read/Write)를 별도로 하여 구성하는 방법이다.
④ 격리형 입출력 방식은 I/O 인터페이스 번지와 메모리 번지가 구별된다.

52 부트스트랩핑 로더(bootstrapping loader)가 하는 일은?
① 시스템을 효율적으로 사용할 수 있게 한다.
② 컴퓨터 가동 시 운영체제(operating system)를 주기억장치로 읽어온다.
③ 모든 주변장치를 초기화한다.
④ 명령어를 해석한다.

53 기억장치 사이클 타임(Mt)과 기억장치 접근 시간(At)의 관계식으로 가장 옳은 것은?
① $Mt=At$ ② $Mt \geq At$
③ $Mt \leq At$ ④ $Mt > At$

54 다음 중 디버거인 ICE(In-Circuit Emulator)의 특징에 속하지 않은 것은?
① 롬 프로그램만 다운로딩할 수 있는 기능
② 임의의 어드레스로 실행을 정지시키는 브레이크 포인트 기능
③ 실행시간을 실시간으로 확인 가능한 리얼 타임 트레이스 기능
④ 레지스터로의 데이터 설정 기능

55 펌웨어(firmware) 메모리에 대한 설명 중 틀린 것은?
① ROM 속에 선택된 프로그램이나 명령을 영원히 내장하는 것을 펌웨어라 한다.
② 일반적으로 주기억장치보다는 가격도 저렴하고 용량도 크며, 하드웨어의 기능을 펌웨어로 변경하면 속도가 빨라진다.
③ 반도체 메모리에 명령어가 영원히 저장되기 때문에 고체 상태 소프트웨어라고도 불린다.
④ ROM으로 된 펌웨어는 전원이 차단되어도 내용이 지워지지 않으므로 하드웨어와 소프트웨어의 기능을 대신할 수 있다.

56 제어 프로그램 개발 시 중요하게 고려되어야 하는 것과 가장 거리가 먼 것은?
① 수행 속도가 빠르도록 설계되어야 한다.
② 기억장소를 효율적으로 활용하도록 한다.
③ 저급 언어보다는 고급 언어를 이용하여 작성한다.
④ 오류를 최대한 줄여 정확한 제어가 이루어지도록 한다.

57 32 및 64비트 버스 규격으로 이후 수정, 확장되어 IEEE 1014로 표준화된 것은?
① S-100   ② RS-232C
③ IEEE-488   ④ VME bus

58 SP(stack pointer)가 기억하고 있는 내용의 메모리 번지를 지정하는 스택 구조는?
① 연속(cascade) 스택
② 모듈(module) 스택
③ 메모리 스택
④ 간접번지지정 스택

59 DMA(Direct Memory Access) 동작 시 사용되는 레지스터로서 적합하지 않은 것은?
① 제어 레지스터
② 주소 레지스터
③ 데이터 레지스터
④ 카운터

60 자료전송 방법에 관한 설명 중 옳지 않은 것은?
① 비동기 전송에서는 문자와 문자 사이 시간 간격은 일정하다.
② 비동기 전송에서는 시작 비트와 정지 비트가 필요하다.
③ 동기 전송에서는 송신측과 수신측의 클록에 대한 동기가 필요하다.
④ 동기 전송은 1200bps(bit per second) 이하의 통신 선로에 적합하다.

제4과목 논리회로

61 MUX의 입력이 진리표처럼 주어질 때 기대되는 출력값 Y는?

I_1	I_0	S_0	Y
1	0	1	①
1	0	0	②

① ① : 1, ② : 0   ② ① : 1, ② : 1
③ ① : 0, ② : 0   ④ ① : 0, ② : 1

62 다음 그림과 같은 회로의 명칭은?

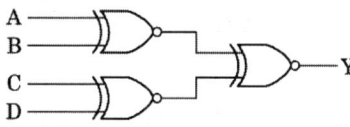

① 다수결 회로
② 우수 패리티 발생 회로
③ 기수 패리티 발생 회로
④ 비교 회로

63 다음 논리회로를 간단히 하면?

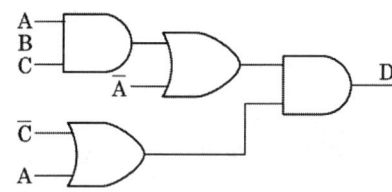

① $D = ABC + A\overline{C}$
② $D = AABC + ABC\overline{C} + \overline{A}A + AB\overline{C}$
③ $D = AABC + ABC\overline{C} + \overline{A}\,\overline{A}\,\overline{C}$
④ $D = ABC + \overline{A}\,\overline{C}$

64 다음 그림과 같은 C-MOS 게이트의 논리 기능은?

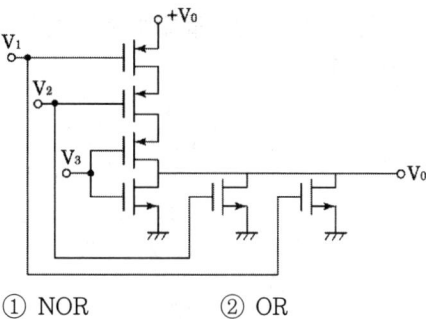

① NOR   ② OR
③ NAND   ④ AND

65 다음 그림은 D 플립플롭의 진리표이다. $Q_{(t+1)}$의 상태는?

D	$Q_{(t)}$	$Q_{(t+1)}$
0	0	
0	1	
1	0	
1	1	

① $\begin{bmatrix} 0 \\ 1 \\ 0 \\ 1 \end{bmatrix}$ ② $\begin{bmatrix} 1 \\ 0 \\ 1 \\ 0 \end{bmatrix}$

③ $\begin{bmatrix} 1 \\ 1 \\ 0 \\ 0 \end{bmatrix}$ ④ $\begin{bmatrix} 0 \\ 0 \\ 1 \\ 1 \end{bmatrix}$

66 디지털 IC의 내부 오류(internal fault)가 아닌 것은?
① 두 핀 간의 단락
② 입출력의 개방
③ 신호 라인의 개방
④ 입출력의 V_{cc} 또는 접지와의 단락

67 다음의 상태 변환도처럼 동작하는 순서 논리회로를 설계할 때 JK 플립플롭을 사용한

다면 필요한 플립플롭의 수는 최소 몇 개인가?

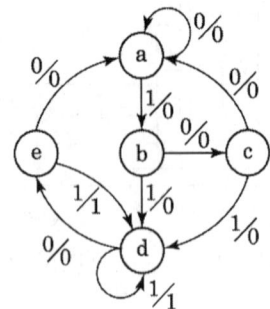

① 2개 ② 3개
③ 4개 ④ 5개

68 반가산기의 설명 중 옳게 나타낸 것은?
① 배타적 논리합(XOR) 회로와 논리곱(AND) 회로로 구성된다.
② 합은 두 수 A, B의 논리합이다.
③ 자리올림 C_0은 두 수 A, B의 논리합이다.
④ 자리올림 C_0은 두 수 A, B의 배타적 논리합이다.

69 2진수 $(11010)_2$를 10진수로 변환하면?
① 26 ② 27
③ 28 ④ 29

70 6개의 JK 플립플롭을 사용하여 설계한 존슨 카운터의 디코딩용 게이트 수는?
① 6개 ② 12개
③ 24개 ④ 64개

71 다음 회로의 기능은?

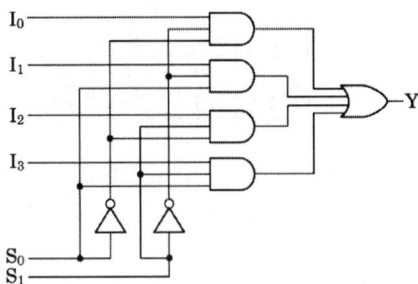

① 4×1 MUX ② 6×1 MUX
③ 4×1 디코더 ④ 6×1 인코더

72 다음 그림의 3상태(tri-state) IC에서 출력 가능한 상태가 아닌 것은?

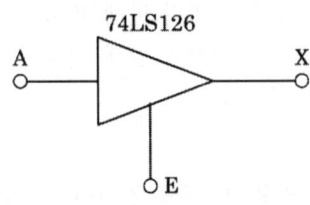

① High ② Low
③ Hi-Z ④ Low-Z

73 플립플롭의 동작 특성 중 클록 펄스가 상승 에지 변이 이후에도 입력값이 변해서는 안 되는 일정한 시간을 의미하는 것은?
① 전파지연시간+홀드시간+설정시간
② 전파지연시간
③ 홀드시간
④ 설정시간

74 다음 불 함수를 간략화한 결과는?

$F(w, x, y, z)$
$= \Sigma(0, 1, 2, 4, 5, 6, 8, 9, 12, 13, 14)$

① $F = x + y + wz$

② $F = \bar{y} + \bar{z} + xy$

③ $F = \bar{y} + \overline{wz} + x\bar{z}$

④ $F = x + z$

75 다음 논리식과 다른 것은?

$$Z = \overline{(A + \bar{B} + C)}$$

① $Z = \bar{A} \cdot B + \bar{A} \cdot \bar{C}$

② $Z = \bar{A} \cdot \overline{(\bar{B} \cdot C)}$

③ $Z = \bar{A} \cdot B + \bar{A} \cdot \bar{C}$

④ $Z = \bar{A} \cdot (B + \bar{C})$

76 여러 개의 회로가 단일 회선을 공동으로 이용하여 신호를 전송하는 데 필요한 장치는?

① 멀티플렉서　② 인코더

③ 디코더　　　④ 디멀티플렉서

77 논리함수식 A(A+B+C+D)를 간략화하면?

① 1　　② 0

③ A　　④ B

78 다음 회로의 연산 결과는?

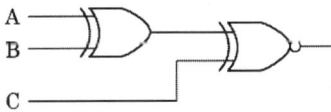

① $(A \oplus B) \oplus C$　　② $A \oplus \overline{(B \oplus C)}$

③ $\overline{(A \oplus B)} \oplus C$　　④ $\overline{(A \oplus B \oplus C)}$

79 BCD 가산기 회로에서 $A_3 A_2 A_1 A_0$에 0111, $B_3 B_2 B_1 B_0$에 1001이 들어왔을 때 C_0와 $Z_3 Z_2 Z_1 Z_0$ 출력으로 옳은 것은?

① 1, 1011　　② 1, 0111

③ 1, 0110　　④ 0, 0111

80 $F(W, X, Y, Z) = \overline{W}X + Y\bar{Z}$의 보수를 구하면?

① $(W + \bar{X})(Y + Z)$

② $(W + \bar{X})(\bar{Y} + \bar{Z})$

③ $(W + \bar{X})(\bar{Y} + Z)$

④ $(W + X)(\bar{Y} + Z)$

제5과목 데이터통신

81 데이터(Data) 전송제어 절차를 순서대로 옳게 나열한 것은?

① 회선접속 → 데이터 링크 확립 → 정보 전송 → 회선절단 → 데이터 링크 해제

② 데이터 링크 확립 → 회선접속 → 정보 전송 → 데이터 링크 해제 → 회선절단

③ 회선접속 → 데이터 링크 확립 → 정보 전송 → 데이터 링크 해제 → 회선절단

④ 데이터 링크 확립 → 회선접속 → 정보 전송 → 회선절단 → 데이터 링크 해제

82 다음이 설명하고 있는 데이터 교환 방식은?

데이터 교환 방식 중 일정 크기의 데이터 단위(packet)로 쪼개어 특정 경로의 설정 없이 전송되는 방식이며, 각 패킷마다 목적지로 가기 위한 경로배정이 독립적으로 이루어진다.

① 메시지 교환 방식

② 공간분할 교환 방식

③ 가상회선 방식

④ 데이터그램 방식

83 실제 전송할 데이터를 갖고 있는 터미널에게만 시간 슬롯(Time Slot)을 할당하는 다중화 방식은?
① 동기식 시분할 다중화(Synchronous TDM)
② 주파수 분할 다중화(Frequency DM)
③ 통계적 시분할 다중화(Statistical TDM)
④ 광파장 분할 다중화(Wavelength DM)

84 PSK(Phase Shift Keying) 방식이 적용되지 않은 변조 방식은?
① QDPSK   ② QAM
③ QVM   ④ DPSK

85 다음 네트워크 A와 B 사이에서 인터네트워킹을 위한 브리지(Bridge)의 일반적 기능으로 옳지 않은 것은?

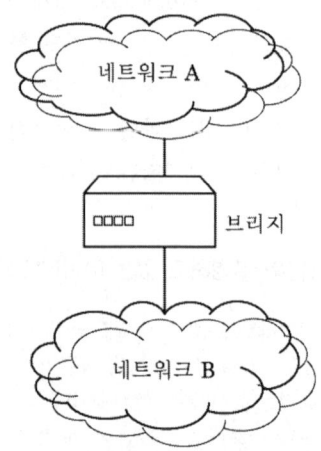

① 네트워크 A에서 전송한 모든 프레임을 읽고, 네트워크 B로 주소가 지정된 프레임들을 받아들인다.
② 네트워크 B에 대한 매체 접근 제어 프로토콜을 사용하여 네트워크 B에게로 프레임을 재전송한다.
③ OSI 참조 모델의 데이터 링크 계층에 해당하는 것으로 LAN 프로토콜 중 MAC 계층을 지원한다.
④ 네트워크 A에서 송신한 프레임의 내용과 형식을 수정한다.

86 IPv4와 IPv6의 패킷 헤더의 비교 설명으로 틀린 것은?
① IPv4의 프로토콜 필드는 IPv6에서 트래픽 클래스(Traffic Class) 필드로 대치된다.
② IPv4의 TTL 필드는 IPv6에서 홉 제한(Hop Limit)으로 불린다.
③ IPv4의 옵션 필드(Option Field)는 IPv6에서는 확장 헤더로 구현된다.
④ IPv4의 총 길이 필드는 IPv6에서 제거되고 페이로드 길이 필드로 대치된다.

87 OSI 7 layer의 계층별 기능으로 틀린 것은?
① 물리계층 : 기계적인 규격과 전기적인 규격 규정
② 네트워크계층 : 효율적인 경로 선택
③ 세션계층 : 응용프로세스 간 대화 제어
④ 데이터 링크계층 : 정보표현 형식을 구문형식으로 변환

88 인터-네트워킹(Inter-Networking)을 위해 사용되는 네트워크 장비와 가장 거리가 먼 것은?
① 리피터(Repeater)

② 게이트웨이(Gateway)
③ 라우터(Router)
④ 증폭기(Amplifier)

89 OSI 7계층 중 데이터 링크 계층의 프로토콜은?
① PPP
② RS-232C/V.24
③ EIA-530
④ V.22bis

90 매체 접근 제어 방식 중 CSMA/CD와 토큰 패싱(Token passing)에 대한 설명으로 틀린 것은?
① CSMA/CD는 버스 또는 트리 토폴로지에서 가장 많이 사용되는 기법이다.
② 토큰 패싱은 토큰을 분실할 가능성이 있다.
③ 토큰 패싱은 노드가 증가하면 성능이 좋아진다.
④ CSMA/CD는 비경쟁 기법의 단점인 대기시간의 상당부분이 제거될 수 있다.

91 다음이 설명하고 있는 ARQ 방식으로 옳은 것은?

- 송신스테이션은 NAK를 수신하게 되면 오류가 발생한 데이터 프레임만을 재전송한다.
- 수신기에 큰 버퍼와 프레임 재순서화 기능이 요구되는 등의 구현이 복잡한 단점이 있다.

① Stop and Wait ARQ
② GO-back-N ARQ
③ Re-Sending ARQ
④ Selective-Repeat ARQ

92 회선교환방식에 대한 설명으로 틀린 것은?
① 호 설정이 이루어지고 나면 정보를 연속적으로 전송할 수 있는 전용 통신로와 같은 기능을 갖는다.
② 호 설정이 이루어진 다음에 교환기 내에서 처리를 위한 지연이 거의 없다.
③ 회선이용률 면에서는 비효율적이다.
④ 에러 없는 정보전달이 요구되는 데이터 서비스에 매우 적합하다.

93 이동 단말이나 PDA와 같이 소형 무선 단말기상에서 인터넷을 이용할 수 있도록 해주는 프로토콜의 총칭은?
① POP
② WAP
③ SMTP
④ FTP

94 HDLC(High-level Data Link Control)의 링크 구성 방식에 따른 세 가지 동작모드에 해당하지 않는 것은?
① PAM
② NRM
③ ARM
④ ABM

95 다음이 설명하고 있는 인터넷 서비스는?

- 이동하면서 초고속인터넷을 이용할 수 있는 무선 휴대 인터넷 서비스이다.
- ETRI와 삼성전자 등이 개발을 하여 기술표준 "HPi" 개발에 성공했다.
- IEEE에 의하여 제3세대 이동통신의 6번째 기술표준으로 채택되있다.

① Ubiquitous
② WiBro
③ RFID
④ VoIP

96 X.25 프로토콜에 대한 설명으로 옳은 것은?
① OSI 7계층 중 제2계층인 데이터 링크 계층에 속한다.
② DTE와 DCE 사이의 인터페이스에 관한 규정이다.
③ 회선 교환망에서 사용된다.
④ 메시지 단위로 전송이 이루어진다.

97 다음이 설명하고 있는 디지털 신호 부호화 방식은?

> 매 비트 구간에서는 반드시 한 번 이상의 신호 준위 천이가 발생하므로 이를 이용하여 클록 신호를 추출할 수 있어 동기화 능력을 가지게 된다.

① NRZ-L ② TTL
③ Manchester ④ TDM

98 블록(block) 단위로 데이터를 전송하는 방식은?
① 비동기 전송 ② 동기 전송
③ 직렬 전송 ④ 병렬 전송

99 PCM(Pulse Code Modulation) 방식에서 PAM(Pulse Amplitude Modulation) 신호를 얻는 과정은?
① 표본화 ② 양자화
③ 부호화 ④ 코드화

100 문자 동기 전송방식에서 데이터 투과성 (Data Transparent)을 위해 삽입되는 제어문자는?
① ETX ② STX
③ DLE ④ SYN

2010년 4회 시행 과년도출제문제

제1과목 시스템프로그래밍

01 다음 중 로더(Loader)의 기능이 아닌 것은?
① Allocation
② Link
③ Compile
④ Relocation

02 원시 프로그램을 컴파일러가 수행되고 있는 컴퓨터의 기계어로 번역하는 것이 아니라, 다른 기종에 맞는 기계어로 번역하는 것은?
① 디버거
② 인터프리터
③ 프리프로세서
④ 크로스컴파일러

03 운영체제의 운용 기법 중 여러 명의 사용자가 사용하는 시스템에서 컴퓨터가 사용자들의 프로그램을 번갈아 가며 처리해 줌으로써 각 사용자에게 독립된 컴퓨터를 사용하는 느낌을 주는 기법은?
① Time sharing system
② Batch processing system
③ Multi programming system
④ Real time processing system

04 절대 로더에서 연결(linking) 기능의 주체는?
① 컴파일러
② 로더
③ 어셈블러
④ 프로그래머

05 JCL(Job Control Language)에 대한 설명으로 틀린 것은?
① JCL은 OS와 사용자 간의 정보 제공 언어이다.
② JCL은 사용자 Job과 그의 시스템에 대한 요구를 일치시키는 기능을 갖는다.
③ 사용자는 JCL을 이용하여 그의 JOB 단계 순서와 운영에 대한 사항을 자세히 서술하여 시스템을 제어할 수 있다.
④ JCL은 기계어를 직접 수정하는 언어이다.

06 우선순위 스케줄링 알고리즘에서 발생할 수 있는 무한연기 현상을 해결하기 위해서 제안된 방법은?
① 세마포어(semaphore)
② 에이징(aging)기법
③ 문맥전환(context switching)
④ 구역성(locality)

07 운영체제의 성능 평가 기준 중 시스템이 주어진 문제를 정확하게 해결하는 정도를 의미하는 것은?
① Throughput
② Turn around time
③ Availability
④ Reliability

08 페이지 교체 기법 중 최근에 사용하지 않은 페이지를 교체하는 기법으로 최근의 사용 여부를 확인하기 위해서 각 페이지마다 2개의 비트, 즉 참조 비트와 변형 비트가 사용되는 것은?
① OPT   ② SCR
③ LFU   ④ NUR

09 워킹 셋에 대한 설명으로 틀린 것은?
① 프로세스가 일정 시간 동안 자주 참조하는 페이지들의 집합이다.
② 데닝이 제안한 것으로 프로그램의 Locality 특징을 이용한다.
③ 프로세스가 실행되는 동안 주기억장치를 참조할 때 일부 페이지만 집중적으로 참조하는 성질을 의미한다.
④ 자주 참조되는 워킹 셋을 주기억장치에 상주시킴으로써 페이지 부재 및 페이지 교체 현상을 줄일 수 있다.

10 기호 번지로 사용한 각종 데이터나 명령어가 기억된 번지값을 특정 레지스터로 가져오도록 하는 어셈블리어 명령은?
① XLAT   ② LEA
③ XCHG   ④ RET

11 일반적인 로더(general loader)에 가장 가까운 것은?
① Direct Loader
② Absolute Loader
③ Compile And Go Loader
④ Direct Linking Loader

12 프로그램 내에서 양쪽 오퍼랜드에 기억된 내용을 서로 바꾸어야 할 때 사용하는 어셈블리어 명령은?
① NEG   ② CBW
③ CWD   ④ XCHG

13 프로그래밍 언어의 해독 순서는?
① 링커 → 로더 → 컴파일러
② 컴파일러 → 링커 → 로더
③ 로더 → 링커 → 컴파일러
④ 컴파일러 → 로더 → 링커

14 은행원 알고리즘과 연계되는 교착상태 해결 방법은?
① 회피 기법   ② 예방 기법
③ 발견 기법   ④ 회복 기법

15 매크로 프로세서의 기본 수행 기능이 아닌 것은?
① 매크로 정의 인식
② 매크로 정의 저장
③ 매크로 호출 인식
④ 매크로 호출 저장

16 PCB에 포함되는 정보가 아닌 것은?
① 프로세스의 현 상태
② 프로세스의 고유 구별자
③ 프로세스의 우선 순위
④ 파일 할당 테이블

17 로더의 종류 중 다음 설명에 해당하는 것은?

- 별도의 로더 없이 언어번역 프로그램이 로더의 기능까지 수행하는 방식이다.
- 연결 기능은 수행하지 않고 할당, 재배치, 적재 작업을 모두 언어번역 프로그램이 담당한다.

① 절대 로더
② Compile And Go 로더
③ 직접 연결 로더
④ 동적 적재 로더

18 어떤 기호적 이름에 상수값을 할당하는 어셈블리어 명령은?
① DC
② USING
③ LTORG
④ EQU

19 0과 1의 2진수로만 되어 있으며, 컴퓨터가 바로 이해하고 수행할 수 있는 가장 기초적인 언어를 의미하는 것은?
① 고급 언어
② 기계어
③ 저급 언어
④ 어셈블리어

20 작성된 표현식이 BNF의 정의에 의해 바르게 작성되었는지를 확인하기 위해 만들어진 Tree의 명칭은?
① Parse Tree
② Binary Search Tree
③ Binary Tree
④ Skewed Tree

제2과목 전자계산기구조

21 다음은 ADD(덧셈) 연산을 위한 마이크로 오퍼레이션이다. 2)항에 적합한 마이크로 오퍼레이션은?

```
1) MAR ← PC
2)
3) PC ← PC +4
4) R ← R₁ + R₂
```

① IR ← MBR
② PC ← PC+2
③ R ← R*R
④ MBR ← PC

22 다음 중 연산에서 overflow가 발생되지 않는 것은? (단, 음수는 2의 보수로 표현된 것임)
① 0100 0000+1100 0000
② 1000 0000+1100 0000
③ 0100 0000+0100 0000
④ 1000 0000+1100 0001

23 비수치 데이터에서 마스크를 이용하여 불필요한 부분을 제거하기 위한 연산은?
① OR
② XOR
③ AND
④ NOT

24 사이클 스틸과 인터럽트의 차이를 옳게 설명한 것은?
① 사이클 스틸은 주기억장치의 사이클 타임을 중앙처리장치로부터 DMA가 일시적으로 빼앗는 것으로 중앙처리장치는 주기억장치에 접근할 수 없다.
② 사이클 스틸은 중앙처리장치의 상태보

존이 필요하다.
③ 인터럽트는 중앙처리장치의 상태보존이 필요없다.
④ 인터럽트는 정전의 경우와는 관계없다.

25 다음 메모리 구조에 대한 설명 중 가장 옳은 것은?
① 캐시는 가장 많이 쓰이고 있는 프로그램과 데이터를 저장하지만 보조기억장치(가상메모리)는 CPU에 의하여 현재 쓰이지 않는 부분을 저장한다.
② 캐시는 가장 많이 쓰이고 있는 프로그램과 데이터를 저장하고 보조기억장치(가상메모리)도 CPU에 의하여 현재 가장 많이 쓰이고 있는 부분을 저장한다.
③ 보조기억장치(가상메모리)는 가장 많이 쓰이고 있는 프로그램과 데이터를 저장하지만 캐시는 CPU에 의하여 현재 쓰이지 않는 부분을 저장한다.
④ 보조기억장치(가상메모리)와 캐시 모두 CPU에 의하여 현재 쓰이지 않는 부분을 저장한다.

26 마이크프로세서의 연산단위를 결정하는 기준에 포함되지 않는 것은?
① CPU 내부 버스의 크기
② 외부버스의 크기
③ 메모리 용량
④ 레지스터의 크기

27 가상기억장치에서 새 페이지와 주기억장치 내의 페이지를 바꾸는 것은?
① thrashing   ② swapping
③ buffering   ④ mapping

28 우선순위에 의한 중재방식 중 중재동작이 끝날 때마다 모든 마스터들의 우선순위가 한 단계씩 낮아지고 가장 우선순위가 낮았던 마스터가 최상위 우선순위를 가지는 방식은?
① 회전 우선순위
② 임의 우선순위
③ 동등 우선순위
④ 최소–최근사용 우선순위

29 버퍼 메모리의 목적에 해당되지 않는 것은?
① 주기억장치 용량을 크게 한다.
② 데이터를 주기억장치에서 읽어내거나 주기억장치에 저장하기 위해 임시로 자료를 기억하는 공간이다.
③ 한 번 저장되어 있는 데이터가 CPU에서 여러 번 사용된다.
④ 많은 데이터를 주기억장치에서 한 번에 가져 나간다.

30 병렬처리기의 종류에 대한 설명으로 틀린 것은?
① 시간적 병렬성을 위해 중첩처리를 행하는 파이프라인 처리기(Pipelined Processor)
② 공간적 병렬성을 위해 다수의 동기된 처리기를 사용하는 배열 처리기(Array Processor)
③ 기억장치나 데이터베이스 등의 자원은 공유하며 상호 작용하는 처리기들을 통하여 비동기적 병렬성을 얻는 다중

처리기(Multiprocessor)
④ 양방향 처리를 비동기적으로 수행하는 벡터처리기(Vector Processor)

31 그림에서 듀티 사이클(duty cycle)은 몇 %인가?

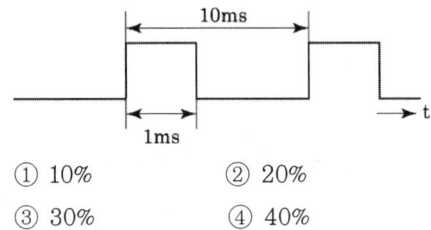

① 10% ② 20%
③ 30% ④ 40%

32 어떤 프로그램이 수행 중 인터럽트 요인이 발생했을 때 CPU가 확인할 사항에 속하지 않는 것은?
① 프로그램 카운터의 내용
② 관련 레지스터의 내용
③ 상태 조건의 내용
④ 스택의 내용

33 CPU에 의해서 입출력이 일어나지 않고 별도의 입출력 제어기에 의해서 일어나는 입출력은?
① 프로그램에 의한 I/O
② 인터럽트에 의한 I/O
③ DMA 제어기에 의한 I/O
④ subroutine에 의한 I/O

34 다음 중 처리되는 곳이 다른 하나는?
① 가산   ② AND
③ 어드레스 증가 ④ 자리이동

35 캐시 메모리의 매핑방법 중 같은 인텍스를 가졌으나 다른 tag를 가진 두 개 이상의 워드가 반복하여 접근된다면 히트율이 상당히 떨어질 수 있는 것은?
① associative 매핑
② set-associative 매핑
③ direct 매핑
④ indirect 매핑

36 그레이 코드(Gray Code)에 대한 설명으로 틀린 것은?
① 인접한 숫자들의 비트가 한 비트만 변화되어 만들어진 코드이다.
② 그레이 코드 자체로 연산이 불가능하므로 2진수로 변환 후 연산을 수행하고 그 결과를 다시 그레이 코드로 변환하여야 한다.
③ 그레이 코드를 2진 코드로 혹은 2진 코드를 그레이 코드로 변환 시 두 입력 값에 대해 AND 연산을 수행한다.
④ 그레이 코드 값 $(0111)_G$는 10진수로 5를 의미한다.

37 다중 처리기 상호 연결 방법 중 하나의 프로세서에 하나의 버스가 할당되어 버스를 이용하려는 프로세서 간 경쟁이 적은 것은?
① 시분할 공유버스
② 크로스바 교환 행렬
③ 하이퍼 큐브
④ 다중포트 메모리

38 연산 결과를 항상 누산기(Accumulator)에 저장하는 명령어 형식은?
① 0-주소 명령어 ② 1-주소 명령어
③ 2-주소 명령어 ④ 3-주소 명령어

39 컴퓨터에서 10진 데이터를 연산처리할 때의 데이터 형식은?
① 16진수 형태
② 2진수 형태
③ 팩(pack) 형태
④ 언팩(unpack) 형태

40 다음은 ISZ 명령어 (increment and skip if zero)를 수행하기 위해 필요한 마이크로 연산이다. ( )에 들어갈 문자를 옳게 표시한 것은?

$D_6T_4 : (①) \leftarrow M[AR]$
$D_6T_5 : DR \leftarrow DR +1$
$D_6T_6 : M[AR] \leftarrow [①], \text{ if } (DR=0) \text{ then } (②), (③) \leftarrow 0$

① ① : DR, ② : PC ← PC + 1, ③ SC
② ① : AR, ② : SC ← SC + 1, ③ DR
③ ① : DR, ② : SC ← SC + 1, ③ AR
④ ① : AR, ② : PC ← PC + 1, ③ E

제3과목 마이크로전자계산기

41 포팅을 통해 리눅스 프로그램/유틸리티를 MS 윈도에서 사용할 수 있도록 하는 프로그램은?
① cygwin
② perl
③ JDK
④ driver development kit

42 메모리 중 리프레시(refresh) 사이클이 사용되는 것은?
① SRAM   ② EPROM
③ DRAM   ④ PLA

43 각 데이터(data)의 끝부분에 특별한 체크(checker) 바이트(byte)가 있어 에러(error)를 찾아내는 방법은?
① data flow check
② parity scheme check
③ data conversion check
④ cyclic redundancy check

44 코루틴(Coroutine)에 관한 설명으로 틀린 것은?
① 서브루틴을 일반화시킨 형태이다.
② Conway에 의해서 최초로 사용되었다.
③ 호출과 호출 사이의 내부 상태 정보가 보존되어야 한다.
④ 코루틴을 사용해서는 파라미터를 전달할 수 없다.

45 다음 기억소자 중 기억된 내용을 여러 번 지워서 사용할 수 있는 것은?
① ROM   ② PROM
③ EPROM   ④ PLA

46 마이크로컴퓨터용 소프트웨어 개발 과정

으로 옳은 것은?
① 문제설정 → 프로그램 설계 및 분석 → 테스트 → 코딩 → 유지보수
② 문제설정 → 코딩 → 프로그램 설계 및 분석 → 테스트 → 유지보수
③ 문제설정 → 코딩 → 테스트 → 프로그램 설계 및 분석 → 유지보수
④ 문제설정 → 프로그램 설계 및 분석 → 코딩 → 테스트 → 유지보수

47 다음 신호 중 양방향 신호는?
① 어드레스 신호
② 데이터 신호
③ 인터럽트 요청 신호
④ 리셋 신호

48 스택에 관한 설명으로 틀린 것은?
① 스택은 메모리에만 존재한다.
② 스택에서 읽을 때는 pop 명령을 사용한다.
③ 마이크로프로세서에서 스택은 인터럽트와 관련이 깊다.
④ 스택은 LIFO 메모리 장치이다.

49 인출 사이클(fetch cycle)에서 active low로 되지 않는 신호는? (단, Z80 기준)
① $\overline{M1}$　　　② $\overline{WR}$
③ $\overline{RFSH}$　④ $\overline{MREQ}$

50 마이크로컴퓨터의 ROM이 4096비트이면 단어의 길이가 8비트인 경우 몇 워드인가?
① 182　　　② 312
③ 256　　　④ 512

51 연산기(ALU)가 공통적으로 갖는 기능이 아닌 것은?
① 2진 가·감산　② 불 대수 연산
③ 보수 계산　　④ 주소 지정

52 마이크로컴퓨터의 기억장치에 대한 평가요소로 적합하지 않은 것은?
① 기억용량　　② 동작속도
③ 신뢰도　　　④ 데이터변환기법

53 256×2램(RAM)으로 주소 $(1000)_{16}$~$(17FF)_{16}$ 사이의 기억장치를 구성하려면, 필요한 램의 개수는? (단, 기억장치 한 번지는 8비트로 되어 있다.)
① 8　　　② 16
③ 32　　④ 64

54 고정배선제어에 비해 마이크로프로그램을 이용한 제어방식이 가지는 장점이 아닌 것은?
① 변경 가능한 제어기억소자를 사용하면 제어의 변경이 가능하다.
② 동작 속도를 극대화할 수 있다.
③ 제어 논리의 설계를 프로그램 작업으로 수행할 수 있다.
④ 개발기간을 단축시킬 수 있고 에러에 대한 진단 및 수정이 쉽다.

55 순서도는 일반적으로 표시되는 정보에 따라 종류를 구분하게 되는데 다음 중 순서

도에 해당되지 않는 것은?
① 시스템 순서도(system flowchart)
② 일반 순서도(general flowchart)
③ 세부 순서도(detail flowchart)
④ 실체 순서도(entity flowchart)

56 마이크로컴퓨터에서 자주 이용되는 표준화된 bus들이다. 이 중 성격이 다른 것은?
① S-100 bus   ② Multi-bus
③ RS-232C   ④ IEEE-488

57 매크로 레벨 구조의 정의가 아닌 것은?
① 명령의 집합
② 데이터의 형식
③ 소프트웨어 종류
④ 기억장치의 논리적 호출 방식

58 직렬 데이터 전송방식에 해당하지 않은 것은?
① RS232C   ② P-ATA
③ USB   ④ IEEE1394

59 실제 하드웨어 시스템이 만들어지기 전에 미리 실행해 보아 완성된 시스템에서 디버깅을 보다 용이하게 할 수 있는 기능을 가진 장치는?
① Editor   ② Compiler
③ Locator   ④ Emulator

60 Z80 CPU의 하드웨어적인 인터럽트 요구 및 처리 방법에 해당하는 것은?
① $\overline{WAIT}$ 제어신호, $\overline{NMI}$ 제어신호
② $\overline{INT}$ 제어신호, $\overline{WAIT}$ 제어신호
③ $\overline{MREQ}$ 제어신호, $\overline{NMI}$ 제어신호
④ $\overline{INT}$ 제어신호, $\overline{NMI}$ 제어신호

제4과목 논리회로

61 조합 논리회로가 아닌 것은?
① ENCODER   ② RAM
③ MUX   ④ DECODER

62 다음 플립플롭에서 D 값이 기억되기 위한 클록 조건은?

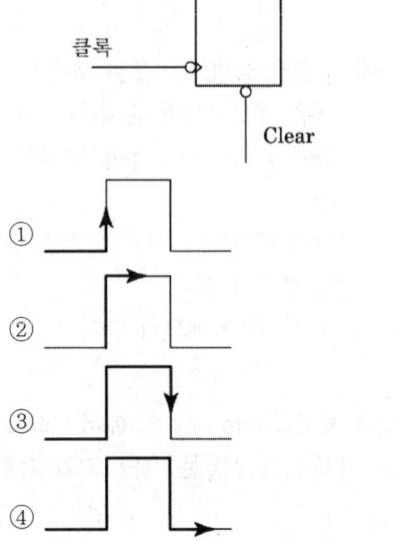

63 패리티 비트 코드의 설명으로 옳지 않은 것은?
① 잡음이 들어가면 에러의 가능성이 있어 이를 검출할 수 있다.

② odd 패리티와 even 패리티가 있다.
③ 두 비트가 동시에 에러가 발생해도 검출이 가능하다.
④ 송신측에 패리티 발생기가 있고 수신측에 검사기가 있다.

64 다음은 even hamming code로 표시된 BCD 정보 중 1bit error가 발생된 값이 아래와 같을 때 이를 옳게 수정한 값은?

"0100001"

① 0110001 ② 0110101
③ 0101001 ④ 0100101

65 다음과 같은 3-state를 갖는 회로에서 출력 논리값은?

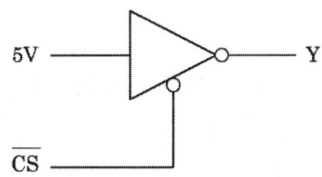

① $\overline{CS}$ 단자가 0일 때 Y=0
② $\overline{CS}$ 단자가 0일 때 Y=1
③ $\overline{CS}$ 단자가 1일 때 Y=0
④ $\overline{CS}$ 단자가 1일 때 Y=1

66 CMOS 회로의 특징이 아닌 것은?
① 정전기에 약하여 취급에 주의하여야 한다.
② 동작 주파수가 증가하면 팬 아웃도 증가한다.
③ TTL에 비하여 전력소모가 적다.
④ DC 잡음 여유는 보통 전원 전압의 40% 정도이다.

67 컴퓨터의 키보드(keyboard)를 누르면 어떤 회로를 거쳐서 코드화되는가?
① decoder   ② encoder
③ multiplexer ④ demultiplexer

68 다음의 무안정 멀티바이브레이터에서 C=0.47μF, RA=RB=1kΩ일 때 발생되는 펄스의 듀티 사이클 D는?

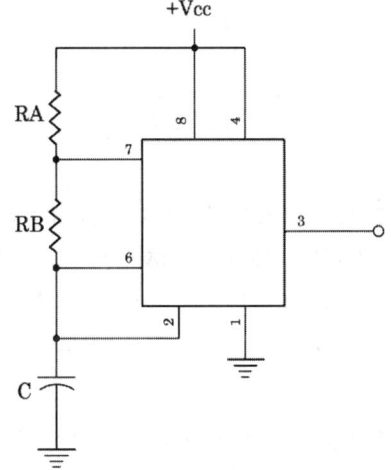

① D≅ 67%   ② D≅ 68%
③ D≅ 69%   ④ D≅ 70%

69 다음 회로에서 입력이 A=1, B=1, C_i=1로 될 경우 출력 X와 Y의 값은?

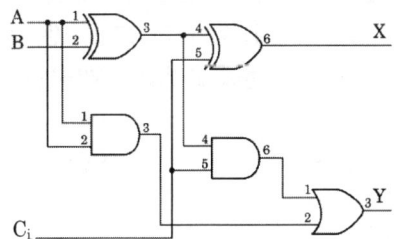

① X=0, Y=0   ② X=0, Y=1
③ X=1, Y=0   ④ X=1, Y=1

70 입력 펄스의 수를 세는 회로는?
① 복호기   ② 계수기
③ 레지스터   ④ 인코더

71 다음 중 나머지 셋과 다른 논리값을 갖는 것은?
① $(A+B)(\overline{A}+\overline{B})$
② $(A+B)(\overline{AB})$
③ $\overline{AB}+A\overline{B}$
④ $\overline{(A+\overline{B})(A+B)}$

72 I/O port 또는 기억장치 등을 enable시키기 위하여 사용되는 장치는?
① MUX   ② DEMUX
③ encoder   ④ decoder

73 병렬 가산기를 구성하는 방식 중 look-ahead 방식이 있는데 이것과 가장 관련이 깊은 것은?
① 가격   ② 결선의 수
③ 속도   ④ 정확도

74 다음 레지스터 형태 중 한순간에 단지 1비트의 데이터가 들어가고, 모든 데이터 비트가 한 번에 출력되는 형태는?
① PISO   ② PIPO
③ SISO   ④ SIPO

75 다음 논리회로의 출력 Y와 같은 게이트는?

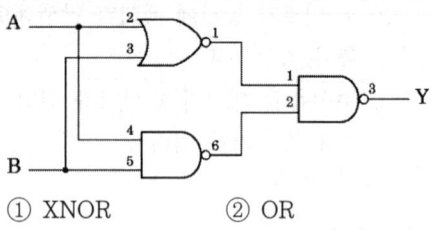

① XNOR   ② OR
③ XOR   ④ NOR

76 minterm으로 표시된 다음 boolean function을 간략화한 것은? (단, d 함수는 don't care임)

$F(w, x, y, z) = \Sigma(1, 3, 7, 11, 15)$
$d(w, x, y, z) = \Sigma(0, 2, 5)$

① $wx+y\overline{z}$ ② $\overline{w}x+yz$
③ $\overline{w}x+y\overline{z}$ ④ $w\overline{x}+yz$

77 2진수 10110101을 그레이 코드(gray code)로 변환하면?
① 01001010   ② 01001011
③ 00010000   ④ 11101111

78 다음 논리회로에 대한 진리값 중 틀린 것은?

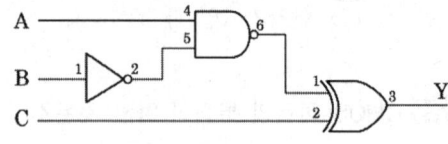

① B=0, C=0, Y=$\overline{A}$
② B=0, C=1, Y=A
③ B=1, C=0, Y=0
④ B=1, C=1, Y=0

79 RS 플립플롭으로 T 플립플롭을 구현했을 때 옳은 것은?

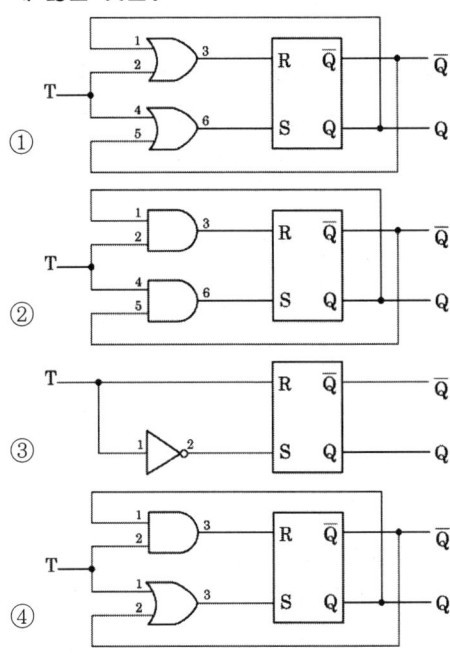

80 다음 표와 같이 동작하는 MN 플립플롭이 있다고 가정할 경우, 현재상태 출력 Q=1일 때 다음 상태 출력 Q_t=1이기 위한 M과 N의 입력으로 가장 적당한 것은? (단, X는 don't care)

M	N	Q_t
0	0	0
0	1	Q
1	0	$\overline{Q}$
1	1	1

① M=1, N=x ② M=0, N=x
③ M=x, N=1 ④ M=x, N=0

제5과목 데이터통신

81 다음이 설명하고 있는 것은?

- 이동 단말이나 PDA 등 소형 무선 단말기 상에서 인터넷을 이용할 수 있도록 해주는 프로토콜의 총칭이다.
- HTML을 이동 단말로 전송하거나, 수신하는 경우 HTML 텍스트 코드를 그대로 송신하는 것이 아니고 이를 컴파일해서 컴팩트한 바이너리 데이터로 변환하여 이동 단말에 송신한다.

① HTTP ② FTP
③ SMTP ④ WAP

82 다음 OSI(Open System Interconnection) 7계층 중 어떤 계층에 대한 설명인가?

- 인접한 두 개의 통신 시스템 간에 신뢰성 있고, 효율적인 프레임 데이터를 전송할 수 있도록 한다.
- 전송 과정에서는 데이터 에러의 검출 및 회복과 흐름 제어를 조절하여 링크의 효율성을 향상시킨다.

① 물리 계층
② 데이터 링크 계층
③ 전송 계층
④ 네트워크 계층

83 문자 동기 전송방식에서 데이터 투명성(Data Transparent)을 위해 삽입되는 제어문자는?

① ETX ② STX
③ DLE ④ SYN

84 에러 제어에 사용되는 자동반복 요청(ARQ) 기법이 아닌 것은?
① stop-and-wait ARQ
② go-back-N ARQ
③ auto-repeat ARQ
④ selective-repeat ARQ

85 효율적인 전송을 위하여 넓은 대역폭(혹은 고속 전송 속도)을 가진 하나의 전송링크를 통하여 여러 신호(혹은 데이터)를 동시에 실어 보내는 기술은?
① 회선 제어   ② 다중화
③ 데이터 처리 ④ 전위 처리기

86 다음 중 통신망의 체계적인 운용 및 관리를 위한 TMN(Telecommunication Management Network)의 기능 요소에 해당하지 않는 것은?
① SNL(Service Network Layer)
② NML(Network Management Layer)
③ EML(Element Management Layer)
④ NEL(Network Element Layer)

87 데이터 통신에서 오류를 검출하는 기법으로 틀린 것은?
① Parity Check
② Block Sum Check
③ Cyclic Redundancy Check
④ Huffman Check

88 최초의 라디오 패킷(radio packet) 통신 방식을 적용한 컴퓨터 네트워크 시스템은?
① DECNET   ② ALOHA
③ SNA   ④ ARPANET

89 LAN의 매체 접근 제어 방식인 CSMA/CD에 대한 설명으로 틀린 것은?
① 버스 또는 트리 토폴로지에서 가장 많이 사용되는 매체 접근 제어 방식이다.
② MA(Multiple Access)는 네트워크가 비어 있으면 누구든지 사용 가능하다.
③ CS(Carrier Sense)는 네트워크에 데이터를 실어보내는 기능을 담당한다.
④ CD(Collision Detection)는 프레임을 전송하면서 충돌 여부를 조사한다.

90 다음이 설명하고 있는 데이터 링크 제어 프로토콜은?

- IETF의 표준 프로토콜이다.
- 오류 검출만 제공되며, 재전송을 통한 오류 복구와 흐름 제어 기능은 제공되지 않는다.
- 주로 두 개의 라우터를 접속할 때 사용된다.
- 비동기식 링크도 지원해야 하기 때문에 프레임은 반드시 바이트의 정수배가 되어야 한다.

① HDLC   ② PPP
③ LAPB   ④ LLC

91 호스트의 물리 주소를 통하여 논리 주소인 IP 주소를 얻어오기 위해 사용되는 프로토콜은?
① ICMP   ② IGMP
③ ARP   ④ RARP

92 HDLC(High-level Data Link Control)의

정보 프레임에 대한 용도 및 기능으로 가장 적합한 것은?
① 사용자 데이터 전달
② 흐름 제어
③ 에러 제어
④ 링크 제어

93 경로 지정 방식에서 각 노드에 도착하는 패킷을 자신을 제외한 다른 모든 것을 복사하여 전송하는 방식은?
① 고정 경로 지정
② 플러딩
③ 임의 경로 지정
④ 적응 경로 지정

94 다음 ( ) 안에 들어갈 알맞은 용어는?

> HDLC를 기반으로 하는 비트 위주 데이터 링크 프로토콜로는 X.25 패킷 교환망의 표준으로 ITU-T에서 제정한 ( )가 있다.

① LAPB
② LAPD
③ LAPS
④ LAPF

95 데이터 전송에 있어 데이터그램 패킷 교환 방식으로 적합한 것은?
① 음성이나 동영상과 같이 연속적인 전송
② 응답시간이 별 문제가 되지 않는 전자 우편이나 파일 전송
③ 간헐적으로 발생하는 짧은 메시지의 전송
④ 최대 길이가 제한된 데이터 전송

96 핸드오프(Hand-off) 시에 사용할 채널을 먼저 확보하여 연결한 후, 현재 사용 중인 채널의 연결을 끊는 방식은?
① Soft Hand-off
② Hard Hand-off
③ Mobile Controlled Hand-off
④ Network Controlled Hand-off

97 전송 매체상의 전송 프레임마다 해당 채널의 시간 슬롯이 고정적으로 할당되는 다중화 방식은?
① 주파수 분할 다중화
② 동기식 시분할 다중화
③ 통계적 시분할 다중화
④ 코드 분할 다중화

98 동기식 시분할 다중화(Synchronous TDM)의 설명으로 틀린 것은?
① 전송 시간을 일정한 간격의 시간 슬롯으로 나누고, 이를 주기적으로 각 채널에 할당한다.
② 하나의 프레임은 일정한 수의 시간 슬롯으로 구성한다.
③ 전송데이터가 있는 경우에만 시간 슬롯을 할당하여 데이터를 전송한다.
④ 송신단에서는 각 채널의 입력 데이터를 각각의 채널 버퍼에 저장하고, 이를 순차적으로 읽어낸다.

99 TCP 프로토콜을 사용하는 응용 계층의 서비스가 아닌 것은?
① SNMP
② FTP
③ Telnet
④ HTTP

100 디지털 변조에서 디지털 데이터를 아날로그 신호로 변환시키는 것을 키잉(Keying)이라고 하며, 키잉은 기본적으로 3가지 방식이 있다. 이에 해당하지 않는 것은?
① Amplitude-Shift Keying
② Code-Shift Keying
③ Frequency-Shift Keying
④ Phase-Shift Keying

2011년 1회 시행 과년도출제문제

제1과목 시스템프로그래밍

01 페이지 교체 기법 중 가장 오랫동안 사용하지 않은 페이지를 교체할 페이지로 선택하는 기법은?
① LFU
② SECOND CHANCE
③ FIFO
④ LRU

02 의사 코드 명령(Pseudo Instruction)에 대한 설명으로 옳지 않은 것은?
① 어셈블러가 원시 프로그램을 번역할 때 어셈블러에게 필요한 작업을 지시하는 명령이다.
② 어셈블러 명령(Assembler Instruction)이라고 한다.
③ 데이터 정의, 세그먼트와 프로시저 정의, 매크로 정의, 세그먼트 레지스터 할당, 리스트 파일의 지정 등을 지시할 수 있다.
④ 어셈블리어 명령과 같이 기계어로 번역된다.

03 운영체제의 성능 평가 요소로 거리가 먼 것은?
① 처리능력
② 사용가능도
③ 신뢰도
④ 비용

04 매크로 프로세서가 수행하는 기본 기능에 해당하지 않는 것은?
① 매크로 구문 인식
② 매크로 정의 저장
③ 매크로 정의 인식
④ 매크로 호출 인식

05 스케줄링 기법 중 HRN의 우선 순위 계산식으로 옳은 것은?
① (대기시간-서비스시간)/서비스시간
② 서비스시간/(대기시간+서비스시간)
③ (대기시간+서비스시간)/서비스시간
④ 대기시간/(대기시간-서비스시간)

06 프로세스의 정의로 옳지 않은 것은?
① 목적 또는 결과에 따라 발생되는 사건들의 과정
② 지정된 결과를 얻기 위한 일련의 계통적 동작
③ 동기적 행위를 일으키는 주체
④ 프로세서가 할당되는 실체

07 운영체제의 목적으로 옳지 않은 것은?
① 응답시간 및 반환시간의 증가
② 사용자와 컴퓨터 간의 인터페이스 제공
③ 데이터 공유 및 주변장치 관리
④ 자원의 효율적인 운영 및 자원 스케줄링

08 링킹에 대한 설명으로 가장 적합한 것은?
① 실제적으로 기계 명령어와 자료를 기억 장소에 배치한다.
② 고급 언어로 작성된 원시 프로그램을 기계어로 변환한다.
③ 프로그램들에 기억장소 내의 공간을 할당한다.
④ 목적 모듈 간의 기호적 호출을 실제적인 주소로 변환한다.

09 어셈블리어에서 프로그램 작성 시 한 프로그램 내에서 동일한 코드가 반복될 경우 반복되는 코드를 한 번만 작성하여 특정 이름으로 정의한 후 그 코드가 필요할 때마다 정의된 이름을 호출하여 사용하는 것을 무엇이라고 하는가?
① Emulator ② Macro
③ Preprocessor ④ Spooling

10 운영체제의 종류에 해당하지 않는 것은?
① JAVA
② UNIX
③ WINDOWS NT
④ LINUX

11 로더(Loader)의 기능에 해당하지 않는 것은?
① compile ② allocation
③ linking ④ relocation

12 절대로더를 사용하는 경우 기억장소 할당의 수행 주체는?
① 프로그래머 ② 어셈블러
③ 로더 ④ 링커

13 일반적인 기능의 로더에 가장 가까운 것은?
① Compile And Go Loader
② Absolute Loader
③ Direct Linking Loader
④ Dynamic Loading Loader

14 어셈블리어로 작성된 원시 프로그램의 수행 순서로 옳은 것은?
① 원시 프로그램 → 어셈블러 → 로더 → 연결편집기
② 원시 프로그램 → 연결편집기 → 어셈블러 → 로더
③ 원시 프로그램 → 어셈블러 → 연결편집기 → 로더
④ 원시 프로그램 → 로더 → 어셈블러 → 연결편집기

15 서브루틴에서 자신을 호출한 곳으로 복귀시키는 어셈블리어 명령은?
① SUB ② MOV
③ RET ④ INT

16 어셈블러가 두 개의 패스(pass)로 구성되는 이유로 가장 적합한 것은?
① 패스 1, 2의 어셈블러 프로그램이 작아서 경제적이기 때문에
② 한 개의 패스로는 프로그램이 너무 커서 유지보수가 어렵기 때문에
③ 한 개의 패스로는 빠르나 메모리가 많이 소요되기 때문에

④ 기호를 정의하기 전에 사용할 수 있어 프로그램 작성이 용이하기 때문에

17 어셈블리어에서 어떤 기호적 이름에 상수 값을 할당하는 명령은?
① INCLUDE ② ORG
③ EQU ④ ASSUME

18 다중 프로그래밍 시스템에서 어떤 프로세스가 아무리 기다려도 결코 발생하지 않을 사건을 기다리고 있을 때, 그 프로세서는 어떤 상태라고 볼 수 있는가?
① Working Set
② Semaphore
③ Deadlock
④ Critical Section

19 고급 언어로 작성된 원시 프로그램을 해석하고 분석하여 컴퓨터에서 실행될 수 있는 실행 프로그램을 생성하는 것은?
① Compiler
② Loader
③ Application program
④ Macro

20 기계어에 대한 설명으로 옳지 않은 것은?
① 기종마다 기계어가 동일하므로 언어의 호환성이 높다.
② 컴퓨터가 직접 이해할 수 있는 언어이다.
③ 0과 1의 2진수 형태로 표현된다.
④ 수행시간이 빠르다.

제2과목 전자계산기구조

21 컴퓨터 시스템에서 1-address machine, 2-address machine, 3-address machine으로 나눌 때 기준이 되는 것은?
① operation code
② 기억장치의 크기
③ register 수
④ operand의 address 수

22 어떤 시스템에서 자기테이프에 가변 길이의 레코드를 기억시키려면 각 레코드 앞에 4바이트의 레코드 길이가 필요하며, 각 블록 앞에 4바이트의 블록 길이가 필요하다. 최대 250바이트의 레코드를 사용하는 데 blocking factor를 3으로 한다면 최소한의 블록의 길이는?
① 750byte ② 762byte
③ 766byte ④ 770byte

23 프로그램 수행 중에 인터럽트가 발생하였을 경우 인터럽트의 처리 절차로 가장 옳은 것은?
① 발생 즉시 처리한다.
② 수행 중인 프로그램을 완료하고 처리한다.
③ 수행 중인 인스트럭션을 끝내고 처리한다.
④ CPU에게 알린 후 모든 프로그램을 종료하고 처리한다.

24 인스트럭션 수행을 위한 메이저 상태를 설

명한 것 중 옳은 것은?
① execute 상태는 간접 주소지정방식의 경우에만 수행된다.
② 명령어를 기억장치 내에서 가져오기 위한 동작을 fetch라 한다.
③ CPU의 현재 상태를 보관하기 위한 기억장치 접근을 indirect 상태라 한다.
④ 명령어 종류를 판별하는 것을 indirect 상태라 한다.

25 프로그램 상태 워드(Program Status Word)에 대한 설명으로 옳은 것은?
① 시스템의 동작은 CPU 안에 있는 program counter에 의해 제어된다.
② interrupt 레지스터는 PSW의 일종이다.
③ 명령 실행 순서를 제어하고, 실행 중인 프로그램에 관계가 있는 시스템의 상태를 나타낸다.
④ PSW는 8bit의 크기이다.

26 10진법의 한 자릿수를 2진법으로 나타내기 위해 최소한 몇 개의 비트가 필요한가?
① 10비트   ② 8비트
③ 6비트   ④ 4비트

27 N가지의 정보를 2진수 코드로 부호화하는 데 필요한 비트 수는?
① $n/\log_2 N$ ② $n/\log_{10} N$
③ $\log_{10} N/2$ ④ $\log_2 N$

28 디코더(decoder)의 출력이 4개일 때 입력 개수는?

① 1   ② 2
③ 8   ④ 16

29 다음 설명 중 틀린 것은?
① associative memory는 데이터의 내용으로 병렬 탐색을 하기에 알맞도록 되어 있다.
② 메모리 기술의 발전으로 associative memory와 CAM이 DRAM보다 가격이 싸다.
③ associative memory는 각 셀이 외부의 인자와 내용을 비교하기 위한 논리회로를 가지고 있다.
④ CAM의 탐색은 전체 워드 또는 한 워드 내의 일부만을 가지고 시행될 수 있다.

30 Gray code 1111을 2진 코드로 바꾸면?
① $(1010)_2$ ② $(1011)_2$
③ $(0111)_2$ ④ $(1001)_2$

31 DMA 방식에 의한 사이클 스틸과 인터럽트의 가장 특징적인 차이점은?
① 프로그램을 영원히 정지
② 실행 중인 프로그램 정지
③ 프로그램의 실행이 다시 시작
④ 주기억장치 사이클의 한 주기만 정지

32 10진수 −87을 2의 보수로 표현하면?
① $(10101001)_2$ ② $(10101000)_2$
③ $(00101001)_2$ ④ $(01010111)_2$

33 다음 알고리즘은 어떤 연산에 관한 것인

가? (단, X : 피제수, Y : 제수, Q : 몫, R : 나머지임)

(1) Q ← 0
(2) X < Y 이면 (3)을 수행
    X ≥ Y 이면 X ← X-Y와 Q ← Q+1을 수행하고 다시 (2)를 수행
(3) R ← X
(4) End

① 곱셈
② 나눗셈
③ 보수를 이용한 가산
④ 덧셈을 이용한 거듭제곱

34 RISC 방식 컴퓨터의 특징으로 옳은 것은?
① 주소지정방식이 다양하다.
② 명령어 길이가 가변적이다.
③ 제어장치가 단순하고 속도가 빠르다.
④ CISC 구조보다 데이터 처리속도가 늦다.

35 마이크로 명령 형식으로 적합하지 않은 것은?
① 수평 마이크로 명령
② 제어 마이크로 명령
③ 수직 마이크로 명령
④ 나노 명령

36 컴퓨터의 필수적인 구성 장치가 아닌 것은?
① I/O 장치
② 중앙처리장치
③ 기억장치
④ 콘솔장치

37 부동소수점 표현의 수들 사이의 덧셈과 뺄셈 알고리즘 과정에 해당하지 않는 것은?
① 0(zero)인지 여부를 조사한다.
② 지수의 위치를 조정한다.
③ 가수를 더하거나 뺀다.
④ 결과를 정규화한다.

38 캐시(cashe) 메모리에서 특정 내용을 찾는 방식 중 매핑 방식에 주로 사용되는 메모리는?
① Nano memory
② Associative memory
③ virtual memory
④ Stack memory

39 부호를 나타내지 않은 양의 수에 대한 산술적 시프트를 한 경우에 대한 설명으로 옳지 않은 것은?
① 왼쪽으로 시프트 시 밀려나는 비트가 1이면 절단현상이 발생한다.
② 시프트시 새로 들어오는 비트는 0이다.
③ 오른쪽으로 1번 시프트하면 2로 나눈 것과 같다.
④ 왼쪽으로 1번 시프트하면 2배한 것과 같다.

40 일반적으로 중앙처리장치에서 하는 일과 가장 거리가 먼 것은?
① 명령 레지스터에 기억된 명령을 해독한다.
② 산술연산을 한다.
③ 명령 처리순서를 결정하는 각종 제어 신호를 만들어 낸다.

④ 센서 신호의 변환을 담당한다.

● 제3과목 마이크로전자계산기

41 입출력장치와 CPU 사이의 자료 교환시에 사용되는 기법들이다. 성격이 다른 것은?
① parity bit 전송
② synchronous 전송
③ cyclic redundancy character 전송
④ echo back

42 중앙처리장치에 연결되는 양방향성 버스는?
① 데이터 버스   ② 주소 버스
③ 제어선   ④ 채널

43 마이크로컴퓨터 개발 시스템에 대한 설명으로 옳지 않은 것은?
① 하드웨어 개발 시간과는 무관하다.
② 하드웨어를 조정하고 소프트웨어를 개발하며 오류를 보정하기 위한 장치이다.
③ 마이크로컴퓨터의 설계와 개발에 필요한 요구를 충족시킨다.
④ 마이크로컴퓨터 시스템 개발 주기를 매우 빠르게 한다.

44 다음은 CPU가 프린터로 데이터를 출력하는 과정을 나타낸 것이다. 순서대로 올바르게 나열된 것은?

㉠ 데이터를 받을 준비가 된 상태면 CPU는 제어기에서 출력 명령과 데이터를 전송
㉡ CPU가 프린터 제어기에서 프린터의 상태를 검사하도록 요청
㉢ 제어기는 프린터의 상태를 검사하여 CPU에게 통보
㉣ 제어기는 프린트 동작을 위한 제어 신호와 함께 데이터를 프린터로 전송

① ㉡-㉠-㉢-㉣   ② ㉡-㉢-㉠-㉣
③ ㉢-㉡-㉠-㉣   ④ ㉢-㉠-㉡-㉣

45 입력과 출력의 독립 제어점을 갖는 8비트로 구성된 5개의 레지스터에 상호 병렬 데이터 전송이 가능하도록 하려면 데이터 선의 수는 몇 개로 하여야 하는가?
① 8   ② 40
③ 80   ④ 160

46 다음 중 가장 많은 Cycle time을 필요로 하는 명령어 형식은?
① 0 address 방식
② 1 address 방식
③ 2 address 방식
④ 3 address 방식

47 중앙처리장치로부터 입출력 지시를 받으면 직접 주기억장치에 접근하여 데이터를 입출력하고 입출력에 관한 모든 동작을 독립적으로 수행하는 입출력 제어 방식은?
① 프로그램에 의한 입출력 제어 방식
② 인터럽트에 의한 입출력 제어 방식
③ DMA에 의한 입출력 제어 방식
④ 프로세서에 의한 입출력 제어 방식

48 제어 메모리에서 번지를 결정하는 방법과 관련이 없는 것은?
① 제어 어드레스 레지스터를 하나씩 증가
② 마이크로 명령어에서 지정하는 번지로 무조건 분기
③ 상태비트에 따라 무조건 분기
④ 매크로 동작 비트로부터 ROM으로의 매핑(mapping)

49 주기억장치에 기억된 프로그램의 명령을 해독하여 그 명령 신호를 각 장치에 보내 명령을 처리하도록 지시하는 것은?
① 제어장치   ② 연산장치
③ 기억장치   ④ 입력장치

50 어떤 통신 선로의 전송 속도는 9600bps이며, 한 개 전송문자는 8비트 데이터와 4비트의 제어비트로 구성되어 있다면 1초당 전송되는 문자의 개수는?
① 400개   ② 800개
③ 1200개   ④ 2400개

51 다음 중 제어 프로그램에 속하는 것은?
① 수퍼바이저 프로그램
② 언어처리 프로그램
③ 유틸리티 프로그램
④ 응용 프로그램

52 기억장치 대역폭(band width)에 대한 설명 중 틀린 것은?
① 기억장치가 마이크로프로세서에 1초 동안에 전송할 수 있는 비트 수이다.
② 사이클 타임 또는 접근시간과 기억장치에 연결되어 있는 데이터 버스 길이(버스 폭)에 따라 결정된다.
③ 한 번에 전송되는 데이터 워드가 크면 대역폭은 증가한다.
④ 기억장치 모듈 접근시간이 크면 대역폭은 증가한다.

53 양극성 소자(bipolar)로 만든 비트 슬라이스(bit-slice) 마이크로프로세서의 장점과 단점을 순서대로 옳게 나열한 것은?
① 고도의 집적도, 속도가 느림
② 고도의 집적도, 가격이 저렴함
③ 전력소비량이 적음, 낮은 집적도
④ 빠른 속도, 단일 칩으로 제작이 안 됨

54 프로그램 내에서 가까운 장소로 제어를 이동시킬 때 가장 효과적인 주소지정방식은? (단, 프로그램은 주기억장치 임의의 곳에서 시행된다고 본다.)
① 상대 어드레스 지정 방식
② 인덱스 어드레스 지정 방식
③ 절대 어드레스 지정 방식
④ 함축 어드레스 지정 방식

55 마이크로컴퓨터를 구성하는 주요 버스가 아닌 것은?
① 검사 버스(test bus)
② 데이터 버스(data bus)
③ 주소 버스(address bus)
④ 제어 버스(control bus)

56 주컴퓨터에서 원격지에 설치한 장비로서 여러 개의 단말장치들을 접속, 이들로부터 발생하는 메시지들을 저장하여 하나의 메시지로 농축해서 전송함으로써 통신회선의 사용 효율을 증대시키는 장비를 무엇이라고 하는가?
① decoder
② demultiplexer
③ concentrator
④ encoder

57 마이크로컴퓨터의 병렬 입출력 인터페이스가 아닌 것은?
① PIO   ② UART
③ PPI   ④ PIA

58 Program Counter에 대한 설명으로 틀린 것은?
① 다음에 수행될 명령어의 주소를 저장한다.
② 분기 명령어가 아니라면 일반적으로 1~4가 증가한다.
③ 분기 명령어의 주소 부분은 PC 값으로 전송한다.
④ 연산의 결과를 저장하기 위한 레지스터이다.

59 어셈블러 의사 명령(pseudo instruction)의 기능과 관계없는 것은?
① 기계어로 번역된다.
② 어셈블러의 동작을 지시한다.
③ 기억장소에 빈 장소를 마련한다.
④ 다른 프로그램에서 정의된 기호를 사용할 수 있게 한다.

60 8085 CPU에서 클록은 약 2.4576MHz이다. LDA 명령을 수행하는 데 13개 T 스테이트가 필요하다. 이때 명령 사이클은 약 몇 μs 인가?
① 13   ② 5.2
③ 2.5   ④ 3.2

제4과목 논리회로

61 다음 논리회로식의 논리식은?

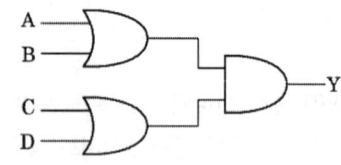

① Y=AB+CD
② Y=(A+B)(C+D)
③ Y=AB(C+D)
④ Y=(A+B)+(C+D)

62 많은 입력 중 선택된 입력선의 2진 정보를 출력선에 넘기므로 데이터 선택기라고도 불리는 것은?
① Demultiplexer
② Multiplexer
③ PLA
④ Decoder

63 2진수를 그레이 코드로 변환하는 회로에 들어가는 논리게이트 명칭은?

① NOR 게이트
② OR 게이트
③ NAND 게이트
④ EX-OR 게이트

64 1MHz의 수정발진기가 있다. 이 출력을 분주하여 500Hz의 클록 주파수를 만들고자 한다. 이때 필요한 최소한의 플립플롭 수는?

① 11　② 10
③ 8　④ 7

65 다음 회로에 대해 잘못 설명한 것은?

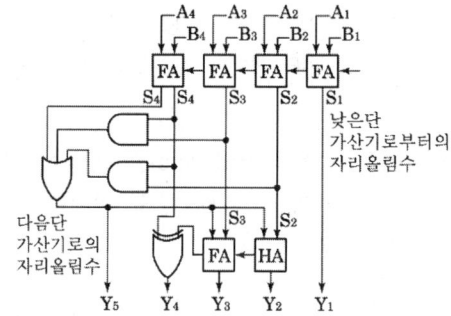

① 8421코드의 가산기이다.
② 가산을 행하여 그 합이 4가 넘으면 6을 더한다.
③ 8421코드와 대응되는 10진수의 10 이상의 코드는 의미가 없다.
④ 8421코드와 대응되는 10진수의 10 이상의 6개의 코드는 제외시킨다.

66 다음 그림의 카운터는 어떠한 카운터인가?

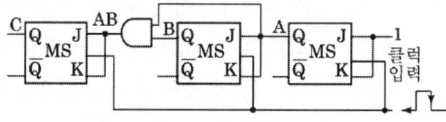

① 동기식 mod-6 2진 카운터
② 동기식 mod-8 2진 카운터
③ 비동기식 mod-5 2진 카운터
④ 비동기식 mod-7 2진 카운터

67 다음 회로의 기능은?

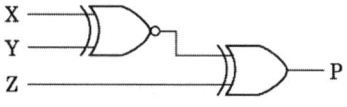

① 짝수 패리티 발생기
② 홀수 패리티 발생기
③ 오차 발생기
④ 캐리 발생기

68 그림은 전가산기이다. 출력 S와 C_o의 논리식은?

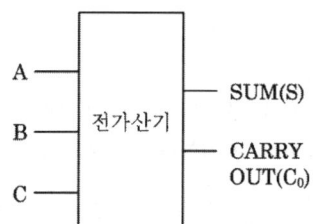

① $S = \overline{A \oplus B \oplus C}$,
　$C_o = AB + BC + AC$
② $S = A + B + C$,
　$C_o = \overline{AB + BC + AC}$
③ $S = A \oplus B \oplus C$,
　$C_o = AB + BC + AC$
④ $S = \overline{A + B + C}$,
　$C_o = \overline{AB + BC + AC}$

69 다음 회로가 나타내는 것은?

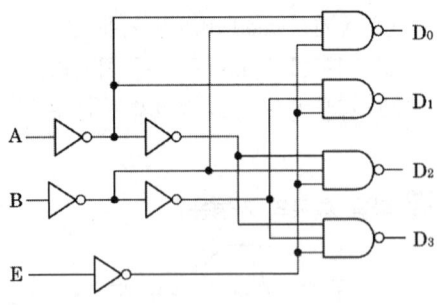

① BCD-to-decimal decoder
② 3 by 8 decoder
③ 3 by 6 decoder
④ 3 by 4 decoder

70 데이터 전송 시스템에서 송신단에 적합한 회로는?
① 인코더   ② 디코더
③ 멀티플렉서   ④ 디멀티플렉서

71 F(A, B, C)=Σ(0, 2, 4, 6)의 최소항으로 표시된 논리식을 간략화하면?
① $\overline{A}$ ② A
③ $\overline{C}$ ④ C

72 첫 번째 플립플롭의 CP 입력에만 클록 펄스가 입력되고, 다른 플립플롭은 각 플립플롭의 출력을 다음 플립플롭의 CP 입력으로 사용하는 것을 무엇이라 하는가?
① 존슨 카운터
② 링 카운터
③ 리플 카운터
④ 동기식 BCD 카운터

73 6자리의 2진수로 나타낼 수 있는 수 중에서 가장 큰 수를 10진수로 나타내면?
① 31   ② 32
③ 63   ④ 64

74 다음 회로와 같은 기능을 하는 게이트(gate)는?

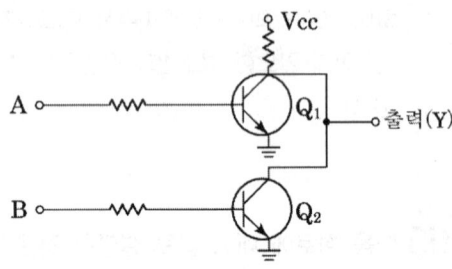

① NAND 게이트   ② NOR 게이트
③ EX-OR 게이트   ④ OR 게이트

75 병렬 전송 시 버스(bus)를 이루는 선들의 수는 레지스터의 bit 수와 어떠한 관계가 있는가?
① 같다.   ② 1/2이다.
③ 2배이다.   ④ 2^2이다.

76 리플 카운터의 특징이 아닌 것은?
① 비동기 카운터이다.
② 카운트 속도가 동기식 카운터에 비해 느리다.
③ 최대 동작 주파수에 제한을 받지 않는다.
④ 회로 구성이 간단하다.

77 다음 표는 디지털 회로 설계 과정에서 작성된 진리표(truth table)이다. 표에서 민텀(minterm)을 추출하여 논리함수식을 유도한 후 간략화된 논리식은?

입력			출력
A	B	C	X
0	0	0	1
0	0	1	1
0	1	0	1
0	1	1	1
1	0	0	1
1	0	1	1
1	1	0	0
1	1	1	0

① $X = \overline{B} + \overline{C}$　② $X = \overline{A} + \overline{B}$
③ $X = A + B$　④ $X = \overline{B} + C$

78 칩 내부에 논리 곱(logic AND)과 논리 합(logic OR)의 기능을 배열한 중규모 직접 회로는?
① ALU　② ROM
③ PLA　④ MUX

79 16진수 "3CB8"을 2진수로 변환하면?
① 0101 1100 1011 0011
② 1001 1110 1100 1100
③ 0011 1100 1011 1000
④ 0010 1101 1101 1001

80 시프트 레지스터(Shift Register)를 만드는 데 가장 적합한 플립플롭은?
① RS 플립플롭
② RST 플립플롭
③ D 플립플롭
④ T 플립플롭

제5과목 데이터통신

81 문자의 시작과 끝에 각각 START 비트와 STOP 비트가 부가되어 전송의 시작과 끝을 알려 전송하는 방식은?
① 비동기식 전송
② 동기식 전송
③ 전송 동기
④ PCM 전송

82 다음 중 A, B, C, D 문자 전송 시 홀수 패리티 비트 검사에서 에러가 발생하는 문자는?

패리티 비트	0	0	0	0
D6	1	1	0	0
D5	0	1	1	1
D4	0	0	0	0
D3	1	1	1	0
D2	1	1	0	1
D1	0	0	1	0
D0	0	1	1	1
문자	A	B	C	D

① A　② B
③ C　④ D

83 패킷 교환망에서 패킷이 적절한 경로를 통해 오류 없이 목적지까지 정확하게 전달하기 위한 기능으로 옳지 않은 것은?
① 흐름 제어　② 에러 제어
③ 경로 배정　④ 집중화

84 데이터 통신에서 오류의 발생 유무만을 판정하는 오류 검출 기법으로 옳지 않은 것은?

① Parity Check
② Cyclic Redundancy Check
③ Block Sum Check
④ Forward Error Correction Check

85 전송시간을 일정한 간격의 시간 슬롯(time slot)으로 나누고, 이를 주기적으로 각 채널에 할당하는 다중화 방식은?
① 주파수 분할 다중화
② 동기식 시분할 다중화
③ 코드 분할 다중화
④ 공간 분할 다중화

86 전송오류제어 중 오류가 발생한 프레임뿐만 아니라 오류 검출 이후의 모든 프레임을 재전송하는 ARQ 방식은?
① Go-back-N ARQ
② Stop-and-Wait ARQ
③ Selective Repeat ARQ
④ Non-Selective ARQ

87 IP(Internet Protocol) 프로토콜에 대한 설명 중 틀린 것은?
① 신뢰성이 부족한 비연결형 서비스를 제공하기 때문에 상위 프로토콜에서 이러한 단점을 보완해야 한다.
② IP 프로토콜은 직접전송과 간접전송으로 나누어지며, 직접전송은 패킷의 최종목적지와 같은 물리적 네트워크에 연결된 라우터에 도달할 때까지를 말한다.
③ 송신자가 여러 개인 데이터그램을 보내면서 순서가 뒤바뀌어 도달할 수 있다.
④ 각 데이터그램이 독립적으로 처리되고 목적지까지 다른 경로를 통해 전송될 수 있다.

88 HDLC에서 사용되는 프레임의 유형이 아닌 것은?
① Information Frame
② Supervisory Frame
③ Unnumbered Frame
④ Control Frame

89 다음이 설명하고 있는 전송 방식은?

- 송신기와 수신기의 동일한 클록을 사용하여 데이터를 송·수신하는 방법이다.
- 일반적으로 데이터 블록과 제어 정보를 합쳐서 프레임이라 부른다.
- 프레임의 형식은 크게 문자 위주와 비트 위주로 나누어진다.

① 비동기식 전송   ② 동기식 전송
③ 주파수식 전송   ④ 비트식 전송

90 패킷 교환 방식 중 가상 회선 방식에 대한 설명으로 옳은 것은?
① 네트워크 내의 노드나 링크가 파괴되거나 상실되면 다른 경로를 이용한 전송이 가능하므로 유연성을 갖는다.
② 경로 설정에 시간이 소요되지 않으므로 한 스테이션에서 소수의 패킷을 보내는 경우에 유리하다.
③ 매 패킷 단위로 경로를 설정하기 때문에 네트워크의 혼잡이나 교착 상태에 보다 신속하게 대처한다.
④ 패킷들은 경로가 설정된 후 경로에 따

라 순서적으로 전송되는 방식이다.

91 토큰 링 방식에 사용되는 네트워크 표준안은?
① IEEE 802.2
② IEEE 802.3
③ IEEE 802.5
④ IEEE 802.6

92 다중화 방식 중 타임 슬롯(time slot)을 사용자의 요구에 따라 동적으로 할당하여 데이터를 전송할 수 있는 것은?
① Pulse Code Multiplexing
② Statistical Time Division Multiplexing
③ Synchronous Time Division Multiplexing
④ Frequency Division Multiplexing

93 TCP/IP 모델에 해당하는 계층이 아닌 것은?
① Network Address
② Transport
③ Application
④ Session

94 OSI 7계층 중 데이터링크 계층의 프로토콜에 해당하는 것은?
① TCP   ② DTE/DCE
③ HDLC   ④ UDP

95 TCP/IP 모델의 인터넷 계층에 대한 설명으로 틀린 것은?

① IP 프로토콜을 사용한다.
② 경로선택과 폭주제어 기능을 수행한다.
③ 최선형의 비연결형 패킷 전달 서비스를 제공한다.
④ End to End의 통신서비스를 제공한다.

96 ISO(국제표준기구)의 OSI 7계층 중 통신망의 경로(routing) 선택 및 통신망의 폭주 제어를 담당하는 계층은?
① 응용 계층   ② 네트워크 계층
③ 표현 계층   ④ 물리 계층

97 PCM은 아날로그 신호의 크기를 표본화, 양자화한 뒤 몇 개의 2진수 비트를 전기 신호로 송출하는 방식이다. 양자화란 어떠한 과정인가?
① 원신호의 전압 값을 평균하여 일정 값의 전기신호로 변환시키는 과정이다.
② 전기 신호의 전류에 이어 비례하는 2진수 값으로 변환하는 과정이다.
③ 아날로그 신호의 진폭을 일정한 시간 간격으로 추출하는 과정이다.
④ 표본화 과정을 거친 신호의 진폭을 이산값으로 변화시키는 과정이다.

98 라우팅 프로토콜인 OSPF(Open Shortest Path First)에 대한 설명으로 옳지 않은 것은?
① OSPF 라우터는 자신의 경로 테이블에 대한 정보를 LSA라는 자료구조를 통하여 주기적으로 혹은 라우터의 상태가 변화되었을 때 전송한다.
② 라우터 간에 변경된 최소한의 부분만을 교환하므로 망의 효율을 저하시키

지 않는다.
③ 도메인 내의 라우팅 프로토콜로서 RIP 가 가지고 있는 여러 단점을 해결하고 있다.
④ 경로수(Hop)가 16으로 제한되어 있어 대규모 네트워킹에 부적합하다.

99 이동통신 가입자가 셀 경계를 지나면서 신호의 세기가 작아지거나 간섭이 발생하여 통신 품질이 떨어져 현재 사용 중인 채널을 끊고 다른 채널로 절체하는 것을 의미하는 것은?
① Mobile Control
② Location registering
③ Hand off
④ Multi-Path fading

100 효율적인 전송을 위하여 넓은 대역폭(혹은 고속전송 속도)을 가진 하나의 전송링크를 통하여 여러 신호(혹은 데이터)를 동시에 실어 보내는 기술은?
① 집중화   ② 다중화
③ 부호화   ④ 변조화

2011년 4회 시행 과년도출제문제

제1과목 시스템프로그래밍

01 컴파일러 언어에 해당하지 않는 것은?
① COBOL ② C
③ FORTRAN ④ BASIC

02 어셈블리어로 작성된 원시 프로그램이 실행되기까지의 과정으로 옳은 것은?
① 원시 프로그램 → 어셈블링 → 목적 프로그램 → 링크 → 로딩 → 실행
② 원시 프로그램 → 어셈블링 → 목적 프로그램 → 로딩 → 링크 → 실행
③ 원시 프로그램 → 링크 → 어셈블링 → 목적 프로그램 → 로딩 → 실행
④ 원시 프로그램 → 어셈블링 → 링크 → 목적 프로그램 → 로딩 → 실행

03 절대 로더에서 연결(linking) 기능의 주체는?
① 프로그래머 ② 컴파일러
③ 로더 ④ 어셈블러

04 프로세스가 일정 시간 동안 자주 참조하는 페이지의 집합을 의미하는 것은?
① Prepaging
② Thrashing
③ Locality
④ Working Set

05 시스템의 성능 평가 기준과 거리가 먼 것은?
① 신뢰도 ② 반환 시간
③ 비용 ④ 처리 능력

06 서브루틴에서 자신을 호출한 곳으로 복귀시키는 어셈블리어 명령은?
① SUB ② RET
③ MOV ④ INT

07 일반적인 로더에 가장 가까운 것은?
① Dynamic Loading Loader
② Absolute Loader
③ Direct Linking Loader
④ Compile And Go Loader

08 매크로 프로세서의 기능에 해당하지 않는 것은?
① 매크로 정의 인식
② 매크로 정의 치환
③ 매크로 정의 저장
④ 매크로 호출 인식

09 페이지 교체 알고리즘 중 한 프로세스에서 사용되는 각 페이지마다 카운터를 두어 현 시점에서 가장 오랫동안 사용되지 않은 페이지를 제거하는 것은?
① LFU ② LRU
③ OPT ④ FIFO

10 어셈블러에 의하여 독자적으로 번역된 여

러 개의 목적 프로그램과 프로그램에서 사용되는 내장 함수들을 하나로 모아서 컴퓨터에서 실행될 수 있는 실행 프로그램을 생성하는 역할을 하는 것은?
① linkage editor
② library program
③ pseudo instruction
④ reserved instruction set

11 시스템 소프트웨어에 해당하지 않는 것은?
① Compiler
② Word Processor
③ Macro Processor
④ Operating System

12 어떤 기호적 이름에 상수값을 할당하는 어셈블리어 명령은?
① EQU   ② ORG
③ INCLUDE   ④ END

13 다중 프로그래밍 시스템에서 어떤 프로세스가 아무리 기다려도 결코 발생하지 않을 사건을 기다리고 있을 때, 그 프로세스는 어떤 상태라고 볼 수 있는가?
① Deadlock
② Working Set
③ Semaphore
④ Critical Section

14 기억장치 배치 전략에 해당하지 않는 것은?
① First Fit
② High Fit
③ Best Fit
④ Worst Fit

15 기계어에 대한 설명으로 옳지 않은 것은?
① 컴퓨터가 이용할 수 있는 0과 1만으로 명령을 표현한다.
② 컴퓨터의 내부구성과 종류에 따라 의존성을 가진다.
③ 전문적인 지식이 없어도 수정, 보완, 변경이 가능하다.
④ 처리속도가 빠르다.

16 어셈블리 언어를 두 개의 Pass로 구성하는 주된 이유는?
① 한 개의 Pass만을 사용하는 경우는 프로그램의 크기가 증가하여 유지 보수가 어려움
② 한 개의 Pass만을 사용하는 경우는 프로그램의 크기가 증가하여 처리 속도가 감소함
③ 한 개의 Pass만을 사용하는 경우는 기호를 모두 정의한 뒤에 해당 기호를 사용해야 함
④ Pass1과 Pass2를 사용하는 경우는 프로그램이 작아서 경제적임

17 로더의 종류 중 다음 설명에 해당하는 것은?

- 별도의 로더 없이 언어번역 프로그램이 로더의 기능까지 수행하는 방식이다.
- 연결 기능은 수행하지 않고 할당, 재배치, 적재 작업을 모두 언어번역 프로그램이 담당한다.

① 절대 로더

② Compile And Go 로더
③ 직접 연결 로더
④ 동적 적재 로더

18 프로그램 실행을 위하여 메모리 내에 기억 공간을 확보하는 작업은?
① allocation　② linking
③ loading　　 ④ compile

19 라이브러리에 기억된 내용을 프로시저로 정의하여 서브루틴으로 사용하는 것과 같이 사용할 수 있도록 그 내용을 현재의 프로그램 내에 포함시켜 주는 어셈블리어 명령은?
① INCLUDE　② CREF
③ ORG　　　 ④ EVEN

20 다음 중 로더(Loader)의 기능이 아닌 것은?
① Allocation　② Link
③ Relocation　 ④ Compile

● 제2과목 전자계산기구조

21 다음 10진수 중 2421 코드로 표시된 1011과 같은 값은?
① 4　② 5
③ 6　④ 7

22 다음 중 수치적 연산이 아닌 것은?
① 로테이트
② 산술적 시프트
③ 덧셈
④ 나눗셈

23 10110101이라는 이진 자료가 2's complement 방식으로 표현되어 있다. 이를 우측으로 3비트만큼 산술적 이동(Arithmetic shift)하였을 때의 결과는?
① 11110110　② 11010110
③ 10000110　④ 00010110

24 중앙처리장치는 4가지 단계를 반복적으로 거치면서 동작을 수행하게 되는데 이에 속하지 않는 것은?
① Fetch Cycle
② Execute Cycle
③ Indirect Cycle
④ Branch Cycle

25 채널을 이용한 입출력 제어 방식의 특징이 아닌 것은?
① 다양한 입출력장치와 단말장치를 동시에 독립해서 동작시킬 수 있다.
② 입출력 동작을 중앙처리장치와는 독립적이면서 비동기적으로 실행한다.
③ 멀티프로그래밍이 가능하다.
④ 대용량 보조기억장치를 입출력장치와 같은 레벨로 중앙처리장치와 독립해서 동작시킬 수 있다.

26 주기억장치는 하드웨어의 특성상 주기억장치가 제공할 수 있는 정보 전달능력에 한계가 있는데, 이 한계를 무엇이라 하는가?
① 주기억장치 전달(transfer)

② 주기억장치 접근폭(access width)
③ 주기억장치 대역폭(band width)
④ 주기억장치 정보 전달폭(transfer width)

27 인터럽트의 발생 요인이 아닌 것은?
① 정전
② 처리할 데이터 양이 많은 경우
③ 컴퓨터가 제어하는 주변 상황에 이상이 있는 경우
④ 불법적인 인스트럭션 수행과 같은 프로그램상의 문제가 발생한 경우

28 소프트웨어에 의한 인터럽트 처리의 우선순위 체제가 가진 특성으로 가장 거리가 먼 것은?
① 융통성이 있다.
② 경제적이다.
③ 정보량이 매우 적은 시스템에 적합하다.
④ 반응속도가 느리다.

29 65536워드(word)의 메모리 용량을 갖는 컴퓨터가 있다. 프로그램 카운터(PC)는 몇 비트인가?
① 8   ② 16
③ 32   ④ 64

30 명령어 형식에서 수행할 데이터가 저장된 곳을 나타내는 부분은?
① 오퍼랜드(operand)
② op-코드(operation code)
③ 인덱스 레지스터(index register)
④ 베이스 레지스터(base register)

31 다음 단위 중에서 가장 큰 자료 표현 단위는?
① bit   ② nibble
③ word   ④ file

32 RISC(reduced instruction set computer)의 특징에 대한 설명 중 틀린 것은?
① 주로 마이크로프로그램 제어방식 사용
② 명령어 숫자의 최소화
③ 주소지정방식의 최소화
④ 각 명령어는 대부분 단일 사이클에 수행됨

33 컴퓨터에서 사용하는 명령어를 기능별로 분류할 때 동일한 분류에 포함되지 않는 것은?
① JMP(Jump 명령)
② ADD(Addition 명령)
③ ROL(Rotate Left 명령)
④ CLC(Clear Carry 명령)

34 다음 중 Associative 기억장치의 특징으로 옳은 것은?
① 일반적으로 DRAM보다 값이 싸다.
② 구조 및 동작이 간단하다.
③ 명령어를 순서대로 기억시킨다.
④ 저장된 정보에 대해서 주소보다 내용에 의해 검색한다.

35 바이트 머신의 데이터 형식을 표시한 다음은 어떤 데이터 형식을 표시한 것인가?

부호(sign), 지수(exponent), 가수(mantissa)

① 고정소수점 데이터(fixed point data)
② 가변장 논리 데이터(variable length logical data)
③ 부동소수점 데이터(floating point data)
④ 팩(pack) 형식의 10진수(decimal number)

36 10진수 -456을 PACK 형식으로 표현한 것은?

① | 45 | 6D |
② | -4 | 56 |
③ | 45 | 6F |
④ | F4 | 56 |

37 병렬 처리(parallel status word)에 대한 설명으로 옳은 것은?
① 시스템의 동작은 CPU 안에 있는 program counter에 의해 제어된다.
② interrupt 레지스터는 PSW의 일종이다.
③ CPU의 상태를 나타내는 정보를 가지고, 독립된 레지스터로 구성된다.
④ PSW는 8bit의 크기이다.

39 연산 결과를 항상 누산기(Accumulator)에 저장하는 명령어 형식은?
① 0-주소 명령어
② 1-주소 명령어
③ 2-주소 명령어
④ 3-주소 명령어

40 인터럽트의 병렬 우선순위에 대한 설명으로 틀린 것은?
① 폴링에 의해 어느 입출력장치가 인터럽트를 요구했는지 찾는다.
② 반응시간이 빠르지만 비경제적이다.
③ 우선순위는 레지스터 비트의 위치에 따라 결정된다.
④ 마스크 레지스터를 이용하여 각 인터럽트의 요구를 조절할 수 있다.

제3과목 마이크로전자계산기

41 Dynamic RAM에 관한 설명 중 맞는 것은?
① Static RAM의 경우보다 Access time이 빠르다.
② 위치에 따라 access time이 다르므로 엄밀하게 말하면 random access가 아니다.
③ 빠른 처리 속도가 필요한 소규모 외부 캐시 기억장치에 주로 사용한다.
④ 집적도가 높고, 가격이 저렴하다.

42 마이크로프로그램과 거리가 가장 먼 것은?
① 마이크로 인스트럭션으로 구성되어 있다.
② 제어장치에 이용하는 경향이 있다.
③ 마이크로프로그램은 중앙처리장치에 기억된다.
④ 대규모 집적회로의 이용이 가능해서 제어기의 비용이 절감된다.

43 A/D 변환기의 오차를 나타내는 것이 아닌 것은?
① 분해능(resolution)
② 오프셋(offset)

③ 이득(gain)
④ 비선형(integral non-lineality)

44 마이크로컴퓨터의 시스템 소프트웨어 중 사용자가 작성한 프로그램을 실행하면서 에러를 검출하고자 할 때 사용되는 것은?
① 로더(loader)
② 디버거(debugger)
③ 컴파일러(compiler)
④ 텍스트 에디터(text editor)

45 설계비용을 줄이기 위하여 가끔 마이크로프로세서보다 액세스 타임이 긴 메모리를 이용한다. 이때 데이터의 전송을 원활히 해주기 위해 사용되는 것은?
① HALT   ② WAIT
③ INTERRUPT ④ POLLING

46 플래그(flag) 레지스터가 나타내는 상태가 아닌 것은?
① carry의 발생
② 연산 결과의 부호
③ 인덱스(index) 레지스터의 증감 상태
④ overflow의 발생

47 어느 마이크로프로세서의 instruction cycle 중 fetch cycle의 마이크로 명령을 순서 없이 기술한 것이다. 가장 먼저 수행되는 것부터 순서대로 나열한 것은?

a : MBR ← M, PC ← PC+1
b : MAR ← PC
c : OPR ← MBR(OP)

① b → c → a   ② b → a → c
③ c → b → a   ④ c → a → b

48 명령 레지스터(Instruction Register)의 기능에 해당되는 것은?
① Flags를 저장한다.
② 명령어 주소를 갖는다.
③ 특정 주소 방식에서 사용된다.
④ Op-code를 저장한다.

49 R/W, RESET, INT와 같은 신호는 마이크로 전자계산기의 어느 부분과 관련이 있는가?
① 주변 버스(peripheral bus)
② 제어 버스(control bus)
③ 주소 버스(address bus)
④ 데이터 버스(data bus)

50 다음 설명은 어느 것과 연관이 있는가?

자주 참조되는 프로그램과 데이터를 속도가 빠른 메모리에 저장함으로써 액세스 시간과 프로그램의 총 수행시간을 단축시킨다.

① Associative Memory
② Virtual Memory
③ Secondary Memory
④ Cache Memory

51 마이크로컴퓨터 시스템을 개발하는 데 사용하는 디버거로 Inter사의 등록상표인 것은?
① JTAG
② socket

③ In-Circuit Emulator
④ PowerVT Terminal Emulator

52 다음은 산술논리장치(ALU)에 대한 상태 플래그들이다. A=0010 0001과 B=1111 1111을 산술논리장치에 의해 A+B를 실행한 후 각 플래그의 상태는? (단, 2의 보수로 저장 및 연산한다.)

flag	상태	의미
V	오버플로우	V=1 : overflow V=0 : non-overflow
Z	제로(zero)	Z=1 : zero Z=0 : non-zero
S	부호	S=1 : 음수 S=0 : 음수가 아님
C	carry	C=1 : 캐리 발생 C=0 : 발생 안함

① V=0, Z=1, S=0, C=1
② V=0, Z=0, S=1, C=1
③ V=0, Z=0, S=0, C=0
④ V=0, Z=1, S=0, C=0

53 고속데이터 전송에 적합한 입출력 방식은?
① interrupt I/O
② programmed I/O
③ DMA
④ dynamic I/O

54 시프트 레지스터(shift register)의 입출력 방식 중 시간이 가장 적게 걸리는 것은?
① 직렬입력-직렬출력
② 직렬입력-병렬출력
③ 병렬입력-직렬출력
④ 병렬입력-병렬출력

55 마이크로프로그램 제어 명령어(Micro-program Control Instruction) 중에서 번지가 필요 없는 무번지 명령은?
① SKP(skip)
② BR(branch)
③ AND(and)
④ CALL(call)

56 메모리와 입출력장치를 구별하는 제어선이 필요 없는 입출력 주소지정방식은?
① memory mapped I/O
② isolated I/O
③ interrupted I/O
④ programmed I/O

57 상대 주소지정방식(Relative Addressing Mode)에서 오프셋(offset)이 1바이트이면 사용 가능한 영역은?
① (현 PC 위치-128)~(현 PC 위치+127)
② (현 PC 위치)~(현 PC 위치+256)
③ (현 PC 위치-256)~(현 PC 위치)
④ (현 PC 위치-128)~(현 PC 위치+128)

58 마이크로칩 기술의 발전 속도에 관한 법칙으로 마이크로칩에 저장할 수 있는 데이터의 양이 18개월마다 2배씩 증가한다는 것은?
① 황의 법칙
② 멧칼프의 법칙
③ 수확체증의 법칙
④ 무어의 법칙

59 컴퓨터와 주변장치 사이에서 데이터 전송 시에 입출력 주기나 완료를 나타내는 2개의 제어 신호를 사용하여 데이터 입출력을 하는 방식은?
① strobe 방법
② polling 방법
③ interrupt 방법
④ handshaking 방법

60 한 플랫폼에서 작동하도록 되어 있는 프로그램을 다른 플랫폼에서 작동하도록 수정하는 것을 무엇이라 하는가?
① 시뮬레이팅(Simulating)
② 오퍼레이팅(Operating)
③ 포팅(Porting)
④ 디버깅(Debugging)

제4과목 논리회로

61 다음 회로가 나타내는 것은?

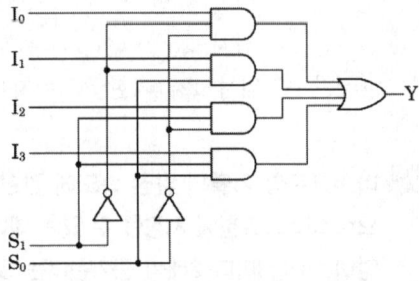

① 4 by 1 multiplexer
② 2 by 4 decoder
③ 3 by 8 decoder
④ 4 by 2 multiplexer

62 T 플립플롭 3개를 종속 접속한 후 입력주파수 800Hz를 인가하면 출력주파수는?
① 8Hz   ② 10Hz
③ 80Hz   ④ 100Hz

63 지연시간 50ns의 플립플롭을 사용한 5단의 리플 카운터가 있다. 카운터의 동작 최고 주파수는?
① 1MHz   ② 4MHz
③ 10MHz ④ 20MHz

64 자기 보수 코드(self complementing code)가 아닌 것은?
① 5중 2코드
② 2421코드
③ 3-초과 코드
④ 51111 코드

65 다음 불 함수(boolean function) F를 합의 곱(product of sum)형으로 간략화한 논리식은?

$F(A, B, C, D) = \Sigma(0, 1, 2, 5, 8, 9, 10)$

① $F = (A+B)(C+D)(B+\overline{D})$
② $F = (\overline{A}+\overline{B})(\overline{C}+\overline{D})(\overline{B}+D)$
③ $F = (\overline{B}+\overline{D})(\overline{B}+\overline{C})(\overline{A}+\overline{C}+D)$
④ $F = (B+D)(B+C)(A+C+\overline{D})$

66 다음 논리식 중 틀린 것은?
① $(A+C)(\overline{A}+B) = AB + \overline{A}C$
② $A + \overline{A}B = A + B$
③ $(A+B)(A+C) = A + BC$

④ A(A+B) = A+B

67 다음 식을 쌍대(duality)식으로 표시한 것은?

$$\overline{A+B} = \overline{A} \cdot \overline{B}$$

① A+B = A·B
② A·B = $\overline{A+B}$
③ $\overline{A} \cdot \overline{B} = \overline{A+B}$
④ $\overline{A \cdot B} = \overline{A} + \overline{B}$

68 전가산기(Full Adder)의 구성은?
① 반가산기 2개, OR 게이트 1개
② 반가산기 2개, OR 게이트 2개
③ 반가산기 2개, AND 게이트 1개
④ 반가산기 2개, AND 게이트 2개

69 플립플롭의 동작 특성 중 클록 펄스가 상승에지 변이 이후에도 입력값이 변해서는 안 되는 일정한 시간을 의미하는 것은?
① 전파지연시간+홀드시간+설정시간
② 전파지연시간
③ 홀드시간
④ 설정시간

70 다음 그림의 회로 명칭은?

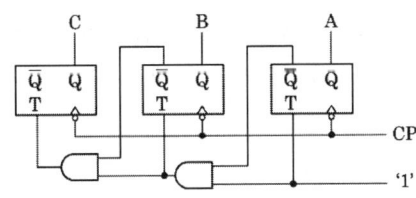

① 2진 감산계수기
② 2진 가산계수기
③ 8진 감산계수기
④ 8진 가산계수기

71 논리식 $F = \overline{X}\,\overline{Y}Z + \overline{X}YZ + XY$ 를 간략화하면?
① $F = \overline{X}Z + XY$
② $F = \overline{X}Y + XZ$
③ $F = \overline{X}YZ + XY$
④ $F = X\overline{Y} + XZ$

72 그림과 같은 구성도는 어떤 플립플롭인가?

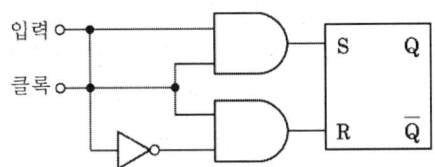

① RST 플립플롭
② JK 플립플롭
③ D 플립플롭
④ T 플립플롭

73 그림과 같은 입력 A, B, C의 파형을 가할 때 출력 X의 파형을 얻을 수 있다면, 이 게이트의 명칭은?

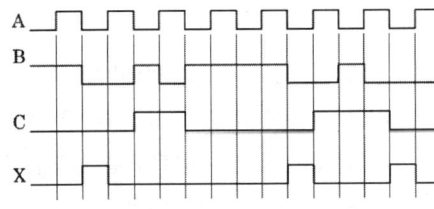

① AND 게이트
② OR 게이트
③ NAND 게이트

④ NOR 게이트

74 다음 그림과 같은 회로는?

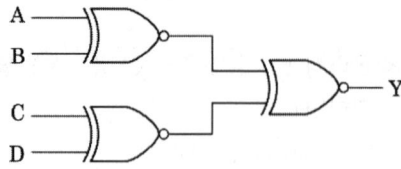

① 우수 패리티 발생기
② 짝수 패리티 검사회로
③ 홀수 패리티 검사회로
④ 멀티플렉서

75 병렬 2진 가산기에 두 개의 입력 A, $\overline{B}$ 및 올림수 C_i를 다음 그림과 같이 인가한다면 수행되는 출력 F의 기능은?

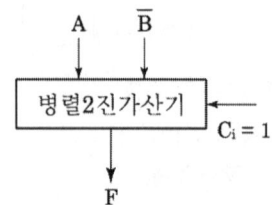

① 올림수를 포함한 덧셈(Addition with carry)
② 뺄셈(Subtraction)
③ 증가(Increment)
④ 감소(Decrement)

76 두 입력 A와 B를 비교하여 B>A 및 A=B 이면 출력(Y)이 1, 그리고 A>B이면 출력(Y)이 0이 되는 논리회로를 설계할 때 조건을 만족하는 논리회로는?

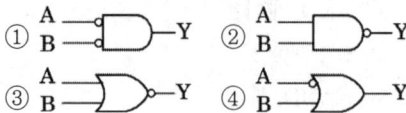

77 다음과 같이 동작하는 소자는?

입력				출력	
D_0	D_1	D_2	D_3	X	Y
1	0	0	0	0	0
0	1	0	0	0	1
0	0	1	0	1	0
0	0	0	1	1	1

① 인코더
② 디코더
③ MUX
④ DEMUX

78 다음 중 병렬 가산기의 특징으로 옳은 것은?
① 가격이 직렬 가산기에 비해 저렴하다.
② carry bit를 위한 기억소자가 필요하다.
③ 입력단자수가 n개이라면 출력단자수는 2^n이다.
④ 연산 처리가 직렬 가산기에 비해 빠르다.

79 비동기형 5진 계수 회로 설계 시 필요한 최소 플립플롭 수는?
① 1개
② 2개
③ 3개
④ 4개

80 그레이 코드(Gray Code)의 설명으로 옳지 않은 것은?
① 반사 코드이다.
② 오류 발생 시 오차가 적다.
③ 연산에 이용할 수 있는 코드이다.
④ 1비트만 변하면 인접해 있는 새로운 코드를 얻을 수 있다.

제5과목 데이터통신

81 다음이 설명하고 있는 것은?

- 이동 단말이나 PDA 등 소형 무선 단말기 상에서 인터넷을 이용할 수 있도록 해주는 프로토콜의 총칭이다.
- HTML 이동 단말로 전송하거나, 수신하는 경우 HTML 텍스트 코드를 그대로 송신하는 것이 아니고 이를 컴파일해서 컴팩트한 바이너리 데이터로 변환하여 이동 단말에 송신한다.

① HTTP ② FTP
③ SMTP ④ WAP

82 음성 전화망과 같이 메시지가 전송되기 전에 발생지에서 목적지까지의 물리적 통신 회선 연결이 선행되어야 하는 교환 방식은?

① 메시지 교환 방식
② 데이터그램 방식
③ 회선 교환 방식
④ ARQ 방식

83 TCP/IP 모델 중 응용계층 프로토콜에 해당하지 않은 것은?

① TELNET ② SMTP
③ ROS   ④ FTP

84 피기백(Piggyback) 응답이란 무엇인가?

① 송신측이 대기시간을 설정하기 위한 목적으로 보낸 테스터 프레임용 응답을 말한다.
② 송신측이 일정한 시간 안에 수신측으로부터 ACK가 없으면 오류로 간주하는 것이다.
③ 수신측이 별도의 ACK를 보내지 않고 상대편으로 향하는 데이터 전문을 이용하여 응답하는 것이다.
④ 수신측이 오류를 검출한 후 재전송을 위한 프레임 번호를 알려주는 응답이다.

85 회선을 제어하기 위한 제어 문자 중 실제 전송할 데이터 집합의 시작임을 의미하는 것은?

① SOH ② STX
③ SYN ④ DLE

86 다음이 설명하고 있는 디지털 전송 신호의 부호화 방식은?

- CSMA/CD LAN에서의 전송부호로 사용된다.
- 신호 준위 천이가 매 비트 구간의 가운데서 비트 1에 대해서는 고준위에서 저준위로 천이하며, 비트 0은 저준위에서 고준위로 천이한다.

① Alternating Mark Inversion 코드
② Manchester 코드
③ Bipolar 코드
④ Non Return to Zero 코드

87 다음이 설명하고 있는 라우팅 프로토콜은?

- 헬루우(Hello) 패킷을 주고받음으로써 이웃한 라우터를 서로 인식할 수 있게 된다.
- LSA 자료구조를 사용한다.

① SMTP ② OSPF
③ RIP   ④ ICMP

88 다음이 설명하고 있는 프로토콜은?

- IP 프로토콜에서는 오류 보고와 오류 수정 기능, 호스트와 관리 질의를 위한 매커니즘이 없기 때문에 이를 보완하기 위해 설계되었다.
- 메시지는 크게 오류 보고(error-reporting) 메시지와 질의(query) 메시지로 나눌 수 있다.

① IGMP(Internet Group Management Protocol)
② ICMP(Internet Control Message Protocol)
③ BOOTP(Bootstrap Protocol)
④ IPv4(Internet Protocol version 4)

89 HDLC(High-level Data Link Control)에서 링크 구성방식에 따른 세 가지 모드에 해당되지 않는 것은?
① NRM   ② ABM
③ SBM   ④ ARM

90 다음이 설명하고 있는 오류제어 방식은?

- 데이터 프레임의 정확한 수신 여부를 매번 확인하면서 다음 프레임을 전송해 나가는 오류제어 방식이다.
- 송신기에서 하나의 데이터 프레임을 전송한 다음 반드시 확인신호인 ACK를 기다려야 한다.
- 구현이 간단한 장점이 있으나, 데이터 프레임을 전송한 후, 응답 메시지를 수신하는 데 걸리는 시간이 길어질수록 링크 사용면에서 비효율적이다.

① Stop-and-Wait ARQ
② Go-back-N ARQ
③ Selective-Repeat ARQ
④ Forward-Stop ARQ

91 회선 교환 방식의 특징으로 틀린 것은?
① 정보량이 적은 경우에 유리하다.
② 경제적인 통신망 구성이 용이하다.
③ 접속 절단 과정이 필요하므로 정보전달에 시간이 걸린다.
④ 두 지점간의 정보량이 많을 때 유리하다.

92 X.25와 OSI 참조 모델의 관계에서 X.25가 적용되는 OSI 참조 모델 계층은?
① 물리 계층
② 데이터 링크 계층
③ 네트워크 계층
④ 전송 계층

93 전송 데이터가 있는 동안에만 시간 슬롯을 할당하는 다중화 방식은?
① 통계적 시분할 다중화
② 광파장 분할 다중화
③ 동기식 시분할 다중화
④ 주파수 분할 다중화

94 CSMA/CD에서 사용되는 LAN 표준 프로토콜은?
① IEEE 802.3
② IEEE 802.4
③ IEEE 802.5
④ IEEE 802.12

95 다음이 설명하고 있는 에러 체크 방식은?

프레임 단위로 오류 검출을 위한 코드를 계산하여 프레임 끝에 부착하며, 이를 FCS라 한다.
① LRC(Longitudinal Redundancy Check)
② VRC(Vertical Redundancy Check)
③ CRC(Cyclic Redundancy Check)
④ ARQ(Automatic Repeat Request)

96 송신측과 수신측 사이를 직접 연결하지 않고 송신측으로부터의 데이터를 교환기에 저장한 다음 수신측을 연결하여 데이터를 전송하는 방식은?
① 직접 회선
② 분기 회선
③ 집선 분기 회선
④ 축적 교환

97 HDLC의 프레임 형식 중 프레임 수신 확인, 프레임의 전송요구, 그리고 프레임 전송의 일시 연기요구와 같은 제어기능을 수행하는 프레임은?
① 정보(Information) 프레임
② 감시형식(Supervisory) 프레임
③ 비번호(Unnumbered) 프레임
④ Flag 프레임

98 ARP(Address Resolution Protocol)에 대한 설명으로 틀린 것은?
① 네트워크에서 두 호스트가 성공적으로 통신하기 위하여 각 하드웨어의 물리적인 주소문제를 해결해 줄 수 있다.
② 목적지 호스트의 IP 주소를 MAC 주소로 바꾸는 역할을 한다.
③ ARP 캐시를 사용하므로 캐시에서 대상이 되는 IP 주소의 MAC 주소를 발견하면 이 MAC 주소가 통신을 위해 바로 사용된다.
④ ARP 캐시를 유지하기 위해서는 TTL 값이 0이 되면 이 주소는 ARP 캐시에서 영구히 보존된다.

99 순방향 오류 정정(Forward error Correction)에 사용되는 오류 검사 방식은?
① 수평 패리티 검사
② 군 계수 검사
③ 수직 패리티 검사
④ 해밍 코드 검사

100 동기식 전송을 하는 HDLC 프레임의 형식으로 옳지 않은 것은?
① 8비트 길이의 플래그
② 8비트 또는 16비트의 제어영역
③ 가변 길이의 정보영역
④ 48비트의 FCS

2012년 1회 시행 과년도출제문제

제1과목 시스템프로그래밍

01 어셈블리어에 대한 설명으로 옳지 않은 것은?
① 고급 언어에 해당한다.
② 실행을 위해서는 기계어로 번역되어야 한다.
③ 어셈블리어에서 사용되는 명령은 의사 명령과 실행 명령으로 구분할 수 있다.
④ 프로그램에 기호화된 명령 및 주소를 사용한다.

02 어셈블러가 원시 프로그램을 목적 프로그램으로 번역할 때 현재의 오퍼랜드에 있는 값을 다음 명령어의 번지로 할당하는 명령은?
① ORG
② EVEN
③ INCLUDE
④ CREF

03 다음 설명에 해당하는 로더는?

- 프로그램을 한꺼번에 적재하는 것이 아니라 실행 시 필요한 일부분만을 적재하는 것으로, Load-On-Call이라고도 한다.
- 프로그램의 크기가 주기억장치의 크기보다 큰 경우에 유리하다.

① Dynamic Loading Loader
② Direct Linking Loader
③ Absolute Loader
④ Compile And Go Loader

04 매크로 프로세서가 수행하는 기본적 작업에 해당하지 않는 것은?
① 매크로 정의 인식
② 매크로 정의 저장
③ 매크로 호출 인식
④ 매크로 인수 인식

05 어셈블러를 두 개의 패스(Pass)로 구성하는 이유로 가장 적당한 것은?
① 기호를 정의하기 전에 사용할 수 있어 프로그램 작성이 쉽기 때문이다.
② 한 개보다 두 개의 패스가 처리속도 측면에서 빠르기 때문이다.
③ 두 개의 패스가 프로그램을 작게 만들 수 있기 때문이다.
④ 두 개의 패스가 메모리 사용을 보다 효율적으로 할 수 있기 때문이다.

06 여러 개의 프로그램을 논리에 맞게 하나로 결합하여 실행 가능한 프로그램으로 만들어 주는 것은?
① Base register
② JCL
③ Linkage editor
④ Accumulator

07 운영체제의 목적으로 거리가 먼 것은?
① 사용자와 컴퓨터 간의 인터페이스 제공
② 처리 능력 및 신뢰도 향상
③ 사용 가능도 향상 및 반환 시간 증가
④ 데이터 공유 및 주변장치 관리

08 페이지 교체 알고리즘 중 최근의 사용 여부를 확인하기 위해서 각 페이지마다 2개의 비트, 즉 참조 비트와 변형 비트를 사용하여 최근에 사용하지 않은 페이지를 교체하는 기법은?
① OPT   ② SCR
③ LFU   ④ NUR

09 매크로 기능 설명으로 가장 적합한 것은?
① 컴퓨터의 실행시간을 획기적으로 단축할 수 있다.
② 프로그램의 번역과 해석시간을 단축시킬 수 있다.
③ 프로그램의 주기억장치 사용을 크게 줄일 수 있다.
④ 하나의 매크로 명령어로 여러 개의 명령어를 사용한 효과를 가져온다.

10 기억장치 배치 전략 중 프로그램이나 데이터가 들어갈 수 있는 크기의 영역 중에서 단편화를 가장 많이 남기는 분할 영역에 배치시키는 방법은?
① First Fit
② Worst Fit
③ Best Fit
④ Large Fit

11 교착상태(deadlock) 발생의 필수 조건이 아닌 것은?
① Mutual exclusion
② Hold and wait
③ Circular wait
④ Preemption

12 절대로더(absolute loader)를 사용할 경우 다음 중 어셈블러가 수행할 부분의 기능에 해당되는 것은?
① 기억장소 할당(allocation)
② 연계(linking)
③ 재배치(relocation)
④ 적재(loading)

13 매크로 "MACRO"라는 어셈블리어 명령으로 정의한다. 매크로 정의의 마지막을 의미하는 것은?
① END   ② MEND
③ ENDM   ④ INCR

14 하나의 시스템에 독립된 여러 개의 프로그램을 기억시켜 이들을 동시에 처리함으로써 프로그램의 처리량을 극대화하는 시스템을 무엇이라고 하는가?
① 다중 프로그래밍 시스템
② 다중 처리 시스템
③ 분산 처리 시스템
④ 시분할 시스템

15 원시 프로그램을 기계어로 번역해 주는 프로그램에 해당하지 않는 것은?

① 컴파일러(Compiler)
② 어셈블러(Assembler)
③ 인터프리터(Interpreter)
④ 로더(Loader)

16 다음 설명에 해당하는 스케줄링 기법은?

- 실행 시간이 긴 프로세스에 불리한 SJF 기법을 보완하기 위한 것으로, 대기 시간과 서비스 시간을 이용하는 기법이다.
- 우선 순위를 계산하여 그 숫자가 가장 높은 것부터 낮은 순으로 우선 순위가 부여된다.
- 우선 순위 계산식=(대기시간+서비스시간)/서비스시간

① FCFS   ② SRT
③ HRN   ④ Round Robin

17 어셈블리어에서 의사 명령에 해당하는 것은?
① USING   ② SR
③ AR   ④ ST

18 운영체제의 기능으로 옳지 않은 것은?
① 자원보호 기능
② 기억장치 관리 기능
③ 자원 스케줄링 기능
④ 언어번역 기능

19 고급 언어에 대한 설명으로 옳지 않은 것은?
① 사람이 일상 생활에서 사용하는 자연어에 가까운 형태로 만들어진 언어이다.
② 실행을 위하여 컴파일러에 의해 번역된다.
③ 하드웨어에 관한 전문적인 지식이 없어도 프로그램 작성이 용이하다.

④ 컴퓨터 기종마다 독립적인 언어를 사용하므로 호환성이 없다.

20 프로그램 언어의 실행 과정으로 옳은 것은?
① 로더 → 링커 → 컴파일러
② 컴파일러 → 로더 → 링커
③ 링커 → 컴파일러 → 로더
④ 컴파일러 → 링커 → 로더

제2과목 전자계산기구조

21 비교적 저속의 I/O 장치에 사용되는 채널은?
① 바이트 멀티플렉서 채널
② 셀렉터 채널
③ 블록 멀티플렉서 채널
④ 서브 채널

22 다음과 같은 마이크로 오퍼레이션과 관련 있는 사이클은?

① MAR ← MBR(addr)
② MBR ← M(MAR)
③ 실행

① FETCH CYCLE
② EXECUTE CYCLE
③ INDIRECT CYCLE
④ INTERRUPT CYCLE

23 소프트웨어에 의한 폴링 방식에 대한 설명으로 옳지 않은 것은?
① 경제적이다.
② 융통성이 있다.

③ 반응속도가 느리다.
④ 정보량이 매우 적은 시스템에 적합하다.

24 DMA(Direct Memory Access)의 설명 중 옳지 않은 것은?
① DMA는 기억장치와 주변장치 사이에 직접적인 자료 전송을 제공한다.
② 자료 전송에 CPU의 레지스터를 직접 사용한다.
③ DMA는 주기억장치에 접근하기 위해 사이클 스틸링(cycle stealing)을 한다.
④ 속도가 빠른 장치들과 입출력할 때 사용하는 방식이다.

25 기억장치의 대역폭(bandwidth)이란?
① 기억장치 각 단어(word)의 크기
② 기억장치가 단위시간 동안 전달하거나 받아들일 수 있는 비트 수
③ 기억장치 버퍼(buffer)의 크기
④ 기억장치의 총용량을 비트로 나타낸 수

26 컴퓨터가 인터럽트 루틴을 수행한 후에 처리하는 것은?
① 전원을 다시 동작시킨다.
② 모니터 화면에 인터럽트 종류를 디스플레이한다.
③ 메모리의 내용을 지워서 다른 프로그램이 적재될 수 있도록 한다.
④ 인터럽트 처리 시 보존시켰던 PC 및 제어상태 데이터를 PC와 제어상태 레지스터에 복구한다.

27 2의 보수로 표현된 −14(십진)을 오른쪽으로 1비트 산술 시프트했을 때의 결과는? (단, 2진수의 표현은 8비트(부호 비트 포함)를 사용한다.)
① 10111001 ② 11111001
③ 11111000 ④ 11110100

28 주변장치나 메모리의 데이터 입출력 방식이 아닌 것은?
① 채널의 사용
② 인터럽트 사용
③ 프로그램 사용
④ 버스의 사용

29 공유기억장치 다중프로세서 시스템에서 사용되는 상호연결 구조가 아닌 것은?
① 버스(bus)
② 큐브(cube)
③ 크로스바 스위치
④ 다단계 상호연결망

30 DRAM은 기억된 정보의 보존을 위하여 주기적으로 재생(refresh)시켜 주어야 된다. 재생 주기가 2msec인 16×16 DRAM의 행당 재생 사이클은?
① 62.5sec ② 125sec
③ 250sec   ④ 500sec

31 그레이 코드에 대한 설명으로 옳지 않은 것은?
① 자기 보수의 특성을 가지고 있다.
② 가중치를 갖지 않는 코드이다.

③ 코드 변환을 위해 EX-OR 게이트를 사용한다.
④ 아날로그/디지털 변환기를 제어하는 코드에 사용된다.

32 CPU 또는 메모리와 입출력장치의 속도 차이에서 오는 성능저하를 극복하기 위한 방법이 아닌 것은?
① 버퍼
② 캐시 메모리
③ 오프라인
④ DMA

33 사이클 훔침(Cycle stealing)에 관한 설명 중 틀린 것은?
① DMA의 우선순위는 메모리 참조의 경우 중앙처리장치보다 상대적으로 높다.
② 중앙처리장치는 메모리 참조가 필요한 오퍼레이션을 계속 수행한다.
③ DMA가 중앙처리장치의 메모리 사이클을 훔치는 현상이다.
④ 중앙처리장치는 메모리 참조가 필요 없는 오퍼레이션을 계속 수행한다.

34 cache memory에 대한 설명과 가장 관계가 깊은 것은?
① 내용에 의해서 access되는 memory unit이다.
② 대형 computer system에서만 사용되는 개념이다.
③ 현재 실행 중인 명령어나 자주 필요한 data를 저장하는 초고속 기억장치이다.
④ memory에 접근을 각 module별로 액세스하도록 하는 기억장치이다.

35 다음 중 마이크로 오퍼레이션은 어디에 기준을 두고서 실행되나?
① Flag
② Clock
③ Memory
④ RAM

36 파이프라인 처리기가 이론적 최대 속도증가율을 내지 못하는 이유로 옳지 않은 것은?
① 병목현상
② 지원 충돌
③ 구조
④ 분기 곤란

37 우선순위 중재 방식 중 중재동작이 끝날 때마다 모든 마스터들의 우선순위가 한 단계씩 낮아지고, 가장 우선순위가 낮았던 마스터가 최상위 우선순위를 가지는 방식은?
① 회전 우선순위
② 임의 우선순위
③ 동등 우선순위
④ 최소-최근 사용 우선순위

38 다음 중에서 정보처리 단위로 가장 큰 것은?
① 필드(Field)
② 파일(File)
③ 레코드(Record)
④ 비트(Bit)

39 다음 중 3-초과 코드에 포함되지 않는 것은?
① 0000
② 0100
③ 1000
④ 1100

40 어떤 프로그램이 수행 중 인터럽트 요인이 발생했을 때 CPU가 확인할 사항에 속하지

않는 것은?
① 프로그램 카운터의 내용
② 관련 레지스터의 내용
③ 상태 조건의 내용
④ 스택의 내용

제3과목 마이크로전자계산기

41 하나의 서브루틴 속에 존재하는 또 하나의 서브루틴, 즉 서로 다른 서브루틴 중에서 호출되는 서브루틴을 무엇이라 하는가?
① Nested subroutine
② Open Subroutine
③ Closed Subroutine
④ Cross Subroutine

42 서브루틴을 수행하기 위해 사용되는 것은?
① Stack　　② Queue
③ Linked list　④ Array

43 IEEE 488 버스에 대한 설명 중 틀린 것은?
① 16 signal line으로 구성되어 있다.
② 3line의 전송 제어선은 기기의 데이터 입출력 시에 handshaking하는 데 사용된다.
③ serial data 전송에 적합하다.
④ GPIB라고도 하며 시스템 간 통신에 많이 사용된다.

44 마이크로프로세서는 클록(clock)에 의해 제어된다. 이 클록을 발생하는 회로는?

① 수정발진
② LC 발진
③ RC 발진
④ 마이크로발진

45 동기식 비트 직렬 전송의 동작 순서로 옳은 것은?

① 프로세서로부터 초기화 코드 전송
② 클록의 카운터 동작
③ 데이터 비트 직렬 전송
④ 입출력장치에서 검출

① ②-①-③-④　② ①-③-④-②
③ ①-④-②-③　④ ④-①-③-②

46 마이크로컴퓨터와 외부장치 간에 적외선을 이용하여 데이터를 주고 받는 방식은?
① 블루투스(Bluetooth)
② IrDA
③ USB
④ IEEE1394

47 제어논리가 마이크로프로그램 기억장치인 읽기용 기억장치(ROM)에 구성되어 있어, 여러 대규모 집적회로군이 이미 마이크로프로그램되어 있는 것은?
① 가상 CPU
② 슈퍼 워크스테이션
③ 슈퍼 VHS
④ 쇼트키 쌍극형 마이크로컴퓨터 세트

48 최근 마이크로컴퓨터의 병렬 포트 표준 모드 중 고속 DMA 전송을 할 수 있도록 지원

하는 모드는?
① SPP(Standard Parallel Port)
② Byte
③ FPP(Enhanced Parallel Port)
④ ECP(Extended Capability Port)

49 화상회의에서 많이 사용되는 압축·부호화 방식의 표준으로 p×64Kbps(p=1~30)의 전송 속도를 가지는 것은?
① H.261　　② JPEG
③ MPEG　　④ DSP

50 4개의 플립플롭으로 구성한 4비트 리플 카운터(ripple counter)는 입력 주파수를 어떤 주파수의 파형으로 변환하는가?
① 1/4 주파수의 파형
② 1/8 주파수의 파형
③ 1/16 주파수의 파형
④ 1/32 주파수의 파형

51 PLA의 프로그래밍에 대한 설명으로 옳은 것은?
① AND와 OR 배열 모두를 프로그래밍할 수 있다.
② AND 배열만 프로그래밍한다.
③ OR 배열만 프로그래밍한다.
④ 프로그래밍을 할 필요가 없다.

52 마이크로프로그램 제어 방식의 특징이 아닌 것은?
① 제어 신호를 위한 마이크로 명령어를 저장한다.
② 제어 내용을 변경하기가 쉽다.

③ 유지, 보수성이 좋다.
④ 속도가 빠르다.

53 동기형 계수기로 사용할 수 없는 것은?
① 리플 카운터
② BCD 카운터
③ 2진 카운터
④ 2진 업다운 카운터

54 CMOS RAM의 설명 중 옳지 않은 것은?
① 상보성 금속 산화막 반도체 제조 공법을 사용한다.
② 전원으로부터의 잡음에 대한 허용도가 낮다.
③ 전력 소비량이 낮다.
④ 건전지로 전원이 공급되는 하드웨어 구성 요소에 유용하게 사용된다.

55 마이크로프로세서의 주요 구성 블록으로 볼 수 없는 것은?
① ALU　　　　② 제어부
③ 레지스터부　④ 주기억장치

56 인출 사이클(fetch cycle)에서 active low로 되지 않는 신호는? (단, Z80 기준)
① $\overline{M1}$　　　② $\overline{WR}$
③ $\overline{RFSH}$　　④ $\overline{MREQ}$

57 다음 중 I/O 버스를 통하여 접수된 command에 대한 해석이 이루어지는 곳은?
① 커맨드 디코더
② 상태 레지스터

③ 버퍼 레지스터
④ 인스트럭션 레지스터

58 CPU가 무엇을 하고 있는가를 나타내는 상태를 무엇이라 하는가?
① fetch state   ② major state
③ stable state ④ unstable state

59 신호(signal)가 Low라면 모뎀 또는 데이터 셋이 UART와 통신을 성립할 준비가 되어 있음을 의미하는 것은?
① TXD   ② nDSR
③ nRI   ④ nDCD

60 JTAG(Joint Test Action Group) 인터페이스에서 핀으로 칩 안에 구성되지 않는 것은?
① TDI(데이터 입력)
② TMS(모드)
③ TTS(전송)
④ TRST(리셋)

제4과목 논리회로

61 5비트 ripple 카운터의 클록(clock)단자에 16MHz를 가할 때 마지막 플립플롭에서 나타나는 주파수는?
① 80MHz   ② 3.2MHz
③ 1MHz   ④ 0.5MHz

62 다음 논리회로와 등가인 것은?

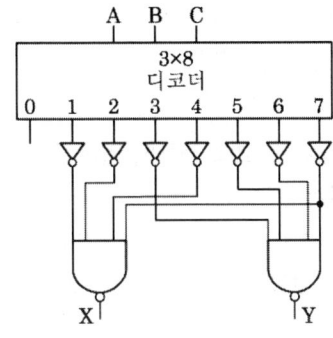

① 전가산기   ② BCD가산기
③ 전감산기   ④ BCD감산기

63 10진수 24를 BCD code로 나타내면?
① 01010111   ② 00011000
③ 01100100   ④ 00100100

64 순서 논리회로와 조합 논리회로의 차이점은?
① NAND 게이트로 구성되느냐 NOR 게이트로 구성되느냐의 차이
② AND 게이트로 구성되느냐 OR 게이트로 구성되느냐의 차이
③ 메모리가 있느냐 없느냐의 차이
④ 궤환이 되느냐 안 되느냐의 차이

65 [그림]의 논리회로는 어떤 게이트 함수와 같은가?

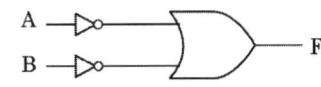

① NOR   ② NAND
③ EX-OR ④ AND

66 2진수 11001011$_{(2)}$을 그레이 코드로 변환하면?

① 01010001₍G₎　② 11101111₍G₎
③ 10101110₍G₎　④ 00010000₍G₎

67 다음 중 고속 컴퓨터 연산회로에 사용되는 회로는?
① DTL　② ECTL
③ HTL　④ CMOS

68 순서 논리회로의 동작 특성을 가장 올바르게 설명한 것은?
① 같은 입력이 주어지는 한 출력은 항상 일정하다.
② 연속적으로 동일한 입력값이 주어질 때만 정상 동작을 한다.
③ 입력값에 관계없이 정해진 순서에 맞추어 출력이 생성된다.
④ 동일한 입력이 주어져도 내부 상태에 따라 출력이 달라질 수 있다.

69 다음 회로에 대한 설명으로 틀린 것은? (단, 정의 논리이다.)

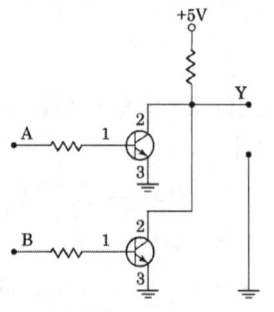

① NOR gate로 동작된다.
② 입력 A=0, B=0일 경우 출력 Y=1이 된다.
③ 입력 A=1, B=1일 경우 출력 Y=0이 된다.
④ 2개의 트랜지스터를 이용한 비교회로이다.

70 다음은 어떤 조합 논리회로의 진리표인가?

Inputs			Outputs							
x	y	z	D_0	D_1	D_2	D_3	D_4	D_5	D_6	D_7
0	0	0	1	0	0	0	0	0	0	0
0	0	1	0	1	0	0	0	0	0	0
0	1	0	0	0	1	0	0	0	0	0
0	1	1	0	0	0	1	0	0	0	0
1	0	0	0	0	0	0	1	0	0	0
1	0	1	0	0	0	0	0	1	0	0
1	1	0	0	0	0	0	0	0	1	0
1	1	1	0	0	0	0	0	0	0	1

① 3-to-8 인코더
② 3-to-8 디코더
③ 3-to-8 멀티플렉서
④ 3-to-8 디멀티플렉서

71 [그림]의 회로에서 입력 A=low level, B=high level이라고 할 때 high level 출력이 되는 곳은?

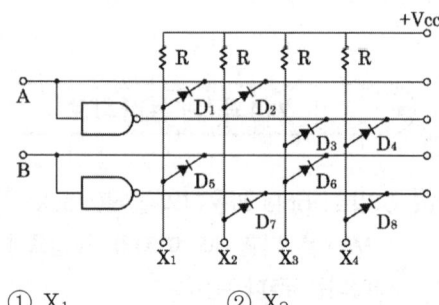

① X_1　② X_2
③ X_3　④ X_4

72 2입력을 갖는 OR 게이트를 NAND 게이트로 구현하려면 최소한 몇 개의 NAND 게

이트가 필요한가?
① 1
② 2
③ 3
④ 4

73 다음은 무슨 카운터인가?

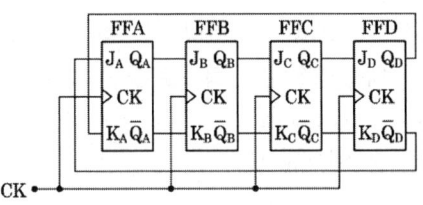

① 리플 카운터
② 존슨 카운터
③ 링 카운터
④ 궤환 카운터

74 논리식 $A(\overline{A}+B)$를 간단히 하면?
① 1
② 0
③ AB
④ B

75 다음 회로에서 Q가 0일 때, A와 B가 아래와 같이 변하면 Q의 값의 변화는?

A : 001001   B : 010100

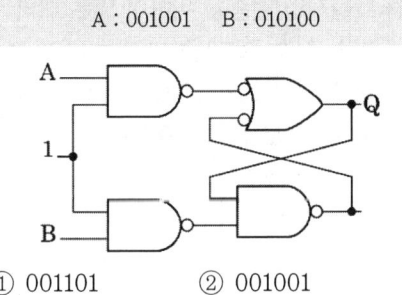

① 001101
② 001001
③ 010010
④ 001011

76 JK 플립플롭의 특성식은?
① $Q_{(t+1)} = J\overline{Q} + \overline{K}Q$
② $Q_{(t+1)} = \overline{JQ} + KQ$
③ $Q_{(t+1)} = JQ + KQ$
④ $Q_{(t+1)} = JQ + \overline{K}\,\overline{Q}$

77 다음 논리회로에서 OR 회로의 결과와 같은 것은?

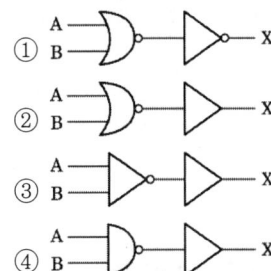

78 전가산기 회로에서 캐리 C_n을 나타내는 것은?
① $C_n = (A \oplus B)C$
② $C_n = AB + C$
③ $C_n = \overline{(A \oplus B)}C + AB$
④ $C_n = (A \oplus B)C + AB$

79 다음과 같이 표시된 카르노도를 간소화한 식은?

A\BC	00	01	11	10
0	0	1	1	0
1	0	1	1	0

① $\overline{BC}$
② BC
③ C
④ $\overline{A}C$

80 다음 표와 같이 동작하는 MN 플립플롭이 있다고 가정할 경우, 현재상태 출력 Q=1일 때 다음 상태 출력 Q+=1이기 위한 M

과 N의 입력으로 가장 적당한 것은? (단, x는 don't care)

M	N	Q+
0	0	0
0	1	Q
1	0	$\overline{Q}$
1	1	1

① M=1, N=x ② M=0, N=x
③ M=x, N=1 ④ M=x, N=0

제5과목 데이터통신

81 비동기 전송에 대한 설명으로 틀린 것은?
① 비동기 전송에서 수신기는 자신의 클록 신호를 사용하여 회선을 샘플링하고 각 비트의 값을 읽어내는 방식이다.
② 문자 전송 시 맨 앞에 시작을 알리기 위한 start bit를 두고, 맨 뒤에는 종료를 알리는 stop bit를 둔다.
③ 어떤 문자라도 전송되지 않을 때는 통신 회선은 휴지(idle) 상태가 된다.
④ 송수신기의 클록 오차에 의한 오류 발생을 줄이기 위해 짧은 비트열은 전송하지 않음으로써 타이밍 오류를 피한다.

82 일반적으로 데이터 통신의 전송제어 절차에 해당되지 않는 것은?
① 통신 회선 접속
② 데이터 링크 설정
③ 데이터 구조의 확인
④ 통신 회선 절단

83 OSI 7계층 중 데이터 링크 계층에 해당하는 프로토콜이 아닌 것은?
① PPP   ② LLC
③ HDLC   ④ UDP

84 IPv4에서 IPv6로의 천이를 위해 IETF에 의해 고안된 전략으로 옳은 것은?
① Tunneling
② Mobile IP
③ Hop Limit
④ Header Extension

85 OSI 7계층 중 암호화, 코드변환, 데이터 압축의 역할을 담당하는 계층은?
① Data link Layer
② Application Layer
③ Presentation Layer
④ Session Layer

86 효율적인 전송을 위하여 넓은 대역폭(혹은 고속 전송 속도)을 가진 하나의 전송링크를 통하여 여러 신호(혹은 데이터)를 동시에 실어 보내는 기술은?
① 회선 제어
② 다중화
③ 데이터 처리
④ 전위 처리기

87 문자 동기 전송방식에서 데이터 투과성(Data Transparent)을 위해 삽입되는 제어문자는?
① ETX   ② STX

③ DLE ④ SYN

88 TCP/IP 관련 프로토콜 중 인터넷 계층에 해당하는 것은?
① SMNP ② HTTP
③ SMTP ④ ICMP

89 협대역 ISDN에서 사용하는 D채널의 기능에 해당하는 것은?
① 회선 교환 방식을 위한 신호기능 정보의 전송
② 1536Kbps의 사용자 정보 전송
③ 고속 팩시밀리, 화상 회의와 같은 고속 정보 전송
④ 패킷 교환방식에 의한 384Kbps 이하의 정보 전송

90 다음 설명에 해당하는 다중접속 방식은?

> 여러 사용자가 주파수와 시간을 공유하면서 각 사용자에게 의사 랜덤 시퀀스를 할당하며, 각 사용자는 송신 신호를 확산하여 전송하고 수신부에서는 송신측에서 사용한 것과 동일한 의사 랜덤 시퀀스를 발생시켜 동기를 맞추고, 수신된 신호를 역확산하여 신호를 복원하는 방식이다.

① FDMA ② CDMA
③ TDMA ④ SFMA

91 IEEE 802 표준모델에 대해 옳게 연결된 것은?
① 802.2 - 토큰 버스
② 802.5 - 토큰 링
③ 802.4 - LLC
④ 802.6 - CSMA/CO

92 프로토콜의 기본 구성 요소가 아닌 것은?
① entity ② syntax
③ semantic ④ timing

93 다음 설명에 해당하는 통신망은?

> - 제한된 지역 내의 통신
> - 파일 공유
> - 공중망을 이용하는 광역통신망에 대조되는 통신망
> - 소단위의 고속정보통신망

① 종합정보통신망(ISDN)
② 부가가치통신망(VAN)
③ 근거리통신망(LAN)
④ 가입전산망(Teletex)

94 회선 교환(ciruit switching)에 대한 설명으로 옳지 않은 것은?
① 송신 스테이션과 수신 스테이션 사이에 데이터를 전송하기 전에 먼저 교환기를 통해 물리적으로 연결이 이루어져야 한다.
② 음성이나 동영상과 같이 연속적이면서 실시간 전송이 요구되는 멀티미디어 전송 및 에러 제어와 복구에 적합하다.
③ 현재 널리 사용되고 있는 전화시스템을 대표적인 예로 들 수 있다.
④ 송신과 수신 스테이션 간에 호 설정이 이루어지고 나면 항상 정보를 연속적으로 전송할 수 있는 전용 통신로가 제공되는 셈이다.

95 HTTP(Hyper Text Transfer Protocol)에 대한 설명으로 틀린 것은?
① 클라이언트 프로그램과 서버 프로그램으로 구현된다.
② 지속(persistent) 연결과 비지속(non-persistent) 연결 두 가지를 모두 허용한다.
③ HTTP 명세서 1.0(RFC 1945)과 1.6(RFC 2616)에서 HTTP의 메시지 형식을 정의한다.
④ WWW(World Wide Web)에서 데이터를 액세스하는 데 이용되는 프로토콜이다.

96 X.25 프로토콜의 계층 구조에 포함되지 않는 것은?
① 패킷 계층 ② 링크 계층
③ 물리 계층 ④ 네트워크 계층

97 데이터 전송 중 한 비트에 에러가 발생했을 경우 이를 수신측에서 정정할 목적으로 사용되는 것은?
① P/F ② HRC
③ Checksum ④ Hamming code

98 블루투스(Bluetooth)에 대한 설명으로 틀린 것은?
① 양방향 통신을 위해 FDD 방식을 사용한다.
② 2.4GHz대의 ISM 밴드를 이용한다.
③ 회로 구성을 간략화할 수 있다.
④ 간섭에 비교적 강한 주파수 호핑 방식을 채용한다.

99 시분할 다중화(TDM)의 설명으로 옳은 것은?
① 여러 신호를 전송매체의 서로 다른 주파수 대역을 이용하여 동시에 전송하는 기술이다.
② 동기식 시분할 다중화는 한 전송회선의 대역폭을 일정한 시간 단위로 나누어 각 채널에 할당하는 방식이다.
③ 동기식 시분할 다중화는 대역폭을 감소시키는 효과가 있어, 전체적인 전송 시스템의 성능이 향상되는 장점이 있다.
④ 비동기식 시분할 다중화는 헤더 정보를 필요로 하지 않으므로, 동기식 시분할 다중화에 비해 시간 슬롯당 정보 전송률이 증가한다.

100 HDLC의 동작 모드 중 전이중 전송의 점 대점 균형 링크 구성에 사용되는 것은?
① PAM ② ABM
③ NRM ④ ARM

2012년 4회 시행 과년도출제문제

제1과목 시스템프로그래밍

01 어떤 기호적 이름에 상수값을 할당하는 어셈블리어 명령은?
① DC   ② USING
③ LTORG   ④ EQU

02 어셈블러를 이중 패스(Two Pass)로 구성하는 주된 이유는?
① 어셈블러의 크기
② 오류 처리
③ 전향 참조(Forward Reference)
④ 다양한 출력 정보

03 서브루틴에서 자신을 호출한 곳으로 복귀시키는 어셈블리어 명령은?
① SUB   ② MOV
③ INT   ④ RET

04 인터프리터에 대한 설명으로 옳지 않은 것은?
① 프로그램 실행 시 매번 번역해야 한다.
② 목적 프로그램으로 번역한 후, 링킹 작업을 통해 실행 프로그램을 생성한다.
③ 원시 프로그램의 변화에 대한 바응이 빠르다.
④ 시분할 시스템에 유용하다.

05 교착상태의 해결 방법 중 은행원 알고리즘과 관계되는 것은?
① 예방 기법   ② 회피 기법
③ 발견 기법   ④ 회복 기법

06 기계어에 대한 설명으로 옳지 않은 것은?
① 컴퓨터가 직접 이해할 수 있는 언어이다.
② 기종마다 기계어가 다르므로 언어의 호환성이 없다.
③ 0과 1의 2진수 형태로 표현되며 수행 시간이 빠르다.
④ 고급 언어에 해당한다.

07 로더(Loader)의 기능에 해당하지 않는 것은?
① Allocation   ② Loading
③ Translation   ④ Linking

08 기억장치 배치 전략 중 프로그램이나 데이터가 들어갈 수 있는 크기의 빈 영역 중에서 단편화를 가장 많이 남기는 분할 영역에 배치시키는 방법은?
① 최초 적합   ② 최적 적합
③ 최후 적합   ④ 최악 적합

09 스케줄링 정책 중 각 프로세스에게 차례대로 일정한 배당시간 동안 프로세서를 차지하도록 하는 정책으로 일정 시간이 초과되면 강제적으로 다음 프로세스에게 차례를

넘기게 하는 것은?
① FIFO ② RR
③ SJF ④ HRN

10 운영체제의 목적으로 거리가 먼 것은?
① 사용자와 컴퓨터 간의 인터페이스 제공
② 자원의 효율적 운영 및 자원 스케줄링
③ 처리 능력 및 반환 시간의 증가
④ 데이터 공유 및 주변장치 관리

11 시분할시스템과 가장 밀접한 관계가 있는 스케줄링 정책은?
① HRN ② SJF
③ SRT ④ RR

12 일반적인 로더(general loader)에 가장 가까운 것은?
① compile-and-go loader
② absolute loader
③ dynamic linking loader
④ direct linking loader

13 매크로 프로세서가 수행하는 기본 기능에 해당하지 않는 것은?
① 매크로 정의 인식
② 매크로 정의 저장
③ 매크로 호출 인식
④ 매크로 정의 치환

14 절대 로더(Absolute Loader)에서 로더의 기능은?

① 재배치 ② 적재
③ 할당 ④ 연결

15 어셈블리 언어에 대한 설명으로 옳지 않은 것은?
① machine code를 mnemonic symbol로 표현한 것이다.
② CPU로 쓰이는 processor에 따라 그 종류가 다르다.
③ machine 명령문과 pseudo 명령문이 있다.
④ high level의 언어이다.

16 시스템 소프트웨어에 해당하지 않는 것은?
① Spread Sheet Program
② Macro Processor
③ Operating System
④ Compiler

17 운영체제의 운용 기법 중 일정량 또는 일정 기간 동안 데이터를 모아서 한꺼번에 처리하는 방식은?
① Time Sharing System
② Real Time Processing System
③ Batch Processing System
④ Distributed Processing System

18 언어의 유효한 구조에 관한 규칙을 무엇이라 하는가?
① Syntax ② Compile
③ DBMS ④ Link

19 두 개의 프로세스가 서로 다른 프로세스가 가지고 있는 자원을 무한정 기다리고 있으며, 자신이 차지하고 있는 자원을 내놓지 않을 경우에 이 두 프로세서에게는 영원히 처리기를 배정할 수 없게 된다. 이러한 현상을 무엇이라 하는가?
① Dead Lock
② Semaphore
③ Virtual System
④ Critical Section

20 어셈블리어에서 라이브러리에 기억된 내용을 프로시저로 정의하여 서브루틴으로 사용하는 것과 같이 사용할 수 있도록 그 내용을 현재의 프로그램 내에 포함시켜주는 명령은?
① EVEN   ② ORG
③ EJECT   ④ INCLUDE

● 제2과목 전자계산기구조

21 기억장치와 입출력장치의 차이점을 나타낸 것 중에서 가장 중요한 차이점은?
① 정보의 단위
② 동작의 자율성
③ 착오 발생률
④ 동작 속도

22 다중처리기의 프로세서 간 상호연결 방법으로 적당하지 않은 것은?
① 크로스바 스위치(crossbar switch)
② 시분할 공통버스(time-shared common bus)
③ 이중 버스구조(dual-bus structure)
④ 주파수 분할 공통버스(frequency-shared common bus)

23 다중 처리기를 사용하여 개선하고자 하는 주된 목표가 아닌 것은?
① 수행속도   ② 신뢰성
③ 유연성   ④ 대중성

24 다음 회로도에 해당하는 게이트(gate)는?

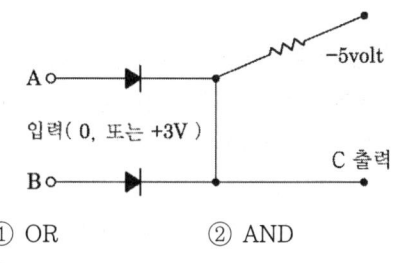

① OR   ② AND
③ NAND   ④ NOR

25 다음 명령 중 실행시간이 가장 오래 걸리는 것은?
① Clear register
② Shift register(1bit)
③ Complement Acc
④ Branch and save return address

26 음수를 2의 보수로 표현할 때, 16비트로 나타낼 수 있는 정수의 범위는?
① $-2^{15} \sim +2^{15}$
② $-2^{16} \sim +2^{16}$
③ $-2^{15}-1 \sim +2^{15}$

④ $-2^{15} \sim +2^{15}-1$

27 가상 메모리(Virtual Memory)에 대한 설명으로 옳은 것은?
① 가상 메모리 체제는 컴퓨터의 속도를 개선하기 위한 방법이다.
② 소프트웨어보다는 하드웨어의 의해 실현된다.
③ 가상 메모리는 데이터를 미리 주기억장치에 저장한 것을 말한다.
④ 가상 메모리 체제는 메모리의 공간 확대를 도모한다.

28 제어장치의 일부로 명령을 실행하는 데 필요한 신호를 보내고 제어하는 회로의 gate를 여는 구실을 하는 것은?
① 명령레지스터 ② 인코더
③ 제어계수기   ④ 디코더

29 고정 소수점(fixed point) 방식에 관한 설명 중 옳은 것은?
① 2의 보수 표현 방식이 1의 보수 표현 방식보다 하드웨어로 구현하기 쉽다.
② 크게 지수부분과 가수부분으로 나눈다.
③ 부호는 양수(+)일 때 0으로, 음수(-)일 때는 1로 부호 비트를 표시한다.
④ 2의 보수 표현방법에서 0은 +0, -0 두 가지가 있다.

30 다음 [보기]는 어떤 장치에 대한 설명인가?

[보기]
instruction, 번지해독기, 명령해독기, 제어계수기

① 연산장치   ② 출력장치
③ 제어장치   ④ 기억장치

31 CPU에서 DMA 제어기로 보내는 자료가 아닌 것은?
① DMA를 시작시키는 명령
② 입출력하고자 하는 자료의 양
③ 입력 또는 출력을 결정하는 명령
④ 입출력에 사용할 CPU 레지스터에 대한 정보

32 다음 2진수를 16진수로 표시하면 어떻게 되는가?

110110001

① D81   ② 1B1
③ 661   ④ 331

33 인쇄장치 중에서 인쇄되는 문자가 보통 활자체로 되지 않고 점에 의해 인쇄되는 프린터는?
① print wheel printer
② dot matrix printer
③ chain printer
④ bar printer

34 파이프라인 처리방식에서 segment가 6개이고, task가 10개라 하면, 이 task가 모두 완료되기 위해서는 몇 개의 clock

cycle이 필요한가?
① 6개　② 10개
③ 15개　④ 60개

35 오류 검출코드에 대한 설명으로 틀린 것은?
① Biquinary 코드는 5비트 중 1이 2개 있다.
② 2 out of 5 코드는 코드의 각 그룹 중 1의 개수가 2개 있다.
③ 링 카운터 코드는 10개의 비트로 구성되어 있으며, 모든 코드가 하나의 비트에 반드시 1을 가진다.
④ Hamming 코드는 오류 검출 및 교정이 가능하다.

36 CPU 내 레지스터들과 주기억장치에 다음과 같이 저장되어 있다. 직접 주소지정방식을 사용하는 명령어의 주소필드에 저장된 내용이 150일 때, 유효주소와 그에 의해 인출되는 데이터는?

CPU 레지스터		주소	기억장치
PC	450	⋮	
		150	1234
IX	003	151	5678
BR	500		
R_0		172	0202
R_1	203	173	
R_2	151	⋮	
R_3		201	
R_4		202	3256
⋮		203	4457
		⋮	

① 유효주소 : 150, 데이터 : 1234
② 유효주소 : 171, 데이터 : 5678
③ 유효주소 : 172, 데이터 : 202
④ 유효주소 : 202, 데이터 : 3256

37 소프트웨어 인터럽트 사용 시 특징으로 옳은 것은?
① 우선순위 변경이 쉽다.
② 속도가 빠르다.
③ 비용이 비싸다.
④ 데이지 체인 방식이다.

38 컴퓨터에서 사용하는 명령어의 기능별 분류와 명령어의 연결이 옳은 것은?
① 제어 기능-JMP(Jump 명령)
② 전달 기능-ROL(Rotate Left 명령)
③ 함수연산 기능-LDA(Load Acc 명령)
④ 입출력 기능-CMP(Complement 명령)

39 메모리에 저장된 데이터를 찾는데 있어서 데이터가 있는 메모리 주소보다 데이터 내용으로 접근하여 데이터를 찾는 메모리 장치를 무엇이라 하는가?
① Associative Memory
② Virtual Memory
③ Core Memory
④ Magnetic Disk

40 고속 입출력장치를 위한 입출력 프로세서로 사용할 수 있는 것은?
① selector 채널
② multiplexer 채널
③ 데이터통신 프로세서
④ 데이터 채널

제3과목 마이크로전자계산기

41 마이크로프로세서의 출현과 가장 관계가 깊은 것은?
① 반도체 기술의 향상
② 다양한 컴퓨터 주변 장치의 개발
③ 소프트웨어 기술의 진보
④ Bit-Slice 컴퓨터의 개발

42 제어신호 중 마이크로프로세서로 들어가는 방향인 것은?
① write 신호
② interrupt 요청
③ 기억장치 요청(memory request)
④ 버스요청 인지(bus acknowledge)

43 다음 언어처리 소프트웨어 중 프로그램 실행(execution) 기능을 갖고 있는 것은?
① assembler
② cross assembler
③ compiler
④ interpreter

44 마이크로컴퓨터와 마이크로프로세서에 관한 설명 중 틀린 것은?
① 마이크로컴퓨터의 기본 구성은 대형 컴퓨터나 미니컴퓨터와 같다.
② 최초의 마이크로프로세서는 1971년 미국 인텔사가 개발한 4004이다.
③ 마이크로컴퓨터의 중앙처리장치는 마이크로프로세서로 되어 있다.
④ 마이크로프로세서는 3개의 LSI 칩으로 구성되어 마이크로컴퓨터에 사용된다.

45 fetch 상태에 관한 설명 중 맞는 것은?
① 주기억장치를 일정한 간격을 두고 모듈별로 주소를 배정하여 각 모듈을 번갈아 가면서 접근할 수 있는 상태를 말한다.
② 프로그램이 중단상태인 것을 말한다.
③ 기억장치에서 명령을 읽어내고 이를 디코딩한다.
④ 기억장치에서 명령을 읽어내고 이를 인코딩한다.

46 소스 프로그램의 컴파일이 불가능한 소규모 마이크로컴퓨터에서 이를 컴파일하기 위해 보다 대용량의 컴퓨터를 이용, 컴파일 작업을 수행하고자 한다. 이때 사용되는 컴파일러는?
① Macro Compiler
② Absolute Compiler
③ Cross Compiler
④ Relocation Compiler

47 다중 프로세서(multiprocessor)에서 I/O 프로세서와 메모리장치 상호간의 연결방법으로 적합하지 않은 것은?
① 크로스바 스위치(crossbar switch)
② 이중 버스(dual bus) 구조
③ 다중 포트(multiport) 메모리
④ 다중 포인트(multipoint) 메모리

48 다음 중 디버거인 ICE(In-Circuit Emulator)의 특징에 속하지 않은 것은?

① 롬 프로그램만 다운로딩할 수 있는 기능
② 임의의 어드레스로 실행을 정지시키는 브레이크 포인트 기능
③ 실행시간을 실시간으로 확인 가능한 리얼 타임 트레이스 기능
④ 레지스터로의 데이터 설정 기능

49 가상 기억체계에 사용되는 보조기억장치로 가장 적당한 것은?
① Magnetic Tape
② DRAM
③ Mask ROM
④ Magnetic Disk

50 칩 슬라이스로 구성한 마이크로 전자계산기가 마이크로프로세서로 구성한 마이크로 전자계산기보다 상대적으로 유리하다고 생각되는 장점 중 틀린 것은?
① 연산속도 ② 가격
③ 확장성   ④ 적응성

51 데이터의 특정 부분을 제거(clear)하기 위해 사용되는 명령어는?
① AND
② OR
③ Complement
④ Shift

52 마이크로컴퓨터가 RAM IC 하나보다 큰 용량이 필요하면 여러 개의 RAM을 연결하는 데 이때 각각의 RAM을 구별하기 위해 주소 버스의 어느 비트에 연결하는가?

① 하위비트   ② 상위비트
③ 중간비트   ④ 제어비트

53 isolated I/O 방식의 장점을 나타낸 것은?
① 입출력을 위해 일반 인스트럭션을 사용하므로 인스트럭션의 종류가 다양하다.
② 입출력장치가 기억장치의 주소를 사용하므로 기억장치가 사용할 수 있는 주소가 줄어든다.
③ 입출력이 언제 수행되는지를 알아보기가 쉽다.
④ 입출력 포트의 개수를 크게 할 수 있다.

54 다음 반도체 중 한번 프로그램하고 난 후 다시 프로그램이 불가능한 것은?
① RAM   ② EPROM
③ PROM   ④ EAROM

55 100핀의 접속점을 갖는 컴퓨터용 백플레인 접속 규격으로 마이크로컴퓨터용 최초의 산업 표준 버스(bus)는?
① S-100   ② RS-232C
③ IEEE-488 ④ CAMAC

56 다음은 어떤 마이크로프로세서가 입출력과 관련된 작업 때문에 아무런 일을 하지 않고 시간을 지연시키는 프로그램이다. 각 인스트럭션 옆에는 이를 수행하기 위하여 필요한 machine state 수가 표시되어 있다. 이 마이크로프로세서의 기본 clock 주기가 2MHz이고, 1ms를 지연시킨다면 B 레지스터에 기록되어야 하는 가장 근사값은?

			States
DELAY :	PUSH	PSW	11
	PUSH	B	11
	MVI	B, __	7
CNTDN :	DCR	B	5
	JNZ	CNTDN	10
	POP	B	10
	POP	PSW	10
	RET		10

① 90　　② 110
③ 130　　④ 150

57 입출력 인터페이스에 관한 설명 중 틀린 것은?
① RS-232C는 병렬 인터페이스를 위한 표준이다.
② IEEE-488은 범용 인터페이스 버스(GPIB)의 표준이다.
③ 병렬 인터페이스는 짧은 응답시간이 요구되는 응용분야에 적합하다.
④ RS-232C는 모뎀과 함께 사용되기도 한다.

58 CMOS RAM의 특징이 아닌 것은?
① 전원을 배터리 백업하여 불휘발성 IC 메모리로 쓸 수 있다.
② 저소비 전력이다.
③ 속도가 빠르다.
④ 비트 단가가 싸다.

59 매크로 레벨 구조의 정의와 관련이 없는 것은?
① 명령의 집합
② 데이터의 형식
③ 소프트웨어 종류
④ 기억장치의 논리적 호출 방식

60 다음 흐름도(flowchart)에서 사용되지 않는 명령은?

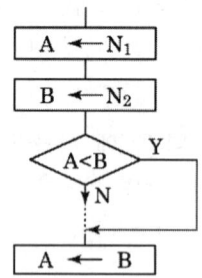

① 로드(load) 명령
② 가산(add) 명령
③ 비교(compare) 명령
④ 점프(jump) 명령

● 제4과목 논리회로

61 JK 플립플롭에 대한 설명 중 틀린 것은?
① 입력에 모두 펄스가 가해지면 반전이 일어난다.
② 펄스를 가하지 않으면 반전이 일어난다.
③ 입력 J에 펄스를 가하면 플립플롭은 1이 된다.
④ 입력 K에 펄스를 가하면 플립플롭은 0이 된다.

62 다음 트랜지스터 로직회로 중 소비전력이 가장 적은 것은?
① DTL　　② ECL

③ RTL　　　④ TTL

63 다음 그림과 같은 MUX를 구성하기 위한 논리식은?

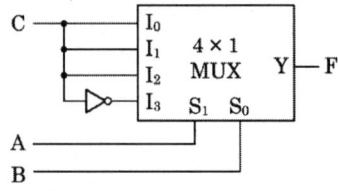

① $F(A, B, C) = \sum(1, 3, 5, 6)$
② $F(A, B, C) = \sum(0, 1, 5, 8)$
③ $F(A, B, C) = \sum(2, 5, 7, 8)$
④ $F(A, B, C) = \sum(0, 2, 4, 6)$

64 조합 논리회로 설계의 절차상 순서로 맞는 것은?

① 문제설정
② 입력과 출력 변수 정의
③ 불함수 간소화
④ 진리표 작성
⑤ 논리회로 구현

① ① → ② → ③ → ④ → ⑤
② ① → ③ → ② → ④ → ⑤
③ ① → ④ → ③ → ② → ⑤
④ ① → ② → ④ → ③ → ⑤

65 다음 [그림]과 같은 회로의 명칭은?

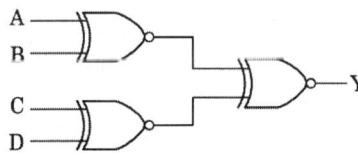

① 다수결 회로
② 우수 패리티 발생 회로
③ 기수 패리티 발생 회로
④ 비교 회로

66 다음 회로의 동작을 설명한 것 중 옳은 것은?

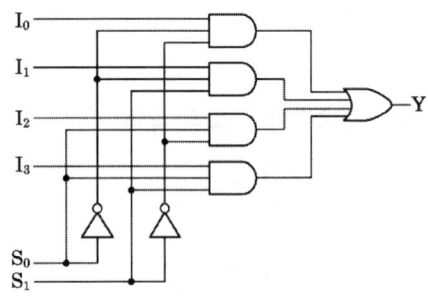

① 이 회로는 I_0, I_1과 I_2, I_3을 비교하는 비교회로이다.
② $S_0=1$, $S_1=1$일 경우 I_3 값이 출력된다.
③ $S_0=0$, $S_1=1$일 경우 I_2 값이 출력된다.
④ 디멀티플렉서(demultiplexer) 회로로 동작한다.

67 JK 플립플롭의 특성 방정식은? (단, Q는 현재상태, $Q_{(t+1)}$은 다음 상태이다.)

① $Q_{(t+1)} = \overline{J}\,\overline{Q} + KQ$
② $Q_{(t+1)} = \overline{J}Q + K\overline{Q}$
③ $Q_{(t+1)} = J\overline{Q} + \overline{K}Q$
④ $Q_{(t+1)} = JQ + \overline{K}\,\overline{Q}$

68 [그림]과 같은 게이트의 출력 a, b, c, d를 순서대로 나열한 것은? (단, Z는 high impedance 상태를 나타낸다.)

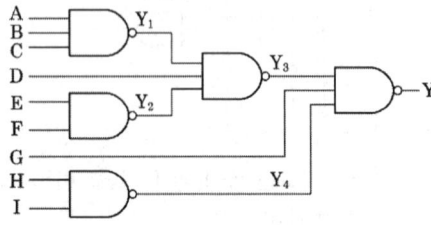

A	S	Y
0	0	a
1	0	b
0	1	c
1	1	d

① 1, 0, 1, 0 ② 1, 0, Z, Z
③ Z, Z, 1, 0 ④ 0, 1, 0, 1

69 다음 주어진 회로의 출력식은?

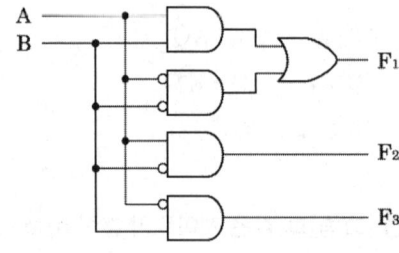

① $Y = Y_1 Y_2 D + \overline{HI} + \overline{G}$
② $Y_3 = ABC + E\overline{F} + \overline{D}$
③ $T = (\overline{A}+\overline{B}+\overline{C})(\overline{E}+\overline{F})D + HI + \overline{G}$
④ $Y_3 + AB\overline{C} + E\overline{F} + \overline{D}$

70 다음 비교 회로에서 논리 F_1의 기능은?

① A=B ② A>B
③ A<B ④ A≥B

71 조합 논리회로로 구성되어 여러 가지 연산 기능을 하는 것은?

① MAR ② MBR
③ ALU ④ 누산기

72 전가산기(full-adder)의 입력을 A, B, C라 할 때 sum의 출력으로 옳은 것은?

① $(A \cdot \overline{B} + \overline{A} \cdot B) \oplus C$
② $(\overline{A} \cdot \overline{B} + A \cdot B) \oplus C$
③ $\overline{A} \cdot \overline{B} \cdot \overline{C} + A \cdot B \cdot C$
④ $A \cdot \overline{B} \cdot \overline{C} + \overline{A} \cdot \overline{B} \cdot C + \overline{A} \cdot B \cdot \overline{C}$

73 다음 [그림]과 같은 회로의 명칭은?

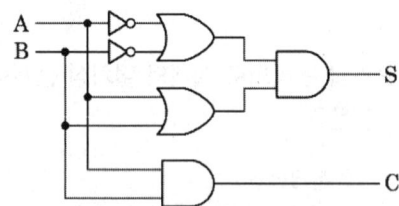

① 승산기 ② 비교기
③ 전가산기 ④ 반가산기

74 다음 진리표에 해당하는 논리식은?

A	B	C	F
0	0	0	0
0	0	1	0
0	1	0	0
0	1	1	1
1	0	0	0
1	0	1	1
1	1	0	1
1	1	1	1

① $F = ABC + AB\overline{C} + A\overline{B}C + \overline{A}BC$
② $F = ABC + A\overline{B}C + A\overline{B}C + \overline{A}BC$
③ $F = ABC + AB\overline{C} + \overline{A}BC + \overline{A}BC$

④ F = ABC + AB$\overline{C}$ + A$\overline{B}$C + A$\overline{B}$$\overline{C}$

75 Clocked-RS 플립플롭에서 클록 펄스가 0 일 때 이 플립플롭의 기능은?
① T 플립플롭
② JK 플립플롭
③ Monostable-Multivibrator
④ Latch

76 부호화 2의 보수(Signed 2's Complement) 로 표시된 BCD 수 중 -9를 6자로 표시한 경우 옳은 것은?
① 101001   ② 110110
③ 110111   ④ 001001

77 다음 [그림]과 같은 논리회로는?

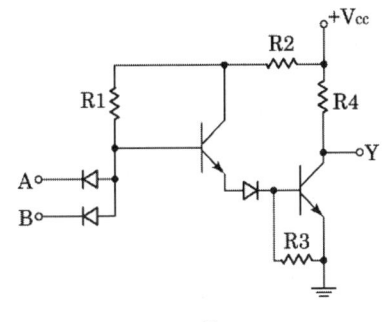

① RTL   ② DTL
③ TTL   ④ HTL

78 [그림]에서 주기가 1000ns라면, 클록 주 파수는 몇 MHz인가?

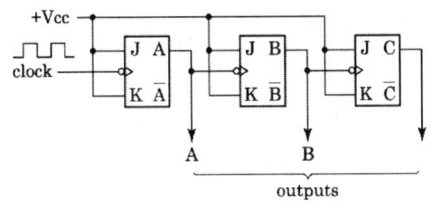

① 2   ② 3
③ 4   ④ 8

79 PI(기초함축함수)를 사용함으로써 필요없 이 중복될 수 있는 연산 기법의 단점을 보 완할 수 있는 방식은?
① 대수적 방법(Algebraic Method)
② 카르노도법(Karnaugh Map)
③ 최소항 링(Minterm Ring) 알고리즘
④ 퀸 맥클러스키법(Quine-McClusky method)

80 다음 중 제어 타이밍을 얻기에 편리하고 디코더가 필요한 것은?
① 리플 카운터   ② 존슨 카운터
③ 리셋 카운터   ④ 링 카운터

제5과목 데이터통신

81 HDLC 링크 구성 방식에 따른 세 가지 동 작 모드에 해당하지 않는 것은?
① 정규 응답 모드(NRM)
② 비동기 응답 모드(ARM)
③ 비동기 균형 모드(ABM)
④ 정규 균형 모드(NBM)

82 패킷교환 방식에 관한 설명으로 옳지 않은 것은?
① 패킷 교환 방식에서 각 패킷의 길이는 제한된다.
② 전송하는 데이터가 많은 통신환경에 적합하다.
③ 노드나 회선의 오류가 발생 시 다른 경로를 선택할 수 없어 전송이 중단된다.
④ 저장-전달 방식을 사용한다.

83 IP address에 대한 설명으로 옳지 않은 것은?
① 5개의 클래스(A, B, C, D, E)로 분류되어 있다.
② A, B, C 클래스만이 네트워크 주소와 호스트 주소 체계의 구조를 가진다.
③ D 클래스 주소는 멀티캐스팅(multi casting)을 사용하기 위해 예약되어 있다.
④ E 클래스는 특수 목적 주소로 공용으로 사용된다.

84 폴링 메시지를 수신한 보조국이 주국에 데이터를 전송한 다음에 폴링 메시지를 가까운 보조국으로 보내는 방식은?
① Roll-Call Polling 방식
② Hub-Go-Ahead Polling 방식
③ Select-Hold 방식
④ Fast-Selected 방식

85 홀수 패리티 비트를 사용하여 문자를 전송할 경우 에러가 일어난 경우는?
① 11100011   ② 11101111
③ 10101011   ④ 11100111

86 다음이 설명하고 있는 멀티포인트 링크 구성 방식은?

- 전송 제어 절차(phase)는 5단계로 이루어지며 이 중, 제2단계는 데이터링크 확립 단계인데, 전송 제어의 책임이 있는 컴퓨터 등의 제어국이 주국(송신국)이 되고 단말국 등의 종속국이 종국(수신국)이 되는 방식이다.
- 주 스테이션이 특정한 부 스테이션에게 데이터를 전송하려고 할 경우에 데이터가 전송되어 올 것을 미리 알려준다.

① polling   ② selection
③ buffering   ④ queuing

87 IPv4에서 IPv6로 천이하는 데 사용되는 IETF에서 고안한 천이 전략 3가지에 해당하지 않는 것은?
① Dual Stack
② Tunneling
③ Header Translation
④ IP Control

88 다음과 같은 기능을 가지고 있는 프로토콜은?

- 경쟁의 원리를 이용한 장비이며, 여러 개의 입력 채널이 이보다 적은 수의 출력채널에 접속하기 위하여 요청을 근거로 경쟁하는 것을 의미한다.
- 하나 또는 소수의 통신 회선에 여러 대의 단말기를 접속하여 사용할 수 있도록 하는 장치이다.

① RTCP   ② RTP
③ UDP   ④ TCP

89 패킷교환의 가상회선 방식과 회선교환 방

식의 공통점은?
① 전용회선을 이용한다.
② 별도의 호(call) 설정 과정이 있다.
③ 회선 이용률이 낮다.
④ 데이터 전송 단위 규모를 가변으로 조정할 수 있다.

90 TCP/IP에 관한 설명으로 옳지 않은 것은?
① TCP/IP 프로토콜은 인터넷 프로토콜로도 불린다.
② IP는 데이터의 전달을 위해 연결성 방식을 사용한다.
③ TCP는 데이터 전달의 신뢰성을 위해 연결성 방식을 사용한다.
④ TCP는 OSI 7계층 중 전송계층에 해당한다.

91 HDLC 프레임의 종류 중 링크의 설정과 해제, 오류 회복을 위해 주로 사용되는 것은?
① I-Frame   ② U-Frame
③ S-Frame   ④ R-Frame

92 자동 재전송 요청기법(Automatic Repeat reQuest) 중 에러가 검출된 해당 블록만을 재전송하는 방식으로 재전송 블록 수가 적은 반면, 수신측에서 큰 버퍼와 복잡한 논리회로를 요구하는 기법은?
① Stop and Wait ARQ
② Selective Repeat ARQ
③ Go-Back-N ARQ
④ Adaptive ARQ

93 주파수 분할 다중화기(FDM)에서 부채널 간의 상호 간섭을 방지하기 위한 것은?
① 가드 밴드(Guard Band)
② 채널(Channel)
③ 버퍼(Buffer)
④ 슬롯(Slot)

94 RIP의 한계를 극복하기 위해 IETF에서 고안한 것으로 네트워크의 변화가 있을 때에만 갱신함으로써 대역을 효과적으로 사용할 수 있는 라우팅 프로토콜은?
① BGP   ② IGRP
③ OSPF   ④ ARP

95 다음이 설명하고 있는 것은?

- 경쟁의 원리를 이용한 장비이며, 여러 개의 입력 채널이 이보다 적은 수의 출력채널에 접속하기 위하여 요청을 근거로 경쟁하는 것을 의미한다.
- 하나 또는 소수의 통신 회선에 여러 대의 단말기를 접속하여 사용할 수 있도록 하는 장치이다.

① 다중화기   ② 라우터
③ 이더넷   ④ 집중화기

96 QPSK(Quadrature PSK) 변조방식에서 변화되는 위상차는?
① 45°   ② 90°
③ 180°   ④ 위상차 없음

97 동적 대역폭을 사용하지 않는 통신 교환방식은?
① 회선 교환

② 메시지 교환
③ 데이터그램 패킷 교환
④ 가상 회선 패킷 교환

98 OSI-7계층 중 통신 종단 간(end-to-end)의 에러 제어와 흐름 제어를 하는 계층은?
① 응용 계층　② 네트워크 계층
③ 물리 계층　④ 전송 계층

99 송수신 간의 속도 차이나 수신측 버퍼 크기의 제한에 의해 발생 가능한 정보의 손실을 방지하기 위해서 수신측이 송신측을 제어하는 것은?
① 에러 제어　② 흐름 제어
③ 동기 제어　④ 비동기 제어

100 OSI-7계층 중 물리계층의 특성에 대한 설명으로 틀린 것은?
① 전송 신호의 준위와 폭과 같은 전기적인 규격을 규정한다.
② 접속하기 위한 커넥터의 모양, 핀의 수와 같은 기계적인 규격을 규정한다.
③ 물리적인 연결을 통해 데이터를 주고받기 위한 절차적인 규격을 규정한다.
④ 어떤 전송 링크와 노드를 거쳐 패킷을 전달할 것인지의 경로 선택을 규정한다.

2013년 1회 시행 과년도출제문제

제1과목 시스템프로그래밍

01 원시 프로그램을 하나의 긴 스트링으로 보고 원시 프로그램을 문자 단위로 스캐닝하여 문법적으로 의미있는 그룹들로 분할하는 과정은?
① Syntax analysis
② Code generation
③ Code optimization
④ Lexical analysis

02 어셈블리어에서 어떤 기호적 이름에 상수 값을 할당하는 명령은?
① EQU ② ASSUME
③ LIST ④ EJECT

03 프로그램 작성 시 한 프로그램 내에서 동일한 코드가 반복될 경우 반복되는 코드를 한 번만 작성하여 특정 이름으로 정의한 후, 그 코드가 필요할 때마다 정의된 이름을 호출하여 사용하는 것은?
① 필터 ② 리터럴 테이블
③ 매크로 ④ 프로세스

04 주기억장치의 배치 전략 중 입력된 작업을 가장 큰 공백에 배치하는 전략은?
① 최악 적합 전략
② 최적 적합 전략
③ 최초 적합 전략
④ 최종 적합 전략

05 일반적인 로더에 가장 가까운 것은?
① Direct Linking Loader
② Dynamic Loading Loader
③ Absolute Loader
④ Compile And Go Loader

06 Round-Robin 스케줄링에 대한 설명으로 옳지 않은 것은?
① 프로세스들이 중앙처리장치에서 시간량에 제한을 받는다.
② 시분할 시스템에 효과적이다.
③ 선점형 기법이다.
④ 프로세스들이 배당 시간 내에 작업을 완료하지 못하면 폐기된다.

07 절대로더에서 기능과 그 행위 주체의 연결이 옳지 않은 것은?
① 할당-프로그래머
② 연결-로더
③ 재배치-어셈블러
④ 적재-로더

08 프로세서들이 서로 작업을 진행하지 못하고 영원히 대기상태로 빠지게 되는 현상을 무엇이라고 하는가?
① thrashing ② working set
③ semaphore ④ deadlock

09 시스템 프로그래밍 언어로 가장 적합한 것은?
① FORTRAN ② COBOL
③ PASCAL ④ C

10 기계어에 대한 설명으로 옳지 않은 것은?
① 프로그램의 유지보수가 용이하다.
② 프로그램의 실행 속도가 빠르다.
③ 호환성이 없고 기계마다 언어가 다르다.
④ 2진수를 사용하여 데이터를 표현한다.

11 프로그램 내에서 양쪽 오퍼랜드에 기억된 내용을 서로 바꾸어야 할 때 사용하는 어셈블리어 명령은?
① NEG ② CBW
③ CWD ④ XCHG

12 어셈블러를 two-pass로 구성하는 주된 이유는?
① 한 개의 pass만을 사용하면 처리 속도가 감소하기 때문에
② 한 개의 pass만을 사용하면 유지보수가 어렵기 때문에
③ 한 개의 pass만을 사용하면 비용 발생이 크기 때문에
④ 한 개의 pass만을 사용하면 기호를 모두 정의한 뒤에 해당 기호를 사용해야만 하기 때문에

13 페이지 교체 기법 중 각 페이지마다 계수기나 스택을 두어 현 시점에서 가장 오랫동안 사용하지 않은, 즉 가장 오래 전에 사용된 페이지를 교체하는 기법은?
① RR ② LFU
③ LRU ④ FIFO

14 로더(Loader)의 기능이 아닌 것은?
① Compile
② Relocation
③ Link
④ Allocation

15 프로그래밍 언어의 해독 순서는?
① 링커 → 로더 → 컴파일러
② 컴파일러 → 링커 → 로더
③ 로더 → 링커 → 컴파일러
④ 컴파일러 → 로더 → 링커

16 운영체제의 성능 평가 요소로 거리가 먼 것은?
① 사용 가능도 ② 반환 시간
③ 처리 능력 ④ 비용

17 프로세스가 일정시간 동안 자주 참조하는 페이지들의 집합을 무엇이라고 하는가?
① Locality ② Thrashing
③ Paging ④ Working Set

18 교착상태 발생의 필요 조건이 아닌 것은?
① 상호배제 ② 원형 대기
③ 선점 ④ 점유와 대기

19 프로세스(Process)의 정의가 될 수 없는 것은?
① 실행 중인 프로그램

② PCB를 가진 프로그램
③ 프로세서가 할당되는 실체
④ 동기적 행위를 일으키는 주체

20 매크로 프로세서(Macro Processor)의 기본 수행 작업에 해당하지 않는 것은?
① 매크로 정의 확장
② 매크로 정의 인식
③ 매크로 호출 인식
④ 매크로 확장

제2과목 전자계산기구조

21 프로그램 수행 도중 서로 다른 번지의 주소를 동시에 지정하는 방식은?
① 파이프라인 방식
② 인터리빙 방식
③ 인코딩 방식
④ 메모리 캐시 방식

22 우선순위 체제를 구성하기 위한 기능으로 적당하지 않은 것은?
① 우선순위를 부가하는 기능
② 인터럽트 요청 시 우선순위를 판별하는 기능
③ 우선순위가 상대적으로 높은 장치의 인터럽트 서비스를 먼저 수행하게 하는 기능
④ 우선순위를 해제하는 기능

23 RAID-5는 RAID-4의 어떤 문제점을 보완하기 위하여 개발되었는가?
① 병렬 액세스의 불가능
② 긴 쓰기 동작 시간
③ 패리티 디스크의 액세스 집중
④ 많은 수의 검사 디스크 사용

24 기억 소자 중 사용자가 읽기/쓰기를 임의로 할 수 없는 것은?
① ROM   ② DRAM
③ SRAM   ④ Core Memory

25 연관 기억장치(Associative memory)의 특성으로 옳은 것은?
① 프로그램의 크기와 관계된다.
② 프로그래밍 언어와 관련이 깊다.
③ 기억된 내용에 의해 addressing이 가능하다.
④ 저장 용량의 증가와 관련이 있다.

26 10진수+426을 언팩 10진수 형식(unpacked decimal format)으로 표현하면?
① F4F2C6   ② F4F2D6
③ 4F2F6C   ④ 4F2F6D

27 다중처리기를 사용하여 개선하고자 하는 것 중 주된 목표가 아닌 것은?
① 유연성   ② 신뢰성
③ 대중성   ④ 수행속도

28 비동기식 버스에 대한 설명으로 틀린 것은?
① 각 버스 동작이 완료되는 즉시 연관된 다음 동작이 일어나므로 낭비되는 시

간이 없다.
② 연속적 동작을 처리하기 위한 인터페이스 회로가 복잡해지는 단점이 있다.
③ 버스 클록의 첫 번째 주기 동안 CPU가 주소와 읽기 제어신호를 기억장치로 보낸다.
④ 일반적으로 소규모 컴퓨터 시스템에서 사용된다.

29 다음 중 임의 접근(random access)에 적합하지 않은 기억장치는?
① 자기 코어 장치
② 자기 디스크 장치
③ 자기 드럼 장치
④ 자기 테이프 장치

30 다음 연산을 수행한 결과와 일치되는 것은?

$$1011_2 + 34_8$$

① 37_{10} ② 38_{10}
③ 27_{16} ④ 28_{16}

31 다음은 정규화된 부동 소수점 방식으로 표현된 두 수의 덧셈 과정이다. 순서가 바르게 된 것은?

ⓐ 가수정렬   ⓑ 가수덧셈
ⓒ 지수비교   ⓓ 정규화

① ⓐ → ⓑ → ⓒ → ⓓ
② ⓒ → ⓐ → ⓑ → ⓓ
③ ⓑ → ⓐ → ⓒ → ⓓ
④ ⓒ → ⓑ → ⓓ → ⓐ

32 채널 프로그램이 첫 번째 채널 명령어를 주기억장치에서 읽어오기 위해 사용하는 것은?
① CAW(Channel Address Word)
② CSW(Channel Status Word)
③ interrupt
④ I/O command

33 하드웨어 신호에 의하여 특정 번지의 서브루틴을 수행하는 것은?
① handshaking mode
② vectored interrupt
③ DMA
④ subroutine call

34 가상 기억체제에서 사용되는 페이지 모드가 아닌 것은?
① Free
② In-use
③ In-transition
④ On-locked

35 우선순위 중재 방식 중 중재동작이 끝날 때마다 모든 마스터들의 우선순위가 한 단계씩 낮아지고, 가장 우선순위가 낮았던 마스터가 최상위 우선순위를 가지는 방식을 무엇이라 하는가?
① 회전 우선순위
② 임의 우선순위
③ 동등 우선순위
④ 최소-최근 사용 우선순위

36 다음 중 분리 캐시(split cache)를 사용하는 주요 이유는?
① 캐시 크기의 확장
② 캐시 적중률 향상
③ 캐시 액세스 충돌 제거
④ 데이터 일관성 유지

37 마이크로명령어 형식에 관한 설명으로 틀린 것은?
① 조건 필드는 분기에 사용될 제어신호들을 발생시킨다.
② 연산 필드가 2개인 경우 2개의 마이크로 연산이 동시에 수행된다.
③ 주소 필드는 분기가 발생할 경우 목적지 마이크로명령어 주소로 사용된다.
④ 분기 필드는 분기의 종류와 다음에 실행할 마이크로명령어의 주소를 결정하는 방법을 명시한다.

38 사이클 타임(cycle time)이 750나노초(nano second)인 기억장치에서는 이론적으로 1초에 몇 개의 데이터(data)를 불러낼 수 있는가?
① 약 750개   ② 약 750×10^6개
③ 약 1.3×10^6개   ④ 약 1330개

39 보조기억장치로부터 주기억장치로 필요한 페이지를 옮기는 것은?
① saving   ② paging
③ storing   ④ spooling

40 다음은 ISZ 명령어(increment and skip if zero)를 수행하기 위해 필요한 마이크로 연산이다. ( )에 들어갈 내용으로 옳은 것은?

D_6T_4 : (①) ← M[AR]
D_6T_5 : DR ← DR+1
D_6T_6 : M[AR] ← (①), if (DR=0) then (②), (③) ← 0

① ① DR, ② PC ← PC+1, ③ SC
② ① DA, ② SC ← SC+1, ③ DR
③ ① DR, ② SC ← SC+1, ③ AR
④ ① AR, ② PC ← PC+1, ③ E

제3과목 마이크로전자계산기

41 8085 마이크로프로세서에서 주소와 데이터를 분리하기 위해 필요한 신호는?
① ALE(Address Latch Enable) 신호
② /WR 신호
③ /RE 신호
④ IO/M 신호

42 동기형 계수기로 사용할 수 없는 것은?
① 링 카운터
② BCD 카운터
③ 2진 카운터
④ 2진 업다운 카운터

43 일반적으로 DMA 장치가 가지는 3개의 레지스터가 아닌 것은?
① 주소 레지스터
② 워드 카운터 레지스터
③ 제어 레지스터

④ 인터럽트 레지스터

44 비동기식(Asynchronous) 직렬(Serial) 입출력 인터페이스를 올바르게 설명한 것은?
① 데이터를 block으로 묶어서 전송하는 방식이다.
② 변복조장치(MODEM)를 사용한 장거리 데이터 전송은 불가능하다.
③ 단위 데이터의 전후에 스타트(start) 신호와 스톱(stop) 신호가 필요하다.
④ 고속 데이터 전송이 필요한 입출력장치의 인터페이스에 적합하다.

45 주기억장치와 입출력장치 사이에 전송 속도차를 극복하기 위해 데이터를 임시 저장하는 장소는?
① 보조기억장치
② 레지스터
③ 인터페이스
④ 버퍼

46 마이크로프로세서에서 데이터가 저장된 또는 저장될 기억장치의 장소를 지정하기 위해 사용하는 버스(bus)는?
① 레지스터 연결 버스
② 데이터 버스
③ 주소 버스
④ 제어 버스

47 다음 용어 중 데이터가 전송되는 속도를 나타내는 것은?
① 보 레이트(baud rate)
② 듀티 팩터(duty factor)
③ 클록 레이트(clock rate)
④ 스케일 팩터(scale factor)

48 동기 또는 비동기식으로 마이크로프로세서 간의 원거리 통신을 하려고 한다. 이때 필요하지 않은 장치는?
① MODEM
② RS232 Driver/receiver
③ SIO
④ PIO

49 프로그램을 작성하여 기계어 번역 시 또는 실행 시 문법적 오류나 논리적 오류를 바로 잡는 과정을 무엇이라 하는가?
① Assembly
② Loading
③ Dubugging
④ Editing

50 스택에 관한 설명으로 틀린 것은?
① 스택은 메모리에만 존재한다.
② 스택에서 읽을 때는 pop 명령을 사용한다.
③ 마이크로프로세서에서 스택은 인터럽트와 관련이 깊다.
④ 스택은 LIFO 메모리 장치이다.

51 우선순위체제 인터럽트 방식에서의 우선순위 식별회로에서 우선순위가 가장 높은 인터럽트 요청신호는?

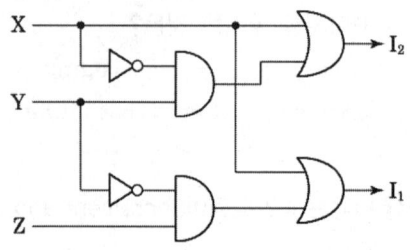

① X ② Y
③ Z ④ 구별할 수 없다.

52 다음 중 단일 칩 마이크로컴퓨터에 해당하는 것은?
① Intel 8080
② Zilog Z80
③ Intel 8048
④ Motorola MC6800

53 CMOS RAM의 설명 중 옳지 않은 것은?
① 상보성 금속 산화막 반도체 제조 공법을 사용한다.
② 전원으로부터의 잡음에 대한 허용도가 높다.
③ 전력 소비량이 높다.
④ 건전지로 전원이 공급되는 하드웨어 구성 요소에 유용하게 사용된다.

54 전체 CPU를 하나의 단일 IC로 하면 장점도 있으나 프로세서의 구조가 고정되며, 명령어 집합도 바꿀 수 없게 된다. 이러한 단점을 보완하기 위하여 CPU를 Processor Unit, Microprogram Sequencer, Control memory로 나누어 구성하면 위 단점을 제거할 수 있다. 이런 구조로 된 프로세서를 무엇이라 하는가?
① vector processor
② bit slice microprocessor
③ pipeline processor
④ array processor

55 TTL 출력 종류 중 논리값이 0도 아니고 1도 아닌, 고임피던스 상태를 가지며, 특히 bus 구조에 적합한 것은?
① Tri-state 출력
② Open collector 출력
③ Totem-pole 출력
④ TTL 표준출력

56 마이크로컴퓨터 시스템과 외부회로 사이의 데이터 전달 입출력(I/O) 방식이 아닌 것은?
① programmed I/O
② interrupt I/O
③ DMA(direct memory access)
④ paged I/O

57 [그림]과 같은 어느 프로그램 중 0123 번지에 CALL A 명령이 있다. 이 CALL A를 수행한 후 PC에 기억된 값은? (단, 모든 명령문은 1바이트라 한다.)

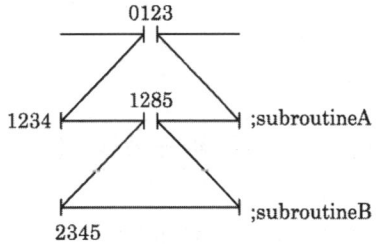

① 0124 ② 1234
③ 1285 ④ 2345

58 다음 중 누산기가 꼭 필요한 명령 형식은?
① 0-주소 인스트럭션
② 1-주소 인스트럭션

③ 2-주소 인스트럭션
④ 3-주소 인스트럭션

59 8085 CPU에서 클록은 약 2.5MHz이다. LDA 명령을 수행하는 데 13개 T 스테이트가 필요하다. 이때 명령 사이클은 몇 μs 인가?
① 13   ② 5.2
③ 2.5   ④ 3.2

60 다음은 마이크로프로세서와 주변장치 사이의 입출력 방법들이다. CPU의 부담이 적은 것부터 나열한 것은?
① 채널에 의한 입출력 - 프로그램에 의한 입출력 - DMA에 의한 입출력
② 프로그램에 의한 입출력 - DMA에 의한 입출력 - 채널에 의한 입출력
③ DMA에 의한 입출력 - 프로그램에 의한 입출력 - 채널에 의한 입출력
④ 채널에 의한 입출력 - DMA에 의한 입출력 - 프로그램에 의한 입출력

제4과목 논리회로

61 3비트에 대한 패리티를 발생시키는 even parity generator는?

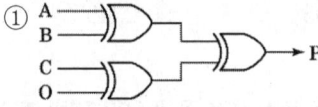

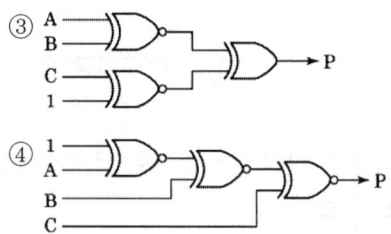

62 [그림]과 같은 논리회로에 A=5V, B=5V를 인가했을 때 출력 Y 값은? (단, 정논리로 가정한다.)

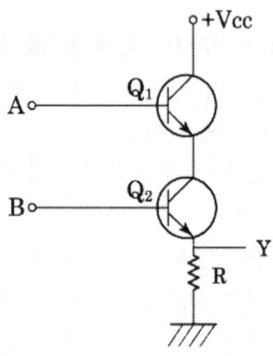

① +Vcc   ② 0V
③ -5V   ④ 10V

63 비동기식 카운터와 관계없는 것은?
① 전단의 출력이 다음 단의 트리거(trigger) 입력이 된다.
② 회로가 복잡하므로 설계하기가 어렵다.
③ 직렬 카운터라고도 한다.
④ 리플 카운터(ripple counter)라고도 한다.

64 다음 진리표(truth table)에서 출력 Y를 최소화한 결과는?

A	B	Y
0	0	1
0	1	0
1	0	1
1	1	1

① $Y = A + \overline{B}$ ② $Y = \overline{A} + B$
③ $Y = \overline{A} + \overline{B}$ ④ $Y = AB$

65 다음 중 [그림]과 같은 회로의 논리식은?

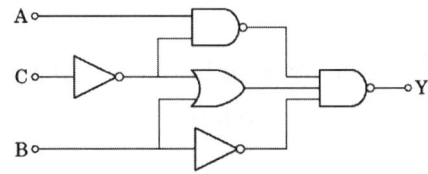

① ABC ② $AB + C$
③ $A + B + C$ ④ $\overline{A}\,\overline{B}\,\overline{C}$

66 다음 논리회로의 명칭으로 옳은 것은?

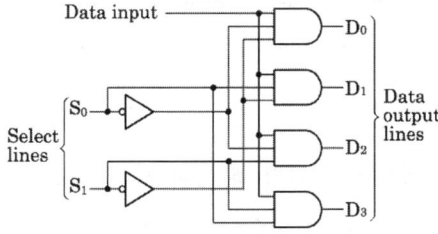

① 1 Line to 1 Line demultiplexer
② 1 Line to 2 Line demultiplexer
③ 1 Line to 4 Line demultiplexer
④ 1 Line to 4 Line multiplexer

67 다음과 같은 회로에서 출력 Y를 올바르게 구한 것은?

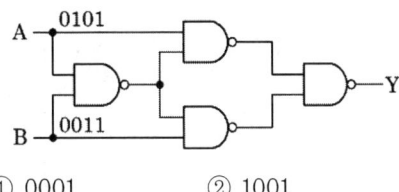

① 0001 ② 1001
③ 0110 ④ 0111

68 다음 [그림]의 3상태(tri-state) IC에서 출력 가능한 상태가 아닌 것은?

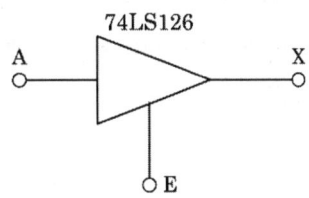

① High ② Low
③ Hi-Z ④ Low-Z

69 다음 회로의 출력값 x의 논리함수식을 유도하고 이 논리함수식을 간략화하였을 때 가장 적합한 회로는?

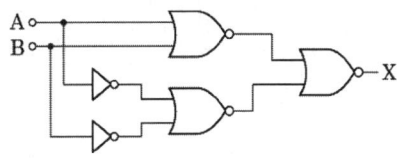

① EX OR 게이트
② 반가산기 회로
③ 반감산기 회로
④ 전가산기 회로

70 [그림]과 같이 멀티플렉서를 이용하여 구성한 조합 논리회로의 출력은?

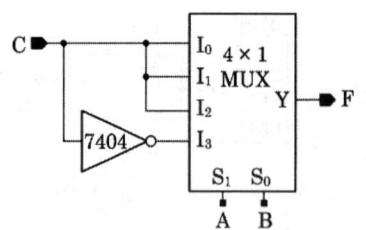

① F(A, B, C)=∑(1, 3, 5, 6)
② F(A, B, C)=∑(2, 4, 7)
③ F(A, B, C)=∑(1, 3, 6)
④ F(A, B, C)=∑(0, 3, 5, 6)

71 5단의 링 카운터에 해당되는 % 듀티 사이클은?
① 50%　② 25%
③ 20%　④ 10%

72 다음의 카운터 회로는 몇 진 카운터인가? (단, 카운터 출력은 첨자 0이 붙은 쪽이 LSB라고 본다.)

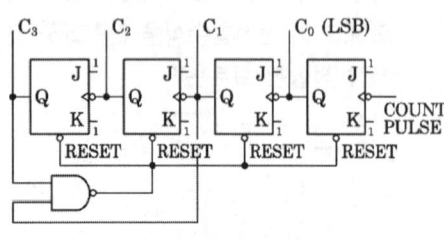

① 2　② 8
③ 10　④ 16

73 JK 플립플롭에서 $J_n=K_n=1$일 때 Q_{n+1}의 출력상태는?
① 반전　② 부정
③ 1　④ 0

74 10진수 0.4375를 2진수로 변환한 것으로 옳은 것은?
① $0.1110_{(2)}$　② $0.1101_{(2)}$
③ $0.1011_{(2)}$　④ $0.0111_{(2)}$

75 함수 $f=\overline{A}BC+A\overline{B}C+AB\overline{C}$의 부정은?
① $(\overline{A}+B+C)(A+\overline{B}+C)(A+B+\overline{C})$
② $(A+B+C)(\overline{A}+\overline{B}+\overline{C})$
③ $(\overline{A}+\overline{B}+C)(A+\overline{B}+\overline{C})$
④ $(A+\overline{B}+\overline{C})(\overline{A}+B+\overline{C})(\overline{A}+\overline{B}+\overline{C})$

76 데이터 분배회로로 사용되는 것은?
① 시프트 레지스터
② 디멀티플렉서
③ 인코더
④ 멀티플렉서

77 10진수의 입력을 전자계산기의 매부 code로 변환시키는 장치는?
① Decoder　② Multiplexer
③ Encoder　④ Adder

78 다음의 보기 중 틀린 것은?
① $\overline{AB+AC}=(\overline{A}+\overline{B})(A+\overline{C})$
② $AB+\overline{A}C+BC=AB+\overline{A}C$
③ $(A+B)(\overline{A}+C)(B+C)$
　$=(A+B)(\overline{A}+C)$
④ $AB+BC+CA$
　$=(A+B)(B+C)(C+A)$

79 10진수 42+29를 3-초과 코드(Excess-3 code)로 계산한 것으로 옳은 것은?
① 1010 1010　② 1010 0100

③ 1101 1110　　④ 0111 1000

80 다음 중 논리 버퍼(buffer)의 기능으로 옳은 것은?
① 논리 0을 입력했을 때 출력은 하이 임피던스(high impedance) 상태가 된다.
② 지연 소자로서 기능을 한다.
③ 입출력의 논리 변화는 없으나 입력되는 신호의 크기가 감소되어 출력된다.
④ 버퍼를 사용하지 않았을 때보다 부하 구동 능력이 다소 감소된다.

제5과목 데이터통신

81 HDLC의 프레임(Frame)의 구조가 순서대로 올바르게 나열된 것은? (단, A : Address, F : Flag, C : Control, D : Data, S : Frame Check Sequence)
① F-D-C-A-S-F
② F-C-D-S-A-F
③ F-A-C-D-S-F
④ F-A-D-C-S-F

82 문자 동기 전송방식에서 데이터 투명성(Data Transparent)을 위해 삽입되는 제어문자는?
① ETX　　② STX
③ DLE　　④ SYN

83 인터넷 프로토콜로 사용되는 TCP/IP의 계층화 모델 중 Transport 계층에서 사용되는 프로토콜은?
① FTP　　② IP
③ ICMP　　④ UDP

84 송신측은 하나의 블록을 전송한 후 수신측에서 에러의 발생을 점검한 다음 에러 발생 유무 신호를 보내올 때까지 기다리는 ARQ 방식은?
① continuous ARQ
② adaptive ARQ
③ Go-Back-N ARQ
④ stop and wait ARQ

85 아날로그 데이터를 디지털 신호로 변환하는 방식은?
① 진폭 편이 변조(ASK)
② 주파수 편이 변조(FSK)
③ 위상 편이 변조(PSK)
④ 펄스 부호 변조(PCM)

86 인터네트워킹을 위해 사용되는 관련 장비가 아닌 것은?
① 리피터　　② 라우터
③ 브리지　　④ 감쇠기

87 다음 베이스 밴드 전송방식 중 비트 간격의 시작점에서는 항상 천이가 발생하며, "1"의 경우에는 비트 간격의 중간에서 천이가 발생하고, "0"의 경우에는 비트 간격의 중간에서 천이가 없는 방식은?
① NRZ-L 방식　　② NRZ-M 방식
③ NRZ-S 방식　　④ NRZ-I 방식

88 비동기 전송에서 한 문자의 전송과 그 다음 문자의 전송을 어떻게 구별하는가?
① 문자의 처음과 끝에 Block pattern (01111110)을 추가하여 구분한다.
② 문자 앞에 (01101101)코드를 추가하여 구분한다.
③ 각 문자코드의 맨 앞에는 시작비트를 두고, 문자코드 맨 뒤에는 정지비트를 두어 구분한다.
④ 문자와 문자 사이에 (11111111)코드를 추가하여 구분한다.

89 IP 주소의 5개 클래스 중 멀티캐스팅을 사용하기 위해 예약되어 있으며 netid와 hostid가 없는 것은?
① A 클래스   ② B 클래스
③ C 클래스   ④ D 클래스

90 다음 표에서 A, B, C, D 문자 전송 시 수직 홀수 패리티 비트 검사에서 패리티 비트 값이 잘못된 문자는?

패리티 비트	0	0	0	0
D_7	1	1	0	0
D_6	0	1	1	1
D_5	0	0	0	0
D_4	1	1	1	0
D_3	1	1	0	1
D_2	0	0	0	0
D_1	0	0	1	0
D_0	0	1	1	1
문자	A	B	C	D

① A   ② B
③ C   ④ D

91 통신 속도가 2400baud이고, 4상 위상변조를 하면 데이터의 전송속도는 얼마인가?
① 2400bps   ② 4800bps
③ 9600bps   ④ 19200bps

92 UDP 헤더에 포함되지 않는 것은?
① checksum
② length
③ sequence number
④ source port

93 HDLC에서 피기백킹(piggybacking) 기법을 통해 데이터에 대한 확인응답을 보낼 때 사용되는 프레임은?
① I-프레임   ② S-프레임
③ U-프레임   ④ A-프레임

94 프레임 단위로 오류 검출을 위한 코드를 계산하여 프레임 끝에 FCS를 부착하는 것은?
① Hamming Coding
② Parity Check
③ Block Sum Check
④ Cyclic Redundancy Check

95 HDLC 전송 제어 절차의 세 가지 동작 모드에 속하지 않는 것은?
① 정규 응답 모드(NRM)
② 동기 응답 모드(SRM)
③ 비동기 응답 모드(ARM)
④ 비동기 평형 모드(ABM)

96 비트 방식의 데이터링크 프로토콜이 아닌

것은?
① HDLC   ② SDLC
③ LAPB   ④ BSC

97 TCP 프로토콜을 사용하는 응용 계층의 서비스가 아닌 것은?
① SNMP   ② FTP
③ Telnet ④ HTTP

98 TCP/IP 관련 프로토콜 중 하이퍼텍스트 전송을 위한 프로토콜은?
① HTTP   ② SMTP
③ SNMP   ④ Mailto

99 다음 설명에 해당하는 OSI 7계층은?

- 두 노드 간을 직접 연결하는 링크상에서 프레임의 전달을 담당한다.
- 흐름 제어와 오류 복구를 통하여 신뢰성 있는 프레임 단위의 전달을 제공한다.
- 대표적인 프로토콜은 PPP, LLC 등이 있다.

① 물리 계층
② 데이터링크 계층
③ 네트워크 계층
④ 트랜스포트 계층

100 공중 통신 사업자로부터 회선을 대여 받아 통신처리 기능을 이용, 부가적인 정보 서비스를 제공하는 서비스 망은?
① Local Area Network
② Metropolitan Area Network
③ Wide Area Network
④ Value Area Network

2013년 4회 시행 과년도출제문제

제1과목 시스템프로그래밍

01 컴파일러에 대한 설명으로 옳은 것은?
① 원시 프로그램을 기계어로 바꾸는 소프트웨어이다.
② 원시 프로그램을 기계어로 바꾸는 하드웨어이다.
③ 기계어를 원시 프로그램으로 바꾸는 소프트웨어이다.
④ 기계어를 원시 프로그램으로 바꾸는 하드웨어이다.

02 어셈블리어의 특징으로 옳지 않은 것은?
① 각 명령어가 하나의 기계 명령에 대응되는 저급 언어이다.
② 어셈블리어는 모든 컴퓨터 기종에 공통으로 적용할 수 있다.
③ 어셈블리어에서는 데이터가 기억된 번지를 기호(symbol)로 지정한다.
④ 어셈블리어는 기계어와 1 대 1로 대응시켜서 표현한 기호식 표기법이다.

03 매크로 프로세서가 수행해야 하는 기본적인 기능에 해당하지 않는 것은?
① 매크로 정의 저장
② 매크로 구문 인식
③ 매크로 호출 인식
④ 매크로 정의 인식

04 프로세스의 정의로 옳은 내용 모두를 나열한 것은?

가. 프로시저가 활동 중인 것
나. PCB를 가진 프로그램
다. 동기적 행위를 일으키는 주체
라. 프로세서가 할당되는 실체

① 가, 나
② 가, 라
③ 가, 나, 라
④ 가, 나, 다, 라

05 시스템 소프트웨어에 대한 설명으로 거리가 먼 것은?
① 운영체제는 대표적 시스템 소프트웨어이다.
② 하드웨어와 응용 소프트웨어를 연결해 주는 기능을 갖는다.
③ 컴퓨터의 제어 및 관리 기능을 가진다.
④ 현업의 판매관리, 자재관리, 인사관리 프로그램 등도 시스템 소프트웨어에 해당된다.

06 주기억장치 관리기법으로 최악 적합(Worst-fit) 방법을 이용할 경우 10K 크기의 프로그램은 다음과 같이 분할되어 있는 주기억장치 중 어느 부분에 할당되어야 하는가?

영역 번호	영역 크기	상 태
Ⓐ	9K	공 백
Ⓑ	12K	공 백
Ⓒ	20K	공 백
Ⓓ	35K	공 백

① 영역번호 Ⓐ
② 영역번호 Ⓑ

③ 영역번호 ⓒ   ④ 영역번호 ⓓ

07 JCL(Job Control Language)에 대한 설명으로 틀린 것은?
① JCL은 OS와 사용자 간의 정보 제공 언어이다.
② JCL은 사용자 Job과 그의 시스템에 대한 요구를 일치시키는 기능을 갖는다.
③ 사용자는 JCL을 이용하여 그의 JOB 단계 순서와 운영에 대한 사항을 자세히 서술하여 시스템을 제어할 수 있다.
④ JCL은 기계어를 직접 수정하는 언어이다.

08 로더의 기능이 아닌 것은?
① Allocation
② Compile
③ Linking
④ Relocation

09 별도의 로더 없이 언어 번역 프로그램이 로더의 기능까지 수행하는 것은?
① Absolute Loader
② Direct Linking Loader
③ Compile And Go Loader
④ Dynamic Loading Loader

10 어셈블러를 두 개의 패스로 구성하는 주된 이유는?
① 한 개의 패스만을 사용하면 프로그램의 크기가 증가하여 유지보수가 어렵다.
② 한 개의 패스만을 사용하면 메모리가 많이 소요된다.
③ 기호를 정의하기 전에 사용할 수 있어 프로그램 작성이 용이하다.
④ 패스 1, 2의 어셈블러 프로그램이 작아서 경제적이다.

11 기계어에 대한 설명으로 옳지 않은 것은?
① 컴퓨터가 직접 이해할 수 있는 언어이다.
② 기종마다 기계어가 다르므로 언어의 호환성이 없다.
③ 2진수 형태로 표현되며 수행 시간이 빠르다.
④ 고급 언어에 해당한다.

12 매크로(Macro)에 대한 설명으로 옳지 않은 것은?
① 사용자의 반복적인 코드 입력을 줄여준다.
② 매크로 라이브러리는 여러 프로그램에서 공통적으로 자주 사용되는 매크로들을 모아놓은 라이브러리이다.
③ 매크로 내에 또 다른 매크로를 정의할 수 없다.
④ 매크로는 문자열 바꾸기와 같이 매크로 이름이 호출되면 호출된 횟수만큼 정의된 매크로 코드가 해당 위치에 삽입되어 실행된다.

13 페이지 교체 기법 중 참조 비트와 변형 비트가 필요한 것은?
① FIFO   ② LRU
③ LFU   ④ NUR

14 어셈블리어에서 논리적인 비교와 결과가 양수 또는 음수인지를 검사하여 상태 레지스터의 상태 비트를 설정하는 명령은?
① NEG   ② TEST
③ CWD   ④ LEA

15 매크로 정의(Macro definition) 의사명령을 사용하여 매크로 정의를 할 경우, 맨 처음과 끝에 사용되는 명령어가 알맞게 짝지어진 것은?
① MACRO, MEND
② START, END
③ CALL, RETURN
④ MACRO, STOP

16 어셈블리어에서 어떤 기호적 이름에 상수값을 할당하는 명령은?
① EQU   ② ASSUME
③ ORG   ④ EVEN

17 어셈블리어에서 라이브러리에 기억된 내용을 프로시저로 정의하여 서브루틴으로 사용하는 것과 같이 사용할 수 있도록 그 내용을 현재의 프로그램 내에 포함시켜 주는 명령은?
① INCLUDE   ② EVEN
③ ORG   ④ NOP

18 원시 프로그램을 컴파일러로 번역하면 목적 프로그램이 생성되는데, 이 목적 프로그램은 즉시 실행할 수 없는 상태의 기계어이다. 이를 실행 가능한 로드 모듈로 변환하는 것은?
① Debugger   ② Assembler
③ Compiler   ④ Linkage Editor

19 고급 언어로 작성된 프로그램을 한 줄 단위로 받아들여 번역하고, 번역과 동시에 프로그램을 한 줄 단위로 즉시 실행시키는 것은?
① 컴파일러   ② 링커
③ 인터프리터   ④ 로더

20 프로그램을 실행하기 위하여 프로그램을 보조기억장치로부터 컴퓨터의 주기억장치에 올려놓는 기능을 하는 것은?
① Loader   ② Preprocessor
③ Linker   ④ Emulator

제2과목 전자계산기구조

21 다음 중 3-초과 코드에 포함되지 않는 것은?
① 0011   ② 0101
③ 1001   ④ 1101

22 다음 중 3-cycle 명령어에 속하지 않는 것은?
① STORE   ② LOAD
③ ADD   ④ JUMP

23 중앙처리장치가 인출(fetch) 상태인 경우에 제어점을 제어하는 것은?
① 플래그(flag)

② 명령어(instruction)의 연산코드
③ 인터럽트 호출 신호
④ 프로그램 카운터

24 부호화된 2의 보수로 표현된 데이터를 연산할 때 overflow에 대해서 잘못 설명한 것은? (단, 가장 왼쪽 비트는 부호 비트이고, 그 다음 비트는 MSB라 한다.)
① 양수끼리 더할 때 MSB에서 자리올림이 발생하지 않으면 overflow가 일어난다.
② 음수끼리 더할 때 MSB에서 자리올림이 발생하지 않으면 overflow가 일어난다.
③ 부호 bit로 들어온 자리올림이 carry bit로 나가지 못하면 overflow가 일어난다.
④ 부호 bit로 들어온 자리올림이 없는데 carry가 발생하면 overflow가 일어난다.

25 다음 중 메모리의 Bandwidth를 증가시키는 방법으로 옳지 않은 것은?
① 메모리의 Word 개수를 늘린다.
② 메모리 버스의 데이터 Width와 Memory 의 Word Size를 늘린다.
③ 여러 개의 메모리 모듈을 이용한다.
④ 고속의 메모리 사이클 타임을 갖는 메모리를 이용한다.

26 자기 디스크(magnetic disk) 장치의 구성 요소가 아닌 것은?
① read/write head
② access arm

③ disk
④ cylinder

27 소프트웨어에 의한 폴링 방식에 대한 설명으로 옳은 것은?
① 융통성이 있다.
② 반응속도가 빠르다.
③ 정보량이 매우 적은 시스템에 적합하다.
④ 인터럽트 우선순위는 하드웨어적으로 고정되어 있다.

28 다음과 같은 마이크로 오퍼레이션과 관련 있는 사이클은?

① MAR ← MBR(addr)
② MBR ← M(MAR)

① 실행 사이클
② 간접 사이클
③ 인터럽트 사이클
④ 적재 사이클

29 컴퓨터 내부에서 수치 정보의 표현이 만족해야 하는 조건이 아닌 것은?
① 기억공간을 작게 차지해야 한다.
② 데이터의 처리 및 CPU 내의 이동이 용이해야 한다.
③ 10진수와 상호 변환이 용이해야 한다.
④ 정밀도가 낮아야 한다.

30 64K DRAM 기억소자를 이용하여 64K바이트 주기억장치를 구성하고자 한다. 이때 64K DRAM을 몇 개 사용하여야 하는가?
① 1   ② 2

③ 4 　　　　　　④ 8

31 아래에 있는 Algorithm이 설명하는 연산 방법은? (단, Z, X는 피연산자, Y는 연산 결과)

> [1] Z ← 임의의 수, Y ← 0
> [2] Z < X이면 끝, 아니면 [3]을 수행
> [3] Z ← Z-X, Y ← Y+1하고 [2]로부터 반복 수행

① 덧셈　　　　② 뺄셈
③ 곱셈　　　　④ 나눗셈

32 인스트럭션의 설계 과정에서 고려해야 할 사항이 아닌 것은?
① Interrupt 종류
② 연산자의 수와 종류
③ 데이터 구조
④ 주소지정방식

33 Interrupt 발생 시 복귀 주소를 기억시키는 데 사용되는 것은?
① accumulator
② stack
③ queue
④ program counter

34 하나의 입력 정보를 여러 개의 출력선 중에 하나를 선택하여 정보를 전달하는 데 사용하는 것은?
① 디코더(decoder)
② 인코더(encoder)
③ 멀티플렉서(multiplexer)
④ 디멀티플렉서(demultiplexer)

35 캐시의 쓰기 정책 중 write-through 방식의 단점에 해당하는 것은?
① 주기억장치의 내용이 무효 상태인 경우가 있다.
② 쓰기 시간이 길다.
③ 읽기 시간이 길다.
④ 하드웨어가 복잡하다.

36 명령어의 주소 부분에 실제 유효 번지가 저장되어 있는 주소를 갖고 있는 방식으로 최소한 두 번 이상의 주기억장치를 접근하는 방식은?
① 직접 주소
② 계산에 의한 주소
③ 자료 자신
④ 간접 주소

37 누산기(accumulator)란?
① 연산장치에 있는 레지스터(register)의 하나로 연산 결과를 기억하는 장치이다.
② 기억장치 주변에 있는 회로인데 가감승제 계산 및 논리 연산을 행하는 장치이다.
③ 일정한 입력 숫자들을 더하여 그 누계를 항상 보관하는 장치이다.
④ 정밀 계산을 위해 특별히 만들어 두어 유효 숫자의 개수를 늘이기 위한 것이다.

38 인터럽트 작동 순서가 올바른 것은?

(a) 리턴에 의한 복귀
(b) 해당 인터럽트에 대한 조치를 취함
(c) CPU에 인터럽트 요청
(d) 인터럽트 취급 루틴 실행
(e) 현재 수행 중인 프로그램의 상태 저장

① c → e → d → b → a
② d → c → e → b → a
③ e → b → c → a → d
④ a → c → d → e → b

39 인터럽트에 관하여 기술한 내용 중 옳지 않은 것은?
① 인터럽트의 요청장치를 인식하는 소프트웨어적인 방법인 polling 방법은 하나 이상의 장치가 인터럽트를 요청했을 때 오직 하나의 인터럽트 장치만 인식되는 단점이 있다.
② 인터럽트의 요청장치를 인식하는 하드웨어적인 방법인 daisy chain 방법은 구성상 인터럽트 장치들이 중앙처리장치에 물리적으로 가까운 순서대로 우선순위가 부여된다.
③ 정전처럼 인터럽트의 신속한 처리를 위해서는 인터럽트 반응 시간이 빨라야 하므로 하드웨어적인 인터럽트 처리가 필요하다.
④ 인터럽트가 발생되면 해결 후에 작업을 계속하기 위해서 어떠한 경우라도 반드시 수행 중인 프로그램을 스택 등에 보관하여야 한다.

40 인스트럭션 수행시간이 20ns이고, 인스트럭션 패치시간이 5ns, 인스트럭션 준비시간이 3ns이라면 인스트럭션의 성능은 얼마인가?
① 0.4   ② 0.6
③ 2.5   ④ 4.0

제3과목 마이크로전자계산기

41 JTAG 인터페이스 구성 시 포함되지 않는 것은?
① TDI(test data in)
② TDO(test data out)
③ TCK(test clock)
④ TDW(test data write)

42 마이크로프로세서의 특징이 아닌 것은?
① 내부에 ALU를 가진다.
② 명령어를 해독하여 필요한 제어신호를 발생시켜 주는 제어기(control unit)를 가진다.
③ 일시적으로 데이터를 기억하고 처리하기 위한 레지스터를 가진다.
④ 병렬 데이터를 직렬로, 직렬 데이터를 병렬로 변화시키는 기능회로를 가진다.

43 누산기(accumulator) 내용에 대한 보수를 취하는 명령이 수행될 때 산술 논리회로(ALU)에서 처리되는 내용은?
① 누산기의 값을 버스(bus)에서 옮긴다.
② 보수를 취한다.
③ 프로그램 카운터(PC)를 증가시킨다.
④ 명령어를 해석한다.

44 메모리 0010번지에 3F가 저장되어 있고 누산기(accumulator)에 27이 기록된 상태에서 LOAD ACC를 수행하여 0010번지의 데이터를 누산기에 로드(load)하였다. 이때 0010번지와 누산기의 내용은?

① 0010번지 : 00, 누산기 : 3F
② 0010번지 : 3F, 누산기 : 3F
③ 0010번지 : FF, 누산기 : 3F
④ 0010번지 : 27, 누산기 : 3F

45 다음 중 전처리기라고도 하며, 고급 언어로 작성된 프로그램을 그에 대응하는 다른 고급 언어로 번역하는 것은?

① assembler   ② preprocessor
③ compiler   ④ interpreter

46 fetch cycle 수행 시 적합하지 않은 마이크로 오퍼레이션은?

① IR ← DBUS, RD ← 0
② ABUS ← PC, RD ← 1
③ M[ABUS] ← DBUS, WR ← 1
④ DBUS ← M[ABUS]

47 다음은 ROM 회로의 Logic Diagram이다. 이에 해당하는 진리표로 옳은 것은? (단, X는 절단 상태를 의미한다.)

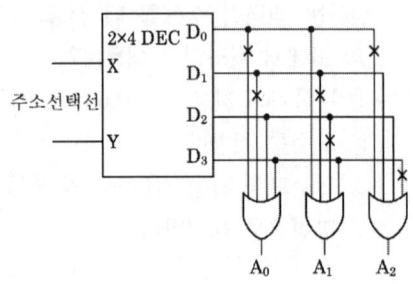

①
X	Y	A_0	A_1	A_2
0	0	0	1	0
0	1	0	0	1
1	0	1	0	1
1	1	1	1	0

②
X	Y	A_0	A_1	A_2
0	0	1	0	1
0	1	1	1	0
1	0	0	1	0
1	1	0	0	1

③
X	Y	A_0	A_1	A_2
0	0	1	1	1
0	1	1	0	0
1	0	0	0	0
1	1	0	1	1

④
X	Y	A_0	A_1	A_2
0	0	0	1	1
0	1	0	0	1
1	0	1	0	0
1	1	1	1	1

48 다음 (   ) 안에 들어갈 용어로 적당한 것은?

( )은/는 제어신호를 사용하는 비동기 데이터 전송방법의 하나로 데이터를 상대방 기기에 보냈음을 나타내는 제어신호와 데이터를 받았음을 알리는 제어신호를 사용하여 상호간의 원활한 데이터 전송을 수행할 수 있다.

① 스트로브(strobe)
② 핸드셰이킹(handshaking)
③ 폴링(polling)
④ 페이징(paging)

49 명령 해독기의 기능에 해당되는 것은?

① Flags를 저장한다.
② 명령어 주소를 갖는다.
③ 특정 주소 방식에서 사용된다.
④ Op-code를 분석한다.

50 부트스트랩핑 로더(bootstrapping loader)가 하는 일은?
① 시스템을 효율적으로 사용할 수 있게 한다.
② 컴퓨터 가동 시 운영체제(operating system)를 주기억장치로 읽어온다.
③ 모든 주변장치를 초기화한다.
④ 명령어를 해석한다.

51 명령 레지스터, 번지 레지스터, 명령 카운터 등과 관련 있는 장치는?
① 기억장치   ② 연산장치
③ 입력장치   ④ 제어장치

52 DMA 제어장치가 꼭 갖추어야 할 필수 레지스터가 아닌 것은?
① status register
② program counter
③ data counter
④ address register

53 마이크로프로그램 제어 명령어(Microprogram Control Instruction) 중에서 번지가 필요 없는 무번지 명령은?
① CPL(complement)
② BR(branch)
③ AND(and)
④ CALL(call)

54 비수치 처리, 특히 데이터베이스를 다루는 컴퓨터 시스템에서 데이터베이스 처리 전용으로 주컴퓨터에 결합해서 사용하는 프로세서는?
① 백엔드 프로세서
② 코프로세서
③ 비트 슬라이스 마이크로프로세서
④ 스칼라 프로세서

55 램프를 순차적으로 구동시키기 위한 지연 루프(Delay Loop)가 아래 그림에 표시되었다. 명령어 수행시간을 고려할 때 1msec의 지연시간을 갖기 위한 N값은? (단, N은 16진수이며, 명령어 수행시간 A=N:1sec, NOP:2sec, A=A-1:3sec, A=0:4sec이다.)

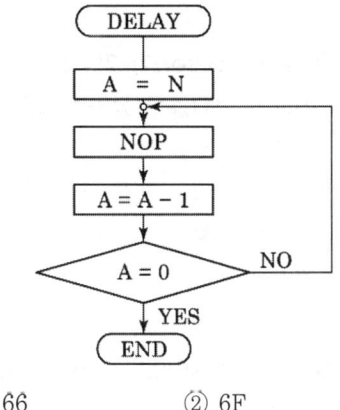

① 66   ② 6F
③ 77   ④ 7E

56 CPU가 시스템 버스를 사용하지 않는 시간을 이용하여 DMA 기능을 수행하는 방식을 무엇이라 하는가?
① burst 방식
② cycle stealing 방식
③ paging 방식

④ interrupt 방식

57 프로그램 크기가 가장 작은 주소 형식은?
① 0-주소형식   ② 1-주소형식
③ 2-주소형식   ④ 3-주소형식

58 다음 파일의 종류 중 거래가 있을 때마다 발생한 데이터를 모아두는 파일을 말하는데, 마스터 파일에 새로운 레코드를 추가하거나 현존하는 레코드를 수정하기 위한 데이터를 가지고 있는 파일은?
① 히스토리 파일(history file)
② 변경 파일(update file)
③ 기본 파일(base file)
④ 트랜잭션 파일(transaction file)

59 SP(stack pointer)가 기억하고 있는 내용의 메모리 번지를 지정하는 스택 구조는?
① 연속(cascade) 스택
② 모듈(module) 스택
③ 메모리 스택
④ 간접번지지정 스택

60 SRAM이 DRAM보다 장점인 특성은 어느 것인가?
① 메모리 용량   ② 전력손실
③ 비트당 가격   ④ 액세스 시간

── 제4과목 논리회로 ──

61 RS 플립플롭을 [그림]과 같이 결선하면 무슨 플립플롭이 되는가?

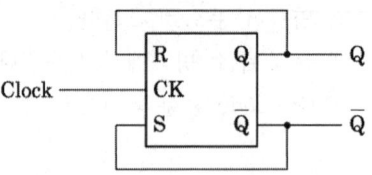

① RS 플립플롭   ② T 플립플롭
③ D 플립플롭   ④ JK 플립플롭

62 다음 [그림]과 같은 논리회로도의 명칭은?

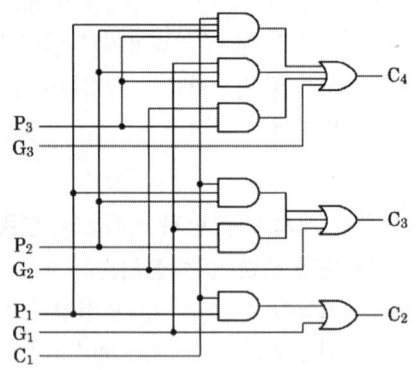

① Look-ahead carry generator
② Decimal adder
③ Magnitude Comparator
④ Decoder

63 다음 논리회로를 간단히 하면?

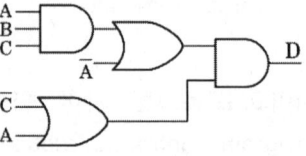

① $D = ABC + A\overline{C}$
② $D = AABC + ABC\overline{C} + \overline{A}A + AB\overline{C}$
③ $D = AABC + ABC\overline{C} + \overline{A}\overline{A}\overline{C}$
④ $D = ABC + \overline{A}\overline{C}$

64 레지스터의 기능은?
① 펄스를 발생시킨다.
② 정보를 일시 저장한다.
③ 계수기의 대용으로 쓰인다.
④ 회로를 동기시킨다.

65 다음 [그림]의 연산회로 이름은?

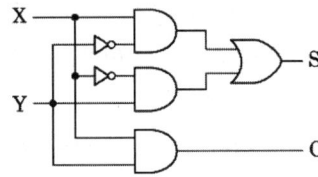

① half adder
② full adder
③ half subtracter
④ full subtracter

66 부호 및 절대값 코드를 사용하여 full scale이 ±10V의 10bit 양극성 D/A 변환기가 있다. 디지털 입력 1110000000에 대한 출력 값은?
① +7.5V   ② -7.5V
③ +8.5V   ④ -8.5V

67 JK 플립플롭에서 J=0, K=1일 때의 $Q_{(t+1)}$은?
① 0   ② 1
③ $Q_{(t)}$ ④ Don't care

68 2단으로 구성된 T형 플립플롭에 20kHz의 주파수를 공급할 때, 출력 주파수는?
① 5kHz   ② 10kHz
③ 15kHz   ④ 20kHz

69 8진 카운터를 구성하고자 할 경우 최소 몇 개의 JK 플립플롭이 필요한가?
① 3개   ② 4개
③ 8개   ④ 16개

70 74LS374와 같은 74시리즈 TTL IC의 타입 이름에 포함된 영문자 "LS"의 의미는?
① 고집적회로
② 저전력 고속도
③ 장기수명 고속도
④ 고전력 고안정도

71 프로그래머블 논리 어레이(PLA)에 관한 설명 중 틀린 것은?
① ROM에서와 같이 PLA도 마스크 프로그래머블(Mask-programmable) 형태로 할 수 있다.
② AND, OR 및 링크(Link)로 구성되어 임의의 논리기능을 수행하는 IC이다.
③ 무정의 조건(Don't care condition)이 많은 회로에서는 ROM보다 비경제적이다.
④ PLA 프로그램표(Program table)를 작성하여 회로를 설계한다.

72 다음 회로의 출력(F)으로 옳은 것은? (단, A=0101이다.)

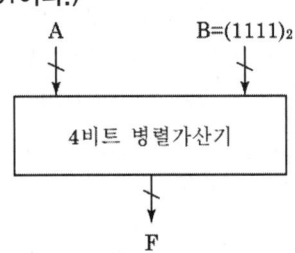

① F=A*B   ② F=A+1
③ F=A−1   ④ F=A

73 다음 불 함수를 간략화한 결과는?

F(w, x, y, z)
= Σ(0, 1, 2, 4, 5, 6, 8, 9, 12, 13, 14)

① $F = x + y + wz$
② $F = \bar{y} + \bar{z} + xy$
③ $F = \bar{y} + \bar{w}z + x\bar{z}$
④ $F = x + z$

74 다음 논리회로의 출력 f는?

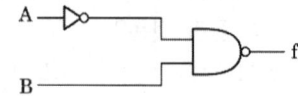

① $\bar{A}+B$ ② $A+\bar{B}$
③ $A+B$ ④ $\bar{A}+\bar{B}$

75 f(A, B, C)=Σm(1, 2, 3, 5)일 때 f를 바르게 나타낸 것은?

a. Σm(1, 4, 6, 7)   b. Σm(1, 2, 3, 5)
c. ΠM(1, 2, 3, 5)   d. ΠM(0, 4, 6, 7)

① a, c   ② a, d
③ b, c   ④ b, d

76 Karnaugh map을 이용하여 함수 F를 간략화하려고 한다. 이때 NAND 게이트만을 사용한다면 필요한 최소의 게이트 수와 fan-in의 합은 각각 얼마인가? (단, X는 don't care를 의미한다.)

AB\CD	00	01	11	10
00		1		1
01	1	X		1
11	X	1	X	1
10		X		

① 게이트 수 : 5, fan-in의 합 : 14
② 게이트 수 : 5, fan-in의 합 : 13
③ 게이트 수 : 6, fan-in의 합 : 16
④ 게이트 수 : 6, fan-in의 합 : 15

77 가산과 감산의 기능을 갖는 연산회로를 설계하기 위해 꼭 필요한 게이트는?

① AND   ② OR
③ EX−NOR   ④ EX−OR

78 논리식 B(A+B)를 간단히 하면?

① A   ② B
③ 1   ④ AB

79 6개의 플립플롭으로 구성된 2진 카운터는 0부터 몇까지 카운트할 수 있는가?

① 6   ② 32
③ 63   ④ 64

80 16진수인 다음 식의 연산값은?

$(3D21)_{16} - (B44)_{16} = (\ )_{16}$

① 31DD   ② 3B12
③ 21D0   ④ 2D13

제5과목 데이터통신

81 라우팅 방식 중 패킷이 소스 노드로부터 모든 인접 노드로 broadcast되는 방식은?
① flooding
② random routing
③ adaptive routing
④ fixed routing

82 비연결형(connectionless) 네트워크 프로토콜에 해당하는 것은?
① HTTP   ② TCP
③ IP   ④ X.25

83 전송매체에서 발생할 수 있는 전송 손상 요인으로 거리가 가장 먼 것은?
① 감쇠현상   ② 지연왜곡
③ 잡음   ④ 채널용량

84 TCP/IP 관련 프로토콜 중 인터넷 계층에 해당하는 것은?
① SNMP   ② HTTP
③ TCP   ④ ICMP

85 HDLC(High-Level Data Link Control)에 대한 설명으로 잘못된 것은?
① 양방향으로 동시에 메시지를 일정한 범위까지는 응답 없이 연속적으로 전송할 수 있게 함으로써 회선의 전송효율을 향상시키고 있다.
② 모든 프레임에 전송 에러 검사를 위해 에러 검출 부호가 부가되기 때문에 신뢰성이 높은 통신이다.
③ 통신 모드에는 NRM(Normal Response Mode), ABM(Asynchronous Balanced Mode), ARM(Asynchronous Response Mode) 이렇게 세 가지가 있다.
④ 전송 제어를 위해 전송제어문자(STX, ETX, ACK 등)를 사용한다.

86 컴퓨터를 이용한 정보통신 시스템에서 정확한 데이터를 주고받기 위해서는 컴퓨터 간의 미리 정해진 약속이 필요하다. 이러한 약속을 무엇이라 하는가?
① Topology   ② Protocol
③ OSI 7 layer ④ DNS

87 PCM(Pulse Code Modulation) 방식에서 PAM(Pulse Amplitude Modulation) 신호를 얻는 과정은?
① 표본화   ② 양자화
③ 부호화   ④ 코드화

88 시분할 다중화 방식에 대한 설명으로 틀린 것은?
① 동기식 시분할 다중화 방식은 전송 시간을 일정한 간격의 시간 슬롯으로 나누고, 이를 주기적으로 각 채널에 할당한다.
② 통계적 시분할 다중화 프레임 내의 시간 슬롯의 위치로 채널이 구분되기 때문에 별도의 주소 정보가 필요하지 않다.
③ 통계적 시분할 다중화 방식은 전송 데이터가 있는 경우에만 시간 슬롯을 할당한다.

④ 동기식 시분할 다중화 방식에서는 전송 프레임마다 각 시간 슬롯이 해당 채널에게 고정적으로 할당되기 때문에 결과적으로 전송 매체의 전송 능력이 낭비된다.

89 PPP(Point-to-Point Protocol)에 대한 설명으로 틀린 것은?
① 점대점 링크를 통하여 인터넷 접속에 사용되는 IETF의 표준 프로토콜이다.
② 오류 검출만 제공되며 재전송을 통한 오류 복구와 흐름 제어 기능 등은 제공되지 않는다.
③ 데이터 전송을 위해 HDLC와 같은 비트 채움 방식을 사용한다.
④ 점대점 링크를 통하여 IP 패킷의 캡슐화를 제공한다.

90 하나 또는 그 이상의 터미널에 정보를 전송하기 위한 데이터링크 확립 방법 중 폴링(polling) 방법에 관한 설명으로 옳은 것은?
① 주 스테이션이 특정한 부 스테이션에게 데이터를 전송할 경우 데이터를 받을 준비가 되어 있는지를 확인하는 방식이다.
② 주 스테이션이 각 부 스테이션에게 데이터 전송을 요청하는 방식이다.
③ 하나의 터미널을 선택하여 수신 준비 여부를 문의한 후에 데이터를 전송한다.
④ 하나의 터미널을 선택하여 수신 여부를 확인하지 않고 그대로 데이터를 전송한다.

91 현재 많이 사용되고 있는 LAN 방식인 "10BASE-T"에서 "10"이 가리키는 의미는?
① 데이터 전송 속도가 10Mbps
② 케이블의 굵기가 10밀리미터
③ 접속할 수 있는 단말의 수가 10대
④ 배선할 수 있는 케이블의 길이가 10미터

92 데이터 통신에서 발생할 수 있는 오류(error)를 검출하는 기법이 아닌 것은?
① Parity Check
② Run Length Check
③ Block Sum Check
④ Cyclic Redundancy Check

93 OSI 7계층 중 응용 간의 대화 제어(dialogue control)를 담당하는 것은?
① application layer
② session layer
③ transport layer
④ data link layer

94 위상을 이용한 디지털 변조 방식으로 옳은 것은?
① ASK   ② FSK
③ PSK   ④ PCM

95 셋 이상의 스테이션들을 공유된 전송 회선으로 연결함으로써 보다 효율적으로 링크를 이용하는 방식으로 하나의 회선이나 하나의 컴퓨터에 여러 개의 단말기가 접속되어 있는 회선구성 방식은?
① 점대점 링크 방식

② 멀티드롭 방식
③ 전이중 방식
④ 반이중 방식

96 무선 LAN의 장점으로 볼 수 없는 것은?
① 효율성　　② 확장성
③ 이동성　　④ 보안성

97 다음이 설명하고 있는 프로토콜은?

> 멀티캐스트나 유니캐스트 통신서비스를 통하여 비디오와 오디오 스트림 또는 시뮬레이션과 같은 실시간 특성을 가지는 데이터의 종단 간 전송을 제공해주는 UDP 기반의 프로토콜이다.

① IP　　② TCP
③ RTP　　④ FTP

98 동기식 전송 방식에 대한 설명으로 옳은 것은?
① 비동기 전송에 비해 고속의 데이터 전송이 가능하다.
② 각 글자는 1개의 start bit와 1~2개의 stop bit를 갖는다.
③ 일반적으로 비동기 전송에 비해 오버헤드가 훨씬 높다.
④ 동기는 문자 단위로만 이루어지고, 송수신측이 항상 동기 상태에 있을 필요는 없다.

99 OSI 7계층 중 모뎀이나 RS-232C와 같이 전기적 신호의 전송과 관계있는 계층은?
① 물리계층　　② 표현계층
③ 네트워크계층　　④ 응용계층

100 HDLC(High-level Data Link Control) 프레임 형식으로 옳은 것은?

① | 플래그 | 제어영역 | 주소영역 | 정보영역 | FCS | 플래그 |

② | 플래그 | 주소영역 | 제어영역 | 정보영역 | FCS | 플래그 |

③ | 플래그 | 주소영역 | 정보영역 | 제어영역 | FCS | 플래그 |

④ | 플래그 | 정보영역 | 제어영역 | 주소영역 | FCS | 플래그 |

2014년 1회 시행 과년도출제문제

제1과목 시스템프로그래밍

01 어셈블러가 두 개의 패스(pass)로 구성되는 이유로 가장 적합한 것은?
① 입력 목적덱의 카드 종류가 많아 처리를 용이하게 하기 위해서
② 한 개의 패스로는 처리속도는 빠르나 프로그램이 커서 메모리가 많이 사용되기 때문에
③ 서브프로그램이나 서브루틴을 처리하기 위해서
④ 사용의 편의상 정의하기 전에 사용한 주소 상수를 처리하기 위해서

02 로더의 기능에 해당하지 않는 것은?
① Allocation   ② Linking
③ Relocation   ④ Compiling

03 운영체제의 역할로 거리가 먼 것은?
① 입출력 관리
② 프로세서 관리
③ 자원 관리
④ 언어 번역

04 기계어에 대한 설명으로 옳지 않은 것은?
① 컴퓨터가 직접 이해할 수 있는 언어이다.
② 기종마다 기계어가 다르므로 언어의 호환성이 없다.
③ CPU에 내장된 명령들을 직접 사용하는 것으로, 프로그램을 작성하고 이해하기가 어렵다.
④ 인간이 실생활에서 사용하는 자연어와 비슷한 형태 및 구조를 갖는다.

05 PCB에 포함되는 정보가 아닌 것은?
① 프로세스 상태
② 처리기 레지스터
③ 할당되지 않은 주변장치의 상태정보
④ 프로그램 카운터

06 다음 중 가장 바람직한 스케줄링 정책은?
① 처리율을 증가시키고 오버헤드를 최대화한다.
② 대기시간을 최대화하고 응답시간을 줄인다.
③ 오버헤드를 최소화하고 응답시간을 늘린다.
④ 응답시간을 줄이고 처리율을 증가시킨다.

07 시스템 프로그램에 대한 설명으로 옳지 않은 것은?
① 하드웨어와 응용소프트웨어를 연결하는 역할을 담당한다.
② 컴퓨터 시스템의 제어 및 관리와 관련이 있다.
③ 인사관리, 자재관리, 판매관리 등의 프로그램은 시스템 소프트웨어의 대표적 프로그램으로 볼 수 있다.
④ 시스템 전체를 작동시키는 프로그램으

로 프로그램을 주기억장치에 적재시키거나 인터럽트 관리, 장치관리 등의 기능을 담당한다.

08 어셈블리어에 대한 설명으로 옳지 않은 것은?
① machine code를 mnemonic symbol로 표현한 것이다.
② CPU로 쓰이는 processor에 따라 그 종류가 다르다.
③ high level의 언어이다.
④ machine 명령문과 pseudo 명령문이 있다.

09 원시 프로그램을 하나의 긴 스트링으로 보고 원시 프로그램을 문자 단위로 스캐닝하여 문법적으로 의미 있는 그룹들로 분할하는 과정은?
① Syntax analysis
② Lexical analysis
③ Code generation
④ Code optimization

10 은행원 알고리즘과 연계되는 교착상태 해결 방법은?
① 회피 기법　　② 예방 기법
③ 발견 기법　　④ 회복 기법

11 프로그램 언어의 실행 과정 순서로 옳은 것은?
① 로더 → 링커 → 컴파일러
② 컴파일러 → 로더 → 링커
③ 링커 → 컴파일러 → 로더
④ 컴파일러 → 링커 → 로더

12 일반적인 로더에 가장 가까운 것은?
① Dynamic Loading Loader
② Absolute Loader
③ Direct Linking Loader
④ Compiler And Go Loader

13 절대로더(Absolute Loader)에서 할당과 연결을 수행하는 주체는?
① 어셈블러
② 로더
③ 프로그래머
④ 어셈블러와 로더

14 프로세스의 정의로 옳지 않은 것은?
① 지정된 결과를 얻기 위한 일련의 계통적 동작
② 목적 또는 결과에 따라 발생되는 사건들의 과정
③ 동기적 행위를 일으키는 주체
④ 프로세서가 할당되는 실체

15 라이브러리에 기억된 내용을 프로시저로 정의하여 서브루틴으로 사용하는 것과 같이 사용할 수 있도록 그 내용을 현재의 프로그램 내에 포함시켜 주는 어셈블리어 명령은?
① CREF　　② ORG
③ EVEN　　④ INCLUDE

16 프로그램 실행을 위하여 메모리 내에 기억

공간을 확보하는 작업은?
① linking ② allocation
③ loading ④ compile

17 어떤 기호적 이름에 상수값을 할당하는 어셈블리어 명령은?
① ORG ② INCLUDE
③ END ④ EQU

18 페이지 교체 알고리즘 중 가장 오랫동안 사용하지 않은 페이지를 교체하는 기법은?
① LFU ② OPT
③ FIFO ④ LRU

19 주소바인딩의 의미로 가장 적절한 것은?
① 물리적 주소공간에서 논리적 주소공간으로의 사상
② 논리적 주소공간에서 물리적 주소공간으로의 사상
③ 물리적 주소공간에서 물리적 주소공간으로의 사상
④ 주소를 심벌로 사상

20 작성된 표현식이 BNF의 정의에 의해 바르게 작성되었는지를 확인하기 위해 만들어진 Tree의 명칭은?
① Parse Tree
② Binary search Tree
③ Binary Tree
④ Skewed Tree

제2과목 전자계산기구조

21 다음 중 롬(ROM) 내에 기억시켜둘 필요가 없는 정보는?
① bootstrap loader
② micro program
③ display character code
④ source program

22 벡터 형태의 데이터를 처리하는 데 가장 효율적인 병렬 처리기는?
① 파이프라인 처리기
② 배열 처리기
③ 다중 처리기
④ VLSI 처리기

23 정보를 기억하는 종류에 따라 레지스터를 분류할 때 해당되지 않는 것은?
① 데이터 레지스터
② 제어 레지스터
③ 주소 레지스터
④ 상태 레지스터

24 아래 보기와 같이 명령어에 오퍼랜드 필드를 사용하지 않고 명령어만 사용하는 명령어 형식은?

보기) ADD ; (덧셈)
　　　 MUL ; (곱셈)

① zero-address instruction mode
② one-address instruction mode
③ two-address instruction mode
④ three-address instruction mode

25 수치 표현에 있어서 0의 판단이 가장 쉬운 방법은?
① 2의 보수   ② 1의 보수
③ 부호와 절대치   ④ 부동 소수점

26 indirect cycle 동안에 컴퓨터는 무엇을 하는가?
① 명령을 읽는다.
② 오퍼랜드(operand)를 읽는다.
③ 인터럽트(interrupt)를 처리한다.
④ 오퍼랜드(operand)의 유효주소(address)를 읽는다.

27 컴퓨터가 인터럽트 루틴을 수행한 후에 처리하는 것은?
① PC 비롯한 각종 레지스터의 내용을 스택에 보존한다.
② 인터럽트 처리 루틴의 주소를 인터럽트 벡터에서 복구시킨다.
③ 인터럽트 벡터 정보를 메모리에 적재한다.
④ 인터럽트 처리 시 보존한 PC, PSW 등을 복구한다.

28 부동 소수점 파이프라인의 비교기, 시프터, 가산-감산기, 인크리멘터, 디크리멘터가 모두 조합회로로 구성된다. 이때 네 세그먼트의 시간 지연이 t_1=60ns, t_2=70ns, t_3=100ns, t_4=80ns이고, 중간 레지스터의 지연이 tr=10ns라고 가정하면 비파이프라인 구조에 비해 몇 배의 속도가 향상되는가?
① 0.6   ② 1.1
③ 2.4   ④ 2.9

29 인스트럭션 실행과정에서 한 단계씩 이루어지는 동작은?
① micro operation
② fetch
③ control routine
④ automation

30 32비트와 가상 주소, 4KB 페이지, 페이지 테이블 엔트리당 4바이트로 된 페이지 테이블에 대해 전체 페이지 케이블의 크기는 얼마인가?
① 4MB   ② 8MB
③ 16MB   ④ 32MB

31 ASCII 코드의 비트구성은 존(zone) 비트와 수(digit) 비트로 구분된다. 존 bit는 몇 비트인가?
① 1비트   ② 2비트
③ 3비트   ④ 4비트

32 10진수 −87을 2의 보수로 표현하면?
① $(10101001)_2$ ② $(10101000)_2$
③ $(00101001)_2$ ④ $(01010111)_2$

33 프로그램 실행 중에 트랩(trap)이 발생하는 조건이 아닌 것은?
① overflow 또는 underflow 시
② 0(zero)에 의한 나눗셈
③ 불법적인 명령
④ 패리티 오류

34 10진수 -456을 PACK 형식으로 표현한 것은?
① | 45 | 6D |
② | -4 | 56 |
③ | 45 | 6F |
④ | F4 | 56 |

35 명령인출(instruction fetch)과 수행단계(execute phase)를 중첩시켜 하나의 연산을 수행하는 구조를 갖는 처리 방식은?
① 명령 파이프라인(instruction pipeline)
② 산술 파이프라인(arithmetic pipeline)
③ 실행 파이프라인(execute pipeline)
④ 세그먼트 파이프라인(segment pipeline)

36 연관기억(associative memory) 장치에 대한 설명 중 옳지 않은 것은?
① 고속 메모리에 속한다.
② Mapping Table 구성에 주로 사용된다.
③ 주소에 의해 접근하지 않고 기억된 내용의 일부를 이용할 수 있다.
④ CPU의 속도와 메모리의 속도 차이를 줄이기 위해 사용되는 고속 Buffer Memory이다.

37 디지털 IC의 특성을 나타내는 내용 중 전달지연 시간이 가장 짧은 것부터 차례로 나열한 것으로 옳은 것은?
① ECL - MOS - CMOS - TTL
② TTL - ECL - MOS - CMOS
③ ECL - TTL - CMOS - MOS
④ MOS - TTL - ECL - CMOS

38 다음 중 특정 비트를 반전시킬 때 사용하는 연산은?
① AND
② OR
③ EX-OR
④ MOVE

39 10진수 -14를 2의 보수 표현법을 이용하여 8비트 레지스터에 저장하였을 때, 이를 오른쪽으로 1비트 산술 시프트했을 때의 결과는?
① 10000111
② 00000111
③ 11111001
④ 01111001

40 다음 중 기억장치의 설명 중 옳지 않은 것은?
① 기억장치는 주기억장치와 보조기억장치로 나눈다.
② 주기억장치는 롬과 램으로 구성할 수 있다.
③ 접근방식은 직접 접근방식과 순차적 접근방식이 있다.
④ 기억장치의 접근속도는 모두 일정하다.

제3과목 마이크로전자계산기

41 메인루틴에서 서브루틴 종료 후 다시 메인루틴으로 돌아올 수 있는 이유는?
① 서브루틴 호출 시 파라미터로 전달해 주기 때문에
② 서브루틴 호출 시 CALL 명령어 다음의 메모리 주소를 누산기에 저장하기 때문에

③ 서브루틴 호출 시 CALL 명령어 다음의 메모리 주소를 큐에 저장하기 때문에
④ 서브루틴 호출 시 CALL 명령어 다음의 메모리 주소를 스택에 저장하기 때문에

42 다음 중 별도의 제어기를 필요로 하는 I/O 방식은?
① DMA 방식
② Memory mapped I/O 방식
③ Polled I/O 방식
④ Program controlled I/O 방식

43 프로그래머가 프로그램 내에서 동일한 부분을 반복하여 사용하는 불편을 없애기 위해 사용하는 프로세서는?
① Macro Processor
② Compiler
③ Assemblar
④ Loader

44 동기식 비트 직렬 전송의 동작 순서로 옳은 것은?

> a. 프로세서로부터 초기화 코드 전송
> b. 데이터 비트 직렬 전송
> c. 입출력장지에서 검출
> d. 클록의 카운터 동작

① b → a → c → d
② a → c → d → b
③ a → d → b → c
④ d → a → c → b

45 각 데이터(data)의 끝부분에 특별한 체크 바이트(byte)가 있어 에러(error)를 찾아 내는 방법은?
① data flow check
② parity scheme check
③ data conversion check
④ cyclic redundancy check

46 IOP(Input-Output Processor)에 관한 내용으로 옳지 않은 것은?
① IOP는 여러 주변장치와 memory 장치 사이의 data 전송을 위한 통로를 제공한다.
② 주변장치의 data 형식은 memory와 CPU의 data 형식이 같기 때문에 IOP는 이를 재구성할 필요가 없어 편리하게 data를 전송시킬 수 있다.
③ CPU는 IOP 동작을 시작하게 하는 일을 맡고 있으나 CPU에 의해서 개시된 입력명령은 IOP에서 실행된다.
④ data가 전송되고 있는 동안 IOP는 발생하는 모든 error의 상태를 알리는 status word를 준비한다.

47 응용 프로그래머를 위해 미리 프로그램 업체에서 제공하는 작업용 프로그램을 무엇이라 하는가?
① macro
② DBMS
③ library program
④ monitoring program

48 조건부 분기명령의 실행에서 수행되어야 할 다음 명령어를 결정하기 위해서는 어느

레지스터의 내용을 조사하는가?
① 인덱스 레지스터(Index Register)
② 상태 레지스터(Status Register)
③ 명령 레지스터(Instruction Register)
④ 메모리 주소 레지스터(Memory Address Register)

49 논리 블록 간의 프로그램 기능 논리 교환 기능을 가진 SPLD를 근간으로 하고 있으며, 전기적 소거 및 프로그램 가능 읽기 전용 기억장치(EEPROM)나 플래시 메모리, 정적 기억장치(SRAM)를 사용하는 것은?
① PAL ② CPLD
③ FPGA ④ ROM

50 매크로(macro)의 설명과 관계없는 것은?
① 매크로는 일종의 폐쇄적 서브루틴(closed subroutine)이다.
② 매크로 호출은 매크로 이름을 통해서만 가능하다.
③ 매크로는 인수 전달이 가능하다.
④ 매크로 확장(macro expansion)은 언어 번역 전에 행해진다.

51 다음 마이크로 오퍼레이션과 관련 있는 것은? (단, EAC : 끝자리 올림과 누산기, AC : 누산기)

MAR ← MBBR(ADDR)
MBR ← M(MAR)
EAC ← AC+MBR

① AND ② ADD
③ JMP ④ BSA

52 다음은 어떤 입출력 방식에 대한 설명인가?

- 마이크로프로세서로부터 하나의 입출력 명령을 받아 마이크로프로세서의 간섭 없이 독자적으로 입출력을 수행
- 마이크로컴퓨터나 소형컴퓨터에서 이용
- 버스를 제어할 수 있는 능력이 필요

① 폴링 방식
② 플래그 검사방식
③ DMA 방식
④ 인터럽트 방식

53 RISC(Reduced Instruction Set Computer)에 대한 설명으로 틀린 것은?
① 하드웨어에서 스택을 지원한다.
② 메모리 접근 횟수를 줄이기 위해 많은 수의 레지스터를 사용한다.
③ 빠른 명령어 해석을 위해 고정 명령어 길이를 사용한다.
④ 비교적 전력 소모가 작기 때문에 임베디드 프로세서에도 채택되고 있다.

54 CPU에서 연산 시 한 개의 오퍼랜드(Operand) 역할을 하고, 연산의 결과가 저장되는 레지스터는?
① 누산기(Accumulator)
② 데이터 계수기(Data Counter)
③ 프로그램 계수기(Prpgram Counter)
④ 명령 레지스터(Instruction Register)

55 양극성 소자(bipolar)로 만든 비트 슬라이스(bit-slice) 마이크로프로세서의 장점과 단점을 순서대로 옳게 나열한 것은?

① 고도의 집적도, 속도가 느림
② 고도의 직접도, 가격이 저렴함
③ 전력소비량이 적음, 낮은 집적도
④ 빠른 속도, 단일 칩으로 제작이 안 됨

56 병렬 입출력 인터페이스(interface)의 특징으로 옳은 것은?
① 고속의 데이터 전송을 할 수 있다.
② 원거리 통신에 사용한다.
③ 전송을 위한 회선이 적게 사용된다.
④ 입력된 직렬 데이터를 병렬 데이터로 변환시켜주는 기능을 갖고 있다.

57 50개의 입출력 외부장치를 주소 지정하려고 한다. 최소 몇 개의 어드레스 선이 필요한가?
① 4개　② 5개
③ 6개　④ 7개

58 dynamic RAM과 static RAM의 설명 중 옳지 않은 것은?
① DRAM은 SRAM보다 일반적으로 기억용량이 크다.
② DRAM은 SRAM보다 일반적으로 전력소모가 크다.
③ DRAM은 일정 시간 내에 한 번씩 refresh해야 한다.
④ DRAM과 SRAM은 모두 휘발성이다.

59 자료전송 방법에 관한 설명으로 옳지 않은 것은?
① 비동기 전송에서는 문자와 문자 사이 시간 간격은 일정하지 않다.
② 비동기 전송에서는 시작 비트와 정지 비트가 필요하다.
③ 동기 전송 시에는 송신측과 수신측의 클록에 대한 동기가 필요하다.
④ 동기 전송은 1200bps(bit per second) 이하의 통신 선로에 적합하다.

60 기억장치 사상 입출력(memory mapped I/O) 방식에 대한 설명으로 옳은 것은?
① 입출력 전용 명령어를 사용하므로 프로그램 길이가 짧아진다.
② 입출력장치의 개수와 상관없이 기억장치 주소 공간을 모두 사용할 수 있다.
③ 프로그램에서 입출력과 기억장치 접근이 쉽게 구별된다.
④ 입출력과 기억장치 접근을 구별하는 제어신호가 없다.

제4과목 논리회로

61 다음 플립플롭에서 D값이 기억되기 위한 클록 조건은?

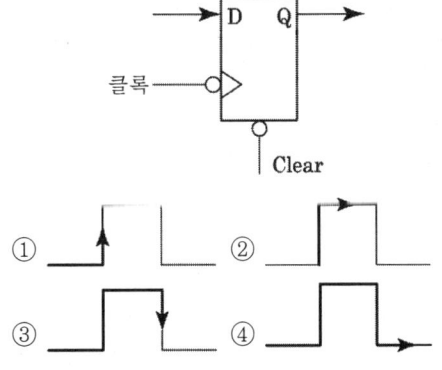

62 다음 [그림]과 같은 논리회로의 명칭은?

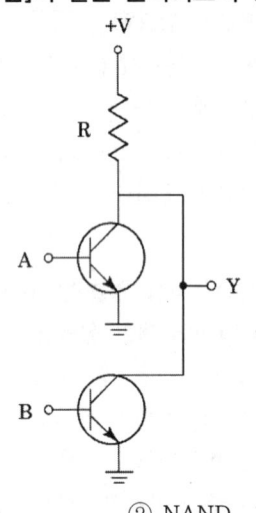

① AND　② NAND
③ OR　　④ NOR

63 오류(ERROR) 검출 방식으로 거리가 먼 것은?
① CHECK SUM
② PARITY CODE
③ HAMMING CODE
④ EXCESS-3 CODE

64 다음 카운터의 기능은?

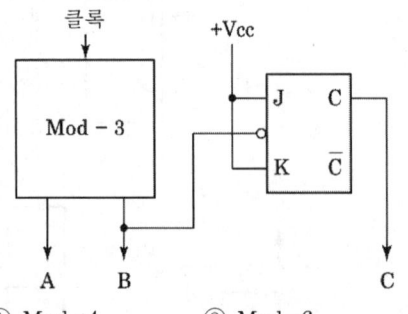

① Mod-4　② Mod-6
③ Mod-8　④ Mod-10

65 2진수를 그레이 코드로 변환하는 회로에 들어가는 논리게이트 명칭은?
① NOR 게이트
② OR 게이트
③ NAND 게이트
④ EX-OR 게이트

66 다음의 회로가 $A_2A_1A_0$=011의 상태에 있다고 가정하자. 이때 두 개의 COUNT PULSE를 입력시키면 각 PULSE에 의해 상태가 어떻게 변화하겠는가?

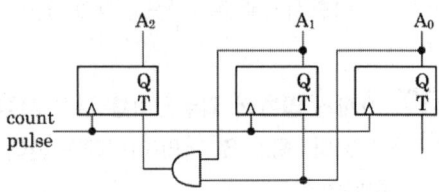

① 011 → 010 → 001
② 011 → 101 → 111
③ 011 → 100 → 101
④ 011 → 001 → 111

67 다음 그림의 카운터는 어떠한 카운터인가?

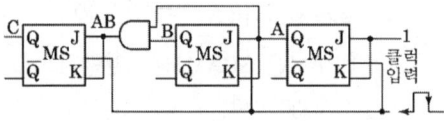

① 동기식 mod6 2진 카운터
② 동기식 mod8 2진 카운터
③ 비동기식 mod5 2진 카운터
④ 비동기식 mod7 2진 카운터

68 다음 회로의 게이트 출력 X의 값으로 옳은 것은?

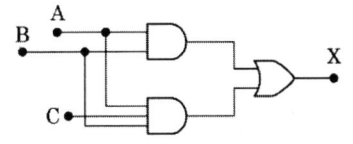

① X=AB ② X=ABC
③ X=AB+BC ④ X=AB+C

69 CMOS 회로의 특징이 아닌 것은?
① 정전기에 약하여 취급에 주의하여야 한다.
② 동작 주파수가 증가하면 팬 아웃도 증가한다.
③ TTL에 비하여 전력소모가 적다.
④ DC 잡음 여유는 보통 전원 전압의 40% 정도이다.

70 주인의 역할과 종의 역할을 하는 2개의 별개 플립플롭으로 구성된 플립플롭은?
① JK 플립플롭
② T 플립플롭
③ MS 플립플롭
④ D 플립플롭

71 다음 그림과 같은 회로의 명칭은?

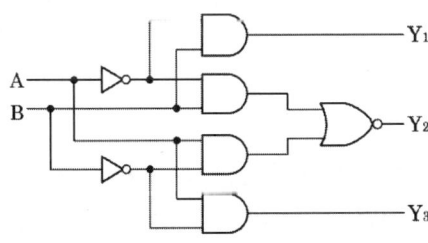

① 일치 회로 ② 반일치 회로
③ 다수결 회로 ④ 비교 회로

72 다음 [그림]에서 듀티 사이클(duty cycle)은 몇 %인가?

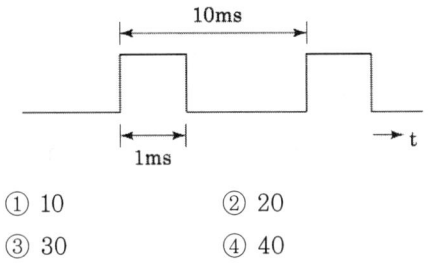

① 10 ② 20
③ 30 ④ 40

73 리플 카운터의 특징이 아닌 것은?
① 비동기 카운터이다.
② 카운트 속도가 동기식 카운터에 비해 느리다.
③ 최대 동작 주파수에 제한을 받지 않는다.
④ 회로 구성이 간단하다.

74 다음 [그림]의 회로 명칭으로 옳은 것은?

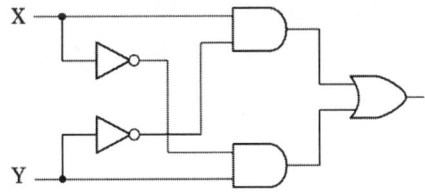

① Exclusive-NOR
② 가산기
③ 감산기
④ Exclusive-OR

75 n Bit의 코드화된 정보를 그 코드의 각 Bit 조합에 따라 2^n개의 출력으로 번역하는 회로는?
① 멀티플렉서
② 인코더

③ 디코더
④ 디멀티플렉서

76 반가산기 S(sum)의 논리식과 관계없는 것은?
① $S = \overline{A}B + A\overline{B}$
② $S = A \oplus B$
③ $S = (A+B)(\overline{A}+\overline{B})$
④ $S = \overline{A} + \overline{B}$

77 트리거 레벨에 해당하는 펄스 폭의 구형파를 얻을 수 있는 것은?
① 쌍안정 멀티바이브레이터
② 단안정 멀티바이브레이터
③ 재트리거 one-shot
④ 슈미트 트리거 회로

78 여러 개의 회로가 단일 회선을 공동으로 이용하여 신호를 전송하는 데 필요한 장치는?
① 멀티플렉서
② 인코더
③ 디코더
④ 디멀티플렉서

79 논리식 (A+B)(A+C)와 등가인 식은?
① AB+C
② AC+B
③ A+BC
④ A+B

80 [그림]과 같은 논리회로와 등가적으로 동작되는 스위치 회로는?

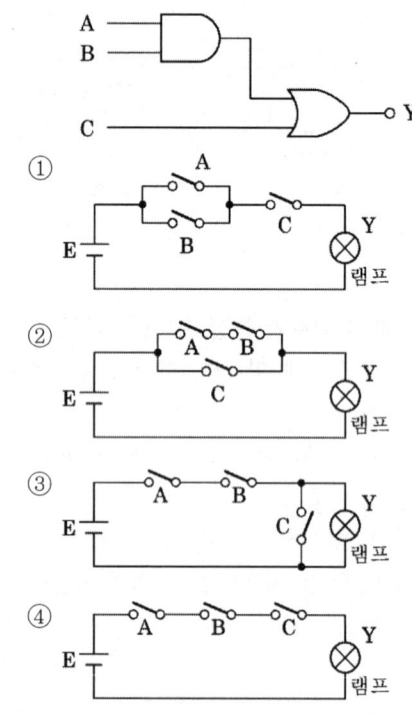

제5과목 데이터통신

81 디지털 데이터를 아날로그 신호로 변조하는 방법으로만 나열된 것은?
① 위상 변조, 진폭 변조
② 주파수 변조, 시간 변조
③ 진폭 편이 변조, 시간 편이 변조
④ 주파수 편이 변조, 위상 편이 변조

82 IETF에서 고안한 IPv4에서 IPv6로 전환(천이)하는 데 사용되는 전력이 아닌 것은?
① Dual stack
② Tunneling
③ Header translation

④ Source routing

83 회선을 제어하기 위한 제어 문자 중 실제 전송할 데이터 집합의 시작임을 의미하는 것은?
① SOH ② STX
③ SYN ④ DCE

84 X.25 프로토콜에서 정의하고 있는 것은?
① 다이얼 접속(dial access)을 위한 기술
② start-stop 데이터를 위한 기술
③ 데이터 비트 전송률
④ DTE와 DCE 간 상호접속 및 통신절차 규칙

85 토큰 패싱 방식에서 토큰에 대하여 가장 올바르게 설명한 것은?
① 데이터 통신 시 에러를 체크하기 위해 사용된다.
② 전송할 데이터를 의미한다.
③ 채널 사용권을 의미한다.
④ 5바이트로 구성되어 있다.

86 다음 중 통신망의 체계적인 운용 및 관리를 위한 TMN(Telecommunication Management Network)의 기능 요소에 해당하지 않는 것은?
① SNL(System Network Layer)
② MNL(Network Management Layer)
③ ENL(Element Management Layer)
④ NEL(Network Element Layer)

87 OSI 7계층 데이터 링크 계층의 프로토콜로 틀린 것은?
① HTTP ② HDLC
③ PPP   ④ LLC

88 다수의 타임 슬롯으로 하나의 프레임이 구성되고, 각 타임 슬롯에 채널을 할당하여 다중화하는 것은?
① TDM ② CDM
③ FDM ④ CSM

89 인터넷상의 서버와 클라이언트 사이의 멀티미디어를 송수신하기 위한 프로토콜과 웹문서를 작성하기 위해 사용하는 언어를 순서대로 바르게 나열한 것은?
① URI, URL
② HTTP, MHS
③ HTTP, HTML
④ WWW, HTTP

90 수신측에서 수신된 데이터에 대한 확인(Acknowledgement)을 즉시 보내지 않고 전송할 데이터가 있는 경우에만, 제어 프레임을 별도로 사용하지 않고 데이터 프레임에 확인 필드를 덧붙여 전송하는 흐름제어 방식은?
① Stop and wait
② Sliding Window
③ Piggyback
④ Polling

91 다음이 설명하고 있는 에러 검출 방식은?

- 집단적으로 발생하는 오류에 대해 신뢰성 있는 오류 검출
- 프레임 단위로 오류 검출을 위한 코드를 계산하여 프레임 끝에 부착하는 데 이를 FCS 라고 한다.

① Cyclic Redundancy Check
② Hamming Code
③ Parity Check
④ Block Sum Check

92 하나의 통신채널을 이용하여 데이터의 송신과 수신이 교번식으로 가능한 통신방식은?
① 반이중 통신   ② 전이중 통신
③ 단방향 통신   ④ 시분할 통신

93 매체 접근 제어 방식 중 CSMA/CD와 토큰 패싱(Token Passing)에 대한 설명으로 틀린 것은?
① CSMA/CD는 버스 또는 트리 토폴로지에서 가장 많이 사용되는 기법이다.
② 토큰 패싱은 토큰을 분실할 가능성이 있다.
③ 토큰 패싱은 노드가 승가하면 성능이 좋아진다.
④ CSMA/CD는 비경쟁 기법의 단점인 대기시간의 상당부분이 제거될 수 있다.

94 RTCP(Real-Time Control Protocol)의 특징으로 틀린 것은?
① Session의 모든 참여자에게는 컨트롤 패킷을 주기적으로 전송한다.
② 데이터 분배에 대한 피드백을 제공하지 않는다.

③ 하위 프로토콜은 데이터 패킷과 컨트롤 패킷의 멀티플렉싱을 제공한다.
④ 데이터 전송을 모니터링하고 최소한의 제어와 인증기능만을 제공한다.

95 대역폭(bandwidth)에 대한 설명으로 옳은 것은?
① 최고 주파수를 의미한다.
② 최저 주파수를 의미한다.
③ 최고 주파수의 절반을 의미한다.
④ 최고 주파수와 최저 주파수 사이 간격을 의미한다.

96 데이터 통신에서 동기 전송 방식에 대한 설명으로 틀린 것은?
① 문자 또는 비트들의 데이터 블록을 송수신한다.
② 전송데이터와 제어정보를 합쳐서 레코드라 한다.
③ 수신기가 데이터 블록의 시작과 끝을 정확히 인식하기 위한 프레임 레벨의 동기화가 요구된다.
④ 문자 위주와 비드 위주 동기식 진송으로 구분된다.

97 데이터 전송제어 절차가 순서대로 올바르게 나열된 것은?

가. 통신 회선 접속
나. 정보 전송
다. 데이터 링크 해제
라. 데이터 링크 확립
마. 통신회선 분리

① 가 → 라 → 나 → 다 → 마

② 마 → 가 → 나 → 라 → 다
③ 가 → 나 → 다 → 라 → 마
④ 라 → 나 → 가 → 다 → 마

98 HDLC 프레임 구조 중 헤더를 구성하는 플래그(flag)에 대한 설명으로 틀린 것은?
① 프레임의 최종 목적 주소를 나타낸다.
② 동기화에 사용된다.
③ 프레임의 시작과 끝을 표시한다.
④ 항상 01111110의 형식을 취한다.

99 송신 스테이션 데이터 프레임을 연속적으로 전송해나가다가 NAK를 수신하게 되면 에러가 발생한 프레임을 포함하여 그 이후에 전송된 모든 데이터 프레임을 재전송하는 방식은?
① Stop-and-wait ARQ
② Go-back-N ARQ
③ Selective-Repeat ARQ
④ Non Selective-Repeat ARQ

100 OSI 7계층 중 통신망을 통한 목적지까지 패킷 전달을 담당하는 계층은?
① 데이터링크 계층
② 네트워크 계층
③ 전송 계층
④ 표현 계층

2014년 4회 시행 과년도출제문제

제1과목 시스템프로그래밍

01 원시 프로그램을 컴파일러가 수행되고 있는 컴퓨터의 기계어로 번역하는 것이 아니라 다른 기종에 맞는 기계어로 번역하는 것은?
① 디버거
② 인터프리터
③ 프리프로세서
④ 크로스 컴파일러

02 이중(two) 패스 어셈블러를 사용하는 주된 이유는?
① 심벌이 정의되기 이전에 사용될 수 있기 때문에
② 어셈블러는 투 패스로만 사용해야 하기 때문에
③ 어셈블러에 매크로 기능을 부여하기 위해서이다.
④ 의사 연산(Pseudo operation)이 있기 때문이다.

03 워킹 셋에 대한 설명으로 옳지 않은 것은?
① 프로세스가 실행되는 동안 주기억장치를 참조할 때 일부 페이지만 집중적으로 참조하는 성질을 의미한다.
② 프로세스가 일정 시간 동안 자주 참조하는 페이지들의 집합이다.
③ 데닝이 제안한 것으로, 프로그램의 Locality 특징을 이용한다.
④ 자주 참조되는 워킹 셋을 주기억장치에 상주시킴으로써 페이지 부재 및 페이지 교체 현상을 줄일 수 있다.

04 어셈블리어 명령어 중 어떤 기호적 이름에 상수값을 할당하는 것은?
① ORG
② EQU
③ INCLUDE
④ END

05 절대 로더에서 연결(linking) 기능의 주체는?
① 프로그래머
② 컴파일러
③ 로더
④ 어셈블러

06 프로세스의 정의로 옳지 않은 것은?
① PCB를 가진 프로그램
② 프로세서가 할당되는 실체
③ 동기적 행위를 일으키는 주체
④ 지정된 결과를 얻기 위한 일련의 계통적 동작

07 링킹에 대한 설명으로 가장 적합한 것은?
① 실제적으로 기계 명령어와 자료를 기억 장소에 배치한다.
② 고급 언어로 작성된 원시 프로그램을 기계어로 변환한다.
③ 프로그램들에 기억 장소 내의 공간을 할당한다.

④ 목적 모듈 간의 기호적 호출을 실제적인 주소로 변환

08 운영체제(Operating System)에 대한 설명으로 옳지 않은 것은?
① 운영체제는 사용자와 컴퓨터 하드웨어 사이에 매개체 역할을 하는 시스템 소프트웨어이다.
② 운영체제는 컴퓨터 시스템에 항상 존재해야 하며 컴파일러, 문서편집기, 데이터베이스 관리시스템 등의 프로그램을 내장하고 있다.
③ 운영체제의 주 목적은 여러 컴퓨터 사용자가 서로 방해받지 않고 효율적으로 컴퓨터를 이용하도록 하는 데 있다.
④ 시스템의 각종 하드웨어와 네트워크를 관리, 제어한다.

09 여러 개의 프로그램을 논리에 맞게 하나로 결합하여 실행 가능한 프로그램으로 만들어 주는 것은?
① Base register
② JCL
③ Linkage editor
④ Accumulator

10 컴퓨터에서 프로그램 언어의 해독 순서를 바르게 나열한 것은?
① 컴파일러 → 링커 → 로더
② 로더 → 링커 → 컴파일러
③ 컴파일러 → 로더 → 링커
④ 링커 → 컴파일러 → 로더

11 어셈블리어에 대한 설명으로 옳지 않은 것은?
① 어셈블리어로 작성한 원시 프로그램은 운영체제가 직접 어셈블한다.
② 명령 기능을 쉽게 연상할 수 있는 기호를 기계어와 1:1로 대응시켜 코드화한 기호언어이다.
③ 어셈블리어의 기본 동작은 동일하지만 작성한 CPU마다 사용되는 어셈블리어가 다를 수 있다.
④ 프로그램에 기호화된 명령 및 주소를 사용한다.

12 서브루틴에서 자신을 호출한 곳으로 복귀시키는 어셈블리어 명령은?
① SUB
② MOV
③ RET
④ INT

13 HRN 스케줄링 기법에 대한 설명으로 옳지 않은 것은?
① 실행 시간이 긴 프로세스에 불리한 SJF 기법을 보완하기 위한 것으로, 대기 시간과 서비스 시간을 이용하는 기법이다.
② 우선순위를 계산하여 그 숫자가 가장 높은 것부터 낮은 순으로 우선순위가 부여된다.
③ 우선순위 계산식은 {(대기시간+서비스시간)/대기시간이다.
④ 서비스 실행 시간이 짧거나 대기시간이 긴 프로세스의 경우 우선순위가 높아진다.

14 프로그램 언어의 구문 형식을 정의하는 가장 보편적인 기법은?
① BNF ② Algorithm
③ Procedure ④ Flowchart

15 시스템의 성능 평가 기준과 거리가 먼 것은?
① 처리 능력 ② 구축 비용
③ 반환 시간 ④ 신뢰도

16 로더의 기능 중 목적 프로그램이 적재될 주기억장치 내의 공간을 확보하는 것은?
① allocation ② relocation
③ loading ④ linking

17 로더의 종류 중 다음 설명에 해당하는 것은?

- 별도의 로더 없이 언어번역 프로그램이 로더의 기능까지 수행하는 방식이다.
- 연결 기능은 수행하지 않고 할당, 재배치, 적재 작업을 모두 언어번역 프로그램이 담당한다.

① 절대 로더
② Compile And Go 로더
③ 직접 연결 로더
④ 동적 적재 로더

18 컴퓨터가 직접 이해할 수 있는 2진수만으로 이루어진 언어를 의미하는 것은?
① assembly language
② high level language
③ assembler
④ machine language

19 인터프리터 기법에 의해 프로그램을 수행하는 언어는?
① BASIC ② C
③ PASCAL ④ COBOL

20 시스템 소프트웨어로 볼 수 없는 것은?
① 컴파일러
② 매크로 프로세서
③ 로더
④ 재고처리 프로그램

제2과목 전자계산기구조

21 메모리에서 두 개의 데이터를 가져와서 연산하고 결과를 다시 메모리에 저장할 때 메모리에 한 번 접근하는 데 1사이클, 연산하는 데 1사이클 소요되고, 각각 4클록씩 걸린다면 10MHz의 CPU에서 이 작업은 전부 몇 초가 걸리는가?
① $0.4\mu s$ ② $4\mu s$
③ $1.6\mu s$ ④ $16\mu s$

22 병렬 처리기 등에서 PE(processing element)라고 불리는 다수의 연산기능을 갖는 동기적 병렬처리 방식은 무엇인가?
① 다중 처리기(multi processor)
② 시그마 처리기(sigma processor)
③ 병렬 처리기(array processor)
④ 파이프라인 처리기(pipelined processor)

23 입출력장치와 주기억장치 사이에 자료 전

달을 위한 송수신 회선은?
① 내부 버스
② 외부 버스
③ Channel 제어기
④ DMA 제어기

24 Associative 기억장치에 사용되는 기본 요소가 아닌 것은?
① 일치 지시기
② 마스크 레지스터
③ 인덱스 레지스터
④ 검색 데이터 레지스터

25 동시에 양쪽 방향으로 전송이 가능한 전송 방식은?
① Simplex ② Half-duplex
③ Full-duplex ④ on-line

26 인터럽트 비트(interrupt bits) 10010과 마스크 비트(mask bits) 01110을 상호 AND하였을 때의 출력 비트는?
① 11100 ② 00011
③ 11101 ④ 00010

27 명령어에서 실행할 동작 부분을 나타내는 연산자(op code)의 기능과 관련없는 것은?
① 함수연산 기능 ② 입출력 기능
③ 제어 기능 ④ 주소지정 기능

28 0-주소 명령 형식에 필요한 것은?
① stack ② index register
③ queue ④ base register

29 CPU 또는 메모리와 입출력장치의 속도 차이에서 오는 성능저하를 극복하기 위한 방법이 아닌 것은?
① 버퍼 ② 채널
③ 오프라인 ④ DMA

30 입·출력에 필요한 하드웨어 기능으로 적합하지 않은 것은?
① I/O bus
② I/O interface
③ DMA controller
④ VPN

31 타이머(timer)에 의하여 발생되는 인터럽트(interrupt)는 어디에 해당되는가?
① I/O 인터럽트
② 프로그램 인터럽트
③ 외부(external) 인터럽트
④ 기계 착오(machine check) 인터럽트

32 ROM 칩에 필요하지 않은 신호는?
① 쓰기 신호 ② 주소
③ 읽기 신호 ④ 칩 선택 신호

33 소형계산기(calculator)에서 BCD 코드 대신 excess-3 코드를 많이 사용하는 이유는?
① 에러 검출이 쉽다.
② 연속된 수 간에 하나의 비트만 변화한다.
③ 그래픽 기호의 표현이 용이하다.
④ 자기 보수가 가능하다.

34 레코드(record)의 삽입(Insertion)이나 삭제(Deletion)가 빈번할 때 가장 적합한 데이터 구조는?
① Array 구조
② 계층 구조
③ Binary Tree 구조
④ Linked list 구조

35 그레이 코드에 대한 설명으로 옳지 않은 것은?
① 자기 보수의 특성을 가지고 있다.
② 가중치를 갖지 않는 코드이다.
③ 코드 변환을 위해 XOR 게이트를 사용한다.
④ 아날로그/디지털 변환기를 제어하는 코드에 사용된다.

36 2진수 $(1011)_2$을 Gray code로 변환하면?
① 1001   ② 1100
③ 1111   ④ 1110

37 시프트 레지스터(shift register)의 내용을 오른쪽으로 한 번 시프트하면 데이터는 어떻게 변하는가?
① 기존 데이터의 0.5배
② 기존 데이터의 0.25배
③ 기존 데이터의 2배
④ 기존 데이터의 4배

38 중앙처리장치의 속도와 주기억장치의 속도의 차이가 현저할 때 인스트럭션의 수행속도를 빠르게 하는 것으로 가장 빠른 접근 시간(access time)을 갖는 기억소자는?
① 보조 메모리(Auxiliary memory)
② 가상 메모리(Virtual memory)
③ 캐시 메모리(Cache memory)
④ 주기억장치(Main memory)

39 자기 코어(core) 기억장치에서 1word가 16bit로 되어 있다면 몇 장의 코어 플랜(core plane)이 필요한가?
① 4장   ② 8장
③ 16장   ④ 1장

40 다음 (   ) 안에 알맞은 단어로 이루어진 것은?

> (A)는 여러 가지 형태에 따른 기본적인 마이크로 동작을 수행하도록 설계하며, (B)는 기본적인 연산이 아닌 다른 연산을 하는 데 필요한 마이크로 동작들의 순서를 발생하도록 설계한다.

① A : 제어장치, B : 연산장치
② A : 연산장치, B : 제어장치
③ A : 입력장치, B : 연산장치
④ A : 제어장치, B : 레지스터

● **제3과목 마이크로전자계산기**

41 PSW(Program Status Word)가 사용되지 않는 것은?
① 인터럽트(Interrupt)의 처리
② CPU의 로딩(Loading)
③ 어드레스의 선택

④ CPU와 I/O의 통신

42 연산을 위하여 누산기(accumulator)를 사용하여 수행하는 명령어 형식은?
① 0-주소 형식   ② 1-주소 형식
③ 2-주소 형식   ④ 3-주소 형식

43 로더(loader)의 설명으로 옳은 것은?
① symbol 언어로 작상된 프로그램을 기계어로 바꾸어 주는 동작
② 목적 프로그램(Object Program)을 실행하기 위해 메모리에 적재하는 역할을 수행하는 시스템 프로그램
③ 운영체제를 구성하는 각종 프로그램들을 종류와 특성에 따라 구분하여 보관해 두는 기억영역
④ 어떤 데이터 기억매체로부터 다른 기억매체로 전송 또는 복사하는 프로그램

44 BASIC과 같이 고급 언어로 작성된 소스 프로그램을 한 단계씩 기계어로 해석하여 실행하는 언어처리 프로그램은?
① 로더(Loader)
② 인터프리터(Interpreter)
③ 어셈블러(Assembler)
④ 기계어(Machine Language)

45 표(Table) 형식의 자료를 처리하고자 할 때 가장 유용하게 사용할 수 있는 명령어의 어드레스 지정 방식은?
① 상대 어드레스 지정 방식
② 인덱스 어드레스 지정 방식
③ 절대 어드레스 지정 방식
④ 함축 어드레스 지정 방식

46 다음 [그림]은 마이크로컴퓨터의 ROM(read only memory)을 나타낸 것이다. 각 핀의 상태를 기준으로 할 때 메모리의 최대 용량은 얼마인가?

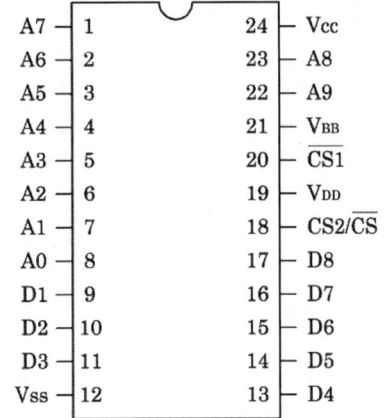

① 1024×8(bit)   ② 512×16(bit)
③ 2048×8(bit)   ④ 256×16(bit)

47 핸드셰이킹(Handshaking)의 설명 중 틀린 것은?
① 하나의 제어선만 필요하다.
② 비동기 자료 전송 방법에 속한다.
③ 스트로브(strobe) 제어보다 개선된 방법이다.
④ 자료 전송률은 속도가 느린 장치에 의해서 결정된다.

48 two-pass 어셈블러의 second pass에서 수행하는 일이 아닌 것은?
① object code를 생성한다.
② symbol table을 작성한다.

③ source와 object code의 리스트를 작성한다.
④ error list를 작성한다.

49 그림과 같은 Common Cathode 타입의 7-Segment에 숫자 "2"를 출력하기 위한 신호로 옳은 것은?

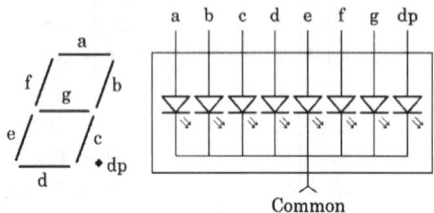

① a, b, d, e, g는 "0", c, f, dp는 "1"을 출력하고 Common 단자에 "1"을 출력
② a, b, d, e, g는 "0", c, f, dp는 "1"을 출력하고 Common 단자에 "0"을 출력
③ a, b, d, e, g는 "1", c, f, dp는 "0"을 출력하고 Common 단자에 "1"을 출력
④ a, b, d, e, g는 "1", c, f, dp는 "0"을 출력하고 Common 단자에 "0"을 출력

50 명령어에서 op-code 다음에 실제 오퍼랜드(operand) 값이 오는 주소지정방식은?
① direct addressing
② immediate addressing
③ implied addressing
④ indexed addressing

51 RISC에 대한 설명으로 틀린 것은?
① 컴퓨터에서 사용되는 명령어의 수를 줄임으로써 하드웨어를 단순화시키고 시스템 성능을 더욱 개선한 컴퓨터 구조 기술이다.
② CISC에 비해 명령어 형식이 다양하다.
③ 대부분 제어 메모리가 없는 하드 와이어 제어 방식을 사용한다.
④ 명령어 수행은 하드웨어에 의해 직접 실행된다.

52 인터페이스 버스가 세션 핸드셰이킹(handshaking) 방식을 사용할 때 사용하는 신호가 아닌 것은?
① DAV 신호   ② FRD 신호
③ DAC 신호   ④ START 신호

53 Memory-Mapped I/O 방법과 Isolated I/O 방법을 설명한 것 중 틀린 것은?
① Isolated I/O 방법이 같은 조건에서 기억 공간이 넓다.
② Memory-Mapped I/O의 방법에서는 특별한 I/O 명령어가 없어도 된다.
③ Isolated I/O 방법에서는 I/O interface register 주소가 별도로 마련된다.
④ Isolated I/O 방식은 interrupt 처리가 용이하다.

54 마이크로컴퓨터에서 병렬 입출력 인터페이스가 아닌 것은?
① PIO   ② PPI
③ ACIA   ④ PIA

55 DMA의 입출력 방식과 관계없는 것은?
① DMA 제어기가 필요하다.
② CPU의 계속적인 간섭이 필요하다.
③ 비교적 속도가 빠른 입출력 방식이다.

④ 기억장치와 주변장치 사이에 직접적인 자료 전송을 제공한다.

56 마이크로프로세서의 처리능력(performance)과 가장 관계가 적은 것은?
① clock frequency
② data bus width
③ addressing mode
④ software compatibility

57 다음 중 USART를 제어하기 위한 레지스터가 아닌 것은?
① USART I/O 데이터 레지스터
② USART 타이머 레지스터
③ USART 보레이트 레지스터
④ USART 제어 상태 레지스터

58 연산장치(ALU)의 기능이 아닌 것은?
① 가산을 한다.
② AND 동작을 한다.
③ complement 동작을 한다.
④ PC(프로그램 카운터)를 1만큼 증가시킨다.

59 주기억장치의 한 영역으로 입출력장치와 프로그램이 데이터를 주고받을 때 중간에서 데이터를 임시로 저장하는 레지스터는?
① Index 레지스터
② Address 레지스터
③ Shift 레지스터
④ Buffer 레지스터

60 객체 지향 프로그래밍의 설명으로 틀린 것은?
① 유지보수의 용이성
② 모든 언어에 적용 가능
③ 소프트웨어 개발에 따른 비용 감소로 생산성 향상
④ 새로운 기능이나 객체들의 추가가 쉬운 확장 용이성

제4과목 논리회로

61 입력 어드레스 라인 12개, 출력 데이터 라인 8개인 EPROM의 기억 용량은 몇 바이트(byte)인가?
① 512   ② 1024
③ 2048   ④ 4096

62 2진수 "1111"의 2의 보수(2's complement)는?
① 0000   ② 0001
③ 1111   ④ 1110

63 JK 플립플롭의 J 입력과 K 입력을 하나로 연결하면 어떤 플립플롭의 동작을 하는가?
① D 플립플롭   ② T 플립플롭
③ M/S 플립플롭   ④ RS 플립플롭

64 워드 크기가 16비트, 누산기의 크기가 8비트, 메모리 어드레스 관리자(MAR)의 크기가 12비트, 데이터 레지스터의 크기가 20비트인 시스템의 최대 주기억장치의 크기는 몇 워드(word)인가?

① 2^{20} ② 2^{16}
③ 2^{12} ④ 2^8

65 일반적인 형태의 동기식 카운터와 비동기식 카운터에 관한 내용으로 잘못된 것은?
① 비동기식 카운터는 앞단의 출력이 다음 단으로 전달되는 식의 동작을 하므로 동기식에 비해 늦다.
② 동기식은 클록 신호가 각 플립플롭에 동시에 인가되므로 고속 카운터회로 구현에 이용된다.
③ 동기식 카운터는 리플 카운터보다는 늦고 복잡하므로 구현하기 어렵다.
④ 최종 플립플롭의 보수 출력($\overline{Q}$)을 처음 플립플롭의 입력으로 인가하여 순환되는 형태의 시프트 카운터를 존슨(Johnson) 카운터라고 한다.

66 비안정 멀티바이브레이터로 사용되는 소자는?
① 555   ② 741
③ 7408 ④ 7432

67 10진수 59를 BCD 코드(8421 코드)로 인코딩하면?
① 1000 1100   ② 0101 1001
③ 0011 1011   ④ 0101 0111

68 다음 소자 중에서 ROM과 유사한 성격을 가지며, AND array와 OR array로 구성된 것은?
① PLA   ② Shift Register
③ RAM   ④ LSI

69 어느 게이트의 진리표 일부가 다음과 같을 때 이 진리표에 부합될 수 있는 게이트는?

X	Y	F
1	0	1
1	1	0

① AND와 OR   ② XOR과 NAND
③ XOR과 NOR   ④ OR와 NOR

70 6비트 D/A 변환기의 백분율(%) 분해능은?
① 0.976   ② 1.59
③ 1.75   ④ 0.392

71 다음 회로의 논리식은?

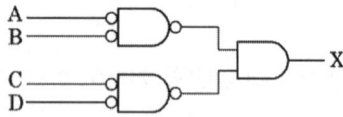

① $A+B+C+D$
② $\overline{AB \cdot CD}$
③ $AB+CD$
④ $(A+B)(C+D)$

72 8421코드에서 입력 ABCD가 1001일 때만 출력이 1인 경우에 해당하는 것은? (단, 8421 코드에서 사용되지 않는 상태는 don't care로 간주한다.)
① $A\overline{D}+B\overline{C}$ ② AD
③ $AC+BD$ ④ $B\overline{D}$

73 $XY+\overline{X}Z+YZ$를 간략화한 것으로 맞는

것은?

① X＋Y＋Z　　② XY＋X̄Z
③ XY＋XY　　④ XYZ

74 플립플롭에서 현재 상태와 다음 상태를 알 때 플립플롭에 어떤 입력을 넣어야 하는가를 나타내는 표는 무엇인가?

① 진리표　　② 여기표
③ 순차표　　④ 상태표

75 10진수 89를 기수 패리티(Odd Parity) 비트를 사용하는 3초과 코드(Excess-3 Code)로 코딩한 것으로 옳은 것은?

① 11001 10110　　② 10000 10011
③ 10110 11001　　④ 10110 11000

76 다음 회로도의 A값이 1100이고, B값이 0001일 때 출력 F의 값은?

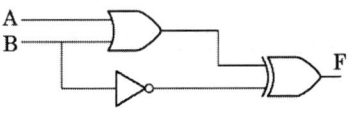

① 0011　　② 1100
③ 1101　　④ 1011

77 어떤 플립플롭의 전파 지연 시간(propagation delay)이 50ns라고 하면 이 플립플롭이 정상적인 동작을 하도록 인가할 수 있는 클록의 최대 주파수는 몇 MHz인가?

① 5　　② 10
③ 20　　④ 50

78 A와 B가 입력일 때 반감산기에서 자리 내림수의 기능은?

① $\overline{A} \cdot B$　　② $\overline{A \cdot B}$
③ $\overline{A} + B$　　④ $\overline{A} \cdot B$

79 다음과 같이 동작하는 소자는?

입력				출력	
D_0	D_1	D_2	D_3	X	Y
1	0	0	0	0	0
0	1	0	0	0	1
0	0	1	0	1	0
0	0	0	1	1	1

① 인코더　　② 디코더
③ MUX　　④ DEMUX

80 다음 논리회로의 출력식은?

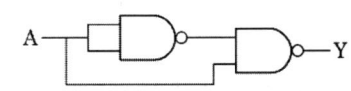

① Y＝A　　② Y＝$\overline{A}$
③ Y＝1　　④ Y＝0

제5과목 데이터통신

81 에러(error) 정정이 가능한 코드는?

① Hamming 코드
② CRC 코드
③ ASCII 코드
④ EBCDIC 코드

82 불균형적인 멀티포인트 링크 구성 중 주 스테이션이 각 부 스테이션에게 데이터 전송을 요청하는 회선 제어 방식은?

① Contention 방식
② Polling 방식
③ Select Hold 방식
④ Point to Point 방식

83 다음이 설명하고 있는 것은?

- 이동 단말이나 PDA 등 소형 무선 단말기 상에서 인터넷을 이용할 수 있도록 해주는 프로토콜의 총칭이다.
- HTML을 이동 단말로 전송하거나, 수신하는 경우 HTML 텍스트 코드를 그대로 송신하는 것이 아니고 이를 컴파일해서 컴팩트한 바이너리 데이터로 변환하여 이동 단말에 송신한다.

① HTTP   ② FTP
③ SMTP   ④ WAP

84 OSI-7 계층 중 응용 process 간의 대화 단위나 전송방향을 결정하는 것은?

① Data Link Layer
② Network Layer
③ Transport Layer
④ Session Layer

85 HDLC를 기반으로 하며, ISDN의 D채널을 위한 링크 제어 프로토콜로 사용되는 것은?

① LAP-B   ② LAP-M
③ LAP-D   ④ LLC

86 패킷 교환에서 가상회선 방식에 비해 데이터그램 방식이 갖는 장점으로 틀린 것은?

① 패킷이 동일한 경로로 전달되므로 항상 송신된 순서대로 수신이 보장된다.
② 호 설정 과정이 없기 때문에 몇 개의 패킷으로 된 짧은 메시지를 전송할 경우 훨씬 빠르다.
③ 망의 혼잡 상황에 따라 적절한 경로로 패킷을 전달할 수 있으므로 융통성이 크다.
④ 한 노드가 고장 나면, 이 노드를 경유하는 가상회선이 두절되는 데 비해 데이터그램 방식은 우회 경로로 패킷을 전달할 수 있으므로 신뢰성이 높다.

87 TCP/IP 프로토콜의 구조에 해당하지 않는 계층은?

① Physical Layer
② Application Layer
③ Session Layer
④ Transport Layer

88 다음이 설명하고 있는 디지털 신호 부호화 방식은?

매 비트 구간에서는 반드시 한 번 이상의 신호 준위 천이가 발생하므로 이를 이용하여 클록 신호를 추출할 수 있어 동기화 능력을 가지게 된다.

① NRZ-L   ② TTL
③ Manchester   ④ TDM

89 데이터 링크 제어 프로토콜 중 PPP(Point to Point Protocol)에 대한 설명으로 틀린 것은?

① 전송된 데이터의 오류 검출과 복구 기능을 제공한다.

② 인터넷 접속에 사용되는 IETF의 표준 프로토콜이다.
③ 점대점 링크를 통하여 IP 캡슐화를 제공한다.
④ LCP와 NCP를 통하여 많은 유용한 기능들을 제공한다.

90 다음 중 라우팅(routing) 프로토콜에 해당하지 않은 것은?
① BGP(Border Gateway Protocol)
② OSPF(Open Shortest Path First)
③ SNMP(Simple Network Management Protocol)
④ RIP(Routing Information Protocol)

91 데이터 전송방식 중 전송할 데이터를 블록(block) 단위로 전송하는 것은?
① 비동기 전송   ② 동기 전송
③ 시리얼 전송   ④ 페러럴 전송

92 GO-Back-N ARQ에서 5번째 프레임까지 전송하였는데 수신측에서 2번째 프레임에 오류가 있다고 재전송을 요청해 왔다. 재전송되는 프레임의 개수는?
① 1개   ② 2개
③ 3개   ④ 4개

93 각 블록의 시작이나 끝에 삽입되는 전송제어 문자로 틀린 것은?
① ETX   ② SYN
③ SOH   ④ ACK

94 HDLC 링크 구성 방식에 따른 동작 모드에 해당하지 않는 것은?
① 정규 응답 모드(NRM)
② 비동기 응답 모드(ARM)
③ 비동기 균형 모드(ABM)
④ 정규 균형 모드(NBM)

95 네트워크에 연결된 시스템은 논리주소를 가지고 있으며, 이 논리주소를 물리주소로 변환시켜 주는 프로토콜은?
① RARP   ② NAR
③ PVC   ④ ARP

96 다음이 설명하고 있는 것은?

- 1976년 ITU-T에 의해 패킷 교환망 표준으로 제정
- 패킷 교환망의 DCE와 PC 등의 통신 단말기 사이의 인터페이스 부분에 관한 규약이다.

① X.21   ② X.28
③ X.25   ④ X.29

97 IPv4와 IPv6의 패킷 헤더의 비교 설명으로 틀린 것은?
① IPv4의 프로토콜 필드는 IPv6에서 트래픽 클래스(Traffic Class) 필드로 대치된다.
② IPv4의 TTl 필드는 IPv6에서 홉 제한(Hop Limit)으로 불린다.
③ IPv4의 옵션 필드(Option Field)는 IPv6에서는 확장 헤더로 구현된다.
④ IPv4의 총 길이 필드는 IPv6에서 제거되고 페이로드 길이 필드로 대치된다.

98 다음 ( ) 안에 들어갈 알맞은 용어는?

> 비패킷형 단말기는 문자 단위로 데이터를 송/수신하는 일반 비동기형 단말기로서 문자형 단말기라고도 부른다. 패킷형 단말기는 직접 교환노드에 접속될 수 있지만, 비패킷형 단말기는 패킷의 조립/분해 기능을 제공해주는 ( )라는 일종의 어댑터를 사용해야 한다.

① NPT ② PT
③ PAD ④ PMX

99 패킷교환망의 경로 배정 중 각 노드에 들어오는 패킷을 도착된 링크를 제외한 다른 모든 링크로 복사하여 전송하는 방식은?

① Flooding
② Random Routing
③ Fixed Routing
④ Adaptive Routing

100 아날로그 데이터를 디지털 신호로 변환하는 과정에 해당하지 않는 것은?

① 표본화 ② 복호화
③ 부호화 ④ 양자화

2015년 1회 시행 과년도출제문제

제1과목 시스템프로그래밍

01 의사 코드 명령(Pseudo Instruction)에 대한 설명으로 옳지 않은 것은?
① 어셈블러가 원시 프로그램을 번역할 때 어셈블러에게 필요한 작업을 지시하는 명령이다.
② 어셈블러 명령(Assembler Instruction)이라고도 한다.
③ 데이터 정의, 세그먼트와 프로시저 정의, 매크로 정의, 세그먼트 레지스터 할당, 리스트 파일의 지정 등을 지시할 수 있다.
④ 어셈블리어 명령과 같이 기계어로 번역된다.

02 매크로는 "MACRO"라는 어셈블리어 명령으로 정의한다. 매크로 정의의 마지막을 의미하는 것은?
① END
② MEND
③ ENDM
④ INCR

03 다음 설명에 해당하는 디렉토리 구조는?

- 하나의 루트 디렉토리와 여러 개의 종속 디렉토리로 구성된다.
- 각 디렉토리는 서브 디렉토리나 파일을 가질 수 있다.
- 디렉토리의 생성과 파괴가 비교적 용이하다.
- DOS, Windows, UNIX 등의 운영체제에서 사용되는 디렉토리 구조이다.

① 일반적인 그래프 디렉토리 구조
② 1단계 디렉토리 구조
③ 2단계 디렉토리 구조
④ 트리 디렉토리 구조

04 어셈블리어에 대한 설명으로 옳지 않은 것은?
① 실행을 위하여 어셈블러를 통해 목적 프로그램으로 어셈블하는 과정이 불필요하다.
② CPU마다 사용되는 어셈블리어가 다를 수 있다.
③ 프로그램에 기호화된 명령 및 주소를 사용한다.
④ 명령 기능을 쉽게 연상할 수 있는 기호를 기계어와 1 : 1로 대응시켜 코드화한 기호 언어이다.

05 언어의 유효한 구조에 관한 규칙을 무엇이라 하는가?
① Syntax
② Compile
③ DBMS
④ Link

06 프로세스의 정의로 거리가 먼 것은?
① 운영체제가 관리하는 실행 단위
② 프로그램을 동일한 크기로 나눈 단위
③ 비동기적 행위를 일으키는 주체

④ PCB를 가진 프로그램

07 어셈블러를 두 개의 패스(Pass)로 구성하는 이유로 가장 적당한 것은?
① 기호를 정의하기 전에 사용할 수 있어 프로그램 작성이 쉽기 때문이다.
② 한 개보다 두 개의 패스가 처리속도 측면에서 빠르기 때문이다.
③ 두 개의 패스가 프로그램을 작게 만들 수 있기 때문이다.
④ 두 개의 패스가 메모리 사용을 보다 효율적으로 할 수 있기 때문이다.

08 라이브러리에 기억된 내용을 프로시저로 정의하여 서브루틴으로 사용하는 것과 같이 사용할 수 있도록 그 내용을 현재의 프로그램 내에 포함시켜 주는 어셈블리어 명령은?
① CREF   ② ORG
③ INCLUDE   ④ EVEN

09 어셈블러에 의하여 독자적으로 번역된 여러 개의 목적 프로그램과 프로그램에서 사용되는 내장 함수들을 하나로 모아서 컴퓨터에서 실행될 수 있는 실행 프로그램을 생성하는 역할을 하는 것은?
① linkage editor
② library program
③ pseudo instruction
④ reserved instruction set

10 일반적인 기능의 로더(general loader)에 가장 근접한 것은?
① absolute loader
② direct linking loader
③ dynamic loading loader
④ compile and go loader

11 어떤 기호적 이름에 상수값을 할당하는 어셈블리어 명령은?
① EQU   ② ORG
③ INCLUDE   ④ END

12 다음 프로그래밍 시스템에서 어떤 프로세스가 아무리 기다려도 결코 발생하지 않을 사건을 기다리고 있을 때, 그 프로세스는 어떤 상태라고 볼 수 있는가?
① Deadlock
② Working Set
③ Semaphore
④ Critical Section

13 Bench Mark Program이란?
① 저급 언어를 고급 언어로 변환시키는 프로그램
② 컴퓨터의 성능 분석을 위한 프로그램
③ 고급 언어를 기계어로 번역하는 프로그램
④ 컴퓨터 시스템을 초기화시키는 프로그램

14 너무 자주 페이지 교환이 일어나는 경우를 말하는 것으로서 어떤 프로세스가 프로그램 수행에 소요되는 시간보다 페이지 교환에 소요되는 시간이 더 큰 경우를 의미하는 것은?
① locality   ② thrashing

③ working set   ④ spooling

15 어셈블리어의 구성에서 명령의 대상이 되는 데이터, 또는 그것이 들어 있는 주소나 기준 주소로부터 떨어져 있는 정도(offset)를 나타내는 부분은?
① 레이블부(Label part)
② 명령 코드부(Operation part)
③ 오퍼랜드부(Operand part)
④ 주석부(Command part)

16 Loader의 기능이 아닌 것은?
① Allocation   ② Loading
③ Translation ④ Linking

17 3개의 페이지 프레임을 갖는 시스템에서 페이지 참조 순서가 아래와 같다. FIFO 페이지 대치 알고리즘을 적용할 때 페이지 부재가 발생하는 총 횟수는?

> 페이지 참조 순서 : 1, 2, 1, 0, 4, 1, 3, 4, 2, 1, 4, 1, 3, 2, 4

① 10   ② 12
③ 13   ④ 15

18 원시 프로그램을 기계어로 번역해 주는 프로그램에 해당하지 않는 것은?
① Editor   ② Compiler
③ Assembler   ④ Interpreter

19 기계어에 대한 설명으로 옳지 않은 것은?
① 기종마다 기계어가 동일하므로 언어의 호환성이 높다.
② 컴퓨터가 직접 이해할 수 있는 언어이다.
③ 0과 1의 2진수 형태로 표현된다.
④ 수행 시간이 빠르다.

20 교착상태의 해결 방법 중 은행원 알고리즘을 사용하는 것은?
① 회피 기법   ② 예방 기법
③ 발견 기법   ④ 회복 기법

제2과목 전자계산기구조

21 패리티 비트(parity bit)는 다음 중 어느 것과 가장 관련이 깊은가?
① 머신 체크(machine check)
② 프로그램 체크 인터럽트
③ SVC 인터럽트
④ 익스터널(external) 인터럽트

22 CPU에 두 개의 범용 레지스터와 하나의 상태 레지스터가 존재할 때 두 범용 레지스터의 값이 동일한지 조사하기 위한 방법으로 옳은 것은? (단, 그림에 보이는 상태 레지스터 내용을 참조하시오.)

| Zero | Sign | Carry | Overflow |

① 두 개의 레지스터의 내용을 뺀 후, Zero 여부를 조사한다.
② 두 개의 레지스터의 내용을 더한 후, Zero 여부를 조사한다.
③ 두 개의 레지스터의 내용을 뺀 후, Overflow 여부를 조사한다.
④ 두 개의 레지스터의 내용을 더한 후,

Carry 여부를 조사한다.

23 I/O 장치 인터페이스와 컴퓨터 시스템 사이에 데이터의 이동을 제어하는 장치는?
① I/O 장치 인터페이스
② I/O 버스
③ I/O 제어기
④ I/O 장치

24 비수치 데이터에서 마스크를 이용하여 불필요한 부분을 제거하기 위한 연산은?
① OR   ② XOR
③ AND ④ NOT

25 컴퓨터의 메모리 용량이 16K×32bit라 하면 MAR(Memory Address Register)와 MBR(Memory Buffer Register)은 각각 몇 비트인가?
① MAR : 12, MBR : 16
② MAR : 32, MBR : 14
③ MAR : 12, MBR : 32
④ MAR : 14, MBR : 32

26 보조기억장치에 저장되어 있는 프로그램과 데이터 중에서 프로그램 수행에 필요한 부분을 주기억장치로 옮길 때 부족한 주기억장치의 용량을 확장하기 위해 보조기억장치의 일부를 마치 주기억장치의 일부로 사용하는 것은?
① cache memory
② virtual memory
③ auxiliary memory
④ associative memory

27 DMA에 관한 설명으로 틀린 것은?
① CPU를 거치지 않고 I/O와 메모리 사이 데이터를 직접 전송한다.
② 대량의 데이터를 저속으로 전송할 때 유리하다.
③ 메모리 장치와 통신에서 CPU보다 우선권을 가지고 있다.
④ 사이클 스틸링 방식을 사용하므로 CPU 상태의 보존이 필요없다.

28 10진수 3은 3-초과 코드(Excess-3 code)에서 어떻게 표현되는가?
① 0011   ② 0110
③ 0101   ④ 0100

29 10진수 741을 2진화 10진 코드(BCD code)로 표시하면?
① 0010 1110 0101
② 0111 0100 0001
③ 0010 1111 0101
④ 0111 0110 0001

30 마이크로프로세서의 연산 단위를 8비트, 16비트, 32비트, 64비트 등으로 구분할 때 마이크로프로세서의 크기를 결정하는 가장 대표적인 요소는?
① CPU 내부 버스 크기
② 외부 버스 크기
③ ALU 크기
④ 레지스터 크기

31 인터럽트 서비스 루틴을 수행하기 위해 반

드시 사용되는 레지스터는?
① PC(program counter)
② AC(accumulator)
③ MBR(memory buffer register)
④ MAR(memory address register)

32 16진수 A4D를 8진수로 바꾸면?
① 5115　　② 5116
③ 1557　　④ 5118

33 대칭적 다중프로세서(SMP)에 대한 설명으로 틀린 것은?
① 능력이 비슷한 프로세서들로 구성됨
② 모든 프로세서들은 동등한 권한을 가짐
③ 노드들 간의 통신은 message-passing 방식을 이용함
④ 프로세서들이 기억장치와 I/O 장치들을 공유함

34 페이징(paging)에 의한 메모리 주소를 매핑하는 방법으로 활용하는 형태는?
① 캐시 메모리
② 가상 메모리
③ 연상 메모리
④ 스택 메모리

35 복수 개의 프로세서가 하나의 제어 프로세서에 의해 제어되며 주로 배열이나 벡터 처리에 적합한 구조로 높은 처리능력을 갖는 명령 및 데이터 스트림(stream) 처리기는?
① SISD　　② SIMD
③ MISD　　④ MIMD

36 중앙처리장치가 모든 명령어(instruction)의 종류에 관계없이 반드시 거쳐야 하는 상태는?
① 간접 사이클(indirect cycle)
② 인출 사이클(fetch cycle)
③ 직접 사이클(direct cycle)
④ 인터럽트 사이클(interrupt cycle)

37 컴퓨터를 구성하는 주변장치에 대한 설명이 잘못된 것은?
① 솔리드 스테이트 드라이브(SSD)는 특정 영역의 쓰기 횟수의 제한이 있어 빈번한 쓰기가 일어나는 환경에서는 내구성의 한계가 있다.
② 광학식 마우스는 볼의 회전 속도와 방향에 따라 X축과 Y축으로 회전하는 두 개의 roller에 의해서 위치를 감지한다.
③ Touch screen은 화면 내부나 근처에 손가락 접촉 감지 장치를 두어 전달되는 무게와 힘의 변화에 의해 접촉 위치를 계산하거나 적외선을 사용해서 위치를 파악한다.
④ 컬러 스캐너는 영상에 빛을 비춰 각 점에 반사되는 빛의 강도를 감지해서 영상을 인식하는 데 각 점의 색 성분을 삼원색으로 분리한다.

38 데이터를 디스크에 분산 저장하는 기술로 데이터가 다수의 블록들로 이루어져 있을 때 블록들을 라운드 로빈(round-robin) 방식으로 디스크에 균등하게 분산 저장하는 것은?
① 페이징

② 블로킹
③ 세그먼트
④ 디스크 인터리빙

39 부동소수점 산술연산에서 나눗셈을 위한 과정에 포함되지 않는 것은?
① 레지스터를 초기화시키고 부호를 결정한다.
② 피제수를 위치 조정한다.
③ 지수는 덧셈을 행한다.
④ 가수는 나눗셈을 행한다.

40 입출력장치와 기억장치의 데이터 전송을 위하여 입출력 제어기가 필요한 가장 중요한 이유는?
① 동작 속도
② 인터럽트
③ 정보의 단위
④ 메모리의 관리

제3과목 마이크로전자계산기

41 스택 작동 명령어의 번지 지정 방식은?
① 묵시적 기법(implied mode)
② 레지스터 기법(register mode)
③ 상대 번지(relative addressing) 기법
④ 실효 번지(effective addressing) 기법

42 어느 프로그램 중 0123번지에 CALL A 명령이 있다. 이 CALL A를 수행한 후 PC에 기억된 값은? (단, 명령어의 길이는 8비트이다.)

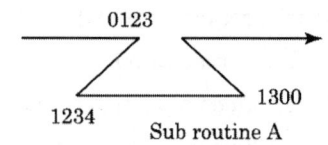

① 0123　　② 0124
③ 0131　　④ 1300

43 마이크로프로그램에 관한 설명으로 틀린 것은?
① 마이크로 인스트럭션으로 구성되어 있다.
② 제어장치에 이용하는 경향이 있다.
③ 마이크로프로그램은 중앙처리장치에 기억된다.
④ 대규모 집적회로의 이용이 가능해서 제어기의 비용이 절감된다.

44 1K×1비트 용량의 RAM에 사용되는 어드레스 디코더의 입력 어드레스 라인의 개수는?
① 10　　② 9
③ 8　　④ 7

45 주변장치에 대하여 isolated I/O 방식을 사용하는 시스템의 동작 설명으로 틀린 것은?
① IN, OUT 등의 특정한 I/O 명령어를 가진다.
② 메모리 전송인지 입출력 전송인지를 구별하기 위한 별도의 분리된 제어선이 필요하다.
③ 동일 어드레스가 메모리와 I/O 장치에 중복 사용될 수 있다.
④ 메모리 요구 명령어로 I/O 장치요구 명

령을 할 수 있다.

46 마이크로컴퓨터를 위한 프로그램을 개발할 때, 다른 컴퓨터를 이용하여 타겟 마이크로컴퓨터 시스템의 시스템 및 응용소프트웨어 등을 개발할 수 있도록 하는 것은?
① cross assembler
② debugger
③ screen editor
④ simulator

47 다음 중 CMOS형 IC의 특징은?
① 소비 전력이 크다.
② 잡음 여유도가 크다.
③ P형이나 N형보다 공정이 간단하다.
④ 전원 전압 범위가 적다.

48 연계 편집 프로그램(linking editor)이 목적 프로그램을 입력으로 읽을 때 출력으로 생성하는 프로그램은?
① 로드 프로그램(load program)
② 유틸리티 프로그램(utility program)
③ 매칭 프로그램(matching program)
④ 서비스 프로그램(service program)

49 전자계산기의 제어 상태 중 명령을 인출하여 해독하는 단계인 Fetch State에 대한 마이크로 오퍼레이션이다. ( ) 안의 ①, ②에 들어갈 내용이 바르게 나열된 것은?

MAR ← (㉮)
MBR ← M(MAR), (㉯)
IR ← MBR(OP), I ← MBR(M)
goto Indirect state or Execute state

① ㉮-PC, ㉯-PC ← PC+1
② ㉮-IR, ㉯-IR ← IR+1
③ ㉮-MBR, ㉯-PC ← PC+1
④ ㉮-PC, ㉯-MAR ← PC+1

50 256×2램(RAM)으로 주소 $(1000)_{16}$~$(17FF)_{16}$ 사이의 기억장치를 구성하려면, 필요한 램의 개수는? (단, 기억장치 한 번지는 8비트로 되어 있다.)
① 8
② 16
③ 32
④ 64

51 누산기(accumulator)를 clear하고자 할 때 사용하면 효과적인 명령어는?
① EX-OR
② SHIFT
③ ROTATE
④ EXCHANGE

52 순서도는 일반적으로 표시되는 정보에 따라 종류를 크게 구분하게 되는데 다음 중 순서도에 해당되지 않는 것은?
① 시스템 순서도(system flowchart)
② 일반 순서도(general flowchart)
③ 세부 순서도(detail flowchart)
④ 실체 순서도(entity flowchart)

53 일반적으로 8비트 마이크로프로세서(micro-

processor)라 할 때 그 길이가 8비트인 것은?
① 누산기(Accumulator)
② 프로그램 카운터(Program Counter)
③ 스택 포인터(Stack Pointer)
④ 어드레스 레지스터(Address Register)

54 마이크로컴퓨터를 구성하는 주요 버스가 아닌 것은?
① 검사 버스(test bus)
② 데이터 버스(data bus)
③ 주소 버스(address bus)
④ 제어 버스(control bus)

55 DRAM(Dynamic Random Access Memory)에 대한 설명으로 옳은 것은?
① Content Addressable 메모리이다.
② 전원이 끊어져도 메모리 상태는 지워지지 않는다.
③ 주기적으로 메모리를 refresh해야 한다.
④ Dynamic Relocation이 용이한 메모리이다.

56 데이터의 저장 명령으로부터 기억장치에 저장하기 위하여 기억장치에 데이터가 전송될 때까지의 시간을 의미하는 것은?
① data transmission time
② access time
③ seek time
④ latency time

57 가변 헤드 디스크(moving head disk)에서의 탐색(Seek) 시간을 옳게 설명한 것은?

① 디스크의 초당 회전 시간을 말한다.
② 첫 번째 트랙에서 마지막 트랙까지 헤드를 옮기는 시간이다.
③ 원하는 정보를 기억하고 있는 실린더에 접근하기 위해서 헤드를 옮기는 데 소요되는 시간이다.
④ 트랙과 이웃 트랙까지 헤드를 옮기는 시간이다.

58 중앙처리장치의 제어를 필요로 하지 않는 입/출력 방법은?
① 메모리 맵에 의한 입/출력
② DMA에 의한 입/출력
③ 인터럽트 제어에 의한 입/출력
④ 프로그램 제어에 의한 입/출력

59 CPU와 주변장치 사이의 입·출력 방법이 아닌 것은?
① Handshaking
② DMA
③ Polling
④ Load on Call

60 MAR에 관한 설명으로 옳은 것은?
① 프로그램 카운터의 일부이다.
② 프로그램 카운터와 관계 없다.
③ 프로그램 카운터와 MAR의 기능은 전혀 다르다.
④ 프로그램 카운터의 내용이 MAR로 전달된다.

제4과목 논리회로

61 10진수 0.8125를 2진수로 변환한 것으로서 옳은 것은?
① 0.1011 ② 0.1110
③ 0.1001 ④ 0.1101

62 16진수 FF를 10진수로 변환한 것으로 옳은 것은?
① 244 ② 245
③ 254 ④ 255

63 순서 논리회로와 조합 논리회로에 모두 포함되는 것은?
① 플립플롭(flip-flop)
② 궤환(feedback)
③ 상태(state)
④ 논리 게이트(logic gate)

64 디지털 IC의 내부 오류(internal fault)가 아닌 것은?
① 두 핀 간의 단락
② 입출력의 개방
③ 신호 라인의 개방
④ 입출력의 Vcc 또는 접지와의 단락

65 다음에 주어진 상태도를 순차 논리회로로 구현하고자 한다. JK 플립플롭의 입력 논리식은?

현재 상태 (Q)	입력신호 (A)	다음 상태 (Q+)
1	0	1
1	1	0
0	0	1
0	1	0

① J=Q, K=$\overline{A}$ ② J=A, K=A
③ J=$\overline{A}$, K=$\overline{A}$ ④ J=$\overline{A}$, K=A

66 제어논리 설계방법 중 한 상태마다 한 플립플롭을 쓰는 방법(a flip-flop/state)의 장점으로 틀린 것은?
① 완전한 순차회로를 만드는 데 필요한 조합회로가 감소한다.
② 회로가 동작하는 단순성이 증가한다.
③ 설계의 노력이 절감되나 단가가 높아진다.
④ 변경해야 할 상황이 발생했을 때 재배선을 해야 한다.

67 정보 전송 시에 발생하는 오류의 검색이 용이하도록 된 7bit 코드는?
① excess-three
② biquinary
③ 8421
④ BCD

68 다음 논리회로의 논리식으로 옳은 것은?

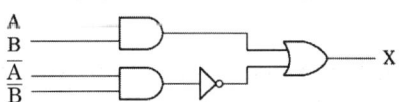

① X = AB ② X = A + B
③ X = $\overline{A}$ + B ④ X = A$\overline{B}$

69 영어의 대소문자 52가지와 숫자 0부터 9를 표현하려면 최소한 몇 비트가 필요한가?
① 3 ② 4
③ 5 ④ 6

70 한 개의 입력과 최대 2^n개의 출력 및 n개의 선택선으로 구성된 조합 논리회로를 무엇이라 하는가?
① 인코더 ② 3상 버퍼
③ 멀티플렉서 ④ 디멀티플렉서

71 $A \cdot \overline{B} + B + A \cdot C$ 를 간단히 하면?
① $A + B$ ② $\overline{A} + B$
③ $A + \overline{B}$ ④ $\overline{A} + \overline{B}$

72 그림과 같은 논리게이트의 출력은?

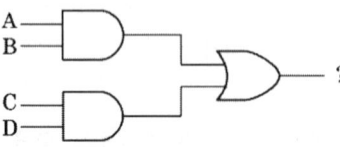

① A+B+C+D ② (A+B)+CD
③ AB+(C+D) ④ AB+CD

73 디코더의 출력선이 8개라면 입력선은 몇 개인가?
① 4개 ② 3개
③ 2개 ④ 1개

74 그림과 같은 구성도는 어떤 플립플롭인가?

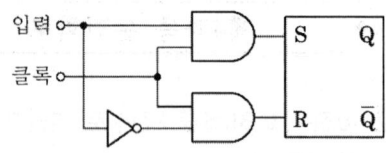

① RST 플립플롭 ② JK 플립플롭
③ D 플립플롭 ④ T 플립플롭

75 다음 논리군 중에서 게이트당 소모 전력(mW)이 가장 적은 것은?
① CMOS ② MOS
③ TTL ④ RTL

76 "1"이 연속으로 4개 들어올 때마다 출력을 "1"로 해주는 순서 논리회로를 설계하고자 한다. JK 플립플롭을 사용할 경우 최소 몇 개의 플립플롭이 필요한가?
① 1 ② 2
③ 3 ④ 4

77 병렬 가산기(Parallel Adder)의 동작을 올바르게 표현한 것은?
① 2진수 각 자리의 덧셈을 2자리씩 끊어서 행하는 동작을 한다.
② 2진수 각 자리의 덧셈을 4자리씩 끊어서 행하는 동작을 한다.
③ 2진수 각 자리의 덧셈을 동시에 행하여 그 답을 내는 동작을 한다.
④ 반가산기를 병렬로 접속하여 구성한 것으로 동작은 2자리씩 끊어서 행한다.

78 2진수 $(0101)_2$의 3초과 코드 값은?
① 0111 ② 0110
③ 1001 ④ 1000

79 전가산기 구성 요소로 가장 적절한 것은?
① 반가산기 1개, AND 게이트 1개
② 반가산기 2개, OR 게이트 1개
③ 반가산기 1개, AND 게이트 2개
④ 반가산기 2개, OR 게이트 2개

80 불 대수의 정리 중 옳지 않은 것은?
① $\overline{A \cdot B} = \overline{A} + \overline{B}$
② $A \cdot (A+B) = A$
③ $A + \overline{A} \cdot B = A + B$
④ $A(\overline{A} + A \cdot B) = A + B$

제5과목 데이터통신

81 다음은 데이터 통신 시스템에서 발생하는 잡음에 대한 설명이다. 어떤 잡음에 대한 설명인가?

> - 비연속이고 불규칙한 진폭을 가지며, 순간적으로 높은 진폭이 발생하는 잡음이다.
> - 외부의 전자기적 충격이나 기계적인 통신 시스템에서의 결함 등이 원인이다.
> - 디지털 데이터를 전송하는 경우 중요한 오류 발생의 원인이 된다.

① 열잡음   ② 누화잡음
③ 충격잡음   ④ 상호변조 잡음

82 피기백(piggyback) 응답이란 무엇인가?
① 송신측이 대기시간을 설정하기 위한 목적으로 보낸 테스터 프레임용 응답을 말한다.
② 송신측이 일정한 시간 안에 수신측으로부터 ACK가 없으면 오류로 간주하는 것이다.
③ 수신측이 별도의 ACK를 보내지 않고 상대편으로 향하는 데이터 전문을 이용하여 응답하는 것이다.
④ 수신측이 오류를 검출한 후 재전송을 위한 프레임 번호를 알려주는 응답이다.

83 자동재전송요청(ARQ) 기법 중 데이터 프레임을 연속적으로 전송해 나가다가 NAK를 수신하게 되면, 오류가 발생한 프레임 이후에 전송된 모든 데이터 프레임을 재전송하는 것은?
① Selective-Repeat
② Stop-and-wait
③ Go-back-N
④ Turbo Code

84 다음이 설명하고 있는 디지털 전송 신호의 부호화 방식은?

> - CSMA/CD LAN에서의 전송부호로 사용된다.
> - 신호 준위 천이가 매 비트 구간의 가운데서 비트 1에 대해서는 고준위에서 저준위로 천이하며, 비트 0은 저준위에서 고준위로 천이한다.

① Alternating Mark Inversion 코드
② Manchester 코드
③ Bipolar 코드
④ Non Return to Zero 코드

85 다음이 설명하고 있는 다중화 방식은?

전송시간을 일정한 간격의 시간 슬롯(time slot)으로 나누고, 이를 주기적으로 각 채널에 할당하는 다중화 방식

① 주파수 분할 다중화
② 동기식 시분할 다중화
③ 코드 분할 다중화
④ 파장 분할 다중화

86 다음 표에서 A, B, C, D 문자 전송 시 수직 짝수 패리티 비트 검사에서 패리티 비트 값이 옳은 문자는?

패리티 비트	0	0	0	0
D_7	1	1	0	0
D_6	0	1	1	1
D_5	0	0	0	0
D_4	1	1	1	0
D_3	1	1	0	1
D_2	0	0	0	0
D_1	0	0	1	0
D_0	0	1	1	1
문자	A	B	C	D

① A
② B
③ C
④ D

87 HDLC 프레임 형식 중 프레임의 종류를 식별하기 위해 사용되는 것은?
① 정보영역
② 제어영역
③ 주소영역
④ 플래그

88 점-대-점 링크뿐만 아니라 멀티 포인트 링크를 위하여 ISO에서 개발한 국제 표준 프로토콜은?

① HDLC(High Level Data Link Control)
② BSC(Binary Synchronous Control)
③ SWFC(Sliding Window Flow Control)
④ LLC(Logic Link Control)

89 IP address에 대한 설명으로 틀린 것은?
① 5개의 클래스(A, B, C, D, E)로 분류되어 있다.
② A, B, C 클래스만이 네트워크 주소와 호스트 주소 체계의 구조를 가진다.
③ D 클래스 주소는 멀티캐스팅(multi-casting)을 사용하기 위해 예약되어 있다.
④ E 클래스는 실험적 주소로 공용으로 사용된다.

90 양자화 잡음에 대한 설명으로 맞는 것은?
① PAM 펄스의 아날로그 값을 양자화 잡음이라 한다.
② PAM 펄스의 디지털 값을 양자화 잡음이라 한다.
③ PAM 펄스의 아날로그 값과 양자화된 PCM 펄스의 디지털 값의 합을 양자화 잡음이라 한다.
④ PAM 펄스의 아날로그 값과 양자화된 PCM 펄스의 디지털 값의 차이를 양자화 잡음이라 한다.

91 아날로그 데이터를 디지털 신호로 변환하는 변조방식은?
① ASK
② PSK
③ PCM
④ FSK

92 경로 지정 방식에서 각 노드에 도착하는 패킷을 자신을 제외한 다른 모든 것을 복사하여 전송하는 방식은?
① 고정 경로 방식
② 플러딩
③ 임의 경로 방식
④ 적응 경로 방식

93 주파수 분할 방식의 특징으로 틀린 것은?
① 사람의 음성이나 데이터가 아날로그 형태로 전송된다.
② 인접채널 사이의 간섭을 막기 위해 보호대역을 둔다.
③ 터미널의 수가 동적으로 변할 수 있다.
④ 주로 유선방송에서 많이 사용하고 있다.

94 IPv4에서 IPv6로 천이하는 데 사용되는 IETF에서 고안한 천이 전략 3가지에 해당하지 않는 것은?
① Dual Stack
② Tunneling
③ Header Translation
④ IP Control

95 다음이 설명하고 있는 에러 체크 방식은?

> 프레임 단위로 오류 검출을 위한 코드를 계산하여 프레임 끝에 부착하며, 이를 FCS라 한다.

① LRC(Longitudinal Redundancy Check)
② VRC(Vertical Redundancy Check)
③ CRC(Cyclic Redundancy Check)
④ ARQ(Automatic Repeat Request)

96 ARP(Address Resolution Protocol)에 대한 설명으로 틀린 것은?
① 네트워크에서 두 호스트가 성공적으로 통신하기 위하여 각 하드웨어의 물리적인 주소문제를 해결해 줄 수 있다.
② 목적지 호스트의 IP 주소를 MAC 주소로 바꾸는 역할을 한다.
③ MAC 주소를 발견하면 이 MAC 주소가 통신을 위해 바로 사용된다.
④ ARP 캐시를 유지하기 위해서는 TTL 값이 0이 되면 이 주소는 ARP 캐시에서 영구히 보존된다.

97 다중접속방식에 해당하지 않는 것은?
① FDMA   ② QDMA
③ TDMA   ④ CDMA

98 비트 방식의 데이터 링크 프로토콜이 아닌 것은?
① HDLC   ② SDLC
③ LAPB   ④ SYN

99 패킷교환에 대한 설명으로 틀린 것은?
① 전송데이터를 패킷이라 부르는 일정한 길이의 전송 단위로 나누어 교환 및 전송한다.
② 패킷교환은 저장-전달 방식을 사용한다.
③ 가상회선 패킷교환은 비연결형 서비스를 제공하고, 데이터그램 패킷교환은 연결형 서비스를 제공한다.
④ 메시지 교환이 갖는 장점을 그대로 취하면서 대화형 데이터 통신에 적합하도록 개발된 교환방식이다.

100 OSI 7 계층 중 응용 프로세스 간에 데이터 표현상의 차이에 상관없이 통신이 가능하도록 독립성을 제공(코드 변환, 데이터 압축 등)하는 계층은?
① 물리 계층
② 표현 계층
③ 데이터링크 계층
④ 세션 계층

2015년 4회 시행 과년도출제문제

제1과목 시스템프로그래밍

01 다중 프로그래밍 시스템에서 어떤 프로세스가 아무리 기다려도 결코 발생하지 않을 사건을 기다리고 있을 때, 그 프로세스는 어떤 상태라고 볼 수 있는가?
① Deadlock
② Working Set
③ Semaphore
④ Critical Section

02 라운드 로빈 스케줄링 기법에 대한 설명으로 옳지 않은 것은?
① 시간할당량이 클수록 FCFS와 같아진다.
② 시분할 시스템을 위해 고안된 방식이다.
③ 실행시간이 가장 짧은 프로세스에게 먼저 CPU를 할당한다.
④ 시간할당량이 작을수록 문맥교환이 빈번하게 발생한다.

03 프로세스가 일정 시간 동안 자주 참조하는 페이지의 집합을 의미하는 것은?
① Working Set
② Prepaging
③ Thrashing
④ Locality

04 라이브러리에 기억된 내용을 프로시저로 정의하여 서브루틴으로 사용하는 것과 같이 사용할 수 있도록 그 내용을 현재의 프로그램 내에 포함시켜 주는 어셈블리어 명령은?
① INCLUDE
② CREF
③ ORG
④ EVEN

05 원시 프로그램을 컴파일러가 수행되고 있는 컴퓨터의 기계어로 번역하는 것이 아니라, 다른 기종에 맞는 기계어로 번역하는 것은?
① 크로스 컴파일러
② 디버거
③ 인터프리터
④ 프리프로세서

06 로더(Loader)의 기능이 아닌 것은?
① Allocation
② Link
③ Compile
④ Relocation

07 매크로 프로세서의 기능으로 옳지 않은 것은?
① 매크로 호출 저장
② 매크로 정의 인식
③ 매크로 정의 저장
④ 매크로 호출 인식

08 기계어에 대한 설명으로 옳지 않은 것은?
① 컴퓨터가 이용할 수 있는 0과 1만으로

명령을 표현한다.
② 컴퓨터의 내부구성과 종류에 따라 의존성을 가진다.
③ 전문적인 지식이 없어도 수정, 보완, 변경이 가능하다.
④ 처리속도가 빠르다.

09 프로세스의 정의로 옳지 않은 것은?
① 목적 또는 결과에 따라 발생되는 사건들의 과정
② 지정된 결과를 얻기 위한 일련의 계통적 동작
③ 동기적 행위를 일으키는 주체
④ 프로세서가 할당되는 실체

10 프로그램 실행을 위하여 메모리 내에 기억공간을 확보하는 작업은?
① linking   ② loading
③ compile   ④ allocation

11 운영체제의 성능 평가 요소로 거리가 먼 것은?
① 처리 능력   ② 반환 시간
③ 사용 가능도   ④ 비용

12 시스템 프로그래밍 언어로 가장 적합한 것은?
① PASCAL   ② COBOL
③ C   ④ FORTRAN

13 일반적 로더(General Loader)에 가장 가까운 것은?
① Compile And Go Loader
② Dynamic Loading Loader
③ Direct Linking Loader
④ Absolute Loader

14 기호 번지로 사용한 각종 데이터나 명령어가 기억된 번지 값을 특정 레지스터로 가져오도록 하는 어셈블리어 명령은?
① XLAT   ② LEA
③ XCHG   ④ RET

15 교착상태 발생의 필요충분조건이 아닌 것은?
① 상호 배제
② 선점
③ 환형 대기
④ 점유 및 대기

16 어셈블리어로 작성된 원시 프로그램의 수행 순서로 옳은 것은?
① 원시 프로그램 → 어셈블러 → 로더 → 연결편집기
② 원시 프로그램 → 연결편집기 → 어셈블러 → 로더
③ 원시 프로그램 → 어셈블러 → 연결편집기 → 로더
④ 원시 프로그램 → 로더 → 어셈블러 → 연결편집기

17 어셈블리어에서 어떤 기호적 이름에 상수 값을 할당하는 명령은?
① EQU   ② ASSUME
③ LIST   ④ EJECT

18 어셈블리어에서 프로그램 작성 시 한 프로그램 내에서 동일한 코드가 반복될 경우 반복되는 코드를 한 번만 작성하여 특정 이름으로 정의한 후 그 코드가 필요할 때마다 정의된 이름을 호출하여 사용하는 것을 무엇이라고 하는가?
① Spooling   ② Preprocessor
③ Emulator   ④ Macro

19 세그먼테이션과 페이징 기법에 관한 설명으로 옳지 않은 것은?
① 페이징 시스템의 페이지는 물리적 단위로 크기가 가변적이다.
② 세그먼트는 논리적 단위로 분할된 가변적 크기를 가진다.
③ 페이징의 경우 기억장소의 내부적 단편화가 일어날 수 있다.
④ 세그먼테이션의 경우 논리주소는 세그먼트 번호와 세그먼트 내의 오프셋 조합으로 이루어진다.

20 서브루틴에서 자신을 호출한 곳으로 복귀시키는 어셈블리어 명령은?
① SUB   ② MOV
③ RET   ④ INT

● 제2과목 전자계산기구조

21 병렬처리 시의 문제점과 가장 거리가 먼 것은?
① 분할의 문제
② 스케줄링의 문제
③ 동기화의 문제
④ 블록지정의 문제

22 기억소자와 I/O 장치 간의 정보교환 때 CPU의 개입없이 직접 정보 교환이 이루어질 수 있는 방식은?
① Strobe 방식
② 인터럽트 방식
③ Handshaking 방식
④ DMA 방식

23 연산 방식에 대한 설명 중 옳지 않은 것은?
① 직렬 연산 방식은 병렬 연산 방식보다 시간이 많이 소요된다.
② 병렬 연산 방식은 직렬 연산 방식에 비해 속도가 느리다.
③ 직렬 연산 방식은 hardware가 간단하다.
④ 병렬 연산 방식은 hardware가 복잡하다.

24 그림과 같은 회로의 게이트(gate)는? (단, 정논리에 의함)

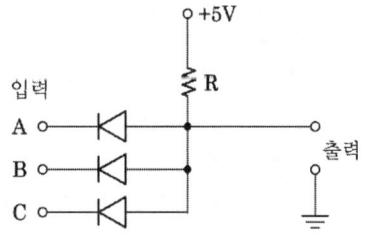

① AND gate   ② OR gate
③ NAND gate   ④ NOR gate

25 명령 레지스터에 호출된 OP code를 해독하여 그 명령을 수행시키는 데 필요한 각

종 제어 신호를 만들어내는 장치는?
① Instruction Decoder
② Instruction Encoder
③ Instruction Counter
④ Instruction Multiplexer

26 다음과 같은 값을 가지는 시스템에서 2계층 캐시 메모리를 사용할 경우는 그렇지 않은 경우에 비해 평균 메모리 액세스 시간이 약 몇 배 향상되는가?

L_1 히트시간=1사이클, L_1 미스율=5%
L_2 히트시간=4사이클, L_2 미스율=20%
L_2 미스 패널티=100사이클

① 1.1　　② 1.4
③ 2.7　　④ 5.5

27 사이클 스틸과 인터럽트에 관한 설명으로 옳은 것은?
① 사이클 스틸은 주기억장치의 사이클 타임을 중앙처리장치로부터 DMA가 일시적으로 빼앗는 것으로 중앙처리장치는 주기억장치에 접근할 수 없다.
② 사이클 스틸은 중앙처리장치의 상태보존이 필요하다.
③ 인터럽트는 중앙처리장치의 상태보존이 필요 없다.
④ 인터럽트는 정전의 경우와는 관계없다.

28 2의 보수 표현이 1의 보수 표현보다 더 널리 사용되고 있는 주요 이유는?
① 음수 표현이 가능하다.
② 10진수 변환이 더 용이하다.
③ 보수 변환이 더 편리하다.
④ 덧셈 연산이 더 간단하다.

29 인터럽트의 발생 원인으로 적당하지 않은 것은?
① Supervisor Call
② 정전
③ 분기 명령의 실행
④ 데이터 에러

30 다음 중 컴퓨터의 처리 능력을 높일 수 있는 병렬처리 기법에 해당되지 않는 것은?
① memory interleaving
② instruction pipeline
③ micro programming
④ multiple function unit

31 입출력을 위해 DMA 전송의 초기 준비에 프로세서의 1000클록이 소요되고 DMA 완료 시 인터럽트 처리에 프로세서의 500 클록 사이클이 쓰여지는 시스템이 있다. 하드디스크는 초당 4MB를 전송하며 DMA를 사용할 때 디스크로부터의 평균 전송량이 8KB이면 디스크가 전송에 100% 쓰여질 경우 500MHz 프로세서의 클록 사이클 중 얼마만큼이 사용되는가?
① 2×10^{-3}　　② 20×10^{-3}
③ 700×10^3　　④ 750×10^3

32 병렬컴퓨터에서 처리요소의 성능을 측정하는 데 사용되는 단위는?
① MIPS　　② BPS
③ IPS　　④ LPM

33 제어장치의 구성 요소 중에서 산술 연산을 할 때 필요한 자료나 연산 결과를 저장하는 레지스터는 무엇이며, 이 레지스터가 산술논리 연산장치와 연결에 대해 바르게 설명한 것은?
① 데이터 레지스터이며, 산술논리 연산장치와는 양방향 전송을 한다.
② 데이터 레지스터이며, 산술논리 연산장치와 데이터를 단방향 전송을 한다.
③ 누산기이며, 산술논리 연산장치와 데이터를 양방향 전송을 한다.
④ 누산기이며, 산술논리 연산장치와 데이터를 단방향 전송을 한다.

34 -25를 2의 보수 형태의 2진수로 나타냈을 때 이를 왼쪽으로 1비트만큼 이동했을 때의 값은? (단, 각 수는 8bit로 표시)
① 11001111_2
② 11001110_2
③ 10110011_2
④ 11110011_2

35 주소지정방식 중에서 기본 주소가 프로그램 카운터에 저장되는 방식은?
① 직접 주소지정방식
② 간접 주소지정방식
③ 인덱스 주소지정방식
④ 상대 주소지정방식

36 컴퓨터와 터미널 간에 그림과 같은 정보선을 통하여 동시전송을 한다고 할 때의 전송방식은?

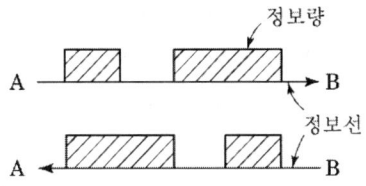

① half duplex
② simplex
③ full duplex
④ double duplex

37 다음 중 부프로그램과 매크로(Macro)의 공통점은?
① 삽입하여 사용한다.
② 분기로 반복을 한다.
③ 다른 언어에서도 사용한다.
④ 여러 번 중복되는 부분을 별도로 작성하여 사용한다.

38 주기억장치의 용량이 512KB인 컴퓨터에서 32bit의 가상주소를 사용하는 데, 페이지의 크기가 1kword이고 1word가 4byte라면 실제 페이지 번호와 가상 페이지 번호는 몇 비트씩 구성되는가?
① 실제페이지번호=7, 가상페이지번호=12
② 실제페이지번호=7, 가상페이지번호=20
③ 실제페이지번호=19, 가상페이지번호=12
④ 실제페이지번호=19, 가상페이지번호=32

39 PE(processing element)라는 연산기를 사용하여 동기적으로 병렬처리를 수행하는 병렬처리기는?

① Pipeline processor
② Vector processor
③ Multi processor
④ VLSI processor

40 다중처리기에 대한 설명으로 옳지 않은 것은?
① 수행속도의 성능 개선이 목적이다.
② 하나의 복합적인 운영체제에 의하여 전체 시스템이 제어된다.
③ 각 프로세서의 기억장치만 있으며 공유 기억장치는 없다.
④ 프로세서들 중 하나가 고장나도 다른 프로세서들에 의해 고장난 프로세서의 작업을 대신 수행하는 장애극복이 가능하다.

제3과목 마이크로전자계산기

41 8085 CPU에서 클록은 약 2.5MHz이다. LDA 명령을 수행하는 데 13개 T 스테이트가 필요하다. 이때 명령 사이클은 약 몇 μs인가?
① 13 ② 5.2
③ 3.2 ④ 2.5

42 Stack이 사용되는 경우가 아닌 것은?
① 서브루틴을 실행할 때
② CALL 명령이 수행될 때
③ Branch 명령이 실행될 때
④ 인터럽트가 받아들여졌을 때

43 마이크로컴퓨터의 레벨구조에서 하드웨어와 가장 밀접한 최하위 레벨 구조는 무엇인가?
① 소프트웨어 레벨
② 기본소자 레벨
③ 매크로 레벨
④ 마이크로 레벨

44 직렬 데이터 전송방식에 해당하지 않는 것은?
① P-ATA ② RS232C
③ USB   ④ IEEE1394

45 컴퓨터에서 일어나는 동작을 제어하기 위한 타이밍 신호에 대한 설명으로 틀린 것은?
① 동기식은 일정 시간 간격을 가진 클록 펄스에 의해서 각 장치의 동작이 규칙적으로 수행된다.
② 동기식은 하나의 동작이 완료되면 완료 신호를 발생시키고 각 장치들은 신호를 받아 다음 동작을 수행한다.
③ 동기식은 비동기식에 비하여 회로를 비교적 쉽게 설계할 수 있다.
④ 타이밍 신호를 통해 시퀀스가 한 번 반복되는 데 걸리는 시간을 컴퓨터 사이클이라고 한다.

46 분기(Branch) 인스트럭션은 어떤 종류에 속하는가?
① Data transfer
② Data manipulation
③ Program manipulation
④ Input and Output

47 CPU와 여러 개의 I/O 장치가 연결되어 있을 때 I/O를 하나씩 순차적으로 점검하여 인터럽트를 요구한 I/O를 찾아내는 인터럽트 방식을 무엇이라고 하는가?
① 벡터링(vectoring)
② 폴링(polling)
③ 매핑(mapping)
④ 멀티플렉싱(multiplexing)

48 한 번에 하나의 워드만을 전송하는 DMA 방식은?
① Burst 방식
② Cycle Stealing 방식
③ Daisy Chain 방식
④ Strobe Control 방식

49 어셈블러의 기능에 해당되지 않는 것은?
① format conversion
② storage allocation
③ data generation
④ memory loading

50 메모리 어드레스(Memory Address)를 지정하는 데 사용되는 레지스터로 지정된 메모리 어드레스로부터 유효 주소를 계산하는 데 사용되는 주소 정보를 기억시키는 레지스터는?
① MAR(Memory Address Register)
② IR(Instruction Register)
③ SR(Status Register)
④ IR(Index Register)

51 동작 속도가 가장 빠른 기억소자는?
① ECL
② schottky TTL
③ TTL
④ I^2L

52 cache memory에 대한 설명 중 틀린 것은?
① 캐시의 용량보다 큰 프로그램을 수행할 때는 적중률(hit ratio)이 감소한다.
② 캐시와 주기억장치 사이에 정보 교환을 위하여 주기억장치에 접근하는 단위는 페이지이다.
③ 캐시를 가진 컴퓨터를 이용하는 프로그램을 작성할 때 프로그래머는 캐시의 존재를 인식할 필요가 없다.
④ 중앙처리장치와 주기억장치의 속도 차가 현저할 때 명령 수행 속도를 중앙처리장치와 같도록 하기 위해 사용한다.

53 interrupt system의 구성 요소가 아닌 것은?
① interrupt request circuit
② interrupt handling routine
③ interrupt service routine
④ interrupt fetching routine

54 다음 중 전원이 끊어지면 기억된 내용이 소실되는 기억 소자는 무엇인가?
① PROM   ② RAM
③ EPROM   ④ Flash Memory

55 메모리 용량이 2048바이트가 되기 위해서는 몇 개의 128×8 RAM 칩이 필요한가?

① 2개   ② 4개
③ 8개   ④ 16개

56 주소지정방식 중 레지스터의 초기화와 상수를 지정하는 데 많이 사용하는 방식은 무엇인가?
① 직접 주소 방식
② 간접 주소 방식
③ 즉치 주소 방식
④ 인덱스 주소 방식

57 그림은 어느 회로의 벤 다이어그램인가?

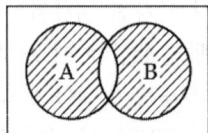

(단, A, B는 입력, 사선부분은 출력)
① NOR   ② NAND
③ XNOR   ④ XOR

58 다음 그림에 대한 설명 중 틀린 것은?

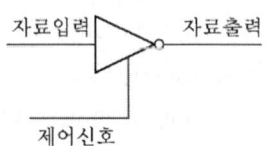

① 제어 신호가 낮은 상태(Low)일 때 자료출력은 1이다.
② 인버팅 버퍼이다.
③ 신호 증폭에 사용될 수 있다.
④ 이와 같은 종류의 버퍼를 3상태(Tri-State) 장치라고 한다.

59 한 플랫폼에서 작동하도록 되어 있는 프로그램을 다른 플랫폼에서 작동하도록 수정하는 것을 무엇이라 하는가?
① 시뮬레이팅(Simulating)
② 오퍼레이팅(Operating)
③ 포팅(Porting)
④ 디버깅(Debugging)

60 일반적인 프로그램 설계 시 커다란 프로그램을 작은 단위로 분할하여 전체 프로그램을 독립적으로 구성 가능한 기능적 단위로 분할하여 설계하는 방법은?
① flow charting
② structured programming
③ modular programming
④ Top-down

제4과목 논리회로

61 다음 중 $AB + A\overline{B}C$ 식을 간단히 한 것은?
① AC ② AB
③ $AB + AC$ ④ $\overline{A}B + AC$

62 다음 회로의 기능은?

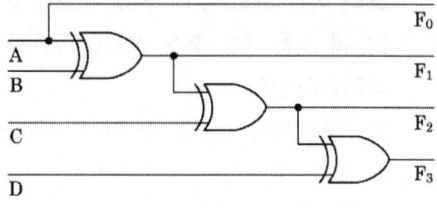

① BCD → 그레이 코드 변환회로
② 그레이 코드 → BCD 변환회로
③ BCD → 2421 변환회로

④ 2421 → BCD 변환회로

63 다음 그림의 4비트 가산기가 하는 것은?

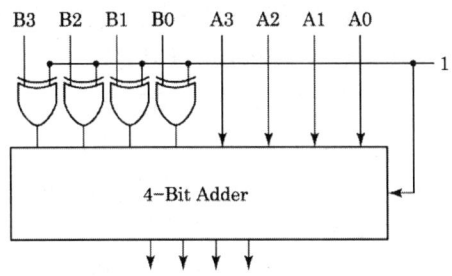

① 뺄셈　　　　② 덧셈
③ 디코딩　　　④ 대소비교

64 10진수 0.4375를 2진수로 변환한 것으로 옳은 것은?

① $0.1110_{(2)}$　　② $0.1101_{(2)}$
③ $0.1011_{(2)}$　　④ $0.0111_{(2)}$

65 4단 존슨-카운터(Johnson-counter)의 모듈러스는 몇 개인가?

① 4　　　　② 8
③ 12　　　④ 16

66 다음 Karnaugh도를 간략화하면?

CD\AB	00	01	11	10
00	x	0	1	x
01	1	0	1	1
11	0	x	x	0
10	1	x	0	1

① $\overline{AD} + \overline{AC} + \overline{BD}$
② $\overline{BD} + A\overline{C} + AD$
③ $B\overline{D} + A\overline{C} + \overline{CD}$

④ $\overline{AD} + B\overline{D} + ABD$

67 다음과 같은 회로에서 출력 Y를 올바르게 구한 것은?

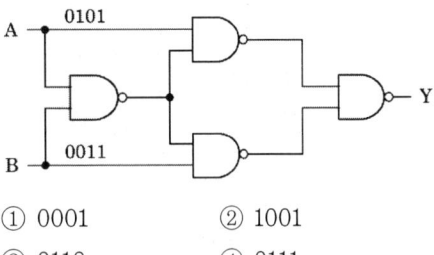

① 0001　　② 1001
③ 0110　　④ 0111

68 다음 회로의 논리함수를 바르게 나타낸 것은?

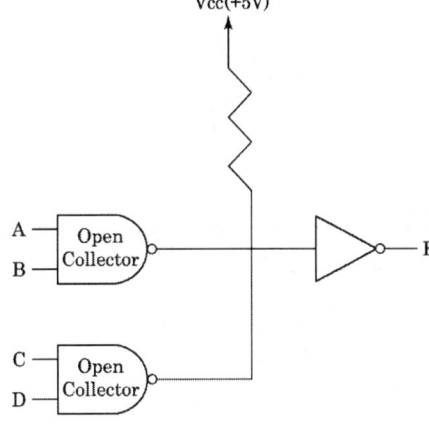

① F=AB+CD
② F=(A+B)(C+D)
③ F+A+B+C+D
④ F+AB⊕CD

69 다음 불 대수 중에서 등식이 잘못된 것은?

① x+xy=x
② xy+y=y
③ (x+y)(x+y)=x

④ xy+xz+yz=xy+xz

70 그림은 전가산기이다. 출력 S와 C_0의 논리식은?

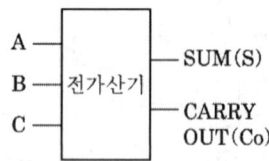

① $S = \overline{A \oplus B \oplus C}$,
   $C_0 = AB + BC + AC$
② $S = A + B + C$,
   $C_0 = \overline{AB + BC + AC}$
③ $S = A \oplus B \oplus C$,
   $C_0 = AB + BC + AC$
④ $S = \overline{A + B + C}$,
   $C_0 = \overline{AB + BC + AC}$

71 다음 중 순서 논리(sequential logic) 동작을 하는 것은?
① 멀티플렉서(multiplexer)
② 카운터(counter)
③ 인코더(encoder)
④ 디코더(decoder)

72 다음 [그림]은 어떤 플립플롭의 타이밍 다이어그램인가?

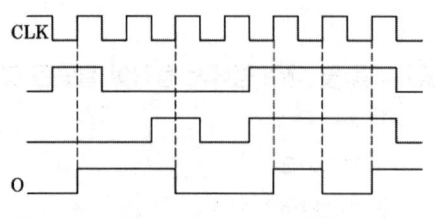

① RS 플립플롭   ② D 플립플롭
③ T 플립플롭   ④ JK 플립플롭

73 다음 제어논리 설계방법 중 하나의 상태마다 하나의 플립플롭을 쓰는 방법(a flip-flop state)의 장점이 아닌 것은?
① 설계의 노력이 절감된다.
② 작동하는 단순성이 증가한다.
③ 완전한 순차회로를 만드는 데 필요한 조합회로가 감소한다.
④ 변경해야 할 사항이 발생했을 때 재배선이 필요없다.

74 프로그램 카운터(Program Counter)에 대한 설명으로 가장 적합한 것은?
① 연산할 때 항상 사용되는 프로세서 내의 레지스터
② 다음에 수행될 명령어의 번지를 넣어두는 프로세서 내의 레지스터
③ 번지를 계산할 때 사용되는 레지스터
④ 수행된 프로그램 수를 계수하는 레지스터

75 두 개의 3bit 수를 곱하는 2진 승산기를 수행하는 데 필요한 ROM의 크기는 다음 중 어느 것인가?
① $2^3 \times 6$ ② $2^4 \times 8$
③ $2^5 \times 8$ ④ $2^6 \times 6$

76 [그림]과 같은 블록도는 무슨 회로를 나타낸 것인가?

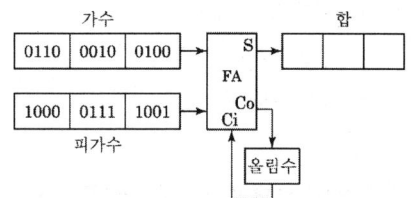

① 병렬가산기 ② 병렬감산기
③ 직렬감산기 ④ 직렬가산기

77 다음 회로는 무슨 회로인가?

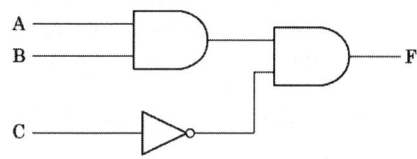

① 3상태 버퍼
② 금지회로
③ 반감산기
④ 우선 순위 인코더

78 다음 중 입력이 모두 0일 때만 출력이 0이 되는 게이트는?
① OR ② XNOR
③ NOR ④ NAND

79 컴퓨터 설계 시에 취급할 데이터를 26개의 영문자, 10개의 숫자 및 특수문자 4개(+, -, /, *)로 구성한다면 이들 데이터를 처리하기 위한 alphanumeric 코드의 크기는 최소 몇 bit인가?
① 5 ② 6
③ 26 ④ 36

80 다음 중 BCD 코드 01100001을 10진수로 변환한 것으로 옳은 것은?
① 41 ② 51
③ 61 ④ 71

제5과목 데이터통신

81 협의의 VAN이 제공하는 기본 기능에 속하지 않는 것은?
① 부하 분산 기능
② 전송 기능
③ 교환 기능
④ 통신 처리 기능

82 다음 중 A, B, C, D 문자 전송 시 홀수 패리티 비트 검사에서 에러가 발생하는 문자는?

패리티 비트	0	0	0	0
D_6	1	1	0	0
D_5	0	1	1	1
D_4	0	0	0	0
D_3	1	1	1	0
D_2	1	1	0	1
D_1	0	0	1	0
D_0	0	1	1	1
문자	A	B	C	D

① A ② B
③ C ④ D

83 다음이 설명하고 있는 라우팅 프로토콜은?

- 헬로우(Hello) 패킷을 주고받음으로써 이웃한 라우터를 서로 인식할 수 있게 된다.
- LSA 자료구조를 사용한다.

① SMTP ② OSPF

③ RIP   ④ ICMP

② 네트워크 계층
③ 세션 계층
④ 표현 계층

84 아날로그 데이터를 디지털 신호로 변환 시 표본화 과정을 거쳐 생성되는 신호로 맞는 것은?
① 펄스폭변조(PWM)
② 펄스진폭변조(PAM)
③ 펄스위치변조(PPM)
④ 펄스부호변조(PCM)

88 다음이 설명하고 있는 것은?

- 경쟁의 원리를 이용한 장비이며, 여러 개의 입력채널이 이보다 적은 수의 출력채널에 접속하기 위하여 요청을 근거로 경쟁하는 것을 의미한다.
- 하나 또는 소수의 통신 회선에 여러 대의 단말기를 접속하여 사용할 수 있도록 하는 장치이다.

① 다중화기   ② 라우터
③ 이더넷   ④ 집중화기

85 패킷 교환 기술의 데이터그램 전송방식과 가상회선 전송방식의 차이점으로 옳은 것은?
① 전송데이터를 패킷단위로 구분
② 목적지 노드에서 패킷들의 순서를 재구성
③ 패킷 교환기 사용
④ 데이터 단말장비(DTE) 사용

89 자동 재전송 요청기법(Automatic Repeat reQuest) 중 에러가 검출된 해당 블록만을 재전송하는 방식으로 재전송 블록 수가 적은 반면, 수신측에서 큰 버퍼와 복잡한 논리회로를 요구하는 기법은?
① Stop and Wait ARQ
② Selective Repeat ARQ
③ Go-Back-N ARQ
④ Adaptive ARQ

86 보(baud) 속도가 1400이고, 한 번에 3개의 비트를 전송할 때 데이터 신호속도(bps)는 얼마인가?
① 1200   ② 2800
③ 4200   ④ 5600

87 다음 설명에 해당하는 OSI 7계층은?

- 응용 간의 대화 제어(Dialogue Control)를 담당
- 긴 파일 전송 중에 통신상태가 불량하여 트랜스포트 연결이 끊어지는 경우 처음부터 다시 전송을 하지 않고 어디까지 전송이 진행되었는지를 나타내는 동기점(synchronization point)을 이용하여 오류 복구

① 데이터 링크 계층

90 HDLC에서 피기백킹(piggybacking) 기법을 통해 데이터에 대한 확인응답을 보낼 때 사용되는 프레임은?
① I-프레임
② S-프레임
③ U-프레임
④ A-프레임

91 X.25 프로토콜에 대한 설명으로 틀린 것은?
① 물리 계층의 표준으로 X.21을 사용한다.
② 링크 계층의 표준은 LAPB을 사용한다.
③ 패킷형 단말기를 패킷 교환망에 접속하기 위한 인터페이스 프로토콜이다.
④ 물리 계층과 링크 계층인 2개의 계층으로 구성된다.

92 라우팅 프로토콜인 OSPF(Open Shortest Path First)에 대한 설명으로 틀린 것은?
① OSPF 라우터는 자신의 경로 테이블에 대한 정보를 LSA라는 자료구조를 통하여 주기적으로 혹은 라우터의 상태가 변화되었을 때 전송한다.
② 라우터 간에 변경된 최소한의 부분만을 교환하므로 망의 효율을 저하시키지 않는다.
③ 도메인 내의 라우팅 프로토콜로서 RIP가 가지고 있는 여러 단점을 해결하고 있다.
④ 경로수(Hop)가 16으로 제한되어 있어 대규모 네트워킹에 부적합하다.

93 LAN의 매체 접근 제어 중 토큰 패싱 방식에 대한 설명으로 가장 옳은 것은?
① 노드 사이의 접근충돌을 막기 위해서 네트워크 접근을 교대로 허용한다.
② 데이터 전송 시 반드시 토큰을 확보해야 하고, 전송을 마친 후에는 토큰을 반납한다.
③ 노드 수가 많거나 데이터양이 많은 경우에는 충돌이 일어나기 때문에 데이터의 손실이 매우 크다.
④ 우선순위가 없기 때문에 모든 노드들이 균등한 전송기회를 갖는다.

94 TCP/IP 응용계층 프로토콜 중 트랜스포트 계층의 UDP상에서 동작하는 것은?
① ICMP(Internet Control Message Protocol)
② SNMP(Simple Network Management Protocol)
③ SMTP(Simple Mail Transfer Protocol)
④ HTTP(Hyper Text Transfer Protocol)

95 데이터 통신에서 사용되는 오류 검출 기법이 아닌 것은?
① Parity Check
② Block Sum Check
③ Cyclic Redundancy Check
④ Huffman Check

96 TCP/IP 네트워크를 구성하기 위해 1개의 C 클래스 주소를 할당받았다. C 클래스 주소를 이용하여 네트워크상의 호스트들에게 실제로 할당할 수 있는 최대 IP 주소의 개수는?
① 253개 ② 254개
③ 255개 ④ 256개

97 다음 중 부정적 응답에 해당하는 전송제어 문자는?
① NAK(Negative AcKnowledge)
② ACK(ACKnowledge)
③ EOT(End of Transmission)
④ SOH(Start of Heading)

98 데이터링크 프로토콜인 HDLC에서 프레임의 동기를 제공하기 위해 사용되는 구성요소는?
① 플래그(Flag)
② 제어부(Control)
③ 정보부(Information)
④ 프레임 검사 시퀀스(Frame Check Sequence)

99 주파수 분할 다중화에 대한 설명으로 틀린 것은?
① 동기식과 비동기식 다중화 방식이 있다.
② 다중화하고자 하는 각 채널의 신호는 각기 다른 반송 주파수로 변조된다.
③ 부채널 간의 상호 간섭을 방지하기 위해 가드 밴드(guard band)를 주어야 한다.
④ 전송매체에서 사용 가능한 주파수대역이 전송하고자 하는 각 터미널의 신호 대역보다 넓은 경우에 적용된다.

100 송수신 간의 속도 차이나 수신측 버퍼 크기의 제한에 의해 발생 가능한 정보의 손실을 방지하기 위해서 수신측이 송신측을 제어하는 것은?
① 에러 제어   ② 흐름 제어
③ 동기 제어   ④ 비동기 제어

2016년 1회 시행 과년도출제문제

제1과목 시스템프로그래밍

01 어떤 내용에 -1을 곱하여 2의 보수로 만들 때가 있다. 레지스터에 기억된 내용을 2의 보수로 바꾸어 주는 어셈블리 명령은?
① CBW   ② MUL
③ NEG   ④ SUB

02 프로그램 실행을 위하여 메모리 내에 기억 공간을 확보하는 작업은?
① allocation   ② compile
③ linking   ④ loading

03 어셈블리어에 대한 설명으로 옳지 않은 것은?
① 명령기능을 쉽게 연상할 수 있는 기호를 기계어와 1:1로 대응시켜 코드화한 기호언어이다.
② 어셈블리어의 기본 동작은 동일하지만 작성한 CPU마다 사용되는 어셈블리어가 다를 수 있다.
③ 어셈블리어로 작성한 원시 프로그램은 운영체제가 직접 어셈블한다.
④ 프로그램에 기호화된 명령 및 주소를 사용한다.

04 어셈블리어에서 라이브러리에 기억된 내용을 프로시저로 정의하여 서브루틴으로 사용하는 것과 같이 사용할 수 있도록 그 내용을 현재의 프로그램 내에 포함시켜주는 명령은?
① EVEN   ② ORG
③ EJECT   ④ INCLUDE

05 어셈블리에서 어떤 기호적 이름에 상수값을 할당하는 명령어는?
① ASSUME   ② EQU
③ INCLUDE ④ INT

06 어셈블러가 Source Program을 Object Program으로 번역할 때 현재의 Operand에 있는 값을 다음 명령어의 번지로 할당하는 명령은?
① ORG   ② EVEN
③ INCLUDE ④ DREF

07 어셈블러를 이중 패스(Two Pass)로 구성하는 주된 이유는?
① 어셈블러의 크기
② 오류 처리
③ 전향 참조(Forward Reference)
④ 다양한 출력 정보

08 프로그램의 소스 코드가 실제 수행되기까지의 순서로 옳은 것은?
① compiler → loader → linkage editor
② compiler → linkage editor → loader
③ loader → compiler → linkage editor

④ linkage editor → compiler → loader

09 운영체제의 운용 기법 중 여러 명의 사용자가 사용하는 시스템에서 컴퓨터가 사용자들의 프로그램을 번갈아 가며 처리해 줌으로써 각 사용자에게 독립된 컴퓨터를 사용하는 느낌을 주는 기법은?
① Time sharing system
② Batch processing system
③ Multi programming system
④ Real time processing system

10 매크로 프로세서(Macro Processor)의 기본 수행 작업에 해당하지 않는 것은?
① 매크로 정의 인식
② 매크로 호출 인식
③ 매크로 확장
④ 매크로 정의 확장

11 시스템의 기술적 성능 평가 기준이 아닌 것은?
① 비용   ② 처리 능력
③ 반환 시간   ④ 신뢰도

12 원시 프로그램을 하나의 긴 스트링으로 보고 원시 프로그램을 문자 단위로 스캐닝하여 문법적으로 의미 있는 그룹들로 분할하는 과정은?
① Syntax analysis
② Code generation
③ Code optimization
④ Lexical analysis

13 HRN 스케줄링 기법의 우선순위 계산식은?
① (대기 시간+서비스 시간)/대기 시간
② (대기 시간−서비스 시간)/서비스 시간
③ (대기 시간+서비스 시간)/서비스 시간
④ (서비스 시간−대기 시간)/서비스 시간

14 기계어에 대한 설명으로 옳지 않은 것은?
① 컴퓨터가 직접 이해할 수 있는 언어이다.
② 기종마다 기계어가 다르다.
③ 0과 1의 2진수 형태로 표현된다.
④ 인간 중심의 자연어와 비슷한 형태를 가진다.

15 동일하게 반복되는 명령어들의 집합을 필요할 때마다 기술하려면 프로그램의 길이가 길어지므로, 명령어들을 한 번만 기술해 놓고 이름을 지정해서, 명령어들의 집합이 필요할 때 이름만 지정해 주면 프로그램의 길이를 줄일 수 있다. 이러한 명령어를 무엇이라고 하는가?
① 매크로
② 리터럴 테이블
③ 프로세스
④ 필터

16 프로그램 내에서 양쪽 오퍼랜드에 기억된 내용을 서로 바꾸어야 할 때 사용하는 어셈블리어 명령은?
① NEG   ② CBW
③ CWD   ④ XCHG

17 프로그래밍 언어에서 어떤 표현이 BNF에

의해 바르게 작성되었는지 확인하기 위해 만드는 트리는?
① 이진 트리   ② 파스 트리
③ 형식 트리   ④ 검색 트리

18 시스템 소프트웨어에 대한 설명으로 틀린 것은?
① 하드웨어와 응용소프트웨어를 연결하는 역할을 수행한다.
② 시스템의 제어 및 관리를 수행한다.
③ 프로그램을 주기억장치에 적재시키거나 인터럽트 관리, 장치 관리 등의 기능을 담당한다.
④ 항공예약, 자재관리, 인사관리시스템 등이 시스템 소프트웨어의 대표적인 사례이다.

19 매크로의 기능이 추가된 프로그램의 실행 과정에서 매크로 프로세서가 필요한 시점은?
① 원시 프로그램이 번역되기 직전
② 원시 프로그램이 번역된 직후
③ 번역된 목적모듈들이 연결되기 직전
④ 연결된 하나의 모듈이 주기억장치에 적재되기 직전

20 주기억장치의 배치 전략 중 입력된 작업을 가장 큰 공백에 배치하는 전략은?
① 최악 적합 전략
② 최적 적합 전략
③ 최초 적합 전략
④ 최종 적합 전략

제2과목 전자계산기구조

21 Biquinary Code에 대한 설명으로 옳지 않은 것은?
① 자료의 전송 시에 발생하는 착오 검색이 용이하다.
② 2개의 1과 5개의 0으로 구성되어 있다.
③ 1은 50부분에 하나 43210 부분에 하나가 있다.
④ 7bit 코드로서 자리값(weighted) code이다.

22 인터럽트 벡터에 필수적인 것은?
① 분기번지   ② 메모리
③ 제어규칙   ④ 누산기

23 반감산기에서 차를 얻기 위하여 사용하는 게이트는 EX-OR이다. 이 EX-OR와 같은 기능을 수행하기 위하여 필요한 게이트를 조합할 때, 필요한 게이트와 개수는?
① NOR Gate, 3개
② NAND Gate, 5개
③ OR Gate, 6개
④ AND Gate, 6개

24 채널 명령어의 구성 요소가 아닌 것은?
① 명령
② 채널 주소
③ 블록의 위치
④ 블록의 크기

25 CPU가 데이터를 메모리에 저장하는 방법

에서 다음 그림과 일치하는 기법은?

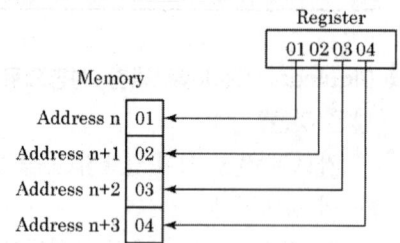

① little-word ② little-endian
③ big-word ④ big-endian

26 현재 번지를 기준으로 이동한 변위로 표시되는 주소지정방식은?
① 상대번지 지정방식
② 절대번지 지정방식
③ 간접번지 지정방식
④ 직접번지 지정방식

27 어떤 데이터를 8-비트로 표시하고 짝수 패리티(even parity) 비트를 첨가할 때 옳지 않은 것은?
① 001101100 ② 110100110
③ 11011010 ④ 011111111

28 고속의 입·출력장치에 사용되는 데이터 전송 방식은?
① 데이터 채널
② I/O 채널
③ selector 채널
④ multiplexer 채널

29 입력단자가 하나이며 1이 입력될 때마다 출력단자의 상태가 바뀌는 플립플롭의 종류는?
① RS ② T
③ D ④ M/S

30 직렬 전송을 하는 컴퓨터가 32bit의 레지스터와 1MHz 클록을 가질 때 이 컴퓨터의 비트 시간(bit time)과 워드 시간(word time)은? (단, 단위는 초(s)이다.)
① 10^{-6}, $10^{-6} \times 4$ ② 10^{-6}, $10^{-6} \times 32$
③ 10^{32}, $10^{32} \times 4$ ④ 10^{32}, $10^{32} \times 32$

31 명령어의 구성 형태 중 하나의 오퍼랜드만 포함하고 다른 오퍼랜드나 결과 값은 누산기에 저장되는 명령어 형식은?
① 0-주소 명령어 ② 1-주소 명령어
③ 2-주소 명령어 ④ 3-주소 명령어

32 스택의 구조가 다음 그림과 같을 때 "POP A" 명령을 수행한 후 스택 포인터 및 A 레지스터의 값은?

	스택
4	
3	9
2	23
1	17
0	10

스택 포인터: 4
A 레지스터: 1

① 스택 포인터=2, A 레지스터=9
② 스택 포인터=2, A 레지스터=23
③ 스택 포인터=3, A 레지스터=9
④ 스택 포인터=2, A 레지스터=1

33 RISC 방식 컴퓨터의 특징으로 옳은 것은?
① 주소지정방식이 다양하다.
② 명령어 길이가 가변적이다.

③ 제어장치가 단순하고 속도가 빠르다.
④ CISC 구조보다 레지스터 수가 적다.

34 기억장치의 구조가 stack 구조를 가질 때 가장 밀접한 관계가 있는 명령어는?
① one-address 명령어
② two-address 명령어
③ three-address 명령어
④ zero-address 명령어

35 페이징(paging) 기법과 관계가 있는 것은?
① cache memory
② cycle stealing
③ associative memory
④ virtual memory

36 서로 다른 17개의 정보가 있을 때 이 중에서 하나를 선택하려면 최소 몇 개의 비트가 필요한가?
① 3
② 4
③ 5
④ 17

37 좌측 입력 레지스터에 D2E2가 입력되어 있다. 출력 레지스터의 내용이 00E2가 되도록 하려면 우측 입력 레지스터의 내용을 어떻게 하면 되는가?

(좌측입력레지스터) (우측입력레지스터)
```
   D2E2        ?
      ↓        ↓
      ALU ← AND
         ↓
       00E2
   (출력레지스터)
```
① 00D2
② 00FF
③ E2E2
④ E200

38 기억장치 중 기억된 자료가 일정시간이 경과하면 소멸되는 장치는? (단, 별도의 보관 방법을 사용하지 않음)
① static memory
② core memory
③ dynamic memory
④ destructive memory

39 사이클 타임이 750ns인 기억장치에서는 이론적으로 초당 몇 개의 데이터를 불러낼 수 있는가?
① 약 750개
② 약 1330개
③ 약 1.3×10^6개
④ 약 750×10^6개

40 다음 스위칭 회로의 논리식으로 옳은 것은?

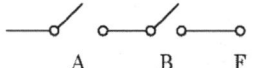

① F=A+B
② F=A·B
③ F=A-B
④ F=A/(B+A)

● **제3과목 마이크로전자계산기**

41 입출력장치의 비동기식 제어방식에서 가장 많이 사용되는 방식은?
① open loop 방식
② closed loop 방식
③ handshake 방식

④ inter lock 방식

42 입출력 인터페이스(I/O interface) 구성에 꼭 필요한 부분이라고 볼 수 없는 것은?
① 주소 버스
② 데이터 버스
③ 제어 버스
④ 명령어 디코더

43 DMA(Direct Memory Access)방식에 대한 설명 중 올바른 것은?
① 메모리의 내용이 누산기(accumulator)만을 거쳐서 전송된다.
② CPU가 데이터 전송 과정을 직접 제어한다.
③ 많은 양의 데이터를 고속으로 전송하는 데는 적합하지 않다.
④ DMA 제어를 위한 별도의 하드웨어가 필요하다.

44 스택에 관한 설명으로 틀린 것은?
① PUSH/POP 명령으로 수행된다.
② 서브루틴 방식에 사용된다.
③ 인터럽트 방식에 사용된다.
④ FIFO 형태로 동작한다.

45 우선순위 인터럽트 체제에서 인터럽트 취급 루틴(interrupt processing routine)을 수행하고 있을 때 DMA 요청이 있다면 컴퓨터는 어떤 처리를 하는가?
① 인터럽트 루틴을 처리한 후 DMA 요청을 받아들인다.
② 인터럽트 처리를 끝낸 후 main 프로그램으로 제어를 옮긴 후 DMA 요청을 받아들인다.
③ DMA 요청을 곧바로 받아들인다.
④ 인터럽트 우선순위와 DMA 순위를 비교한 후 우선처리 순위에 따라 처리한다.

46 캐시 메모리에 대한 설명 중 틀린 것은?
① cache memory는 모든 처리가 하드웨어로 행해진다.
② cache memory는 CPU와 주기억장치 사이의 속도 차이를 완화하기 위한 완충장치이다.
③ cache memory와 주기억장치는 페이지 단위로 정보를 교환한다.
④ cache memory는 번지 공간(address space)이 메모리 공간(memory space)보다 크다.

47 동기형 계수기로 사용할 수 없는 것은?
① 링 카운터
② BCD 카운터
③ 2진 카운터
④ 2진 업다운 카운터

48 비동기식(Asynchronous) 직렬(Serial) 입출력 인터페이스를 올바르게 설명한 것은?
① 데이터를 block으로 묶어서 전송하는 방식이다.
② 변복조장치(MODEM)를 사용한 장거리 데이터 전송은 불가능하다.
③ 단위 데이터의 전후에 스타트(start) 신호와 스톱(stop) 신호가 필요하다.
④ 고속 데이터 전송이 필요한 입출력장치의 인터페이스에 적합하다.

49 병렬 입·출력 인터페이스에서 데이터가 입·출력되었음을 알 수 있는 제어에 필요한 신호는 어느 것인가?
① reset 신호 ② strobe 신호
③ ALE 신호 ④ latch 신호

50 어느 프로그램 중 0123번지에 CALL A 명령이 있다. 이 CALL A를 수행한 후 stack에 기억된 값은?

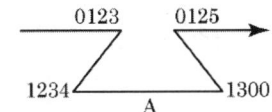

① 0123 ② 0125
③ 1234 ④ 1300

51 마이크로컴퓨터 시스템을 개발하는 데 사용하는 디버거로 Intel사의 등록상표인 것은?
① JTAG
② socket
③ In-Circuit Emulator
④ PowerVT Terminal Emulator

52 펌웨어(firmware) 메모리에 대한 설명 중 틀린 것은?
① ROM 속에 선택된 프로그램이나 명령을 영원히 내장하는 것을 펌웨어라 한다.
② 일반적으로 주기억장치보다는 가격도 저렴하고 용량도 크며, 하드웨어의 기능을 펌웨어로 변경하면 속도가 빨라진다.
③ 반도체 메모리에 명령어가 영원히 저장되기 때문에 고체 상태 소프트웨어라고도 불린다.
④ ROM으로 된 펌웨어는 전원이 차단되어도 내용이 지워지지 않으므로 하드웨어와 소프트웨어의 기능을 대신할 수 있다.

53 입·출력 포트의 선택 장소가 메모리 셀 장소와 동일하며 같은 제어선을 갖는 디코더로서 메모리 또는 입·출력 포트를 선택하는 방식은?
① Isolated I/O
② Memory Mapped I/O
③ 동기식 I/O
④ 비동기식 I/O

54 인터럽트(Interrupt)가 발생했을 경우 이를 처리하기 전에 그 내용을 기억시킬 필요가 없는 것은?
① Accumulator
② State Register
③ Program Counter
④ Instruction Register

55 주소 선(address line)이 16개인 CPU의 직접 액세스가 가능한 메모리 공간은 몇 Kbyte인가?
① 32 ② 64
③ 128 ④ 256

56 범용 직렬 통신 장치인 8251에 대한 설명으로 틀린 것은?
① 양방향 통신을 하기 위하여 더블 버퍼

로 구성되어 있다.
② 전송 버퍼, 수신 버퍼가 있다.
③ 동기식 전송만 가능하다.
④ 전송 속도는 DC에서 최대 64Kbps까지 가능하다.

57 그림과 같은 방식으로 디스플레이에 문자를 표시하기 위하여 사용하는 ROM의 역할은?

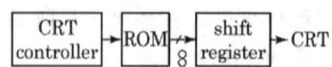

① 문자 패턴을 기억한다.
② ASCII code를 기억한다.
③ 제어 프로그램을 기억한다.
④ 화면의 커서(Cursor) 위치를 기억한다.

58 인터럽트 요구 신호는 마이크로컴퓨터의 어느 부분과 관련이 있는가?
① 주변 버스(peripheral bus)
② 제어 버스(control bus)
③ 주소 버스(address bus)
④ 데이터 버스(data bus)

59 함수연산 인스트럭션을 나타낸 것은?
① 자료전달 인스트럭션
② 제어 인스트럭션
③ 입출력 인스트럭션
④ 시프트 인스트럭션

60 마이크로컴퓨터 시스템과 외부회로 사이의 데이터 전달 입출력(I/O) 방식이 아닌 것은?

① programmed I/O
② interrupt I/O
③ DMA(direct memory access)
④ paged I/O

제4과목 논리회로

61 다음 논리회로의 명칭은?

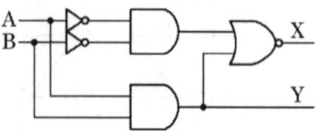

① 디코더　　　　② 인코더
③ 반가산기　　　④ 반감산기

62 다음 회로에 관한 설명으로 옳은 것은?

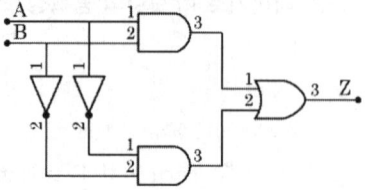

① 출력 Z=X+Y와 같다.
② 반감산기 회로이다.
③ 일치회로이다.
④ 덧셈의 캐리를 발생하는 회로이다.

63 다음 회로와 같은 결과를 얻을 수 있는 게이트(gate)는 어느 것인가?

③ (E03B)₁₆ ④ (E6C7)₁₆

67 다음 회로에서 출력 C에 대한 논리식으로 옳은 것은?

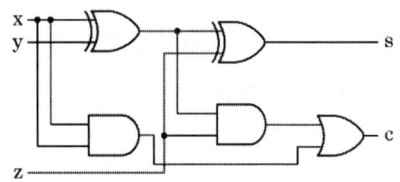

① C=x⊕y⊕z
② C=xy+(x⊕y)z
③ C=xy+(x⊕z)y
④ C=x+y+(x⊕y)z

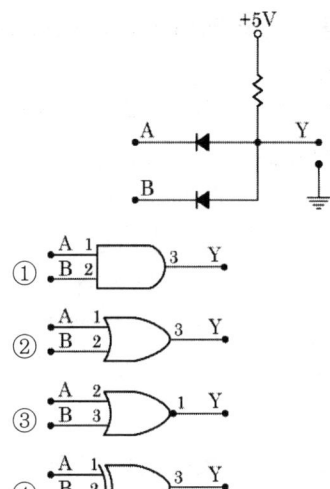

① A─1┐
   B─2┘)3 Y (AND)
② A─1┐
   B─2┘)3 Y (OR)
③ A─2┐
   B─3┘)1 Y (NOR)
④ A─1┐
   B─2┘)3 Y (XOR)

64 다음은 어떤 플립플롭에 적용되는 여기표(excitation table)인가?

Q(t)	Q(t+1)	A	B
0	0	0	X
0	1	1	X
1	0	X	1
1	1	X	0

① JK 플립플롭   ② RS 플립플롭
③ D 플립플롭   ④ T 플립플롭

68 다음 논리식을 최대항으로 나타낸 것은?

F=A+BC

① F = (A+B+C)($\overline{A}$+B+C)(A+B+$\overline{C}$)
② F = (A+B+C)(A+$\overline{B}$+C)(A+B+$\overline{C}$)
③ F = (A+B+C)(A+B+$\overline{C}$)(A+$\overline{B}$+C)($\overline{A}$+B+C)
④ F = (A+B+C)(A+B+$\overline{C}$)(A+$\overline{B}$+C)($\overline{A}$+B+$\overline{C}$)

65 7-segment 표시기로 사용되는 것은?
① 멀티플렉서
② 다이오드 매트릭스
③ 인코더
④ 디코더

69 다음과 같은 상태도를 갖는 카운터를 설계하려고 한다. 클록에 동기화된 세 개의 T 플립플롭 A, B, C를 이용할 때 T플립플롭 A의 입력 T_A로 옳은 것은?

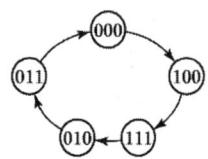

66 다음 16진수 곱셈의 결과는?

(1A3)₁₆ × (89)₁₆

① (11467)₁₆   ② (17A67)₁₆

① $T_A = A + B$

② $T_A = \overline{A}C + A\overline{B}$
③ $T_A = \overline{AB} + AB$
④ $T_A = A\overline{B} + \overline{A}B$

70 10진수 6을 excess-3 코드로 변환한 결과가 옳은 것은?
① 0110
② 0111
③ 1000
④ 1001

71 다음 중 순서 논리회로의 필수 설계 구성 요소가 아닌 것은?
① 입력
② 출력
③ 상태 천이
④ 상태 축소

72 다음 중 Parity check에 의해 에러(error)를 검출하고, 이를 다시 교정할 수 있는 코드는?
① EBCDIC
② ASCII
③ Hamming
④ Gray

73 A_1, B_1은 첫 번째 A와 B의 입력값이고, A_2, B_2는 두 번째 A와 B의 입력값일 경우 $(A_1, A_2) \Rightarrow (A_2, B_2)$ 형식으로 표현한다. A+B를 계산하는 4bit ripple carry adder의 carry out의 최대 지연시간을 측정하기 위해서는 입력 패턴을 어떻게 주어야 하는가?
① (0000, 0111) ⇒ (0000, 1000)
② (1010, 0111) ⇒ (1011, 0111)
③ (1010, 0101) ⇒ (1011, 0101)
④ (1111, 0000) ⇒ (1111, 1111)

74 다음 중 논리 버퍼(buffer)의 기능으로 옳은 것은?
① 논리 0을 입력했을 때 출력은 하이 임피던스(high impedance) 상태가 된다.
② 지연 소자로서 기능을 한다.
③ 입출력의 논리 변화는 없으나 입력되는 신호의 크기가 감소되어 출력된다.
④ 버퍼를 사용하지 않았을 때보다 부하 구동 능력이 다소 감소된다.

75 다음 중 전하가 방전되면 기억된 정보를 읽어버리게 되므로 일정한 주기마다 계속해서 재충전해야 하는 소자는?
① DRAM
② SRAM
③ SAC
④ EROM

76 다음은 16진수 뺄셈이다. □ 안의 값은?

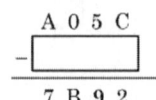

① 24BA
② 24CA
③ 2368
④ 246A

77 직렬 또는 병렬방식 레지스터 전송에 대한 설명으로 옳지 않은 것은?
① 직렬방식은 데이터를 전송할 때 많은 시간이 필요하다.
② 병렬방식은 하드웨어 규모가 간단하다.
③ 직렬방식은 클록 펄스에 의해 한 번에 1bit씩 자리 이동한다.
④ 병렬방식은 모든 bit의 데이터를 한 번의 클록 펄스에 모두 전송시킨다.

78 일반적으로 Gate당 전력소모(mW)가 가장 많은 소자는?
① Standard TTL
② Schottky TTL
③ ECL
④ CMOS

79 다음 논리함수식 A(A+B+C+D)를 간략화하면?
① 1
② 0
③ A
④ b

80 다음 불 대수의 논리식으로 틀린 것은?
① A(A+B)=AB
② A+AB=A
③ A($\overline{A}$+B)=AB
④ A+$\overline{A}$B=A+B

제5과목 데이터통신

81 양자화 스텝 수가 5비트이면 양자화 계단 수는?
① 16
② 32
③ 64
④ 128

82 전송제어 프로토콜 중 문자방식 프로토콜에서 전송 끝 및 데이터링크 초기화 부호는?
① SOH
② ACK
③ SYN
④ EOT

83 블루투스(Bluetooth)의 프로토콜 스택에서 물리 계층을 규정하는 것은?
① RF
② L2CAP
③ HID
④ RFCOMM

84 사용 대역폭이 4kHz이고 16진 PSK를 사용한 경우 데이터 신호속도(Kbps)는?
① 4
② 8
③ 16
④ 64

85 HDLC의 ABM(Asynchronous Balanced Mode) 동작모드의 부분집합으로 X.25의 링크 계층에서 사용되는 프로토콜은?
① LAPB
② LAPD
③ LAPX
④ LAPM

86 10.0.0.0 네트워크 전체에서 마스크 값으로 255.240.0.0를 사용할 경우 유효한 서브네트 ID는?
① 10.240.0.0
② 10.0.0.32
③ 10.1.16.3
④ 10.29.240.0

87 IEEE 802.5는 무엇에 대한 표준인가?
① 이더넷
② 토큰 링
③ 토큰 버스
④ FDDI

88 프로토콜의 기본 구성 요소가 아닌 것은?
① 개체(entity)
② 구문(syntax)
③ 의미(semantic)
④ 타이밍(timing)

89 전송하려는 부호어들의 최소 해밍 거리가

7일 때, 수신 시 정정할 수 있는 최대 오류의 수는?
① 2
② 3
③ 4
④ 5

90 HDLC 프레임 구성에서 프레임 검사 시퀀스(FCS) 영역의 기능으로 옳은 것은?
① 전송 오류 검출
② 데이터 처리
③ 주소 인식
④ 정보 저장

91 주파수 분할 다중화기(FDM)에서 부채널 간의 상호 간섭을 방지하기 위한 것은?
① 가드 밴드(Guard Band)
② 채널(Channel)
③ 버퍼(Buffer)
④ 슬롯(Slot)

92 HDLC(High-level Data Link Control) 프레임 형식으로 옳은 것은?

① | 플래그 | 제어영역 | 주소영역 | 정보영역 | FCS | 플래그 |

② | 플래그 | 주소영역 | 제어영역 | 정보영역 | FCS | 플래그 |

③ | 플래그 | 주소영역 | 정보영역 | 제어영역 | FCS | 플래그 |

④ | 플래그 | 정보영역 | 제어영역 | 주소영역 | FCS | 플래그 |

93 OSI 7계층에서 네트워크 논리적 어드레싱과 라우팅 기능을 수행하는 계층은?
① 1계층
② 2계층
③ 3계층
④ 4계층

94 하나의 정보를 여러 개의 반송파로 분할하고, 분할된 반송파 사이의 주파수 간격을 최소화하기 위해 직교 다중화해서 전송하는 통신방식으로, 와이브로 및 디지털 멀티미디어 방송 등에 사용되는 기술은?
① TDM
② DSSS
③ OFDM
④ FHSS

95 채널 대역폭이 150kHz이고 S/N비가 15일 때 채널용량(Kbps)은?
① 150
② 300
③ 600
④ 750

96 1000BaseT 규격에 대한 설명으로 틀린 것은?
① 최대 전송속도는 1000Kbps이다.
② 베이스 밴드 전송 방식을 사용한다.
③ 전송 매체는 UTP(꼬임쌍선)이다.
④ 주로 이더넷(Ethernet)에서 사용된다.

97 데이터 변조속도가 3600baud이고 쿼드 비트(Quad bit)를 사용하는 경우 전송속도(bps)는?
① 14400
② 10800
③ 9600
④ 7200

98 원천부호화(source coding) 방식에 속하지 않는 것은?
① DPCM
② DM

③ LPC   ④ FDM

99 2 out of 5 부호를 이용하여 에러를 검출하는 방식은?
① 패리티 체크 방식
② 군계수 체크 방식
③ SQD 방식
④ 정 마크(정 스페이스) 방식

100 디지털 통신망을 구성하는 디지털 교환기 사이에 클록 주파수의 차이가 생기면 데이터의 손실이 발생할 수 있는데 이를 무엇이라 하는가?
① 슬립(slip)
② 폴링(polling)
③ 피기백(piggyback)
④ 인터리빙(interleaving)

2016년 4회 시행 과년도출제문제

제1과목 시스템프로그래밍

01 프로세스의 정의로 옳은 내용을 모두 고른 것은?

> 가. 프로시저가 활동 중인 것
> 나. PCB를 가진 프로그램
> 다. 동기적 행위를 일으키는 주체
> 라. 프로세서가 할당되는 실체

① 가, 나
② 가, 라
③ 가, 나, 라
④ 가, 나, 다, 라

02 Deadlock의 4가지 필요 조건에 해당하지 않은 것은?
① 상호 배제 조건
② 점유와 대기 조건
③ 환형 대기 조건
④ 선점 조건

03 Address Space 2100번지에 어떤 명령이 기억되어 있다. 현재 relocation register의 값이 -1000으로 되어 있다면 이 명령은 몇 번지에 relocation되는가?
① 변동없음
② 2000번지
③ 1000번지
④ 1100번지

04 직접 연결 로더에서 각각의 기능과 수행 주체의 연결이 옳지 않은 것은?
① 연결 - 프로그래머
② 재배치 - 로더
③ 적재 - 로더
④ 기억장소 할당 - 로더

05 인터럽트의 종류 중 시스템 타이머에서 일정한 시간이 만료된 경우나 오퍼레이터가 콘솔상의 인터럽트 키를 입력한 경우 발생하는 것은?
① SVC 인터럽트
② 외부 인터럽트
③ 입/출력 인터럽트
④ 재시작 인터럽트

06 시스템의 성능 평가 기준과 거리가 먼 것은?
① 처리능력
② 구축비용
③ 반환시간
④ 신뢰도

07 다음 ( ) 안의 내용으로 옳게 짝지어진 것은?

> 가상기억장치 관리의 페이지 교체기법 중 (㉠) 페이지 교체기법은 가장 오랫동안 사용되지 않은 페이지를 선택하여 교체하며, (㉡) 페이지 교체기법은 호출된 횟수가 가장 적은 페이지를 교체한다.

① ㉠ LFU, ㉡ FIFO
② ㉠ LRU, ㉡ LFU
③ ㉠ FIFO, ㉡ LRU
④ ㉠ LRU, ㉡ FIFO

08 어셈블리어에 대한 설명으로 옳지 않은

것은?
① 어셈블러에 의하여 기계어로 번역됨
② 어셈블리어는 기종에 따라 내용의 차이가 없음
③ 기호로 표기되어 프로그램을 작성하기가 기계어보다 유리함
④ 고급 언어로 작성된 프로그램보다 처리시간이 일반적으로 빠름

09 어셈블리어 명령어 중 어떤 기호적 이름에 상수값을 할당하는 것은?
① ORG ② EQU
③ INCLUDE ④ END

10 프로세스보다 더 작은 CPU의 실행 단위를 말하며, 다중 프로그래밍을 지원하는 시스템하에서 CPU에게 보내져 실행되는 단위를 의미하는 것은?
① 페이지 ② 세그먼트
③ 태스크 ④ 스레드

11 운영체제를 자원 관리자(resource manager)의 관점에서 볼 때, 프로세스가 끝나거나 더 이상 기억장치를 필요로 하지 않을 때 이를 회수하기 위한 전략 관리를 담당하는 부분은?
① Memory management
② Processor management
③ Device management
④ Information management

12 시스템 프로그램에 속하지 않는 것은?
① O.S ② Compilers
③ Scheduler ④ DBMS

13 매크로가 3개의 기계어 명령어로 정의되어 있을 때, 주프로그램에서 매크로 호출을 3번 할 경우 확장된 명령어 수는?
① 0 ② 3
③ 6 ④ 9

14 기계어 명령문(machine instruction)의 오퍼랜드가 명령문 수행에 필요한 정보의 메모리 주소를 나타낸다면, 이러한 번지(addressing) 기법을 무엇이라 하는가?
① immediate addressing
② direct addressing
③ indirect addressing
④ indexing addressing

15 어셈블리어에서 라이브러리에 기억된 내용을 프로시저로 정의하여 서브루틴으로 사용하는 것과 같이 사용할 수 있도록 그 내용을 현재의 프로그램 내에 포함시켜 주는 명령은?
① INCLUDE ② EVEN
③ ORG ④ NOP

16 주기억장치 관리기법으로 최악 적합(Worst-fit) 방법을 이용할 경우 10K 크기의 프로그램은 다음과 같이 분할되어 있는 주기억장치 중 어느 부분에 할당되어야 하는가?

영역 번호	영역 크기	상태
Ⓐ	9K	공백
Ⓑ	12K	공백
Ⓒ	20K	공백
Ⓓ	35K	공백

① 영역 번호 Ⓐ
② 영역 번호 Ⓑ
③ 영역 번호 Ⓒ
④ 영역 번호 Ⓓ

17 별도의 로더 없이 언어 번역 프로그램이 로더의 기능까지 수행하는 것은?
① Absolute Loader
② Direct Linking Loader
③ Compile And Go Loader
④ Dynamic Loading Loader

18 다중 프로그래밍 시스템에서 어떤 프로세스가 아무리 기다려도 결코 발생하지 않을 사건을 기다리고 있을 때, 그 프로세스는 어떤 상태라고 볼 수 있는가?
① Working Set
② Semaphore
③ Deadlock
④ Critical Section

19 유틸리티 프로그램의 정의로 바른 것은?
① 운영체제 내에 포함되어 있는 시스템 프로그램
② 주로 사용자 프로그램 개발과 시스템 운용에 도움을 주는 프로그램
③ 목적 모듈을 연결시켜 하나의 수행 가능한 프로그램을 생성하는 모듈
④ 주기억장치와 입출력장치 사이에 동작하는 프로그램

20 어셈블리어로 프로그램을 작성할 때, 고급 언어와 비교하여 가장 큰 장점으로 볼 수 있는 것은?
① 명령어들이 간략하기 때문에 프로그램이 간단하게 된다.
② 명령어의 종류가 많으므로 초보자가 이용하기에 적합하다.
③ 기능이 단순하므로 프로그램 개발이 용이하다.
④ 하드웨어를 직접 활용할 수 있어 처리 속도가 빠르다.

제2과목 전자계산기구조

21 집적회로(IC)의 기본적인 특성을 나타내는 요소로 가장 거리가 먼 것은?
① 전달 지연 시간(propagation delay time)
② 전력 소모(power dissipation)
③ 팬 아웃(pan out)
④ 전송 속도(transfer speed)

22 마이크로 오퍼레이션은 어디에 기준을 두고 실행되는가?
① flag
② 클록 펄스
③ 메모리
④ RAM

23 그림의 진리표에서 출력을 최소화하면?

입력			출력
A	B	C	Y
0	0	0	1
0	0	1	0
0	1	0	1
0	1	1	0
1	0	0	1
1	0	1	0
1	1	0	1
1	1	1	0

① $Y = \overline{A}B$ ② $Y = AB$
③ $Y = A + \overline{B}$ ④ $Y = \overline{C}$

24 가상 메모리(Virtual Memory)에 대한 설명으로 옳은 것은?
① 가상 메모리 체제는 컴퓨터의 속도를 개선하기 위한 방법이다.
② 가상 메모리의 보조기억장치는 SASD 방식이 적합하다.
③ 가상 메모리는 데이터를 미리 주기억장치에 저장한 것을 말한다.
④ 가상 메모리는 메모리의 가용 공간 확대를 도모한다.

25 컴퓨터의 주 메모리로 사용하며, 휘발성이 있어 전원이 차단될 경우 기억 내용이 지워지는 특성이 있는 메모리는?
① ROM ② RAM
③ Register ④ Flash Memory

26 컴퓨터의 주기억장치 용량이 8192비트이고, 워드 길이가 16비트일 때 PC(program counter), AR(address register)와 DR(data register)의 크기로 가장 적합한 것은?

① PC=8, AR=9, DR=16
② PC=9, AR=9, DR=16
③ PC=16, AR=16, DR=16
④ PC=8, AR=16, DR=16

27 컴퓨터 주기억장치의 용량이 256MB라면 주소 버스는 최소한 몇 Bit 이상이어야 하는가?
① 20Bit 이상 ② 24Bit 이상
③ 26Bit 이상 ④ 28Bit 이상

28 내부 인터럽트의 원인이 아닌 것은?
① 정전
② 불법적인 명령의 실행
③ overflow 또는 0(zero)으로 나누는 경우
④ 보호 영역 내의 메모리 주소를 access 하는 경우

29 10진 데이터의 입·출력 시 사용하는 데이터 형식은?
① 16진수 형태 ② 2진수 형태
③ pack 형태 ④ unpack 형태

30 다음 회로의 기능으로 옳은 것은?

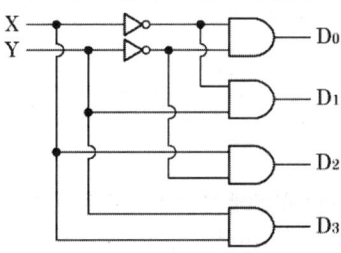

① decoder ② multiplexer
③ encoder ④ shifter

31 CPU가 인스트럭션을 수행하는 순서로 옳은 것은?

㉠ 인터럽트 조사
㉡ 인스트럭션 디코딩
㉢ 인스트럭션 fetch
㉣ operand fetch
㉤ execution

① ㉢ → ㉠ → ㉡ → ㉣ → ㉤
② ㉣ → ㉢ → ㉡ → ㉤ → ㉠
③ ㉡ → ㉠ → ㉣ → ㉢ → ㉤
④ ㉢ → ㉡ → ㉣ → ㉤ → ㉠

32 음수를 2의 보수로 표현할 때, 16비트로 나타낼 수 있는 정수의 범위는?
① $-2^{15} \sim +2^{15}$
② $-2^{16} \sim +2^{16}$
③ $-2^{15}-1 \sim +2^{15}$
④ $-2^{15} \sim +2^{15}-1$

33 zero-address 명령 형식에 속하는 것은?
① 연산의 결과는 누산기에 남는다.
② 하나의 명령어 수행을 위하여 최소한 4번 기억장치에 접근하여야 하므로 수행 시간이 길다.
③ 누산기에 기억된 자료를 사용하여 연산을 수행한다.
④ 모든 연산은 stack을 이용하여 수행하고, 그 결과도 stack에 보존한다.

34 인터럽트에 대한 설명으로 옳지 않은 것은?
① 인터럽트란 컴퓨터가 정상적인 작업을 수행하는 도중에 발생하는 예기치 않은 일들에 대한 서비스를 수행하는 기능이다.
② 온라인 실시간 처리를 위해 인터럽트 기능은 필수적이다.
③ 입·출력 인터럽트를 이용하면 중앙처리장치와 주변장치 간의 극심한 속도 차이 문제를 해결하여 컴퓨터의 효율을 증대시킬 수 있다.
④ 인터럽트는 모두 에러(error)에 대한 복구 기능만을 가지고 있다.

35 Flynn의 컴퓨터 구조 제안 모델이 아닌 것은?
① SISD ② MIMD
③ SIMD ④ CIMD

36 병렬처리 가운데 처리 단계를 stage라고 하는 몇 개의 단계로 나누고 각 stage 사이에는 latch라는 버퍼를 두고 프로그램 수행에 필요한 작업을 시간적으로 중첩하여 수행하는 처리기를 무엇이라 하는가?
① 파이프라인 처리기
② 배열 처리기
③ 다중 처리기
④ VLSI 처리기

37 2진 정보 1001를 그레이 코드로 바꾸면?
① 0110 ② 1110
③ 1100 ④ 1101

38 8비트 구조에 해당하는 인텔 컴퓨터 프로세서는?
① Intel Core i5

② Intel 8051
③ Intel Pentium
④ Intel Celeron

39 병렬 처리기의 종류에 대한 설명으로 틀린 것은?
① 시간적 병렬성을 위해 중첩 처리를 행하는 파이프라인 처리기(Pipeline Processor)
② 공간적 병렬성을 위해 다수의 동기된 처리기를 사용하는 배열 처리기(Array Processor)
③ 기억장치나 데이터베이스 등의 자원은 공유하며 상호 작용하는 처리기들을 통하여 비동기적 병렬성을 얻는 다중 처리기(Multi processor)
④ 양방향 처리를 비동기적으로 수행하는 벡터 처리기(Vector Processor)

40 레지스터에 대한 설명으로 틀린 것은?
① 레지스터는 워드를 구성하는 비트 개수만큼의 플립플롭으로 구성된다.
② 여러 개의 플립플롭은 공통 클록의 입력에 의해 동시에 여러 비트의 입력 자료가 저장된다.
③ 레지스터에 사용되는 플립플롭은 외부 입력을 그대로 저장하는 T 플립플롭이 적당하다.
④ 레지스터를 구성하는 플립플롭은 저장하는 값을 임의로 설정하기 위해 별도의 입력단자를 추가할 수 있으며, 저장 값을 0으로 하는 것을 설정해제(CLR)라 한다.

● 제3과목 마이크로전자계산기

41 동기 또는 비동기식으로 마이크로프로세서 간의 원거리 통신을 하려고 한다. 이때 필요하지 않은 장치는?
① MODEM
② RS232 Driver/receiver
③ SIO
④ PIO

42 인스트럭션과 자료의 재배치가 가능한 주소지정방식은 무엇인가?
① 간접 주소지정방식
② 직접 주소지정방식
③ 인덱스 주소지정방식
④ 상대 주소지정방식

43 다음 캐시 기억장치에 대한 설명으로 가장 옳지 않은 것은?
① 캐시 기억장치는 주기억장치의 유효 액세스 시간을 줄이기 위해 사용된다.
② 캐시 기억장치의 관리는 주로 하드웨어에 의하여 구현된다.
③ 캐시 기억장치를 사용하면 사용자에게 실제의 기억 공간보다 더 넓은 주소 공간(address space)을 제공할 수 있다.
④ 캐시 기억장치의 구현을 위하여 CAM (content addressable memory)을 많이 사용한다.

44 다음 중 Cycle steal과 관련 있는 것은?
① DMA

② Data buffer
③ Internal bus
④ Interrupt

45 다음의 정보통신용 버스 중 병렬전송이 아닌 것은?
① VME bus
② RS-232C
③ Multi bus
④ IEEE-488 bus

46 비동기(asynchronous) 직렬 전송과 관련이 가장 적은 것은?
① stop bit, start bit
② framing error
③ sync character
④ information bit

47 명령어에 대한 설명으로 틀린 것은?
① 컴퓨터가 어떻게 동작해야 하는지를 나타내는 것이다.
② 연산장치에서 해독되어 그 동작이 이루어진다.
③ 컴퓨터가 동작해야 할 명령을 차례대로 모아놓은 것을 프로그램이라 한다.
④ 명령어의 형식은 OP Code와 Operand로 구성된다.

48 마이크로컴퓨터 운영체제의 기능과 거리가 먼 것은?
① 파일 보호
② 파일 디렉토리 관리
③ 상주 모니터로의 모드 전환
④ 사용자 프로그램의 번역 및 실행

49 서브루틴 호출이나 인터럽트 서비스와 같은 동작 후에 되돌아갈 주소를 저장하는 역할을 하는 것은?
① 상태 레지스터(Status register)
② 프로그램 계수기(Program counter)
③ 메모리 주소 레지스터(Memory address register)
④ 스택(Stack)

50 다음 중 디버거인 ICE(In-Circuit Emulator)의 특징에 속하지 않은 것은?
① 롬 프로그램만 다운로딩할 수 있는 기능
② 임의의 어드레스로 실행을 정지시키는 브레이크 포인트 기능
③ 실행시간을 실시간으로 확인 가능한 리얼 타임 트레이스 기능
④ 레지스터로의 데이터 설정 기능

51 마이크로프로세서의 처리 능력(performance)과 가장 관계가 적은 것은?
① clock frequency
② data bus width
③ addressing mode
④ software compatibility

52 매크로(macro)의 설명과 가장 관계없는 것은?
① 매크로는 일종의 폐쇄적 서브루틴(closed subroutine)이다.
② 매크로 호출은 매크로 이름을 통해서만 가능하다.

③ 매크로는 인수 전달이 가능하다.
④ 매크로 확장(macro expansion)은 언어 번역 전에 행해진다.

53 다음 중 보조기억장치가 아닌 것은?
① Floopy Disk
② Hard Disk
③ RDRAM
④ Solid State Drive

54 DRAM의 설명 중 가장 옳지 않은 것은?
① 내부에 커패시터(capacitor)를 사용한다.
② 재생(refresh)시키기 위한 회로가 필요하다.
③ 집적도가 높아 저장 용량이 크다.
④ 비트 단위당 가격이 SRAM에 비해 높다.

55 캐리 플래그가 리셋되었을 때 어떤 무부호 2진수를 곱셈 명령을 사용하지 않고 2로 곱하는 효과를 갖고 있는 명령어는?
① shift right
② shift left
③ exclusive OR
④ rotate right

56 주기억장치와 입·출력장치 사이의 전송 속도차를 극복하기 위해 데이터를 임시저장하는 장소는?
① 보조기억장치
② 레지스터
③ 인터페이스
④ 버퍼

57 다음 장치 중 8개의 입력키를 3비트 키-코드로 변환하는 장치는?
① decoder
② multiplexer
③ encoder
④ counter

58 16K 바이트의 기억용량을 갖는 8비트 마이크로컴퓨터에서 필요한 최소 어드레스 라인 수는?
① 8
② 14
③ 16
④ 32

59 CPU 내부에 있는 것으로 이 값이 '1'이면 CPU는 인터럽트 동작(enable) 상태가 되는 것은?
① PC
② IFF
③ NMI
④ SATA

60 어떤 마이크로컴퓨터 시스템의 데이터 버스(data bus)가 16비트, 어드레스 버스(address bus)가 24비트로 구성되었을 때, 이 컴퓨터 시스템 주기억장치의 최대 용량은? (단, KB=Kilo Byte, MB=Mega Byte 이다.)
① 64KB
② 256KB
③ 1MB
④ 16MB

제4과목 논리회로

61 A값이 0011, B값이 0101일 때 그림에서 출력 Y 값은?

① 1001　　② 1100
③ 0011　　④ 0110

62 다음 논리함수식 X가 유도되었을 때 이 논리식을 간략화하면?

$X = \sum A, B, C, D(3, 4, 5, 7, 9, 13, 14, 15)$

① $X = ABC + A\overline{C}D + \overline{A}B\overline{C} + \overline{A}CD$
② $X = ABC + A\overline{C}D + \overline{A}B\overline{C} + \overline{A}CD + BD$
③ $X = A\overline{C}D + \overline{A}B\overline{C} + \overline{A}CD$
④ $X = AB + \overline{C}D + B\overline{C} + \overline{A}D$

63 3×8 디코더를 이용하여 다음의 논리함수 f를 구현하려고 한다. 이때 추가로 필요한 게이트는? (단, 주어진 디코더의 출력은 active-low이다.)

$f(A, B, C) = AC + AB + AC$

① 5 input NOR
② 3 input NOR
③ 5 input NAND
④ 3 input NAND

64 16bit의 MSB 가중치(weight)는?
① 65535　　② 65536
③ 32767　　④ 32768

65 f(X, Y, Z)=Σ(0, 2, 3, 4, 7)인 논리식이 있다. 이것을 f(X, Y, Z)=Π(　)의 형식으로 표현하면?
① Π(1, 3, 6)　　② Π(1, 5, 6)
③ Π(1, 6)　　④ Π(5, 6)

66 플립플롭에서 현재 상태와 다음 상태를 알 때 플립플롭에 어떤 입력을 넣어야 하는지를 나타내는 표는 무엇인가?
① 진리표　　② 여기표
③ 순차표　　④ 상태표

67 에러(error)를 검출하여 정정할 수 있는 부호는?
① 해밍 코드　　② excess-3 코드
③ 8421 코드　　④ 2421 코드

68 다음의 카르노 맵을 이용해 간략화한 논리식은?

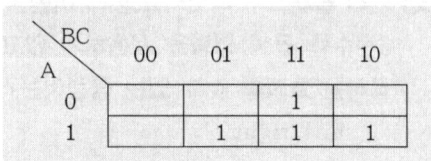

① $F = AB + BC + CA$
② $F = \overline{A}B + BC + CA$
③ $F = AB + \overline{B}C + CA$
④ $F = AB + BC + C\overline{A}$

69 두 입력 A와 B를 비교하여 B>A 및 A=B이면 출력(Y)이 '1', 그리고 A>B이면 출력(Y)이 '0'이 되는 논리회로를 설계할 때 조건을 만족하는 논리회로는?

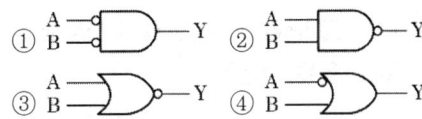

70 레이스(Race) 현상을 방지하기 위하여 사용하는 것은?
① 무안정 M/V
② M/S Flip-Flop
③ Schmitt Trigger
④ JK Flip-Flop

71 다음 회로와 같은 기능을 하는 게이트(gate)는?

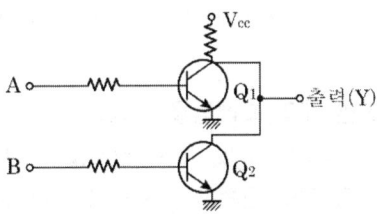

① NAND 게이트
② NOR 게이트
③ EX-OR 게이트
④ OR 게이트

72 사용자가 직접 프로그램힐 수 없는 ROM은?
① Mask ROM ② PROM
③ EPROM   ④ EEPROM

73 다음 중 데이터(data) 분배회로로 사용되는 것은?
① 멀티플렉서   ② 디멀티플렉서
③ 인코더   ④ 디코더

74 컴퓨터 시스템에서 기억요소(memory elements)로 사용될 수 없는 것은?
① Converter ② EEPROM
③ Register   ④ SRAM

75 다음 회로의 명칭은?

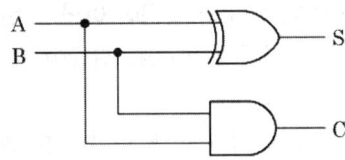

① 반감산기   ② 반가산기
③ 전감산기   ④ 전가산기

76 회로의 논리함수가 다수결 함수(Majority Function)를 포함하고 있는 것은?
① 전가산기
② 전감산기
③ 3-to-8 디코더
④ 우수 패리티 발생기

77 그림과 같은 동작특성을 가진 게이트는?

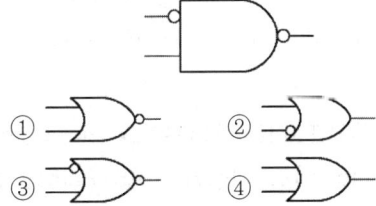

78 다음 중 불 대수 논리연산에서 교환법칙에 해당하는 것은?
① A·(B·C)=(A·B)·C
② A·B=B·A
③ A·(A+B)=A

④ A·(B+C)=A·B+A·C

79 입력 펄스의 수를 세는 회로는?
① 카운터   ② 레지스터
③ 디코더   ④ 인코더

80 CMOS 회로의 특징이 아닌 것은?
① 정전기에 약하여 취급에 주의하여야 한다.
② 동작 주파수가 증가하면 팬 아웃도 증가한다.
③ TTL에 비하여 전력소모가 적다.
④ DC 잡음 여유는 보통 전원 전압의 40% 정도이다.

● 제5과목 데이터통신

81 HDLC 프레임 구성에서 플래그는 전송 프레임의 시작과 끝을 나타낸다. 이 플래그의 고유 비트 패턴은?
① 01111110   ② 11111111
③ 00000000   ④ 10000001

82 라우팅 프로토콜 중 EGP(Exterior Gateway Protocol)로 사용되며 AS-Path를 통해 L3 Looping이 발생하는 것을 방지하고, 다양한 Attribute값을 통해 best path를 결정하는 데 있어 관리자의 의도를 반영할 수 있는 라우팅 프로토콜은?
① RIP   ② OSPF
③ EIGRP   ④ BGP

83 다음 중 link-state 방식의 라우팅 프로토콜로 옳은 것은?
① RIPv2   ② OSPF
③ RIP   ④ EIGRP

84 전송제어 절차를 옳게 나타낸 것은?
① 회선 접속 → 데이터 링크 확립 → 회선 절단 → 데이터 링크 해제 → 정보 전송
② 데이터 링크 확립 → 회선 접속 → 정보 전송 → 회선 절단 → 데이터 링크 해제
③ 데이터 링크 확립 → 정보 전송 → 회선 접속 → 데이터 링크 해제 → 회선 절단
④ 회선 접속 → 데이터 링크 확립 → 정보 전송 → 데이터 링크 해제 → 회선 절단

85 한 개의 프레임을 전송하고, 수신측으로부터 ACK 및 NAK 신호를 수신할 때까지 정보 전송을 중지하고 기다리는 ARQ(Automatic Repeat reQuest) 방식은?
① CRC 방식
② Go-back-N 방식
③ Stop-and-wait 방식
④ Selective repeat 방식

86 점대점 링크를 통하여 인터넷 접속에 사용되는 프로토콜인 PPP(Point to Point Protocol)에 대한 설명으로 옳지 않은 것은?
① 재전송을 통한 오류 복구와 흐름제어 기능을 제공한다.
② LCP와 NCP를 통하여 유용한 기능을 제공한다.
③ IP 패킷의 캡슐화를 제공한다.
④ 동기식과 비동기식 회선 모두를 지원

한다.

87 음성신호 4kHz를 PCM 다중화하기 위한 Nyquist 표본화 주기(μs)는?
① 8000　　② 125
③ 225　　　④ 8

88 다음 중 '1'은 한 펄스폭을 2개로 나누어서 반구간은 양(+), 펄스의 나머지 구간은 음(-)으로 구성하고 '0'은 '1'과 반대로 구성하는 데이터 전송방법은?
① 바이폴러 펄스
② 맨체스터 펄스
③ 차동 펄스
④ 단극 RZ 펄스

89 원천 부호화(source coding) 방식에 속하지 않는 것은?
① DPCM　　② DM
③ LPC　　　④ FDM

90 128.107.176.0/22 네트워크에서 호스트에 의해 사용될 수 있는 서브넷 마스크는?
① 255.0.0.0
② 255.248.0.0
③ 255.255.252.0
④ 255.255.255.255

91 패킷(packet) 교환과 관계가 없는 것은?
① 패킷 단위로 데이터 전송
② 고정적인 전송 대역폭
③ 가상회선 방식
④ 데이터그램 방식

92 토큰 링 방식에 사용되는 네트워크 표준안은?
① IEEE 802.2
② IEEE 802.3
③ IEEE 802.5
④ IEEE 802.6

93 HDLC의 프레임 중 링크의 설정과 해제, 오류 회복을 위해 주로 사용되는 것은?
① Information Frame
② Supervisory Frame
③ Response Frame
④ Unnumbered Frame

94 패킷교환망의 경로 배정 중 각 노드에 들어오는 패킷을 도착된 링크를 제외한 다른 모든 링크로 복사하여 전송하는 방식은?
① Flooding
② Random Routing
③ Fixed Routing
④ Adaptive Routing

95 채널 대역폭이 150kHz이고 S/N이 15일 때 채널용량(Kbps)은?
① 150　　② 300
③ 450　　④ 600

96 8비트 코드(데이터)에 1개의 시작 비트와 2개의 정지 비트를 추가하여 전송하면 전송 효율은 약 몇 %인가?

① 62.5　　② 65.7
③ 72.7　　④ 82.5

97 PSK에서 반송파 간의 위상차는? (단, M은 진수이다.)

① $\dfrac{\pi}{M}$　　② $\pi \times M$

③ $\dfrac{2\pi}{M}$　　④ $\dfrac{5\pi}{2M}$

98 다음 중 TCP 헤더에 포함되는 정보가 아닌 것은?
① 긴급 포인터　② 호스트 주소
③ 순서 번호　　④ 체크섬

99 전송하려는 부호어들의 최소 해밍거리가 6일 때 수신 시 정정할 수 있는 최대 오류의 수는?
① 1　　② 2
③ 3　　④ 6

100 QPSK에 대한 설명으로 틀린 것은?
① 두 개의 DPSK를 합성한 것이다.
② 피변조파의 크기는 일정하다.
③ 반송파 간의 위상차는 90°이다.
④ I채널과 Q채널 두 개가 있다.

2017년 1회 시행 과년도출제문제

제1과목 시스템프로그래밍

01 컴퓨터가 직접 이해할 수 있는 2진수로만 이루어진 언어를 의미하는 것은?
① assembly language
② high level language
③ assembler
④ machine language

02 작성된 표현식이 BNF의 정의에 의해 바르게 작성되었는지를 확인하기 위해 만들어진 것은?
① Binary Search Tree
② Binary Tree
③ Parse Tree
④ Skewed Tree

03 IBM 메인프레임 O/S에 사용되는 스크립트 언어로, 일괄 처리 작업을 수행하거나 하부 시스템을 시작하는 방법을 시스템에 지시하는 역할을 하는 것은?
① Memory Address Register
② Task Scheduling Processor
③ Mainframe Adventure
④ Job Control Language

04 어셈블러를 두 개의 패스로 구성하는 주된 이유는?
① 한 개의 패스만을 사용하면 프로그램의 크기가 증가하여 유지보수가 어렵다.
② 한 개의 패스만을 사용하면 메모리가 많이 소요된다.
③ 기호를 정의하기 전에 사용할 수 있어 프로그램 작성이 용이하다.
④ 패스 1, 2의 어셈블러 프로그램이 작아서 경제적이다.

05 매크로의 처리 순서 중 괄호 안 내용으로 옳은 것은?

어셈블리 프로그램 → 매크로 처리기 → ( ) → 기계어

① 컴파일러   ② 어셈블러
③ 인터프리터   ④ 로더

06 시스템 소프트웨어로 볼 수 없는 것은?
① Compiler
② Macro Processor
③ Loader
④ Spreadsheet

07 다음과 같은 프로세스들이 차례로 준비상태 큐에 들어왔을 경우 SJF 스케줄링 기법을 이용하여 제출시간이 없는 경우의 평균 실행시간은?

프로세서번호	P_1	P_2	P_3
실행시간	18	6	9

① 10   ② 11
③ 18   ④ 24

08 어셈블리언어에 대한 설명으로 가장 옳지 않은 것은?
① 머신 코드를 니모닉 심벌(mnemonic symbol)로 표현한 것이다.
② 프로세서(CPU)에 따라 같은 기능을 수행하더라도 명령어가 다르다.
③ machine 명령문과 pseudo 명령문이 있다.
④ high level의 언어이다.

09 매크로와 관련된 설명 중 가장 옳지 않은 것은?
① 매크로 정의는 주프로그램에서 매크로의 이름을 기술하는 것이다.
② 매크로 호출은 정의된 매크로 이름을 주프로그램에 기술하는 것이다.
③ 매크로 확장은 매크로 호출부분에 정의된 매크로 코드를 삽입하는 것이다.
④ 매크로 라이브러리는 여러 프로그램에서 공통적으로 자주 사용되는 매크로들을 모아 놓은 라이브러리이다.

10 로더(loader)의 기능에 해당하지 않는 것은?
① compile
② allocation
③ linking
④ relocation

11 멀티프로세서 시스템에 관한 설명으로 가장 관계가 없는 것은?
① 주기억장치에 여러 개의 프로그램이 기억된다.
② 중앙처리장치의 시간이 프로세서에게 나누어서 할당된다.
③ 여러 개의 중앙처리장치가 동시에 수행된다.
④ 여러 개의 프로세서가 동시에 수행된다.

12 프로그래밍 언어에 대한 설명으로 틀린 것은?
① 기계어는 0과 1의 2진수 형태로 표현되며 수행시간이 빠르다.
② 어셈블리 언어는 기계어와 1 : 1로 대응되는 기호로 이루어진 언어이다.
③ 기종에 상관없이 기계어가 동일하므로 호환성이 높다.
④ 고급 언어는 기계어로 번역하기 위해 컴파일러나 인터프리터를 사용한다.

13 원시 프로그램을 컴파일러가 수행되고 있는 컴퓨터의 기계어로 번역하는 것이 아니라, 다른 기종에 맞는 기계어로 번역하는 것은?
① 디버거
② 인터프리터
③ 프리프로세서
④ 크로스 컴파일러

14 일반적인 로더에 가장 가까운 것은?
① Direct Linking Loader
② Dynamic Loading Loader
③ Absolute Loader
④ Compile And Go Loader

15 2패스 어셈블러에서 패스 1과 가장 관련이 없는 것은?
① Symbol Table

② Literal Table
③ Machine-Operation Table
④ Base Table

16 매크로 프로세서가 기본적으로 수행해야 할 작업의 종류가 아닌 것은?
① 매크로 정의 인식
② 매크로 정의 저장
③ 매크로 호출 인식
④ 매크로 호출 저장

17 링킹에 대한 설명으로 가장 적합한 것은?
① 실제적으로 기계 명령어와 자료를 기억 장소에 배치한다.
② 고급 언어로 작성된 원시 프로그램을 기계어로 변환한다.
③ 프로그램들에 기억 장소 내의 공간을 할당한다.
④ 목적 모듈 간의 기호적 호출을 실제적인 주소로 변환한다.

18 주기억장치에 적재되어 있는 페이지들 중에서 어느 페이지를 교체할 것인가를 결정하는 교체 기법 중 가변 할당 기반의 교체 기법이 아닌 것은?
① LRU(Least Recently Used) 알고리즘
② VMIN(Variable MIN) 알고리즘
③ WS(Working Set) 알고리즘
④ PFF(Page Fault Frequency) 알고리즘

19 페이지 교체 기법 중 가장 오랫 동안 사용되지 않은 페이지를 교체할 페이지로 선택하는 기법은?

① FIFO
② LRU
③ LFU
④ SECOND CHANCE

20 운영체제의 성능 평가 기준으로 거리가 먼 것은?
① 비용   ② 처리 능력
③ 사용 가능도   ④ 신뢰도

● **제2과목 전자계산기구조**

21 다음 마이크로 연산에 대한 설명으로 옳은 것은?

$$A+B : R_1 \leftarrow R_2+R_3$$

① A와 B의 값을 덧셈한 결과가 0이 아니면 R_2와 R_3의 값을 덧셈하여 그 결과를 R_1에 전송한다.
② A 또는 B가 참이면 R_2와 R_3의 값을 덧셈하여 그 결과를 R_1에 전송한다.
③ A와 B의 값을 덧셈하여 플래그를 변경시키는 것과 동시에 R_2와 R_3의 값을 덧셈하여 그 결과를 R_1에 전송한다.
④ A 또는 B를 연산할 때 오류가 없으면 R_2와 R_3의 값을 덧셈하여 그 결과를 R_1에 전송한다.

22 캐시(cache) 액세스 시간이 11sec, 주기억장치 액세스 시간이 20sec, 캐시 적중률이 90%일 때 기억장치 평균 액세스 시간을 구하면?

① 1sec ② 3sec
③ 9sec ④ 13sec

23 다음 회로의 출력 Y 값은?

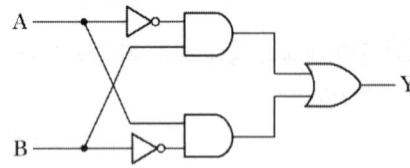

① $Y = AB + \overline{A}\overline{B}$
② $Y = \overline{A}B + A\overline{B}$
③ $Y = A\overline{B} + AB$
④ $Y = A\overline{B} - \overline{A}B$

24 1워드당 32비트인 컴퓨터 명령어 시스템에서 OPCODE가 8비트, 주소 모드가 1비트인 경우에 이 컴퓨터가 가질 수 있는 레지스터의 최대 수는? (단, 기억장소의 크기는 1메가바이트이다.)

① 3 ② 4
③ 8 ④ 16

25 다음 기억장치 중 CAM(Content Addressable Memory)이라고 하는 것은?
① 주기억장치
② Cache 기억장치
③ Virtual 기억장치
④ Associative 기억장치

26 다음 내용은 LOAD 기능을 수행하는 마이크로 오퍼레이션이다. 이 가운데 어떤 명령어든지 수행되기 위해서는 반드시 거쳐야 하는 단계끼리 나열한 것은? (단, Rs1, Rd, S2 : 레지스터 주소)

단계	마이크로 오퍼레이션
1	MAR ← PC, R(read)
2	IR ← MBR, PC ← PC+4(명령어 크기)
3	IR Decoding
4	MAR ← Rs1+S2, R(read)
5	Rd ← MBR
6	PC ← 다음에 수행할 명령어의 주소

① 1, 2, 3, 6 ② 2, 3, 4, 6
③ 3, 4, 5, 6 ④ 1, 3, 5, 6

27 1개의 Full adder를 구성하기 위해서는 최소 몇 개의 Half adder가 필요한가?
① 1개 ② 2개
③ 3개 ④ 4개

28 기억장치의 용량을 나타내는 단위로 틀린 것은?
① 1GB(Giga Byte)=2^{30}Byte
② 1TB(Tera Byte)=1024PB(Peto Byte)
③ 1MB(Mega Byte)=1024KB(Kilo Byte)
④ 1MB(Mega Byte)=2^{20}Byte

29 다음 기억장치와 관련된 설명 중 틀린 것은?
① associative memory는 데이터의 내용으로 병렬 탐색을 하기에 알맞도록 되어 있다.
② 메모리 기술의 발전으로 associative memory와 CAM이 DRAM보다 가격이 싸다.
③ associative memory는 각 셀이 외부

의 인자와 내용을 비교하기 위한 논리 회로를 가지고 있다.
④ CAM의 탐색은 전체 워드 또는 한 워드 내의 일부만을 가지고 시행될 수 있다.

30 우선순위 중재 방식 중 중재동작이 끝날 때마다 모든 마스터들의 우선순위가 한 단계씩 낮아지고, 가장 우선순위가 낮았던 마스터가 최상위 우선순위를 가지는 방식을 무엇이라 하는가?
① 회전 우선순위
② 임의 우선순위
③ 동등 우선순위
④ 최소-최근 사용 우선순위

31 레코드의 삽입(Insertion)이나 삭제(Deletion)가 빈번할 때 가장 적합한 데이터 구조는?
① Array 구조
② 계층 구조
③ Binary Tree 구조
④ Linked list 구조

32 회로의 논리함수가 다수결 함수(Majority Function)를 포함하고 있는 것은?
① 전가산기
② 전감산기
③ 3-to-8 디코더
④ 우수 패리티 발생기

33 10진수 (18-72)의 연산결과를 BCD 코드로 올바르게 나타낸 것은? (단, 보수는 9의 보수체계를 사용한다.)
① 0100 0101
② 1011 0110
③ 1100 1001
④ 1100 1010

34 기억장치에 대한 설명 중 옳지 않은 것은?
① 기억장치는 주기억장치와 보조기억장치로 나눈다.
② 주기억장치는 롬과 램으로 구성할 수 있다.
③ 접근방식은 직접 접근방식과 순차적 접근방식이 있다.
④ 기억장치의 접근속도는 모두 일정하다.

35 입·출력 제어 방식에서 다음의 방식은 무엇인가?

> 단계1 : 상태 레지스터 읽기
> 단계2 : 상태 레지스터의 값이 set 상태이면 단계3으로, 그렇지 않으면 단계1로
> 단계3 : 데이터 레지스터 읽기

① 프로그램에 의한 I/O(programmed I/O)
② 인터럽트에 의한 I/O(interrupt I/O)
③ DMA에 의한 I/O
④ IOP(I/O 프로세서)

36 RISC(reduced instruction set computer)의 특징에 대한 설명 중 옳지 않은 것은?
① 주로 마이크로프로그램 제어방식 사용
② 명령어 숫자의 최소화
③ 주소지정방식의 최소화
④ 각 명령어는 대부분 단일 사이클에 수행됨

37 다음은 어떤 종류의 병렬 컴퓨터 구조를 나타낸 것인가?

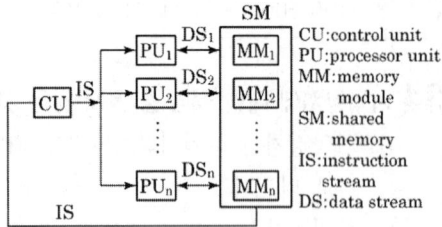

① SISD   ② SIMD
③ MISD   ④ MIMD

38 논리식 $F = A + \overline{A}B$를 간소화한 식으로 옳은 것은?

① $F = AB$ ② $F = A\overline{B}$
③ $F = \overline{AB}$ ④ $F = A + B$

39 캐시기억장치에 대한 설명으로 가장 옳은 것은?

① 중앙처리장치와 주기억장치의 정보교환을 위해 임시 보관하는 장치이다.
② 중앙처리장치의 속도와 주기억장치의 속도 차이를 해소하기 위한 장치이다.
③ 캐시와 주기억장치 사이에 정보 교환을 위하여 임시 저장하는 장치이다.
④ 캐시와 주변장치의 속도를 같게 하기 위한 장치이다.

40 기억장치에 대해 접근을 시작하고 종료한 후에, 다시 해당 기억장치를 접근할 때까지의 소요시간은?

① 탐색 시간(seek time)
② 전송 시간(transfer time)
③ 접근 시간(access time)
④ 사이클 시간(cycle time)

● 제3과목 마이크로전자계산기

41 마이크로프로세서(micro processor) 어셈블리 프로그램의 ORG 명령이 사용될 수 없는 것은?

① 프로그램 카운터(program counter)
② 서브루틴(subroutine)
③ 램 스토리지(RAM storage)
④ 메모리 스택(memory stack)

42 절대주소와 상대주소에 대한 설명으로 옳지 않은 것은?

① 절대주소는 고유주소라고도 부르며 기억장치에 고유하게 부여된 주소를 말한다.
② 절대주소를 이용하여 기억장치에 직접 접근할 수 있다.
③ 상대주소는 기준주소를 필요로 하는 주소로 고유주소로 변경되어야 기억장치 접근이 가능하다.
④ 상대주소는 기억장치 접근이 쉽지만 기억장치의 이용효율이 떨어지는 단점을 가지고 있다.

43 다음 중 제어 프로그램에 속하는 것은?

① 수퍼바이저 프로그램
② 언어 처리 프로그램
③ 유틸리티 프로그램
④ 응용 프로그램

44 주소지정방식 중에서 기억장치를 가장 많이 액세스해야 하는 방식은?

① 직접 주소지정방식

② 간접 주소지정방식
③ 상대 주소지정방식
④ 인덱스 주소지정방식

45 주루틴(main routine)의 호출명령에 의하여 명령 실행 제어만이 넘겨져서 고유의 루틴처리를 행하도록 하는 것은?
① 열린 서브루틴(open subroutine)
② 폐쇄 서브루틴(closed subroutine)
③ 매크로(macro)
④ 벡터(vector)

46 입력된 아날로그 신호의 레벨을 미리 지정된 기준 레벨과 비교하고, 양자화된 레벨을 식별하여 그 값을 디지털 신호로 출력하는 장치는?
① Decoder
② Encoder
③ D/A Converter
④ A/D Converter

47 다음 중 가장 많은 양의 자료를 일정 시간에 입·출력할 수 있는 방식은?
① 프로그램에 의한 입·출력
② 인터럽트에 의한 입·출력
③ DMA
④ 직렬 입·출력

48 다음 중 UART가 수행할 수 있는 동작이 아닌 것은?
① 키보드나 마우스로부터 들어오는 인터럽트를 처리한다.
② 외부 전송을 위해 패리티 비트를 추가한다.
③ 데이터를 외부로 내보낼 때에는 시작비트와 정지비트를 추가한다.
④ 바이트들을 외부에 전달하기 위해 하나의 병렬 비트 스트림으로 변환한다.

49 DMA 제어장치가 꼭 갖추어야 할 필수 레지스터가 아닌 것은?
① status register
② program counter
③ data counter
④ address register

50 주어진 논리 기능을 수행하도록 프로그램 가능한 논리 게이트들을 가진 SPLD를 근간으로 하고 있으며, 전기적 소거 및 프로그램 가능 읽기 전용 기억장치(EEPROM) 등에 사용하는 것은?
① PAL   ② CPLD
③ FPGA ④ ROM

51 주기억장치에 기억된 프로그램의 명령을 해독하여 그 명령 신호를 각 장치에 보내 명령을 처리하도록 지시하는 것은?
① 제어장치   ② 연산장치
③ 기억장치   ④ 입력장치

52 마이크로컴퓨터에서 자주 이용되는 표준화된 버스 중 성격이 다른 것은?
① S-100 bus   ② Multi-bus
③ RS-232C   ④ IEEE-488

53 기억장치 대역폭(bandwidth)에 대한 설명

중 틀린 것은?
① 기억장치가 마이크로프로세서에 1초 동안에 전송할 수 있는 비트 수이다.
② 사이클 타임 또는 접근시간과 기억장치에 연결되어 있는 데이터 버스 길이(버스 폭)에 따라 결정된다.
③ 한 번에 전송되는 데이터 워드가 크면 대역폭은 증가한다.
④ 기억장치 모듈 접근시간이 크면 대역폭은 증가한다.

54 입력과 출력의 독립 제어점을 갖는 8비트로 구성된 5개의 레지스터에 상호 병렬 데이터 전송이 가능하기 위한 데이터 선의 수는?
① 8 ② 40
③ 80 ④ 160

55 제어 메모리에서 번지를 결정하는 방법과 관련이 없는 것은?
① 제어 어드레스 레지스터를 하나씩 증가
② 마이크로 명령어에서 지정하는 번지로 무조건 분기
③ 상태비트에 따라 무조건 분기
④ 매크로 동작 비트로부터 ROM으로의 매핑

56 고정배선제어에 비해 마이크로프로그램을 이용한 제어 방식이 가지는 장점이 아닌 것은?
① 변경 가능한 제어기억소자를 사용하면 제어의 변경이 가능하다.
② 동작 속도를 극대화할 수 있다.
③ 제어 논리의 설계를 프로그램 작업으로 수행할 수 있다.
④ 개발기간을 단축시킬 수 있고 에러에 대한 진단 및 수정이 쉽다.

57 인터럽트 반응시간(interrupt response time)에 대한 설명으로 가장 옳은 것은?
① 인터럽트 요청신호가 발생한 후부터 해당 인터럽트 취급루틴의 수행이 시작될 때까지
② 인터럽트 요청신호가 발생한 후부터 해당 인터럽트 취급루틴의 수행이 완료될 때까지
③ 인터럽트 요청신호가 발생한 후 또는 다른 인터럽트 요청신호가 발생할 때까지
④ 인터럽트 취급루틴의 수행을 시작할 때부터 완료할 때까지

58 병렬 입출력 인터페이스(interface)의 특징으로 옳은 것은?
① 고속의 데이터 전송을 할 수 있다.
② 원거리 통신에 사용한다.
③ 전송을 위한 회선이 적게 사용된다.
④ 입력된 직렬 데이터를 병렬 데이터로 변환시켜 주는 기능을 갖고 있다.

59 기억장치 중 데이터의 내용으로 병렬 탐색에 가장 적합한 것은?
① RAM(Random Access Memory)
② ROM(Read Only Memory)
③ CAM(Content Addressable Memory)
④ SAM(Serial Access Memory)

60 TTL 출력 종류 중 논리값이 0도 아니고 1도 아닌, 고임피던스 상태를 가지며, 특히 bus 구조에 적합한 것은?
① Tri-state 출력
② Open collector 출력
③ Totem-pole 출력
④ TTL 표준출력

제4과목 논리회로

61 10MHz 클록의 클록 사이클 타임(μs)은?
① 10   ② 1
③ 0.1   ④ 0.01

62 다음 제시된 조건에 따라 간략화한 f의 값은?

f(A, B, C, D)=Σ(0, 1, 2, 5, 8, 9, 10)
Don't Care Condition=Σ(3, 11, 13, 15)

① $f = \overline{B} + \overline{C}D$
② $f = \overline{B} + D$
③ $f = \overline{A}\overline{B} + AD + \overline{C}D + AB$
④ $f = \overline{B}\overline{D} + \overline{B}\overline{C} + \overline{A}\overline{C}D$

63 10진수 59를 BCD 코드로 변환한 결과로 옳은 것은?
① 0101 1001   ② 0101 0111
③ 0011 1011   ④ 1000 1100

64 조합 논리회로가 아닌 것은?
① DECODER   ② ENCODER
③ MUX   ④ RAM

65 BCD 가산기의 덧셈과정에 관한 설명으로 옳지 않은 것은?
① 2진수의 덧셈 규칙에 따라 두 수를 더한다.
② 연산 결과 4bit의 집합의 값이 9이거나 9보다 작으면 틀린 값이다.
③ 연산 결과 4bit의 집합의 값이 9보다 크거나 자리올림수가 발생하면 틀린 값이다.
④ 틀린 값에 6(0110)을 더한다.

66 플립플롭의 동작 특성 중 클록 펄스가 상승 에지 변이 이후에도 입력값이 변해서는 안 되는 일정한 시간을 의미하는 것은?
① 전파지연시간+홀드시간+설정시간
② 전파지연시간
③ 홀드시간
④ 설정시간

67 10진수 298의 9의 보수(9's complement)를 구한 것으로 옳은 것은?
① 701   ② 801
③ 901   ④ 1001

68 입력 트리거 신호가 가해질 때마다 일정한 폭을 갖는 구형파 펄스를 발생시키는 회로는?
① JK Flipflop
② Latch
③ Monostable-Multivibrator
④ T Flipflop

69 기억 용량이 4KB(4096word×8bit)인 SRAM에 필요한 최소 외부 핀 수는? (단, SRAM은 입·출력 공통형이다.)
① 12pin ② 24pin
③ 32pin ④ 48pin

70 다음의 카운터 회로는 몇 진 카운터인가?

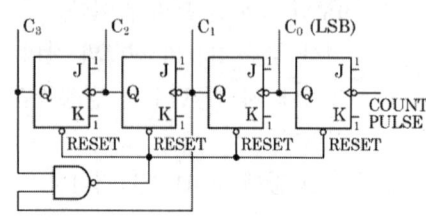

① 2   ② 8
③ 10 ④ 16

71 다음 회로의 기능에 따른 명칭은?

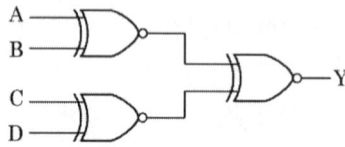

① 기수 패리티 발생회로
② 다수결 회로
③ 비교 회로
④ 우수 패리티 발생회로

72 오류(Error) 검출 방식으로 거리가 먼 것은?
① Checksum
② Parity Code
③ Hamming Code
④ Excess-3 Code

73 2진수 (11000110)을 Gray code로 변환하면?
① 01000101 ② 10100101
③ 11000110 ④ 10000101

74 2진수를 그레이 코드로 변환하는 회로에 들어가는 논리 게이트 명칭은?
① NOR 게이트
② OR 게이트
③ NAND 게이트
④ EX-OR 게이트

75 순서 논리회로의 동작 특성을 가장 올바르게 설명한 것은?
① 같은 입력이 주어지는 한 출력은 항상 일정하다.
② 연속적으로 동일한 입력값이 주어질 때만 정상 동작을 한다.
③ 입력값에 관계없이 정해진 순서에 맞추어 출력이 생성된다.
④ 동일한 입력이 주어져도 내부 상태에 따라 출력이 달라질 수 있다.

76 다음 회로의 출력 Y가 수행하는 논리 동작은? (단, 정논리로 가정한다.)

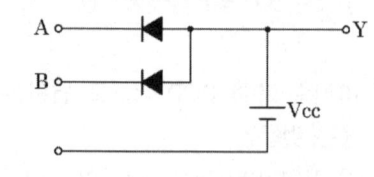

① $A \cdot B$ ② $A + B$
③ $\overline{A + B}$ ④ $\overline{A \cdot B}$

77 가산과 감산의 기능을 갖는 연산회로를 설계하기 위해 꼭 필요한 게이트는?

① AND　　② OR
③ EX-NOR　④ EX-OR

78 JK 플립플롭에서 $J_n=K_n=1$일 때 Q_{n-1}의 출력상태는?
① 0　　② 1
③ 반전　④ 부정

79 다음 회로를 NAND 게이트만을 사용하여 구성하면?

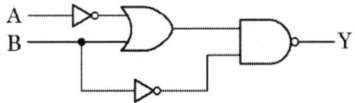

①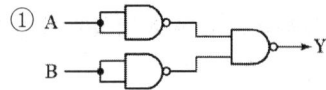

②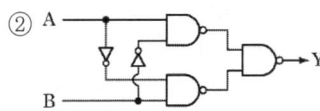

③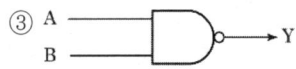

④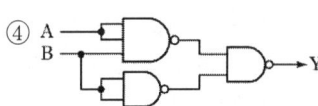

80 다음 회로가 나타내는 것은?

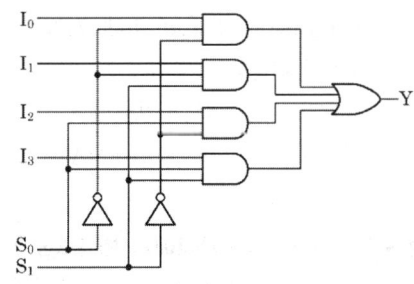

① 2×4 decoder
② 3×8 decoder
③ 4×1 multiplexer
④ 4×2 multiplexer

제5과목 데이터통신

81 IPv4에서 IPv6로의 천이 전략 중 캡슐화 및 역캡슐화를 사용하는 것은?
① Dual Stack
② Header translation
③ Map Address
④ Tunneling

82 HDLC의 프레임(Frame)의 구조가 순서대로 올바르게 나열된 것은? (단, A : Address, F : Flag, C : Control, D : Data, S : Frame Check Sequence)
① F-D-C-A-S-F
② F-C-D-S-A-F
③ F-A-C-D-S-F
④ F-A-D-C-S-F

83 연속적인 신호파형에서 최고주파수가 W(Hz)일 때 나이키스트 표본화 주기(T)는?
① $T = \dfrac{1}{W}$　　② $T = W$
③ $T = \dfrac{1}{4W}$　　④ $T = \dfrac{1}{2W}$

84 전진 에러 수정(FEC) 코드에 대한 설명으로 틀린 것은?
① FEC 코드의 종류로 CRC 코드 등이

있다.
② 에러 정정 기능을 포함한다.
③ 연속적인 데이터 전송이 가능하다.
④ 역채널을 사용한다.

85 회선교환 방식에 대한 설명으로 틀린 것은?
① 고정된 대역폭으로 데이터 전송
② 회선이 설정되어 통신이 완료될 때까지 회선을 물리적으로 접속
③ 수신노드에서 패킷을 재순서화하는 과정 필요
④ 실시간 대화용에 적합

86 호스트의 물리 주소를 통하여 논리 주소인 IP 주소를 얻어오기 위해 사용되는 프로토콜은?
① ICMP ② IGMP
③ ARP   ④ RARP

87 패킷 교환 방식에 대한 설명으로 틀린 것은?
① 데이터그램과 가상회선방식이 있다.
② 메시지를 1개 복사하여 여러 노드로 전송하는 방식이다.
③ 가상회선방식은 연결 지향 서비스라고도 한다.
④ 축적 교환이 가능하다.

88 X.25 프로토콜을 구성하는 계층에 해당하지 않는 것은?
① 물리 계층 ② 링크 계층
③ 논리 계층 ④ 패킷 계층

89 인터넷 망(IP Network)과 유선 전화망(PSTN) 간을 상호 연동시키는 데 사용되는 시그널링 프로토콜은?
① ISDN   ② R2 CAS
③ H.323 ④ SIGTRAN

90 프로토콜의 기본적인 요소로 볼 수 없는 것은?
① 구문(Syntax)
② 타이밍(Timing)
③ 처리(Processing)
④ 의미(Semantics)

91 다중접속방식 중 CDMA 방식에 대한 특징으로 틀린 것은?
① 시스템의 포화 상태로 인한 통화 단절 및 혼선이 적다.
② 실내 또는 실외에서 넓은 서비스 권역을 제공한다.
③ 배경 잡음을 방지하고 감쇠시킴으로써 우수한 통화 품질을 제공한다.
④ 산악 지형 또는 혼잡한 도심 지역에서는 품질이 떨어진다.

92 패킷화 기능이 없는 일반형 터미널에 접속하여 패킷의 조립과 분해 기능을 대신해 주는 장치는?
① DTE ② PS
③ PAD ④ PMAX

93 8진 PSK 변조방식에서 변조속도가 2400 baud일 때 정보 신호의 속도는 몇 bits/s 인가?

① 7200　　② 4800
③ 240　　　④ 800

94 Hamming 코드에서 총 전송비트수가 17비트일 때, 해밍 비트수와 순수한 정보 비트수는?
① 해밍 비트수 : 4, 정보 비트수 : 13
② 해밍 비트수 : 5, 정보 비트수 : 12
③ 해밍 비트수 : 6, 정보 비트수 : 11
④ 해밍 비트수 : 7, 정보 비트수 : 104

95 QPSK 변조방식의 대역폭 효율은 몇 bps/Hz인가?
① 1　　② 2
③ 4　　④ 8

96 IP 계층의 프로토콜에 해당되지 않는 것은?
① PMA　　② ICMP
③ ARP　　④ IP

97 OSI 7계층에서 단말기 사이에 오류 수정과 흐름 제어를 수행하여 신뢰성 있고 명확한 데이터를 전달하는 계층은?
① 전송 계층　　② 응용 계층
③ 세션 계층　　④ 표현 계층

98 192.168.1.0/24 네트워크를 FLSM 방식을 이용하여 6개의 subnet으로 나누고 ip subnet-zero를 적용했다. 이때 subnetting 된 네트워크 중 5번째 네트워크의 2번째 사용 가능한 IP주소는?
① 192.168.1.255
② 192.168.0.129
③ 192.168.1.130
④ 192.168.1.64

99 아날로그 데이터를 아날로그 신호로 변환하는 변조방식이 아닌 것은?
① AM　　② TM
③ FM　　④ PM

100 광대역통합네트워크에서 VoIP 서비스를 제공하기 위한 프로토콜이 아닌 것은?
① SIP　　　② R2 CAS
③ H.323　　④ Megaco

2017년 4회 시행 과년도출제문제

제1과목 시스템프로그래밍

01 다음 어셈블러 명령어 중 LTORG 명령에 관련된 내용으로 가장 적합하지 않은 것은?
① 리터럴 풀은 LTORG 명령 다음에 만들어진다.
② LTORG 명령어를 사용하지 않는 경우는 처음 제어섹션 끝에 만들어진다.
③ 중복되는 데이터는 서로 다른 공간에 어셈블한다.
④ 각각의 리터럴 풀은 4개의 세그먼트를 가진다.

02 절대로더(Absolute Loader)에서 할당과 연결을 수행하는 주체는?
① 어셈블러
② 로더
③ 프로그래머
④ 어셈블러와 로더

03 매크로 프로세서의 기능에 해당하지 않는 것은?
① 매크로 정의 인식
② 매크로 정의 치환
③ 매크로 정의 저장
④ 매크로 호출 인식

04 프로그램 작성 시 한 프로그램 내에서 동일한 코드가 반복될 경우 반복되는 코드를 한 번만 작성하여 특정 이름으로 정의한 후, 그 코드가 필요할 때마다 정의된 이름을 호출하여 사용하는 것은?
① 필터
② 리터럴 테이블
③ 매크로
④ 프로세스

05 프로그램을 실행하기 위하여 프로그램을 보조기억장치로부터 컴퓨터의 주기억장치에 올려놓는 기능을 하는 것은?
① Loader
② Preprocessor
③ Linker
④ Emulator

06 매크로에 대한 설명으로 가장 옳지 않은 것은?
① 원시문 형태의 개방된 서브루틴이다.
② 실행 매크로와 선언 매크로로 나눌 수 있다.
③ 가변 기호 번지는 @기호로 시작된다.
④ 호출된 매크로는 그 위치에 매크로 내용이 삽입되므로, 이것을 매크로 확장이라 한다.

07 서브루틴에서 자신을 호출한 곳으로 복귀시키는 어셈블리어 명령은?
① SUB
② MOV
③ RET
④ INT

08 하나의 CPU와 주기억장치를 이용하여 여러 개의 프로그램을 동시에 처리하는 방식으로 가장 옳은 것은?
① 다중 프로그래밍 시스템
② 시분할 시스템
③ 다중 처리 시스템
④ 분산 처리 시스템

09 운영체제의 성능 평가 요소로 가장 거리가 먼 것은?
① 처리 능력
② 비용
③ 사용 가능도
④ 신뢰도

10 어셈블리어에 대한 설명으로 가장 옳지 않은 것은?
① 머신 코드를 니모닉 기호로 표현한 것이다.
② CPU로 쓰이는 프로세서에 따라 그 종류가 다르다.
③ JAVA 언어와 같은 고급 레벨의 언어이다.
④ 머신 명령문과 의사(pseudo) 명령문이 있다.

11 언어번역 프로그램이 아닌 것은?
① linker
② assembler
③ compiler
④ interpreter

12 O/S의 제어프로그램으로 작업 연속처리를 위한 스케줄 및 시스템 자원 할당의 기능을 수행하는 것은?
① 서비스(Service) 프로그램
② 감시(Supervisor) 프로그램
③ 데이터 관리(Data Management) 프로그램
④ 작업제어(Job Control) 프로그램

13 다음 중 로더(Loader)의 기능이 아닌 것은?
① Allocation
② Link
③ Relocation
④ Compile

14 로더의 종류 중 다음 설명에 해당하는 것은?

- 별도의 로더 없이 언어번역 프로그램이 로더의 기능까지 수행하는 방식이다.
- 연결 기능은 수행하지 않고 할당, 재배치, 적재작업을 모두 언어번역 프로그램이 담당한다.

① 절대 로더
② Compile And Go 로더
③ 직접 연결 로더
④ 동적 적재 로더

15 매크로 프로세서의 기본적인 수행 작업으로 가장 옳지 않은 것은?
① 매크로 정의
② 매크로 확장
③ 매크로 호출
④ 매크로 소멸

16 어떤 기호적 이름에 상수값을 할당하는 어셈블리어 명령은?
① ORG
② INCLUDE
③ END
④ EQU

17 가상기억장치 관리와 가장 관계가 적은

것은?
① 스래싱(thrashing)
② 워킹 세트(working set)
③ 구역성(locality)
④ 오버레이(overlay)

18 다음 중 2패스 어셈블러의 패스 1에서 수행하는 작업이 아닌 것은?
① 각 기계어의 길이를 결정한다.
② 명령어들을 만들어낸다.
③ 위치 카운터값을 증가시킨다.
④ 리터럴(Literal)들을 기억한다.

19 프로그램 언어의 실행 과정 순서로 옳은 것은?
① 로더 → 링커 → 컴파일러
② 컴파일러 → 로더 → 링커
③ 링커 → 컴파일러 → 로더
④ 컴파일러 → 링커 → 로더

20 스케쥴링 정책을 결정하는 경우에 고려되어야 할 요소로서 가장 관련이 적은 것은?
① 프로그램의 성격
② 자원의 요구도
③ 자원의 제한성
④ 자원의 유용도와 체제의 균형

● 제2과목 전자계산기구조

21 주기억장치가 연속한 8바이트(Byte)의 필드(Field)를 더블워드(Double Word)라 할 때 하프워드(Half Word)는 몇 바이트인가?
① 2   ② 4
③ 8   ④ 16

22 4096×16의 용량을 가진 주기억장치가 있다. 메모리 버퍼 레지스터(MBR)는 몇 비트의 레지스터인가?
① 4   ② 16
③ 32   ④ 4096

23 다음 회로도에 해당하는 게이트(gate)는?

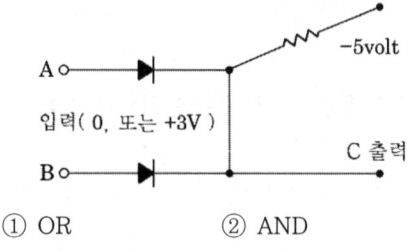

① OR   ② AND
③ NAND   ④ NOR

24 명령의 대상이 되는 data가 내부 레지스터에 있고 구체적인 레지스터는 명령어(instruction) 그 자체에 함축되어 있는 주소지정방식은?
① implied addressing mode
② register addressing mode
③ immediate addressing mode
④ direct addressing mode

25 실수 $0.01101_{(2)}$을 32비트 부동 소수점으로 표현하려고 한다. 지수부에 들어갈 알맞은 표현은? (단, 바이어스된 지수(biased exponent)는 $01111111_{(2)}$로 나타

내며 IEEE754 표준을 따른다.)
① $01111100_{(2)}$ ② $01111101_{(2)}$
③ $01111110_{(2)}$ ④ $10000000_{(2)}$

26 일반적인 컴퓨터의 CPU 구조 가운데 수식을 계산할 때 수식을 미리 처리되는 순서인 역 polish(또는 postfix) 형식으로 바꾸어야 하는 CPU 구조는?
① 단일 누산기 구조 CPU
② 범용 레지스터 구조 CPU
③ 스택 구조 CPU
④ 모든 CPU 구조

27 16비트로 한 word를 구성할 때 정수의 최대치는? (단, 고정소수점 정수이며, 양수로만 표시됨을 가정한다.)
① 2^{16} ② $2^{16}-1$
③ $2^{15}-1$ ④ 2^{15}

28 주기억장치의 용량이 512KB인 컴퓨터에서 32비트의 가상주소를 사용하는 데, 페이지의 크기가 1K워드이고 1워드가 4바이트라면 주기억장치의 페이지 수는 몇 개인가?
① 32개 ② 64개
③ 128개 ④ 512개

29 인터럽트 처리 루틴에서 반드시 사용되는 레지스터는?
① Index Register
② Accumulator
③ Program Counter
④ MAR

30 I/O operation과 가장 관계없는 것은?
① Channel ② Handshaking
③ Interrupt ④ Emulation

31 보조기억장치로부터 주기억장치로 필요한 페이지를 옮기는 것은?
① saving ② storing
③ paging ④ spooling

32 오류 검출코드에 대한 설명으로 가장 옳지 않은 것은?
① Biquinary 코드는 5비트 중 1이 2개 있다.
② 2 out of 5 코드는 코드의 각 그룹 중 1의 개수가 2개 있다.
③ 링 카운터 코드는 10개의 비트로 구성되어 있으며, 모든 코드가 하나의 비트에 반드시 1을 가진다.
④ Hamming 코드는 오류 검출 및 교정이 가능하다.

33 k개의 단계들로 구성된 일반적인 파이프라인 프로세서에서 N개의 명령어들을 실행하는 데 걸리는 시간을 구하는 식은?
① $T(1,1)=k+N$
② $T(1,1)=k*N-1$
③ $T(1,1)=k^N-1$
④ $T(1,1)=k+N-1$

34 두 개의 8비트 레지스터에 저장되어 있는 값을 병렬 덧셈하는 ALU를 설계할 때 필요한 전가산기의 수로 가장 옳은 것은?

① 3개　　② 4개
③ 8개　　④ 16개

35 외부 하드디스크 드라이브, CD-ROM 드라이브, 스캐너 및 자기 테이프 백업장치 등을 연결할 수 있는 장치는?
① DVI　　② VESA
③ SCSI　　④ AGP

36 명령어의 길이가 16bit이다. 이 중 OP code가 6bit, operand가 10bit를 차지한다면 이 명령어가 가질 수 있는 연산자 종류는 최대 몇 개인가?
① 16개　　② 32개
③ 64개　　④ 256개

37 1MByte의 기억장소를 가진 어떤 컴퓨터의 명령어 구성이 다음과 같을 때 이 명령어가 가질 수 있는 최대 Operation 수는?

Operation Code	Mode Bit	Register Selection Bit	Address Bit
5bit	1bit	2bit	20bit
28bit			

① 32개　　② 64개
③ 128개　　④ 256개

38 벡터 형태의 데이터를 처리하는 데 가장 효율적인 병렬 처리기는?
① 파이프라인 처리기
② 배열 처리기
③ 다중 처리기
④ VLSI 처리기

39 인터럽트 가운데 소프트웨어적 우선순위 처리 기법은?
① 폴링(polling) 방법
② 벡터 인터럽트(vector interrupt) 방법
③ 데이지체인(daisy-chain) 방법
④ 병렬 우선순위(parallel priority) 방법

40 3차원 하이퍼큐브 구조에서 임의의 노드에서 가장 먼 노드까지 메시지를 전송할 때 적어도 몇 개의 링크를 사용하여야 하는가?
① 1개　　② 2개
③ 3개　　④ 8개

● 제3과목 마이크로전자계산기

41 RISC에 대한 설명으로 가장 옳지 않은 것은?
① 컴퓨터에서 사용되는 명령어의 수를 줄임으로써 하드웨어를 단순화시키고 시스템 성능을 더욱 개선한 컴퓨터 구조 기술이다.
② 대부분 제어 메모리가 없는 하드 와이어 제어 방식을 사용한다.
③ CISC에 비해 명령어 형식이 다양하다.
④ 명령어 수행은 하드웨어에 의해 직접 실행된다.

42 입출력장치의 주소지정회로는 사용하고자 하는 입출력장치의 수에 의해 결정되는데 8개 이하의 포트를 사용하기 위한 방법 중

가장 간단한 방식은?
① Decoder 방식
② Multiplexer 방식
③ Encoder 방식
④ Linear selection 방법

43 누산기(accumulator)에 저장된 내용의 보수를 구하는 명령이 수행될 때 ALU에서 처리되는 내용으로 가장 옳은 것은?
① 누산기의 값을 버스(bus)에 옮긴다.
② 보수를 취한다.
③ 프로그램 카운터(PC)를 증가시킨다.
④ 명령을 해석한다.

44 DMA의 입출력 방식과 가장 관계없는 것은?
① DMA 제어기가 필요하다.
② CPU의 계속적인 간섭이 필요하다.
③ 비교적 속도가 빠른 입출력 방식이다.
④ 기억장치와 주변장치 사이에 직접적인 자료 전송을 제공한다.

45 동시에 여러 개의 입·출력장치를 제어할 수 있는 채널은?
① 멀티플렉서 채널
② 레지스터 채널
③ 직렬 채널
④ Simplex 채널

46 512byte 크기의 메모리를 필요로 하는 데 사용되는 어드레스 라인(address line)은 몇 개인가?
① 8   ② 9
③ 11   ④ 10

47 스택(stack)에 자료 전송 시 사용되는 명령어 형식은?
① 0-주소명령 형식
② 1-주소명령 형식
③ 2-주소명령 형식
④ 3-주소명령 형식

48 스택(Stack)에 대한 설명 중 가장 옳은 것은?
① LIFO 방식으로 정보를 다룬다.
② Graph의 자료구조와 유사하다.
③ 매표소에서 표를 파는 방식과 같다.
④ 비선형 자료구조이다.

49 임베디드 시스템 개발 시 디버깅을 위한 장비는?
① JNI   ② JAVA
③ ZTAG   ④ JTAG

50 마이크로컴퓨터의 기억장치에 대한 평가 요소로 가장 적합하지 않은 것은?
① 기억용량
② 동작속도
③ 신뢰도
④ 데이터변환기법

51 명령어 실행 시 기억장치로부터 가져온 내용이 지정하는 동작을 수행하는 과정을 의미하는 것은?
① Fetch cycle
② Indirect cycle
③ Execution cycle
④ Interrupt cycle

52 조건부 분기명령의 실행에서 수행되어야 할 다음 명령어를 결정하기 위해서는 어느 레지스터의 내용을 조사하는가?
① 인덱스 레지스터(Index Register)
② 상태 레지스터(Status Register)
③ 명령 레지스터(Instruction Register)
④ 메모리 주소 레지스터(Memory Address Register)

53 Dynamic RAM에 관한 설명 중 가장 옳은 것은?
① Static RAM의 경우보다 Access time이 빠르다.
② 위치에 따라 Access time이 다르므로 엄밀하게 말하면 Random access가 아니다.
③ 빠른 처리 속도가 필요한 소규모 외부 캐시 기억장치에 주로 사용한다.
④ 집적도를 높이고 전력소모를 적게 하나 Refresh 때문에 속도는 SRAM보다 느리다.

54 기억장치의 액세스 속도를 향상시키기 위한 방법이 아닌 것은?
① 가상(virtual) 메모리
② 메모리 뱅킹(banking)
③ 메모리 인터리빙(interleaving)
④ 캐시(cashe) 메모리

55 마이크로프로세서가 I/O 인터페이스로부터 요청된 인터럽트를 해결하기 위해 I/O 주변장치를 인식하는 방법 중 인식 과정의 속도를 향상시키기 위하여 각 I/O 주변장치에 특정 코드를 할당하는 방법은?
① 폴링 방식
② 벡터 인터럽트 방식
③ 다중 인터럽트 방식
④ 프로그램 제어 방식

56 다음 주소 명령어 중에서 연산 동작 후에도 피연산 데이터의 값이 바뀌지 않는 명령어 형식은?
① 0-주소명령   ② 1-주소명령
③ 2-주소명령   ④ 3-주소명령

57 I/O-mapped-I/O와 memory-mapped-I/O에 대한 설명 중 틀린 것은?
① I/O-mapped-I/O에서는 입·출력을 가리키는 두 개의 제어신호가 필요하다.
② I/O-mapped-I/O에서는 memory와 I/O 주소 공간을 공유한다.
③ memory-mapped-I/O에서는 I/O장치를 호출하는 데 메모리형 명령어를 사용한다.
④ memory-mapped-I/O에서는 memory location의 감소를 초래할 수 있다.

58 입출력 인터페이스에 관한 설명 중 틀린 것은?
① RS-232C는 병렬 인터페이스를 위한 표준이다.
② IEEE-488은 범용 인터페이스 버스(GPIB)의 표준이다.
③ 병렬 인터페이스는 짧은 응답시간이 요구되는 응용분야에 적합하다.
④ RS-232C는 모뎀과 함께 사용되기도

한다.

59 사이클 스틸에 관한 설명 중 가장 옳지 않은 것은?
① CPU의 상태보존이 필요하다.
② CPU는 사이클 스틸 동안 쉬고 있다.
③ 수행하고 있던 프로그램은 한 명령어를 완전히 수행한 후 사이클 스틸이 수행된다.
④ 수행 중인 명령이 하나의 메이저 상태를 마친 후 CPU는 하이 임피던스 상태로 된다.

60 인터럽트 요청 및 서비스에 관한 순서가 옳게 나열된 것은?

㉠ 인터럽트 요청
㉡ 레지스터 내용의 저장
㉢ I/O 주변장치 인식
㉣ 인터럽트 인식
㉤ 주프로그램으로 복귀
㉥ 주프로그램의 실행
㉦ 인터럽트 해결

① ㉠-㉡-㉢-㉣-㉦-㉤-㉥
② ㉠-㉡-㉣-㉢-㉦-㉤-㉥
③ ㉠-㉣-㉡-㉢-㉦-㉤-㉥
④ ㉠-㉣-㉢-㉡-㉦-㉤-㉥

─── 제4과목 논리회로 ───

61 nBit의 코드화된 정보를 그 코드의 각 Bit 조합에 따라 2^n개의 출력으로 번역하는 회로는?

① 멀티플렉서　② 인코더
③ 디코더　　　④ 디멀티플렉서

62 다음 그림에 해당하는 장치는?

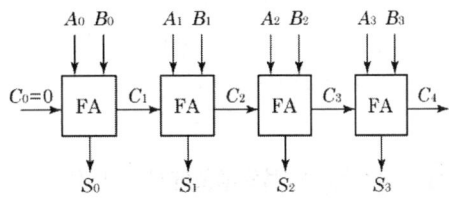

① 리플 캐리 가산기
② 디코더
③ 엔코더
④ 8086 CPU

63 다음 중 가장 큰 수는?
① 10진수 245
② 8진수 455
③ 16진수 FC
④ 2진수 11101011

64 2진수 10110101을 그레이 코드(gray code)로 변환한 결과로 옳은 것은?
① 01001010　② 01001011
③ 00010000　④ 11101111

65 불 함수 $F = wx + \overline{x}y + z$를 NAND 게이트로 구성하기 위한 식으로 가장 옳은 것은?
① $F = \overline{((\overline{wx}) \cdot (\overline{\overline{x}y}) \cdot \overline{z})}$
② $F = (\overline{wx}) \cdot (\overline{\overline{x}y}) \cdot \overline{z}$
③ $F = \overline{((\overline{wx}) + (\overline{\overline{x}y}) + \overline{z})}$
④ $F = (\overline{wx}) + (\overline{\overline{x}y}) + \overline{z}$

66 다음 그림이 나타내는 논리회로는?

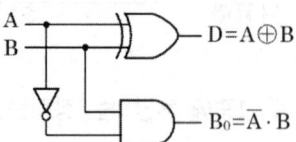

① 반감산기　② 전감산기
③ 반가산기　④ 전가산기

67 클록형 JK 플립플롭에서 J=1, K=0인 경우 수행되는 기능은?
① 불변(previous state)
② 리셋(reset)
③ 세트(set)
④ 토글(toggle)

68 JK형 플립플롭에서 NOT 게이트를 추가하면 어떤 플립플롭이 되는가?
① RST 플립플롭
② JK 플립플롭
③ D 플립플롭
④ T 플립플롭

69 일반적인 형태의 동기식 카운터와 비동기식 카운터에 관한 내용으로 가장 옳지 않은 것은?
① 비동기식 카운터는 앞단의 출력이 다음 단으로 전달되는 식의 동작을 하므로 동기식에 비해 늦다.
② 동기식 카운터는 클록신호가 각 플립플롭에 동시에 인가되므로 고속카운터 회로구현에 이용된다.
③ 동기식 카운터는 리플 카운터보다는 늦고 복잡하므로 구현하기 어렵다.

④ 최종 플립플롭의 보수 출력($\overline{Q}$)을 처음 플립플롭의 입력으로 인가하여 순환되는 형태의 시프트 카운터를 존슨(Johnson) 카운터라고 한다.

70 다음의 상태 변환도처럼 동작하는 순서 논리회로를 설계할 때 JK 플립플롭을 사용한다면 필요한 플립플롭의 수는 최소 몇 개인가?

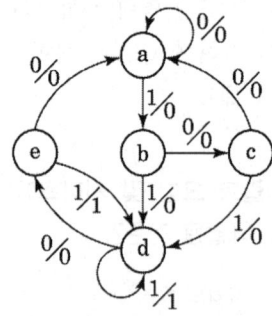

① 2개　② 3개
③ 4개　④ 5개

71 다음 논리함수를 가장 간략화하였을 때의 결과로 옳은 것은? (단, Σ_d는 무정의 항을 가리킨다.)

$F(A, B, C, D)$
$= \Sigma(0, 1, 2, 4, 5, 9, 13) + \Sigma_d(8, 10, 12, 14)$

① $\overline{A}\overline{C} + \overline{C}\overline{D} + \overline{A}\overline{B}\overline{D}$
② $A + \overline{C}$
③ $\overline{A}\overline{C} + \overline{B}\overline{C} + \overline{A}B\overline{D}$
④ $\overline{C} + \overline{B}\overline{D}$

72 (X+Y)(X+Z)를 가장 간략화한 표현식은?
① XY+YZ　② X+YZ

③ Y+Z   ④ YZ

73 MUX의 입력이 진리표와 같을 때 도출되는 출력값 Y는?

I_1	I_0	S_0	Y
1	0	1	가
1	0	0	나

① 가 : 1, 나 : 0   ② 가 : 1, 나 : 1
③ 가 : 0, 나 : 0   ④ 가 : 0, 나 : 1

74 Wire-OR로 쓸 수 있는 TTL의 출력단은?
① Open-collector
② Totem-pole
③ Three-state
④ 없다.

75 다음 회로에서 입력 X=1, Y=1일 경우 출력 C(carry)와 S(sum)는 얼마가 되는가?

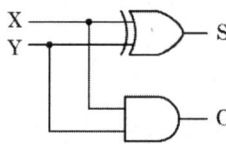

① C=0, S=0   ② C=0, S=1
③ C=1, S=0   ④ C=1, S=1

76 입력 펄스의 수를 세는 회로는?
① 복호기   ② 계수기
③ 레지스터   ④ 인코더

77 다음 논리식을 가장 간략화한 결과는?

$$Y = AB + A\overline{B} + \overline{A}B$$

① $Y = A+B$ ② $Y = \overline{A}+B$
③ $Y = A+\overline{B}$ ④ $Y = \overline{A}+\overline{B}$

78 마이크로프로세서가 16비트 데이터버스(data bus)와 8비트 번지버스(Address bus)를 갖고 있다고 가정할 때 마이크로프로세서에 연결될 수 있는 최대 메모리 용량은 얼마인가?
① 256byte   ② 512byte
③ 1204byte   ④ 2048byte

79 다음 회로를 논리게이트(GATE)로 표현한 것으로 옳은 것은?

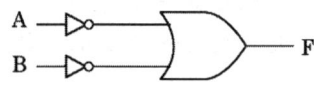

① NOR   ② NAND
③ EX-OR   ④ AND

80 다음 회로와 등가인 게이트는?

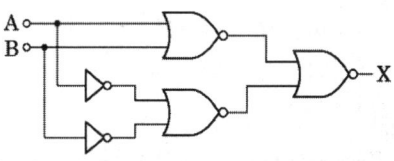

① EX-OR 게이트
② NAND 게이트
③ NOR 게이트
④ OR 게이트

● 제5과목 데이터통신

81 호스트의 물리적 주소로부터 IP 주소를 구

할 수 있도록 하는 프로토콜은?
① ICMP   ② FTP
③ IGMP   ④ RARP

82 다음이 설명하고 있는 디지털 전송 신호의 부호화 방식은?

- CSMA/CD LAN에서의 전송부호로 사용
- 신호 준위 천이가 매 비트 구간의 가운데서 비트 1에 대해서는 고준위에서 저준위로 천이하며, 비트 0은 저준위에서 고준위로 천이

① Alternating Mark Inversion 코드
② Manchester 코드
③ Bipolar 코드
④ Non Return to Zero 코드

83 HDLC의 링크 구성 방식에 따라 분류한 동작 모드가 아닌 것은?
① 정규 균형 모드
② 정규 응답 모드
③ 비동기 응답 모드
④ 비동기 균형 모드

84 채널용량이 100kb/s이고, 채널 대역폭이 10kHz일 때 신호 대 잡음비는?
① 10   ② 420
③ 624 ④ 1023

85 표본화 주파수가 10kHz이고, 원신호 파형의 주파수가 1kHz라면 1주기당 PAM 신호는 몇 개인가?
① 1개   ② 2개
③ 5개   ④ 10개

86 IPv6에 대한 설명으로 옳지 않은 것은?
① IPv6 주소는 128비트 길이이다.
② 암호화와 인증 옵션 기능을 제공한다.
③ IPv6 주소는 32개의 8진수로 구성된다.
④ 프로토콜의 확장을 허용하도록 설계되었다.

87 HDLC의 프레임 구조에서 헤더영역의 구성이 아닌 것은?
① 플래그   ② 주소영역
③ 제어영역 ④ 정보영역

88 가상회선 방식에 대한 설명으로 틀린 것은?
① 각 패킷이 스위치를 거치며 매번 최선의 경로를 선택하므로 패킷의 도착순서가 변경될 수 있다.
② 연결 지향 서비스라고도 한다.
③ 여러 노드가 동시에 가상회선을 가질 수 있다.
④ 패킷을 전송할 때 먼저 경로를 만들고 전송이 끝나면 경로를 해제한다.

89 TCP/IP 프로토콜에서 UDP가 해당하는 계층은?
① 전송 계층
② 응용 계층
③ 데이터링크 계층
④ 물리 계층

90 디지털 통신망에서 1프레임 단위로 발생하

는 slip에 해당하는 것은?
① envelope slip
② edge slip
③ constant slip
④ controlled slip

91 ITU-T 표준인 X.25가 정의하고 있는 것은?
① 경로 설정 알고리즘 정의
② 동기식 1200bps 변복조기 정의
③ 전용 회선을 위한 4800bps 변복조기 정의
④ 사용자 장치(DTE)와 패킷 네트워크 노드(DCE) 간의 데이터 교환 절차 정의

92 시분할 다중화(Time Division Multiplexing)의 설명으로 틀린 것은?
① 시분할 다중화에는 동기식 시분할 다중화와 통계적 시분할 다중화 방식이 있다.
② 동기식 시분할 다중화 방식은 전송 프레임마다 각 시간 슬롯이 해당 채널에게 고정적으로 할당된다.
③ 통계적 시분할 다중화 방식은 전송할 데이터가 있는 채널만 차례로 시간 슬롯을 이용하여 전송한다.
④ 통계적 시분할 다중화보다 동기식 시분할 다중화 방식이 전송 대역폭을 더욱더 효율적으로 사용할 수 있다.

93 Go-Back-N ARQ에서 5번째 프레임까지 전송하였는데 수신측에서 2번째 프레임에 오류가 있다고 재전송을 요청해 왔다. 재전송되는 프레임의 개수는?

① 1개   ② 2개
③ 3개   ④ 4개

94 데이터 전송 제어 절차에서 데이터 송수신을 위한 논리적인 경로를 구성하는 단계는?
① 회선접속
② 데이터 링크 확립
③ 데이터 전송
④ 데이터 링크의 해제 통보

95 OQPSK 방식은 QPSK 방식에서의 180° 위상변화를 제거하기 위해 I-CH이나 Q-CH 중 어느 한 채널을 지연시키는 데 이 값은 얼마인가? (단, symbol time은 Ts이다.)
① $\frac{3}{4}$Ts   ② $\frac{1}{2}$Ts
③ Ts   ④ 2Ts

96 변조(Keying) 방식에 해당하지 않는 것은?
① ASK   ② FSK
③ APSK   ④ TSK

97 RIP 라우팅 프로토콜에 대한 설명으로 틀린 것은?
① 경로 선택 메트릭은 홉 카운트이다.
② 최단 경로 탐색에 Bellman-Ford 알고리즘을 사용한다.
③ 링크 상태 라우팅 프로토콜이라고 한다.
④ 각 라우터는 이웃 라우터들로부터 수신한 정보를 이용하여 라우팅 표를 갱신한다.

98 피기백(Piggyback) 응답이란?
① 송신측이 대기시간을 설정하기 위한 목적으로 보낸 테스터 프레임용 응답을 말한다.
② 송신측이 일정한 시간 안에 수신측으로부터 ACK가 없으면 오류로 간주하는 것이다.
③ 수신측이 별도의 ACK를 보내지 않고 상대편으로 향하는 데이터 전문을 이용하여 응답하는 것이다.
④ 수신측이 오류를 검출한 후 재전송을 위한 프레임 번호를 알려주는 응답이다.

99 8진 PSK의 대역폭 효율은?
① 2bps/Hz   ② 3bps/Hz
③ 4bps/Hz   ④ 8bps/Hz

100 TCP/IP 모델 구조에 해당하지 않는 계층은?
① Physical Layer
② Application Layer
③ Session Layer
④ Transport Layer

2018년 4회 시행 과년도출제문제

제1과목 시스템 프로그래밍

01 로더의 기능이 아닌 것은?
① 할당(allocation)
② 번역(translation)
③ 링킹(linking)
④ 로딩(loading)

02 매크로 프로세서를 어셈블러의 패스1에 통합시킬 경우의 장점을 나열한 것으로 가장 옳지 못한 것은?
① 매크로가 어셈블러의 패스1 내에 포함됨으로써 중간 파일들이 생성된다.
② 공통된 기능을 양쪽에서 가질 필요가 없다.
③ 처리 도중에 부담이 줄어든다.
④ 프로그래머 입장에서 매크로와 연결하여 어셈블러의 모든 기능을 함께 사용할 수 있어 작업이 쉬워진다.

03 프로세서들 사이에 우선순위를 두지 않고 시간단위(Time Quantum)로 CPU를 할당하는 스케줄링 방식은?
① FIFO   ② RR
③ SJF   ④ HRN

04 운영체제를 기능별로 분류할 경우 제어 프로그램에 해당하지 않는 것은?
① 감시 프로그램
② 문제 프로그램
③ 작업 제어 프로그램
④ 자료 관리 프로그램

05 다음 중 링킹(linking) 작업의 결과는?
① 원시 모듈을 생성한다.
② 외부 모듈을 생성한다.
③ 목적 모듈을 생성한다.
④ 적재 모듈을 생성한다.

06 어셈블리어에서 의사 명령에 해당하는 것은?
① USING   ② SR
③ AR   ④ ST

07 기억장치 관리 전략에서 배치 전략의 종류 중 다음 설명에 해당하는 것은?

> 프로그램이나 데이터가 들어갈 수 있는 크기의 빈 영역 중에서 단편화가 가장 많이 발생하는 분할 영역에 배치시킨다.

① Worst Fit   ② Best Fit
③ First Fit   ④ Last Fit

08 어셈블리어에서 어떤 기호적 이름에 상수 값을 할당하는 명령은?
① EQU   ② ASSUME
③ ORG   ④ EVEN

09 3개의 페이지 프레임을 갖는 시스템에서

페이지 참조 순서가 아래와 같다. FIFO 페이지 대치 알고리즘을 적용할 때 페이지 부재와 발생하는 총 횟수는?

[페이지 참조 순서]
1, 2, 1, 0, 4, 1, 3, 4, 2, 1, 4, 1, 3, 2, 4

① 10 ② 12
③ 13 ④ 15

10 절대로더(absolute loader)를 이용할 경우 어셈블러에 의해 처리되는 것은?
① 기억 장소 할당(allocation)
② 재배치(relocation)
③ 연결(linking)
④ 적재(loading)

11 다음 중 비선점(non-preemptive) 스케줄링 기법의 특징으로 옳은 것은?
① 프로세서 응답시간의 예측이 용이하여, 일괄처리 방식에 적합하다.
② 우선순위가 높은 프로세서를 빨리 처리할 수 있다.
③ 많은 오버헤드(Overhead)를 초래한다.
④ 주로 빠른 응답시간이 요구되는 대화식 시분할시스템, 온라인 응용에 사용된다.

12 프로세서들이 서로 작업을 진행하지 못하고 영원히 대기상태로 빠지게 되는 현상을 무엇이라고 하는가?
① thrashing ② working set
③ semaphore ④ deadlock

13 교착상태의 해결 방법 중 은행원 알고리즘과 관계되는 것은?
① 예방 기법 ② 회피 기법
③ 발견 기법 ④ 회복 기법

14 기계어에 대한 설명으로 옳지 않은 것은?
① 컴퓨터가 직접 이해할 수 있는 언어이다.
② 기종마다 기계어가 다르므로 언어의 호환성이 없다.
③ 0과 1의 2진수 형태로 표현되며 수행시간이 빠르다.
④ 고급 언어에 해당한다.

15 새로이 반입된 프로그램을 주기억장치 내의 어느 곳에 둘 것인가를 결정하는 전략을 무엇이라고 하는가?
① Fetch 전략
② Replacement 전략
③ Placement 전략
④ Compaction 전략

16 시스템의 성능평가기준과 가장 거리가 먼 것은?
① 신뢰도 ② 반환 시간
③ 비용 ④ 처리 능력

17 어셈블리 언어를 두 개의 Pass로 구성하는 주된 이유로 가장 적절한 것은?
① 한 개의 Pass만을 사용하는 경우는 프로그램의 크기가 증가하여 유지 보수가 어려움
② 한 개의 Pass만을 사용하는 경우는 프

로그램의 크기가 증가하여 처리 속도가 감소함
③ 한 개의 Pass만을 사용하는 경우는 기호를 모두 정의한 뒤에 해당 기호를 사용해야 함
④ Pass1과 Pass2를 사용하는 경우는 프로그램이 작아서 경제적임

18 언어 번역기에 의하여 생성되는 최종 실행 프로그램이 보다 작은 기억 장소를 사용하여 보다 빠르게 작업을 처리할 수 있도록, 주어진 환경에서 최상의 명령어 코드를 사용하여 작업을 수행할 수 있도록 하는 것을 무엇이라 하는가?
① Code Integration
② Code Optimization
③ Code Generation
④ Code Initialization

19 프로세스가 일정 시간 동안 자주 참조하는 페이지들의 집합을 무엇이라고 하는가?
① Locality   ② Thrashing
③ Paging   ④ Working Set

20 컴퓨터 언어로 작성된 프로그램이 번역되어 실행되는 과정이 바르게 나열된 것은?
① loader → linker → compiler
② compiler → loader → linker
③ linker → assembler → loader
④ compiler → linker → loader

제2과목 전자계산기구조

21 보조기억장치에 저장되어 있는 프로그램과 데이터 중에서 프로그램 수행에 필요한 부분을 주기억장치로 옮길 때 부족한 주기억장치의 용량을 확장하기 위해 보조기억장치의 일부를 마치 주기억장치의 일부로 사용하는 것은?
① cache memory
② virtual memory
③ auxiliary memory
④ associative memory

22 데이터를 지우는 방식이 다른 기억소자는?
① EPROM   ② EEPROM
③ NOR 플래시   ④ NAND 플래시

23 다음 parallel process 중 pipeline process와 가장 관계가 깊은 것은?
① SISD(Single Instruction, Single Data stream)
② MISD(Multiple Instruction stream, Single Data stream)
③ SIMD(Single Instruction stream, Multiple Data stream)
④ MIMD(Multiple Instruction stream, Multiple Data stream)

24 다음과 같은 메모리 주소 22에 있는 명령어를 실행할 경우 누산기(AC)의 값은? (단, 명령의 내용 중 0은 직접주소방식을 나타내는 모드 비트이며 현 AC의 값은

550이다.)

메모리번지	메모리	
22	0 ADD	457
...		
457	950	
...		
950	22	

① 550 ② 950
③ 1407 ④ 1500

25 DMA(Direct Memory Access) 전송을 위하여 중앙처리장치가 DMA 제어기에 알려 주어야 할 사항이 아닌 것은?
① 입출력 데이터를 저장하고 있는 기억장치의 시작 주소
② 레지스터 번호
③ 데이터 전송 방향
④ 데이터를 입출력할 장치가 연결된 채널 번호

26 하드와이어 방식의 제어장치에 관한 설명으로 가장 옳지 않은 것은?
① 제어신호의 생성과정에서 지연이 매우 작다.
② 구현되는 논리회로는 명령코드에 따라 매우 간단하다.
③ 회로가 주소지정 모드에 따라 매우 복잡하다.
④ 소프트웨어 없이 하드웨어만으로 설계된 제어장치이다.

27 다음 중 직접 기억장치 접근(DMA) 방식에 대한 설명으로 올바른 것은?
① 프로세서가 I/O 관리를 위해 직접 장치를 검사하는 방식이다.
② 프로세서가 직접 워드 전송을 위한 I/O 명령어를 수행한다.
③ I/O를 위해 프로세서의 사이클을 스틸링(stealing)하여 메모리 버스에 접근한다.
④ 블록 단위의 전송보다 워드 단위의 전송에 더 효과적이다.

28 RS 플립플롭에서 R=1, S=1인 입력 조합의 경우를 방지하기 위하여 보완된 것은?
① D 플립플롭 ② T 플립플롭
③ JK 플립플롭 ④ FF 플립플롭

29 다음 중 Associative 기억장치의 특징으로 옳은 것은?
① 일반적으로 DRAM보다 값이 싸다.
② 구조 및 동작이 간단하다.
③ 명령어를 순서대로 기억시킨다.
④ 저장된 정보에 대해서 주소보다 내용에 의해 검색한다.

30 메모리 인터리빙을 사용하는 목적은?
① 기억용량 증대
② 입출력장치의 증설
③ 전력소모 감소
④ 메모리 액세스의 효율 증대

31 아래와 같은 18비트 주소 형식을 갖는 주기억장치에서 접근 가능한 캐시 메모리의 크기를 올바르게 계산한 결과는? (단,

3-way 세트 연관 사상을 고려하고, 태그가 저장되는 공간의 크기는 무시하고, 주소는 바이트 단위로 부여된다고 가정한다.)

| 태그 (5bit) | 세트 (10bit) | 워드 3(bit) |

① 16KB　　② 24KB
③ 32KB　　④ 48KB

32 연산회로에서 반드시 필요한 신호로만 묶여 있는 것은?
① 덧셈신호, 보수신호, 끝자리올림신호
② 덧셈신호, 아랫자리올림신호, 곱셈신호
③ 덧셈신호, 끝자리올림신호, 나눗셈신호
④ 덧셈신호, 아랫자리올림신호, 지수신호

33 다음 불 함수를 간소화한 결과로 가장 옳은 것은? (단, d( )는 무관 조건임)

$F(w, x, y, z)=\Sigma(1, 3, 7, 11, 15)$
$d(w, x, y, z)=\Sigma(0, 2, 5)$

① $F=\overline{w}x + yz$
② $F=\overline{x}y + \overline{w}\overline{z}$
③ $F=\overline{w}\overline{x}\overline{y}\overline{z} + yz$
④ $F=\overline{w}\overline{x}z + xyz$

34 CISC(Complex Instruction Set Computer)와 RISC(Reduced Instruction Set Computer)에 대한 비교 설명으로 옳지 않은 것은?
① CISC는 명령어와 주소지정방식을 보다 복잡하게 하여 풍부한 기능을 소유하도록 하고 RISC는 아주 간단한 명령들만 가지고 매우 빠르게 동작하도록 한다.
② CISC는 거의 모든 명령어가 레지스터를 대상으로 하며 메모리의 접근을 최소로 하고 RISC는 처리 속도를 증가시키기 위해서 독특한 형태로 다기능을 지원하는 메모리와 레지스터를 대상으로 한다.
③ CISC는 명령어의 수가 수백 개에서 많게는 수천 개로 매우 다양하고 RISC-명령어의 수가 CISC에 비해서 약 30% 정도이며 명령어 형식도 최소한 줄였다.
④ CISC는 데이터 경로가 메모리로부터 레지스터, ALU, 버스로 연결되는 등 다양하고 RISC-데이터 경로 사이클을 단일화하며 사이클 타임을 최소화한다.

35 서로 다른 17개의 정보가 있을 때 이 중에서 하나를 선택하려면 최소 몇 개의 비트가 필요한가?
① 3　　② 4
③ 5　　④ 17

36 주기억장치가 32K×12 용량이며, 캐시 메모리가 512×12 용량이라고 하자. 한 블록의 크기가 8 워드라고 할 때 연관사상(associative mapping)을 한다면 주소의 태그(tag) 필드는 몇 bit인가?
① 9bit　　② 10bit
③ 11bit　　④ 12bit

37 짝수 패리티 검출 방식을 알맞게 설명한 것은?
① 2진 정보 속에 있는 0의 개수가 패리티

비트를 포함하여 짝수가 되도록 패리
티 비트를 부가하는 방식
② 2진 정보 속에 있는 1의 개수가 패리티
비트를 포함하여 짝수가 되도록 패리
티 비트를 부가하는 방식
③ 2진 정보 속에 있는 0의 개수가 패리티
비트를 제외하고 짝수가 되도록 패리
티 비트를 부가하는 방식
④ 2진 정보 속에 있는 1의 개수가 패리티
비트를 제외하고 짝수가 되도록 패리
티 비트를 부가하는 방식

38 프로그램 내의 모든 인스트럭션이 그들의 수행에 필요한 피연산자들이 모두 준비되었을 때 그 인스트럭션을 수행하는 것으로 데이터 추진(data driven) 방식이라 할 수 있는 것은?
① multiprocessor system
② vector processor
③ pipeline processor
④ data flow machine

39 사이클 스틸과 인터럽트에 관한 설명으로 옳은 것은?
① 사이클 스틸은 주기억장치의 사이클 타임을 중앙처리장치로부터 DMA가 일시적으로 빼앗는 것으로 중앙처리장치는 주기억장치에 접근할 수 없다.
② 사이클 스틸은 중앙처리장치의 상태보존이 필요하다.
③ 인터럽트는 중앙처리장치의 상태보존이 필요 없다.
④ 인터럽트는 정전의 경우와는 관계없다.

40 컴퓨터 시스템에 예기치 않은 일이 발생하였을 때, CPU가 처리하고 있던 일을 멈추고, 문제점을 신속히 처리한 후 하던 일로 다시 재귀하는 방식은?
① 인터페이스 ② 제어장치
③ 인터럽트   ④ 버퍼

제3과목 마이크로전자계산기

41 컴퓨터의 명령어 사이클은 4가지 단계를 반복적으로 거치면서 동작한다. 다음 중 속하지 않는 단계는?
① Interrupt cycle
② Fetch cycle
③ Branch cycle
④ Execution cycle

42 프로그램 크기가 가장 작은 주소 형식은?
① 0-주소 형식   ② 1-주소 형식
③ 2-주소 형식   ④ 3-주소 형식

43 연계 편집 프로그램(linking editor)이 목적 프로그램을 입력으로 읽을 때 출력으로 생성하는 프로그램은?
① 로드 프로그램(load program)
② 유틸리티 프로그램(utility program)
③ 매칭 프로그램(matching program)
④ 서비스 프로그램(service program)

44 마이크로프로세서에서 데이터가 저장된 또는 저장될 기억장치의 장소를 지정하기

위해 사용하는 버스(bus)는?
① 레지스터 연결 버스
② 데이터 버스
③ 주소 버스
④ 제어 버스

45 고수준 언어로 작성된 프로그램을 기계어로 번역하기 위한 프로그램은?
① 에디터　　② 컴파일러
③ 어셈블러　④ 로더

46 CPU의 상태 플래그(status flag)에 관한 설명 중 틀린 것은?
① 보조캐리 플래그(auxiliary carry flag)는 BCD 연산에 사용된다.
② Z 플래그(zero flag)는 ALU의 연산 결과가 0인지 여부에 따라 세트된다.
③ N 플래그(negative flag)는 ALU 연산 결과가 음수인지 여부에 따라 세트된다.
④ 제일 왼쪽 비트에서 발생되는 올림수를 C_p, 왼쪽의 2번째 비트에서 발생되는 올림수를 C_s라 할 때 오버플로우(overflow) 발생 조건은 $C_s + C_p$로 주어지게 된다.

47 포팅을 통해 리눅스 프로그램/유틸리티를 MS윈도에서 사용할 수 있도록 하는 프로그램은?
① cygwin
② perl
③ JDK
④ driver development kit

48 입출력 프로세서와 CPU의 관계에 대한 설명으로 가장 옳은 것은?
① CPU와 입출력 프로세서는 무관하다.
② CPU는 입출력 프로세서에게 입출력 동작을 수행하도록 명령한 후 계속 관여한다.
③ CPU는 입출력 프로세서에게 입출력 동작을 수행하도록 명령한 후 CPU는 다른 일을 수행한다.
④ 입출력 프로세서는 CPU에게 입출력 동작을 수행하도록 명령한다.

49 CPU의 클록 주파수가 2.5MHz이고, 한 개의 명령 사이클이 3개의 머신 사이클로 이루어져 실행되며, 각 머신 사이클은 명령어 인출 및 해독 시 4개의 머신 스테이트가 필요하고 실행 시에는 각 6개씩의 머신 스테이트로 이루어진다면 한 개의 명령어를 실행하는 데 걸리는 시간은?
① $0.4\mu s$　　② $4\mu s$
③ $25\mu s$　　④ $40\mu s$

50 그림은 입출력 제어장치와 입출력 버스의 연결을 나타낸 것이다. 빈 블록 Ⓐ에 가장 적합한 내용은?

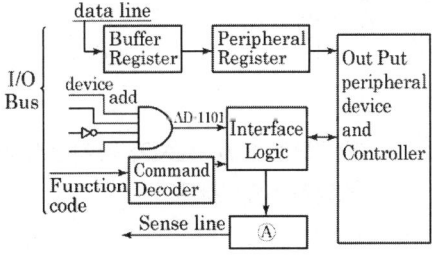

① Accumulator
② Status Register

③ Shift Register
④ Control Register

51 컴퓨터와 주변장치 사이에서 데이터 전송 시에 입출력 주기나 완료를 나타내는 2개의 제어 신호를 사용하여 데이터 입출력을 하는 방식은?
① strobe 방법
② polling 방법
③ interrupt 방법
④ handshaking 방법

52 프로그램 입·출력 동작에 대한 설명으로 가장 옳지 않은 것은?
① 직접 I/O 또는 polled I/O 같은 데이터 전송이다.
② 마이크로프로세서에 의해 제어된다.
③ 데이터 전송은 명령이나 입·출력 서브루틴에 의해 실행된다.
④ 마이크로프로세서가 아닌 별도의 제어기에 의해 제어된다.

53 하드 디스크 또는 광학 드라이브와의 데이터 전송을 목적으로 직렬연결을 이용한 컴퓨터 버스는?
① UART   ② RLL
③ IDE   ④ SATA

54 일반적으로 DMA 장치가 가지는 3개의 레지스터가 아닌 것은?
① 주소 레지스터
② 워드 카운터 레지스터
③ 제어 레지스터
④ 인터럽트 레지스터

55 데이터의 특정 부분을 제거(clear)하기 위해 사용되는 명령어는?
① AND   ② OR
③ Complement ④ Shift

56 대부분의 마이크로프로세서 CPU 소켓 인터페이스는 어떤 구조를 기반으로 하는가?
① PGA 구조   ② DIP 구조
③ BGA 구조   ④ LGA 구조

57 다음 신호 중 양방향 신호는?
① 어드레스 신호
② 데이터 신호
③ 인터럽트 요청 신호
④ 리셋 신호

58 중앙처리장치의 하드웨어(hardware) 요소들을 기능별로 나눌 때 속하지 않는 기능은?
① 입력 기능   ② 기억 기능
③ 연산 기능   ④ 제어 기능

59 파이프라인 프로세서의 설명 중 가장 적합한 것은?
① 다중 프로그래밍 시스템의 프로세서
② 제어 메모리가 분리된 프로세서
③ 2개 이상의 명령어를 동시에 수행할 수 있는 프로세서
④ 분산 기억장치 시스템의 프로세서

60 Recursive subroutine을 처리하는 데 가장

적합한 자료 구조는?
① 큐(queue)
② 데큐(dequeue)
③ 환상 큐(circular queue)
④ 스택(stack)

제4과목 논리회로

61 다음 논리군 중에서 게이트당 소모 전력(mW)이 가장 적은 것은?
① CMOS   ② MOS
③ TTL   ④ RTL

62 F(W, X, Y, Z)=$\overline{W}X + Y\overline{Z}$의 보수를 구하면?
① $(W+\overline{X})(Y+Z)$
② $(W+\overline{X})(\overline{Y}+\overline{Z})$
③ $(W+\overline{X})(\overline{Y}+Z)$
④ $(W+X)(\overline{Y}+Z)$

63 8진 카운터를 구성하고자 할 경우 최소 몇 개의 JK 플립플롭이 필요한가?
① 3개   ② 4개
③ 8개   ④ 16개

64 T 플립플롭 3개를 종속 접속한 후 입력주파수 800Hz를 인가하면 출력주파수는?
① 8Hz   ② 10Hz
③ 80Hz   ④ 100Hz

65 [그림]과 같은 논리회로와 등가적으로 동작되는 스위치회로는?

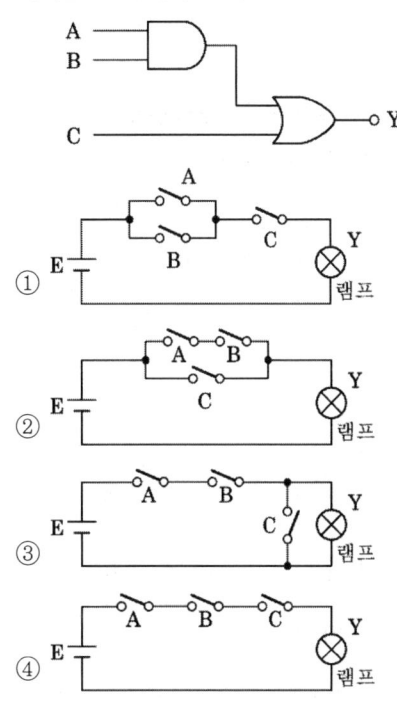

66 레지스터(register)의 기능은?
① 데이터(Data)를 일시 저장한다.
② 회로를 동기화시킨다.
③ 카운터의 대용으로 사용된다.
④ 펄스(pulse) 발생기이다.

67 16진수 AF63을 8진수로 나타내면?
① 135713   ② 152734
③ 147325   ④ 127543

68 시프트 레지스터(Shift Register)를 만드는 데 가장 적합한 플립플롭은?
① RS 플립플롭

② RST 플립플롭
③ D 플립플롭
④ T 플립플롭

② 4비트 동기식 2진 카운터
③ BCD 리플 카운터
④ 시프트 레지스터

69 다음 그림은 D 플립플롭의 진리표이다. Q(t+1)의 상태는?

D	Q₀(t)	Q(t+1)
0	0	[ ]
0	1	
1	0	
1	1	

① $\begin{bmatrix} 0 \\ 1 \\ 0 \\ 1 \end{bmatrix}$ ② $\begin{bmatrix} 1 \\ 0 \\ 1 \\ 0 \end{bmatrix}$

③ $\begin{bmatrix} 1 \\ 1 \\ 0 \\ 0 \end{bmatrix}$ ④ $\begin{bmatrix} 0 \\ 0 \\ 1 \\ 1 \end{bmatrix}$

70 다음 그림은 어떤 동작을 하는 회로인가?

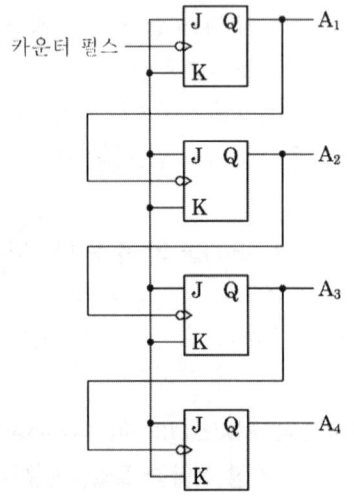

① 4비트 2진 리플 카운터

71 다음 [그림]과 같은 논리회로의 명칭은?

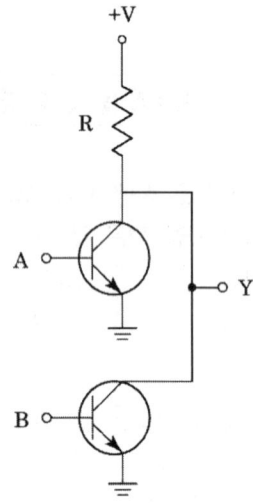

① AND   ② NAND
③ OR   ④ NOR

72 다음 COUNTER는 연속된 Count pulse에 의해 어떠한 상태 변화를 나타내는가? (단, 초기상태 ABC=000 가정)

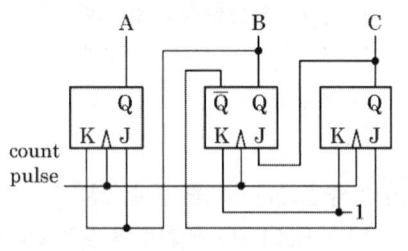

① 000 → 010 → 100 → 101 → 110 → 001 → 000
② 000 → 001 → 010 → 100 → 101 → 110 → 000

③ 000 → 100 → 010 → 110 → 001 → 010 → 000

④ 000 → 101 → 110 → 001 → 010 → 100 → 000

73 짝수 패리티 비트의 해밍(hamming) 코드로 0011011을 받았을 때 오류가 수정된 정확한 코드는?

① 0011001   ② 0111011
③ 0001011   ④ 0010001

74 다음 논리함수를 최소화하면?

F(A,B,C,D)
=AB'C+AB'D+AC'(BC'+C'D')+AB'D

① F(A,B,C,D)=AC'+AB'+A'BC
② F(A,B,C,D)=AC'+AB'+A'BD+A'BC
③ F(A,B,C,D)=AC'+AB'+A'BD+BC'D
④ F(A,B,C,D)=AC'+AB'+A'BD+BD

75 다음 회로에 대해 잘못 설명한 것은?

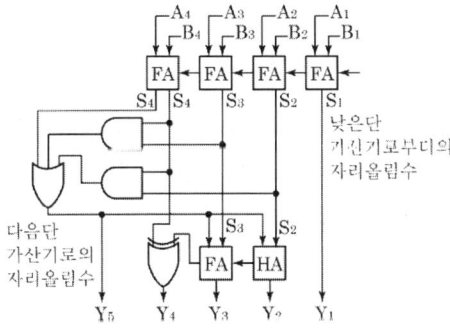

① 8421코드의 가산기이다.
② 가산을 행하여 그 합이 4가 넘으면 6을 더한다.
③ 8421코드와 대응되는 10진수의 10 이상의 코드는 의미가 없다.
④ 8421코드와 대응되는 10진수의 10 이상의 6개의 코드는 제외시킨다.

76 직렬 또는 병렬방식 레지스터 전송에 대한 설명으로 가장 옳지 않은 것은?

① 직렬방식은 데이터를 전송할 때 많은 시간이 필요하다.
② 병렬방식은 하드웨어 규모가 간단하다.
③ 직렬방식은 클록 펄스에 의해 한 번에 1bit씩 자리 이동한다.
④ 병렬방식은 모든 bit의 데이터를 한 번의 클록 펄스에 모두 전송시킨다.

77 A1, B1은 첫 번째 A와 B의 입력 값이고, A2, B2는 두 번째 A와 B의 입력 값일 경우 (A1, A2) → (A2, B2) 형식으로 표현한다. A+B를 계산하는 4비트 리플 캐리 가산기(4bit ripple carry adder)의 캐리 아웃(carry out)의 최대 지연시간을 측정하기 위해서는 입력 패턴을 어떻게 주어야 하는가?

① (0000, 0111) → (0000, 1000)
② (1010, 0111) → (1011, 0111)
③ (1010, 0101) → (1011, 0101)
④ (1111, 0000) → (1111, 1111)

78 전가산기(Full Adder)의 구성은?

① 반가산기 2개, OR 게이트 1개
② 반가산기 2개, OR 게이트 2개
③ 반가산기 2개, AND 게이트 1개
④ 반가산기 2개, AND 게이트 2개

79 4입력 디코더(decoder)는 최대 몇 개의 출력을 낼 수 있나?
① 4   ② 8
③ 16   ④ 256

80 자기 보수 코드(self complementing code)가 아닌 것은?
① 5중 2 코드   ② 2421 코드
③ 3-초과 코드   ④ 51111 코드

제5과목 데이터통신

81 프로토콜의 기본 구성 요소가 아닌 것은?
① entity   ② syntax
③ semantic   ④ timing

82 신뢰성 있는 데이터 전송을 위해 사용되는 자동 반복 요구(Automatic Repeat reQuest) 방법이 아닌 것은?
① go-back-N
② control transport
③ selective repeat
④ stop-and-wait

83 16상 위상변조의 변조속도가 1200baud인 경우 데이터 전송 속도(bps)는?
① 1200   ② 2400
③ 4800   ④ 9600

84 다음 중 LAN에서 사용되는 채널할당 방식 중 요구할당 방식에 해당되는 것은?
① FDM   ② CSMA/CD
③ TDM   ④ Token Ring

85 Stop-and-wait ARQ 방식에서 수신측이 4번 프레임에 대해 NAK를 보내왔다. 이에 대한 송신측의 행위로 옳은 것은?
① 1, 2, 3, 4번 프레임을 재전송한다.
② 현재의 윈도우 크기만큼을 모두 전송한 후 4번 프레임을 재전송한다.
③ 5번 프레임부터 모두 재전송한다.
④ 4번 프레임만 재전송한다.

86 OSI-7 계층의 전송계층에서 사용되는 프로토콜은?
① FTP   ② SMTP
③ HTTP   ④ UDP

87 IEEE 802.4의 표준안 내용으로 맞는 것은?
① 토큰 버스 LAN
② 블루투스
③ CSMA/CD LAN
④ 무선 LAN

88 10.0.0.0 네트워크 전체에서 마스크 255.240.0.0를 사용할 경우 유효한 서브넷 ID는?
① 10.1.16.9   ② 10.16.0.0
③ 10.27.32.0   ④ 10.0.1.32

89 자동재전송요청(ARQ)기법 중 데이터 프레임을 연속적으로 전송해 나가다가 NAK를 수신하게 되면, 오류가 발생한 프레임 이

후에 전송된 모든 데이터 프레임을 재전송하는 방식은?
① Selective-Repeat
② Stop-and-wait
③ Go-back-N
④ Turbo Code

90 매체 접근 제어 방식 중 CSMA/CD와 토큰 패싱(Token Passing)에 대한 설명으로 틀린 것은?
① CSMA/CD는 버스 또는 트리 토폴로지에서 가장 많이 사용되는 기법이다.
② 토큰 패싱은 토큰을 분실할 가능성이 있다.
③ 토큰 패싱은 노드가 증가하면 성능이 좋아진다.
④ CSMA/CD는 비경쟁 기법의 단점인 대기시간이 상당부분 제거될 수 있다.

91 비연결형(connectionless) 네트워크 프로토콜에 해당하는 것은?
① HTTP ② TCP
③ IP ④ FTP

92 대역폭이 B(Hz), 신호 대 잡음비가 0인 채널을 사용하여 데이터를 전송하는 경우 채널용량(bps)은?
① 0 ② B
③ 2B ④ 4B

93 경로 지정 방식에서 각 노드에 도착하는 패킷을 자신을 제외한 다른 모든 것을 복사하여 전송하는 방식은?
① 고정 경로 지정
② 플러딩
③ 임의 경로 지정
④ 적응 경로 지정

94 HDLC에서 피기백킹(piggybacking) 기법을 통해 데이터에 대한 확인응답을 보낼 때 사용되는 프레임은?
① I-프레임 ② S-프레임
③ U-프레임 ④ A-프레임

95 라우팅 프로토콜 중에서 최소홉수(hop)수를 기준으로 목적지까지의 최적경로를 결정하는 프로토콜은?
① RIP ② UDP
③ EIGRP ④ BGP

96 아날로그 데이터를 디지털 신호로 변환하는 과정에 포함되지 않는 것은?
① encryption ② sampling
③ quantization ④ encoding

97 IPv4에서 IPv6로 천이하는 데 사용되는 IETF에서 고안한 천이 전략 3가지에 해당하지 않는 것은?
① Dual Stack
② Tunneling
③ Header Translation
④ IP control

98 다중화(Multiplexing)에 대한 설명으로 틀린 것은?

① 다중화란 효율적인 전송을 위하여 넓은 대역폭을 가진 하나의 전송링크를 통해 여러 신호를 동시에 실어 보내는 기술을 말한다.
② 동기식 시분할 다중화는 전송시간을 일정한 간격의 슬롯(time slot)으로 나누고, 이를 주기적으로 각 채널에 할당한다.
③ 주파수 분할 다중화는 여러 신호를 전송매체의 서로 다른 주파수 대역을 이용하여 동시에 전송하는 기술을 말한다.
④ 파장 분할 다중화는 각 채널별로 특정한 시간 슬롯이 할당되지 않고 전송할 데이터가 있는 채널만 시간 슬롯을 이용하여 데이터를 전송한다.

99 다중접속방식에 해당하지 않는 것은?
① FDMA   ② QDMA
③ TDMA   ④ CDMA

100 TCP/IP 관련 프로토콜 중 하이퍼 텍스트 전송을 위한 프로토콜은?
① HTTP   ② SMTP
③ SNMP   ④ Mailto

2019년 4회 시행 과년도출제문제

제1과목 시스템프로그래밍

01 우선순위 스케줄링 알고리즘에서 발생할 수 있는 무한연기 현상을 해결하기 위해서 제안된 방법은?
① 구역성(locality)
② 에이징(aging) 기법
③ 세마포어(semaphore)
④ 문맥전환(context switching)

02 시스템 소프트웨어에 대한 설명으로 틀린 것은?
① 시스템의 제어 및 관리를 수행한다.
② 하드웨어와 응용소프트웨어를 연결하는 역할을 수행한다.
③ 항공예약, 자재관리, 인사관리 시스템 등이 시스템 소프트웨어의 대표적인 사례이다.
④ 프로그램을 주기억장치에 적재시키거나 인터럽트 관리, 장치관리 등의 기능을 담당한다.

03 Formal grammar의 4가지 형태에 해당하지 않는 것은?
① Regular grammar
② Context-free grammar
③ Context sensitive grammar
④ Generator grammar

04 어셈블리어에서 논리적인 비교와 결과가 양수 또는 음수인지를 검사하여 상태 레지스터의 상태 비트를 설정하는 명령은?
① NEG
② CWD
③ LEA
④ TEST

05 로더(Loader)의 기능이 아닌 것은?
① Link
② Compile
③ Allocation
④ Relocation

06 구문 분석기가 올바른 문장에 대해 그 문장의 구조를 트리로 표현한 것으로 루트, 중간, 단말 노드로 구성되는 트리는 무엇인가?
① 인덱스 트리
② 주소 트리
③ 파스 트리
④ 산술 트리

07 시간구역성(temporal locality)의 예로 틀린 것은?
① 스택(stack)
② 순환(looping)
③ 배열순례(array traversal)
④ 집계(totaling)에 사용되는 변수

08 어셈블러를 이중 패스(Two Pass)로 구성하는 주된 이유는?
① 오류 처리
② 어셈블러의 크기
③ 다양한 출력 정보

④ 전향 참조(Forward Reference)

09 Global Reference를 절대번지로 바꾸거나 Linking과 상대번지를 바꾸는 과정 등과 같이 변하기 쉬운 것을 확고하게 결정짓는 것을 무엇이라고 하는가?
① Binding ② Thrashing
③ Paging ④ Parsing

10 운영체제의 기능이 아닌 것은?
① 자원보호 기능
② 언어번역 기능
③ 자원 스케줄링 기능
④ 기억장치 관리 기능

11 프로그램에서 오류가 발생한 위치와 오류가 발생하게 된 원인을 추적하기 위하여 사용되는 것은?
① text editor ② tracer
③ linker ④ binder

12 Assembly 언어에서 제1번지부에 표현한 번호의 register에 다음 명령의 번지를 기억시킨 후, 제2번지부에 표현한 번호의 register가 기억한 번지로 분기하는 명령어는?
① BR ② BALR
③ USING ④ START

13 매크로 프로세서(Macro Processor)의 기본 수행 작업에 해당하지 않는 것은?
① 매크로 확장

② 매크로 정의 인식
③ 매크로 호출 인식
④ 매크로 정의 확장

14 교착 상태 발생의 필요 조건이 아닌 것은?
① 선점 조건
② 상호 배제 조건
③ 환형 대기 조건
④ 점유 및 대기 조건

15 워킹 셋에 대한 설명으로 틀린 것은?
① 프로세스가 일정 시간 동안 자주 참조하는 페이지들의 집합이다.
② 데닝이 제안한 것으로, 프로그램의 Locality 특징을 이용한다.
③ 프로세스가 실행되는 동안 주기억장치를 참조할 때 일부 페이지만 집중적으로 참조하는 성질을 의미한다.
④ 자주 참조되는 워킹 셋을 주기억장치에 상주시킴으로써 페이지 부재 및 페이지 교체 현상을 줄일 수 있다.

16 프로그램의 소스 코드가 실제 수행되기까지의 순서로 옳은 것은?
① compiler → loader → linkage editor
② compiler → linkage editor → loader
③ loader → compiler → linkage editor
④ linkage editor → compiler → loader

17 데이터가 입력된 순간에 곧바로 작업을 처리하는 컴퓨터 시스템으로 화학공장 또는 원자력 발전소 등의 공정 제어 시스템, 은행의 온라인 처리 시스템 등에 사용되는

시스템은?
① 실시간 시스템(real time system)
② 오프라인 시스템(off-line system)
③ 다중처리 시스템(multiprocessing system)
④ 일괄처리 시스템(batch system)

18 작업제어 언어에 대한 설명으로 틀린 것은?
① 기종에 상관없이 동일하다.
② 프로그램의 순서적 실행을 지시한다.
③ 프로그램 및 시스템 운영에 관한 지시를 운영체제에게 전달한다.
④ 입출력장치의 배당을 위한 프로그램에서 정의된 논리적 장치와 물리적 장치를 연결한다.

19 어셈블리에서 어떤 기호적 이름에 상수 값을 할당하는 명령어는?
① EQU
② INT
③ INCLUDE
④ ASSUME

20 페이징 시스템에서 페이지의 크기에 관한 설명으로 틀린 것은?
① 페이지의 크기가 작을수록 페이지 테이블의 크기가 커진다.
② 페이지의 크기가 클수록 내부단편화가 감소한다.
③ 페이지의 크기가 클수록 참조되는 정보와 무관한 정보들이 많이 적재된다.
④ 작은 크기의 페이지가 보다 적절한 작업세트를 유지할 수 있다.

● 제2과목 전자계산기구조

21 마이크로프로그램을 이용한 제어에서 제어 단어의 각 비트가 한 마이크로 연산 실행 여부를 제어하는 제어 신호로 사용되는 마이크로 명령어 형식으로 옳은 것은?
① 수평적 마이크로 명령어
② 수직적 마이크로 명령어
③ 비트-by-비트 마이크로 명령어
④ 제어 비트 마이크로 명령어

22 기억장치의 용량을 나타내는 단위로 틀린 것은?
① 1GB(Giga Byte) – 2^{30}Byte
② 1TB(Tera Byte) – 1024PB(Peta Byte)
③ 1MB(Mega Byte) – 1024KB(Kilo Byte)
④ 1MB(Mega Byte) – 2^{20}Byte

23 인터럽트 시스템에서 인터럽트 전처리루틴(pre processing routine)의 기능은?
① 인터럽트 불능 인스트럭션을 수행하여 모든 인터럽트 장치가 인터럽트 요청을 못하게 한다.
② 인터럽트 처리를 한다.
③ 인터럽트의 중첩이 가능한 경우 인터럽트를 선별적으로 가능 혹은 불가능하게 한다.
④ 보존된 프로그램의 상태를 복구시키고 중단된 프로그램의 수행이 계속되게 한다.

24 1개의 Full adder를 구성하기 위해서는 최

소 몇 개의 Half adder가 필요한가?
① 1개 ② 2개
③ 3개 ④ 4개

25 비휘발성 메모리가 아닌 것은?
① ROM ② RAM
③ 자기 코어 ④ 보조기억장치

26 다음 회로의 출력 Y 값은?

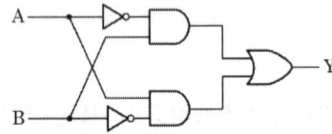

① $Y = AB + \overline{AB}$
② $Y = \overline{AB} + \overline{AB}$
③ $Y = A\overline{B} + AB$
④ $Y = A\overline{B} + \overline{A}B$

27 다음은 병렬처리 컴퓨터에서 사용하는 기억장치를 설명한 것이다. 기억된 정보의 일부분을 참조하여 원하는 정보가 기억된 위치를 알아낸 후, 그 위치에서 나머지 정보에 접근할 수 있는 기억장치는?
① ROM(Read Only Memory)
② RAM(Random Access Memory)
③ CAM(Content Addressable Memory)
④ Cache Memory

28 하드웨어 우선순위 인터럽트의 특징으로 가장 옳은 것은?
① 가격이 싸다.
② 응답속도가 빠르다.
③ 유연성이 있다.
④ 우선순위는 소프트웨어로 결정한다.

29 디지털 IC의 전달지연 시간이 가장 짧은 것부터 차례로 나열한 것은?
① ECL-MOS-CMOS-TTL
② TTL-ECL-MOS-CMOS
③ ECL-TTL-CMOS-MOS
④ MOS-TTL-ECL-CMOS

30 기억장치에 대한 설명으로 틀린 것은?
① 기억장치는 주기억장치와 보조기억장치로 나눈다.
② 주기억장치는 롬과 램으로 구성할 수 있다.
③ 접근방식은 직접 접근방식과 순차적 접근방식이 있다.
④ 기억장치의 접근속도는 모두 일정하다.

31 4비트 데이터 0101을 해밍코드(hamming code)로 표현하려고 한다. 코드의 구성은 $P_1\ P_2\ D_3\ P_4\ D_5\ D_6\ D_7$과 같이 한다. 여기서 P_n은 패리티 비트를 의미하고, D_n은 데이터, 즉 0101을 의미한다. 변환된 해밍코드는?
① 0 0 0 0 1 0 1
② 0 0 0 1 1 0 1
③ 0 1 0 0 1 0 1
④ 0 1 0 1 1 0 1

32 다중처리기 상호 연결 방법 중 시분할 공유버스를 설명한 것은?
① 시분할 공유와 기타 방법의 혼합
② Multiprocessor를 비교적 경제적인 망

으로 구성
③ 공유버스 시스템에서 버스의 수를 기억장치의 수만큼 증가시킨 구조
④ 프로세서, 기억장치, 입출력 장치들 간에 하나의 버스 통신로만을 제공하는 방법

33 전가산기(full adder)의 Carry 비트를 논리식으로 나타낸 것은?
① $C=X \oplus Y \oplus Z$
② $C=X'Y+X'Z+Y \cdot Z$
③ $C=X \cdot Y \oplus (X \oplus Y)Z$
④ $C=X \odot Y \odot Z$

34 X=950.4, Y=82를 더한 결과를 정규화한 값은?
① 1032.4
② $1032.4 * 10^0$
③ $1.0324 * 10^3$
④ $0.10324 * 10^4$

35 우선순위 중재 방식 중 중재동작이 끝날 때마다 모든 마스터들의 우선순위가 한 단계씩 낮아지고, 가장 우선순위가 낮았던 마스터가 최상위 우선순위를 가지는 방식은?
① 회전우선순위
② 임의우선순위
③ 동등우선순위
④ 최소-최근 사용 우선순위

36 명령어를 구성하는 명령어 내 비트들의 할당에 영향을 주는 요소가 아닌 것은?
① 버스 개수
② 주소지정방식
③ 주소 영역
④ 연산코드

37 임의의 컴퓨터 시스템에서 비트 슬라이스의 길이가 16이고, 단어의 길이가 8인 경우, 최대 병렬수행도 P 값은?
① 128
② 2
③ 24
④ 0.5

38 400MHz 프로세서에서 어떤 프로그램을 실행할 때 총 2백만 개의 명령어들이 실행되었고, 각 명령어의 유형과 비율은 아래 표와 같이 주어졌다고 가정할 때 평균 CPI와 MIPS(Millions of instructions per second)율을 각각 계산한 결과로 옳은 것은? (단, MIPS율의 경우 소숫점 이하 숫자는 버림한다.)

명령어 유형	CPI (Cycle per instruction)	명령어 비율
산술 및 논리	1	55%
캐시 적중된 적재 및 저장	3	20%
분기	6	20%
캐시 미스된 기억장치 참조	8	5%

① CPI=3.2, MIPS율=130
② CPI=2.75, MIPS율=145
③ CPI=2.75, MIPS율=137
④ CPI=3.2, MIPS율=140

39 인터럽트의 요청이 있을 경우에 처리하는 내용 중 가장 관계 없는 것은?
① 중앙처리장치는 인터럽트를 요구한 장치를 확인하기 위하여 입출력장치를 폴링한다.
② PSW(Program Status Word)에 현재의 상태를 보관한다.
③ 인터럽트 서비스 프로그램은 실행하는

중간에는 다른 인터럽트를 처리할 수 없다.
④ 인터럽트를 요구한 장치를 위한 인터럽트 서비스 프로그램을 실행한다.

40 마이크로프로그램을 이용하는 제어장치의 구성 요소가 아닌 것은?
① 순서 제어 모듈
② 서브루틴 레지스터
③ 명령 레지스터
④ 제어 버퍼 레지스터

● 제3과목 마이크로전자계산기

41 TTL 출력 종류 중 논리값이 0도 아니고 1도 아닌, 고임피던스 상태를 가지며, 특히 bus 구조에 적합한 것은?
① Tri-state 출력
② TTL 표준출력
③ Totem-pole 출력
④ Open collector 출력

42 주기억장치와 중앙처리장치와의 속도 차이를 해결하기 위하여 사용되는 기억장치는?
① 캐시기억장치   ② 가상기억장치
③ 보조기억장치   ④ 연상기억장치

43 다음 중 간접 주소(indirect address)에 대한 설명으로 옳은 것은?
① 그 자료를 얻기 위하여 정확히 한 번 기억장치에 접근해야 한다.

② 명령문 내의 번지는 실제 데이터의 주소를 표시하고 있다.
③ 다른 주소 방식들보다 신속하게 데이터에 접근할 수 있다.
④ 명령문 내의 번지는 실제 데이터의 위치를 찾을 수 있는 번지가 들어 있는 장소를 표시한다.

44 다음 중 UART가 수행할 수 있는 동작이 아닌 것은?
① 외부 전송을 위해 패리티 비트를 추가한다.
② 키보드나 마우스로부터 들어오는 인터럽트를 처리한다.
③ 데이터를 외부로 내보낼 때에는 시작 비트와 정지 비트를 추가한다.
④ 바이트들을 외부에 전달하기 위해 하나의 병렬 비트 스트림으로 변환한다.

45 비동기식 입출력장치의 특징이 아닌 것은?
① 오픈 루트 방식을 사용할 수 있다.
② 핸드셰이킹 방식을 사용할 수 없다.
③ 송수신장치가 자신의 타이밍에 독립적으로 동작한다.
④ 동작의 일치를 위해 동기용의 제어 신호를 상대에 전송한다.

46 그림과 같은 어느 프로그램 중 0123번지에 CALL A 명령이 있다. 이 CALL A를 수행한 후 PC에 기억된 값은? (단, 모든 명령문은 1바이트라 한다.)

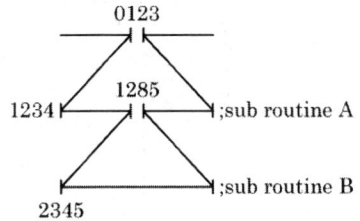

① 0124 ② 1234
③ 1285 ④ 2345

47 제어 메모리에서 번지를 결정하는 방법과 관련이 없는 것은?
① 제어 어드레스 레지스터를 하나씩 증가
② 플래그 레지스터 비트에 따라 무조건 분기
③ 매크로 동작 비트로부터 ROM으로 매핑
④ 마이크로 명령어에서 지정하는 번지로 무조건 분기

48 입출력장치로의 병렬 데이터 전송 중에서 IEEE-488 표준 규격이 제정되어 있으며, 계측기에서 대부분 채택하고 있는 인터페이스의 명칭은?
① S-100 ② GPIB
③ RS-232C ④ RS-485

49 컴퓨터 제어장치의 기본 사이클에 속하지 않는 것은?
① fetch cycle
② direct cycle
③ execute cycle
④ interrupt cycle

50 고정배선제어에 비해 마이크로프로그램을 이용한 제어 방식이 가지는 장점으로 틀린 것은?
① 동작 속도를 극대화할 수 있다.
② 제어 논리의 설계를 프로그램 작업으로 수행할 수 있다.
③ 개발 기간을 단축시킬 수 있고 에러에 대한 진단 및 수정이 쉽다.
④ 변경 가능한 제어기억소자를 사용하면 제어의 변경이 가능하다.

51 DMA 제어장치가 꼭 갖추어야 할 필수 레지스터가 아닌 것은?
① status register
② program counter
③ data counter
④ address register

52 다음 중 특정 비트만 0으로 하기 위한 연산은?
① OR 연산 ② AND 연산
③ EX-OR 연산 ④ 보수 연산

53 CMOS형 IC의 장점으로 옳은 것은?
① 소비 전력이 크다.
② 잡음 여유도가 크다.
③ P형이나 N형보다 공정이 간단하다.
④ 전원 전압 범위가 작다.

54 데이지 체인(Daisy chain) 기법을 가장 올바르게 설명한 것은?
① 3개 이상의 장치들이 핸드셰이킹(hand shaking) 기법을 사용하는 것
② 주소가 서로 상충(collision)하는 장치

들을 방지하기 위해 조정하는 기법
③ 전압이 높은 입력이 필요한 장치에서부터 낮은 입력의 장치까지 순차로 엮는 방식
④ 인터럽트 확인(Interrupt acknowledge) 신호를 우선순위가 제일 높은 장치부터 받게 하는 기법

55 연산의 결과 올림수가 발생하면 1이 되는 flag는 어느 것인가?
① zero flag   ② sing flag
③ parity flag ④ carry flag

56 표준 비동기 직렬 데이터 전송에서 데이터 양식에 속하지 않는 것은?
① a start bit(0)
② 5 to 8 data bit
③ a status bit
④ parity bit

57 인출 사이클(fetch cycle) 수행 시 적합하지 않은 마이크로 오퍼레이션은?
① DBUS ← M[ABUS]
② IR ← DBUS, RD ← 0
③ ABUS ← PC, RD ← 1
④ M[ABUS] ← DBUS, WR ← 1

58 다음의 CPU 회로에서 점선 부분의 역할은 무엇인가?

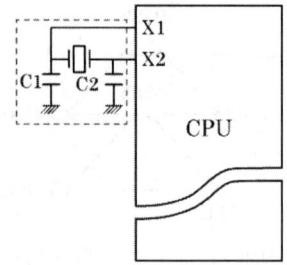

① CPU를 리셋(Reset)시키기 위한 부분이다.
② CPU에 클록(Clock)을 공급하기 위한 부분이다.
③ CPU의 공급전원을 일정하게 하기 위한 부분이다.
④ CPU에 인터럽트(Interrupt) 신호가 입력되는 부분이다.

59 다음 중에서 기억장치로부터 전송된 데이터를 일시적으로 저장하는 레지스터는?
① MAR   ② MBR
③ ALU   ④ 채널

60 DRAM(Dynamic Random Access Memory)에 대한 설명으로 옳은 것은?
① Content Addressable 메모리이다.
② 주기적으로 메모리를 refresh하여야 한다.
③ Dynamic Relocation이 용이한 메모리이다.
④ 전원이 끊어져도 메모리 상태는 지워지지 않는다.

제4과목 논리회로

61 레지스터의 기능으로 옳은 것은?
① 펄스를 발생시킨다.
② 정보를 일시 저장한다.
③ 계수기의 대용으로 쓰인다.
④ 회로를 동기시킨다.

62 동기형 15진 계수기를 구성하기 위한 최소의 플립플롭의 개수는?
① 2   ② 3
③ 4   ④ 5

63 다음 회로에서 B의 주기가 1000ns라면, 클록 주파수는 몇 MHz인가?

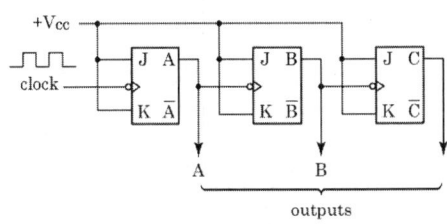

① 1   ② 2
③ 4   ④ 8

64 2입력 Exclusive-OR에 대한 설명으로 옳은 것은?
① 입력이 같을 때 출력=0,
 서로 다를 때 출력=0이 발생
② 입력이 같을 때 출력=0,
 서로 다를 때 출력=1이 발생
③ 입력이 같을 때 출력=1,
 서로 다를 때 출력=0이 발생
④ 입력이 같을 때 출력=1,
 서로 다를 때 출력=1이 발생

65 10진수 0.4375를 2진수로 변환한 것으로 옳은 것은?
① $0.1110_{(2)}$ ② $0.1101_{(2)}$
③ $0.1011_{(2)}$ ④ $0.0111_{(2)}$

66 다음 중 SR 플립플롭의 부정 상태가 출력으로 나타나지 않도록 개량하여 부정 상태 없이 불변, 0, 1, 토글의 4가지 출력을 가지는 플립플롭은?
① D 플립플롭   ② T 플립플롭
③ H 플립플롭   ④ JK 플립플롭

67 3초과 코드(3-excess code) 0101을 BCD 코드로 변환하면?
① 0101   ② 0100
③ 0011   ④ 0010

68 리플 카운터의 특징으로 틀린 것은?
① 비동기 카운터이다.
② 카운트 속도가 동기식 카운터에 비해 느리다.
③ 최대 동작 주파수에 제한을 받지 않는다.
④ 회로 구성이 비교적 간단하다.

69 2진수 10110의 2의 보수는?
① 10001   ② 01010
③ 01001   ④ 01011

70 다음 식 $AB + A\overline{B}C$를 가장 간략화한 것은?

① AC　　② AB
③ AB+AC　④ $\overline{A}B$+AC

71 다음 논리회로의 논리식으로 옳은 것은?

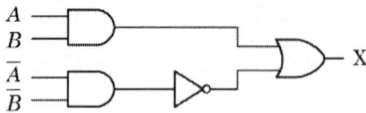

① X = AB　　② X = A+B
③ X = $\overline{A}$+B　④ X = A$\overline{B}$

72 그림과 같은 구성도는 어떤 플립플롭인가?

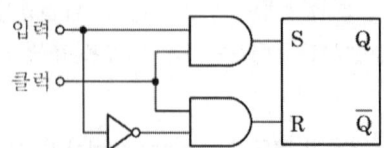

① SR 플립플롭　② JK 플립플롭
③ D 플립플롭　　④ T 플립플롭

73 다음의 진리표에 해당하는 논리식으로 옳은 것은?

A	B	C	F
0	0	0	0
0	0	1	0
0	1	0	0
0	1	1	1
1	0	0	0
1	0	1	1
1	1	0	1
1	1	1	1

① F = ABC + AB$\overline{C}$ + A$\overline{B}$C + $\overline{A}$BC
② F = ABC + A$\overline{B}$C + A$\overline{B}$C + $\overline{A}$BC
③ F = ABC + AB$\overline{C}$ + $\overline{A}$BC + $\overline{A}$BC
④ F = ABC + AB$\overline{C}$ + A$\overline{B}$C + $\overline{A}$BC

74 다음 중 입력이 모두 0일 때에만 출력이 1이 되는 게이트는?
① OR 게이트　　② AND 게이트
③ NOR 게이트　④ XOR 게이트

75 BCD의 01000010과 00110110의 합을 10진수로 표현하면?
① 57　② 78
③ 111　④ 121

76 다음 회로의 출력 F에 대한 회로식으로 틀린 것은? (단, x는 MSB, z는 LSB이다.)

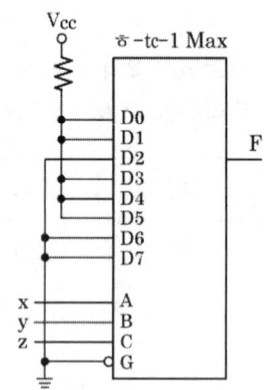

① y′+x′z　　② xy′+y′z′+x′z
③ x′y′+y′z′+xy′　④ y′z′+x′z+y′z

77 BCD를 10진수로 변환하는 회로는?
① Decoder
② Encoder
③ Multiplexer
④ Demultiplexer

78 다음의 회로와 같은 결과를 얻을 수 있는 게이트(gate)는 어느 것인가? (단, 다이오

드는 이상적인 소자이다.)

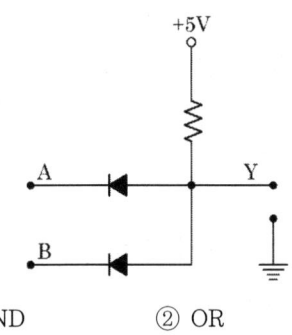

① AND ② OR
③ NOR ④ XOR

79 디지털회로에서 clock pulse가 오기 전에 입력하고자 하는 입력 자료가 미리 대기하고 있어야 원하는 결과를 얻을 수 있다. 이 때 대기하는 시간을 무엇이라 하는가?
① Propagation delay time
② Setup time
③ Hold time
④ Access time

80 다음 회로에서 입력이 A=1, B=1, C_i=1일 때 출력 X와 Y의 값으로 옳은 것은?

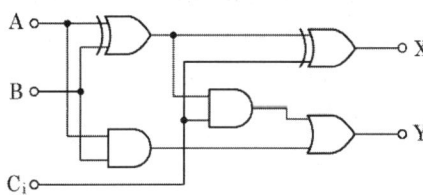

① X=0, Y=0 ② X=0, Y=1
③ X=1, Y=0 ④ X=1, Y=1

제5과목 데이터통신

81 전파가 다중 반사되어 수신점에 도달하게 되므로 이들 전파의 도달시간 차이로 인해 수신점에서 심벌(symbol)이 겹치는 현상이 일어나는데 이를 무엇이라고 하는가?
① 동일채널간섭
② 지연 확산
③ 도플러 효과
④ 대척점 효과

82 HDLC 프레임 형식 중 프레임의 시작과 끝을 나타내며 고유한 비트 패턴으로 표시되는 것은?
① 정보영역 ② 제어영역
③ 주소영역 ④ 임계영역

83 외부 라우팅 프로토콜이며 거리 벡터인 프로토콜로 상이한 시스템에 있는 라우터 간에 라우팅 정보를 교환하는 데 사용하는 프로토콜은?
① RIP ② OSPF
③ EXP ④ BGP

84 통신 속도가 2400baud이고, 4상 위상변조를 하는 경우 데이터의 전송속도[bps]는?
① 2400 ② 4800
③ 9600 ④ 19200

85 IEEE 802.11 워킹 그룹의 무선 LAN 표준화 현황 중 QoS 강화를 위해 MAC 지원 기능을 채택한 태스크 그룹은?

① 802.11a   ② 802.11b
③ 802.11g   ④ 802.11e

86 PSK에서 반송파 간의 위상차는? (단, M은 진수이다.)

① $\dfrac{\pi}{M}$ ② $\dfrac{2\pi}{M}$

③ $\dfrac{\pi}{2M}$ ④ $2\pi M$

87 컴퓨터끼리 또는 컴퓨터와 단말기 사이 등에서 정보교환이 필요한 경우, 이를 원활하게 하기 위하여 정한 여러 가지 통신 규약을 무엇이라 하는가?

① Protocol   ② Link
③ Terminal   ④ Interface

88 HDLC 프레임 구조에 포함되지 않는 것은?

① BCC   ② FCS
③ 주소부   ④ 제어부

89 HDLC(High level Data Link Control)에 대한 설명으로 틀린 것은?

① 문자 지향형 전송 프로토콜이다.
② 정보 프레임, 감독 프레임, 비번호 프레임이 존재한다.
③ 감독 프레임은 정보(데이터) 필드를 포함하지 않는다.
④ CRC 방식을 위한 2바이트 또는 4바이트 FCS를 포함한다.

90 ATM에 대한 설명으로 틀린 것은?

① 고정길이의 셀(cell) 단위로 데이터를 전송하므로 고속통신에 적합하다.
② 멀티미디어 전송에 적합하다.
③ 헤더에 대해서 오류검출을 수행한다.
④ ATM 셀(cell)은 48바이트의 헤더와 5바이트의 데이터로 구성된다.

91 다음 내용이 설명하는 것은 무엇인가?

- ITU-T에서 정의한 패킷 교환 표준
- DTE(Data Terminal Equipment)와 DCE(Data Circuit-terminating Equipment) 사이의 인터페이스
- 물리 계층, 링크 계층, 패킷 계층을 기반으로 하며 광역 네트워크에서 널리 사용

① SYNC   ② TCP/IP
③ UDP   ④ X.25

92 샤논의 정의에서 채널용량을 결정하는 요소가 아닌 것은?

① 대역폭   ② 신호전력
③ 잡음 전력   ④ 변조방식

93 TCP/IP 관련 프로토콜 중 인터넷 계층에 해당하는 것은?

① SNMP   ② HTTP
③ TCP   ④ ICMP

94 OSI 7계층 중 데이터 링크 계층의 프로토콜은?

① PPP
② RS-232C/V.24
③ EIA-530
④ V.22bis

95 아날로그 데이터를 디지털 데이터로 변환시키는 표본화 과정 중 일정한 주기마다 표본화하여 생성되는 펄스는?
① PSM　　② PAM
③ FM　　　④ AM

96 송신 스테이션이 데이터 프레임을 연속적으로 전송해 나가다가 NAK를 수신하게 되면 에러가 발생한 프레임을 포함하여 그 이후에 전송된 모든 데이터 프레임을 재전송하는 방식은?
① Stop-and-wait ARQ
② Go-back-N ARQ
③ Selective-Repeat ARQ
④ Non Selective-Repeat ARQ

97 대역폭(bandwidth)에 대한 설명으로 옳은 것은?
① 최고 주파수를 의미한다.
② 최저 주파수를 의미한다.
③ 최고 주파수의 절반을 의미한다.
④ 최고 주파수와 최저 주파수 사이 간격을 의미한다.

98 주파수 분할 다중화(FDM)에서 보호 대역(Guard band)이 필요한 이유는?
① 주파수 대역폭을 축소시키기 위함이다.
② 신호의 세기를 크게 하기 위함이다.
③ 채널 간의 상호 간섭을 방지하기 위함이다.
④ 보다 많은 채널을 좁은 주파수대역에 싣기 위함이다.

99 연속적인 신호파형에서 최고주파수가 W(Hz)일 때 나이퀴스트(Nyquist) 표본화 주기(T)는?
① $T = \dfrac{1}{W}$　　② $T = W$
③ $T = \dfrac{1}{4W}$　　④ $T = \dfrac{1}{2W}$

100 다음 중 패킷 교환망의 설명으로 틀린 것은?
① 가상 회선 방식과 데이터그램 방식이 있다.
② 전송에 실패한 패킷의 경우 재전송이 가능하다.
③ 패킷 단위로 헤더를 추가하므로 패킷별 오버헤드가 발생한다.
④ 공간분할 회선교환 방식으로 기계식이나 전자식 교환기와 통신회선을 그대로 이용하는 방식이다.

2020년 4회 시행 과년도출제문제

제1과목 시스템 프로그래밍

01 로더의 기능 중 실행 프로그램에 할당된 기억공간에 실제로 옮기는 기능은?
① Loading   ② Allocation
③ Linking   ④ Relocation

02 파일 시스템의 기능 및 특징이 아닌 것은?
① 파일을 안정하게 사용할 수 있도록 보호되어야 한다.
② 사용자가 파일을 생성, 수정, 제거할 수 있도록 한다.
③ 파일은 주로 주기억장치에 저장하여 사용한다.
④ 파일의 정보가 손실되지 않도록 데이터 무결성을 유지한다.

03 프로세스(Process)의 정의 중 틀린 것은?
① PCB를 가진 프로그램
② 프로시저가 활동 중인 것
③ 프로세서가 할당되는 실체
④ 동기적 행위를 일으키는 주체

04 언어번역 프로그램이 아닌 것은?
① linker   ② compiler
③ assembler   ④ interpreter

05 가상 메모리의 특징으로 틀린 것은?
① 보조기억장치를 이용한 주기억장치의 용량 확보이다.
② 오버레이(Overlay) 문제가 자동적으로 해결된다.
③ 주기억장치 이용률과 다중 프로그래밍의 효율을 높일 수 있다.
④ 사용 가능한 보조기억장치는 SASD 장치이어야 한다.

06 시스템 소프트웨어 구성 중 제어 프로그램이 아닌 것은?
① 감시 프로그램
② 서비스 프로그램
③ 작업 제어 프로그램
④ 자료 관리 프로그램

07 이중 패스 어셈블러의 특징 중 틀린 것은?
① 프로그램 크기가 작다.
② 별도의 다른 코드와 결합할 수 있다.
③ 기호 테이블을 이용하여 목적 프로그램을 생성한다.
④ 기호를 정의하기 전에 사용 가능하므로 프로그램 작성이 용이하다.

08 프로그래밍 언어 중 모델의 계산을 위해 기호 논리와 집합론을 이용하는 언어는?
① C언어   ② Smalltalk
③ PROLOG   ④ LISP 언어

09 절대 로더(Absolute Loader)에서 할당과

연결을 수행하는 주체는?
① 로더
② 어셈블러
③ 프로그래머
④ 어셈블러와 로더

10 어셈블리어에서 사용되는 명령 중 의사명령이 아닌 것은?
① END   ② BNE
③ EQU   ④ DROP

11 2-패스 어셈블러 구조에서 패스 2의 목적에 해당되는 것은?
① 기호들의 값을 찾음
② 리터럴(literal)들의 기억
③ 기계어 명령어의 길이 결정
④ 위치 계수기(Location counter)의 상태 파악

12 매크로프로세서의 기본적인 수행 작업으로 틀린 것은?
① 매크로 정의   ② 매크로 확장
③ 매크로 호출   ④ 매크로 소멸

13 언어 번역 프로그램이 생성한 목적 프로그램과 또 다른 목적 프로그램, 라이브러리 함수 등을 연결하여 실행 가능한 프로그램을 만드는 것은?
① 어셈블러(assembler)
② 인터프리터(interpreter)
③ 연결 편집기(Linkage Editor)
④ 프리프로세서(preprocessor)

14 어셈블리어에 대한 설명으로 틀린 것은?
① 기계어와 1 : 1로 대응시켜 코드화한 기호 언어이다.
② 사용자가 프로그램을 쉽게 읽고 이해할 수 있다.
③ 프로그램에 기호화된 명령 및 주소를 사용한다.
④ 작성한 CPU마다 사용되는 어셈블리어는 모두 같다.

15 별도의 로더 없이 언어 번역 프로그램이 로더의 기능까지 수행하는 방식의 로더는?
① Absolute Loader
② Direct Linking Loader
③ Compile And Go Loader
④ Dynamic Loading Loader

16 시스템 소프트웨어와 그 기능의 연결이 틀린 것은?
① 로더 : 실행 가능한 프로그램을 기억장치로 적재
② 디버거 : 실행 시간 오류 및 에러 발생 시 기계 상태 검사 및 수정
③ 링커 : 저급 언어로 작성된 원시 프로그램을 목적 프로그램과 연결
④ 어셈블러 : 저급 언어로 작성된 원시 프로그램을 목적 프로그램으로 변환

17 운영체제를 적재할 수 있도록 하는 것으로, ROM에 저장되어 있으며 메모리가 비어 있는 상태에서 처음으로 실행되는 프로그램은?
① 매크로   ② 부트 로더

③ 컴파일러   ④ 스케줄러

18 시스템 프로그램의 역할이 아닌 것은?
① 인터럽트를 관리한다.
② 주변장치를 관리한다.
③ 복잡한 계산을 처리한다.
④ 프로그램을 기억장치에 상주시킨다.

19 서브 루틴에서 자신을 호출한 곳으로 복귀시키는 어셈블리어 명령은?
① SUB   ② MOV
③ RET   ④ INT

20 로더(Loader)의 기능에 해당하지 않는 것은?
① Allocation   ② Loading
③ Translation ④ Linking

제2과목 전자계산기구조

21 병렬 컴퓨터의 특징으로 틀린 것은?
① 처리 속도가 빠르다.
② 프로그램 작성이 쉽다.
③ 기억장치를 공유할 수 있다.
④ 일부 하드웨어 오류가 발생하여도 전체 시스템은 동작할 수 있다.

22 비교적 속도가 빠른 자기디스크에 연결하는 채널은?
① 서브 채널
② 바이트 채널
③ 셀렉터 채널

④ 멀티플렉서 채널

23 4비트로 자료를 표시할 때 2진화 16진수는 2진화 십진수(BCD)에 비해 몇 개를 더 표시할 수 있는가?
① 0   ② 2
③ 4   ④ 6

24 인터럽트 처리 루틴을 사용하지 않고 직접 인터럽트 취급 루틴의 수행을 개시할 수 있도록 각 장치의 인터럽트 취급 루틴으로 분기하는 명령어들로 구성된 부분은?
① 채널 명령어
② 인터럽트 벡터
③ 인터럽트 체인
④ 인터럽트 분기 루틴

25 캐시 기억장치의 특징 중 틀린 것은?
① 주기억장치와 CPU의 속도 차이를 줄이기 위해 사용된다.
② 주기억장치와 CPU 사이에서 일종의 버퍼 기능을 수행한다.
③ 주기억장치와 CPU의 정보 교환을 위해 임시 보관하는 장치이다.
④ CPU에서 실행 중인 프로그램과 데이터를 기억한다.

26 다음에 실행할 마이크로 명령어의 주소를 저장하는 레지스터로, 제어 기억장치의 특정 위치를 가리키는 제어장치의 구성 요소는?
① Control Memory
② Instruction Decoder
③ Control Buffer Register : CBR

④ Control Address Register : CAR

27 모든 마이크로 오퍼레이션에 대해 서로 다른 마이크로 사이클 시간을 할당하는 방식은?
① 비동기식
② 동기 가변식
③ 동기 고정식
④ 비동기 가변식

28 자기 디스크의 특징이 아닌 것은?
① 액세스 시간이 빠르다.
② 레코드의 추가, 삭제, 정정하기 쉽다.
③ 순차 처리와 랜덤 처리를 병행할 수 있다.
④ 자기 테이프보다 가격이 저렴하고 대용량이다.

29 I/O operation과 관계없는 것은?
① Channel
② Handshaking
③ Interrupt
④ Emulation

30 조합 논리회로가 아닌 것은?
① 디코더   ② 반가산기
③ 플립플롭   ④ 멀티플렉서

31 인터럽트 발생 시 CPU가 확인하여야 할 사항으로 틀린 것은?
① 상태 조건의 내용
② DMA의 내용
③ 프로그램 카운터의 내용
④ 프로그램에서 사용한 모든 레지스터의 내용

32 컴퓨터의 연산자(Op-code)의 기능이 아닌 것은?
① 함수 연산 기능
② 전달 기능
③ 제어 기능
④ 기억 기능

33 중앙연산장치에서 마이크로 오퍼레이션이 순서적으로 일어나게 하기 위해 필요한 것은?
① 레지스터   ② 누산기
③ 스위치   ④ 제어 신호

34 다음 마이크로 오퍼레이션과 관련 있는 사이클은?

```
MAR ← MBR(addr)
MBR ← M(MAR)
```

① 실행 사이클
② 간접 사이클
③ 인터럽트 사이클
④ 적재 사이클

35 제어장치의 기능에 대한 설명 중 틀린 것은?
① 입력장치의 내용을 기억장치에 기록한다.
② 기억장치의 내용을 연산장치에 옮긴다.
③ 가상메모리에 있는 프로그램을 해독한다.
④ 기억장치의 내용을 출력장치에 옮긴다.

36 논리식 $F = A + \overline{A}B$를 간소화한 식으로 옳은 것은?
① $F = AB$ ② $F = A\overline{B}$

③ F = $\overline{AB}$ ④ F = A + B

37 내부 인터럽트의 원인이 아닌 것은?
① 불법적인 명령어 사용을 하는 경우
② 정전이 되거나 전원 이상이 있는 경우
③ overflow 또는 0(zero)으로 나누는 경우
④ 보호 영역 내의 메모리 주소를 access 하는 경우

38 명령어의 구성 형태 중 하나의 오퍼랜드만 포함하고 다른 오퍼랜드가 결과값은 누산기에 저장되는 명령어 형식은?
① 0-주소 명령어
② 1-주소 명령어
③ 2-주소 명령어
④ 3-주소 명령어

39 그레이 코드에 대한 설명으로 틀린 것은?
① 자기 보수의 특성을 가지고 있다.
② 가중치를 갖지 않는 코드이다.
③ 코드 변환을 위해 XOR 게이트를 사용한다.
④ 아날로그/디지털 변환기를 제어하는 코드에 사용된다.

40 기억장치 중 기억된 자료가 일정 시간이 경과하면 소멸되는 장치는? (단, 별도의 보관 방법을 사용하지 않음)
① Static memory
② Core memory
③ Dynamic memory
④ Destructive memory

● **제3과목 마이크로전자계산기**

41 플래그(flag) 레지스터가 나타내는 상태가 아닌 것은?
① carry의 발생
② overflow의 발생
③ 연산 결과의 부호
④ 인덱스(index) 레지스터의 증감 상태

42 RISC(Reduced Instruction Set Computer)에 대한 설명으로 틀린 것은?
① 하드웨어에서 스택을 지원한다.
② 빠른 명령어 해석을 위해 고정 명령어 길이를 사용한다.
③ 메모리 접근 횟수를 줄이기 위해 많은 수의 레지스터를 사용한다.
④ 비교적 전력 소모가 작기 때문에 임베디드 프로세서에도 채택되고 있다.

43 마이크로컴퓨터 운영체제의 기능이 아닌 것은?
① 파일 보호
② 파일 디렉터리 관리
③ 상주 모니터로의 모드 전환
④ 사용자 프로그램의 번역 및 실행

44 조건부 분기 명령의 실행에서 수행되어야 할 다음 명령어를 결정하기 위해서는 어느 레지스터의 내용을 조사하는가?
① 상태 레지스터(Status Register)
② 인덱스 레지스터(Index Register)
③ 명령 레지스터(Instruction Register)

④ 메모리 주소 레지스터(Memory Address Register)

45 스택(stack)에 자료 전송 시 사용되는 명령어 형식은?
① 0-주소 명령어 형식
② 1-주소 명령어 형식
③ 2-주소 명령어 형식
④ 3-주소 명령어 형식

46 기억장치의 특성을 결정하는 요소가 아닌 것은?
① Idle mode   ② 기억용량
③ Access Time ④ Bandwidth

47 다음 중 성격이 다른 시스템 프로그램은?
① 로더   ② 컴파일러
③ 어셈블러   ④ 인터프리터

48 마이크로프로세서에서 같은 프로그램이 한 프로그램에 여러 번 사용될 경우 이것을 별도의 프로그램으로 만들어 두고 필요할 때마다 호출하여 사용하는 프로그램은?
① 분기 명령
② 반복 명령
③ 회전 명령
④ 서브루틴 명령

49 SRAM이 DRAM보다 장점인 특성은?
① 전력 손실   ② 메모리 용량
③ 비트당 가격 ④ 액세스 시간

50 입·출력 요구가 있는지를 CPU가 수시로 점검하여야 되는 입출력 방식은?
① DMA
② isolated I/O
③ interrupt I/O
④ programmed I/O

51 Vectored Interrupt에 대한 설명 중 옳은 것은?
① 입출력장치가 주소를 지정해 주므로 응답시간이 빠르다.
② CPU는 Interrupt 요구장치를 판별하기 위하여 daisy chain을 이용한다.
③ Interrupt에 대한 응답방법 중 가장 많은 소프트웨어가 필요하다.
④ 회로가 단순하고 추가적인 하드웨어가 필요 없으므로 경제적이다.

52 PLA의 프로그래밍에 대한 설명으로 옳은 것은?
① AND 배열만 프로그래밍한다.
② OR 배열만 프로그래밍한다.
③ 프로그래밍을 할 필요가 없다.
④ AND와 OR 배열 모두를 프로그래밍할 수 있다.

53 DMA(Direct Memory Access)의 설명 중 틀린 것은?
① CPU와 DMA 제어기는 메모리와 버스를 공유한다.
② DMA는 블록으로 대용량의 데이터를 전송할 수 있다.
③ CPU의 부담이 없어 빠른 데이터 전송

이 가능하다.
④ DMA는 Data의 입출력 전송이 직접 Memory 장치와 CPU 사이에서 이루어지는 interface를 말한다.

54 명령어 속에 오퍼랜드가 직접 내장되어있는 주소지정방식은?
① Register mode
② Immediate mode
③ Direct address mode
④ Relative address mode

55 입력과 출력의 독립 제어점을 갖는 8비트로 구성된 5개의 레지스터에 상호 병렬 데이터 전송이 가능하기 위한 데이터 선의 수는?
① 8 ② 40
③ 80 ④ 160

56 8비트 마이크로프로세서의 일반적인 내부 버스와 레지스터의 크기는?
① 4bit ② 8bit
③ 16bit ④ 32bit

57 마이크로프로그램 제어 명령어(Microprogram Control Instruction) 중에서 번지가 필요 없는 무번지 명령은?
① CPL(complement)
② BR(branch)
③ AND(and)
④ CALL(call)

58 명령어에 대한 설명으로 틀린 것은?
① 명령어의 형식은 OP Code와 Operand로 구성된다.
② 컴퓨터가 어떻게 동작해야 하는지를 나타내는 것이다.
③ 연산장치에서 해독되어 그 동작이 이루어진다.
④ 컴퓨터가 동작해야 할 명령을 차례대로 모아 놓은 것을 프로그램이라 한다.

59 CPU가 시스템 버스를 사용하지 않는 시간을 이용하여 DMA 기능을 수행하는 방식은?
① Burst 방식
② Pagign 방식
③ Interrupt 방식
④ Cycle stealing 방식

60 인터럽트 처리 과정의 순서로 옳은 것은?
  ㉠ 인터럽트 요구
  ㉡ 인터럽트 서비스 루틴 실행
  ㉢ 인터럽트 선별(Interrupt Masking)
  ㉣ CPU 레지스터 보존
  ㉤ CPU 레지스터 상태복귀와 인디럽트 서비스 루틴의 종료
  ㉥ 인터럽트 확인(Interrupt Acknowledgment)
① ㉠-㉥-㉢-㉣-㉡-㉤
② ㉠-㉢-㉥-㉣-㉡-㉤
③ ㉠-㉣-㉢-㉥-㉡-㉤
④ ㉠-㉣-㉢-㉡-㉥-㉤

제4과목 논리회로

61 500kHz의 클록 펄스(clock pulse)를 T 플립플롭의 clock 입력에 인가하였을 경우 출력 Q의 클록 펄스 주기는 몇 μs인가?
① 2 ② 4
③ 6 ④ 8

62 A/D 변환기 변환 데이터의 니블(nibble)은 몇 비트(bit)를 사용하는 것인가?
① 4 ② 8
③ 16 ④ 32

63 컴퓨터 연산기에 수행되는 연산 알고리즘에 의해 2진수 연산을 수행할 때 상태 초과(overflow)가 발생하지 않는 연산은?
① 부호가 다른 두 수의 덧셈
② 부호가 다른 두 수의 뺄셈
③ 곱셈
④ 나눗셈

64 다음 수를 8421 코드로 표시하고 최하위 자리에 기수 패리티 비트를 붙여 쓰면?

$$(592)_{10}$$

① 1001 0100 001
② 1001 0100 000
③ 0101 1001 0010 1
④ 0101 1001 0010 0

65 다음 회로가 나타내는 것은?

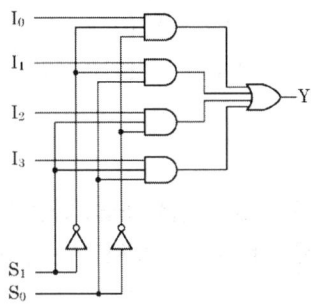

① 2×4 decoder
② 3×8 decoder
③ 4×1 multiplexer
④ 4×2 multiplexer

66 시프트 레지스터의 내용을 왼쪽으로 한번 시프트하면 원래의 데이터는?
① 원래 데이터의 $\frac{1}{4}$이 된다.
② 원래 데이터의 $\frac{1}{2}$이 된다.
③ 원래 데이터의 2배가 된다.
④ 원래 데이터의 4배가 된다.

67 다음 중 가장 큰 수는?
① 10진수 245
② 8진수 455
③ 16진수 FC
④ 2진수 11101011

68 다음 논리회로를 가장 간단히 하면?

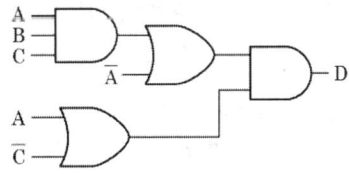

① $D = ABC + A\overline{C}$

② $D = ABC + AB\overline{C} + \overline{A}A + AB\overline{C}$
③ $D = AABC + AB\overline{C} + \overline{A}A\overline{C}$
④ $D = AB + \overline{AC}$

69 다음 회로와 같은 기능을 하는 게이트(gate)는? (단, A, B는 입력, Y는 출력이다.)

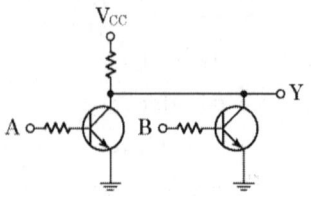

① NAND 게이트
② NOR 게이트
③ XOR 게이트
④ OR 게이트

70 그림과 같이 74HC14를 사용하여 슈미트 트리거 발진기의 발진주파수는 몇 kHz인가? (단, R=10kΩ, C=0.005μF 이다.)

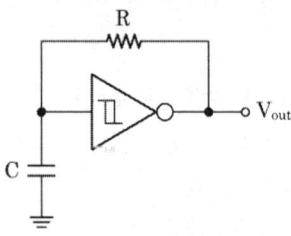

① 16   ② 17
③ 24   ④ 25

71 다음의 회로를 설명한 것으로 옳은 것은?

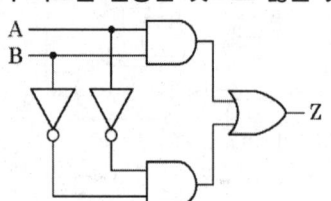

① 출력 Z=A+B와 같다.
② 반감산기 회로이다.
③ 일치회로이다.
④ 덧셈의 캐리를 발생하는 회로이다.

72 다음 진리표(truth table)에서 출력 Y를 최소화한 결과는?

A	B	Y
0	0	1
0	1	0
1	0	1
1	1	1

① $Y = A + \overline{B}$ ② $Y = \overline{A} + B$
③ $Y = \overline{A} + \overline{B}$ ④ $Y = AB$

73 8421 코드에서 입력 ABCD가 1001일 때만 출력이 1인 경우에 해당하는 것은? (단, 8421 코드에서 사용되지 않는 상태는 don't care로 간주한다.)

① $A\overline{D} + \overline{B}C$ ② AD
③ $AC + BD$ ④ $B\overline{D}$

74 2진수 10110101을 그레이코드(gray code)로 변환한 결과로 옳은 것은?

① 01001010   ② 01001011
③ 00010000   ④ 11101111

75 JK 플립플롭을 사용하여 2진 리플 계수기를 만들려는 경우 J와 K의 값은?

① J=0, K=0   ② J=0, K=1
③ J=1, K=0   ④ J=1, K=1

76 다음 회로에 대한 설명으로 옳은 것은?

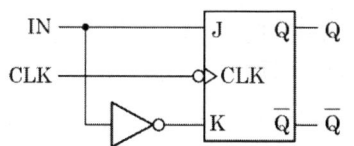

① 클록 분주기 회로이다.
② JK 플립플롭을 사용한 T 플립플롭이다.
③ INPUT을 카운터할 수 있는 카운터 회로이다.
④ JK 플립플롭을 사용한 D 플립플롭이다.

77 입력 address line이 12개, 출력 data line이 4개인 EPROM의 기억 용량은?
① 2Kbyte   ② 4Kbyte
③ 2048Kbyte   ④ 4096Kbyte

78 다음 제시된 조건에 따라 간략화한 f의 값은?

$f(A, B, C, D) = \Sigma(0, 1, 2, 5, 8, 9, 10)$
Don't Care Condition = $\Sigma(3, 11, 13, 15)$

① $f = \overline{B} + \overline{C}D$
② $f = \overline{B} + D$
③ $f = \overline{A}B + AD + \overline{C}D + AB$
④ $f = \overline{B}\overline{D} + \overline{B}\overline{C} + \overline{A}\overline{C}D$

79 다음 카운터 회로에서 Q_1, Q_2, Q_3의 초기상태가 각각 0, 0, 0이었다. CLOCK이 6번 들어갔을 때 Q_1, Q_2, Q_3의 상태 중 옳은 것은?

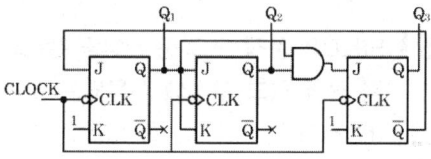

① $Q_1 = 0, Q_2 = 0, Q_3 = 1$
② $Q_1 = 1, Q_2 = 0, Q_3 = 0$
③ $Q_1 = 0, Q_2 = 1, Q_3 = 1$
④ $Q_1 = 1, Q_2 = 1, Q_3 = 0$

80 다음은 NOR 게이트로 구성된 기본 플립플롭이다. S단의 입력값이 1이고, R답의 입력값이 0인 경우 출력 Q 및 Q'의 값은?

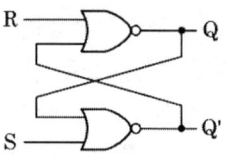

① $Q = 1, Q' = 0$
② $Q = 1, Q' = 1$
③ $Q = 0, Q' = 0$
④ $Q = 0, Q' = 1$

제5과목 데이터통신

81 100MHz의 반송파를 주파수 4kHz의 변조 신호로 최대 주파수 편이 75kHz를 갖게 FM 변조했을 때 소요 주파수 대역(kHz)은?
① 150   ② 154
③ 158   ④ 162

82 PCM 신호처리 과정으로 옳은 것은?
① 표본화 → 양자화 → 부호화 → 복호화
② 부호화 → 양자화 → 표본화 → 복호화
③ 표본화 → 양자화 → 복호화 → 부호화
④ 양자화 → 표본화 → 부호화 → 복호화

83 패킷교환방식에 대한 설명으로 틀린 것은?
① 패킷 길이가 제한된다.
② 전송 데이터가 많은 통신환경에 적합하다.
③ 노드나 회선의 오류 발생 시 다른 경로를 선택할 수 없어 전송이 중단된다.
④ 저장-전달 방식을 사용한다.

84 각 채널이 상호 간섭 없는 코드를 이용하여 주파수나 시간을 모두 공유하면서 각 데이터에 특별한 코드를 부여하는 방식은?
① Frequency Division Multiple Access
② Time Division Multiple Access
③ Code Division Multiple Access
④ Super Division Multiple Access

85 채널 대역폭이 1MHz이고 S/N이 1일 때 채널 용량(Mb/s)은?
① 1　　② 2
③ 3　　④ 4

86 SONET(Synchronous Optical Network)에 대한 설명으로 틀린 것은?
① 광전송망 노드와 망 간의 접속을 표준화한 것이다.
② 다양한 전송기기를 상호 접속하기 위한 광신호와 인터페이스 표준을 제공한다.
③ STS-12의 기본 전송속도는 622.08Mbps이다.
④ 프레임 중계 서비스와 프레임 교환 서비스가 있다.

87 IEEE에서 규정한 무선 LAN 규격은?
① IEEE 802.3
② IEEE 802.5
③ IEEE 802.11
④ IEEE 801.99

88 HDLC는 정보의 전송 기능 및 오류 제어 기능 등을 정의하는 프로토콜이다. HDLC 프레임의 유형이 아닌 것은?
① D형　　② I형
③ S형　　④ U형

89 점대점 링크를 통하여 인터넷 접속에 사용되는 프로토콜인 PPP(Point to Point Protocol)에 대한 설명으로 옳지 않은 것은?
① 재전송을 통한 오류 복구와 흐름 제어 기능을 제공한다.
② LCP와 NCP를 통하여 유용한 기능을 제공한다.
③ IP 패킷의 캡슐화를 제공한다.
④ 동기식과 비동기식 회선 모두 지원한다.

90 OSI 7계층 중 물리주소를 지정하고 흐름 제어 및 전송 제어를 수행하는 계층은?
① 물리 계층
② 데이터 링크 계층
③ 세션 계층
④ 응용 계층

91 HDLC의 동작 모드 중 전이중 전송의 점대점 균형 링크 구성에 사용되는 것은?
① PAM　　② ABM

③ NRM ④ ARM

92 라우팅 프로토콜 중 EGP(Exterior Gateway Protocol)로 사용되며 AS-Path를 통해 L3 Looping이 발생하는 것을 방지하고, 다양한 Attribute값을 통해 best path를 결정하는데 있어 관리자의 의도를 반영할 수 있는 라우팅 프로토콜은?
① RIP ② OSPF
③ EIGRP ④ BGP

93 최대 홉 카운트를 15개로 한정했기 때문에 소규모 네트워크에 주로 사용되는 프로토콜은?
① OSPF ② BGP
③ IGRP ④ RIP

94 IP 주소가 172.16.20.0/25일 때, 호스트의 주소 범위는?
① 172.16.20.1~172.16.20.127
② 172.16.20.0~172.16.20.126
③ 172.16.20.1~172.16.20.126
④ 172.16.20.0~172.16.20.127

95 패킷 교환망에서 패킷이 적절한 경로를 통해 오류 없이 목적지까지 정확하게 전달하기 위한 기능으로 옳지 않은 것은?
① 흐름 제어
② 에러 제어
③ 경로 배정
④ 재밍 방지 제어

96 PCM 시스템에서 상호 부호간 간섭(ISI) 측정을 위해 눈 패턴(eye-pattern)을 이용하는데 여기서 눈을 뜬 상하의 높이가 의미하는 것은?
① 잡음에 대한 여유도
② 전송 속도
③ 시간오차에 대한 민감도
④ 최적의 샘플링 순간

97 Stop-and-wait ARQ 방식에서 수신측이 4번 프레임에 대해 NAK를 보내왔다. 이에 대한 송신측의 행위로 옳은 것은?
① 1, 2, 3, 4번 프레임을 재전송한다.
② 현재의 윈도우 크기만큼을 모두 전송한 후 4번 프레임을 재전송한다.
③ 5번 프레임부터 모두 재전송한다.
④ 4번 프레임만 재전송한다.

98 전진 에러 수정(FEC) 코드에 대한 설명으로 틀린 것은?
① FEC 코드의 종류로 CRC 코드 등이 있다.
② 에러 정정 기능을 포함한다.
③ 연속적인 데이터 전송이 가능하다.
④ 역채널을 사용한다.

99 전송하려는 부호어들의 최소 해밍 거리가 3일 때 수신 시 검출할 수 있는 최대 오류의 수는?
① 1 ② 2
③ 3 ④ 6

100 교환 회선의 전송 제어 절차 중 데이터의 송수신이 가능하도록 경로를 구성하는 단계로 데이터 앞에 특정 단말기를 지정하고 제어 문자를 포함하여 전송하는 단계는?
① 회선 접속
② 데이터 링크 확립
③ 데이터 링크 해제
④ 정보 전송

2021년 4회 시행 과년도출제문제

제1과목 시스템 프로그래밍

01 어셈블리 언어와 관련한 설명으로 틀린 것은?
① 예약어(Reserved Word)는 특정 시간에 사용할 수 있도록 사용자가 정의한 명령어들의 집합이다.
② 식별자(Identifier)는 프로그래머가 선택한 이름으로 변수나 상수 등에 사용된다.
③ 디렉티브(Directive)는 프로그램의 소스 코드를 어셈블할 때 어셈블러가 인식하고 활용하는 명령어이다.
④ 명령어(Instruction)는 프로그램이 메모리에 탑재되어 실행될 때 프로세서에 의하여 실행되는 문장이다.

02 컴파일러와 인터프리터에 대한 설명으로 틀린 것은?
① 일반적으로 컴파일러는 한번 번역한 후 다시 번역하지 않으므로 실행속도가 빠르다.
② 컴파일러는 고급 언어로 작성된 프로그램 전체를 목적 프로그램으로 번역한다.
③ 인터프리트는 줄 단위로 번역 및 실행되기 때문에 원시 프로그램의 변화에 대한 반응이 비교적 빠르다.
④ 인터프리트는 고급 언어로 작성된 프로그램을 한 줄 단위로 받아들여 목적 프로그램으로 번역한다.

03 절대 로더(Absolute Loader)에 대한 설명이 아닌 것은?
① 연결 작업은 프로그래머가 한다.
② 재배치 작업은 어셈블러가 한다.
③ 여러 개의 부프로그램을 사용할 경우 해당 부프로그램들에 같은 주소를 할당한다.
④ 언어 번역기로부터 생성된 목적 프로그램을 언어 번역한다.

04 일반적인 운영체제의 성능 평가 기준이 아닌 것은?
① 비용 ② 신뢰도
③ 처리 능력 ④ 사용 가능도

05 정보 관리를 위한 세그먼테이션(Segmentation)과 관련한 설명으로 틀린 것은?
① 기억장치의 버퍼는 기능적으로 블록/페이지에 해당한다.
② 임의 크기를 갖고 동적으로 커질 수 있다.
③ 파일 시스템과 세그먼트의 개념은 모두 물리적인 정보의 구성을 의미한다.
④ 2차원 번지 공간을 제공할 수 있다.

06 어셈블리를 두 개의 패스로 구성하는 주된 이유는?
① 한 개의 패스만을 사용하면 메모리가 많이 소요된다.
② 패스 1, 2의 어셈블러 프로그램이 작아

서 경제적이다.
③ 기호를 정의하기 전에 사용할 수 있어 프로그램 작성이 용이하다.
④ 한 개의 패스만을 사용하면 프로그램의 크기가 증가하여 유지보수가 어렵다.

07 프로그래밍 언어와 관련한 설명으로 틀린 것은?
① 기계어는 0과 1의 2진수 형태로 표현되며 수행 시간이 빠른 편이다.
② 어셈블리 언어는 기계어와 1 : 1로 대응되는 기호로 이루어진 언어이다.
③ 기계어는 기종에 따라 기계어가 동일하므로 호환성이 높다.
④ 고급 언어는 기계어로 번역하기 위해 컴파일러나 인터프리터를

08 운영체제의 유형 중 프로세서 스케줄링과 다중 프로그래밍을 사용해 각 사용자에게 컴퓨터를 시간적으로 분할하여 나누어주는 개념의 시스템은?
① 다중 프로그래밍 시스템
② 다중처리 시스템
③ 시분할 시스템
④ 분산처리 시스템

09 시스템 프로그램이 아닌 것은?
① Compiler
② Repeater
③ Loader
④ Operating System

10 매크로 프로세서의 2 패스에서 사용되는 데이터베이스가 아닌 것은?
① 매크로 정의 테이블
② 매크로 이름 테이블
③ 매크로 정의 테이블 계수기
④ 매크로 제어 테이블 계수기

11 아래의 이진 연산(binary operation)의 실행 결과가 저장되는 장소는?

ADD X, Y

① X ② Y
③ 스택 ④ 누산기

12 매크로 프로세서가 기본적으로 수행해야 할 작업의 종류가 아닌 것은?
① 매크로 정의 인식
② 매크로 정의 저장
③ 매크로 호출 인식
④ 매크로 호출 저장

13 로더(Loader)의 기능에 해당하지 않는 것은?
① Allocation ② Forwarding
③ Linking ④ Loading

14 페이지 교체 기법 중 가장 오랫동안 사용하지 않은 페이지를 교체할 페이지로 선택하는 기법은?
① FIFO
② LRU
③ LFU
④ SECOND CHANCE

15 목적 모듈 간의 참조 내용 분석 및 재배치 과정을 통해 독립적으로 번역된 하나 이상의 목적 모듈 및 적재 모듈로부터 하나의 적재 모듈을 만드는 데 사용하는 프로그램을 의미하는 것은?
① Parser
② Linkage Editor
③ BNF
④ Associative Array

16 다음과 같은 프로세스들이 차례로 준비상태 큐에 들어왔을 경우 SJF 스케줄링 기법을 이용하여 제출 시간이 없는 경우의 평균 실행시간은?

프로세스	P1	P2	P3
실행시간(초)	18	6	9

① 10초　　② 11초
③ 18초　　④ 24초

17 로더의 기능 중 재배치(Relocation)에 대한 설명으로 옳은 것은?
① 기억장소 내의 공간을 할당한다.
② 주소 상수(Address Constant)와 같이 주소에 의존하는 위치를 할당된 기억 장소와 일치하도록 조정한다.
③ 실질적으로 기계 명령어와 자료를 주기억장치에 배치한다.
④ 목적 프로그램들 간의 연결을 통해 기호적 참조를 해결한다.

18 일반적인 기능의 로더로, 로더의 네 가지 기본 기능을 모두 수행하는 로더는?
① Absolute Loader
② Direct Linking Loader
③ Allocating Loader
④ Compile And Go Loader

19 기계어보다 어셈블리어를 사용하는 것의 장점이 아닌 것은?
① 목적 코드로 변환하기 위한 별도의 프로그램이 필요하지 않다.
② 절대 주소 대신 기호를 사용한다.
③ 가독성이 좋다.
④ 프로그램에 자료 도입이 쉽다.

20 파일 시스템과 관련한 설명으로 틀린 것은?
① 대표적인 유닉스 계열의 파일 시스템으로 FAT, NTFS, STP 등이 있다.
② 정보 관리하는 운영체제 모듈로 볼 수 있다.
③ 정보 공유를 승인되지 않은 참조로부터 보호하는 기능을 제공한다.
④ 파일은 정보 단위를 한 단위로서 취급할 때 상호 관련된 데이터 요소의 집합으로 볼 수 있다.

● 제2과목 전자계산기구조

21 자기 테이프에서 많이 쓰이는 단위인 bpi의 의미는?
① byte per inch
② bit per inch
③ baud per inch

④ bin per inch

22 다음 마이크로 오퍼레이션과 관련이 있는 것은? (단, EAC는 끝자리 올림과 누산기를 의미한다.)

MAR ← MBR(ADDR)
MBR ← M(MAR)
EAC ← AC + MBR

① AND ② ADD
③ JMP ④ BSA

23 병렬 프로세서 시스템에서 한 번에 한 개씩의 명령어와 데이터를 순서대로 처리하는 단일 프로세서(Uniprocessor) 시스템을 의미하는 것은?
① MISD ② MIMD
③ SISD ④ SSMD

24 인터럽트의 발생 원인이 아닌 것은?
① 정전 또는 전원 이상
② 임의의 부프로그램에 대한 호출
③ CPU의 기능적인 오류 동작 발생
④ 타이머에 의해 규정된 시간을 알리는 경우

25 다음 조합 논리회로의 명칭으로 옳은 것은? (단, 입력변수는 A와 B, 출력변수는 X와 Y이다.)

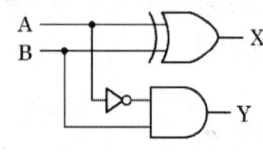

① 전가산기 ② 반가산기
③ 전감산기 ④ 반감산기

26 레지스터 사이의 데이터 전송 방법에 대한 설명으로 틀린 것은?
① 직렬 전송방식에 의한 레지스터 전송은 하나의 클록 펄스 동안에 하나의 비트가 전송되고, 이러한 비트 단위 전송이 모여 워드를 전송하는 방식을 말한다.
② 병렬 전송방식에 의한 레지스터 전송은 하나의 클록 펄스 동안에 레지스터 내의 모든 비트, 즉 워드가 동시에 전송되는 방식을 말한다.
③ 병렬 전송방식에 의한 레지스터 전송은 직렬 전송방식에 비해 속도가 빠르고 결선의 수가 적다는 장점이 있다.
④ 버스 전송방식에 의한 레지스터 전송은 공통의 데이터 전송 통로를 이용하는 방식이다.

27 마이크로사이클(Microcycle)에 대한 설명으로 옳은 것은?
① 마이크로오퍼레이션을 수행하는데 필요한 시간으로 CPU Cycle Time이라고도 한다.
② 동기 가변식은 모든 마이크로오퍼레이션의 동작시간이 같아야 사용할 수 있다.
③ CPU가 접근하는 메모리의 용량을 의미한다.
④ 마이크로오퍼레이션들의 수행시간이 유사할 경우 동기 가변식은 동기 고정식에 비해 제어가 간단하다.

28 인터럽트의 체제의 기본적인 요소가 아닌 것은?
① 인터럽트 처리 기능
② 인터럽트 요청 신호
③ 인터럽트 상태와 DMA
④ 인터럽트 서비스(취급) 루틴

29 RAM과 관련한 설명으로 틀린 것은?
① RAM은 데이터나 프로그램을 일시적으로 기억할 때 사용되며 프로그램의 수행에 따라 그 내용이 계속 변할 수 있다.
② DRAM은 반도체 자체에 데이터를 저장하는 반면, SRAM은 데이터를 커패시터에 저장하기 때문에 주기적인 충전이 필요하다.
③ 일반적으로 SRAM은 DRAM보다 접근 속도(Access Time)가 빠르다.
④ SRAM의 기억 소자는 플립플롭으로 구성되어 있다.

30 기억장치에 기억된 정보에 접근(Access)할 때 주소를 사용하는 것이 아니라 기억된 정보를 이용하여 원하는 정보를 찾는 기억장치는?
① 주기억장치
② 연관 기억장치
③ 제어 기억장치
④ 가상 기억장치

31 최대 2^n 개의 입력이 들어와 n개의 선택 선(Selection Line)에 의해서 1개의 출력을 내보내는 논리회로는?
① Multiplexer
② Demultiplexer
③ Contributor
④ Changer

32 자기 테이프에 대한 설명으로 틀린 것은?
① Direct access가 가능하다.
② 일반적으로 각 블록 사이에 간격(gap)이 존재한다.
③ 자기 디스크와 마찬가지로 연속된 블록들 단위로 읽히고 기록될 수 있다.
④ Sequential access가 가능하다.

33 모든 처리장치 또는 프로세스 요소(PE : Processing Element)들이 하나의 제어 유닛(Control Unit)의 통제하에 동기적으로 동작하는 시스템은?
① 다중 처리기(Multi Processor)
② 비균열 처리기(Nonuniform Processor)
③ 배열 처리기(Array Processor)
④ 클러스터 처리기(Cluster Processor)

34 인스트럭션 수행을 위한 메이저 상태를 설명한 것으로 옳은 것은?
① Execute 상태는 간접 주소지정방식의 경우에만 수행된다.
② 명령어를 기억장치 내에서 가져오기 위한 동작을 fetch라 한다.
③ CPU의 현재 상태를 보관하기 위한 기억장치 접근을 indirect라 한다.
④ 기억장치의 현재 상태를 말한다.

35 인터럽트 벡터에 필수적인 것은?
① 분기 번지   ② 드럼

③ 제어규칙 ④ 누산기

36 T_c=50ns, T_m=400ns인 시스템에서 캐시의 적중률이 70%라 가정할 때, 평균 기억장치 액세스 시간(T_a)은? (단, T_c는 캐시 접근 시간, T_m은 주기억장치 접근 시간이다.)
① 67.5ns ② 85ns
③ 120ns ④ 155ns

37 레지스터에 대한 설명으로 틀린 것은?
① PC(Program Counter) : 다음에 인출할 명령어의 주소를 갖는 레지스터
② IR(Instruction Register) : 주기억장치인 RAM으로부터 가장 최근에 인출한 명령어를 저장하고 있는 레지스터
③ MBR(Memory Buffer Register) : 액세스할 기억장치의 주소를 갖는 레지스터
④ AC(Accumulator) : 연산의 결과를 일시적으로 저장하는 레지스터

38 두 개 이상의 입력이 있을 경우 입력 하나에서 나머지 입력들을 뺄셈 연산해 그 차이를 출력하는 조합 논리회로는?
① Adder ② Comparator
③ Decoder ④ Subtractor

39 중앙처리장치가 인출(fetch)인 상태에서 주소부분이 직접 주소일 경우 제어점을 제어하기 위한 데이터는?
① 플래그
② 프로그램 카운터
③ 인터럽터 호출 신호
④ 명령어의 명령 코드

40 입출력 채널과 관련한 설명으로 틀린 것은?
① 선택 채널(Selector channel)은 랜덤 방식으로 데이터를 전송한다.
② 다중 채널(Multiplexer channel)은 연결된 입출력장치들을 시분할(Time Sharing)하여 입출력할 수 있다.
③ 블록 다중 채널(Block multiplexer channel)은 선택 채널과 다중 채널을 결합한 방식으로 볼 수 있다.
④ 채널 중 선택 채널은 비교적 고속 전송에 적합한 방식이다.

● **제3과목 마이크로전자계산기**

41 주소지정방식 중 가장 빠른 것은?
① Direct Addressing Mode
② Calculate Addressing Mode
③ Immediate Addressing Mode
④ Indirect Addressing Mode

42 데스크톱 컴퓨터의 메인보드에 대한 산업계의 개방형 규격으로 마이크로프로세서와 확장 슬롯들의 배치를 변화시킴으로써 메인보드 설계를 개선한 것은?
① ATX ② AGP
③ PCI ④ IrDA

43 일반적인 입력장치의 종류가 아닌 것은?
① 레이저 프린터　② 스캐너
③ OCR　　　　　④ BCR

44 명령 레지스터, 명령 해독기, 순차 카운터 등을 구성 요소로 가지는 장치는?
① 기억장치　　　② 연산장치
③ 입력장치　　　④ 제어장치

45 데이터를 전송하는 데이터 입출력 방식이 아닌 것은?
① Programmed Input/Output 방식
② Processed Input/Output 방식
③ Interrupt Input/Output 방식
④ DMA Input/Output 방식

46 보조기억장치와 관련한 설명으로 틀린 것은?
① 일반적으로 주기억장치에 비해 액세스 속도는 느리지만 대용량이다.
② 휘발성 기억장치로 전원이 꺼지면 기억된 내용이 소멸된다.
③ 자기 테이프는 순서에 의해서만 접근하는 기억장치(SASD)라고도 한다.
④ 자기 디스크는 주소에 의하여 임의의 곳에 직접 접근이 가능한 기억장치(DASD)이다.

47 명령어의 주소부를 유효 주소로 사용하는 주소지정방식은?
① Indirect Addressing Mode
② Immediate Addressing Mode
③ Direct Addressing Mode
④ Implied Addressing Mode

48 레지스터 간의 자료 전송 방식이 아닌 것은?
① 직렬 전송　　② 병렬 전송
③ 버스 전송　　④ RF 전송

49 입·출력을 전담 수행하는 채널(Channel) 중 일시에 여러 장치들을 연결하고 주로 터미널, 프린터와 같은 저속의 장치들을 연결하는 채널은?
① Selector Channel
② Command Multiplexer Channel
③ Chaining Channel
④ Byte Multiplexer Channel

50 운영체제의 구성 요소를 기능에 따라 분류할 때, 처리 프로그램에 해당하지 않는 것은?
① Service Program
② Language Translator Program
③ Compiler
④ Job Scheduler

51 메모리 접근 방식인 페이징(Paging)의 설명으로 옳은 것은?
① 가상 주소는 물리 주소와 동일하다.
② 세그먼트 시스템의 주소 방식과 일치한다.
③ 주소 공간을 동일한 크기인 페이지 단위로 나눈다.
④ 메모리 공간을 모두 사용하기 때문에 내부 단편화가 생기지 않는다.

52 원하는 데이터가 저장된 기억장소 근처로 이동한 다음, 순차적 검색을 통해서 원하는 데이터에 접근하는 방법은?
① Sequential Access
② Indirect Access
③ Direct Access
④ Branch Access

53 I/O 효율을 높이기 위해 I/O의 내용을 디스크 등에 모아 두었다가 처리하는 방식은?
① Relocationg
② Pipelining
③ Spooling
④ Overlapping

54 제어 프로그램 개발 시 중요하게 고려되어야 할 사항이 아닌 것은?
① 수행 속도가 빠르도록 설계한다.
② 기억장소를 효율적으로 활용한다.
③ 저급 언어보다는 고급 언어를 이용하여 작성해야 한다.
④ 오류를 최대한 줄여 정확한 제어가 이루어지도록 한다.

55 스택 포인터(SP : Stack Pointer)와 관련한 설명으로 틀린 것은?
① 스택 포인터의 구조는 FIFO 레지스터 구조로 되어 있다.
② 스택 영역의 번지를 지정해주는 포인터이다.
③ 스택 영역(Stack Area)과 함께 스택을 구성하는 요소이다.
④ 데이터가 스택으로 피신되면 스택 영역의 번지가 감소하는 방향으로 데이터가 저장된다.

56 데이터 처리 명령어 중 산술 연산 명령어가 아닌 것은?
① ADD
② AND
③ INC
④ DIV

57 하나의 서브루틴 속에 존재하는 또 하나의 서브루틴, 즉 서로 다른 서브루틴 중에서 호출되는 서브루틴을 뜻하는 것은?
① Nested Subroutine
② Open Subroutine
③ Closed Subroutine
④ Cross Subroutine

58 주소지정방식을 결정하기 위해 고려해야 할 사항으로 옳은 것은?
① 피연산자 부분을 가능한 한 길게 지정해야만 한다.
② 수행 속도는 고려할 필요가 없다.
③ 지정할 수 있는 범위가 넓을수록 좋다.
④ 마이크로프로세서에서는 한 가지만 사용해야 한다.

59 컴퓨터와 주변장치 사이에서 데이터 전송 시 입·출력 주기나 완료를 나타내는 2개의 제어 신호를 사용하여 데이터 입출력을 하는 방식은?
① Strobe Control 방법
② Polling 방법
③ Interrupt 방법
④ Handshaking 방법

60 스택(Stack)과 관계없는 것은?
① ALU
② PUSH와 POP
③ Subroutine 수행
④ Reverse Polish Notation을 이용한 수식 계산

제4과목 논리회로

61 논리식 $Z = AB + \overline{A}C + BCD$ 을 간략화 하면?
① $Z = A + \overline{A}C$
② $Z = AB + \overline{A}C$
③ $Z = AB + C$
④ $Z = AB + CD$

62 다음 논리회로의 명칭으로 옳은 것은?

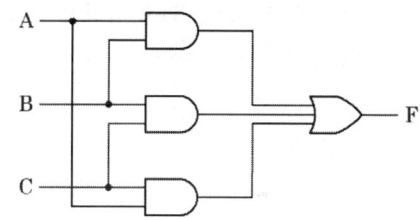

① 다수결 회로
② 비교회로
③ 패리티 체크회로
④ 일치회로

63 부호의 2의 보수(Signed 2's Complement)로 표시된 BCD 수 중 -9를 6자리로 표시한 경우 옳은 것은?
① 101001
② 110110
③ 110111
④ 001001

64 다음 논리회로와 등가적으로 동작하는 스위치 회로는?

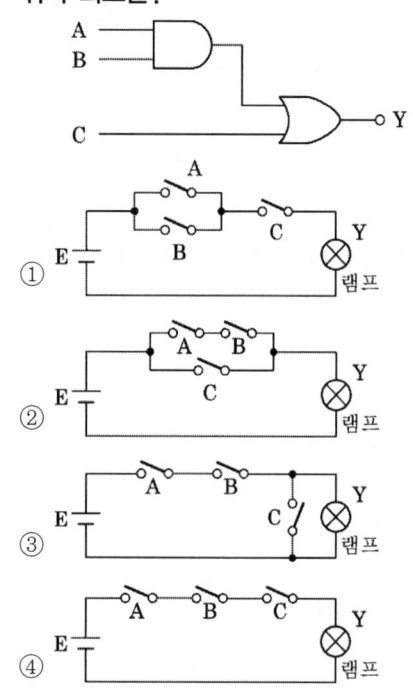

65 excess-3 코드 1100 0110을 10진수로 나타내면?
① 306
② 201
③ 198
④ 93

66 2진수 $11001011_{(2)}$을 그레이 코드로 변환하면?
① $01010001_{(G)}$
② $11101111_{(G)}$
③ $10101110_{(G)}$
④ $00010000_{(G)}$

67 다음 회로의 명칭은?

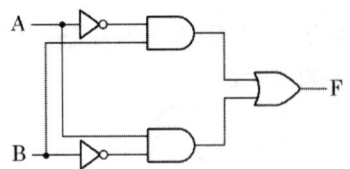

① 일치회로　② 불일치회로
③ 비교회로　④ 다수결회로

68 16진수 AF63을 8진수로 나타내면?
① $135713_{(8)}$　② $152734_{(8)}$
③ $147325_{(8)}$　④ $127543_{(8)}$

69 다음 중 수의 크기가 다른 것은?
① $3400_{(10)}$
② $D48_{(16)}$
③ $6510_{(8)}$
④ $110101001010_{(2)}$

70 10진수 42+29를 3-초과 코드(Excess-3 code)로 계산한 결과로 옳은 것은?
① 1010 1010　② 1010 0100
③ 1101 1110　④ 0111 1000

71 부호와 2의 보수(Signed 2's complement)로 나타낸 수를 좌측 방향으로 산술시프트 할 때 보충되는 새로운 비트는 무엇인가?
① 0　② 1
③ LSB　④ MSB

72 다음 회로에서 초기값인 $Q_3Q_2Q_1Q_0$=0000 상태에서 클럭이 6개 입력된 후의 출력은? (단, 플립플롭 출력 순서는 왼쪽부터 $Q_0Q_1Q_2Q_3$이다.)

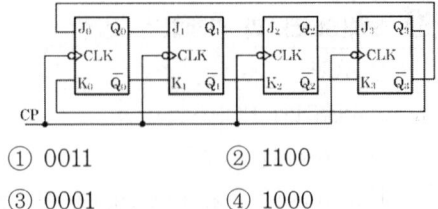

① 0011　② 1100
③ 0001　④ 1000

73 임의의 시간에 한 플립플롭만 논리 1이 되고 나머지 플립플롭은 논리 0이 되는 카운터로써, 논리 1은 입력펄스에 따라 그 위치가 한쪽 방향으로 순환하는 회로는?
① 링 카운터
② 시프트 카운터
③ Ripple 카운터
④ 존슨 카운터

74 N-Bit의 코드화된 정보를 입력으로 하여 그 코드의 각 Bit 조합에 따라 2^n 개의 출력으로 번역하는 회로는?
① 멀티플렉서　② 인코더
③ 디코더　④ 디멀티플렉스

75 1선으로 정보를 받아서 2개 이상의 출력이 가능한 선들 중 하나를 선택하여 받은 정보를 전송하는 회로는?
① DECODER
② ENCODER
③ DEMULTIPLEXER
④ MULTIPLEXER

76 다음 상태 변화를 가지는 카운터는 최소 몇 개의 플립플롭으로 구성되는가?

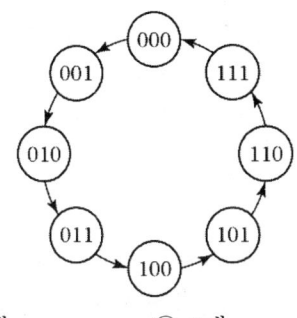

① 2개　② 3개
③ 4개　④ 8개

77 디코더를 이용하여 전가산기 구성 시 필요한 OR 게이트의 수로 옳은 것은?

① 2 입력 OR 게이트 2개
② 2 입력 OR 게이트 4개
③ 4 입력 OR 게이트 1개
④ 4 입력 OR 게이트 2개

78 T 플립플롭이 필요한데, 주어진 부품은 JK 플립플롭 밖에 없다. 이 경우 어떻게 문제를 해결하는 것이 좋은가?

① JK 플립플롭 하나와 2-input NOR 게이트 하나로 하나의 T 플립플롭을 만들 수 있다.
② JK 플립플롭 하나와 2-input XOR 게이트 하나로 하나의 T 플립플롭을 만들 수 있다.
③ JK 플립플롭 하나와 인버터 하나로 하나의 T 플립플롭을 만들 수 있다.
④ JK 플립플롭 하나만으로 JK 입력을 묶어서 T 플립플롭을 만들 수 있다.

79 JK 마스터/슬레이브 플립플롭에 대한 설명 중 틀린 것은?

① 홀드 시간이 요구되지 않는다.
② Edge trigger 방식보다 잡음에 영향이 적다.
③ 마스터 및 슬레이브 플립플롭으로 구성된다.
④ JK 플립플롭 2개와 Not gate 1개로 구성된다.

80 다음 계수회로는 몇 진 카운터(Counter) 회로인가?

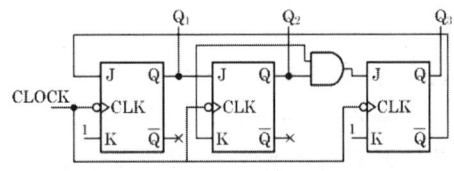

① 5진 카운터　② 6진 카운터
③ 7진 카운터　④ 8진 카운터

제5과목 데이터통신

81 다음이 설명하고 있는 데이터 링크 제어 프로토콜은?

- HDLC를 기반으로 하는 비트 위주 데이터 링크 제어 프로토콜이다.
- X.25 패킷 교환망 표준의 한 부분으로 ITU-T에 의해 제정하였다.

① PPP　② ADCCP
③ LAP-B　④ SDLC

82 다음이 설명하고 있는 라우팅 프로토콜은?

내부 라우팅 프로토콜이며 링크 상태 알고리즘을 사용하는 대규모 네트워크에 적합하다.

① BGP ② RIP
③ OSPF ④ EGP

83 OSI 7계층 중 통신회선을 통하여 비트 전송을 수행하기 위하여 전기적, 기계적인 제어기능을 수행하는 계층은?
① Physical Layer
② Data link Layer
③ Network Layer
④ Application Layer

84 전송할 데이터가 있는 채널만 차례로 시간 슬롯을 이용하여 데이터와 함께 주소 정보를 헤더로 붙여 전송하는 다중화 방식은?
① 주파수 분할 다중화
② 역 다중화
③ 예약 시분할 다중화
④ 통계적 시분할 다중화

85 송신측이 한 개의 블록을 전송한 후, 수신측에서 에러의 발생을 매번 점검한 다음 블록을 전송해 나가는 ARQ 방식은?
① Go-back-N ARQ
② Repeat-Repeat ARQ
③ Adaptive ARQ
④ Stop-and-Wait ARQ

86 PCM 과정 중 양자화 과정에서 레벨 수가 128레벨인 경우 몇 비트로 부호화되는가?
① 7bit ② 8bit
③ 9bit ④ 10bit

87 30개의 구간을 망형으로 연결하려 할 때 필요한 회선수는?
① 30개 ② 265개
③ 435개 ④ 1225개

88 OSI 7계층 중 통신망을 통해 목적지까지 패킷 전달을 담당하는 계층은?
① 데이터 링크 계층
② 네트워크 계층
③ 응용 계층
④ 표현 계층

89 IP 프로토콜에서는 오류 보고와 오류 수정 기능, 호스트와 관리 질의를 위한 메커니즘이 없기 때문에 이를 보완하기 위해 설계된 것은?
① SMTP ② TFTP
③ SNMP ④ ICMP

90 CSMA/CD에서 사용되는 LAN 표준 프로토콜은?
① IEEE 802.3
② IEEE 802.4
③ IEEE 802.5
④ IEEE 802.12

91 HDLC 프레임 구성에서 플래그는 전송 프레임의 시작과 끝을 나타낸다. 이 플래그의 고유 비트 패턴은?
① 01111110 ② 11111111
③ 00000000 ④ 10000001

92 위상을 이용한 디지털 변조 방식은?
① ASK   ② FSK
③ PSK   ④ FM

93 패킷 교환망에서 DCE와 DTE 사이에 이루어지는 상호작용을 규정한 프로토콜은?
① X.25   ② TCP
③ UDP   ④ IP

94 8진 PSK 변조 방식에서 변조속도가 2400[Baud]일 때 정보 신호의 전송속도(bps)는?
① 2400   ② 4800
③ 7200   ④ 9600

95 펄스 파형을 그대로 변조 없이 전송하는 방식은?
① 베이스 밴드 전송방식
② 직렬 전송방식
③ 대역 전송방식
④ 병렬 전송방식

96 회선 교환 방식에 대한 설명으로 틀린 것은?
① 고정된 대역폭으로 데이터 전송
② 회선이 설정되어 통신이 완료될 때까지 회선을 물리적으로 접속
③ 수신 노드에서 패킷을 재순서화하는 과정 필요
④ 실시간 대화형 가능

97 TCP와 UDP가 제공하는 서비스를 옳게 연결한 것은?
① TCP : 비연결형, UDP : 비연결형
② TCP : 비연결형, UDP : 연결형
③ TCP : 연결형, UDP : 연결형
④ TCP : 연결형, UDP : 비연결형

98 주파수 분할 다중화 방식과 관계가 없는 것은?
① 대역폭을 일정한 타임 슬롯으로 나누어 각 채널에 할당
② 주파수 대역으로 분할
③ 채널 사이의 보호대역
④ 데이터를 동시에 전달

99 TCP/IP 프로토콜 중 네트워크 계층 프로토콜은?
① HTTP   ② SMTP
③ FTP   ④ ARP

100 채널 대역폭이 150kHz이고 S/N이 15일 때 채널 용량(kbps)은?
① 150   ② 300
③ 450   ④ 600

memo

(과년도문제) 해설 및 정답 02

전자계산기기사 과년도 해설 및 정답

2003년 제2회

정답

01	02	03	04	05	06	07	08	09	10
④	③	③	④	①	④	①	③	②	④
11	12	13	14	15	16	17	18	19	20
②	③	②	②	③	①	④	④	③	②
21	22	23	24	25	26	27	28	29	30
②	④	③	①	②	④	②	②	④	①
31	32	33	34	35	36	37	38	39	40
④	③	③	④	③	④	①	④	③	①
41	42	43	44	45	46	47	48	49	50
②	④	①	④	④	④	②	①	③	④
51	52	53	54	55	56	57	58	59	60
①	①	④	②	④	②	④	③	③	②
61	62	63	64	65	66	67	68	69	70
①	②	③	③	④	③	②	②	②	③
71	72	73	74	75	76	77	78	79	80
②	④	①	②	④	④	③	③	①	③
81	82	83	84	85	86	87	88	89	90
②	①	②	②	①	②	①	④	②	②
91	92	93	94	95	96	97	98	99	100
③	①	①	③	①	②	④	④	①	③

01 1. 인터프리터(interpreter)
① 원시 프로그램을 한 행(줄) 단위로 해석하고 번역한 후 번역과 동시에 프로그램을 한 줄 단위로 즉시 실행시키는 프로그램
② 목적 프로그램 미생성
③ 실행 속도 느림
④ 회화형 언어(실행 속도보다 컴파일 속도 중시)
⑤ 대표적인 언어 : BASIC

2. 컴파일러(compiler)
① 목적 프로그램 생성
② 컴파일 속도 느림
③ 실행 속도 빠름
④ 대표적인 언어 : COBOL, FORTRAN, C

02 1. 제어 프로그램
① 감시(Supervisor) 프로그램
② 작업 관리(Job Management) 프로그램
③ 데이터 관리(Data Management) 프로그램
④ 통신 관리(Communication Management) 프로그램

2. 처리 프로그램
① 언어 번역 프로그램
② 서비스 프로그램
③ 문제 프로그램

03 Bench mark program
컴퓨터의 성능 분석을 위한 프로그램

04 어셈블리 언어의 의사(pseudo) 명령
① 원시 프로그램을 번역할 때 어셈블러에게 요구되는 동작을 지시하는 명령
② 어셈블러 명령(Assembler Instruction)이라고 한다.
③ 데이터 정의, 세그먼트와 프로시저 정의, 매크로 정의, 세그먼트 레지스터 할당, 리스트 파일의 지정 등을 지시할 수 있다.
④ DC(define constant) 명령
   START(beginning of program) 명령
   USING(base register의 사용) 명령
※ BAL(branch and link) 명령 : 리턴 어드레스를 IR 레지스터에 저장하고 분기하는 명령이다.

05 로더(loader)의 종류
① Direct linking loader : 일반적인 로더(general loader)이며 할당, 연결, 재배치, 적재의 기능을 모두 수행하는 가장 근접한 로더
② Absolute loader : 간단한 로더이며 단순히 번역된 목적 프로그램을 입력으로 받아들여 주기억장치의 프로그래머가 지정한 주소에 적재하는 기능을 가지는 로더
③ Compile and go loader
 - 원시 프로그램의 기계어로 번역하는 순서대로 명령어 및 자료를 직접 주기억장치에 적재하여 곧바로 프로그램을 수행하는 방식의 loader
 - 연결 기능은 수행하지 않고 할당, 재배치, 적재 작업을 모두 언어번역 프로그램이 담당

06 1. 원시 프로그램을 기계어로 번역해 주는 프로그램
    ① 컴파일러(Compiler)
    ② 어셈블러(Assembler)
    ③ 인터프리터(Interpreter)
    2. 로더(Loader) : 외부 기억장치로부터 주기억장치로 이동하기 위해 메모리 할당, 연결, 재배치, 적재를 담당하는 서비스 프로그램

07 ① Thrashing : 가상 기억장치에서 페이지 교환이 자주 일어나는 현상
    ② Swapping : 시분할 시스템 방식에서 주기억장치 내용을 일시적으로 보조기억장치 데이터나 프로그램과 교체하는 방법
    ③ Overlay : 주기억장치 영역에 프로그램을 실행할 경우 프로그램을 몇 개의 작은 논리적인 단위로 세그먼트를 나누어 필요한 세그먼트만 읽어들여서 실행하는 방법

08 **CPU의 상태**
    ① CSW(Channel Status Word) : I/O 동작의 종료 또는 I/O 장치의 상태에 대한 정보를 가지는 주기억장치상의 단어. 임의의 고정된 H/W 영역에 위치하여 I/O 명령의 이상 종료 등과 같은 I/O에 관련된 상태를 H/W적으로 저장하여 프로그램에 정보를 전달하는 레지스터
       (Key+주소+Status+count 구성)
    ② CAW(Channel Address Word) : I/O 명령을 수행하기 전에 CPU가 저장하는 단어. I/O 처리기는 수행할 I/O 프로그램에 대한 시작 주소를 포함하고 있는 레지스터
       (OP code+채널 주소+장치 주소 구성)
    ③ CCW(Channel Command Word) : I/O 처리기가 수행할 I/O 명령어, 수행할 I/O 동작의 종류 판독 또는 기록 분기 명령어, 입출력장치의 제어 명령어, 특정 채널 동작을 지정하는 플래그 등으로 구성되어 있어 I/O 동작을 상세히 지정하는 레지스터
       (OP code+데이터 주소+Flag+count 구성)

09 **기억장치 배치 전략**
    ① 최초 적합 전략(First fit) : 프로그램이 적재될 수 있는 가용 공간 중에서 첫 번째 분할에 배치하는 방식
    ex) 분할번호 2 : 12K
    ② 최적 적합 전략(Best fit) : 가용 공간 중에서 프로그램을 적재할 수 있는 가장 작은 공백이 남는 분할에 배치하는 방식
    ex) 분할번호 2 : 12K
    【이유】 분할번호 3 : 10K이어야 하나 사용(in use) 상태이므로 제외
    ③ 최악 적합 전략(Worst fit) : 프로그램의 가용 공간들 중에서 가장 큰 공간에 배치하는 방식
    ex) 분할번호 5 : 16K

10 ① 컴파일러 : 원시 프로그램을 기계어로 바꾸는 소프트웨어
    ② 링커 : 원시 프로그램을 컴파일러로 번역하면 목적 프로그램이 생성되는데, 이 목적 프로그램은 즉시 실행할 수 없는 상태의 기계어이다. 이를 실행 가능한 로드 모듈로 변환
    ③ 로더(Loader) : 프로그램을 실행하기 위하여 보조기억장치로부터 주기억장치에 올려놓는 기능

11 **Code Generation(코드 생성)**
    소스 프로그램을 분석하여 나온 중간 코드를 입력하여 목적 코드 프로그램을 생성하는 과정으로 컴파일 단계 중 하나이다.

12 **로더(Loader)의 기능**
    ① 재배치(Relocation)
    ② 할당(Allocation) : 프로그램 실행을 위하여 메모리 내에 기억 공간을 확보하는 작업
    ③ 링킹(Linking)
    ④ 로딩(Loading)

13 ① FIFO(First In First Out) : 적재가 가장 오래된 페이지를 교체하는 기법
    ② LRU(Least Recently Used) : 가상 기억장치 관리 기법 중 가장 오랫동안 사용되지 않은 페이지를 교체할 페이지로 선택되는 기법
    ③ LFU(Least Frequently Used) : 적재되어 참조된 횟수를 누적값으로 페이지를 교체하는 기법

14 Working set : 프로세스가 일정 시간 동안 자주 참조하는 페이지의 집합을 의미

15 Tracer : 프로그램에서 오류가 발생한 위치와 오류가 발생하게 된 원인을 추적하기 위하여 사용

16 매크로 프로세서의 기본 수행 작업
① 매크로 정의 저장
② 매크로 정의 인식
③ 매크로 호출 인식 : 원시 프로그램 내에 매크로의 시작을 알리는 Macro 명령을 인식한다.
④ 매크로 호출 확장

17 어셈블러에서 패스 작업
① 패스 1 : 기호(Symbol) 테이블을 정의
② 패스 2 : 기호(Symbol) 테이블에서 해당 기호 찾기
원시 프로그램을 1차 검색(pass-1)하여 명령어 및 기호 번지들을 데이터베이스 테이블(MOT, POT, ST, LT)에 저장한다. 또한 잘못 사용한 명령이나 기호 번지는 프로그래머가 수정할 수 있도록 오류 메시지를 출력하기도 한다. 이후에는 각 테이블에 저장된 정보를 이용하여 기계어 코드나 기억 장소를 변환(pass-2)한다.

18 Round Robin
① Job scheduling 정책 중 time slice 개념을 가지고 있다.
② 프로세스들이 배당 시간 내에 작업을 완료하지 못하면 폐기하지 않고 다음 순서에 나머지가 작업을 처리한다.
③ 프로세스들이 CPU에서 시간량에 제한을 받는다.
④ 시분할 시스템에 효과적이다.
⑤ 선점형(preemptive) 기법이다.
[참고] HRN
① 실행 시간이 긴 프로세스에 불리한 SJF 기법을 보완하기 위한 것으로, 대기 시간과 서비스 시간을 이용하는 기법이다.
② 우선순위를 계산하여 그 숫자가 가장 높은 것부터 낮은 순으로 우선순위가 부여되다
③ 우선순위 계산식
(대기 시간+서비스 시간)/서비스 시간

19 교착 상태의 발생 조건
① 상호 배제(mutual exclusion) : 어떤 프로세스가 자원을 사용하고 있을 경우 다른 프로세스들은 그 자원을 사용하지 못하고 자원이 해제될 때까지 기다려야 한다는 것을 의미
② 점유와 대기(hold-and-wait) : 프로세스가 자신에게 이미 할당된 자원들을 점유하고 있으면서 다른 프로세스가 점유하고 있는 자원을 추가로 할당받기 위해 요구하며 기다린다는 것을 의미
③ 비선점(nonpreemption) : 한 프로세스에게 할당된 자원은 사용이 종료되거나 스스로 내놓기 전에 해제하지 않는다는 것을 의미
④ 환형 대기(circular wait) : 각 프로세스들이 서로 다른 프로세스가 가지고 있는 자원을 요구하면서 하나의 순환 구조를 이루는 것을 의미

20 페이지의 크기가 클수록 내부 단편화가 증가한다.

21 캐시(cache) : 가장 많이 사용하고 있는 프로그램과 데이터를 저장하지만 보조기억장치(가상 메모리)는 CPU에 의하여 현재 사용하지 않는 부분을 저장한다.

22 병렬 처리기
① 종류
  ㉠ 파이프라인(pipeline) 처리기
  ㉡ 다중(multi) 처리기
  ㉢ 배열(array) 처리기
② 특징
  ㉠ 일부 H/W 문제가 발생하더라도 전체 시스템은 동작 가능(사용 가능도 향상)
  ㉡ 기억장치 공유 가능

23 ① Program Counter(PC, 프로그램 계수기)
  ㉠ 차기 인스트럭션(Next instruction)의 번지를 지시
  ㉡ 인터럽트 처리 루틴에서 반드시 사용되는 레지스터
② Accumulator(누산기) : 연산장치에 있는 레지스터의 하나로서 연산 결과를 기억하는 레지스터
③ MAR(기억장치 주소 레지스터) : 마이크로프로세서의 명령이 인출 사이클 시 가장 먼저 실행되는 과정 중 기억장치의 위치 주소가 프로그램 카운터(PC)에서 MAR(기억장치 주소 레지스터)로 전송

24 인터프리터와 컴파일러의 다른 점

	인터프리터	컴파일러
번역 단위	한 줄씩	전체
번역 속도	빠름	느림
메모리 할당 (목적 프로그램)	미사용	생산 시 사용
실행 속도	느림	빠름
목적 프로그램	미생산	생산

25 데이지 체인(Dasiy chain) 입출력 : 입출력 동작 시 하드웨어적으로 우선순위를 결정하는 방식

26 부동소수점수(floating point number) 데이터 형식

부호 (sign)	지수부 (exponent)	가수부 (mantissa)

27 논리회로군(Logic circult families)의 성능 요소는 IC의 성능 평가 요소이다.
① Fan out : 작동에 영향을 미치지 않고, 게이트의 출력에 걸 수 있는 부하의 최대 수
② Power dissipation(전력 소모) : 게이트가 작동하기 위해 필요한 전력
③ Propagation Delay Time(전파 지연 시간) : 입력 신호가 들어간 순간부터 출력 신호가 나타날 때까지 걸리는 평균 시간
④ Noise Margin(잡음 허용치) : 회로의 출력을 바꾸지 않는 상태에서 입력에 첨가되는 최대 잡음 전압

28 ADD(indirect)의 마이크로 오퍼레이션
MAR ← MBR(ADCR)
MBR ← M(MAR)
EAC ← AC+MBR

29 ㉠ 첫 번째 형식에서는 연산자의 비트 수가 3비트이므로 $2^3 = 8$가지 연산자
㉡ 두 번째 형식에서는 연산자의 비트 수가 6비트이므로 $2^6 = 64$가지 연산자
∴ 두 가지 인스트럭션 형식을 사용할 때 72가지의 연산자 수를 가질 수 있다.

30 논리 연산
① NOT
② Complement
③ OR
④ AND

31 인터럽트 서비스 루틴의 기능
① 되돌아갈 번지를 기억
② 어떤 상태인지 플래그를 검사
③ 처리기 상태 복구
④ 인터럽트 원인 결정
⑤ 처리기 레지스터의 상태 보존
※ 각 소스별 인터럽트의 허용 여부를 결정하는 과정으로 해당되는 인터럽트 마스크 레지스터의 비트를 0으로 클리어하여 대응시킨다. 1로 세트하면 그 비트에 해당되는 인터럽트 소스는 사용할 수 없다.

32 병렬가산기 : 가산기를 병렬로 연결하면 여러 비트로 구성된 2진수 덧셈연산을 수행할 수 있다.
$C_{in} = 0$이면 F=A-1
$C_{in} = 1$이면 F=A

33 연산 방식
① 직렬연산방식은 병렬연산방식보다 시간이 많이 소요
② 직렬연산방식은 hardware가 간단
③ 병렬연산방식은 hardware가 복잡
④ 병렬연산방식은 hareware 구성 시 가격이 비쌈

34 정보의 기억(bit)=6,000개의 셀×30개의 트랙
=180,000bit

35 주어진 문제의 그림은 AND의 논리식이다.
※ F=A+B는 OR의 논리식

36 멀티플렉서 채널과 셀럭터 채널의 차이는 I/O 장치의 속도

37 누산기(Accumulator) : 주소 부분이 하나밖에 없는 1-주소 명령 형식에서 결과 자료를 넣어 두는 데 사용하는 레지스터

38 DMA(Direct Memory Access)
① 기억장치와 주변장치 사이에 직접적인 자료 전송을 제공
② 주기억장치에 접근하기 위해 사이클 스틸링(cycle stealing)을 한다.
③ 속도가 빠른 장치들과 입출력할 때 사용하는 방식

39 Associative 기억장치의 특징
① 일반적으로 DRAM보다 값이 비싸다.
② 구조 및 동작이 복잡
③ 저장된 정보에 대해서 주소보다 내용에 의해 검색
④ 캐시(cache) 메모리에서 특정 내용을 찾는 방식 중 매핑 방식에 주로 사용되는 메모리

40 문자표현 코드
① BCD 코드 : 64가지의 문자를 표현할 수 있으나 영문 소문자는 표현 불가능
② ASCII 코드 : 128가지의 문자를 표현할 수 있으며, 주로 데이터 통신용이나 PC에서 많이 사용
③ EBCDIC 코드 : BCD 코드를 확장한 코드 체계로 256가지의 문자를 표현

41
1. RAM(Random access memory)
    ① Data를 임의로 써놓고(write), 저장(store)하며, 읽어(read)낼 수 있는 memory
    ② 전원을 차단하면 저장된 data가 소멸되는 휘발성 기억소자(volatile memory)
    ③ 종류
        ㉠ DRAM(Dynamic RAM)
            - 속도는 빠르지 않으나 가격이 저렴
            - 반도체 기억소자로서 기억용량이 비교적 크고, refresh를 필요로 하는 read/write 기억장치
        ㉡ SRAM(static RAM)
            - 가격이 DRAM에 비해 비싸지만 고속 동작을 함(cache memory)
            - 데이터 기억 시 저소비전력
            - Refresh 동작이 필요 없음
2. ROM(Read only memory)
    ① Data를 읽어낼 수 있을 뿐이지만 사용자가 chip에 data를 자유로이 써 넣을 수도 있음
    ② PROM(Programmable ROM)의 종류
        ㉠ EPROM(Erasable PROM) : 자외선을 쪼이면 기억된 data가 소거
        ㉡ EEPROM(Electrically Erasable PROM) : 전기적으로 program된 data를 소거
        ㉢ Flash Memory : 전원이 끊겨도 저장된 데이터를 보존하는 ROM의 장점과 정보의 입출력이 자유로운 RAM의 장점을 동시에 지닌 메모리
    ③ OT-ROM(One Time Programmable ROM, 1회만 program 가능)
        ㉠ Mask ROM : Chip 공정시에만 programming 할 수 있음
        ㉡ Fuse ROM : 사용자가 programming 할 수 있음

42 Interpreter(인터프리터) : BASIC과 같이 고급 언어로 작성된 원시 프로그램을 직접 수행하는 프로그램

43 Program Counter(PC, 프로그램 계수기) : 인터럽트 처리 루틴에서 반드시 사용되는 레지스터

44 RAM의 기억 특성 : 휘발성이며, 파괴적으로 읽는다.

45 직렬입력-직렬출력 : 시프트 레지스터(shift register)의 입·출력 방식 중 시간이 가장 많이 걸림

46 스택(Stack) 명령어

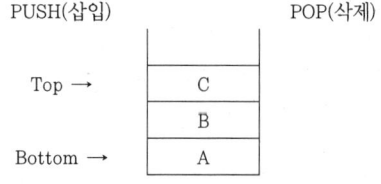

47 virtual memory : 기억 공간을 사용하기 위한 메모리이므로 속도는 상대적으로 떨어진다.

48 Cycle steal : CPU는 Steal된 Cycle 동안 완전히 대기 상태, 즉 아무런 동작을 하지 않고 DMA 제어기의 메모리 접근이 완료되기를 기다린다.

49 어드레스 버스가 24비트일 경우 주소는 0~8388608

이므로
주기억장치의 최대 용량=8,388,608×2byte(16bit)
=16777216byte
=16Mbyte

50 Compiler : 고수준 언어로 작성된 프로그램을 기계어로 번역하기 위한 프로그램

51 ① SRAM(static RAM)
㉠ 가격이 DRAM에 비해 비싸지만 고속 동작을 함 (cache memory)
㉡ 데이터 기억 시 저소비전력
㉢ Refresh 동작이 필요 없음
② EPROM(Erasable PROM) : 자외선을 쪼이면 기억된 data가 소거

52 입출력 인터페이스 회로의 기본적인 기능
① 데이터 형식의 변환
② 전송의 동기 제어
③ 신호 레벨의 정확성 확보

53 1. 제어 프로그램
① 감시(Supervisor) 프로그램
② 작업 관리(Job Management) 프로그램
③ 데이터 관리(Data Management) 프로그램
④ 통신 관리(Communication Management) 프로그램
2. 처리 프로그램
① 언어 번역 프로그램
② 서비스 프로그램
③ 문제 프로그램

54 전송 속도 : 9600bps
한 개 전송 문자 : 8비트 데이터+4비트 제어 비트로 구성되어 있다면
∴ 1초당 전송되는 문자의 개수
$= \frac{9600\text{bps}}{(8\text{bit}+4\text{bit})} = \frac{9600\text{bps}}{12\text{bit}} = 800$개

55 마이크로프로세서(microprocessor) : 프로그래머가 프로그램 내에서 동일한 부분을 반복하여 사용하는 불편을 없애기 위해 사용하는 프로세서

56 cyclic redundancy check(순환중복검사)
① CRC 발생코드
$P(x) = x^3 + x^2 + 1$
x^3가 있는 경우 1
x^2가 있는 경우 1
x가 없는 경우 0
1이 있는 경우 1
일 때 1101이다.
② 정보(데이터) 코드가 110010일 경우
③ module-2연산을 하면
CRC 발생코드의 최고차 차수가 3이므로 정보(데이터) 코드 뒤에 "0"을 3개 붙여서 확장 데이터 110010 000을 생성
$\frac{110010000}{1101} = 100100$ 나머지 값은 100 ← 3bit
④ 전송코드=정보(데이터) 코드+CRC
=110010+100
=110010100
⑤ 수신된 코드를 CRC 발생코드 값으로 나눈다.
$\frac{110010100}{1101} = 100100$ 나머지 값은 000
따라서 나머지 값이 000이므로 에러가 발생되지 않음

57 로더의 기능
① 주기억장치 할당(allocation)
② 연결(linking)
③ 재배치(relocation)
④ 적재(loading)

58 ① 0주소 인스트럭션 : 모든 연산은 스택(Stack)에 있는 자료를 이용하여 수행하고, 그 결과 또한 스택에 보존된다.
② 1주소 인스트럭션 : 연산을 위하여 누산기(ACC)를 사용하여 수행하는 명령어 형식

59 ① Accumulator : 한 컴퓨터를 위하여 작성한 프로그램을 프로세서가 다른 컴퓨터를 이용하여 실행하여 볼 수 있도록 하는 것
② IR(Instruction register)의 기능 : Op-code를 저장

60 DMA
① 고속데이터 전송에 적합한 입출력 방식

② 중앙처리장치로부터 입출력 지시를 받으면 직접 주기억장치에 접근하여 데이터를 입출력하고 입출력에 관한 모든 동작을 독립적으로 수행하는 입출력 제어 방식

61 논리식 F(A, B, C)=Σ(1, 3, 5, 6)

F(A, B, C)	AB	C	Σ
00 0	00 ← S_1S_0		
00 1	00 ← S_1S_0	1 ← I_0	1
01 0	01 ← S_1S_0		
01 1	01 ← S_1S_0	1 ← I_1	3
10 0	10 ← S_1S_0		
10 1	10 ← S_1S_0	1 ← I_2	5
11 0	11 ← S_1S_0	0 ← I_3	6
11 1	11 ← S_1S_0		

62 논리식 $\overline{A}B+AB+A\overline{B}$
= $B(\overline{A}+A)+A\overline{B}$
= $B+A\overline{B}$
= $(B+\overline{A})(B+\overline{B})$
= $\overline{A}+B$

63 전가산기 Sum과 Carry의 논리식
Sum(S)=$A⊕B⊕C_i$
Carry(C_0)=AB+BC+AC

64 논리회로의 논리 상태
① 1, 0
② high, low
③ on, off
④ no, yes

65 2진 번지 선택수
256워드=2^8 워드를 나타내기 위해서는 8개의 선택수가 필요

66 순서 논리회로를 설계하는 방법을 순서
① 동작상태를 상태도로 표시
② 상태표 작성
③ 플립플롭의 여기표 작성
④ 플립플롭을 논리식으로 표시

⑤ 논리식을 회로도로 표시

67 마이크로컴퓨터 시스템의 각 구성 요소를 연결하는 3대 신호 집단
① Address Bus
② Data Bus
③ Control Bus

68 논리회로의 출력 f=$\overline{\overline{A}\cdot\overline{B}}=\overline{\overline{A}}+\overline{\overline{B}}$=A+B

69 Exclusive-OR
① 반감산기에서 차를 얻기 위해 사용되는 게이트
② 두 개의 데이터를 비교하는 데 적합한 논리 연산
③ 진리표 및 논리식

X	Y	S
0	0	0
0	1	1
1	0	1
1	1	0

S=A⊕B=$\overline{A}B+A\overline{B}$

70 반가산기 회로=AND 게이트+배타적 OR 게이트

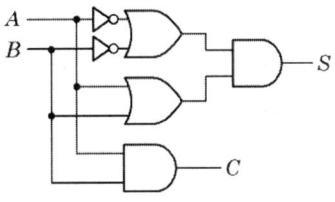

또는

① 합(Sum)=A⊕B
② 자리올림(Carry)=AB

71 AND
특정한 비트나 문자를 삭제하기 위해 필요한 연산

72 컴퓨터의 구성 요소

① 입력장치 : Keyboard, Mouse 등
② 출력장치 : Printer, CRT Display
③ 중앙처리장치(CPU) : 제어장치+연산장치+기억장치

73 $101010_{(2)}$의 1의 보수는 010101

74 동기식 모듈-8 2진 카운터

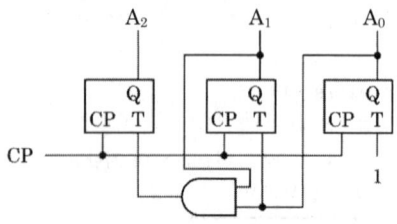

75 ① 2진수로 표현 1010 1111 0110 0011
② 2진수 3자리씩 묶어 8진수 1자리로 표현
1 010 111 101 100 011 → 1 2 7 5 4 3

76 1. JK 플립플롭
① RS 플립플롭에서 R=S=1일 때 부정 상태가 발생되는 결점을 보완한 플립플롭
2. D 플립플롭
① JK 플립플롭에 NOT 게이트를 추가
② 시프트 레지스터를 만드는 데 적합
3. 플립플롭
① 2진 계수회로에 가장 적합한 플립플롭
② 특성표

입력	Q	Q(t+1)
0	0	0
0	1	1
1	0	1
1	1	0

77 ① DECODER(해독기)
㉠ 코드화된 정보를 해독하여 해당하는 출력을 내보내는 회로
㉡ n개의 입력을 최대 2^n개의 서로 다른 정보로 변환해주는 조합 논리회로
㉢ I/O port 또는 기억장치 등을 enable시키기 위하여 사용되는 장치
② ENCODER(부호기) : 컴퓨터 키보드를 누르면 코드화된다.
③ 디멀티플렉서(Demultiplexer, 역다중화기) : 정보를 한 선으로 받아서 여러 개의 가능한 출력선 중 하나를 선택하여 전송
④ MULTIPLEXER(다중화기) : 데이터 전송 시스템에서 송신단에 적합한 회로

78 비동기형 5진 계수회로에서 3개의 flip-flop이 필요

79 JK Flip-Flop에서 J=K=1일 때 클록이 인가되면 출력 Q의 상태는 Toggle이다.

J	K	Q
0	0	이전상태
0	1	0
1	0	1
1	1	부정(toggle)

80 회로의 식으로 표현하면
$$\overline{\overline{A \cdot B}} = \overline{\overline{A+B}}$$
$$= \overline{A+B} = \overline{A} \cdot \overline{B}$$

81 25개의 구간을 망형으로 연결하면 필요한 회선의 수는 $\dfrac{25 \cdot (25-1)}{2} = \dfrac{25 \cdot 24}{2} = 300$회선

82 정보의 전송제어 절차의 단계(데이터 전달을 위한 회선 제어 절차의 단계)
회선연결(접속) → 데이터 링크 확립 → 데이터 전송 → 데이터 링크 종료(해제) → 회선절단

83 회선교환 방식
① 전용 전송로를 사용하는 방식
② 별도의 호(call) 설정 과정이 있다.
※ 회선교환 방식에서 제어 신호의 종류
① 감시 제어신호
② 주소 제어신호
③ 통신망 관리 제어신호

84 ① Go-back-N ARQ : 전송오류 제어 중 오류가 발생

한 프레임뿐만 아니라 오류검출 후 모든 프레임을 재전송하는 ARQ 방식
② 정지-대기(Stop-and-Wait) ARQ : 송신측은 하나의 블록을 전송한 후 수신측에서 에러의 발생을 점검한 다음 에러 발생 유무 신호를 보내올 때까지 기다리는 ARQ 방식
③ 선택적 재전송(Selective-Repeat) ARQ : 버퍼의 사용량이 상대적으로 큰 ARQ 방식
④ 슬라이딩 윈도우(Sliding-Window) : 흐름 제어방식에서 한 번에 여러 개의 프레임을 전송할 경우 효율적인 기법

85 지능 다중화기의 기능
① 실제 보낼 데이터가 있는 DTE에만 각 부채널에 시간폭을 할당한다.
② 주소 제어, 흐름 제어, 오류 제어 등의 기능이 제공된다.
③ 실제 전송할 데이터가 있는 부채널에만 시간폭을 할당하므로 많은 데이터 전송이 가능하다.

86 인터넷 프로토콜(TCP/IP) 아키텍처를 구성하는 4계층
① 물리 계층
② 인터넷 계층
③ 전송 계층
④ 응용 계층

87 ① TDM(시분할 다중화) : 다수의 타임 슬롯으로 하나의 프레임이 구성되고, 각 타임 슬롯에 채널을 할당하는 다중화 방식
② STDM(동기식 시분할 다중화) : 전송시간을 일정한 간격의 시간 슬롯(time slot)으로 나누고, 이를 주기적으로 각 채널에 할당하는 다중화 방식

88 ① 열 잡음(Thermal Noise) : 전자운동량 변화로 발생, 백색잡음이라고 한다.
② 누화 잡음
㉠ 인접 케이블의 전기적 신호결합
㉡ 신호가 비정상적으로 결합되어 발생
③ 충격 잡음(Impulse Noise)
㉠ 연속적 짧은 주기의 높은 레벨로 발생
㉡ 디지털 데이터 전송 시 에러의 주요 원인

89 LLC(Logical Link Control)
① OSI 7Layer 2계층인 데이터 링크 계층의 부계층
② 데이터를 전송한 두 노드 간의 연결을 유지하는 기능을 담당

90 ARQ 방식 종류
① Go-back-N ARQ
② 정지-대기(Stop-and-Wait) ARQ
③ 선택적 재전송(Selective-Repeat) ARQ

91 데이터 전송 속도의 척도
① 변조 속도
② 데이터 신호 속도
③ 베어러(Bearer) 속도

92 OSPF(Open Shortest Path First)
① 헬로우(Hello) 패킷을 주고받음으로써 이웃한 라우터 서로 인식할 수 있게 된다.
② 도메인 내의 라우팅 프로토콜로서 RIP가 가지고 있는 여러 단점을 해결하고 있다.
③ 자신의 경로 테이블에 대한 정보를 LSA라는 자료 구조를 통하여 주기적으로 혹은 라우터의 상태가 변화되었을 때 전송한다.

93 LAN의 매체 접근 제어 방식인 CSMA/CD에 대한 설명
① 버스 또는 트리 토폴로지에서 가장 많이 사용되는 매체 접근 제어 방식이다.
② CS(Carrier Sense)는 네트워크에 데이터를 보내는 기능을 담당한다.
③ CD(Carrier Detection)는 프레임을 전송하면서 충돌 여부를 조사한다.

94 멀티플렉서 : 여러 개의 터미널 신호를 하나의 통신회선을 통해 전송할 수 있도록 하는 장치

95 세션(Session) 계층의 설명
① OSI 7Layer 6계층
② 통신 시스템 간의 회화 기능을 제공
③ 전송하는 정보의 일정한 부분에 체크점(check point)을 둔다.
④ 소동기점과 대동기점을 이용하여 회화 동기를 조절

96 VAN(Value Area Network)이 제공하는 4가지 기능
    ① 전송 기능
    ② 교환 기능
    ③ 정보처리 기능
    ④ 통신처리 기능

97 트랜스포트 계층(전송 계층) : 종점 간에 오류 수정과 흐름 제어를 수행하여 신뢰성 있고 투명한 데이터 전송을 제공하는 것

98 오류 제어용 코드 부가 방식
    ① 패리티 검사
    ② 해밍 코드 사용방식
    ③ 순환 중복 검사방식
    ④ 상승 코드 방식

99 베이스밴드(Baseband) 전송 방식 : 펄스 파형을 그대로 변조 없이 전송하는 방식

100 라우터(router) : 1계층에서 3계층 사이의 프로토콜이 서로 다른 네트워크를 상호 접속하는 것

2003년 제4회

01	02	03	04	05	06	07	08	09	10
③	④	③	②	①	④	④	②	③	①
11	12	13	14	15	16	17	18	19	20
③	④	①	①	④	②	②	④	④	③
21	22	23	24	25	26	27	28	29	30
①	①	②	③	③	②	①	①	①	②
31	32	33	34	35	36	37	38	39	40
①	④	④	②	②	①	②	③	②	①
41	42	43	44	45	46	47	48	49	50
②	④	④	③	①	③	②	②	④	①
51	52	53	54	55	56	57	58	59	60
①	④	②	③	②	③	③	③	②	③
61	62	63	64	65	66	67	68	69	70
①	①	③	①	③	①	③	②	①	②
71	72	73	74	75	76	77	78	79	80
②	④	②	④	③	②	③	③	②	④
81	82	83	84	85	86	87	88	89	90
②	③	②	①	④	②	③	④	③	①
91	92	93	94	95	96	97	98	99	100
④	①	④	④	①	④	④	④	②	①

01 ① 의사 명령=어셈블러 명령
원시 프로그램을 어셈블할 때 어셈블러가 하여야 할 동작을 지시하는 명령
예) START, END, USING, DROP, EQU 등
② 실행 명령=어셈블리어 명령
데이터를 처리하는 명령
예) A, AH, AR, S, SR, L, LA, ST, C, BNE 등
[참고]
① DC : 2Pass Assembler의 패스 2에서 가연산자의 오퍼랜드 부분이 명시된 자료형에 따라서 변환되고 값이 계산되어 목적 코드로 전환되는 가연산자 명령
② USING : 범용 레지스터를 베이스 레지스터로 할당하는 의사 명령
③ EQU : 어셈블리어에서 어떤 기호적 이름에 상수값을 할당하는 명령

02 ① Direct linking loader : 일반적인 로더(general loader)이며, 할당, 연결, 재배치, 적재의 기능을 모두 수행하는 가장 근접한 로더
② Absolute loader : 간단한 로더이며 단순히 번역된 목적 프로그램을 입력으로 받아들여 주기억장치의 프로그래머가 지정한 주소에 적재하는 기능을 가지는 로더
③ Compile and go loader
㉠ 별도의 로더 없이 언어번역 프로그램이 로더의 기능까지 수행하는 방식
㉡ 연결 기능은 수행하지 않고 할당, 재배치, 적재 작업을 모두 언어번역 프로그램이 담당

03 로더의 기능 및 순서
① 주기억장치 할당(allocation) : 목적 프로그램이 적재하고자 하는 주기억 장소 내의 공간을 확보
② 연결(linking) : 필요할 경우 여러 목적 프로그램들 또는 라이브러리 루틴과의 링크 작업. 외부기호를 참조할 때, 이 주소 값들을 연결
③ 재배치(relocation) : 목적 프로그램을 실제 주기억 장소에 맞추어 재배치. 상대주소들을 수정하여 절대주소로 변경
④ 적재(loading) : 실제 프로그램과 데이터를 주기억 장소에 적재. 적재할 모듈을 주기억장치로 읽어들인다.

04 ① compile(컴파일) : 프로그래머가 컴퓨터 언어(예 : C, Fortran, COBOL 등)로 프로그램을 작성한 후 기계(컴퓨터)가 알 수 있는 언어로 바꿔주는 것
② allocation(할당) : 프로그램이나 데이터를 위해 메모리 내에 기억 공간을 확보하는 작업
③ linking(연결) : 목적 모듈 간의 기호적 호출을 실제적인 주소로 변환

05 ① Deadlock : 프로세서들이 서로 작업을 진행하지 못하고 영원히 대기상태로 빠지게 되는 현상
② Working Set : 프로세스가 일정 시간 동안 자주 참조하는 페이지의 집합을 의미
③ Semaphore : E. J. Dijkstra가 제안한 방법으로 반드시 상호 배제의 원리가 지켜야 하는 공유 영역에 대하여 각각의 프로세스들이 접근하기 위하여 사용되는 두 개의 연산 P와 V라는 연산을 통해서 프로세스 사이의 동기를 유지하고 상호 배제의 원리를 보장

06 Interrupt의 종류
① 하드웨어 인터럽트

- 전원 이상 인터럽트
- 기계 착오 인터럽트
- 외부 인터럽트
- 입출력(I/O) 인터럽트
② 소프트웨어 인터럽트
- Program Interrupt
- Supervisor Call Interrupt

07 1. 시간 구역성(temporal locality)
① 순환(looping, 반복)
② 부 프로그램(subroutine, 서브루틴)
③ 스택(stack)
④ 집계(counting, totaling)에 사용되는 변수
2. 공간 구역성(space locality)
① 배열 순회(array traversal)
② 순차적 코드
③ 관련된 변수들을 서로 근처에 선언

08 페이지 교체 알고리즘은 FIFO, LRU, LFU 등의 기법이 있다.
① FIFO 알고리즘 : 가장 먼저 들어온 페이지부터 교체하는 방법
② LRU(Least Recently Used) 알고리즘 : 가장 오랫동안 사용되지 않은 페이지부터 교체하는 방법
③ LFU(Least Frequently Used) 알고리즘 : 사용된 횟수(참조 횟수)가 가장 적은 페이지부터 교체하는 방법
[참고]
NUR(Not Used Recently) : 시간 오버헤드를 줄이는 기법으로서 참조 비트(Referenced Bit)와 변형 비트(Modified Bit)를 필요로 하는 페이지 교체 기법

09 Parsing : 언어해석기에서 프로그램의 구조와 작업 내용을 이해하고 이를 기계어로 번역하기 위하여 문법에 정의된 내용에 따라 연산자, 피연산자, 키워드 등을 판별하고 이들 각각의 구성 요소들의 구조를 알아내는 작업

10 Syntax(문법) : 언어의 유효한 구조에 관한 규칙

11 1. 제어 프로그램
① 감시(Supervisor) 프로그램
② 작업 관리(Job Management) 프로그램
③ 데이터 관리(Data Management) 프로그램
④ 통신 관리(Communication Management) 프로그램
2. 처리 프로그램
① 언어 번역 프로그램
② 서비스 프로그램
③ 문제 프로그램

12 로더(loader)의 기능
① 할당(allocation) : 목적 프로그램이 실행될 주기억장치(메모리, RAM) 공간을 확보
② 연결(linking) : 여러 개의 독립적인 모듈(부분적으로 작성된 프로그램 단위)을 연결
③ 재배치(relocation) : 프로그램이 주기억장치 공간에서 위치를 변경할 수 있게 한다.
④ 적재(Loading) : 프로그램 전체를 주기억장치에 한 번에 적재하게 하거나 실행 시 필요한 일부분만을 차례로 적재하게 한다.

13 운영체제가 수행하는 기능
① 기억장치 관리
② 입출력 관리
③ 프로세서 관리
④ 데이터나 정보 등 파일 관리

14 매크로의 처리 순서
어셈블러 프로그램 → 매크로 처리기 → 어셈블러(Assembler) → 기계어

15 스풀링(spooling) : 프로그램이 프로세서에 의해 수행되는 속도와 프린터 등에서 결과를 처리하는 속도의 차이를 극복하기 위해 디스크 저장 공간을 사용하는 기법

16 direct addressing
기계어 명령문(machine instruction)의 오퍼랜드가 명령문 수행에 필요한 정보의 메모리 주소를 나타낸다면, 이러한 번지(addressing) 기법

17 Round Robin

① Job scheduling 정책 중 time slice 개념
② 프로세스들이 배당 시간 내에 작업을 완료하지 못하면 폐기하지 않고 다음 순서에 나머지 작업을 처리
③ 프로세스들이 CPU에서 시간량에 제한
④ 시분할 시스템에 효과
⑤ 선점형(preemptive) 기법

18 매크로 프로세서가 수행해야 할 작업의 종류
① 매크로 정의 인식
② 매크로 정의 저장
③ 매크로 호출 인식
④ 매크로 호출 확장

19 ① Code optimization : 언어 번역기에 의하여 생성되는 최종 실행 프로그램이 보다 적은 기억 장소를 사용하여 보다 빠르게 작업을 처리할 수 있도록, 주어진 환경에서 최상의 명령어 코드를 사용하여 작업을 수행할 수 있도록 하는 것
② Code Generation(코드 생성) : 소스 프로그램을 분석하여 나온 중간 코드를 입력하여 목적 코드 프로그램을 생성하는 과정으로 컴파일 단계 중 하나이다.

20 이중 패스로 구성하는 주된 이유
① 한 개의 Pass만을 사용하는 경우는 기호를 모두 정의한 뒤에 해당 기호를 사용하여야 한다.
② 기호를 정의하기 전에 사용할 수 있어 프로그램 작성이 용이하기 때문이다.(전향 참조, Forward reference)
③ 사용의 편의상 정의하기 전에 사용한 주소 상수를 처리하기 위함이다.

21 MOS device를 사용한 램(RAM)의 두 가지 형
① 스태틱(static, 정적)형
② 다이내믹(dynamic, 동적)형

22 ① register addressing mode : 연산에 사용할 데이터가 레지스터에 저장되어 있으며 레지스터를 참조하는 지정 방식
② immediate addressing mode : 오퍼랜드에 연산에 필요한 숫자 데이터를 직접 넣어주는 방식
③ direct addressing mode : 오퍼랜드 필드의 내용이 실제 데이터가 들어 있는 메모리 주소를 지정하고 있는 유효주소가 되는 방식

23 ① Cycle steal : DMA가 CPU의 사이클을 스틸이 일어나서 기억장치 버스를 점유, CPU의 기억장치 액세스를 잠시 정지시키는 것으로 CPU는 훔쳐진 사이클 동안 다른 작업을 행하지 못한다.
② 사이클 스틸과 인터럽트의 차이
㉠ 사이클 스틸은 주기억장치의 사이클 타임을 중앙처리장치로부터 DMA가 일시적으로 빼앗는 것으로 중앙처리장치는 주기억장치에 접근할 수 없다.
㉡ instruction 수행 도중에 cycle steal이 발생하면 CPU는 그 cycle steal 동안 정지된 상태가 된다.

24 유효 액세스 시간
=((1-h)×(주기억장치 액세스 시간))+(h×캐시 액세스 시간)
=((1-0.9)×1000)+(0.9×100)
=190ns (단, h=적중률)

25 하드웨어적인 인터럽트의 종류
① 입출력 인터럽트(I/O interrupt) : 입출력의 종료나 입출력의 오류에 의해 발생
② 프로그램 검사 인터럽트(Program check interrupt) : 내부적인 인터럽트로 프로그램 실행 중에 잘못된 명령어를 사용하거나 프로그램 오류로 발생되는 인터럽트
③ 기계 착오 인터럽트(Machine check interrupt) : 하드웨어 인터럽트로 CPU가 프로그램을 수행하는 중에 하드웨어적인 결함으로 인하여 발생
④ 외부 인터럽트(External interrupt) : 인터럽트의 종류 중 시스템 타이머에서 일정한 시간이 만료된 경우나 오퍼레이터가 콘솔상의 인터럽트 키를 입력한 경우 발생되는 인터럽트

26 컴파일러 : 고수준 언어로 작성된 프로그램을 기계어로 번역하기 위한 프로그램

27 폰 노이만형 컴퓨터의 연산자(OP-Code) 기능
① 입출력 기능 - INP, OUT
② 함수연산 기능 - ROL, ROR

③ 전달 기능 - MOVE, LOAD, STORE
④ 제어 기능 - JMP, SMA

28 Micro operation : 명령을 수행하기 위해 CPU 내의 레지스터와 플래그의 상태 변환을 일으키는 작업이다.

29 명령어의 기능별 분류와 명령어의 연결
① 입출력 기능 - INP(Input), OUT(Output)
② 함수연산 기능 - ROL(Rotate Left), ROR(Rotate Right)
③ 전달 기능 - MOVE, LOAD, STORE
④ 제어 기능 - JMP(Jump), SMA

30 op-code가 4비트일 경우 명령어의 개수는
∴ 2^4 =16개

31 컴퓨터 시스템과 주변장치 간의 데이터 전송 방식
① 프로그램 입출력(programmed I/O) 방식
② DMA(Direct Memory Access) 방식
③ 인터럽트 입출력(interrupt I/O) 방식

32 캐시 기억장치
① 주기억장치에 저장되어 있는 명령어와 데이터 중의 일부를 임시적으로 복사해서 저장하는 장치로 데이터를 저장하고 인출하는 속도가 주기억장치보다 빠르다.
② CPU가 캐시 기억장치에 저장된 명령어와 데이터를 처리할 경우, 주기억장치보다 더 빠르게 처리할 수 있다.
③ 느리게 동작하는 주기억장치와 빠르게 동작하는 CPU 사이에서 속도 차이를 해결하여 CPU에서의 데이터와 명령어 처리속도를 향상시킴
④ 캐시 기억장치는 고속완충기억장치라고 한다.

33 ① SISD(Single Instruction stream Single Data stream : 한 번에 한 개씩의 명령어와 데이터를 처리하는 단일 프로세서 시스템
② SIMD(Single Instruction stream Multiple Data stream) : 여러 개의 프로세서들로 구성. 프로세서들의 동작은 모두 하나의 제어장치에 의해 제어
③ MISD(Multiple Instruction stream Single Data stream) : 각 프로세서들은 서로 다른 명령어들을 실행하지만 처리하는 데이터는 하나의 스트림

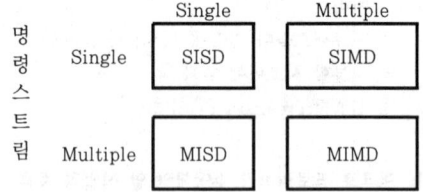

34 곱셈 연산 방법을 나타내는 알고리즘

35 1. 명령어 구성 형태
① 명령어 : 필드(Field)라는 비트 그룹으로 이루어지며, 연산 코드와 오퍼랜드 필드로 구분한다.
② 연산 코드 : 처리해야 할 연산의 종류
③ 오퍼랜드 : 처리할 대상 데이터 또는 데이터 주소

연산 코드	오퍼랜드
(OP code)	(operand)

2. 오퍼랜드의 수에 따른 명령어 형식
① 0-주소 명령어 : 스택구조에서 사용되는 형식
② 1-주소 명령어 : 기억장치로부터 오퍼랜드를 가져오거나 연산 결과를 저장하기 위한 임시적인 장소로 누산기(어큐뮬레이터, Acc) 레지스터를 사용한다.
③ 2-주소 명령어 : 상업용 컴퓨터에서 가장 많이 사용
④ 3-주소 명령어 : 오퍼랜드의 개수가 세 개인 명령어 형식

36 인터럽트 우선순위 결정방식
① 폴링 : 소프트웨어적으로 판별하는 방법
② 데이지 체인(Daisy-Chain) : 하드웨어적인 처리방식. 모든 장치를 직렬로 연결
③ 벡터 인터럽트 : 인터럽트를 발생한 장치가 프로세서에게 분기할 곳의 정보를 제공해주는 방식

37 10진 데이터 형식(decimal data format) : 10진 데이터 형식은 고정 소수점 데이터를 표현하는 방법 중의 하나로, 10진수를 2진수로 변환하지 않고 10진수 상

태로 표시할 수 있다.
① 팩 10진 형식(packed decimal format) : 10진수 한 자리를 4개의 비트로 표현하는 방법으로, 맨 오른쪽의 4개의 비트는 양수이면 C(1100)로, 음수이면 D(1101)로 표시
② 언팩 10진 형식(unpacked decimal format) : 10진수 한 자리를 8개의 비트로 표현하는 방법으로, 왼쪽 4비트는 존(zone), 나머지 4비트는 숫자(digit)를 구분. 이때 10진수의 부호는 가장 오른쪽 8비트의 존 부분이 양수이면 C(1100)로, 음수이면 D(1101)로 표시

38 블록 팩터(Block Factor)
$$= \frac{블록의 크기}{레코드 크기} = \frac{1600자}{40자} = 40$$

39 기억장치 접근 방법에 따른 유형
① 순차적 접근(Sequential Access) : 기억장치 데이터가 저장되는 순서에 따라 순차적으로 접근
예) 자기테이프
② 직접 접근(Direct Access) : 기억장치 근처로 이동한 후 순차적인 검색을 하여 최종적으로 원하는 데이터에 접근
예) 자기디스크, 자기드럼
③ 임의 접근(Random Access) : 저장된 모든 데이터에 접근하는 데 소요되는 시간이 이전의 접근 순서와는 무관하게 항상 일정한 방식
예) RAM, ROM

40 $(741)_{10} \rightarrow (0111\ 0100\ 0001)_{BCD}$

41 ① Memory-mapped I/O(메모리 대응 입출력) : 장치 제어 레지스터들이 프로세서의 주소 공간으로 대응
② Programmed I/O(PIO, 프로그램된 입출력) : 상태 비트를 감시하고 한번에 1워드(바이트)씩 제어기 레지스터로 옮기는 것

42 입출력 인터페이스에 관한 설명
① CPU와 주변장치 간의 자료 흐름에 대한 동기화 과정을 수행한다.
② CPU와 주변장치 간의 자료 전달을 효율적으로 통제한다.
③ 각 주변장치에 대응되는 인터페이스 모듈이 존재한다.
④ CPU와 입출력장치 사이에 존재하며 이들 사이의 데이터 전송을 지장 없게 해 주는 연결기이다.

43 ① strobe 방법 : 기억장치에 데이터를 입력할 때 timing을 나타내거나, 버스에서 올바른 데이터일 경우 활동 신호를 선택하는 방법
② polling 방법 : CPU가 일정한 시간 간격을 두고 각 자원들의 상태를 주기적으로 확인하는 방법
③ interrupt 방법 : 각 자원들이 능동적으로 자신의 상태변화를 CPU에게 알리는 방법

44 ① MARA : Address - 기억장치를 출입하는 데이터의 번지를 기억하는 레지스터
② MBRB : Buffer - 기억장치를 출입하는 데이터가 잠시 기억되는 레지스터

45 1. 3번지 명령어
① Operand부 3개로 구성
② 여러 개의 범용 레지스터(GPR)를 가진 컴퓨터에서 사용
③ 연산의 결과 : Operand 3에 기록
④ 연산 시 소스 자료를 파괴하지 않는다.
⑤ 프로그램 전체의 길이를 짧게 할 수 있다.
예) ADD R1, A, B
2. 2번지 명령어
① Operand부 2개로 구성
② 여러 개의 범용 레지스터를 가진 컴퓨터에서 사용
③ 연산의 결과 : Operand 1에 저장(소스 자료 파괴)
예) ADD R1, A
3. 1번지 명령어
① Operand부 1개로 구성
② 누산기(AC)를 이용하여 명령어 처리
예) ADD A
4. 0번지 명령어
① Operand부 없이 OP Code부만으로 구성
② 모든 연산은 스택(stack)에 있는 자료를 이용하여 수행하고, 그 결과 또한 스택에 보존된다. 스택 머신(stack machine)이라고 한다.

③ 소스의 자료가 남지 않는다.
예) ADD

46 ① Decode : n비트의 이진 코드를 풀어내는 역할을 하는 회로
② Encoder : 2^n개의 입력을 가지고 n개의 출력값을 가지며 디코더와 정반대의 기능을 가진다.

47 마이크로컴퓨터용 소프트웨어 개발 과정
① 문제설정
② 프로그램 설계 분석
③ 코딩
④ 테스트
⑤ 유지보수

48 마이크로컴퓨터의 핵심부
CPU, 지원프로세서(칩셋), 주메모리, 입출력 커넥터, 전원 커넥터, 확장슬롯이 있는 평편 기판인 주기판

49 ① 로더(Loader) : 연계편집 프로그램에 의해서 실행 가능한 형태로 된 프로그램
② 컴파일러(Compiler) : 고수준 언어로 작성된 프로그램을 기계어로 번역하기 위한 프로그램

50 마이크로 컨트롤러
마이크로프로세서+메모리, 입출력 포트, 타이머, 카운터, 인터럽터, 시리얼 포트 등을 단일 칩에 구현

51 DMA
① 메모리와 입출력장치 사이에 데이터의 주고받음이 직접 행해지는 기법
② Cylcle steal

52 1. 비동기식 전송 방식의 특징
① 주로 저속도의 전송에 이용
② 문자의 앞쪽에 start bit, 문자의 뒤쪽에는 Stop bit를 갖는다.
③ 주파수 편이변조방식 적용
④ 저속 1200bps 전송
2. 동기식 전송 방식의 특징
① 지능 단말기, 대화형 단말기에 적합
② 잡음에 강한 반면 위상 변동에 약함
③ 위상편이변조나 직교변조방식 적용
④ 고속 2400~19200bps 전송

53 로더(Loader) : 연계편집 프로그램에 의해서 실행 가능한 형태로 된 프로그램

54 8192word×8bit=65536bit
$2^x = 65536 = 2^{16}$
∴ chip의 수=16

55 ROM : 비휘발성 메모리

56 가상 기억체제의 특징
페이지 부재가 발생하면 교체할 페이지를 결정하여 보조기억장치의 이전 위치에 기억시키고 새로운 페이지를 교체한 페이지의 위치에 놓은 것으로 오버레이 문제가 발생하지 않는다.

57 ① 내부 버스 : CPU 내부에서 레지스터 간의 데이터 전송
② 외부 버스
㉠ 제어 버스 : 제어장치에서 각 장치로 제어신호를 전달
㉡ 주소 버스 : 주기억장치의 주소가 각 장치로 전달
㉢ 데이터 버스 : 각 장치별로 필요한 데이터 전달

58 ① OP code의 512개 명령어로 나타낼 수 있는 비트 수는 9bit
② 한 명령어에 2개의 Operand를 가짐
③ Operand 종류는 8가지(2^3)이므로 비트 수는 3bit
∴ 2-주소 명령어 형식의 크기
9bit+2×3bit=15bit

59 Load
보조기억장치에 저장되어 있는 정보를 주기억장치로 읽어오는 작업을 의미

60 주소지정방식의 종류
① 직접 주소지정방식 : 번지부에 있는 값이 실제 데이

터가 기억된 메모리의 주소가 되는 방식. 메모리 1회 참조

② 간접 주소지정방식 : 번지부가 지정하는 곳에 있는 메모리의 값이 실제 데이터가 기억된 위치를 가지고 있는 방식. 메모리 2회 참조

③ 즉시적 주소지정방식 : 주소부가 실제 데이터값

④ 계산에 의한 주소지정방식 : 2개의 레지스터(베이스, 인덱스)를 이용하여 계산하여 찾아가는 방식

61 3초과 코드=BCD 코드+$(11)_2$

$(268)_{10} \rightarrow (0010\ 0110\ 1000)_{BCD\ 코드}$
$\rightarrow (0101\ 1001\ 1011)_{3초과\ 코드}$

62 논리식=$(\overline{A}+B)\oplus C$

B	C	Y=$(\overline{A}+B)\oplus C$
0	0	$(\overline{A}+0)\oplus 0=\overline{A}$
0	1	$(\overline{A}+0)\oplus 1=A$
1	0	$(\overline{A}+1)\oplus 0=1$
1	1	$(\overline{A}+1)\oplus 1=0$

63 논리식

① 합(S)=$X\overline{Y}+\overline{X}Y=X\oplus Y$
② 자리올림(C)=XY

64 D(Delay) 플립플롭 특성식=$Q_{(t+1)}$

입력 D를 그대로 출력, RS 플립플롭의 변형으로 S와 R의 인버터로 연결하여 입력에 D라는 기호를 나타낸 것이며, RS이 R-1, S-0 또는 R-0, S=1 입력만 기능하게 된다.

D	Q(t)	Q(t+1)
0	0	0
1	0	1
0	1	0
1	1	1

65 Count Pluse(카운터 펄스)이므로 011 → 100 → 101 이다.

66 해독기(decoder) : BCD를 10진수로 변환하는 회로
부호기(encoder) : 10진수를 BCD로 변환하는 회로

67 각 문항의 회로의 논리식은
① $\overline{A \cdot B} = \overline{A}+\overline{B} = A+B$
② $\overline{A+B} = \overline{A} \cdot \overline{B}$
③ $\overline{A} \cdot \overline{B}$
④ $\overline{A+B} = \overline{A} \cdot \overline{B}$

68 T Flip-Flop
① T는 Toggle을 의미
② JK flip-flop에서 J=1, K=1인 경우 출력(Q)은 Toggle(0 → 1, 1 → 0)으로 나타난다.

69 3×8 디코더의 뜻

3개의 입력을 받고 8개의 출력을 갖는 디코더를 뜻함
[참고]
입력이 2, 3, 4,...n개 개수에 따라 출력이 2^n 개가 나온다.

70 전력소모가 가장 적은 IC는 CMOS(Complementary metal oxide semiconductor)
: 상보형 금속 산화물 반도체
: 전력소모는 약 1mW
[참고]
RTL(Resistor-transistor logic)
TTL(transistor-transistor logic)
ECL(emitter-coupled logic)

71 ① Demultiplexer : 정보를 한 선으로 받아서 2개 이상의 가능한 출력선 중 하나를 선택하여 받은 정보를 전송하는 회로
② DECODER
㉠ 코드화된 정보를 해독하여 해당하는 출력을 내보내는 회로
㉡ n개의 입력을 최대 2^n 개의 서로 다른 정보로 변환해주는 조합 논리회로
㉢ I/O port 또는 기억장치 등을 enable시키기 위하여 사용되는 장치
③ ENCODER : 컴퓨터 키보드를 누르면 코드화된다.
④ MULTIPLEXER : 데이터 전송 시스템에서 송신단

에 적합한 회로

72 순서 논리회로
① 조합 논리회로의 플립플롭을 포함
② 출력값은 입력값과 회로의 내부 상태에 의해 결정
③ 종류 : RS플립플롭, JK플립플롭, D플립플롭, T플립플롭, 레지스터, 계수기

73 0001111

74 ① JK 플립플롭
㉠ RS 플립플롭에서 R=S=1일 때 부정 상태를 발생하는 결점을 보완한 플립플롭
② D 플립플롭
㉠ JK 플립플롭에 NOT 게이트를 추가
㉡ 시프트 레지스터를 만드는 데 적합
③ T 플립플롭
㉠ 2진 계수회로에 가장 적합한 플립플롭
㉡ 특성표

입력	Q	Q(t+1)
0	0	0
0	1	1
1	0	1
1	1	0

75 RIPPLE Count
비동기식 카운터라고 하며, 앞단의 출력이 후단의 클록으로 연결되어 이 클록에 의해 동작한다.

76 $(A+B)(\overline{AB}) = (A+B)(\overline{A}+\overline{B})$
$= A\overline{A}+A\overline{B}+\overline{A}B+B\overline{B}$
$= A\overline{B}+\overline{A}B = A \oplus B$

A값	0011
B값	0101
Y=A⊕B	0110

77 Y=(A+B)(C+D)
OR Gate는 +로, AND Gate는 ·로 논리식으로 표현

78 ㉠ 멀티플렉서 : 2^n개의 입력이 1개의 출력으로 나타남
㉡ 디멀티플렉서 : 1개의 입력이 2^n개의 출력으로 나타남
㉢ 인코더 : n개의 입력이 2^n개의 출력으로 나타남
㉣ 디코더 : 2^n개의 입력이 n개의 출력으로 나타남

79 M/S Flip-Flop
출력 쪽의 일부가 입력 쪽에 궤환(feedback)되어 발생시키는 레이스 현상을 나타나지 않도록 하기 위해 고안된 플립플롭

80 JK 플립플롭의 입력에 따른 결과는

J	K	결과
0	0	이전 상태의 값
0	1	Reset(0)
1	0	Set(1)
1	1	부정(보수)

81 다중화기 : 여러 단말기가 같은 장소에 위치하는 경우, 다중화 기능을 이용하여 전송로의 수를 감소시키기 위해 사용하는 장비

82 ㉠ TXD(Transmitted Data) : 보호용 접지회로
㉡ RXD(Received Data) : 수신 데이터
㉢ RTS(Request To Send) : 송신 요청
㉣ CTS(Clear To Send) : 송신 준비 완료
㉤ DSR(Data Set Ready) : DCE 정상 상태
㉥ SG(Signal Ground) : 신호 접지
㉦ DTR(Data Terminal Ready) : DTE 정상 상태
㉧ RI(Ring Indicator) : 링 감지 신호

83 HDLC 데이터 전송 모드의 3가지 동작 모드
① 정규 응답 모드(Normal Response Mode, NRM) : 반이중 또는 멀티포인트 불균형 링크 구성에 사용. 종국은 주국의 허락이 있는 경우만 송신
② 비동기 응답 모드(Asynchronous Response Mode, ARM)
㉠ 전이중 방식에서 사용
㉡ 종국은 주국의 허락 없이 송신 가능
㉢ 링크 설정, 오류 제어 등 주국에서만 수행
③ 비동기 평형 모드(Asynchronous Balanced Mode, ABM)

㉠ P2P 균형 링크에 사용
㉡ 종주국 차이가 없이 기능 수행

84 ㉠ MPEG : 동화상 압축 기술의 표준
㉡ H261 : 데이터 레이트가 64kbit/초인 ISDN망 전송을 위해 설계되어 있는 영상 코덱이다.
㉢ G711 : 300~3,400Hz에서 오디오 신호를 통과시키며 초당 8,000샘플링의 레이트로 샘플링한다.

85 ① LAN(근거리통신망, 구내정보통신망, Local Area Network)
㉠ 제한된 지역 내의 통신
㉡ 파일의 공용
㉢ 공중망을 이용하는 광역통신망에 대조되는 통신망
㉣ 소단위의 고속정보통신망
② MAN(중거리통신망, 도시권통신망, Metropolitan Area Network)
③ WAN(원거리 통신망, 광역통신망)
㉠ 국가망 또는 각 국가의 공중통신망을 상호 접속시키는 국제정보통신망으로 설계, 구축, 운용된다.
㉡ 공중통신망 사업자가 구축하고 일반 대중 가입자들에게 보편적인 정보통신서비스를 제공한다.

86 전송 제어 절차(순서)
① 회선 접속(다이얼로 상대방 호출)
② 데이터 링크의 설정(상대 확인)
③ 정보 메시지의 전송(상대방과 통화)
④ 데이터 링크의 종결(통화 끝 확인)
⑤ 데이터 통신회선의 절단(전화기 내림)

87 ① 프레임 : 동기식 전송 방식의 구성 형식은 동기 문자와 제어정보, 데이터 블록으로 구성
② 플래그(Flag) : 프레임의 시작과 끝(01111110), 동기 유지, 혼선 방지

88 망(network) 구조의 기본 유형
① 스타형   ② 링형
③ 트리형   ④ 버스형

89 쿼드 비트는 4비트 표현의 의미
변조 속도 : 1,600baud

∴ 데이터 신호속도[bps]=4×1,600=6,400

90 회선 교환 방식의 제어 신호 종류
① 감시 제어 신호(supervisory control signal)
② 주소 제어 신호(address control signal)
③ 호 정보 제어 신호(call information control signal)
④ 망 관리 제어 신호(communication management control signal)

91 ㉠ 7계층(응용 계층) : 사용자에게 OSI 모델로서의 접근과 분산정보 서비스 제공
㉡ 6계층(표현 계층) : 응용프로세서의 독립성 제공
㉢ 5계층(세션 계층) : 응용 간의 통신을 위한 제어구조 제공, 접속의 설정, 유지, 해제
㉣ 4계층(전송 계층) : 종점 간에 오류 수정과 흐름 제어를 수행하여 신뢰성 있고 투명한 데이터 전송을 제공
㉤ 3계층(네트워크 계층) : 독립성을 유지할 수 있는 통신 시스템 제공
㉥ 2계층(데이터 링크 계층) : 흐름 제어와 오류 복구를 통하여 신뢰성 있는 프레임 단위의 전달
㉦ 1계층(물리 계층) : 기계적, 전기적, 절차적 특성을 취급

92 멀티드롭 선로에 연결할 수 있는 단말기의 수를 결정하는 요인
① 선로의 속도
② 단말기에 의해 생기는 교통량
③ 하드웨어 소프트웨어의 처리 능력

93 네트워크 서비스
정보통신망의 서비스 부분 중 광범위하게 분산되어 있는 컴퓨터 시스템, 프로그램, 데이터 등의 각종 자원을 통신선로를 거쳐서 이용함을 목적으로 하는 서비스

94 대역폭(bandwidth) : 최고 주파수와 최저 주파수 사이 간격을 의미

95 1. ALOHA 시스템 : CSMA/CD의 모체이다.
2. Roll-call 폴링 시스템 : 폴링하기 전에 주(중앙)국으로 전송하는 방식

3. Hub-go-ahead 폴링 시스템
   ① 장점
   Rool-call 폴링에서 각 단말기에 대한 상태를 물어볼 때마다 전송을 위한 시나리오를 생략
   ② 단점
   ㉠ 제어 루프의 신뢰도가 매우 높아야 한다.
   ㉡ 공중 반송 네트워크 및 사용자측에 특별한 하드웨어의 보완이 필요

96 지능 다중화기의 설명
① 비동기식 다중화 방식
② 통계적 다중화기라고도 한다.
③ 실제 보낼 데이터가 있는 DTE에만 각 부채널에 시간폭을 할당
④ 주소 제어, 흐름 제어, 오류 제어 등의 기능이 제공
⑤ 실제 전송할 데이터가 있는 부채널에만 시간폭을 할당하므로 많은 데이터 전송이 가능

97 ① 코드 분할 다중화 : 하나의 회선을 FDM과 TDM이 복합한 방식으로 일종의 확산대역을 이용
② 주파수 분할 다중화 : 하나의 회선을 다수의 주파수 대역으로 분할
③ 시분할 다중화 : 하나의 회선을 다수의 타임 슬롯으로 분할
   ㉠ 동기식 시분할 다중화
   ㉡ 비동기식 시분할 다중화

98 패킷 교환망의 주요 기능
① 경로선택 제어 ② 트래픽 제어
③ 에러 제어   ④ 흐름 제어

99 C 클래스 주소

구조	Net ID	Net ID	Net ID	Host ID
주소 범위	191~223	0~255	0~255	0~255

단, Host 주소가 0인 경우는 Network 주소이며, 255는 브로드캐스트 주소이므로 할당할 수 없는 예약 주소이다.
∴ 호스트 할당 가능 최대 IP 주소 개수
  =전체 호스트 주소 개수-예약 주소 개수
  =256개-2개
  =254개

100 전진 에러 수정(FEC : Forward Error Correction) : 수신측에서 에러를 검출해서 정정하는 방법
※ 해밍 코드(Hamming Code) : 먼저 송신측에서 데이터의 해밍 비트를 계산하여 이 값을 데이터에 추가하여 전송하고 다시 수신측에서는 이 데이터를 해밍 코드 방법으로 계산하여 오류 발생 여부를 판단한다. 에러 발생 시 오류가 발생된 비트를 반대되는 비트로 변환하여 오류를 정정한다.

2004년 제2회

01	02	03	04	05	06	07	08	09	10
②	②	②	④	④	③	①	②	②	①
11	12	13	14	15	16	17	18	19	20
②	①	①	④	①	②	①	②	①	③
21	22	23	24	25	26	27	28	29	30
④	①	④	④	④	②	④	③	③	④
31	32	33	34	35	36	37	38	39	40
②	②	④	①	④	③	②	①	④	④
41	42	43	44	45	46	47	48	49	50
③	③	②	④	③	④	③	②	③	②
51	52	53	54	55	56	57	58	59	60
③	③	②	①	④	④	①	②	②	③
61	62	63	64	65	66	67	68	69	70
①	①	①	④	③	③	③	②	①	①
71	72	73	74	75	76	77	78	79	80
①	④	④	②	④	②	①	③	②	①
81	82	83	84	85	86	87	88	89	90
③	②	④	②	②	②	④	④	②	①
91	92	93	94	95	96	97	98	99	100
④	④	②	②	②	④	④	①	④	①

01 주기억장치 관리 기법의 배치 전략
① 최초 적합(first-fit) : 첫 번째 분할 영역에 배치시키는 방법
② 최적 적합(best-fit) : 가장 작게 남기는 분할 영역에 배치시키는 방법
③ 최악 적합(worst-fit) : 입력된 작업을 가장 큰 공백에 배치하는 방법

02 로더(loader)의 기능
① 적재(loading)
② 재배치(relocation)
③ 할당(allocation)
④ 연계(linking) : 목적 모듈 간의 기호적 호출을 실제적인 주소로 변환

03 정규 언어(regular language)를 표현하는 방법
① 정규 문법(regular grammar) : 생성 규칙의 오른쪽(right-hand side)에 있는 nonterminal의 위치에 따라 우선형 문법(Right-Linear Grammar)과 좌선형 문법(Left-Linear Grammar) 두 종류로 구분된다.
② 정규 표현(regular expression)
  ㉠ 특정 문자의 집합 또는 문자열을 기호로 바꾸어 놓는 방법
  ㉡ 문자열의 집합을 정확하게 표현하기 위해 쓰이는 표현 규칙
  ㉢ 언어의 문법 정의나 검색하여야 할 문자열의 지정에 쓰인다.
③ 유한 자동기((finite-state automata)
※ 문맥자유형 문법(Context-free Language)
  ① 프로그래밍 언어를 정의
  ② 파싱(parsing, 구문분석)의 개념을 형식화
  ③ 프로그래밍 언어의 번역을 단순화
  ④ 다른 스트링 처리 응용 등 중요성을 갖는다.

04 ① Thrashing : 프로그램의 수가 많아지거나 또는 한 프로그램에서 사용하는 페이지의 수가 사용 가능한 페이지 frame에 비해서 매우 크게 되어 대부분의 시간을 페이지 falut를 처리하는 데 보내게 되는 현상
② Deadlock : 다중 프로그래밍 시스템에서 어떤 프로세스가 아무리 기다려도 결코 발생하지 않을 사건을 기다리는 상태
③ Working Set : 프로세스가 일정 시간 동안 자주 참조하는 페이지의 집합을 의미
④ Semaphore : E. J. Dijkstra가 제안한 방법으로 반드시 상호 배제의 원리가 지켜야 하는 공유 영역에 대하여 각각의 프로세스들이 접근하기 위하여 사용되는 두 개의 연산 P와 V라는 연산을 통해서 프로세스 사이의 동기를 유지하고 상호 배제의 원리를 보장

05 원시 프로그램을 기계어로 번역해 주는 프로그램
① 컴파일러(Compiler) : 고급 언어로 작성된 원시 프로그램을 해석하고 분석하여 컴퓨터에서 실행될 수 있는 실행 프로그램을 생성하는 것
② 어셈블러(Assembler)
③ 인터프리터(Interpreter) ; 원시 프로그램을 한 문장씩 해석하고 번역한 다음 즉시로 실행시키는 프로그램
[참고] 로더(Loader) : 외부 기억장치로부터 주기억장치로 이동하기 위해 메모리 할당, 연결, 재배치, 적재를 담당하는 서비스 프로그램

06 ① 경계 레지스터(Bound register) : 다중 프로그래밍 시스템에서 각 사용자가 차지한 메모리의 프로그램 블록의 상한 주소 또는 하한 주소를 나타내는 레지스터
② 누산기(Accumulator) : 산술 및 논리 연산의 결과를 임시로 기억하는 레지스터
③ 프로그램 카운터(Program Counter) : 프로그램의 수행 순서를 제어하는 레지스터로 다음에 실행할 명령의 번지 기억
④ 색인 레지스터(Index register) : 주소를 계산할 때 사용되는 레지스터

07 ① Thrashing : 프로그램의 수가 많아지거나 또는 한 프로그램에서 사용하는 페이지의 수가 사용 가능한 페이지 프레임에 비해서 매우 크게 되어 대부분의 시간을 페이지 falut를 처리하는 데 보내게 되는 현상
② Swapping : 시분할 시스템 방식에서 주기억장치 내용을 일시적으로 보조기억장치 데이터나 프로그램과 교체하는 방법
③ Overlay : 주기억장치 영역에 프로그램을 실행할 경우 프로그램을 몇 개의 작은 논리적인 단위로 세그먼트를 나누어 필요한 세그먼트만 읽어들여서 실행하는 방법

08 페이지의 크기에 관한 설명
① 페이지의 크기가 작을수록 페이지 테이블의 크기가 커진다.
② 참조되는 정보와 무관한 정보들이 많이 적재되어 내부단편화가 증가한다.
③ 페이지의 크기가 클수록 참조되는 정보와 무관한 정보들이 많이 적재된다.
④ 작은 크기의 페이지가 보다 적절한 작업세트를 유지할 수 있다.

09 ① 세마포어(semaphore) : 운영체계의 자원을 경쟁적으로 사용하는 다중 프로세스에서 처리를 조정하거나 또는 동기화시키는 기술
② 에이징(aging) 기법 or 노화 기법
㉠ 프로세스의 우선순위가 낮아 무한정 기다리게 되는 경우, 한 번 양보하거나 기다린 시간에 비례하여 일정 시간이 지나면 우선순위를 한 단계씩 높여 가까운 시간 안에 자원을 할당받도록 하는 기법
㉡ SJF, 우선순위 기법에서 발생할 수 있는 무한 연기 상태, 기아 상태 예방
③ 문맥전환(context switching) or 문맥교환
㉠ 하나의 프로세스에서 다른 프로세스로 CPU가 할당되는 과정에서 발생되는 것
㉡ 새로운 프로세스에게 CPU를 할당하기 위해 현재 CPU가 할당된 프로세스의 상태 정보를 저장하고, 새로운 프로세스의 상태 정보를 설정한 후 CPU를 할당하여 실행되도록 하는 작업
㉢ 오버헤드(Overhead) 시간에 포함
④ 구역성(locality) : 한 번 호출된 자료나 명령은 곧 바로 다시 사용될 가능성이 있으며, 또한 한 기억장소가 호출되면 인접된 장소들이 연속되어 사용될 가능성이 높음을 의미하는 것

10 교착상태(deadlock) 발생의 필수 조건
① Mutual exclusion(상호배제) : 한 시점에서는 한 프로세스만 사용 가능
② Hold and wait(점유와 대기) : 추가적인 자원을 요구하며 대기
③ Circular wait(환형 대기)
④ Non-preemption(비선점) : Operation 도중 선점 불가능
예) 프린트 작업, 파일 쓰기

11 Job Scheduler : 처리기 경영에서 보류 상태에 있는 여러 개의 작업 중 일부를 선성하여 시행될 수 있도록 준비 상태로 바꾸는 일을 한다.
[참고] Process Scheduler : 준비(Ready) 상태에 있는 여러 개의 프로세스들 중에서 어떤 프로세스에게 CPU를 배당할 것인가를 결정하는 스케줄러이다. Dispatcher, CPU scheduler, Short Term Scheduler라고도 한다.

12 ① Time Sharing System : 운영체제의 운용 기법 중 여러 명의 사용자가 사용하는 시스템에서 컴퓨터가 사용자들의 프로그램을 번갈아 가며 처리하여 줌으로써 각 사용자에게 독립된 컴퓨터를 사용하는 느낌을 주는 기법
② Swapping : 시분할 시스템 방식에서 주기억장치 내

용을 일시적으로 보조기억장치 데이터나 프로그램과 교체하는 방법

13 1. 원시 프로그램을 기계어로 번역해 주는 프로그램
① 컴파일러(Compiler)
② 어셈블러(Assembler)
③ 인터프리터(Interpreter)
2. 로더(Loader) : 외부기억장치로부터 주기억장치로 이동하기 위해 메모리 할당, 연결, 재배치, 적재를 담당하는 서비스 프로그램

14 매크로 프로세서의 기본 수행 작업
① 매크로 정의 저장
② 매크로 정의 인식
③ 매크로 호출 인식 : 원시 프로그램 내에 매크로의 시작을 알리는 Macro 명령을 인식한다.
④ 매크로 호출 확장

15 ① Direct linking loader : 일반적인 로더(general loader)이며 할당, 연결, 재배치, 적재의 기능을 모두 수행하는 가장 근접한 로더
② Absolute loader : 간단한 로더이며 단순히 번역된 목적 프로그램을 입력으로 받아들여 주기억장치의 프로그래머가 지정한 주소에 적재하는 기능을 가지는 로더
③ Compile and go loader
㉠ 별도의 로더 없이 언어번역 프로그램이 로더의 기능까지 수행하는 방식
㉡ 연결 기능은 수행하지 않고 할당, 재배치, 적재 작업을 모두 언어번역 프로그램이 담당

16 재배치(relocation) : 절대 로더(absolute loader)를 이용할 경우 어셈블러에 의해 처리한다.

17 ㉠ 패스 1 : 기호(Symbol) 테이블을 정의
㉡ 패스 2 : 기호(Symbol) 테이블에서 해당 기호 찾기 원시 프로그램을 1차 검색(pass-1)하여 명령어 및 기호 번지들을 데이터베이스 테이블(MOT, POT, ST, LT)에 저장한다. 또한 잘못 사용한 명령이나 기호 번지는 프로그래머가 수정할 수 있도록 오류 메시지를 출력하기도 한다. 이후에는 각 테이블에 저장된 정보들을 이용하여 기계어 코드나 기억 장

소를 변환(pass-2)한다.

18 주소 바인딩의 의미 : 논리적 주소공간에서 물리적 주소공간으로의 사상

19 1. 제어 프로그램
① 감시(Supervisor) 프로그램
② 작업 관리(Job Management) 프로그램
③ 데이터 관리(Data Management) 프로그램
④ 통신 관리(Communication Management) 프로그램
2. 처리 프로그램
① 언어 번역 프로그램
② 서비스 프로그램
③ 문제 프로그램

20 Tracer : 프로그램에서 오류가 발생한 위치와 오류가 발생하게 된 원인을 추적하기 위하여 사용

21 DMA(Direct Memory Access)
① 메모리와 입출력 디바이스 사이에 데이터의 주고받음이 직접 행해지는 기법
② 주기억장치에 접근하기 위해 사이클 스틸링(cycle stealing)을 한다.
③ 속도가 빠른 장치들과 입출력할 때 사용하는 방식
④ Direct Memory Access의 약자이다.

22 인터럽트 요청 판별 방법
① S/W에 의한 판별 방법은 폴링에 의한 방법
② H/W에 의한 판별 방법은 장치 번호 버스 이용
③ S/W에 의한 판별 방법은 인터럽트 처리 루틴이 수행

23 Two address machine

039		
op-code (8bit)	1 operand (16bit)	2 operand (16bit)

- word length : 40bits
- 기억 용량 : $65536=2^{16}$, 즉 번지의 크기는 16bit
∴ 명령 코드 : 8bit

24 ① 파이프라인 처리기(Pipeline processor) : 중앙처리장치 내에 있는 일부 하드웨어 요소가 파이프라인 형태로 구성하여 필요한 작업을 시간적으로 중첩시켜 수행시키는 처리기이다.
② 배열처리기(array processor) : 한 컴퓨터 내에 여러 개의 처리기(PE : processing element)를 배열 형태로 가지고 동기화시켜 동일한 종류의 계산이 병렬적으로 실행되도록 한 처리기이다.

25 인터럽트 처리 과정

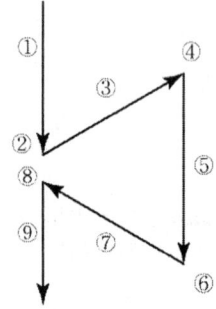

1. 주프로그램 루틴 영역
   ① 주프로그램 실행
   ② 인터럽트 발생
   ⑧ 마지막에 실행되었던 주소로 점프
   ⑨ 주프로그램 실행
2. Interrupt 처리 루틴 영역
   ③ 복귀주소 저장
   ④ Interrupt 벡터로 점프
   ⑤ Interrupt 처리
   ⑥ Interrupt 처리 완료
   ⑦ 복귀주소 로드

26 디지털 IC의 특성을 나타내는 중요한 비교 평가 요소
① 전파 지연(propagation delay) 시간
② 전력 소모(power dissipation)
③ 팬 아웃(fan-out)
④ 잡음여유(noise margin)

27 ① 탐색 시간(seek time) : 읽기 쓰기 헤드가 지정된 실린더에 도착하는 시간
② 전송 시간(transfer time) : 읽은 데이터를 주기억장치로 보내는 시간
③ 접근 시간(access time) : 기억장치의 데이터에 접근하는 데 걸리는 시간
(탐색시간+대기시간+전송시간)

28
$$\begin{array}{r} 10110 \\ \text{Exclusive}-\text{OR} \quad 01110 \\ \hline 11000 \end{array}$$

29 Exclusive-OR gate의 출력
$A \oplus B = A\overline{B} + \overline{A}B$

30 제어 메모리에서 번지를 결정하는 방법
① 마이크로 명령에서 지정하는 번지로 무조건 분기
② 서브루틴은 call과 return
③ 상태 비트에 따른 조건부 분기
④ 매크로 동작 비트로부터 ROM으로 매핑
⑤ 제어 주소 레지스터를 하나씩 증가

31 캐시(cache) : 가장 많이 사용하고 있는 프로그램과 데이터를 저장하지만 보조기억장치(가상 메모리)는 CPU에 의하여 현재 사용하지 않는 부분을 저장한다.

32 $(1011)_{2421}$
$= 1 \times 2 + 0 \times 4 + 1 \times 2 + 1 \times 1$
$= 2 + 0 + 2 + 1 = 5$
∴ 10진수는 5이다.

33 인터럽트의 발생 원인
① 입출력 인터럽트 : 자료의 연산이 종료된 후에 발생
② 프로그램 오류 인터럽트 : 프로그램의 실행 도중에 연산 오류나 번지 착오 등의 오류가 있을 때 발생
③ SVC 인터럽트 : 프로그램에서 의도적으로 SVC (Supervisor call) 명령을 사용하는 경우에 발생
④ 외부 인터럽트 : 할당된 시간을 초과하거나, 콘솔(console)을 이용하여 오퍼레이터가 중단키를 누를 때, 또는 CPU 간에 통신할 때 등에 발생

34 Flip-Flop : 레지스터에서 일반적으로 주로 쓰는 기억 소자

35 제어신호 : 마이크로 오퍼레이션을 순서적으로 발생시키는 데 필요

36 비트 슬라이스 프로세서 : Processor Unit, Microprogram Sequencer, Control Memory가 각각 다른 IC로 구성된 프로세서
[참고] RISC 프로세서
① CISC 프로세서에 비해 주소 지정 모드와 명령어의 종류가 적음
② CISC 프로세서에 비해 프로그래밍이 어려운 반면 처리 속도가 빠름
③ CISC 프로세서에 비해 생산 가격이 비싸고 소비 전력이 낮음
④ 고성능의 워크스테이션이나 그래픽용 컴퓨터에 많이 사용

37 마이크로 명령 형식
① 수평 마이크로 명령(Horizontal Micro Instruction)
  ㉠ 마이크로 명령의 한 비트가 한 개의 마이크로 동작을 관할하는 명령
  ㉡ Micro Operation부가 m Bit일 때 m개의 마이크로 동작을 표현
  ㉢ Address부의 주소에 의해 다음 마이크로 명령의 주소를 결정
② 수직 마이크로 명령(Vertical Micro Instruction)
  ㉠ 제어 메모리 외부에서 디코딩 회로를 필요로 하는 마이크로 명령
  ㉡ 한 개의 마이크로 명령으로 한 개의 마이크로 동작만 제어
③ 나노 명령(Nano Instruction)
  ㉠ 나노 메모리라는 낮은 레벨의 메모리에 저장된 마이크로 명령
  ㉡ 수직 마이크로 명령을 수행하는 제어기에서 디코더를 ROM(나노 메모리)으로 대치하여 두 메모리 레벨로 구성
  ㉢ 제어 메모리의 각 Word에는 나노 명령이 저장되어 있는 나노 메모리의 번지들을 저장하고 있다.

38 메모리 인터리빙(interleaving)
① 복수 모듈 기억장치를 이용한다.
② 기억장치에 접근을 각 모듈에 번갈아 가면서 하도록 한다.
③ 각 인스트럭션에서 사용하는 데이터의 주소에 관계가 있다.
④ 고속의 블록 단위 전송이 가능하다.

⑤ 캐시 기억장치, 고속 DMA 전송 등에서 많이 사용된다.
⑥ CPU와 기억장치 사이에 실질적인 대역폭(band width)을 늘리기 위한 방법으로 가장 적합

39 ① 부동소수점수(floating point number) 데이터 형식

부호 (sign)	지수부 (exponent)	가수부 (mantissa)

② 부동소수점(floating point) 데이터의 정규화란
  ㉠ 지수(exponent)의 가장 오른쪽 숫자(digit)가 0이 채워지지 않도록 하는 과정
  ㉡ 지수(exponent)를 최대한 크게 하는 과정
  ㉢ 지수를 최대한 작게 하는 과정

40 FIFO(First In First Out) : 병렬처리기 구성에서 명령 파이프라인(instruction pipeline)이 사용하는 버퍼의 구조

41 [조건]
– 문자 하나의 전송 시간이 0.05초
– 한 문자의 길이가 11비트

$$자료\ 전송률 = 한\ 문자의\ 길이 \times \frac{1}{전송시간}$$
$$= 11 \times \frac{1}{0.05} = 11 \times 20 = 220\ Baud$$

42 PC(Program Counter) : 다음에 실행할 명령어 주소를 기억하는 레지스터
[참고]
① 데이터 레지스터(DR) : 메모리에서 읽어온 피연산자를 저장
② 명령어 레지스터(IR) : 메모리에서 읽어온 명령어를 저장
③ 주소 레지스터(AR) : 접근하고 있는 데이터의 주소를 저장
④ 임시 레지스터(TR) : 계산 도중의 임시 데이터를 저장

43 마이크로 동작(Micro-Operation)
① 레지스터에 저장된 데이터를 갖고서 실행되는 동작
② 하나의 클록 펄스 동안에 실행되는 기본적인 동작
③ 시프트 동작, 카운터 동작, 클리어동작, 로드동작

④ 레지스터에 저장된 자료를 처리하기 위한 기본신호

44 마이크로컴퓨터를 구성하는 주요 버스
① 자료 버스(data bus)
② 주소 버스(address bus)
③ 제어 버스(control bus)

45 멀티플렉서 채널 : 동시에 여러 개의 입출력장치를 제어할 수 있는 채널

46 컴퓨터의 PRU는 4가지 단계, 즉 메이저 스테이트에서 명령 사이클의 수행 순서
① Interrupt cycle : 하드웨어로 실현되는 서부루틴의 호출, 인터럽트 발생 시 복귀주소(PC)를 저장시키고, 제어순서를 인터럽트 처리 프로그램의 첫번째 명령으로 옮기는 단계
② Fetch cycle : 주기억장치의 지정장소에서 명령을 읽어 CPU로 가지고 오는 단계
③ Execution cycle : 실제로 명령을 이행하는 단계
④ Indirect cycle : 인스트럭션의 수행 시 유효주소를 구하기 위한 메이저 상태

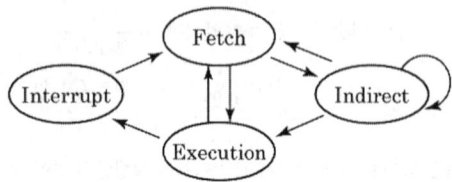

47 가상 메모리(Virtual Memory, 가상 기억장치)
주기억장치 안의 프로그램 양이 많아질 때 사용하지 않는 프로그램을 보조기억장치 안의 특별한 영역으로 옮겨서 보조기억장치 일부분을 주기억장치처럼 사용할 수 있다.

48 데이터 전송 방식에 따른 I/O 설계 방식
① DMA 방식의 I/O
② 인터럽트 방식의 I/O
③ 프로그램 방식의 I/O

49 [조건]
- 입력 : 8개
- 출력 : 4개

- ROM의 용량?
$2^{입력 개수} = 2^8 words = 256 words$
출력 4개이며 4bit 묶음으로 1word를 표현

50 데이터를 포트를 통해 병렬로 출력시킬 때 사용되는 신호
① WRITE, ② ADDRESS BUS, ③ DATA BUS

51 8bit 즉 1byte 마이크로프로세서
48Kbyte=48×1024byte 여기에서 bit로 표현하고자 할 때 48보다 큰 2^6으로 계산한다면
$2^6 \times 2^{10} byte = 2^{16} byte$
∴ Address line=16개

52 Cross Compiler : 소스 프로그램의 컴파일이 불가능한 소규모 마이크로컴퓨터에서 이를 컴파일하기 위해 보다 대용량의 컴퓨터를 이용, 컴파일 작업을 수행하고자 한다. 이때 사용되는 컴파일러

53 부트스트래핑 로더(Bootstrapping loader)의 역할
컴퓨터 가동 시 운영체제(operating system)를 주기억장치(메모리)로 읽어온다.

54 1. 3번지 명령어
① Operand부 3개로 구성
② 여러 개의 범용 레지스터(GPR)를 가진 컴퓨터에서 사용
③ 연산의 결과 : Operand 3에 기록
④ 연산 시 소스 자료를 파괴하지 않는다.
⑤ 프로그램 전체의 길이를 짧게 할 수 있다.
예) ADD R1, A, B
2. 2번지 명령어
① Operand부 2개로 구성
② 여러 개의 범용 레지스터를 가진 컴퓨터에서 사용
③ 연산의 결과 : Operand 1에 저장(소스 자료 파괴)
예) ADD R1, A
3. 1번지 명령어
① Operand부 1개로 구성
② 누산기(AC)를 이용하여 명령어 처리
4. 0번지 명령어
① Operand부 없이 OP Code부만으로 구성
② 연산은 Stack을 이용, 스택 머신(stack machine)

이라고 한다.
③ 소스의 자료가 남지 않는다.
　예) ADD

55 ALU의 기능
① 산술연산 예) 가산(+)
② 논리연산 예) AND 동작, omplement 동작
③ Shift 예) 곱셈, 나눗셈
④ Rotate

56 Second pass 시 사용되는 테이블
① 의사 명령어(pseudo-instruction) 테이블 : ORG, END, DEC, HEX이며 각 항목은 프로그램상에 나타났을 때 의사 명령어를 처리하는 서브루틴을 어셈블러에게 알려준다.
② MRI(Memory Reference Instruction) 테이블 : 메모리 참조 명령어의 7개의 기호와 그것에 해당되는 3비트 연산 코드를 포함
③ 번지 기호(Address symbol) 테이블 : first pass 동안 만들어진다.
④ non-MRI 테이블 : 18개의 레지스터 참조명령어와 입출력 명령어, 그리고 그에 해당되는 16비트 이진 코드
※ 어셈블러는 위의 4개의 테이블을 사용하게 되는데 프로그램에 나타나는 모든 기호는 이러한 네 개의 테이블 중 하나에 기록되어 있어야 한다.

57 카운터 타이머 회로(counter timer circuit) : 입출력 통신용 인터페이스에서 전송펄스의 발생을 위해 사용된다.

58 buffer
입출력장치의 처리 속도는 늦고, 중앙처리장치의 속도는 빠르기 때문에 중앙처리장치의 효율을 높이기 위해서 사용되는 장치
[참고]
① Decoder : n비트의 이진 코드를 풀어내는 역할을 하는 회로
② Encoder : 2^n개의 입력을 가지고 n개의 출력값을 가지며 디코더와 정반대의 기능을 가진다.
③ Multiplexer(다중화기) : 여러 개의 입력선과 단1개의 출력선으로 구성. 즉 하나의 통신회선을 이용하여 다수의 신호를 전송
④ Demultiplexer : 주컴퓨터에서 원격지에 설치한 장비로서 여러 개의 단말장치들을 접속, 이들로부터 발생하는 메시지들을 저장하여 하나의 메시지로 농축하여서 전송함으로써 통신회선의 사용 효율을 증대시키는 장비

59 Polling 방식
인터럽트 발생 시 소프트웨어에 의해서 차례로 검사하여 가장 우선순위가 높은 인터럽트를 찾아내어 수행하는 방식

60 Debugging
프로그램을 작성하여 기계어 번역 시 또는 실행 시 문법적 오류나 논리적 오류를 바로 잡는 과정

61 출력 F
① 0인 경우는 OR 게이트이므로 A+B
② 1인 경우는 EX-OR 게이트이므로 $A \oplus B$ 또는 $A\bar{B}+\bar{A}B$
③ 2인 경우는 AND 게이트이므로 AB
④ 3인 경우는 NOT 게이트이므로 $\bar{A}$

62 8진 카운터 구성 시 J-K 플립플롭은 3개

63 마스터 슬레이브 J/K 플립플롭
① R/S 플립플롭과 T 플립플롭을 결합
② 입력은 J, K로서 각각 R/S 플립플롭의 S, R과 마찬가지의 역할을 한다.
③ J/K 플립플롭에서는 T 플립플롭에서처럼 J=K=1일 때 출력이 부정
④ 회로도로부터 J/K 플립플롭이 A와 B의 마스터와 슬레이브로 구성되어 있음을 알 수 있다.

J	K	Q_{n+1}
0	0	Q_n
0	1	0
1	0	1
1	1	Q_n의 부정

64 6진 Counter

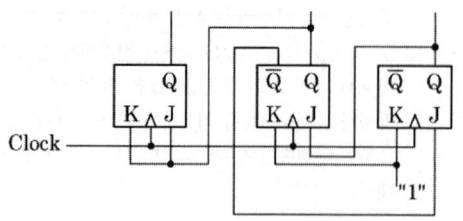

65 Encoder : 0과 1의 조합에 의하여 어떠한 기호라도 표현될 수 있도록 부호화를 행하는 회로

66 $\overline{A}\overline{B}C + \overline{A}BC + \overline{A}B\overline{C} + A\overline{B}C + ABC$

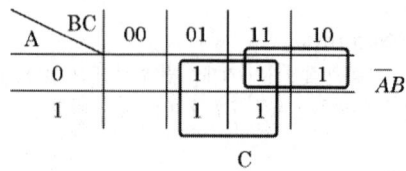

∴ $F = \overline{A}B + C$

67 전파 지연 시간(propagation delay) : 50ns

주파수 $= \dfrac{1}{\text{전파지연시간}} = \dfrac{1}{50\text{ns}}$

$= \dfrac{1}{0.00000005} = 20,000,000\text{Hz} = 20\text{MHz}$

68 순서 논리회로의 구성
① 기억 소자가 필요하다.
② 조합 논리회로를 포함한다.
③ 카운터는 순서 논리회로이다.
④ 입력신호와 레지스터의 상태에 따라서 출력이 결정된다.

69 뺄셈(Subtraction)

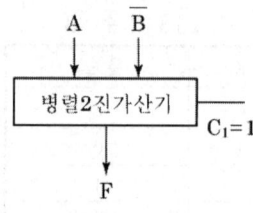

70 ① 카운터 : 입력 펄스의 수를 세는 회로

② 디코더 : 해독기
③ 인코더 : 부호기

71 반가산기(Half Adder)

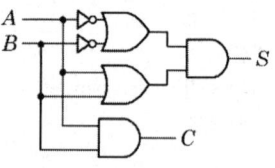

또는

① 합(Sum) = A⊕B
② 자리올림(Carry) = AB

72 논리함수의 최소항(minterm)
논리식을 곱의 합(sum of product) 형식
① AB ② $A\overline{B}$ 또는 AB'
③ $\overline{A}B$ 또는 A'B ④ $\overline{A}\overline{B}$ 또는 A'B'

73 PSW(Program Status Word)
레지스터 중 CPU의 상태에 대한 정보를 저장

74 프로그램 카운터(PC, Program Counter)
분기 명령이 수행될 때 그 내용이 바뀌는 것

75 논리식
$(A+B) \oplus \overline{B} = (A+B)\overline{\overline{B}} + \overline{(A+B)}\overline{B}$
$= AB + BB + \overline{\overline{A}\overline{B}B} = AB + B + \overline{A}\overline{B}$
$= B(A+1) + \overline{A}\overline{B} = B + \overline{A}\overline{B}$

A = 1100, B = 0001, $\overline{A}\overline{B}$ = 0010
∴ 출력 F = 0011

76 2진수 101100의 2의 보수 = 1의 보수 + 1
= 010011 + 1
= 010100

77 Data Bus : CPU와 관련된 양방향 버스

78 JK 플립플롭의 특성 방정식
(단, $Q_{(t)}$는 현재 상태, $Q_{(t+1)}$은 다음 상태)

∴ $Q_{(t+1)} = J\overline{Q}_{(t)} + \overline{K}Q_{(t)}$

79 디멀티플렉서
주컴퓨터에서 원격지에 설치한 장비로서 여러 개의 단말장치를 접속, 이들로부터 발생하는 메시지들을 저장하여 하나의 메시지로 농축하여서 전송함으로써 통신회선의 사용 효율을 증대시키는 장비

80 T(Toggle) 플립플롭 여기표

Q_t	$Q_{(t+1)}$	출력
0	0	0
0	1	1
1	0	1
1	1	0

81 데이터 전송 시스템에 있어서 통신 방식의 종류
① 단방향(Simplex) 통신방식 : 한 방향으로만 전송이 가능한 통신 형태
  예) 라디오, TV
② 반이중(Half duplex) 통신방식 : 통신하는 두 단말기가 양방향으로 통신이 가능하나 동시에 전송은 되지 않는 형태
  예) 무전기
③ 전이중(Full duplex) 통신방식 : 통신하는 두 단말기가 동시에 양방향으로 데이터 전송 가능
  예) 전화기

82
baud=bps/단위 신호당 비트수
bps=baud×단위 신호당 비트수
- 보(baud) 속도 : 2400
- 한 번에 2개의 비트를 전송
∴ 데이터 신호 속도(bps)=2400보×2=4800

83 베이스 밴드 전송방식
펄스 파형을 그대로 변조 없이 전송하는 방식
[참고]
  ① 직렬 전송방식 : 하나의 전송로를 통해서 데이터를 순차적으로 전송하는 방식
  ② 병렬 전송방식 : 송신하고자 하는 데이터의 각 비트를 여러 개의 전송로를 통해 동시에 전송하는 방식

84 전송 제어의 단계
① 회선의 접속
② 데이터 링크의 설정
③ 정보의 전송
④ 데이터 링크의 해제
⑤ 회선의 절단

85
주파수 분할 다중화기(FDM)는 부채널 간의 상호 간섭을 방지하기 위해서 가드 밴드를 이용하지만 이로 인하여 대역폭의 낭비를 가져올 수 있는 단점을 지니고 있다.

86
X.25 : ITU-T의 X시리즈 권고안 중 공중 데이터 네트워크에서 패킷형 터미널을 위한 DCE와 DTE 사이의 접속 규격
[참고] X.21 : 회선 교환 방식 데이터 네트워크에 접근하기 위한 CCITT 표준

87 에러 제어에 사용되는 자동반복 요청(ARQ) 기법
① 정지-대기(Stop-and-Wait) ARQ : 송신측은 하나의 블록을 전송한 후 수신측에서 에러의 발생을 점검한 다음 에러 발생 유무 신호를 보내올 때까지 기다리는 ARQ 방식
② Go-back-N ARQ : 전송오류 제어 중 오류가 발생한 프레임뿐만 아니라 오류검출 후 모든 프레임을 재전송하는 ARQ 방식
③ 선택적 재전송(Selective-Repeat) ARQ : 버퍼의 사용량이 상대적으로 큰 ARQ 방식

88 ARQ(Automatic Repeat Request, 오류 검출 후 재전송 방식)
통신 시스템에서 수신측은 오류 검출을 한 후 이를 송신측에 알리고 재전송을 요구하는 방식으로 정방향과 역방향으로 채널이 필요하다.
① 정지-대기(Stop-and-wait) ARQ 방식
  ㉠ 가장 단순한 형태의 ARQ이다.
  ㉡ 송신측은 하나의 블록을 전송한 후 수신측에서 ACK(긍정 응답), NAK(부정 응답)이 올 때까지 기다리다가 재전송하는 방식이다.

ⓒ 구현 방법이 단순하다.
　ⓓ 송·수신측에 1개의 버퍼(Buffer)가 필요하다.
　ⓔ 다른 ARQ에 비해 전송 효율이 낮다.
② 연속적(Continue) ARQ
　㉮ 연속적 ARQ의 종류
　　㉠ GO-Back-N ARQ
　　　- 오류가 처음 발생한 블록 이후 모든 Block을 재전송하는 방식이다.
　　　- 송신측 버퍼는 충분한 용량이 있어야 하나 수신측은 1개면 충분하다.
　　　- SDLC 프로토콜에 많이 사용한다.
　　㉡ 선택적(Selection) ARQ
　　　- 오류가 발생한 블록만 재전송하는 방식이다.
　　　- 수신측에서 충분한 버퍼가 필요하다.
　　　- 통신선로에 오류가 많을 때 사용한다.
　　㉢ 적응적(Adaptive) ARQ
　　　- 전송 효율을 최대로 하기 위해 프레임의 길이를 동적으로 변경시킬 수 있는 방식이다.
　　　- 수신측에서 오류 발생 확률을 송신측에 알려주면 송신측은 가장 적절한 프레임의 크기를 결정한 후 프레임을 전송한다.

89 프로토콜(Protocol)
둘 이상의 컴퓨터 사이에 데이터 전송을 할 수 있도록 미리 정보의 송·수신측에서 정해둔 통신 규칙

90 통계적 시분할 다중화(Statistical Time Division Multiplexing, STDM)
전송 데이터가 있는 동안에만 시간 슬롯을 할당하는 다중화 방식
[참고]
① 코드 분할다중화 : 하나의 회선이 FDM과 TDM을 복합한 방식으로 일종의 확산대역을 이용
② 주파수 분할다중화 : 하나의 회선을 다수의 주파수 대역으로 분할
③ 시분할 다중화 : 하나의 회선을 다수의 타임 슬롯으로 분할
　㉠ 동기식 시분할 다중화
　㉡ 비동기식 시분할 다중화

91 OSI 7계층과 이와 관련된 표준
① 물리 계층 : RS-232C
② 데이터 링크 계층 : HDLC
③ 네트워크 계층 : X.25
④ 수송 계층 : TCP/UDP

92 ARQ(Automatic Repeat Request)
통신 경로에서 오류 발생 시 수신측은 오류의 발생을 송신측에 통보하고 송신측은 오류가 발생한 프레임을 재전송하는 오류 제어 방식
[참고]
1. 순방향 오류 수정(FEC)
　① 재전송 요구 없이 오류 검출과 수정을 스스로 하는 방식
　② 역채널이 필요 없고, 연속적인 데이터 흐름이 가능함
　③ 데이터 비트 이외에 오류 검출/수정을 위한 잉여 비트들이 추가로 전송되어야 하기 때문에 전송 효율이 떨어짐
　④ 해밍 코드, 상승 코드 방식이 있음
2. 역방향 오류 수정(BEC)
　① 데이터 전송 과정에서 오류가 발생하면 송신측에 재전송을 요구하는 방식
　② 패리티 검사, CRC, 블록합 방식 등을 사용하여 오류 검출
　③ 오류 제어는 자동 반복 요청(ARQ)에 의해 이루어짐

93 TCP/IP Protocol Stack

OSI 7 Layer Model	TCP/IP Protocol
Application	FTP, TELNET, TFTP, SNMP, SMTP, DNS
Presentation	
Session	
Transport	TCP, UDP
Network	IP, ICMP, ARP, RARP
Data Link	Network Interface
Physical	

94 10Base-T
① 10 : 데이터 전송 속도가 10Mbps
② Base : 기저대역(Baseband)

③ T : Twisted-pair(전송 매체)
[참고]
① 10BASE-2 : 얇은 동축케이블, 세그먼트의 최장 길이는 185m
② 10BASE-5 : 굵은 동축케이블, 세그먼트의 최장 길이는 500m
③ 10BASE-F : 광케이블

95 주파수 분할 다중화(FDM) 방식
① 전송되는 각 신호의 반송 주파수는 동시에 전송된다.
② 전송하려는 신호의 필요 대역폭보다 전송 매체의 유효 대역폭이 클 때 사용된다.
③ 반송 주파수는 각 신호의 대역폭이 겹치지 않도록 충분히 분리되어야 한다.
④ 전송 매체를 지나는 신호는 아날로그 신호이다.

96 IP(Internet Protocol)의 라우팅 프로토콜
① IGP, ② RIP, ③ EGP
[참고] HDLC(High level Data Link Control)
① 비트 중심(bit-oriented) 프로토콜
② 비트 중심에서는 시작과 끝을 표시하기 위해 제어 문자 대신 비트들의 값을 전송
③ ISO에서 제정한 점대점 및 다중점 데이터 링크에 모두 사용할 수 있는 프로토콜

97 인터-네트워킹을 위해 사용되는 네트워크 장비
① 리피터(Repeater)
② 브리지(Bridge)
③ 라우터(Router)

98 회선 교환
공중 데이터 교환망 중 고정 대역폭(band width)을 사용하는 방식
[참고] 교환 방식
① 회선교환방식
② 패킷교환방식
㉠ 가상회선방식 : 패킷이 전송되기 전에 송수신 스테이션 간의 논리적인 통신경로가 미리 설정되는 방식
㉡ 데이터그램방식 : 데이터통신망의 교환 방식 중 교환기를 이용하여 정보를 패킷(packet) 단위로 저장 및 전송하는 방식으로서, 송신 데이터와 수신 데이터 간의 순서가 일치할 필요는 없지만 각 패킷에는 수신측 주소가 필요한 방식

99 브리지(Bridge)의 역할
① A에서 송신한 모든 프레임을 읽고, B로 주소 지정된 것들을 받아들인다.
② B에 대한 매체 액세스 제어 프로토콜을 사용하여 B에게로 프레임을 재전송한다.
③ B에서 A로의 트래픽은 같다.

100 NAK(Negative AcKnowledge)
데이터 링크 제어 문자 중에서 수신측에서 송신측으로 부정 응답으로 보내는 문자
[참고] 전송제어 문자
① SYN(SYNchronous idle) : 문자 동기
② SOH(Start Of Heading) : 헤딩의 시작
③ STX(Start of TeXt) : 본문의 시작 및 헤딩의 종료
④ ETX(End of TeXt) : 본문의 종료
⑤ ETB(End Of Transmission Block) : 블록의 종료
⑥ EOT(End Of Transmission) : 전송 종료 및 데이터 링크의 해제
⑦ ENQ(ENQuiry) : 상대편에 데이터 링크 설정 및 응답 요구
⑧ DLE(Data Link Escape) : 전송 제어 문자 앞에 삽입하여 전송 제어 문자임을 알림
⑨ ACK(ACKnowledge) : 수신된 메시지에 대한 긍정 응답
⑩ NAK(Negative ACK) : 수신된 메시지에 대한 부정 응답

2004년 제4회

01	02	03	04	05	06	07	08	09	10
④	①	④	④	③	④	①	②	④	①
11	12	13	14	15	16	17	18	19	20
③	①	③	④	④	④	①	③	②	④
21	22	23	24	25	26	27	28	29	30
②	③	④	③	④	①	②	①	③	②
31	32	33	34	35	36	37	38	39	40
①	④	③	②	②	①	③	④	②	③
41	42	43	44	45	46	47	48	49	50
④	②	①	①	②	①	②	②	①	①
51	52	53	54	55	56	57	58	59	60
④	④	②	③	②	①	④	②	②	③
61	62	63	64	65	66	67	68	69	70
②	③	②	③	④	③	①	④	④	②
71	72	73	74	75	76	77	78	79	80
③	①	②	②	①	④	①	②	③	②
81	82	83	84	85	86	87	88	89	90
①	④	②	③	②	③	③	④	①	①
91	92	93	94	95	96	97	98	99	100
①	①	①	③	②	①	③	②	③	②

01 Loader의 기능
① allocation(할당)
② linking(연결)
③ relocation(재배치)
④ loading(적재)

02 allocation(할당) : 프로그램이나 데이터를 위해 메모리 내에 기억 공간을 확보하는 작업
[참고] linking(연결) : 목적 모듈 간의 기호적 호출을 실제적인 주소로 변환

03 어셈블리어 장점
하드웨어를 직접 활용할 수 있어 처리속도가 빠름

04 프로그래머
절대 로더에서 연결(linking) 기능의 주체
[참고]
① 컴파일러 : 원시 프로그램을 기계어로 바꾸는 소프트웨어이다.
② 로더(Loader) : 프로그램을 실행하기 위하여 프로그램을 보조기억장치로부터 컴퓨터의 주기억장치에 올려놓는 기능

05 인터럽트(interrupt)
컴퓨터의 CPU에 어떠한 신호를 보내어 CPU가 하던 일을 잠시 멈추고 다른 작업을 처리하도록 하는 방법
[참고]
① interleaving : 기억 장소의 연속된 위치를 서로 다른 뱅크로 구성하여 하나의 주소를 통하여 여러 개의 위치에 해당되는 기억 장소를 접근할 수 있도록 하는 것
② 스풀링(spooling) : 프로그램이 프로세서에 의해 수행되는 속도와 프린터 등에서 결과를 처리하는 속도의 차이를 극복하기 위해 디스크 저장 공간을 사용하는 기법
③ deadlock : 프로세서들이 서로 작업을 진행하지 못하고 영원히 대기상태로 빠지게 되는 현상

06 운영체제의 성능 평가 기준 4가지
① 처리능력(Throughput)
② 반환시간(Turn Around Time)
③ 사용 가능도(Availability)
④ 신뢰도(Reliability)

07 운영체제(OS)가 수행하는 기능
① 입/출력 관리
② 프로세서 관리
③ 정보관리
[참고] 데이터 타입 정의 : 프로그래머가 프로그램을 정의하기 때문에 운영체제(OS)가 실행하지 않는다.

08 원시 프로그램이 수행되기까지의 system program의 실행 순서
compiler → linkage editor → loader

09 ① Direct linking loader : 일반적인 로더(general loader)이며 할당, 연결, 재배치, 적재의 기능을 모두 수행하는 가장 근접한 로더
② Absolute loader : 간단한 로더이며 단순히 번역된 목적 프로그램을 입력으로 받아들여 주기억장치의 프로그래머가 지정한 주소에 적재하는 기능을 가지는 로더
③ Compile and go loader

㉠ 원시 프로그램의 기계어로 번역하는 순서대로 명령어 및 자료를 직접 주기억장치에 적재하여 곧바로 프로그램을 수행하는 방식의 loader
㉡ 연결 기능은 수행하지 않고 할당, 재배치, 적재 작업을 모두 언어번역 프로그램이 담당

10 1. 제어 프로그램
① 감시(Supervisor) 프로그램
② 작업 관리(Job Management) 프로그램
③ 데이터 관리(Data Management) 프로그램
④ 통신 관리(Communication Management) 프로그램

2. 처리 프로그램
① 언어 번역 프로그램(language translator program)
② 서비스 프로그램
③ 문제 프로그램

11 교착상태(dead lock) 발생의 필요 조건
① 상호 배제(mutual exclusion) : 어떤 프로세스가 자원을 사용하고 있을 경우 다른 프로세스들은 그 자원을 사용하지 못하고 자원이 해제될 때까지 기다려야 한다는 것을 의미
② 점유와 대기(hold-and-wait) : 프로세스가 자신에게 이미 할당된 자원들을 점유하고 있으면서 다른 프로세스가 점유하고 있는 자원을 추가로 할당받기 위해 요구하며 기다린다는 것을 의미
③ 비선점(nonpreemption) : 한 프로세스에게 할당된 자원은 사용이 종료되거나 스스로 내놓기 전에 해제하지 않는다는 것을 의미
④ 환형 대기(circular wait) : 각 프로세스들이 서로 다른 프로세스가 가지고 있는 자원을 요구하면서 하나의 순환 구조를 이루는 것을 의미

12 실시간 시스템(real time system)
데이터가 입력된 순간에 곧바로 작업을 처리하는 컴퓨터 시스템으로 화학공장 또는 원자력 발전소 등의 공정 제어 시스템, 은행의 온라인 처리 시스템 등에 사용되는 시스템

13 Round Robin
① Job scheduling 정책 중 time slice 개념

② 프로세스들이 배당 시간 내에 작업을 완료하지 못하면 폐기하지 않고 다음 순서에 나머지가 작업을 처리
③ 프로세스들이 CPU에서 시간량에 제한
④ 시분할 시스템에 효과적이다.
⑤ 선점형(preemptive) 기법

14 Formal grammar의 4가지 형태
① 정규 문법(Regular grammar)
② 문맥자유형 문법(Context-free grammar) : 유한 자동기에 적용되는 문법
③ 문맥의존형 문법(Context sensitive grammar)
④ 비제한 문법(no restriction grammar)

15 매크로 프로세서의 기본 수행 작업
① 매크로 정의 저장
② 매크로 정의 인식
③ 매크로 호출 인식 : 원시 프로그램 내에 매크로의 시작을 알리는 Macro 명령을 인식한다.
④ 매크로 호출 확장

16 어셈블러가 두 개의 패스(Pass)로 구성되는 이유
기호를 정의하기 전에 사용할 수 있어 프로그램 작성이 용이하기 때문에

17 binding
Global reference들을 절대번지로 바꾸거나 linking과 상대번지를 바꾸는 과정 등과 같이 변하기 쉬운 것을 확고하게 결정짓는 것
[참고]
① Thrashing : 가상 기억장치에서 페이지 교환이 자주 일어나는 현상
② Parsing : 언어해석기에서 프로그램의 구조와 작업 내용을 이해하고 이를 기계어로 번역하기 위하여 문법에 정의된 내용에 따라 연산자, 피연산자, 키워드 등을 판별하고 이들 각각의 구성 요소들의 구조를 알아내는 작업

18 LRU(Least Recently Used)
한 프로그램에서 사용하는 각 페이지마다 count를 두어서 현시점에서 볼 때 가장 오래 전에 사용된 페이지

가 희생자가 되는 스케줄링 알고리즘
[참고]
① FIFO(First In First Out) : 적재가 가장 오래된 페이지를 교체하는 기법
② LFU(Least Frequently Used) : 적재되어 참조된 횟수를 누적값으로 페이지를 교체하는 기법

19 tracer
프로그램에서 오류가 발생한 위치와 오류가 발생하게 된 원인을 추적하기 위하여 사용되는 것

20 1. 인터프리터(interpreter)
① 원시 프로그램(고급 언어)을 한 문장(줄) 단위로 해석하고 번역한 후 번역과 동시에 프로그램을 한 줄 단위로 즉시 실행시키는 프로그램
② 목적 프로그램 미생성
③ 실행 속도 느림
④ 회화형 언어(실행 속도보다 컴파일 속도 중시)
⑤ 대표적인 언어 : BASIC, LISP
2. 컴파일러(compiler)
① 목적 프로그램 생성
② 컴파일 속도 느림
③ 실행 속도 빠름
④ 대표적인 언어 : COBOL, FORTRAN, C

21 Exclusive-OR(배타적 OR)

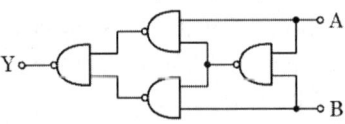

$Y = A\overline{B} + \overline{A}B = A \oplus B$

22 하드웨어 원인에 의한 인터럽트
① 정전(Power Fail)
② 기계 착오(Machine Check)
③ 프로그램 수행이 무한 루프일 때 time에 의해 발생

23 가상(Virtual) memory
① 가상 메모리 체제는 기억용량 개선하기 위한 방법
② 하드웨어보다는 소프트웨어에 의해 실현
③ 가상 메모리는 데이터를 미리 보조기억장치에 저장한 것을 말한다.
④ 보조기억장치로는 DASD이어야 한다.

24 ① 부동 소수점 데이터(floating point data)

부호 (sign)	지수부 (exponent)	가수부 (Mantissa)

② 고정 소수점 데이터(fixed point data)

부호(1bit)	정수부(15bit)

25 1. FETCH 메이저 스테이트에서 수행되는 마이크로 오퍼레이션
① MAR ← PC : PC에 있는 번지를 MAR에게 전송
② MBR ← M[MAR], PC ← PC+1 : MAR이 지정하는 위치의 값을 MBR에 전송, 다음에 실행할 명령의 위치를 지정하기 위해 PC+1
③ IR ← MBR[OP], I ← MBR[I] : 명령어의 OP-Code 부분을 명령 레지스터에 전송, 모드 비트를 플립플롭 I에 전송
④ F ← 1, R ← 1 : I가 0이면 F 플립플롭에 1을 전송하여 Execute 단계로 변천. I가 1이면 R 플립플롭에 1을 전송하여 Indirect 단계로 변천
2. 인터럽트 단계(Interrupt Cycle) : 예기치 못한 상황으로 H/W로 실현되는 서브루틴의 호출
IEN(Interrup Enable) ← 0 : 인터럽트를 disable 시킨다.

26 메모리 인터리빙(interliving)
① 복수 모듈 기억장치를 이용한다.
② 기억장치에 접근을 각 모듈에 번갈아 가면서 하도록 한다.
③ 각 인스트럭션에서 사용하는 데이터의 주소에 관계가 있다.
④ 고속의 블록 단위 전송이 가능하다.
⑤ 캐시 기억장치, 고속 DMA 전송 등에서 많이 사용된다.

27 마이크로 오퍼레이션은 Clock에 기준을 두고서 실행된다.

28 associative memory(연상기억장치, 연관메모리)
메모리에 저장된 항목을 찾는 데 주소를 참조하는 것이 아니라 기억된 내용(정보)의 일부분을 이용하여 원하는 내용(정보)에 접근하는 방식

[참고]
① bubble memory(버블 기억장치) : 지속성이 있어서 컴퓨터의 전원이 off되어도 한 번 기록된 것은 그대로 유지되는 장점을 가지고 있다.
② virtual memory(가상 기억장치) : 프로그래머에게 실제의 주기억장치보다 훨씬 큰 주기억용량을 가진 것처럼 느끼게 하는 기억장치 운용방식
③ DMA(Direct Memory Access) : 주기억장치와 주변장치 간의 데이터 교환 시 중앙처리장치(CPU)를 통하지 않는 직접 접속으로 고속 데이터를 전송하는 방식

29 1. 자료자신방식 : 자료에 접근하는 방법 중에서 가장 신속한 방식
2. 기억장치 접근 방법에 따른 유형
① 순차적 접근(Sequential Access) : 기억장치 데이터가 저장되는 순서에 따라 순차적으로 접근
예) 자기테이프
② 직접 접근(Direct Access) : 기억장치 근처로 이동한 후 순차적인 검색을 하여 최종적으로 원하는 데이터에 접근
예) 자기디스크, 자기드럼
③ 임의 접근(Random Access) : 저장된 모든 데이터에 접근하는 데 소요되는 시간이 이전의 접근 순서와는 무관하게 항상 일정한 방식
예) RAM, ROM

30 병렬 처리기의 종류
① 파이프라인(pipeline) 처리기 : 프로그램 내에 내재하는 시간적 병렬성을 활용하기 위하여 프로그램 수행에 필요한 작업을 시간적으로 중첩하여 수행시키는 처리기
② 다중(multi) 처리기 : 시스템상의 여러 처리기에 여러 개의 독립적인 작업을 각각 배정하여 두 개 이상의 처리기를 동시에 수행할 수 있도록 기능을 갖춘 컴퓨터 시스템
③ 배열(array) 처리기 : 한 컴퓨터 내에 여러 개의 처리장치를 배열 형태로 가진다.
④ 데이터 흐름 컴퓨터 : 프로그램 내의 모든 명령어를 그들의 수행에 필요한 피연산자들이 모두 준비되었을 때 프로그램에 나타나는 명령어 순서와 무관하게 수행시키는 것이다. 이러한 방식의 명령어 수행을 데이터 추진 방식이라 한다.
⑤ VLSI 처리기 : 병렬 알고리즘을 직접 하드웨어로 구현하는 새로운 처리기 구조이다.

31 Vectored interrupt
하드웨어 신호에 의하여 특정번지의 서브루틴을 수행하는 것. 즉 컴퓨터에 인터럽트가 발생하였을 때 프로세서의 인터럽트 서비스가 특정한 장소로 점프하도록 구성되어 있는 것
[참고] DMA(Direct Memory Access) : 데이터 입출력 전송이 CPU를 통하지 않고 직접 주기억장치와 주변장치 사이에서 수행되는 방식

32 ① 채널(Channel) : CPU를 거치지 않고 입·출력과 주기억장치 간에 데이터 전송을 담당하는 방식
② Handshaking I/O : 비동기 데이터 전송 시에 2~3개의 제어신호에 의한 송수신 방법

33 Signed-2's Complement(부호와 2의 보수) 방식
고정점 이진수 표현(Binary fixed point representation) 방식 중 0의 표현이 유일한 것
[참고] 정수 표현에서 음수를 나타내는 방식
① Signed-magnitude 방식(부호와 절대치)
② Signed-1's Complement 방식(부호화된 1의 보수)
③ Signed-2's Complement 방식(부호화된 2의 보수)

34 상대 주소
명령어 자신의 기억장소를 기준으로 하여 데이터의 위치를 지정하는 방식
[참고]
① 베이스 레지스터 : 명령어의 주소부분+Base Re-gister
프로그램을 재배치할 때 이용
② 인덱스 레지스터 : 명령어의 주소부분+Index Re-gister

35 F=A·B

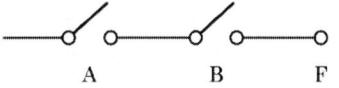

36 3초과 코드(Excess-3 code) 1011에서 11을 빼면 1000이므로 10진수는 8이다.

37 Register 사이의 자료 전송의 형태
(Inter-Register Transfer)
① Parallel transfer(병렬전송)-병렬 버스
② Serial transfer(직렬전송)-직렬 버스
③ Bus transfer(버스전송)-내부 버스, 외부 버스
④ 데이터 버스
⑤ 주소 버스
⑥ 제어 버스 등

38 제어신호(control signal)
중앙연산처리장치에서 마이크로 오퍼레이션이 순서적으로 일어나게 한다.

39 나눗셈 연산 알고리즘
(1) Q ← 0
(2) X<Y이면 (3)을 수행, X≥Y이면 X ← X-Y와 Q ← Q+1을 수행하고 다시 (2)를 수행
(3) R ← X
(4) End

40 입·출력 속도(I/O speed)를 향상시키기 위한 목적과 관계 있는 것
① Cache Memory
② DMA(Direct Memory Access)
③ CAM(Content Addressable Memory)
[참고] PLA(Programmable Logic Array) : 주변장치의 제어 프로그램과 같이 한 번만 기록하면 변경할 필요 없는 정보를 기억하기 위해서 사용

41 입·출력 인터페이스(I/O interface) 구성
① 주소 버스, ② 데이터 버스, ③ 제어 버스
[참고] 명령어 디코더(명령 해독기, Instruction Decoder) : 명령을 해독하여 부호기로 전송한다.

42 DMA의 입·출력 방식
① DMA 제어기가 필요하다.
② CPU의 간섭이 필요 없다.
③ 비교적 속도가 빠른 입·출력 방식이다.
④ 기억장치와 주변장치 사이에 직접적인 자료 전송을 제공한다.

43 멀티플렉서(data selector)
여러 회선이 하나의 회선을 공유하기 위한 회로로 다중 입력 데이터를 단일 출력하므로 데이터 선택기라고 한다.
[참고] 디멀티플렉서 : 멀티플렉서의 역기능을 수행하는 조합 논리회로로 선택선을 통해 여러 개의 출력선 중 하나의 출력선에만 출력을 전달

44 에뮬레이터(Emulator)
한 컴퓨터를 위하여 작성한 프로그램을 프로세서가 다른 컴퓨터를 이용하여 실행하여 볼 수 있도록 하는 것
[참고] 시뮬레이터(Simulator) : 실제 존재하는 세계의 움직임을 해석하기 위하여 그것과 동작이 동일하게 설계된 기계적, 전기적 장치

45 Handshaking의 특징
① 비동기 자료 전송 방법에 속한다.
② 스트로브 제어보다 개선된 방법이다.
③ 자료 전송률은 속도가 느린 장치에 의해서 결정된다.

46 평균 접근시간(access time)이 가장 긴 보조기억장치
자기드럼<자기디스크<플로피디스크<자기테이프

47 컴파일러(Complier) : 고수준 언어로 작성된 프로그램을 기계어로 번역하기 위한 프로그램
[참고] 어셈블러(Assembler) : source program을 Machine language program으로 변환하는 program이다.

48 3-번지 명령
① 번지 필드(field)는 레지스터를 지정할 수 있다.
② 번지 필드가 메모리 번지를 지정할 수도 있다.
③ 3-번지 명령 형식은 수식 계산기 프로그램의 길이를 짧게 할 수도 있다.
④ 2진 코드로 명령을 나타낼 때 너무 많은 비트가 필요하다.

49 16K 바이트의 기억용량을 갖는 8비트 마이크로컴퓨터에서 필요한 최소 어드레스 라인수는
$16K\,byte = 16 \times 1024\,byte = 2^4 \times 2^{10}\,byte = 2^{14}\,byte$
따라서 최소 어드레스 라인 수는 14이다.

50 채널(channel)장치 : 입·출력장치의 속도와 CPU의 속도 차이로 인한 단점을 해결하기 위하여 고려된 인터페이스 장치

51 Assembler(어셈블러)
source program(원시 프로그램)을 Machine language program(기계어 프로그램)으로 변환하는 program이다.

52 주소지정방식을 자료 접근 방법에 따라 분류
① implied addressing(Implied mode) : 피연산자(operation code)는 명령에 따라 암시적으로 정해진다.
② immediate addressing(Immediate mode) : 명령 자체에 피연산자(operation code)가 표시된다. 즉 명령은 주소필드(operand)가 아니라 피연산자 필드를 가지며 피연산자 필드에 실제 피연산자가 있다.
③ 레지스터 주소지정(Register mode) : 명령의 주소 필드는 기억장치 주소나 레지스터를 지정할 수 있으며 주소필드가 레지스터를 지정하면 레지스터 주소 지정이라 한다. 레지스터 주소 지정인 경우 피연산자는 레지스터에 위치하고 명령의 레지스터 필드에서 레지스터를 지정한다.
④ direct addressing(Direct address mode)
⑤ indirect addressing(Indirect address mode)
⑥ Displacement Addressing(계산에 의한 주소지정)

53 cyclic redundancy check(순환잉여검사, 주기적 덧붙임 검사)
각 데이터(data)의 끝부분에 특별한 체크(checker) 바이트(byte)가 있어 error를 찾아내는 방법

54 중앙처리장치의 하드웨어(hardware) 요소들을 기능별로 나눌 때
① 기억 기능, ② 연산 기능, ③ 제어 기능

55 마이크로프로세서의 처리 능력(performance)
① clock의 주파수(Hz) : 초당 발생하는 클록의 주파수
② Data bus width(버스의 폭) : 자료의 이동통로상에서 한 번에 전달되는 비트 수
③ Addressing mode
④ MIPS(million instructions per second) : 초당 처리하는 명령의 수를 백만 단위로 환산
⑤ FLOPS(floating operation per second) : 초당 처리하는 부동소수점 연산 수

56 virtual memory(가상 기억장치, 가상 메모리)
프로그래머에게 실제의 주기억장치보다 훨씬 큰 주기억 용량을 가진 것처럼 느끼게 하는 기억장치 운용방식
[참고] associative memory(연상기억장치, 연관메모리) : 메모리에 저장된 항목을 찾는 데 주소를 참조하는 것이 아니라 기억된 내용(정보)의 일부분을 이용하여 원하는 내용(정보)에 접근하는 방식

57 X-OR(배타적 OR)의 역할
누산기(accumulator)를 clear하고자 할 때 사용하면 효과적인 명령어

58 ROM(Read Only Memory)
제어 데이터(control data)를 기억시키기에 적당한 기억장치이다.
[참고] 기억된 내용을 읽을 수만 있는 기억장치이다. 일반적으로 기록은 불가능하다. power가 off 상태에서도 기억된 내용이 사라지지 않는 비휘발성 메모리이다.

59 의사(pseudo) 명령
어셈블리로 작성된 프로그램 중 기계어로 번역되지 않고 단지 어셈블러에게 특별한 조작만 요구하는 명령
[덧붙임] 향상된 어셈블러는 하나의 어셈블리 명령문으로 여러 기계어 명령에 해당하는 연산을 할 수 있게 하는 명령들을 가지고 있다.

60 ADD 명령
메모리 내용과 AC 내용을 더한다.(AC와 MBR 더하고 AC 저장)
• MAR ← MBR(ADDr) : 유효번지를 전송
• MBR ← M(MAR) : 메모리 내용(오퍼랜드)을 읽는다.
• AC ← AC+MBR : ADD 연산을 수행. 즉 Acc에 가산하고, 캐리는 E에 저장한다.
  (Acc는 Accumulator, E는 Flip-Flop)

[참고]
① AND 명령 : 메모리의 내용과 ACC 내용을 비트 AND 논리 동작을 취하여 ACC에 저장
- MAR ← MAR(ADDr) : 유효번지를 전송
- MBR ← M(MAR) : 메모리 내용(오퍼랜드)을 읽는다.
- AC ← AC AND MBR : AND 연산을 수행

② LDA(Load to Acc) 명령
- MAR ← MBR(ADDr)
- MBR ← M(MAR), AC ← 0 : 메모리에 있는 내용(오퍼랜드)을 읽고 AC를 Clear
- AC ← AC+MBR : MBR에서 AC로 load한다.

③ STA(Store Acc) 명령
- MAR ← MBR(ADDr) : 유효 번지를 전송
- MBR ← AC : MBR에 데이터를 전송
- M ← MBR : 메모리에 워드를 저장

61 R-S 플립플롭의 특성표

S	R	Q	비교
0	0	변화 없음	불변
0	1	0	Reset
1	0	1	Set
1	1	-	불허

62 동기형 15진 계수기를 구성하려면
$15 \leq (2^4 = 16)$ 따라서 Flip-Flop의 개수는 4개
[참고] 동기형 계수기 : 계수기 내의 모든 플립플롭에 클록이 일시에 가해지면 출력 상태가 동시에 변한다.

63 ALU의 기능
① 가산기 : 산술연산. 예) 가산(+)
② 비교기 : 논리연산. 예) AND 동작, omplement 동작
③ 승산기 : Shift 예) 곱셈, 나눗셈
④ Rotate
[참고] 메모리는 기억장치이다.

64 전가산기(full adder)의 입·출력 개수

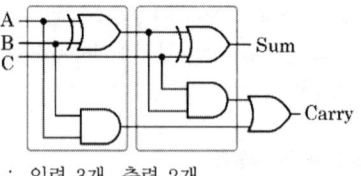

∴ 입력 3개, 출력 2개

65 불 대수의 정리
$A(\overline{A}+AB) = A\overline{A}+AAB = 0+AB = AB$

66 JK Flip-Flop

J	K	Q	비교
0	0	변화 없음	불변
0	1	0	Reset
1	0	1	Set
1	1	Toggle	부정

67 MS 플립플롭(Master-Slave 플립플롭)
주인 역할을 하는 회로와 종의 역할을 하는 2개의 별개 플립플롭으로 구성된 플립플롭

68 디멀티플렉서(demultiplexer)
정보를 한 선으로 받아서 여러 개의 가능한 출력선 중 하나를 선택하여 전송

69 비동기식 99진 리플 카운터로 동작시키려면
$99 \leq (2^7 = 128)$ 따라서 Flip-Flop의 개수는 7개

70 16진수 FF는 10진수 15×15=255이다.
[참고] 16진수 F는 10진수 15

71 디지털 IC의 내부 오류(internal fault)
① 두 핀 간의 단락
② 입·출력의 개방
③ 입·출력의 Vcc 또는 접지와의 단락

72 해밍 코드(Hamming Code) : 에러를 검출하여 정정할 수 있는 부호
[참고] Excess-3 코드=8421 코드+11

73 미분회로의 파형은 구형파이다.

74 제어장치(Control Unit)의 역할
① 입·출력을 제어한다.
② 시스템 전체를 감시 제어한다.
③ 다른 장치로 데이터를 전송한다.
④ 명령어를 번역한다.
⑤ 명령어의 순서를 결정한다.
⑥ 제어 및 타이밍 신호를 연속적으로 발생시킨다.
[참고] 연산장치에서 두 수의 크기를 비교한다.

75 AND 회로

76 Mod-16 2진 카운터의 모든 상태를 완전히 디코더하기 위해 필요한 AND 게이트 수는 16개

77 64개의 다른 입력 조합을 받아들이기 위한 디코더의 입·출력 개수는 입력 : 6개, 출력 : 64개

78 Decoder(해독기) : 코드화된 정보를 해독하여 해당하는 출력을 내보내는 회로
[참고] 디멀티플렉서(demultiplexer) : 정보를 한 선으로 받아서 여러 개의 가능한 출력선 중 하나를 선택하여 전송

79 반가산기 회로

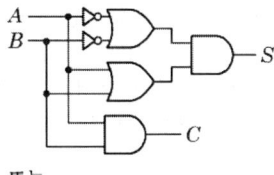

또는

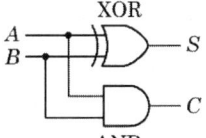

① 합(Sum)=A⊕B
② 자리올림(Carry)=AB

80 사상 함수(Mapping Function)
컴퓨터에서 주소와 기억장소를 결부시키는 것

81 데이터 링크 계층에서 수행할 전송 제어 절차의 순서
① 1단계 : 회선연결(접속)
② 2단계 : 데이터 링크 확립
③ 3단계 : 데이터 전송
④ 4단계 : 데이터 링크 종료(해제)
⑤ 5단계 : 회선절단

82 프로토콜(Protocol) 변환 기능
VAN(Value Added Network)의 주요 통신 처리 기능 중 회선의 접속, 각종 제어 순서 등의 데이터 통신을 할 때 통신 순서를 변환하는 기능

83 STX(Start of Text)
① 회선을 제어하기 위한 제어 문자 중 실제 전송할 데이터 집합의 시작임을 의미하는 통신 제어 문자
② 본문의 개시 및 헤딩의 종료를 표시한다.
[참고]
① SYN(Synchronous Idle) : 문자 동기를 유지한다.
② DLE(Data Link Escape) : 문자 동기 전송방식에서 데이터 투과성(Data Transparent)을 위해 삽입되는 제어 문자
③ SOH(Start of Header) : 정보 메시지의 헤딩의 개시를 표현한다.
④ ETX(End of Text) : TEXT 종료

84 www.hankook.co.kr
① www : 호스트 컴퓨터이름
② hankook : 소속 기관
③ co : 소속기관의 종류
④ kr : 소속 국가

85 메시지 교환의 특징
① 각 메시지마다 전송 경로가 다르다.(단점)
② 데이터의 전송 지연 시간이 매우 길다.(단점)
③ 네트워크에서 속도나 코드 변환이 가능
④ 각 메시지마다 수신 주소를 붙여서 전송한다.
⑤ 사용자 형편에 따라 우선순위 전송이 가능
적용 예 : 전자사서함(E-mail)

86 근거리통신망(LAN, Local Area Network)
① 제한된 지역 내의 통신

② 파일 공유
③ 공중망을 이용하는 광역통신망에 대조되는 통신망
④ 소단위의 고속정보통신망

87 나이퀴스트의 표본화 이론

∴ 초당 최소 샘플링 횟수=4000Hz×2=8,000회

[참고] 표본화(Sampling) : 연속적인 신호 파형을 일정 시간 간격으로 검출하는 단계
- 표본화에 의해 검출된 신호 : PAM, 아날로그 형태
- 표본화 횟수=최고 주파수×2
- 표본화 간격=1÷표본화 횟수

88 트랜스포트 계층(3계층)

종단 사용자(end-to-end) 간의 신뢰성을 위한 계층

89 디지털 데이터를 아날로그 신호로 변환하는 방법

① 진폭 편이 변조(ASK : Amplitude Shift Keying) : 2진수 0과 1을 각각 서로 다른 진폭의 신호로 변조하는 방식
② 주파수 편이 변조(FSK : Frequency Shift Keying) : 2진수 0과 1을 각각 서로 다른 주파수로 변조하는 방식
③ 위상 편이 변조(PSK : Phase Shift Keying)
   ㉠ 2진수 0과 1을 각각 서로 다른 위상을 가진 신호로 변조하는 방식
   ㉡ 동기식 변복조기(MODEM)에서 주로 사용

[참고]
① 아날로그에서 아날로그로 전송(부호화) : AM, FM, PM
② 디지털에서 아날로그로 전송(부호화) : ASK, FSK, PSK, QAM
③ 아날로그에서 디지털로 전송 : PCM

90 플래그(Flag)

데이터 링크 프로토콜인 HDLC(High level Data Link Control)에서 프레임의 동기를 제공(유지)하기 위해 사용되는 구성 요소
즉, 프레임의 시작과 끝(01111110)은 동기 유지를 하여 혼선을 방지

[참고] HDLC의 프레임 구조 : 플래그-주소부-제어부-정보부-검사부(FCS)-플래그

91 PCM(펄스 부호화 변조)의 과정

Sampling(샘플링) → 양자화 → 부호화

92 LAN 방식인 10BASE-T 의미

① 10 : 데이터 전송 속도가 10Mbps
② BASE : 기저대역(Baseband)
③ T : 배선할 수 있는 케이블의 길이가 100m

93 패킷 교환 방식에서 트래픽 제어 기법

① 흐름 제어(flow control)
② 혼잡 제어(congestion control) : 네트워크 내에서 패킷의 대기 지연(Queuing delay)이 너무 높아지게 되어 트래픽이 붕괴되지 않도록 네트워크 측면에서 패킷의 흐름을 제어한다.
③ 교착상태 회피(deadlock avoidance)

94 X.25

패킷 교환망에서 DCE(회선 종단 장치)와 DTE(데이터 단말장치) 사이에 이루어지는 상호작용을 규정한 프로토콜이다. 가장 일반적으로 사용되고 있으며, 세계적인 표준이 되었다. 회선 교환 방식에서는 상호 접속된 장치들 간에 직접 물리적으로 연결되어 있는 것처럼 통신 경로가 매우 투명하다고 할 수 있다. 그러나 패킷 교환망의 경우에는 접속된 장치들은 데이터를 적합한 패킷의 형태로 변환하여 전송하게 된다. 이와 같은 절차는 망과 단말장치 사이에서 이루어지는데 이와 같은 상호 작용을 위한 절차가 접속면 표준으로 규정되어 있으며, 가장 일반적으로 사용되는 표준이 바로 X.25이다. X.25는 현재 각 국가에서 국내 패킷 교환망의 프로토콜로 널리 사용되어 세계적인 표준이 되었다. X.25의 기능은 OSI 7계층모델 중 물리 계층(physical layer), 데이터 링크 계층(data link layer), 네트워크 계층(network layer)까지를 규정한다. 물리 계층은 데이터 단말 장치와 이들을 패킷 교환 노드에 연결하는 링크 사이의 물리적 접속면(인터페이스)을 다룬다. 데이터 링크 계층에서는 일련의 프레임을 구성하여 데이터를 전송하며, 이때 물리적 링크에서 자료 전송을 신뢰성 있게 하기 위하여 필요한 기능을 제공한다. (자료 출처 : 두산 백과)

95 통신제어장치(CCU, Communication Control Unit)
데이터 전송회선과 컴퓨터와의 전기적 결합과 전송문자를 조립, 분해하는 장치

96 문자 동기방식

| SYN | SYN | STX | TEXT | ETX | 오류검출 |

97 stop-and-wait 방식(정지 후 대기)
한 개의 프레임을 전송하고, 수신측으로부터 ACK 및 NAK 신호를 수신할 때까지 정보 전송을 중지하고 기다리는 ARQ(automatic repeat request) 방식
[참고] Go-back-N ARQ : 데이터 프레임을 연속적으로 전송해 나가다가 NAK를 수신하게 되면, 오류가 발생한 프레임 이후에 전송된 모든 데이터 프레임을 재전송하는 방식

98 혼잡 제어(congestion control)
네트워크 내에서 패킷의 대기 지연(Queuing delay)이 너무 높아지게 되어 트래픽이 붕괴되지 않도록 네트워크 측면에서 패킷의 흐름을 제어하는 트래픽 제어이다.
[참고] 패킷 교환 방식에서 트래픽 제어 기법
① 흐름 제어(flow control)
② 혼잡 제어(congestion control)
③ 교착상태 회피(deadlock avoidance)

99 HDLC 전송제어 절차의 특징
① 신뢰성 향상
② 전송효율의 향상
③ 비트 투명성 확보

100 TCP/IP의 응용 계층에 해당하는 프로토콜
① FTP, ② SNMP, ③ SMTP

2005년 제2회

01	02	03	04	05	06	07	08	09	10
③	①	④	③	③	③	④	④	③	②
11	12	13	14	15	16	17	18	19	20
③	④	①	④	④	④	①	③	④	③
21	22	23	24	25	26	27	28	29	30
③	④	②	③	③	③	①	④	④	③
31	32	33	34	35	36	37	38	39	40
③	②	②	①	②	②	②	②	①	②
41	42	43	44	45	46	47	48	49	50
②	②	④	②	④	①	③	②	③	④
51	52	53	54	55	56	57	58	59	60
④	①	④	③	②	②	④	③	③	②
61	62	63	64	65	66	67	68	69	70
①	②	②	④	②	①	④	①	③	①
71	72	73	74	75	76	77	78	79	80
④	②	①	④	③	②	③	①	③	②
81	82	83	84	85	86	87	88	89	90
④	①	④	③	②	①	③	①	②	④
91	92	93	94	95	96	97	98	99	100
③	④	③	④	②	①	①	④	④	①

01 인터프리터(interpreter)
① 원시 프로그램(고급 언어)을 한 문장(줄) 단위로 해석하고 번역한 후 번역과 동시에 프로그램을 한 줄 단위로 즉시 실행시키는 프로그램
② 목적 프로그램 미생성
③ 실행 속도 느림
④ 회화형 언어(실행 속도보다 컴파일 속도 중시)
⑤ 대표적인 언어 : BASIC
[참고] 컴파일러(compiler)
  ① 목적 프로그램 생성
  ② 컴파일 속도 느림
  ③ 실행 속도 빠름
  ④ 대표적인 언어 : COBOL, FORTRAN, C

02 LRU(Least Recently Used)
한 프로그램에서 사용하는 각 페이지마다 count를 두어서 현시점에서 볼 때 가장 오래 전에 사용된 페이지가 교체할 페이지로 선택되는 기법
[참고]
  ㉠ LFU(Least Frequently Used) : 적재되어 참조된 횟수를 누적값으로 페이지를 교체하는 기법
  ㉡ FIFO(First In First Out) : 적재가 가장 오래된 페이지를 교체하는 기법

03 linkage editor(연계편집기)
어셈블러에 의하여 독자적으로 번역된 여러 개의 목적 프로그램과 프로그램에서 사용되는 내장 함수들을 하나로 모아서 컴퓨터에서 실행될 수 있는 실행 프로그램을 생성하는 역할

04 LTORG
현재까지 나타난 리터럴들의 값을 현재의 주기억장치 위치에 넣을 것을 어셈블러에게 지시하는 명령
[참고]
  ㉠ 의사 명령=어셈블러 명령 : 원시 프로그램을 어셈블할 때 어셈블러가 하여야 할 동작을 지시하는 명령
    예) START, END, USING, DROP, EQU 등
  ㉡ 실행 명령=어셈블리어 명령 : 데이터를 처리하는 명령
    예) A, AH, AR, S, SR, L, LA, ST, C, BNE 등
[참고]
  ① DC : 상수는 기억되지 않고 주기억장치에 기억 영역만 확보
  ② USING : 범용 레지스터를 베이스 레지스터로 할당하는 의사 명령
  ③ EQU : 어셈블리어에서 어떤 기호적 이름에 상수 값을 할당하는 명령

05 운영체제(operating system)에 관한 사항
① 사용자에게 컴퓨터 사용의 편리를 제공
② 자원(resource)의 효율적 관리를 제공
③ 새로운 시스템 기능의 효과적 개발, 검증, 제공을 이룰 수 있어야 한다.
④ 컴퓨터를 운영하기 위한 제어 루틴으로 구성된다.
⑤ 운영체제 이외의 프로그램들은 운영체제가 제공한 기능에 의존하여 컴퓨터 시스템의 자원에 접근한다.
⑥ 운영체제는 컴퓨터 하드웨어와 사용자 사이의 인터페이스 역할을 한다.

06 매크로 프로세서의 기본 수행 작업
① 매크로 정의 저장
② 매크로 정의 인식

③ 매크로 호출 인식 : 원시 프로그램 내에 매크로의 시작을 알리는 Macro 명령을 인식한다.
④ 매크로 호출 확장

07 작업제어 언어(job-control language) 설명
① 프로그램의 순서적 실행을 지시한다.
② 입출력장치의 배당을 위한 프로그램에서 정의된 논리적 장치와 물리적 장치를 연결한다.
③ 프로그램 및 시스템 운영에 관한 지시를 운영체제에게 전달한다.
④ 기종마다 다르다.

08 로더(loader)의 종류
① Direct linking loader : 일반적인 로더(general loader)이며 할당, 연결, 재배치, 적재의 기능을 모두 수행하는 가장 근접한 로더
② Absolute loader : 간단한 로더이며 단순히 번역된 목적 프로그램을 입력으로 받아들여 주기억장치의 프로그래머가 지정한 주소에 적재하는 기능을 가지는 로더
③ Compile and go loader
  ㉠ 원시 프로그램의 기계어로 번역하는 순서대로 명령어 및 자료를 직접 주기억장치에 적재하여 곧바로 프로그램을 수행하는 방식의 loader
  ㉡ 연결 기능은 수행하지 않고 할당, 재배치, 적재 작업을 모두 언어번역 프로그램이 담당

09 구문 분석 방법
① 주어진 문장이 정의된 문법 구조에 따라 정당하게 하나의 문장으로서 합법적으로 사용될 수 있는가를 확인하는 작업으로 토큰들을 문법에 따라 분석하는 작업을 수행하는 단계이다.
② 원시 프로그램의 문장의 구조가 정상적으로 구현되었는지 파스 트리로 표현하여 판단한다.
③ 파스(parse) 트리는 고급 언어로 작성된 프로그램을 구문 분석하여 그 문장의 구조를 트리로 표현한 것으로 루트, 중간, 단말 노드로 구성된다.
④ 구문 분석에는 하향식 파싱(Top-down parsing)과 상향식 파싱(Bottom-up parsing)이 있다.

10 절대로더(absolute loader)를 사용할 때 4가지 기능과 그 기능에 대한 수행 주체의 연결
① Allocation(기억장소 할당)-by programmer(프로그래머)
② Linking(연결)-by programmer(프로그래머)
③ Relocation(재배치)-by assembler(어셈블러)
④ Loading(적재)-by loader(로더)
[참고] 절대(Absolute) 로더 : 적재 기능만 하는 간단한 로더(할당, 연결) → 프로그래머, (재배치) → 언어번역기

11 교착 상태의 발생 조건
① 상호 배제(mutual exclusion) : 어떤 프로세스가 자원을 사용하고 있을 경우 다른 프로세스들은 그 자원을 사용하지 못하고 자원이 해제될 때까지 기다려야 한다는 것을 의미
② 점유와 대기(hold-and-wait) : 프로세스가 자신에게 이미 할당된 자원들을 점유하고 있으면서 다른 프로세스가 점유하고 있는 자원을 추가로 할당받기 위해 요구하며 기다린다는 것을 의미
③ 비선점(nonpreemption) : 한 프로세스에게 할당된 자원은 사용이 종료되거나 스스로 내놓기 전에 해제하지 않는다는 것을 의미
④ 환형 대기(circular wait) : 각 프로세스들이 서로 다른 프로세스가 가지고 있는 자원을 요구하면서 하나의 순환 구조를 이루는 것을 의미

12 운영체제의 성능 평가 항목
① 처리 능력(throughput) : 주어진 시간 내에 처리되는 작업의 양의 의미
② 반환 시간(turn-around time) : 컴퓨터 명령을 지시한 뒤 그 결과 출력되는 시간을 의미
③ 사용 가능도(availability) : 시스템 운영 시간 중 얼마나 많은 시간을 사용 가능한지에 대한 것
④ 신뢰도(reliability) : 주어진 작업에 대해서 얼마나 오류 없이 처리하는지에 대한 것

13 Compiler
고급 언어로 작성된 원시 프로그램을 해석하고 분석하여 컴퓨터에서 실행될 수 있는 실행 프로그램을 생성
① 목적 프로그램 생성
② 컴파일 속도 느림
③ 실행 속도 빠름
④ 대표적인 언어 : COBOL, FORTRAN, C

[참고] 로더(Loader) : 외부 기억장치로부터 주기억장치로 이동하기 위해 메모리 할당, 연결, 재배치, 적재를 담당하는 서비스 프로그램

14 어셈블러를 two-pass로 구성하는 주된 이유
① 한 개의 Pass만을 사용하는 경우는 기호를 모두 정의한 뒤에 해당 기호를 사용하여야 한다.
② 기호를 정의하기 전에 사용할 수 있어 프로그램 작성이 용이하기 때문이다.(전향 참조, Forward reference)
③ 사용의 편의상 정의하기 전에 사용한 주소 상수를 처리하기 위함이다.

15 주기억장치 관리 기법의 배치 전략
① 최초 적합(first-fit) 전략 : 첫 번째 분할 영역에 배치시키는 전략
② 최적 적합(best-fit) 전략 : 가장 작게 남기는 분할 영역에 배치시키는 전략
③ 최악 적합(worst-fit) 전략 : 입력된 작업을 가장 큰 공백에 배치하는 전략

16 DC
2 Pass Assembler의 패스 2에서 가연산자의 오퍼랜드 부분이 명시된 자료형에 따라서 변환되고 값이 계산되어 목적 코드로 전환되는 가연산자
[참고]
① LTORG : 현재까지 나타난 리터럴들의 값을 현재의 주기억장치 위치에 넣을 것을 어셈블러에게 지시하는 명령
② USING : 범용 레지스터를 베이스 레지스터로 할당하는 의사 명령
③ EQU : 어셈블리어에서 어떤 기호적 이름에 상수 값을 할당하는 명령

17 Parsing : 언어해석기에서 프로그램의 구조와 작업 내용을 이해하고 이를 기계어로 번역하기 위하여 문법에 정의된 내용에 따라 연산자, 피연산자, 키워드 등을 판별하고 이들 각각의 구성 요소들의 구조를 알아내는 작업

18 C언어 : UNIX 시스템의 정의와 가장 관련되는 언어

19 job control program
운영체제의 제어 프로그램 중 작업의 연속 처리를 위한 스케줄 및 시스템 자원 할당을 담당
[참고]
 1. 제어 프로그램
    ① 감시(Supervisor) 프로그램
    ② 작업 관리(Job Management) 프로그램
    ③ 데이터 관리(Data Management) 프로그램
    ④ 통신 관리(Communication Management) 프로그램
 2. 처리 프로그램
    ① 언어 번역 프로그램(language translator program)
    ② 서비스 프로그램
    ③ 문제 프로그램

20 Deadlock(데드락)
다중 프로그래밍 시스템에서 어떤 프로세스가 아무리 기다려도 결코 발생하지 않을 사건을 기다리고 있는 경우
[참고]
 ㉠ Working Set : 프로세스가 일정 시간 동안 자주 참조하는 페이지의 집합을 의미
 ㉡ Semaphore : E. J. Dijkstra가 제안한 방법으로 반드시 상호 배제의 원리가 지켜야 하는 공유 영역에 대하여 각각의 프로세스들이 접근하기 위하여 사용되는 두 개의 연산 P와 V라는 연산을 통해서 프로세스 사이의 동기를 유지하고 상호 배세의 원리를 보장

21 1. 부동 소수점 데이터(floating point data)

부호 (sign)	지수부 (exponent)	가수부 (Mantissa)

 2. 고정 소수점 데이터(fixed point data)

부호(1bit)	정수부(15bit)

22 ① 랜덤 접근방식 - 주기억장치
② 순차 접근방식 - 자기 테이프
③ 직접 접근방식 - 자기 디스크, 자기 드럼

23 CPU의 Hardware 요소들의 기능별 분류
① 연산 기능, ② 제어 기능, ③ 전달 기능

24 DMA(Direct Memory Access)
CPU와 무관하게 주변장치는 기억장치를 access하여 데이터를 전송한다.

25 반가산기(half adder)

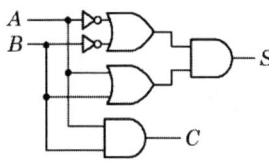

또는

① 합(Sum)=A⊕B
② 자리올림(Carry)=AB

26 입·출력 방식
① 채널 제어기에 의한 입·출력(Channel I/O) : CPU와 독립적으로 동작
② 중앙처리장치에 의한 입·출력
③ DMA(Direct Memory Access) 방식 : Cycle Steal 방식. CPU의 관여 없이 I/O 장치가 주기억장치를 직접 접근
④ Programmed I/O : CPU 직접 처리. Flag를 계속 조사
⑤ Interrupt I/O : CPU가 일부분을 제어
※ BUFFER(버퍼, 임시기억장치) : 주기억장치의 완충기억장치

27 채널의 특징
① 신호를 보낼 수 있는 전송로이다.
② 입·출력은 DMA 방법으로도 수행한다.
③ 입·출력 수행 중 어떤 오류 조건에서 중앙처리장치에 인터럽트를 걸 수 있다.
④ 자체적으로 자료의 수정 또는 코드 변환 등의 기능을 수행할 수 있다.

28 메이저 상태(major state)의 변천도

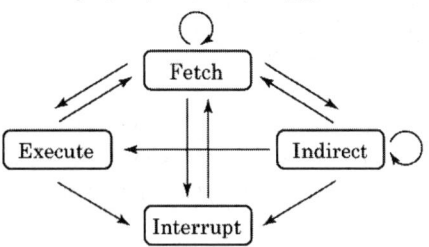

[참고] Indirect(간접) : 하드웨어로 실현되는 서브루틴의 호출

29 2진 정보 1001은 그레이 부호 1101

30 분기번지
인터럽트 처리 루틴을 사용하지 않고 직접 인터럽트 취급 루틴의 수행을 개시할 수 있도록 각 장치의 인터럽트 취급 루틴으로 분기하는 명령어, 즉 인터럽트 벡터에 필수적인 조건이다.

31 micro operation
명령을 수행하기 위해 CPU 내의 레지스터와 플래그의 상태 변환을 일으키는 작업

32 1개의 Full adder(전가산기)를 구성하기 위해서는 최소 2개의 Half adder(반가산기)가 필요
[참고]

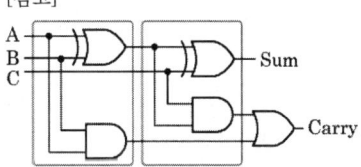

∴ 입력 3개, 출력 2개

33 나눗셈 연산 알고리즘
(단, X : 피제수, Y : 제수, Q : 몫, R : 나머지임)
(1) Q ← 0
(2) X<Y이면 (3)을 수행, X≥Y이면 X ← X-Y와 Q ← Q+1을 수행하고 다시 (2)를 수행
(3) R ← X
(4) End

34 zero-address 명령 형식
모든 연산은 stack을 이용하여 수행하고, 그 결과도 stack에 보존한다.
[참고]
① 0-주소 명령어 형식 : 스택을 사용
② 1-주소 명령어 형식 : 누산기 사용
② 2-주소 명령어 형식 : MOVE 명령이 필요

35 병렬 처리 시스템의 방법
① 파이프 라인 처리기(pipeline processor) : 컴퓨터 내에는 처리기가 하나밖에 없지만 한순간에 처리기 내에서 처리되고 있는 인스트럭션이 다수가 될 수 있는 처리기
② 어레이 처리기(배열 처리, array processor) : 벡터 형태의 데이터를 처리하는 데 가장 효율적인 병렬처리기
③ 멀티 처리기(다중 처리기, multiple processor)
④ 벡터 처리기(vector processor)

36 Daisy-Chain : I/O 장치의 인터럽트 우선순위를 하드웨어적으로 결정하는 방식

37 Full-duplex(전이중 전송) : 동시에 양쪽 방향으로 전송이 가능한 전송 방식 [예] 전화

38 메모리 용량은 1024word(2^{10})이고 1word는 16bit로 구성되어 있다면 MAR=10bit, MBR=16bit

39 operand의 address
① 0-address machine
② 1-address machine
③ 2-address machine
④ 3-address machine

40 파이프라인 처리기(pipeline processor)
컴퓨터 내에는 처리기가 하나밖에 없지만 한순간에 처리기 내에서 처리되고 있는 인스트럭션이 다수가 될 수 있는 처리기
[참고] 배열 처리기(array processor) : 벡터 형태의 데이터를 처리하는 데 가장 효율적인 병렬처리기

41 load
보조기억장치에 저장되어 있는 정보를 주기억장치로 읽어오는 작업을 의미

42 인터럽트 요청 및 서비스에 관한 순서
① 인터럽트 요청
② 인터럽트 인식
③ 레지스터 내용의 저장
④ I/O 주변장치 인식
⑤ 인터럽트 해결
⑥ 주프로그램으로 복귀
⑦ 주프로그램의 실행

43 DMA(Direct Memory Access)
microprocessor를 경유하지 않고 메모리와 입·출력 장치 간에 직접 자료 전송이 가능한 방식

44 입·출력장치와 CPU 사이의 자료 교환 시에 사용되는 기법
① Parity bit 전송
② Cyclic redundancy character 전송
③ echo back

45 마이크로프로세서와 메모리 사이의 관계

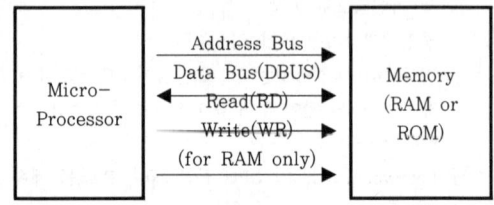

46 NAND 회로의 논리식

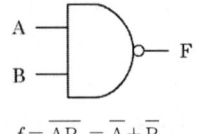

$f = \overline{AB} = \overline{A} + \overline{B}$

47 운영체제(OS, Operating System)
컴퓨터 시스템을 구성하고 있는 하드웨어장치와 일반 사용자 또는 응용 프로그램의 중간에 위치하여 사용자

들이 보다 쉽고 간편하게 컴퓨터 시스템을 이용할 수 있도록 컴퓨터 시스템을 제어하고 관리하는 프로그램

48 50개의 입·출력 외부장치를 주소 지정하려고 할 때 $50 \leq (2^6 = 64)$이므로 6bit로 어드레스를 나타낼 수 있어 6개의 어드레스선이 필요

49 인터프리터(Interpreter) : BASIC과 같이 고급 언어로 작성된 원시 프로그램을 직접 수행하는 프로그램
[참고]
㉠ 컴파일러(Compiler) : 고급 언어로 작성된 프로그램을 목적 프로그램으로 번역한 후, 링킹 작업을 통해 실행 가능한 실행 프로그램을 생성
㉡ 어셈블러(Assembler) : source program을 Machine lanuage program으로 변환하는 장치

50 LIFO(Last-in, First-out) 구조는 Stack

51 로더(Loader)의 기능
① allocation(할당) ② linking(연결)
③ loading(적재)   ④ relocation(재배치)

52 누산기(Accumulator) : 마이크로프로세서 내에서 연산 후 연산 결과가 저장되는 레지스터

53 Mask ROM : 사용자의 요구에 따라 제조 단계에서 프로그램과 에디터를 기억시키는 ROM

54 Macro Definition : 매크로 명령이 지정하는 동작을 서브루틴 형식으로 정의하는 것

55 1-주소(One-address) 형식 : 연산을 위하여 누산기(ACC)를 사용하여 수행하는 명령어 형식

56 주 메모리의 성능을 평가하는 중요한 요소
① 사이클 시간, ② 대역폭, ③ 기억용량

57 MAR ← PC : 마이크로프로세서가 어떤 명령을 수행하기 위해서 제일 먼저 하는 동작

58 CCD(charge coupled device) : 순차접근 방식이고 속도가 빠르며 메모리 셀이 콘덴서로 되어 있어 충전 전하를 이동시키면서 시프트 레지스터 기능을 갖는 보조 기억장치

59 마이크로컴퓨터에서 각 장치 간을 연결하는 버스(Bus)
① 주소 버스, ② 제어 버스, ③ 데이터 버스

60 1. Cycle Stealing 방식 : 한 번에 하나의 워드만을 전송하는 DMA 방식
2. Daisy Chain 방식(hardware poll) : 우선순위는 모듈의 하드웨어적인 연결 순서

61 4×1 MUX

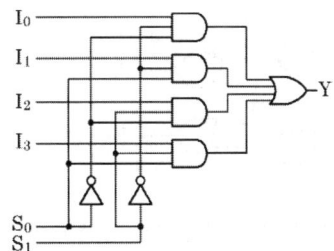

62 Encoder : 10진수의 입력을 전자계산기의 내부 code로 변환시키는 장치
[참고]
① Multiplexer : 여러 입력 중에서 1개를 선택하여 출력하는 것
② Decoder : 코드화된 정보를 해독하여 해당하는 출력을 내보내는 회로

63 에러(Error) 검출이 가능한 코드(code)
① Parity code
② 2-out-of-5 code
③ Hamming code : 자기 정정 부호의 하나로 비트 착오를 검출해서 1bit 착오를 정정하는 부호 방식

64 순서 논리회로의 종류 : 외부의 입력과 현재 상태에 따라 출력이 결정되는 회로
① 플립플롭(flip-flop)
② 레지스터(register)
③ 계수기(counter)
④ RAM

⑤ CPU

[참고] 조합 논리회로 : 이전의 입력과는 상관없이 현재의 입력으로 인해 출력이 결정되는 회로
① 가산기(adder)-전가산기, 반가산기
② 해독기(Decoder)
③ 부호기(Encoder)
④ 멀티플렉서(Multiplexer)
⑤ 비교기

65 마스터/슬레이브 플립플롭 : 레이스(race) 현상을 방지하기 위하여 사용된다.

66 전가산기(Full adder) : 반가산기 2개와 OR게이트 1개로 구성

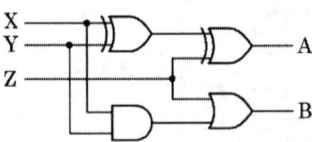

67 J-K 플립플롭의 특성 방정식(Characteristic equation)

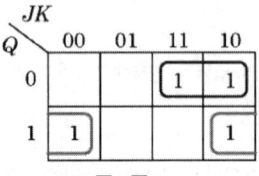

$Q_{(t+1)} = J\overline{Q} + \overline{K}Q$

[참고]

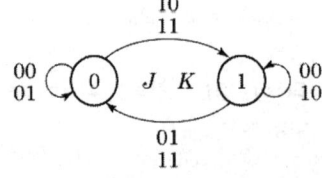

⟨J-K 플립플롭의 상태도⟩

CP	J	K	Q(t+1)
1	0	0	Q(t)
1	0	1	0
1	1	0	1
1	1	1	(toggle)

⟨클록형 J-K 플립플롭의 진리표⟩

Q(t)	J	K	Q(t+1)
0	0	0	0
0	0	1	0
0	1	0	1
0	1	1	1
1	0	0	1
1	0	1	0
1	1	0	1
1	1	1	0

⟨J-K 플립플롭의 특성표⟩

68 문자표현코드인 BCD Code, ASCII Code, EBCDIC Code 등은 디코더(Decoder, 해독기, AND 게이트로 구성)의 입력으로 받는다.

69 32×4 ROM인 경우 입력선의 개수는
Address의 수 ≤ $2^{입력선}$일 경우 $32 = 2^5$이므로 입력선의 개수는 5개이다.

70 반감산기에서 차를 얻기 위해 사용되는 게이트는 EX-OR(배타적 OR) 게이트이다.

71

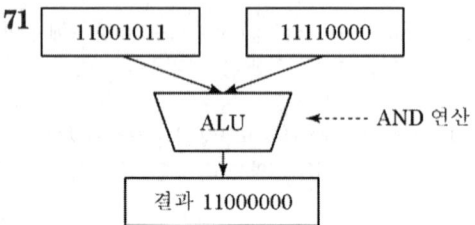

72 NAND 게이트

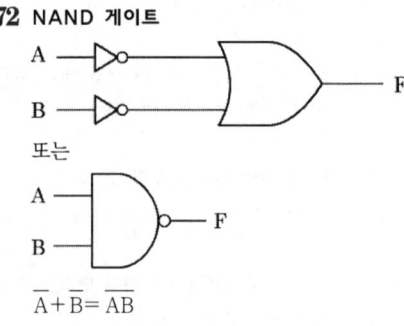

$\overline{A} + \overline{B} = \overline{AB}$

73 NAND 회로

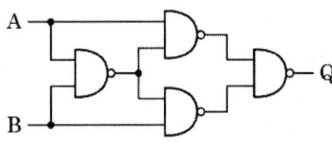

74 모든 명령어 실행 시 가장 먼저 필요한 사이클은 Fetch cycle이다.
[참고] Fetch cycle : 주기억장치의 지정장소에서 명령을 읽어 CPU로 가지고 오는 단계

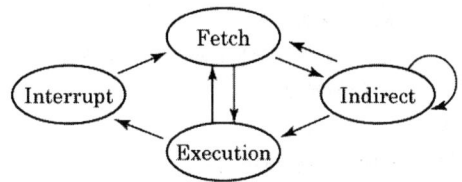

75 병렬 가산기(Parallel Adder)의 동작 : 2진수 각 자리의 덧셈을 동시에 행하여 그 답을 내는 동작을 한다.
[참고] 병렬 가산기(Parallel Adder) : 덧셈을 수행하는 하드웨어 모듈
① 비트 수만큼의 전가산기(full-adder)들로 구성
② 덧셈 연산 결과에 따라 해당 조건 플래그들을 세트
- C 플래그 : 올림수(carry)
- S 플래그 : 부호(sign)
- Z 플래그 : 0(zero)
- V 플래그 : 오버플로우(overflow)

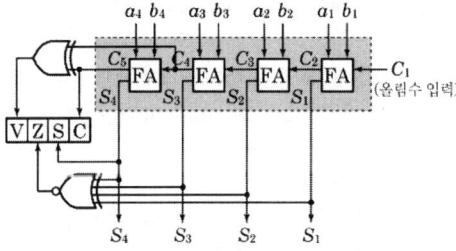

76 Multiplexer
많은 입력 중 선택된 입력선의 2진 정보를 출력선에 넘기므로 데이터 선택기라고도 한다.
[참고]
① Demultiplexer : 정보를 한 선으로 받아서 2개 이상의 가능한 출력선 중 하나를 선택하여 받은 정보를 전송하는 회로

② Decoder
㉠ 코드화된 정보를 해독하여 해당하는 출력을 내보내는 회로
㉡ n개의 입력을 최대 2^n개의 서로 다른 정보로 변환해주는 조합 논리회로
㉢ I/O port 또는 기억장치 등을 enable시키기 위하여 사용되는 장치

77 3×8 디코더

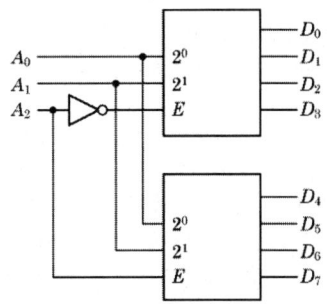

78 직렬 전송 레지스터와 병렬 전송 레지스터의 특성
병렬 전송 레지스터는 빠르게 동작하나 회로가 복잡

79 T(Toggle) 플립플롭 : 2진 계수회로에 가장 적합
[참고] T 플립플롭 : T 플립플롭은 JK 플립플롭의 두 개의 입력을 하나로 묶은 플립플롭이다.

80 JK 플립플롭 : RS 플립플롭에서 R=S=1일 때 발생되는 결점을 보완한 플립플롭

S R	Q_{n+1}
0 0	Q_n
0 1	0
1 0	1
1 1	-

J K	Q_{n+1}
0 0	Q_n
0 1	0
1 0	1
1 1	부정

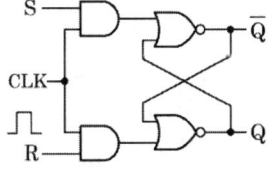

[동기식 RS플립플롭]

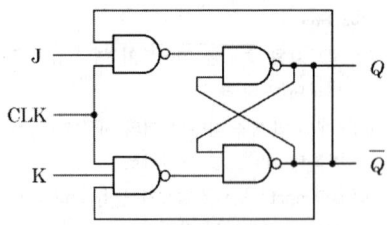

81 모뎀(Modem)의 속도=2400baud×6bit = 14,400bps

82 프로토콜의 구성 요소 3가지
① 구문(syntax) : 데이터의 형식이나 부호화 및 신호 레벨 등을 규정
② 의미(semantic) : 전송의 조작이나 오류 제어를 위한 제어 정보에 대한 규정
③ 타이밍(순서, timing) : 접속되어 있는 개체 간의 통신 속도의 조정이나 메시지의 순서 제어를 규정
[참고] 프로토콜 계층 구조상의 기본 구성 요소
① 개체(Entity)
② 접속(Connection)
③ 데이터 단위(Data Unit)

83 HDLC(High level Data Link Control)의 동작 모드
① 정규 응답 모드(NRM : Normal Response Mode) : 반이중 통신을 하는 포인트 투 포인트, 멀티포인트 불균형 링크 구성에 사용
② 비동기 응답 모드(ARM : Asynchronous Response Mode) : 전이중 통신을 하는 포인트 투 포인트 불균형 링크 구성에 사용한다.
③ 비동기 평형 모드(ABM : Asynchronous Balanced Mode) : 포인트 투 포인트 균형 링크에서 사용한다.

84 주파수 분할 다중화(FDM)
사용 가능한 주파수 대역을 나누어서 통화로를 할당하는 방식

85 5개의 서브넷을 브리지로 이용할 때 전송 가능 회선은
$\frac{n(n-1)}{2} = \frac{5(5-1)}{2} = 10$개

86 전송제어 절차
① 통신 회선 접속
② 데이터 링크 확립
③ 정보 전송
④ 데이터 링크 해제
⑤ 통신 회선 분리

87 성형망(Star network)
모든 스테이션이 중앙 스위치에 연결된 형태로 두 스테이션은 회선교환에 의해 통신을 행한다.

88 널(Null) 모뎀
터미널과 컴퓨터 사이에 RS-232C를 이용하여 직접 접속하는 모뎀의 이름

89 Go-back-N ARQ
송신 스테이션이 데이터 프레임을 연속적으로 전송해 나가다가 NAK를 수신하게 되면 에러가 발생한 프레임을 포함하여 그 이후에 전송된 모든 데이터 프레임을 재전송하는 방식

90 ARQ(Automatic Repeat Request, 자동반복요구) 방식
에러를 검출하고, 재전송을 요구하는 방식

91 다중화 장비(Multiplexer)
여러 개의 채널들이 하나의 통신 회선을 통하여 결합된 신호의 형태로 전송되고 수신측에서 다시 이를 여러 개의 채널 신호로 분리하는 역할을 수행하는 장비

92 LAN 분류 시 매체 접근 방식에 따른 분류
① CSMA/CD(Carrier Sense Multiple Access with Collision Detect)
 ㉠ 다중 충돌 접근 기법
 ㉡ 데이터를 전송하기 전에 회선을 감시하다가 회선이 비어 있을 경우 전송하는 방식
② Token Ring(토큰 링)
 ㉠ 여러 장치들이 하나의 고리에 이어져 형성
 ㉡ 데이터가 하나의 장치에서 다음 장치로 차례차례 전달
③ Token Bus(토큰 버스)

93 흐름 제어(Flow Control)
가상 회선방식에서 통신망 내의 트래픽 제어의 원활한

흐름을 위해 망 내의 노드와 노드 사이에 전송하는 패킷의 양이나 속도를 규제하는 제어

94 VAN(부가가치통신망, Value Area Network)
통신회선을 직접 보유 혹은 임대하여 사용하고, 정보 전달 및 새로운 가치를 부가하며, 전송 계층 → 네트워크 계층 → 통신처리 계층 → 정보처리 계층 기능에 따른 계층으로 분류되는 통신망

95 TCP/IP 특징
① 인터넷 프로토콜로도 불리운다.
② IP는 OSI 세 번째 계층인 internet 계층의 기능을 수행하는 프로토콜. 신뢰성은 보장하지 않고, 송·수신측으로 데이터를 보내는 기능만 한다.
③ TCP는 데이터 전달의 신뢰성을 위해 연결성 방식을 사용한다.
④ UDP는 데이터의 전달을 위해 비연결성 방식을 사용한다.

96 HDLC로 알려진 데이터 링크 제어 프로토콜의 플래그(flag) 특징
① 동기화에 사용된다.
② 프레임의 시작과 끝을 표시한다.
③ 항상 01111110의 형식을 취한다.
[참고] HDLC의 프레임 구조 : 플래그-주소부-제어부-정보부-FCS-플래그

Start-of-frame delimiter	Frame header	Information field	Frame Check Sequence(CRC)	End-of-frame delimiter	
8	8	8	0 to N	8	Number of bits
Flag	Address	Control	Information	FCS	Flag

Direction of transmission →

① 플래그(Flag) : '01111110'의 8비트로 구성. 프레임의 시작과 끝 표시
② 주소 : 보통은 8비트, 확장 모드에서는 16비트. 부국의 주소를 통지
  Command의 경우 : 수신처의 부국 또는 복합국의 주소
  Response의 경우 : 응답의 송신원의 부국 또는 복합국의 주소
③ 제어 : 8비트, 확장모드에서는 16비트
  제어 필드 형식이 다른 세 종류의 프레임을 정의
④ 정보(Information) 프레임 : 사용자 데이터 전송

⑤ 데이터 : 가변이며, 정보 프레임과 비번호 프레임에만 존재
⑥ Frame Check Sequence : 보통은 16비트의 CRC-16, 확장 모드에서는 32비트의 CRC-32 사용

97 표본화(Sampling)
어떤 신호 f(t)를, f(t)가 가지는 최고 주파수의 2배 이상으로 채집하면, 채집된 신호는 원래의 신호가 가지는 모든 정보를 포함한다는 이론

98 라우터(Router)
1계층에서 3계층 사이의 프로토콜이 서로 다른 네트워크를 상호 접속하는 장비

99 데이터 통신 프로토콜
① ISO의 OSI 7계층 구조가 일반적으로 사용되는 프로토콜이다.
② 계층 구조를 독립화하여 설계 및 유지보수가 간편하다.
③ 시스템 간의 상호 접속을 위한 개념을 규정한다.

100 시분할 다중화기(TDM)
① 동기식 시분할 다중화기(STDM : Synchronous TDM)
  ㉠ 일반적인 다중화기
  ㉡ 모든 단말기에 균등한(고정된) 시간 폭을 제공
  ㉢ 전송되는 데이터의 시간 폭을 정확히 맞추기 위한 동기 비트가 필요
  ㉣ 다중화기의 내부 속도와 단말기의 속도 차이를 보완해주는 버퍼가 필요
  ㉤ 전송할 데이터가 없을 때도 시간폭(time slot)이 제공되므로 비효율적
② 비동기식 시분할 다중화기(ATDM : Asynchronous TDM)
  ㉠ 접속된 단말기 중 전송할 데이터가 있는 단말기에만 time slot을 제공
  ㉡ 낭비되는 시간폭을 줄일 수 있고, 남는 시간 폭을 다른 용도로 사용 가능하므로 전송 효율이 높다.
  ㉢ 동기식과 동일하게 버퍼가 필요
  ㉣ 데이터 전송량이 많아질 경우 전송 지연이 생길

수 있다.
ⓒ 종류
  - 지능적 시분할 다중화기
  - 확률적 시분할 다중화기
  - 통계적 시분할 다중화기

2005년 제4회

정답

01	02	03	04	05	06	07	08	09	10
①	④	④	①	②	④	②	②	③	①
11	12	13	14	15	16	17	18	19	20
③	②	①	④	④	①	②	①	②	③
21	22	23	24	25	26	27	28	29	30
①	④	②	④	②	①	②	②	②	③
31	32	33	34	35	36	37	38	39	40
④	④	④	②	③	③	③	③	③	④
41	42	43	44	45	46	47	48	49	50
③	②	②	②	④	③	②	③	①	③
51	52	53	54	55	56	57	58	59	60
②	②	①	②	③	③	④	②	③	③
61	62	63	64	65	66	67	68	69	70
③	③	②	①	③	②	④	①	③	②
71	72	73	74	75	76	77	78	79	80
①	②	④	②	③	②	④	②	③	③
81	82	83	84	85	86	87	88	89	90
③	④	④	②	②	④	①	②	①	③
91	92	93	94	95	96	97	98	99	100
③	②	③	③	①	③	③	④	③	①

01 주기억장치 관리 기법의 배치 전략
 ① 최초 적합(first-fit) 전략 : 첫 번째 분할 영역에 배치시키는 전략
 ② 최적 적합(best-fit) 전략 : 가장 작게 남기는 분할 영역에 배치시키는 전략
 ③ 최악 적합(worst-fit) 전략 : 입력된 작업을 가장 큰 공백에 배치하는 전략

02 Deadlock
 다중 프로그래밍 시스템에서 어떤 프로세스가 아무리 기다려도 결코 발생하지 않을 사건을 기다리고 있는 경우
 [참고]
  ① Thrashing : 가상 기억장치에서 페이지 교환이 자주 일어나는 현상
  ② Semaphore : E. J. Dijkstra가 제안한 방법으로 반드시 상호 배제의 원리가 시켜야 하는 공유 영역에 대하여 각각의 프로세스들이 접근하기 위하여 사용되는 두 개의 연산 P와 V라는 연산을 통해서 프로세스 사이의 동기를 유지하고 상호 배제의 원리를 보장
  ③ Working Set : 프로세스가 일정 시간 동안 자주 참조하는 페이지의 집합을 의미

03 1. 시간 구역성(temporal locality)
  ① 순환(looping, 반복)
  ② 부프로그램(subroutine, 서브루틴)
  ③ 스택(stack)
  ④ 집계(counting, totaling)에 사용되는 변수
 2. 공간 구역성(space locality)
  ① 배열 순회(array traversal)
  ② 순차적 코드
  ③ 관련된 변수들을 서로 근처에 선언

04 이중(two) 패스 어셈블러를 사용하는 가장 주된 이유
 심벌(기호)이 정의되기 이전에 사용할 수 있어 프로그램 작성이 용이하기 때문이다.

05 페이징 시스템에서 페이지의 크기에 관한 설명
 ① 페이지의 크기가 작을수록 페이지 테이블의 크기가 커진다.
 ② 참조되는 정보와 무관한 정보들이 많이 적재되어 내부단편화가 증가한다.
 ③ 페이지의 크기가 클수록 참조되는 정보와 무관한 정보들이 많이 적재된다.
 ④ 작은 크기의 페이지가 보다 적절한 작업세트를 유지할 수 있다.

06 Unix에서 inode의 개념
 ① 각 사용자가 소유한 파일의 정보
 ② 각 그룹이 소유한 파일의 정보
 ③ 각 프로세스가 소유한 개방된 파일의 정보

07 accumulator(누산기) : 연산 결과를 일시적으로 기억하는 register
 [참고] Bound register : Multiprogramming 작업 시, 한 구분 안에 있는 프로그램이 다른 구분에 있는 장소를 사용하지 못하게 함으로써, 사용자들을 서로 보호하여 주는 기능

08 주소 바인딩의 의미
 논리적 주소공간에서 물리적 주소공간으로의 사상

09 운영체제의 성능 평가 항목
① 처리 능력(throughput) : 주어진 시간 내에 처리되는 작업의 양의 의미
② 반환 시간(turn-around time) : 컴퓨터 명령을 지시한 뒤 그 결과 출력되는 시간을 의미
③ 사용 가능도(availability) : 시스템 운영 시간 중 얼마나 많은 시간을 사용 가능한지에 대한 것
④ 신뢰도(reliability) : 주어진 작업에 대해서 얼마나 오류 없이 처리하는지에 대한 것

10 BNF(Backus-Naur form, 배커스-나우어 형식) : 프로그램 언어의 구문(Syntax) 형식을 정의하는 가장 보편적인 기법
[참고] BNF는 구문 요소를 나타내는 메타 기호
① < >, 둘 중 하나의 선택
② ∥, 좌변은 우변에 의해 정의

11 Tracer : 프로그래머에게 프로그램이 실행되고 있는 상황을 알 수 있게 하여 프로그램의 오류 수정을 쉽게 도와주는 유틸리티 프로그램

12 재배치(relocation) : 절대로더(absolute loader)를 이용할 경우 어셈블러에 의해 처리한다.
[참고] Absolute loader : 간단한 로더이며 단순히 번역된 목적 프로그램을 입력으로 받아들여 주기억장치의 프로그래머가 지정한 주소에 적재하는 기능을 가지는 로더

13 Compile and go loader
① 원시 프로그램의 기계어로 번역하는 순서대로 명령어 및 자료를 직접 주기억장치에 적재하여 곧바로 프로그램을 수행하는 방식의 loader
② 연결 기능은 수행하지 않고 할당, 재배치, 적재 작업을 모두 언어번역 프로그램이 담당
[참고]
① Direct linking loader : 일반적인 로더(general loader)이며 할당, 연결, 재배치, 적재의 기능을 모두 수행하는 가장 근접한 로더
② Absolute loader : 간단한 로더이며 단순히 번역된 목적 프로그램을 입력으로 받아들여 주기억장치의 프로그래머가 지정한 주소에 적재하는 기능을 가지는 로더

14 Round Robin
① 프로세스들이 배당 시간 내에 작업을 완료하지 못하면 폐기하지 않고 다음 순서에 나머지가 작업을 처리한다.
② 프로세스들이 CPU에서 시간량에 제한을 받는다.
③ 시분할 시스템에 효과적이다.
④ 선점형(preemptive) 기법이다.
[참고] HRN
① 실행 시간이 긴 프로세스에 불리한 SJF 기법을 보완하기 위한 것으로, 대기 시간과 서비스 시간을 이용하는 기법이다.
② 우선순위를 계산하여 그 숫자가 가장 높은 것부터 낮은 순으로 우선순위가 부여된다.
③ 우선순위 계산식
  (대기 시간+서비스 시간)/서비스 시간

15 매크로 프로세서가 수행해야 할 작업의 종류
① 매크로 정의 인식
② 매크로 정의 저장
③ 매크로 호출 인식
④ 매크로 호출 확장

16 매크로의 처리 순서

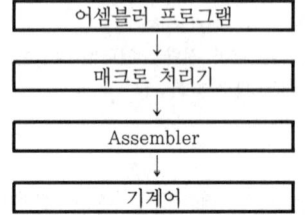

17 로더(loader)의 기능
① 할당(allocation) : 목적 프로그램이 실행될 주기억장치(메모리, RAM) 공간을 확보
② 연결(linking) : 여러 개의 독립적인 모듈(부분적으로 작성된 프로그램 단위)을 연결
③ 재배치(relocation) : 프로그램이 주기억장치 공간에서 위치를 변경할 수 있게 한다.
④ 적재(Loading) : 프로그램 전체를 주기억장치에 한 번에 적재하게 하거나 실행 시 필요한 일부분만을 차례로 적재하게 한다.

18 1. 제어 프로그램
   ① 감시(Supervisor) 프로그램
   ② 작업 관리(Job Management) 프로그램
   ③ 데이터 관리(Data Management) 프로그램
   ④ 통신 관리(Communication Management) 프로그램
2. 처리 프로그램
   ① 언어 번역 프로그램
   ② 서비스 프로그램
   ③ 문제 프로그램

19 Code Optimization
언어 번역기에 의하여 생성되는 최종 실행 프로그램이 보다 적은 기억 장소를 사용하여 보다 빠르게 작업을 처리할 수 있도록, 주어진 환경에서 최상의 명령어 코드를 사용하며 작업을 수행할 수 있도록 하는 것
[참고] Code Generation(코드 생성) : 원시(소스) 프로그램을 분석하여 나온 중간 코드를 입력하여 목적 코드 프로그램을 생성하는 과정으로 컴파일 단계 중 하나이다.

20 프로세스의 상태
① 보류상태(Hold state, 대기상태) : 프로세스가 입출력 처리 등을 하게 되면 CPU를 양도하고 입출력 처리가 완료될 때까지 대기하여야 한다.
② 준비상태(Ready state) : CPU가 사용 가능하게 될 때 그것을 할당받을 수 있는 상태
③ 실행상태(Run state, 수행상태) : 프로세스가 중앙처리장치를 차지하고 있는 상태

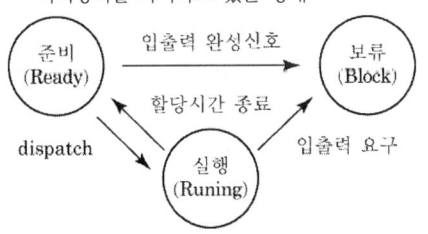

21 (1111)Gray code을 2진 코드로 바꾸면 1010(2)

22 수치 코드
① 자리값을 가지고 있는 가중 코드(weighted code)와 자리값이 없는 비가중 코드(non-weighted code)로 구분
② 10진 자기보수화 코드 : 2421 code, excess-3 code 등이 대표적이다.
③ 3초과 코드 : 8421 코드에 10진수 3을 더한 코드로 코드 내에 하나 이상의 1이 반드시 포함되어 있어 0과 무신호를 구분하기 위한 코드
④ 그레이 코드(Gray Code) : 대표적인 비가중 코드(non-weighted code)

23 좌측입력레지스터 우측입력레지스터

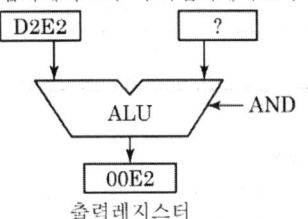

출력레지스터

우측 입력 레지스터

```
         D2E2    1101  0010  1110  0010
   AND  00FF  ⇒ 0000  0000  1111  1111
         00E2    0000  0000  1110  0010
```

24 CPU에서 DMA 제어기로 보내는 자료
① DMA를 시작시키는 명령
② 입·출력하고자 하는 자료의 양
③ 입력 또는 출력을 결정하는 명령

25 탐구시간(seek time)의 정의
헤드가 원하는 실린더를 찾을 때까지의 시간

26 DMA(Direct Memory Access) : CPU와 무관하게 주변장치는 기억장치를 access하여 데이터를 전송

27 산술적 shift : 연산 명령 자체로 특수한 곱셈과 나눗셈을 수행하거나 혹은 곱셈과 나눗셈에 보조적으로 이용

28 ADD 마이크로 오퍼레이션

```
MAR ← MBR(ADDR)
MBR ← M(MAR)
EAC ← AC+MBR
```

29 배열 처리기(array processor) : 벡터 형태의 데이터를 처리하는 데 가장 효율적인 병렬 처리기
[참고]
파이프라인 처리기(pipeline processor) : 컴퓨터 내에는 처리기가 하나밖에 없지만 한순간에 처리 내에서 처리되고 있는 인스트럭션이 다수가 될 수 있는 처리기

30 부동 소수점(floating point) 형식

부호 (sign)	지수부 (exponent)	가수부 (mantissa)

31 명령어 형식
① 0-주소 명령어 형식은 스택을 사용
② 1-주소 명령어 형식은 누산기를 사용
③ 2-주소 명령어 형식은 MOVE 명령이 필요
④ 3-주소 명령어 형식은 내용과 연산 결과 저장

32 불 대수 식의 정리
① $A+AB=A$
② $A+\overline{A}B=A+B$
③ $A+0=A$
④ $A(\overline{A}+AB)=A\overline{A}+AAB=AB$

33 CAM(Content Addressable Memory)의 특징
저장된 내용의 일부를 이용하여 정보의 위치를 검색

34 Program Counter(PC, 프로그램 계수기)
① 차기 인스트럭션(Next instruction)의 번지를 지시
② 인터럽트 처리 루틴에서 반드시 사용되는 레지스터
[참고] MAR(기억장치 주소 레지스터, Memory address register) : 마이크로프로세서의 명령이 인출 사이클 시 가장 먼저 실행되는 과정 중 기억장치의 위치 주소가 프로그램 카운터(PC)에서 MAR(기억장치 주소 레지스터)로 전송

35 약식 주소 : 데이터의 주소를 표현하는 방식에 따라 분류할 때 계산에 의한 주소이다.

36 flip-flop(플립플롭) : 1비트(bit)를 기억하는 소자
[참고] Accumulato(누산기) : 연산장치에 있는 레지스터의 하나로서 연산 결과를 기억하는 레지스터

37 외부(external) 인터럽트 : 타이머(timer)에 의하여 발생되는 인터럽트(interrupt)
[참고] 하드웨어적인 인터럽트의 종류
① 입출력 인터럽트(I/O interrupt) : 입출력의 종료나 입출력의 오류에 의해 발생
② 프로그램 검사 인터럽트(Program check interrupt) : 내부적인 인터럽트로 프로그램 실행 중에 잘못된 명령어를 사용하거나 프로그램 오류로 발생되는 인터럽트
③ 기계 착오 인터럽트(Machine check interrupt) : 하드웨어 인터럽트로 CPU가 프로그램을 수행하는 중에 하드웨어적인 결함으로 인하여 발생
④ 외부 인터럽트(External interrupt) : 인터럽트의 종류 중 시스템 타이머에서 일정한 시간이 만료된 경우나 오퍼레이터가 콘솔상의 인터럽트 키를 입력한 경우 발생되는 인터럽트

38 BCD(Binary Coded Decimal) 코드는 2bit(Zone)+4bit(Digit)이며 숫자일 경우는 Zone은 00이다.

| 10진수 ⇒ | 9 | 5 | 6 |
| BCD ⇒ | 1001 | 0101 | 0110 |

39 control unit(제어장치) : 주기억장치에 기억된 명령을 꺼내서 해독하고, 시스템 전체에 지시 신호를 내는 것

40 디멀티플렉서(Demultiplexer) : 1개의 입력선(input line)을 받아들여 n개의 선택선(selection line)의 조합에 의해 2^n개의 출력선 중에서 하나를 선택하여 출력하는 회로이며 데이터 분배기(Data distributor)라고 한다.

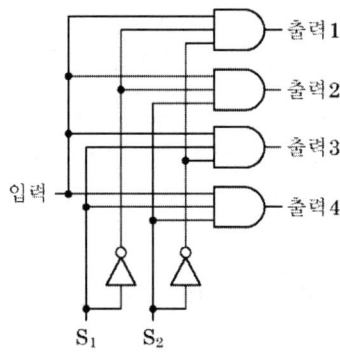

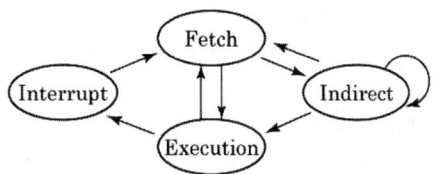

41 Cross Compiler : 소스 프로그램의 컴파일이 불가능한 소규모 마이크로컴퓨터에서 이를 컴파일하기 위해 보다 대용량의 컴퓨터를 이용, 컴파일 작업을 수행하고자 한다. 이때 사용되는 컴파일러

42 레지스터군(Register Group)
① 누산기(Accumulator, A Register)
② 프로그램 계수기(Program Counter)=프로그램 레지스터(Flag Register, F register)
③ Stack Pointer
④ 범용 레지스터(Gerneral Purpose Register)
⑤ 특수 레지스터(Special Purpose Register)
[참고] ALU(Arithmatic Logic Unit) : 산술논리연산장치

43 Major state : CPU가 무엇을 하고 있는가를 나타내는 상태
[참고]
① Interrupt cycle : 하드웨어로 실현되는 서부루틴의 호출, 인터럽트 발생 시 복귀주소(PC)를 저장시키고, 제어순서를 인터럽트 처리 프로그램의 첫번째 명령으로 옮기는 단계
② Fetch cycle : 주기억장치의 지정장소에서 명령을 읽어 CPU로 가지고 오는 단계
③ Execution cycle : 실제로 명령을 이행하는 단계
④ Indirect cycle : 인스트럭션의 수행 시 유효주소를 구하기 위한 메이저 상태

44 다중 프로세서(multiprocessor)에서 IOP와 메모리장치 상호간의 연결방법
① 크로스바 스위치(crossbar switch)
② 이중 버스(dual bus) 구조
③ 다중 포트(multiport) 메모리

45 DMA 제어기의 구성
① 워드 카운터 레지스터
② 자료 버퍼 레지스터
③ 주소 레지스터
[참고] 데이지 체인(Daisy chain) 입출력 : 입출력 동작 시 하드웨어적으로 우선순위를 결정하는 방식

46 마이크로 프로그램
① 마이크로 인스트럭션으로 구성되어 있다.
② 제어장치에 이용하는 경향이 있다.
③ 마이크로 프로그램이 저장되는 제어 메모리는 ROM이 주로 사용되고 사용자가 변경시킬 수 없다.
④ 대규모 집적회로의 이용이 가능해서 제어기의 비용이 절감된다.

47 DMA 처리 중에 인터럽트가 발생하는 시점
DMA 제어기가 데이터 전송을 마쳤을 때

48 Relative Addressing Mode
주소지정방식 중 다음에 수행할 명령의 주소를 일시 기억하는 프로그램 카운터(PC)와 오퍼랜드에 기록된 변위값이 더해져 자료의 위치를 찾아내는 주소지정방식
[참고]
① register addressing mode : 연산에 사용할 데이터가 레지스터에 저장되어 있으며 레지스터를 참조하는 지정 방식
② immediate addressing mode : 오퍼랜드에 연산에 필요한 숫자 데이터를 직접 넣어주는 방식
③ direct addressing mode : 오퍼랜드 필드의 내

용이 실제 데이터가 들어 있는 메모리 주소를 지정하고 있는 유효주소가 되는 방식

49 핸드셰이크 방식
두 장치가 공통 클록을 사용하지 않고 비동기적으로 작동할 때 전송을 제어하는 방식
[참고] 폴링 방식 : CPU가 일정한 시간 간격을 두고 각 자원들의 상태를 주기적으로 확인하는 방법

50 Cross assembler : 마이크로컴퓨터를 위한 대규모 프로그램을 개발하려고 할 때 마이크로컴퓨터를 사용하여 어셈블하려면 여러 가지 제한(메모리 용량, 입·출력장치의 제한 등)을 받게 된다. 이때 이용할 수 있는 소프트웨어 유틸리티(Utility)
[참고] 시뮬레이터(Simulator) : 실제 존재하는 세계의 움직임을 해석하기 위하여 그것과 동작이 동일하게 설계된 기계적, 전기적 장치

51 컴퓨터 제어장치의 기본 사이클
① Fetch Cycle
② Execute Cycle
③ Interrupt Cycle
[참고]
  ① Interrupt cycle : 하드웨어로 실현되는 서부루틴의 호출, 인터럽트 발생 시 복귀주소(PC)를 저장시키고, 제어순서를 인터럽트 처리 프로그램의 첫번째 명령으로 옮기는 단계
  ② Fetch cycle : 주기억장치의 지정장소에서 명령을 읽어 CPU로 가지고 오는 단계
  ③ Execution cycle : 실제로 명령을 이행하는 단계
  ④ Indirect cycle : 인스트럭션의 수행 시 유효주소를 구하기 위한 메이저 상태

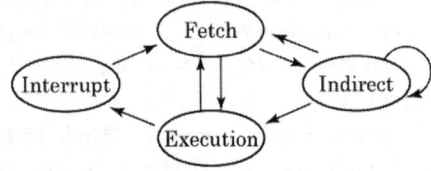

52 기억장치의 액세스 속도를 향상시키기 위한 방법
① 캐시(cache) 메모리
② 메모리 뱅킹(banking)
③ 메모리 인터리빙(interleaving)

[참고] 가상 메모리(Virtual memory)
① 가상 메모리 체제는 기억용량을 개선하기 위한 방법
② 하드웨어보다는 소프트웨어에 의해 실현
③ 가상 메모리는 데이터를 미리 보조기억장치에 저장한 것을 말한다.
④ 보조기억장치는 DASD이어야 한다.

53 마이크로컴퓨터용 소프트웨어 개발 과정
① 문제설정
② 프로그램 설계 분석
③ 코딩
④ 테스트
⑤ 유지보수

54 512byte 크기의 메모리를 필요로 하는 데 사용되는 어드레스 라인(address line)은 512byte=2^9byte, 따라서 최소 어드레스 라인 수는 9이다.

55 concentrator
주컴퓨터에서 원격지에 설치한 장비로서 여러 개의 단말장치들을 접속, 이들로부터 발생하는 메시지들을 저장하여 하나의 메시지로 농축해서 전송함으로써 통신회선의 사용효율을 증대시키는 장비
[참고]
① DECODER
  ㉠ 코드화된 정보를 해독하여 해당하는 출력을 내보내는 회로
  ㉡ n개의 입력을 최대 2^n개의 서로 다른 정보로 변환해주는 조합 논리회로
  ㉢ I/O port 또는 기억장치 등을 enable시키기 위하여 사용되는 장치
② ENCODER : 컴퓨터 키보드를 누르면 코드화된다.
③ 디멀티플렉서(Demultiplexer) : 1개의 입력선을 받아들여 n개의 선택선(selection line)의 조합에 의해 2^n개의 출력선 중에서 하나를 선택하여 출력하는 회로이며 데이터 분배기(Data distributor)라고 한다.

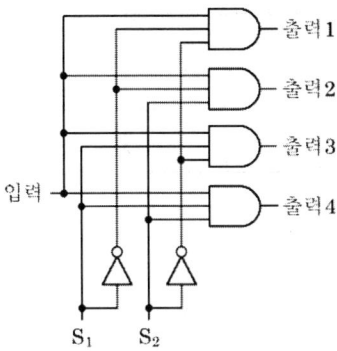

56 번역어(translator) 종류
① 컴파일러
② 인터프리터
③ 어셈블러
[참고]
1. 인터프리터(interpreter)
  ① 원시 프로그램(고급 언어)을 한 문장(줄) 단위로 해석하고 번역한 후 번역과 동시에 프로그램을 한 줄 단위로 즉시 실행시키는 프로그램
  ② 목적 프로그램 미생성
  ③ 실행 속도 느림
  ④ 회화형 언어(실행 속도보다 컴파일 속도 중시)
  ⑤ 대표적인 언어 : BASIC
2. 컴파일러(compiler)
  ① 목적 프로그램 생성
  ② 컴파일 속도 느림
  ③ 실행 속도 빠름
  ④ 대표적인 언어 : COBOL, FORTRAN, C
3. 로더(Loader) : 외부 기억장치로부터 주기억장치로 이동하기 위해 메모리 할당, 연결, 재배치, 적재를 담당하는 서비스 프로그램

57 two pass 어셈블러에서 second pass 시 사용되는 테이블
① 의사 명령어(pseudo-instruction) 테이블
② MRI(Memory Reference instruction) 테이블
③ 번지 기호(Address symbol) 테이블

58 마그네틱 테이프에 자료를 기록할 때 블록킹(Blocking)하는 이유
데이터의 처리속도 향상 및 테이프를 절약하기 위하여

59 memory mapped I/O : 메모리와 입·출력장치를 구별하는 제어선이 필요 없는 입·출력 주소지정방식

60 000~7FF ⇒ $8 \times 16 \times 16 = 2048(2^{11})$개의 주소가 필요하므로 11bit+256($2^8$)+11bit+2bit=32bit이다.

61 패리티 비트 코드(Parity bit code)
① 잡음이 들어가면 에러의 가능성이 있어 이를 검출할 수 있다.
② odd 패리티와 even 패리티가 있다.
③ 두 비트가 동시에 에러가 발생해도 검출이 불가능하다.
④ 송신측에 패리티 발생기가 있고 수신측에 검사기가 있다.
[참고] 해밍 코드(Hamming code) : 두 비트가 동시에 에러가 발생해도 검출이 가능하다.

62 2진수 11001011$_{(2)}$을 그레이 코드로 변환하면(회로는 EX-OR이다.)

1 1 0 0 1 0 1 1
↓ ↓ ↓ ↓ ↓ ↓ ↓ ↓
1 0 1 0 1 1 1 0

∴ 10101110$_{(G)}$

63 디멀티플렉서(Demultiplexer, 역다중화기) : 데이터 분배회로로 사용되는 것
[참고]
① 디멀티플렉서(Demultiplexer) : 1개의 입력신을 받아들여 n개의 선택선(selection line)의 조합에 의해 2^n개의 출력선 중에서 하나를 선택하여 출력하는 회로이며 데이터 분배기(Data distributor)라고 한다.
② 멀티플렉서 : 2^n개의 입력이 1개의 출력으로 나타남
③ 인코더 : n개의 입력이 2^n개의 출력으로 나타남
④ 디코더 : 2^n개의 입력이 n개의 출력으로 나타남

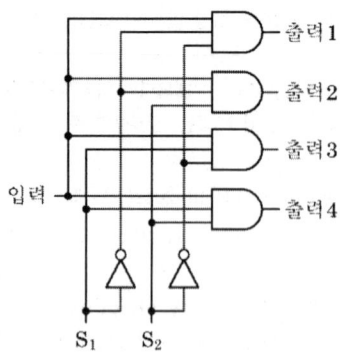

64 반감산기 회로

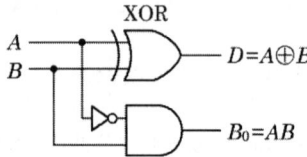

[참고] 반가산기 회로

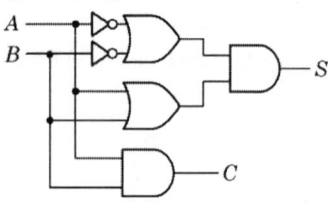

또는

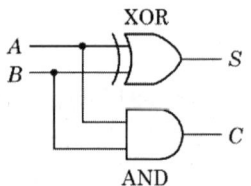

① 합(Sum)=A⊕B
② 자리올림(Carry)=AB

65 Exclusive-OR
입력이 같을 때 출력=0, 서로 다를 때 출력=1 발생

A	B	S
0	0	0
0	1	1
1	0	1
1	1	0

∴ 합(Sum)=A⊕B

66 D(Delay) Flip-Flop : JK형 플립플롭에 NOT 게이트를 추가하여 만든 플립플롭이다.

67 계수기(Counter) : 입력 펄스의 수를 세는 회로

68 비동기형 5진 계수회로는 5가지 상태의 값을 나타나기 위해서는 $2^3 \geq$ 상태의 값 5가지이어야 하므로 설계 시 3개의 flip-flop이 필요하다.

69 반가산기(Half Adder)

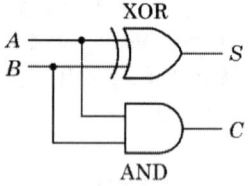

① 합(Sum)=A⊕B=A$\overline{B}$+$\overline{A}$B
② 자리올림(Carry)=AB

70 디코더(Decoder, 해독기)
부호화된 2진 정보를 n개의 입력선으로 받아 최대 2^n개의 다른 출력선으로 정보를 발생시키는 회로

[참고]
① 멀티플렉서(Multiplexer, 다중화기) : 2^n개의 입력이 1개의 출력으로 나타남
② 인코더(부호기, Encoder) : n개의 입력이 2^n개의 출력으로 나타남

71 101010$_{(2)}$의 1의 보수
101010 ⇒ 010101

72 컴퓨터의 기억용량이 1Mbyte일 때 필요한 주소선의 수
1Mbyte=1Kbyte×1Kbyte=$2^{10} \times 2^{10} = 2^{20}$byte

∴ 주소선(Address Line)=20개

73 마스터 슬레이브(Master slave) 플립플롭
Race 현상을 해결하기 위한 플립플롭이다.

74 PLA(Programmable Logic Array)
① 주변장치의 제어 프로그램과 같이 한 번만 기록하면 변경할 필요 없는 정보를 기억하기 위해서 사용
② ROM과 유사한 성격을 가지며, AND array와 OR array로 구성되어 있다.

75 A·B+B+A·C=A+B

BC\A	00	01	11	10
0			✓	✓
1	✓	✓	✓	✓

76 순서 논리회로 구성
① 기억 소자가 필요하다.
② 조합 논리회로를 포함한다.
③ 순서 논리회로의 종류는 플립플롭, 카운터 등이 있다.
④ 입력신호화 레지스터의 상태에 따라서 출력이 결정된다.

77 BCD-gray 코드 변환기

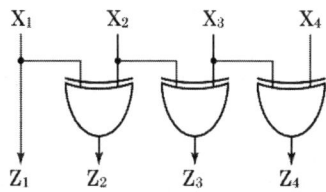

[참고] Gray code : 2진 코드의 일종으로 서로 인접한 두 수의 부호가 1Bit만큼 다르게 되어 있는 것을 특징으로 하는 Code로서 Analog량을 Digital 량으로 변환하는 A/D 변환기에서 많이 사용

78 고정소수점 표현 방식 중 음(-)의 정수 표현의 종류
① 부호와 절대치 표현
② 부호화된 1의 보수 표현
③ 부호화된 2의 보수 표현

79 CPU(중앙처리장치, Central Processing Unit) 구성 요소
처리장치(PU)와 제어장치(CU)

80 T flip-flop의 차기 상태(next state) $Q_{(t+1)}$을 T 입력과 현재 상태 Q로 표시
∴ $Q_{(t+1)} = T\overline{Q} + \overline{T}Q$

81 HDLC의 프레임 구조
플래그-주소부-제어부-정보부-FCS-플래그
[참고]
1. 플래그(Flag)
   ① '01111110'의 8비트로 구성
   ② 프레임의 시작과 끝 표시
2. 주소
   ① 보통은 8비트, 확장 모드에서는 16비트
   ② 부국의 주소를 통지
      ㉠ Command의 경우 : 수신처의 부국 또는 복합국의 주소
      ㉡ Response의 경우 : 응답의 송신원의 부국 또는 복합국의 주소
3. 제어
   ① 8비트, 확장모드에서는 16비트
   ② 제어 필드 형식이 다른 세 종류의 프레임을 정의
4. 정보(Information) 프레임 : 사용자 데이터 전송
5. 데이터 : 가변이며, 정보 프레임과 비번호 프레임에만 존재
6. Frame Check Sequence
   ① 보통은 16비트의 CRC-16
   ② 확상 모드에서는 32비트의 CRC-32 사용

82 패리티 비트 검사
데이터마다 패리티 비트를 하나씩 추가하여 홀수 또는 짝수 검사 방법으로 오류를 검출한다. 값은 데이터 코드 내에 있는 1의 수를 계산함으로써 결정된다.
① 홀수 패리티 방식 : 전체 비트에서 1의 개수가 홀수가 되도록 하는 패리티 비트이다.
② 짝수 패리티 방식 : 전체 비트에서 1의 개수가 짝수가 되도록 하는 패리티 비트이다.

83 망(network) 구조의 기본 유형
① 스타형(Star) ② 링형(Ring)
③ 트리형(Tree) ④ 버스형(Bus)

84 데이터(Date) 전송제어의 순서
회선접속 → 데이터 링크 확립 → 정보 전송 → 데이터 링크 해제 → 회선절단

85 멀티플렉서(Multiplexer, 다중화기)
여러 개의 터미널 신호를 하나의 통신회선을 통해 전송할 수 있도록 하는 장치
[참고] 디멀티플렉서(Demultiplexer) : 정보를 한 선으로 받아서 여러 개의 가능한 출력선 중 하나를 선택하여 전송(데이터 분배 회로로 사용)

86 응용 계층(Application Layer) : OSI 네트워크 환경에서 사용자에게 서비스를 제공하는 계층
[참고] OSI 7계층
① 7계층(응용 계층) : 사용자에게 OSI 모델로서의 접근과 분산정보 서비스 제공
② 6계층(표현 계층) : 응용프로세서의 독립성 제공
③ 5계층(세션 계층) : 응용 간의 통신을 위한 제어 구조 제공, 접속의 설정, 유지, 해제
④ 4계층(전송 계층) : 종점 간에 오류 수정과 흐름 제어를 수행하여 신뢰성 있고 투명한 데이터 전송을 제공
⑤ 3계층(네트워크 계층) : 독립성을 유지할 수 있는 통신시스템 제공
⑥ 2계층(데이터 링크 계층) : 흐름 제어와 오류 복구를 통하여 신뢰성 있는 프레임 단위의 전달
⑦ 1계층(물리 계층) : 기계적, 전기적, 절차적 특성을 취급

87 Forward Error Correction 방식
송신측에서 정보비트에 오류 정정을 위한 제어 비트를 추가하여 전송하면 수신측에서 이 비트를 사용하여 에러를 검출하고 수정하는 방식
[참고] Go-back-N ARQ : 데이터 프레임을 연속적으로 전송해 나가다가 NAK를 수신하게 되면, 오류가 발생한 프레임 이후에 전송된 모든 데이터 프레임을 재전송하는 방식

88 PCM(Plus Code Modulation) 단계
표본화 → 양자화 → 부호화
[참고] 표본화(Sampling) : 어떤 신호 f(t)를, f(t)가 가지는 최고 주파수의 2배 이상으로 채집하면, 채집된 신호는 원래의 신호가 가지는 모든 정보를 포함한다는 이론

89 Guard Band : 주파수 분할 다중화에서 부채널 간의 간섭을 방지하기 위한 대역

90 Routing : 출발지에서 목적지까지 이용 가능한 전송로를 찾아본 후에 가장 효율적인 전송로(경로)를 선택한다.

91 동기 시분할 멀티플렉싱 : 전송할 데이터가 없는 단말 장치에도 타임 슬롯을 할당하는 시분할 다중화(TDM) 방식

92 패킷(packet) 교환의 특징
① 패킷 단위로 데이터 전송
② 가상회선 방식
③ 데이터그램 방식

93 TCP/IP의 응용 계층 프로토콜의 종류
① TELNET(텔넷, 원격접속)
② SMTP(보내는 메일 전송 프로토콜)
③ FTP(파일 전송 프로토콜)

94 HDLC(High level Data Link Control, 데이터 링크 제어 프로토콜)
① 비트 중심(bit-oriented) 프로토콜
② 비트 중심에서는 시작과 끝을 표시하기 위해 제어 문자 대신 비트들의 값을 전송
③ ISO에서 제정한 점대점 및 다중점 데이터 링크에 모두 사용할 수 있는 프로토콜

95 $\dfrac{\text{데이터 전송 속도}}{(\text{데이터 비트}+t\text{ 비트}+\text{stop 비트}+\text{패리티 비트})}$

∴ 초당 전송되는 문자 수 = $\dfrac{1600\text{bps}}{(7\text{bit}+1\text{bit}+1\text{bit})}$ = 160자

∴ 1분당 전송되는 문자 수 = 160자 × 60초

=9600자/분

96 IEEE 802 표준
- IEEE 802.0 – SEC(Sponsor Ececutive Commitee)
- IEEE 802.1 – HILI(Higher Layer Interface)
- IEEE 802.2 – LLC(Logic Link Control)
- IEEE 802.3 – CSMA/CD
- IEEE 802.4 – Token Bus
- IEEE 802.5 – Token Ring
- IEEE 802.6 – DQDB
- IEEE 802.7 – Broadband TAG
- IEEE 802.8 – Fiber Optic TAG
- IEEE 802.9 – IVD(Integrated Voice and Data)
- IEEE 802.10 – LAN Security
- IEEE 802.11 – Wireless LAN
- IEEE 802.12 – Fast LAN
- IEEE 802.14 – Cable Modem
- IEEE 802.15 – Wireless Personal Area Network
- IEEE 802.15.4(ZigBee, 통합 리모콘) – 저전력, 저가격, 저속도를 목표로 하는 WPAN의 표준 중의 하나임. 블루투스나 802.11x 계열의 WLAN보다 단순하고 간단
- IEEE 802.16 – WMAN(와이브로)
- IEEE 802.16e(Mobile WiMAX) – 이동성과 비가시 거리 통신을 지원하여 공간 제약 없는 무선
- IEEE 802.17 – Broadband Wireless Acess

97 네트워크 계층
TCP/IP 프로토콜의 IP 계층에 대응하는 OSI 참조 모델의 계층
[참고] OSI 참조모델
① 물리 계층 : 1계층, 허브, 리피터
② 트랜스포트 계층(전송 계층) : 4계층, TCP, UDP
③ 데이터 링크 계층 : 2계층, 브리지, 스위치
④ 세션 계층 : 5계층

98 디지털 데이터를 아날로그 신호로 변조
① 주파수 편이 변조(FSK)
② 진폭 편이 변조(ASK)
③ 위상 편이 변조(PSK)
[참고] 변조-주파수 변조(FM), 진폭 변조(AM), 위상 변조(PM)

변조 전 변조 후	아날로그 데이터	디지털 데이터
아날로그 신호	AM, FM, PM	MODEM ASK, FSK, PSK, QAM
디지털 신호	CODEC PCM, PAM PWM, PDM PPM, PTM	RZ, NRZ PCM, PNM

99 회선의 속도가 400보(baud)
신호가 4비트
정보 데이터 전송률[bps]=400baud×4bit
=1600bps

100 TCP/IP 프로토콜을 구성하는 계층
① 응용 계층
② 전송 계층
③ 인터넷 계층
④ 네트워크 액세스 계층

OSI 7계층	TCP/IP
응용 계층	응용 계층
표현 계층	
세션 계층	
트랜스포트 계층	트랜스포트 계층
네트워크 계층	인터넷 계층
링크 계층	네트워크 계층
물리 계층	

[참고] TCP/IP 프로토콜 구성
1. Network Layer(네트워크 계층)
   ① OSI 참조 모델의 물리 계층과 데이터 링크 계층에 해당
   ② 48bit MAC(Media Access Control) Address 기반 통신
   ③ 상위 IP 주소와의 상호 변환을 위해 ARP/RARP 프로토콜 사용
2. Internet Layer(인터넷 계층)
   ① IP(Internet Protocol) : TCP, UDP 및 ICMP 등을 위한 패킷 전달서비스를 제공
   ② ICMP(Internet Control Message Protocol) : 호스트와 게이트웨이 간의 에러 및 제어정보를 제어
   ③ ARP(Address Resolution Protocol) : IP 주

소를 Hardware 주소로 매핑
④ RARP(Reverse ARP) : Hardware 주소를 IP 주소로 매핑
3. Transport Layer(전송 계층)
① TCP(Transmission Control Protocol)
㉠ 연결지향 프로토콜
㉡ 사용자 프로세스에게 신뢰성 있는 full-duplex, byte stream 서비스 지원
㉢ 대부분의 인터넷 응용들은 TCP를 사용한다.
② UDP(User Data Protocol)
㉠ 비연결 프로토콜
㉡ UDP datagram의 목적지 도달을 보장 못한다.
4. Application Layer(응용 계층)
① 사용자 어플리케이션에서 사용하는 프로토콜
② HTTP, Telnet, FTP, SMTP, POP3 등

2006년 제2회

01	02	03	04	05	06	07	08	09	10
③	②	④	④	④	①	①	④	②	③
11	12	13	14	15	16	17	18	19	20
②	①	③	①	②	④	③	①	④	①
21	22	23	24	25	26	27	28	29	30
②	③	④	④	③	②	①	③	④	②
31	32	33	34	35	36	37	38	39	40
④	②	①	②	②	③	④	④	④	④
41	42	43	44	45	46	47	48	49	50
②	①	②	③	③	①	②	④	③	④
51	52	53	54	55	56	57	58	59	60
③	①	①	②	④	②	③	①	①	③
61	62	63	64	65	66	67	68	69	70
②	②	②	②	③	②	④	③	④	①
71	72	73	74	75	76	77	78	79	80
①	④	③	①	③	④	②	②	③	②
81	82	83	84	85	86	87	88	89	90
①	④	①	③	②	①	④	①	②	③
91	92	93	94	95	96	97	98	99	100
①	②	③	①	①	③	④	①	①	①

01 Round Robin
  ① Job scheduling 정책 중 time slice 개념을 가지고 있다.
  ② 프로세스들이 배당 시간 내에 작업을 완료하지 못하면 폐기하지 않고 다음 순서에 나머지가 작업을 처리한다.
  ③ 프로세스들이 CPU에서 시간량에 제한을 받는다.
  ④ 시분할 시스템에 효과적이다.
  ⑤ 선점형(preemptive) 기법

02 매크로 프로세서의 기본 수행 작업
  ① 매크로 정의 저장
  ② 매크로 정의 인식
  ③ 매크로 호출 인식 : 원시 프로그램 내에 매크로의 시작을 알리는 Macro 명령을 인식한다.
  ④ 매크로 호출 확장

03 1. 인터프리터(interpreter)
  ① 원시 프로그램(고급 언어)을 한 문장(줄) 단위로 해석하고 번역한 후 번역과 동시에 프로그램을 한 줄 단위로 즉시 실행시키는 프로그램
  ② 목적 프로그램 미생성
  ③ 실행 속도 느림
  ④ 회화형 언어(실행 속도보다 컴파일 속도 중시)
  ⑤ 대표적인 언어 : BASIC
  2. 컴파일러(compiler)
  ① 목적 프로그램 생성
  ② 컴파일 속도 느림
  ③ 실행 속도 빠름
  ④ 대표적인 언어 : COBOL, FORTRAN, C

04 어셈블리어로 프로그램을 작성할 때, 고급 언어와 비교하여 가장 큰 장점
  H/W를 직접 활용할 수 있어 처리속도가 빠르다.

05 1. 원시 프로그램을 기계어로 번역해 주는 프로그램
  ① 컴파일러(Compiler)
  ② 어셈블러(Assembler)
  ③ 인터프리터(Interpreter)
  2. 로더(Loader) : 외부 기억장치로부터 주기억장치로 이동하기 위해 메모리 할당, 연결, 재배치, 적재를 담당하는 서비스 프로그램

06 로더(loader)의 종류
  ① Direct linking loader : 일반적인 로더(general loader)이며 할당, 연결, 재배치, 적재의 기능을 모두 수행하는 가장 근접한 로더
  ② Absolute loader : 간단한 로더이며 단순히 번역된 목적 프로그램을 입력으로 받아들여 주기억장치의 프로그래머가 지정한 주소에 적재하는 기능을 가지는 로더
  ③ Compile and go loader
    ㉠ 원시 프로그램의 기계어로 번역하는 순서대로 명령어 및 자료를 직접 주기억장치에 적재하여 곧바로 프로그램을 수행하는 방식의 loader
    ㉡ 연결 기능은 수행하지 않고 할당, 재배치, 적재 작업을 모두 언어번역 프로그램이 담당

07 외부 인터럽트(External interrupt)
  타이머(timer)에 의하여 발생되는 인터럽트
  [참고] 인터럽트의 종류
    ① 입출력 인터럽트(I/O interrupt) : 입출력의 종료나 입출력의 오류에 의해 발생
    ② 프로그램 검사 인터럽트(Program check interrupt)

: 내부적인 인터럽트로 프로그램 실행 중에 잘못된 명령어를 사용하거나 프로그램 오류로 발생되는 인터럽트

③ 기계 착오 인터럽트(Machine check interrupt) : 하드웨어 인터럽트로 CPU가 프로그램을 수행하는 중에 하드웨어적인 결함으로 인하여 발생

08 운영체제의 성능 평가 항목

① 처리 능력(throughput) : 주어진 시간 내에 처리되는 작업의 양의 의미
② 반환 시간(turn-around time) : 컴퓨터 명령을 지시한 뒤 그 결과 출력되는 시간을 의미
③ 사용 가능도(availability) : 시스템 운영 시간 중 얼마나 많은 시간을 사용 가능한지에 대한 것
④ 신뢰도(reliability) : 주어진 작업에 대해서 얼마나 오류 없이 처리하는지에 대한 것

09 allocation(할당) : 프로그램 실행을 위하여 메모리 내에 기억 공간을 확보하는 작업

10 로더(Loader)의 기능

① 재배치(Relocation)
② 할당(Allocation)
③ 링킹(Linking)
④ 로딩(Loading)

11 주기억장치 관리 기법의 배치 전략

① 최초 적합(first-fit) : 첫 번째 분할 영역에 배치시키는 방법
② 최적 적합(best-fit) : 가장 작게 남기는 분할 영역에 배치시키는 방법
③ 최악 적합(worst-fit) : 입력된 작업을 가장 큰 공백에 배치하는 방법

12 Macro processor : Macro를 처리하여 확장된 어셈블리 프로그램을 만들어 주는 것

13 어셈블러를 이중 패스로 구성하는 주된 이유

전향 참조(forward reference)는 심벌(기호)이 정의되기 이전에 사용될 수 있기 때문

14 운영체제(OS)가 수행하는 기능

① 입/출력 관리
② 프로세서 관리
③ 정보관리
[참고] 데이터 타입 정의 : 프로그래머가 프로그램을 정의하기 때문에 운영체제(OS)가 실행하지 않는다.

15 Thrashing : 너무 자주 페이지 교환이 일어나는 경우를 말하는 것으로서 어떤 프로세스가 프로그램 수행에 소요되는 시간보다 페이지 교환에 소요되는 시간이 더 큰 경우를 의미

[참고] Working set : 프로세스가 일정 시간 동안 자주 참조하는 페이지의 집합을 의미

16 인터리빙(interleaving) : 보다 효율적으로 주기억장치를 접근하기 위하여 기억장치를 구성하는 방법으로서, 기억 장소의 연속된 위치를 서로 다른 뱅크로 구성하여 하나의 주소를 통하여 여러 개의 위치에 해당되는 기억 장소를 접근할 수 있도록 하는 것

[참고] 스풀링(spooling) : 프로그램이 프로세서에 의해 수행되는 속도와 프린터 등에서 결과를 처리하는 속도의 차이를 극복하기 위해 디스크 저장 공간을 사용하는 기법

17 1. 제어 프로그램

① 감시(Supervisor) 프로그램
② 작업 관리(Job Management) 프로그램
③ 데이터 관리(Data Management) 프로그램
④ 통신 관리(Communication Management) 프로그램

2. 처리 프로그램
① 언어 번역 프로그램
② 서비스 프로그램
③ 문제 프로그램

18 유틸리티 프로그램 : 사용자 컴퓨터를 좀 더 쉽고 편리하게 사용할 수 있도록 도와주기 위하여 사용되는 프로그램을 의미한다.

19 교착 상태(deadlock)의 발생 조건

① 상호 배제(mutual exclusion) : 어떤 프로세스가 자

원을 사용하고 있을 경우 다른 프로세스들은 그 자원을 사용하지 못하고 자원이 해제될 때까지 기다려야 한다는 것을 의미
② 점유와 대기(hold-and-wait) : 프로세스가 자신에게 이미 할당된 자원들을 점유하고 있으면서 다른 프로세스가 점유하고 있는 자원을 추가로 할당받기 위해 요구하며 기다린다는 것을 의미
③ 비선점(nonpreemption) : 한 프로세스에게 할당된 자원은 사용이 종료되거나 스스로 내놓기 전에 해제하지 않는다는 것을 의미
④ 환형 대기(circular wait) : 각 프로세스들이 서로 다른 프로세스가 가지고 있는 자원을 요구하면서 하나의 순환 구조를 이루는 것을 의미

20 ① Time Sharing System : 운영체제의 운용 기법 중 여러 명의 사용자가 사용하는 시스템에서 컴퓨터가 사용자들의 프로그램을 번갈아 가며 처리하여 줌으로써 각 사용자에게 독립된 컴퓨터를 사용하는 느낌을 주는 기법
② Swapping : 시분할 시스템 방식에서 주기억장치 내용을 일시적으로 보조기억장치 데이터나 프로그램과 교체하는 방법

21 디코더(Decoder) : 해독기라 하며, N개의 신호를 입력받아 2^n개의 출력신호를 얻는 회로
[참고]
① 멀티플렉서 : 2^n개의 입력이 1개의 출력으로 나타남
② 인코더(부호기, Encoder) : n개의 입력이 2^n개의 출력으로 나타남
③ 디멀티플렉서(Demultiplexer) : 1개의 입력선(input line)을 받아들여 n개의 선택선(selection line)의 조합에 의해 2^n개의 출력선 중에서 하나를 선택하여 출력하는 회로이며 데이터 분배기(Data distributor)라고 한다.

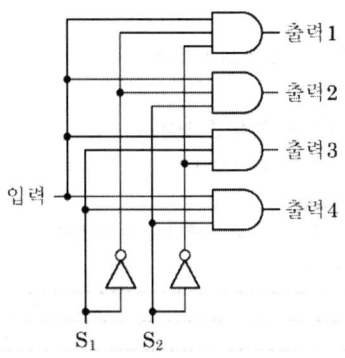

22 4K 어(WORD)의 기억 용량에서
4×1024=4096개의 Word를 갖는다.
[참고] Word의 종류
① Half Word : 2byte
② Full Word : 4byte(=1Word)
③ Double Word : 8byte

23 인터럽트 체제의 동작 수행 순서
① 인터럽트 요청 신호 발생
② 현재 수행 중인 프로그램을 안전한 장소에 기억시킨다.
③ 어느 장치가 인터럽트를 요청했는가 찾는다.
④ 인터럽트 서비스 루틴의 수행
⑤ 보존한 프로그램 상태로 복귀

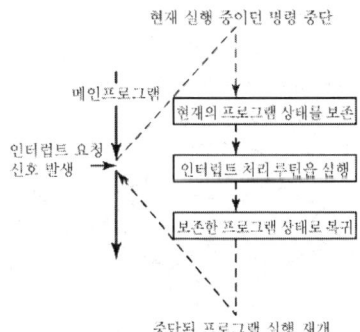

인터럽트의 동작 원리
① 인터럽트 요청 신호 발생
② 현재 실행 중이던 명령 중단
③ 현재의 프로그램 상태를 보존
④ 인터럽트 처리 루틴을 실행
⑤ 인터럽트 서비스(취급) 루틴을 실행

⑥ 상태 복구
⑦ 중단된 프로그램 실행 재개

24 언팩(Unpack) 형식(존 형식)
① 한 수를 8비트로 표현(4개의 존 비트와 4개의 디지트 비트)
② 연산이 불가능하고 입출력을 위해 사용되는 형식
(예) +234

1111	0010	1111	0011	1100	0100
F	2	F	3	C	4

25 연산의 구분
① 단항(Unary) 연산
Move, shift(왼쪽 shift : 곱셈, 오른쪽 shift : 나눗셈), Rotate, Complement 등
② 이항(Binary) 연산
사칙연산, AND, OR 등

26 컴퓨터의 PRU는 4가지 단계
① Interrupt cycle : 하드웨어로 실현되는 서브루틴의 호출, 인터럽트 발생 시 복귀주소(PC)를 저장시키고, 제어순서를 인터럽트 처리 프로그램의 첫번째 명령으로 옮기는 단계
② Fetch cycle : 주기억장치의 지정장소에서 명령을 읽어 CPU로 가지고 오는 단계
③ Execution cycle : 실제로 명령을 이행하는 단계
④ Indirect cycle : 인스트럭션의 수행 시 유효주소를 구하기 위한 메이저 상태

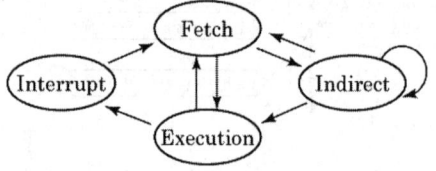

27 비동기 데이터(asynchronous data) 전송 방식
① 주로 저속도의 전송에 이용
② 문자의 앞쪽에 처음(start) bit, 문자의 뒤쪽에는 마지막(Stop) bit를 갖는 필요한 신호
③ 주파수 편이변조방식 적용
④ 저속 1200bps 전송

28 보조기억장치의 종류
① 자기 드럼 장치
② 자기 디스크 장치
③ 자기 테이프 장치
[참고] 자기 잉크 문자 읽어내기 장치 : MICR, Magnetic Ink Character Reader. 자기문자판독장치라고 한다.

29 베이스 레지스터 주소지정방식의 특징
① 베이스 레지스터가 필요하다.
② 프로그램의 재배치가 용이하다.
③ 다중 프로그래밍 기법에 많이 사용된다.
④ 명령어의 주소부분+Base Register
[참고] 인덱스 레지스터 : 명령어의 주소부분+Index Register

30 데이터의 주소를 표현하는 방식
① 완전 주소
② 생략 주소
③ 약식 주소 : 계산에 의한 주소에 분류 방식
④ 자료 자신
[참고] 계산에 의한 주소지정방식
① 상대 주소지정방식=Operand+PC
② 베이스 레지스터 방식=Operand+Base Register
③ 인덱스 레지스터 방식=Operand+Index Register

31 디스크 인터리빙
① 데이터를 디스크에 분산 저장하는 기술
② Low-order와 High-order 방식이 있다.

32 Linked list 구조
레코드의 삽입(Insertion)이나 삭제(Deletion)가 빈번할 때 가장 적합한 데이터 구조

33 SIMD : 복수 개의 프로세서가 하나의 제어 프로세서에 의해 제어되며 주로 배열이나 벡터 처리에 적합한 구조로 높은 처리능력을 갖는 명령 및 데이터 스트림(stream) 처리기
[참고]
① SISD(Single Instruction stream Single Data stream) : 한 번에 한 개씩의 명령어와 데이터를

처리하는 단일 프로세서 시스템
② SIMD(Single Instruction stream Multiple Data stream) : 복수 개의 프로세서가 하나의 제어 프로세서에 의해 제어되며 주로 배열이나 벡터 처리에 적합한 구조로 높은 처리능력을 갖는 명령 및 데이터 스트림(stream) 처리기
③ MISD(Multiple Instruction stream Single Data stream) : 각 프로세서들은 서로 다른 명령어들을 실행하지만 처리하는 데이터는 하나의 스트림

		데이터 스트림	
		Single	Multiple
명령스트림	Single	SISD	SIMD
	Multiple	MISD	MIMD

34 10진수 741을 2진화 10진 코드(BCD code)로 표시

10진수 ⇒	7	4	1
BCD ⇒	0111	0100	0001

35 논리곱(AND) 스위칭 회로의 논리식

∴ F=A·B

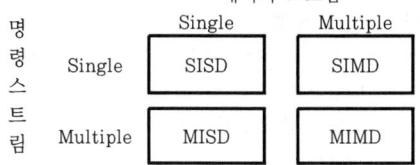

36 Associative(연상) 기억장치에 사용되는 기본 요소
① 일치 지시기
② 마스크 레지스터
③ 검색 데이터 레지스터
[참고] Associative 기억장치의 특징
① 일반적으로 DRAM보다 값이 비싸다.
② 구조 및 동작이 복잡
③ 저장된 정보에 대해서 주소보다 내용에 의해 검색
④ 캐시(cache) 메모리에서 특정 내용을 찾는 방식 중 매핑 방식에 주로 사용되는 메모리

37 2진수 $(1011)_2$을 Gray code로 변환하면

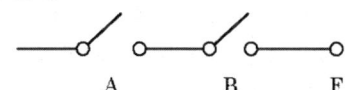

38 주기억(메모리) 용량=$2^{MAR} \times MBR$

$$16Kbyte = 16 \times 1Kbyte$$
$$= 2^4 \times 1024 byte$$
$$= 2^4 \times 2^{10} byte$$
$$= 2^{14} byte$$

∴ MAR : 14bit, MBR : 32bit

39 복수우선순위 벡터
인터럽트 처리 방법 중 가장 빠름

40 NAND 회로의 진리표(Truth table)

A	B	C(A, B)
1	1	0
1	0	1
0	1	1
0	0	1

41 제어 프로그램 개발 시 중요한 점
① 수행 속도가 빠르도록 한다.
② 저급(Low-level) 언어일수록 좋다.
③ 기억 장소를 효율적으로 사용해야 한다.
④ 이해하기 쉬워야 하며, 조직적이어야 한다.

42 핸드셰이킹(Handshaking)
① 비동기 데이터 전송 시에 2~3개의 제어신호에 의한 송수신 방법
② 스트로브(strobe) 제어보다 개선된 방법이다.
③ 자료 전송률은 속도가 느린 장치에 의해서 결정된다.

43 1초당 전송되는 문자의 개수

$$\frac{전송 속도}{전송 문자} = \frac{9600bps}{8bit + 4bit} = \frac{9600bps}{12bit} = 800문자$$

44 운영체제의 성능 평가(목적)
① 처리 능력(throughput)이 향상 : 주어진 시간 내에 처리되는 작업의 양의 의미
② 응답(반환)처리 시간(turn-around time)의 단축 : 컴퓨터 명령을 지시한 뒤 그 결과 출력되는 시간을 의미
③ 사용 가능도(availability) : 시스템 운영 시간 중 얼마나 많은 시간을 사용 가능한지에 대한 것

④ 신뢰도(reliability) 향상 : 주어진 작업에 대해서 얼마나 오류 없이 처리하는지에 대한 것

45 주기억장치로부터 캐시 메모리로 데이터를 전송하는 방법

1. Associative mapping
   ① 주기억장치의 블록이 캐시의 어느 인덱스에도 저장될 수 있는 사상방법
   ② 주기억장치의 주소와 데이터가 캐시에 저장되므로 캐시 워드의 크기는 주기억장치의 주소 비트 수와 워드당 데이터 비트 수의 합이 된다.
   ③ 연관 사상은 가장 빠르고 가장 융통성 있는 캐시 구조
   ④ 캐시 기억장치가 연관 기억장치로 구성되어 있으며, 기억장치의 특정 번지 내용을 참조하고자 한다면 인자 레지스터에는 주소를 저장하고 키 레지스터는 주소 부분만 비교하도록 하면 된다.

2. Direct mapping
   ① 구현하기 가장 간단한 방법
   ② 주기억장치의 각 블록은 그 블록에 대해서 정해진 캐시 인덱스에만 저장
   ③ 캐시 기억장치에 2K개의 워드가 있고 주기억장치에 2^n개의 워드가 있다면 기억장치 주소는 n비트로서
   ④ (n-K)비트의 태그 필드와 K비트의 인덱스 필드로 구성

3. Set-associative mapping(집합 연관 사상)
   ① 직접 사상과 연관 사상을 조합
   ② 인덱스는 같고 태그가 다른 두 개 이상의 워드들을 집합으로 하여 연관 기억장치에 넣어 놓고 직접 사상과 유사하게 각 워드를 주기억장치의 인덱스에 의해서 참조
   ③ 캐시를 구성하는 연관 기억장치의 각 워드는 태그와 데이터를 가지고 있으며, 캐시의 각 주소는 주기억장치 주소의 인덱스에 의해서 선택되고, 캐시 내의 어느 주소가 선택되면 그 주소에 있는 많은 태그들이 한꺼번에 검색된다.

46 누산기(Accumulator) : CPU에서 연산 시 한 개의 오퍼랜드(Operand) 역할을 하고, 연산의 결과가 저장되는 레지스터

[참고] 프로그램 카운터(Program Counter) : 프로그램의 수행 순서를 제어하는 레지스터로 다음에 실행할 명령의 번지 기억

47 디버거(debugger) : 마이크로컴퓨터의 시스템 소프트웨어 중 사용자가 작성한 프로그램을 실행하면서 에러를 검출하고자 할 때 사용되는 것

[참고] 로더(Loader) : 외부 기억장치로부터 주기억장치로 이동하기 위해 메모리 할당, 연결, 재배치, 적재를 담당하는 서비스 프로그램

48 자료전송 방법
① 비동기 전송에서는 문자와 문자 사이 시간 간격은 일정하지 않다.
② 비동기 전송에서는 시작 비트와 정지 비트가 필요하다.
③ 동기 전송에서는 송신측과 수신측의 클록에 대한 동기가 필요하다.

49 2-address 명령

Op Code (명령부)	주소부	
	Operand	Operand

① $512(2^9)$개의 명령어는 9bit이어야 한다.
② operand 종류는 $8(2^3)$가지이므로 3bit의 주소부를 갖는다. 따라서 9bit+3bit+3bit=15bit

50 입·출력 채널(channel) 제어기
입·출력장치와 컴퓨터 사이의 자료 전송을 제어
① 입·출력 명령 해독
② 지시된 명령의 실행 상황을 제어
③ 각 입·출력장치에 명령 실행 지시
④ 데이터 버퍼 레지스터를 이용하여 두 장치 간의 속도 차를 조절
⑤ 제어 신호의 논리적, 물리적 변환 그리고 오류를 제어
⑥ DNA, 채널, 입·출력 프로세서, 입·출력 컴퓨터 등이 입·출력 제어장치에 해당

51 library program : 응용 프로그래머를 위해 미리 프로그램 업체에서 제공하는 작업용 프로그램

52 buffer : 입·출력장치의 처리 속도는 늦고, 중앙처리

장치의 속도는 빠르기 때문에 중앙처리장치의 효율을 높이기 위해서 사용되는 장치
[참고]
① 디코더(Decoder, 해독기) : 부호화된 2진 정보를 n개의 입력선으로 받아 최대 2^n 개의 다른 출력 선으로 정보를 발생시키는 회로
② 멀티플렉서(multiplexer) : 2^n 개의 입력이 1개의 출력으로 나타남
③ 인코더(부호기, Encoder) : n개의 입력이 2^n 개의 출력으로 나타남
④ 디멀티플렉서(Demultiplexer) : 정보를 한 선으로 받아서 여러 개의 가능한 출력선 중 하나를 선택하여 전송(데이터 분배 회로로 사용)

53 가상 메모리에서 페이지 교체 알고리즘
① LRU(Least Recently Used) 알고리즘
② FIFO(First-In First-Out) 알고리즘
③ LFU(Least Frequently Used) 알고리즘

54 로더(loader) : 목적 프로그램(Object Program)을 실행하기 위해 메모리에 적재하는 역할을 수행하는 시스템 프로그램

55 second-pass 어셈블러에서 2번째 pass에 사용되는 테이블
① MRI(memory reference instruction) 테이블
② 번지 기호 테이블(address symbol table)
③ 슈도 명령 테이블(pseudo-instruction table)

56 기억 용량이 65,536바이트는 2^{16} byte이므로 실제 필요한 주소 선(address line)은 16bit이다.

57 ADD 명령의 마이크로 동작
① 유효 번지를 전송한다.
② 오퍼랜드를 읽는다.
③ Acc에 가산하고, 캐리는 E에 저장한다.
(Acc는 Accumulator, E는 Flip-Flop)

58 시스템 소프트웨어의 종류
① 컴파일러(compiler)
② 어셈블러(assembler)
③ 인터프리터(interpreter)

59 마이크로컴퓨터와 주변장치와의 데이터 전달 방식
① DMA(direct memory access)
② 인터럽트 입·출력(interrupt I/O)
③ 프로그램 입·출력(programmed I/O)

60 사이클 스틸(Cycle Steal)과 인터럽트의 차이점
① 인터럽트가 발생하면 수행하고 있던 프로그램은 정지되나 인터럽트 처리 루틴의 수행을 위하여 중앙처리장치는 인스트럭션을 수행한다.
② 사이클 스틸이 발생하면 중앙처리장치는 완전히 그 사이클 동안 쉬고 있다.
③ 인터럽트가 발생했을 때 중앙처리장치의 상태보전이 필요하다.

61 toggle : 입력 클록 신호가 들어올 때마다 출력신호의 상태가 바뀌는 플립플롭

62 그레이 코드(Gray Code) : 2진법 부호의 일종으로 연산용으로 사용하지 않고 주로 데이터 전송, 입출력장치, 아날로그-디지털 간 변환과 주변장치에 사용한다.

63 D(Delay) 플립플롭 : 입력신호를 클록 펄스의 시간 간격만큼 지연시켜 출력으로 사용

입력 신호	출력 신호
D	$Q_{(t+1)}$
0	0
1	1

64 JK 플립플롭 : Set 신호와 Reset 신호가 동시에 가해졌을 때 반전하는 플립플롭

입력 신호		출력 신호
J	K	$Q_{(t+1)}$
0	0	이전 신호
0	1	0
1	0	1
1	1	반전(부정)

65 Encoder(부호기) : 입력 신호를 2진수로 부호화하는 회로이다.

66 ROM(Read Only Memory)
  ① Mask ROM : 사용자에 의해 기록된 데이터의 수정이 불가능
  ② PROM : 사용자에 의해 기록된 데이터의 1회 수정이 가능
  ③ EPROM : 자외선을 이용하여 기록된 데이터를 여러 번 수정
  ④ EEPROM : 전기적인 방법으로 기록된 데이터를 여러 번 수정

67 디코더(Decoder)의 출력선이 2^3개라면 입력선은 3개이다.

68 2진수 10110이면, 1의 보수는 01001, 2의 보수는 01010이다.

69 단안정 멀티바이브레이터 : 입력단자에 펄스신호가 입력될 때마다 일정한 펄스폭을 가지는 펄스를 발생시키는 회로

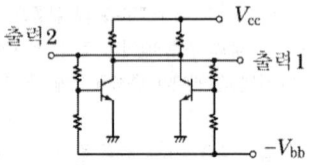
[쌍안정 멀티바이브레이터]

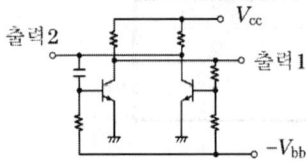
[단안정 멀티바이브레이터]

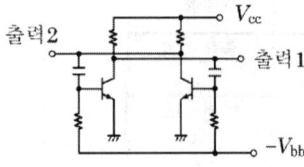
[비안정 멀티바이브레이터]

70 전가산기의 합 $S = x \oplus y \oplus z$
자리올림수 $C = xy + (x \oplus y) \cdot z$

71 반가산기의 합
$Sum = A \oplus B = \overline{A}B + A\overline{B} = (A+B)(\overline{A}+\overline{B})$
자리올림수 Carry=AB

72 $F = AB\overline{C} + A\overline{B}C + \overline{A}B\overline{C} + \overline{A}BC$

A	B	C	F
0	0	0	0
0	0	1	0
0	1	0	0
0	1	1	1 → $\overline{A}BC$
1	0	0	0
1	0	1	1 → $A\overline{B}C$
1	1	0	1 → $AB\overline{C}$
1	1	1	1 → ABC

73 3초과 코드=8421 코드+3=0101+11=1000

74 민텀(minterm)의 합형
$Y(A, B, C) = \Sigma(1, 3, 4, 6)$

A	B	C	S_1	S_2	Q_0	Q_1	Q_2	Q_3	
0	0	0	0	0	0	0	1	1	0
0	0	1	0	0	1	1	0	0	1
0	1	0	0	1	0	0	1	1	2
0	1	1	0	1	1	1	0	0	3
1	0	0	1	0	0	0	1	1	4
1	0	1	1	0	1	1	0	0	5
1	1	0	1	1	0	0	1	1	6
1	1	1	1	1	1	1	0	0	7

합의 기호(Σ)는 항들을 OR한 것을 나타내며 그 다음에 나오는 수는 함수의 민텀이다. 좌변에 있는 Y 다음의 괄호 속에 순서로 나열한 문자 A, B, C는 민텀을 만들 때 AND항의 표현으로 변경되는 것을 표시

75 Modulo-6 계수기 $\leq 2^{플립플롭의 수}$이므로 3개이다.

76 JK F/F : RS 플립플롭의 부정 상태를 정의하여 사용할 수 있게 개량한 플립플롭

77 전달지연 시간이 가장 짧은 것
ECL-TTL-CMOS-MOS

78 배타적 논리합, EX-OR, X-OR, Exclusive-OR

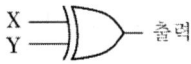

입력		출력
X	Y	
0	0	0
0	1	1
1	0	1
1	1	0

79 011 → 100 → 101

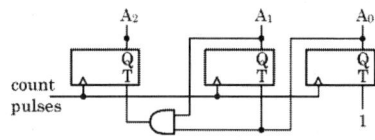

80

WX\yz	00	01	11	10
00	(0)	1	3	(2)
01		(5)	7	
11			15	
10				11

$F = \overline{w}z + yz$

81 ① LAN(Local Area Network, 근거리통신망, 구내통신망)
  ㉠ 제한된 지역 내의 통신
  ㉡ 데이터 파일의 공용
  ㉢ 광역 통신망에 대조되는 통신망
  ㉣ 소단위 고속 정보 통신망
② ISDN(Integrated Services Digital Network, 종합정보통신망) : 발신 가입자로부터 수신자까지의 모든 전송, 교환 과정이 디지털 방식으로 처리되며 음성과 비음성, 영상 등의 서비스를 종합적으로 처리하는 통신망
③ VAN(Value Added Network, 부가가치통신망) : 정보 제공 시 통신 회선을 기간통신 사업자로부터 임차하여 사설망을 구축하고 이를 이용, 축적해 놓은 정보를 유통시키는 정보통신 서비스망

82 1. 1계층(물리 계층, Physical Layer)
  ① 전송에 필요한 두 장치 간의 실제 접속과 절단 등 기계적, 전기적, 기능적, 절차적 특성에 대한 규칙을 정의
  ② 물리적 전송매체와 전송 신호 방식을 정의하며 X.21, RS-232C 등의 표준
2. 2계층(데이터 링크 계층, Data Link Layer)
  ① 두 개의 인접한 개방 시스템들 간에 신뢰성 있고 효율적인 정보를 전송
  ② 송신측과 수신측의 속도 차이를 해결하기 위한 흐름 제어 기능
3. 3계층(네트워크 계층, Network Layer)
  ① 개방 시스템들 간의 네트워크 연결을 관리하는 기능과 데이터의 교환 및 중계 기능
  ② 네트워크 연결을 설정, 유지, 해제하는 기능
  ③ 경로 설정(Routing), 데이터 교환 및 중계, 트래픽 제어, 패킷 정보 전송을 수행
  ④ 관련 표준으로는 X.25, IP 등
4. 4계층(전송 계층, Transport Layer)
  ① 논리적 안정과 균일한 데이터 전송 서비스를 제공함으로써 종단 시스템(End-to-End) 간에 투명한 데이터 전송이 가능
  ② OSI 7계층 중 하위 3계층과 상위 3계층의 인터페이스를 담당
  ③ 주소 설정, 다중화, 오류 제어, 흐름 제어를 수행
  ④ TCP, UDP 등의 표준
5. 5계층(세션 계층, Session Layer)
  ① 송·수신측 간의 관련성을 유지하고 대화 제어를 담당하는 계층
  ② 대화 구성 및 동기 제어, 데이터 교환 관리 기능
6. 6계층(표현 계층, Presentation Layer)
  ① 응용 계층으로부터 받은 데이터를 세션 계층에 보내기 전에 통신에 적당한 형태로 변환하고, 세션 계층에서 받은 데이터는 응용 계층에 맞게 변환하는 기능
  ② 서로 다른 데이터 표현 형태를 갖는 시스템 간의 상호 접속을 위해 필요한 계층
7. 7계층(응용 계층, Application Layer)
  ① 사용자가 OSI 환경에 접근할 수 있도록 서비스를 제공
  ② 응용 프로세스 간의 정보 교환, FTP, E-mail 등의 서비스를 제공

83 데이터 전송제어절차 5단계
㉠ 1단계 : 통신회선 접속
㉡ 2단계 : 데이터 링크 설정
㉢ 3단계 : 데이터 전송
㉣ 4단계 : 데이터 링크 종결
㉤ 5단계 : 통신회선 절단

84 시분할 다중화(TDM) : 한 전송로의 데이터 전송 시간을 일정한 시간폭(time slot)으로 나누어 각 부채널에 차례로 분배하는 방식

85 HDLC 데이터 전송 동작 모드
① 정규 응답 모드(Normal Response Mode)
② 비동기 응답 모드(Asynchronous Response Mode)
③ 비동기 평형 모드(Asynchronous Balanced Mode)

86 프레임의 시작과 끝을 나타내기 위한 전송제어 문자
① DLE(Data Link Escape) : 데이터 투과성(Data Transparent)을 위해서 전송제어 문자 앞에 삽입
② STX(Start of Text) : 블록의 시작을 알리는 비트 패턴 즉 자료의 시작
③ ETX(End of Text) : 블록의 마지막을 알리는 비트 패턴 즉 자료의 마지막
④ SYN : 동기화 문자는 수신측에게 블록의 시작을 알리는 비트 패턴

87 통신 프로토콜(Protocol) : 서로 다른 기기들 간의 데이터 교환을 원활하게 수행할 수 있도록 표준화시켜 놓은 통신 규약

88 샘플 주파수=음성주파수 대역이 $4kHz \times 2 = 8kHz$
따라서 8kHz 이상일 경우 디지털화하기 적합하다.

89 모뎀(MODEM, Modulation/Demodulation, 변복조기)
디지털 신호를 음성대역(0.3~3.4kHz) 내의 아날로그 신호로 변환(변조)한 후 음성 전송용으로 설계된 전송로에 송신한다든지 반대로 전송로부터의 아날로그 신호를 디지털 신호로 변환(복조)하는 장치

90 PSK(Phase Shift Keying) : 정보에 따라 위상을 변화시키는 디지털 변조 방식

91 PCM(Pulse Code Modulation) 과정
① 표본화(Sampling)
② 양자화(Quantization)
③ 부호화(Encoding)

92 PCM(Pulse Code Modulation) : 아날로그 데이터(음성)를 디지털 신호로 변환하여 전송하는 변조 방식

93 전송 계층(4계층)
통신 송수신 양 종점(end-to-end or end-to-user) 간에 투명하고 균일한 전송 서비스를 제공해 주는 계층으로 전송 데이터의 다중화 및 중복 데이터의 검출, 누락 데이터의 재전송 등 세부 기능을 가진다.

94 통계적 시분할 다중화(STDM) : 전송 데이터가 있는 동안에만 시간 슬롯을 할당하는 다중화 방식

95 에러 제어에 사용되는 자동반복 요청(ARQ) 기법
① Stop-and-Wait ARQ(정지대기 ARQ)
㉠ 구현이 간단하고 송신측에서 최대 프레임 크기의 버퍼가 1개만 있어도 된다.
㉡ 각각의 프레임에 대해서 확인 메시지가 필요하다.
㉢ 전송시간이 긴 경우 전송효율이 저하된다.
② Go-back-N ARQ : 데이터 프레임을 연속적으로 전송해 나가다가 NAK를 수신하게 되면, 오류가 발생한 프레임 이후에 전송된 모든 데이터 프레임을 재전송하는 방식

96 1. WAN(원거리통신망)
① 국가망 또는 각 국가의 공중통신망을 상호 접속시키는 국제정보통신망으로 설계 및 구축, 운용
② 공중 통신망 사업자가 구축하고, 일반 대중 가입자들에게 보편적인 정보통신 서비스를 제공
2. LAN(근거리통신망)
사용자 구내망으로 구축되며, 제한된 영역에서의 구내 사설 데이터 통신망으로 운영

97 순방향 에러 수정(Forward Error Correction) 방식은 오류를 검출 후 직접 수정하는 방식으로 해밍 코드 검사 방식에서 사용

98 OSI 참조모델

82번 해설 참고 바랍니다.

99 회선제어 방식

① Contention(경쟁) 방식 : 송신 요구를 먼저 한 쪽이 송신권을 가지는 방식

② Polling(폴링) 방식 : 불균형적인 멀티포인트 링크 구성 중 주 스테이션이 각 부 스테이션에게 데이터 전송을 요청하는 회선 제어 방식

③ Selection Hold 방식 : 주 컴퓨터가 단말기에게 데이터를 수신할 수 있는지를 묻는 방식

100 통신 프로토콜의 기본 구성 요소

① 구문(Syntax) : 데이터 형식, 부호화, 신호 레벨(Signal Level) 등이 있다.

② 의미(Semantic) : 전송 제어 및 오류 처리를 위한 정보 등을 규정한다.

③ 시간(Timing) : 두 개체 간에 통신 속도를 조정하거나 메시지의 전송 및 순서

2006년 제4회

01	02	03	04	05	06	07	08	09	10
②	④	③	③	①	④	④	②	④	④
11	12	13	14	15	16	17	18	19	20
③	④	②	②	④	④	④	②	③	④
21	22	23	24	25	26	27	28	29	30
①	④	②	②	②	①	④	②	④	②
31	32	33	34	35	36	37	38	39	40
④	①	①	①	②	④	①	③	④	③
41	42	43	44	45	46	47	48	49	50
②	②	②	①	②	②	①	③	①	④
51	52	53	54	55	56	57	58	59	60
②	③	④	②	②	②	①	①	②	③
61	62	63	64	65	66	67	68	69	70
①	③	④	②	③	②	③	②	②	②
71	72	73	74	75	76	77	78	79	80
②	①	④	③	②	③	②	④	①	①
81	82	83	84	85	86	87	88	89	90
④	①	②	④	④	①	①	②	④	④
91	92	93	94	95	96	97	98	99	100
④	①	②	①	②	①	②	④	②	③

01 매크로의 처리 순서

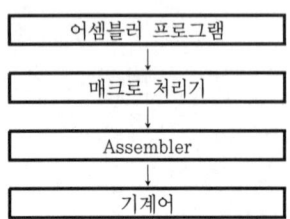

02 어셈블러가 두 개의 패스(Pass)로 구성되는 이유
전향 참조(forward reference) 즉 기호를 정의하기 전에 사용할 수 있어 프로그램 작성이 용이하기 때문이다

03 어셈블리 명령
① CWD(Convert word to double word) : AX의 word data를 부호를 포함하여 DX : AX의 더블 워드로 변환
② MUL(Multiply(Unsigned)) : AX와 오퍼랜드를 곱셈하여 결과를 AX 또는 DX : AX에 저장
③ NEG(Change Sign) : 오퍼랜드의 2의 보수, 즉 부호 반전
④ SUB(Subtract) : Carry를 포함하지 않은 뺄셈

04 교착상태(deadlock) 발생의 필수 조건
① Mutual exclusion(상호배제) : 한 시점에서는 한 프로세스만 사용 가능
② Hold and wait(점유와 대기) : 추가적인 자원을 요구하며 대기
③ Circular wait(환형 대기)
④ Non-preemption(비선점) : Operation 도중 선점 불가능
  예) 프린트 작업, 파일 쓰기

05
① Syntax(문법) : 언어의 유효한 구조에 관한 규칙
② Compile : 고급 언어로 작성된 프로그램을 기계어로 번역하는 것

06
① Direct linking loader : 일반적인 로더(general loader)이며 할당, 연결, 재배치, 적재의 기능을 모두 수행하는 가장 근접한 로더
② Absolute loader : 간단한 로더이며 단순히 번역된 목적 프로그램을 입력으로 받아들여 주기억장치의 프로그래머가 지정한 주소에 적재하는 기능을 가지는 로더
③ Compile and go loader : 원시 프로그램의 기계어로 번역하는 순서대로 명령어 및 자료를 직접 주기억장치에 적재하여 곧바로 프로그램을 수행하는 방식의 loader

07 프로그램 수행 순서
원시 프로그램 → 컴파일러 → 목적 프로그램 → 링커 → 로더
① 컴파일러(complier) : 소스 코드를 컴퓨터가 이해할 수 있는 형태의 코드로 번역시켜 목적 프로그램을 생성시켜 주어야 하는 데, 이렇게 번역시켜 주는 작업
② 목적 프로그램(object program) : 컴파일러나 어셈블러가 원시 프로그램(소스 코드)을 처리하는 도중 만들어내는 코드
③ 링커(linker) : 링크 에디터(link editor)의 준말로 컴파일러가 만들어 낸 하나 이상의 목적 프로그램을 단일 실행 프로그램으로 병합하는 프로그램
④ 로더(loader) : 외부 기억장치에서 내부 기억장치로 전송하는 프로그램

08 벤치 마크 프로그램(Bench Mark Program)
전반적인 시스템의 성능을 측정하는 소프트웨어

09 1. 구역성(Locality) : 프로세스가 기억장치를 참조하는 특성으로, 실행 중인 프로세스는 시간에 따라 그 주소 공간의 일정 부분만을 집중적으로 참조한다.
① 시간 구역성(Temporal Locality)
  ㉠ 처음에 참조된 기억 장소가 앞으로도 계속 참조될 가능성이 높다.
  ㉡ Stack, Subroutine, Looping, Counting과 Totaling에 사용되는 변수
② 공간 구역성(Spatial Locality)
  ㉠ 어떤 기억 장소 하나가 참조되었을 때, 그 근처의 기억 장소가 계속 참조될 가능성이 높다.
  ㉡ Sequential Code Execution, Array Traversal, 프로그래머들이 관련 변수들을 근처에 선언하는 경향
2. 워킹 셋(Working Set) : 가상기억장치 시스템에서 실행 중인 프로세스가 일정 시간 동안에 참조하는 페이지의 집합으로, 각 프로세스에게 할당하여야 할 최소한의 페이지 프레임 수를 결정함으로써 스래싱을 방지할 수 있는 기법

10 매크로 프로세서의 기본 수행 작업
① 매크로 정의 저장
② 매크로 정의 인식
③ 매크로 호출 인식 : 원시 프로그램 내에 매크로의 시작을 알리는 Macro 명령을 인식한다.
④ 매크로 호출 확장

11 JCL(Job Control Language) : 사용자가 자신의 작업 처리 순서를 운영체제에게 알려주기 위한 특수 언어
① JCL은 OS와 사용자 간의 정보 제공 언어
② JCL은 사용자 Job과 그의 시스템에 대한 요구를 일치시키는 기능을 갖는다.
③ 사용자는 JCL을 이용하여 그의 JOB 단계 순서와 운영에 대한 사항을 자세히 서술하여 시스템을 제어할 수 있다.

12 1. 제어 프로그램
① 감시(Supervisor) 프로그램
② 작업 관리(Job Management) 프로그램
③ 데이터 관리(Data Management) 프로그램
④ 통신 관리(Communication Management) 프로그램
2. 처리 프로그램
① 언어 번역 프로그램
② 서비스 프로그램
③ 문제 프로그램

13 운영체제의 성능 평가 요소(목적)
① 처리 능력(throughput)의 향상 : 주어진 시간 내에 처리되는 작업의 양의 의미
② 응답(반환)처리 시간(turn-around time)의 단축 : 컴퓨터 명령을 지시한 뒤 그 결과 출력되는 시간을 의미
③ 사용 가능도(availability) : 시스템 운영 시간 중 얼마나 많은 시간을 사용 가능한지에 대한 것
④ 신뢰도(reliability) 향상 : 주어진 작업에 대해서 얼마나 오류 없이 처리하는지에 대한 것

14 외부 인터럽트 : 인터럽트의 종류 중 시스템 타이머에서 일정한 시간이 만료된 경우나 오퍼레이터가 콘솔상의 인터럽트 키를 입력한 경우 발생하는 것

15 로더(Loader)의 기능
① 할당(Allocation) : 실행 프로그램을 실행시키기 위해 기억장치 내에 옮겨 놓을 공간을 확보하는 기능
② 연결(Linking) : 부 프로그램 호출 시 부 프로그램이 할당된 기억장소의 시작주소를 호출한 부분에 등록하여 연결하는 기능
③ 재배치(Relocation) : 디스크 등의 보조기억장치에 저장된 프로그램이 사용하는 각 주소들을 할당된 기억장소의 실제 주소로 배치시키는 기능
④ 적재(Loading) : 실행 프로그램을 할당된 기억공간에 실제로 옮기는 기능

16 어셈블리어의 특징
① 각 명령어가 하나의 기계 명령에 대응되는 Low level 언어
② 데이터가 기억된 번지를 기호(symbol)로 지정
③ 기계어와 1 대 1로 대응시켜서 표현한 기호식 표기법
④ 프로그램에 기호화된 명령 및 주소를 사용

⑤ 기본 동작은 동일하지만 작성한 CPU마다 사용되는 어셈블리어가 다를 수 있다.
⑥ 작성된 원시 프로그램은 목적 프로그램을 생성한 후 실행 가능

17 원시 프로그램을 기계어로 번역해 주는 프로그램
① 컴파일러(Compiler) : FORTRAN, COBOL, ALGOL, C와 같은 고급 언어로 작성된 프로그램을 번역하는 프로그램
② 어셈블러(Assembler) : 저급 언어(컴퓨터 언어에 가까운 언어)로서 직접적으로 명령어와 명령이 1 : 1로 대응, 어셈블리어로 작성된 원시 프로그램을 기계어로 번역하는 프로그램
③ 인터프리터(Interpreter) : BASIC, LISP, APL, SNOBOL 등의 언어로 작성된 원시 프로그램을 번역하는 프로그램
[참고] 고급 언어 : 인간이 이해하기 쉬운 언어

18 ① 저급 언어(low level language) : 어셈블리 언어, 기계어
② 고급 언어(High level language) : 객체 지향 언어, 비주얼 언어, 비절차 언어

19 파스 트리(Pase tree) : 프로그래밍 언어에서 어떤 표현이 BNF에 의해 바르게 작성되었는지 확인하기 위해 만드는 트리

20 ① Code optimization : 언어 번역기에 의하여 생성되는 최종 실행 프로그램이 보다 적은 기억 장소를 사용하여 보다 빠르게 작업을 처리할 수 있도록, 주어진 환경에서 최상의 명령어 코드를 사용하여 작업을 수행할 수 있도록 하는 것
② Code Generation(코드 생성) : 소스 프로그램을 분석하여 나온 중간 코드를 입력하여 목적 코드 프로그램을 생성하는 과정으로 컴파일 단계 중 하나이다.

21 Interrupt의 종류
① 하드웨어 인터럽트
㉠ 전원 이상 인터럽트
㉡ 기계 착오 인터럽트
㉢ 외부 인터럽트
㉣ 입출력(I/O) 인터럽트

② 소프트웨어 인터럽트
㉠ Program Interrupt
㉡ Supervisor Call Interrupt

22 기억장치 접근 방법에 따른 유형
① 순차적 접근(Sequential Access) : 기억장치 데이터가 저장되는 순서에 따라 순차적으로 접근
예) 자기테이프
② 직접 접근(Direct Access) : 기억장치 근처로 이동한 후 순차적인 검색을 하여 최종적으로 원하는 데이터에 접근
예) 자기디스크, 자기드럼, 자기코어

23 1. zero-address instruction mode(0-주소 명령)
① 명령 코드만 존재하고 주소부가 없는 형식
② 스택(LIFO) 구조의 컴퓨터에서 사용(PUSH, POP)
③ 레지스터에 있는 직접 데이터를 사용하기 때문에 처리속도가 빠르다.
2. one-address instruction mode(1-주소 명령)
① 명령어의 주소부가 하나만 있는 명령어
② 이항연산 수행 가능, 누산기를 기준으로 연산을 수행
3. two-address instruction mode(2-주소 명령)
① 명령어의 주소부가 2부분으로 구성되어 하나는 피연산 데이터, 하나는 연산 데이터를 각각 기억한다.
② (결과-1)=(피연산-1) 연산 (연산-2)
4. 3번지 명령
① 명령어의 주소부가 3부분으로 구성되어 주소-1은 피연산 데이터, 주소-2는 연산 데이터, 주소-3은 결과를 기억한다.
② 하나의 명령어에 3개의 오퍼랜드 필드를 모두 포함시켜 명령어의 길이가 길어졌지만 기계어로 변환시키면 전체 명령어들의 수는 작아진다.
③ (결과-3)=(피연산-1) 연산 (연산-2)

24 인터럽트 벡터
인터럽트가 발생하였을 때 처리할 수 있는 인터럽트 루틴의 주소 또는 주소를 저장하고 있는 기억장소

25 ① AND(Masking) 연산 : 특정 문자나 비트 삭제

② OR(Selective-Set) 연산 : 특정 문자나 비트에 삽입 또는 세트
④ XOR(Compare) 연산 : 비교 또는 반전

26 FETCH CYCLE
T1 : MAR ← PC
T2 : MBR ← M(MAR), PC=PC+1
T3 : OPR ← MBR(OP), I=MBR(I)

27 2의 보수(2's complement)값

2진수	01111011
1의 보수	10000100
2의 보수=1의 보수+1	10000101

28 접근 방식에 의한 주소지정방식
① 묵시적 주소지정방식(implied addressing mode) : 오퍼랜드를 사용하지 않고 명령어 자체 내에 오퍼랜드가 포함되어 있는 방식
② 즉각 주소지정방식(immediate addressing mode) : 명령문 속에 데이터가 존재하는 주소지정방식
③ 직접 주소지정방식(direct addressing mode) : 명령어의 오퍼랜드에 실제 데이터가 들어 있는 주소를 직접 갖고 있는 방식
④ 상대 주소지정방식(relative addressing mode) : 상태 레지스터 등의 내용을 점검하여 조건에 따라 프로그램의 처리를 변경하고자 하는 명령에만 사용되는 주소지정방식
⑤ 인덱스 주소지정방식(indexed addressing mode) : 인덱스 레지스터에 데이터가 저장되어 있는 어드레스를 로드해 놓고 각 명령에서 이 어드레스 방식을 사용하면 인덱스 레지스터에 로드되어 있는 어드레스가 대상이 되는 주소지정방식
⑥ 간접 주소지정방식(indirect addressing mode) : 오퍼랜드가 존재하는 기억장치 주소를 내용으로 가지고 있는 기억 장소의 주소를 명령 속에 포함시켜 지정하는 주소지정방식

29 A+A = A

30 ① 채널(Channel) : CPU를 거치지 않고 입·출력과 주기억장치 간에 데이터 전송을 담당하는 방식
② Handshaking I/O : 비동기 데이터 전송 시에 2~3개의 제어신호에 의한 송수신 방법

31 ① SISD(Single Instruction stream Single Data stream : 한 번에 한 개씩의 명령어와 데이터를 처리하는 단일 프로세서 시스템
② SIMD(Single Instruction stream Multiple Data stream) : 여러 개의 프로세서들로 구성. 프로세서들의 동작은 모두 하나의 제어장치에 의해 제어
③ MISD(Multiple Instruction stream Single Data stream) : 각 프로세서들은 서로 다른 명령어들을 실행하지만 처리하는 데이터는 하나의 스트림

		데이터 스트림	
		Single	Multiple
명령스트림	Single	SISD	SIMD
	Multiple	MISD	MIMD

32 3초과 코드 : 8421 코드에 10진수 3을 더한 코드로 코드 내에 하나 이상의 1이 반드시 포함되어 있어 0과 무신호를 구분하기 위한 코드이다.

33 병렬 처리기
① 종류
  ㉠ 파이프라인(pipeline) 처리기
  ㉡ 다중(multi) 처리기
  ㉢ 배열(array) 처리기
② 특징
  ㉠ 일부 H/W 문제가 발생하더라도 전체 시스템은 동작 가능(사용 가능도 향상)
  ㉡ 기억장치 공유 가능

34 Associative Memory(연상기억장치)=CAM(Content Addressable Memory)
기억장치에 기억된 정보를 액세스하기 위하여 주소를 사용하는 것이 아니고, 기억된 정보의 일부를 이용하여 원하는 정보를 찾는 메모리

35 부동 소수점 데이터(floating point data)

부호 (sign)	지수부 (exponent)	가수부 (Mantissa)

고정 소수점 데이터(fixed point data)

부호(1bit)	정수부(15bit)

36 ① 탐색 시간(seek time) : 읽기 쓰기 헤드가 지정된 실린더에 도착하는 시간
② 전송 시간(transfer time) : 읽은 데이터를 주기억장치로 보내는 시간
③ 접근 시간(access time) : 기억장치의 데이터에 접근하는 데 걸리는 시간
(탐색 시간+대기 시간+전송 시간)

37 폰 노이만형 컴퓨터의 연산자(OP-Code) 기능
① 입출력 기능 : INP, OUT
② 함수연산 기능 : ROL, ROR
③ 전달 기능 : MOVE, LOAD, STORE
④ 제어 기능 : JMP, SMA

38 컴퓨터의 PRU는 4가지 단계
① Interrupt cycle : 하드웨어로 실현되는 서부루틴의 호출, 인터럽트 발생 시 복귀주소(PC)를 저장시키고, 제어순서를 인터럽트 처리 프로그램의 첫번째 명령으로 옮기는 단계
② Fetch cycle : 주기억장치의 지정장소에서 명령을 읽어 CPU로 가지고 오는 단계
③ Execution cycle : 실제로 명령을 이행하는 단계
④ Indirect cycle : 인스트럭션의 수행 시 유효주소를 구하기 위한 메이저 상태

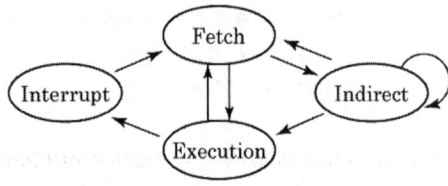

39 주기억장치의 용량이 $256MB = 256 \times 2^{20}$ byte $= 2^8 \times 2^{20}$ byte $= 2^{28}$ byte이므로 주소 버스는 28bit이다.

40 인터럽트의 종류
① 입출력 인터럽트(I/O interrupt) : 입출력의 종료나 입출력의 오류에 의해 발생
② 프로그램 검사 인터럽트(Program check interrupt) : 내부적인 인터럽트로 프로그램 실행 중에 잘못된 명령어를 사용하거나 프로그램 오류로 발생되는 인터럽트
③ 기계 착오 인터럽트(Machine check interrupt) : 하드웨어 인터럽트로 CPU가 프로그램을 수행하는 중에 하드웨어적인 결함으로 인하여 발생
④ 외부 인터럽트(External interrupt) : 타이머에 의하여 발생되는 인터럽트

41 micro operation(마이크로 오퍼레이션) : Instruction 실행 과정에서 한 단계씩 이루어지는 동작으로, 한 개의 Instruction은 여러 개의 Micro Operation이 동작되어 실행된다.

42 DMA(Direct Memory Access) : 데이터 입출력 전송이 CPU를 통하지 않고 직접 주기억장치와 주변장치 사이에서 수행되는 방식

43 ① 접근시간(Access Time) : 실제로 기억 또는 읽기가 시작되는 데 소요되는 시간
② 사이클 시간(Cycle Time) : 다음 읽기/쓰기 신호를 보낼 때까지의 시간

44 RAM(Random Access Memory) : 기억내용을 임의로 읽거나 변경할 수 있는 기억소자로서 전원을 차단하면 기억내용이 사라지므로 휘발성 기억소자
① SRAM(Static Random Access Memory) : 정적 RAM) : 전원공급을 계속하는 한 저장된 내용을 기억하는 메모리로서 플립플롭으로 구성
② DRAM(Dynamic Random Access Memory : 동적 RAM) : 전원공급이 계속되더라도 주기적으로 재기억(refresh)을 해야 기억되는 메모리로서 반도체의 극간 정전용량에 의해 메모리가 구성

45 부트스트래핑 초기화의 목적
① 시스템 장치의 초기화
② OS의 대부분 루틴을 메모리 하위 주소에 적재되도록 설정
③ 부트스트랩 로더는 디스크 트랙 0에 있으며 나머지는 디스크의 다른 부분에 적재

46 ① Loader(로더) : 로드 모듈을 수행하기 위해 메모리에 적재시켜주는 기능을 수행
② Linker(링커) : 실행이 가능한 파일에 다른 목적 파일로 번역된 코드를 연결. 목적 프로그램에 대해 로드 모듈(실행 가능한 프로그램)을 생성
③ Interpreter(인터프리터) : 고수준 언어로 작성된 원시 프로그램을 컴퓨터 주메모리에 적재해 두고, 그 중 한 명령문씩 꺼내어 이를 해석기에서 중간어로 전환하여 곧바로 실행

47 에뮬레이터(Emulator) : 원래의 시스템과 같은 데이터를 처리할 수 있으며 동일한 프로그램을 실행하여 동일한 결과를 산출

48
```
         01101110
EX-OR    11100110
         10001000
```

49 Macro Processor : 컴퓨터의 각 부분별 처리기를 하나의 박막에 초고밀도 이상으로 집적시켜 놓은 처리기로서 PC에 사용되는 처리기

50 데이터 버스(data bus) : 16비트(2바이트)
어드레스 버스(address bus) : 24비트
주기억장치의 최대 용량
= 데이터 버스 × 어드레스 버스
= $2byte \times 2^{24} = 2^4 \times 2^{20}$ = 16Mbyte

51 PSW(Program Status Word) : CPU에서 명령이 실행될 차례를 제어하거나 특정 프로그램과 관련된 컴퓨터 시스템의 상태를 나타내고 유지해 두기 위한 제어 워드로서 실행 중인 CPU의 상태를 포함하고 있다.

52 마이크로컴퓨터와 주변장치와의 데이터 전달 방법
① DMA(Direct Memory Access) 방식 : Cycle Steal 방식, CPU의 간섭 없이 I/O 장치가 주기억장치를 직접 접근
② Programmed I/O : CPU 직접 처리, Flag를 계속 조사
③ Interrupt I/O : CPU가 일부분을 제어
[참고] 채널 제어기에 의한 입·출력(Channel I/O) : CPU와 독립적으로 동작

53 연산의 구분
① 단항(Unary) 연산 : Move, shift(왼쪽 shift : 곱셈, 오른쪽 shift : 나눗셈), Rotate, Complement 등
② 이항(Binary) 연산 : 사칙연산, AND, OR 등

54 1. 제어 프로그램
① 감시(Supervisor) 프로그램
② 작업 관리(Job Management) 프로그램
③ 데이터 관리(Data Management) 프로그램
④ 통신 관리(Communication Management) 프로그램
2. 처리 프로그램
① 언어 번역 프로그램
② 서비스 프로그램
③ 문제 프로그램

55 DRAM(Dynamic Random Access Memory) : 일정한 주기로 Refresh라는 동작을 통해 데이터를 보존하기 위해 전력 소모가 크다는 단점

56 MAR(기억장치 주소 레지스터, Memory address register)

57 ① 0-주소 명령어 : 스택(stack)
② 1-주소 명령어 : 누산기(AC)-연산의 결과를 일시적으로 기억하는 레지스터
③ 2-주소 명령어 : 계산 결과를 필요로 할 때 계산 결과가 기억장치에 기억될 뿐 아니라 중앙처리장치에도 남아 있어서 중앙처리장치 내에서 직접 처리할 수 있으므로 시간이 절약되는 명령어 형식
④ 3-주소 명령어 : 연산 후 입력 자료가 그대로 보존되는 명령어 형식. 프로그램 크기가 가장 작은 주소 형식

58 로더(loader)의 기능
① 할당(allocation) : 목적 프로그램을 실행할 수 있는 주기억장치 공간을 확보
② 연결(linking) : 부분적으로 작성된 프로그램 단위를 연결
③ 재배치(relocation) : 프로그램이 주기억장치 공간

에서 위치를 변경

④ 적재(Loading) : 프로그램 전체를 주기억장치에 한 번에 적재하게 하거나 실행 시 필요한 일부분만을 차례로 적재하게 한다.

[참고] 디버깅(Debugging) : 프로그램 개발 과정에서 컴퓨터 프로그램이나 하드웨어 장치에서 논리적 오류를 발견하고 수정하는 작업

59 IPL(Initial Program Load) : 시스템이 처음으로 프로그램을 로딩하는 동작

60 디버그(Debug) : 잘못된 부분을 찾아내거나 이를 바로 수정하는 과정

61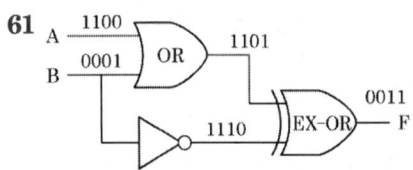

62 16진수 1자리는 2진수 4자리로 표현

16진수	3	C	B	8
2진수	0011	1100	1011	1000

63 논리회로의 종류
① 순차 논리회로 : F/F, 레지스터
② 조합 논리회로 : 전가산기, 반가산기, 비교기, 인코더(ENCODER, 부호기), 디코더(DECODER, 해독기), 다중화기(MUX)

64 3초과 코드로 표현하기 10진수 71에서 각각 자릿수에 3을 포함한 10과 4를 2진수로 표현할 수 있다.

10진수	42+29=71
3-초과 코드	1010 0100

65 플래그 레지스터 : 어셈블러에서 수행된 명령어의 결과와 CPU 상태에 대한 결과를 저장하고 있는 레지스터

66 디코더(Decoder) : 해독기라 하며, n개의 신호를 입력받아 2^n개의 출력신호를 얻는 회로

67 기수 패리티 발생 회로

ABCD	홀수(기수) 패리티 (회로 좌 → 우 진행)
0000	0000 → 11 → 0 → 1
0001	0001 → 10 → 1 → 0
1011	1011 → 01 → 1 → 0
1111	1111 → 11 → 0 → 1

68 2진수 1111 → 1의 보수 0000 → 2의 보수 0001

69 디멀티플렉서(Demultiplexer) : 1개의 입력선(input line)을 받아들여 n개의 선택선(selection line)의 조합에 의해 2^n개의 출력선 중에서 하나를 선택하여 출력하는 회로이며 데이터 분배기(Data distributor)라고 한다.

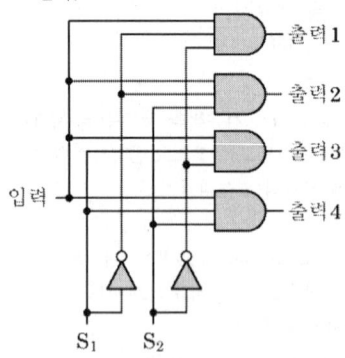

70 모드-N 카운터 ≤ $2^{플립플롭의 수}$ 이므로 모드-9 카운터 ≤ 2^4. 따라서, 플립플롭의 수는 4

71 회로기호
㉠ NAND 게이트 :
㉡ OR 게이트 :
㉢ AND 게이트 :

72 전가산기(full-adder) : 1개의 Full adder(전가산기)를 구성하기 위해서는 Half adder(반가산기)가 최소 2개 필요

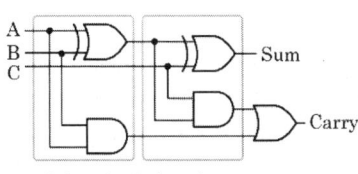

∴ 입력 3개, 출력 2개

73

S	R	Q(t+1)	설명
0	0	$Q_{(t)}$	이전상태(변화없음)
0	1	0	0(Reset)
1	0	1	1(Set)
1	1	$Q_{(t)}$	불능

J	K	Q
0	0	이전상태(변화없음)
0	1	0(Reset)
1	0	1(Set)
1	1	부정(보수=toggle)

74 반가산기(HA : Half Adder) : 두 개의 2진수를 더하여 합계 S(Sum)와 자리올림수 C(Carry)를 구하는 논리회로

$S = A \oplus B = A\overline{B} + \overline{A}B,\ C = A \cdot B$

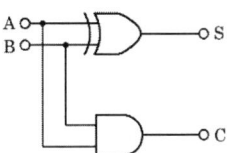

A	B	S	C
0	0	0	0
0	1	1	0
1	0	1	0
1	1	0	1

75 디코더(Decoder) : 해독기라 하며, n개의 신호를 입력받아 2^n개의 출력신호를 얻는 회로
[참고]
① 멀티플렉서 : 2^n개의 입력이 1개의 출력으로 나타남
② 인코더(부호기, Encoder) : n개의 입력이 2^n개의 출력으로 나타남
③ 디멀티플렉서(Demultiplexer) : 1개의 입력선을 받아들여 n개의 선택선(selection line)의 조합에 의해 2^n개의 출력선 중에서 하나를 선택하여 출력하는 회로이며 데이터 분배기(Data distributor)라고 한다.

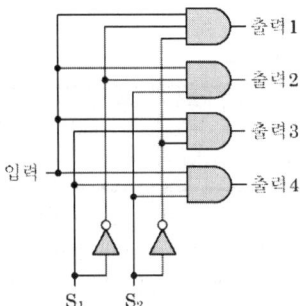

76 $Y = \overline{A}\overline{B} + A\overline{B} + AB = A + \overline{B}$

77 10진수 각각의 값을 8421 code로 표현

10진수	5	9
8421 코드	0101	1001

78 MAR 16K라고 한다면 $2^4 \times 2^{10} = 2^{14}$이므로 14bit의 번지가 필요

79

J	K	Q
0	0	이전상태(변화없음)
0	1	0(Reset)
1	0	1(Set)
1	1	부정(보수=toggle)

80 논리함수의 최소항(minterm)

A	B	항
0	0	$\overline{A}\overline{B}$
0	1	$\overline{A}B$
1	0	$A\overline{B}$
1	1	AB

81 패킷교환방식의 특징
① 전송할 수 있는 패킷의 길이는 제한이 있다.
② 속도 및 프로토콜이 상이한 기기 간에도 통신이 가능하다.
③ 패킷의 전송지연이 발생할 수 있다.

④ 통신내용을 일시 저장할 수 있다.

82 프로토콜(protocol) : 시스템 간의 정보를 주고받을 때의 통신방법에 대한 약속

83 HDLC 프레임구조

시작 플래그 (F)	주소 영역 (A)	제어 영역 (C)	정보 영역 (I)	FCS	종료 플래그 (F)
8비트	8비트	8비트	가변	16비트	8비트

① F(Flag) : 프레임의 시작과 끝을 나타내기 위해 사용하며, 고유의 패턴(01111110) 8bit로 구성
② 주소(Address) 영역 : 송신 시스템과 수신 시스템의 주소를 기록한다.
③ 제어(Control) 영역 : 정보 전송프레임 I형식, 링크 감시제어용 S형식, 확장용 U형식
④ 정보(Information) 영역 : 송수신 단말장치 간 교환되는 사용자 정보와 제어 정보이다.
⑤ FCS(Frame Check Sequence) 영역 : 수신 프레임의 에러 검출 부분으로 CRC 방식을 사용

84 ISDN(Integrated Services Digital Network, 종합정보통신망) : 발신 가입자로부터 수신자까지의 모든 전송, 교환 과정이 디지털 방식으로 처리되며 음성과 비음성, 영상 등의 서비스를 종합적으로 처리하는 통신망

85 1. 성형(star) : 중앙에 호스트 컴퓨터가 있고 이를 중심으로 터미널들이 연결되는 네트워크 구성 형태
2. 버스형(bus)
① 멀티포인터 링크 구성을 갖는다.
② 전송순서를 결정할 필요가 있다.
③ 데이터의 반사를 막기 위해 터미네이터가 필요
④ 이더넷(Ethernet)이 대표적인 예이다.

86 다중접속방식
① FDMA(주파수 분할 다중 접속) : 주어진 주파수 대역폭을 일정한 대역폭으로 나누어 통신 가입자에게 할당하여 다수의 가입자가 동시에 통화를 할 수 있도록 하는 방식
② TDMA(시분할 다중 접속) : 시간을 일정 구간의 타임 슬롯으로 나누어 각 가입자에 분배, 할당하고 가입자는 자신에게 할당된 타임 슬롯만을 이용하여 통화하도록 하는 방식
③ CDMA(코드 분할 다중 접속) : 동일한 주파수 대역이나 시간 영역을 사용하는 다수의 가입자에게 서로 다른 코드를 할당하여 여러 가입자가 통신이 가능하도록 하며 통신가입자 구분을 코드로 하는 방식

87 데이터 링크 제어 문자
① ENQ(ENQuiry) : 송신을 받을 준비 확인(상대방의 응답을 요구)
② ACK(ACKnowledge) : 수신한 정보 메시지에 대한 긍정 응답 신호
③ STX(Start of Text) : 전송할 메시지의 시작을 알림
④ DLE(Data Link Escape) : 제어 문자 앞에 놓여 이들 문자들이 유효한 제어 문자 표시

88 신호속도 $= \dfrac{9600\text{bps}}{3\text{bit}} = 3200\,\text{baud}$

89 OSI 7계층
① 1계층(물리 계층, Physical Layer)
  ㉠ 전송에 필요한 두 장치 간의 실제 접속과 절단 등 기계적, 전기적, 기능적, 절차적 특성에 대한 규칙을 정의
  ㉡ 물리적 전송매체와 전송 신호 방식을 정의하며 X.21, RS-232C 등의 표준
② 2계층(데이터 링크 계층, Data Link Layer)
  ㉠ 두 개의 인접한 개방 시스템들 간에 신뢰성 있고 효율적인 정보를 전송
  ㉡ 송신측과 수신측의 속도 차이를 해결하기 위한 흐름 제어 기능
③ 3계층(네트워크 계층, Network Layer)
  ㉠ 개방 시스템들 간의 네트워크 연결을 관리하는 기능과 데이터의 교환 및 중계 기능
  ㉡ 네트워크 연결을 설정, 유지, 해제하는 기능
  ㉢ 경로 설정(Routing), 데이터 교환 및 중계, 트래픽 제어, 패킷 정보 전송을 수행
  ㉣ 관련 표준으로는 X.25, IP 등
④ 4계층(전송 계층, Transport Layer)
  ㉠ 논리적 안정과 균일한 데이터 전송 서비스를 제공함으로써 종단 시스템(End-to-End) 간에 투명한 데이터 전송을 가능
  ㉡ OSI 7계층 중 하위 3계층과 상위 3계층의 인터

페이스를 담당
ⓒ 주소 설정, 다중화, 오류 제어, 흐름 제어를 수행
ⓓ TCP, UDP 등의 표준
⑤ 5계층(세션 계층, Session Layer)
ⓐ 송·수신측 간의 관련성을 유지하고 대화 제어를 담당하는 계층
ⓑ 대화 구성 및 동기 제어, 데이터 교환 관리 기능
⑥ 6계층(표현 계층, Presentation Layer)
ⓐ 응용 계층으로부터 받은 데이터를 세션 계층에 보내기 전에 통신에 적당한 형태로 변환하고, 세션 계층에서 받은 데이터는 응용 계층에 맞게 변환하는 기능
ⓑ 서로 다른 데이터 표현 형태를 갖는 시스템 간의 상호 접속을 위해 필요한 계층
⑦ 7계층(응용 계층, Application Layer)
ⓐ 사용자가 OSI 환경에 접근할 수 있도록 서비스를 제공
ⓑ 응용 프로세스 간의 정보 교환, FTP, E-mail 등의 서비스를 제공

90 디지털 전송(Digital Transmission)
① 디지털 신호변환에 의해 아날로그나 디지털 정보의 암호화가 쉽게 구현 가능하다.
② 신호대 잡음비가 전송로 문제로 인해 원래의 신호 전송이 가능하며 아날로그 전송보다 훨씬 적은 대역폭을 요구(단, S/N인 경우)
③ 디지털 전송의 각 재생기는 잡음이 없는 새로운 펄스를 재생할 수 있어 원래의 신호와 동일한 신호의 전달이 가능
④ 적당히 재생기만 설치되면 장거리 전송이 용이

91 ① 진폭 편이 변조(ASK : Amplitude Shift Keying) : 2진수 0과 1을 각각 서로 다른 진폭의 신호로 변조하는 방식
② 주파수 편이 변조(FSK : Frequency Shift Keying) : 2진수 0과 1을 각각 서로 다른 주파수로 변조하는 방식
③ 위상 편이 변조(PSK : Phase Shift Keying) : 2진수 0과 1을 각각 서로 다른 위상을 가진 신호로 변조하는 방식. 동기식 변복조기(MODEM)에서 주로 사용

[참고]
① 아날로그에서 아날로그로 전송(부호화) : AM, FM, PM
② 디지털에서 아날로그로 전송(부호화) : ASK, FSK, PSK, QAM
③ 아날로그에서 디지털로 전송 : PCM

92 프레임의 시작과 끝을 나타내기 위한 전송제어 문자
① DLE(Data Link Escape) : 데이터 투과성(Data Transparent)을 위해서 전송제어 문자 앞에 삽입
② STX(Start of Text) : 블록의 시작을 알리는 비트 패턴 즉 자료의 시작
③ ETX(End of Text) : 블록의 마지막을 알리는 비트 패턴 즉 자료의 마지막
④ SYN : 동기화 문자는 수신측에게 블록의 시작을 알리는 비트 패턴

93 교환망 종류별 특징
① 회선교환방식(Circuit Switched Network) : 데이터 전송 전 교환기를 통해 전송 경로 간 물리적 연결 후에 전송하는 방식
② 메시지 교환방식(Message Switched Network) : 메시지 교환이란 하나의 가변적인 메시지 단위로 축적-전달(Store and forward) 방식에 의해 데이터를 교환하는 방식
③ 패킷교환망(Packet Switched Network) : 메시지 교환방식이 갖는 장점을 그대로 취하면서 대화형 데이터 통신이 가능하도록 개발

94 PPP(Point to Point Protocol) : 오류감지 기능이 있다.

95 집중화기
① 입출력 각각의 대역폭이 다르다.
② m개의 입력 회선을 n개의 출력 회선으로 집중화하는 장치
③ 입력 회선의 수는 출력 회선의 수보다 같거나 많아야 한다.

96 회선 제어 절차의 단계
회선연결 → 데이터 링크 확립 → 데이터 전송 → 데이터 링크 해제 → 회선절단

97 패킷 교환 방식
① 가상회선 패킷교환은 연결형 서비스를 제공
② 데이터그램 패킷교환은 비연결형 서비스를 제공
③ 대화형 데이터 통신에 적합하도록 개발된 교환 방식
④ 전송할 수 있는 패킷의 길이는 제한
⑤ 속도 및 프로토콜이 상이한 기기 간에도 통신이 가능
⑥ 패킷의 전송지연이 발생
⑦ 통신내용을 일시 저장

98 에러 제어에 사용되는 자동반복 요청(ARQ) 기법
① 정지-대기(Stop-and-Wait) ARQ : 송신측은 하나의 블록을 전송한 후 수신측에서 에러의 발생을 점검한 다음 에러 발생 유무 신호를 보내올 때까지 기다리는 ARQ 방식
② Go-back-N ARQ : 전송오류 제어 중 오류가 발생한 프레임뿐만 아니라 오류검출 후 모든 프레임을 재전송하는 ARQ 방식
③ 선택적 재전송(Selective-Repeat) ARQ : 버퍼의 사용량이 상대적으로 큰 ARQ 방식

99 동기식 전송
① 문자 또는 비트들의 데이터 블록을 송수신
② 전송 효율이 우수. 주로 원거리 전송에 사용
③ 정보의 프레임 구성에 따라 문자 동기방식, 비트 동기방식, 프레임 동기방식으로 구분
④ 동기문자, 제어정보, 데이터 블록으로 구성되는 프레임이 사용

100 LAN(Local Area Network, 근거리통신망)의 대표적인 예로는
① 제한된 지역 내의 통신
② 데이터 파일의 공용
③ 광역 통신망에 대조되는 통신망
④ 소단위 고속 정보 통신망

2007년 제2회

정답

01	02	03	04	05	06	07	08	09	10
③	④	④	①	④	②	③	①	③	④
11	12	13	14	15	16	17	18	19	20
④	②	③	④	②	②	①	①	①	①
21	22	23	24	25	26	27	28	29	30
④	④	②	③	③	①	①	②	②	④
31	32	33	34	35	36	37	38	39	40
①	④	①	③	①	②	③	②	①	②
41	42	43	44	45	46	47	48	49	50
①	③	②	④	③	②	③	④	③	②
51	52	53	54	55	56	57	58	59	60
①	①	③	②	③	④	②	②	④	③
61	62	63	64	65	66	67	68	69	70
①	④	②	③	③	②	①	③	①	②
71	72	73	74	75	76	77	78	79	80
④	①	④	④	④	②	①	④	④	①
81	82	83	84	85	86	87	88	89	90
②	②	④	③	②	②	④	③	②	④
91	92	93	94	95	96	97	98	99	100
②	①	③	①	④	②	④	③	②	③

01 인터럽트(interrupt) : 컴퓨터의 CPU에 어떠한 신호를 보내어 CPU가 하던 일을 잠시 멈추고 다른 작업을 처리하도록 하는 방법

[참고]
① interleaving : 기억 장소의 연속된 위치를 서로 다른 뱅크로 구성하여 하나의 주소를 통하여 여러 개의 위치에 해당되는 기억 장소를 접근할 수 있도록 하는 것
② 스풀링(spooling) : 프로그램이 프로세서에 의해 수행되는 속도와 프린터 등에서 결과를 처리하는 속도의 차이를 극복하기 위해 디스크 저장 공간을 사용하는 기법
③ deadlock : 프로세서들이 서로 작업을 실행하지 못하고 대기상태로 빠지게 되는 현상

02 프로그래머(Programmer) : 절대 로더에서 연결(linking) 기능의 주체

[참고]
㉠ 컴파일러 : 원시 프로그램을 기계어로 바꾸는 번역기
㉡ 로더(Loader) : 프로그램을 실행하기 위하여 보조 기억장치로부터 주기억장치에 적재시키는 기능

03 ① Direct linking loader : 일반적인 로더(general loader)이며 할당, 연결, 재배치, 적재의 기능을 모두 수행하는 가장 근접한 로더
② Absolute loader : 간단한 로더이며 단순히 번역된 목적 프로그램을 입력으로 받아들여 주기억장치의 프로그래머가 지정한 주소에 적재하는 기능을 가지는 로더
③ Compile and go loader : 원시 프로그램의 기계어로 번역하는 순서대로 명령어 및 자료를 직접 주기억장치에 적재하여 곧바로 프로그램을 수행하는 방식의 loader

04 1. Working Set
① 1968년 Denning에 의해 제안된 개념
② 프로세스가 특정 시점에 집중적으로 참조하는 페이지들의 집합
③ 최근 일정 시간 동안 참조한 페이지들의 집합
④ 프로세스의 working set은 시간이 흐름에 따라 변한다.

2. 세마포어(Semaphore)
① 각 프로세스에 제어 신호를 전달하여 순서대로 작업을 수행하도록 하는 기법이다.
② E. J. Dijkstra이 제안

3. Critical Section(임계 구역)
① 다중 프로그래밍 운영체제에서 여러 개의 프로세스가 공유하는 데이터 및 자원에 대하여 어느 한 시점에서는 하나의 프로세스만 자원 또는 데이터를 사용하도록 지정된 공유 자원을 의미한다.
② 임계 구역은 하나의 프로세스만 접근할 수 있다.

05 ① ASSUME : 세그먼트 레지스터에 각 세그먼트의 시작 번지를 할당하여 현재의 세그먼트가 어느 것인가를 지적하게 하는 어셈블리어 명령
② ORG : 어셈블리 언어에서 원시 프로그램을 목적 프로그램으로 번역할 때 현재의 오퍼랜드에 있는 값을 다음 명령어의 번지로 할당
③ EQU : 지시어는 숫자형 상수, 레지스터 연관값 또는 프로그램 연관값에 상징된 이름을 부여한다. 어셈블리어에서 어떤 기호적 이름에 상수값을 할당하는 명령

06 기억장치 배치 전략
① 최초 적합 전략(First fit) : 프로그램이 적재될 수 있는 가용 공간 중에서 첫 번째 분할에 배치하는 방식
  ex) 분할번호 2 : 12K
② 최적 적합 전략(Best fit) : 가용 공간 중에서 프로그램을 적재할 수 있는 가장 작은 공백이 남는 분할에 배치하는 방식
  ex) 분할번호 2 : 12K
  [이유] 분할번호 3 : 10K이어야 하나 사용(in use) 상태이므로 제외
③ 최악 적합 전략(Worst fit) : 프로그램의 가용 공간들 중에서 가장 큰 공간에 배치하는 방식
  ex) 분할번호 5 : 16K

07 1. 인터프리터(interpreter)
  ① 원시 프로그램(고급 언어)을 한 문장(줄) 단위로 해석하고 번역한 후 번역과 동시에 프로그램을 한 줄 단위로 즉시 실행시키는 프로그램
  ② 목적 프로그램 미생성
  ③ 실행 속도 느림
  ④ 회화형 언어(실행 속도보다 컴파일 속도 중시)
  ⑤ 대표적인 언어 : BASIC
2. 컴파일러(compiler)
  ① 목적 프로그램 생성
  ② 컴파일 속도 느림
  ③ 실행 속도 빠름
  ④ 대표적인 언어 : COBOL, FORTRAN, C

08 이중(two) 패스 어셈블러를 사용하는 가장 주된 이유
심벌(기호)이 정의되기 이전에 사용할 수 있어 프로그램 작성이 용이하기 때문이다.

09 매크로 프로세서 처리 과정
정의 인식 → 정의 저장 → 호출 인식 → 확장과 인수 치환

10 로더(loader)의 기능
① 할당(Allocation) : 실행 프로그램을 실행시키기 위해 기억장치 내에 옮겨 놓을 공간을 확보하는 기능
② 연결(Linking) : 부 프로그램 호출 시 부 프로그램이 할당된 기억장소의 시작주소를 호출한 부분에 등록하여 연결하는 기능
③ 재배치(Relocation)
④ 적재(Loading) : 실행 프로그램을 할당된 기억공간에 실제로 옮기는 기능

11 운영체제의 성능 평가 기준 4가지
① 처리능력(Throughput)
② 반환시간(Turn Around Time)
③ 사용 가능도(Availability)
④ 신뢰도(Reliability)

12 Working set : 프로세스가 일정 시간 동안 자주 참조하는 페이지의 집합을 의미

13 JCL(Job Control Language)
① 작업이 수행되는 조건 및 출력 선택 등을 제어하기 위한 언어이다.
② 작업의 실행, 종료 또는 사용 파일의 지정 등을 할 때 사용하는 작업 단계를 표시하는 언어이다.
③ 몇 개의 명령어를 조합할 때 그 기능을 완수할 수 있다.

14 어셈블리어(assembly language) : 0과 1로 이루어진 기계어에 1 : 1로 대응하는 기호 언어

15 tracer : 프로그램에서 오류가 발생한 위치와 오류가 발생하게 된 원인을 추적하기 위하여 사용되는 것

16 direct addressing
기계어 명령문(machine instruction)의 오퍼랜드가 명령문 수행에 필요한 정보의 메모리 주소를 나타낸다면, 이러한 번지(addressing) 기법

17 ① Time Sharing System : 운영체제의 운용 기법 중 여러 명의 사용자가 사용하는 시스템에서 컴퓨터가 사용자들의 프로그램을 번갈아 가며 처리하여 줌으로써 각 사용자에게 독립된 컴퓨터를 사용하는 느낌을 주는 기법
② Swapping : 시분할 시스템 방식에서 주기억장치 내용을 일시적으로 보조기억장치 데이터나 프로그램

과 교체하는 방법

18 LRU(Least Recently Used) : 한 프로그램에서 사용하는 각 페이지마다 count를 두어서 현시점에서 볼 때 가장 오래 전에 사용된 페이지가 교체할 페이지로 선택되는 기법
[참고]
① LFU(Least Frequently Used) : 적재되어 참조된 횟수를 누적값으로 페이지를 교체하는 기법
② FIFO(First In First Out) : 적재가 가장 오래된 페이지를 교체하는 기법

19 1. 제어 프로그램
① 감시(Supervisor) 프로그램
② 작업 관리(Job Management) 프로그램
③ 데이터 관리(Data Management) 프로그램
④ 통신 관리(Communication Management) 프로그램
2. 처리 프로그램
① 언어 번역 프로그램
② 서비스 프로그램
③ 문제 프로그램

20 System software의 종류
① OS(Windows 시리즈, DOS, UNIX 등)
② 프로그래밍 언어
 ㉠ 고급 언어(C++, JAVA 등)
 ㉡ 저급 언어(기계어), 어셈블리 언어, 컴파일러
③ 데이터베이스 관리시스템(DBMS)
④ 유틸리티 프로그램(노턴 유틸리티, V3 등)

21 명령어 처리를 위한 마이크로 사이클
① 페치 사이클, ② 간접 사이클, ③ 실행 사이클

22 A+1=1

23 병렬 처리기의 종류
① 파이프라인(pipeline) 처리기 : 프로그램 내에 내재하는 시간적 병렬성을 활용하기 위하여 프로그램 수행에 필요한 작업을 시간적으로 중첩하여 수행시키는 처리기
② 다중(multi) 처리기 : 시스템상의 여러 처리기에 여러 개의 독립적인 작업을 각각 배정하여 두 개 이상의 처리를 동시에 수행할 수 있도록 기능을 갖춘 컴퓨터 시스템
③ 배열(array) 처리기 : 한 컴퓨터 내에 여러 개의 처리장치를 배열 형태로 가진다.
④ 데이터 흐름 컴퓨터 : 프로그램 내의 모든 명령어를 그들의 수행에 필요한 피연산자들이 모두 준비되었을 때 프로그램에 나타나는 명령어 순서와 무관하게 수행시키는 것이다. 이러한 방식의 명령어 수행을 데이터 추진 방식이라고도 한다.
⑤ VLSI 처리기 : 병렬 알고리즘을 직접 하드웨어로 구현하는 새로운 처리기 구조

24 언팩 10진수 형식(unpacked decimal format)

```
      +426
   F 4 F 2 C 6
```

25 flip-flop(플립플롭) : 1bit를 기억하는 소자

26 버퍼 메모리의 목적
① 주기억장치 용량을 작게 한다.
② 데이터를 주기억장치에서 읽어내거나 주기억장치에 저장하기 위해 임시로 자료를 기억하는 공간
③ 한 번 저장되어 있는 데이터가 CPU에서 여러 번 사용
④ 많은 데이터를 주기억장치에서 한 번에 가져 나간다.

27 스택 포인터=3, A 레지스터=9

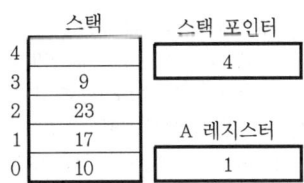

28 dot matrix printer(도트 매트릭스 프린터) : 문자가 보통 활자체로 되지 않고 점에 의해 인쇄

29 자료 표현 단위
bit → byte → word → field → record → file →

database
[참고]
① Bit : 정보의 최소 단위
② Byte : 8개의 비트가 모여 1바이트. 문자 표현의 최소 단위
③ Word : 바이트의 모임
　㉠ Half Word : 2바이트로 구성
　㉡ Full Word : 4바이트로 구성
　㉢ Double Word : 8바이트로 구성
④ Field : 자료처리의 최소 단위
⑤ Record : 하나 이상의 필드들이 모여 구성
⑥ 논리 레코드 : 데이터 처리의 기본 단위
⑦ 물리 레코드(블록) : 하나 이상의 논리 레코드가 모여 물리 레코드가 되며, 보조기억장치와의 입출력 단위
⑧ File : 레코드의 모임
⑨ DataBase : 파일들의 집합

30 FIFO : 병렬처리기 구성에서 명령 파이프라인(instruction pipeline)이 사용되는 버퍼의 구조

31 1. 인출 사이클(Fetch Cycle) : 메모리로부터 실행하기 위한 다음 명령의 번지를 결정한 후 메모리로부터 명령을 CPU로 읽어들인다. 수행하기 위한 동작과 사용되는 번지의 유형을 결정하기 위해 명령어들을 디코딩해서 분석하는 과정을 말한다.
① MAR ← PC : 다음에 실행될 명령을 주소 레지스터로 이동
② MBR ← M(MAR) : 메모리로부터 명령을 읽어 들인다.
③ PC ← PC+1 : 프로그램 카운터를 증가
④ IR ← MBR : 간접 사이클에 대비
⑤ R ← 1 or F ← 1 : R이 1이면 간접 사이클로 전이, F=1이면 실행 사이클로 전이
2. 간접 사이클(Indirect Cycle) : 인출 사이클로 읽어들인 명령어가 간접 주소 방식의 명령어일 경우 메모리부터 유효 번지를 읽어오는 과정
① MAR ← MBR(AD) : 명령어의 주소 부분을 MAR로 이동
② MBR ← M(MAR) : 오퍼랜드의 주소를 읽는다.
③ NOP : No Operation
④ R ← 0 AND F ← 1 : 실행 사이클로 전이

32 10진수 21.6 → 2진수 10101.1001

33 산술·논리 연산장치(ALU)의 핵심 : 가산기

34 컴퓨터에 사용하는 명령어(연산자)의 기능
① 전달 기능　　② 제어 기능
③ 연산 기능　　④ 입출력 기능

35 입출력 채널의 종류
① 선택(selector) 채널 : 한 순간에 하나의 주변장치만을 선택해서 연결하여 처리하고 주로 디스크나 드럼과 같이 고속인 장치들을 연결한다.
② 멀티플렉서(multiplexer) 채널 : 일시에 여러 장치들을 연결하여 처리하고 주로 터미널, 카드 판독기, 프린터 같은 저속의 장치들을 연결한다.
③ 블록 멀티플렉서(block multiplexer) 채널 : 주로 블록 단위로 입출력하는 테이프와 같은 장치와 연결하여 처리하고, 다수의 주변장치들을 멀티플렉싱하며 동시에 처리된다.

36 인터럽트의 발생 원인
① 기계적인 문제 : 정전, 데이터 전송과정의 오류, 시스템의 자체 문제
② 프로그램상의 문제 : 불법적인 명령어의 실행, 보호된 기억 공간 접근
③ 의도적 조작 : 시스템 조작자의 의도된 행위
④ 입출력장치 : 입출력장치들의 동작에 CPU 기능 요청

37 1. RISC(Reduced Instruction Set Computer)의 특징
① 축소 명령어 세트 컴퓨터의 약어이다.
② 명령어 코드로 구성하기 위한 bit 수의 증가에 대한 보완으로 개발된 프로세서
③ 명령어들의 사용 빈도를 조사하여 사용 빈도가 높은 명령어만 사용하는 프로세서
④ 명령어 길이가 고정적이다.
⑤ 하드웨어에 의해 직접 명령어가 수행
⑥ 수행 속도가 더 빠르다.
2. CISC(Complex Instruction Set Computer)의 특징
① 인텔 계열의 거의 모든 프로세서에서 사용(펜티엄을 포함한 인텔사의 x86 시리즈)

38 AGP(가속 그래픽 포트, Accelerated Graphics Port) : 고속의 점대점 채널로 그래픽 카드가 컴퓨터의 메인 보드에 장착, 주로 3D 컴퓨터 그래픽의 가속을 향상시켜 준다.

39 고정소수점 표현 방식 중 음의 정수 표현의 종류
① 부호와 절대치 표현
② 부호화된 1의 보수 표현
③ 부호화된 2의 보수 표현

40 그레이 코드(Gray code) : 2진법 부호의 일종으로 연속된 수가 1개의 비트만 다른 특징을 지닌다. 연산은 하지 않고 주로 데이터 전송이나 I/O 장치, Analog/Digital 간 변환과 주변장치에 주로 사용된다.

41 1. zero-address instruction mode(0-주소 명령)
① 명령 코드만 존재하고 주소부가 없는 형식
② 스택(LIFO) 구조의 컴퓨터에서 사용(PUSH, POP)
③ 레지스터에 있는 직접 데이터를 사용하기 때문에 처리속도가 빠르다.
2. one-address instruction mode(1-주소 명령)
① 명령어의 주소부가 하나만 있는 명령어
② 이항연산 수행 가능, 누산기를 기준으로 연산을 수행
3. two-address instruction mode(2-주소 명령)
① 명령어의 주소부가 2부분으로 구성되어 하나는 피연산 데이터, 하나는 연산 데이터를 각각 기억
② (결과-1)=(피연산-1) 연산 (연산-2)
4. three-address instruction mode(3-주소 명령)
① 명령어의 주소부가 3부분으로 구성되어 주소-1은 피연산 데이터, 주소-2는 연산 데이터, 주소-3은 결과를 기억
② 하나의 명령어에 3개의 오퍼랜드 필드를 모두 포함시켜 명령어의 길이가 길어졌지만 기계어로 변환시키면 전체 명령어들의 수는 작아진다.
③ (결과-3)=(피연산-1) 연산 (연산-2)

42 마이크로프로세서의 특징
아주 작은 기억 소자를 이용하여 산술 및 논리연산을 수행하도록 설계

43 FETCH 메이저 스테이트에서 수행되는 마이크로 오퍼레이션
① MAR ← PC : PC에 있는 번지를 MAR에게 전송
② MBR ← M[MAR], PC ← PC+1 : MAR이 지정하는 위치의 값을 MBR에 전송, 다음에 실행할 명령의 위치를 지정하기 위해 PC+1
③ IR ← MBR[OP], I ← MBR[I] : 명령어의 OP-Code 부분을 명령 레지스터에 전송, 모드 비트를 플립플롭 1에 전송
④ F ← 1, R ← 1 : I가 0이면 F 플립플롭에 1을 전송하여 Execute 단계로 변천, I가 1이면 R 플립플롭에 1을 전송하여 Indirect 단계로 변천

44 CCD(Charge Coupled Device, 전하결합소자) : 한 반도체의 출력이 인접한 반도체의 입력이 되도록 정렬되어 있는 메모리

45 1. 명령어 구성 형태
① 명령어 : 필드(Field)라는 비트 그룹으로 이루어지며, 연산 코드와 오퍼랜드 필드로 구분한다.
② 연산 코드 : 처리해야 할 연산의 종류
③ 오퍼랜드 : 처리할 대상 데이터 또는 데이터 주소

| 연산 코드 | 오퍼랜드 |
| (OP code) | (operand) |

2. 오퍼랜드의 수에 따른 명령어 형식
① 0-주소 명령어 : 스택구조에서 사용되는 형식
② 1-주소 명령어 : 기억장치로부터 오퍼랜드를 가져오거나 연산 결과를 저장하기 위한 임시적인 장소로 누산기(어큐뮬레이터, Acc) 레지스터를 사용한다.
③ 2-주소 명령어 : 상업용 컴퓨터에서 가장 많이 사용
④ 3-주소 명령어 : 오퍼랜드의 개수가 세 개인 명령어 형식

47 ① 인터프리터(Interpreter) : 목적 프로그램을 생성하지 않고 행(줄) 단위로 기계어로 번역
② 디버거(Debugger) : 번역된 프로그램의 실행 오류를 찾기 위한 프로그램
③ 프리프로세서(Preprocessor) : 전처리기는 원시 프로그램을 기계어 프로그램으로 번역하는 대신에 기

존의 고수준 컴파일러 언어로 전환하는 역할을 수행한다.

48 Flag register : 명령의 실행 중에 특정 조건에 따라 설정되는 전용 레지스터

49 순서도(FLOW CHART)를 작성하는 이유
① 처리절차를 일목요연하게 한다.
② 프로그램의 인계인수가 용이하다.
③ ERROR 수정이 용이하다.

51 1. 제어 프로그램
  ① 감시(Supervisor) 프로그램
  ② 작업 관리(Job Management) 프로그램
  ③ 데이터 관리(Data Management) 프로그램
  ④ 통신 관리(Communication Management) 프로그램
2. 처리 프로그램
  ① 언어 번역 프로그램
  ② 서비스 프로그램
  ③ 문제 프로그램

52 H.261
① 동영상 압축 프로그램
② 원격 화상회의를 위한 표준으로 시작하여 ISDN 전화선을 이용한 원격화상회의, 비디오 전화 등 통신 분야에서 동영상 압축에 국제표준 이용
③ 시간적 중복성 제거를 위해 프레임 간의 예측 기법 사용, 공간적 중복성을 제거하기 위해 DCT 변환기법 이용

53 접근 방식에 의한 주소지정방식
① 묵시적 주소지정방식(implied addressing mode) : 오퍼랜드를 사용하지 않는 방식으로 명령어 자체 내에 오퍼랜드가 포함되어 있는 방식
② 즉각 주소지정방식(immediate addressing mode) : 명령문 속에 데이터가 존재하는 주소지정방식
③ 직접 주소지정방식(direct addressing mode) : 명령어의 오퍼랜드에 실제 데이터가 들어 있는 주소를 직접 갖고 있는 방식
④ 상대 주소지정방식(relative addressing mode) : 상태 레지스터 등의 내용을 점검하여 조건에 따라 프로그램의 처리를 변경하고자 하는 명령에만 사용되는 주소지정방식
⑤ 인덱스 주소지정방식(indexed addressing mode) : 인덱스 레지스터에 데이터가 스토어되어 있는 어드레스를 로드해 놓고 각 명령에서 이 어드레스 방식을 사용하면 인덱스 레지스터에 로드되어 있는 어드레스가 대상이 되는 주소지정방식
⑥ 간접 주소지정방식(indirect addressing mode) : 오퍼랜드가 존재하는 기억장치 주소를 내용으로 가지고 있는 기억 장소의 주소를 명령 속에 포함시켜 지정하는 주소지정방식

54 1. 병렬 입·출력 인터페이스
  ① PIO(Parallel Input/Output) : 각각의 비트들이 고유의 전선을 사용하여 동시에 입출력이 수행되는 방식
  ② PPI(Programmable Peripheral Interface) : 범용 병렬 입출력 인터페이스로서 CPU와 주변장치 사이에서 그 규칙대로 신호들을 해석하여 전달해 주는 일을 하는 장치
  ③ PIA(Programmable Interconnection Array)
2. 직렬 입출력 인터페이스
  ① USART : UART(직렬 → 병렬, 병렬 → 직렬, 저속), USRT(고속)의 두 가지가 결합한 형태
  ② SIO(Serial Input/Output) : 출력장치로부터 직렬방식으로 데이터를 받아 일반적으로 8비트 병렬 단어로 변환하는 인터페이스
  ③ ACIA(Asynchronous Communication Interface Adapter)

55 $\overline{AB}+\overline{BD}+BCD$

	$\overline{CD}$	$\overline{C}D$	CD	$C\overline{D}$
$\overline{AB}$	1	0	0	1
$\overline{A}B$	1	1	1	1
AB	0	0	1	0
$A\overline{B}$	1	0	0	1

56 ① 저급 언어 : 기계어, 어셈블리어
② 고급 언어 : 포트란, 코볼, C, 파스칼, 자바

57 가상 기억장치 : 주기억장치 안의 프로그램 양이 많아질 때, 사용하지 않은 프로그램을 보조기억장치로 옮

겨 놓고 그 부분을 주기억장치처럼 사용

58 명령어 형식
① 0-주소 명령어 : 스택
② 1-주소 명령어 : 누산기(Accumulator)-하나의 오퍼랜드만 포함하고 다른 오퍼랜드나 결과값은 누산기에 저장
③ 2-주소 명령어 : 범용레지스터(GPR), 2개의 오퍼랜드가 존재
④ 3-주소 명령어 : 범용레지스터(GPR), 3개의 오퍼랜드가 존재

59 ① ROM의 구성 회로=Decoder+OR Gate
② Decoder : n개의 신호를 입력받아 2^n 개의 출력신호를 얻는 회로

60 입출력 제어방식 종류
① Programmed I/O ② Interrupt I/O
③ DMA에 의한 I/O ④ 채널에 의한 I/O

61 $\overline{A \cdot B + A \cdot \overline{B}} = (\overline{\overline{A} + \overline{B}})(\overline{\overline{A} + B})$
$= (A + \overline{B})(\overline{A} + B)$
$= A\overline{A} + AB + \overline{A}\overline{B} + B\overline{B}$
$= AB + \overline{A}\overline{B}$

62 10진수 24를 BCD code(8421 code) 각각 자리 수 값으로 변환하면 0010 0100

63 Maxterm(product of sums) 간소화

CD\AB	00	01	11	10
00	0	1	X	2
01	X	5	X	X
11	X	X	X	X
10	8	9	X	10

$F = (\overline{A} + \overline{B}) \cdot (\overline{C} + \overline{D}) \cdot (\overline{B} + D)$

64 4비트 2진수를 4비트 그레이 코드(Gray code)로 변환

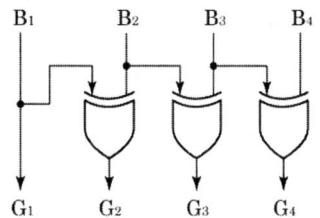

65 M/S Flip-Flop(주/종 플립플롭)
출력측의 일부가 입력에 유입되는 레이스 현상을 방지하기 위해 고안된 플립플롭

66 ① 디코더(Decoder) : 해독기라 하며, n개의 신호를 입력받아 2^n 개의 출력신호를 얻는 회로
② 멀티플렉서 : 2^n 개의 입력이 1개의 출력으로 나타남
③ 인코더(부호기, Encoder) : n개의 입력이 2^n 개의 출력으로 나타남
④ 디멀티플렉서(Demultiplexer) : 1개의 입력선을 받아들여 n개의 선택선(selection line)의 조합에 의해 2^n 개의 출력선 중에서 하나를 선택하여 출력하는 회로이며 데이터 분배기(Data distributor)라고 한다.

67 동기식 5진 계수기

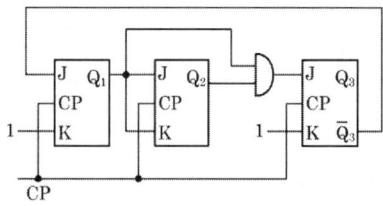

68 반가산기(Half Adder)

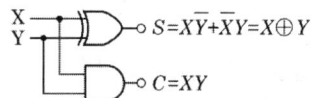

$S = X\overline{Y} + \overline{X}Y = X \oplus Y$
$C = XY$

X Y	OR	AND	EX-OR
0 0	0	0	0
0 1	1	0	1 $\overline{X}Y$
1 0	1	0	1 $X\overline{Y}$
1 1	1	1	0

69 전가산기(full-adder) : 1개의 Full adder(전가산기)를 구성하기 위해서는 Half adder(반가산기)가 최소 2개 필요

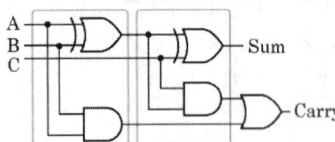

∴ 입력 3개, 출력 2개
$S = (A \cdot \overline{B} + \overline{A} \cdot B) \oplus C$
$C = AB + (A \oplus B)C$

70 인코더(부호기, Encoder) : n개의 입력이 2^n개의 출력

71 고정소수점 표현 방식 중 음의 정수 표현의 종류
부호는 양수(+)일 때 0으로, 음수(-)일 때는 1로 부호 비트를 표시
① 부호와 절대치 표현
② 부호화된 1의 보수 표현
③ 부호화된 2의 보수 표현

72 비교 회로
A와 B의 두 변수 사이에서 양쪽의 값이 같으면 0, 다를 경우 1로 출력하는 논리합 같은 회로
$F_1 = AB + \overline{AB}$
$F_2 = A\overline{B}$
$F_3 = \overline{A}B$

73

AB\CD	00	01	11	10	
00					
01	1	1	1	1	$\overline{A}B$
11					
10	1	1	1	1	$A\overline{B}$

$F = A\overline{B} + \overline{A}B = A \oplus B$

74 Bus
① 제어 버스(Control Bus) : 중앙처리장치와의 데이터 교환을 제어하는 신호의 전송 통로
② 데이터 버스(Data Bus) : 입출력시키는 데이터 및 기억장치에 써넣고 읽어내는 데이터의 전송 통로
③ 어드레스 버스(Address Bus) : CPU에서 메모리나 입·출력장치의 번지를 지정

75 $A(\overline{A} + A \cdot B) = A\overline{A} + AAB = AB$

76 R-S 플립플롭 : 클록신호가 0에서 1로 변화할 때 출력값도 변한다.

S	R	Q
0	0	이전상태(변화없음)
0	1	0(Reset)
1	0	1(Set)
1	1	불허

77 16진수 F는 10진수에서는 15이다.

16진수	F	F
2진수	1111	1111
10진수	255	

78 1. 홀수 패리티 발생기 회로

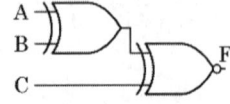

$F = \overline{A \oplus B \oplus C}$

2. 짝수 패리티 발생기 회로

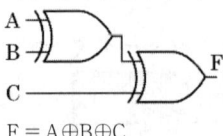

$F = A \oplus B \oplus C$

79 영어 대소문자 52가지+숫자 10가지=62가지를 표현하기 위해서는 2^6가지 = 64가지, 즉 6개의 bit가 필요하다.

80 100까지 카운트 $\leq 2^7$ 즉 최소 7개의 플립플롭이 필요

81 8위상=2^3 위상을 나타내기 위해서는 3bit이어야 한다.
변조속도=$\dfrac{4800bps}{3bit}$ = 1600baud

82 ① 동기식 전송 방식(STM) : 전송로상에서 신호 정보를 일정 주기의 프레임(frame)으로 구획을 정하고, 프레임을 시간 슬롯(time slot)으로 분할해서 전송하는 시분할 다중 방식
② 비동기식 전송 방식 : 문자의 시작과 끝에 각각 START 비트와 STOP 비트가 부가되어 전송의 시작과 끝을 알려 전송하는 방식

83 패킷 교환망의 오류 없이 전달하기 위한 기능
① 흐름 제어   ② 에러 제어
③ 경로 배정   ④ 다중화

84 멀티플렉서 : 복수의 입력 중에서 1개를 선택해서 출력하는 회로. 논리 게이트로 구성되는 조합 논리회로이다.

85 라우팅 프로토콜
① RIP(Routing Information Protocol) : 정보를 교환할 때 자신이 가지고 있는 모든 Network 정보 전달(Full Route Database)
② BGP(Border Gateway Protocol) : 자율시스템(AS) Number가 다른 네트워크 간에 Routing Information을 주고받는 Exterior Gateway Protocol
③ OSPF(Open Shortest Path First) : 내부 라우팅 프로토콜의 일종으로 링크 상태 알고리즘을 사용하는 대규모 네트워크에 적합
[참고]
① SMTP(Sent Mail Transfer Protocol, 보내는 메일 서버 프로토콜)
② SNMP(Simple Network Management Protocol, 간이 망 관리 프로토콜)

87 맨체스터(Manchester) 부호화
매 비트 구간에서는 반드시 한 번 이상의 신호 준위 천이가 발생하므로 이를 이용하여 클록 신호를 추출할 수 있어 동기화 능력을 가지게 되는 디지털 신호 부호화 방식이다.

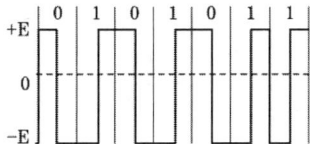

88 Clear Request 패킷
가상회선 패킷교환 방식에서 모든 패킷이 전송되면, 마지막으로 이미 확립된 접속을 끝내기 위해 이용되는 패킷

89 데이터(Data) 전송제어의 절차
회선접속 → 데이터 링크 확립 → 정보 전송 → 데이터 링크 해제 → 회선절단

90 데이터 전송 시 오류 발생의 주된 원인
① 신호 감쇠 현상(Attenuation) : 신호가 전송 매체를 통해 전송되면서 그 진폭이 감소하는 현상
② 지연 왜곡(Delay Distortion) : 하드와이어 전송 매체에서 발생되는 문제로서 주파수의 가변적 속도에 의해 생기는 왜곡 현상
③ 잡음(Noise) : 전송 도중에 추가된 불필요한 신호로서 원래의 신호를 손상하거나 왜곡시키는 역할을 한다.

91 시분할 다중화(TDM) : 펄스를 각 통신로 수만큼 시간적으로 간격이 같도록 하나의 통신로에 배열하고 이 펄스를 각 통신로마다 음성신호로 변조하여 전송한다.

92 패킷 교환 방식
① 가상회선 패킷교환은 연결형 서비스를 제공
② 데이터그램 패킷교환은 비연결형 서비스를 제공
③ 대화형 데이터 통신에 적합하도록 개발된 교환 방식
④ 전송할 수 있는 패킷의 길이는 제한

93 데이터 전송 중 발생한 에러를 검출하는 기법
① Parity Check(패리티 검사)
② Cyclic Redundancy Check(순환 잉여 검사) : 프레임 단위로 오류 검출을 위한 코드를 계산하여 프레임 끝에 FCS를 부착
③ Block Sum Check(블록합 검사)

94 LAN의 네트워크 토폴로지(topology)

성형	링형	버스형	트리(허브)형

95 인터넷 응용서비스
① FTP(File Transfer Protocol) : 두 컴퓨터 간의 파일 전송을 위한 인터넷 표준 프로토콜
② Archie : 인터넷상의 익명 FTP 서버에 공개되어 있는 파일을 검색하는 서비스를 하는 클라이언트/서버형 프로그램
③ Gopher : 메뉴 방식의 인터넷 정보검색서비스

96 다중화(Multiplexing) : 하나의 고속 통신 연결을 통하여 여러 단말기에 신호를 동시에 보내는 것

97 TCP/IP 계층화 모델 중 전송 계층에 사용되는 프로토콜
① TCP : 연결 지향형으로, 사용하는 서비스는 HTTP, FTP, Telnet, SMTP 등
② UDP(User Datagram Protocol) : 비연결형으로, 사용하는 서비스는 IP, DNS, SNMP, ARP, RARP 등

98 HDLC 프레임 구조

시작 플래그 (F)	주소 영역 (A)	제어 영역 (C)	정보 영역 (I)	FCS	종료 플래그 (F)
8비트	8비트	8비트	가변	16비트	8비트

① F(Flag) : 프레임의 시작과 끝을 나타내기 위해 사용하며, 고유의 패턴(01111110) 8bit로 구성되어 있다.
② 주소(Address) 영역 : 송신 시스템과 수신 시스템의 주소를 기록한다.
③ 제어(Control) 영역 : 정보 전송프레임 I형식, 링크 감시제어용 S형식, 확장용 U형식이 있다.
④ 정보(Information) 영역 : 송수신 단말장치 간 교환되는 사용자 정보와 제어 정보이다.
⑤ FCS(Frame Check Sequence) 영역 : 수신 프레임의 에러 검출 부분으로 CRC 방식을 사용한다.

99 TCP(Transmission Control Protocol)의 특징
① 접속형(Connection-Oriented) 서비스
② 신뢰성(Reliability) 서비스
③ 전이중(Full-Duplex) 전송 서비스

100 OSI 7계층
① 1계층(물리 계층, Physical Layer) : 전송에 필요한 두 장치 간의 실제 접속과 절단 등 기계적, 전기적, 기능적, 절차적 특성에 대한 규칙
② 2계층(데이터 링크 계층, Data Link Layer)
  ㉠ 두 개의 인접한 개방 시스템들 간에 신뢰성 있고 효율적인 정보를 전송
  ㉡ 송신측과 수신측의 속도 차이를 해결하기 위한 흐름 제어 기능
③ 3계층(네트워크 계층, Network Layer)
  ㉠ 개방 시스템들 간의 네트워크 연결을 관리하는 기능과 데이터의 교환 및 중계 기능
  ㉡ 네트워크 연결을 설정, 유지, 해제하는 기능
  ㉢ 경로 설정(Routing), 데이터 교환 및 중계, 트래픽 제어, 패킷 정보 전송을 수행
④ 4계층(전송 계층, Transport Layer)
  ㉠ 논리적 안정과 균일한 데이터 전송 서비스를 제공함으로써 종단 시스템(End-to-End) 간에 투명한 데이터 전송을 가능
  ㉡ OSI 7계층 중 하위 3계층과 상위 3계층의 인터페이스를 담당
  ㉢ 주소 설정, 다중화, 오류 제어, 흐름 제어를 수행
  ㉣ TCP, UDP 등의 표준
⑤ 5계층(세션 계층, Session Layer)
  ㉠ 송·수신측 간의 관련성을 유지하고 대화 제어를 담당하는 계층
  ㉡ 대화 구성 및 동기 제어, 데이터 교환 관리 기능
⑥ 6계층(표현 계층, Presentation Layer)
  ㉠ 응용 계층으로부터 받은 데이터를 세션 계층에 보내기 전에 통신에 적당한 형태로 변환하고, 세션 계층에서 받은 데이터는 응용 계층에 맞게 변환하는 기능
  ㉡ 서로 다른 데이터 표현 형태를 갖는 시스템 간의 상호 접속을 위해 필요한 계층
⑦ 7계층(응용 계층, Application Layer)
  ㉠ 사용자가 OSI 환경에 접근할 수 있도록 서비스를 제공
  ㉡ 응용 프로세스 간의 정보 교환, FTP, E-mail 등의 서비스를 제공

2007년 제4회

01	02	03	04	05	06	07	08	09	10
③	④	②	②	④	②	④	③	①	③
11	12	13	14	15	16	17	18	19	20
③	④	①	①	①	②	②	④	②	①
21	22	23	24	25	26	27	28	29	30
②	②	②	③	②	②	③	②	③	④
31	32	33	34	35	36	37	38	39	40
③	④	②	④	③	④	②	④	③	④
41	42	43	44	45	46	47	48	49	50
④	④	②	③	①	④	②	②	③	①
51	52	53	54	55	56	57	58	59	60
③	④	②	②	①	③	②	①	④	①
61	62	63	64	65	66	67	68	69	70
②	③	④	①	③	④	②	②	③	④
71	72	73	74	75	76	77	78	79	80
④	②	④	④	④	④	④	②	③	②
81	82	83	84	85	86	87	88	89	90
①	③	②	②	②	②	④	①	③	④
91	92	93	94	95	96	97	98	99	100
①	④	②	①	④	④	①	④	③	①

01 벤치 마크 프로그램(Bench Mark Program)
전반적인 시스템의 성능을 측정하는 소프트웨어

02 로더
1. 정의 : 컴퓨터 내부로 정보를 들여오거나, 로드 모듈을 디스크 등의 보조기억장치로부터 주기억장치에 적재하는 시스템 소프트웨어
2. 기능
   ① 할당(Allocation) : 실행 프로그램을 실행시키기 위해 기억장치 내에 옮겨 놓을 공간을 확보하는 기능
   ② 연결(Linking) : 부 프로그램 호출 시 부 프로그램이 할당된 기억장소의 시작주소를 호출한 부분에 등록하여 연결하는 기능
   ③ 재배치(Relocation) : 디스크 등의 보조기억장치에 저장된 프로그램이 사용하는 각 주소들을 할당된 기억장소의 실제 주소로 배치시키는 기능
   ④ 적재(Loading) : 실행 프로그램을 할당된 기억공간에 실제로 옮기는 기능

03 ① Thrashing : 프로그램의 수가 많아지거나 또는 한 프로그램에서 사용하는 페이지의 수가 사용 가능한 페이지 프레임에 비해서 매우 크게 되어 대부분의 시간을 페이지 falut를 처리하는 데 보내게 되는 현상
② Swapping : 시분할 시스템 방식에서 주기억장치 내용을 일시적으로 보조기억장치 데이터나 프로그램과 교체하는 방법
③ Overlay : 주기억장치 영역에 프로그램을 실행할 경우 프로그램을 몇 개의 작은 논리적인 단위로 세그먼트를 나누어 필요한 세그먼트만 읽어들여서 실행하는 방법

04 어셈블러를 두 개의 pass로 구성하는 주된 이유
① 한 개의 Pass만을 사용하는 경우는 기호를 모두 정의한 뒤에 해당 기호를 사용하여야 한다.
② 기호를 정의하기 전에 사용할 수 있어 프로그램 작성이 용이하기 때문이다.(전향 참조, Forward reference)
③ 사용의 편의상 정의하기 전에 사용한 주소 상수를 처리하기 위함이다.

05 페이지 교체 알고리즘
① FIFO(First In First Out) : 가장 먼저 적재된 페이지를 먼저 교체하는 기법
② LRU(Least Recently Used) : 가장 오랫동안 사용되지 않은 페이지를 먼저 교체하는 기법
③ LFU(Least Frequently Used) : 참조된 횟수가 가장 적은 페이지를 먼저 교체하는 기법
④ NUR(Not Used Recently) : 최근에 사용하지 않은 페이지를 먼저 교체하는 기법

06 1. 제어 프로그램
   ① 감시(Supervisor) 프로그램
   ② 작업 관리(Job Management) 프로그램
   ③ 데이터 관리(Data Management) 프로그램
   ④ 통신 관리(Communication Management) 프로그램
2. 처리 프로그램
   ① 언어 번역 프로그램
   ② 서비스 프로그램
   ③ 문제 프로그램

07 Time Sharing System

운영체제의 운용 기법 중 여러 명의 사용자가 사용하는 시스템에서 컴퓨터가 사용자들의 프로그램을 번갈아 가며 처리하여 줌으로써 각 사용자에게 독립된 컴퓨터를 사용하는 느낌을 주는 기법

※ Swapping : 시분할 시스템 방식에서 주기억장치 내용을 일시적으로 보조기억장치 데이터나 프로그램과 교체하는 방법

08 주기억장치 관리 기법의 배치 전략
① 최초 적합(first-fit) 전략 : 첫 번째 분할 영역에 배치시키는 방법
② 최적 적합(best-fit) 전략 : 가장 작게 남기는 분할 영역에 배치시키는 방법
③ 최악 적합(worst-fit) 전략 : 입력된 작업을 가장 큰 공백에 배치하는 방법

09 Round Robin
① Job scheduling 정책 중 time slice 개념을 가지고 있다.
② 프로세스들이 배당 시간 내에 작업을 완료하지 못하면 폐기하지 않고 다음 순서에 나머지가 작업을 처리한다.
③ 프로세스들이 CPU에서 시간량에 제한을 받는다.
④ 시분할 시스템에 효과적이다.
⑤ 선점형(preemptive) 기법이다.

[참고] HRN
① 실행 시간이 긴 프로세스에 불리한 SJF 기법을 보완하기 위한 것으로, 대기 시간과 서비스 시간을 이용하는 기법이다.
② 우선순위를 계산하여 그 숫자가 가장 높은 것부터 낮은 순으로 우선순위가 부여된다.
③ 우선순위 계산식
　(대기 시간+서비스 시간)/서비스 시간

10 어셈블리어
① 명령 기능을 쉽게 연상할 수 있는 기호를 기계어와 1 : 1로 대응시켜 코드화한 기호 언어
② 프로그램에 기호화된 명령 및 주소를 사용
③ 어셈블리어의 기본 동작은 동일하지만 작성한 CPU마다 사용되는 어셈블리어가 다를 수 있다.
④ 어셈블리어에서는 데이터가 기억된 번지를 기호(symbol)로 지정

⑤ 어셈블리어로 작성된 원시 프로그램은 목적 프로그램을 생성한 후 실행 가능하다.

11 교착상태(deadlock) 발생의 필수 조건
① Mutual exclusion(상호배제) : 한 시점에서는 한 프로세스만 사용 가능
② Hold and wait(점유와 대기) : 추가적인 자원을 요구하며 대기
③ Circular wait(환형 대기)
④ Non-preemption(비선점) : Operation 도중 선점 불가능
　예) 프린트 작업, 파일 쓰기

12
① ASSUME : 세그먼트 레지스터에 각 세그먼트의 시작 번지를 할당하여 현재의 세그먼트가 어느 것인가를 지적하게 하는 어셈블리어 명령
② ORG : 어셈블리언어에서 원시 프로그램을 목적 프로그램으로 번역할 때 현재의 오퍼랜드에 있는 값을 다음 명령어의 번지로 할당
③ EQU : 지시어는 숫자형 상수, 레지스터 연관값 또는 프로그램 연관값에 상징된 이름을 부여한다. 어떤 기호적 이름에 상수값을 할당하는 명령

13 시스템 소프트웨어의 종류
① 운영체제(윈도우 시리즈, 도스, 유닉스 등)
② 프로그래밍 언어
　㉠ 고급 언어(C++, JAVA 등)
　㉡ 저급 언어(기계어), 어셈블리 언어, 컴파일러
③ 데이터베이스 관리시스템(DBMS)
④ 유틸리티 프로그램(노턴 유틸리티, V3 등)

14 매크로의 처리 순서
어셈블러 프로그램 → 매크로 처리기 → 어셈블러(Assembler) → 기계어

15 운영체제의 성능 평가 기준
① 처리능력(Throughput)
② 반환시간(Turn Around Time)
③ 사용 가능도(Availability)
④ 신뢰도(Reliability)

16 교착 상태의 4가지 필요 충분 조건
① 상호 배제(Mutual Exclusion)
② 점유와 대기(Hold-and-Wait)
③ 비선점(Non-Preemption)
④ 환형 대기(Circular Wait)

17 로더(general loader)의 종류
① Compile And Go 로더 : 별도의 로더 없이 언어 번역 프로그램이 로더의 기능까지 수행하는 방식(할당, 재배치, 적재 작업을 모두 언어 번역 프로그램이 담당)
② 절대 로더(Absolute Loader) : 목적 프로그램을 기억 장소에 적재시키는 기능만 수행하는 로더로서, 할당 및 연결 작업은 프로그래머가 프로그램 작성 시 수행하며, 재배치는 언어번역 프로그램이 담당
③ 직접 연결 로더(Direct Linking Loader) : 일반적인 기능의 로더로, 로더의 기본 기능 4가지를 모두 수행하는 로더
④ 동적 적재 로더(Dynamic Loading Loader) : 프로그램을 한꺼번에 적재하는 것이 아니라 실행 시 필요한 일부만을 적재하는 로더

18 XCHG : 프로그램 내에서 양쪽 오퍼랜드에 기억된 내용을 서로 바꾸어야 할 때 사용

19 매크로 프로세서의 기본 수행 작업
① 매크로 정의 저장
② 매크로 정의 인식
③ 매크로 호출 인식 : 원시 프로그램 내에 매크로의 시작을 알리는 Macro 명령을 인식한다.
④ 매크로 호출 확장

20 어셈블러에서 패스 작업
① 패스 1 : 기호(Symbol) 테이블 정의
② 패스 2 : 기호(Symbol) 테이블에서 해당 기호 찾기 원시 프로그램을 1차 검색(pass-1)하여 명령어 및 기호 번지들을 데이터베이스 테이블(MOT, POT, ST, LT)에 저장한다. 또한 잘못 사용한 명령어나 기호 번지는 프로그래머가 수정할 수 있도록 오류 메시지를 출력하기도 한다. 이후에는 각 테이블에 저장된 정보들을 이용하여 기계어 코드나 기억 장소를 변환(pass-2)한다.

21
$$\begin{array}{r}010010\\+)000111\\\hline 011001\end{array} \quad \begin{array}{r}010010\\+)001111\\\hline 100001\end{array} \quad \begin{array}{r}010010\\+)111001\\\hline 1011011\end{array} \quad \begin{array}{r}010010\\+)001011\\\hline 011101\end{array}$$

22 $(19)_{10} \rightarrow (00010011)_2 \rightarrow (11101100)_{1의 보수} +1 \rightarrow (11101101)_{2의 보수}$

23 Full adder(전가산기) 구성 : Half adder(반가산기) 2개와 OR Gate 1개
[참고] Half adder(반가산기) 구성 : EX-OR 1개와 AND Gate 1개

24 주소지정방식
① 고유 주소지정방식은 항상 일정한 기능을 수행한다.
② 즉시 주소지정방식은 레지스터의 값을 초기화할 때 주로 사용된다.
③ 직접 주소지정방식은 명령어 주소 부분에 유효 주소 데이터가 있다.

25 기억장치 용량=1024word=2^{10}word
word=16bit   PC=10bit
MAR=10bit   MBR=16bit

26 Associative memory
① 데이터의 내용으로 병렬 탐색을 하기에 알맞도록 되어 있다.
② 각 셀이 외부의 인자와 내용을 비교하기 위한 논리 회로
[참고] CAM(Content Addressable Memory)
  ① 기억된 내용 일부를 이용하여 데이터에 직접 접근할 수 있는 메모리
  ② 탐색은 전체 워드 또는 한 워드 내의 일부만을 가지고 시행할 수 있다.

27 직접 메모리 액세스(DMA)
① CPU의 도움 없이 메모리와 I/O 장치 사이에서 전송을 시행
② CPU와 DMA 제어기는 메모리와 버스를 공유
③ 사이클 스틸을 발생하여 메모리 장치와 I/O 장치 사이의 자료 전송을 수행

28 Gray 코드

10진수	6	
2진수	0110	2진수 좌⊕우=결과
그레이(gray) 코드	0101	

29 N가지의 정보를 2진수 코드로 부호화하는 데 $\log_2 N$의 비트가 필요

30 채널의 종류와 특징
① 선택 채널 : 자기디스크, 자기테이프, 자기드럼 등 고속입출력장치의 입출력에 이용
② 다중 채널 : 프린터나 카드리더 같은 저속 입출력장치의 입출력에 이용
③ 블록 다중 채널 : 다중 채널과 같이 동시에 다수의 입출력장치를 제어, 자기디스크, 자기테이프, 자기드럼과 같은 고속 입출력장치의 입출력에 이용

31

$(1011)_2 + (34)_8$
$(1011)_2 + (011100)_2 = (11)_{10} + (28)_{10} = (39)_{10}$
$(1011)_2 + (011100)_2 = (B)_{16} + (1C)_{16} = (27)_{16}$

32 보조기억장치 : 다량의 정보를 저장하는 기억장치로 연산, 제어장치와 직결하지 않고 주기억장치와 정보의 수수를 처리시키는 기억장치. 외부기억장치라고도 한다.

33 Exclusive-OR : 두 데이터를 비교하는 데 가장 효과적인 논리연산

34 동기 고정식
① 모든 마이크로오퍼레이션 중에서 수행시간이 가장 오래 걸리는 마이크로 사이클을 클록의 주기로 지정
② 수행시간이 짧은 마이크로오퍼레이션은 대기 시간 증가
③ CPU 시간 낭비
④ 마이크로오퍼레이션의 수행 시간이 비슷할 때 유리

35 10MHz의 CPU에서 2개 데이터 처리 시간(T)
$= (1/f) \times$ clock 수 $\times$ data 수 $\times$ memory access
$= (1/10,000,000) \times 4 \times 2 \times 2$
$= 1.6 \mu s$
[참고] 주파수(f)=10MHz=10,000,000Hz
  clock 수=4
  data 수=2
  memory access(load+store)=2
  $\mu s = 1/1,000,000$초

36 수치 정보의 표현이 만족 → 정밀도가 높아야 한다.

37 ① 채널(Channel) : CPU를 거치지 않고 입·출력과 주기억장치 간에 데이터 전송을 담당하는 방식
② Handshaking I/O : 비동기 데이터 전송 시에 2~3개의 제어신호에 의한 송수신 방법

38 인터럽트의 발생 원인
① 입출력 인터럽트 : 자료의 연산이 종료된 후에 발생
② 프로그램 오류 인터럽트 : 프로그램의 실행 도중에 연산 오류나 번지 착오 등의 오류가 있을 때 발생
③ SVC(Supervisor call) 인터럽트 : 프로그램에서 의도적으로 SVC 명령을 사용하는 경우에 발생
④ 외부 인터럽트 : 할당된 시간을 초과하거나, 콘솔(console)을 이용하여 오퍼레이터가 중단키를 누를 때, 또는 CPU 간에 통신할 때 등에 발생

39 1. 하드웨어적 인터럽트 판별 방식
  ① 데이지체인(Daisy-chain) 방식
  ② 직렬(Serial) 우선순위 부여 방식
  ③ 병렬 우선순위 부여방식
2. 소프트웨어적 인터럽트 판별 방식
  ① 폴링(Polling)

40 Flynn의 컴퓨터 구조 제안 모델
① SISD(Single Instruction stream Single Data stream) : 한 번에 한 개씩의 명령어와 데이터를 처리하는 단일 프로세서 시스템
② SIMD(Single Instruction stream Multiple Data stream) : 여러 개의 프로세서들로 구성. 프로세서들의 동작은 모두 하나의 제어장치에 의해 제어
③ MISD(Multiple Instruction stream Single Data stream) : 각 프로세서들은 서로 다른 명령어들을 실행하지만 처리하는 데이터는 하나의 스트림

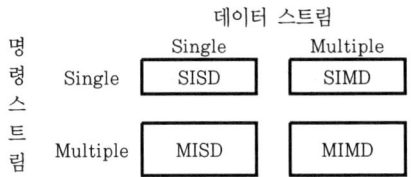

41 마이크로프로그램
① 마이크로프로그램은 소프트웨어라고 하는 것보다 하드웨어적인 요소가 많아 펌웨어(firmware)라고도 불린다.
② 제어기를 구성하는 방법으로 마이크로프로그램이 이용될 수 있다.
③ 컨트롤 스토리지(control storage) 속에 저장한다.
④ 마이크로프로그램은 마이크로 명령으로 형성되어 있다.

42 명령레지스터 : 주기억장치에서 판독한 명령을 유지하는 레지스터

43 기억용량=양면×실린더 수×섹터 수×섹터당 바이트
   =2×77×26×128=512512byte=500.2Kbyte

44 DMA(Direct Memory Access) 방식
① 제어를 위한 별도의 하드웨어가 필요
② 마이크로프로세서로부터 하나의 입출력 명령을 받는다. 마이크로프로세서의 간섭 없이 독자적으로 입출력을 수행
③ 마이크로컴퓨터나 소형 컴퓨터에서 이용
④ 버스를 제어할 수 있는 능력이 필요

46 의사 코드 명령(Pseudo Instruction)
① 어셈블러가 원시 프로그램을 번역할 때 어셈블러에게 필요한 작업을 지시하는 명령이다.
② 어셈블러 명령(Assembler Instruction)이라고도 한다.
③ 데이터 정의, 세그먼트와 프로시저 정의, 매크로 정의, 세그먼트 레지스터 할당, 리스트 파일의 지정 등을 지시할 수 있다.

47 cross assembler : 마이크로컴퓨터를 위한 대규모 프로그램을 개발하려고 할 때 마이크로컴퓨터를 사용하여 어셈블하려면 여러 가지 제한(메모리 용량, 입·출력장치의 제한 등)을 받게 되는 문제점을 해결하기 위하여 마이크로컴퓨터 대신에 중·대형 컴퓨터를 사용하는데, 이때 이용되는 소프트웨어 유틸리티(Utility)

48 어셈블러 지시어(assembler directives) : 어셈블리어로 작성된 프로그램을 어셈블러 처리 과정을 통제하고 명령할 수 있는 기계어로 필요한 정보를 지정하기 위하여 어셈블리 프로그램에서 사용하는 명령

49 X-OR(배타적 OR)의 역할
누산기(accumulator)를 clear하고자 할 때 사용하면 효과적인 명령어

50 $112.75_{(10)} \rightarrow 1110000.11$

52 Emulator : 실제 하드웨어 시스템이 만들어지기 전에 미리 실행해보아 완성된 시스템에서 디버깅을 보다 용이하게 할 수 있는 기능을 가진 장치

55 DRAM
① 일정 시간이 지나면 기억된 정보가 소멸
② 대용량의 메모리에 사용
③ 정보의 소멸을 방지하기 위해 일정시간마다 재충전이 필요
④ 1비트의 정보를 하나의 플립플롭에 기억

57 마이크로프로그램 제어 방식
① 하드웨어가 최소화, 설계가 간결
② 프로그램 형태이므로 자기 진단 기능 구비 가능
③ 비트 슬라이스형의 컴퓨터에 적용
④ 최소된 하드웨어이므로 비용이 저렴

58 소프트웨어 우선순위 방식(Polling 방식)
인터럽트 발생 시 프로그램에 의해 가장 우선순위가 높은 장치로부터 플래그 상태를 차례로 검사하여 인터럽트 발생 장치를 찾는 방식
① 인터럽트 반응속도가 느림
② 융통성이 있다.
③ 경제적이다.

61 카르노맵 이용

A\BC	00	01	11	10
0		$\overline{A}C$	BC $\overline{AB}$	$\overline{AB}\overline{AC}$
1		$A\overline{B}C$	BC	

$C + \overline{A}B$

62 전가산기=반가산기 2개와 OR게이트 1개로 구성
합 $S = A \oplus B \oplus C$
자리올림 $C_0 = AB + BC + AC$

65 오류(ERROR) 검출 방식
① CHECK SUM : 데이터의 정확성을 검사하기 위한 용도로 사용되는 합계
② PARITY CODE : 홀수(기수, ODD) 패리티 코드와 짝수(우수, EVEN) 패리티 코드 두 가지 종류가 있다.
③ HAMMING CODE : 자체적으로 정정할 수 있는 코드
[참고] EXCESS-3 CODE(3초과 코드) : 2진화 10진수 (BCD)의 3에 상당하는 0011을 0으로 하여 시작하도록 정해져 있다.

66 Half adder(반가산기)
합 $Sum = X\overline{Y} + \overline{X}Y = X \oplus Y$
자리올림 $Carry = XY$

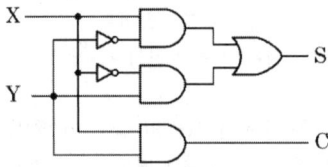

67 $B(A+B) = AB + BB = AB + B = B(A+1) = B$

69 $\overline{\overline{A}\overline{B}} = A + B$

72 (1100 0110)excess-3 코드
   $= 8421code + (11)2진수$
   풀이)
   $= 11 - 110011 - 0110 = 10010011$
   ∴ 10진수 93

73 $\overline{\overline{A+B}} = \overline{\overline{A}} \cdot \overline{\overline{B}} = AB$
   ∴ AND

74 CPU의 내부 구성 요소
① Instruction Register : 가장 최근에 인출된 명령어 코드가 저장되어 있는 레지스터
② ALU : 각종 산술 연산들과 논리 연산들을 수행하는 회로들로 이루어진 하드웨어 모듈
③ Accumultator : 데이터를 일시적으로 저장하는 레지스터
④ CPU 내부 버스 : ALU와 레지스터들 간의 데이터 이동을 위한 데이터 선들과 제어 유니트로부터 발생되는 제어 신호선들로 구성된 내부 버스

76 목적 프로그램(Object program) : 어셈블러나 컴파일러에 의해서 번역된 기계어 프로그램

77 A=1, B=1, C_i=1일 때
$X = (A+B) + C_i = (1+1) + 1 = 1$
$Y = (A+B) \cdot C_i + (A \cdot B) = (1+1) \cdot 1 + (1 \cdot 1) = 1$

78 99진 리플 카운터 수 $\leq 2^n$ 이어야 한다. 따라서 n=7일 때 카운터수가 128개이므로 7개의 플립플롭이 필요하다.

79 16진수 1자리는 2진수 4자리씩 묶어서 표현할 수 있다.

2진수	0101 0001 1011
16진수	5 1 B

80 디코더(Decoder, 부호기) : n개의 입력을 최대 2^n 개의 서로 다른 정보로 변환해주는 조합 논리회로

81 회선 교환(circuit switching) 방식
① 송신과 수신 사이에 데이터를 전송하기 전에 먼저 교환기를 통해 물리적으로 연결

② 음성이나 동영상과 같이 연속적이면서 실시간 전송이 요구되는 멀티미디어 전송 및 에러 제어와 복구에 부적합
③ 송신과 수신 간에 호 설정이 이루어지고 나면 항상 정보를 연속적으로 전송할 수 있는 전용 통신로가 제공

82 비동기식 전송 : 문자 시작과 끝에 START 비트와 STOP 비트가 부가되어 전송의 시작과 끝을 알려 전송하는 방식

83 성형

84 OSI 7계층
① Physical Layer(1계층, 물리 계층)
② Data Link Layer(2계층, 데이터 링크 계층)
③ Network Layer(3계층, 네트워크 계층)
④ Transport Layer(4계층, 전송 계층)
⑤ Session Layer(5계층, 세션 계층)
⑥ Presentation Layer(6계층, 표현 계층)
⑦ Application Layer(7계층, 응용 계층)

85 HDLC의 프레임 구조
플래그-주소부-제어부-정보부-FCS-플래그
[참고]
1. 플래그(Flag)
 ① '01111110'의 8비트로 구성
 ② 프레임의 시작과 끝 표시
2. 주소
 ① 보통은 8비트, 확장 모드에서는 16비트
 ② 부국의 주소를 통지
  ㉠ Command의 경우 : 수신처의 부국 또는 복합국의 주소
  ㉡ Response의 경우 : 응답의 송신원의 부국 또는 복합국의 주소
3. 제어
 ① 8비트, 확장모드에서는 16비트

 ② 제어 필드 형식이 다른 세 종류의 프레임을 정의
4. 정보(Information) 프레임 : 사용자 데이터 전송
5. 데이터 : 가변이며, 정보 프레임과 비번호 프레임에만 존재
6. Frame Check Sequence
 ① 보통은 16비트의 CRC-16
 ② 확장 모드에서는 32비트의 CRC-32 사용

86 ① Stop-and-Wait ARQ : 자동 재전송 요청(ARQ) 중 데이터 프레임의 정확한 수신 여부를 매번 확인하면서 다음 프레임을 전송해 나가는 가장 간단한 오류 제어 방식
② Go-back-N ARQ : 한 개의 프레임을 전송하고, 수신측으로부터 ACK 및 NAK 신호를 수신할 때까지 정보 전송을 중지하고 기다리는 ARQ(automatic repeat request) 방식

87 데이터 링크 전송제어 절차의 순서
통신회선 접속 → 데이터 링크 확립 → 정보전송 → 데이터 링크 해제 → 통신회선 분리

88 DNS(Domain Name system) 서버
인터넷상에서 도메인 주소를 IP 주소로 변환하여 주는 서버

89 TCP 헤더의 구성

발신지 포트 주소(16)	목적지 포트 주소(10/6)
Sequence number(32)	
Acknowledgement number(32)	
(4) HLEN / (6) 예약 / U R G / A C K / P S H / R S T / S Y N / F I N	(16) Windows size
Checksum(16)	(16) Urgent pointer
Options and Padding	

90 CSMA/CD(Carrier sense multiple access with collision detection)

자유경쟁으로 채널 사용권을 확보하는 방법으로 노드 간의 충돌을 허용하는 네트워크 접근 방법

91 HDLC 프레임의 종류
① I-FRAME : 정보를 전송
② U-FRAME(비번호) : 링크의 설정과 해제, 오류 회복을 위해 주로 사용
③ S-FRAME(감독) : 제어신호를 송수신할 때, 연결 설정/해제 등의 정보를 전송

92 IP의 라우팅 프로토콜
① IGP(Interior gateway portocol) : 자율 시스템 내에서 라우팅 정보를 교환하는 데 사용하는 인터넷 프로토콜
② RIP(Routing Information Protocol) : 데이터그램 패킷을 통해 매30초마다 라우팅 정보를 방송
③ EGP(Exterior Gateway Protocol) : 자율 시스템 사이에서 게이트웨이가 라우팅 정보를 상호 교환하기 위한 인터넷 프로토콜

93 시분할 다중화 방식
① 동기식 시분할 다중화 방식 : 전송 시간을 일정한 간격의 시간 슬롯으로 나누고, 이를 주기적으로 각 채널에 할당한다.
② 통계적 시분할 다중화 방식 : 전송 데이터가 있는 경우에만 시간 슬롯을 할당한다.
③ 동기식 시분할 다중화 방식 : 전송 프레임마다 각 시간 슬롯이 해당 채널에게 고정적으로 할당되기 때문에 결과적으로 전송 매체의 전송 능력이 낭비된다.

94 Analog 신호를 Digital 신호로 변환하는 PCM 3단계 과정
① 표본화(Sampling)
② 부호화(Encoding)
③ 양자화(Quantizing)

95 ① ICMP(Internet Control Message Protocol)
② IGMP(Internet Group Management Protocol)
③ ARP(Address Resolution Protocol) : 호스트의 논리 주소를 통해 무리 주소인 MAC 주소를 얻어오기 위해 사용하는 프로토콜

96 패킷교환망
① 전송하고자 하는 정보를 캐시라는 작은 단위로 나눈다.
② 패킷마다 발신지와 수신지의 주소를 넣어 패킷 교환망에 보내면 패킷교환기가 그 주소를 보고 최종 목적지까지 전달한다.
③ 네크워크는 대부분 패킷 교환망이다.

97 회선제어 방식
① Contention(경쟁) 방식 : 송신 요구를 먼저 한 쪽이 송신권을 가지는 방식
② Polling(폴링) 방식 : 불균형적인 멀티포인트 링크 구성 중 주 스테이션이 각 부 스테이션에게 데이터 전송을 요청하는 회선 제어 방식
③ Selection Hold 방식 : 주 컴퓨터가 단말기에게 데이터를 수신할 수 있는지를 묻는 방식

98 Guard Band : 주파수 분할 다중화에서 인접한 채널 간의 간섭을 방지하기 위한 대역

99 데이터 전송률=baud×신호 정보 비트
=400×4=1600bps

100 ① PCM(펄스코드 변조)에서 송신의 순서
표본화 → 양자화 → 부호화
② 디지털 수신 시스템의 순서
캐리어 복조 → 채널 복호화 → 원천 복호화

2008년 제2회

정답

01	02	03	04	05	06	07	08	09	10
②	③	②	②	④	①	④	①	③	②
11	12	13	14	15	16	17	18	19	20
③	②	①	③	②	③	②	②	①	④
21	22	23	24	25	26	27	28	29	30
②	①	③	④	③	③	③	③	①	④
31	32	33	34	35	36	37	38	39	40
①	③	④	③	④	②	③	④	③	①
41	42	43	44	45	46	47	48	49	50
②	②	③	④	④	③	④	①	③	④
51	52	53	54	55	56	57	58	59	60
②	②	②	④	④	④	④	②	④	④
61	62	63	64	65	66	67	68	69	70
④	④	①	②	④	②	②	④	③	②
71	72	73	74	75	76	77	78	79	80
③	④	②	②	②	②	②	③	④	②
81	82	83	84	85	86	87	88	89	90
③	④	②	②	③	①	③	①	②	④
91	92	93	94	95	96	97	98	99	100
②	③	④	①	①	④	①	④	④	④

01 ① ASSUME : 세그먼트 레지스터에 각 세그먼트의 시작 번지를 할당하여 현재의 세그먼트가 어느 것인가를 지적하게 하는 어셈블리어 명령
② ORG : 어셈블리언어에서 원시 프로그램을 목적 프로그램으로 번역할 때 현재의 오퍼랜드에 있는 값을 다음 명령어의 번지로 할당
③ EQU : 지시어는 숫자형 상수, 레지스터 연관값 또는 프로그램 연관값에 상징된 이름을 부여한다. 어떤 기호적 이름에 상수값을 할당하는 명령

02 ① 어셈블러(assembler) : 저급 언어에서 사용. 어셈블리 언어로 작성된 프로그램을 기계어로 번역하는 프로그램
② 링커(Linker) : 여러 Object를 한 개의 실행 가능한 형태의 file로 작성한다. 일반적으로 다른 곳에서 프로그램 루틴이나 컴파일, 어셈블된 루틴들을 모아서 실행 가능한 루틴을 작성
③ 연결 편집기(Linkage editor) : 원시 프로그램을 컴파일러로 번역하면 목적 프로그램이 생성되는데, 이 목적 프로그램은 즉시 실행할 수 없는 상태의 기계어이다. 이를 실행 가능한 로드 모듈로 변환하는 것

03 프로그램 수행 순서
compiler → linkage editor → loader

04 매크로 프로세서 처리 과정
정의 인식 → 정의 저장 → 호출 인식 → 확장과 인수 치환

05 확장된 명령어 수
=매크로 기계어 명령어 수×매크로 호출 수
=3개×3번=9

06 어셈블리 언어의 의사(pseudo) 명령
① 원시 프로그램을 번역할 때 어셈블러에게 요구되는 동작을 지시하는 명령
② 어셈블러 명령(Assembler Instruction)이라고 한다.
③ 데이터 정의, 세그먼트와 프로시저 정의, 매크로 정의, 세그먼트 레지스터 할당, 리스트 파일의 지정 등을 지시할 수 있다.
④ DC(define constant) 명령
START(beginning of program) 명령
USING(base register의 사용) 명령
※ BAL(branch and link) 명령 : 리턴 어드레스를 IR 레지스터에 저장하고 분기하는 명령이다.

07 원시 프로그램을 기계어로 번역해 주는 프로그램
① 컴파일러(Compiler) : FORTRAN, COBOL, ALGOL, C와 같은 고급 언어로 작성된 프로그램을 번역하는 프로그램
② 어셈블러(Assembler) : 저급 언어(컴퓨터 언어에 가까운 언어)로서 직접적으로 명령어와 명령이 1 : 1로 대응, 어셈블리어로 작성된 원시 프로그램을 기계어로 번역하는 프로그램
③ 인터프리터(Interpreter) : BASIC, LISP, APL, SNOBOL 등의 언어로 작성된 원시 프로그램을 번역하는 프로그램
[참고] 고급 언어 : 인간이 이해하기 쉬운 언어

08 BNF(Backus-Naur form, 배커스-나우어 형식)
프로그램 언어의 구문(Syntax) 형식을 정의하는 가장 보편적인 기법
[참고] BNF는 구문 요소를 나타내는 메타 기호

① < >, 둘 중 하나의 선택
② ‖, 좌변은 우변에 의해 정의

09 ① ORG : 원시 프로그램을 목적 프로그램으로 번역할 때 현재의 오퍼랜드에 있는 값을 다음 명령어의 번지로 할당하는 것
② EQU : 지시어는 숫자형 상수, 레지스터 연관값 또는 프로그램 연관값에 상징된 이름을 부여한다.
③ INCLUDE : 라이브러리에 기억된 내용을 프로시저로 정의하여 서브루틴으로 사용하는 것과 같이 사용할 수 있도록 그 내용을 현재의 프로그램 내에 포함시켜 주는 명령

10 운영체제의 성능 평가 기준 4가지
① 처리능력(Throughput)
② 반환시간(Turn Around Time)
③ 사용 가능도(Availability)
④ 신뢰도(Reliability)

11 ① Direct linking loader : 일반적인 로더(general loader)이며 할당, 연결, 재배치, 적재의 기능을 모두 수행하는 가장 근접한 로더
② Absolute loader : 간단한 로더이며 단순히 번역된 목적 프로그램을 입력으로 받아들여 주기억장치의 프로그래머가 지정한 주소에 적재하는 기능을 가지는 로더
③ Compile and go loader : 원시 프로그램의 기계어로 번역하는 순서대로 명령어 및 자료를 직접 주기억장치에 적재하여 곧바로 프로그램을 수행하는 방식의 loader

12 어셈블러를 두 개의 pass로 구성하는 주된 이유
① 한 개의 Pass만을 사용하는 경우는 기호를 모두 정의한 뒤에 해당 기호를 사용하여야 한다.
② 기호를 정의하기 전에 사용할 수 있어 프로그램 작성이 용이하기 때문이다.(전향 참조, Forward reference)
③ 사용의 편의상 정의하기 전에 사용한 주소 상수를 처리하기 위함이다.

13 프로그래머(Programmer) : 절대로더를 사용하는 경우 기억장소 할당의 수행 주체

14 교착 상태의 발생 조건
① 상호 배제(Mutual Exclusion)
② 점유와 대기(Hold-and-Wait)
③ 비선점(Non-Preemption)
④ 환형 대기(Circular Wait)

15 Round Robin
① Job scheduling 정책 중 time slice 개념
② 프로세스들이 배당 시간 내에 작업을 완료하지 못하면 폐기하지 않고 다음 순서에 나머지가 작업을 처리
③ 프로세스들이 CPU에서 시간량에 제한
④ 시분할 시스템에 효과
⑤ 선점형(preemptive) 기법

16 로더(loader)의 기능
1. 정의 : 컴퓨터 내부로 정보를 들여오거나, 로드 모듈을 디스크 등의 보조기억장치로부터 주기억장치에 적재하는 시스템 소프트웨어
2. 기능
① 할당(Allocation) : 실행 프로그램을 실행시키기 위해 기억장치 내에 옮겨 놓을 공간을 확보하는 기능
② 연결(Linking) : 부 프로그램 호출 시 부 프로그램이 할당된 기억장소의 시작주소를 호출한 부분에 등록하여 연결하는 기능
③ 재배치(Relocation) : 디스크 등의 보조기억장치에 저장된 프로그램이 사용하는 각 주소들을 할당된 기억장소의 실제 주소로 배치시키는 기능
④ 적재(Loading) : 실행 프로그램을 할당된 기억 공간에 실제로 옮기는 기능

17 LRU(Least Recently Used)
한 프로그램에서 사용하는 각 페이지마다 count를 두어서 현시점에서 볼 때 가장 오래 전에 사용된 페이지가 교체할 페이지로 선택되는 기법
[참고]
① LFU(Least Frequently Used) : 적재되어 참조된 횟수를 누적값으로 페이지를 교체하는 기법
② FIFO(First In First Out) : 적재가 가장 오래된 페이지를 교체하는 기법

18 주기억장치 관리 기법의 배치 전략
① 최초 적합(first-fit) 전략 : 첫 번째 분할 영역에 배치시키는 방법
② 최적 적합(best-fit) 전략 : 가장 작게 남기는 분할 영역에 배치시키는 방법
③ 최악 적합(worst-fit) 전략 : 입력된 작업을 가장 큰 공백에 배치하는 방법

19 ① Thrashing : 다중 프로그래밍 시스템이나 가상 기억장치를 사용하는 시스템에서 하나의 프로세스 수행 과정 중 자주 페이지 교체가 발생하게 되어 전체 시스템의 성능이 저하된다.
② Locality(구역성, 국부성) : 프로세스가 실행되는 동안 일부 페이지만 집중적으로 참조하는 특성을 가지고 있다.

20 프로세서의 정의
① 프로시저가 활동 중인 것
② 프로세서가 할당되는 실체
③ 운영체제가 관리하는 실행 단위
④ PCB를 갖는 프로그램
⑤ 실행 중인 프로그램

21 인터럽트 발생 처리 순서
① CPU에 인터럽트 요청
② CPU는 현재 수행 중인 프로그램의 상태를 기억장소에 보관
③ 인터럽트 처리 루틴에서 어느 장치가 인터럽트를 요청했는지 판별
④ 인터럽트 취급 루틴을 실행시켜 해당하는 인터럽트에 대해 조치를 취함
⑤ 원래 상태로 복귀하여 처리 중인 프로그램을 계속적으로 실행

22 병렬가산기 : 가산기를 병렬로 연결하면 여러 비트로 구성된 2진수 덧셈연산을 수행할 수 있다.
$C_{in} = 0$이면 F=A-1
$C_{in} = 1$이면 F=A

23 Excess-3(3초과) 코드
$(8)_{10} + (3)_{10} = (11)_{10}$

1000 + 11 = 1011

24 채널 명령어 구성 요소
① 입·출력 명령의 종류
② 블록의 크기
③ 블록의 위치
④ 데이터 주소(data address)
⑤ flag
⑥ Operation Code

25 AND 명령어는 특정비트를 0으로 만들 때
OR 명령어는 특정비트를 1로 만들 때
XOR은 반전시킬 때 사용하는 명령어

26 컴퓨터의 필수적인 구성 장치
① I/O 장치(입출력장치)
② 중앙처리장치(연산장치, 제어장치)
③ 기억장치

28 DMA : Direct Memory Access, 직접 메모리 접근

29 1111 Gray code를 2진 코드로 바꾸면 1010(2)

1　　1　　1　　1
↓　↗↓　↗↓　↗↓
1　　0　　1　　0

30 기억장치와 입출력장치의 동작 차이점

비교 항목	입출력장치	기억장치
동작의 속도 (가장 중요 항목)	느리다.	빠르다.
동작의 자율성	타율/자율	타율
정보의 단위	Byte(문자)	Word
착오 발생률	많다.	적다.

31 rotate : 레지스터에 기억된 자료에서 특정한 위치의 비트 내용을 시험하는 방법

32

항목	소프트웨어	하드웨어
반응 속도	저속	고속
회로 복잡도	단순	복잡
경제성	경제적	비경제적
융통성	있다	없다

33 RISC(Reduced Instruction Set Computer)의 특징
① 축소 명령어 세트 컴퓨터의 약어이다.
② 명령어 코드로 구성하기 위한 bit 수의 증가에 대한 보완으로 개발된 프로세서
③ 명령어들의 사용 빈도를 조사하여 사용 빈도가 높은 명령어만 사용하는 프로세서
④ 명령어 길이가 고정적이다.
⑤ 하드웨어에 의해 직접 명령어가 수행
⑥ 수행 속도가 더 빠르다.

34 ① 팩 10진 형식(packed decimal format)
  ㉠ 10진수 한 자리를 4개의 비트로 표현하는 방법
  ㉡ 맨 오른쪽의 4개의 비트는 양수이면 C(1100)로, 음수이면 D(1101)로 표시
② 언팩 10진 형식(unpacked decimal format)
  ㉠ 10진수 한 자리를 8개의 비트로 표현하는 방법
  ㉡ 왼쪽 4비트는 존(zone), 나머지 4비트는 숫자(digit)를 구분. 이때 10진수의 부호는 가장 오른쪽 8비트의 존 부분이 양수이면 C(1100)로, 음수이면 D(1101)로 표시

35 마이크로오퍼레이션(CPU 동작) 순서
① Fetch Cycle(인출 단계) : 주기억장치에서 CPU의 명령 레지스터로 가져와 해독하는 단계
② Indirect Cycle(간접 단계) : Fetch 단계에서 해석한 주소를 읽어온 후에 그 주소가 간접주소이면 유효주소를 계산하는 단계
③ Execute Cycle(실행 단계) : Fetch 단계에서 인출하여 해석한 명령을 실행하는 단계
④ Interrupt Cycle(인터럽트 단계) : 인터럽트 발생시 복귀주소(PC)를 저장시키고, 인터럽트 처리 후에는 항상 Fetch 단계로 복구하는 단계

36 채널의 기능
① 입·출력 명령 지시
② 입·출력 명령 해독
③ 데이터 입·출력 실행

37 Associative memory : 기억장치에 기억된 정보를 액세스하기 위하여 주소를 사용하는 것이 아니고, 기억된 정보의 일부분을 이용하여 원하는 정보를 찾는 것

38 memory buffer
① 용량을 증가시킨다.
② 기억을 쉽게 한다.
③ 고장을 대비해서 구성된다.

39 주기억장치 용량이 4096비트=512바이트=2^8 byte
워드 길이가 16비트
PC(program counter)=8
AR(address register)=8
DR(data register)=16

40 write-through : 캐시 메모리의 기록 정책 가운데 쓰기(write) 동작이 이루어질 때마다 캐시 메모리와 주기억장치의 내용을 동시에 갱신하는 방식

41 ① 격리(isolated)형 입·출력 방식
  ㉠ 마이크로 프로세서와 메모리 및 I/O 장치를 인터페이스할 때 메모리와 I/O 장치의 입·출력 제어신호(Read/Write)를 별도로 하여 구성하는 방식
  ㉡ I/O 인터페이스 번지와 메모리 번지가 구별된다.
② 메모리 맵(memory map)형
  ㉠ 메모리의 번지를 I/O 인터페이스 레지스터까지 확장하여 저장하는 것

42 명령어 구성

연산자(operation code) 즉 명령부	오퍼랜드 (주소부)

① 연산자 기능
  ㉠ 함수 연산 기능
  ㉡ 제어 기능
  ㉢ 입출력 기능
② 오퍼랜드(주소부) : 자료의 주소 지정 기능

44 프로세서 내의 레지스터는 액세스 시간이 가장 짧다.

45 데이지 체인 방식
우선순위가 높은 장치로부터 인터럽트 라인을 직렬로 연결하여, 상위의 인터럽트 요청이 없는 경우에 한하여 하위로 인터럽트 인정 신호가 넘어가는 형태의 인터럽트 우선순위 결정 방식

46 DMA(Direct Memory Access) 방식
① 제어를 위한 별도의 하드웨어가 필요
② 마이크로프로세서로부터 하나의 입출력 명령을 받는다. 마이크로프로세서의 간섭 없이 독자적으로 입출력을 수행
③ 마이크로컴퓨터나 소형 컴퓨터에서 이용
④ 버스를 제어할 수 있는 능력이 필요

47 인터럽트(Interrupt)가 발생했을 경우 이를 처리하기 전에 그 내용을 기억시킬 필요가 없는 것
① Accumulator
② State Register
③ Program Counter

48 buffer(버퍼, 임시기억장치) : I/O 장치의 처리 속도는 느리고, CPU의 속도는 빠르기 때문에 CPU의 효율을 높이기 위해서 사용되는 장치

49 마이크로컴퓨터용 Software 개발 과정
요구분석 → 프로그램 설계 → 코딩 → 테스트 → 유지보수

50 EX-OR Gate(배타적 OR 게이트) : 산술연산장치에서 계산 결과가 Overflow가 발생했는지의 유·무를 체크하기 위해서 사용되는 Gate

51 데이터 버스 : 마이크로컴퓨터에서 CPU와 기억장치 그리고 I/O 장치 간의 데이터를 주고받기 위해 공통으로 연결되는 버스

52 주기억장치 용량
2^{16}byte=$2^6 \times 2^{10}$byte=128×1024byte

53 0123번지에 CALL A 명령이 있다. 이 CALL A를 수행한 후 stack에 기억된 값은 0125번지이다.

54 Down Loading : 컴퓨터를 이용하여 프로그램을 작성하여 실행 파일을 만든 후 트레이닝 키트나 target system으로 실행 파일을 전송하는 것

56 스택(stack) : 되부름 서브루틴(recursive subroutine)을 처리하는 데 유용한 자료구조

57 인스트럭션(명령어) 설계 시 고려사항
① 연산자의 수와 종류
② 주소지정방식
③ 시스템 단어(WORD) 크기(비트수)
④ 인스트럭션 형태
⑤ 데이터 구조

58 마이크로프로세서 시스템을 개발하기 위한 장비
① MDS(Microcomputer Development Software)
② Logic Analyzer
③ Digital Storage Scope

59 니모닉 코드 : 어셈블리어에서 기계어와 1대 1의 대응 관계가 있는 알파벳 코드

60 JTAG(Joint Test Action Group) : 임베디드 시스템 개발 시 디버깅하기 위한 장비

61 보수회로 : 병렬 2진 감산기를 가산기와 같은 회로로 쓸 때 필요한 회로

62

AB\CD	00	01	11	10	
00	0	1	3	2	$\overline{AB}$
01	4			6	$\overline{AD}$
11		9	11		
10		13	15		

AD

63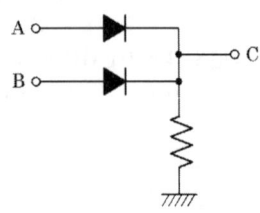
$\overline{\overline{AB}} = A+B$
$X = (A+B)(C+D)$
$\overline{\overline{CD}} = C+D$

64 $(3D21)_{16} - (B44)_{16} = (31DD)_{16}$

65

R(K)	S(J)	Q(t+1)	
0	0	Q(t)	변화없음
0	1	1	세트
1	0	0	리셋
1	1	$\overline{Q}$(t)	보수

$Q_{(t+1)} = J\overline{Q} + \overline{K}Q$

66 OR GATE

67 BCD-그레이 코드 변환회로

10진수	2진수	그레이코드
0	000	000
1	001	001
2	010	011
3	011	010
4	100	110
5	101	111

69 디코더(decoder) : n비트의 2진수를 입력해서 2^n 개의 출력 중에서 대응하는 수의 번호의 단자에 출력을 주는 2진수 디코더이다.
① 인코더와 반대 동작을 하는 것이 디코더이다.
② 신호의 조합을, 이 조합을 나타내는 하나의 신호로 번역하는 유닛이다.
③ 2진법의 수를 해독하여 그에 해당하는 10진법의 수를 선택해 내는 회로

70 8가지의 상태 변화를 가지는 COUNTER는 최소 3개의 플립플롭으로 구성

71 전가산기(Full Adder)
A, B는 연산수의 1자릿수, C는 하위에서의 자릿수 오름. S는 합의 그 자릿수. C는 상위로의 자릿수

72 데이터 버스 : 8비트
어드레스 버스 : 16비트
주기억장치 용량 = Data bit × Address 크기
= $8bit \times 2^{16} bit = 64Kbyte$

73 NOR Gate
입력이 모두 0일 때만 출력이 1이 되는 게이트

74 $(A+B)(A+C)$
$= AA + AC + AB + BC = A(1+C+B) + BC = A + BC$

76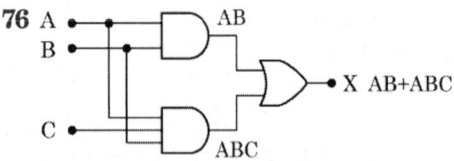
X = AB+ABC

79 T 플립플롭
하나의 입력 단자가 있고 클록 펄스가 인가되었을 때 입력 신호가 1이면 보수 상태가 되고, 0이면 동일 상태를 유지하는 플립플롭

입력	Q	Q(t+1)
0	0	0
0	1	1
1	0	1
1	1	0

80 전 감산기(Full subtracter)
빼고자 하는 2개의 수와 하위 자릿수에 빌려준 빌림수(borrow)를 입력으로 받아들여 감산을 수행하는 조합논리회로

81 OSI 7계층
① 1계층(물리 계층, Physical Layer)

⊙ 전송에 필요한 두 장치 간의 실제 접속과 절단 등 기계적, 전기적, 기능적, 절차적 특성에 대한 규칙
ⓒ 물리적 전송매체와 전송 신호 방식을 정의하며 X.21, RS-232C 등의 표준
② 2계층(데이터 링크 계층, Data Link Layer)
⊙ 두 개의 인접한 개방 시스템들 간에 신뢰성 있고 효율적인 정보를 전송
ⓒ 송신측과 수신측의 속도 차이를 해결하기 위한 흐름 제어 기능
③ 3계층(네트워크 계층, Network Layer)
⊙ 개방 시스템들 간의 네트워크 연결을 관리하는 기능과 데이터의 교환 및 중계 기능
ⓒ 네트워크 연결을 설정, 유지, 해제하는 기능
ⓒ 경로 설정(Routing), 데이터 교환 및 중계, 트래픽 제어, 패킷 정보 전송을 수행
④ 4계층(전송 계층, Transport Layer)
⊙ 논리적 안정과 균일한 데이터 전송 서비스를 제공함으로써 종단 시스템(End-to-End) 간에 투명한 데이터 전송을 가능
ⓒ OSI 7계층 중 하위 3계층과 상위 3계층의 인터페이스를 담당
ⓒ 주소 설정, 다중화, 오류 제어, 흐름 제어를 수행
② TCP, UDP 등의 표준
⑤ 5계층(세션 계층, Session Layer)
⊙ 송·수신측 간의 관련성을 유지하고 대화 제어를 담당하는 계층
ⓒ 대화 구성 및 동기 제어, 데이터 교환 관리 기능
⑥ 6계층(표현 계층, Presentation Layer)
⊙ 응용 계층으로부터 받은 데이터를 세션 계층에 보내기 전에 통신에 적당한 형태로 변환하고, 세션 계층에서 받은 데이터는 응용 계층에 맞게 변환하는 기능
ⓒ 서로 다른 데이터 표현 형태를 갖는 시스템 간의 상호 접속을 위해 필요한 계층
⑦ 7계층(응용 계층, Application Layer)
⊙ 사용자가 OSI 환경에 접근할 수 있도록 서비스를 제공
ⓒ 응용 프로세스 간의 정보 교환, FTP, E-mail 등의 서비스를 제공

82 인터네트워킹(internetworking) 장비
① Router, ② Switch, ③ Bridge

83 회선 교환(circuit switching) 방식
① 현재 널리 사용되고 있는 전화시스템을 대표적인 예로 들 수 있다.
② 고정 대역폭을 사용하고 동일한 전송 속도가 유지
③ 접속 시 지연이 있고 전송 지연은 거의 없어 실시간 전송 가능
④ 데이터가 전송되지 않는 동안 접속이 유지되어 통신 회선이 낭비가 된다.
⑤ 오류 제어나 흐름 제어는 사용자에 의해 수행

84 WDM(Wave-Division Multiplexing, 파장분할다중화기) 방식
가변 파장 송신장치, 가변 파장 수신장치를 사용하여 특정채널을 선택한다.

85 E 클래스
① IP Address 32비트 중 최상위 다섯 비트가 11110으로 구분
② 범위는 240.XXX.XXX.XXX~247.XXX.XXX.XXX
③ 연구를 위한 목적

86 전송제어 문자
⊙ NAK(Negative ACKnowledge) : 부정응답
ⓒ ACK(ACKnowledge) : 긍정응답
ⓒ EOT(End of Transmission) : 종료
② SOH(Start of Heading) : 헤딩 시작

87 Data link 계층의 프로토콜
① 로컬 환경 내에서 네드워크 전송 장비를 통한 데이터의 전송을 담당
② LAN : Ethernet, Token Ring, FDDI
③ WAN : PPP, HDLC, Frame-Relay

88 IEEE 802.5
차폐연선을 이용하여 4Mbps 또는 16Mbps의 속도로 토큰을 전송하는 액세스에 사용되며, IBM 토큰 링과 같은 종류이다.

89 Contention 방식
데이터 전송을 하고자 하는 모든 단말장치는 서로 대등한 입장에 있으며, 송신 요구를 먼저 한 쪽이 송신권을 갖는 방식

90 동기식 시분할 다중화(STDM, Synchronous Time Division Multiplexing)
연결된 단말장치들에게 전송할 데이터의 유무에 상관없이 일정하게 타임 슬롯을 할당해서 프레임을 구성하여 전송하는 방식

91 Keying(키잉) 3가지 방식
디지털 데이터를 아날로그 신호로 변환시키는 것
① Amplitude-Shift Keying
② Frequency-Shift Keying
③ Phase-Shift Keying

92 LAN(Local Area Network, 근거리통신망)의 대표적인 예로는
① 제한된 지역 내의 통신
② 데이터 파일의 공용
③ 광역 통신망에 대조되는 통신망
④ 소단위 고속 정보 통신망

94 PCM(펄스코드변조)
① 디지털 변조
② 표본화, 양자화, 부호화

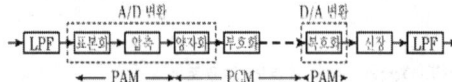

95 응용 계층(Application Layer)
① 사용자에게 각종 서비스를 제공하기 위한 계층
② 주요 프로토콜
  ㉠ Telnet : 원격 컴퓨터 접속을 위한 프로토콜
  ㉡ FTP : 파일 전송 프로토콜
  ㉢ HTTP : 웹 서비스를 위한 프로토콜
  ㉣ SMTP : E-Mail 전송을 위한 프로토콜
  ㉤ NNTP : 인터넷 사용자가 유즈넷 그룹에 접근하는 데 필요한 프로토콜
  ㉥ DNS : 호스트 이름과 네트워크 주소를 매핑시

키기 위한 서비스

96 ARP(Address resolution protocol, 주소 결정 프로토콜)
IP 주소를 물리적 네트워크 주소로 대응시키기 위해 사용되는 프로토콜

97 1. 양방향 통신 : 두 지점 사이에서 정보를 주고받는 전자 통신 시스템
  ① 전이중 방식
    ㉠ 쌍방이 동시에 송신할 수 있는 것
    ㉡ 예 : 전화, 데이터 통신
  ② 반이중 방식
    ㉠ 한쪽이 송신하고 있는 동안은 수신을 하고, 전송 방향을 전환하는 것
    ㉡ 예 : 무전기
2. 단방향 통신
  ① 한쪽 방향으로만 전송 가능한 것
  ② 예 : 방송, 감시 카메라

98 데이터 통신에서 오류를 검출하는 기법
① Parity Check
② Block Sum Check
③ Cyclic Redundancy Check

99 Hamming code
기존의 데이터에 특정 규칙을 가진 여러 개의 짝수 패리티 비트를 추가하여 새로운 데이터를 만들며 수신측에서는 이 짝수 패리티 비트들을 검사하여 오류를 검출하고 수정한다.

100 Forward Error Correction 방식
송신측에서 정보 비트에 오류 정정을 위한 제어 비트를 가하여 전송하면 수신측에서 이 비트를 사용하여 에러 검출하고 수정하는 방식

2008년 제4회

정답

01	02	03	04	05	06	07	08	09	10
①	④	②	①	③	④	①	③	①	④
11	12	13	14	15	16	17	18	19	20
③	④	①	④	②	①	④	①	③	②
21	22	23	24	25	26	27	28	29	30
①	③	④	②	④	①	③	②	③	①
31	32	33	34	35	36	37	38	39	40
④	①	④	③	④	②	③	①	②	①
41	42	43	44	45	46	47	48	49	50
③	④	④	④	④	④	④	④	②	①
51	52	53	54	55	56	57	58	59	60
④	④	②	③	③	③	①	④	③	④
61	62	63	64	65	66	67	68	69	70
②	①	④	④	③	②	④	③	①	②
71	72	73	74	75	76	77	78	79	80
④	④	④	①	③	④	②	④	②	③
81	82	83	84	85	86	87	88	89	90
④	②	④	④	④	②	②	③	③	③
91	92	93	94	95	96	97	98	99	100
②	②	③	③	①	③	③	④	①	①

01 매크로 프로세서의 기본 수행 작업
① 매크로 정의 인식 : 원시 프로그램 내에 매크로의 시작을 알리는 Macro 명령을 인식
② 매크로 정의 저장 : 매크로를 확장하기 위해 매크로 이름과 매크로 내용을 매크로 테이블에 저장
③ 매크로 호출 인식 : 주 프로그램의 명령부에서 매크로 이름으로 매크로 호출을 인식
④ 매크로 호출 확장 및 인수 치환 : 주 프로그램의 매크로 이름 위치에 매크로 내용과 인수를 치환하여 확장된 원시 프로그램을 생성

02 로더(Loader) : 프로그램을 실행하기 위하여 프로그램을 보조기억장치로부터 컴퓨터의 주기억장치에 적재시키는 기능

03 가상 기억장치 관리의 페이지 교체기법 중 (LRU) 페이지 교체기법은 가장 오랫동안 사용되지 않은 페이지를 선택하여 교체하며, (LFU) 페이지 교체기법은 호출된 횟수가 가장 적은 페이지를 교체한다.
[참고]
㉠ LRU(Least Recently Used system, 가장 최근의 사용 횟수 방식)
㉡ LFU(Least Frequently Used, 최소 사용 빈도)

04 매크로 프로세서의 기본 수행 작업
① 매크로 정의 저장
② 매크로 정의 인식
③ 매크로 호출 인식 : 원시 프로그램 내에 매크로의 시작을 알리는 Macro 명령을 인식한다.
④ 매크로 호출 확장

05 로더(Loader)
1. 정의 : 컴퓨터 내부로 정보를 들여오거나, 로드 모듈을 디스크 등의 보조기억장치로부터 주기억장치에 적재하는 시스템 소프트웨어
2. 기능
  ① 할당(Allocation) : 실행 프로그램을 실행시키기 위해 기억장치 내에 옮겨 놓을 공간을 확보하는 기능
  ② 연결(Linking) : 부 프로그램 호출 시 부 프로그램이 할당된 기억장소의 시작주소를 호출한 부분에 등록하여 연결하는 기능
  ③ 재배치(Relocation) : 디스크 등의 보조기억장치에 저장된 프로그램이 사용하는 각 주소들을 할당된 기억장소의 실제 주소로 배치시키는 기능
  ④ 적재(Loading) : 실행 프로그램을 할당된 기억공간에 실제로 옮기는 기능
3. 종류
  ① Compile And Go 로더 : 별도의 로더 없이 언어 번역 프로그램이 로더의 기능까지 수행하는 방식(할당, 재배치, 적재 작업을 모두 언어 번역 프로그램이 담당)
  ② 절대 로더(Absolute Loader) : 목적 프로그램을 기억 장소에 적재시키는 기능만 수행하는 로더로서, 할당 및 연결 작업은 프로그래머가 프로그램 작성 시 수행하며, 재배치는 언어번역 프로그램이 담당
  ③ 직접 연결 로더(Direct Linking Loader) : 일반적인 기능의 로더로, 로더의 기본 기능 4가지를 모두 수행하는 로더
  ④ 동적 적재 로더(Dynamic Loading Loader) : 프로그램을 한꺼번에 적재하는 것이 아니라 실행 시 필요한 일부분만을 적재하는 로더

06 ① Thrashing : 다중 프로그래밍 시스템이나 가상 기억장치를 사용하는 시스템에서 하나의 프로세스 수행 과정 중 자주 페이지 교체가 발생하게 되어 전체 시스템의 성능이 저하된다.
② Locality(구역성, 국부성) : 프로세스가 실행되는 동안 일부 페이지만 집중적으로 참조하는 특성을 가지고 있다.

07 ① ASSUME : 세그먼트 레지스터에 각 세그먼트의 시작 번지를 할당하여 현재의 세그먼트가 어느 것인가를 지적하게 하는 어셈블리어 명령
② ORG : 어셈블리언어에서 원시 프로그램을 목적 프로그램으로 번역할 때 현재의 오퍼랜드에 있는 값을 다음 명령어의 번지로 할당
③ EQU : 지시어는 숫자형 상수, 레지스터 연관값 또는 프로그램 연관값에 상징된 이름을 부여한다. 어떤 기호적 이름에 상수값을 할당하는 명령
④ INCLUDE : 라이브러리에 기억된 내용을 프로시저로 정의하여 서브루틴으로 사용하는 것과 같이 사용할 수 있도록 그 내용을 현재의 프로그램 내에 포함시켜 주는 명령

08 어셈블리어로 작성된 원시 프로그램의 수행 순서
원시 프로그램 → 어셈블러(번역기) → 목적 프로그램 → 연결편집기 → 로더 → 실행

09 주기억장치 관리 기법의 배치 전략
① 최초 적합(first-fit) 전략 : 첫 번째 분할 영역에 배치시키는 방법
② 최적 적합(best-fit) 전략 : 가장 작게 남기는 분할 영역에 배치시키는 방법
③ 최악 적합(worst-fit) 전략 : 입력된 작업을 가장 큰 공백에 배치하는 방법

10 1. 제어 프로그램
① 감시(Supervisor) 프로그램
② 작업 관리(Job Management) 프로그램
③ 데이터 관리(Data Management) 프로그램
④ 통신 관리(Communication Management) 프로그램
2. 처리 프로그램
① 언어 번역 프로그램

② 서비스 프로그램
③ 문제 프로그램

11 프로세스의 정의
① 실행 중인 프로그램
② 프로시저가 활동 중인 것
③ 프로세스 제어 블록의 존재로서 명시되는 것
④ 운영체제가 관리하는 실행 단위
⑤ 비동기적 행위를 일으키는 주체
⑥ PCB를 가진 프로그램

12 시스템 소프트웨어의 종류
① 운영체제(윈도우 시리즈, 도스, 유닉스 등)
② 프로그래밍 언어
㉠ 고급 언어(C++, JAVA 등)
㉡ 저급 언어(기계어), 어셈블리 언어, 컴파일러
③ 데이터베이스 관리시스템(DBMS)
④ 유틸리티 프로그램(노턴 유틸리티, V3 등)

13 ① ORG : 원시 프로그램을 목적 프로그램으로 번역할 때 현재의 오퍼랜드에 있는 값을 다음 명령어의 번지로 할당하는 것
② EQU : 지시어는 숫자형 상수, 레지스터 연관값 또는 프로그램 연관값에 상징된 이름을 부여한다.
③ INCLUDE : 라이브러리에 기억된 내용을 프로시저로 정의하여 서브루틴으로 사용하는 것과 같이 사용할 수 있도록 그 내용을 현재의 프로그램 내에 포함시켜 주는 명령

14 어셈블러를 두 개의 pass로 구성하는 주된 이유
① 한 개의 Pass만을 사용하는 경우는 기호를 모두 정의한 뒤에 해당 기호를 사용하여야 한다.
② 기호를 정의하기 전에 사용할 수 있어 프로그램 작성이 용이하기 때문이다.(전향 참조, Forward reference)
③ 사용의 편의상 정의하기 전에 사용한 주소 상수를 처리하기 위함이다.

15 교착 상태의 4가지 필요 충분 조건
① 상호 배제(Mutual Exclusion)
② 점유와 대기(Hold-and-Wait)
③ 비선점(Non-Preemption)

④ 환형 대기(Circular Wait)

16 어셈블리어에 대한 설명
① 명령 기능을 쉽게 연상할 수 있는 기호를 기계어와 1 : 1로 대응시켜 코드화한 기호 언어
② 프로그램에 기호화된 명령 및 주소를 사용
③ 어셈블리어의 기본 동작은 동일하지만 작성한 CPU 마다 사용되는 어셈블리어가 다를 수 있다.
④ 어셈블리어에서는 데이터가 기억된 번지를 기호(symbol)로 지정
⑤ 어셈블리어로 작성된 원시 프로그램은 목적 프로그램을 생성한 후 실행 가능

17 운영체제(Operating System) 역할
① 사용자와 시스템 간의 인터페이스 제공
② 여러 사용자 간의 자원 공유 기능 제공
③ 자원의 효율적인 운영을 위한 스케줄링
④ 신뢰성 향상, 사용 가능도 확대
⑤ 응답시간 단축, 반환시간 감소, 처리 능력 향상

18 프로그램을 수행하는 언어
① BASIC : 대화형 언어, 인터프리터 언어(행 단위로 프로그램을 번역, 목적 프로그램 미생성)
② COBOL : 사무처리용 언어, 컴파일러 언어(전체 단위로 프로그램을 번역, 목적 프로그램 생성)
③ FORTRAN : 과학기술 계산용 언어, 컴파일러 언어
④ C언어 : UNIX의 개발언어로 시스템적 언어, 실시간 통신 등 여러 분야에 적용되는 범용언어. UNIX에 기본적으로 인식되어 있으며 시스템 프로그래밍에 적합
⑤ PASCAL : 대표적인 구조적인 언어이며 학문석인 언어

19 로더(loader)의 기능
① 할당(allocation) : 목적 프로그램이 실행될 주기억장치 공간을 확보
② 연결(linking) : 여러 개의 독립적인 모듈(부분적으로 작성된 프로그램 단위)을 연결
③ 재배치(relocation) : 프로그램이 주기억장치 공간에서 위치를 변경
④ 적재(Loading) : 프로그램 전체를 주기억장치에 한 번에 적재하게 하거나 실행 시 필요한 일부분만을 차례로 적재

20 1. compile(컴파일) : 프로그래머가 컴퓨터 언어(C, Fortran, COBOL 등)로 프로그램을 작성한 후 컴퓨터가 알 수 있는 언어로 변환
2. 로더의 기능 및 순서
① 할당(allocation) : 목적 프로그램이 적재될 주기억 장소 내의 공간을 확보
② 연결(linking) : 필요할 경우 여러 목적 프로그램들 또는 라이브러리 루틴과의 링크 작업. 외부기호를 참조할 때, 이 주소값들을 연결
③ 재배치(relocation) : 목적 프로그램을 실제 주기억 장소에 맞추어 재배치. 상대주소들을 수정하여 절대주소로 변경
④ 적재(loading) : 실제 프로그램과 데이터를 주기억 장소에 적재. 적재할 모듈을 주기억장치로 읽어들인다.

21 3초과 코드 : 8421 코드에 10진수 3을 더한 코드로 코드 내에 하나 이상의 1이 반드시 포함되어 있어 0과 무신호를 구분하기 위한 코드이다.

22 파이프라인 기법
하나의 프로세스를 여러 개의 기능을 가진 여러 개의 서브 프로세스들로 나누어 처리하고 각 서브 프로세스가 동시에 처리하며, 각 세그먼트에서 수행된 연산 결과를 다음 세그먼트로 넘겨서 마지막으로 최종 연산 결과를 얻는 기법이다.

23 1. 디멀티플렉시(Demultiplexer)

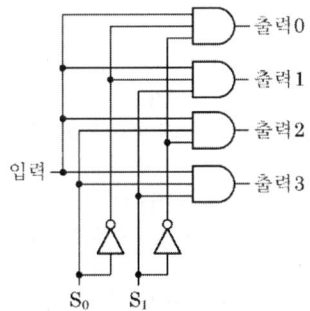

1개의 입력선을 받아들여 n개의 선택선의 조합에

의해 2^n 개의 출력선 중에서 하나를 선택하여 출력하는 회로이며 데이터 분배기(Data distributor)라고도 한다.

2. 멀티플렉서 : 2^n 개의 입력 중에서 하나를 선택하여 하나의 출력선으로 내보내기 위해서는 최고 n비트의 선택입력이 필요하다. 이 n개의 선택 입력 조합으로 입력을 선택하여 출력하는 회로이며 데이터 셀렉터(data selector)라고도 한다.

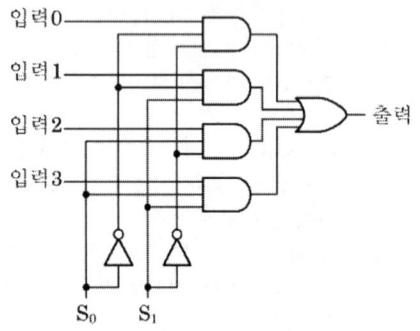

24 불 대수 식의 정리
① $A + AB = A$
② $A + \overline{A}B = A + B$
③ $A + 0 = A$
④ $A(\overline{A} + AB) = A\overline{A} + AAB = AB$

25 주기억장치의 주소 레지스터
= 주소 공간 비트 수 + 기억 공간 비트 수
= 10bit + 5bit = 15bit

[참고] 주소 공간 1024K는 2의 10승이므로 10bit로, 기억 공간 32K는 2의 5승이므로 5bit. 따라서 주소 레지스터는 15bit

26
① 인출 사이클(Fetch Cycle) : 메모리로부터 실행하기 위한 다음 명령의 번지를 결정한 후 메모리로부터 명령을 CPU로 읽어들인다. 수행하기 위한 동작과 사용되는 번지의 유형을 결정하기 위해 명령어들을 디코딩해서 분석하는 과정을 말한다.
MAR ← PC : 다음에 실행될 명령을 주소 레지스터로 이동
MBR ← M(MAR) : 메모리로부터 명령을 읽어들인다.
PC ← PC+1 : 프로그램 카운터를 증가
IR ← MBR : 간접 사이클에 대비
R ← 1 or F ← 1 : R이 1이면 간접 사이클로 전이, F=1이면 실행 사이클로 전이

② 간접 사이클(Indirect Cycle) : 인출 사이클로 읽어들인 명령어가 간접 주소 방식의 명령어일 경우 메모리로부터 유효 번지를 읽어오는 과정
MAR ← MBR(AD) : 명령어의 주소 부분을 MAR로 이동
MBR ← M(MAR) : 오퍼랜드의 주소를 읽는다.
NOP : No Operation
R ← 0 AND F ← 1 : 실행 사이클로 전이

27 평균 접근 시간
= 캐시 성공 × 캐시 접근시간 + (1-캐시 성공) × 메모리 접근시간
= 0.95 × 80 + (1-0.95) × 800 = 76 + 40 = 116ns

28 문자표현코드
① BCD : 64가지의 문자 표현

10진수	5	2	4
BCD	0101	0010	0100

② ASCII : 7bit로 구성, 128가지의 문자표현 PC에 사용 코드, 데이터 통신용 코드
③ EBCDIC : 8bit 구성, 256가지의 문자표현

29 메모리-메모리 인스트럭션 형식
인스트럭션 사용 빈도가 매우 낮은 인스트럭션 형식이다.

30 연관 메모리(associative memory)의 특징
① 내용 지정 메모리(CAM)
② 메모리에 저장된 내용에 의한 access
③ 기억장치에 저장된 항목을 찾는 시간 절약

31 시분할 공유 버스
프로세서, 기억장치, 입출력장치들 간에 하나의 통신로만을 제공하는 방법으로 간단하며 경제적이지만 한 번에 한 가지 전송만 할 수 있으며 버스에 이상이 생기면 전체 시스템이 가동 불능이 된다.

32 ① 소프트웨어적인 방법(폴링, polling) : 가장 높은 우선순위의 인터럽트 자원부터 차례로 검사해서 우선순위가 가장 높은 자원을 찾아내어 이에 해당하는 인터럽트 서비스 루틴을 수행하는 방식
② 하드웨어적인 방법(데이지 체인, daisy-chain) : 인터럽트가 발생하는 모든 장치를 1개의 회선에 직렬 연결 우선순위가 높은 장치를 맨 앞에 위치시키고 나머지 부분은 우선순위에 따라 차례로 연결하는 방식

33 명령어 수행 과정
① MAR ← PC, M(메모리) ← R(Read 신호)
② IR ← MBR
③ 제어신호 발생기 ← OP-code 주소 처리기 ← Operand 부
④ MAR ← 주소 처리기, M ← R

34 명령어 형식
① 0-주소 명령어 : 스택
② 1-주소 명령어 : 누산기(Accumulator)-하나의 오퍼랜드만 포함하고 다른 오퍼랜드나 결과값은 누산기에 저장
③ 2-주소 명령어 : 범용레지스터(GPR), 2개의 오퍼랜드가 존재
④ 3-주소 명령어 : 범용레지스터(GPR), 3개의 오퍼랜드가 존재

35 ① AND gate

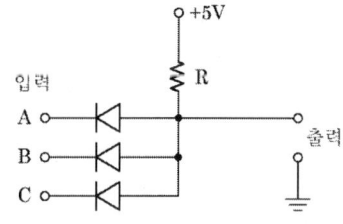

② OR gate

36 스래싱(thrashing) : 가상 기억장치에서 페이지 교환이 자주 일어나는 현상, 즉 다중 프로그래밍의 정도가 일정수준 이상을 넘어 서게 돼서 프로세스당 할당되는 페이지 프레임 수가 너무 적어 페이지 부재율이 급격하게 증가되어 CPU의 이용이 현저하게 감소되는 현상

37 MOD-5 Counter

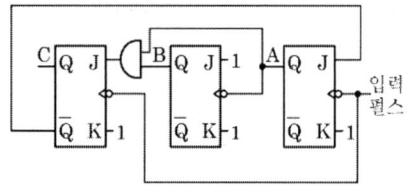

38 JEDEC file
PLD(programmable logic device) 내의 programmable element를 어떻게 프로그램할지를 표시하는 산업표준의 텍스트 파일

39 인터럽트는 프로그램 외부 상황에 따라서 발생 시점이 일정하지 않기 때문에 비동기적이고, 하드웨어 인터럽트는 CPU 외의 다른 장치들에서 발생한다.

40

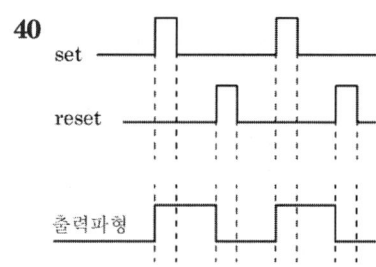

입력값		출력값
R	S	Q_{n+1}
0	0	Q_n
0	1	1
1	0	0
1	1	-

41 마이크로 사이클은 동기고정식, 동기가변식, 비동기식이 있다.
① 동기 고정식 : 전체 마이크로 오퍼레이션 중 가장 긴 것의 시간을 정의. 모든 마이크로 오퍼레이션 수

행 시간이 비슷할 때 유리
② 동기 가변식 : 수행시간이 유사한 것끼리 모아 각 집합에 대해 서로 다른 마이크로 사이클 타임을 정의. 수행시간의 차이가 클 때 유리
③ 비동기식 : 서로 다른 사이클을 정의. 제어와 구현이 어려움. CPU 시간낭비 없음

42 명령 레지스터(Instruction Register)
현재 실행 중인 명령어의 내용(Op-code)을 기억하는 레지스터

43 채널(channel)의 특징
① 신호를 보낼 수 있는 전송로이다.
② 입·출력은 DMA 방법으로도 수행한다.
③ 입·출력 수행 중 어떤 오류 조건에서 중앙처리장치에 인터럽트를 걸 수 있다.
④ 자체적으로 자료의 수정 또는 코드 변환 등의 기능을 수행할 수 있다.

44

DRAM	SRAM
저속	고속
고밀도	저밀도
고용량	저용량
저렴	비쌈

45 CPU가 주기억장치(main memory)에서 정보를 읽어낼 때 필요한 것
① READ 신호
② 시스템 클록(clock)
③ 어드레스 버스(address bus)

46 누산기의 내용을 2회 우측으로 시프트(shift)한 효과는 누산기의 값을 4로 나눈 몫이 누산기에 기억된다.

47 multiplexer channel : 저속장치에 연결되며, 다수의 입·출력장치를 동시에 운영할 수 있는 채널

48 소프트웨어 우선순위 방식(폴링(Polling) 방식
인터럽트 발생 시 프로그램에 의해 가장 우선순위가 높은 장치로부터 플래그 상태를 차례로 검사하여 인터럽트 발생장치를 찾는 방식

① 인터럽트 반응속도가 느림
② 융통성이 있다.
③ 경제적이다.

49 연산장치의 기능
① 비교, 판단
② 가산
③ 자리 이동

50 핸드셰이킹(Handshaking)
제어신호를 사용하는 비동기 데이터 전송방법의 하나로 데이터를 상대방 기기에 보냈음을 나타내는 제어신호와 데이터를 받았음을 알리는 제어신호를 사용하여 상호간의 원활한 데이터 전송을 수행할 수 있다.
[참고]
handshake(핸드셰이크) : 시험, 계측 및 진단장치의 변경에 앞서 조건을 상호 조절할 필요가 있는 Hardware 또는 Software의 사상렬(事象列)

51 3 address 방식은 가장 많은 Cycle time을 필요로 하는 명령어 형식

52 마이크로컴퓨터의 특징
① 신제품 개발비와 유지비가 적어 경제성이 있다.
② 제품 자체를 소형화할 수 있다.
③ 소비전력이 적다.
④ 소용량 프로그램 처리에 적합하다.

53 레지스터 간접 주소지정방식
데이터가 테이블(table) 형식으로 연속되어 있는 경우에 사용하기가 매우 편리한 주소지정방식

54 ① 포팅(Porting) : 한 플랫폼에서 작동하도록 되어 있는 프로그램을 다른 플랫폼에서 작동하도록 수정하는 것
② 디버깅(Debugging) : 프로그램 개발 과정에서 컴퓨터 프로그램이나 하드웨어 장치에서 논리적 오류를 발견하고 수정하는 작업

55 시프트(shift) 명령어
1. 부호가 없는 연산(Logical Shift)

① 왼쪽으로 이동 : shl
② 오른쪽으로 이동 : shr
2. 부호가 있는 연산(Alethmetic Shift) – MSB를 유지
① 왼쪽으로 이동 : sal
② 오른쪽으로 이동 : sar

56 0123번지에 CALL A를 수행한 후 PC에 기억된 값은 1234번지이고, 1285번지에 CALL B를 수행한 후 PC에 기억된 값은 2345번지이다.

57

비트	설명
시작 비트	1비트, 항상 "L" → 0
데이터 비트	5~9비트 데이터 차례로 전송
패러티 비트	1의 개수가 없음(no) 짝수(even), 홀수(odd) 패러티 중 선택
정지 비트	1비트 또는 2비트, 항상 "H" → 1

58 마이크로컴퓨터 개발 시스템
① 하드웨어 개발 시간을 많이 단축
② H/W를 조정하고 S/W를 개발하며 오류를 조정하기 위한 장치
③ 설계와 개발에 필요한 요구 충족
④ 개발주기가 매우 빠름

59 Decoder(해독기, 복호기) : 입력된 부호에 대응하는 출력을 발생시키는 전자회로

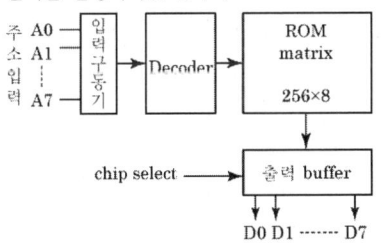

60 마이크로 프로그램 제어 방식의 장단점
① 하드웨어가 최소화, 설계가 간결
② ROM 내의 프로그램에 의하므로 매우 정연하고 구조적
③ 에뮬레이션(emulation : 어느 컴퓨터가 다른 컴퓨터의 명령을 모방하는 것)이 능률적
④ 개발 당시 수정도 쉽지만 후에 기능 변경이 발생할 때 변경이 쉽다.
⑤ 하드웨어가 최소화되므로 저렴
⑥ 프로그램 형태이므로 자기 진단 기능 구비 가능
⑦ 비트 슬라이싱형의 컴퓨터 가능

61 멀티플렉서
복수의 입력 중에서 1개를 선택해서 출력하는 회로. 논리 게이트로 구성되는 조합 논리회로이다.

62 4비트의 2진 병렬 감산기

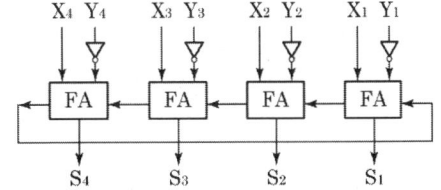

63 A/D 변환기
아날로그 형태의 신호를 2진 부호로 변환

64 전감산기

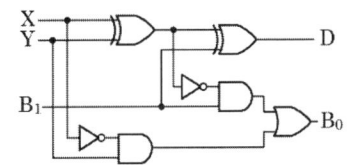

X	Y	B_1	B_0	D
0	0	0	0	0
0	0	1	1	1
0	1	0	1	1
0	1	1	1	0
1	0	0	0	1
1	0	1	0	0
1	1	0	0	0
1	1	1	1	1

65 오픈 컬렉터(open collector) 출력
출력 스위칭으로 사용되고 있는 이미터 접지 증폭회로의 TR의 컬렉터가 개방되어 있다.
$F = \overline{(\overline{A} \cdot \overline{C})} + \overline{BD} = (A+C)BD$

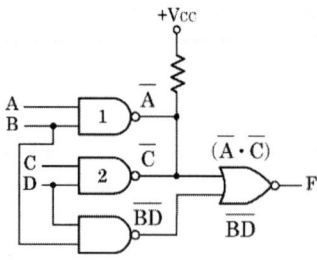

66 Encoder
0과 1의 조합에 의하여 어떠한 기호라도 표현될 수 있도록 부호화를 행하는 회로

67
$(X+Y)(X+Z) = XX + XZ + XY + YZ$
$= X + XZ + XY + YZ$
$= X(1+Z+Y) + YZ$
$= X + YZ$

68
$Z = \overline{(A + \overline{B} \cdot C)} = \overline{A} \cdot B + \overline{C} = \overline{A}B + \overline{A}C$

69
EX-OR 게이트 : 2진수를 그레이 코드로 변환하는 회로에 들어가는 논리게이트

70
256워드=2^8 워드이므로 2진 번지 선택 수는 8개이다.

71 논리식
① 0+A=A
② 1+A=1
③ 0·A=0
④ 1·A=A

73
$f(X, Y, Z) = \Sigma(0, 2, 4, 5, 7)$인 논리식에서 $f(X, Y, Z) = \Pi(1, 3, 6)$ 형식으로 표현

74 레지스터 : 8비트 레지스터 종류
① 직렬 입력-직렬 출력(SISO)
② 직렬 입력-병렬 출력(SIPO)
③ 병렬 입력-직렬 출력(PISO)
④ 병렬 입력-병렬 출력(PIPO)

75 존슨 카운터(Johnson Counter)
동일한 수의 플립플롭을 가지고 링 카운터의 2배의 출력을 나타내기 위하여 사용되는 회로로 링 카운터의 마지막단에서 출력을 끄집어 내어 첫단의 입력과 엇갈리게 결합시켜 놓은 것

76

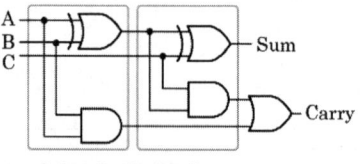

J	K	Q(t+1)	
0	0	Q(t)	No change
0	1	0	Reset
1	0	1	Set
1	1	$\overline{Q}(t)$	Complement

77 전가산기(full-adder)
1개의 Full adder(전가산기)를 구성하기 위해서는 Half adder(반가산기)가 최소 2개 필요

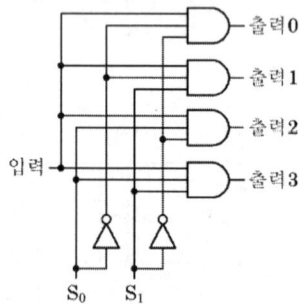

∴ 입력 3개, 출력 2개

78
① 디멀티플렉서(Demultiplexer) : 1개의 입력선을 받아들여 n개의 선택선의 조합에 의해 2^n개의 출력선 중에서 하나를 선택하여 출력하는 회로이며 데이터 분배기(Data distributor)라고도 한다.

② 멀티플렉서(Multiplexer) : 2^n개의 입력 중에서 하나를 선택하여 하나의 출력선으로 내보내기 위해서는 최고 n비트의 선택입력이 필요하다. 이 n개의 선택 입력 조합으로 입력을 선택하여 출력하는 회로이며 데이터 셀렉터(data selector)라고도 한다.

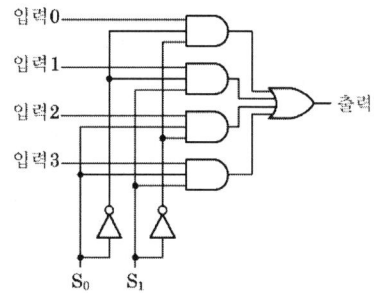

79 8진 감산계수기

80 10진수 51 → 2진수 110011
Gray 코드 : 데이터 전송용 코드이다.

```
1   1   0   0   1   1   2진수
 ⊕ → ⊕ → ⊕ → ⊕ → ⊕ →
 ↓   ↓   ↓   ↓   ↓   ↓
 1   0   1   0   1   0   gray
```

(110011)$_2$를 그레이 코드로 변환하면 (101010)$_{gray}$가 된다.

81 1. 위상편이변조(PSK, Phase-Shift Keying)
① 반송 신호의 위상을 변화시켜서 데이터를 표현
② 주로 중고속의 동기 전송에 많이 사용
③ 위상을 달리함으로써 복잡도가 높은 데이터 전송률이 높아짐
④ 모뎀에서 주로 사용되는 방식
2. 변조
① 디지털 데이터를 아날로그 신호로 변환
㉠ 종류
- 진폭 편이 변조(ASK, Amplitude-Shift Keying)
- 주파수 편이 변조(FSK, Fequency-Shift Keying)
- 위상 편이 변조(PSK, Phase-Shift Keying)
② 아날로그 데이터를 아날로그 신호로 변환
종류 : 진폭 변조(AM)

82 OSI 참조모델
① 물리 계층 : 1계층, 허브, 리피터
② 트랜스포트 계층(전송 계층) : 4계층, TCP, UDP
③ 데이터 링크 계층 : 2계층, 브리지, 스위치
④ 세션 계층 : 5계층

83 HDLC(High-level Data Link Control)에서 사용되는 프레임의 종류
① Information Frame
② Supervisor Frame
③ Unnumbered Frame

84 X.25의 기능
① 링크 계층(link level)
② 패킷 계층(packet level)
③ 물리 계층(physical level)

85 SNMP 서비스
네트워크 관련하여 네트워크 정보를 시스템으로 전달하는 데 이용되는 표준 통신 규약

86 ① WAP(Wireless Application Protocol)
㉠ 이동 단말이나 PDA 등 소형 무선 단말기 상에서 인터넷을 이용
㉡ HTML을 이동 단말로 전송하거나, 수신하는 경우 HTML 텍스트 코드를 그대로 송신하는 것이 아니고 이를 컴파일해서 컴팩트한 바이너리 데이터로 변환하여 이동 단말에 송신
② SMTP(Sent Mail Transfer Protocol) : 보내는 메일 서버 프로토콜
③ FTP(File Transfer Protocol) : 파일 전송 프로토콜
④ SNMP(Simple Network Management Protocol) : 단순 망 관리 프로토콜

87 성형(Star형)과 버스(Bus형)에서 CSMA/CD 방식 사용

88 Run Length Check 기법은 데이터 압축 기법이다.

89 Hand off
이동통신 가입자가 셀 경계를 지나면서 신호의 세기가 작아지거나 간섭이 발생하여 통신 품질이 떨어져 현재 사용 중인 채널을 끊고 다른 채널로 절체하는 것

90 Poll

국(station) 간의 관계가 주/종 관계일 때 종국이 데이터를 보내려 한다면 먼저 주국으로부터 받아야 하는 신호

91 TCP/IP에서 IP 계층
① OSI 7계층의 네트워크 계층
② IP, ARP, ICMP, IGMP…

92 ① DHCP : 각 컴퓨터에서 IP 관리를 쉽게 하기 위한 프로토콜이며, TCP/IP 통신을 실행하기 위해 필요한 정보를 자동적으로 할당, 관리하기 위한 통신 규약으로서 RFC 1541에 규정되어 있다.
② RTCP : RTP의 QoS를 유지하기 위해 함께 쓰이는 프로토콜이다.

93 IPv6의 특징
① 현재의 IPv4와도 상호 운용이 가능하다.
② IPv6 어드레스는 각각의 인터페이스와 인터페이스 집합을 정의해 준다.
③ IPv6는 유니, 애니, 멀티캐스트로 나눈다.
④ IPng(IP Next Generation), 즉 차세대 IP라고도 불리고 있다.

94 데이터 전송 제어 절차
회선 접속 → 데이터 링크 확립 → 정보 전송 → 데이터 링크 해제 → 회선 절단

95 ① PCM(펄스코드변조)에서 송신이 순서
표본화(sampling) → 양자화(quantization) → 부호화(encoding)
② 디지털 수신 시스템의 순서
캐리어 복조 → 채널 복호화 → 원천 복호화

96 통신 방식의 종류
① 단방향 통신 방식(simplex communication) : 데이터를 전송하는 방향이 단방향인 것
② 반이중 통신 방식(half duplex communication) : 전송의 방향은 양방향이지만 전송이 이루어지는 한 순간에는 양쪽 중 한 방향만으로 전송이 가능한 것
③ 전이중 통신 방식(full duplex communication) : 동시에 양방향 전송이 가능한 것

97 co : 영리단체 또는 회사

98 HDLC 프레임 구조
플래그, 주소부, 제어부, 정보부(정보, 감독, 비번호 프레임), FCS

99 통계적 시분할 다중화
① 전송할 데이터가 있는 채널만 차례로 시간 슬롯을 이용하여 데이터와 함께 주소정보를 헤더로 붙여 전송하는 다중화 방식
② 실제 전송할 데이터를 갖고 있는 터미널에게만 시간 슬롯을 할당하는 다중화 방식
③ 사용자의 요구에 따라 타임 슬롯을 동적으로 할당하여 데이터를 전송하는 다중화 방식
④ 제어회로가 복잡
⑤ 각 채널 할당 시간이 공백인 경우 다음 차례에 의한 연속 전송이 가능하여 전송 전달 시간을 빠르게 하는 방식
⑥ 다중화 회선의 데이터 전송률을 회선에 접속된 스테이션들의 전송률의 합보다 작게 할 수 있음

100 HDLC 프레임 구조

시작 플래그 (F)	주소 영역 (A)	제어 영역 (C)	정보 영역 (I)	FCS	종료 플래그 (F)
8비트	8비트	8비트	가변	16비트	8비트

① F(Flag) : 프레임의 시작과 끝을 나타내기 위해 사용하며, 고유의 패턴(01111110) 8bit로 구성되어 있다.
② 주소(Address) 영역 : 송신 시스템과 수신 시스템의 주소를 기록한다.
③ 제어(Control) 영역 : 정보 전송 프레임 I형식, 링크 감시제어용 S형식, 확장용 U형식이 있다.
④ 정보(Information) 영역 : 송수신 단말장치 간 교환되는 사용자 정보와 제어 정보이다.
⑤ FCS(Frame Check Sequence) 영역 : 수신 프레임의 에러 검출 부분으로 CRC 방식을 사용한다.

2009년 제2회

01	02	03	04	05	06	07	08	09	10
②	③	④	③	①	③	③	①	③	②
11	12	13	14	15	16	17	18	19	20
②	②	②	④	④	①	④	④	④	③
21	22	23	24	25	26	27	28	29	30
③	③	①	②	①	①	③	②	③	④
31	32	33	34	35	36	37	38	39	40
④	③	①	③	②	④	②	④	④	④
41	42	43	44	45	46	47	48	49	50
④	①	③	④	①	③	③	④	②	③
51	52	53	54	55	56	57	58	59	60
②	②	①	②	④	③	①	③	③	②
61	62	63	64	65	66	67	68	69	70
②	②	①	④	④	③	④	②	①	③
71	72	73	74	75	76	77	78	79	80
③	③	④	①	③	④	③	②	④	③
81	82	83	84	85	86	87	88	89	90
④	④	②	①	③	①	③	④	④	④
91	92	93	94	95	96	97	98	99	100
③	③	④	②	①	①	①	③	②	④

01 페이지 교체 알고리즘
① FIFO(First In First Out) : 가장 먼저 적재된 페이지를 먼저 교체하는 기법
② LRU(Least Recently Used) : 가장 오랫동안 사용되지 않은 페이지를 먼저 교체하는 기법
③ LFU(Least Frequently Used) : 참조된 횟수가 가장 적은 페이지를 먼저 교체하는 기법
④ NUR(Not Used Recently) : 최근에 사용하지 않은 페이지를 먼저 교체하는 기법

02 언어의 종류 및 특징
① BASIC : 대화형 언어, 인터프리터 언어(행 단위로 프로그램을 번역, 목적 프로그램 미생성)
② COBOL : 사무처리용 언어, 컴파일러 언어(전체 단위로 프로그램을 번역, 목적 프로그램 생성)
③ FORTRAN : 과학기술 계산용 언어, 컴파일러 언어
④ C언어 : UNIX의 개발언어로 시스템적 언어이다. 실시간 통신 등 여러 분야에 적용되는 범용언어. UNIX에 기본적으로 이식되어 있으며 시스템 프로그래밍에 적합
⑤ PASCAL : 대표적인 구조적인 언어이며 학문적인 언어

03 ① ORG : 원시 프로그램을 목적 프로그램으로 번역할 때 현재의 오퍼랜드에 있는 값을 다음 명령어의 번지로 할당하는 것
② EQU : 지시어는 숫자형 상수, 레지스터 연관값 또는 프로그램 연관값에 상징된 이름을 부여한다.
③ INCLUDE
㉠ 다른 어셈블리 언어의 소스 파일을 삽입하는 의사명령
㉡ 라이브러리에 기억된 내용을 프로시저로 정의하여 서브루틴으로 사용하는 것과 같이 사용할 수 있도록 그 내용을 현재의 프로그램 내에 포함시켜 주는 명령

04 로더(loader)의 기능
① 할당(Allocation) : 실행 프로그램을 실행시키기 위해 기억장치 내에 옮겨 놓을 공간을 확보하는 기능
② 연결(Linking) : 부 프로그램 호출 시 부 프로그램이 할당된 기억장소의 시작주소를 호출한 부분에 등록하여 연결하는 기능
③ 재배치(Relocation) : 프로그램이 주기억장치 공간에서 위치를 변경
④ 적재(Loading) : 실행 프로그램을 할당된 기억공간에 실제로 옮기는 기능

05 binding : Global reference들을 절대번지로 바꾸거나 linking과 상대번지를 바꾸는 과정 등과 같이 변하기 쉬운 것을 확고하게 결정짓는 것
[참고]
① Thrashing : 가상 기억장치에서 페이지 교환이 자주 일어나는 현상
② Parsing ; 언어해석기에서 프로그램의 구조와 작업 내용을 이해하고 이를 기계어로 번역하기 위하여 문법에 정의된 내용에 따라 연산자, 피연산자, 키워드 등을 판별하고 이들 각각의 구성 요소들의 구조를 알아내는 작업

06 deadlock(교착상태) : 다중 프로그래밍 환경에서 하나 또는 그 이상의 프로세서가 실행이 불가능한 특정 사건을 무한정 기다리는 상태

07 ① Thrashing : 다중 프로그래밍 시스템이나 가상 기억장치를 사용하는 시스템에서 하나의 프로세스

수행 과정 중 자주 페이지 교체가 발생하게 되어 전체 시스템의 성능이 저하된다.
② Locality(구역성, 국부성) : 프로세스가 실행되는 동안 일부 페이지만 집중적으로 참조하는 특성을 가지고 있다.

08 parse tree : BNF를 이용하여 그 대상을 근(Root)으로 하고, 단말(Terminal) 노드들을 왼쪽에서 오른쪽으로 나열하는 트리로서, 작성된 표현식이 BNF의 정의에 의해 바르게 작성되었는지를 확인하기 위해 만든 트리

09 이중(two) 패스 어셈블러를 사용하는 가장 주된 이유
심벌(기호)이 정의되기 이전에 사용할 수 있어 프로그램 작성이 용이하기 때문이다.

10 어셈블리어
① 명령 기능을 쉽게 연상할 수 있는 기호를 기계어와 1 : 1로 대응시켜 코드화한 기호 언어
② 프로그램에 기호화된 명령 및 주소를 사용
③ 어셈블리어의 기본 동작은 동일하지만 작성한 CPU 마다 사용되는 어셈블리어가 다를 수 있다.
④ 어셈블리어에서는 데이터가 기억된 번지를 기호 (symbol)로 지정
⑤ 어셈블리어로 작성된 원시 프로그램은 목적 프로그램을 생성한 후 실행 가능하다.

11 1. 제어 프로그램
① 감시(Supervisor) 프로그램
② 작업 관리(Job Management) 프로그램
③ 데이터 관리(Data Management) 프로그램
④ 통신 관리(Communication Management) 프로그램
  2. 처리 프로그램
① 언어 번역 프로그램
② 서비스 프로그램
③ 문제 프로그램

12 ① 스풀링(spooling) : 프로그램이 프로세서에 의해 수행되는 속도와 프린터 등에서 결과를 처리하는 속도의 차이를 극복하기 위해 디스크 저장 공간을 사용하는 기법

② Preprocessor(프리프로세서) : 전처리기는 원시 프로그램을 기계어 프로그램으로 번역하는 대신에 기존의 고수준 컴파일러 언어로 전환하는 역할을 수행

13 어셈블리어로 작성된 수행 순서
원시 프로그램 → 어셈블러(번역기) → 목적 프로그램 → 연결편집기 → 로더 → 실행

14 운영체제(OS)
① CPU, 메모리 공간, 기억장치, 입출력장치 등의 하드웨어 자원과 사용자 사이를 연결해 주는 컴퓨터 자원관리자
② 모든 자원을 효율적으로 관리
③ 컴퓨터 전체의 효율성을 최대한 높여주고 사용자를 좀 더 관리하게 해준다.
④ 소프트웨어 중 시스템소프트웨어 영역
⑤ 다중 사용자와 다중 응용프로그램 환경하에서 자원의 현재 상태를 파악하고 자원 분배를 위한 스케줄링을 담당

15 원시 프로그램을 번역할 때 어셈블러에게 요구되는 동작을 지시하는 명령으로서 기계어로 번역되지 않는 명령어

16 다중 프로그래밍 시스템
하나의 시스템에 독립된 여러 개의 프로그램을 기억시켜 이들을 동시에 처리함으로써 프로그램의 처리량을 극대화하는 시스템

17 로더(loader)의 기능
① 할당(allocation) : 목적 프로그램이 실행될 주기억장치 공간을 확보
② 연결(linking) : 여러 개의 독립적인 모듈(부분적으로 작성된 프로그램 단위)을 연결
③ 재배치(relocation) : 프로그램이 주기억장치 공간에서 위치를 변경
④ 적재(Loading) : 프로그램 전체를 주기억장치에 한 번에 적재하게 하거나 실행 시 필요한 일부분만을 차례로 적재

18 매크로 프로세서 처리 과정
매크로 정의 인식 → 매크로 정의 저장 → 매크로 호출 인식 → 매크로 확장과 인수치환

19 JCL(Job Control Language)
① 작업이 수행되는 조건 및 출력 선택 등을 제어하기 위한 언어
② 작업의 실행, 종료 또는 사용 파일의 지정 등을 할 때 사용하는 작업 단계를 표시하는 언어
③ 사용자가 자신의 작업 처리 순서를 운영체제에게 알려주기 위한 특수 언어
④ 몇 개의 명령어를 조합할 때 그 기능을 완수할 수 있다.

20 로더(loader)의 종류
① Direct linking loader : 일반적인 로더(general loader)이며 할당, 연결, 재배치, 적재의 기능을 모두 수행하는 가장 근접한 로더
② Absolute loader : 간단한 로더이며 단순히 번역된 목적 프로그램을 입력으로 받아들여 주기억장치의 프로그래머가 지정한 주소에 적재하는 기능을 가지는 로더
③ Compile and go loader
  ㉠ 원시 프로그램의 기계어로 번역하는 순서대로 명령어 및 자료를 직접 주기억장치에 적재하여 곧바로 프로그램을 수행하는 방식의 loader
  ㉡ 연결 기능은 수행하지 않고 할당, 재배치, 적재 작업을 모두 언어번역 프로그램이 담당

21 Skip 명령
프로그램 카운터(PC)의 값을 2 증가하게 되는 명령어

22 $Y = \overline{\overline{A \cdot B} + A \cdot \overline{B}} = \overline{(\overline{A \cdot B})} \cdot \overline{(A \cdot \overline{B})}$
$= (\overline{\overline{A}} + \overline{\overline{B}}) \cdot (\overline{A} + \overline{\overline{B}}) = (A + B) \cdot (\overline{A} + B)$
$= A\overline{A} + AB + \overline{A}B + BB$
$= AB + \overline{A}B$

23 부동소수점 나눗셈
① 지수를 같게 조정하지 않는다.
② 가수끼리 나눈다.
③ 지수끼리 뺀다.
④ 소수 이하 자리는 정해진 자리에서 반올림한다.
⑤ 계산 결과 가수를 정규화한다.
[참고] 부동소수점 곱셈
① 지수를 같게 조정하지 않는다.
② 가수끼리 곱한다.
③ 지수끼리 더한다.
④ 소수 이하 자리는 정해진 자리에서 반올림한다.
⑤ 계산 결과 가수를 정규화한다.

24 전가산기(full-adder)
1개의 Full adder(전가산기)를 구성하기 위해서는 Half adder(반가산기)가 최소 2개 필요

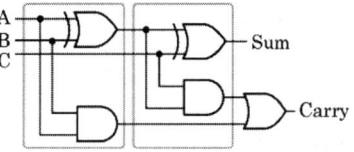

∴ 입력 3개, 출력 2개

25 vectored interrupt
인터럽트 처리 프로그램의 선두번지(인터럽트 번지)와 그 프로그램이 달릴 때의 프로세서 상태어의 내용 등, 인터럽트 처리 프로그램의 실행환경정보

26 파이프라인 프로세서(Pipeline processor)
2개 이상의 명령어를 동시에 수행할 수 있는 프로세서 명령어 파이프라인이 정상적인 동작에서 벗어나게 하는 일반적인 원인은 자원 충돌, 데이터 의존성, 분기 곤란이다.

27 메모리(Memory)
① RAM : 모든 번지에 대한 액세스 시간이 같다.
② Non-Volatile 메모리 : 정전 시 내용은 그대로 유지된다.
③ Non-destructive 메모리 : READ 시 내용이 상실되지 않는다.
④ ROM : Write할 수 없다.

28 ① SISD(Single Instruction stream Single Data stream : 한 번에 한 개씩의 명령어와 데이터를 처리하는 단일 프로세서 시스템
② SIMD(Single Instruction stream Multiple Data

stream) : 여러 개의 프로세서들로 구성. 프로세서들의 동작은 모두 하나의 제어장치에 의해 제어

③ MISD(Multiple Instruction stream Single Data stream) : 각 프로세서들은 서로 다른 명령어들을 실행하지만 처리하는 데이터는 하나의 스트림

④ MIMD(Multiple Instruction stream Multiple Data stream) : 여러 개의 처리기가 각각 다른 데이터 스트림에 대하여 다른 인스트럭션 스트림을 수행하는 구조

		데이터 스트림	
명령스트림		Single	Multiple
	Single	SISD	SIMD
	Multiple	MISD	MIMD

29 Pipeline(파이프라인) 처리 방식
하나의 프로세스를 서로 다른 기능을 가진 여러 서브 프로세스로 나누어 각 서브 프로세스가 동시에 서로 다른 데이터를 취급하도록 하는 방식

30 인터럽트의 종류
1. 인터럽트 발생 원인에 따른 분류
   ① 하드웨어 인터럽트
      ㉠ 내부 인터럽트
      ㉡ 외부 인터럽트
   ② 소프트웨어 인터럽트
2. 인터럽트 발생 시 마이크로프로세서의 반응 방식에 따른 분류
   ① 차단 가능 인터럽트
   ② 차단 불가능 인터럽트
3. 인터럽트를 요구한 입·출력 기기를 확인하는 방법에 따른 분류
   ① 벡터형 인터럽트
   ② 조사형 인터럽트

31 Memory Mapped I/O 방식
① ARM, MIPS, PowerPC, M68K에서 많이 사용된다.
② 이 방식은 메모리와 I/O가 하나의 연속된 어드레스 영역에 할당하여 I/O가 차지하는 만큼 메모리 용량은 감소한다.
③ CPU 입장에서는 메모리와 I/O가 동일한 외부기기로 간주되므로 이들을 접근하기 위해서 같은 신호를 사용한다.(Read/Write)
④ 소프트웨어적으로도 메모리에 대한 접근이나 I/O에 대한 데이터 입출력이 동일한 것으로 간주되므로 Load, Store 명령에 의해 수행

32 전달지연 시간이 가장 짧은 것
ECL - TTL - CMOS - MOS

33 ASCII 코드

	홀수 패리티 비트인 경우	짝수 패리티 비트인 경우
A	0 0110001	1 0110001
J	0 1001010	1 1001010
0	1 0111001	0 0111001
*	0 0101010	1 0101010

34 수치 코드
① 자리값을 가지고 있는 가중 코드(weighted code)와 자리값이 없는 비가중 코드(non-weighted)로 구분
② 10진 자기보수화 코드 : 2421 code, excess-3 code 등이 대표적이다.
③ 3초과 코드 : 8421 코드에 10진수 3을 더한 코드로 코드 내에 하나 이상의 1이 반드시 포함되어 있어 0과 무신호를 구분하기 위한 코드
④ 그레이 코드(Gray Code) : 대표적인 비가중 코드(non-weighted)로 인집한 코드

35
2000번지의 내용은 간접 주소 방식을 뜻하고 기억장소 0800번지에는 2000이 저장되어 있다.

36
가상 기억장치(Virtual Memory) : 사용자에게 실제의 기억 공간보다 더 넓은 주소 공간(address space)을 제공할 수 있다.

37 어셈블리어 명령
1. 매크로 정의의 시작과 끝
   : MACRO ~ MEND(ARM일 경우 대문자로 표기)
   : .macro ~ .endm(GUN일 경우 소문자로 표기)
2. 프로시저의 시작과 끝 : PROC ~ ENDP

3. 프로그램 구조에서 세그먼트의 시작과 끝
   : SEGMENT ~ ENDS
4. (형식)

GNU (Gun is Not Unix) Assembler 지시어	ARM (Advanced RISC Machine) Assembler 지시어
.macro	MACRO
.endm	MEND

.macro   WR32 addr, data
    ldr   r0, =addr
    ldr   r1, =data
    str   r1, [r0]
.endm
	MACRO
	    WR32 $ADDR, $DATA ;
	    [ADDR] =DATA
	    LDR r0, =$ADDR
	    LDR r1, =$DATA
	    STR r1, [r0]
	MEND

38 6단계 실행 순서
① MAR ← PC, M ← R(읽기신호) MBR ← 메모리 내용
② IR ← MBR, PC ← PC+1 현재 수행 중인 명령어 크기
③ IR의 Op code → 제어신호 발생기, Operand → 주소처리기
④ MAR ← 주소처리기, M ← R(읽기신호)
⑤ 연산 종류에 해당하는 제어신호 발생, 실행
⑥ PC ← 다음에 실행할 명령어의 시작 주소

39 주변장치나 메모리의 Data 입출력 방식
① 채널의 사용
② 인터럽트 사용
③ 프로그램 사용

40 롬(ROM) 내에 기억 정보
① 부트스트랩 로더(bootstrap loader)
② 마이크로프로그램(micro program)
③ 디스플레이 문자 코드(display character code)

41 스택(stack) : 자료구조의 하나로서 자료의 삽입과 삭제가 한쪽 끝에서만 일어나는 선형 목록. 자료의 삽입, 삭제가 일어나는 곳을 스택의 top이라 하며 자료를 넣는 것을 push, 자료를 꺼내는 것을 pop이라 한다.

42 Cygwin(Microsoft Windows용 Unix 환경)
Cygwin은 크게 두 부분으로 이루어져 있는데, 하나는 하부 유닉스 응용프로그램 인터페이스(substantial Unix API)를 제공하는 Unix emulation layer로 DLL(cygwin1.dll)이고, 다른 하나는 유닉스나 리눅스를 사용하는 느낌을 주도록 Unix에서 포팅된 각종 툴(tool) 모음이다.

43 컴퓨터의 구성
중앙처리장치(CPU)와 입출력장치

44 보조기억장치(자기디스크)
① 섹터(Sector)   ② 트랙(Track)
③ 볼륨(Volume)   ④ 실린더(Cycle)

45 컴퓨터 시스템과 주변장치 간의 데이터 전송 방식
① DMA(Direct Memory Access) 방식
② 프로그램 입출력(programmed I/O) 방식
③ 인터럽트 입출력(interrupt I/O) 방식

46 마이크로프로세서 명령어
① ADD – Signed or Unsigned ADD : 원천 오퍼랜드를 목적지 오퍼랜드에 더하고 그 결과를 목적지 오퍼랜드에 저장한다.
② MOV – Move : 레지스터, 메모리 위치, 즉석 상수인 워드 또는 바이트를 레지스터 또는 메모리 위치에 복사한다.
③ SUB – Subtract : 목적지 오퍼랜드로부터 원천 오퍼랜드를 빼서 그 결과를 목적지에 저장한다.
④ INC – Increment : 오퍼랜드에 의해 지정된 레지스터 또는 메모리 위치에 1을 더한다.

47 비동기 전송 방식(Asynchronous Transmission)
① 데이터를 일정한 크기로 정하여 순서대로 전송하는 방식
② 클록을 맞추기 위해 각 바이트의 처음과 끝에 시간(Timing) 정보를 추가하는 데, Start bit의 값은 0이고 Stop bit 값은 1이다.
③ 시간 정보는 중요하지 않으며, 느리다.

48 Major State 4단계
① Fetch Cycle : 명령어 해독
② Indirect Cycle : 하드웨어로 실현되는 서브루틴의

호출이라고 볼 수 있는 것
③ Execute Cycle : 명령의 실행
④ Interrupt Cycle : 인터럽트 발생 시 복귀주소 저장, 실행 후 Fetch 단계로 이동

49

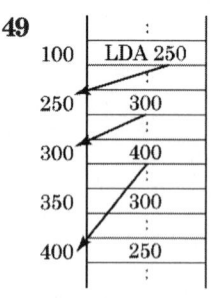

100번지의 250 → 250번지의 300 → 300번지의 400 을 참조

50 CALL, JUMP, branch 명령은 궁극적으로는 PC (program counter)의 값을 바꾸는 것이다.

51 데이터 용량
=초당 75개 섹터×1개 섹터에는 2KB×1시간 10분
=초당 75개 섹터×1개 섹터에는 2KB×(70분×60초)
=75×2KB×4200=630000KB=약 630MB

52 명령 사이클 Time = $\dfrac{1}{CPU 클록} = \dfrac{1}{2.5MHz}$
$= \dfrac{1}{2500000Hz} = 0.0000004s$

명령 사이클 Time×수행 수=0.0000004×13
=0.0000052=5.2μs

53 마이크로컴퓨터의 레벨구조

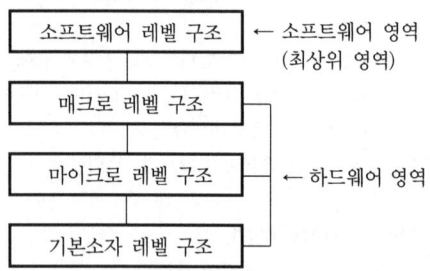

54 연계편집 프로그램(linking editor)은 목적 프로그램

을 입력으로 읽는다면 출력으로는 로드 프로그램(load program)을 생성

55 ① 인터럽트 방식(Interrupt, PIO) : 중앙처리장치를 경유하는 입출력 방식
② DMA 방식 : 중앙처리장치를 경유하지 않는 입출력 방식
③ Strobe(스트로브, STB) : 입출력장치 간의 자료 전송을 위한 타이밍 유지를 위해 발생시키는 짧은 신호
④ Handshaking(핸드셰이킹) : 입출력장치 간의 자료 전송을 위한 타이밍 유지를 위해 처리되는 신호 교환 절차

56 디버깅(Debugging) : 프로그램을 작성하여 기계어 번역 시 또는 실행 시 문법적 오류나 논리적 오류를 바로 잡는 과정

57 캐시 메모리(Cache Memory) : 고속의 CPU와 주기억장치 사이의 속도 차이를 완화시키기 위한 고속 버퍼 메모리로, CPU와 주기억장치 사이에 존재

58

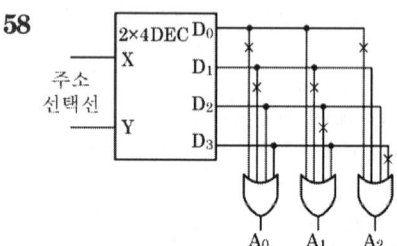

X	Y	A_0	A_1	A_2
0	0	0	1	0
0	1	0	0	1
1	0	1	0	1
1	1	1	1	0

주소 선택선 X, Y에서 4가지 값에 따라 (0, 1, 0) (0, 0, 1) (1, 0, 1) (1, 1, 0)로 나타내는 디코더(Decoder, 해독기) 회로이다.

59 CPU가 프린터로 데이터를 출력하는 과정
① CPU가 프린터 제어기에서 프린터의 상태를 검사하도록 요청

② 제어기는 프린터의 상태를 검사하여 CPU에게 통보
③ 데이터를 받을 준비가 된 상태면 CPU는 제어기에서 출력 명령과 데이터를 전송
④ 제어기는 프린트 동작을 위한 제어 신호와 함께 데이터를 프린터로 전송

60 세션 핸드셰이킹(handshakin) 방식을 사용할 때 사용하는 신호
① DAV 신호
② RFD 신호
③ DAC 신호

61

진수변환	데이터
2진수	11101011 → 235
8진수	455 → 100101101 → 301
10진수	245 → 11110101
16진수	FC → 1111 1100 → 252

62

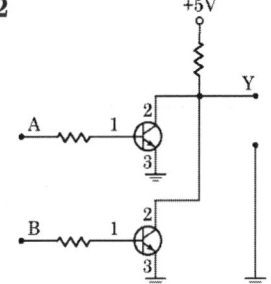

① NOR gate로 동작된다.
② 입력 A=0, B=0일 경우 출력 Y=1이 된다.
③ 입력 A=1, B=1일 경우 출력 Y=0이 된다.
④ 2개의 트랜지스터를 이용한 일치회로이다.

63 $2^{N-1} <$ 카운트수 $\leq 2^N$ 이므로 $2^{7-1} < 100 \leq 2^7$ 이다.
∴ 최소 7개의 플립플롭이 필요

64

2진수	1	1	0	0	1	0	1	1
	⊕	⊕	⊕	⊕	⊕	⊕	⊕	
	↓	↓	↓	↓	↓	↓	↓	↓
그레이코드	1	0	1	0	1	1	1	0

65

J	K	Q(t+1)	
0	0	Q(t)	No change
0	1	0	Reset
1	0	1	Set
1	1	$\overline{Q}_{(t)}$	Complement

66 EPROM(Erasable PROM, 삭제 가능한 롬)은 필요할 때 기억된 내용을 지우고 다른 내용을 기록할 수 있는 ROM이다. 지우는 방법에 따라 자외선으로 지울 수 있는 UVEPROM(Ultra-Violet Erasable Programmable Read Only Memory)과 높은 전압으로 지울 수 있는 EEPROM(Electrically Erasable Programmable Read-Only Memory)로 구분하지만 일반적으로 UVEPROM을 가리킨다.

67

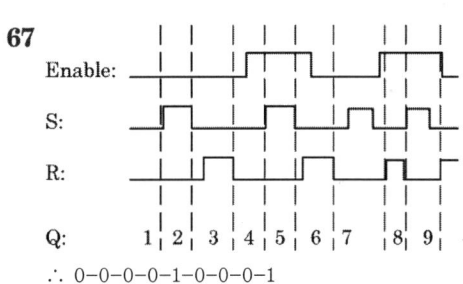

∴ 0-0-0-0-1-0-0-0-1

68 10진수 $0.4375 \rightarrow 0.0111_{(2)}$

69 OR 회로

A ─┐
B ─┘>○─|>○─ X 또는 A ─┐
                              B ─┘>─ X

70 $Y = \overline{A}BC + AB\overline{D} + A\overline{BC}D + ABCD$

AB\CD	00	01	11	10
00		0	1	1
01	X			X
11	1		1	11
10		1		

71

입력			출력	
A	B	C_i	S	C
0	0	0	0	0
0	0	1	1	0
0	1	0	1	0
0	1	1	0	1
1	0	0	1	0
1	0	1	0	1
1	1	0	0	1
1	1	1	1	1

72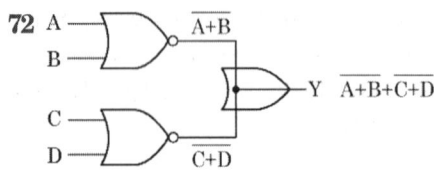

73 2의 보수 $= -2^8 \sim +2^8 - 1 = -128 \sim +127$

74 ① 디멀티플렉서(Demultiplexer) : 1개의 입력선을 받아들여 n개의 선택선의 조합에 의해 2^n 개의 출력선 중에서 하나를 선택하여 출력하는 회로이며 데이터 분배기(Data distributor)라고도 한다.

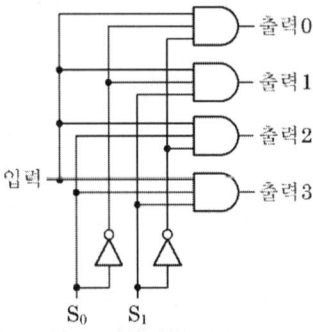

② 멀티플렉서(Multiplexer) : 2^n 개의 입력 중에서 하나를 선택하여 하나의 출력선으로 내보내기 위해서는 최고 n비트의 선택입력이 필요하다. 이 n개의 선택 입력 조합으로 입력을 선택하여 출력하는 회로이며 데이터 셀렉터(data selector)라고도 한다.

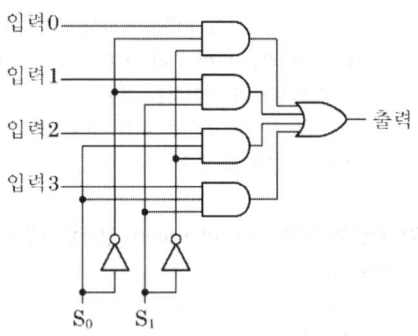

75 ASCII 코드
① 7개의 비트로 구성된 코드이며 3개의 존(zone)과 4개의 숫자(digit)로 구성
② 앞부분의 4개 부분 코드는 영문자, 특수문자 등을 구분
③ 최근 패리티 비트를 추가하여 8자리의 2진 코드를 많이 사용
④ 패리티 비트 : 모든 비트열에 있는 1의 합이 항상 짝수 또는 홀수 개를 유지할 수 있도록 비트열에 추가한 검사 비트
⑤ PC 기종에서 널리 사용되며 데이터 통신용으로 많이 사용

구분	Zone bit
0~9	011
알파벳소문자	110(a~o), 111(p~z)
알파벳대문자	100(A~O), 101(P~Z)
특수문자	011

76 NAND 게이트
모든 입력이 논리 상태 1일 때 출력이 논리 상태 0이 되고, 그 이외일 때는 출력이 논리 상태 1이 되는 소자

A	B	AND	NAND
0	0	0	1
0	1	0	1
1	0	0	1
1	1	1	0

77 디코더(decoder, 복호기)
입력이 n개라면 출력의 수는 2^n 개

78

a	b	$x=\overline{a \oplus b}$	$y=a\overline{b}$	$z=\overline{a}b$
0	0	1	0	0
0	1	0	0	1
1	0	0	1	0
1	1	1	0	0

79

A	B	$Y_1 = \overline{AB}$	$Y_2 = \overline{AB} + A\overline{B}$	$Y_3 = A\overline{B}$
0	0	0	1	0
0	1	1	0	0
1	0	0	0	1
1	1	0	1	0

$Y_2 = \overline{A}B + A\overline{B} = A \oplus B$

80 $Q_{(t+1)} = J\overline{Q} + \overline{K}Q$

Q	J	K	$Q_{(t+1)}$
0	0	0	Q
0	0	1	0
0	1	0	1
0	1	1	1
1	0	0	Q
1	0	1	0
1	1	0	1
1	1	1	1

81 1. HDLC(데이터 링크 제어 절차)의 제어 명령어
　① RR : 수신 준비가 되어 있다는 것을 알림
　② UA : 비번호제 명령에 대한 응답
　③ SNRM : 정규 응답 모드로의 데이터 링크 설정을 요청
　④ SARM : 동기 병형 노느로서의 넌실 설정 요구
2. HDLC에 대한 설명
　① 수 Mbps 단위의 데이터 전송이 가능하다.
　② 비동기 방식보다 전송이 효율이 우수하다.
　③ 반이중, 전이중 전송 방식이 모두 가능하다.

82 ① Stop-and-Wait ARQ : 자동 재전송 요청(ARQ) 중 데이터 프레임의 정확한 수신 여부를 매번 확인하면서 다음 프레임을 전송해 나가는 가장 간단한 오류 제어 방식
② Go-back-N ARQ : 한 개의 프레임을 전송하고, 수신측으로부터 ACK 및 NAK 신호를 수신할 때까지 정보 전송을 중지하고 기다리는 ARQ(automatic repeat request) 방식

83 RTCP(Real-Time Control Protocol)
RTP의 QoS를 유지하기 위해 함께 쓰이는 프로토콜. RTP는 데이터 전송에만 관여하지만, RTCP는 데이터 전송을 감시하고, 세션 관련 정보를 전송하는 데 관여한다.

84 라우팅(routing) 프로토콜
라우터 간 통신방식을 규정하는 통신규약
① OSPF, IS-IS : 연결 스테이트 라우팅 프로토콜
② IGRP, RIP, EIGRP : 경로 벡터나 거리 벡터 프로토콜
③ BGP : 자율시스템 사이에서 트래픽을 교환할 목적으로 쓰이는 프로토콜

85 ① 데이터 전송 중 발생한 에러를 검출하는 기법
　㉠ Parity Check(패리티검사)
　㉡ Cyclic Redundancy Check(순환잉여검사)
　㉢ Block Sum Check(블록합검사)
② Hamming Coding : 순방향 오류 정정(Forward Error Correction) 방식에 사용되는 오류 검사

86 ① IGMP(Internet Group Management Protocol) : 호스트 컴퓨터(PC)와 인접 라우터가 멀티캐스트 그룹 멤버십을 구성하는 데 사용하는 통신 프로토콜
② BOOTP(Bootstrap Protocol) : TCP/IP상에서 자동 부팅을 위한 최초의 표준으로 디스크 장치가 없는 클라이언트를 구동시키기 위한 프로토콜

87 $10\text{Mbps} \times \dfrac{51.2\mu s \times 5 \times 500m}{2500m}$
$= 10 \times 10^6 \times 51.2 \times 10^{-6} = 512\text{bit}$

88 DCF(Distributed Coordination Function, 분산 조정 함수)
① 802.11의 기본적인 매체접근 제어 방식
② 경쟁 기반의 분산 방식 → CSMA/CA으로 메커니즘화

89 TDMA(time division multiple access)
① 시간축에서 여러 개의 단위 시간 구간(슬롯)으로 나누는 방식
② 각자 자기에게 할당된 시간 구간(슬롯)을 다른 사용자의 시간 구간과 겹치지 않도록 한다.
③ 슬롯 간 간섭을 피하기 위해 각 슬롯 간 보호 간격을 두고 있다.

90 무선 LAN

장점	단점
효율성 확장성 이동성 편의성 생산성	보안 지원 범위의 한정 신뢰성 속도

91 HDLC 프레임 구조

시작 플래그	주소 영역	제어 영역	정보 영역	FCS	종료 플래그
(F)	(A)	(C)	(I)		(F)
8비트	8비트	8비트	가변	16비트	8비트

① F(Flag) : 프레임의 시작과 끝을 나타내기 위해 사용하며, 고유의 패턴(01111110) 8bit로 구성되어 있다.
② 주소(Address) 영역 : 송신 시스템과 수신 시스템의 주소를 기록한다.
③ 제어(Control) 영역 : 정보 전송 프레임 I형식, 링크 감시제어용 S형식, 확장용 U형식이 있다.
④ 정보(Information) 영역 : 송수신 단말장치 간 교환되는 사용자 정보와 제어 정보이다.
⑤ FCS(Frame Check Sequence) 영역 : 수신 프레임의 에러 검출 부분으로 CRC 방식을 사용한다.

92
① TCP 프로토콜 : 연결형 서비스(예 : HTTP, FTP 등)
② UTP 프로토콜 : 비연결형 서비스(예 : IP, ARP 등)

93
1. X.25 프로토콜
   ① 패킷망으로 정보를 전송할 때 패킷 터미널을 제안한 표준 규격안
   ② 흐름 및 오류 제어기능을 제공
   ③ 연결형 네트워크 프로토콜
2. X.25 프로토콜을 구성하는 계층

물리 계층(Physical Layer) → 링크 계층(Link Layer) → 패킷 계층(Packet Layer)

94 HDLC 프레임의 종류
① I-FRAME : 피기백킹(piggybacking) 기법을 통해 데이터에 대한 확인응답을 보낼 때 사용되는 프레임
② U-FRAME(비번호) : 연결에 대한 제어신호, 제어 정보를 전송
③ S-FRAME(감독) : 제어신호를 송수신할 때, 연결 설정/해제 등의 정보를 전송

95 TCP/IP 관련 프로토콜
① SMTP(Sent Mail Transfer Protocol) : 보내는 메일 서버 프로토콜
② FTP(File Transfer Protocol) : 파일 전송 프로토콜
③ SNMP(Simple Network Management Protocol) : 단순 망 관리 프로토콜

96 플러딩(Flooding)
라우팅 방식 중 패킷이 소스 노드로부터 모든 인접 노드로 broadcast되는 방식

97 프레임의 시작과 끝을 나타내기 위한 전송제어 문자
① DLE(Data Link Escape) : 데이터 투과성(Data Transparent)을 위해서 전송제어 문자 앞에 삽입
② STX(Start of Text) : 블록의 시작을 알리는 비트 패턴 즉 자료의 시작
③ ETX(End of Text) : 블록의 마지막을 알리는 비트 패턴 즉 자료의 마지막
④ SYN : 동기화 문자는 수신측에게 블록의 시작을 알리는 비트 패턴

98 TCP/IP의 계층 구조
① 응용(Application) 계층 : Telnet, HTTP, FTP, SMTP, NNTP, DNS
② 전송(Transport) 계층 : TCP, UDP
③ 인터넷(Internet) 계층 : ICMP, ARP, IP, RARP
④ 네트워크 접근(Network Access) 계층 : Dial-up 회선, LAN, X.25패킷망

99 NRZ-M(Non-Return-to-Zero Mark) 방식

비트 간격의 시작점에서는 항상 천이가 발생하며, "1"의 경우에는 비트 간격의 중간에서 천이가 발생하고, "0"의 경우에는 비트 간격의 중간에서 천이가 없는 방식

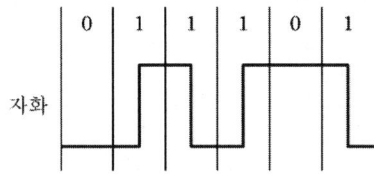

100 ① FTP(File Transfer Protocol) : 두 컴퓨터 간의 파일 전송을 위한 인터넷 표준 프로토콜
② Archie : 인터넷상의 익명 FTP 서버에 공개되어 있는 파일을 검색하는 서비스를 하는 클라이언트/서버형 프로그램
③ Gopher : 메뉴 방식의 인터넷 정보검색서비스

2009년 제4회

01	02	03	04	05	06	07	08	09	10
④	④	①	③	③	①	④	④	③	②
11	12	13	14	15	16	17	18	19	20
③	②	③	④	④	④	②	①	①	④
21	22	23	24	25	26	27	28	29	30
①	③	②	③	③	④	③	④	③	①
31	32	33	34	35	36	37	38	39	40
②	③	①	③	①	④	①	③	①	④
41	42	43	44	45	46	47	48	49	50
②	③	①	①	①	②	③	①	③	②
51	52	53	54	55	56	57	58	59	60
③	④	③	④	②	①	③	②	②	③
61	62	63	64	65	66	67	68	69	70
③	②	②	①	③	④	②	④	②	②
71	72	73	74	75	76	77	78	79	80
④	②	①	①	①	②	②	④	①	③
81	82	83	84	85	86	87	88	89	90
③	④	②	①	①	④	②	①	②	④
91	92	93	94	95	96	97	98	99	100
①	④	②	②	④	③	①	③	③	④

01 1. 시스템 소프트웨어의 구성
① 제어 프로그램
② 감시프로그램
③ 작업 제어 프로그램 : Job Scheduler, Master Scheduler
④ 자료 관리 프로그램
2. 처리 프로그램
① 언어 번역기 : 어셈블러, 컴파일러, 인터프리터
② 서비스 프로그램 : 연결 편집기, 정렬/합병 프로그램, 유틸리티
③ 문제 프로그램

02 링킹(Linking)
① 프로그램을 실행하는 중에 다른 목적 프로그램이 필요해졌을 때, 프로그램 제어 기능에 의해 그 프로그램과 연결하는 것
② 따로 따로 작성한 몇 가지의 목적 프로그램 또는 목적 모듈을 결합하여 하나의 목적 프로그램(로드 모듈)으로 하는 것
③ 프로그램을 몇 개 부분으로 나누어 작성했을 경우, 이들 각 부분마다 목적 프로그램이 만들어진다. 또한 프로그램 언어의 언어처리계도 실행 시 라이브러리라고 하는 목적 프로그램을 마련하고 있다. 이들의 목적 프로그램을 결합함으로써 실행할 수 있는 하나의 목적 프로그램이 만들어진다.
④ 종류
㉠ 정적 링킹(static linking) : 이러한 링킹을 프로그램 실행에 앞서 연계 편집 프로그램을 사용하여 행하는 것
㉡ 동적 링킹(dynamic linking) : 사전에 링킹을 해 놓지 않고 프로그램 실행하는 도중에 다른 목적 프로그램이 필요해졌을 때 프로그램의 제어 기능에 의해 링킹하는 것, 즉 컴퓨터에서 프로그램을 실행하는 도중에 필요한 프로그램 모듈을 결합하여 실행을 속행하는 경우의 결합 방식
(자료 출처 : 두산 백과)

03 운영체제의 성능 평가 기준 4가지
① 처리능력(Throughput)
② 반환시간(Turn Around Time)
③ 사용 가능도(Availability)
④ 신뢰도(Reliability)

04 주기억장치 관리 기법의 배치 전략
① 최초 적합(first-fit) 전략 : 첫 번째 분할 영역에 배치시키는 방법
② 최적 적합(best-fit) 전략 : 가장 작게 남기는 분할 영역에 배치시키는 방법
③ 최악 적합(worst-fit) 전략 : 입력된 작업을 가장 큰 공백에 배치하는 방법

05 JCL(Job Control Language)
① OS와 사용자 간의 정보 제공 언어이다.
② 사용자 Job과 그의 시스템에 대한 요구를 일치시키는 기능을 갖는다.
③ 사용자는 JCL을 이용하여 그의 JOB 단계 순서와 운영에 대한 사항을 자세히 서술하여 시스템을 제어할 수 있다.
④ 사용자가 자신의 작업 처리 순서를 운영체제에게 알려주기 위한 특수언어

06 매크로 프로세서 처리 과정
매크로 정의 인식 → 매크로 정의 저장 → 매크로 호출

인식 → 매크로 확장과 인수치환

07 기계어
① 프로그램을 작성하고 이해하기가 어렵다.
② 컴퓨터가 직접 이해할 수 있는 저급 언어이다.
③ 기종마다 기계어가 다르므로 언어의 호환성은 없다.
④ 0과 1의 2진수 형태로 표현되어 수행시간이 빠르다.

08 어셈블리어 명령
① RET(Return from CALL) : CALL로 스택에 PUSH된 주소로 복귀
  ㉠ 프로시저 프로그램의 호출과정 및 복귀과정에서 CALL 문으로 부른 서브프로그램에서 메인 프로그램으로 다시 복귀하는 어셈블리 명령어
  ㉡ 서브루틴으로 작성되는 프로시저는 주프로시저에서 호출되어 실행하고, 실행이 끝나면 자신을 호출한 CALL의 다음 명령으로 복귀시켜야 한다. 서브루틴에서 자신을 호출한 곳으로 복귀시키는 어셈블리어 명령
② XCHG(Exchange Register) : 첫 번째 오퍼랜드와 두 번째 오퍼랜드 교환
  ㉠ 두 피연산자를 교환하는 경우 임시값을 보관하기 위해 다른 레지스터를 필요로 하지 않아 고속 데이터 교환이 가능한 명령
③ XLAT(Translate byte to AL) : BX : AL이 지시한 테이블의 내용을 AL로 로드
④ LEA(Load Effective Address to Register) : 메모리의 오프셋 값을 레지스터로 로드

09 어셈블리어
① 명령 기능을 쉽게 연상힐 수 있는 기호를 기계어와 1 : 1로 대응시켜 코드화한 기호 언어
② 프로그램에 기호화된 명령 및 주소를 사용
③ 어셈블리어의 기본 동작은 동일하지만 작성한 CPU마다 사용되는 어셈블리어가 다를 수 있다.
④ 데이터가 기억된 번지를 기호(symbol)로 지정
⑤ 어셈블리어로 작성된 원시 프로그램은 목적 프로그램을 생성한 후 실행 가능하다.

10 교착 상태의 발생 조건
① 상호 배제(Mutual Exclusion)
② 점유와 대기(Hold-and-Wait)
③ 비선점(Non-Preemption)
④ 환형 대기(Circular Wait)

11 파일 디스크립터 : 프로그램에서 보조기억장치에 있는 파일에 접근하는 데 이용하는 여러 가지 파일 정보를 담고 있는 자료구조

12 절대로더(absolute loader)를 사용할 때 4가지 기능과 그 기능에 대한 수행 주체의 연결
① Allocation(기억장소할당)-by programmer(프로그래머)
② Linking(연결)-by programmer(프로그래머)
③ Relocation(재배치)-by assembler(어셈블러)
④ Loading(적재)-by loader(로더)
[참고] 절대(Absolute) 로더 : 적재 기능만 하는 간단한 로더(할당, 연결) → 프로그래머, (재배치) → 언어번역기

13 매크로(Macro)
① 한 프로그램 내에서 동일한 코드가 반복될 경우, 반복되는 코드를 한 번만 작성하여 특정 이름으로 정의한 후 그 코드가 필요할 때마다 정의된 이름을 호출하여 사용하는 것
② 매크로 이름이 호출되면 호출된 횟수만큼 정의된 매크로 코드가 해당 위치에 삽입되어 실행된다.

14 1. 비순환 그래프 디렉토리
① 하위(부) 디렉토리의 공동 사용이 가능하다.
② 사이클이 허용되지 않는다.
③ 디렉토리 구조가 복잡하다.
④ 하나의 파일이나 디렉토리가 여러 개의 경로이름을 가질 수 있다.
⑤ 공유된 파일을 삭제할 경우 떨어진 포인터(Dangling pointer)가 발생할 수 있다.
⑥ 히위디렉토리가 상위디렉토리나 상위파일을 공유할 수 없다.
⑦ 공유된 하나의 파일을 탐색할 경우 다른 경로로 두 번 이상 찾아갈 수 있으므로 성능저하가 초래될 수 있다.
⑧ 디스크 공간을 절약할 수 있다.
2. 일반적인 그래프 디렉토리 구조

① 디렉토리와 파일 공유에 융통성이 있다.
② 사이클이 허용된다.
③ 탐색 알고리즘이 간단하며, 원하는 파일에 접근하기가 용이하다.
④ 불필요한 파일의 제거를 위한 참조 카운터가 필요하다.
3. 2단계 디렉토리 구조
① 각각의 사용자에 대한 MFD와 각 사용자별로 만들어지는 UFD로 구성된다.
② MFD는 각 사용자의 이름이나 계정 번호 및 UFD를 가리키는 포인터를 갖고 있으며, UFD는 오직 한 사용자가 갖고 있는 파일들에 대한 파일 정보만 갖고 있다.

15 어셈블러를 두 개의 pass로 구성하는 주된 이유
① 한 개의 Pass만을 사용하는 경우는 기호를 모두 정의한 뒤에 해당 기호를 사용하여야 한다.
② 기호를 정의하기 전에 사용할 수 있어 프로그램 작성이 용이하기 때문이다.(전향 참조, Forward reference)
③ 사용의 편의상 정의하기 전에 사용한 주소 상수를 처리하기 위함이다.

16 HRN 스케줄링 기법의 우선순위 계산식
=(대기 시간+서비스 시간)/서비스 시간
[참고] HRN(Highest Response-ratio Next) : SJF 기법의 짧고 긴 작업 간의 불균형을 보완하는 기법으로 대기 시간과 서비스 시간을 이용한 우선순위 계산 공식으로 정하는 스케줄링 기법

17 ① 컴파일러(Compiler) : FORTRAN, COBOL, ALGOL, C와 같은 고급 언어(인간이 이해하기 쉬운 언어, 대부분의 프로그래밍 언어가 고급 언어이다)로 작성된 프로그램을 번역하는 프로그램이다.
② 어셈블러(Assembler) : 저급 언어(컴퓨터 언어에 가까운 언어)로서 직접적으로 명령어와 명령이 1:1로 대응, 어셈블리어로 작성된 원시 프로그램을 기계어로 번역하는 프로그램이다.
③ 인터프리터(Interpreter) : BASIC, LISP, APL, SNOBOL 등의 언어로 작성된 원시 프로그램을 번역하는 프로그램이다.

18 System software의 종류

① OS(Windows 시리즈, DOS, UNIX 등)
② 프로그래밍 언어
  ㉠ 고급 언어(C++, JAVA 등)
  ㉡ 저급 언어(기계어), 어셈블리 언어, 컴파일러
③ 데이터베이스 관리시스템(DBMS)
④ 유틸리티 프로그램(노턴 유틸리티, V3 등)

19 ① Direct linking loader : 일반적인 로더(general loader)이며 할당, 연결, 재배치, 적재의 기능을 모두 수행하는 가장 근접한 로더
② Absolute loader : 간단한 로더이며 단순히 번역된 목적 프로그램을 입력으로 받아들여 주기억장치의 프로그래머가 지정한 주소에 적재하는 기능을 가지는 로더
③ Compile and go loader : 원시 프로그램의 기계어로 번역하는 순서대로 명령어 및 자료를 직접 주기억장치에 적재하여 곧바로 프로그램을 수행하는 방식의 loader

20 ① ASSUME : 세그먼트 레지스터에 각 세그먼트의 시작 번지를 할당하여 현재의 세그먼트가 어느 것인가를 지적하게 하는 어셈블리어 명령
② ORG : 어셈블리언어에서 원시 프로그램을 목적 프로그램으로 번역할 때 현재의 오퍼랜드에 있는 값을 다음 명령어의 번지로 할당
③ EQU : 지시어는 숫자형 상수, 레지스터 연관값 또는 프로그램 연관값에 상징된 이름을 부여한다. 어떤 기호적 이름에 상수값을 할당하는 명령

21 biquinary(2중5) 코드
모두 7bit로 구성되며 맨 앞의 두 자릿수 50의 2bit는 10진수의 5보다 크고 작음을 나타내고 나머지 5bit counter로 사용하고, 2중5코드에서는 각각의 코드마다 2개의 1과 5개의 0으로 구성

22 시스템 버스 기본 동작
1. 동기식 버스(Synchronous Bus)
① 기준 클록을 가지고 그 클록에 맞추어 정보가 전송되는 방식
② 회로구성은 간단하나 클록의 주기보다 짧은 주기의 버스의 동작은 기다려야 한다는 단점
③ 중규모 컴퓨터 시스템에서 사용

2. 비동기식 버스(Asynchronous Bus)
   ① 클록을 사용하지 않고 관련된 버스들의 동작 여부로 판단
   ② 시간낭비는 없으나 회로가 복잡하다는 단점
   ③ 소규모 컴퓨터 시스템에서 사용

23 F=A · B

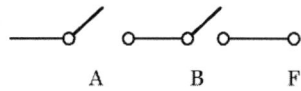

24 제어신호 : CPU에서 마이크로 오퍼레이션이 순서적으로 일어나게 한다.

25

16진수	FF0
16의 보수(16's complement)	00F

26 명령어 형식
   ① 0-주소 명령어 : 스택
   ② 1-주소 명령어 : 누산기(Accumulator)-하나의 오퍼랜드만 포함하고 다른 오퍼랜드나 결과값은 누산기에 저장
   ③ 2-주소 명령어 : 범용레지스터(GPR), 2개의 오퍼랜드가 존재
   ④ 3-주소 명령어 : 범용레지스터(GPR), 3개의 오퍼랜드가 존재

27 메모리로부터 읽혀진 명령어의 오퍼레이션 코드(OP-code)는 CPU의 명령 레지스터에 속한다.

28 ① 랜덤 접근방식 - 주기억장치
   ② 순차 접근방식 - 자기 테이프
   ③ 직접 접근방식 - 자기 디스크, 자기 드럼

29 비트 슬라이스 프로세서
CPU를 모듈화하여 데이터 및 명령어의 길이를 다양하게 설계하는 데 적합한 프로세서이다.

30 계층적 기억장치
다양한 성능과 용량가격을 가진 여러 종류의 기억장치를 적절하게 조합시켜 시스템의 처리능력을 유지하는 작업에 기본이 되는 기억계층이다.

31 명령어 형식에서 각 필드의 길이를 결정하는 데 영향을 주는 요소
   ① 주소 지정방식의 수
   ② 오퍼랜드의 수
   ③ 주소 영역

32 다중처리기
   ① 수행속도 등의 성능 개선이 목적이다.
   ② 하나의 복합적인 운영체제에 의하여 전체 시스템이 제어된다.
   ③ 각 프로세서의 기억장치가 있으며 공유 기억장치는 있다.
   ④ 한 작업을 여러 개의 프로세서로 나누어서 서로 다른 처리기에 할당하여 동시에 수행한다.

33 프로그램된 I/O
데이터를 전송할 때 입·출력 버스를 통하여 프로세서와 주변장치 사이에서 이루어지며, 데이터의 전송을 확인하기 위해서 상태 레지스터를 사용하는 전송 모드

34 주기억장치 밴드폭
하드웨어의 특성상 주기억장치가 제공할 수 있는 정보 전달의 능력 한계

35 입출력장치 제어기의 기본적인 입출력 시스템

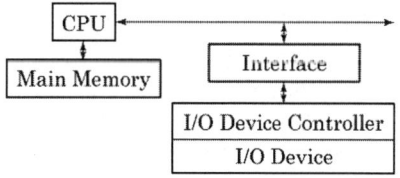

36 프로그램에 의해 제어되는 동작
   ① input/output
   ② branch
   ③ status sense
   [부가설명] Fetch : CPU가 주기억장치에 접근하는 것에 따라 변하는 상태

37 ① 팩 10진 형식(packed decimal format) : 10진수 한 자리를 4개의 비트로 표현하는 방법으로, 맨 오른쪽의 4개의 비트는 양수이면 C(1100)로, 음수이면 D(1101)로 표시
② 언팩 10진 형식(unpacked decimal format) : 10진수 한 자리를 8개의 비트로 표현하는 방법으로, 왼쪽 4비트는 존(zone), 나머지 4비트는 숫자(digit)를 구분. 이때 10진수의 부호는 가장 오른쪽 8비트의 존 부분이 양수이면 C(1100)로, 음수이면 D(1101)로 표시

38

16진수	A 4 D	
2진수	1010 0100 1101	16진수 1자리는 2진수 4자리로 표현
8진수	101 001 001 101 5115	2진수 3자리씩 묶어 8진수 1자리로 표현

39

10진수	3	
3-초과 코드	6 → 0110	10진수값에 3을 더한 코드

40 DMA
① 입출력 제어 방식의 한 형태이다.
② DMA 제어기는 주기억장치의 버스를 사용하기 위해서 CPU와 경쟁해서 주기억장치 사이클을 사용(사이클 훔침)한다.
③ 인터럽트는 다른 프로그램을 실행하기 위해서 CPU를 비워야 하나 DMA는 CPU가 1사이클 동안만 정지하므로 비울 필요가 없다.
④ DMA 제어기는 하나의 입출력 명령에 의해 여러 개의 데이터 블록을 입출력할 수 있으므로 많은 입출력 명령이 필요하다.

41 상대 주소지정방식
일반적으로 프로그램 카운터(PC)의 값과 명령어의 주소 부분에 있는 주소를 가지고 유효 주소를 찾는 주소지정방식

42 Cross Compiler : 소스 프로그램의 컴파일이 불가능한 소규모 마이크로컴퓨터에서 이를 컴파일하기 위해 보다 대용량의 컴퓨터를 이용, 컴파일 작업을 수행하고자 한다.

43 CPU 소켓 인터페이스
① PGA(Pin Grid Array) 구조 : 인텔486부터 사용
② DIP 구조 : 40핀 인텔8086, 인텔8088
③ BGA(Ball Grid Array) 구조 : PGA에서 유래
④ LGA(Land Grid Array) 구조 : 소켓 T, 인텔 펜티엄4, 펜티엄4, 코어2쿼드(노스우드, 프레스캇, 콘로, 켄스필드, 시더밀 코어)

44 programmed I/O
중앙처리장치가 입출력장치의 입출력 작업 발생 여부를 지속적으로 감시하는 폴링 체계에 의해 입출력 제어가 이루어지는 방식
① 데이터(data)
② 상태(status)
③ 커맨드(command)

45 커맨드 디코더(command decoder, 명령해독기)
사용자 단말기로부터 입력되는 명령을 받아서 해석하는 시스템 프로그램

46

10진수	23	-46
2의 보수 표현 방법	00010111	11010010

10진수값 46 → 2진수값 00101110 → 1의 보수 11010001
2의 보수(1의 보수+1) 11010010

47 캐시 메모리(Cache Memory)
프로세서가 고속처리할 수 있도록 자주 사용되는 명령이나 데이터를 일시적으로 저장하는 고속기억장치

48 IPL(Initial Program Load) : 고성능 제어기 및 컴퓨터를 작동시키기 위한 초기 단계 절차

49 플래그(flag) 레지스터가 나타내는 상태
① carry의 발생
② 연산 결과의 부호
③ overflow의 발생

[참고] 상태 레지스터는 플러그 레지스터, PSW(Program Status Word)이다.

50 8비트 마이크로프로세서의 경우 일반적으로 내부 버스와 레지스터의 크기는 8bit이다.

51 JTAG(Joint Test Action Group) 인터페이스
① TDI(데이터 입력) : Test Data In
② TMS(모드) : Test Mode Select
③ TDO(데이터 출력) : Test Data Out
④ TRST(리셋) : Test Reset
⑤ TCK : Test Clock

52 M×N의 명칭을 가지는 RAM 특징
① 저장 가능한 전체비트(bit) 수가 M×N개이다.
② N비트의 데이터가 입력 또는 출력된다.
③ 어드레스의 비트수는 M에 의해 결정된다.

53 ① 비동기식 직렬 입·출력 방식 : EIA RS-232C
② GPIB(General Purpose Interface Bus) : 컴퓨터와 계측기 중심의 주변기기를 연결하여 정보를 전달하기 위한 외부 버스의 일종
③ HDLC(High-level Data Link Control) : 데이터 통신에서 데이터가 링크를 통해 한 프레임 단위로 전송되는 비트 중심의 프로토콜
④ BSC(Binary Synchronous Communication) : 2진 동기식 데이터 전송 제어 프로토콜

54 CPU의 구성
① ALU
② general purpose register
③ contorl unit

55 ① MMX(Multimedia Extension) : 멀티미디어 응용 프로그램들의 실행을 좀 더 빠르게 할 수 있도록 설계된 프로세서
② centrino(센트리노) : CPU와 메인보드 칩셋, 무선 네트워크 인터페이스를 노트북 컴퓨터의 설계에 하나로 통합한 것

56 순서도(flowchart) 작성
① 사용하는 언어에 따라 기호 형태가 동일하다.
② 프로그램 보관 시 자료가 된다.
③ 프로그램 갱신 및 유지 관리가 용이하다.
④ 오류 수정(Degugging)이 용이하다.

57 수정발진 : 클록을 발생하는 회로

58 마이크로컴퓨터용 소프트웨어 개발 과정
요구분석 → 프로그램 설계 → 코딩 → 테스트 → 유지보수

59 IrDA(Infrared Data Association)
마이크로컴퓨터와 외부장치 간에 적외선을 이용하여 데이터를 주고받는 방식

60 폐쇄 서브루틴(closed subroutine)
주루틴(main routine)의 호출명령에 의하여 명령실행 제어만이 넘겨져서 고유의 루틴(routine) 처리를 행하도록 하는 것

61

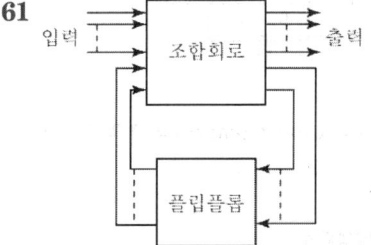

㉠ 조합 논리회로 : 입력, 논리게이트, 출력으로 이루어져 있으며 입력된 정보에 대하여 2진수의 출력 정보를 제공하는 기능을 가지고 있는 회로
㉡ 플립플롭 : 2개의 안정 상태가 있을 때 한쪽 안정 상태를 정하는 입력이 인가되면 다른 쪽 안정상태를 정하는 입력이 인가되기까지 그 상태를 유지하는 회로

62 MS 플립플롭(Master Slave Flip-Flop) : 출력측의 일부가 입력측에 피드백되어 유발되는 레이스 현상을 없애기 위해 고안된 플립플롭

63 $f = A(B+CD) + \overline{BC}$ 에서

AND Gate : 3개, OR Gate : 2개, Not Gate : 2개이므로 총 7개의 Gate가 필요

64 Wired-OR(연결 OR)
부가적으로 연결된 독립적인 회로이거나 함수로 얻어진 출력을 결합하여 OR의 기능을 나타낼 수 있다.
[참고] Open-collector : 베이스를 Open했을 때에 컬렉터와 이미터에 걸리는 최대전압

65 듀티 사이클(duty clycle) : 반복하는 파형의 Full Cycle Time 대한 실제 작용 시간과의 비율(%)
$\frac{1}{5} \times 100 = 20\%$

66 y(A, B, C, D)=Σ(0, 1, 2, 3, 4, 6, 9, 11, 13, 15)의 논리식 $\overline{AB} + \overline{AD} + AD$

AB\CD	00	01	11	10
00	0	1	3	2
01	4			6
11		13	15	
10		9	11	

67 ROM(Read Only Memory)의 주요 구성 요소
디코더와 OR 게이트

68 parity 발생회로
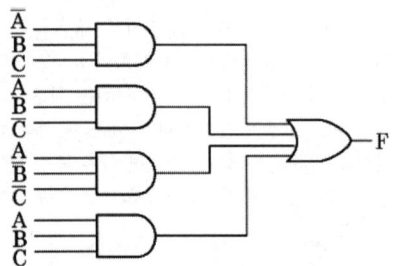

69
10진수	-0.75	
부호 비트	1	양수이면 0, 음수이면 1
크기 비트	0.11	0.75를 2진수로 표현

70 D 플립플롭 : 하나의 입력 단자가 있고 클록 펄스가 인가되었을 때 입력 신호가 1이면 1로, 0이면 0으로 자리잡는 플립플롭

71 병렬 가산기의 특징
① 가격이 직렬 가산기에 비해 비싸다.
② 입력단자수가 2^n개이라면 출력단자수는 n이다.
③ 연산 처리가 직렬 가산기에 비해 빠르다.

72
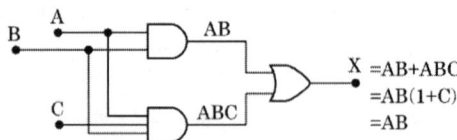

[방법] 8진수 1자리수를 2진수 4자리로, 16진수 1자리는 2진수 4자리로 표현한 값과 같다.

73 MSI와 LSI에 의해 조합 논리회로에 활용
① Decoder
② Multiplexer
③ PLA

74 X=AB

X =AB+ABC
=AB(1+C)
=AB

75 3비트에 대한 패리티를 발생시키는 even parity generator

76 Clock에 따라 1씩 증가된다.
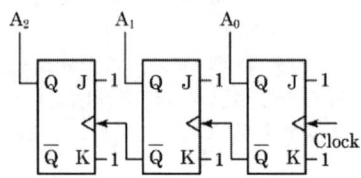

78 PLA(Programmable Logic Array)
① 프로그램 가능한 AND 및 OR 게이트군이 내장된 소자
② 다중입력과 다중출력을 갖는 논리함수를 구현하는 데 편리한 소자
③ 한정된 개수의 입출력 단자를 가지는 한 개의 Chip 으로 제조되어 있다.
④ 논리 연산회로를 구현하는 데 주로 쓰이도록 연산 기능을 내장하고 있다.

79

A	B	C	F	
0	0	0	0	
0	0	1	0	
0	1	0	0	
0	1	1	1	$\overline{A}BC$
1	0	0	0	
1	0	1	1	$A\overline{B}C$
1	1	0	1	$AB\overline{C}$
1	1	1	1	ABC

$F = ABC + AB\overline{C} + A\overline{B}C + \overline{A}BC$

80 전가산기(Full Adder)
① 입력은 가수 A, 피가수 B, 입력 자리올림수 C_i로 구성
② 출력 합의 식은 $(A \oplus B) \oplus C_i$
③ 출력 자리올림수의 식은 $(A \oplus B)C_i + AB$
④ 반가산기 2개와 OR gate를 이용하여 전가산기 구성

81 PSK(phase shift keying) 방식
반송 신호에 의하여 반송파의 순시위상에 미리 정해진 이산적인 값을 대응시키는 위상변조방식

82 DSU : DTE에서 출력되는 디지털 신호를 디지털 회선 망에 적합한 신호형식으로 변환하는 장치

83 ① 비동기식 전송 : 송신자와 수신자 간에 항상 동기 상태를 유지하는 것이 아니라, 데이터를 전송할 때 에만 동기 상태를 유지하기 위하여 전송의 시작을 알리는 시작 비트와 전송의 끝을 알리는 정지 비트 를 사용하는 방법
② 동기식 전송

㉠ 송신기와 수신기의 동일한 클록을 사용하여 데 이터를 송·수신하는 방법이다.
㉡ 일반적으로 데이터 블록과 제어 정보를 합쳐서 프레임이라 부른다.
㉢ 프레임의 형식은 크게 문자 위주와 비트 위주로 나누어진다.

84 ㉠ FDM : TV, 라디오와 같은 공중파, CATV, ADSL
㉡ TDM : 데이터 통신, PCM 다중화, T1(DS-1), T2(DS-2), T3(DS-3)

85 PPP(Point to Point Protocol) : 두 대의 컴퓨터가 직 렬 인터페이스를 이용하여 통신을 할 때 필요한 프로 토콜

86 PCM(Pulse Code Modulation) 과정
표본화(Sampling) → 양자화(Quantization) → 부호 화(Encoding)

87 1. X.25 프로토콜
① 패킷망으로 정보를 전송할 때 패킷 터미널을 제 안한 표준 규격안
② 흐름 및 오류 제어기능을 제공
③ 연결형 네트워크 프로토콜
2. X.25 프로토콜을 구성하는 계층
물리 계층(Physical Layer) → 링크 계층(Link Layer) → 패킷 계층(Packet Layer)

88 Protocol : 컴퓨터를 이용한 정보통신 시스템에서 정 확한 데이터를 주고받기 위해서 컴퓨터 간에 미리 정 해신 약속

89 HDLC 전송 제어 절차의 세 가지 동작 모드
① NRM : Nomal Response Mode
② ARM : Asynchronous Response Mode
③ ABM : Asynchronous Balanced Mode

90 D 클래스
① 멀티캐스팅(Multicasting)을 사용하기 위해 예약되 어 있다.
② 이 클래스는 netid와 Hostid가 없다.

구분	넷마스크	IP 주소의 개수	가용가능한 IP 주소의 개수
Class A	255.0.0.0	256×256×256	256×256×256-2
Class B	255.255.0.0	256×256	256×256-2
Class C	255.255.255.0	256	256-2

91 문자 위주 동기방식

| SYN | SYN | STX | TEXT | ETX |

92 IP 프로토콜을 보완하기 위한 인터넷 계층 프로토콜
① ICMP, ② ARP, ③ RARP

93 RSA(Rivest-Shamir-Adleman) 암호화 알고리즘
① 암호화할 때는 하나의 키를 사용하고, 해독 과정에서 또 다른 키를 사용한다.
② 망 내의 각 단말 시스템은 수신될 메시지의 암호화와 해독에 사용될 키의 쌍을 생성한다.
③ 암호화는 공개키를 사용하고 복호화는 개인키를 사용한다.

94 L2CAP Layer
블루투스(Bluetooth) 프로토콜 구조 중 오류 제어, 인증(Authentication), 암호화를 정의하는 것

95 OSI 참조 모델
① 물리 계층 : 전기적, 기능적, 절차적 규격에 대해 규정
② 데이터 링크 계층 : 흐름 제어와 에러 복구
③ 네트워크 계층 : 경로 설정 및 폭주 제어
④ 전송 계층 : 종단 간 메시지 전달 서비스를 담당하는 계층

96 데이터 신호 속도(bps)
=보(baud) 속도×한 번에 전송되는 비트
=1400×3=4200bps

97 전송 오류 검출

HDLC 프레임 구성에서 프레임 검사 시퀀스(FCS) 영역의 기능

98 ① Stop-and-Wait ARQ : 자동 재전송 요청(ARQ) 중 데이터 프레임의 정확한 수신 여부를 매번 확인하면서 다음 프레임을 전송해 나가는 가장 간단한 오류 제어 방식
② Go-back-N ARQ : 한 개의 프레임을 전송하고, 수신측으로부터 ACK 및 NAK 신호를 수신할 때까지 정보 전송을 중지하고 기다리는 ARQ(automatic repeat request) 방식

99 응용 계층 프로토콜
① TELNET, ② SMTP, ③ FTP

100 CSMA/CD(Carrier Sense Multiple Access/Collision Detection) 방식
① 각 호스트들이 전송매체에 경쟁적으로 데이터를 전송하는 방식
② 전송된 데이터는 전송되는 동안에 다른 호스트의 데이터와 충돌할 수 있다.
③ 토큰 패싱 방식에 비해 구현이 비교적 간단
④ 유선 Ethernet LAN에 적용되는 방식은 버스형, 트리형 LAN
⑤ 단말의 증가에 따라 동시에 전송(충돌)할 확률이 높아지는 문제점을 개선한 방식

2010년 제2회

01	02	03	04	05	06	07	08	09	10
①	②	①	③	③	③	①	③	②	①
11	12	13	14	15	16	17	18	19	20
③	④	④	②	③	③	④	②	①	②
21	22	23	24	25	26	27	28	29	30
①	③	①	①	①	④	②	④	④	④
31	32	33	34	35	36	37	38	39	40
①	①	③	②	②	③	②	①	④	②
41	42	43	44	45	46	47	48	49	50
②	②	③	④	②	④	②	③	②	④
51	52	53	54	55	56	57	58	59	60
②	②	①	③	④	②	③	①	④	④
61	62	63	64	65	66	67	68	69	70
①	①	③	②	④	③	①	②	④	④
71	72	73	74	75	76	77	78	79	80
②	③	②	②	②	④	③	②	③	①
81	82	83	84	85	86	87	88	89	90
③	④	②	④	③	②	④	④	⑤	③
91	92	93	94	95	96	97	98	99	100
④	④	②	①	②	②	③	②	①	③

01 ① ASSUME : 세그먼트 레지스터에 각 세그먼트의 시작 번지를 할당하여 현재의 세그먼트가 어느 것인가를 지적하게 하는 어셈블리어 명령
② ORG : 어셈블리언어에서 원시 프로그램을 목적 프로그램으로 번역할 때 현재의 오퍼랜드에 있는 값을 다음 명령어의 번지로 할당
③ EQU : 지시어는 숫자형 상수, 레지스터 연관값 또는 프로그램 연관값에 상징된 이름을 부여한다. 어떤 기호적 이름에 상수값을 할당하는 명령
④ INCLUDE : 라이브러리에 기억된 내용을 프로시저로 정의하여 서브루틴으로 사용하는 것과 같이 사용할 수 있도록 그 내용을 현재의 프로그램 내에 포함시켜 주는 명령

02 어셈블리어 특징
① 실행을 위하여 어셈블러를 통해 목적 프로그램으로 어셈블하는 과정이 필요하다.
② CPU마다 사용되는 어셈블리어가 다를 수 있다.
③ 프로그램에 기호화된 명령 및 주소를 사용한다.
④ 명령 기능을 쉽게 연상할 수 있는 기호를 기계어와 1 : 1로 대응시켜 코드화한 기호 언어이다.

03 1. 페이징 기법
① 가상 메모리 공간을 일정한 크기의 페이지로 나누어 관리하는 기법
② 각각의 페이지의 물리 메모리 주소 공간을 가지고 있는 페이지 테이블이 존재한다.
③ 페이지는 페이지 테이블에서 프레임의 위치에 변위값을 더한 값이 실제 물리 메모리에 위치한 주소가 된다.
2. 세그먼테이션 기법
① 가상 메모리 공간을 다른 크기인 세그먼트로 나누어 관리하는 기법
② 각각의 세그먼트는 연속적인 공간으로 이루어져 있다.
③ 각각의 세그먼트의 실제 물리 메모리 주소와 크기를 기록하는 세그먼트 테이블이 존재한다.
④ 각각의 세그먼트의 크기가 다르기 때문에 미리 나누어 놓을 수 없다.
⑤ 기본적으로 알고 있는 메모리 영역의 구조가 세그먼테이션 기법으로 이루어져 있다.

04 매크로(Macro)
① 한 프로그램 내에서 동일한 코드가 반복될 경우, 반복되는 코드를 한 번만 작성하여 특정 이름으로 정의한 후 그 코드가 필요할 때마다 정의된 이름을 호출하여 사용하는 것
② 매크로 이름이 호출되면 호출된 횟수만큼 정의된 매크로 코드가 해당 위치에 삽입되어 실행된다.

05 로더(loader)의 기능
① 할당(Allocation) : 실행 프로그램을 실행시키기 위해 기억장치 내에 옮겨 놓을 공간을 확보하는 기능
② 연결(Linking) : 부 프로그램 호출 시 부 프로그램이 할당된 기억장소의 시작주소를 호출한 부분에 등록하여 연결하는 기능
③ 재배치(Relocation) : 프로그램이 주기억장치 공간에서 위치를 변경
④ 적재(Loading) : 실행 프로그램을 할당된 기억공간에 실제로 옮기는 기능

06 라운드 로빈
① 시분할 시스템을 위한 원형 큐
② 단위시간 : 10~100ms 정도의 시간 조작이 규정

③ CPU 스케줄러는 큐를 거치면서 각 프로세스에게 정의된 시간량만큼씩 CPU를 할당
④ 준비상태 큐는 새로운 프로세스는 큐의 맨 뒤에 삽입(FIFO 큐)
⑤ 프로세스가 규정시간 내에 일을 마치지 못하는 경우 인터럽트를 발생
　㉠ 운영체제에 의해 수행이 중단
　㉡ 레지스터의 내용들은 PCB에 저장
　㉢ 프로세스는 준비상태 큐의 맨 뒤로 이동
⑥ 문맥 교환을 위한 오버헤드 발생

07 원시 프로그램을 기계어로 번역해 주는 프로그램
① 컴파일러(Compiler) : FORTRAN, COBOL, ALGOL, C와 같은 고급 언어로 작성된 프로그램을 번역하는 프로그램
② 어셈블러(Assembler) : 저급 언어(컴퓨터 언어에 가까운 언어)로서 직접적으로 명령어와 명령이 1 : 1로 대응, 어셈블리어로 작성된 원시 프로그램을 기계어로 번역하는 프로그램
③ 인터프리터(Interpreter) : BASIC, LISP, APL, SNOBOL 등의 언어로 작성된 원시 프로그램을 번역하는 프로그램

08 매크로의 기능이 추가된 프로그램의 실행 과정에서 매크로 프로세서가 필요한 시점은 원시 프로그램이 번역되기 직전이다.

09 어셈블리어 명령
① EQU : 어셈블리어 명령어 중 어떤 기호적 이름에 상수값을 할당
② ORG : 원시 프로그램을 목적 프로그램으로 번역할 때 현재의 오퍼랜드에 있는 값을 다음 명령어의 번지로 할당하는 것

10 프로그래밍 언어의 해독 순서
원시 프로그램 → 컴파일러 → 목적 프로그램 → 링커 → 로더
[참고]
① 컴파일러 : 소스 코드를 컴퓨터가 이해할 수 있는 형태의 코드로 번역시켜 목적 프로그램을 생성, 번역시켜주는 작업
② 목적 프로그램 : 컴파일러나 어셈블러가 원시 프로그램을 처리하는 도중 만들어내는 코드
③ 링커(link editor) : 컴파일러가 만들어낸 하나 이상의 목적 프로그램을 단일 실행 프로그램으로 병합하는 프로그램
④ 로더 : 외부 기억장치에서 내부 기억장치로 전송하는 프로그램

11 로더(Loader)의 종류
① Compile And Go 로더 : 별도의 로더 없이 언어 번역 프로그램이 로더의 기능까지 수행하는 방식(할당, 재배치, 적재 작업을 모두 언어 번역 프로그램이 담당)
② 절대 로더(Absolute Loader) : 목적 프로그램을 기억 장소에 적재시키는 기능만 수행하는 로더로서, 할당 및 연결 작업은 프로그래머가 프로그램 작성 시 수행하며, 재배치는 언어번역 프로그램이 담당
③ 직접 연결 로더(Direct Linking Loader) : 일반적인 기능의 로더로, 로더의 기본 기능 4가지를 모두 수행하는 로더
④ 동적 적재 로더(Dynamic Loading Loader) : 프로그램을 한꺼번에 적재하는 것이 아니라 실행 시 필요한 일부분만을 적재하는 로더

12 매크로 프로세서의 기본 수행 작업
① 매크로 정의 저장
② 매크로 정의 인식
③ 매크로 호출 인식 : 원시 프로그램 내에 매크로의 시작을 알리는 Macro 명령을 인식한다.
④ 매크로 호출 확장

13 ① library program : 프로그램, 루틴들, 프로그램 이름이나 개요 등을 모아 놓은 범용 또는 특수 목적의 소프트웨어를 조합하거나 조직적으로 구성한 프로그램
② pseudo-instruction : 기계어 명령으로 번역되지 않는 어셈블러 명령. 정수로 기호명을 붙이는 명령이나 주소를 조정하는 명령 등이 있다. 주로 프로그램을 쓰기 쉽게 하기 위해서 이용된다.

14 벤치 마크 프로그램(Bench Mark Program)
전반적인 시스템의 성능을 측정하는 소프트웨어

15 기계어에 대한 설명
  ① 프로그램을 작성하고 이해하기가 어렵다.
  ② 컴퓨터가 직접 이해할 수 있는 언어이다.
  ③ 기종마다 기계어가 다르므로 언어의 호환성은 없다.
  ④ 0과 1의 2진수 형태로 표현되어 수행시간이 빠르다.

16 어셈블러를 두 개의 pass로 구성하는 주된 이유
  ① 한 개의 Pass만을 사용하는 경우는 기호를 모두 정의한 뒤에 해당 기호를 사용하여야 한다.
  ② 기호를 정의하기 전에 사용할 수 있어 프로그램 작성이 용이하기 때문이다.(전향 참조, Forward reference)
  ③ 사용의 편의상 정의하기 전에 사용한 주소 상수를 처리하기 위함이다.

17 작업제어 언어(job-control language)
  ① 사용자와 시스템과의 교량적 역할을 담당
  ② 프로그램의 실행순서를 명시
  ③ 어카운팅(accounting)에 필요한 정보를 제공
  ④ 운영체제와는 상관이 있다.

18 1. compile(컴파일) : 프로그래머가 컴퓨터 언어(C, Fortran, COBOL 등)로 프로그램을 작성한 후 컴퓨터가 알 수 있는 언어로 바꿔주는 것
  2. 로더의 기능 및 순서
    ① 할당(allocation) : 목적 프로그램이 적재될 주기억 장소 내의 공간을 확보
    ② 연결(linking) : 필요할 경우 여러 목적 프로그램들 또는 라이브러리 루틴과의 링크 작업. 외부기호를 참조할 때, 이 주소값들을 연결
    ③ 재배치(relocation) : 목적 프로그램을 실제 주기억 장소에 맞추어 재배치. 상대주소들을 수정하여 절대주소로 변경
    ④ 적재(loading) : 실제 프로그램과 데이터를 주기억 장소에 적재. 적재할 모듈을 주기억장치로 읽어들인다.

19 1. 운영체제의 성능 평가 기준
    ① 처리능력(Throughput)
    ② 반환시간(Turn Around Time)
    ③ 사용 가능도(Availability)
    ④ 신뢰도(Reliability)

  2. 운영체제의 기능
    ① 시스템의 오류 검사 및 복구
    ② 원시 프로그램에 대한 토큰 생성
    ③ 자원 보호 기능을 제공
    ④ 사용자들 간에 데이터(자원)를 공유
    ⑤ 사용자와 컴퓨터 시스템 간의 인터페이스 기능을 제공
    ⑥ 자원의 효과적인 경영 및 스케쥴링 기능을 제공
    ⑦ 자원을 효율적으로 사용하기 위하여 자원의 스케쥴링 기능을 제공
    ⑧ 데이터를 관리하고 데이터 및 자원의 공유 기능을 제공

20 주소 바인딩 : 논리적 주소공간에서 물리적 주소공간으로의 사상, 즉 논리적 주소를 물리적 주소로 변환하는 과정

21 Burst mode : 입출력장치가 한 채널을 독점하여 고속으로 데이터를 전송하는 것

22 우선순위 인터럽트 체제에서 인터럽트 취급 루틴(interrupt processing routine)을 수행하고 있을 때 DMA 요청이 있다면 컴퓨터는 곧바로 받아들인다.

23 두 수의 덧셈 과정
  지수의 비교 → 가수의 정렬 → 가수의 덧셈 → 정규화

24 ① 등선속도(CLV, constant linear velocity)
    ㉠ 광디스크의 회전 제어방식
    ㉡ 모든 트랙의 저장밀도가 동일
  ② 등각속도(CAV, constant angular veloctiy) . 기억 용량

25 인터럽트 벡터 : 인터럽트가 발생하였을 때 처리할 수 있는 인터럽트 루틴의 주소 또는 주소를 저장하고 있는 기억장소

26 다중 처리기 상호 연결 방법
  ① 시분할 공유버스(Time shared single bus) : 프로세서, 기억장치, 입출력장치들 간에 하나의 통신로만을 제공하는 방법
  ② 크로스바 교환행렬(Crossbar switching matrix) :

공유 버스 시스템에서 버스의 수를 기억장치의 수 만큼 증가시키는 구조
③ 하이퍼큐브 상호 연결망 : 대단히 많은 수의 처리를 비교적 경제적인 방법으로 연결
④ 다중포트 메모리(Multiport storage) : 크로스바 교환행렬과 시분할 공유버스를 혼합한 형태

27 SCSI(small computer system interface)
ISO에서 국제 표준으로 채택한 소형 컴퓨터의 입출력 버스 인터페이스. 마이크로컴퓨터를 하드디스크나 프린터 같은 주변기기 또는 다른 컴퓨터, 구내정보통신망에 케이블로 연결하는 데 사용. 하나의 접속구에 최대 8대의 기기를 연결

28 DMA(Direct Memory Access) 방식
① 제어를 위한 별도의 하드웨어가 필요
② 마이크로프로세서로부터 하나의 입출력 명령을 받는다.
③ 마이크로프로세서의 간섭 없이 독자적으로 입출력을 수행
④ 마이크로컴퓨터나 소형 컴퓨터에서 이용
⑤ 버스를 제어할 수 있는 능력이 필요

29 CPU가 인스트럭션을 수행하는 순서
인스트럭션 fetch → 인스트럭션 디코딩 → operand fetch → execution → 인터럽트 조사

30 ① 디멀티플렉서 : 1개의 입력선을 받아들여 n개의 선택선의 조합에 의해 2^n 개의 출력선 중에서 하나를 선택하여 출력하는 회로이며 데이터 분배기(Data distributor)라고도 한다.

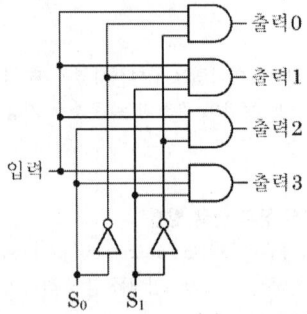

② 멀티플렉서 : 2^n 개의 입력 중에서 하나를 선택하여

하나의 출력선으로 내보내기 위해서는 최고 n비트의 선택입력이 필요하다. 이 n개의 선택 입력 조합으로 입력을 선택하여 출력하는 회로이며 데이터 셀렉터(data selector)라고도 한다.

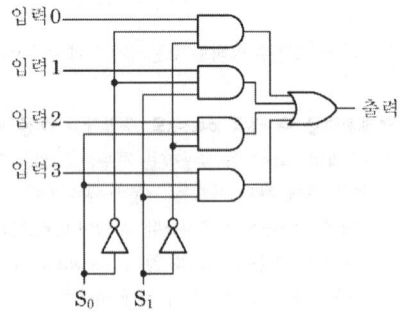

31 $5 \times 8^{-1} + 4 \times 8^{-2} = 0.6875$

32 마지막 Digit 4bit의 C는 양수(+), D는 음수(−)를 표시

33 3초과 코드(excess-3 code) 1011은 10진수 11이다.
3초과 코드(excess-3 code)=10진수+3
∴ 10진수값=8

34 스택 메모리(stack memory) : 독립적으로 갖추어져 있는 작은 메모리로 서브루틴을 CALL 명령으로 호출하였을 때, 인터럽트가 받아들여졌을 경우의 복귀번지의 저장용으로 사용

35 ① Write-Through 정책 : 프로세서에서 메모리에 쓰기 요청을 할 때마다 캐시의 내용과 메인 메모리의 내용을 같이 바꾸는 방식으로 이 방식은 구조가 단순하다는 장점을 가지고 있지만 데이터에 대한 쓰기 요청을 할 때마다 항상 메인 메모리에 접근해야 하므로 캐시에 의한 접근 시간의 개선이 없어지게 되며, 따라서 쓰기 시의 접근시간은 주 메모리의 접근시간과 같게 되는 단점을 가지게 된다. 하지만 실제의 프로그램에서 메모리 참조 시 쓰기에 대한 작업은 통계적으로 10~15%에 불과하며 따라서 구조가 단순하고, 메모리와 캐시의 데이터를 동일하게 유지하는 데 편리한 방식이다.
② Write-Back 정책 : CPU에서 메모리에 대한 쓰기

작업 요청 시 캐시에서만 쓰기 작업과 그 변경 사실을 확인할 수 있는 표시를 하여 놓은 후 캐시로부터 해당 블록의 내용이 제거될 때 그 블록을 메인 메모리에 복사함으로써 메인 메모리와 캐시의 내용을 동일하게 유지하는 방식이다. 이 방식은 동일한 블록 내에 여러 번 쓰기를 실행하는 경우 캐시에만 여러 번 쓰기를 하고 메인 메모리에는 한 번만 쓰게 되므로 이 경우에 매우 효율적으로 동작하게 될 것이다.

36 메모리 총 용량=MAR(65536개)×MBR(25bit)
① MBR : 한 명령어를 기억할 수 있는 비트 수, 즉 1단어(word)는 25비트
② MAR=PC=AR=주소 용량=65536
즉 $2^6 \times 2^{10}$byte = 2^{16}byte
주소 65536개를 표현하기 위해서는 16개의 Bit가 필요

37 블록킹(Blocking) : 데이터 기억장치에서 파일을 일정한 크기의 블록으로 잘라서 관리하는 작업

38 병렬 처리기의 종류
① 파이프라인(pipeline) 처리 : 프로그램 내에 내재하는 시간적 병렬성을 활용하기 위하여 프로그램 수행에 필요한 작업을 시간적으로 중첩하여 수행시키는 처리기
② 다중(multi) 처리 : 시스템상의 여러 처리기에 여러 개의 독립적인 작업을 각각 배정하여 두 개 이상의 처리기를 동시에 수행할 수 있도록 기능을 갖춘 컴퓨터 시스템
③ 배열(array) 처리기 : 한 컴퓨터 내에 여러 개의 처리장치를 배열 형태로 가진다.
④ 데이터 흐름 컴퓨터 : 프로그램 내의 모든 명령어를 그들의 수행에 필요한 피연산자들이 모두 준비되었을 때 프로그램에 나타나는 명령어 순서와 무관하게 수행시키는 것이다. 이러한 방식의 명령어 수행을 데이터 추진 방식
⑤ VLSI 처리기 : 병렬 알고리즘을 직접 하드웨어로 구현하는 새로운 처리기 구조이다.

39 1. 다중처리기를 사용하여 개선하고자 하는 주된 목표
① 수행속도
② 신뢰성
③ 유연성
2. 다중 처리기의 개념
① 하나의 시스템에 여러 개의 처리기를 두어 하나의 작업을 여러 처리기에 할당하여 신속하게 처리하는 장치
② 각 프로세스들은 프로세서나 주변장치 등을 공동으로 사용
③ 각 프로세서들은 각각의 전용 기억장치를 사용
④ 다수의 프로세서를 이용해 빠른 처리가 가능

40 인스트럭션(Instruction, 명령) 설계 시 고려사항
① 데이터 구조
② 주소지정방식
③ 연산자의 수와 종류
④ 사용 빈도 및 기억공간

41 입출력 인터페이스 회로의 기본적인 기능
① 데이터 형식의 변환
② 전송의 동기 제어
③ 신호레벨의 정확성 확보

42 마이크로오퍼레이션(CPU 동작) 순서
① Fetch Cycle(인출 단계) : 주기억장치에서 중앙처리장치의 명령레지스터로 가져와 해독하는 단계
② Indirect Cycle(간접 단계) : Fetch 단계에서 해석한 주소를 읽어온 후에 그 주소가 간접주소이면 유효주소를 계산하는 단계
③ Execute Cycle(실행 단계) : Fetch 단계에서 인출하여 해석한 명령을 실행하는 단계
④ Interrupt Cycle(인터럽트 단계) : 인터럽트 발생 시 복귀주소(PC)를 저장시키고, 인터럽트 처리 후에는 항상 Fetch 단계로 복구하는 단계

43 핸드셰이킹(Handshaking)
제어신호를 사용하는 비동기 데이터 전송방법의 하나로 데이터를 상대방 기기에 보냈음을 나타내는 제어신호와 데이터를 받았음을 알리는 제어신호를 사용하여 상호간의 원활한 데이터 전송을 수행할 수 있다.
[참고] handshake(핸드셰이크) : 시험, 계측 및 진단장치의 변경에 앞서 조건을 상호 조절할 필요가

있는 Hardware 또는 Software의 사상렬((事象列))

44 제어신호 : CPU에서 micro operation이 순서적으로 일어나게 하려할 때 필요하다.

46 마이크로 전자계산기에서 사용되는 버스
① 제어 버스(control bus) : CPU가 기억장치나 I/O 장치와 데이터 전송을 할 때 자신의 상태를 다른 장치들에게 알리기 위해 사용되는 버스
② 주소 버스(address bus) : 마이크로프로세서에서 데이터가 저장된 또는 저장될 기억장치의 장소를 지정하기 위해 사용하는 버스
③ 데이터 버스(data bus) : 중앙처리장치에 연결되는 양방향성 버스. 마이크로컴퓨터에서 중앙처리장치와 기억장치, 그리고 입출력장치 등에 공통적으로 연결되는 버스

47 디버거(Debugger, 오류검출기) : 프로그램에 남아 있는 오류를 검사하기 위한 프로그램이다. 메모리를 덤프하거나 추적을 할 수 있게 해주는 인터페이스를 가지고 있다.
① 오류의 종류
  ㉠ 프로그램 언어에 구문적(논리적)인 오류
  ㉡ 논리적으로 잘못된 방법으로 코딩
  ㉢ 모든 데이터의 값에 대하여 올바르게 기능을 발휘하지 않는 경우

49 ㉠ ROM(Read Only memory) : 저장된 값(자료) 읽기만 가능
㉡ DRAM(Dynamic Random Access Memory) : 동적 램
㉢ SRAM(Static Random Access Memory) : 정적 램

50 ADD 마이크로 오퍼레이션

```
MAR ← MBR(ADDR)
MBR ← M(MAR)
EAC ← AC+MBR
```

51 트랜잭션의 특성
㉠ 원자성(Atomicity) : 트랜잭션에 포함된 오퍼레이션(작업)들은 모두 수행되거나, 아니면 전혀 수행되지 않아야 한다.
㉡ 일관성(Consistency) : 트랜잭션이 성공적인 경우에는 일관성 있는 상태에 있어야 한다.
㉢ 격리성(Isolation) : 각 트랜잭션은 다른 트랜잭션과 독립적으로 수행되는 것처럼 보여야 한다.
㉣ 영속성(Durability) : 성공적으로 수행된 트랜잭션의 결과는 지속성이 있어야 한다.

52 부트스트랩 로더(bootstrap loader)
컴퓨터를 부팅하거나 시동시킬 때 사용자가 컴퓨터를 사용할 수 있도록 외부기억장치로부터 운영체제를 읽어와 주기억장치에 로딩해주는 프로그램. 읽기 전용 기억장치(ROM)에 저장되어 있다.

53 기억장치 사이클 타임(Mt)과 기억장치 접근 시간(At)의 관계식 : $Mt \geq At$

54 ICE(In-Circuit Emulator, 회로 내 모방 프로그램) 특징
① H/W 모방이 가능하여 실시간 개발에 편리
② 실시간 I/O의 오류 정정을 위한 H/W 및 S/W 기능을 포함하는 프로그램
③ CPU 자체를 치환하고, CPU의 동작을 에뮬레이션 프로그램의 동작을 조사할 수 있는 툴이고, ROM이나 RAM도 ICE 본체에 내장하거나 CPU가 명령을 실행한 주소를 유지한다.

55 펌웨어 메모리의 용량이 작다.

56 제어 프로그램 개발 시 저급 언어를 이용하여 작성한다.

57 VME bus(VERSA Module Eurocard Bus)
국제전기표준회의(IEC 821)와 미국전기전자학회(IEEE 1014)는 국제표준
[참고]
  ㉠ RS-232C(Recommended Stardard-232 C표준 현행판의 3번째의 판) : 컴퓨터와 주변장치 또는 데이터 단말장치(DTE)와 데이터회선 종단장치(DCE)를 상호접속하기 위한 직렬통신 인터페이스 표준

ⓒ Multi bus : 미국전기전자학회(IEEE 796)에서 표준 버스
ⓒ IEEE-488 bus : 미국전기전자학회가 규정한 근거리 범용 인터페이스 버스의 표준 규격

58 메모리 스택(Memory stack)
FILO의 원리로 작동하는 기억장치 영역의 자료 목록. 일반적으로 블록구조의 프로그램이 실행될 때 프로그램에서 사용하는 변수의 기억장소를 관리하는 기능을 한다.

59 DMA(Direct Memory Access)
① CPU와 무관하게 주변장치는 기억장치를 access하여 데이터를 전송한다.
② DMA는 기억장치와 주변장치 사이의 직접적인 데이터 전송을 제공한다.
③ DMA는 블록으로 대용량의 데이터를 전송할 수 있다.

60 동기전송과 비동기식 전송

구분	전송단위	유휴시간	전송속도	전송효율	변조방식
동기식	Block	없음	2400bps	높다	PSK
비동기식	Character	있음	1200bps	낮다	FSK

61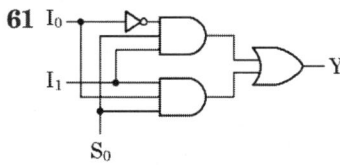

I_1	I_0	S_0	Y
1	0	1	① 1
1	0	0	② 0

62 기수 패리티 발생회로
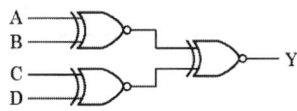

63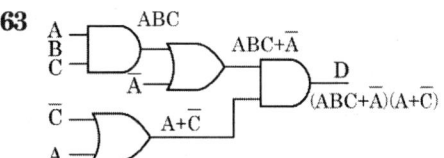

$D = (ABC + \overline{A})(A + \overline{C})$
$= ABCA + ABC\overline{C} + A\overline{A} + \overline{A}\,\overline{C}$
$= ABC + 0 + 0 + \overline{A}\,\overline{C}$
$= ABC + \overline{A}\,\overline{C}$

64 NOR
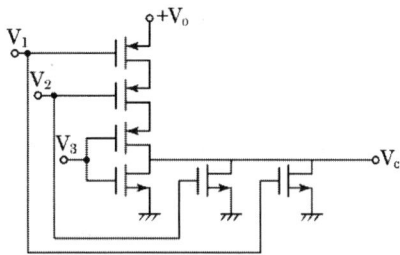

65 D 플립플롭

D	Q(t)	Q(t+1)
0	0	0
0	1	0
1	0	1
1	1	1

66 디지털 IC의 내부 오류(internal fault)
① 두 핀 간의 단락
② 입출력의 개방
③ 입출력의 Vcc 또는 접지와의 단락

67 0/0, 1/0, 1/1이므로 3개이다.
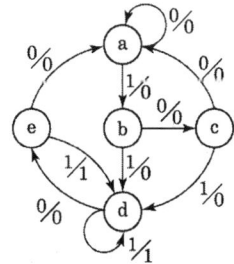

68 ① 반가산기 : 배타적 논리합(XOR) 회로와 논리곱 (AND) 회로로 구성

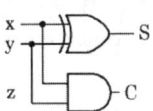

② 전가산기 : 반가산기 2개와 OR 게이트로 구성

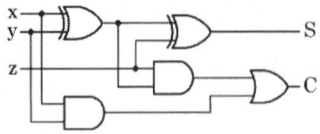

69 2진수 $(11010)_2$는 10진수 26이다.
$1\times2^4+1\times2^3+0\times2^2+1\times2^1+0\times2^0=26$

70 6개의 JK 플립플롭을 사용하여 설계한 존슨 카운터의 디코딩용 게이트 수는 12개이다.

71 4×1 MUX

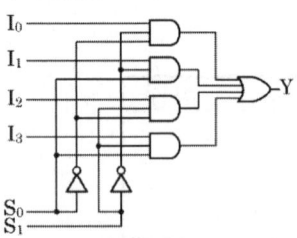

72 3상태(tri-state) IC에서 출력 가능한 상태는 High, Low, Hi-Z이다.

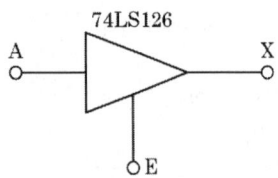

73 ① 전파지연시간(Propagation Delay Time) : 입력 신호가 가해진 후 출력에 변화가 일어날 때까지의 시간 간격
② 홀드 시간(Hold Time, 보류시간)
㉠ 플립플롭이 신뢰성 있게 동작할 수 있도록 하는 시간
㉡ CP가 상승 에지 변이 이후에도 입력값이 변해서는 안되는 일정한 시간
③ 설정시간(Set-up Time)
㉠ 플립플롭의 입력신호가 플립플롭에서 안전하게 동작할 수 있도록 하는 시간
㉡ CP의 상승 에지 변이 전에 입력값을 일정 시간 동안 유지

74

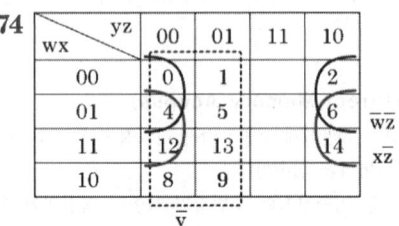

75 $Z=\overline{(A+\overline{B}+C)}=\overline{A}\overline{\overline{B}}\overline{C}=\overline{A}B\overline{C}$

76 멀티플렉서 : 여러 개의 회로가 단일 회선을 공동으로 이용하여 신호를 전송

77 $A(A+B+C+D)=AA+AB+AC+AD$
$=A+AB+AC+AD$
$=A(1+B+C+D)$
$=A$

78 $\overline{(A\oplus B\oplus C)}$

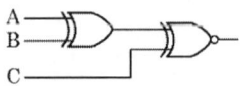

79 BCD 가산기 회로

$A_3\ A_2\ A_1\ A_0$	0111
$B_3\ B_2\ B_1\ B_0$	1001
$Z_3\ Z_2\ Z_1\ Z_0$	0110 ← 0111 ⊕ 1001
C_0	1 0000=0111+1001

80 $F(W,X,Y,Z)=\overline{W}X+Y\overline{Z}$의 보수일 경우 +는 •, •는 +이면서 부정(-)는 없고, 없을 경우는 부정(-). 따라서 $(W+\overline{X})(\overline{Y}+Z)$이다.

81 데이터 전송 제어 절차
  ① 1단계(통신회선 접속) : 일반 교환망에서의 물리적인 접속 단계
  ② 2단계(데이터 링크 설정) : 데이터 송신, 수신을 위한 논리적인 경로를 구성하는 단계
  ③ 3단계(데이터 전송) : 송·수신측 간에 메시지 전송 단계
  ④ 4단계(데이터 링크 종결) : 링크 확립을 종료하는 단계로 논리적인 경로를 해제하는 단계
  ⑤ 5단계(통신회선 절단) : 교환망에 연결된 회선 접속 단계로 물리적인 접속을 해제하는 단계

82 교환망 종류별 특징
  ① 회선교환방식(Circuit Switched Network) : 데이터 전송 전 교환기를 통해 전송 경로 간 물리적 연결 후에 전송하는 방식
  ② 메시지 교환방식(Message Switched Network) : 메시지 교환이란 하나의 가변적인 메시지 단위로 축적-전달(Store and forward) 방식에 의해 데이터를 교환하는 방식
  ③ 패킷교환망(Packet Switched Network) : 메시지 교환방식이 갖는 장점을 그대로 취하면서 대화형 데이터 통신이 가능하도록 개발

83 통계적 시분할 다중화(Statistical TDM)
  ① 전송할 데이터가 있는 채널만 차례로 시간 슬롯을 이용하여 데이터와 함께 주소정보를 헤더로 붙여 전송하는 다중화 방식
  ② 실제 전송할 데이터를 갖고 있는 터미널에게만 시간 슬롯을 할당하는 다중화 방식
  ③ 사용자의 요구에 따라 타임 슬롯을 동적으로 할당하여 데이터를 전송하는 다중화 방식
  ④ 제어회로가 복잡
  ⑤ 각 채널 할당 시간이 공백인 경우 다음 차례에 의한 연속 전송이 가능하여 전송 전달 시간을 빠르게 하는 방식
  ⑥ 다중화 회선의 데이터 전송률을 회선에 접속된 스테이션들의 전송률의 합보다 작게 할 수 있음

84 PSK(Phase Shift Keying) 방식
  ① QDPSK, QDPSK(4위상)
  ② QAM
  ③ DPSK, BPSK(2위상)
  ④ ODPSK(8위상)

85 브리지(Bridge)
  LAN과 LAN을 연결하는 네트워크 장치로, 데이터 링크 계층에서 통신 선로를 따라 한 네트워크에서 그 다음 네트워크로 데이터 프레임을 복사하는 역할

86 IPv6의 프로토콜 필드는 IPv4에서 트래픽 클래스(Traffic Class) 필드로 대치

87 1. 1계층(물리 계층, Physical Layer)
       ① 전송에 필요한 두 장치 간의 실제 접속과 절단 등 기계적, 전기적, 기능적, 절차적 특성에 대한 규칙을 정의
       ② 물리적 전송매체와 전송 신호 방식을 정의하며 X.21, RS-232C 등의 표준
     2. 2계층(데이터 링크 계층, Data Link Layer)
       ① 두 개의 인접한 개방 시스템들 간에 신뢰성 있고 효율적인 정보를 전송
       ② 송신측과 수신측의 속도 차이를 해결하기 위한 흐름 제어 기능
     3. 3계층(네트워크 계층, Network Layer)
       ① 개방 시스템들 간의 네트워크 연결을 관리하는 기능과 데이터의 교환 및 중계 기능
       ② 네트워크 연결을 설정, 유지, 해제하는 기능
       ③ 경로 설정(Routing), 데이터 교환 및 중계, 트래픽 제어, 패킷 정보 전송을 수행
       ④ 관련 표준으로는 X.25, IP 등
     4. 4계층(전송 계층, Transport Layer)
       ① 논리적 안정과 균일한 데이터 전송 서비스를 제공함으로써 종단 시스템(End-to-End) 간에 투명한 데이터 전송이 가능
       ② OSI 7계층 중 하위 3계층과 상위 3계층의 인터페이스를 담당
       ③ 주소 설정, 다중화, 오류 제어, 흐름 제어를 수행
       ④ TCP, UDP 등의 표준
     5. 5계층(세션 계층, Session Layer)
       ① 송·수신측 간의 관련성을 유지하고 대화 제어를 담당하는 계층
       ② 대화 구성 및 동기 제어, 데이터 교환 관리 기능

6. 6계층(표현 계층, Presentation Layer)
   ① 응용 계층으로부터 받은 데이터를 세션 계층에 보내기 전에 통신에 적당한 형태로 변환하고, 세션 계층에서 받은 데이터는 응용 계층에 맞게 변환하는 기능
   ② 서로 다른 데이터 표현 형태를 갖는 시스템 간의 상호 접속을 위해 필요한 계층
7. 7계층(응용 계층, Application Layer)
   ① 사용자가 OSI 환경에 접근할 수 있도록 서비스를 제공
   ② 응용 프로세스 간의 정보 교환, FTP, E-mail 등의 서비스를 제공

88 인터-네트워킹 장비
① 리피터(Repeater)
② 브리지(Bridge)
③ 라우터(Router)
④ 게이트웨이
⑤ 스위치

89 데이터 링크 계층(Data Link Layer)
잡음이 있는 인접한 노드 간의 물리적인 회선을 망 계층(3 Layer)이 사용할 수 있도록 전송에러가 없는 통신 채널로 변화시키는 것이다.
① 순서 제어(Sequence Control) : 패킷이나 ACK신호를 잘못 혼동하는 것을 피하기 위해서 패킷과 ACK신호에는 Squence number(일련번호)가 부여되어야만 한다.
② 흐름 제어(Flow control) : 보내는 측과 받는 측 간의 속도차를 보상하는 데 필수적인 흐름 제어
③ 에러 제어(Error Control) :
   ㉠ 에러 보정을 위한 에러 제어 등의 기능을 제공. 물리 전송 매체의 특징상 오류와 잡음이 랜덤하게 작용할 확률이 높으므로 전송 오류를 검출하고 이것을 수정
   ㉡ 비동기 통신에서는 단지 에러검출 기능만을 제공할 수 있으나 동기 통신에서는 에러 검출 및 수정 기능 모두를 제공
   ㉢ 정확하게 수신되지 않는 패킷들을 모아 재전송하며, 이는 송신측에서 타이머와 ACK신호에 의해 전송 에러를 알 수 있다. → ARQ
④ 프레이밍(Framing) : 데이터를 프레임(Frame)으로 그룹화하여 전송, 즉 데이터의 프레임화를 물리계층에 의해서 제공되는 비트 파이프를 패킷화한 링크(Link)로 변환하게 한다.
⑤ 링크 관리 : 네트워크 엔티티 간에 데이터 링크의 설정, 유지, 단락 및 데이터 전송 등을 제어
⑥ 매체 접근 제어 : 다양한 매체 및 회선형태의 수용 등

90 토큰 패싱의 노드가 증가하면 속도의 저하를 불러와 성능이 떨어진다.

91 ① Stop-and-Wait ARQ : 자동 재전송 요청(ARQ) 중 데이터 프레임의 정확한 수신 여부를 매번 확인하면서 다음 프레임을 전송해 나가는 가장 간단한 오류 제어 방식
② Go-back-N ARQ : 데이터 프레임을 연속적으로 전송해 나가다가 NAK를 수신하게 되면, 오류가 발생한 프레임 이후에 전송된 모든 데이터 프레임을 재전송하는 방식

92 회선 교환(circuit switching) 방식
① 송신과 수신 스테이션 사이에 데이터를 전송하기 전에 먼저 교환기를 통해 물리적으로 연결이 이루어져야 한다.
② 음성이나 동영상과 같이 연속적이면서 실시간 전송이 요구되는 멀티미디어 전송 및 에러 제어와 복구에 부적합하다.
③ 송신과 수신 스테이션 간에 호 설정이 이루어지고 나면 항상 정보를 연속적으로 전송할 수 있는 전용 통신로가 제공
④ 정보 전송이 완료되면 호 해제를 통하여 점유되었던 회선을 내어 놓음으로써 다른 통신을 위해 사용될 수 있도록 한다.

93 ① POP(Post Office Protocol, 받는 메일 서버 통신규약)
② WAP(Wireless Application Protocol, 무선응용 통신규약)
③ SMTP(Sent Mail Transfer Protocol, 보내는 메일 서버 통신규약)
④ FTP(File Transfer Protocol, 파일 전송 통신규약)

94 1. HDLC(데이터 링크 제어 절차)의 제어 명령어

① RR : 수신 준비가 되어 있다는 것을 알림
② UA : 비번호제 명령에 대한 응답
③ SNRM : 정규 응답 모드로의 데이터 링크 설정을 요청
④ SARM : 동기 평형 모드로서의 연결 설정 요구
2. HDLC 특징
① 수 Mbps 단위의 데이터 전송이 가능하다.
② 비동기 방식보다 전송의 효율이 우수하다.
③ 반이중, 전이중 전송 방식이 모두 가능하다.

95 WiBro
① 이동하면서 초고속인터넷을 이용할 수 있는 무선 휴대 인터넷 서비스
② ETRI와 삼성전자 등이 개발을 하여 기술표준 "HPi" 개발에 성공
③ IEEE에 의하여 제3세대 이동통신의 6번째 기술표준으로 채택

96 1. X.25 프로토콜
① 패킷망으로 정보를 전송할 때 패킷 터미널을 제안한 표준 규격안
② 흐름 및 오류 제어기능을 제공
③ 연결형 네트워크 프로토콜
2. X.25 프로토콜을 구성하는 계층
물리 계층(Physical Layer) → 링크 계층(Link Layer) → 패킷 계층(Packet Layer)

97 Manchester
매 비트 구간에서는 반드시 한 번 이상의 신호 준위 천이가 발생하므로 이를 이용하여 클록 신호를 추출할 수 있어 동기화 능력을 가지게 된다.

98 동기 전송
블록(block) 단위로 데이터를 전송하는 방식

99 변환 과정
① PCM(펄스코드변조)에서 송신의 순서 : 표본화 → 양자화 → 부호화
② 디지털 수신 시스템의 순서 : 캐리어 복조 → 채널 복호화 → 원천 복호화

100 프레임의 시작과 끝을 나타내기 위한 전송제어 문자
① DLE(Data Link Escape) : 데이터 투과성(Data Transparent)을 위해서 전송제어 문자 앞에 삽입
② STX(Start of Text) : 블록의 시작을 알리는 비트 패턴 즉 자료의 시작
③ ETX(End of Text) : 블록의 마지막을 알리는 비트 패턴 즉 자료의 마지막
④ SYN : 동기화 문자는 수신측에게 블록의 시작을 알리는 비트 패턴

2010년 제4회

01	02	03	04	05	06	07	08	09	10
③	④	①	④	④	②	④	④	③	②
11	12	13	14	15	16	17	18	19	20
④	④	②	①	④	③	②	④	②	①
21	22	23	24	25	26	27	28	29	30
①	②	③	①	①	③	①	③	①	③
31	32	33	34	35	36	37	38	39	40
①	④	③	③	③	③	④	②	③	②
41	42	43	44	45	46	47	48	49	50
①	③	④	④	③	④	②	①	②	③
51	52	53	54	55	56	57	58	59	60
④	④	②	③	②	③	②	④	①	②
61	62	63	64	65	66	67	68	69	70
②	③	③	①	③	②	②	③	②	②
71	72	73	74	75	76	77	78	79	80
④	④	④	①	③	②	②	②	③	①
81	82	83	84	85	86	87	88	89	90
④	②	③	③	②	①	②	②	④	①
91	92	93	94	95	96	97	98	99	100
④	①	②	①	③	①	②	③	①	②

01 로더(loader)의 기능
① 할당(allocation) : 목적 프로그램이 실행될 주기억장치 공간을 확보
② 연결(linking) : 여러 개의 독립적인 모듈(부분적으로 작성된 프로그램 단위)을 연결
③ 재배치(relocation) : 프로그램이 주기억장치 공간에서 위치를 변경
④ 적재(Loading) : 프로그램 전체를 주기억장치에 한 번에 직재하게 하거나 실행 시 필요한 일부분만을 차례로 적재

02 ① 인터프리터(Interpreter) : 목적 프로그램을 생성하지 않고 행(줄)단위로 기계어로 번역
② 디버거(Debugger) : 번역된 프로그램의 실행 오류를 찾기 위한 프로그램
③ 프리프로세서(Preprocessor) : 전처리기는 원시 프로그램을 기계어 프로그램으로 번역하는 대신에 기존의 고수준 컴파일러 언어로 전환하는 역할을 수행

03 Time sharing system
여러 명의 사용자가 사용하는 시스템에서 컴퓨터가 사용자들의 프로그램을 번갈아 가며 처리하는 것으로 독립된 컴퓨터를 사용하는 느낌을 주는 기법

04 프로그래머(Programmer) : 절대 로더에서 연결(linking) 기능의 주체
[참고]
　㉠ 컴파일러 : 원시 프로그램을 기계어로 바꾸는 번역기
　㉡ 로더(Loader) : 프로그램을 실행하기 위하여 보조기억장치로부터 주기억장치에 적재시키는 기능

05 JCL(Job Control Language)
① 작업이 수행되는 조건 및 출력 선택 등을 제어하기 위한 언어
② 작업의 실행, 종료 또는 사용 파일의 지정 등을 할 때 사용하는 작업 단계를 표시하는 언어
③ 사용자가 자신의 작업 처리 순서를 운영체제에게 알려주기 위한 특수 언어
④ 몇 개의 명령어를 조합할 때 그 기능을 완수할 수 있다.

06 세마포어(semaphore) : 운영체계의 자원을 경쟁적으로 사용하는 다중 프로세스에서 처리를 조정하거나 또는 동기화시키는 기술
① 에이징(aging) 기법 or 노화 기법
　㉠ 프로세스의 우선순위가 낮아 무한정 기다리게 되는 경우, 한 번 양보하거나 기다린 시간에 비례하여 일정 시간이 지나면 우선순위를 한 단계씩 높여 가까운 시간 안에 자원을 할당받도록 하는 기법
　㉡ SJF, 우선순위 기법에서 발생할 수 있는 무한 연기 상태, 기아 상태 예방
② 문맥전환(context switching) or 문맥교환
　㉠ 하나의 프로세스에서 다른 프로세스로 CPU가 할당되는 과정에서 발생되는 것
　㉡ 새로운 프로세스에게 CPU를 할당하기 위해 현재 CPU가 할당된 프로세스의 상태 정보를 저장하고, 새로운 프로세스의 상태 정보를 설정한 후 CPU를 할당하여 실행되도록 하는 작업
　㉢ 오버헤드(Overhead) 시간에 포함
③ 구역성(locality)
한번 호출된 자료나 명령은 곧바로 다시 사용될 가

능성이 있으며, 또한 한 기억장소가 호출되면 인접된 장소들이 연속되어 사용될 가능성이 높음을 의미하는 것

07 시스템(운영체제)의 성능평가기준(benchmark)
① 처리능력(Throughput) : 일정시간 내에 처리하는 일의 양
② 가용도(availability) : 사용할 필요가 있을 때 즉시 사용 가능한 정도
③ 반환시간(Turn-around Time) : 작업을 의뢰한 시간부터 처리가 완료될 때까지 걸린 시간
④ 신뢰도(reliability) : 주어진 문제를 정확하게 해결하는 정도

08 페이지 교체 알고리즘
① FIFO(First In First Out) : 가장 먼저 적재된 페이지를 먼저 교체하는 기법
② LRU(Least Recently Used) : 가장 오랫동안 사용되지 않은 페이지를 먼저 교체하는 기법
③ LFU(Least Frequently Used) : 참조된 횟수가 가장 적은 페이지를 먼저 교체하는 기법
④ NUR(Not Used Recently) : 최근에 사용하지 않은 페이지를 먼저 교체하는 기법. 매 페이지마다 두 개의 하드웨어 비트(참조 비트, 변형 비트)가 필요

09 워킹 셋(Working Set)
① 프로세스가 실행하는 과정에서 시간이 지남에 따라 자주 참조하는 페이지들의 집합이 변화하기 때문에 워킹 셋은 시간에 따라 바뀌게 된다.
② 프로그램의 구역성(Locality) 특징을 이용한다.
③ 워킹 셋에 속한 페이지를 참조하면 프로세스의 기억장치 사용은 안정상태가 된다.
④ 실행 중인 프로세스가 일정 시간 동안에 참조하는 페이지의 집합을 의미한다.

10 어셈블리어 명령
① RET(Return from CALL) : CALL로 스택에 PUSH된 주소로 복귀
  [보충설명]
  ㉠ 프로시저 프로그램의 호출과정 및 복귀과정에서 CALL 문으로 부른 서브 프로그램에서 메인 프로그램으로 다시 복귀하는 어셈블리 명령어
  ㉡ 서브루틴으로 작성되는 프로시저는 주프로시저에서 호출되어 실행하고, 실행이 끝나면 자신을 호출한 CALL의 다음 명령으로 복귀시켜야 한다. 서브루틴에서 자신을 호출한 곳으로 복귀시키는 어셈블리어 명령
② XCHG(Exchange Register) : 첫 번째 오퍼랜드와 두 번째 오퍼랜드 교환
  [보충설명]
  ㉠ 두 피연산자를 교환하는 경우 임시값을 보관하기 위해 다른 레지스터를 필요로 하지 않아 고속 데이터 교환이 가능한 명령
③ XLAT(Translate byte to AL) : BX : AL이 지시한 테이블의 내용을 AL로 로드
④ LEA(Load Effective Address to Register) : 메모리의 오프셋 값을 레지스터로 로드

11 로더(loader)의 종류
① Direct linking loader : 일반적인 로더(general loader)이며 할당, 연결, 재배치, 적재의 기능을 모두 수행하는 가장 근접한 로더
② Absolute loader : 간단한 로더이며 단순히 번역된 목적 프로그램을 입력으로 받아들여 주기억장치의 프로그래머가 지정한 주소에 적재하는 기능을 가지는 로더
③ Compile and go loader
  ㉠ 원시 프로그램의 기계어로 번역하는 순서대로 명령어 및 자료를 직접 주기억장치에 적재하여 곧바로 프로그램을 수행하는 방식의 loader
  ㉡ 연결 기능은 수행하지 않고 할당, 재배치, 적재 작업을 모두 언어번역 프로그램이 담당

12 XCHG : 프로그램 내에서 양쪽 오퍼랜드에 기억된 내용을 서로 바꾸어야 할 때 사용

13 프로그래밍 언어의 해독 순서
원시 프로그램 → 컴파일러 → 목적 프로그램 → 링커 → 로더
[참고]
㉠ 컴파일러 : 소스 코드를 컴퓨터가 이해할 수 있는 형태의 코드로 번역시켜 목적 프로그램을 생성시켜 줘야 하는 데, 이렇게 번역시켜주는 작업

    ⓒ 목적 프로그램 : 컴파일러나 어셈블러가 원시 프로그램(소스 코드)을 처리하는 도중 만들어내는 코드
    ⓒ 링커 : 링크 에디터(link editor)의 준말로 컴파일러가 만들어낸 하나 이상의 목적 프로그램을 단일 실행 프로그램으로 병합하는 프로그램
    ⓔ 로더 : 외부 기억장치에서 내부 기억장치로 전송하는 프로그램

14 교착상태의 해결 방법
① 예방(Prevention)
② 발견(Detection)
③ 회피(Avoidance) : 발생 가능성을 인정하고 교착상태가 발생하려고 할 때, 교착상태 가능성을 피해가는 방법
④ 복구(Recovery)

15 매크로 프로세서의 기본 수행 작업
① 매크로 정의 저장
② 매크로 정의 인식
③ 매크로 호출 인식 : 원시 프로그램 내에 매크로의 시작을 알리는 Macro 명령을 인식한다.
④ 매크로 호출 확장

16 PCB(Process Control Block)가 포함하고 있는 정보
① 프로세스 고유 식별자(Process ID)
② 프로세스 상태(Process State)
③ CPU 스케줄링 정보 : 프로세스 우선순위, CPU 점유시간 등
④ 스케줄링
⑤ 프로그램 카운터

17 절대 로더(Absolute Loader) : 로더의 종류 중 로더의 역할이 축소되어 가장 간단한 프로그램으로 구성된 로더로서, 기억장소 할당이나 연결을 프로그래머가 직접 지정하는 방식이며 프로그래머 입장에서는 매우 어렵고 한번 지정한 주기억 장소의 위치는 변경이 힘들다는 단점이 있다.

18 ① EQU : 어떤 기호적 이름에 상수값을 할당하는 것
② ORG(Origin) : 상대적 주소를 부호화에서 기억장치의 일부분이 이용되는 경우
③ INCLUDE : 어셈블리어에서 라이브러리에 기억된 내용을 프로시저로 정의하여 서브루틴으로 사용하는 것과 같이 사용할 수 있도록 그 내용을 현재의 프로그램 내에 포함시켜 주는 명령

19 ⓐ 저급 언어(low level language) : 어셈블리 언어, 기계어
    ⓑ 고급 언어(High level language) : 객체 지향 언어, 비주얼 언어, 비절차 언어

20 parse tree : BNF를 이용하여 그 대상을 근(Root)으로 하고, 단말(Terminal) 노드들을 왼쪽에서 오른쪽으로 나열하는 트리로서, 작성된 표현식이 BNF의 정의에 의해 바르게 작성되었는지를 확인하기 위해 만든 트리

21 ADD(덧셈) 연산을 위한 마이크로 오퍼레이션
① MAR ← PC
② IR ← MBR
③ PC ← PC+4
④ R ← R_1+R_2

22 ① 0100 0000+1100 0000=1 1000 0000
② 1000 0000+1100 0000=1 1100 0000
③ 0100 0000+0100 0000=0 1000 0000
④ 1000 0000+1100 0001=1 0100 0001

23 주요 연산 및 기능
① AND(Masking Operation)
    ⓐ 비수치 데이터에서 마스크를 이용하여 불필요한 부분(일부분 혹은 전체)을 제거하기 위한 연산
    ⓑ 삭제할 부분의 비트를 0과 AND시켜서 삭제
② OR(Selective-Set)
    ⓐ 두 개의 데이터를 섞거나 일부에 삽입하는 데 사용되는 연산
    ⓑ 특정 비트에 1을 세트(Set)시키는 연산
③ XOR(비교, Compare)
    ⓐ 자료의 특정 비트를 반전시키고자 하는 경우에 사용
    ⓑ 비교(compare) 동작과 같은 동작을 하는 논리 연산

ⓒ 연산에서 overflow가 발생했을 경우 이것을 검출할 때 사용되는 논리 게이트
④ NOT(보수, Complement)
  ㉠ 각 비트의 값을 반전시키는 연산
  ㉡ 보수를 구할 때 사용

24 ① 사이클 스틸(Cycle steal) : DMA가 CPU의 사이클을 스틸이 일어나서 기억장치 버스를 점유, CPU의 기억장치 액세스를 잠시 정지시키는 것으로 CPU는 훔쳐진 사이클 동안 다른 작업을 행하지 못한다.
② 사이클 스틸과 인터럽트의 차이
  ㉠ 주기억장치의 사이클 타임을 중앙처리장치로부터 DMA가 일시적으로 빼앗는 것으로 중앙처리장치는 주기억장치에 접근할 수 없다.
  ㉡ instruction 수행 도중에 cycle steal이 발생하면 CPU는 그 cycle steal 동안 정지된 상태가 된다.

25 캐시 메모리(Cache Memory)
① CPU와 메모리의 속도차를 줄이기 위해 사용하는 고속 버퍼
② 시간 단축을 위해 연관기억장치(CAM, Associative Memory) 사용
③ 캐시 적중률 = $\dfrac{\text{캐시에 적중되는 횟수}}{\text{전체 기억장치 액세스 횟수}}$

26 마이크로프로세서의 연산 단위를 결정하는 기준
① 레지스터의 크기 : 마이크로프로세서의 연산 단위를 8비트, 16비트, 32비트, 64비트 등으로 구분할 때 마이크로프로세서의 크기를 결정하는 가장 대표적인 요소
② 외부 버스의 크기
③ CPU 내부 버스의 크기

27 스래싱(thrashing) : 프로세스들 간의 메모리 경쟁으로 인하여 지나치게 페이지 폴트가 발생하여 전체 시스템의 성능이 저하되는 현상

28 우선순위 방식
① 회전 우선순위(rotating priority) 방식 : 버스 사용 승인을 받은 버스 마스터는 최하위 우선순위를 가지며, 바로 다음에 위치한 마스터가 최상위 우선순위를 가지도록 하는 방식이다.
② 임의 우선순위 방식 : 버스 사용 승인을 받아서 버스 중재의 동작이 끝날 때마다 우선순위를 정해진 원칙 없이 임의로 결정하는 방식이다.
③ 동등 우선순위 방식 : 모든 버스 마스터들이 동등한 우선순위를 가진다. 이 경우에는 먼저 버스 사용 요구를 한 버스 마스터가 먼저 버스 사용 승인을 받게 되는, FIFO 알고리즘을 사용한다.
④ 최소 최근 사용 우선순위 방식 : 최근 가장 오랫동안 버스 요구 신호를 보내지 않은, 즉 가장 오랫동안 버스를 사용하지 않은 버스 마스터에게 최상위 우선순위를 할당하는 방식이다.

29 버퍼 메모리의 목적
① 주기억장치 용량을 작게 한다.
② 데이터를 주기억장치에서 읽어내거나 주기억장치에 저장하기 위해 임시로 자료를 기억하는 공간이다.
③ 한 번 저장되어 있는 데이터가 CPU에서 여러 번 사용된다.
④ 많은 데이터를 주기억장치에서 한 번에 가져 나간다.

30 병렬처리기의 종류
① 파이프라인 처리(Pipelined Processor) : 시간적 병렬성을 위해 중첩처리를 수행
② 배열 처리기(Array Processor) : 공간적 병렬성을 위해 다수의 동기된 처리기를 사용
③ 다중 처리기(Multiprocessor) : 기억장치나 데이터베이스 등의 자원은 공유하며 상호 작용하는 처리기들을 통하여 비동기적 병렬성을 얻는다.
④ 벡터 처리기(Vector Processor) : 양방향 처리를 동기적으로 수행

31 듀티 사이클(duty cycle)
① 펄스 주기(T)에 대한 펄스폭(PW)의 비율을 나타내는 수치
② $\dfrac{PW}{T}$로 나타내며 단위는 %
③ $\dfrac{10}{1} = 10\%$

32 인터럽트 요인이 발생했을 때 CPU가 확인할 사항
① 프로그램 카운터의 내용
② 관련 레지스터의 내용

③ 상태 조건의 내용

33 DMA 제어기에 의한 I/O
① 입출력장치가 직접 주기억장치를 접근하여 CPU 레지스터를 거치지 않고 수행
② CPU와 DMA 제어기가 버스를 공유하며 버스사용 허가 요청을 CPU가 허가하면 데이터를 전송하는 방식

34 어드레스 증가는 주소지정을 할 수 있는 기억장치 주소 영역의 증가이다.
[참고] 연산장치(ALU)의 내부 요소
① 산술연산 : +(가산), -(감산), *, /
② 논리연산 : NOT, AND, OR
③ 시프트 레지스터 : 비트를 좌, 우로 이동시키는 레지스터
④ 보수기
⑤ 상태 레지스터

35 캐시 기억장치 매핑 프로세스의 종류
㉠ 연관(Associative) 매핑 : 직접 매핑보다 원하는 데이터를 바로 검색. 순서에 상관없이 저장
㉡ 세트-연관(Set Associative) 매핑 : 연관 매핑과 직접 매핑의 장점으로 만든 방법
㉢ 간접(Indirect) 매핑
㉣ 직접(Direct) 매핑 : 구조 자체가 간단

36 그레이 코드(Gray code)
① 가중치를 갖지 않는 코드
② 코드 변환을 위해 XOR 게이트를 사용
③ 아날로그/디지털 변환기를 제어하는 코드에 사용

37 상호연결망의 형태
① 시분할 공통 버스(time-shared common bus)
② 다중포트 메모리 : 이중 버스 구조(dual-bus structure)
③ 크로스바 스위치(crossbar switch) : 프로세서 버스와 메모리 모듈 통로간의 교차점에 위치한 다수의 크로스 포인터로 구성
④ 다단 교환망
⑤ 하이퍼 큐브 시스템

38 명령어 형식
① 0-주소 명령어 : 스택(stack)
② 1-주소 명령어 : 연산의 결과를 일시적으로 기억하는 레지스터
예) 누산기(AC)
③ 2-주소 명령어 : 계산 결과를 시험할 필요가 있을 때 계산 결과가 기억장치에 기억될 뿐 아니라 중앙처리장치에도 남아 있어서 중앙처리장치 내에서 직접 시험이 가능하므로 시간이 절약되는 명령어
④ 3-주소 명령어 : 연산 후 입력 자료가 변하지 않고 보존되는 특징의 장점을 갖는 명령어

39 10진 데이터 표현 형식
① 언팩(unpack) 형태 - 인쇄 가능, 연산처리 불가능
② 팩(pack) 형태 - 인쇄 불가능, 연산처리 가능

40 ISZ 명령어(increment and skip if zero)
유효주소로 지정된 워드의 값을 하나 증가시키고, 증가된 값이 0이면 PC도 하나 증가시켜 다음 명령을 수행 마이크로 동작

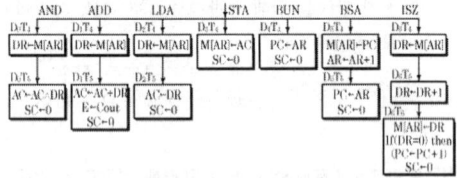

41 Cygwin(Microsoft Windows용 Unix 환경)
① 하부 유닉스 응용프로그램 인터페이스(substantial Unix API)를 제공하는 Unix emulation layer로 DLL(cygwin1.dll)이다.
② 유닉스나 리눅스를 사용하는 느낌을 주도록 Unix에서 포팅된 각종 툴(tool) 모음이다.

42 DRAM(Dynamic Random Access Memory)
일정한 주기로 Refresh라는 동작을 통해 데이터를 보존하기 위해 전력 소모가 크다는 단점

43 CRC(Cyclic Redundancy Check, 순환잉여검사)
시리얼 전송에서 데이터의 신뢰성을 검증하기 위한 에러 검출 방법이다.

44 코루틴(Coroutine) : 부분적으로 그리고 특정한 상황이 맞아 떨어졌을 때 실행되는 함수로서, 그 작업이 완료가 되기 전까지, 미래의 어느 시점에 재개될 수 있다.

45 EPROM(Erasable PROM, 삭제 가능한 롬)
MOS형의 프로그램 가능형 ROM. 보통 자외선을 반도체 소자에 조사하는 방법으로 기록 내용을 소거하는 자외선 소거형의 EPROM을 가리킨다.

46 마이크로컴퓨터용 소프트웨어 개발 단계 과정
문제설정 → 프로그램 설계 분석 → 코딩 → 테스트 → 유지보수

47 데이터 신호 : 2진수로 구성, 메시지 등의 실제 정보, 제어 문자, 오류검사 등 다른 요소의 양쪽으로 구성되어 있다.

48 스택(Stack)
① 스택에서 읽을 때는 pop 명령을 사용
② 마이크로프로세서에서 스택은 인터럽트와 관련이 깊다.
③ 스택은 LIFO 메모리 장치
④ 서브루틴 수행
⑤ 역표기법(Reverse polish)을 이용한 수식 계산

49 인출 사이클(fetch cycle)

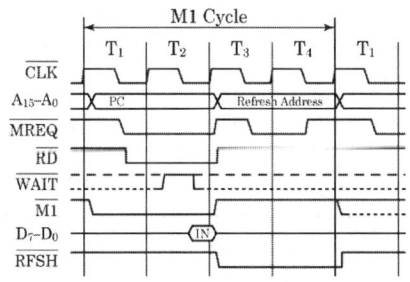

50 word = $\dfrac{\text{ROM의 비트}}{\text{단어의 길이}} = \dfrac{4096}{8} = 512$

51 연산기(ALU)가 공통적으로 갖는 기능
① 2진 가·감산
② 불 대수 연산
③ 보수 계산

52 마이크로컴퓨터 기억장치 평가요소
① 기억용량, ② 동작속도, ③ 신뢰도

53 $(17FF)_{16} - (1000)_{16} = (7FF)_{16}$
$7 \times 16^2 + 15 \times 16^1 + 15 \times 16^0 = 1792 + 240 + 15$
$= 2047$
따라서 2047개의 번지가 존재하면 한 번지의 크기는 8비트일 경우 256×2램의 개수는 $\dfrac{2047 \times 8}{256 \times 2} = \dfrac{16376}{512}$
≒ 31.984개가 필요하다.

54 마이크로프로그램 제어방식
① 소프트웨어적인 구성방법
② 마이크로프로그램이 저장되는 제어 메모리 필요
③ 명령어 세트 변경 용이
④ 다양한 어드레스 모드
⑤ 속도가 느리다.
⑥ 유지보수 및 수정이 용이
⑦ 비교적 복잡한 명령 세트를 가진 시스템에 적합

55 ① 시스템 순서도(system flowchart, 처리 순서도) : 자료의 흐름을 중심으로 하여 시스템 전체의 작업처리 내용을 종합적이고 전체적인 상태로 도시한 것
② 프로그램 순서도
㉠ 일반 순서도(general flowchart, 개략 순서도) : 프로그램 전체의 내용을 나타낸 순서도
㉡ 세부 순서도(detail flowchart, 상세 순서도) : Coding하면 바로 프로그램이 작성될 수 있도록 상세하게 나타낸 순서도

56 ① RS-232C(Recommended Standard-식별번호 C : 최종버전) : 컴퓨터와 주변장치 또는 데이터 단말장치(DTE)와 데이터회선 종단장치(DCE)를 상호 접속하기 위한 인터페이스 표준
② S-100 bus : 100핀의 접속점을 갖는 컴퓨터용 접속 규격. 인텔의 8080 프로세서를 기준으로 데이터, 어드레스, 전원 버스의 규격을 결정
③ IEEE-488 : 단거리 디지털 통신 버스의 표준 규격. 접속기 핀의 수 24핀, 16개는 신호용, 5개의 버스 관리용, 3개는 핸드셰이크용

57 마이크로컴퓨터의 레벨구조

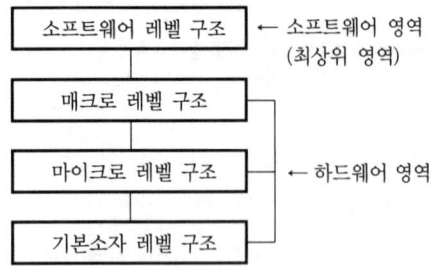

58 직렬 데이터 전송방식
① IEEE1394 : 사용 편의성이 우수한 직렬 방식의 버스이면서 데이터 전송 성능은 기존의 병렬 버스를 능가하는 것이 특징
② RS-232C : PC에서 지원하는 직렬 데이터 전송 방식으로 디지털카메라의 데이터 전송용으로 사용
③ USB(Universal Serial Bus) : PC에 외부기기와 연결하도록 만들어진 규격으로 2Mbps 전송 속도로 처리할 수 있는 PC 연결 방식이다. 장착 시 재부팅하지 않고 사용이 가능

[보충설명] 병렬 데이터 전송방식
(병렬 ATA, P-ATA(Parallel-AT Attachment) : 데이터의 경로를 여러 개로 분산시켜 성능을 높이는 병렬 구조의 특성을 가지고 있다.

59 Compiler : 고수준 언어로 작성된 프로그램을 기계어로 번역하기 위한 프로그램

60 INT(Interrupt) 제어신호, NMI(Non Maskable Interrupt) 제어신호
사용자의 요구에 상관없이 CPU 주변 컴퓨터의 하드웨어의 상태에 따라서 무조건 발생하는 인터럽트이다.

61 논리회로의 종류
① 순차 논리회로 : F/F, 레지스터
② 조합 논리회로 : 전가산기, 반가산기, 인코더(부호기), 디코더(해독기), 비교기

62
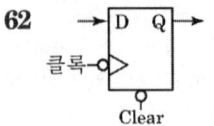

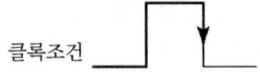
클록조건

63 패리티 비트 코드의 설명
① 잡음이 들어가면 에러의 가능성이 있어 이를 검출할 수 있다.
② odd 패리티와 even 패리티가 있다.
③ 두 비트가 동시에 에러가 발생하면 검출이 불가능하다.
④ 송신측에 패리티 발생기가 있고 수신측에 검사기가 있다.
[참고] 해밍 코드 : 두 비트가 동시에 에러가 발생해도 검출이 가능하다.

64 짝수 패리티(even parity)

even parity	Data	내용
① 0	01101100	Data bit가 1 짝수일 경우 parity는 0
② 0	10100110	
③ 1	10110101	Data bit가 1 홀수일 경우 parity는 1
④ 0	11111111	

65 3-state buffer
3가지 출력 상태를 갖는 논리 소자의 일종
3상태 버퍼에는 입력을 역(invert)으로 하는 것과 그렇지 않은 것이 있다. 제어 입력 S는 데이터 입력 단자 A와 출력 단자 X 사이의 회로를 Open/Close하는 역할을 한다.

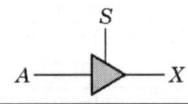 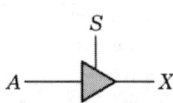

A S	회로	X
0 0	Close	고임피던스
1 0	Close	고임피던스
0 1	Open	0
1 1	Open	1

A S	회로	X
1 1	Close	고임피던스
0 1	Close	고임피던스
1 0	Open	0
0 0	Open	1

66 CMOS 회로 특징
① 정전기에 약하여 취급에 주의하여야 한다.
② 동작 주파수가 감소하면 팬 아웃은 증가한다.

③ TTL에 비하여 전력소모가 적다.
④ DC 잡음여유는 보통 전원 전압의 40% 정도이다.

67 concentrator : 메인컴퓨터에서 원격지에 설치한 여러 개의 단말장치들을 접속, 이들로부터 발생하는 메시지들을 저장하여 하나의 메시지로 압축해서 전송하게 되어 통신회선의 사용 효율을 증대시키는 장비

68 듀티 사이클(duty cycle)
㉠ 펄스 주기(T)에 대한 펄스폭(PW)의 비율을 나타내는 수치
㉡ $\frac{PW}{T}$ 로 나타내며 단위는 %
㉢ $\frac{10}{1}$ =10%

69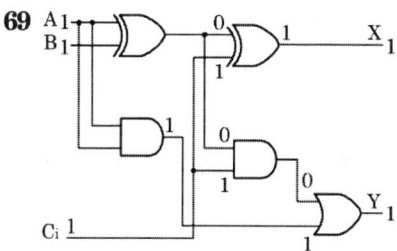

70 카운터(Counter) : 입력 펄스의 수를 세는 회로

71 ① $(A+B)(\overline{A}+\overline{B}) = A\overline{B}+\overline{A}B$
② $(A+B)(\overline{AB}) = (A+B)(\overline{A}+\overline{B}) = A\overline{B}+\overline{A}B$
③ $\overline{A}B+A\overline{B} = A\overline{B}+\overline{A}B$
④ $\overline{(A+\overline{B})(A+B)} = \overline{A\overline{B}+AB} = \overline{A(B+\overline{B})} = \overline{A}$

72 Decoder(해독기)
① 코드화된 정보를 해독하여 해당하는 출력을 내보내는 회로
② n개의 입력을 최대 2^n 개이 서로 다른 정보로 변환해주는 조합 논리회로
③ I/O port 또는 기억장치 등을 enable시키기 위하여 사용되는 장치
[참고]
① Multiplexer : 많은 입력 중 선택된 입력선의 2진 정보를 출력선에 넘기므로 데이터 선택기라고도 한다.
② Demultiplexer : 정보를 한 선으로 받아서 2개 이상의 가능한 출력선 중 하나를 선택하여 받은 정보를 전송하는 회로
③ Encoder : 컴퓨터 키보드를 누르면 코드화된다.

73 Look Ahead Carry 가산기
병렬가산기에서 1비트를 연산하여 자리올림 시간을 줄이는 방법. 자리올림을 미리 계산하여 속도가 빠른 가산기 제작을 위해 사용

74 SIPO(Serial In Parallel Out, 직렬입력 병렬출력)
한순간에 1비트씩 데이터가 들어가고, 모든 데이터 비트가 한꺼번에 출력되는 형태

75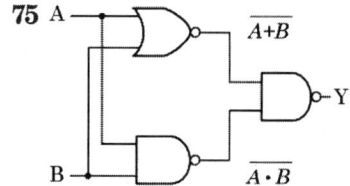

$Y = \overline{(A+B)} \cdot \overline{(A \cdot B)} = (A+B)+(A \cdot B)$
$\quad = A(1+B)+B$
$\quad = A+B$

따라서 OR 게이트이다.

76

wx\yz	00	01	11	10
00	0	(1)	(3)	2
01		5	(7)	
11			(15)	
10			(11)	

77 2진수 10110101을 그레이 코드(gray code)로 변환

1 0 1 1 0 1 0 1
 ⊕ ⊕ ⊕ ⊕ ⊕ ⊕ ⊕
↓ ↓ ↓ ↓ ↓ ↓ ↓ ↓
1 1 1 0 1 1 1 1

78

입력		출력
B	C	Y
0	0	$\overline{A}$
0	1	A
1	0	1
1	1	0

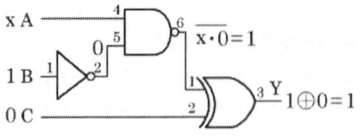

79 RS 플립플롭으로 T 플립플롭

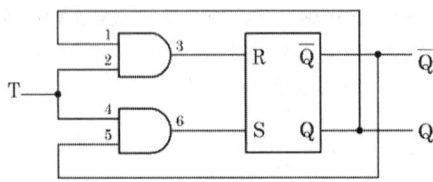

80 출력 Q=1일 때 다음 상태 출력 Q_t =1이라면

M	N	Q_t
0	0	0
x	1	Q = 1
1	0	$\overline{Q} = \overline{1} = 0$
1	1	1

81 WAP(wireless application protocol, 무선 응용 통신 규약)
① 이동 단말, PDA 등 소형 무선 단말기상에서 인터넷을 이용할 수 있도록 해주는 프로토콜
② HTML을 단말기로 전송, 수신하는 경우 HTML 텍스트 코드를 컴파일하여 컴팩트한 바이너리 데이터로 변환하여 이동 단말기에 송신한다.

82 OSI 7계층
① 1계층(물리 계층, Physical Layer) : 전송에 필요한 두 장치 간의 실제 접속과 절단 등 기계적, 전기적, 기능적, 절차적 특성에 대한 규칙
② 2계층(데이터 링크 계층, Data Link Layer)
 ㉠ 두 개의 인접한 개방 시스템들 간에 신뢰성 있고 효율적인 정보를 전송

㉡ 송신측과 수신측의 속도 차이를 해결하기 위한 흐름 제어 기능
③ 3계층(네트워크 계층, Network Layer)
 ㉠ 개방 시스템들 간의 네트워크 연결을 관리하는 기능과 데이터의 교환 및 중계 기능
 ㉡ 네트워크 연결을 설정, 유지, 해제하는 기능
 ㉢ 경로 설정(Routing), 데이터 교환 및 중계, 트래픽 제어, 패킷 정보 전송을 수행
④ 4계층(전송 계층, Transport Layer)
 ㉠ 논리적 안정과 균일한 데이터 전송 서비스를 제공함으로써 종단 시스템(End-to-End) 간에 투명한 데이터 전송을 가능
 ㉡ OSI 7계층 중 하위 3계층과 상위 3계층의 인터페이스를 담당
 ㉢ 주소 설정, 다중화, 오류 제어, 흐름 제어를 수행
 ㉣ TCP, UDP 등의 표준
⑤ 5계층(세션 계층, Session Layer)
 ㉠ 송·수신측 간의 관련성을 유지하고 대화 제어를 담당하는 계층
 ㉡ 대화 구성 및 동기 제어, 데이터 교환 관리 기능
⑥ 6계층(표현 계층, Presentation Layer)
 ㉠ 응용 계층으로부터 받은 데이터를 세션 계층에 보내기 전에 통신에 적당한 형태로 변환하고, 세션 계층에서 받은 데이터는 응용 계층에 맞게 변환하는 기능
 ㉡ 서로 다른 데이터 표현 형태를 갖는 시스템 간의 상호 접속을 위해 필요한 계층
⑦ 7계층(응용 계층, Application Layer)
 ㉠ 사용자가 OSI 환경에 접근할 수 있도록 서비스를 제공
 ㉡ 응용 프로세스 간의 정보 교환, FTP, E-mail 등의 서비스를 제공

83 프레임의 시작과 끝을 나타내기 위한 전송제어 문자
① DLE(Data Link Escape) : 데이터 투과성(Data Transparent)을 위해서 전송제어 문자 앞에 삽입
② STX(Start of Text) : 블록의 시작을 알리는 비트 패턴 즉 자료의 시작
③ ETX(End of Text) : 블록의 마지막을 알리는 비트 패턴 즉 자료의 마지막
④ SYN : 동기화 문자는 수신측에게 블록의 시작을 알리는 비트 패턴

84 에러 제어에 사용되는 자동반복 요청(ARQ) 기법
① 정지-대기(Stop-and-Wait) ARQ : 송신측은 하나의 블록을 전송한 후 수신측에서 에러의 발생을 점검한 다음 에러 발생 유무 신호를 보내올 때까지 기다리는 ARQ 방식
② Go-back-N ARQ : 전송오류 제어 중 오류가 발생한 프레임뿐만 아니라 오류검출 후 모든 프레임을 재전송하는 ARQ 방식
③ 선택적 재전송(Selective-Repeat) ARQ : 버퍼의 사용량이 상대적으로 큰 ARQ 방식

85 다중화
효율적인 전송을 위하여 넓은 대역폭을 가진 하나의 전송링크를 통하여 여러 신호를 한꺼번에 실어 보내는 기술

86 TMN(Telecommunication Management Network)의 기능 요소
① NML(Network Management Layer, 네트워크관리계층)
② EML(Element Management Layer, 요소관리계층)
③ NEL(Network Element Layer, 통신망관리계층)
④ SML(Service Management Layer, 서비스관리계층)
⑤ BML(Service Management Layer, 사업관리계층)

87 오류의 발생 유무만을 판정하는 오류검출 기법
① Parity Check
② Cyclic Redundancy Check
③ Block Sum Check

88 ALOHA(Additive Links Online Hawaii Area)
최초의 라디오 패킷(radio packet) 통신방식을 적용한 컴퓨터 네트워크 시스템

89 CSMA/CD(Carrier Sense Multiple Access with Collision Detection, 반송파감지 다중 접속/충돌 탐지)
충돌방지의 목적으로 token을 사용하므로 전송 시 token을 확보, 전송을 마친 후에는 token을 반납하여야 한다.
① MA(Multiple Access) : 두 개 이상의 호스트가 하나의 공유 매체에 연결
② CS(Carrier Sense) : 네트워크에 데이터를 실어 보내는 기능을 담당
③ CD(Collision Detection) : 프레임을 전송하면서 충돌 여부를 조사

90 PPP(Point to Point Protocol)
① IETF의 표준 프로토콜
② 오류 검출만 제공
③ 주로 두 개의 라우터를 접속할 때 사용
④ 비동기식 링크도 지원하여야 하기 때문에 프레임은 바이트의 정수배가 되어야 한다.

91 RARP : 호스트의 물리 주소를 통하여 논리 주소인 IP 주소를 얻어오기 위해 사용되는 프로토콜

92 사용자 데이터 전달
HDLC(High-level Data Link Control)의 정보 프레임에 대한 용도 및 기능

93 경로 지정 방식
① 고정 경로 방식
  ㉠ 가장 단단한 경로설정방식으로 네트워크 내에 모든 발신자와 수신자에 대한 경로값을 가지는 방식
  ㉡ 고정경로로 안정된 패킷 전송이 가능하나 네트워크 환경 변화 시 최적경로를 재설정하여야 한다.
② 플러딩 방식
  ㉠ 인입된 패킷은 인입 포트를 제외한 모든 포트로 플러딩되는 방식
  ㉡ 플러딩 패킷으로 불필요한 트래픽 증기 발생
③ 랜덤 경로 설정 방식
  ㉠ 인입된 패킷은 오직 한 개의 출력 포트로 전송되어 출력 포트는 랜덤하게 선택된다.
  ㉡ 선택되는 출력 포트를 알맞게 조정하여 로드 밸런싱 효과를 볼 수 있다.
④ 적응 경로 방식
  ㉠ 경로 설정 센터를 설치하여 주기적으로 각 노드들의 상태를 파악하여 최적의 경로를 설정하는 방식
  ㉡ 네트워크 환경 변화에 민감하게 적응할 수 있다.

94 HDLC를 기반으로 하는 비트 위주 데이터 링크 프로토콜로는 X.25 패킷 교환망의 표준으로 ITU-T에서 제정한 LAPB가 있다.

95 데이터그램 패킷 교환 방식
간헐적으로 발생하는 짧은 메시지의 전송

96 Soft Hand-off
핸드오프(Hand-off) 시에 사용할 채널을 먼저 확보하여 연결한 후, 현재 사용 중인 채널의 연결을 끊는 방식

97 동기식 시분할 다중화(Synchronous TDM)
전송 매체상의 전송 프레임마다 해당 채널의 시간 슬롯이 고정적으로 할당되는 다중화 방식

98 동기식 시분할 다중화(Synchronous TDM)
① 전송 시간을 일정한 간격의 시간 슬롯으로 나누고, 이를 주기적으로 각 채널에 할당한다.
② 하나의 프레임은 일정한 수의 시간 슬롯으로 구성한다.
③ 통계적 시분할 다중화보다 전송 용량이 낭비가 많으므로 비효율적이다.
④ 송신단에서는 각 채널의 입력 데이터를 각각의 채널 버퍼에 저장하고, 이를 순차적으로 읽어낸다.

99 응용 계층(최상위 계층, 7계층)의 서비스
① HTTP
② FTP(파일 전송)
③ Telnet(원격접속)
④ POP3, SMTP
[참고] SNMP(단순 망관리 프로토콜)는 3계층인 네트워크 계층의 서비스이다.

100 키잉(Keying)은 기본적으로 3가지 방식
① 진폭편이변조(Amplitude-Shift Keying)
② 주파수 편이변조(Frequency-Shift Keying)
③ 위상편이변조(Phase-Shift Keying)
[참고] 키잉(Keying) : 디지털 변조에서 디지털 데이터를 아날로그 신호로 변환시키는 것

2011년 제1회

정답

01	02	03	04	05	06	07	08	09	10
④	④	④	①	③	③	①	④	②	①
11	12	13	14	15	16	17	18	19	20
①	①	③	③	③	④	③	③	①	①
21	22	23	24	25	26	27	28	29	30
④	③	③	②	③	②	④	②	②	①
31	32	33	34	35	36	37	38	39	40
④	②	③	④	③	②	②	②	①	②
41	42	43	44	45	46	47	48	49	50
②	①	①	②	②	④	③	③	①	②
51	52	53	54	55	56	57	58	59	60
①	②	④	①	③	②	④	②	①	②
61	62	63	64	65	66	67	68	69	70
②	②	①	①	②	②	③	②	①	①
71	72	73	74	75	76	77	78	79	80
③	③	②	②	③	②	②	①	③	②
81	82	83	84	85	86	87	88	89	90
①	③	④	④	①	②	④	②	③	④
91	92	93	94	95	96	97	98	99	100
③	②	④	③	③	②	④	④	③	②

01 LRU(Least Recently Used)
한 프로그램에서 사용하는 각 페이지마다 count를 두어서 현시점에서 볼 때 가장 오래 전에 사용된 페이지가 교체할 페이지로 선택되는 기법
[참고]
① LFU(Least Frequently Used) : 적재되어 참조된 횟수를 누적값으로 페이지를 교체하는 기법
② FIFO(First In First Out) : 적재가 가장 오래된 페이지를 교체하는 기법

02 원시 프로그램을 번역할 때 어셈블러에게 요구되는 동작을 지시하는 명령으로서 기계어로 번역되지 않는 명령어

03 운영체제의 성능 평가(목적)
① 처리 능력(throughput)의 향상 : 주어진 시간 내에 처리되는 작업의 양의 의미
② 응답(반환)처리 시간(turn-around time)의 단축 : 컴퓨터 명령을 지시한 뒤 그 결과 출력되는 시간을 의미
③ 사용 가능도(availability) : 시스템 운영 시간 중 얼마나 많은 시간을 사용 가능한지에 대한 것
④ 신뢰도(reliability) 향상 : 주어진 작업에 대해서 얼마나 오류 없이 처리하는지에 대한 것

04 매크로 프로세서 처리 과정
매크로 정의 인식 → 매크로 정의 저장 → 매크로 호출 인식 → 매크로 확장과 인수치환

05 HRN 스케줄링 기법의 우선순위 계산식
＝(대기 시간+서비스 시간)/서비스 시간
[참고] HRN(Highest Response-ratio Next) : SJF 기법의 짧고 긴 작업 간의 불균형을 보완하는 기법으로 대기 시간과 서비스 시간을 이용한 우선순위 계산 공식으로 정하는 스케줄링 기법

06 프로세스의 정의
① 실행 중인 프로그램
② 프로시저가 활동 중인 것
③ 프로세스 제어 블록의 존재로서 명시되는 것
④ 운영체제가 관리하는 실행 단위
⑤ 비동기적 행위를 일으키는 주체
⑥ PCB를 가진 프로그램

07 운영체제의 목적
① 사용자와 컴퓨터 간의 인터페이스 제공
② 자원의 효율적인 운영
③ 처리능력 및 신뢰도 향상, 사용 가능도 향상
④ 응답시간, 반환시간 등의 단축

08 링커(링크 에디터, link-editor)
컴파일러가 만들어낸 하나 이상의 목적 프로그램을 단일 실행 프로그램으로 병합하는 프로그램

09 ① 스풀링(spooling) : 프로그램이 프로세서에 의해 수행되는 속도와 프린터 등에서 결과를 처리하는 속도의 차이를 극복하기 위해 디스크 저장 공간을 사용하는 기법
② Preprocessor(프리프로세서) : 전처리기는 원시 프로그램을 기계어 프로그램으로 번역하는 대신에 기존의 고수준 컴파일러 언어로 전환하는 역할을 수행

10 System software의 종류

① OS(Windows 시리즈, DOS, UNIX 등)
② 프로그래밍 언어
　㉠ 고급 언어(C++, JAVA 등)
　㉡ 저급 언어(기계어), 어셈블리 언어, 컴파일러
③ 데이터베이스 관리시스템(DBMS)
④ 유틸리티 프로그램(노턴 유틸리티, V3 등)

11 로더(loader)의 기능
① 할당(allocation) : 목적 프로그램이 실행될 주기억장치 공간을 확보
② 연결(linking) : 여러 개의 독립적인 모듈(부분적으로 작성된 프로그램 단위)을 연결
③ 재배치(relocation) : 프로그램이 주기억장치 공간에서 위치를 변경
④ 적재(Loading) : 프로그램 전체를 주기억장치에 한 번에 적재하게 하거나 실행 시 필요한 일부분만을 차례로 적재

12 프로그래머(Programmer) : 절대로더를 사용하는 경우 기억장소 할당의 수행 주체

13 ① Direct linking loader : 일반적인 로더(general loader)이며 할당, 연결, 재배치, 적재의 기능을 모두 수행하는 가장 근접한 로더
② Absolute loader : 간단한 로더이며 단순히 번역된 목적 프로그램을 입력으로 받아들여 주기억장치의 프로그래머가 지정한 주소에 적재하는 기능을 가지는 로더
③ Compile and go loader : 원시 프로그램의 기계어로 번역하는 순서대로 명령어 및 자료를 직접 주기억장치에 적재하여 곧바로 프로그램을 수행하는 방식의 loader

14 어셈블리어 수행 순서
원시 프로그램 → 어셈블리(번역기) → 목적 프로그램 → 연결편집기 → 로더 → 실행

15 어셈블리어 명령
① MOV(Move : 데이터 이동(전송)
② RET(Return from CALL) : CALL로 스택에 PUSH된 주소로 복귀
③ INT(Interrupt) : 인터럽트 실행

16 어셈블러를 두 개의 pass로 구성하는 주된 이유
① 한 개의 Pass만을 사용하는 경우는 기호를 모두 정의한 뒤에 해당 기호를 사용하여야 한다.
② 기호를 정의하기 전에 사용할 수 있어 프로그램 작성이 용이하기 때문이다.(전향 참조, Forward reference)
③ 사용의 편의상 정의하기 전에 사용한 주소 상수를 처리하기 위함이다.

17 ① ASSUME : 세그먼트 레지스터에 각 세그먼트의 시작 번지를 할당하여 현재의 세그먼트가 어느 것인가를 지적하게 하는 어셈블리어 명령
② ORG : 어셈블리언어에서 원시 프로그램을 목적 프로그램으로 번역할 때 현재의 오퍼랜드에 있는 값을 다음 명령어의 번지로 할당
③ EQU : 지시어는 숫자형 상수, 레지스터 연관값 또는 프로그램 연관값에 상징된 이름을 부여한다. 어떤 기호적 이름에 상수값을 할당하는 명령
④ INCLUDE : 라이브러리에 기억된 내용을 프로시저로 정의하여 서브루틴으로 사용하는 것과 같이 사용할 수 있도록 그 내용을 현재의 프로그램 내에 포함시켜 주는 명령

18 Deadlock : 다중 프로그래밍 시스템에서 어떤 프로세스가 아무리 기다려도 결코 발생하지 않을 사건을 기다려도 결코 발생하지 않을 사건을 기다리고 있을 때
[참고]
① Working Set(워킹 셋) : 프로세스가 일정 시간 동안 자주 참조하는 페이지들의 집합을 의미
② semaphores(세마포어) : 운영체계의 자원을 경쟁적으로 사용하는 다중 프로세스에서 행동을 조정 또는 동기화시킬 수 있다.
③ Critical section(임계영역) : 멀티스레드 프로그램에서 스레드들이 번갈아 실행되는 스케줄은 임의로 정해지게 되는데 적절하지 못한 순간에 다른 스레드로 제어가 넘어가서 예기치 못한 문제가 발생할 수 있다.

19 Compiler(컴파일러) : 고급 언어로 작성된 원시 프로그램을 해석하고 분석하여 컴퓨터에서 실행될 수 있는 프로그램을 생성
① 목적 프로그램 생성
② 컴파일 속도 느림

③ 실행 속도 빠름
④ 대표적인 언어 : COBOL, FORTRAN, C
[참고] 로더(Loader) : 외부 기억장치로부터 주기억장치로 이동하기 위해 메모리 할당, 연결, 재배치, 적재를 담당하는 서비스 프로그램

20 기계어(Machine Language)
① 컴퓨터가 직접 이해할 수 있는 언어이다.
② 기종마다 기계어가 다르다.
③ 0과 1의 2진수 형태로 표현된다.
[참고] 컴파일러(Compiler) : 인간 중심의 자연어와 비슷한 형태

21 operand의 address 수
1-address machine, 2-address machine, 3-address machine으로 나누어진다.

22 최소한의 블록의 길이
=레코드 시작 길이+(레코드 크기+블록 길이)×블록킹 팩터
=4+(250+4)×3=766

23 인터럽트가 발생하였을 경우 수행 중인 인스트럭션을 끝내고 처리한다.

24 Major State 4단계
① Fetch Cycle : 명령어 해독
② Indirect Cycle : 해독된 명령어가 간접주소인 경우 유효주소 계산
③ Execute Cycle : 명령의 실행
④ Interrupt Cycle : 인터럽드 처리

25 프로그램 상태어(Program Status Word)
① 시스템의 동작은 CPU 안에 있는 제어장치에 의해 제어된다.
② 상태 레지스터는 PSW의 일종이나.
③ 명령 실행 순서를 제어하고, 실행 중인 프로그램에 관계가 있는 시스템의 상태를 나타낸다.
④ PSW는 64bit의 크기이다.(일반적으로)

26 10진수와 2진수 자릿수 관계

10진수	2진수
0	0
1	01
2	10
3	11
4	100
5	101
6	110
7	111
8	1000
9	1001

따라서 10진수 1자릿수 9를 2진수 1001로 표현하기 위해서는 4비트가 필요하다.

27 N가지의 정보를 2진수 코드로 부호화하는 데 $\log_2 N$의 비트가 필요

28 디코더(decoder, 복호기)의 입력이 2개일 때 출력이 4개이다. 즉 입력이 n개라면 출력의 수는 2^n 개다.

29 Associative memory
① 데이터의 내용으로 병렬 탐색을 하기에 알맞도록 되어 있다.
② 각 셀이 외부의 인자와 내용을 비교하기 위한 논리 회로
[참고]
CAM(Content Addressable Memory)
① 기억된 내용 일부를 이용하여 데이터에 직접 접근할 수 있는 메모리
② 탐색은 전체 워드 또는 한 워드 내의 일부만을 가지고 시행할 수 있다.

30 1111 Gray code을 2진 코드로 바꾸면 $1010_{(2)}$

```
1   1   1   1
|  ↗  ↓  ↗  ↓  ↗  ↓
1   0   1   0
```

31

구분	차이점
인터럽트 (Interrupt)	㉠ 수행하고 있던 프로그램은 정지되지만 인터럽트 처리 루틴의 명령을 실행하기 위하여 CPU는 수행 상태에 있게 된다. ㉡ CPU의 상태 보존이 필요하다.
Cycle Steal	㉠ CPU는 Steal된 Cycle 동안 완전히 대기상태, 즉 아무런 동작을 하지 않고 DMA 제어기의 메모리 접근이 완료되기를 기다린다. ㉡ CPU의 상태 보존이 필요 없다.

32

10진수	-87
2진수	-0101 0111
1의 보수=2진수의 역수	1010 1000
2의 보수=1의 보수+1	1010 1001

33 나눗셈 연산 알고리즘
 (단, X : 피제수, Y : 제수, Q : 몫, R : 나머지임)
 (1) Q ← 0
 (2) X<Y이면 (3)을 수행,
  X≥Y이면 X ← X-Y와 Q ← Q+1을 수행하고 다시 (2)를 수행
 (3) R ← X
 (4) End

34 RISC(Reduced Instruction Set Computer)의 특징
 ① 축소 명령어 세트 컴퓨터의 약어이다.
 ② 명령어 코드로 구성하기 위한 bit 수의 증가에 대한 보완으로 개발된 프로세서
 ③ 명령어들의 사용 빈도를 조사하여 사용 빈도가 높은 명령어만 사용하는 프로세서
 ④ 명령어 길이가 고정이다.
 ⑤ 하드웨어에 의해 직접 명령어가 수행
 ⑥ 수행 속도가 더 빠르다.
 ※ CISC(Complex Instruction Set Computer)의 특징
  ㉠ 인텔 계열의 거의 모든 프로세서에서 사용(펜티엄을 포함한 인텔사의 x86 시리즈)

35 마이크로 명령 형식
 ① 수평 마이크로 명령(Horizontal Micro Instruction)
  ㉠ 마이크로 명령의 한 비트가 한 개의 마이크로 동작을 관할하는 명령
  ㉡ Micro Operation부가 m Bit일 때 m개의 마이크로 동작을 표현
  ㉢ Address부의 주소에 의해 다음 마이크로 명령의 주소를 결정
 ② 수직 마이크로 명령(Vertical Micro Instruction)
  ㉠ 제어 메모리 외부에서 디코딩 회로를 필요로 하는 마이크로 명령
  ㉡ 한 개의 마이크로 명령으로 한 개의 마이크로 동작만 제어
 ③ 나노 명령(Nano Instruction)
  ㉠ 나노 메모리라는 낮은 레벨의 메모리에 저장된 마이크로 명령
  ㉡ 수직 마이크로 명령을 수행하는 제어기에서 디코더를 ROM(나노 메모리)으로 대치하여 두 메모리 레벨로 구성
  ㉢ 제어 메모리의 각 Word에는 나노 명령이 저장되어 있는 나노 메모리의 번지들을 저장하고 있다.

36 컴퓨터의 필수적인 구성 장치
 ① I/O 장치(입출력장치)
 ② 중앙처리장치(연산장치, 제어장치)
 ③ 기억장치

38 Associative memory : 캐시(cashe) 메모리에서 특정 내용을 찾는 방식 중 매핑 방식에 주로 사용되는 메모리

39 부호를 나타내지 않은 양의 수에 대한 산술적 shift를 한 경우
 ① 왼쪽으로 시프트 시 밀려나는 비트가 1이면 상승현상이 발생한다.
 ② shift 시 새로 들어오는 비트는 0이다.
 ③ 오른쪽으로 1번 shift하면 2로 나눈 것과 같다.
 ④ 왼쪽으로 1번 shift하면 2배(곱)한 것과 같다.

40 중앙처리장치에서 하는 일
 ① 명령 레지스터에 기억된 명령을 해독한다.
 ② 산술연산을 한다.

③ 명령 처리 순서를 결정하는 각종 제어신호를 만들어 낸다.

41 I/O 장치와 CPU 사이의 자료 교환 시에 사용되는 기법
① parity bit 전송
② cyclic redundancy character 전송
③ echo back

42 마이크로 전자계산기에서 사용되는 버스
① 제어 버스(control bus) : CPU가 기억장치나 I/O 장치와 데이터 전송을 할 때 자신의 상태를 다른 장치들에게 알리기 위해 사용되는 버스
② 주소 버스(address bus) : 마이크로프로세서에서 데이터가 저장된 또는 저장될 기억장치의 장소를 지정하기 위해 사용하는 버스
③ 데이터 버스(data bus) : 중앙처리장치에 연결되는 양방향성 버스. 마이크로컴퓨터에서 중앙처리장치와 기억장치, 그리고 입출력장치 등에 공통적으로 연결되는 버스

43 마이크로컴퓨터 개발 시스템
하드웨어를 조정하고 소프트웨어를 개발하며 오류를 보정하기 위한 장치. 마이크로컴퓨터의 설계와 개발에 필요한 요구를 충족시킨다. 프로그램들을 구성하며 컴퓨터의 중앙처리장치, 기억장치, 입출력 보조 시스템과 자동 오류 보정 작동을 모방할 수 있다. 또 마이크로컴퓨터 시스템 개발 주기를 매우 빠르게 한다. 하드웨어를 개발할 때 그 기능을 소프트웨어 모방을 통하여 쉽게 설계하고 결함을 수정하도록 고안되었다. 따라서 하드웨어를 개발할 때 이 시스템을 이용하면, 반복해서 하드웨어를 재구성하여 테스트할 필요 없이 사용자는 프로그램을 통해서 그 기능을 쉽게 설계하고 테스트할 수 있기 때문에 하드웨어 개발 시간을 많이 단축할 수 있다.(자료출처 : TTA정보통신용어사전)

44 CPU가 프린터로 데이터를 출력하는 과정
① CPU가 프린터 제어기에서 프린터의 상태를 검사하도록 요청
② 제어기는 프린터의 상태를 검사하여 CPU에게 통보
③ 데이터를 받을 준비가 된 상태면 CPU는 제어기에서 출력 명령과 데이터를 전송

④ 제어기는 프린트 동작을 위한 제어 신호와 함께 데이터를 프린터로 전송

45 데이터 선의 수
=독립 제어점(입출력)×양방향(입출력)×8비트×5개
=2×2×8×5=160개

46 3 address 방식은 가장 많은 Cycle time을 필요로 하는 명령어 형식

47 DMA에 의한 입출력 제어 방식
CPU로부터 I/O 지시를 받으면 직접 주기억장치에 접근하여 데이터를 입출력하고 입출력에 관한 모든 동작을 독립적으로 수행하는 입출력 제어 방식

48 제어 메모리에서 번지를 결정하는 방법
① 제어 어드레스 레지스터를 하나씩 증가
② 마이크로 명령어에서 지정하는 번지로 무조건 분기
③ 상태 비트에 따라 조건 분기
④ 매크로 동작 비트로부터 ROM으로의 매핑
⑤ 서브루틴 콜(call)과 리턴(return)

49 제어장치 : 주기억장치에 기억된 프로그램의 명령을 해독하여 그 명령 신호를 각 장치에 보내 명령을 처리하도록 지시

50 전송 속도 : 9600bps
한 개 전송 문자 : 8비트 데이터+4비트 제어로 구성되어 있다면
∴ 1초당 전송되는 문자의 개수는
$$\frac{9600bps}{(8bit+4bit)} = \frac{9600bps}{12bit} = 800개$$

51 ① 제어 프로그램
  ㉠ 데이터 관리 프로그램 : 자료를 관리하는 프로그램
  ㉡ 작업 관리 프로그램 : 작업을 관리하는 프로그램
  ㉢ 감시 프로그램(SVC) : 프로그램의 실행 과정과 시스템 전체의 작동 상태를 감시
② 처리 프로그램
  ㉠ 유틸리티 프로그램 : 사용자가 컴퓨터 사용에

있어서 도움을 주는 프로그램
ⓒ 서비스 프로그램 : 여러 가지 서비스 프로그램 (정렬, 링크 연결, 편집)
ⓒ 언어처리 프로그램 : 컴파일러, 인터프리터, 어셈블러 등

52 주기억장치 대역폭(Bandwidth) 증가 방법
① 고속의 메모리 사이클 타임을 갖는 메모리를 이용
② 메모리 버스의 데이터 Width와 Memory의 Word Size를 늘린다.
③ 여러 개의 메모리 모듈을 이용

53 비트 슬라이스(bit-slice) 마이크로프로세서
전체 CPU를 하나의 단일 IC로 하면 장점도 있으나 프로세서의 구조가 고정되며, 명령어 집합도 바꿀 수 없게 된다. 이러한 단점을 보완하기 위하여 CPU를 processor Unit, Microprogram Sequencer, Control Memory로 나누어 구성하면 위 단점을 제거할 수 있다.

54 상대 어드레스 지정 방식(Relative addressing)
실제 주소가 아닌 오퍼셋을 오퍼랜드로 제공, 필요한 주소를 생성하기 위해서는 CPU 내의 프로그램 카운터 레지스터 내용과 오퍼셋을 더해야 한다.

55 마이크로컴퓨터를 구성하는 주요 버스
① 제어 버스(control bus)
② 데이터 버스(data bus)
③ 주소 버스(address bus)

56 concentrator(집신장치) : 주컴퓨터에서 원격지에 설치한 장비로서 여러 개의 단말장치들을 접속, 이들로부터 발생하는 메시지들을 저장하여 하나의 메시지로 농축해서 전송함으로써 통신회선의 사용 효율을 증대시키는 장비

57 마이크로컴퓨터의 병렬 입출력 인터페이스
① PIO(Parallel I/O) : 병렬 데이터 전송을 위한 LSI이다. 전송속도는 빠르나 다수의 신호선이 필요하므로 원거리인 경우는 비용이 많이 든다.
② PIA(Peripheral interface adapter bus interface) : 표준적인 시스템 기억장치의 주소를 지정할 수 있는 위치에 8비트 또는 16비트의 외부 접속과 4개 제어선을 제공하기 위해 주변장치 접속 버스를 사용하는 인터페이스
③ PPI(Programable Peripheral Interface) : 프로그래밍을 통해 자신의 기능을 정하고 CPU와 주변장치 사이에서 그 규칙대로 신호들을 해석하여 전달해 주는 일을 하는 장치

58 Program Counter
① 다음에 수행될 명령어의 주소를 저장한다.
② 분기 명령어가 아니라면 일반적으로 1~4가 증가한다.
③ 분기 명령어의 주소 부분은 PC 값으로 전송한다.

59 의사 명령(pseudo instruction)의 기능
① 어셈블러의 동작을 지시
② 다른 프로그램에서 정의된 기호를 사용할 수 있게 한다.
③ 기억장소에 빈 장소를 마련

60 명령 사이클 Time
$= \dfrac{1}{\text{CPU 클록}} = \dfrac{1}{2.5\text{MHz}} = \dfrac{1}{2500000\text{Hz}}$
$= 0.0000004\,\text{s}$
명령 사이클 Time×수행 수
$= 0.0000004 \times 13 = 0.0000052 = 5.2\,\mu\text{s}$

61 Y=(A+B)(C+D)

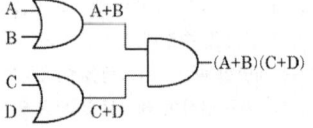

62 Multiplexer(다중화기, MUX) : 많은 입력 중 선택된 입력선의 2진 정보를 출력선에 넘기므로 데이터 선택기라고도 한다.

63 EX-OR 게이트 : 2진수를 그레이 코드로 변환하는 회로에 들어가는 논리게이트

64 T F/F, JK F/F, IC를 사용하는 데 입력 주파수에 1MHz, 출력 주파수는 $\dfrac{1}{2}$ 분주인 500kHz이다.

65 8421(BCD) 코드 가산기

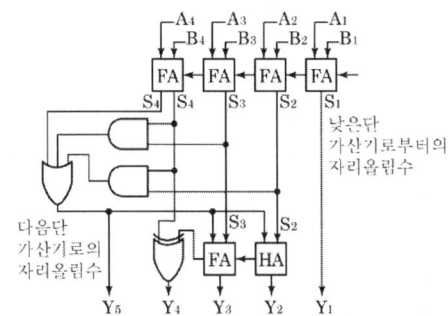

66 동기식 mod-8 2진 카운터

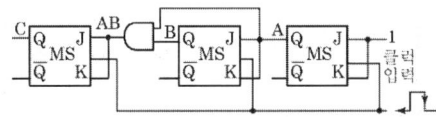

67 홀수 패리티 발생기

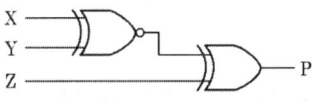

X	Y	Z	P=$(\overline{X \oplus Y}) \oplus Z$
0	0	0	1
0	0	1	0
0	1	0	0
0	1	1	1
1	0	0	0
1	0	1	1
1	1	0	1
1	1	1	0

[참고] 홀수 패리티(odd parity) : 0 또는 1의 값은 전체 비트 중 1의 개수가 홀수가 되도록 표시한다.

68 $S = A \oplus B \oplus C$, $C_o = AB + BC + AC$

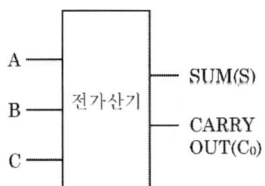

[참고] 전가산기(FA, Full Adder) : 덧셈하여야 할 2개의 비트와 다른 숫자 위치에서 보내온 자리올림 비트를 받아 2개의 출력, 즉 합과 자리올림수를 생성한다.

69 3 by 4 decoder

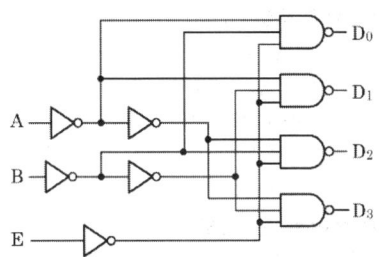

[참고] 디코더(Decoder, 복호기=해독기) : 입력된 부호에 대응하는 출력을 발생시키는 전자회로

70 멀티플렉서 : 데이터 전송 시스템에서 송신단에 적합한 회로

71

A\BC	00	01	11	10
0	**0**			**2**
1	**4**			**6**

$\overline{C}$

72 리플 카운터

첫 번째 플립플롭의 CP 입력에만 클록 펄스가 입력되고, 다른 플립플롭은 각 플립플롭의 출력을 다음 플립플롭의 CP 입력으로 사용

73

6자리의 2진수	10진수
000000	0
000001	1
:	:
111110	62
111111	63

74 NOR 게이트

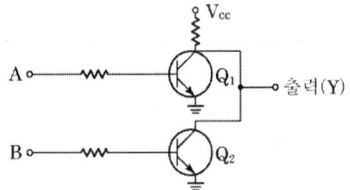

75 병렬 전송 시 버스(bus)를 이루는 선들의 수는 레지스터의 bit 수와 같다.

76 리플 카운터의 특징
① 비동기 카운터이다.
② 카운트 속도가 동기식 카운터에 비해 느리다.
③ 최대 동작 주파수에 제한을 받는다.
④ 회로 구성이 간단하다.

77 민텀(minterm, 논리곱항)
진리표의 결과값을 결정하기 위한 입력값의 조합

입력			출력	
A	B	C	X	10진수
0	0	0	❶	0
0	0	1	❶	1
0	1	0	❶	2
0	1	1	❶	3
1	0	0	❶	4
1	0	1	❶	5
1	1	0	0	6
1	1	1	0	7

출력값이 1인 민텀 F(A, B, C)=Σ(0, 1, 2, 3, 4, 5)을 카르노 맵을 이용하여 간략화하면 $X = \overline{A} + \overline{B}$이다.

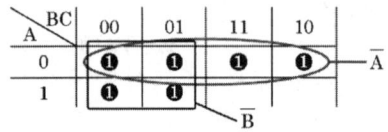

78 PLA(Programmable Logic Array, 프로그램 가능 논리 배열)
논리 곱(logic AND)과 논리 합(logic OR)의 기능을 배열한 중규모 집적회로(MSI) 칩이다. 금속 산화물 반도체(MOS)나 양극성 회로로 구현

79 진법 변환

16진수	3	C	B	8
2진수	0011	1100	1011	1000

80 시프트 레지스터(Shift Register)를 만드는 데 D 플립플롭이 가장 적합

81 비동기식 전송
문자의 시작과 끝에 각각 START 비트와 STOP 비트가 부가되어 전송의 시작과 끝을 알려 전송하는 방식

82 홀수 패리티 비트 검사

패리티 비트	0	0	0	0
D6	❶	❶	0	0
D5	0	❶	❶	❶
D4	0	0	0	0
D3	❶	❶	❶	❶
D2	❶	❶	0	❶
D1	0	0	❶	0
D0	0	❶	❶	❶
문자	A	B	C	D

홀수 패리티 비트 검사에서 에러가 발생하는 문자는 C이므로 4개의 데이터 비트일 경우 패리티 비트가 0이 아닌 1이어야 한다.

83 패킷 교환망에서 패킷이 적절한 경로를 통해 오류 없이 목적지까지 정확하게 전달하기 위한 기능
① 흐름 제어
② 에러 제어
③ 경로 배정

84 오류의 발생 유무만을 판정하는 오류검출 기법
① Parity Check
② Cyclic Redundancy Check
③ Block Sum Check

85 동기식 시분할 다중화 : 전송시간을 일정한 간격의 시간 슬롯(time slot)으로 나누고, 이를 주기적으로 각 채널에 할당하는 다중화 방식

86 Go-back-N ARQ : 전송오류 제어 중 오류가 발생한 프레임뿐만 아니라 오류 검출 이후의 모든 프레임을 재전송하는 ARQ 방식

87 IP(Internet Protocol) 프로토콜
① 신뢰성이 부족한 비연결형 서비스를 제공하기 때문

에 상위 프로토콜에서 이러한 단점을 보완해야 한다.
② 송신자가 여러 개인 데이터그램을 보내면서 순서가 뒤바뀌어 도달할 수 있다.
③ 각 데이터그램이 독립적으로 처리되고 목적지까지 다른 경로를 통해 전송될 수 있다.

88 HDLC에서 사용되는 프레임의 유형
① Information Frame
② Supervisory Frame
③ Unnumbered Frame

89 동기식 전송
① 송신기와 수신기의 동일한 클록을 사용하여 데이터를 송·수신하는 방법
② 일반적으로 데이터 블록과 제어 정보를 합쳐서 프레임이라 부른다.
③ 프레임의 형식은 크게 문자 위주와 비트 위주로 나누어진다.

90 가상 회선 방식 : 패킷들은 경로가 설정된 후 경로에 따라 순차적으로 전송되는 방식

91 IEEE 802 표준
- IEEE 802.0 – SEC(Sponsor Ececutive Commitee)
- IEEE 802.1 – HILI(Higher Layer Interface)
- IEEE 802.2 – LLC(Logic Link Control)
- IEEE 802.3 – CSMA/CD
- IEEE 802.4 – Token Bus
- IEEE 802.5 – Token Ring
- IEEE 802.6 – DQDB
- IEEE 802.7   Broadband TAG
- IEEE 802.8 – Fiber Optic TAG
- IEEE 802.9 – IVD(Integrated Voice and Data)
- IEEE 802.10 – LAN Security
- IEEE 802.11 – Wireless LAN
- IEEE 802.12   Fast LAN
- IEEE 802.14 – Cable Modem
- IEEE 802.15 – Wireless Personal Area Network
- IEEE 802.15.4(ZigBee, 통합 리모콘) – 저전력, 저가격, 저속도를 목표로 하는 WPAN의 표준 중의 하나임. 블루투스나 802.11x 계열의 WLAN보다 단순하고 간단
- IEEE 802.16 – WMAN(와이브로)
- IEEE 802.16e(Mobile WiMAX) – 이동성과 비가시거리 통신을 지원하여 공간 제약 없는 무선
- IEEE 802.17 – Broadband Wireless Acess

92 통계적 시분할 다중화 방식(STDM, Statistical Time Division Multiplexing)
각 채널별로 타임 슬롯을 사용하나 데이터를 전송하고자 하는 채널에 대해서만 슬롯을 유동적으로 배정하며, 비트 블록에 데이터뿐만 아니라 목적지 주소에 대한 정보도 포함하는 다중화 방식

93 TCP/IP 모델
① Network Address
② Transport
③ Application

94 데이터 링크 계층의 프로토콜
HDLC, MAC, PPP, ATM, IEEE802.2 등

95 TCP/IP 모델의 인터넷 계층
① IP 프로토콜을 사용 수행
③ 최선형의 비연결형 패킷 전달 서비스를 제공
④ 주소를 이용한 경로 설정 및 전송을 담당

96 OSI 7계층
① 응용 계층(Application layer, 7계층) : 사용자가 응용프로그램을 통해 OSI 환경 서비스에 접근
   예) FTP, SMTP, HTTP 등
② 네트워크 계층(Network layer, 3계층) : 주소를 이용하여 경로를 설정하고 손실된 패킷에 대한 오류 제어 기능을 담당
   예) IPv4, IPv6, ICMP 등
③ 표현 계층(Presentation layer, 6계층) : 통신 간 표현의 차이를 해결하기 위해 번역과 데이터 압축, 암호화와 복호화 등을 수행
   예) ASCII, SSL, MIME, HTML, XML 등
④ 물리 계층(Physical layer, 1계층) : 물리적 전송을 담당하고 전기적, 기계적 전송을 수행
   예) cable, DSL, USB, ISDN, CSU 등

97 양자화 : 표본화 과정을 거친 신호의 진폭을 이산값으로 변화시키는 과정

98 OSPF(Open Shortest Path First, 최단 경로 우선 프로토콜)
① OSPF 라우터는 자신의 경로 테이블에 대한 정보를 LSA라는 자료구조를 통하여 주기적으로 혹은 라우터의 상태가 변화되었을 때 전송한다.
② 라우터 간에 변경된 최소한의 부분만을 교환하므로 망의 효율을 저하시키지 않는다.
③ 도메인 내의 라우팅 프로토콜로서 RIP가 가지고 있는 여러 단점을 해결하고 있다.
※ RIP(Routing Information Protocol)
[장점] 소규모 동종 네트워크에 적합
[단점] ① 30초마다 지속적인 트래픽 발생으로 네트워크에 부담
② 최대 16홉을 가진다.
③ 속도가 빠른 네트워크가 5홉이고 낮은 네트워크가 3홉인 경우 홉 수를 체크하여 3홉의 낮은 네트워크로 이동한다.

99 Hand off : 이동통신 가입자가 셀 경계를 지나면서 신호의 세기가 작아지거나 간섭이 발생하여 통신 품질이 떨어져 현재 사용 중인 채널을 끊고 다른 채널로 절체하는 것을 의미

100 다중화 : 효율적인 전송을 위하여 넓은 대역폭(혹은 고속전송 속도)을 가진 하나의 전송링크를 통하여 여러 신호를 동시에 실어 보내는 기술

2011년 제4회

정답

01	02	03	04	05	06	07	08	09	10
④	①	①	④	③	②	③	②	②	①
11	12	13	14	15	16	17	18	19	20
②	①	①	②	②	③	②	①	①	④
21	22	23	24	25	26	27	28	29	30
②	①	②	①	③	②	③	②	③	①
31	32	33	34	35	36	37	38	39	40
④	①	①	①	③	②	②	③	③	②
41	42	43	44	45	46	47	48	49	50
④	③	①	②	②	③	④	②	②	④
51	52	53	54	55	56	57	58	59	60
③	②	②	①	③	①	②	④	③	②
61	62	63	64	65	66	67	68	69	70
①	④	②	②	②	④	①	③	③	②
71	72	73	74	75	76	77	78	79	80
①	③	④	②	②	④	①	②	③	③
81	82	83	84	85	86	87	88	89	90
④	③	④	②	②	②	②	②	③	①
91	92	93	94	95	96	97	98	99	100
④	④	④	①	③	②	②	④	④	④

01 1. 인터프리터(interpreter)
① 원시 프로그램(고급 언어)을 한 문장(줄) 단위로 해석하고 번역한 후 번역과 동시에 프로그램을 한 줄 단위로 즉시 실행시키는 프로그램
② 목적 프로그램 미생성
③ 실행 속도 느림
④ 회화형 언어(실행 속도보다 컴파일 속도 중시)
⑤ 대표적인 언어 : BASIC

2. 컴파일러(compiler)
① 목적 프로그램 생성
② 컴파일 속도 느림
③ 실행 속도 빠름
④ 대표적인 언어 : COBOL, FORTRAN, C

02 어셈블리어로 작성된 수행 순서
원시 프로그램 → 어셈블러(번역기) → 목적 프로그램 → 연결편집기 → 로더 → 실행

03 프로그래머 : 절대 로더에서 연결(linking) 기능의 주체
[참고]
㉠ 컴파일러 : 원시 프로그램을 기계어로 바꾸는 소프트웨어이다.

㉡ 로더(Loader) : 프로그램을 실행하기 위하여 프로그램을 보조기억장치로부터 컴퓨터의 주기억장치에 적재시키는 기능

04 ① Thrashing : 다중 프로그래밍 시스템이나 가상 기억장치를 사용하는 시스템에서 하나의 프로세스 수행 과정 중 자주 페이지 교체가 발생하게 되어 전체 시스템의 성능이 저하된다.
② Locality(구역성, 국부성) : 프로세스가 실행되는 동안 일부 페이지만 집중적으로 참조하는 특성을 가지고 있다.

05 1. 운영체제의 성능 평가 기준 4가지
① 처리능력(Throughput)
② 반환시간(Turn Around Time)
③ 사용 가능도(Availability)
④ 신뢰도(Reliability)

2. 운영체제의 기능
① 시스템의 오류 검사 및 복구
② 원시 프로그램에 대한 토큰 생성
③ 자원 보호 기능을 제공
④ 사용자들 간에 데이터(자원)를 공유
⑤ 사용자와 컴퓨터 시스템 간의 인터페이스 기능을 제공
⑥ 자원의 효과적인 경영 및 스케줄링 기능을 제공
⑦ 자원을 효율적으로 사용하기 위하여 자원의 스케줄링 기능을 제공
⑧ 데이터를 관리하고 데이터 및 자원의 공유 기능을 제공

06 어셈블리어 명령
① MOV(Move : 데이터 이동 (전송)
② RET(Return from CALL) : CALL로 스택에 PUSH된 주소로 복귀
③ INT(Interrupt) : 인터럽트 실행

07 ① Direct linking loader : 일반적인 로더(general loader)이며 할당, 연결, 재배치, 적재의 기능을 모두 수행하는 가장 근접한 로더
② Absolute loader : 간단한 로더이며 단순히 번역된 목적 프로그램을 입력으로 받아들여 주기억장치의 프로그래머가 지정한 주소에 적재하는 기능을 가지

는 로더

③ Compile and go loader : 원시 프로그램의 기계어로 번역하는 순서대로 명령어 및 자료를 직접 주기억장치에 적재하여 곧바로 프로그램을 수행하는 방식의 loader

08 매크로 프로세서 처리 과정

정의 인식 → 정의 저장 → 호출 인식 → 확장과 인수 치환

09 페이지 교체 알고리즘

① FIFO(First In First Out) : 가장 먼저 적재된 페이지를 먼저 교체하는 기법
② LRU(Least Recently Used) : 가장 오랫동안 사용되지 않은 페이지를 먼저 교체하는 기법
③ LFU(Least Frequently Used) : 참조된 횟수가 가장 적은 페이지를 먼저 교체하는 기법
④ NUR(Not Used Recently) : 최근에 사용하지 않은 페이지를 먼저 교체하는 기법

10 ① library program : 프로그램, 루틴들, 프로그램 이름이나 개요 등을 모아 놓은 범용 또는 특수 목적의 소프트웨어를 조합하거나 조직적으로 구성해 놓은 것
② pseudo-instruction : 기계어 명령으로 번역되지 않는 어셈블러 명령. 정수로 기호명을 붙이는 명령이나 주소를 조정하는 명령 등이 있다. 주로 프로그램을 쓰기 쉽게 하기 위해서 이용된다.

11 1. 시스템 소프트웨어의 구성
① 제어 프로그램
② 감시프로그램
③ 작업 제어 프로그램 : Job Scheduler, Master Scheduler
④ 자료 관리 프로그램
2. 처리 프로그램
① 언어 번역기 : 어셈블러, 컴파일러, 인터프리터
② 서비스 프로그램 : 연결 편집기, 정렬/합병 프로그램, 유틸리티
③ 문제 프로그램

12 ① ORG : 원시 프로그램을 목적 프로그램으로 번역할 때 현재의 오퍼랜드에 있는 값을 다음 명령어의 번지로 할당하는 것
② EQU : 지시어는 숫자형 상수, 레지스터 연관값 또는 프로그램 연관값에 상징된 이름을 부여한다.
③ INCLUDE : 라이브러리에 기억된 내용을 프로시저로 정의하여 서브루틴으로 사용하는 것과 같이 사용할 수 있도록 그 내용을 현재의 프로그램 내에 포함시켜 주는 명령

13 1. Working Set
① 1968년 Denning에 의해 제안된 개념
② 프로세스가 특정 시점에 집중적으로 참조하는 페이지들의 집합
③ 최근 일정 시간 동안 참조한 페이지들의 집합
④ 프로세스의 working set은 시간이 지남에 따라 변한다.
2. 세마포어(Semaphore)
① 각 프로세스에 제어 신호를 전달하여 순서대로 작업을 수행하도록 하는 기법
② E. J. Dijkstra가 제안

14 주기억장치 관리 기법의 배치 전략

① 최초 적합(first-fit) 전략 : 첫 번째 분할 영역에 배치시키는 방법
② 최적 적합(best-fit) 전략 : 가장 작게 남기는 분할 영역에 배치시키는 방법
③ 최악 적합(worst-fit) 전략 : 입력된 작업을 가장 큰 공백에 배치하는 방법

15 기계어에 대한 설명

① 프로그램을 작성하고 이해하기가 어렵다.
② 컴퓨터가 직접 이해할 수 있는 저급 언어이다.
③ 기종마다 기계어가 다르므로 언어의 호환성은 없다.
④ 0과 1의 2진수 형태로 표현되어 수행시간이 빠르다.

16 어셈블러를 두 개의 pass로 구성하는 주된 이유

① 한 개의 Pass만을 사용하는 경우는 기호를 모두 정의한 뒤에 해당 기호를 사용하여야 한다.
② 기호를 정의하기 전에 사용할 수 있어 프로그램 작성이 용이하기 때문이다.(전향 참조, Forward reference)
③ 사용의 편의상 정의하기 전에 사용한 주소 상수를 처리하기 위함이다.

17 **절대 로더(Absolute Loader)**
로더의 역할이 축소되어 가장 간단한 프로그램으로 구성된 로더. 기억장소 할당이나 연결을 프로그래머가 직접 지정하는 방식이며 프로그래머 입장에서는 매우 어렵고 한번 지정한 주기억 장소의 위치는 변경이 힘들다는 단점이 있다.

18 1. compile(컴파일) : 프로그래머가 컴퓨터 언어(예 : C, Fortran, COBOL 등)로 프로그램을 작성한 후 기계(컴퓨터)가 알 수 있는 언어로 바꿔주는 것
  2. 로더의 기능 및 순서
     ① 주기억장치 할당(allocation) : 목적 프로그램이 적재될 주기억 장소 내의 공간을 확보
     ② 연결(linking) : 필요할 경우 여러 목적 프로그램들 또는 라이브러리 루틴과의 링크 작업. 외부기호를 참조할 때, 이 주소값들을 연결
     ③ 재배치(relocation) : 목적 프로그램을 실제 주기억 장소에 맞추어 재배치. 상대주소들을 수정하여 절대주소로 변경
     ④ 적재(loading) : 실제 프로그램과 데이터를 주기억 장소에 적재. 적재할 모듈을 주기억장치로 읽어들인다.

19 ORG : 원시 프로그램을 목적 프로그램으로 번역할 때 현재의 오퍼랜드에 있는 값을 다음 명령어의 번지로 할당하는 것

20 **로더(Loader)의 기능**
 ① 할당(Allocation) : 실행 프로그램을 실행시키기 위해 기억장치 내에 옮겨 놓을 공간을 확보하는 기능
 ② 연결(Linking) : 부 프로그램 호출 시 부 프로그램이 할당된 기억장소의 시작주소를 호출한 부분에 등록하여 연결하는 기능
 ③ 재배치(Relocation) : 디스크 등의 보조기억장치에 저장된 프로그램이 사용하는 각 주소들을 할당된 기억장소의 실제 주소로 배치시키는 기능
 ④ 적재(Loading) : 실행 프로그램을 할당된 기억공간에 실제로 옮기는 기능

21 10진수 변환

표시	값
2412코드	1011
10진수	2×1+4×0+1×1+2×1=5

22 연산 대상에 따른 연산의 종류
 ① 수치적인 데이터 연산 : 산술연산(고정소수점 수, 부동소수점 수), 산술 시프트
 ② 비수치적인 데이터 연산 : 논리연산, 논리 시프트

23

표시	값
2's complement	10110101
우측3비트 산술적 이동	11110110

24 마이크로오퍼레이션(CPU 동작) 순서
 ① Fetch Cycle(인출 단계) : 주기억장치에서 중앙처리장치의 명령레지스터로 가져와 해독하는 단계
 ② Indirect Cycle(간접 단계) : Fetch 단계에서 해석한 주소를 읽어온 후에 그 주소가 간접주소이면 유효주소를 계산하는 단계
 ③ Execute Cycle(실행 단계) : Fetch 단계에서 인출하여 해석한 명령을 실행하는 단계
 ④ Interrupt Cycle(인터럽트 단계) : 인터럽트 발생 시 복귀주소(PC)를 저장시키고, 인터럽트 처리 후에는 항상 Fetch 단계로 복구하는 단계

25 다수의 입출력장치를 내부 연산 처리와 병행(동시)하여 동작할 수 있다.

26 메모리의 Bandwidth를 증가시키는 방법
 ① 메모리 버스의 데이터 Width와 Memory의 Word Size를 늘린다.
 ② 여러 개의 메모리 모듈을 이용
 ③ 고속이 메모리 사이클 타임을 갖는 메모리를 이용

27 인터럽트(Interrupt)의 종류
 ① 기계착오 인터럽트(Machine Check Interrupt)
 ② 외부 인터럽트(External Interrupt)
 ③ I/O 인터럽트
 ④ 프로그램 검사 인터럽트(Program Check Interrupt)

⑤ 수퍼바이저 호출 인터럽트(Supervisor Call Interrupt)

28 소프트웨어에 의한 인터럽트 처리의 우선순위 체제가 가진 특성
① 융통성
② 경제적
③ 반응속도가 느리다.

29 65536워드(word)의 메모리 용량을 가진 경우 MAR, 프로그램 카운터(PC)의 비트수를 구할 수 있으며, 용량이 65536(2^{16}) 워드(word)의 메모리 용량이므로 MAR, 프로그램 카운터(PC)는 16비트이다.

30 기억장치의 주소나 레지스터를 저장하거나 실제 데이터값을 가지고 있는 부분이 오퍼랜드이다.

31 자료 표현 단위
bit → byte → word → field → record → file → database
[참고]
㉠ Bit : 정보의 최소 단위
㉡ Byte : 8개의 비트가 모여 1바이트, 문자 표현의 최소 단위
㉢ Word : 바이트의 모임
 - Half Word : 2바이트로 구성
 - Full Word : 4바이트로 구성
 - Double Word : 8바이트로 구성
㉣ Field : 자료처리의 최소 단위
㉤ Record : 하나 이상의 필드들이 모여 구성
㉥ 논리 레코드 : 데이터 처리의 기본 단위
㉦ 물리 레코드(블록) : 하나 이상의 논리 레코드가 모여 물리 레코드가 되며, 보조기억장치와의 입출력 단위
㉧ File : 레코드의 모임
㉨ DataBase : 파일들의 집합

32 RISC(Reduced Instruction Set Computer)의 특징
① 축소 명령어 세트 컴퓨터의 약어이다.
② 명령어 코드로 구성하기 위한 bit 수의 증가에 대한 보완으로 개발된 프로세서

③ 명령어들의 사용 빈도를 조사하여 사용 빈도가 높은 명령어만 사용하는 프로세서
④ 명령어 길이가 고정적이다.
⑤ 하드웨어에 의해 직접 명령어가 수행
⑥ 수행 속도가 더 빠르다.
※ CISC(Complex Instruction Set Computer)의 특징
 ㉠ 인텔 계열의 거의 모든 프로세서에서 사용(펜티엄을 포함한 인텔사의 x86 시리즈)

33 연산자 기능에 대한 명령어
① 함수연산 기능 : ROL, ROR, ADD, CLC 등
② 제어 기능 : JMP, SMA
③ 입출력 기능 : INP, OUT

34 연관 메모리(associative memory)의 특징
① 내용 지정 메모리(CAM)
② 메모리에 저장된 내용에 의한 access
③ 기억장치에 저장된 항목을 찾는 시간 절약

35 부동 소수점 데이터(floating point data)

부호 (sign)	지수부 (exponent)	가수부 (Mantissa)

※ 고정 소수점 데이터(fixed point data)

부호(1bit)	정수부(15bit)

36 마지막 Digit 4bit의 C는 양수(+), D는 음수(-)를 표시

37 PSW(Program Status Word)
중앙처리장치에서 명령이 실행될 차례를 제어하거나 특정 프로그램과 관련된 컴퓨터 시스템의 상태를 나타내고 유지해 두기 위한 제어 워드로서 실행 중인 CPU의 상태를 포함하고 있다.

39 명령어 형식
① 0-주소 명령어 : 스택(stack)
② 1-주소 명령어 : 누산기(AC)-연산의 결과를 일시적으로 기억하는 레지스터
③ 2-주소 명령어 : 계산 결과를 시험할 필요가 있을 때 계산 결과가 기억장치에 기억될 뿐 아니라 중앙처리장치에도 남아 있어서 중앙처리장치 내에서

직접 시험이 가능하므로 시간이 절약되는 인스트럭션 형식
④ 3-주소 명령어 : 연산 후 입력 자료가 변하지 않고 보존되는 특징의 장점을 갖는 인스트럭션 형식

40 병렬 우선순위 인터럽트
① 마스크 레지스터(mask register)를 갖고 있다.
② 우선순위는 레지스터의 bit의 위치에 따라서 결정될 수 있다.
③ 마스크 레지스터는 우선순위가 높은 것이 서비스 받고 있을 때 우선순위가 낮은 것을 비활성화시킬 수 있다.

41 1. Static RAM(정적 램)
① 내부 flip-flop에 데이터를 기억
② 전원이 공급되는 동안만 데이터를 기억
③ 어드레스에 의해 소자 내의 특정 위치가 지정
2. Dynamic RAM(동적 램)
① 내부에 커패시터(capacitor)를 사용한다.
② 재생(refresh)시키기 위한 회로가 필요하다.
③ 집적도가 높아 저장 용량이 크다.

42 마이크로프로그램
① 사용자 프로그램의 각 명령어가 이것에 의해 미세 동작으로 구분되어 수행된다.
② 사용자가 임의로 변경할 수 없는 것이 대부분이다.
③ control unit 내에 저장되어 있다.
④ 마이크로 프로그램이 저장되는 제어 메모리는 ROM이 주로 사용되고 사용자가 변경시킬 수 없다.

43 분해능(resolution) : 신호의 크기 변화 감지 정도를 의미

44 디버거(Debugger, 오류검출기)
프로그램에 남아 있는 오류를 검사하기 위한 프로그램이다. 메모리를 덤프하거나 추적을 할 수 있게 해주는 인터페이스를 가지고 있다.
① 오류의 종류
㉠ 프로그램 언어에 구문적(논리적)인 오류
㉡ 논리적으로 잘못된 방법으로 코딩
㉢ 모든 데이터의 값에 대하여 올바르게 기능을 발휘하지 않는 경우

45 WAIT : 설계비용을 줄이기 위하여 가끔 마이크로프로세서보다 액세스 타임이 긴 메모리를 이용한다. 이때 데이터의 전송을 원활히 해주기 위해 사용

46 플래그 레지스터
프로그램을 실행할 때, 보호를 위해 앞의 연산 결과가 음수인가, 양수인가, 컴퓨터 사용자가 일반 사용자인가 supervisor인가를 알 필요가 있다. 이러한 정보들은 16비트 크기의 상태 레지스터에 기록되며, 각 비트를 flag라고 부른다.
[참고] 인덱스 레지스터(Index Register) : 주소의 변경, 서브루틴 연결 및 프로그램에서의 반복 연산의 횟수를 세는 레지스터

47 Fetch Cycle 수행 시 마이크로 오퍼레이션
① MAR ← PC
② MBR ← M[MAR], PC ← PC+1
③ OPR ← MBR[OP], I ← MBR[I]
④ F ← 1 or R ← 1

48 명령 레지스터(Instruction Register) : 현재 실행 중인 명령어의 내용(Op-code)을 기억하는 레지스터

49 외부 버스의 종류
① 제어 버스(control bus) : 여러 가지 제어신호 전달 통로
② 주소 버스(address bus) : 기억 주소 전달 통로
③ 데이터 버스(data bus) : 데이터 전달 통로

50 Cache Memory(고속기억장치) : 자주 참조되는 프로그램과 데이터를 속도가 빠른 메모리에 저장힘으로써 액세스 시간과 프로그램의 총 수행시간을 단축

51 In-Circuit Emulator(ICE, 회로 내 모방 프로그램)
마이크로컴퓨터 시스템의 H/W 모방이 가능하여 실시간 개발에 편리, 입출력 오류 성성을 위한 H/W와 S/W 기능을 가지고 있는 프로그램

53 DMA(Direct Memory Access, 직접 기억장치 접근)
기억장치와 주변장치 간의 데이터 이동 시 CPU의 제어를 받지 않고 직접 연결하여 고속으로 데이터를 전

송하는 방식

54 시프트 레지스터(병렬입력-병렬출력)
시프트 레지스터의 입출력 방식 중 시간이 가장 적게 소요

55 마이크로프로그램 제어 명령어
① SKP(skip) : 번지가 필요 없는 무번지 명령
② BR(branch) : AC에 있는 피연산자가 음수일 때 유효주소로 분기

56 memory mapped I/O(기억배치도 입출력 방식)
I/O 주소를 주기억 주소에 넣어 CPU와 I/O를 memory bus에 의하여 결합하는 I/O 방식
[참고] isolated I/O(격리형 I/O 방식)
① 별도의 I/O 명령을 사용
② 넓은 메모리 공간을 확보
③ 입출력장치들의 주소 공간이 주기억장치 주소 공간과는 별도로 할당

57 오프셋(offset)이 1바이트(8bit)이면 사용 가능한 영역
(현 PC 위치 -2^8)~(현 PC 위치 $+2^8-1$)
=(현 PC 위치 -128)~(현 PC 위치 $+127$)

58 무어의 법칙
마이크로칩 기술의 발전 속도에 관한 법칙으로 마이크로칩에 저장할 수 있는 데이터의 양이 18개월마다 2배씩 증가한다.

59 handshaking 방법
컴퓨터와 주변장치 사이에서 데이터 전송 시에 입출력 주기나 완료를 나타내는 2개의 제어 신호를 사용하여 데이터 입출력을 하는 방식

60 포팅(Porting) : 한 플랫폼에서 작동하도록 되어 있는 프로그램을 다른 플랫폼에서 작동하도록 수정하는 것

61 4 by 1 multiplexer

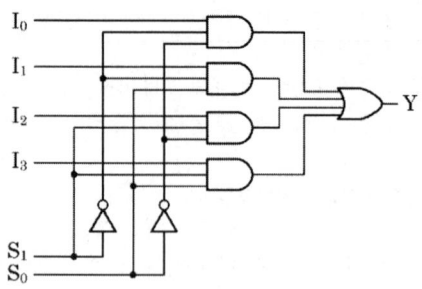

62 출력주파수 $= \dfrac{입력주파수}{2^{T\,플립플롭\,3개}} = \dfrac{800\text{Hz}}{8} = 100\text{Hz}$

63 최고 주파수 $= \dfrac{1}{T} = \dfrac{1}{지연시간\,50\text{ns} \times 5단}$
$= \dfrac{1}{250\text{ns}} = 4\text{MHz}$

64 자기 보수 코드(self complementing code)
① 2421 코드, ② 3-초과 코드, ③ 51111 코드

65 $\overline{BD}$

CD\AB	00	01	11	10
00	0	1		2
01		5		
11				
10	8	9		10

$\overline{BD} = (\overline{AC} + \overline{AD} + \overline{BC} + \overline{BD})(\overline{B} + \overline{D})$
$= \overline{ABC} + \overline{ABD} + \overline{BBC} + \overline{BBD} + \overline{ACD}$
$\quad + \overline{ADD} + \overline{BCD} + \overline{BDD}$
$= (\overline{ABC} + \overline{BC} + \overline{BCD}) + (\overline{ABD} + \overline{BD}$
$\quad + \overline{BCD}) + \overline{ACD}$
$= \overline{BC}(\overline{A} + 1 + D) + \overline{BD}(\overline{A} + 1) + \overline{ACD}$
$= \overline{BC} + \overline{BD} + \overline{ACD}$

66 $A(A+B) = AA + AB = A + AB$
$= A(1+B) = A$

67 쌍대(duality)식
$\overline{A+B} = \overline{A} \cdot \overline{B} \Rightarrow \overline{A \cdot B} = \overline{A} + \overline{B}$

68 ① 전가산기 : 반가산기 2개와 OR 게이트로 구성

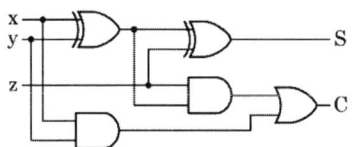

② 반가산기

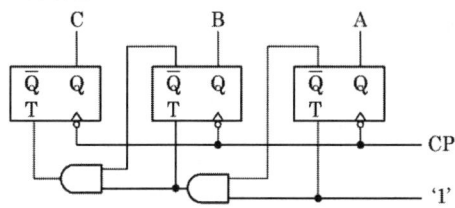

69 플립플롭의 동작 특성 중 클록 펄스가 상승 에지 변이 이후에도 입력값이 변해서는 안 되는 일정한 시간은 전파지연시간+홀드 시간+설정시간의 의미이다.

70 8진 감산계수기

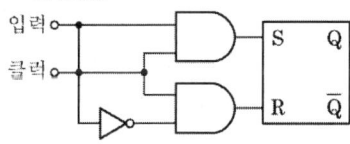

71 $F = \overline{X}\,\overline{Y}Z + \overline{X}YZ + XY$
$= \overline{X}Z(\overline{Y}+Y) + XY$
$= \overline{X}Z + XY$

72 D 플립플롭

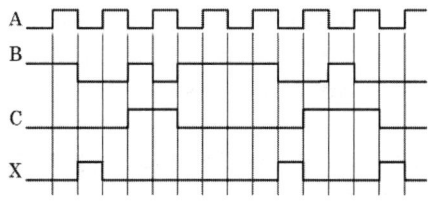

73 NOR 게이트

A	0	1	0	1	0	1	...	0	1
B	0	1	0	0	1	0	...	0	0
C	0	0	0	0	1	1	...	0	0
X	0	0	1	0	0	0	...	1	0

74 홀수 패리티 검사회로

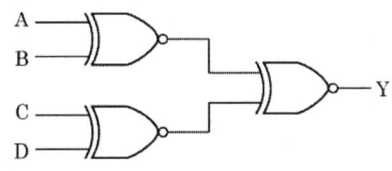

A	B	Not (A⊕B)	C	D	Not (C⊕D)	Not ((A⊕B)⊕(C⊕D))
0	0	1	0	0	1	1
0	1	0	0	1	0	1
1	0	0	1	0	0	1
1	1	1	1	1	1	1

75

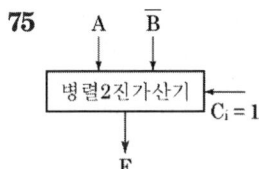

$F = A + \overline{B} + 1$(감산)

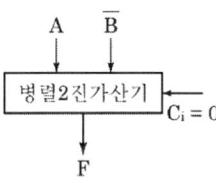

$F = A + \overline{B}$(A와 B의 1의 보수 가산)

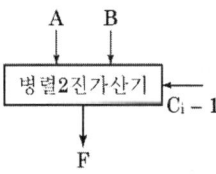

$F = A + B + 1$(캐리 가진 가산)

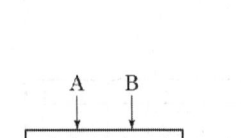

$F = A + B$ (가산)

76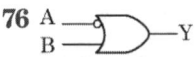

A	B	$Y = \overline{A} + B$
0	0	1
0	1	1
1	0	0
1	1	1

두 입력 A와 B를 비교하여 B>A 및 A=B이면 출력(Y)이 1, 그리고 A>B이면 출력(Y)이 0이 되는 논리회로

77 인코더(encoder) : 여러 개의 입력 단자와 출력 단자를 갖춘 회로에서 임의의 한 입력 단자에 신호가 발생하면 출력 단자의 조합에 신호가 나타나게 하는 장치

입력				출력	
D_0	D_1	D_2	D_3	X	Y
1	0	0	0	0	0
0	1	0	0	0	1
0	0	1	0	1	0
0	0	0	1	1	1

78 병렬 가산기의 특징
① 가격이 직렬 가산기에 비해 비싸다.
② 입력단자수가 2^n 개이라면 출력단자수는 n이다.
③ 연산 처리가 직렬 가산기에 비해 빠르다.

79 플립플롭 수 3개일 경우 2^3 즉 8진 계수회로를 설계할 수 있다.

80 그레이 코드(Gray Code)
① 반사 코드(비가중치 코드)
② 오류 발생 시 오차가 적다.
③ 아날로그와 디지털 간의 변환기 등에 이용할 수 있는 코드
④ 1비트만 변하면 인접해 있는 새로운 코드를 얻을 수 있다.

81 WAP(Wireless application protocol, 무선응용 프로토콜)
① 이동 단말이나 PDA 등 소형 무선 단말기 상에서 인터넷을 이용할 수 있도록 해주는 프로토콜
② HTML 이동 단말로 전송, 수신하는 경우 HTML 텍스트 코드를 컴파일해서 컴팩트한 바이너리 데이터로 변환하여 이동 단말에 송신한다.

82 회선 교환 방식
음성 전화망과 같이 메시지가 전송되기 전에 발생지에서 목적지까지의 물리적 통신 회선 연결이 선행하는 교환 방식

83 응용 계층 프로토콜의 종류
TELNET, SMTP, FTP, HTTP, POP3 등
[참고] ROS(Remote Operating Service) : 원격 처리 사이의 상호 작용을 위한 서비스

84 피기백(Piggyback) 응답 : 수신측이 별도의 ACK(긍정 응답)를 보내지 않고 상대편으로 향하는 데이터 전문을 이용하여 응답하는 것이다.

85 회선을 제어하기 위한 제어 문자
① SOH(Start of Head) : 헤드의 시작
② STX(Start of Text) : 실제 전송할 데이터 집합의 시작
③ SYN(Synchronous idle) : 문자 동기
④ DLE(Data Link Escape) : 전송제어 문자 표시

86 Manchester(맨체스터) 코드
① CSMA/CD LAN에서의 전송부호로 사용된다.
② 신호 준위 천이가 매 비트 구간의 가운데서 비트 1에 대해서는 고준위에서 저준위로 천이하며, 비트 0은 저준위에서 고준위로 천이한다.

87 OSPF(Open Shortest Path First, 개방형 최단 경로 우선 프로토콜)
① 헬로우(Hello) 패킷을 주고받음으로써 이웃한 라우

터를 서로 인식할 수 있게 된다.
② LSA(Link State Advertisement) 자료구조를 사용한다.

88 ICMP(Internet Control Message Protocol)
① IP 프로토콜에서는 오류 보고와 오류 수정 기능, 호스트와 관리 질의를 위한 메커니즘이 없기 때문에 이를 보완하기 위해 설계되었다.
② 메시지는 크게 오류 보고(error-reporting) 메시지와 질의(query) 메시지로 나눌 수 있다.

89 HDLC(High-level Data Link Control)에서 링크 구성 방식
① NRM(Normal Response Balanced Mode, 표준응답모드) : 주국이 세션을 열고, 종국들은 응답만 한다.
② ABM(Asynchronous Balanced Mode, 비동기균형모드) : 각 국이 주국이자 종국으로 서로 균형적으로 명령과 응답한다.
③ ARM(Asynchronous Response Mode, 비동기응답모드) : 종국도 전송 개시할 필요가 있는 특수한 경우에만 사용

90 Stop-and-Wait ARQ
① 데이터 프레임의 정확한 수신 여부를 매번 확인하면서 다음 프레임을 전송해 나가는 오류 제어 방식이다.
② 송신기에서 하나의 데이터 프레임을 전송한 다음 반드시 확인 신호인 ACK를 기다려야 한다.
③ 구현이 간단한 장점이 있으나, 데이터 프레임을 전송한 후, 응답 메시지를 수신하는 데 걸리는 시간이 길어질수록 링크 사용면에서 비효율적이다.

91 회선 교환 방식의 특징
① 정보량이 적은 경우에 유리하다.
② 경제적인 통신망 구성이 용이하다.
③ 접속 설단 과정이 필요하므로 정보전달에 시간이 걸린다.
④ 두 지점 간의 정보량이 적을 때 유리하다.

92 전송 계층 : X.25와 OSI 참조 모델의 관계에서 X.25가 적용되는 OSI 참조모델 계층

93 통계적 시분할 다중화 : 전송 데이터가 있는 동안에만 시간 슬롯을 할당하는 다중화 방식

94 IEEE 802.3 : CSMA/CD에서 사용되는 LAN 표준 프로토콜

95 CRC(Cyclic Redundancy Check)
프레임 단위로 오류 검출을 위한 코드를 계산하여 프레임 끝에 부착하며, 이를 FCS라 한다.

96 축적 교환 : 송신측과 수신측 사이를 직접 연결하지 않고 송신측으로부터의 데이터를 교환기에 저장한 다음 수신측을 연결하여 데이터를 전송하는 방식

97 감시형식(Supervisory) 프레임 : 프레임 수신 확인, 프레임의 전송요구, 그리고 프레임 전송의 일시 연기 요구와 같은 제어기능을 수행하는 프레임

98 ARP(Address Resolution Protocol)
① 네트워크에서 두 호스트가 성공적으로 통신하기 위하여 각 하드웨어의 물리적인 주소문제를 해결
② 목적지 호스트의 IP 주소를 MAC 주소로 바꾸는 역할
③ ARP 캐시를 사용하므로 캐시에서 대상이 되는 IP 주소의 MAC 주소를 발견하면 이 MAC 주소가 통신을 위해 바로 사용
④ ARP 캐시에 저장된 주소 매핑은 TTL(Time To Live) 시간만큼 유지

99 해밍 코드 검사 : 순방향 오류 정정(Forward error Correction)에 사용되는 오류 검사 방식

100 HDLC 프레임의 형식
① 8비트 길이의 플래그
② 8비트 또는 16비트의 제어영역
③ 가변 길이의 정보영역

플래그	주소부	제어부	정보부	FCS	플래그
8bit	8bit	8bit	임의 bit	16/32 bit	8bit

2012년 제1회

정답

01	02	03	04	05	06	07	08	09	10
①	①	①	④	①	③	③	④	④	②
11	12	13	14	15	16	17	18	19	20
④	③	②	①	④	③	①	④	④	④
21	22	23	24	25	26	27	28	29	30
①	②	③	④	②	④	②	④	②	②
31	32	33	34	35	36	37	38	39	40
①	④	②	③	②	③	①	②	①	④
41	42	43	44	45	46	47	48	49	50
①	①	③	①	③	②	④	④	①	③
51	52	53	54	55	56	57	58	59	60
①	④	①	②	②	④	①	②	②	②
61	62	63	64	65	66	67	68	69	70
④	②	③	②	④	②	④	②	④	②
71	72	73	74	75	76	77	78	79	80
③	③	②	③	②	①	③	②	③	③
81	82	83	84	85	86	87	88	89	90
④	③	④	③	②	②	④	①	①	②
91	92	93	94	95	96	97	98	99	100
②	①	③	②	③	④	④	①	②	②

01 어셈블리어의 특징
① 각 명령어가 하나의 기계 명령에 대응되는 저급 언어
② 데이터가 기억된 번지를 기호(symbol)로 지정
③ 기계어와 1 대 1로 대응시켜서 표현한 기호식 표기법
④ 프로그램에 기호화된 명령 및 주소를 사용
⑤ 기본 동작은 동일하지만 작성한 CPU마다 사용되는 어셈블리어가 다를 수 있다.
⑥ 작성된 원시 프로그램은 목적 프로그램을 생성한 후 실행 기능

02 ① ORG : 원시 프로그램을 목적 프로그램으로 번역할 때 현재의 오퍼랜드에 있는 값을 다음 명령어의 번지로 할당하는 것
② EQU : 지시어는 숫자형 상수, 레지스터 연관값 또는 프로그램 연관값에 상징된 이름을 부여한다.
③ INCLUDE : 라이브러리에 기억된 내용을 프로시저로 정의하여 서브루틴으로 사용하는 것과 같이 사용할 수 있도록 그 내용을 현재의 프로그램 내에 포함시켜 주는 명령

03 로더(loader)의 종류
① Direct linking loader : 일반적인 로더(general loader)이며 할당, 연결, 재배치, 적재의 기능을 모두 수행하는 가장 근접한 로더
② Absolute loader : 간단한 로더이며 단순히 번역된 목적 프로그램을 입력으로 받아들여 주기억장치의 프로그래머가 지정한 주소에 적재하는 기능을 가지는 로더
③ Compile and go loader
  ㉠ 원시 프로그램의 기계어로 번역하는 순서대로 명령어 및 자료를 직접 주기억장치에 적재하여 곧바로 프로그램을 수행하는 방식의 loader
  ㉡ 연결 기능은 수행하지 않고 할당, 재배치, 적재 작업을 모두 언어번역 프로그램이 담당

04 매크로 프로세서 처리 과정
정의 인식 → 정의 저장 → 호출 인식 → 확장과 인수 치환

05 어셈블러를 두 개의 pass로 구성하는 주된 이유
① 한 개의 Pass만을 사용하는 경우는 기호를 모두 정의한 뒤에 해당 기호를 사용하여야 한다.
② 기호를 정의하기 전에 사용할 수 있어 프로그램 작성이 용이하기 때문이다.(전향 참조, Forward reference)
③ 사용의 편의상 정의하기 전에 사용한 주소 상수를 처리하기 위함이다.

06 ① 어셈블러(assembler) : 저급 언어에서 사용. 어셈블리 언어로 작성된 프로그램을 기계어로 번역하는 프로그램
② 링커(Linker) : 여러 Object를 한 개의 실행 가능한 형태의 file로 작성한다. 일반적으로 다른 곳에서 프로그램 루틴이나 컴파일, 어셈블된 루틴들을 모아서 실행 가능한 루틴을 작성
③ 연결 편집기(Linkage editor) : 원시 프로그램을 컴파일러로 번역하면 목적 프로그램이 생성되는데, 이 목적 프로그램은 즉시 실행할 수 없는 상태의 기계어. 이를 실행 가능한 로드 모듈로 변환하는 것

07 운영체제의 목적
① 사용자와 컴퓨터 간의 인터페이스 제공
② 자원의 효율적인 운영
③ 처리능력 및 신뢰도 향상, 사용 가능도 향상
④ 응답시간, 반환시간 등의 단축

08 페이지 교체 알고리즘
① FIFO(First In First Out) : 가장 먼저 적재된 페이지를 먼저 교체하는 기법
② LRU(Least Recently Used) : 가장 오랫동안 사용되지 않은 페이지를 먼저 교체하는 기법
③ LFU(Least Frequently Used) : 참조된 횟수가 가장 적은 페이지를 먼저 교체하는 기법
④ NUR(Not Used Recently) : 최근에 사용하지 않은 페이지를 먼저 교체하는 기법. 매 페이지마다 두 개의 하드웨어 비트(참조 비트, 변형 비트)가 필요

09 매크로 기능
어셈블리 프로그램에서 반복적으로 나타나는 코드들을 묶어 하나의 새로운 명령으로 정의시키는 기능이다.

10 주기억장치 관리 기법의 배치 전략
① 최초 적합(first-fit) 전략 : 첫 번째 분할 영역에 배치시키는 방법
② 최적 적합(best-fit) 전략 : 가장 작게 남기는 분할 영역에 배치시키는 방법
③ 최악 적합(worst-fit) 전략 : 입력된 작업을 가장 큰 공백에 배치하는 방법

11 교착상태(deadlock) 발생의 필수 조건
① Mutual exclusion(상호배제) : 한 시점에서는 한 프로세스만 사용 가능
② Hold and wait(점유와 대기) : 추가적인 자원을 요구하며 대기
③ Circular wait(환형 대기)
④ Non-preemption(비선점) : Operation 도중 선점 불가능
예) 프린트 작업, 파일 쓰기

12 로더(loader)의 기능
① 할당(Allocation) : 실행 프로그램을 실행시키기 위해 기억장치 내에 옮겨 놓을 공간을 확보하는 기능
② 연결(Linking) : 부 프로그램 호출 시 부 프로그램이 할당된 기억장소의 시작주소를 호출한 부분에 등록하여 연결하는 기능
③ 재배치(Relocation) : 프로그램이 주기억장치 공간에서 위치를 변경
④ 적재(Loading) : 실행 프로그램을 할당된 기억공간에 실제로 옮기는 기능

13 어셈블리어 명령
1. 매크로 정의의 시작과 끝
 : MACRO ~ MEND(ARM일 경우 대문자로 표기)
 : .macro ~ .endm(GUN일 경우 소문자로 표기)
2. 프로시저의 시작과 끝 : PROC ~ ENDP
3. 프로그램 구조에서 세그먼트의 시작과 끝
 : SEGMENT ~ ENDS
4. (형식)

GNU(Gun is Not Unix) Assembler 지시어	ARM(Advanced RISC Machine) Assembler 지시어
.macro	MACRO
.endm	MEND

.macro WR32 addr, data
　ldr　　r0, =addr
　ldr　　r1, =data
　str　　r1, [r0]
.endm
	MACRO
	　WR32 $ADDR, $DATA ;
	　[ADDR]=DATA
	　LDR r0, =$ADDR
	　LDR r1, =$DATA
	　STR r1, [r0]
	MEND

14 다중 프로그래밍 시스템
하나의 시스템에 독립된 여러 개의 프로그램을 기억시켜 이들을 동시에 처리함으로써 프로그램의 처리량을 극대화하는 시스템

15
① 컴파일러(Compiler) : FORTRAN, COBOL, ALGOL, C와 같은 고급 언어(인간이 이해하기 쉬운 언어, 대부분의 프로그래밍 언어가 고급 언어이다)로 작성된 프로그램을 번역하는 프로그램이다.
② 어셈블러(Assembler) : 저급 언어(컴퓨터 언어에 가까운 언어)로서 직접적으로 명령어와 명령이 1:1로 대응, 어셈블리어로 작성된 원시 프로그램을 기계어로 번역하는 프로그램이다.
③ 인터프리터(Interpreter) : BASIC, LISP, APL, SNOBOL 등의 언어로 작성된 원시 프로그램을 번역하는 프로그램이다.

16
① FCFS(First Come First Server, 선입선출) 방식 : CPU를 요청하는 순서대로 CPU는 사용권을 할당하는 방식이며, 선입선출(FIFO) 큐를 사용, 프로세

들은 준비 큐(Ready Queue)에서 도착 순서에 따라 디스패치되며, 일단 한 프로세스가 CPU를 차지하면 이 프로세스가 완전히 종료된 후에 그 다음 프로세스가 실행된다.
② SRT 기법 : SJF 기법을 선점 방식으로 변경한 기법
③ RR(Round Robin) 기법 : 시분할 시스템을 위해 고안된 방식

17 ① 의사 명령(어셈블러 명령) : 원시 프로그램을 어셈블할 때 어셈블러가 하여야 할 동작을 지시하는 명령
예) START, END, USING, DROP, EQU 등
② 실행 명령(어셈블리어 명령) : 데이터를 처리하는 명령
예) A, AH, AR, S, SR, L, LA, ST, C, BNE 등
[참고] USING : 범용 레지스터를 베이스 레지스터로 할당하는 의사 명령

18 1. 운영체제의 기능
① 시스템의 오류 검사 및 복구
② 원시 프로그램에 대한 토큰 생성
③ 자원 보호 기능을 제공
④ 사용자들 간에 데이터(자원)를 공유
⑤ 사용자와 컴퓨터 시스템 간의 인터페이스 기능을 제공
⑥ 자원의 효과적인 경영 및 스케줄링 기능을 제공
⑦ 자원을 효율적으로 사용하기 위하여 자원의 스케줄링 기능을 제공
⑧ 데이터를 관리하고 데이터 및 자원의 공유 기능을 제공
2. 운영체제의 성능 평가 기준 4가지
① 처리능력(Throughput)
② 반환시간(Turn Around Time)
③ 사용 가능도(Availability)
④ 신뢰도(Reliability)

19 저급 언어(기계어)
① 컴퓨터가 직접 이해 가능한 언어 사용
② 사용자가 이해하고 작성하기 어렵다.
③ 2진수 형태로 표현되고 프로세스 시간이 빠르다.
④ CPU 내장 명령어를 직접 사용
⑤ 컴퓨터 시스템마다 각각의 기계어를 사용하는 경우가 많으므로 컴퓨터 시스템 간의 언어 호환이 없다.

20 ① 컴파일러 : 원시 프로그램을 기계어로 바꾸는 소프트웨어이다.
② 링커 : 원시 프로그램을 컴파일러로 번역하면 목적 프로그램이 생성되는데, 이 목적 프로그램은 즉시 실행할 수 없는 상태의 기계어이다. 이를 실행 가능한 로드 모듈로 변환
③ 로더(Loader) : 프로그램을 실행하기 위하여 프로그램을 보조기억장치로부터 컴퓨터의 주기억장치에 올려놓는 기능

21 바이트 멀티플렉서 채널
하나의 채널에 저속의 많은 입출력장치를 구동시키는 데 알맞은 방식으로 각 입출력장치마다 채널을 시분할 공유하도록 하여 여러 개의 입출력장치를 동작시킬 수 있는 채널

22 ① MAR(메모리 주소 레지스터) : 기억장치를 출입하는 데이터의 번지를 나타내는 레지스터
② MBR(메모리 버퍼 레지스터) : 기억장치를 출입하는 데이터가 잠시 기억되는 레지스터

23 소프트웨어 폴링 방식
① 비교적 큰 정보를 교환하는 시스템에 적합하다.
② 융통성이 있다.
③ 반응속도가 느리다.
④ 우선순위를 변경하기 쉽다.

24 DMA(Direct Memory Access)
① CPU와 무관하게 주변장치는 기억장치를 access하여 데이터를 전송한다.
② DMA는 기억장치와 주변장치 사이의 직접적인 데이터 전송을 제공한다.
③ DMA는 블록으로 대용량의 데이터를 전송할 수 있다.

25 기억장치의 대역폭(bandwidth)
계속적으로 기억장치에서 데이터를 읽거나 저장할 때 1초 동안에 사용되는 비트 수

26 인터럽트 처리 과정

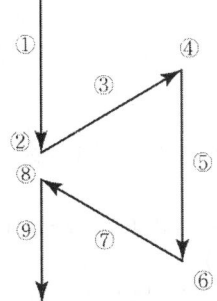

1. 주프로그램 루틴 영역
   ① 주프로그램 실행
   ② 인터럽트 발생
   ⑧ 마지막에 실행되었던 주소로 점프
   ⑨ 주프로그램 실행
2. Interrupt 처리 루틴 영역
   ③ 복귀주소 저장
   ④ Interrupt 벡터로 점프
   ⑤ Interrupt 처리
   ⑥ Interrupt 처리 완료
   ⑦ 복귀주소 로드

27

10진수	−14
2진수	−00001110
1의 보수	11110001
2의 보수	11110010
오른쪽으로 1비트 산술시프트	11111001

28 입출력(Input-Output) 제어 방식
① Programmed I/O(폴링)
② Interrupt I/O
③ DMA(Direct Memory Access)에 의한 I/O
④ Channel에 의한 I/O

29 다중처리기 시스템의 상호연결구조 방식
① 공유 버스
② 크로스바 스위치
③ 다단계 상호연결망

30 $\dfrac{2\text{msec}}{16} = \dfrac{1}{8} = 125\text{sec}$

31 그레이 코드(Gray code)
2진법 부호의 일종으로 연속된 수가 1개의 비트만 다른 특징을 지닌다. 연산은 하지 않고 주로 데이터 전송이나 I/O 장치, Analog/Digital 간 변환과 주변장치에 주로 사용

32 ① 버퍼(Buffer) : 주기억장치와 입출력장치 사이에서 속도 차이를 조절하는 장치
② 채널(Channel) : 입출력장치가 주기억장치에 직접 접근할 수 있도록 해 주는 장치
③ DMA : 기억소자와 I/O 장치 간의 정보교환 때 CPU의 개입 없이 직접 정보 교환이 이루어질 수 있는 방식

33 사이클 훔침(Cycle stealing)
① DMA 제어기와 CPU가 동시에 주기억장치에 접근할 때 그 순위를 제어기에 반환
② 한 번에 데이터를 전송, 버스의 제어를 CPU에게 반환
③ DMA 전송 동안 CPU는 제어 능력없이 휴지
④ 입력 및 출력의 데이터 전송을 빠르게 상승시켜주는 효과가 있다.

34 cache memory
① 캐시의 용량보다 큰 프로그램을 수행할 때는 적중률(hit ratio)이 감소한다.
② 캐시를 가진 컴퓨터를 이용하는 프로그램을 작성할 때 프로그래머는 캐시의 존재를 인식할 필요가 없다.
③ 중앙처리장치와 주기억장치의 속도 차가 현저할 때 명령 수행 속도를 중앙처리장치와 같도록 하기 위해 사용하는 고속의 기억장치

35 마이크로 오퍼레이션은 Clock에 기준을 두고서 실행된다.

36 파이프라인 처리기가 이론적 최대 속도증가율을 내지 못하는 이유
각 세그먼트들이 부연산을 수행하는 시간이 서로 다르고, 클록 사이클은 최대 전파를 갖는 세그먼트의 지연과 동일하게 결정되어야 한다. 따라서 다른 세그먼트들은 다음 클록을 기다리는 동안 시간을 낭비하게 된다.

37 우선순위 방식
① 회전 우선순위(rotating priority) 방식 : 버스 사용 승인을 받은 버스 마스터는 최하위 우선순위를 가지며, 바로 다음에 위치한 마스터가 최상위 우선순위를 가지도록 하는 방식이다.
② 임의 우선순위 방식 : 버스 사용 승인을 받아서 버스 중재의 동작이 끝날 때마다 우선순위를 정해진 원칙 없이 임의로 결정하는 방식이다.
③ 동등 우선순위 방식 : 모든 버스 마스터들이 동등한 우선순위를 가진다. 이 경우에는 먼저 버스 사용 요구를 한 버스 마스터가 먼저 버스 사용 승인을 받게 되는, FIFO 알고리즘을 사용한다.
④ 최소 최근 사용 우선순위 방식 : 최근 가장 오랫동안 버스 요구 신호를 보내지 않은, 즉 가장 오랫동안 버스를 사용하지 않은 버스 마스터에게 최상위 우선순위를 할당하는 방식이다.

39 3초과 코드를 사용하는 이유
통신에서 발생되는 문제, 즉 통신에서 데이터를 연속적으로 0, 1로 이루어진 값을 전송하게 되면 동기화가 쉽지 않고, 에러의 문제를 야기시킬 수 있으므로 의도적으로 표현하지 않도록 하기 위해서 3초과 코드를 사용한다.

42 스택에 관한 설명
① 스택에서 읽을 때는 pop 명령을 사용한다.
② 마이크로프로세서에서 스택은 인터럽트와 관련이 깊다.
③ 스택은 LIFO 메모리 장치이다.
④ 서브루틴 수행
⑤ 역표기법(Reverse polish)을 이용한 수식 계산

43 IEEE 488 버스
컴퓨터와 계측기 간의 통신을 위한 커넥터 및 케이블의 전기적/기계적 표준(데이터를 전송하기 위한 핸드셰이킹, 어드레싱 및 일반 프로토콜 등)

44 발진 원리
압전 효과 : 수정, 로셸염, 전기석, 티단산바륨 등의 결정에 압력을 가하면 표면에 전하가 나타나 기전력이 발생

46 IrDA의 특징
① 사전에 특별한 구성하지 않더라도 간단하게 접속
② 오직 2개의 장치에서만 사용 가능
③ 구현하는 데 가격이 저렴
④ Computing과 통신기술에 광범위하게 적용

47 쇼트키 쌍극형 마이크로컴퓨터 세트(Schottky bipolar microcomputer set)
여러 처리 구성 요소들의 제어 신호가 마이크로프로그램 기억장치에 들어 있는 마이크로 명령들에 의해 발생된다. 보통 중앙처리장치는 마이크로프로그램으로 미니컴퓨터에서 볼 수 있는 바와 같이 매크로 명령이라 부르는 높은 차원의 명령을 해석한다. 제어기에서 마이크로프로그램은 필요한 제어 기능을 바로 실현한다.

48 ① EPP(Enhanced Parallel Port) : SPP(Standard Parallel Port)와의 호환성을 유지하면서 고성능 포트 연결을 제공
② ECP(Extended Capability Port) : 개선된 성능의 프린터와 스캐너 형태
③ SPP(Standard Parallel Port) : 과거의 표준 프린터 포트 전송 방식

49 1. H.261
① ISDN에 의한 TV 회의, TV 전화를 주용도로 개발된 영상 부호화 표준
② 데이터량을 줄이기 위한 압축을 지원한 최초의 표준
③ MPEG에 많은 영향을 주었으며 많은 부분이 MPEG과 유사
④ 영상 전화나 영상 회의용 동화상 압축·부호화 방식의 국제 표준
⑤ 규격의 전송 속도는 p×64Kbps(p=1~30)로, 영상의 비트율은 약 40Kbps~2Mbps

2. MPEG-4
① 매우 낮은 비트율에서도 좋은 화질의 영상을 구현하는 것이 목적
② 대상 비트율 : 4.8Kbps~64Kbps(MPEG-1, MPEG-2에 비해 매우 낮은 비트율)
③ 낮은 비트율에서 괜찮은 화질의 영상을 구현해야 하므로 압축 기법은 다른 표준보다 복잡
④ 여러 가지 압축 기법을 선택적으로 수용

50 리플 카운터(ripple counter, 비동기 카운터)

Q_A에서는 입력 클록 주파수의 1/2, Q_B에서는 1/4, Q_C에서는 1/8, Q_D에서는 1/16의 주파수를 갖는 구형파가 얻어진다.

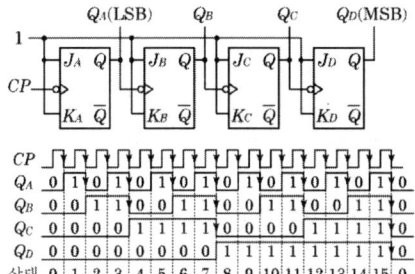

51 PLA(Programmable Logic Array) : 한 묶음의 AND 게이트, OR 게이트, 그리고 인버터로 구성되어 있으며 이들 간을 서로 연결하기 위한 스위치 어레이가 존재한다.

52 마이크로프로세서의 특징
① 소형이며, 경량이다.
② 가격이 싸고, 소비전력이 작다.
③ 게이트의 수가 적어 신뢰성이 높다.
④ 위의 특징을 이용한 신제품 개발은 개발 기간을 최소한으로 단축시킬 수 있다.

53 ① 동기형 계수기 : 여러 개의 플립플롭이 접속될 경우, 계수 입력에 가해진 시간 펄스의 효과가 가장 뒤에 접속될 플립플롭에 전달되려면 한 개의 플립플롭에서 일어나는 시간 지연이 생긴다. 이러한 문제를 해결하기 위해서 만든 계수기
② 링 카운터(Ring Couter) : 시프트 레지스터 출력을 입력에 되먹임함으로써 클록 펄스가 가해지면 같은 2진수가 레지스터 내부에서 순환하도록 만든 계수기

54 CMOS RAM의 설명
① 상보성 금속 산화막 반도체(CMOS) 제조 공법을 사용하여 만든 막기억장치(RAM)
② 전력 소비량이 아주 낮다.
③ 전원으로부터의 잡음에 대한 허용도가 높다.
④ 건전지로 전원이 공급되는 하드웨어 구성 요소에 유용하게 사용된다.

55 마이크로프로세서의 주요 구성 블록
산술 논리 연산장치(ALU), 레지스터, 프로그램 계수 장치, 명령 해독기, 제어회로 등 CPU의 모든 기능이 1개의 LSI 칩에 조립되어 있다.

56 인출 사이클(fetch cycle)

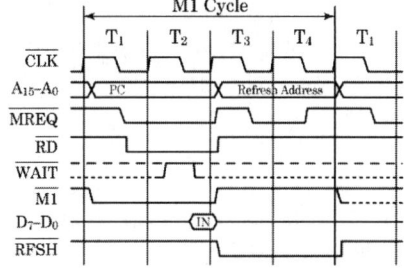

57 커맨드 디코더(command decoder, 명령해독기) : 사용자 단말기로부터 입력되는 명령을 받아서 해석하는 시스템 프로그램

58 Major state : CPU가 무엇을 하고 있는가를 나타내는 상태
[참고]
① Interrupt cycle : 하드웨어로 실현되는 서부루틴의 호출, 인터럽트 발생 시 복귀주소(PC)를 저장시키고, 제어순서를 인터럽트 처리 프로그램의 첫 번째 명령으로 옮기는 단계
② Fetch cycle : 주기억장치의 지정장소에서 명령을 읽어 CPU로 가지고 오는 단계
③ Execution cycle : 실제로 명령을 이행하는 단계
④ Indirect cycle : 인스트럭션의 수행 시 유효주소를 구하기 위한 메이저 상태

59 UART : RS232 통신의 16550 프로토콜

신호명	신호방향	내용
RXD	입력	Serial Input
TXD	출력	Serial Output
nCTS	입력	Clear To Send
nDSR	입력	Data Set Ready
nDCD	입력	Data Carrier Detect

신호명	신호방향	내용
nRI	입력	Ring Indicator
nDTR	출력	Data Terminal Ready
nRTS	출력	Request To Send

60 JTAG의 기능
프로세서(CPU)의 상태와는 상관없이 디바이스의 모든 외부 핀을 구동시키거나 값을 읽어들일 수 있는 기능을 제공한다.
① 디바이스 내에서 모든 외부와의 연결점을 가져온다.
② 각각의 셀은 시리얼 시프트 레지스터를 형성하기 위해서 서로 연결
③ 전체적인 인터페이스는 5개의 핀에 의해서 제어된다.(TDI, TMS, TCK, nTRST, TDO)
④ 회로의 배선과 소자의 전기적 연결 상태 test
⑤ 디바이스 간의 연결 상태 test
⑥ Flash memory fusing

61 $f = \dfrac{16\text{MHz}}{2^5} = \dfrac{16}{32} = 0.5\text{MHz}$

63
10진수	2	4
BCD code	0010	0100

64 1. 순서 논리회로의 종류
외부의 입력과 현재 상태에 따라 출력이 결정되는 회로
① 플립플롭(flip-flop)
② 레지스터(register)
③ 계수기(counter)
④ RAM
⑤ CPU

2. 조합 논리회로
이전의 입력과는 상관없이 현재의 입력으로 인해 출력이 결정되는 회로
① 가산기(adder) : 전가산기, 반가산기
② 해독기(Decoder)
③ 부호기(Encoder)
④ 멀티플렉서(Multiplexer)
⑤ 비교기

65 $F = \overline{A} + \overline{B} = \overline{AB}$

66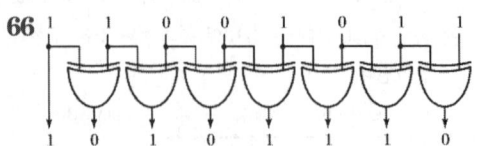

67 ECTL(Emitter Coupled Transistor Logic, 이미터 트랜지스터 논리회로)

68 순서 논리회로의 구성
① 기억 소자가 필요하다.
② 조합 논리회로를 포함한다.
③ 카운터는 순서 논리회로이다.
④ 입력신호와 레지스터의 상태에 따라서 출력이 결정된다.

70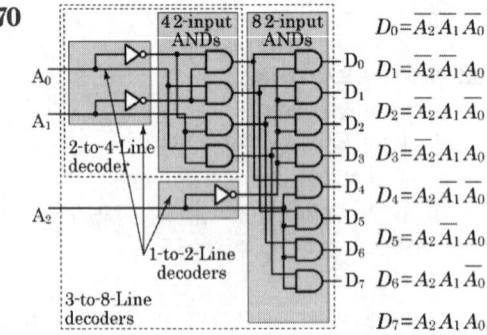

73 존슨 카운터(Johnson Counter)
동일한 수의 플립플롭을 가지고 링 카운터의 2배의 출력을 나타내기 위하여 사용되는 회로로 링 카운터의 마지막 단에서 출력을 끄집어내어 첫 단의 입력과 엇갈리게 결합시켜 놓은 것이다. 4가지의 플립플롭으로 8개의 상태 표현이 가능하다는 것이다. 따라서 이 카운터는 N개의 플립플롭으로 2×N가지의 상태를 나타낼 수가 있다.

74 $A(\overline{A}+B) = A\overline{A} + AB = AB$

76 JK 플립플롭의 특성 방정식(Characteristic equation)

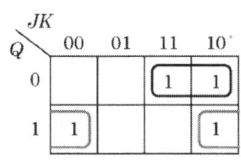

$Q_{(t+1)} = J\overline{Q} + \overline{K}Q$

77
① A, B → NOR → NOT → X
$\overline{\overline{A+B}} = A+B$ (OR회로)

② A, B → NOR → 버퍼 → X
$\overline{A+B} = \overline{A}\,\overline{B}$

③ A, B → NAND → 버퍼 → X

④ A, B → NAND → 버퍼 → X
$\overline{AB} = \overline{A} + \overline{B}$

78 전가산기 Sum과 Carry의 논리식

Sum(S) = A⊕B⊕C_0

Carry(C_0) = A$\overline{B}$C + $\overline{A}$BC + AB
            = AC + BC + AB

79

BC\A	00	01	11	10
0	0	1	1	0
1	0	1	1	0

$\overline{A}\overline{B}C + \overline{A}BC + A\overline{B}C + ABC = C$

81 비동기 전송 방식
① 시작(start) 비트는 이진수의 "0"의 값을 가지며, 한 비트의 길이를 갖는다.
② 정지(stop) 비트는 이진수의 "1"의 값을 가지며, 최소 길이는 보통 정상비트의 1~2배로 규정한다.
③ 수신기는 자신의 클록신호를 사용하여 회선을 샘플링하여 각 비트의 값을 읽어내는 방식이다.

82 전송제어 절차
① 통신 회선 접속
② 데이터 링크 확립
③ 정보 전송
④ 데이터 링크 해제
⑤ 통신 회선 분리

83

OSI 참조모델	TCP/IP 프로토콜	종류
응용 계층	응용 계층	HTTP, FTP, TELNET, SNMP, POP3, DNS
표현 계층		
세션 계층		
전송 계층	전송 계층	TCP, UDP
네트워크 계층	인터넷 계층	IP, ICMP, ARP
데이터 링크 계층	네트워크 접근 계층	MAC
물리 계층		

84 IPv4에서 IPv6으로의 천이 전략
① 인터넷에 많은 시스템이 있으므로 IPv4에서 IPv6로 천이하기에는 많은 시간이 필요
② 천이는 IPv4와 IPv6 시스템이 공존하고 있을 때 발생되는 문제를 방지하면서 점차적으로 이루어져야 한다.
③ IETF에 의해 고안된 세 가지 천이 전략

85 1. 2계층(데이터 링크 계층, Data Link Layer)
    ① 두 개의 인접한 개방 시스템들 간에 신뢰성 있고 효율적인 정보를 전송
    ② 송신측과 수신측의 속도 차이를 해결하기 위한 흐름 제어 기능
2. 5계층(세션 계층, Session Layer)
    ① 송·수신측 간의 관련성을 유지하고 대화 제어를 담당하는 계층
    ② 대화 구성 및 동기 제어, 데이터 교환 관리 기능
3. 7계층(응용 계층, Application Layer)
    ① 사용자가 OSI 환경에 접근할 수 있도록 서비스를 제공
    ② 응용 프로세스 간의 정보 교환, FTP, E-mail 등의 서비스를 제공

86 다중화(Multiplexing)
① 다중화란 효율적인 전송을 위하여 넓은 대역폭을 가진 하나의 전송링크를 통해 여러 신호를 동시에 실어 보내는 기술을 말한다.
② 동기식 시분할 다중화는 전송시간을 일정한 간격의 슬롯(time slot)으로 나누고, 이를 주기적으로 각 채널에 할당한다.
③ 주파수 분할 다중화는 여러 신호를 전송 매체의 서로 다른 주파수 대역을 이용하여 동시에 전송하는 기술을 말한다.

87 프레임의 시작과 끝을 나타내기 위한 전송제어 문자
① DLE(Data Link Escape) : 데이터 투과성(Data Transparent)을 위해서 전송제어 문자 앞에 삽입
② STX(Start of Text) : 블록의 시작을 알리는 비트 패턴 즉 자료의 시작
③ ETX(End of Text) : 블록의 마지막을 알리는 비트 패턴 즉 자료의 마지막
④ SYN : 동기화 문자는 수신측에게 블록의 시작을 알리는 비트 패턴

88 계층별 TCP/IP 프로토콜의 종류
① 응용 계층 : HTTP, FTP, TELNET, SNMP, POP3, DNS
② 전송 계층 : TCP, UDP
③ 인터넷 계층 : IP, ICMP, ARP
④ 네트워크 접근 계층 : MAC

89 협대역 ISDN의 가입자 전송채널
① B채널은 정보 채널로 64Kbps의 전송속도를 제공한다.
② D채널은 신호 채널로 16Kbps와 64Kbps의 전송 속도를 제공한다.
③ H채널은 고속의 사용자 정보전송을 위한 채널이다.

90 다중접속방식
1. FDMA(주파수 분할 다중 접속) : 주어진 주파수 대역폭을 일정한 대역폭으로 나누어 통신 가입자에게 할당하여 다수의 가입자가 동시에 통화를 할 수 있도록 하는 방식
2. TDMA(시분할 다중 접속) : 시간을 일정구간의 타임 슬롯으로 나누어 각 가입자에 분배, 할당하고 가입자는 자신에게 할당된 타임 슬롯만을 이용하여 통화하도록 하는 방식
3. CDMA(코드 분할 다중 접속) : 동일한 주파수 대역이나 시간 영역을 사용하는 다수의 가입자에게 서로 다른 코드를 할당하여 여러 가입자가 통신이 가능하도록 하며, 통신 가입자 구분을 코드로 하는 방식

91 IEEE 802 표준
- IEEE 802.0 – SEC(Sponsor Ececutive Commitee)
- IEEE 802.1 – HILI(Higher Layer Interface)
- IEEE 802.2 – LLC(Logic Link Control)
- IEEE 802.3 – CSMA/CD
- IEEE 802.4 – Token Bus
- IEEE 802.5 – Token Ring
- IEEE 802.6 – DQDB
- IEEE 802.7 – Broadband TAG
- IEEE 802.8 – Fiber Optic TAG
- IEEE 802.9 – IVD(Integrated Voice and Data)
- IEEE 802.10 – LAN Security
- IEEE 802.11 – Wireless LAN
- IEEE 802.12 – Fast LAN
- IEEE 802.14 – Cable Modem
- IEEE 802.15 – Wireless Personal Area Network
- IEEE 802.15.4(ZigBee, 통합 리모콘) – 저전력, 저가격, 저속도를 목표로 하는 WPAN의 표준 중의 하나임. 블루투스나 802.11x 계열의 WLAN보다 단순하고 간단
- IEEE 802.16 – WMAN(와이브로)
- IEEE 802.16e(Mobile WiMAX) – 이동성과 비가시 거리 통신을 지원하여 공간 제약 없는 무선
- IEEE 802.17 – Broadband Wireless Acess

92 프로토콜의 기본 구성 요소
① 구문(syntax)
② 타이밍(timing)
③ 의미(semantic)

93 VAN(부가가치통신망, Value Added Network)
단순한 정보의 수집 및 전달 기능뿐만 아니라 정보의 저장, 가공, 관리 및 검색 등과 같이 정보에 부가가치

를 부여하는 통신망

94 회선교환 방식
정보 전송이 완료되면, 호 해제를 통하여 점유되었던 회선을 내어 놓음으로써 다른 통신을 위해 사용될 수 있도록 한다.

95 HTTP(Hyper Text Transfer Protocol) : 링크 개념
① Web상에서 정보를 주고받기 위한 핵심 프로토콜
② 정적인 텍스트 자원을 송/수신하기 위해 개발
③ 애플리케이션 레벨의 프로토콜
④ 메시지 기반으로 동작

96 1. X.25 프로토콜
① 패킷망으로 정보를 전송할 때 패킷 터미널을 제안한 표준 규격안
② 흐름 및 오류 제어기능을 제공
③ 연결형 네트워크 프로토콜
2. X.25 프로토콜을 구성하는 계층
물리 계층(Physical Layer) → 링크 계층(Link Layer) → 패킷 계층(Packet Layer)

97 Hamming code
자기 정정 부호의 하나로 비트 착오를 검출해서 1bit 착오를 정정하는 부호 방식

| C1 | C2 | 8 | C3 | 4 | 2 | 1 |

98 블루투스(Bluetooth)는 양방향 통신을 위해 TDD 방식을 사용한다.

99 TDM(시분할 다중화)
다수의 타임 슬롯으로 하나의 프레임이 구성되고, 각 타임 슬롯에 채널을 할당하는 다중화 방식

100 HDLC(High level Data Link Control)의 동작 모드
① 정규 응답 모드(NRM : Normal Response Mode) : 반이중 통신을 하는 포인트 투 포인트, 멀티포인트 불균형 링크 구성에 사용한다.
② 비동기 응답 모드(ARM : Asynchronous Response Mode) : 전이중 통신을 하는 포인트 투 포인트 불균형 링크 구성에 사용한다.
③ 비동기 평형 모드(ABM : Asynchronous Balanced Mode) : 포인트 투 포인트 균형 링크에서 사용한다.

2012년 제4회

01	02	03	04	05	06	07	08	09	10
④	③	④	②	②	④	③	④	②	③
11	12	13	14	15	16	17	18	19	20
④	④	④	②	④	①	③	①	①	④
21	22	23	24	25	26	27	28	29	30
④	④	②	①	②	④	②	④	③	①
31	32	33	34	35	36	37	38	39	40
④	②	②	①	②	②	①	①	③	①
41	42	43	44	45	46	47	48	49	50
①	②	④	③	③	③	④	①	④	②
51	52	53	54	55	56	57	58	59	60
①	②	②	①	③	②	③	②	④	②
61	62	63	64	65	66	67	68	69	70
②	①	②	④	②	④	③	②	②	④
71	72	73	74	75	76	77	78	79	80
③	①	④	①	②	③	①	②	③	①
81	82	83	84	85	86	87	88	89	90
④	③	③	②	④	②	④	④	②	②
91	92	93	94	95	96	97	98	99	100
②	②	①	③	④	①	④	②	②	①

01 ① DC : 상수는 기억되지 않고 주기억장치에 기억 영역만 확보
② USING : 범용 레지스터를 베이스 레지스터로 할당하는 의사 명령
③ EQU : 어셈블리어에서 어떤 기호적 이름에 상수값을 할당하는 명령
④ LTORG : 현재까지 나타난 리터럴들의 값을 현재의 주기억장치 위치에 넣을 것을 어셈블러에게 지시하는 명령

02 어셈블러를 두 개의 pass로 구성하는 주된 이유
① 한 개의 Pass만을 사용하는 경우는 기호를 모두 정의한 뒤에 해당 기호를 사용하여야 한다.
② 기호를 정의하기 전에 사용할 수 있어 프로그램 작성이 용이하기 때문이다.(전향 참조, Forward reference)
③ 사용의 편의상 정의하기 전에 사용한 주소 상수를 처리하기 위함이다.

03 어셈블리어 명령
① MOV(Move : 데이터 이동(전송)
② RET(Return from CALL) : CALL로 스택에 PUSH된 주소로 복귀

③ INT(Interrupt) : 인터럽트 실행

04 1. 컴파일러(Compiler) : FORTRAN, COBOL, ALGOL, C와 같은 고급 언어(인간이 이해하기 쉬운 언어, 대부분의 프로그래밍 언어가 고급 언어이다)로 작성된 프로그램을 번역하는 프로그램이다.
2. 어셈블러(Assembler) : 저급 언어(컴퓨터 언어에 가까운 언어)로서 직접적으로 명령어와 명령이 1 : 1로 대응, 어셈블리어로 작성된 원시 프로그램을 기계어로 번역하는 프로그램이다.
3. 인터프리터(Interpreter) : BASIC, LISP, APL, SNOBOL 등의 언어로 작성된 원시 프로그램을 번역하는 프로그램이다.

05 교착상태의 해결 방법
① 예방(Prevention)
② 발견(Detection)
③ 회피(Avoidance) : 발생 가능성을 인정하고 교착상태가 발생하려고 할 때, 교착상태 가능성을 피해가는 방법
④ 복구(Recovery)

06 기계어
① 프로그램을 작성하고 이해하기가 어렵다.
② 컴퓨터가 직접 이해할 수 있는 저급 언어이다.
③ 기종마다 기계어가 다르므로 언어의 호환성은 없다.
④ 0과 1의 2진수 형태로 표현되어 수행시간이 빠르다.

07 로더(loader)의 기능
① 할당(allocation) : 목적 프로그램이 실행될 주기억장치(메모리, RAM) 공간을 확보
② 연결(linking) : 여러 개의 독립적인 모듈(부분적으로 작성된 프로그램 단위)을 연결
③ 재배치(relocation) : 프로그램이 주기억장치 공간에서 위치를 변경
④ 적재(Loading) : 프로그램 전체를 주기억장치에 한 번에 적재하게 하거나 실행 시 필요한 일부분만을 차례로 적재

08 주기억장치 관리 기법의 배치 전략
① 최초 적합(first-fit) 전략 : 첫 번째 분할 영역에

배치시키는 방법
② 최적 적합(best-fit) 전략 : 가장 작게 남기는 분할 영역에 배치시키는 방법
③ 최악 적합(worst-fit) 전략 : 입력된 작업을 가장 큰 공백에 배치하는 방법

09 페이지 교체 알고리즘
① FIFO(First In First Out) : 가장 먼저 적재된 페이지를 먼저 교체하는 기법
② LRU(Least Recently Used) : 가장 오랫동안 사용되지 않은 페이지를 먼저 교체하는 기법
③ LFU(Least Frequently Used) : 참조된 횟수가 가장 적은 페이지를 먼저 교체하는 기법
④ NUR(Not Used Recently) : 최근에 사용하지 않은 페이지를 먼저 교체하는 기법

10 운영체제(OS) 특징
① 다중 사용자와 다중 응용프로그램 환경하에서 자원의 현재 상태를 파악하고 자원 분배를 위한 스케줄링을 담당한다.
② CPU, 메모리 공간, 기억장치, 입출력장치 등의 자원을 관리한다.
③ 운영체제의 종류로는 OS/2, 리눅스, 윈도우 7 등이 있다.
④ 입출력장치와 사용자 프로그램을 제어한다.

11 Round Robin(라운드 로빈)
① Job scheduling 정책 중 time slice 개념을 가지고 있다.
② 프로세스들이 배당 시간 내에 작업을 완료하지 못하면 폐기하지 않고 다음 순서에 나머지가 작업을 처리한다.
③ 프로세스들이 CPU에서 시간량에 제한을 받는다.
④ 시분할 시스템에 효과적이다.
⑤ 선점형(preemptive) 기법이다.

12 로더(loader)의 종류
① Direct linking loader : 일반적인 로더(general loader)이며 할당, 연결, 재배치, 적재의 기능을 모두 수행하는 가장 근접한 로더
② Absolute loader : 간단한 로더이며 단순히 번역된 목적 프로그램을 입력으로 받아들여 주기억장치의 프로그래머가 지정한 주소에 적재하는 기능을 가지는 로더
③ Compile and go loader
  ㉠ 원시 프로그램의 기계어로 번역하는 순서대로 명령어 및 자료를 직접 주기억장치에 적재하여 곧바로 프로그램을 수행하는 방식의 loader
  ㉡ 연결 기능은 수행하지 않고 할당, 재배치, 적재 작업을 모두 언어번역 프로그램이 담당

13 매크로 프로세서 처리 과정
매크로 정의 인식 → 매크로 정의 저장 → 매크로 호출 인식 → 매크로 확장과 인수치환

14 로더(loader)의 기능
① 할당(Allocation) : 실행 프로그램을 실행시키기 위해 기억장치 내에 옮겨 놓을 공간을 확보하는 기능
② 연결(Linking) : 부 프로그램 호출 시 부 프로그램이 할당된 기억장소의 시작주소를 호출한 부분에 등록하여 연결하는 기능
③ 재배치(Relocation) : 프로그램이 주기억장치 공간에서 위치를 변경
④ 적재(Loading) : 실행 프로그램을 할당된 기억공간에 실제로 옮기는 기능

15 어셈블리어에 대한 설명
① 명령 기능을 쉽게 연상할 수 있는 기호를 기계어와 1 : 1로 대응시켜 코드화한 기호 언어
② 프로그램에 기호화된 명령 및 주소를 사용
③ 어셈블리어의 기본 동작은 동일하지만 작성한 CPU마다 사용되는 어셈블리어가 다를 수 있다.
④ 데이터가 기억된 번지를 기호(symbol)로 지정
⑤ 어셈블리어로 작성된 원시 프로그램은 목적 프로그램을 생성한 후 실행 가능하다.

16 시스템 소프트웨어의 구성
1. 제어 프로그램
  ① 감시프로그램
  ② 작업 제어 프로그램 : Job Scheduler, Master Scheduler
  ③ 자료 관리 프로그램

2. 처리 프로그램
① 언어 번역기 : 어셈블러, 컴파일러, 인터프리터
② 서비스 프로그램 : 연결 편집기, 정렬/합병 프로그램, 유틸리티
③ 문제 프로그램

17 운영체제의 속성
① Time Sharing System(시분할 시스템) : 다중 프로그래밍을 논리적으로 확장한 개념으로 프로세서를 통해 다중 작업을 교대로 수행
② Real Time Processing System(실시간 처리 시스템) : 컴퓨터에 의한 정보 처리 방식으로 데이터가 발생한 시점에서 필요한 계산 처리를 즉시 수행하여 그 결과를 데이터가 발생한 곳 또는 데이터가 필요한 곳에 되돌려 보내는 방식을 말한다.
③ Batch Processing System(일괄 처리 시스템) : 정보나 데이터를 일정 기간 또는 일정 단위로 묶어서 한꺼번에 처리하는 데이터 처리 방식
④ Distributed Processing System(분산 처리 시스템) : 시스템만 운영체제와 메모리를 가지고 독립적으로 운영되며 필요할 때 통신하는 시스템

18 언어의 정의
1. syntax(구문)
① 정의 : 언어의 구성 요소들을 결합하여 다른 요소를 만드는 방법을 설명한 것
② 언어의 syntax는 대부분 문맥 무관형 문법으로써 정의
③ 언어의 단위 : 토큰(Token)
2. Semantics(의미)
① 정의 : 프로그램이 무엇을 어떻게 수행할 것인가를 나타내준다.
② Semantics의 공식적 정의에 대한 접근 방법 : 실행적 방법, 함수적 또는 표시적 방법, 공리적 방법

19
① Deadlock : 다중 프로그래밍 시스템에서 어떤 프로세스가 아무리 기다려도 결코 발생하지 않을 사건을 기다리고 있을 때
② Semaphore : E. J. Dijkstra가 제안한 방법으로 반드시 상호 배제의 원리를 지켜야 하는 공유 영역에 대하여 각각의 프로세스들이 접근하기 위하여 사용되는 두 개의 연산 P와 V라는 연산을 통해서 프로세스 사이의 동기를 유지하고 상호 배제의 원리를 보장

20 ORG : 원시 프로그램을 목적 프로그램으로 번역할 때 현재의 오퍼랜드에 있는 값을 다음 명령어의 번지로 할당하는 것

21 기억장치와 입출력장치의 동작 차이점

비교 항목	입출력장치	기억장치
동작의 속도 (가장 중요 항목)	느리다.	빠르다.
동작의 자율성	타율/자율	타율
정보의 단위	Byte(문자)	Word
착오 발생률	많다.	적다.

22 상호연결망의 형태
① 시분할 공통버스(time-shared common bus)
② 다중 포트 메모리 : 이중 버스 구조(dual-bus structure)
③ 크로스바 스위치(crossbar switch)
　㉠ 각 기억장치마다 다른 경로를 사용
　㉡ 두 개의 서로 다른 저장장치를 동시에 참조
　㉢ 장치의 연결이 복잡
④ 다단 교환망
⑤ 하이퍼 큐브 시스템

23 다중 처리기의 개념
① 하나의 시스템에 여러 개의 처리기를 두어 하나의 작업을 여러 처리기에 할당하여 신속하게 처리하는 장치이다.
② 각 프로세스들은 프로세서나 주변장치 등을 공동으로 사용한다.
③ 각 프로세서들은 각각의 전용 기억장치를 사용한다.
④ 다수의 프로세서를 이용해 빠른 처리가 가능하다.

25 BSA(Branch and Save return address)
서브루틴 프로그램으로 분기하기 위하여 사용되는 명령

26 2의 보수 표현
① 연산과정에서 자리올림수(Carry)는 무시
② 연산이 간단하여 덧셈 연산이 1의 보수에 비해서

간단
③ 음수 표현 시 1의 보수보다 1개의 수를 더 표시 가능
④ 0의 표현에 있어 1의 보수는 -0과 +0, 2의 보수는 0만 존재
※ 정수 n bit를 사용하여 1의 보수(1's complement)로 표현하였을 때 그 값의 범위
$-2^{n-1}-1 \sim +2^{n-1}-1$

27 가상(Virtual) memory
① 가상 메모리 체제는 기억용량 개선하기 위한 방법
② 하드웨어보다는 소프트웨어에 의해 실현
③ 가상 메모리는 데이터를 미리 보조기억장치에 저장한 것을 말한다.
④ 보조기억장치는 DASD이어야 한다.

28 Instruction Decoder : 명령 레지스터에 호출된 OP code를 해독하여 그 명령을 수행시키는 데 필요한 각종 제어 신호를 만들어내는 장치

29 고정소수점 표현 방식 중 음의 정수 표현의 종류
① 부호와 절대치 표현
② 부호화된 1의 보수 표현
③ 부호화된 2의 보수 표현

30 명령 해독기(Decoder) : 명령 레지스터에 있는 명령어를 해독하는 회로

32

2진수	110110001
16진수	1 B 1

33 dot matrix printer(도트 매트릭스 프린터) : 문자가 보통 활자체로 되지 않고 점에 의해 인쇄

35 biquinary(2중5) 코드
모두 7bit로 구성되며 맨 앞의 두 자릿수 50의 2bit는 10진수의 5보다 크고 작음을 나타내고 나머지 5bit는 counter로 사용하고, 2중5코드에서는 각각의 코드마다 2개의 1과 5개의 0으로 구성된다.

38 연산자 기능에 대한 명령어

① 함수연산 기능 : ROL, ROR
② 제어 기능 : JMP, SMA
③ 입출력 기능 : INP, OUT

39 연관(associative) 기억장치
① 주소를 필요로 하지 않는다.
② 속도 향상을 위한 목적(고속메모리)이다.
③ CAM(Content Addressable Memory)이라고도 한다.
④ 데이터의 내용에 의해 접근되는 메모리 방식이다.
⑤ Mapping Table 구성에 주로 사용된다.
⑥ 주소에 접근하지 않고 기억된 내용의 일부를 이용할 수 있다.

40 Selector Channel(선택 채널)
① 고속 I/O 장치에 사용되는 데이터 전송방식
② 고속의 입·출력장치에 적합하고 버스트(burst) 방식으로 데이터를 전송하는 것

43 ① 인터프리터(Interpreter) : 목적 프로그램을 생성하지 않고 행(줄) 단위로 기계어로 번역
② 크로스 어셈블러(cross assembler) : 어떤 컴퓨터의 프로그램을 어셈블하기 위하여 이것과는 별도로 보다 대형(상위)인 컴퓨터를 쓸 때 사용되는 어셈블러

44 마이크로프로세서의 특징
① 소형이며, 경량이다.
② 가격이 싸고, 소비전력이 작다.
③ 게이트의 수가 적어 신뢰성이 높다.
④ 위의 특징을 이용한 신제품 개발은 개발 기간을 최소한으로 단축시킬 수 있다.

45 Major state : CPU가 무엇을 하고 있는가를 나타내는 상태
[참고]
① Interrupt cycle : 하드웨어로 실현되는 서부루틴의 호출, 인터럽트 발생 시 복귀주소(PC)를 저장시키고, 제어 순서를 인터럽트 처리 프로그램의 첫번째 명령으로 옮기는 단계
② Fetch cycle : 주기억장치의 지정장소에서 명령을 읽어 CPU로 가지고 오는 단계
③ Execution cycle : 실제로 명령을 이행하는 단계

④ Indirect cycle : 인스트럭션의 수행 시 유효주소를 구하기 위한 메이저 상태

47 상호연결망의 형태
① 시분할 공통버스(time-shared common bus)
② 다중포트 메모리
③ 크로스바 스위치(crossbar switch) : 프로세서 버스와 메모리 모듈 통로 간의 교차점에 위치한 다수의 크로스 포인터로 구성
④ 이중 버스구조(dual-bus structure)

48 ICE(In-Circuit Emulator)
마이크로컴퓨터 시스템을 개발하는 데 사용하는 디버거이다. 소프트웨어의 디버그와 하드웨어의 동작 확인을 할 수가 있다.
CPU의 소켓에 접속용 커넥터를 주입하고, 마이크로프로세서의 기능을 호스트 컴퓨터로부터 에뮬레이트함으로서 디버그를 시행한다.
ICE의 디버거로서의 기능
① S/W 개발에 사용하는 디버거와 마찬가지로 임의의 어드레스로 실행을 정시시키는 브레이크 포인트 기능, 프로그램의 특정 명령을 실행할 때마다 지정된 메모리의 내용을 출력하는 싱글 스텝 기능, 어셈블 기능, 역어셈블 기능 등이 있다.
② 실행시간을 실시간으로 확인 가능한 리얼 타임 트레이스 기능
③ 레지스터로의 데이터 설정 기능
④ 맵핑 메모리 기능을 사용하면, 어플리케이션을 에뮬레이터의 메모리상에 놓고 프로그램의 동작 확인이 가능하기 때문에 효율적으로 에러의 수정을 시행할 수 있다.

49 Magnetic Disk : 자기디스크

51 AND, OR 명령어의 특징
① 특정 비트를 1로 AND하면 그 특정 비트를 그대로 둔다.
② 특정 비트를 0으로 AND하면 그 특정 비트를 0으로 만든다.
③ 특정 비트를 1로 OR하면 그 특정 비트를 1로 만든다.
④ 특정 비트를 0으로 OR하면 그 특정 비트를 그대로 둔다.

53 분리형 입출력(Isolated I/O) : 입출력장치와 주기억장치의 영역을 따로 두는 방법이다. 별도로 할당되므로 접근할 때에는 별도의 접근 명령어를 사용한다.
[참고] isolated I/O 방식을 사용하는 시스템의 동작
① IN, OUT 등의 특정한 I/O 명령어를 가진다.
② 메모리 전송인지 입출력 전송인지를 구별하기 위한 별도의 분리된 제어선이 필요하다.
③ 동일 어드레스가 메모리와 I/O 장치에 중복 사용될 수 있다.

54 RAM(Random Access Memory) : 휘발성 메모리
[참고]
① PROM(Programmable Read only Memory, 프로그램 가능 판독 전용 메모리) : 1회에 한해서 새로운 내용(명령, 데이터)을 기록하여 프로그램한 후에는 다시 프로그램할 수 없는 롬
② EPROM(Erasable PROM, 삭제 가능한 롬) : 필요할 때 기억된 내용을 지우고 다른 내용을 기록할 수 있는 롬
③ Flash memory : 전기적으로 데이터를 지우고 다시 기록할 수 있는 비휘발성 메모리

55 S-100
Intel의 8080 프로세서를 기준으로 Data와 Address, 그리고 Powr Bus의 규격을 결정, 1980년대 말에 IEEE-696로서 마이크로컴퓨터용 최초의 산업 표준 규격

57 RS-232C는 직렬 인터페이스를 위한 표준이다.

58 CMOS RAM의 특징
① 상보성 금속 산화막 반도체(CMOS) 제조 공법을 사용하여 만든 막기억장치(RAM)
② 전력 소비량이 아주 낮다.
③ 전원으로부터의 잡음에 대한 허용도가 높다.
④ 건전지로 전원이 공급되는 하드웨어 구성 요소에 유용하게 사용된다.

59 마이크로컴퓨터의 레벨구조

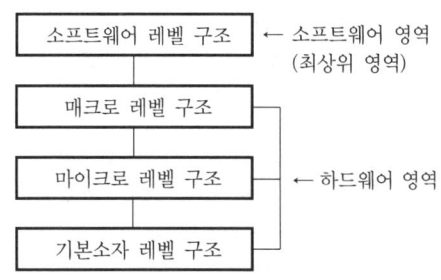

61

CP	J	K	Q_{n+1}
1	0	0	Q_n, hold
1	0	1	0, reset
1	1	0	1, set
1	1	1	$\overline{Q_n}$, toggle

62 1. DTL(diode-transistor logic)
  ① 잡음 여유도가 크다.
  ② 동작이 안정하다.
  ③ 사용하기가 편하다.
  ④ 회로의 수와 소비전력이 적다.
  ⑤ 온도의 영향을 많이 받으며, 응답속도가 느리다.
  ⑥ fan-out이 비교적 크다.
  2. ECL(emitter-coupled logic)
  ① 논리게이트 중 응답속도가 가장 빠르다.
  ② 상보관계의 출력회로
  ③ 출력 임피던스가 낮다.
  ④ 높은 fan-out이 가능
  ⑤ 소비전력이 가장 크다.

63 논리식 F(A, B, C)=Σ(1, 3, 5, 6)

F(A, B, C)	AB	C	Σ
0 0 0	00 ← S_1S_0		
0 0 1	00 ← S_1S_0	1 ← I_0	1
0 1 0	01 ← S_1S_0		
0 1 1	01 ← S_1S_0	1 ← I_1	3
1 0 0	10 ← S_1S_0		
1 0 1	10 ← S_1S_0	1 ← I_2	5
1 1 0	11 ← S_1S_0	0 ← I_3	6
1 1 1	11 ← S_1S_0		

64 조합 논리회로 설계의 절차 순서
문제설정 → 입력과 출력 변수 정의 → 진리표 작성 → 불함수 간소화 → 논리회로 구현

67 J-K 플립플롭의 특성 방정식(Characteristic equation)

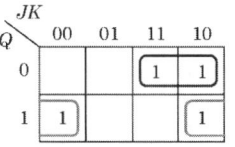

$Q_{(t+1)} = J\overline{Q} + \overline{K}Q$

[참고]

CP	J	K	Q_{t+1}
1	0	0	$Q_{(t)}$, (불변)
1	0	1	0
1	1	0	1
1	1	1	toggle

〈클록형 J-K 플립플롭의 진리표〉

$Q_{(t)}$	J	K	$Q_{(t+1)}$
0	0	0	0
0	0	1	0
0	1	0	1
0	1	1	1
1	0	0	1
1	0	1	0
1	1	0	1
1	1	1	0

〈J-K 플립플롭의 특성표〉

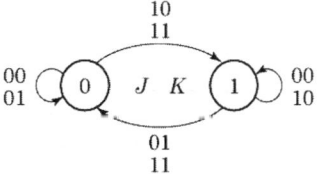

〈J-K 플립플롭의 상태도〉

71 ALU의 기능
① 가산기 : 산술연산 예) 가산(+)

② 비교기 : 논리연산 예) AND 동작, complement 동작
③ 승산기 : Shift 예) 곱셈, 나눗셈
④ Rotate

72 전가산기 Sum과 Carry의 논리식
Sum(S)=A⊕B⊕C_0

Carry(C_0)=AB+BC+AC

73 반가산기 회로

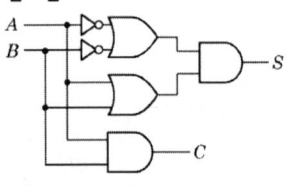

또는

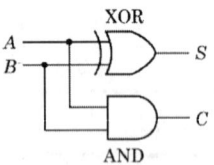

① 합(Sum)=A⊕B
② 자리올림(Carry)=AB

74

A	B	C	F	논리식
0	0	0	0	
0	0	1	0	
0	1	0	0	
0	1	1	1	$\overline{A}BC$
1	0	0	0	
1	0	1	1	$A\overline{B}C$
1	1	0	1	$AB\overline{C}$
1	1	1	1	ABC

75 RS Latch : 출력, 입력을 가지지 않는 기억소자

R	S	Q
0	0	전상태유지(변하지 않는다.)
0	1	1
1	0	0
1	1	불가

예) RS(00)
① R-S Latch 회로는 현재의 입력뿐 아니라 과거 일련의 입력도 기억하고 있는 회로이다.
② Reset, Set 모두 입력되지 않으면 처음 Setting된 값이 없으므로 출력결과도 없다.

77
1. HTL(high threshold logic) : 잡음에 대해서는 강력하나, 동작속도가 빠르지 않은 특성을 지닌 논리회로
2. DTL(diode-transistor logic)
   ① 잡음 여유도가 크다.
   ② 동작이 안정하다.
   ③ 사용하기가 편하다.
   ④ 회로의 수와 소비전력이 적다.
   ⑤ 온도의 영향을 많이 받으며, 응답속도가 느리다.
   ⑥ fan-out이 비교적 크다.
3. ECL(emitter-coupled logic)
   ① 논리게이트 중 속도가 가장 빠르다.
   ② 상보관계의 출력회로
   ③ 출력 임피던스가 낮다.
   ④ 높은 fan-out이 가능
   ⑤ 소비전력이 가장 크다.

79 Quine McClusky Method
카르노 맵은 5~6개까지의 입력에 대해 minimize하는데 효과적이다. 그러나 많은 입력에 대해 처리하는데 어려움과 에러를 발생시키기 쉽다. 카르노 맵은 모든 minterm을 커버하는 prime implicant들을 선택하는데 시각에 의존하기에 한계가 있다. 따라서 큰 system에서는 프로그램적인 방법이 필요하다.

80 존슨 카운터(Johnson Counter)
동일한 수의 플립플롭을 가지고 링 카운터의 2배의 출력을 나타내기 위하여 사용되는 회로로 링 카운터의 마지막 단에서 출력을 끄집어내어 첫 단의 입력과 엇갈리게 결합시켜 놓은 것이다. 4가지의 플립플롭으로 8개의 상태 표현이 가능하다는 것이다. 따라서 이 카운터는 N개의 플립플롭으로 2×N가지의 상태를 나타낼 수가 있다.

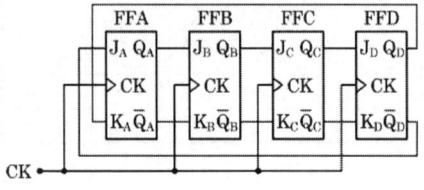

81 HDLC(High level Data Link Control)의 동작 모드
① 정규 응답 모드(NRM : Normal Response Mode) : 반이중 통신을 하는 포인트 투 포인트, 멀티포인트 불균형 링크 구성에 사용한다.
② 비동기 응답 모드(ARM : Asynchronous Response Mode) : 전이중 통신을 하는 포인트 투 포인트 불균형 링크 구성에 사용한다.
③ 비동기 평형 모드(ABM : Asynchronous Balanced Mode) : 포인트 투 포인트 균형 링크에서 사용한다.

82 패킷 교환 방식 : 하나의 메시지 단위로 저장-전달(store-and-forward) 방식에 의해 데이터를 교환하는 방식

83 IP 주소(IPv4 기준)
① 모든 컴퓨터는 고유한 IP 주소를 가져야 한다.
② Network Address와 Host Address로 이루어진다.
③ IP 주소는 32비트로 구성되어 있다.
④ 127.0.0.1은 특수한 목적으로 사용되는 IP 주소이다.
⑤ E 클래스는 실험적인 주소로 공용으로 사용하지 않는다.

84 1. Polling : 단말로부터 제어국 방향으로 데이터를 전송하기 위한 동작
① Roll-Call Poling : 하나의 주국이 정해진 순서에 따라 보조국을 선택하여 데이터의 송신유무를 문의(Polling Message=Poll)하도록 하여 전송할 데이터가 있는 보조국은 다른 보조국으로 데이터를 보내기 전에 일단 주국으로 전송하는 방식
② Hub-Go-Ahead Polling(Hub Polling) : 주국이 가장 멀리 떨어져 있는 보조국으로 Poll을 보내면 그 보조국은 전송할 데이터가 있으면 주국으로 데이터를 보내고 데이터가 없으면 즉시 다음 보조국으로 Poll을 넘겨준다. 회선에 연결된 마지막 보조국이 주국으로 Poll을 돌려주면 다시 새로운 Poll Cycle이 시작된다. 이 방법은 보조국을 Polling 동작에 능동적으로 참여시킴으로써 Overhead(응답 시간 등)가 감소될 뿐 아니라 이 과정 동안 주국에서 출력 Line을 통해 보조국으로 데이터를 보낼 수도 있다.
2. Selecting : 주국이 보조국으로 데이터를 전송하기 위한 동작
① Select-Hold 방식 : 주국이 하나의 보조국을 선택하여 수신 준비가 되었는지 여부를 확인(SEL 송신)한 후 데이터를 전송하는 방식으로 BSC Protocol에서 사용
② Fast-Select 방식 : 보조국의 수신 준비 여부를 묻지 않고 그대로 주국의 출력 정보를 보조국이 수신하게 하는 방식으로 SDLC Protocol에서 사용하며 특히 메시지가 빈번이 전송되거나 메시지 전송 시간이 응답 시간보다 길지 않은 경우에 적합

85 패리티 비트 검사
데이터마다 패리티 비트를 하나씩 추가하여 홀수 또는 짝수 검사 방법으로 오류를 검출한다. 값은 데이터 코드 내에 있는 1의 수를 계산함으로써 결정된다.
① 홀수 패리티 방식 : 전체 비트에서 1의 개수가 홀수가 되도록 하는 패리티 비트이다.
② 짝수 패리티 방식 : 전체 비트에서 1의 개수가 짝수가 되도록 하는 패리티 비트이다.

87 IPv4에서 IPv6으로의 천이 전략
① 인터넷에 많은 시스템이 있으므로 IPv4에서 IPv6로 천이하기에는 많은 시간이 필요
② 천이는 IPv4와 IPv6 시스템이 공존하고 있을 때 발생되는 문제를 방지하면서 점차적으로 이루어져야 한다.
③ IETF에 의해 고안된 세 가지 천이 전략

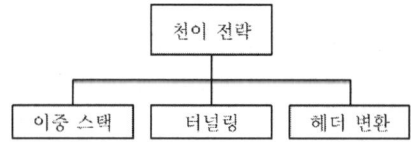

88 TCP 프로토콜
① 스트림 데이터 서비스를 제공한다.
② 연결형 서비스이다.
③ 전이중 서비스를 제공한다.
④ 신뢰성 있는 전송 프로토콜이다.

89 데이터 교환
1. 회선 교환 방식(Circuit Switching)

① 정보량이 많을 때와 파일 전송 등의 긴 연속적인 메시지 전송에 적합
② 고정 대역폭을 사용하고 각 전문은 동일한 물리적 경로에 따른다.
③ 일대일 정보통신에 좋음
④ 통신 과정 : 호(Call) 설정 → 데이터 전송 → 호(Call) 해제

2. 메시지 교환 방식(Message Switching)
① 하나의 메시지 단위로 축적(저장) 후 전달(store-and-forward) 방식에 의해 데이터를 교환하는 방식
② 메시지 축적 후 교환 방식
③ 수신측이 준비 안 된 경우에도 지연 후 전송이 가능(따라서 응답시간이 느리다.)
④ 각 메시지마다 전송 경로가 다르고 수신 주소를 붙여서 전송
⑤ 전송 지연 시간이 가장 길다.
⑥ 응답시간이 느려서 대화형 데이터 전송에는 부적합

3. 패킷교환 방식(Packet Switching) : 메시지를 일정한 길이의 패킷으로 잘라서 전송하는 방식
① 가상 회선 방식
㉠ 송수신국 사이에 논리적 연결이 설정됨
㉡ 통신과정 : 호(Call) 설정 → 데이터(패킷) 전송 → 호(Call) 해제
㉢ 별도의 호 설정 과정이 있다는 것이 회선 교환 방식과의 공통점임
㉣ 패킷의 발생 순서대로 전송
② 데이터그램 방식
㉠ 데이터의 전송 시에 일정 크기의 데이터 단위로 쪼개어 특정 경로의 설정 없이 전송되는 방식
㉡ 수신측에서 도착한 패킷들의 순서를 재정리하여야 한다.
㉢ 데이터를 쪼개어 전송하고 순서 없이 수신 후 재정리하는 방식을 말한다.

90 TCP/IP의 특징
① 인터넷 표준 프로토콜이다.
② IP는 OSI 세 번째 계층인 internet 계층의 기능을 수행하는 프로토콜
③ 신뢰성은 보장하지 않고, 송수신측으로 데이터를 보내는 기능만 한다.
④ TCP는 데이터 전달의 신뢰성을 위해 연결성 방식을 사용한다.
⑤ UDP는 데이터의 전달을 위해 비연결성 방식을 사용한다.

91 1. HDLC 프레임구조

시작 플래그 (F)	주소 영역 (A)	제어 영역 (C)	정보 영역 (I)	FCS	종료 플래그 (F)
8비트	8비트	8비트	가변	16비트	8비트

① F(Flag) : 프레임의 시작과 끝을 나타내기 위해 사용하며, 고유의 패턴(01111110) 8bit로 구성되어 있다.
② 주소(Address) 영역 : 송신 시스템과 수신 시스템의 주소를 기록한다.
③ 제어(Control) 영역 : 정보 전송 프레임 I형식, 링크 감시제어용 S형식, 확장용 U형식이 있다.
④ 정보(Information) 영역 : 송수신 단말장치 간 교환되는 사용자 정보와 제어 정보이다.
⑤ FCS(Frame Check Sequence) 영역 : 수신 프레임의 에러 검출 부분으로 CRC 방식을 사용한다.

2. HDLC 프레임의 종류
① I-FRAME : 피기백킹(piggybacking) 기법을 통해 데이터에 대한 확인응답을 보낼 때 사용되는 프레임
② U-FRAME(비번호) : 연결에 대한 제어신호, 제어정보를 전송
③ S-FRAME(감독) : 제어신호를 송수신할 때, 연결 설정/해제 등의 정보를 전송

92 자동 반복 요청(ARQ) 기법
① Stop and Wait(정지-대기) ARQ : 송신측은 하나의 블록을 전송한 후 수신측에서 에러의 발생을 점검한 다음 에러 발생 유무 신호를 보내올 때까지 기다리는 ARQ 방식
② Go-Back-N ARQ
㉠ 여러 블록들을 연속적으로 전송하고, 수신측에서 NAK를 보내오면 송신측이 오류가 발행한 이후의 블록을 모두 재송신하는 방식
㉡ 전송오류가 발생하지 않으면 쉬지 않고 송신 가능

ⓒ 오류가 발생한 부분부터 재송신하므로 중복 전송의 단점이 있다.
③ Selective Repeat(선택적 재전송) ARQ
ⓐ 여러 블록을 연속적으로 전송하고, 수신측에서 NAK를 보내면 송신측에서는 오류가 난 부분의 블록만 재전송
ⓑ 수신측에서는 데이터를 처리하기 전에 재조합을 하여야 하므로 복잡한 논리회로와 큰 용량의 버퍼가 필요하다.
④ Adaptive(적응적) ARQ
ⓐ 전송효율을 최대로 하기 위해 데이터 블록의 길이를 채널의 상태에 따라 동적으로 변화
ⓑ 전송 효율이 좋다.
ⓒ 제어회로가 매우 복잡하고, 비용이 많이 든다.

93 주파수 분할 다중화기(FDM)는 부채널 간의 상호 간섭을 방지하기 위해서 가드 밴드를 이용하지만 이로 인하여 대역폭의 낭비를 가져올 수 있는 단점을 지니고 있다.

94 OSPF(Open Shortest Path First)에 대한 설명
① 자신의 경로 테이블에 대한 정보를 LSA라는 자료구조를 통하여 주기적으로 혹은 라우터의 상태가 변화되었을 때 전송한다.
② 라우터 간에 변경된 최소한의 부분만을 교환하므로 망의 효율을 저하시키지 않는다.
③ 도메인 내의 라우팅 프로토콜로서 RIP가 가지고 있는 여러 단점을 해결하고 있다.

95 집중화기(Concentrator)
① 하나의 고속통신회선에 많은 저속 통신회선을 접속하기 위한 전송장비이다.
② 단일회선 제어기, 중앙처리장치, 다수선로 제어기 등으로 구성된다.
③ 동적 방법을 통해 실제 전송할 데이터가 있는 단말에게만 시간폭을 할당한다.

96 1. QPSK(Quadrature Phase Shift Keying)
① 무선통신에서는 PSK 혹은 확장된 개념인 QPSK가 많이 사용된다.
② 4가지의 디지털 신호를 구분한다.
③ 90도씩 위상을 변화시켜서 4개의 신호(45, 135, 225, 315도)를 만들어내게 된다.
④ M=4인 MPSK, 즉 4PSK와 같은 의미가 되기 때문에 QPSK라고 불리운다.
2. QPSK 변조기
① 송신기는 2진 부호가 입력되면 직병렬 변환기에 의해 I채널과 Q채널로 나누어진다.
② I채널은 동상 채널(In phase channel)이고 Q채널은 직교 채널(Quadrature phase channel)
③ I채널과 Q채널에 따라 90도 위상차를 갖는 2개의 반송파를 각각 BPSK에서처럼 변조시킨 후 합성하면 2개의 BPSK를 선형으로 더한 값과 같다.

97 회선 교환 : 공중 데이터 교환망 중 고정 대역폭(band width)을 사용하는 방식
[참고]
교환 방식
① 회선교환방식
② 패킷교환방식
③ 가상회선방식 : 패킷이 전송되기 전에 송수신 스테이션 간의 논리적인 통신경로가 미리 설정되는 방식
④ 데이터그램방식 : 데이터통신망의 교환 방식 중 교환기를 이용하여 정보를 패킷(packet) 단위로 저장 및 전송하는 방식으로서, 송신 데이터와 수신 데이터 간의 순서가 일치할 필요는 없지만 각 패킷에는 수신측 주소가 필요한 방식

98 OSI 7계층
① 7계층(응용 계층) : 사용자에게 OSI 모델로서의 접근과 분산정보 서비스 제공
② 6계층(표현 계층) : 응용프로세서이 독립성 제공
③ 5계층(세션 계층) : 응용 간의 통신을 위한 제어구조 제공, 접속의 설정, 유지, 해제
④ 4계층(전송 계층) : 종점 간에 오류 수정과 흐름 제어를 수행하여 신뢰성 있고 투명한 데이터 전송을 제공
⑤ 3계층(네트워크 계층) : 독립성을 유지할 수 있는 통신시스템 제공
⑥ 2계층(데이터 링크 계층)
ⓐ 두 노드 간을 직접 연결하는 링크상에서 프레임의 전달을 담당한다.
ⓑ 흐름 제어와 오류복구를 통하여 신뢰성 있는 프

레임 단위의 전달을 제공한다.
ⓒ 대표적인 프로토콜은 PPP, LLC 등이 있다.
⑦ 1계층(물리 계층) : 기계적, 전기적, 절차적 특성을 취급

99 에러 제어

패킷망에서 데이터 전송 시 전송로 대역폭 제한, 잡음, 간섭, 왜곡에 의해 에러가 발생하고 에러검출 시 재전송을 요구하거나 에러 제어를 수행한다.

100 1. 1계층(물리 계층, Physical Layer)
① 전송에 필요한 두 장치 간의 실제 접속과 절단 등 기계적, 전기적, 기능적, 절차적 특성에 대한 규칙을 정의
② 물리적 전송매체와 전송 신호 방식을 정의하며 X.21, RS-232C 등의 표준
2. 2계층(데이터 링크 계층, Data Link Layer)
① 두 개의 인접한 개방 시스템들 간에 신뢰성 있고 효율적인 정보를 전송
② 송신측과 수신측의 속도 차이를 해결하기 위한 흐름 제어 기능
3. 3계층(네트워크 계층, Network Layer)
① 개방 시스템들 간의 네트워크 연결을 관리하는 기능과 데이터의 교환 및 중계 기능
② 네트워크 연결을 설정, 유지, 해제하는 기능
③ 경로 설정(Routing), 데이터 교환 및 중계, 트래픽 제어, 패킷 정보 전송을 수행
④ 관련 표준으로는 X.25, IP 등
4. 4계층(전송 계층, Transport Layer)
① 논리적 안정과 균일한 데이터 전송 서비스를 제공함으로써 종단 시스템(End-to-End) 간에 투명한 데이터 전송이 가능
② OSI 7계층 중 하위 3계층과 상위 3계층의 인터페이스를 담당
③ 주소 설정, 다중화, 오류 제어, 흐름 제어를 수행
④ TCP, UDP 등의 표준
5. 5계층(세션 계층, Session Layer)
① 송·수신측 간의 관련성을 유지하고 대화 제어를 담당하는 계층
② 대화 구성 및 동기 제어, 데이터 교환 관리 기능
6. 6계층(표현 계층, Presentation Layer)
① 응용 계층으로부터 받은 데이터를 세션 계층에 보내기 전에 통신에 적당한 형태로 변환하고, 세션 계층에서 받은 데이터는 응용 계층에 맞게 변환하는 기능
② 서로 다른 데이터 표현 형태를 갖는 시스템 간의 상호 접속을 위해 필요한 계층
7. 7계층(응용 계층, Application Layer)
① 사용자가 OSI 환경에 접근할 수 있도록 서비스를 제공
② 응용 프로세스 간의 정보 교환, FTP, E-mail 등의 서비스를 제공

2013년 제1회

정답

01	02	03	04	05	06	07	08	09	10
④	①	③	①	①	④	②	④	④	①
11	12	13	14	15	16	17	18	19	20
④	④	③	①	②	④	④	③	②	①
21	22	23	24	25	26	27	28	29	30
②	④	③	②	④	②	④	②	②	③
31	32	33	34	35	36	37	38	39	40
④	①	②	①	③	②	①	④	②	①
41	42	43	44	45	46	47	48	49	50
①	①	④	③	④	③	①	④	③	②
51	52	53	54	55	56	57	58	59	60
①	③	③	②	③	②	②	③	①	④
61	62	63	64	65	66	67	68	69	70
②	①	③	②	③	①	④	③	①	①
71	72	73	74	75	76	77	78	79	80
③	①	①	④	②	③	①	②	②	④
81	82	83	84	85	86	87	88	89	90
③	③	④	④	②	④	③	②	①	④
91	92	93	94	95	96	97	98	99	100
②	③	①	④	④	①	①	②	②	④

01 ① Code optimization : 언어 번역기에 의하여 생성되는 최종 실행 프로그램이 보다 적은 기억 장소를 사용하여 보다 빠르게 작업을 처리할 수 있도록, 주어진 환경에서 최상의 명령어 코드를 사용하여 작업을 수행할 수 있도록 하는 것
② Code Generation(코드 생성) : 소스 프로그램을 분석하여 나온 중간 코드를 입력하여 목적 코드 프로그램을 생성하는 과정으로 컴파일 단계 중 하나이다.

02 ① ORG : 원시 프로그램을 목적 프로그램으로 번역할 때 현재의 오퍼랜드에 있는 값을 다음 명령어의 번지로 할당하는 것
② EQU : 지시어는 숫자형 상수, 레지스터 연관값 또는 프로그램 연관값에 상징된 이름을 부여한다.
③ INCLUDE : 라이브러리에 기억된 내용을 프로시저로 정의하여 서브루틴으로 사용하는 것과 같이 사용할 수 있도록 그 내용을 현재의 프로그램 내에 포함시켜 주는 명령

03 매크로(Macro)
① 한 프로그램 내에서 동일한 코드가 반복될 경우, 반복되는 코드를 한 번만 작성하여 특정 이름으로 정의한 후 그 코드가 필요할 때마다 정의된 이름을 호출하여 사용하는 것
② 매크로 이름이 호출되면 호출된 횟수만큼 정의된 매크로 코드가 해당 위치에 삽입되어 실행된다.

04 주기억장치 관리 기법의 배치 전략
① 최초 적합(first-fit) 전략 : 첫 번째 분할 영역에 배치시키는 방법
② 최적 적합(best-fit) 전략 : 가장 작게 남기는 분할 영역에 배치시키는 방법
③ 최악 적합(worst-fit) 전략 : 입력된 작업을 가장 큰 공백에 배치하는 방법

05 로더(loader)의 종류
① Direct linking loader : 일반적인 로더(general loader)이며 할당, 연결, 재배치, 적재의 기능을 모두 수행하는 가장 근접한 로더
② Absolute loader : 간단한 로더이며 단순히 번역된 목적 프로그램을 입력으로 받아들여 주기억장치의 프로그래머가 지정한 주소에 적재하는 기능을 가지는 로더
③ Compile and go loader
㉠ 원시 프로그램의 기계어로 번역하는 순서대로 명령어 및 자료를 직접 주기억장치에 적재하여 곧바로 프로그램을 수행하는 방식의 loader
㉡ 연결 기능은 수행하지 않고 할당, 재배치, 적재 작업을 모두 언어번역 프로그램이 담당

06 RR(Round Robin) 스케줄링
① Time slice를 크게 하면 입출력 위주의 작업이나 긴급을 요하는 작업에 신속히 반응하지 못한다.
② 시분할 시스템(Time Sharing System)을 위해 고안된 방식. FCFS 기법 변형
③ 각 프로세스는 시간 할당량 동안만 실행한 후 완료되지 않으면 다음 프로세스에 CPU를 넘겨주고 준비상태 큐의 가장 뒤로 배치
④ Time slice가 클 경우 FCFS 스케줄링과 같아진다.
⑤ Time slice가 작을수록 문맥교환에 따른 오버헤드가 자주 발생한다.

07 1. Loader의 종류
  ① 직접 연결 로더
  ② 절대 로더
  ③ 동적 적재 로더
  ④ Compile and Go 로더
2. 절대(Absolute) 로더 : 적재 기능만 하는 간단한 로더
  ① 할당-프로그래머
  ② 연결-프로그래머
  ③ 재배치-언어번역기(어셈블러)
  ④ 적재-로더

08 Deadlock : 다중 프로그래밍 시스템에서 어떤 프로세스가 아무리 기다려도 결코 발생하지 않을 사건을 기다리고 있는 경우
[참고]
  ① Thrashing : 가상 기억장치에서 페이지 교환이 자주 일어나는 현상
  ② Semaphore : E. J. Dijkstra가 제안한 방법으로 반드시 상호 배제의 원리를 지켜야 하는 공유 영역에 대하여 각각의 프로세스들이 접근하기 위하여 사용되는 두 개의 연산 P와 V라는 연산을 통해서 프로세스 사이의 동기를 유지하고 상호 배제의 원리를 보장
  ③ Working Set : 프로세스가 일정 시간 동안 자주 참조하는 페이지의 집합을 의미

09 ① BASIC : 대화형 언어, 인터프리터 언어(행 단위로 프로그램을 번역, 목적 프로그램 미생성)
  ② COBOL : 사무처리용 언어, 컴파일러 언어(전체 단위로 프로그램을 번역, 목적 프로그램 생성)
  ③ FORTRAN : 과학기술 계산용 언어, 컴파일러 언어
  ④ C언어 : UNIX의 개발언어로서 시스템적 언어이다. 실시간 통신 등 여러 분야에 적용되는 범용언어. UNIX에 기본적으로 이식되어 있으며 시스템 프로그래밍에 적합하다.
  ⑤ PASCAL : 대표적인 구조적인 언어이며 학문적인 언어이다.

10 기계어에 대한 설명
  ① 프로그램을 작성하고 이해하기가 어렵다.
  ② 컴퓨터가 직접 이해할 수 있는 언어이다.
  ③ 기종마다 기계어가 다르므로 언어의 호환성은 없다.
  ④ 0과 1의 2진수 형태로 표현되어 수행시간이 빠르다.

11 ① XCHG(Exchange Register/memory with Register) : 첫 번째 오퍼랜드와 두 번째 오퍼랜드 교환
  ② NEG(Change Sign) : 오퍼랜드의 2의 보수, 즉 부호 반전
  ③ CBW(Convert byte to word) : AL의 바이트 데이터를 부호 비트를 포함하여 AX 워드로 확장
  ④ CWD(Convert word to double word) : AX의 워드 데이터를 부호를 포함하여 DX : AX의 더블 워드로 변환

12 어셈블러를 두 개의 pass로 구성하는 주된 이유
  ① 한 개의 Pass만을 사용하는 경우는 기호를 모두 정의한 뒤에 해당 기호를 사용하여야 한다.
  ② 기호를 정의하기 전에 사용할 수 있어 프로그램 작성이 용이하기 때문이다.(전향 참조, Forward reference)
  ③ 사용의 편의상 정의하기 전에 사용한 주소 상수를 처리하기 위함이다.

13 페이지 교체 알고리즘
  ① FIFO(First In First Out) : 가장 먼저 적재된 페이지를 먼저 교체하는 기법
  ② LRU(Least Recently Used) : 가장 오랫동안 사용되지 않은 페이지를 먼저 교체하는 기법
  ③ LFU(Least Frequently Used) : 참조된 횟수가 가장 적은 페이지를 먼저 교체하는 기법
  ④ NUR(Not Used Recently) : 최근에 사용하지 않은 페이지를 먼저 교체하는 기법
  ⑤ RR(Round Robin) : 스케줄링 정책 중 각 프로세스에게 차례대로 일정한 배당시간 동안 프로세서를 차지하도록 하는 정책으로 일정 시간이 초과되면 강제적으로 다음 프로세스에게 차례를 넘기게 하는 것

14 로더(Loader)의 기능
  ① 할당(Allocation) : 실행 프로그램을 실행시키기 위해 기억장치 내에 옮겨 놓을 공간을 확보하는 기능
  ② 연결(Linking) : 부 프로그램 호출 시 부 프로그램이 할당된 기억장소의 시작주소를 호출한 부분에 등록하여 연결하는 기능
  ③ 재배치(Relocation) : 디스크 등의 보조기억장치에

저장된 프로그램이 사용하는 각 주소들을 할당된 기억장소의 실제 주소로 배치시키는 기능
④ 적재(Loading) : 실행 프로그램을 할당된 기억공간에 실제로 옮기는 기능

15 프로그래밍 언어의 해독 순서

컴파일러 → 링커 → 로더

[참고]
- ㉠ 컴파일러 : 소스 코드를 컴퓨터가 이해할 수 있는 형태의 코드로 번역시켜 목적 프로그램을 생성시켜 줘야 하는 데, 이렇게 번역시켜주는 작업
- ㉡ 목적 프로그램 : 컴파일러나 어셈블러가 원시 프로그램(소스 코드)을 처리하는 도중 만들어내는 코드
- ㉢ 링커 : 링크 에디터(link editor)의 준말로 컴파일러가 만들어낸 하나 이상의 목적 프로그램을 단일 실행 프로그램으로 병합하는 프로그램
- ㉣ 로더 : 외부 기억장치에서 내부 기억장치로 전송하는 프로그램

16 1. 운영체제의 기능
① 시스템의 오류 검사 및 복구
② 원시 프로그램에 대한 토큰 생성
③ 자원 보호 기능을 제공
④ 사용자들 간에 데이터(자원)를 공유
⑤ 사용자와 컴퓨터 시스템 간의 인터페이스 기능을 제공
⑥ 자원의 효과적인 경영 및 스케줄링 기능을 제공
⑦ 자원을 효율적으로 사용하기 위하여 자원의 스케줄링 기능을 제공
⑧ 데이터를 관리하고 데이터 및 자원의 공유 기능을 제공

2. 운영체제의 성능 평가 기준 4가지
① 처리능력(Throughput)
② 반환시간(Turn Around Time)
③ 사용 가능도(Availability)
④ 신뢰도(Reliability)

17 ① Thrashing : 다중 프로그래밍 시스템이나 가상 기억장치를 사용하는 시스템에서 하나의 프로세스 수행 과정 중 자주 페이지 교체가 발생하게 되어 전체 시스템의 성능이 저하된다.

② Locality(구역성, 국부성) : 프로세스가 실행되는 동안 일부 페이지만 집중적으로 참조하는 특성을 가지고 있다.

18 교착 상태의 발생 조건
① 상호 배제(Mutual Exclusion)
② 점유와 대기(Hold-and-Wait)
③ 비선점(Non-Preemption)
④ 환형 대기(Circular Wait)

19 프로세서의 정의
① 프로시저가 활동 중인 것
② 프로세서가 할당되는 실체
③ 운영체제가 관리하는 실행 단위
④ PCB를 갖는 프로그램
⑤ 실행 중인 프로그램

20 매크로 프로세서의 기본 수행 작업
① 매크로 정의 저장
② 매크로 정의 인식
③ 매크로 호출 인식 : 원시 프로그램 내에 매크로의 시작을 알리는 Macro 명령을 인식한다.
④ 매크로 호출 확장

21 인터리빙 방식
중앙처리장치의 기억 모듈에 중복적인 데이터 접근을 방지하기 위해서 연속적인 데이터 또는 명령어들을 기억장치 모듈에 순차적으로 번갈아 가면서 처리하는 방식

23 RAID-5
① 회전식 패리티 어레이를 포함하고 있으므로 RAID-4에서의 쓰기 제한을 주소 지정한다.
② 보통 3~5개의 디스크를 어레이로 요구한다.
③ 쓰기 작업이 많지 않은 다중 사용자 시스템에 적합하다.

24 ① ROM(Read Only memory) : 저장된 값(자료) 읽기만 가능
② DRAM(Dynamic Random Access Memory) : 동적 램
③ SRAM(Static Random Access Memory) : 정적 램

25 연관(associative) 기억장치
① 주소를 필요로 하지 않는다.
② 속도 향상을 위한 목적(고속메모리)이다.
③ CAM(Content Addressable Memory)이라고도 한다.
④ 데이터의 내용에 의해 접근되는 메모리 방식이다.
⑤ Mapping Table 구성에 주로 사용된다.
⑥ 주소에 접근하지 않고 기억된 내용의 일부를 이용할 수 있다.

26 ① 팩 10진 형식(packed decimal format) : 10진수 한 자리를 4개의 비트로 표현하는 방법으로, 맨 오른쪽의 4개의 비트는 양수이면 C(1100)로, 음수이면 D(1101)로 표시
② 언팩 10진 형식(unpacked decimal format) : 10진수 한 자리를 8개의 비트로 표현하는 방법으로, 왼쪽 4비트는 존(zone), 나머지 4비트는 숫자(digit)를 구분. 이때 10진수의 부호는 가장 오른쪽 8비트의 존 부분이 양수이면 C(1100)로, 음수이면 D(1101)로 표시

27 다중처리기를 사용하여 개선하고자 하는 주된 목표
① 수행속도, ② 신뢰성, ③ 유연성
[참고] 다중 처리기의 개념
① 하나의 시스템에 여러 개의 처리기를 두어 하나의 작업을 여러 처리기에 할당하여 신속하게 처리하는 장치이다.
② 각 프로세스들은 프로세서나 주변장치 등을 공동으로 사용한다.
③ 각 프로세서들은 각각의 전용 기억장치를 사용한다.
④ 다수의 프로세서를 이용해 빠른 처리가 가능하다.

28 시스템 버스 기본 동작
1. 동기식 버스(Synchronous Bus)
① 기준 클록을 가지고 그 클록에 맞추어 정보가 전송되는 방식
② 회로구성은 간단하나 클록의 주기보다 짧은 주기의 버스의 동작은 기다려야 한다는 단점
③ 중규모 컴퓨터 시스템에서 사용
2. 비동기식 버스(Asynchronous Bus)
① 클록을 사용하지 않고 관련된 버스들의 동작 여부로 판단
② 시간낭비는 없으나 회로가 복잡하다는 단점

③ 소규모 컴퓨터 시스템에서 사용

29 기억장치 접근 방법에 따른 유형
① 순차적 접근(Sequential Access) : 기억장치 데이터가 저장되는 순서에 따라 순차적으로 접근
예) 자기테이프
② 직접 접근(Direct Access) : 기억장치 근처로 이동한 후 순차적인 검색을 하여 최종적으로 원하는 데이터에 접근
예) 자기디스크, 자기드럼, 자기코어

30

식	$1011_2 + 34_8$
2진수 계산식	$1011_2 + 011100_2 = 100111_2$
8진수 계산식	$13_8 + 34_8 = 47_8$
10진수 계산식	11+28=39
16진수 계산식	$B_{16} + 1C_{16} = 27_{16}$

31 두 수의 덧셈 과정
지수의 비교 → 가수의 정렬 → 가수의 덧셈 → 정규화

32 채널 프로그램
① 채널 명령어(CCW, channel command word) : 명령어의 형태로 기억장치에 위치한다.
② 채널 번지 워드(CAW, channel address word) : 입출력 명령을 수행하기 전에 중앙처리장치가 저장하는 단어. 입출력 처리기는 수행할 입출력 프로그램에 대한 시작 주소를 포함하고 있다.
③ 채널 상태어(CSW, channel status word) : 채널 상태 단어로 패널의 현재 상태를 나타내며 CPU에 있어서 프로그램 상태 단어와 같다.

33 Vectored interrupt
하드웨어 신호에 의하여 특정번지의 서브루틴을 수행하는 것. 즉 컴퓨터에 인터럽트가 발생하였을 때 프로세서의 인터럽트 서비스가 특정한 장소로 점프하도록 구성되어 있는 것
[참고] DMA : 데이터 입출력 전송이 CPU를 통하지 않고 직접 주기억장치와 주변장치 사이에서 수행되는 방식

35 ① 회전 우선순위(rotating priority) 방식 : 버스 사용 승인을 받은 버스 마스터는 최하위 우선순위를 가지며, 바로 다음에 위치한 마스터가 최상위 우선순위를 가지도록 하는 방식
② 임의 우선순위 방식 : 버스 사용 승인을 받아서 버스 중재의 동작이 끝날 때마다 우선순위를 정해진 원칙 없이 임의로 결정하는 방식
③ 동등 우선순위 방식 : 모든 버스 마스터들이 동등한 우선순위를 가진다. 이 경우에는 먼저 버스 사용 요구를 한 버스 마스터가 먼저 버스 사용 승인을 받게 되는, FIFO 알고리즘을 사용
④ 최소 최근 사용 방식 : 최근 가장 오랫동안 버스 요구 신호를 보내지 않은, 즉 가장 오랫동안 버스를 사용하지 않은 버스 마스터에게 최상위 우선순위를 할당하는 방식

36 캐시 메모리(Cache Memory, 고속기억장치)
① CPU와 메모리의 속도차를 줄이기 위해 사용하는 고속버퍼이다.
② 시간 단축을 위해 연관기억장치로 사용
③ CPU와 주기억장치 사이에 위치하며 처리속도가 향상된다.
④ 캐시 적중률=캐시에 적중되는 횟수/전체 기억장치 액세스 횟수
⑤ 분리 캐시는 액세스 충돌을 제거한다.

37 마이크로명령어 형식
① 연산 필드가 두 개이므로 두 개의 마이크로 연산들을 동시에 수행 가능하다.
② 조건 필드는 분기에 사용될 조건 플래그를 지정한다.
③ 분기 필드는 분기의 종류와 다음에 실행할 마이크로 명령어의 주소를 결정하는 방법을 명시
④ 주소 필드의 내용은 분기가 발생하는 경우에 목적지 마이크로 주소로 사용된다.

39 spooling
고속의 중앙처리장치와 저속의 입/출력장치 사이에 존재하는 속도의 격차를 극복하고 이들 사이의 입/출력 작업이 원활하게 수행될 수 있도록 중재하는 기법

40 ISZ 명령어(increment and skip if zero)
유효주소로 지정된 워드의 값을 하나 증가시키고, 증가된 값이 0이면 PC도 하나 증가시켜 다음 명령을 수행 마이크로 동작

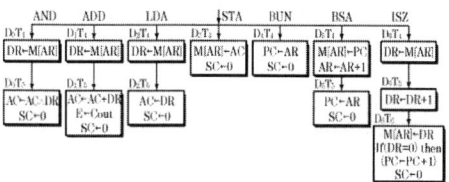

41 신호
① ALE(Address latch Enable) : 어드레스 신호와 데이터 신호를 분리할 수 있도록 한 분리신호
② CE(Chip enable) : 액티브되어야 데이터를 읽을 수 있다.
③ CS(Chip Select)
④ OE(Out enable) : 메모리에 저장되어 있는 데이터를 출력할 때
⑤ OC(Output control)
⑥ WR(Write enable)
⑦ LCDEN(LCD enable)

42 ① 동기형 계수기 : 여러 개의 플립플롭이 접속될 경우, 계수 입력에 가해진 시간 펄스의 효과가 가장 뒤에 접속된 플립플롭에 전달되려면 한 개의 플립플롭에서 일어나는 시간 지연이 생긴다. 이러한 문제를 해결하기 위해서 만든 계수기
② 링 카운터(Ring Counter) : 시프트 레지스터 출력을 입력에 되먹임함으로써 클록 펄스가 가해지면 같은 2진수가 레지스터 내부에서 순환하도록 만든 계수기

43 DMA의 3개의 레지스터의 기능
① 주소 레지스터의 메모리 주소는 버스 버퍼를 통해 주소 버스로 가며, 한 워드 전송 시 한 워드씩 증가
② 워드 카운터 레지스터 : 한 워드의 전송 때마다 감소되어 0과 비교
③ 제어 레지스터 : 전송모드를 지정하는 데 사용

45 레지스터(register)
산술적/논리적 연산이나 정보 해석, 전송 등을 할 수 있는 일정 길이의 정보를 저장하는 중앙처리장치

(CPU) 내의 기억장치. 저장 용량은 제한되어 있으나 주기억장치에 비해서 접근 시간이 빠르고, 체계적인 특징이 있다.

46 마이크로 전자계산기에서 사용되는 버스
① 제어 버스(control bus) : CPU가 기억장치나 I/O 장치와 데이터 전송을 할 때 자신의 상태를 다른 장치들에게 알리기 위해 사용되는 버스
② 주소 버스(address bus) : 마이크로프로세서에서 데이터가 저장된 또는 저장될 기억장치의 장소를 지정하기 위해 사용하는 버스
③ 데이터 버스(data bus) : 중앙처리장치에 연결되는 양방향성 버스. 마이크로컴퓨터에서 중앙처리장치와 기억장치, 그리고 입출력장치 등에 공통적으로 연결되는 버스

47 보 레이트(baud rate) : 직렬 통신 속도를 결정해 주기 위한 클록을 공급해 주는 것

48 PIO(Parallel I/O) : 병렬 데이터 전송을 위한 LSI이다. 전송속도는 빠르나 다수의 신호선이 필요하므로 원거리인 경우는 비용이 많이 든다.

49 적재(Loading) : 실행 프로그램을 할당된 기억공간에 실제로 옮기는 기능

50 스택에 관한 설명
① 스택에서 읽을 때는 pop 명령을 사용한다.
② 마이크로프로세서에서 스택은 인터럽트와 관련이 깊다.
③ 스택은 LIFO 메모리 장치이다.
④ 서브루틴 수행
⑤ 역표기법(Reverse polish)을 이용한 수식 계산

51

X	Y	Z	I_2	I_1
0	0	0	0	0
0	0	1	0	1
0	1	0	0	0
0	1	1	1	0
1	0	0	1	1
1	0	1	1	1
1	1	0	1	1
1	1	1	1	1

우선순위가 가장 높은 인터럽트 요청신호는 X이다.

52 1976~ : intel 8048 개발(one chip)
Motorola MC 6801 개발
연산용 CPU와 제어용 CPU로 구분 발전

53 CMOS RAM의 설명
① 상보성 금속 산화막 반도체(CMOS) 제조 공법을 사용하여 만든 기억장치(RAM)
② 전력 소비량이 아주 낮다.
③ 전원으로부터의 잡음에 대한 허용도가 높다.
④ 건전지로 전원이 공급되는 하드웨어 구성 요소에 유용하게 사용된다.

54 ① bit slice microprocessor : 빠른 속도, 단일 칩으로 제작이 어려움
② 벡터 프로세서(Vector processor) : 어레이 프로세서(Array processor)는 벡터라고 불리는 다수의 벡터 데이터를 고속으로 처리하기 위해서 만들어진 프로세서

55 ① Tri-state 출력 : 3상태 출력이란 집적회로 등의 출력으로 1, 0 이외에 고임피던스 상태가 얻는 출력
② 오픈 컬렉터(open collector) 출력 : 트랜지스터의 컬렉터 혹은 드레인이 개방된 형태의 구조의 출력 회로로 트랜지스터가 BJT인 경우

56 데이터 전송 방식에 따른 I/O 설계 방식
① DMA 방식의 I/O
② 인터럽트 방식의 I/O
③ 프로그램 방식의 I/O

57 0123번지에 CALL A를 수행한 후 PC에 기억된 값은 1234번지이고, 1285번지에 CALL B를 수행한 후 PC에 기억된 값은 2345번지이다.

58 ① 0-주소 명령어 : 스택(stack)
② 1-주소 명령어 : 누산기(AC)-연산의 결과를 일시적으로 기억하는 레지스터
③ 2-주소 명령어 : 계산 결과를 필요로 할 때 계산 결과가 기억장치에 기억될 뿐 아니라 중앙처리장치에도 남아 있어서 중앙처리장치 내에서 직접 처

리할 수 있으므로 시간이 절약되는 명령어 형식
④ 3-주소 명령어 : 연산 후 입력 자료가 그대로 보존되는 명령어 형식. 프로그램 크기가 가장 작은 주소 형식

59 명령 사이클 Time
$= \dfrac{1}{CPU 클록} = \dfrac{1}{2.5MHz} = \dfrac{1}{2500000Hz} = 0.0000004s$
명령 사이클 Time×수행 수=0.0000004×13
=0.0000052=5.2μs

60 ① 프로그램에 의한 입·출력 : 중앙처리장치(CPU)에 가장 많이 의존하는 입·출력 방식
② DMA에 의한 입출력 : 중앙처리장치로부터 입출력 지시를 받으면 직접 주기억장치에 접근하여 데이터를 입출력하고 입출력에 관한 모든 동작을 독립적으로 수행하는 입출력 제어 방식

63 비동기식 카운터
동기식 카운터에 비해 회로가 간단해진다는 장점이 있으나 전달지연이 커진다는 단점이 있다.

64

A\B	0	1
0		✓
1	✓	✓

67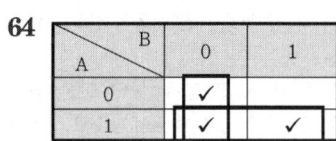

69 $\overline{(\overline{A+B})+(\overline{\overline{A}+\overline{B}})} = \overline{(\overline{A}\cdot\overline{B})}\cdot\overline{\overline{A}\cdot\overline{B}}$
$= (\overline{\overline{A}}+\overline{\overline{B}})\cdot(\overline{A}+\overline{B})$
$= (A+B)\cdot(\overline{A}+\overline{B})$
$= A\overline{B}+\overline{A}B$

70 1, 3, 5, 6을 A, B, C 3자리의 2진수로 표현하면 001, 011, 101, 110이다.

73

CP	J	K	Q_{n+1}
1	0	0	Q_n, hold
1	0	1	0, reset
1	1	0	1, set
1	1	1	$\overline{Q_n}$, toggle

74

2진수	0.1	0.01	0.001	0.0001
10진수	0.5	0.25	0.125	0.0625

75 드 모르간의 법칙 : NAND와 NOR의 경우에 적용할 수 있으며, AND와 OR 연산을 서로 바꾸고, 각 변수의 보수(부정)를 취한다.

76 Demultiplexer : 하나의 입력 정보를 여러 개의 출력선 중에 하나를 선택하여 정보를 전달하는 데 사용하는 것

77 ① 인코더 : 10진수를 비롯한 다른 진수를 2진수로 변환하는 기능
② 디코더 : 2진수를 10진수를 비롯한 다른 진수로 변환하는 기능

78 $\overline{AB+AC} = \overline{AB}\cdot\overline{AC}$
$= (\overline{A}+\overline{B})\cdot(\overline{A}+\overline{C})$
$= \overline{A}\overline{A}+\overline{A}\overline{C}+\overline{A}\overline{B}+\overline{B}\overline{C}$
$= \overline{A}(1+\overline{C}+\overline{B})+\overline{B}\overline{C}$
$= \overline{A}+\overline{B}\overline{C}$

79

10진수	42+29=71
2진수	1000111
3초과 코드	1010 0100

80 실제 사용하는 회로에서 신호를 지연(Delay)시키거나 장거리 신호를 전송할 때 신호의 파워를 보충시키는 일을 한다.

81 HDLC의 프레임 구조
플래그-주소부-제어부-정보부-FCS-플래그
[참고]
  1. 플래그(Flag)

① '01111110'의 8비트로 구성
② 프레임의 시작과 끝 표시
2. 주소
   ① 보통은 8비트, 확장 모드에서는 16비트
   ② 부국의 주소를 통지
      ㉠ Command의 경우 : 수신처의 부국 또는 복합국의 주소
      ㉡ Response의 경우 : 응답의 송신원의 부국 또는 복합국의 주소
3. 제어
   ① 8비트, 확장모드에서는 16비트
   ② 제어 필드 형식이 다른 세 종류의 프레임을 정의
4. 정보(Information) 프레임 : 사용자 데이터 전송
5. 데이터 : 가변이며, 정보 프레임과 비번호 프레임에만 존재
6. Frame Check Sequence
   ① 보통은 16비트의 CRC-16
   ② 확장 모드에서는 32비트의 CRC-32 사용

82 프레임의 시작과 끝을 나타내기 위한 전송제어 문자
① DLE(Data Link Escape) : 데이터 투과성(Data Transparent)을 위해서 전송제어 문자 앞에 삽입
② STX(Start of Text) : 블록의 시작을 알리는 비트 패턴 즉 자료의 시작
③ ETX(End of Text) : 블록의 마지막을 알리는 비트 패턴 즉 자료의 마지막
④ SYN : 동기화 문자는 수신측에게 블록의 시작을 알리는 비트 패턴

83 ① TCP : 연결 지향형. 사용하는 서비스는 HTTP, FTP, Telnet, SMTP 등
② UDP(User Datagram Protocol) : 비연결형. 사용하는 서비스는 IP, DNS, SNMP, ARP, RARP 등

84 자동 반복 요청(ARQ) 기법
1. Stop and Wait(정지-대기) ARQ
   ① 송신측에서 한 개의 블록을 전송한 후 수신측으로부터 응답을 기다리는 방식
   ② 수신측의 응답이 ACK라면 다음 블록을 전송하고 NAK라면 앞서 송신한 블록을 다시 송신
   ③ 블록을 전송할 때마다 응답을 기다리므로 전송 효율이 낮다.
   ④ 구현방법이 간단
2. Go-Back-N ARQ
   ① 여러 블록들을 연속적으로 전송하고, 수신측에서 NAK를 보내오면 송신측이 오류가 발행한 이후의 블록을 모두 재송신하는 방식
   ② 전송오류가 발생하지 않으면 쉬지 않고 송신가능
   ③ 오류가 발생한 부분부터 재송신하므로 중복 전송의 단점이 있다.
3. Selective Repeat(선택적 재전송) ARQ
   ① 여러 블록을 연속적으로 전송하고, 수신측에서 NAK를 보내면 송신측에서는 오류가 난 부분의 블록만 재전송
   ② 수신측에서는 데이터를 처리하기 전에 재조합을 하여야 하므로 복잡한 논리회로와 큰 용량의 버퍼가 필요하다.
4. Adaptive(적응적) ARQ
   ① 최대의 전송효율을 위해 데이터 블록의 길이를 채널의 상태에 따라 동적으로 변화
   ② 전송 효율이 좋다.
   ③ 제어회로가 매우 복잡하고, 비용이 많이 든다.

85 ① 진폭 편이 변조(ASK, Amplitude Shift Keying) : 2진수 0과 1을 각각 서로 다른 진폭의 신호로 변조하는 방식
② 주파수 편이 변조(FSK, Frequency Shift Keying) : 2진수 0과 1을 각각 서로 다른 주파수로 변조하는 방식
③ 위상 편이 변조(PSK, Phase Shift Keying) : 2진수 0과 1을 각각 서로 다른 위상을 가진 신호로 변조하는 방식. 동기식 변복조기(MODEM)에서 주로 사용
[참고]
① 아날로그에서 아날로그로 전송(부호화) : AM, FM, PM
② 디지털에서 아날로그로 전송(부호화) : ASK, FSK, PSK, QAM
③ 아날로그에서 디지털로 전송 : PCM

86 인터-네트워킹을 위해 사용되는 네트워크 장비
① 리피터(Repeater)
② 브리지(Bridge)
③ 라우터(Router)

④ 스위칭(Switching)

87 전송 신호의 부호 방식

① NRZ-L(NonReturn to Zero Level) 코드 : 전압 준위가 데이터 비트를 나타내는 방식
② NRZ-I(NonReturn to Zero Inverted) 코드
　㉠ 데이터 비트 1에 대해 비트 구간의 시작에서 신호 천이(Transition)가 발생하며 데이터 비트 0에 대해서는 천이가 없다.
　㉡ NRZ 방식은 가장 간단한 형태의 신호 부호이나 동일한 비트가 연속적으로 나타나면 직류 성분이 존재하여 동기화 능력이 없는 것이 단점이다.
③ Bipolar-AMI 코드 : "+, 0, -" 3개의 신호 레벨을 사용
④ Manchester 코드
　㉠ NRZ의 선로 부호에서 동기화 능력을 부여하기 위해 데이터 비트당 천이 능력을 부여한 것으로 데이터 비트 1은 고준위에서 저준위로 천이하며 데이터 비트 0은 저준위에서 고준위로 천이한다.
　㉡ 현재 IEEE 802.3의 CDMA/CD LAN에서 전송 부호로 사용되며, Differential Manchester 코드는 IEEE 802.5의 토큰 링 LAN에서 사용한다.

88 비동기식 전송 방식의 특징

① 문자와 문자 사이 시간 간격은 일정하지 않다.
② 시작 비트와 정지 비트가 필요하다.
③ 동기 전송에서는 송신측과 수신측의 클록에 대한 동기가 필요하다.

89 IP 주소 유형(Class)

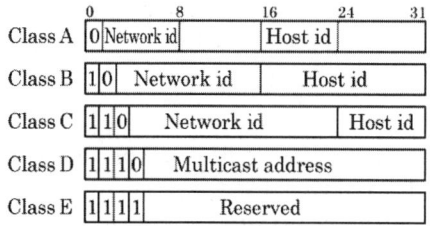

90 "C"는 짝수 패리티 비트 검사에서는 에러가 발생하지 않는 문자이다.

91 4위상 변조는 2bit

데이터의 전송속도=통신속도×위상변조의 bit
　　　　　　　　=2400×2=4800bps

92 UDP 패킷 헤더

Source Port Number 16bit	Destination Port Number 16bit
UDP length 16bit	UDP checksum 16bit
Data	

① source port(발신 포트 번호 16비트) : TCP와 동일
② destination port(수신 포트 번호 16비트) : TCP와 동일
③ length(패킷 전체 길이) : 헤더와 데이터를 포함한 바이트 단위의 길이. 최소값 8(헤더만 포함될 때)
④ checksum(체크섬) : 선택 항목. 헤더와 데이터의 에러를 확인하기 위한 필드(체크섬 값이 0이면 수신측은 체크섬을 계산하지 않음)

93 피기백킹(Piggybacking) 기법

데이터 송수신이 많은 네트워크 환경에서 사용하며 HDLC에서는 I-프레임이 주로 사용된다. 수신측에서 송신측에 데이터 요청을 하였을 경우 송신측은 바로 응답하지 않고 수신측에 데이터를 보낼 환경이 만들어지면 송신측은 수신측에 데이터를 보내면서 이전에 요청한 응답까지 같이 보내는 방식이다.
[참고] HDLC 프레임의 종류
　① I-FRAME : 정보를 전송
　② U-FRAME(비번호) : 연결에 대한 제어신호, 제어정보를 전송
　③ S-FRAME(감독) : 제어신호를 송수신할 때, 연결 설정/해제 등의 정보를 전송

94 CRC(Cyclic Redundancy Check, 순환 잉여 검사)

① 집단적으로 발생하는 오류에 대해 신뢰성 있는 오류검출
② 다항식 코드를 사용한다.(다항식 : 패리티 검사와 블록 합 검사 방식으로는 집단 오류를 검출할 수 없다. 이를 개선하는 방법)
③ 가장 신뢰성 있는 검사 코드이다.
④ FCS(Frame Check Sequence), 프레임 검사 순서를 추가 전송한다.

⑤ FCS를 'BCC(Block Check Character)'라고도 한다.
⑥ CRC는 각 문자마다 패리티를 붙이는 패리티 검사와는 달리 프레임의 실제 내용에 의해 계산되는 FCS를 프레임의 맨 끝에 추가 전송한다.

[참고]
1. LRC(Longitudinal Redundancy Check, 수평 패리티 검사방식) : 수평방향을 한 블록 단위로 하여 모든 문자의 각 비트 위치당 패리티 비트를 추가한 방식
2. VRC(Vertical Redundancy Check, 수직 패리티 검사방식) : 수직 방향으로 1의 비트수가 짝수(홀수)가 될 수 있도록 부가 비트를 추가시켜 한 문자를 구성하고 검출의 경우 1의 비트 수가 짝수(홀수)인지를 검사해서 오류의 발생 여부를 판정하는 방식
3. ARQ(Automatic Repeat Request, 오류 검출 후 재전송 방식) : 통신 시스템에서 수신측은 오류 검출을 한 후 이를 송신측에 알리고 재전송을 요구하는 방식으로 정방향과 역방향으로 채널이 필요하다.
   ① 정지-대기(Stop-and-wait) ARQ 방식
      ㉠ 가장 단순한 형태의 ARQ이다.
      ㉡ 송신측은 하나의 블록을 전송한 후 수신측에서 ACK(긍정응답), NAK(부정응답)이 올 때까지 기다리다가 재전송하는 방식이다.
      ㉢ 구현 방법이 단순하다.
      ㉣ 송·수신측에 1개의 버퍼(Buffer)가 필요하다.
      ㉤ 다른 ARQ에 비해 전송 효율이 낮다.
4. 연속적(Continue) ARQ의 종류
   ① GO-Back-N ARQ
      ㉠ 오류가 처음 발생한 블록 이후 모든 Block을 재전송하는 방식이다.
      ㉡ 송신측 버퍼는 충분한 용량이 있어야 하나 수신측은 1개면 충분하다.
      ㉢ SDLC 프로토콜에 많이 사용한다.
   ② 선택적(Selection) ARQ
      ㉠ 오류가 발생한 블록만 재전송하는 방식이다.
      ㉡ 수신측에서 충분한 버퍼가 필요하다.
      ㉢ 통신 선로에 오류가 많을 때 사용한다.
   ③ 적응적(Adaptive) ARQ
      ㉠ 전송 효율을 최대로 하기 위해 프레임의 길이를 동적으로 변경시킬 수 있는 방식이다.
      ㉡ 수신측에서 오류 발생 확률을 송신측에 알려주면 송신측은 가장 적절한 프레임의 크기를 결정한 후 프레임을 전송한다.

95 HDLC 전송 제어 절차의 세 가지 동작 모드
① NRM : Nomal Response Mode
② ARM : Asynchronous Response Mode
③ ABM : Asynchronous Balanced Mode

96 비트 방식의 데이터 링크 프로토콜
전송 데이터의 처음과 끝에 특수한 플래그 비트를 포함하여 메시지를 구성하여 전송
① HDLC
② SDLC
③ LAPB
④ ADCCP
⑤ X.25프로토콜

97 TCP/IP 계층의 프로토콜
① 응용 계층 : DNS, TFTP, TLS/SSL, FTP, HTTP, IMAP, IRC, NNTP, POP3, SIP, SMTP, SSH, TELNET 등
② 전송(전달) 계층 : TCP, UDP, DCCP, SCTP, IL, RUDP 등
③ 네트워크 인터페이스 계층 : IP(IPv4, IPv6)
④ 연결(링크) 계층 : 이더넷, Wi-Fi, 토큰 링, PPP, SLIP, FDDI, ATM, Frame Relay 등
※ SNMP(간이 망 관리 프로토콜, Simple Network Management Protocol)은 IP 네트워크상의 장치로부터 정보를 수집 및 관리하며, 또한 정보를 수정하여 장치의 동작을 변경하는 데에 사용되는 인터넷 표준 프로토콜이다.

98 HTTP : Hyper Text Transper Protocol
[참고] TCP/IP 관련 프로토콜
① SMTP(Sent Mail Transfer Protocol) : 보내는 메일 서버 프로토콜
② FTP(File Transfer Protocol) : 파일 전송 프로토콜

③ SNMP(Simple Network Management Protocol)
: 단순 망 관리 프로토콜

99 **OSI 7계층**
① 7계층(응용 계층) : 사용자에게 OSI 모델로서의 접근과 분산정보 서비스 제공
② 6계층(표현 계층) : 응용프로세서의 독립성 제공
③ 5계층(세션 계층) : 응용 간의 통신을 위한 제어구조 제공, 접속의 설정, 유지, 해제
④ 4계층(전송 계층) : 종점 간에 오류 수정과 흐름 제어를 수행하여 신뢰성 있고 투명한 데이터 전송을 제공
⑤ 3계층(네트워크 계층) : 독립성을 유지할 수 있는 통신시스템 제공
⑥ 2계층(데이터 링크 계층) : 흐름 제어와 오류복구를 통하여 신뢰성 있는 프레임 단위의 전달을 제공
⑦ 1계층(물리 계층) : 기계적, 전기적, 절차적 특성을 취급

100 ① VAN(Value Area Network) : 부가가치통신망
② WAN(Wide Area Network) : 원거리통신망
③ MAN(Metropolitan Area Network) : 중거리통신망
④ LAN(Local Area Network) : 근거리통신망

2013년 제4회

01	02	03	04	05	06	07	08	09	10
①	②	②	③	④	④	④	④	②	④
11	12	13	14	15	16	17	18	19	20
④	③	④	②	①	①	①	④	③	①
21	22	23	24	25	26	27	28	29	30
④	④	②	①	②	④	②	①	④	②
31	32	33	34	35	36	37	38	39	40
④	①	②	④	②	④	①	①	③	④
41	42	43	44	45	46	47	48	49	50
④	④	②	③	④	②	①	④	②	④
51	52	53	54	55	56	57	58	59	60
④	②	①	②	②	①	④	③	③	④
61	62	63	64	65	66	67	68	69	70
②	①	②	②	③	①	②	①	②	④
71	72	73	74	75	76	77	78	79	80
③	④	③	④	④	②	②	②	③	①
81	82	83	84	85	86	87	88	89	90
①	③	④	④	②	④	②	③	③	②
91	92	93	94	95	96	97	98	99	100
①	②	②	④	②	④	③	①	①	②

01 ① 인터프리터(Interpreter) : 목적 프로그램을 생성하지 않고 행(줄)단위로 기계어로 번역
② 디버거(Debugger) : 번역된 프로그램의 실행 오류를 찾기 위한 프로그램
③ 프리프로세서(Preprocessor) : 전처리기는 원시 프로그램을 기계어 프로그램으로 번역하는 대신에 기존의 고수준 컴파일러 언어로 전환하는 역할을 수행한다.
④ 크로스 컴파일러 : 원시 프로그램을 컴파일러가 수행되고 있는 컴퓨터의 기계어로 번역하는 것이 아니라, 다른 기종에 맞는 기계어로 번역

02 어셈블리어에 대한 설명
① 명령 기능을 쉽게 연상할 수 있는 기호를 기계어와 1 : 1로 대응시켜 코드화한 기호 언어
② 프로그램에 기호화된 명령 및 주소를 사용
③ 어셈블리어의 기본 동작은 동일하지만 작성한 CPU마다 사용되는 어셈블리어가 다를 수 있다.
④ 어셈블리어에서는 데이터가 기억된 번지를 기호(symbol)로 지정
⑤ 어셈블리어로 작성된 원시 프로그램은 목적 프로그램을 생성한 후 실행 가능

03 매크로 프로세서 처리 과정
매크로 정의 인식 → 매크로 정의 저장 → 매크로 호출 인식 → 매크로 확장과 인수치환

04 프로세서의 정의
① 실행 가능한 PCB를 가진 프로그램
② 프로세서가 할당하는 개체로서 디스패치가 가능한 단위
③ 목적 또는 결과에 따라 발생되는 사건들의 과정
④ 운영체제가 관리하는 실행 단위
⑤ 실행 중인 프로그램

05 시스템 소프트웨어
① 컴퓨터 시스템의 개별 하드웨어 요소들을 직접 제어, 통합, 관리
② 사용자의 문제를 직접 해결하는 응용 소프트웨어와는 반대의 개념
③ 메모리에서 디스크로 데이터를 전송한다든가 문자열을 디스플레이로 출력하는 등의 작업을 수행
④ 로더, 운영체제, 장치 드라이버, 프로그래밍 도구, 컴파일러, 어셈블러, 링커, 유틸리티 등이 포함

06 기억장치 배치 전략
① 최초 적합 전략(First fit) : 프로그램이 적재될 수 있는 가용 공간 중에서 첫 번째 분할에 배치하는 방식
ex) 분할번호 2 : 12K
② 최적 적합 전략(Best fit) : 가용 공간 중에서 프로그램을 적재할 수 있는 가장 작은 공백이 남는 분할에 배치하는 방식
ex) 분할번호 2 : 12K
[이유] 분할번호 3 : 10K이여야 하나 사용(in use) 상태이므로 제외
③ 최악 적합 전략(Worst fit) : 프로그램의 가용 공간들 중에서 가장 큰 공간에 배치하는 방식
ex) 분할번호 5 : 16K

07 JCL(Job Control Language)
① 작업이 수행되는 조건 및 출력 선택 등을 제어하기 위한 언어
② 작업의 실행, 종료 또는 사용 파일의 지정 등을 할 때 사용하는 작업 단계를 표시하는 언어

③ 사용자가 자신의 작업 처리 순서를 운영체제에게 알려주기 위한 특수 언어
④ 몇 개의 명령어를 조합할 때 그 기능을 완수할 수 있다.

08 로더(loader)의 기능
① 할당(Allocation) : 실행 프로그램을 실행시키기 위해 기억장치 내에 옮겨 놓을 공간을 확보하는 기능
② 연결(Linking) : 부 프로그램 호출 시 부 프로그램이 할당된 기억장소의 시작주소를 호출한 부분에 등록하여 연결하는 기능
③ 재배치(Relocation) : 프로그램이 주기억장치 공간에서 위치를 변경
④ 적재(Loading) : 실행 프로그램을 할당된 기억공간에 실제로 옮기는 기능

09 로더(loader)의 종류
① Direct linking loader : 일반적인 로더(general loader)이며 할당, 연결, 재배치, 적재의 기능을 모두 수행하는 가장 근접한 로더
② Absolute loader : 간단한 로더이며 단순히 번역된 목적 프로그램을 입력으로 받아들여 주기억장치의 프로그래머가 지정한 주소에 적재하는 기능을 가지는 로더
③ Compile and go loader
  ㉠ 원시 프로그램의 기계어로 번역하는 순서대로 명령어 및 자료를 직접 주기억장치에 적재하여 곧바로 프로그램을 수행하는 방식의 loader
  ㉡ 연결 기능은 수행하지 않고 할당, 재배치, 적재 작업을 모두 언어번역 프로그램이 담당

10 어셈블러를 두 개의 pass로 구성하는 주된 이유
① 한 개의 Pass만을 사용하는 경우는 기호를 모두 정의한 뒤에 해당 기호를 사용하여야 한다.
② 기호를 정의하기 전에 사용할 수 있어 프로그램 작성이 용이하기 때문이다.(전향 참조, Forward reference)
③ 사용의 편의상 정의하기 전에 사용한 주소 상수를 처리하기 위함이다.

11 기계어에 대한 설명
① 프로그램을 작성하고 이해하기가 어렵다.
② 컴퓨터가 직접 이해할 수 있는 언어이다.
③ 기종마다 기계어가 다르므로 언어의 호환성은 없다.
④ 0과 1의 2진수 형태로 표현되어 수행시간이 빠르다.

12 매크로(Macro)
① 사용자가 입력하는 순서를 기록해 두었다가 바로가기 키 조작으로 재생 가능
② 반복적인 작업을 빠르고 효율적으로 할 수 있다.
③ 각각 이름을 붙일 수 있고 별도의 파일로 저장이 가능
④ 특정 문구의 반복이 가능하기 때문에 복사 및 붙이기 등을 대체하여 사용

13 페이지 교체 알고리즘
① FIFO(First In First Out) : 가장 먼저 적재된 페이지를 먼저 교체하는 기법
② LRU(Least Recently Used) : 가장 오랫동안 사용되지 않은 페이지를 먼저 교체하는 기법
③ LFU(Least Frequently Used) : 참조된 횟수가 가장 적은 페이지를 먼저 교체하는 기법
④ NUR(Not Used Recently) : 최근에 사용하지 않은 페이지를 먼저 교체하는 기법

14 LEA : 주소값을 저장. C에서는 &변수 비슷

15 어셈블리어 명령
1. 매크로 정의의 시작과 끝
  : MACRO ~ MEND(ARM일 경우 대문자로 표기)
  : .macro ~ .endm(GUN일 경우 소문자로 표기)
2. 프로시저의 시작과 끝 : PROC ~ ENDP
3. 프로그램 구조에서 세그먼트의 시작과 끝
  : SEGMENT ~ ENDS
4. (형식)

GNU(Gun is Not Unix) Assembler 지시어	ARM(Advanced RISC Machine) Assembler 지시어
.macro	MACRO
.endm	MEND

.macro WR32 addr, data
  ldr   r0, =addr
  ldr   r1, =data
  str   r1, [r0]
.endm
	MACRO
	WR32 $ADDR, $DATA
	; [ADDR]=DATA
	LDR r0, =$ADDR
	LDR r1, =$DATA
	STR r1, [r0]
	MEND

16 ① ORG : 원시 프로그램을 목적 프로그램으로 번역할 때 현재의 오퍼랜드에 있는 값을 다음 명령어의 번지로 할당하는 것
② EQU : 지시어는 숫자형 상수, 레지스터 연관값 또는 프로그램 연관값에 상징된 이름을 부여한다.
③ INCLUDE : 라이브러리에 기억된 내용을 프로시저로 정의하여 서브루틴으로 사용하는 것과 같이 사용할 수 있도록 그 내용을 현재의 프로그램 내에 포함시켜 주는 명령

17 ① ORG : 원시 프로그램을 목적 프로그램으로 번역할 때 현재의 오퍼랜드에 있는 값을 다음 명령어의 번지로 할당하는 것
② INCLUDE
㉠ 다른 어셈블리 언어의 소스 파일을 삽입하는 의사명령
㉡ 라이브러리에 기억된 내용을 프로시저로 정의하여 서브루틴으로 사용하는 것과 같이 사용할 수 있도록 그 내용을 현재의 프로그램 내에 포함시켜 주는 명령

18 ① 어셈블러(assembler) : 저급 언어에서 사용. 어셈블리 언어로 작성된 프로그램을 기계어로 번역하는 프로그램
② 링커(Linker) : 여러 Object를 한 개의 실행 가능한 형태의 file로 작성한다. 일반적으로 다른 곳에서 프로그램 루틴이나 컴파일, 어셈블된 루틴들을 모아서 실행 가능한 루틴을 작성
③ 연결 편집기(Linkage editor) : 연결 편집기로 로드 모듈을 만들어 놓으면 그 모듈을 기억장치에 로드하여 바로 실행할 수 있도록 하는 방식

19 1. 인터프리터(interpreter)
① 원시 프로그램(고급 언어)을 한 문장(줄) 단위로 해석하고 번역한 후 번역과 동시에 프로그램을 한 줄 단위로 즉시 실행시키는 프로그램
② 목적 프로그램 미생성
③ 실행 속도 느림
④ 회화형 언어(실행 속도보다 컴파일 속도 중시)
⑤ 대표적인 언어 : BASIC
2. 컴파일러(compiler)
① 목적 프로그램 생성
② 컴파일 속도 느림
③ 실행 속도 빠름
④ 대표적인 언어 : COBOL, FORTRAN, C
3. 로더(Loader) : 외부 기억장치로부터 주기억장치로 이동하기 위해 메모리 할당, 연결, 재배치, 적재를 담당하는 서비스 프로그램

20 프리프로세서(Preprocessor)
전처리기는 원시 프로그램을 기계어 프로그램으로 번역하는 대신에 기존의 고수준 컴파일러 언어로 전환하는 역할을 수행한다.

21 3초과 코드 : 8421 코드에 10진수 3을 더한 코드로 코드 내에 하나 이상의 1이 반드시 포함되어 있어 0과 무신호를 구분하기 위한 코드

22 3-Cycle 인스트럭션
① 명령어의 실행 시 메모리에 3번 접근하는 명령
② ADD, LOAD, STORE

23 각 단계에서 제어점을 제어하는 것
① Fetch : 명령어
② Indirect : 유효주소
③ Execute : 명령어의 연산자
④ Interrupt : interrupt 체제에 따라 달라짐

25 주기억장치 대역폭(Bandwidth)
① 기억장치가 마이크로프로세서에 1초 동안에 전송할 수 있는 비트 수이다.
② 사이클 타임 또는 접근시간과 기억장치에 연결되어 있는 데이터 버스 길이(버스 폭)에 따라 결정된다.
③ 한 번에 전송되는 데이터 워드가 크면 대역폭은 증가한다.

26 자기 디스크(Magnetic Disk) 장치의 주요 구성 요소
① 액세스 암(Access Arm)
② 읽고 쓰기 해드(R/W Head)
③ 디스크(Disk)
[참고] 실린더 : 물리적 구성 요소(장치)가 아닌 논리적 구성 단위이다.

27 소프트웨어 폴링 방식
① 비교적 큰 정보를 교환하는 시스템에 적합하다.
② 융통성이 있다.
③ 반응속도가 느리다.
④ 우선순위를 변경하기 쉽다.

28 ① MAR(메모리 주소 레지스터) : 기억장치를 출입하는 데이터의 번지를 나타내는 레지스터
② MBR(메모리 버퍼 레지스터) : 기억장치를 출입하는 데이터가 잠시 기억되는 레지스터

29 수치 정보의 표현이 만족하려면 정밀도가 높아야 한다.

32 인스트럭션(명령어) 설계 시 고려사항
① 연산자의 수와 종류
② 주소지정방식
③ 시스템 단어(WORD) 크기(비트수)
④ 인스트럭션 형태
⑤ 데이터 구조

34 ① 디멀티플렉서 : 1개의 입력선을 받아들여 n개의 선택선의 조합에 의해 2^n개의 출력선 중에서 하나를 선택하여 출력하는 회로이며 데이터 분배기(Data distributor)라고도 한다.

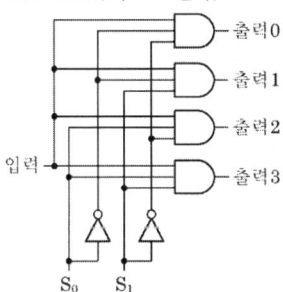

② 멀티플렉서 : 2^n개의 입력 중에서 하나를 선택하여 하나의 출력선으로 내보내기 위해서는 최고 n비트의 선택입력이 필요하다. 이 n개의 선택 입력 조합으로 입력을 선택하여 출력하는 회로이며 데이터 셀렉터(data selector)라고도 한다.

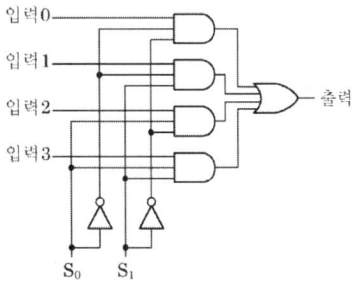

35 ① Write-Through 정책 : 프로세서에서 메모리에 쓰기 요청을 할 때마다 캐시의 내용과 메인 메모리의 내용을 같이 바꾸는 방식으로 이 방식은 구조가 단순하다는 장점을 가지고 있지만 데이터에 대한 쓰기 요청을 할 때마다 항상 메인 메모리에 접근해야 하므로 캐시에 의한 접근 시간의 개선이 없어지게 되며, 따라서 쓰기 시의 접근시간은 주 메모리의 접근시간과 같게 되는 단점을 가지게 된다. 하지만 실제의 프로그램에서 메모리 참조 시 쓰기에 대한 작업은 통계적으로 10~15%에 불과하며 따라서 그 구조가 단순하고, 메모리와 캐시의 데이터를 동일하게 유지하는 데 별도의 신경을 쓰지 않아도 되므로 많이 사용되는 방식이다.
② Write-Back 정책 : CPU에서 메모리에 대한 쓰기 작업 요청 시 캐시에서만 쓰기 작업과 그 변경 사실을 확인할 수 있는 표시를 하여 놓은 후 캐시로부터 해당 블록의 내용이 제거될 때 그 블록을 메인 메모리에 복사함으로써 메인 메모리와 캐시의 내용을 동일하게 유지하는 방식이다. 이 방식은 동일한 블록 내에 여러 번 쓰기를 실행하는 경우 캐시에만 여러 번 쓰기를 하고 메인 메모리에는 한 번만 쓰게 되므로 이 경우에 매우 효율적으로 동작하게 될 것이다.

36 접근 방식에 의한 주소지정방식
① 묵시적 주소지정방식(Implied Addressing Mode)
　㉠ Operand가 명령어에 묵시적으로 정의되어 있는 경우
　㉡ 스택을 이용하는 0-주소 명령어에 사용
② 즉시 주소지정방식(Immediate Addressing Mode)
　㉠ 명령어의 Operand 부분에 데이터를 기억하는 방식

ⓒ 별도의 메모리에 접근하지 않고 CPU에서 곧바로 자료를 이용하므로 실행속도가 가장 빠르다.
ⓒ 메모리 참조횟수 : 0
③ 직접 주소지정방식(Direct Addressing Mode)
　㉠ 명령어의 Operand 부분에 유효 주소 데이터가 있는 방식
　ⓒ 메모리 참조횟수 : 1
④ 간접 주소지정방식(Indirect Addressing Mode)
　㉠ 명령어의 Operand 부분에 실제 데이터의 위치를 찾을 수 있는 번지를 가지고 있는 방식
　ⓒ 메모리 참조횟수 : 2회 이상

계산에 의한 주소지정방식
① 절대 주소지정방식(Absolute Addressing Mode)
　㉠ 기억장치 고유의 번지로서 0, 1, 2, 3과 같이 16진수로 약속하여 순서대로 정해놓은 번지인 절대 주소로 주소를 지정하는 방식
② 상대 주소지정방식(Relative Addressing Mode)
　㉠ 유효주소 : 명령어의 주소 부분+PC
③ 베이스 레지스터 주소지정방식(Base Register Addressing Mode)
　㉠ 유효주소 : 명령어의 주소 부분+Base Register
　ⓒ 베이스 레지스터(Base Register) : 명령이 시작되는 최초의 번지를 기억하고 있는 레지스터
④ 인덱스 레지스터 주소지정방식(Indexed Register Addressing Mode)
　㉠ 유효주소 : 명령어의 주소 부분+Index Register
　ⓒ 인덱스 레지스터(Index Register) : 주소 변경, 서브루틴 연결, 반복 연산 수행 등의 역할을 하는 레지스터

37 누산기(accumulator) : 중앙처리장치에서 더하기, 빼기, 곱하기, 나누기 등의 연산을 한 결과 등을 일시적으로 저장해 두는 레지스터

38 인터럽트 작동 순서
① CPU에게 인터럽트 요청
② 현재 작업 중인 명령을 완료하고 상태를 저장
③ 인터럽트 인지신호 발생
④ 벡터 인터럽트 처리
⑤ 리턴에 의한 복귀

39 인터럽트 발생 시 동작 순서

① 인터럽트 요청 신호 발생
② 현재 수행 중인 프로그램의 상태를 저장
③ 어느 장치가 인터럽트를 요청했는지 찾는다.
④ 인터럽트 취급 루틴을 수행
⑤ 보존한 프로그램 상태로 복귀

40 인스트럭션(명령어) 성능
$$= \frac{\text{수행시간}}{(\text{패치시간}+\text{준비시간})} = \frac{20}{(5+3)} = 2.5$$

41 JTAG(Joint Test Action Group)의 기능
JTAG가 제공하는 기능을 먼저 살펴보면 프로세서(CPU)의 상태와는 상관없이 디바이스의 모든 외부 핀을 구동시키거나 값을 읽어들일 수 있는 기능을 제공한다.
① 디바이스 내에서 모든 외부와의 연결점을 가로챈다.
② 각각의 셀은 시리얼 시프트 레지스터를 형성하기 위해서 서로 연결
③ 전체적인 인터페이스는 5개의 핀에 의해서 제어된다.
　㉠ TDI(test data in, 데이터 입력)
　ⓒ TMS(모드)
　ⓒ TCK(test clock)
　㉣ TRST(리셋)
　㉤ TDO(test data out)
④ 회로의 배선과 소자의 전기적 연결상태 test
⑤ 디바이스 간의 연결상태 test
⑥ Flash memory fusing

42 마이크로프로세서의 특징
① 소형이며, 경량이다.
② 가격이 싸고, 소비전력이 작다.
③ 게이트의 수가 적어 신뢰성이 높다.
④ 위의 특징을 이용한 신제품 개발은 개발 기간을 최소한으로 단축시킬 수 있다.

45 ① 어셈블러(Assembler) : Source Program을 machine language program으로 변환하는 프로그램
② 컴파일러(Compiler) : Source Program으로 된 프로그램을 읽어들여서 목적 언어로 된 동일한 프로그램을 출력하여 주는 언어처리기
③ 인터프리터(Interpreter) : BASIC과 같은 고급 언어로 작성된 Source Program을 직접 실행하는 프

로그램

46 Fetch Cycle 수행 시 마이크로 오퍼레이션
① MAR ← PC
② MBR ← M[MAR], PC ← PC+1
③ OPR ← MBR[OP], I ← MBR[I]
④ F ← 1 or R ← 1

47

| X | Y | 활성화 | A_0 |
			D_0(절단)$+D_1$(절단)$+D_2+D_3$
0	0	$D_0=1$	절단+절단+0+0=0
0	1	$D_1=1$	절단+절단+0+0=0
1	0	$D_2=1$	절단+절단+1+0=1
1	1	$D_3=1$	절단+절단+0+1=1

| A_1 | A_2 |
D_0+D_1(절단)$+D_2$(절단)$+D_3$	D_0(절단)$+D_1+D_2+D_3$(절단)
1+절단+절단+0=1	절단+0+0+절단=0
0+절단+절단+0=1	절단+1+0+절단=1
0+절단+절단+0=0	절단+0+1+절단=1
1+절단+절단+1=1	절단+0+0+절단=0

48 handshake 방식
컴퓨터와 주변장치 사이에서 데이터 전송 시에 입·출력 주기나 완료를 나타내는 두 개의 제어 신호를 사용하여 데이터 입·출력을 하는 방식

49 명령 해독기(Decoder) : 명령 레지스터에 있는 명령어를 해독하는 회로

50 부트스트래핑 로더(Bootstrapping loader)의 역할
컴퓨터를 처음으로 부트스트랩하는 동안 코드 하나의 작은 조각을 적재하는 것

51 1. 제어장치 역할
컴퓨터를 구성하는 모든 장치가 효율적으로 운영되도록 통제하는 장치이다. 즉 주기억장치에 기억되어 있는 프로그램의 명령을 해독하여 입출력장치, 주기억장치, 연산장치 등 컴퓨터를 구성하는 장치에 신호를 보내어 각 장치의 동작을 제어한다.
2. 제어장치 구성
① 기억 레지스터(MBR) : 주기억장치에서 사용되는 데이터나 명령어를 일시적으로 기억
② 명령 레지스터(IR) : 현재 실행 중인 명령어를 기억
③ 명령 해독기 : 명령 레지스터에 기억된 명령어를 해독하여 다른 장치를 제어하기 위한 제어 신호를 발생
④ 명령 계수기(PC) : 다음에 실행할 명령어의 주기억장치의 위치 정보를 보관
⑤ 번지 레지스터(MAR) : 주기억장치의 주소를 기억

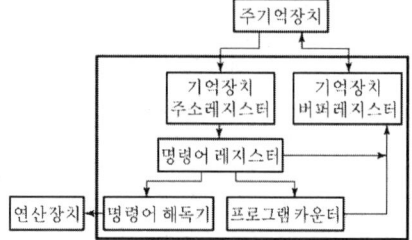

52 DMA(Direct Memory Access) 제어기의 구성 요소
① 인터페이스 회로 : CPU와 입출력장치와의 통신 담당
② 주소 레지스터 : 기억장치와 위치 지정을 위한 번지 기억
③ 워드 카운트 레지스터 : 전송되어야 할 워드의 수를 표시
④ 제어 레지스터 : 전송 방식 결정
⑤ 데이터 버스 버퍼, 주소 버스 버퍼 : 전송에 사용할 자료나 주소를 임시로 저장

54 ① 코프로세서(Coprocessor) : 주 프로세서(CPU)의 연산을 돕기 위해 추가되는 별도의 프로세서
② 비트 슬라이스 마이크로프로세서(Bit Slice Microprocessor) : 적은 비트 수를 가진 마이크로프로세서로 여러 개를 종속 접속하여 원하는 크기의 비트를 가진 프로세서
③ 스칼라 프로세서(Scalar processor) : 한 번에 하나의 데이터를 처리하는 CPU로 가장 단순한 방식의 프로세서

55 $1\text{msec} = \dfrac{1}{1000}\text{sec}$
1번째 사이클 총수행시간=1+2+3+4=10sec
2번째 사이클 수행시간=2+3+4=9sec

n번째 사이클 수행시간=2+3+4=10sec

$1000 = 10 + (n-1) \cdot 9$

$n - 1 = \dfrac{1000 - 10}{9}$

$n = \dfrac{1000 - 10}{9} + 1 = \dfrac{990}{9} + 1 = 110 + 1 = 111$

∴ 16진수값으로 변환하면 6F이다.

56 사이클 스틸링(Cycle Stealing)
① DMA 제어기와 CPU가 동시에 주기억장치에 접근할 때 그 순위를 제어기에 반환
② CPU가 어떤 명령과 다음 명령을 수행하는 사이를 이용하여 하나의 데이터 워드를 직접 전송한다.
③ 한 번에 데이터를 전송, 버스의 제어를 CPU에게 반환
④ 입력 및 출력의 데이터 전송을 빠르게 상승시켜주는 효과가 있다.

57
① 0-주소 인스트럭션 : 스택(stack)
② 1-주소 인스트럭션 : 누산기(AC)-연산의 결과를 일시적으로 기억하는 레지스터
③ 2-주소 인스트럭션 : 계산 결과를 시험할 필요가 있을 때 계산 결과가 기억장치에 기억될 뿐 아니라 중앙처리장치에도 남아 있어서 중앙처리장치 내에서 직접 시험이 가능하므로 시간이 절약되는 인스트럭션 형식
④ 3-주소 인스트럭션 : 연산 후 입력 자료가 변하지 않고 보존되는 특징의 장점을 갖는 인스트럭션 형식. 프로그램 크기가 가장 작은 주소 형식

58
① 트랜잭션 파일(transaction file)
실시간으로 처리되는 온라인 시스템에서 단말기로부터 입력되는 트랜잭션 데이터를 일시적으로 포함하는 파일. 발생 파일이라고도 한다. 주 컴퓨터 시스템에서 처리하여 주 파일을 갱신하는 데 사용된다. 예) 급여파일
② 마스터 파일(mater file)
특정 업무의 데이터 처리에 필요한 항목을 모두 구비한 파일이다. 어느 정도의 기간 동안은 거의 변동이 없을 것을 전제로 하고 있다.

59
Stack Pointer(SP) : 스택 조작을 위해서 사용하는 레지스터로서 프로그램 실행 중에 데이터의 저장 주소를 기억하고 있는 레지스터이다.

60
① SRAM(Static RAM, 정적 램)
㉠ 액세스 시간 고속
㉡ 메모리 용량은 소용량
㉢ 비트당 가격이 고가
㉣ 전력손실이 많다.
㉤ 캐시 메모리로 사용
② DRAM(Dynamic RAM, 동적 램)
㉠ 액세스 시간 저속
㉡ 메모리 용량은 대용량
㉢ 비트당 가격이 저가
㉣ 전력손실이 적다.
㉤ 재충전이 필요

61 플립플롭의 종류
① RS 플립플롭

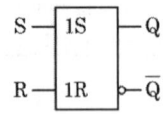

② T 플립플롭

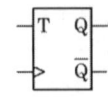

③ D 플립플롭

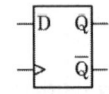

④ JK 플립플롭

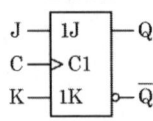

62 Look-ahead carry generator(올림수 예비 발생기)
올림수 예비를 생성하는 것으로서 대표적인 올림수 예비 발생기는 IC type 74182이다.

63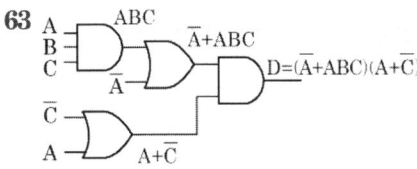

$$D = (\overline{A} + ABC)(A + \overline{C})$$
$$= A\overline{A} + \overline{A}\,\overline{C} + AABC + ABC\overline{C}$$
$$= 0 + \overline{A}\,\overline{C} + ABC + 0$$
$$= ABC + \overline{A}\,\overline{C}$$

64 레지스터(Register)
① 처리 중인 데이터나 처리 결과를 임시적으로 보관하는 CPU 내의 기억장치이다.
② 일반적으로 CPU 내의 연산장치나 제어장치에 같이 포함되어 있다.
③ 플립플롭(Flip-Flop)이나 래치(Latch)들을 직렬 또는 병렬로 연결하여 구성한 회로이다.
④ 속도가 가장 빠른 기억장치이다.

65 half adder(반가산기)
① Sum(합)=$X\overline{Y} + \overline{X}Y = X \oplus Y$
② Carry(올림수)=XY

66 부호 및 절대값은 맨 앞의 부호비트는 "-"
절대값은 9bit에서 $2^9 = 512$가지의 경우의 수가 나오므로

디지털 입력	1110000000
10진수값	$-(256+128+0+\sim+0)=-384$
출력값	$-384 \times \dfrac{10}{512} = -7.5V$

67 JK 플립플롭 진리표

J	K	Q(t+1)	
0	0	Q(t)	변화없음
0	1	0	Reset
1	0	1	Set
1	1	$\overline{Q}$(t)	보수

68 $\dfrac{20kHz}{2^2} = \dfrac{20}{4} = 5kHz$

69 8진 카운터는 3개의 JK 플립플롭을 나타낼 수 있다.

8진 카운터	
0	000
1	001
2	010
3	011
4	100
5	101
6	110
7	111

70 ① TTL 품종

시리즈명	의미
74 시리즈	표준 TTL
74L 시리즈	저전력 TTL
74H 시리즈	고속 TTL
74S 시리즈	Schottky TTL
74LS 시리즈	저전압 Schottky TTL
74AS 시리즈	Advanced Schottky TTL
74ALS 시리즈	저전력 Adv. Low power TTL

② TTL 분류

분류	종류
0~30번대	게이트
41~48번대	디코더
70번대	플립플롭
80번대	가산기
90번대	카운터, 레지스터
200번대, 300번대	100번대 이하 개량품

71 PLA(Programmable logic array)
프로그램이 가능한 논리소자로, n개의 입력에 대하여 2^n개 이하의 출력을 만들 수 있다.

73 민텀(논리곱의 최소항)

wx\yz	00	01	11	10
00	0	1		2
01	4	5		6
11	12	13		14
10	8	9		$\overline{y}$

wx\yz	00	01	11	10
00	0	1		2
01	4	5		6
11	12	13		14
10		8	9	

$\overline{wz}$

wx\yz	00	01	11	10
00	0	1		2
01	4	5		6
11	12	13		14
10		8	9	

$x\overline{z}$

$F = \overline{y} + \overline{wz} + x\overline{z}$

74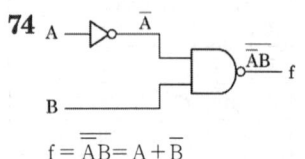

$f = \overline{\overline{AB}} = A + \overline{B}$

76 게이트 수

F
AB\CD	00	01	11	10
00		1		1
01	1	X		1
11	X	1	X	1
10		X		

F
AB\CD	00	01	11	10
00		1		1
01	1	X		1
11	X	1	X	1
10		X		

F
AB\CD	00	01	11	10
00		1		1
01	1	X		1
11	X	1	X	1
10		X		

F
AB\CD	00	01	11	10
00		1		1
01	1	X		1
11	X	1	X	1
10		X		

F
AB\CD	00	01	11	10
00		1		1
01	1	X		1
11	X	1	X	1
10		X		

fan-in의 합=13

F
AB\CD	00	01	11	10
00		1		2
01	3	X=5		6
11	X=12	13	X=15	14
10		X=9		

78 B(A+B)=AB+BB=B(A+1)=B

79 $2^6 = 64$가지

카운터 (0, 1, 2, … 63)

81 ① 플러딩(flooding) : 대규모 네트워크에서 수정된 라우팅 정보를 모든 노드에 빠르게 배포하는 수단

② 랜덤중계방식(random routing) : 중계경로를 임의로 불규칙하게 선택하는 방식으로 신뢰성이 높다.

③ 적응적 경로 지정(adaptive routing) : 통신망 상태, 즉 선로 고장률이나 통신량 형태 등의 변화에 따라 메시지의 전달 경로를 선택하는 방식

④ 고정경로 배정(fixed routing) : 임의의 노드에서 목적지까지 가야 할 경로가 가상회로의 설정 시에 정해지고 가상회로 종료 시까지 변함없이 사용되는 방식

82 ① TCP : 연결 지향형. 사용하는 서비스는 HTTP, FTP, Telnet, SMTP 등

② UDP(User Datagram Protocol) : 비연결형. 사용하는 서비스는 IP, DNS, SNMP, ARP, RARP 등

83 전송 손상 요인

① 감쇠 현상 : 신호가 전송선을 따라 전파되면서 그 진폭(신호의 세기)이 감소되는 현상

② 지연 왜곡 : 전송매체를 통한 신호의 전달 속도가 주파수에 따라 변하는 현상

③ 잡음 : 전송시스템에 의해 생긴 다소의 왜곡을 포함한 전송신호, 그리고 송수신측의 전송 과정에서 추

가된 불필요한 신호
㉠ 열 잡음(White noise) : 도체 내의 온도에 따른 전자 운동량의 변화에 의해 발생하는 잡음
㉡ 상호변조 잡음(Intermodulation noise) : 서로 다른 주파수들의 똑같은 전송매체를 공유할 때 이 주파수들이 서로의 합과 차에 대한 신호를 생성함으로써 발생하는 잡음
㉢ 누화 잡음(Crosstalk noise) : 혼선에 의한 전화 예에서처럼, 인접한 꼬임선(twist pair) 간의 전기적 신호 결합으로 인해 발생하는 잡음으로 신호의 경로가 비정상적으로 결합된 경우 발생
㉣ 충격 잡음(Impulse noise) : 외부적 전자기적 충격이나 통신 시스템의 결함으로 인해 발생하는 잡음

84

OSI 참조모델	TCP/IP 프로토콜	종류
응용 계층	응용 계층	HTTP, FTP, TELNET, SNMP, POP3, DNS
표현 계층		
세션 계층		
전송 계층	전송 계층	TCP, UDP
네트워크 계층	인터넷 계층	IP, ICMP, ARP
데이터 링크 계층	네트워크 접근계층	MAC
물리 계층		

85 HDLC(High-Level Data Link Control)이 아닌 BSC(Binary Synchronous Control)의 전송 제어를 위한 전송제어 문자이다.
① SYN(SYNchronous idle) : 동기 문자
② SOH(Start of Heading) : 헤딩 시작
③ STX(Start of Text) : TEXT(본문) 시작, 헤딩 종료, 전송할 데이터 집합의 시작
④ DLE(Data Link Escape) : 데이터 투과성을 위해 삽입(전송제어 문자와 전송 데이터를 구분하기 위한 보조적인 제어의 목적)
⑤ ETX(End of Text) : TEXT 종료
⑥ ENQ(ENQuiry) : 상대국의 응답을 요구
⑦ EOT(End Of Transmission) : 전송 종료
⑧ ACK(ACKnowledge) : 긍정 응답
⑨ NAK(Negative AcKnowledge) : 부정 응답

86 ① Topology(통신망 구조) : 네트워크를 구성하는 노드와 노드 간 연결 상태의 배치를 의미
② OSI 7 Layer : 개방형 시스템 간 상호 접속(Open Systems Interconnection)
③ DNS(Domain Name System) : 문자로 된 도메인 네임을 컴퓨터가 이해할 수 있는 IP 주소로 변환하는 역할을 하는 시스템

87 PCM(Pulse Code Modulation) 방식
① PCM은 음성 정보와 같은 아날로그 정보를 디지털 신호로 변환하기 위해 널리 사용되는 방식이다.
② 입력 아날로그 데이터를 일정한 주기마다 표본화하여 PAM(Pulse Amplitude Modulation) 펄스로 만든다.
③ 300~3400Hz 범위에 대부분의 주파수 성분을 가지는 음성 정보의 경우, 표본화 주파수를 8000Hz로 하면 원래의 음성 정보를 손실 없이 유지할 수 있다.

88 통계적 다중화 방식
채널상에 데이터 유무에 따라 통계적으로 평가하여 가변하는 다중화 방식이다.
평균속도 이상의 데이터 흐름(Bursty Traffic)이 네트워크에 인가되면, 네트워크는 해당 패킷들을 큐에 저장하기 시작하므로 지연이 발생하고 심하면 버퍼 공간이 부족하여 패킷의 폐기가 일어날 수 있다. 이러한 서비스에 통계적으로 대응할 수 있는 다중화 기법

89 데이터 링크 제어 프로토콜 중 PPP(Point to Point Protocol)
① 오류 검출만 제공되며, 재전송을 통한 오류 복구와 흐름 제어 기능은 제공되지 않는다.
② 주로 두 개의 라우터를 접속할 때 사용된다.
③ 비동기식 링크도 지원해야 하기 때문에 프레임은 반드시 바이트의 정수배가 되어야 한다.

90 셀렉션(Selection) : 주 스테이션이 특성한 부 스테이션에게 데이터를 전송할 경우 데이터를 받을 준비가 되어 있는지를 확인하는 방식이다.

91 10BASE-T의 의미
① 10 : 데이터 전송 속도가 10Mbps

② BASE : Baseband의 약어, 기저대역
③ T : 배선할 수 있는 케이블의 적정 길이 100미터
[참고]
① 10BASE-2(얇은 동축케이블, 세그먼트의 최장 길이는 185m)
② 10BASE-5(굵은 동축케이블, 세그먼트의 최장 길이는 500m)
③ 10BASE-F(광케이블)

92 Run Length Check : 데이터 압축 기법

93 session layer
① 응용 간의 대화 제어(Dialogue Control)를 담당
② 긴 파일 전송 중에 통신상태가 불량하여 트랜스포트 연결이 끊어지는 경우 처음부터 다시 전송을 하지 않고 어디까지 전송이 진행되었는지를 나타내는 동기점(synchronization point)을 이용하여 오류 복구

94 ① 진폭 편이 변조(ASK, Amplitude Shift Keying) : 2진수 0과 1을 각각 서로 다른 진폭의 신호로 변조하는 방식
② 주파수 편이 변조(FSK, Frequency Shift Keying) : 2진수 0과 1을 각각 서로 다른 주파수로 변조하는 방식
③ 위상 편이 변조(PSK, Phase Shift Keying) : 2진수 0과 1을 각각 서로 다른 위상을 가진 신호로 변조하는 방식. 동기식 변복조기(MODEM)에서 주로 사용
[참고]
① 아날로그에서 아날로그로 전송(부호화) : AM, FM, PM
② 디지털에서 아날로그로 전송(부호화) : ASK, FSK, PSK, QAM
③ 아날로그에서 디지털로 전송 : PCM

95 회선 구성 방식
① 점대점 링크 방식(Point-to-Point) : 성형, 송수신측이 일대일로 연결
② 멀티드롭 방식(Multi-Point 또는 Multi-drop)
㉠ 버스형, 여러 단말기를 한 개의 통신 회선에 연결(비용 절감)

㉡ 단말기는 주소 판단 기능과 버퍼를 가지고 있어야 한다.
㉢ 단말기 수를 결정하는 요인은
ⓐ 선로의 속도
ⓑ 단말기에 의해 생기는 교통량
ⓒ 하드웨어와 소프트웨어의 처리 능력

96 무선 LAN의 단점 : 보안성

97 RTP(Real-time Transport Protocol)
① 네트워크상에서 음성이나 영상 또는 시뮬레이션 데이터 등 실시간 전송이 필요한 응용에 대하여 편리한 전송 기능을 제공한다.
② 기존의 TCP는 신뢰성을 너무 강조하여 일반적인 데이터 전송조차도 느린 속도를 갖는다.
③ UDP는 실시간 전송은 가능하지만 신뢰적이지 못하다.

98 동기식 전송 방식
① 송신기와 수신기의 동일한 클록을 사용하여 데이터를 송·수신하는 방법이다.
② 일반적으로 데이터 블록과 제어 정보를 합쳐서 프레임이라 부른다.
③ 프레임의 형식은 크게 문자 위주와 비트 위주로 나누어진다.

99 OSI 7계층
① 응용 계층(7계층) : 사용자가 네트워크에 접속할 수 있도록 함
② 표현 계층(6계층) : 압축 등 출력되는 데이터를 하나의 형태로 표현
③ 세션 계층(5계층) : 통신장치 간에 상호연결 설정
④ 전송 계층(4계층) : 발신지와 목적지 간에 제어와 에러 관리
⑤ 네트워크 계층(3계층) : 다중 네트워크에서 패킷을 전달
⑥ 데이터 링크 계층(2계층) : 오류 없이 인접 장치 간에 프레임을 전달
⑦ 물리 계층(1계층) : 물리적인 매체를 통해 전기신호를 전송

100 1. HDLC 프레임 구조

시작 플래그 (F)	주소 영역 (A)	제어 영역 (C)	정보 영역 (I)	FCS	종료 플래그 (F)
8비트	8비트	8비트	가변	16비트	8비트

① F(Flag) : 프레임의 시작과 끝을 나타내기 위해 사용하며, 고유의 패턴(01111110) 8bit로 구성되어 있다.
② 주소(Address) 영역 : 송신 시스템과 수신 시스템의 주소를 기록한다.
③ 제어(Control) 영역 : 정보 전송 프레임 I형식, 링크 감시제어용 S형식, 확장용 U형식이 있다.
④ 정보(Information) 영역 : 송수신 단말장치 간 교환되는 사용자 정보와 제어 정보이다.
⑤ FCS(Frame Check Sequence) 영역 : 수신 프레임의 에러 검출 부분으로 CRC 방식을 사용한다.

2. HDLC 프레임의 종류
① I-FRAME : 피기백킹(piggybacking) 기법을 통해 데이터에 대한 확인응답을 보낼 때 사용되는 프레임
② U-FRAME(비번호) : 연결에 대한 제어신호, 제어정보를 전송
③ S-FRAME(감독) : 제어신호를 송수신할 때, 연결 설정/해제 등의 정보를 전송

2014년 제1회

정답

01	02	03	04	05	06	07	08	09	10
④	④	④	④	③	④	③	③	②	①
11	12	13	14	15	16	17	18	19	20
④	③	③	③	④	②	④	④	②	①
21	22	23	24	25	26	27	28	29	30
④	②	②	①	①	④	③	①	①	④
31	32	33	34	35	36	37	38	39	40
③	④	④	①	①	②	③	③	④	①
41	42	43	44	45	46	47	48	49	50
④	①	①	②	④	②	③	②	②	①
51	52	53	54	55	56	57	58	59	60
②	③	①	②	①	④	③	②	④	④
61	62	63	64	65	66	67	68	69	70
③	④	④	②	③	②	①	③	②	③
71	72	73	74	75	76	77	78	79	80
④	④	②	③	①	②	④	①	②	②
81	82	83	84	85	86	87	88	89	90
④	④	②	④	①	③	④	③	③	③
91	92	93	94	95	96	97	98	99	100
①	①	③	②	④	②	①	①	②	②

01 어셈블러를 두 개의 pass로 구성하는 주된 이유
① 한 개의 Pass만을 사용하는 경우는 기호를 모두 정의한 뒤에 해당 기호를 사용하여야 한다.
② 기호를 정의하기 전에 사용할 수 있어 프로그램 작성이 용이하기 때문이다.(전향 참조, Forward reference)
③ 사용의 편의상 정의하기 전에 사용한 주소 상수를 처리하기 위함이다.

02 로더(loader)의 기능
① 할당(allocation) : 목적 프로그램이 실행될 주기억장치 공간을 확보
② 연결(linking) : 여러 개의 독립적인 모듈(부분적으로 작성된 프로그램 단위)을 연결
③ 재배치(relocation) : 프로그램이 주기억장치 공간에서 위치를 변경
④ 적재(Loading) : 프로그램 전체를 주기억장치에 한 번에 적재하게 하거나 실행 시 필요한 일부분만을 차례로 적재

03 운영체제(Operating System) 역할
① 사용자와 시스템 간의 인터페이스 제공
② 여러 사용자 간의 자원 공유 기능 제공
③ 자원의 효율적인 운영을 위한 스케줄링
④ 신뢰성 향상, 사용 가능도 확대
⑤ 응답시간 단축, 반환시간 감소, 처리 능력 향상

04 기계어에 대한 설명
① 프로그램을 작성하고 이해하기가 어렵다.
② 컴퓨터가 직접 이해할 수 있는 언어이다.
③ 기종마다 기계어가 다르므로 언어의 호환성은 없다.
④ 0과 1의 2진수 형태로 표현되어 수행시간이 빠르다.

05 PCB(Process Control Block)가 포함하고 있는 정보
① 프로세스 고유 식별자(Process ID)
② 프로세스 상태(Process State)
③ CPU 스케줄링 정보 : 프로세스 우선순위, CPU 점유시간 등
④ 스케줄링
⑤ 프로그램 카운터

06 메모리, CPU와 같은 자원 활용도를 늘리고, 반환시간, 대기시간, 응답시간 등을 줄이는 것이 효율적인 스케줄링 정책

07 리눅스 등 운영체제(OS) 프로그램을 시스템 소프트웨어의 대표적 프로그램으로 볼 수 있다.

08 어셈블리어에 대한 설명
① 명령 기능을 쉽게 연상할 수 있는 기호를 기계어와 1 : 1로 대응시켜 코드화한 기호 언어
② 프로그램에 기호화된 명령 및 주소를 사용
③ 어셈블리어의 기본 동작은 동일하지만 작성한 CPU마다 사용되는 어셈블리어가 다를 수 있다.
④ 어셈블리어에서는 데이터가 기억된 번지를 기호(symbol)로 지정
⑤ 어셈블리어로 작성된 원시 프로그램은 목적 프로그램을 생성한 후 실행 가능

09 ① Code optimization : 언어 번역기에 의하여 생성되는 최종 실행 프로그램이 보다 적은 기억 장소를 사용하여 보다 빠르게 작업을 처리할 수 있도록, 주어진 환경에서 최상의 명령어 코드를 사용하여 작업을 수행할 수 있도록 하는 것

② Code Generation(코드 생성) : 소스 프로그램을 분석하여 나온 중간 코드를 입력하여 목적 코드 프로그램을 생성하는 과정으로 컴파일 단계 중 하나이다.

10 교착상태의 해결 방법
① 예방(Prevention)
② 발견(Detection)
③ 회피(Avoidance) : 발생 가능성을 인정하고 교착상태가 발생하려고 할 때, 교착상태 가능성을 피해가는 방법
④ 복구(Recovery)

11 프로그램 수행 순서
원시 프로그램 → 컴파일러 → 목적 프로그램 → 링커 → 로더
① 컴파일러 : 소스 코드를 컴퓨터가 이해할 수 있는 형태의 코드로 번역시켜 목적 프로그램을 생성시켜 주어야 하는 데, 이렇게 번역시켜 주는 작업
② 목적 프로그램 : 컴파일러나 어셈블러가 원시 프로그램(소스 코드)을 처리하는 도중 만들어내는 코드
③ 링커 : 링크 에디터(link editor)의 준말로 컴파일러가 만들어 낸 하나 이상의 목적 프로그램을 단일 실행 프로그램으로 병합하는 프로그램
④ 로더 : 외부 기억장치에서 내부 기억장치로 전송하는 프로그램

12 로더(loader)의 종류
① Direct linking loader : 일반적인 로더(general loader)이며 할당, 연결, 재배치, 적재의 기능을 모두 수행하는 가장 근접한 로더
② Absolute loader : 간단한 로더이며 단순히 번역된 목적 프로그램을 입력으로 받아들여 주기억장치의 프로그래머가 지정한 주소에 적재하는 기능을 가지는 로더
③ Compile and go loader
㉠ 원시 프로그램의 기계어로 번역하는 순서대로 명령어 및 자료를 직접 주기억장치에 적재하여 곧바로 프로그램을 수행하는 방식의 loader
㉡ 연결 기능은 수행하지 않고 할당, 재배치, 적재 작업을 모두 언어번역 프로그램이 담당

13 절대로더(absolute loader)를 사용할 때 4가지 기능과 그 기능에 대한 수행 주체의 연결
① Allocation(기억장소할당)-by programmer(프로그래머)
② Linking(연결)-by programmer(프로그래머)
③ Relocation(재배치)-by assembler(어셈블러)
④ Loading(적재)-by loader(로더)
[참고] 절대(Absolute) 로더 : 적재 기능만 하는 간단한 로더(할당, 연결) → 프로그래머, (재배치) → 언어번역기

14 프로세스의 정의
① 실행 중인 프로그램
② 프로시저가 활동 중인 것
③ 프로세스 제어 블록의 존재로서 명시되는 것
④ 운영체제가 관리하는 실행 단위
⑤ 비동기적 행위를 일으키는 주체
⑥ PCB를 가진 프로그램

15 어셈블리어 명령
① EQU : 어셈블리어 명령어 중 어떤 기호적 이름에 상수값을 할당
② ORG : 원시 프로그램을 목적 프로그램으로 번역할 때 현재의 오퍼랜드에 있는 값을 다음 명령어의 번지로 할당하는 것

16 ① compile(컴파일) : 프로그래머가 컴퓨터 언어(예 : C, Fortran, COBOL 등)로 프로그램을 작성한 후 기계(컴퓨터)가 알 수 있는 언어로 바꿔주는 것
② 로더의 기능 및 순서
㉠ 주기억장치 할당(allocation) : 목적 프로그램이 적재될 주기억 장소 내의 공간을 확보
㉡ 연결(linking) : 필요할 경우 여러 목적 프로그램들 또는 라이브러리 루틴과의 링크 작업. 외부기호를 참조할 때, 이 주소값들을 연결
㉢ 재배치(relocation) : 목적 프로그램을 실제 주기억 장소에 맞추어 재배치. 상대주소들을 수정하여 절대주소로 변경
㉣ 적재(loading) : 실제 프로그램과 데이터를 주기억 장소에 적재. 적재할 모듈을 주기억장치로 읽어들인다.

17 ① ORG : 원시 프로그램을 목적 프로그램으로 번역할 때 현재의 오퍼랜드에 있는 값을 다음 명령어의 번지로 할당하는 것
② EQU : 지시어는 숫자형 상수, 레지스터 연관값 또는 프로그램 연관값에 상징된 이름을 부여한다.
③ INCLUDE : 라이브러리에 기억된 내용을 프로시저로 정의하여 서브루틴으로 사용하는 것과 같이 사용할 수 있도록 그 내용을 현재의 프로그램 내에 포함시켜 주는 명령

18 LRU(Least Recently Used)
한 프로그램에서 사용하는 각 페이지마다 count를 두어서 현시점에서 볼 때 가장 오래 전에 사용된 페이지를 교체할 페이지로 선택되는 기법
[참고]
① LFU(Least Frequently Used) : 적재되어 참조된 횟수를 누적값으로 페이지를 교체하는 기법
② FIFO(First In First Out) : 적재가 가장 오래된 페이지를 교체하는 기법

19 주소 바인딩 : 논리적 주소공간에서 물리적 주소공간으로의 사상, 즉 논리적 주소를 물리적 주소로 변환하는 과정

20 parse tree : BNF를 이용하여 그 대상을 근(Root)으로 하고, 단말(Terminal) 노드들을 왼쪽에서 오른쪽으로 나열하는 트리로서, 작성된 표현식이 BNF의 정의에 의해 바르게 작성되었는지를 확인하기 위해 만든 트리

21 롬(ROM) 내에 기억 정보
① 부트스트랩 로더(bootstrap loader)
② 마이크로프로그램(micro program)
③ 디스플레이 문자 코드(display character code)

22 파이프라인 처리기(pipeline processor) : 컴퓨터 내에는 처리기가 하나밖에 없지만 한순간에 처리기 내에서 처리되고 있는 인스트럭션이 다수가 될 수 있는 처리기

23 1. 용도에 따라
① 전용 레지스터
② 범용 레지스터
2. 정보의 종류에 따라
① 데이터 레지스터
② 주소 레지스터
③ 상태 레지스터

24 1. zero-address instruction mode(0-주소 명령)
① 명령 코드만 존재하고 주소부가 없는 형식
② 스택(LIFO) 구조의 컴퓨터에서 사용(PUSH, POP)
③ 레지스터에 있는 직접 데이터를 사용하기 때문에 처리속도가 빠르다.
2. one-address instruction mode(1-주소 명령)
① 명령어의 주소부가 하나만 있는 명령어
② 이항연산 수행 가능, 누산기를 기준으로 연산을 수행
3. two-address instruction mode(2-주소 명령)
① 명령어의 주소부가 2부분으로 구성되어 하나는 피연산 데이터, 하나는 연산 데이터를 각각 기억
② (결과-1)=(피연산-1) 연산 (연산-2)
4. three-address instruction mode(3-주소 명령)
① 명령어의 주소부가 3부분으로 구성되어 주소-1은 피연산 데이터, 주소-2는 연산 데이터, 주소-3은 결과를 기억
② 하나의 명령어에 3개의 오퍼랜드 필드를 모두 포함시켜 명령어의 길이가 길어졌지만 기계어로 변환시키면 전체 명령어들의 수는 작아진다.
③ (결과-3)=(피연산-1) 연산 (연산-2)

25 2의 보수의 장점
① 2의 보수에서는 자리올림(carry)이 발생하면 버린다.
② 수치를 표현하는 데 있어서 0의 판단이 가장 쉬운 방법
③ 표현할 수 있는 수의 개수가 하나 더 많다.

26 명령어 처리를 위한 마이크로 사이클
① 페치 사이클
② 간접 사이클
③ 실행 사이클

27 인터럽트 처리 과정

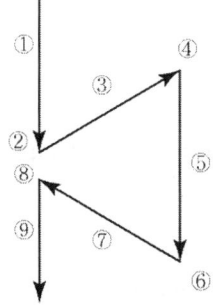

1. 주프로그램 루틴 영역
   ① 주프로그램 실행
   ② 인터럽트 발생
   ⑧ 마지막에 실행되었던 주소로 점프
   ⑨ 주프로그램 실행
2. Interrupt 처리 루틴 영역
   ③ 복귀주소 저장
   ④ Interrupt 벡터로 점프
   ⑤ Interrupt 처리
   ⑥ Interrupt 처리 완료
   ⑦ 복귀주소 로드

28 동기 고정식으로 클록 사이클 타임이 부여된다고 가정하면 마이크로 사이클 타임이 가장 긴 100ns에 지연시간 10ns를 더한 110ns로 결정되어야 한다.

29 micro operation(마이크로 오퍼레이션)
Instruction 실행 과정에서 한 단계씩 이루어지는 동작으로, 한 개의 Instruction은 여러 개의 Micro Operation이 동작되어 실행된다.

30 전체 페이지 테이블의 크기
=페이지 수×페이지 테이블 엔트리
$= \dfrac{2^{32비트}}{4KB} \times 4바이트 = \dfrac{2^{32}}{2^{12}} \times 4 = 2^{20} \times 4 = 4MB$

31 ASCII 코드의 비트 구성
Zone Bit(존 비트) 3자리와 Digit Bit(디지트 비트) 4자리로 구성

32
10진수	-87
2진수	-0101 0111
1의 보수=2진수의 역수	1010 1000
2의 보수=1의 보수+1	1010 1001

33 프로그램 인터럽트
① overflow 또는 underflow 발생 시
② 0(zero)에 의한 나눗셈
③ 불법적인 명령(명령어를 잘못 사용한 경우)

34 마지막 Digit 4bit의 C는 양수(+), D는 음수(-)를 표시

35 1. 명령어 파이프라인(Instruction pipeline)
   ① 명령어 사이클의 fetch, 디코드, 실행단계를 중첩시킴으로써 명령의 흐름에 대하여 동작
   ② 명령어 파이프라인의 이전 명령어가 다른 세그먼트에서 실행되고 있는 동안에 메모리에 연속적으로 저장되어 있는 다음 명령어를 읽어온다.
   ③ 명령어 fetch 장치는 FIFO 버퍼에 의해 구현된다.
2. 4세그먼트 CPU pipeline
   ① FI : Instruction을 메모리로부터 Fetch하는 세그먼트
   ② DA : 명령어를 Decode하고 유효 Address를 계산하는 세그먼트
   ③ FO : Operand를 메모리로부터 Fetch하는 세그먼트
   ④ EX : 명령어를 EXcute하는 세그먼트

36 ① Associative Memory : Memory Access 속도 향상
② Virtual Memory : Memory 공간 확대
③ Cache Memory : Memory Access 속도 확대

37 전달지연 시간
① ECL(Emitter-Coupled Logic) : 2ns
② TTL(Transistor-Transistor Logic) : 9.5ns
③ CMOS(Complementary Metal-Oxide Semiconductor) : 30ns
④ MOS(Metal-Oxide Semiconductor) : 100ns

38 ① AND : 특정 비트를 0으로 만들 때
② OR : 특정비트를 1로 만들 때

③ XOR : 반전시킬 때

39

10진수	-14
2진수	-0 000 1110
1의 보수=2진수의 역수	1 111 0001
2의 보수=1의 보수+1	1 111 0010
오른쪽 1비트 산술 시프트	1 111 1001

40

고속/고가/저용량 ↑
레지스터
캐시
연관
RAM
ROM
자기코어
자기디스크
자기테이프
↓ 저속/저가/고용량

41 서브루틴 종료 후 다시 메인루틴으로 돌아올 수 있는 과정
① 실행하고 있는 명령어가 바로 다음 주소를 저장
② 서브루틴에 보낼 파라미터를 지정된 stack에 저장
③ 서브루틴은 지정된 장소에서 파라미터를 꺼내 자신을 실행
④ 서브루틴의 종료 후 "가"에 저장해 놓은 다음 주소를 가져와 EIP(Extended Instruction Pointer) 주소에 넣는다.

42 DMA 방식 : CPU의 개입 없이 I/O 장치와 기억장치 사이에 데이터 전송이 일어나므로 이를 직접 메모리 제어 방식이라고 한다.

43 ① Macro Processor : 컴퓨터의 각 부분별 처리기를 하나의 박막에 초고밀도 이상으로 집적시켜 놓은 처리기로서 일반적으로 PC에 사용되는 처리기를 의미한다.
② 로더(Loader) : 연계편집 프로그램에 의해서 실행 가능한 형태로 된 프로그램
③ 컴파일러(Compiler) : 고수준 언어로 작성된 프로그램을 기계어로 번역하기 위한 프로그램

44 동기식 비트 직렬 전송의 동작 순서
① 프로세서로부터 초기화 코드 전송
② 입출력장치에서 검출
③ 클록의 카운터 동작
④ 데이터 비트 직렬 전송

45 CRC(Cyclic Redundancy Check, 순환잉여검사)
시리얼 전송에서 데이터의 신뢰성을 검증하기 위한 에러 검출 방법의 일종이다.

46 IOP(Input-Output Processor)
주변장치(PD)의 처리 과정은 CPU를 통하지만, CPU를 대행하여 처리하는 전용 프로세서를 이용하여 CPU의 처리 부담을 줄일 수 있다.

47 DBMS(DataBase Management System)
데이터베이스를 구성하고, 이를 효율적으로 응용하기 위해 구성된 소프트웨어를 일컫는 말이다. 즉, 데이터와 응용 프로그램의 중간에서 응용 프로그램이 요구하는 대로 데이터를 정의하고, 읽고, 쓰고, 갱신하는 등의 데이터를 조작하고 관리하는 프로그램의 집합체이다.

48 ① 명령 레지스터(Instruction Register) : 현재 수행 중에 있는 명령어 코드(Code)를 저장하고 있는 임시 저장 레지스터이다.
② 메모리 주소 레지스터(Memory Address Register) : 읽기 동작이나 쓰기 동작을 수행할 기억 장소의 주소를 저장하는 주소 저장용 레지스터이다.

49 ① CPLD(Complex Programmable Logic Device, 복합 프로그램 가능 논리 소자) : AND, OR 게이트 같은 combinatorial logic의 집합으로 이루어져 있고, 연결을 통해 Logic을 구현. 따라서 주로 어드레스 디코더와 같은 간단한 Logic을 구현하기 위해 사용
② FPGA(Field Programmable Gate Array, 현장 프로그램 가능 게이트 배열) : LUT(Look-up Table)와 DFF가 엮어진 기본 shell의 집합으로 이루어져 있으며, sequential logic을 구현하는 데 주로 사용

50 매크로(macro) 특징
① 반복되는 코드를 한 번만 작성하여 필요할 때 정의되어 있는 이름을 호출하여 사용한다.

② 일종의 부 프로그램(Sub Program)으로 개방 서브루틴(Opened subroutine)이다.
③ 매크로 정의 내에 또 다른 매크로를 정의할 수 있다.
[참고] 폐쇄 서브루틴(closed subroutine)은 부프로그램(sub-program)이라고 한다.

51 AND 명령
① MAR ← MBR(ADDR) : 유효번지를 전송
② MBR ← M(MAR) : Memory 내용을 Read
③ AC ← AC AND MBR ; AND 연산을 수행

52 DMA(Direct Memory Access) 방식의 특징
① 메모리와 외부회로가 직접 데이터를 주고받는다.
② 고속으로 대량의 데이터를 전송할 때 주로 사용한다.
③ DMA 제어기는 내부에 어드레스 레지스터, 카운터 레지스터를 가진다.

53 RISC(Reduced Instruction Set Computer)
① Hardware나 마이크로 코드 방식으로 구현
② 전원이 꺼져도 내용은 그대로 유지
③ Computer의 주기억장치로 주로 이용

54 ① 누산기(Accumulator) : 묵시적 주소지정방식을 사용하는 산술 명령어는 주로 어떤 레지스터에 대하여 연산을 수행. 1-주소 인스트럭션 형식
② 프로그램 카운터(PC, Program Counter) : 마이크로프로세서 내에 있는 레지스터로서 프로그램을 구성하고 있는 명령어들의 실행 순서를 지정하여 주는 것

55 비트 슬라이스(bit-slice) 마이크로프로세서
전체 CPU를 하나의 단일 IC로 하면 장점도 있으나 프로세서의 구조가 고정되며, 명령어 집합도 바꿀 수 없게 된다. 이러한 단점을 보완하기 위하여 CPU는 processor Unit, Microprogram Sequencer, Control Memory로 나누어 구성하면 위 단점을 제거할 수 있다.

56 병렬 입출력 인터페이스(interface)의 특징
① 고속의 데이터 전송
② 단거리 통신에 사용
③ 전송을 위한 회선이 많이 사용

④ 입력된 병렬 데이터를 직렬 데이터로 변환시켜 주는 기능을 갖고 있다.

57 $2^6 ≥$ 입출력 외부장치 수 $> 2^5$
따라서 최소 6개의 어드레스선이 필요하다.

58 1. SRAM(Static RAM, 정적 램)
① 고속, 소용량, 고가, 캐시 메모리로 사용
② 휘발성 메모리 : 전원을 끊는 순간 기억된 DATA가 소멸된다.
2. DRAM(Dynamic RAM, 동적 램)
① 저속, 저가
② 대용량 : Static RAM보다 많은 기억용량을 가진다.
③ 재충전 : 매 밀리초(ms)마다 cell에 refresh 신호를 가해야 한다.
④ 저전력 : SRAM보다 일반적으로 전력 소모가 적다.
⑤ Storage cell은 Static RAM의 것보다 작다.

59 ① 동기 전송 : 보통 2000bps 이상의 고속, 대용량, 블록(Block) 단위로 한꺼번에 전송
② 비동기 전송 : 2000bps 이하의 저속, 저용량, 한 번에 한 문자씩 문자 단위로 전송

60 기억장치 사상 입출력(memory mapped I/O)
입출력장치와 주기억장치가 하나의 주소 공간을 공유해서 사용. 일부 주소는 기억장치, 일부는 기억장치가 사용한다.
① 장점 : 구조가 쉽고 관리하기 쉽다.
② 난점 : 주소가 한정되어 있어 수기억장치를 확장할 때 문제가 있다.

63 Excess-3 코드(3 초과 코드)
① BCD+3, 즉 BCD 코드에 3(0011)을 더하여 만든 코드
② 대표적인 자기 보수 코드이며, 비가중치 코드
③ 2진수로 변경하여 BCD 코드로 만들고 +3을 더한다.

65 Exclusive-OR 설명

입력이 같을 때 출력=0, 서로 다를 때 출력=1 발생

A	B	S
0	0	0
0	1	1
1	0	1
1	1	0

∴ 합(Sum)=A⊕B

66 T플립플롭의 여기표

특성표 / 여기표

입력	현재상태	차기상태		현재상태	차기상태	요구입력
T	Q(t)	Q(t+1)		Q(t)	Q(t+1)	T
0	0	0		0	0	0
0	1	1		0	1	1
1	0	1		1	0	1
1	1	0		1	1	0

68 X=AB+ABC=A(B+BC)=A(B(1+C))=AB

69 CMOS의 특징
① 소비 전력이 매우 작다.
② 전달 특성이 우수하다.
③ 잡음 여유가 크다.
④ 집적도가 높다.
⑤ 입력 임피던스가 높다.
⑥ 동작 전압 범위가 넓다.

70 MS 플립플롭(Master-Slave 플립플롭)
JK 플립플롭 회로에서, J, K, T의 각 입력이 "1"일 때 출력이 안정하지 않은 경우가 있으므로 클록 입력 T가 "1"에서 "0"으로 변화하기까지 출력 Q를 변화시키지 않도록 하여 출력을 안정시킨 플립플롭 회로

71 비교회로
2진수를 A, B로 할 때 한 자리의 경우는 그림의 회로로 판별할 수 있고, 자릿수가 많은 경우는 Y_3 또는 Y_1의 출력이 1이 되기까지 최상위의 자리부터 순차 입력해 가면 된다.
① Y_1 : A<B일 때 출력 1
② Y_2 : 일치회로 A=B일 때 출력 1
③ Y_3 : A>B일 때 출력 1

72 듀티 사이클(duty cycle)
① 펄스 주기(T)에 대한 펄스폭(PW)의 비율을 나타내는 수치
② $\dfrac{PW}{T}$ 로 나타내며 단위는 %
③ $\dfrac{10}{1}=10\%$

73 리플 카운터
보수로 만드는 기능이 있는 플립플롭(T, JK 형태)들이 직렬로 연결되어 있으며, 각 플립플롭의 출력이 다음의 플립플롭의 입력 단자에 연결되어 구성되어 있다.

74
$X\overline{Y}+\overline{X}Y = X\oplus Y$

75
① 멀티플렉서(MUX, Multiplexer) : 2^n의 입력선 중 1개를 선택하여 그 선으로부터 입력되는 값을 1개의 출력선으로 출력시키는 회로. 여러 개의 회로가 단일 회선을 공동으로 이용하여 신호를 전송하는데 필요한 장치
② 인코더(Encoder) : 디코더의 반대 기능이며 2^n개의 입력선으로 입력된 값을 n개의 출력선으로 코드화해서 출력하는 장치
③ 디코더(Decoder) : n Bit의 code화된 정보를 그 code의 각 Bit 조합에 따라 2^n개의 출력으로 번역하는 회로. 명령어의 명령부나 번지를 해독할 때 사용하는 회로로 주로 AND 게이트로 구성
④ 디멀티플렉서(DeMUX, DeMultiplexer) : 1개의 입력선으로 들어오는 정보를 2^n개의 출력선 중 1개를 선택하여 출력하는 회로. 2^n개의 출력선 중 1개의 선을 선택하기 위해 n개의 선택선을 이용

76 반가산기 합
$S = A\oplus B = \overline{A}B + A\overline{B} = (A+B)(\overline{A}+\overline{B})$

77 슈미트 트리거 회로(Schmitt trigger circuit)
입력 전압이 어떤 정해진 값 이상으로 높아지면 출력 파형이 상승하고 어떤 정해진 값 이하로 낮아지면 출

력 파형이 하강하는 동작을 한다.

78 ① 인코더(Encoder) : 디코더의 반대 기능이며 2^n 개의 입력선으로 입력된 값을 n개의 출력선으로 코드화해서 출력하는 장치
② 디코더(Decoder) : n Bit의 코드화된 정보를 그 코드의 각 bit 조합에 따라 2^n 개의 출력으로 번역하는 회로
③ 디멀티플렉서(DeMUX, DeMultiplexer) : 1개의 입력선으로 들어오는 정보를 2^n 개의 출력선 중 1개를 선택하여 출력하는 회로. 2^n 개의 출력선 중 1개의 선을 선택하기 위해 n개의 선택선을 이용

79 (A+B)(A+C)=AA+AC+AB+BC
　　　　　　=A(1+C+B)+BC
　　　　　　=A+BC

80 AND 게이트와 OR 게이트로 구성

81 ① 진폭 편이 변조(ASK : Amplitude Shift Keying) : 2진수 0과 1을 각각 서로 다른 진폭의 신호로 변조하는 방식
② 주파수 편이 변조(FSK : Frequency Shift Keying) : 2진수 0과 1을 각각 서로 다른 주파수로 변조하는 방식
③ 위상 편이 변조(PSK : Phase Shift Keying) : 2진수 0과 1을 각각 서로 다른 위상을 가진 신호로 변조하는 방식. 동기식 변복조기(MODEM)에서 주로 사용
[참고]
　㉠ 아날로그에서 아날로그로 전송(부호화) : AM, FM, PM
　㉡ 디지털에서 아날로그로 전송(부호화) : ASK, FSK, PSK, QAM
　㉢ 아날로그에서 디지털로 전송 : PCM

82 IPv4에서 IPv6로 전환(천이)하는 데 사용되는 전략
① Dual stack(듀얼 스택)
② Tunneling(터널링)
③ Header translation(헤더 변환)

83 제어 문자
① SOH(Start of Header)
② STX(Start of Text)
③ SYN(Synchronous Idle)
④ DLE(Data Link Escape)

84 1. X.25 프로토콜
① 패킷망으로 정보를 전송할 때 패킷 터미널을 제안한 표준 규격안
② 흐름 및 오류 제어기능을 제공
③ 연결형 네트워크 프로토콜
④ 패킷형 단말기와 패킷망 간의 접속 프로토콜
⑤ 접속서비스 기능 : PVC(Permanent Virtual Circuit)
2. X.25 프로토콜을 구성하는 계층
물리 계층(Physical Layer) → 링크 계층(Link Layer) → 패킷 계층(Packet Layer)

86 TMN(Telecommunication Management Network)의 기능 요소
① NML(Network Management Layer, 네트워크 관리 계층)
② EML(Element Management Layer, 요소 관리 계층)
③ NEL(Network Element Layer, 통신망 관리 계층)
④ SML(Service Management Layer, 서비스 관리 계층)
⑤ BML(Business Management Layer, 사업 관리 계층)

87 OSI 계층
① Application Layer(응용 계층)
② Presentation Layer(표현 계층)
③ Session Layer(세션 계층)
④ Transport Layer(전송 계층)
⑤ Network Layer(네트워크 계층)
⑥ Data Link Layer(데이터 링크 계층)
　㉠ BSC(문자 방식 프로토콜) : 반이중 방식으로만 가능 링크 형태
　㉡ SCLC(비트 방식 프로토콜) : 단방향, 반이중, 전이중 방식이 가능
　㉢ HDLC(비트 방식 프로토콜) : SDLC 방식과 유사한 신뢰성 높고 고속전송이 가능
⑦ Physical Layer(물리 계층)

88 다중접속방식
  ① FDMA(주파수 분할 다중 접속) : 주어진 주파수 대역폭을 일정한 대역폭으로 나누어 통신 가입자에게 할당하여 다수의 가입자가 동시에 통화를 할 수 있도록 하는 방식
  ② TDMA(시분할 다중 접속) : 시간을 일정구간의 타임 슬롯으로 나누어 각 가입자에 분배, 할당하고 가입자는 자신에게 할당된 타임 슬롯만을 이용하여 통화하도록 하는 방식
  ③ CDMA(코드 분할 다중 접속) : 동일한 주파수 대역이나 시간 영역을 사용하는 다수의 가입자에게 서로 다른 코드를 할당하여 여러 가입자가 통신이 가능하도록 하며, 통신 가입자 구분을 코드로 하는 방식

89 ① HTTP(Hyper Text Transport Protocol) : 인터넷 상의 서버와 클라이언트 사이의 멀티미디어를 송수신하기 위한 프로토콜
  ② HTML(Hyper Text Markup Language) : 웹문서를 작성하기 위해 사용하는 언어

90 피기백(piggyback) 응답 : 수신측이 별도의 ACK를 보내지 않고 상대편으로 향하는 데이터 전문을 이용하여 응답하는 것

91 CRC(Cyclic Redundancy Check, 순환 잉여 검사)
  ① 집단적으로 발생하는 오류에 대해 신뢰성 있는 오류검출
  ② 다항식 코드를 사용한다.(다항식 : 패리티 검사와 블록 합 검사 방식으로는 집단 오류를 검출할 수 없다. 이를 개선하는 방법)
  ③ 가장 신뢰성 있는 검사 코드이다.
  ④ FCS(Frame Check Sequence), 프레임 검사 순서를 추가 전송한다.
  ⑤ FCS를 'BCC(Block Check Character)'라고도 한다.
  ⑥ CRC는 각 문자마다 패리티를 붙이는 패리티 검사와는 달리 프레임의 실제 내용에 의해 계산되는 FCS를 프레임의 맨 끝에 추가 전송한다.

92 ① simplex(단방향 전송) : 한 방향으로만 전송이 가능한 통신 형태
  예) 라디오, TV
  ② half duplex(반이중 전송) : 통신하는 두 단말기가 양방향으로 통신이 가능하나 동시에 전송되지 않음
  예) 무전기
  ③ full duplex(전이중 전송) : 통신하는 두 단말기가 동시에 양방향으로 데이터를 전송 가능
  예) 전화기, 컴퓨터 네트워크

93 토큰 패싱의 노드가 증가하면 속도가 떨어지며, 성능이 나빠진다.

94 RTCP(Real Time Control Protocol)
  ① OSI 7계층에서 Transport Layer에 속함
  ② RTP 데이터의 전송 상태 감시, 세션 관련 정보 전송 (상태 점검을 위한 Protocol) - Flow Control
  ③ Report Packet : 보낸 패킷, 손실된 패킷, 패킷 수신 간격 변화
  ④ Server ↔ Client 양방향 통신
  ⑤ 관련 수집된 패킷 정보를 통해 다양한 처리 가능 (RTCP 표준에는 처리에 대한 명시 없음)

95 1. 주파수 : 시간에 대한 신호의 변화율
  ① 최고 주파수 : 짧은 기간 내의 변화는 높은 주파수
  ② 최저 주파수 : 긴 기간에 걸친 변화는 낮은 주파수
  2. 신호의 대역폭은 주파수 스펙트럼의 넓이
  대역폭=최고 주파수-최소 주파수

96 1. 동기식 전송
  ① 정확한 bit 전송
  ② 블록 단위 전송
  ③ 고속 통신에 사용
  2. 비동기식 전송
  ① 정확한 bit 수신을 보장하지 않는다.
  ② 문자 단위 전송
  ③ 저속 통신에 사용

97 데이터 링크 계층에서 수행할 전송 제어 절차의 순서
  1단계 : 회선연결(접속)
  2단계 : 데이터 링크 확립
  3단계 : 데이터 전송
  4단계 : 데이터 링크 종료(해제)

5단계 : 회선절단

98 프레임 구조
① SDLC 및 HDLC 모두 비트 위주 프로토콜이며, 고속전송 및 고신뢰성을 보장
② 기본 프레임 구조

| Flag | 주소 영역 | 제어 영역 | 정보 영역 | FCS | Flag |

㉠ Flag : 프레임의 시작과 끝을 나타내며 고유한 비트 패턴으로 표시 "01111110"의 8비트로 구성
㉡ 주소 영역 : 8비트나 확장이 가능
㉢ 제어 영역 : 8비트나 16비트로 확장이 가능
㉣ 정보 영역 : 전송 데이터가 실리게 됨
㉤ FCS : 프레임 오류를 체크하는 데 사용되며 16비트가 기본, 32비트로 확장이 가능

99 ① Stop-and-Wait ARQ
㉠ 구현이 간단하고 송신측에서 최대 프레임 크기의 버퍼가 1개만 있어도 된다.
㉡ 각각의 프레임에 대해서 확인 메시지가 필요하다.
㉢ 전송시간이 긴 경우 전송효율이 저하된다.
② Go-back-N ARQ : 데이터 프레임을 연속적으로 전송해 나가다가 NAK를 수신하게 되면, 오류가 발생한 프레임 이후에 전송된 모든 데이터 프레임을 재전송하는 방식

100 ① 응용 계층
㉠ 파일 전송, 전자우편, 문서 교환
㉡ 원격 로그인, 원격 트랜잭션 처리
㉢ 도메인명 시비스, 밍 관리
② 세션 계층
㉠ 어플리케이션 간의 통신을 위한 제어구조를 제공하는 계층
③ 전송 계층
㉠ 종단 간 메시지 전달 서비스를 담당하며, 연결형과 비연결형 서비스로 구분
㉡ 통신 송수신 양 종점(end-to-end or end-to-user) 간에 투명하고 균일한 전송 서비스를 제공해 주는 계층으로 전송 데이터의 다중화 및 중복 데이터의 검출, 누락 데이터의 재전송 등

세부 기능을 가진다.
㉢ 종점 간에 오류 수정과 흐름 제어를 수행하여 신뢰성 있고 투명한 데이터 전송을 제공
④ 데이터 링크 계층
㉠ 네트워크 계층으로부터 받은 패킷을 프레임(frame)이라는 데이터 단위로 나눈다.
㉡ 두 노드 간을 직접 연결하는 링크상에서 프레임의 전달
㉢ 흐름 제어와 오류 복구를 통하여 신뢰성 있는 프레임 단위의 전달
㉣ 대표적인 데이터 링크 계층의 프로토콜로는 HDLC, PPP, LLC 등이 있다.

2014년 제4회

01	02	03	04	05	06	07	08	09	10
④	①	①	①	①	③	②	②	③	①
11	12	13	14	15	16	17	18	19	20
①	③	③	①	②	①	②	④	①	④
21	22	23	24	25	26	27	28	29	30
③	②	③	③	②	④	①	③	②	④
31	32	33	34	35	36	37	38	39	40
③	①	③	④	①	①	①	②	②	③
41	42	43	44	45	46	47	48	49	50
③	②	③	②	④	①	②	②	④	②
51	52	53	54	55	56	57	58	59	60
②	④	③	③	②	②	④	③	②	②
61	62	63	64	65	66	67	68	69	70
④	②	②	②	②	③	②	①	③	②
71	72	73	74	75	76	77	78	79	80
④	④	④	①	②	③	②	③	④	①
81	82	83	84	85	86	87	88	89	90
①	②	④	③	④	②	②	②	③	③
91	92	93	94	95	96	97	98	99	100
②	④	④	④	④	①	③	①	③	②

01 ① 인터프리터(Interpreter) : 목적 프로그램을 생성하지 않고 행(줄)단위로 기계어로 번역
② 디버거(Debugger) : 번역된 프로그램의 실행 오류를 찾기 위한 프로그램
③ 프리프로세서(Preprocessor) : 전처리기는 원시 프로그램을 기계어 프로그램으로 번역하는 대신에 기존의 고수준 컴파일러 언어로 전환하는 역할을 수행한다.
④ 크로스 컴파일러 : 원시 프로그램을 컴파일러가 수행되고 있는 컴퓨터의 기계어로 번역하는 것이 아니라, 다른 기종에 맞는 기계어로 번역

02 어셈블러를 두 개의 pass로 구성하는 주된 이유
① 한 개의 Pass만을 사용하는 경우는 기호를 모두 정의한 뒤에 해당 기호를 사용하여야 한다.
② 기호를 정의하기 전에 사용할 수 있어 프로그램 작성이 용이하기 때문이다.(전향 참조, Forward reference)
③ 사용의 편의상 정의하기 전에 사용한 주소 상수를 처리하기 위함이다.

03 워킹 셋(Working Set) 설명
① 프로세스가 실행하는 과정에서 시간이 지남에 따라 자주 참조하는 페이지들의 집합이 변화하기 때문에 워킹 셋은 시간에 따라 바뀌게 된다.
② 프로그램의 구역성(Locality) 특징을 이용한다.
③ 워킹 셋에 속한 페이지를 참조하면 프로세스의 기억장치 사용은 안정상태가 된다.
④ 실행 중인 프로세스가 일정 시간 동안에 참조하는 페이지의 집합을 의미한다.

04 ① ORG : 원시 프로그램을 목적 프로그램으로 번역할 때 현재의 오퍼랜드에 있는 값을 다음 명령어의 번지로 할당하는 것
② EQU : 지시어는 숫자형 상수, 레지스터 연관값 또는 프로그램 연관값에 상징된 이름을 부여한다.
③ INCLUDE : 라이브러리에 기억된 내용을 프로시저로 정의하여 서브루틴으로 사용하는 것과 같이 사용할 수 있도록 그 내용을 현재의 프로그램 내에 포함시켜 주는 명령

05 프로그래머 : 절대 로더에서 연결(linking) 기능의 주체
[참고]
① 컴파일러 : 원시 프로그램을 기계어로 바꾸는 소프트웨어이다.
② 로더(Loader) : 프로그램을 실행하기 위하여 프로그램을 보조기억장치로부터 컴퓨터의 주기억장치에 적재시키는 기능

06 프로세스의 정의
① 실행 중인 프로그램
② 프로시저가 활동 중인 것
③ 프로세스 제어 블록의 존재로서 명시되는 것
④ 운영체제가 관리하는 실행 단위
⑤ 비동기적 행위를 일으키는 주체
⑥ 목적 또는 결과에 따라 발생되는 사건들의 과정

07 ① Direct linking loader : 일반적인 로더(general loader)이며 할당, 연결, 재배치, 적재의 기능을 모두 수행하는 가장 근접한 로더
② Absolute loader : 간단한 로더이며 단순히 번역된 목적 프로그램을 입력으로 받아들여 주기억장치의 프로그래머가 지정한 주소에 적재하는 기능을 가지는 로더
③ Compile and go loader : 원시 프로그램의 기계어

로 번역하는 순서대로 명령어 및 자료를 직접 주기 억장치에 적재하여 곧바로 프로그램을 수행하는 방식의 loader

08 운영체제(OS)
① CPU, 메모리 공간, 기억장치, 입출력장치 등의 하드웨어 자원과 사용자 사이를 연결해 주는 컴퓨터 자원관리자
② 모든 자원을 효율적으로 관리
③ 컴퓨터 전체의 효율성을 최대한 높여주고 사용자를 좀 더 관리하게 해준다.
④ 소프트웨어 중 시스템 소프트웨어 영역
⑤ 다중 사용자와 다중 응용프로그램 환경하에서 자원의 현재 상태를 파악하고 자원 분배를 위한 스케줄링을 담당

10 프로그래밍 언어의 해독 순서
원시 프로그램 → 컴파일러 → 목적 프로그램 → 링커 → 로더
[참고]
㉠ 컴파일러 : 소스 코드를 컴퓨터가 이해할 수 있는 형태의 코드로 번역시켜 목적 프로그램을 생성시켜 줘야 하는 데, 이렇게 번역시켜주는 작업
㉡ 목적 프로그램 : 컴파일러나 어셈블러가 원시 프로그램(소스 코드)을 처리하는 도중 만들어내는 코드
㉢ 링커 : 링크 에디터(link editor)의 준말로 컴파일러가 만들어낸 하나 이상의 목적 프로그램을 단일 실행 프로그램으로 병합하는 프로그램
㉣ 로더 : 외부 기억장치에서 내부 기억장치로 전송하는 프로그램

11 어셈블리어
① 어셈블리어에서는 데이터가 기억된 번지를 기호(symbol)로 지정
② 어셈블리어로 작성된 원시 프로그램은 목적 프로그램을 생성한 후 실행 가능하다.

12 어셈블리어 명령
① MOV(Move : 데이터 이동(전송)
② RET(Return from CALL) : CALL로 스택에 PUSH된 주소로 복귀
③ INT(Interrupt) : 인터럽트 실행

13 HRN(Highest Response-ratio Next) 스케줄링 방식
① 대기 시간이 긴 프로세스일 경우 우선순위가 높아진다.
② SJF 기법의 길고 짧은 작업 간의 불평등을 보완하기 위한 기법으로 대기 시간과 서비스 시간을 이용한 우선순위 계산 공식으로 우선순위를 정하는 스케줄링 기법
③ 긴 작업과 짧은 작업 간의 지나친 불평등을 해소할 수 있다.
※ 우선순위 결정 방법
=(대기시간+실행시간)/서비스시간

14 BNF(Backus-Naur form, 배커스-나우어 형식)
프로그램 언어의 구문(Syntax) 형식을 정의하는 가장 보편적인 기법
[참고] BNF는 구문 요소를 나타내는 메타 기호
① < >, 둘 중 하나의 선택
② ∥, 좌변은 우변에 의해 정의

15 1. 운영체제의 기능
① 시스템의 오류 검사 및 복구
② 원시 프로그램에 대한 토큰 생성
③ 자원 보호 기능을 제공
④ 사용자들 간에 데이터(자원)를 공유
⑤ 사용자와 컴퓨터 시스템 간의 인터페이스 기능을 제공
⑥ 자원의 효과적인 경영 및 스케줄링 기능을 제공
⑦ 사원을 효율적으로 사용하기 위하여 자원의 스케줄링 기능을 제공
⑧ 데이터를 관리하고 데이터 및 자원의 공유 기능을 제공

2. 운영체제의 성능 평가 기준 4가지
① 처리능력(Throughput)
② 반환시간(Turn Around Time)
③ 사용 가능도(Availability)
④ 신뢰도(Reliability)

16
① compile(컴파일) : 프로그래머가 컴퓨터 언어(예 : C, Fortran, COBOL 등)로 프로그램을 작성한 후

기계(컴퓨터)가 알 수 있는 언어로 바꿔주는 것
② 로더의 기능 및 순서
　㉠ 주기억장치 할당(allocation) : 목적 프로그램이 적재될 주기억 장소 내의 공간을 확보
　㉡ 연결(linking) : 필요할 경우 여러 목적 프로그램들 또는 라이브러리 루틴과의 링크 작업. 외부기호를 참조할 때, 이 주소값들을 연결
　㉢ 재배치(relocation) : 목적 프로그램을 실제 주기억 장소에 맞추어 재배치. 상대주소들을 수정하여 절대주소로 변경
　㉣ 적재(loading) : 실제 프로그램과 데이터를 주기억 장소에 적재. 적재할 모듈을 주기억장치로 읽어들인다.

17 절대 로더(Absolute Loader)
로더(Loader)의 종류 중 로더의 역할이 축소되어 가장 간단한 프로그램으로 구성된 로더로서, 기억장소 할당이나 연결을 프로그래머가 직접 지정하는 방식이며 프로그래머 입장에서는 매우 어렵고 한 번 지정한 주기억 장소의 위치는 변경이 힘들다는 단점이 있다.

18 어셈블리어 : 0과 1로 이루어진 기계어에 1 : 1로 대응하는 기호로 이루어진 언어

19 프로그램을 수행하는 언어
① BASIC : 대화형 언어, 인터프리터 언어(행 단위로 프로그램을 번역, 목적 프로그램 미생성)
② COBOL : 사무처리용 언어, 컴파일러 언어(전체 단위로 프로그램을 번역, 목적 프로그램 생성)
③ FORTRAN : 과학기술 계산용 언어, 컴파일러 언어
④ C언어 : UNIX의 개발언어로 시스템적 언어, 실시간 통신 등 여러 분야에 적용되는 범용언어. UNIX에 기본적으로 인식되어 있으며 시스템 프로그래밍에 적합
⑤ PASCAL : 대표적인 구조적인 언어이며 학문적인 언어

20 시스템 소프트웨어의 종류
① 운영체제(윈도우 시리즈, 도스, 유닉스 등)
② 프로그래밍 언어
　㉠ 고급 언어(C++, JAVA 등)
　㉡ 저급 언어(기계어), 어셈블리 언어, 컴파일러

③ 데이터베이스 관리시스템(DBMS)
④ 유틸리티 프로그램(노턴 유틸리티, V3 등)

22 벡터 프로세서(Vector processor) : 벡터 프로세서 또는 어레이 프로세서(Array processor)는 벡터라고 불리는 다수의 벡터 데이터(vector data)를 고속으로 처리하기 위해서 만들어진 프로세서

24 Associative 기억장치의 특징
① 가격이 고가이다.
② 컴퓨터의 처리 성능을 향상시킨다.
③ 가상 기억장치, 캐시 기억장치의 주소변환 테이블에 사용된다.
④ 주소에 의해서만 접근이 가능한 기억장치보다 정보 검색이 신속하다.
⑤ 기억된 정보의 일부분을 이용하여 원하는 정보가 기억된 위치를 알아낸 후 나머지 정보에 접근한다.
⑥ 병렬 판독회로가 있어야 한다.

25 Full-duplex(전이중 전송) : 동시에 양쪽 방향으로 전송이 가능한 전송 방식

26

OR 2개의 값이 0일 때만 0	AND 하나라도 0이면 0	XOR 2개의 값이 같을 때 0
10010 01110 ――――― 11110	10010 01110 ――――― 00010	10010 01110 ――――― 11100

27 연산자(OP-Code) 기능(폰 노이만(Von Neumann)형 컴퓨터)
① 함수연산기능 : ROL, ROR
② 제어기능 : JMP, SMA
③ 입출력 기능 : INP, OUT
④ 전달 기능 : MOVE, LOAD, STORE
　㉠ LOAD : 메모리의 내용을 레지스터에 전달
　㉡ STORE : 레지스터의 내용을 메모리에 전달

28 주소지정방식
① 0-주소지정방식 : Stack-기억장치에 접근할 피연산자가 없는 것으로 산술에 필요한 명령어는 스택

구조 형태에서 처리하도록 한다.
② 1-주소지정방식 : 누산기(AC ; Accumulator)를 이용하여 명령어를 처리
③ 2-주소지정방식
  ㉠ 가장 일반적으로 사용되는 명령어 형식
  ㉡ 장점 : 3주소 명령에 비해 명령어의 길이가 짧다.
  ㉢ 단점 : 연산의 결과는 주로 operand 1에 저장되므로 원래의 자료가 파괴된다.
④ 3-주소지정방식
  ㉠ 연산의 결과는 Operand 3에 기록된다.
  ㉡ 장점 : 연산 시 원래의 자료를 파괴하지 않는다.
  ㉢ 단점 : 명령어 한 개의 길이가 너무 길어진다.

29 ① 버퍼(Buffer) : 주기억장치와 입출력장치 사이에서 속도 차이를 조절하는 장치
② 채널(Channel) : 입출력장치가 주기억장치에 직접 접근할 수 있도록 해 주는 장치
③ DMA : 기억소자와 I/O 장치 간의 정보교환 때 CPU의 개입 없이 직접 정보 교환이 이루어질 수 있는 방식

30 입출력 제어방식
① Programmed I/O   ② Interrupt I/O
③ DMA에 의한 I/O   ④ 채널에 의한 I/O

31 외부 인터럽트(External Interrupt) : 무한루프로 인해서 할당된 시간이 끝났을 때 발생하는 인터럽트 즉 타이머에 의한 인터럽트
[참고] 하드웨어적인 인터럽트의 종류
① 입출력 인터럽트(I/O interrupt) : 입출력의 종료나 입출력의 오류에 의해 발생
② 프로그램 검사 인터럽트(Program check interrupt) : 내부적인 인터럽트로 프로그램 실행 중에 잘못된 명령어를 사용하거나 프로그램 오류로 발생되는 인터럽트
③ 기계 착오 인터럽트(Machine check interrupt) : 하드웨어 인터럽트로 CPU가 프로그램을 수행하는 중에 하드웨어적인 결함으로 인하여 발생
④ 외부 인터럽트(External interrupt) : 인터럽트의 종류 중 시스템 타이머에서 일정한 시간이 만료된 경우나 오퍼레이터가 콘솔상의 인터럽트 키를 입력한 경우 발생되는 인터럽트

32 전형적인 ROM 칩의 신호
① 주소(Address) 신호 : A_0부터 A_n까지의 신호
② 데이터 신호 : 프로세서가 어디에서 데이터를 읽어오는지 나타내는 신호. D_0부터 D_n까지의 신호로 보통 8개, 16개, 32개로 이루어져 있다.
③ Chip Enable(Chip Select, CE) 신호 : 마이크로컨트롤러가 해당 ROM 칩을 사용하고자 할 때 사용한다.
④ Read Enable(RE) 신호 : ROM의 데이터를 D_0부터 D_n으로 보내야 하는 상태
⑤ Output Enable(OE) 신호

33 3초과 코드를 사용하는 이유
통신에서 발생되는 문제, 즉 통신에서 데이터를 연속적으로 0, 1로 이루어진 값을 전송하게 되면 동기화가 쉽지 않고, 에러의 문제를 야기시킬 수 있으므로 의도적으로 표현하지 않도록 하기 위해서 3초과 코드를 사용한다.

34 Linked List 구조
노드들이 서로 연결된 형태의 자료구조이다. 배열과 달리 저장할 수 있는 데이터의 양이 제한되어 있지 않은데 여러 노드가 서로 포인터로 연결되어 있어서 삽입할 경우 포인터를 새로운 데이터에 연결하여 줄 수 있으며, 삭제할 경우 포인터를 다른 노드에 연결하거나 Null 상태로 만들어 줄 수 있기 때문에 추가, 삽입, 삭제가 용이하다.

35 그레이 코드(Gray code)
① 인접한 숫자들의 비트가 한 비트만 변화되어 만들어진 코드이다.
② 그레이 코드 자체로 연산이 불가능하므로 2진수로 변환한 후 연산을 수행하고 그 결과를 다시 그레이 코드로 변환하여야 한다.
③ 그레이 코드 값 $(0111)_G$는 10진수로 5를 의미한다.

36

37 ① 오른쪽으로 한 번 shift하면 기존 data의 $\frac{1}{2}$ 배
예) 0100 → 0010
② 왼쪽으로 한 번 shift하면 기존 data의 2배
예) 0100 → 1000

38 1. 가상(virtual) 메모리
① 주기억장치의 용량 부족을 해결하기 위해 대용량의 보조기억장치를 주기억장치의 일부처럼 사용하는 것이다.
② 제한된 주기억장치 용량을 보조기억장치로 대체 사용하는 것으로 프로그램의 용량에 관계없이 큰 프로그램을 사용할 수 있도록 했다.
③ 크기가 큰 프로그램을 실행할 수 있지만 처리속도가 느려진다.
2. 캐시(cache) 메모리
① CPU(중앙처리장치)와 주기억장치 사이에 위치하며 고속의 처리를 위해 사용되는 메모리이다.
② DRAM(동적 램)의 속도 문제를 해결하기 위한 방법이다.
③ 속도가 빠른 SRAM(정적 램)을 주기억장치와 CPU 사이에 위치시킨 고속의 버퍼 메모리이다.
④ 주기억장치보다 용량이 작으며 처리속도는 CPU보다 빠르며 주기억장치보다 느리다.
⑤ 주기억장치로부터 자료를 미리 입력받아 중앙처리장치에 끊임없이 제공하여 주기억장치의 대기 시간을 최소화함으로써 컴퓨터의 처리속도를 향상시킨다.

39 코어 플랜의 필요한 장수는 자기코어의 기억장치에서 1word의 비트수만큼 필요하다.

40 ① 연산장치(ALU, arithmetic and logic unit)
② 제어장치(CU, control unit, control device)

41 PSW(Program Status Word)
중앙처리장치에서 명령이 실행될 차례를 제어하거나 특정 프로그램과 관련된 컴퓨터 시스템의 상태를 나타내고 유지해 두기 위한 제어 워드로서 실행 중인 CPU의 상태를 포함하고 있다.

42 ① 0-주소 인스트럭션 : 스택(stack)

② 1-주소 인스트럭션 : 누산기(AC)-연산의 결과를 일시적으로 기억하는 레지스터
③ 2-주소 인스트럭션 : 계산 결과를 시험할 필요가 있을 때 계산 결과가 기억장치에 기억될 뿐 아니라 중앙처리장치에도 남아 있어서 중앙처리장치 내에서 직접 시험이 가능하므로 시간이 절약되는 인스트럭션 형식
④ 3-주소 인스트럭션 : 연산 후 입력 자료가 변하지 않고 보존되는 특징의 장점을 갖는 인스트럭션 형식. 프로그램 크기가 가장 작은 주소 형식

43 로더 : 연계편집 프로그램(linkage editor)에 의해서 실행 가능한 형태로 된 프로그램
[참고]
로더의 기능
① 주기억장치 할당(allocation)
② 연결(linking)
③ 재배치(relocation)
④ 적재(loading)

44 1. 인터프리터(interpreter)
① 원시 프로그램(고급 언어)을 한 문장(줄) 단위로 해석하고 번역한 후 번역과 동시에 프로그램을 한 줄 단위로 즉시 실행시키는 프로그램
② 목적 프로그램 미생성
③ 실행 속도 느림
④ 회화형 언어(실행 속도보다 컴파일 속도 중시)
⑤ 대표적인 언어 : BASIC
2. 컴파일러(compiler)
① 목적 프로그램 생성
② 컴파일 속도 느림
③ 실행 속도 빠름
④ 대표적인 언어 : COBOL, FORTRAN, C

45 계산에 의한 주소지정방식
① 절대 주소지정방식(Absolute Addressing Mode)
㉠ 기억장치 고유의 번지로서 0, 1, 2, 3과 같이 16진수로 약속하여 순서대로 정해놓은 번지인 절대 주소로 주소를 지정하는 방식
② 상대 주소지정방식(Relative Addressing Mode)
㉠ 유효주소 : 명령어의 주소 부분+PC
㉡ 프로그램 내에서 가까운 주소로 제어를 이동시

킬 때 가장 효과적인 주소지정방식
③ 베이스 레지스터 주소지정방식(Base Register Add-ressing Mode)
  ㉠ 유효주소 : 명령어의 주소 부분+Base Register
  ㉡ 베이스 레지스터(Base Register) : 명령이 시작되는 최초의 번지를 기억하고 있는 레지스터
④ 인덱스 레지스터 주소지정방식(Indexed Register Addressing Mode)
  ㉠ 유효주소 : 명령어의 주소 부분+Index Register
  ㉡ 인덱스 레지스터(Index Register) : 주소 변경, 서브루틴 연결, 반복 연산 수행 등의 역할을 하는 레지스터
  ㉢ 표(Table) 형식의 자료를 처리하고자 할 때 가장 유용하게 사용할 수 있는 명령어의 주소지정 방식

46 $A_0 \sim A_9$: 주소값을 나타낼 수 있는 bit 수
$2^{bit} = 2^{10} = 1024$개
$D_1 \sim D_8$: 데이터의 크기를 나타낼 수 있는 bit 수, 8bit
따라서 1024×8(bit)

47 핸드셰이킹(Handshaking)의 설명
① 시스템 내 기능 간의 상호 통신을 위해서 정보의 요청, 정보의 전송, 수신 확인 등의 신호를 주고받는 기능
② 시스템을 위한 입출력 버스 프로토콜은 주고받기에 필요한 것
③ 각각의 신호가 입출력을 완료했다는 반응이 필요한 비동기식 입출력 시스템에 사용

48 Two pass 어셈블러에서 second pass 시 사용되는 테이블
① 의사 명령어(pseudo-instruction) 테이블
② MRI(Memory Reference Instruction) 테이블
③ 주소 기호(Address symbol) 테이블

50 즉시 주소지정(Immediate Addressing) 방식 : 오퍼랜드(Operand) 자체가 연산대상이 되는 주소지정방식

51 RISC(Reduced Instruction Set Computer)
① 메모리 접근 횟수를 줄이기 위해 많은 수의 레지스터를 사용한다.
② 빠른 명령어 해석을 위해 고정 명령어 길이를 사용한다.
③ 비교적 전력 소모가 작기 때문에 임베디드 프로세서에도 채택되고 있다.
④ Hardware나 마이크로 코드 방식으로 구현
⑤ 전원이 꺼져도 내용은 그대로 유지
⑥ Computer의 주기억장치로 주로 이용

53 1. isolated I/O
   ① 별개의 I/O 명령을 사용
   ② 입·출력장치의 주소가 기억장치의 주소와 독립적인 입·출력장치
   ③ 메모리 공간이 넓다.
2. Memory-Mapped I/O
   ① I/O 장치 자체를 기억장치의 일부로 취급
   ② 메모리와 입·출력장치를 구별하는 제어선이 필요 없는 입·출력 주소지정방식

55 DMA(Direct Memory Access)
CPU의 개입 없이 입출력장치와 주기억장치와의 데이터 전송이 이루어지는 방법으로 프로그램이 실행되는 동안에 입출력을 위한 인터럽트의 발생횟수를 최소화시켜 컴퓨터 시스템의 효율을 높이기 위한 방법
① 마이크로프로세서로부터 하나의 입출력 명령을 받아 마이크로프로세서의 간섭 없이 독자적으로 입출력을 수행
② 마이크로컴퓨터나 소형 컴퓨터에서 이용
③ 버스를 제어할 수 있는 능력이 필요

56 마이크로프로세서의 처리 능력(performance)
① clock의 주파수(Hz) : 초당 발생하는 클록의 주파수
② Data bus width(버스의 폭) : 자료의 이동통로상에서 한 번에 전달되는 비트 수
③ Addressing mode
④ MIPS(million instructions per second) : 초당 처리하는 명령의 수를 백만단위로 환산
⑤ FLOPS(floating operation per second) : 초당 처리하는 부동소수점 연산 수

57 UART(Universal Asynchronous Receiver/Transmitter, 범용 비동기화 송수신기)가 수행할 수 있는 동작

① 컴퓨터로부터 병렬회로를 통해 받은 바이트들을, 외부에 전달하기 위해 하나의 단일 직렬 비트 스트림으로 변환한다.
② 내부로 전송할 때에는, 직렬 비트 스트림을 컴퓨터가 처리할 수 있도록 바이트로 변환한다.
③ 외부 전송을 위해 패리티 비트를 추가하며, 수신되는 바이트들의 패리티를 확인하고, 패리티 비트를 제거한다.
④ 데이터를 외부로 내보낼 때에는 시작 비트와 정지 비트를 추가하고, 수신되는 데이터에서는 그것들을 제거한다.
⑤ 키보드나 마우스로부터 들어오는 인터럽트를 처리한다.
⑥ 다른 종류의 인터럽트 처리와 컴퓨터의 동작 속도를 장치의 속도와 동등하게 맞추도록 요구하는 장치를 관리할 수 있다.

58 산술논리연산장치(ALU) : 연산에 필요한 자료를 입력받아 논리 연산을 실행, 이동, 편집, 판단 작업 등을 수행
① 가산기(Adder) : 산술 연산 수행
② 누산기(Accumulator) : 연산의 중간 결과를 기억하는 임시적인 장소
③ 보수기(Complement) : 보수를 만드는 기능을 수행
④ 데이터 레지스터(Data Register) : 연산의 결과 데이터를 일시적으로 기억하고 제어장치에 따라 데이터를 전송하는 기능
⑤ 상태 레지스터(Status Register) : 자리올림, 오버플로, 인터럽트 신호 등을 기억

59 레지스터의 종류
① 프로그램 카운터(PC, Program Counter) : 다음에 실행할 명령어의 주소를 저장하는 레지스터
② 명령어 레지스터(IR, Instruction Register) : 기억장치로부터 읽어온 명령어를 수행하기 위하여 일시적으로 저장
③ 기억장치 주소 레지스터(MAR, Memory Address Register) : 다음에 읽기 동작이나 쓰기 동작을 수행할 기억장소의 주소를 저장하는 주소저장용 레지스터
④ 기억장치 버퍼 레지스터(MBR, Memory Buffer Register) : 기억장치에 저장될 데이터 혹은 기억장치로부터 읽은 데이터를 임시로 저장

60 객체지향 프로그램의 5가지 기반
① Objects ② Classes
③ Encapsulation ④ Inheritance
⑤ Polymorphism

61 주소선(Address Line) 12개, 즉 12bit이므로 기억용량 $2^{12} = 4096$이다.

62 2의 보수 = 1의 보수 + 1 = 0000 + 1 = 0001

63 T Flip-Flop
① "T"는 Toggle을 의미
② JK flip-flop에서 J=1, K=1인 경우 출력(Q)은 Toggle(0 → 1, 1 → 0)으로 나타난다.

64 워드 크기 : 16비트(MBR)
메모리 어드레스 관리자(MAR)의 크기 : 12비트
$$\frac{\text{기억장치의 용량}}{\text{워드의 크기}} = \frac{2^{MAR} \times MBR}{\text{워드의 크기}} = \frac{2^{12} \times 16}{16} = 2^{12}$$

65 동기식 카운터와 비동기식 카운터의 차이
① 동기식 카운터 : 모든 플립플롭들이 하나의 공통 클록에 연결되어 있어서 모든 플립플롭이 동시에 트리거(trigger)되지만, 리플(ripple) 카운터라고도 불리는 비동기식 카운터는 앞쪽에 있는 플립플롭의 출력이 뒤쪽에 있는 플립플롭의 클록으로 사용된다.
② 비동기식 카운터 : 동기식 카운터에 비해 회로가 간단해진다는 장점이 있으나 전달지연이 커진다는 단점이 있다.

66 NE555
비안정 모드와 단안정 모드로 멀티바이브레이터 회로를 구성하는 데 사용되는 IC이다.
비안정 멀티바이브레이터로 사용되는 경우에는 클록 발생기로 응용할 수 있다.

67 10진수의 각각의 수를 BCD 코드로 표현하면

5 → 0101, 9 → 1001

68 PLA(Programmable Logic Array)
① 주변장치의 제어 프로그램과 같이 한 번만 기록하면 변경할 필요 없는 정보를 기억하기 위해서 사용
② ROM과 유사한 성격을 가지며, AND array와 OR array로 구성되어 있다.

69

X Y	OR	AND	XOR	NAND
0 0	0	0	0	1
0 1	1	0	1	1
1 0	1	0	1	1
1 1	1	1	0	0

70 분해능 : 신호의 크기 변화 감지 정도를 의미
$$\frac{1}{2^x-1} \times 100 = \frac{1}{2^6-1} \times 100$$
$$= 0.01587 \times 100$$
$$= 1.59$$

71 $\overline{\overline{AB}\,\overline{CD}} = (\overline{\overline{A}+\overline{B}})(\overline{\overline{C}+\overline{D}})$
$= (A+B)(C+D)$

72

ABCD일 경우 1001	
$A\overline{D}+B\overline{C}$	10+01+0=0
AD	11=1
AC+BD	10+01=0+0=0
$B\overline{D}$	00=0

73 $XY+\overline{X}Z+YZ-XY+\overline{X}Z$

X\YZ	00	01	11	10
0		$\overline{X}\overline{Y}Z$	$\overline{X}YZ$	
1			XYZ	$XY\overline{Z}$

74 진리표 : 진리식 및 논리회로에 대한 모든 입출력 결과를 기록하는 표

75 코딩 과정

10진수	8 9
8421 코드	10001001
3초과 코드(8421코드+11)	10111100
기수 패리티(홀수 패리티)	1011❶1100❶

76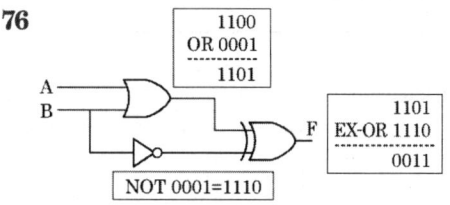

77 $f = \dfrac{1}{t} = \dfrac{1}{50\text{ns}} = 20\text{MHz}$

78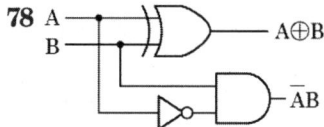

79 ① 인코더 : 10진수를 비롯한 다른 진수를 2진수로 변환하는 기능
② 디코더 : 2진수를 10진수를 비롯한 다른 진수로 변환하는 기능

입력		출력			
X	Y	D_0	D_1	D_2	D_3
0	0	1	0	0	0
0	1	0	1	0	0
1	0	0	0	1	0
1	1	0	0	0	1

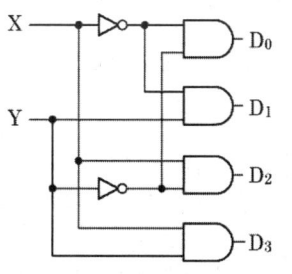

80 $\overline{AA} = A + \overline{A} = 1$

81 에러(Error) 검출이 가능 코드(code)
① Parity code
② 2-out-of-5 code
③ Hamming code : 자기 정정 부호의 하나로 비트 착오를 검출해서 1bit 착오를 정정하는 부호 방식

| C_1 | C_2 | 8 | C_3 | 4 | 2 | 1 |

82 회선제어 방식
① Contention(경쟁) 방식 : 송신 요구를 먼저 한 쪽이 송신권을 가지는 방식
② Polling(폴링) 방식 : 주컴퓨터가 단말기에서 전송할 데이터의 유무를 묻는 방식
③ Selection Hold 방식 : 주 컴퓨터가 단말기에게 데이터를 수신할 수 있는지를 묻는 방식

83 WAP(wireless application protocol, 무선 응용 통신 규약)

84 5계층(session 계층) : 응용 process 간의 회선 형성 및 동기화
system 간의 정보교환을 위한 session의 연결과 조정을 담당하며 논리적 통신선로인 선의 처리 및 session을 통신 data의 전송 절차에 관하여 규정하고 있다. 또한 통신 도중 발생할 수 있는 session의 이상 상태를 복구하여 적절한 상태에서 통신이 이루어질 수 있도록 함으로써 응용 process 간의 통신을 위한 service를 제공한다.

85 LAP-D(Link Access Procedure D-channel)
① ISDN에서 사용되는 HDLC의 부분조합으로서 D-channel에서 사용되는 정보 프레임의 흐름을 제어한다.
② 비연결성 접속방식과 연결중심 방식의 서비스를 제공한다.

86 1. 데이터그램(Datagram) 방식
① 패킷 교환에서 각 패킷이 독립적으로 처리되어 목적지까지 도달하는 방식
② 독립된 패킷이므로 메시지를 여러 개의 패킷으로 분할 재조립할 필요가 없다.
③ Connectionless 방식으로 송수신 간 사전에 연결 설정을 하지 않는다.
④ 장점
  ㉠ 경로 설정 시 호출관계가 생략된다.
  ㉡ 한 노드 실패에 대한 다른 경로 우회가 가능하여 가상회선보다 신뢰성이 우수
⑤ 단점 : 패킷 수가 많을수록 불리하다.

2. 가상회선(Virtual Circuit) 방식
① 패킷이 전송되기 전에 송수신 간 논리적인 통신 경로가 미리 설정되는 방식
② 하나의 통신설비를 많은 이용자들이 공유하여 여러 개의 논리적 채널을 확정 후 통신한다.
③ 장점
  ㉠ 회선 공유망처럼 경로가 고정되어 있으나 회선의 공유가 가능하다.
  ㉡ 모든 패킷의 전송경로가 같으므로 패킷의 순서가 보장된다.
④ 단점
  ㉠ 한 회선이 서비스를 중단하면 그 노드를 통한 모든 가상회선은 손실된다.
  ㉡ 전송 중 패킷이 충돌하여도 미리 설정된 경로이므로 우회를 못한다.

87 TCP/IP 프로토콜 계층 구조
상·하위 계층 간 접속과 서비스가 발생하는 계층형 구조를 갖는데 4계층으로 이루어져 있다.
① 응용프로세스 : 응용프로세스 간의 정보교환
  HTTP, FTP, TELNET, SMTP
② 전달 계층 : 호스트 간의 메시지 단위의 정보교환 및 관리
  TCP, UDP
③ IP 계층 : 통신전담 프로세서 간의 네트워크를 통한 패킷교환
  ICMP, IP, ARP
④ 네트워크 접속 계층 : 단위네트워크 내에서의 패킷 및 신호전송

88 맨체스터 방식
① 매 비트 시간의 중간에 한 번의 전압 변화를 가해주는 것
② 자동적으로 동기화 기능을 수행하며 비트값을 나타

낸다.
③ 0 또는 1의 값이 연속적이어도 반송파의 평균 전위의 증감에 따른 비트값을 식별하지 못하는 문제가 발생하지 않는다.

89 데이터 링크 제어 프로토콜 중 PPP(Point to Point Protocol)
① IETF의 표준 프로토콜이다.
② 오류 검출만 제공되며, 재전송을 통한 오류 복구와 흐름 제어 기능은 제공되지 않는다.
③ 주로 두 개의 라우터를 접속할 때 사용된다.
④ 비동기식 링크도 지원해야 하기 때문에 프레임은 반드시 바이트의 정수배가 되어야 한다.

90 라우팅 프로토콜 : 라우티드 프로토콜을 목적지까지 전송하는 역할
① 정적 경로 : 네트워크 관리자가 직접 경로를 입력
예) static routing, default routing
② 동적 경로 : 라우터가 자동으로 주소를 학습하여 등록
예) 거리벡터 라우팅 프로토콜(RIP, IGRP), 링크 스테이드 라우팅 프로토콜(OSPF)

91 1. 동기식 전송
① 정확한 bit 전송
② 블록 단위 전송
③ 고속 통신에 사용
2. 비동기식 전송
① 정확한 bit 수신을 보장하지 않는다.
② 문자 단위 전송
③ 저속 통신에 사용

92 2번째 프레임 오류가 발생하게 되면 발생 프레임 이후의 프레임은 모두 재전송을 하므로 2~5번째 프레임이 재전송되므로 프레임의 개수는 4개이다.

93 프레임의 시작과 끝을 나타내기 위한 전송제어 문자
① DLE(Data Link Escape) : 데이터 투과성(Data Transparent)을 위해서 전송제어 문자 앞에 삽입
② STX(Start of Text) : 블록의 시작을 알리는 비트 패턴 즉 자료의 시작
③ ETX(End of Text) : 블록의 마지막을 알리는 비트 패턴 즉 자료의 마지막
④ SYN : 동기화 문자는 수신측에게 블록의 시작을 알리는 비트 패턴

94 HDLC 링크 구성 방식에 따른 세 가지 모드
① 정규 응답 모드(NRM, Nomal Response Mode)
② 비동기 응답 모드(ARM, Asynchronous Response Mode)
③ 비동기 균형 모드(ABM, Asynchronous Balanced Mode)

95 ARP(Address Resolution Protocol) : 논리 주소(IP 주소)를 물리적 주소(MAC 주소)로 변환

96 ① X.21 : 회선교환방식. 데이터 네트워크에 접근하기 위한 CCITT 표준
② X.25 : 공중 데이터망에서의 패킷 형태로 동작하는 단말을 위한 데이터 단말장치(DTE)와 데이터 회선 종단장치(DCE) 간의 인터페이스를 규정

97 IPv6의 프로토콜 필드는 IPv4에서 트래픽 클래스(Traffic Class) 필드로 대치된다.

98 PAD(Packet Assemble and Disassembly) : 캐릭터 방식 터미널을 X.25 네트워크에 연결할 때 패킷들을 조립, 분해하여 주는 장치

99 ① Random Routing(임의경로 제어방식) : 단순성과 견고성을 띠면서 트래픽의 부하를 훨씬 적게 한 방식으로 노드는 들어온 패킷에 대해 나가는 경로를 무작위로 1개만을 선택한다.
② Fixed Routing(고정경로 제어방식) : 네트워크의 모든 근원지, 목적지 노드의 쌍에 대해서 한 경로씩을 미리 결정해 두는 방식이다.
③ Adaptive Routing(적응경로 제어방식) : 네트워크이 변하는 상태에 따라 반응하여 경로를 결정한다.

100 ① PCM(펄스코드변조)에서 송신의 순서
표본화 → 양자화 → 부호화
② 디지털 수신 시스템의 순서
캐리어 복조 → 채널 복호화 → 원천 복호화

2015년 제1회

정답

01	02	03	04	05	06	07	08	09	10
④	③	④	①	①	②	①	③	①	②
11	12	13	14	15	16	17	18	19	20
①	①	②	②	③	③	②	①	①	①
21	22	23	24	25	26	27	28	29	30
①	①	③	②	④	②	②	②	②	④
31	32	33	34	35	36	37	38	39	40
①	②	①	①	②	②	②	②	③	①
41	42	43	44	45	46	47	48	49	50
①	②	③	②	④	①	②	④	②	③
51	52	53	54	55	56	57	58	59	60
①	④	①	③	②	③	②	④	④	④
61	62	63	64	65	66	67	68	69	70
④	④	④	④	②	②	②	②	④	②
71	72	73	74	75	76	77	78	79	80
①	②	③	②	①	②	③	④	②	④
81	82	83	84	85	86	87	88	89	90
③	③	③	④	③	②	④	①	④	④
91	92	93	94	95	96	97	98	99	100
③	②	③	④	③	④	②	④	③	②

01 원시 프로그램을 번역할 때 어셈블러에게 요구되는 동작을 지시하는 명령으로서 기계어로 번역되지 않는 명령어

02 어셈블리어 명령
1. 매크로 정의의 시작과 끝
   : MACRO ~ MEND(ARM일 경우 대문자로 표기)
   : .macro ~ .endm(GUN일 경우 소문자로 표기)
2. 프로시저의 시삭과 끝 : PROC ~ ENDP
3. 프로그램 구조에서 세그먼트의 시작과 끝
   : SEGMENT ~ ENDS
4. (형식)

GNU(Gun is Not Unix) Assembler 지시어	ARM(Advanced RISC Machine) Assembler 지시어
.macro	MACRO
.endm	MEND

.macro WR32 addr, data
　ldr　r0, =addr
　ldr　r1, =data
　str　r1, [r0]
.endm
	MACRO
	　WR32 $ADDR, $DATA ;
	　[ADDR]=DATA
	　LDR r0, =$ADDR
	　LDR r1, =$DATA
	　STR r1, [r0]
	MEND

03 1. 비순환 그래프 디렉토리
   ① 하위(부) 디렉토리의 공동 사용이 가능하다.
   ② 사이클이 허용되지 않는다.
   ③ 디렉토리 구조가 복잡하다.
   ④ 하나의 파일이나 디렉토리가 여러 개의 경로이름을 가질 수 있다.
   ⑤ 공유된 파일을 삭제할 경우 떨어진 포인터(Dangling pointer)가 발생할 수 있다.
   ⑥ 하위디렉토리가 상위디렉토리나 상위파일을 공유할 수 없다.
   ⑦ 공유된 하나의 파일을 탐색할 경우 다른 경로로 두 번 이상 찾아갈 수 있으므로 성능저하가 초래될 수 있다.
   ⑧ 디스크 공간을 절약할 수 있다.
2. 일반적인 그래프 디렉토리 구조
   ① 디렉토리와 파일 공유에 융통성이 있다.
   ② 사이클이 허용된다.
   ③ 탐색 알고리즘이 간단하며, 원하는 파일에 접근하기가 용이하다.
   ④ 불필요한 파일의 제거를 위한 참조 카운터가 필요하다.
3. 2단계 디렉토리 구조
   ① 각각의 사용자에 대한 MFD와 각 사용자별로 만들어지는 UFD로 구성된다.
   ② MFD는 각 사용자의 이름이나 계정 번호 및 UFD를 가리키는 포인터를 갖고 있으며, UFD는 오직 한 사용자가 갖고 있는 파일들에 대한 파일 정보만 갖고 있다.

04 어셈블리어
① 명령 기능을 쉽게 연상할 수 있는 기호를 기계어와 1 : 1로 대응시켜 코드화한 기호 언어
② 프로그램에 기호화된 명령 및 주소를 사용
③ 어셈블리어의 기본 동작은 동일하지만 작성한 CPU 마다 사용되는 어셈블리어가 다를 수 있다.
④ 데이터가 기억된 번지를 기호(symbol)로 지정
⑤ 어셈블리어로 작성된 원시 프로그램은 목적 프로그램을 생성한 후 실행 가능하다.

05 언어의 정의
1. syntax(구문)
   ① 정의 : 언어의 구성 요소들을 결합하여 다른 요

소를 만드는 방법을 설명한 것
② 언어의 syntax는 대부분 문맥 무관형 문법으로서 정의
③ 언어의 단위 : 토큰(Token)
2. Semantics(의미)
① 정의 : 프로그램이 무엇을 어떻게 수행할 것인가를 나타내준다.
② Semantics의 공식적 정의에 대한 접근 방법 : 실행적 방법, 함수적 또는 표시적 방법, 공리적 방법

06 프로세스의 정의
① 실행 중인 프로그램
② 프로시저가 활동 중인 것
③ 프로세스 제어 블록의 존재로서 명시되는 것
④ 목적 또는 결과에 따라 발생되는 사건들의 과정
⑤ 지정된 결과를 얻기 위한 일련의 계통적 동작
⑥ 프로세서가 할당되는 실체

07 어셈블러를 두 개의 pass로 구성하는 주된 이유
① 한 개의 Pass만을 사용하는 경우는 기호를 모두 정의한 뒤에 해당 기호를 사용하여야 한다.
② 기호를 정의하기 전에 사용할 수 있어 프로그램 작성이 용이하기 때문이다.(전향 참조, Forward reference)
③ 사용의 편의상 정의하기 전에 사용한 주소 상수를 처리하기 위함이다.

08
① ORG : 원시 프로그램을 목적 프로그램으로 번역할 때 현재의 오퍼랜드에 있는 값을 다음 명령어의 번지로 할당하는 것
② INCLUDE
  ㉠ 다른 어셈블리 언어의 소스 파일을 삽입하는 의사명령
  ㉡ 라이브러리에 기억된 내용을 프로시저로 정의하여 서브루틴으로 사용하는 것과 같이 사용할 수 있도록 그 내용을 현재의 프로그램 내에 포함시켜 주는 명령

09
① library program : 프로그램, 루틴들, 프로그램 이름이나 개요 등을 모아 놓은 범용 또는 특수 목적의 소프트웨어를 조합하거나 조직적으로 구성해 놓은 것
② pseudo-instruction : 기계어 명령으로 번역되지 않는 어셈블러 명령. 정수로 기호명을 붙이는 명령이나 주소를 조정하는 명령 등이 있다. 주로 프로그램을 쓰기 쉽게 하기 위해서 이용된다.

10 로더
1. 정의 : 컴퓨터 내부로 정보를 들여오거나, 로드 모듈을 디스크 등의 보조기억장치로부터 주기억장치에 적재하는 시스템 소프트웨어
2. 기능
① 할당(Allocation) : 실행 프로그램을 실행시키기 위해 기억장치 내에 옮겨 놓을 공간을 확보하는 기능
② 연결(Linking) : 부 프로그램 호출 시 부 프로그램이 할당된 기억장소의 시작주소를 호출한 부분에 등록하여 연결하는 기능
③ 재배치(Relocation) : 디스크 등의 보조기억장치에 저장된 프로그램이 사용하는 각 주소들을 할당된 기억장소의 실제 주소로 배치시키는 기능
④ 적재(Loading) : 실행 프로그램을 할당된 기억 공간에 실제로 옮기는 기능
3. 로더(Loader)의 종류
① Compile And Go 로더 : 별도의 로더 없이 언어 번역 프로그램이 로더의 기능까지 수행하는 방식(할당, 재배치, 적재 작업을 모두 언어 번역 프로그램이 담당)
② 절대 로더(Absolute Loader) : 목적 프로그램을 기억 장소에 적재시키는 기능만 수행하는 로더로서, 할당 및 연결 작업은 프로그래머가 프로그램 작성 시 수행하며, 재배치는 언어번역 프로그램이 담당
③ 직접 연결 로더(Direct Linking Loader) : 일반적인 기능의 로더로, 로더의 기본 기능 4가지를 모두 수행하는 로더
④ 동적 적재 로더(Dynamic Loading Loader) : 프로그램을 한꺼번에 적재하는 것이 아니라 실행 시 필요한 일부분만을 적재하는 로더

11
① ASSUME : 세그먼트 레지스터에 각 세그먼트의 시작 번지를 할당하여 현재의 세그먼트가 어느 것인가를 지적하게 하는 어셈블리어 명령
② ORG : 어셈블리언어에서 원시 프로그램을 목적 프로그램으로 번역할 때 현재의 오퍼랜드에 있는 값

을 다음 명령어의 번지로 할당
③ EQU : 지시어는 숫자형 상수, 레지스터 연관값 또는 프로그램 연관값에 상징된 이름을 부여한다. 어떤 기호적 이름에 상수값을 할당하는 명령

12 ① Working Set(워킹 셋) : 프로세스가 일정 시간 동안 자주 참조하는 페이지들의 집합을 의미
② semaphores(세마포어) : 운영체계의 자원을 경쟁적으로 사용하는 다중 프로세스에서 행동을 조정 또는 동기화시킬 수 있다.
③ Critical section(임계영역) : 멀티스레드 프로그램에서 스레드들이 번갈아 실행되는 스케줄은 임의로 정해지게 되는데 적절하지 못한 순간에 다른 스레드로 제어가 넘어가서 예기치 못한 문제가 발생할 수 있다.

13 벤치 마크 프로그램(Bench Mark Program) : 전반적인 시스템의 성능을 측정하는 소프트웨어

14 1. 구역성(Locality) : 프로세스가 기억장치를 참조하는 특성으로, 실행 중인 프로세스는 시간에 따라 그 주소 공간의 일정 부분만을 집중적으로 참조한다.
① 시간 구역성(Temporal Locality)
  ㉠ 처음에 참조된 기억 장소가 앞으로도 계속 참조될 가능성이 높다.
  ㉡ Stack, Subroutine, Looping, Counting과 Totaling에 사용되는 변수
② 공간 구역성(Spatial Locality)
  ㉠ 어떤 기억 장소 하나가 참조되었을 때, 그 근처의 기억 장소가 계속 참조될 가능성이 높다.
  ㉡ Sequential Code Execution, Array Traversal, 프로그래머들이 관련 변수들을 근처에 선언하는 경향

2. 워킹 셋(Working Set) : 가상기억장치 시스템에서 실행 중인 프로세스가 일정 시간 동안에 참조하는 페이지의 집합으로, 각 프로세스에게 할당하여야 할 최소한의 페이지 프레임 수를 결정함으로써 스래싱을 방지할 수 있는 기법

15 어셈블리어의 구성
어셈블리어는 크게 실행 명령과 의사명령(pseudo)으로 구분되며, 각 명령어는 4개의 부분으로 구성된다.

레이블부 (Label part)	명령 코드부 (Operation part)	오퍼랜드부 (Operand part)	주석부 (Command part)

① 레이블부(Label part) : 자료의 명령이나 명칭 레이블(label)을 정의하기 위해 프로그래머가 선언하는 기호로서, 선택적으로 사용할 수 있으며, 1~8 란에 8자 이내로 나타낼 수 있다.
② 명령 코드부(Operation part) : 기계 동작을 정의하거나 어셈블러의 작동을 지시하는 기호화된 명령 코드로서, 10~14란에 작성한다.
③ 오퍼랜드부(Operand part) : 명령의 수행에 필요한 자료 또는 번지를 기술하는 부분으로서, 명령어의 형태에 따라 하나 또는 여러 개의 오퍼랜드를 가지며, 16~72 란에 작성한다.
④ 주석부(Command part) : 프로그램에 대한 내용 또는 프로그램에 대한 설명 부분으로서, 기계어로 번역되지 않으며 실행에도 영향을 주지 않는다.

16 10번 해설 참조

17 FIFO(First In First Out) : 각 페이지가 주기억장치에 적재될 때마다 시간을 기억하여 가장 먼저, 가장 오래 있었던 페이지를 교체하는 기법

참조 페이지	페이지 프레임	페이지 부재
1	❶	○
2	1, ❷	○
1	❶, 2	
0	1, 2, ❸	○
4	❹, 2, 0,	
1	4, ❶, 0	
3	4, 1, ❸	○
4	❹, 1, 3	
2	❷, 1, 3	○
1	2, ❶, 3	
4	2, ❹, 3	○
1	2, 4, ❶	
3	❸, 4, 1	○
2	3, ❷, 1	○
4	3, 2, ❹	○
페이지 결함의 발생 횟수		12회

18 원시 프로그램을 기계어로 번역해 주는 프로그램
① 컴파일러(Compiler) : FORTRAN, COBOL, ALGOL, C와 같은 고급 언어로 작성된 프로그램을 번역하는

프로그램
② 어셈블러(Assembler) : 저급 언어(컴퓨터 언어에 가까운 언어)로서 직접적으로 명령어와 명령이 1 : 1로 대응, 어셈블러로 작성된 원시 프로그램을 기계어로 번역하는 프로그램
③ 인터프리터(Interpreter) : BASIC, LISP, APL, SNOBOL 등의 언어로 작성된 원시 프로그램을 번역하는 프로그램
[참고] 고급 언어 : 인간이 이해하기 쉬운 언어

19 기계어
① 컴퓨터가 이용할 수 있는 0과 1만으로 명령을 표현
② 컴퓨터의 내부 구성과 종류에 따라 의존성을 가진다.
③ 처리속도가 빠르다.

20 교착상태의 해결 방법
① 예방(Prevention)
② 발견(Detection)
③ 회피(Avoidance) : 발생 가능성을 인정하고 교착상태가 발생하려고 할 때, 교착상태 가능성을 피해가는 방법
④ 복구(Recovery)

21 패리티 검사(Parity Check) : 정보 비트 수가 적고 에러 발생 확률이 낮은 경우 가장 많이 사용하는 에러검출 방식
① 오류검출(error-detecting)은 가능
② 오류정정(error-correction)은 불가능
③ 어느 비트에 오류가 발생하였는지 알 수 없다.
④ 짝수 개의 오류가 발생하면 오류검출이 불가능하다.
⑤ 구현이 간단하여 비동기 통신에 많이 이용

22 상태 레지스터(status register)
마이크로프로세서나 처리기의 내부에 상태 정보를 간직하도록 설계된 레지스터. 일반적으로 마이크로프로세서는 올림수, 오버플로, 부호, 제로 인터럽트를 나타내는 상태 레지스터를 가지고 있으며 패리티, 가능 상태, 인터럽트 등을 포함할 수 있다.

23 입출력장치 제어기의 기본적인 입출력 시스템

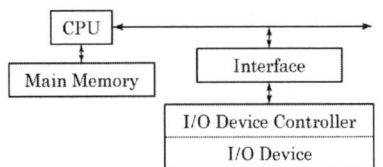

I/O 제어기의 주요 기능
① CPU와의 통신을 담당
② I/O 장치와의 통신을 담당
③ 데이터 버퍼링(data buffering) 기능을 수행

24 주요 연산 및 기능
① AND(Masking Operation)
  ㉠ 비수치 데이터에서 마스크를 이용하여 불필요한 부분(일부분 혹은 전체)을 제거하기 위한 연산
  ㉡ 삭제할 부분의 비트를 0과 AND시켜서 삭제
② OR(Selective-Set)
  ㉠ 두 개의 데이터를 섞거나 일부에 삽입하는 데 사용되는 연산
  ㉡ 특정 비트에 1을 세트(Set)시키는 연산
③ XOR(비교, Compare)
  ㉠ 자료의 특정 비트를 반전시키고자 하는 경우에 사용
  ㉡ 비교(compare) 동작과 같은 동작을 하는 논리 연산
  ㉢ 연산에서 overflow가 발생했을 경우 이것을 검출할 때 사용되는 논리 게이트
④ NOT(보수, Complement)
  ㉠ 각 비트의 값을 반전시키는 연산
  ㉡ 보수를 구할 때 사용

25 16K×32bit의 의미=MAR의 용량×MBR의 용량
① MAR의 용량
  16K=$2^4 \times 2^{10}$byte = 2^{14}byte
  주소 16K개를 표현하기 위해서는 14개의 Bit가 필요하다.
② MBR의 용량
  동시에 처리되는 일의 양이 32개의 Bit를 나타낸다.

26 ① 캐시 기억장치(Cache Memory) : CPU와 주기억장치 사이에 있는 고속의 버퍼 메모리
② 연관 기억장치(Associative Memory) : 내용의 일

부분으로서 기억장치에 접근(구성 요소 : 검색자료 레지스터, 마스크 레지스터, 일치 지시기)
③ 가상 기억장치(Virtual Memory) : 보조기억장치의 일부를 주기억장치처럼 사용, 메모리 공간을 확보

27 DMA에 관한 설명
① 메인 메모리와 각 장치들끼리 CPU를 거치지 않고 데이터를 직접 전송하는 기술이다.
② 대량의 데이터를 고속으로 전송할 때 유리하다.
③ 메모리와 주변장치 간의 데이터 전송통로를 DMA 채널이라고 한다.
④ 하드디스크, CD-ROM 등에 사용된다.

28 10진수 3을 각 코드로 표시하면 다음과 같다.
① BCD(8421) 코드 → 0011
② Excess-3 코드 → 0110
③ 51111 코드 → 00111
④ 2421 코드 → 0011

29

10진수	7	4	1
2진화 10진 코드 (BCD code)	0111	0100	0001

30 마이크로프로세서의 연산 단위를 결정하는 기준
① 레지스터의 크기
② 외부 버스의 크기
③ CPU 내부 버스의 크기

31 ① 누산기(AC, Accumulator)
   ㉠ 연산장치에 있는 레지스터의 하나로 연산 결과를 일시적으로 기억하는 장치
   ㉡ 주소 부분이 하나밖에 없는 1-주소 명령 형식에서 결과 자료를 넣어 두는 데 사용하는 레지스터
② 메모리 주소 레지스터(MAR, Memory Address Register) : 기억장치를 출입하는 데이터의 번지를 기억하는 레지스터
③ 메모리 버퍼 레지스터(MBR, Memory Buffer Register) : 기억장치를 출입하는 데이터가 잠시 기억되는 레지스터

32

16진수	A	4	D
2진수	1010	0100	1101
8진수(2진수 3자리씩)	5	1	1	5

33 대칭형 다중 처리(symmetric multiprocessing, SMP)
두 개 또는 그 이상의 프로세서가 한 개의 공유된 메모리를 사용하는 다중 프로세서 컴퓨터 아키텍처이다.

34 페이징 기법(paging) : 가상 기억장치를 모두 같은 크기의 블록으로 편성하여 운용하는 기법이다. 이때의 일정한 크기를 가진 블록을 페이지(page)라고 한다. 주소공간을 페이지 단위로 나누고 실제기억공간은 페이지 크기와 같은 프레임으로 나누어 사용한다.

35 Flynn이 제안한 병렬 컴퓨터 구조

	Single Instruction Stream ↓	Multiple Instruction Stream ⇓⇓
Single Data Stream →	SISD	MISD
Multiple Data Stream ⇒	SIMD	MIMD

① SISD(Single Instruction Single Date) : 노이만형 컴퓨터 형태로 한순간에 하나의 명령과 데이터를 처리
② SIMD(Single Instruction Multi Date) : 비노이만형 컴퓨터 형태로 하나의 명령이 서로 다른 데이터를 병렬적으로 취급하며 하나의 제어장치에 의해 독립된 처리 과정을 실행
③ MISD(Multi Instruction Single Date) : 하나의 데이터에 대해 여러 개의 명령들로 연산되어지는 형태로 현재 이러한 형태의 컴퓨터 구조는 구현된 제품이 없다.
④ MIMD(Multi Instruction Multi Date) : 비노이만형 컴퓨터 형태로 다중처리기 컴퓨터로 불린다. 여러 개의 처리장치를 갖고 있으므로 다중 명령어들은 동시에 다른 데이터를 처리할 수 있다.

36 메이저 상태(Major State) : CPU가 무엇을 하고 있는지를 나타내는 현재 상태

① 인출 사이클(fetch cycle) : 명령을 읽는다.
② 간접 사이클(indirect cycle) : 오퍼랜드의 번지를 읽는다.
③ 실행 사이클(execute cycle) : 메모리로부터 데이터를 읽음
④ 인터럽트 사이클(interrupt cycle) : 중단된 원래의 루틴으로 복귀 후 인출상태

37 광학식 마우스 : 아래 부분에 있는 광 감지기를 이용한다.
[참고] 볼 마우스 : 볼의 회전 속도와 방향에 따라 X축과 Y축으로 회전하는 두 개의 roller에 의해서 위치를 감지한다.

38 ① 페이징 : 프로그램을 같은 크기로 분할하여 적재
② 세그먼트 : 프로그램을 서로 다른 크기로 분할하여 적재
③ 블록킹 : 주기억장치 공간을 같은 크기로 분할

39 부동소수점 나눗셈
① 지수를 같게 조정하지 않는다.
② 가수끼리 나눈다.
③ 지수끼리 뺀다.
④ 소수이하 자리는 정해진 자리에서 반올림한다.
⑤ 계산 결과 가수를 정규화한다.
[참고] 부동소수점 곱셈
 ① 지수를 같게 조정하지 않는다.
 ② 가수끼리 곱한다.
 ③ 지수끼리 더한다.
 ④ 소수이하 자리는 정해진 자리에서 반올림한다.
 ⑤ 계산 결과 가수를 정규화 한다.

40 기억장치와 입출력장치의 동작 차이점

비교 항목	입출력장치	기억장치
동작의 속도 (가장 중요 항목)	느리다.	빠르다.
동작의 자율성	타율/자율	타율
정보의 단위	Byte(문자)	Word
착오 발생률	많다.	적다.

41 접근 방식에 의한 주소지정방식
① 묵시적 주소지정방식(Implied Addressing Mode)
 ㉠ Operand가 명령어에 묵시적으로 정의되어 있는 경우
 ㉡ 스택을 이용하는 0-주소 명령어에 사용
② 즉시 주소지정방식(Immediate Addressing Mode)
 ㉠ 명령어의 Operand 부분에 데이터를 기억하는 방식
 ㉡ 별도의 메모리에 접근하지 않고 CPU에서 곧바로 자료를 이용하므로 실행속도가 가장 빠르다.
 ㉢ 메모리 참조횟수 : 0
③ 직접 주소지정방식(Direct Addressing Mode)
 ㉠ 명령어의 Operand 부분에 유효 주소 데이터가 있는 방식
 ㉡ 메모리 참조횟수 : 1
④ 간접 주소지정방식(Indirect Addressing Mode)
 ㉠ 명령어의 Operand 부분에 실제 데이터의 위치를 찾을 수 있는 번지를 가지고 있는 방식
 ㉡ 메모리 참조횟수 : 2회 이상

계산에 의한 주소지정방식
① 절대 주소지정방식(Absolute Addressing Mode)
 ㉠ 기억장치 고유의 번지로서 0, 1, 2, 3과 같이 16진수로 약속하여 순서대로 정해놓은 번지인 절대 주소로 주소를 지정하는 방식
② 상대 주소지정방식(Relative Addressing Mode)
 ㉠ 유효주소 : 명령어의 주소 부분+PC
③ 베이스 레지스터 주소지정방식(Base Register Addressing Mode)
 ㉠ 유효주소 : 명령어의 주소 부분+Base Register
 ㉡ 베이스 레지스터(Base Register) : 명령이 시작되는 최초의 번지를 기억하고 있는 레지스터
④ 인덱스 레지스터 주소지정방식(Indexed Register Addressing Mode)
 ㉠ 유효주소 : 명령어의 주소 부분+Index Register
 ㉡ 인덱스 레지스터(Index Register) : 주소 변경, 서브루틴 연결, 반복 연산 수행 등의 역할을 하는 레지스터

42 ① 인터럽트 사이클(interrupt cycle) : 인터럽트 발생 시 복귀주소를 저장시키고 제어순서를 인터럽트 프로그램의 첫 번째 명령으로 옮기는 단계
② 인터럽트 사이클의 마이크로 연산
 t_0 : MBR ← PC [PC의 내용을 MBR로 전송]
 t_1 : MAR ← SP, PC ← ISR의 시작 주소 [SP의

내용을 MAR로 전송하고, PC의 내용은 인터럽트 서비스 루틴의 시작 주소로 변경]
t₂ : M[MAR] ← MBR [MBR에 저장되어 있던 원래 PC의 내용을 스택에 저장]
단, SP는 스택 포인터(stack pointer)

43 마이크로프로그램에 관한 설명
① 소프트웨어적인 요소보다 하드웨어적인 요소가 많아 펌웨어(firmware)라고도 불린다.
② 제어기를 구성하는 방법으로 마이크로프로그램이 이용될 수 있다.
③ 마이크로프로그램은 컴퓨터시스템의 제작 단계에서 ROM에 저장한다.

44 1K×1bit의 의미=MAR의 용량×MBR의 용량
① MAR의 용량 : 1K=2^{10}byte : 주소(address) 1K개를 표현하기 위해서는 10개의 Bit가 필요하다.
② MBR의 용량 : 동시에 처리되는 일의 양이 1개의 Bit를 나타낸다.

45 분리형 입출력(Isolated I/O) : 입출력장치와 주기억장치의 영역을 따로 두는 방법이다. 별도로 할당되므로 접근할 때에는 별도의 접근 명령어를 사용한다.

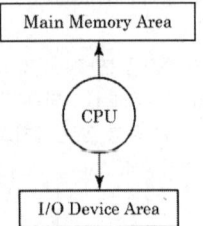

46 cross assembler(교차 어셈블러) 효과
고속의 I/O 장치를 이용한 I/O과 대용량 기억장치를 사용할 수 있어 프로그램 개발 능률을 향상시킬 수 있다.
[참고]
① 디버거(debugger) : 다른 대상 프로그램을 test하고 디버그하는 데 쓰이는 프로그램
② screen editor(화면 편집기) : 문장을 작성할 경우 화면에 편집과 교정의 결과를 보면서 서식을 편집하는 방식
③ simulator(시뮬레이터) : 다른 기종의 컴퓨터가 대상 컴퓨터의 프로그램 처리 과정과 동일한 처리를 하는 것처럼 모의 실험하는 데 이용된다.

47 CMOS형 IC
① 작동속도가 80~100나노(1나노는 10억분의 1)초가 표준이다.
② 반도체 구조가 간단하고 칩상의 공간을 적게 차지하여 유리하며 따라서 소자의 집적도를 높일 수 있기 때문에 VLSI에도 널리 사용된다. 사용자 입장에서는 소비전력이 매우 적고 잡음 여유도가 크다는 것이 더욱 유리하다.

48 운영체제의 구성
1. 제어 프로그램
 ① 감시 프로그램 : 시스템 전체의 동작상태를 감독, 지원
 ② 작업관리 프로그램 : 작업의 연속처리를 위한 스케줄을 관리
 ③ 데이터 관리 프로그램 : 데이터와 파일을 표준적으로 총괄 관리
2. 처리 프로그램
 ① 언어번역 프로그램 : 사용자가 작성한 프로그램을 기계어로 번역
 ② 서비스 프로그램 : 컴퓨터 시스템에서 빈번히 사용하는 프로그램들을 컴퓨터 회사에서 미리 프로그램화하여 사용자에게 제공해주는 것
 ③ 문제처리 프로그램 : 응용프로그램(기계중심, 처리중심, 문제중심 언어)

49 MAR ← (PC)
MBR ← M(MAR), (PC ← PC+1)
IR ← MBR(OP), I ← MBR(M)
goto Indirect state or Execute state

50 주소는 (17FF)₁₆~(1000)₁₆이므로
8×16×16=2048=2^{20}을 가진다.
따라서, 필요한 램의 개수는 32이다.

51 X-OR(배타적 OR)의 역할
누산기(accumulator)를 clear하고자 할 때 사용하면

효과적인 명령어

52 ① 시스템 순서도(system flowchart, 처리 순서도) : 자료의 흐름을 중심으로 하여 시스템 전체의 작업처리 내용을 종합적이고 전체적인 상태로 도시한 것
② 프로그램 순서도
  ㉠ 일반 순서도(general flowchart, 개략 순서도) : 프로그램 전체의 내용을 나타낸 순서도
  ㉡ 세부 순서도(detail flowchart, 상세 순서도) : Coding하면 곧 프로그램이 작성될 수 있을 정도로 상세하게 그려진 순서도

53 레지스터(register) : CPU에서 사용되는 고속 메모리로서, 처리에 필요한 내용을 일시적으로 기억
① 누산기(Accumulator, Acc) : 연산 시 피가수 및 연산 결과를 일시적으로 기억하는 레지스터
② 프로그램 카운터(Program Counter, PC) : 다음에 실행할 명령어의 번지 기억
③ 명령 레지스터(IR) : 현재 수행 중인 명령의 내용 기억
④ 기억장치 주소 레지스터(MAR) : 메모리의 번지를 해독
⑤ 기억장치 버퍼 레지스터(MBR) : 기억장치에 출입하는 자료를 기억

54 시스템 버스 구조 : CPU, I/O 장치, 기억장치들을 상호 연결해주는 중심 통로를 시스템 버스라고 한다.
① 데이터 버스(Data Bus)
  ㉠ 데이터 버스를 통해 주기억장치로부터 읽거나 쓸 데이터가 전송된다.
  ㉡ 데이터 버스의 크기는 CPU가 한 번에 전송 가능한 데이터의 크기와 같다.
  ㉢ 양방향의 버스이다.
② 주소 버스(Address Bus)
  ㉠ 주소 버스를 통해 주기억장치의 데이터를 읽고 쓰기 위한 주소 또는 입출력장치가 결정된다.
  ㉡ CPU의 주소 버스가 n개이면 총 2^n 개의 주소를 지정할 수 있다.
  ㉢ 단방향의 버스이다.
  ㉣ CPU에서는 레지스터 이름 자체가 주소이기에 필요하지 않다.
③ 제어 버스(Control Bus)

㉠ 외부장치에서 CPU에 어떤 동작을 요구하는 각종 제어 신호가 전송된다.
  ⓐ Read 제어 신호(RD) : 기억장치나 입출력장치에 RD 신호를 주면 데이터 버스에 데이터가 실린다.
  ⓑ Write 제어 신호(WR) : 기억장치나 입출력장치에 WR 신호를 주면 데이터 버스의 내용이 기억장치나 입출력장치에 저장된다.
  ⓒ Interrupt 제어 신호
  ⓓ Reset 신호 : 시스템의 모든 기능을 초기화하는 제어 신호

55 DRAM(Dynamic Random Access Memory, 동적 램)
① 주기적으로 메모리를 재충전(refresh) 해야 한다.
② 동작 속도가 비교적 빠르며 집적도가 높아 대용량의 메모리에 적합하다.
③ 대부분 PC에 사용
④ 비교적 가격이 싸고 소비 전력이 적다.

56 Access Time
① 기억장치에 읽기 요청이 발생한 시간부터 요구한 정보를 꺼내서 사용 가능할 때까지의 시간
② 한 Word 단위의 정보를 읽거나 기록하는 데 걸리는 시간
Access Time=Seek Time+Latency Time(Search Time)+Transmission Time
[참고]
  ① Seek Time : Track 찾는 데 걸리는 시간
  ② Search Time : Sector에 도달하는 데 걸리는 시간

57 탐색(seek) 시간
가변(유동, movable) 헤드 디스크에서 한 블록을 액세스하는 데 걸리는 시간에 가장 많은 영향을 준다.

58

제어 방식	중앙처리장치의 제어 필요 여부	특징
메모리 맵에 의한 입/출력 인터럽트 제어에 의한 입/출력 프로그램 제어에 의한 입/출력	필요	가장 원시적인 방식
DMA에 의한 입/출력	불필요	소형 컴퓨터에서 사용
채널에 의한 입/출력		대형 컴퓨터에서 사용

59 Load on Call : Program이 너무 커서 Main storage에 적재할 수 없는 경우 프로그램을 분할하여 일부는 저장매체에 저장해 놓고 필요할 때 call하여 load하는 것
[참고]
① Handshaking : 데이터를 전송 시, 두 장치 간에 동기를 맞추기 위하여 일련의 신호를 주고받는 것
② DMA(Direct Memory Access) : 데이터 전송 시, 중앙처리장치를 거치지 않고 기억장치나 주변장치와 직접 이루어지는 것
③ Polling : 소프트웨어 인터럽트

60 MAR(Memory Address Register) : CPU에서 기억장치 내의 프로그램이나 데이터를 불러오기 위하여 주소를 기억하고 있는 제어용 레지스터

61 2진수 소수값은 10진수 소수값을 계산하면
$1\times 2^{-1}+1\times 2^{-2}+1\times 2^{-3}+0\times 2^{-4}$
$=1\times 0.5+1\times 0.25+1\times 0.125+0\times 0.0625$
$=0.8125$

62 16진수 F : 2진수 1111 및 10진수 15이다.
따라서 10진수 계산방법은
$=15\times 16^1+15\times 16^0=240+15=255$

63 1. 순서 논리회로
① 조합 논리회로와 피드백 기능을 결합하여 메모리 기능을 수행하는 논리회로. 동기식 순서회로, 비동기식 순서회로
② 플립플롭(flip-flop) 회로
㉠ 순서 논리회로에서 많이 사용
㉡ 메모리 요소와 피드백 기능이 있기 때문에 입력된 정보는 입력 정보의 상태를 바꾸도록 지시할 때까지 현재의 상태를 그대로 유지하게 된다.
③ 종류 : 래치(latch), RS 플립플롭, JK 플립플롭, D 플립플롭, T 플립플롭 래치를 제외한 모든 플립플롭은 클록 펄스(CP : clock pulse) 입력을 가지고 있어 클록 펄스에 의하여 순차적으로 처리한다.
2. 조합 논리회로
① 입력, 논리 게이트, 출력으로 구성. 입력된 정보에 대하여 2진수의 출력 정보를 제공하는 기능을 가지는 논리회로
② 종류 : 가산기(adder), 감산기, 곱셈기, 병렬 가산기, 크기 비교기, 코드 변환기, 인코더, 디코더, 멀티플렉서, 디멀티플렉서 등

64 디지털 IC의 특성을 나타내는 중요한 비교평가 요소
① 전파 지연시간   ② 전력 소모
③ 팬 아웃(fan-out) ④ 풀업과 풀다운

65 JK 플립플롭(Jack-King Flip-Flop)
① RS 플립플롭의 S=1, R=1이 허용하지 않는 결점을 보완한 플립플롭이다.
② 가장 널리 사용되는 플립플롭이다.

입력		
J	K	
0	0	상태불변
0	1	0(Reset)
1	0	1(Set)
1	1	반전, 토글

66 설계의 노력이 절감되고 단가가 낮아진다.

67 ① excess-three(3초과 코드) : BCD 코드로 표현된 값에 +3을 더하여 나타낸 코드이다.
② BCD(Binary Coded Decimal, 2진화 10진 코드) : 10진수 0부터 9까지를 2진화한 코드로 실제 표기는 2진수지만 10진수처럼 사용한다.
③ biquinary(2중5) 코드 : 모두 7bit로 구성되며 맨 앞의 두 자릿수 50의 2bit는 10진수의 5보다 크고 작음을 나타내고 나머지 5bit는 counter로 사용하고, 2중5코드에서는 각각의 코드마다 2개의 1과 5개의 0으로 구성한다.

68 $AB+\overline{(AB)}=AB+\overline{A}+\overline{B}=AB+A+B$
$=A(B+1)+B=A+B$

69 문자의 가짓수 $\leq 2^n$ 가지
영어 대소문자 52가지+숫자 10가지=62가지이므로 2^6보다 작거나 같다. 최소한 6비트가 필요하다.

70 ① 디멀티플렉서 : 1개의 입력선을 받아들여 n개의 선

택션의 조합에 의해 2^n개의 출력선 중에서 하나를 선택하여 출력하는 회로이며 데이터 분배기(Data distributor)라고도 한다.

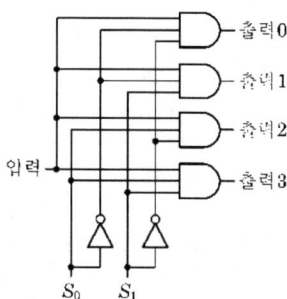

② 멀티플렉서 : 2^n개의 입력 중에서 하나를 선택하여 하나의 출력선으로 내보내기 위해서는 최고 n비트의 선택입력이 필요하다. 이 n개의 선택 입력 조합으로 입력을 선택하여 출력하는 회로이며 데이터 셀렉터(data selector)라고도 한다.

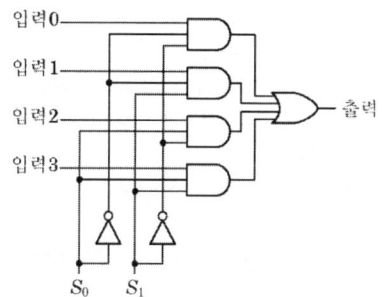

71 $A \cdot \overline{B} + B + A \cdot C = A + B$

A \ BC	00	01	11	10
0	$\overline{A}\overline{B}\overline{C}$	$\overline{A}\overline{B}C$	$\overline{A}BC$	$\overline{A}B\overline{C}$
1	$A\overline{B}\overline{C}$	$A\overline{B}C$	ABC	$AB\overline{C}$

72 AND Gate는 각각 출력값 결과 AB, CD이며, 이 두 가지의 출력값을 OR Gate에서는 입력값으로 처리하였을 때 AB+CD이다.

73 DECODER(디코더, 해독기)
① n비트 입력으로 최대 2^n개의 서로 다른 정보를 출력한다. 2진 데이터를 8진 또는 10진으로 변환할 때 사용한다.
② BCD 코드를 10진화하는 데 필요한 회로
∴ 출력선 8개는 2^3개이므로 따라서 디코더의 입력선은 3개이다.

74 D 플립플롭
① D(data), C(clock-입력 클록 신호)
② RS 플립플롭의 입력 S와 R을 인버터로 연결하고 D라는 기호를 붙인다.
③ 입력 신호를 그대로 출력한다.

D	Q_{t+1}
0	0, reset
1	1, set

75 ① CMOS(complementary metal oxide semiconductor, 상보형 금속산화반도체) : 소비 전력이 매우 적다는 이점을 가지며 휴대용 계산기, 전자시계, 소형 컴퓨터 등에 널리 채용되고 있다.
② MOS(metal oxide semiconductor, 금속산화물 반도체) : 반도체 표면에 산화막을 형성하고 절연물로 그 막 위에 금속을 부착한 구조. MOS 트랜지스터나 MOS형 집적회로 등에 널리 응용된다.
③ TTL(transistor-transistor logic circuit, 트랜지스터 논리회로) : 멀티미터 트랜지스터 논리 게이트와 트랜지스터 출력회로를 결합하여 구성한 포화형 논리회로
④ RTL(resistor transistor logic circuit, 저항 트랜지스터 논리회로) : 저항과 트랜지스터만으로 구성된 포화형 논리회로. 이 회로는 DCTL의 current hogging이나 출력 진폭 문제를 해결하기 위하여 베이스에 직렬 저항을 부가한 것이다.

76 1개의 JK 플립플롭은 연속으로 2개만 들어오므로 1이 입력값이 연속으로 4개 들어오기 위해서는 최소 2개의 JK 플립플롭이 필요하다.

77 병렬 가산기(Parallel Adder)의 동작
여러 개의 자릿수로 구성된 2진수를 더하는 경우 2개의 같은 자릿수끼리 동시에 더하고 여기서 생기는 자

리올림수를 다음 단 전가산기에 연결하는 방식
① n비트 2진수의 덧셈을 하는 2진 병렬 가산기는 1개의 반가산기와 n-1개의 전가산기가 필요하다.
② 계산 시간이 빠르나 더하는 비트 수만큼 전가산기가 필요하므로 회로가 복잡하다.

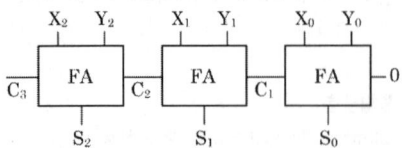

78 3초과 코드 : BCD 코드로 표현된 값에 +3을 더하여 나타낸 코드이다
$$(0101)_2 + (11)_2 = (1000)_{3초과 코드}$$

79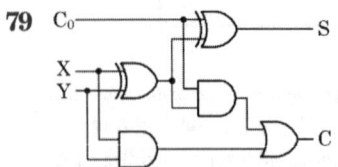

80 $A(\overline{A}+AB) = A\overline{A}+AAB = AB$

81 데이터 통신 시스템에서 발생하는 잡음
① 열잡음 : 전송매체의 저항에 의한 열의 영향 때문에 발생
② 누화잡음 : 인접선로의 상호간섭에 의해 발생
③ 충격성 잡음 : 선로의 파괴나 손상에 의한 발생

82 피기백(piggyback)
수신측에서 수신된 데이터에 대한 확인(Acknow-ledgement)을 즉시 보내지 않고 전송할 데이터가 있는 경우에만 제어 프레임을 별도로 사용하지 않고 기존의 데이터 프레임에 확인 필드를 덧붙여 전송하는 흐름 제어 방식이다.

83 1. Stop-and-Wait ARQ
① 구현이 간단하고 송신측에서 최대 프레임 크기의 버퍼가 1개만 있어도 된다.
② 각각의 프레임에 대해서 확인 메시지가 필요하다.
③ 전송시간이 긴 경우 전송효율이 저하된다.

2. Go-back-N ARQ : 데이터 프레임을 연속적으로 전송해 나가다가 NAK를 수신하게 되면, 오류가 발생한 프레임 이후에 전송된 모든 데이터 프레임을 재전송하는 방식

84 전송 신호의 부호 방식
① NRZ-L(NonReturn to Zero Level) 코드 : 전압 준위가 데이터 비트를 나타내는 방식
② NRZ-I(NonReturn to Zero Inverted) 코드
  ㉠ 데이터 비트 1에 대해 비트 구간의 시작에서 신호 천이(Transition)가 발생하며 데이터 비트 0에 대해서는 천이가 없다.
  ㉡ NRZ 방식은 가장 간단한 형태의 신호 부호이나 동일한 비트가 연속적으로 나타나면 직류 성분이 존재하여 동기화 능력이 없는 것이 단점이다.
③ Bipolar-AMI 코드 : "+, 0, -" 3개의 신호 레벨을 사용
④ Manchester 코드
  ㉠ NRZ의 선로 부호에서 동기화 능력을 부여하기 위해 데이터 비트당 천이 능력을 부여한 것으로 데이터 비트 1은 고준위에서 저준위로 천이하며 데이터 비트 0은 저준위에서 고준위로 천이한다.
  ㉡ 현재 IEEE 802.3의 CDMA/CD LAN에서 전송 부호로 사용되며, Differential Manchester 코드는 IEEE 802.5의 토큰 링 LAN에서 사용한다.

85 동기식 시분할 다중화
① 전송시간을 일정한 간격의 시간 슬롯(time slot)으로 나누고, 이를 주기적으로 각 채널에 할당한다.
② 하나의 프레임은 일정한 수의 시간 슬롯으로 구성된다.
③ 송신단에서는 각 채널의 입력 데이터를 각각의 채널 버퍼에 저장하고, 이를 순차적으로 읽어낸다.
④ 통계적 시분할 다중화보다 전송 용량이 낭비가 많으므로 비효율적이다.

86 짝수 패리티 방법은 전송 비트 내의 1의 개수가 짝수가 되게 하는 방법이므로 문자 비트열에서 1의 개수가 각각 A일 때 3개, B일 때 5개, C일 때 4개, D일 때 3개이므로 1의 개수가 홀수인 문자 A, B, D가 에러가 발생한다.

87 HDLC 프레임 구조

시작 플래그 (F)	주소 영역 (A)	제어 영역 (C)	정보 영역 (I)	FCS	종료 플래그 (F)
8비트	8비트	8비트	가변	16비트	8비트

① F(Flag) : 프레임의 시작과 끝을 나타내기 위해 사용하며, 고유의 패턴(01111110) 8bit로 구성되어 있다.
② 주소(Address) 영역 : 송신 시스템과 수신 시스템의 주소를 기록한다.
③ 제어(Control) 영역 : 정보 전송 프레임 I형식, 링크 감시제어용 S형식, 확장용 U형식이 있다.
④ 정보(Information) 영역 : 송수신 단말장치 간 교환되는 사용자 정보와 제어 정보이다.
⑤ FCS(Frame Check Sequence) 영역 : 수신 프레임의 에러 검출 부분으로 CRC 방식을 사용한다.

88 HDLC(High Data Link Control)의 특징
① 데이터 링크 계층에서 규정된 전송 제어기능을 수행하는 프로토콜
② 비트 방식 프로토콜
③ Simplex(단방향), Half-duplex(반이중), Full-duplex(전이중)에서 모두 사용
④ Point-to-point, Mulitpoint, Loop 방식 모두 가능
⑤ 비동기 방식보다 전송 효율이 우수
⑥ 오류 제어 방식으로 연속적 ARQ 방식의 하나인 Go-back-N ARQ을 사용

89 IP 주소(IPv4 기준)
① 모든 컴퓨터는 고유한 IP 주소를 가져야 한다.
② Network Address와 Host Address로 이루어진다.
③ IP 주소는 32비트로 구성되어 있다.
④ 127.0.0.1은 특수한 목적으로 사용되는 IP 주소이다.
⑤ E 클래스는 실험적인 주소로 공용으로 사용하지 않는다.

90
① 양자화 : 표본화된 신호를 일정한 범위(0~255) 내의 정수 수치값으로 표현한 것
② 양자화 잡음
  ㉠ 과립형 잡음 : 양자화기의 스텝폭이 유한인 점으로 인하여 생기는 잡음
  ㉡ 과부하 잡음 : 양자화기의 포화에 의해 생기는 잡음으로 양자화가 최대 허용범위를 넘게 되어 왜곡이 발생한다.

91
① 진폭 편이 변조(ASK, Amplitude Shift Keying) : 2진수 0과 1을 각각 서로 다른 진폭의 신호로 변조하는 방식
② 주파수 편이 변조(FSK, Frequency Shift Keying) : 2진수 0과 1을 각각 서로 다른 주파수로 변조하는 방식
③ 위상 편이 변조(PSK, Phase Shift Keying) : 2진수 0과 1을 각각 서로 다른 위상을 가진 신호로 변조하는 방식. 동기식 변복조기(MODEM)에서 주로 사용

[참고]
① 아날로그에서 아날로그로 전송(부호화) : AM, FM, PM
② 디지털에서 아날로그로 전송(부호화) : ASK, FSK, PSK, QAM
③ 아날로그에서 디지털로 전송 : PCM

92 경로 지정 방식
① 고정 경로 방식
  ㉠ 가장 단단한 경로설정방식으로 네트워크 내에 모든 발신자와 수신자에 대한 경로값을 가지는 방식
  ㉡ 고정경로로 안정된 패킷 전송이 가능하나 네트워크 환경 변화 시 최적경로를 재설정하여야 한다.
② 플러딩 방식
  ㉠ 인입된 패킷은 인입 포트를 제외한 모든 포트로 플러딩되는 방식
  ㉡ 플러딩 패킷으로 불필요한 트래픽 증가 발생
③ 랜덤 경로 설정 방식
  ㉠ 인입된 패킷은 오직 한 개의 출력 포트로 전송되어 출력 포트는 랜덤하게 선택된다.
  ㉡ 선택되는 출력 포트를 알맞게 조정하여 로드 밸런싱 효과를 볼 수 있다.
④ 적응 경로 방식
  ㉠ 경로 설정 센터를 설치하여 주기적으로 각 노드들의 상태를 파악하여 최적의 경로를 설정하는 방식
  ㉡ 네트워크 환경 변화에 민감하게 적응할 수 있다.

93 주파수 분할 다중화(FDM, Frequency Divison Multiplexing)
① 좁은 주파수 대역을 사용하는 여러 개의 신호들을 넓은 주파수 대역을 가진 하나의 전송로를 통하여 동시에 전송하는 방식
② 비교적 간단한 구조이므로 데이터 전송비용 측면에서 저렴
③ 다중화 장치 자체가 변복조기 역할을 수행하므로 별도의 모뎀이 필요하지 않다.

94 IPv4에서 IPv6로 천이하는 데 사용되는 IETF에서 고안한 천이 전략 3가지
① Dual Stack : IPv4와 IPv6를 동시에 동작시키는 장비이다. 목적지에 packet을 보낼 때 어느 version을 사용할 것인가를 결정하기 위해 발신지 host는 DNS에 질의를 하여 DNS가 IPv4 주소를 보내오면 발신기 host는 IPv4 packet을 보낸다.
② Tunneling : IPv6를 사용하는 두 컴퓨터가 서로 통신하기를 원하나 packet이 IPv4를 사용하는 지역을 지나가야만 할 때의 방법이다. IPv6 packet이 이 지역에 진입할 때 IPv4 packet으로 capsulation 되고, 지역을 벗어나면 다시 encapsulation을 수행한다.
③ Header Translation : 대부분의 인터넷이 IPv6로 전환되고 일부분이 아직 IPv4를 사용할 때 필요하다. 송신자는 IPv6를 사용하기를 원하나 수신자는 IPv4를 사용할 경우 header 형식이 header translation을 통해 완전히 바뀌어진다.

95 CRC(Cyclic Redundancy Check, 순환 잉여 검사)
① 집단적으로 발생하는 오류에 대해 신뢰성 있는 오류검출
② 다항식 코드를 사용한다.(다항식 : 패리티 검사와 블록 합 검사 방식으로는 집단 오류를 검출할 수 없다. 이를 개선하는 방법)
③ 가장 신뢰성 있는 검사 코드이다.
④ FCS(Frame Check Sequence), 프레임 검사 순서를 추가 전송한다.
⑤ FCS를 'BCC(Block Check Character)'라고도 한다.
⑥ CRC는 각 문자마다 패리티를 붙이는 패리티 검사와는 달리 프레임의 실제 내용에 의해 계산되는 FCS를 프레임의 맨 끝에 추가 전송한다.

[참고]
1. LRC(Longitudinal Redundancy Check, 수평 패리티 검사방식) : 수평방향을 한 블록 단위로 하여 모든 문자의 각 비트 위치당 패리티 비트를 추가한 방식
2. VRC(Vertical Redundancy Check, 수직 패리티 검사방식) : 수직 방향으로 1의 비트수가 짝수(홀수)가 될 수 있도록 부가 비트를 추가시켜 한 문자를 구성하고 검출의 경우 1의 비트 수가 짝수(홀수)인지를 검사해서 오류의 발생 여부를 판정하는 방식
3. ARQ(Automatic Repeat Request, 오류 검출 후 재전송 방식) : 통신 시스템에서 수신측은 오류 검출을 한 후 이를 송신측에 알리고 재전송을 요구하는 방식으로 정방향과 역방향으로 채널이 필요하다.
   ① 정지-대기(Stop-and-wait) ARQ 방식
      ㉠ 가장 단순한 형태의 ARQ이다.
      ㉡ 송신측은 하나의 블록을 전송한 후 수신측에서 ACK(긍정응답), NAK(부정응답)이 올 때까지 기다리다가 재전송하는 방식이다.
      ㉢ 구현 방법이 단순하다.
      ㉣ 송·수신측에 1개의 버퍼(Buffer)가 필요하다.
      ㉤ 다른 ARQ에 비해 전송 효율이 낮다.
4. 연속적(Continue) ARQ의 종류
   ① GO-Back-N ARQ
      ㉠ 오류가 처음 발생한 블록 이후 모든 Block을 재전송하는 방식이다.
      ㉡ 송신측 버퍼는 충분한 용량이 있어야 하나 수신측은 1개면 충분하다.
      ㉢ SDLC 프로토콜에 많이 사용한다.
   ② 선택적(Selection) ARQ
      ㉠ 오류가 발생한 블록만 재전송하는 방식이다.
      ㉡ 수신측에서 충분한 버퍼가 필요하다.
      ㉢ 통신 선로에 오류가 많을 때 사용한다.
   ③ 적응적(Adaptive) ARQ
      ㉠ 전송 효율을 최대로 하기 위해 프레임의 길이를 동적으로 변경시킬 수 있는 방식이다.
      ㉡ 수신측에서 오류 발생 확률을 송신측에 알려주면 송신측은 가장 적절한 프레임의 크

기를 결정한 후 프레임을 전송한다.

96 ARP(Address Resolution Protocol)
① Dynamic으로 설정된 내용을 Static 상태로 변경하는 ARP 명령어 옵션은 -d이다.
② ARP가 IP 주소를 알기 위해 특정 호스트에게 메시지를 전송하고 이에 대한 응답을 기다린다.
③ ARP Cache는 IP 주소를 이더넷(Ethernet) 주소로 매핑한 모든 정보를 유지하고 있다.
④ ARP 캐시를 유지하기 위해서는 TTL 값이 0이 되면 이 주소는 ARP 캐시에서 소멸

97 다중접속방식
① FDMA(주파수 분할 다중 접속) : 주어진 주파수 대역폭을 일정한 대역폭으로 나누어 통신 가입자에게 할당하여 다수의 가입자가 동시에 통화를 할 수 있도록 하는 방식
② TDMA(시분할 다중 접속) : 시간을 일정구간의 타임 슬롯으로 나누어 각 가입자에 분배, 할당하고 가입자는 자신에게 할당된 타임 슬롯만을 이용하여 통화하도록 하는 방식
③ CDMA(코드 분할 다중 접속) : 동일한 주파수 대역이나 시간 영역을 사용하는 다수의 가입자에게 서로 다른 코드를 할당하여 여러 가입자가 통신이 가능하도록 하며, 통신 가입자 구분을 코드로 하는 방식

98 비트 방식의 데이터 링크 프로토콜
전송 데이터의 처음과 끝에 특수한 플래그 비트를 포함하여 메시지를 구성하여 전송
① HDLC　　② SDLC
③ LAPB　　④ ADCCP
⑤ X.25 프로토콜

99 패킷 교환 방식
① 가상회선 패킷교환은 연결형 서비스를 제공
② 데이터그램 패킷교환은 비연결형 서비스를 제공
③ 대화형 데이터 통신에 적합하도록 개발된 교환 방식이다.
④ 전송할 수 있는 패킷의 길이는 제한이 있다.
⑤ 속도 및 프로토콜이 상이한 기기 간에도 통신이 가능하다.

⑥ 패킷의 전송지연이 발생할 수 있다.
⑦ 통신내용을 일시 저장할 수 있다.

100 OSI 7계층
① 응용 계층(7계층) : 사용자가 네트워크에 접속할 수 있도록 함
② 표현 계층(6계층) : 압축 등 출력되는 데이터를 하나의 형태로 표현
③ 세션 계층(5계층) : 통신장치 간에 상호연결 설정
④ 전송 계층(4계층) : 발신지와 목적지 간에 제어와 에러 관리
⑤ 네트워크 계층(3계층) : 다중 네트워크에서 패킷을 전달
⑥ 데이터 링크 계층(2계층) : 오류 없이 인접 장치 간에 프레임을 전달
⑦ 물리 계층(1계층) : 물리적인 매체를 통해 전기신호를 전송

2015년 제4회

01	02	03	04	05	06	07	08	09	10
①	③	①	①	①	③	①	③	③	④
11	12	13	14	15	16	17	18	19	20
④	③	②	①	②	②	②	④	①	②
21	22	23	24	25	26	27	28	29	30
④	④	②	①	①	②	①	④	③	②
31	32	33	34	35	36	37	38	39	40
④	①	②	②	①	②	①	②	③	②
41	42	43	44	45	46	47	48	49	50
②	②	③	②	②	③	②	②	④	②
51	52	53	54	55	56	57	58	59	60
①	②	②	③	①	②	①	③	③	②
61	62	63	64	65	66	67	68	69	70
③	②	①	④	②	①	③	①	④	②
71	72	73	74	75	76	77	78	79	80
②	②	②	④	②	①	①	②	②	①
81	82	83	84	85	86	87	88	89	90
①	②	④	②	①	②	①	③	②	①
91	92	93	94	95	96	97	98	99	100
④	④	②	②	④	②	①	①	①	②

01 1. Working Set
   ① 1968년 Denning에 의해 제안된 개념
   ② 프로세스가 특정 시점에 집중적으로 참조하는 페이지들의 집합
   ③ 최근 일정 시간 동안 참조한 페이지들의 집합
   ④ 프로세스의 working set은 시간이 흐름에 따라 변한다.

   2. 세마포어(Semaphore)
   ① 각 프로세스에 제어 신호를 전달하여 순서대로 작업을 수행하도록 하는 기법이다.
   ② E. J. Dijkstra이 제안

   3. Critical Section(임계 구역)
   ① 다중 프로그래밍 운영체제에서 여러 개의 프로세스가 공유하는 데이터 및 자원에 대하여 어느 한 시점에서는 하나의 프로세스만 자원 또는 데이터를 사용하도록 지정된 공유 자원을 의미한다.
   ② 임계 구역은 하나의 프로세스만 접근할 수 있다.

02 라운드 로빈
   ① 시분할 시스템을 위한 원형 큐
   ② 단위시간 : 10~100ms 정도의 시간 조작이 규정
   ③ CPU 스케줄러는 큐를 거치면서 각 프로세스에게 정의된 시간량만큼씩 CPU를 할당
   ④ 준비상태 큐는 새로운 프로세스는 큐의 맨 뒤에 삽입(FIFO 큐)
   ⑤ 프로세스가 규정시간 내에 일을 마치지 못하는 경우 인터럽트를 발생
     ㉠ 운영체제에 의해 수행이 중단
     ㉡ 레지스터의 내용들은 PCB에 저장
     ㉢ 프로세스는 준비상태 큐의 맨 뒤로 이동
   ⑥ 문맥 교환을 위한 오버헤드 발생

03 ① Thrashing : 다중 프로그래밍 시스템이나 가상 기억장치를 사용하는 시스템에서 하나의 프로세스 수행 과정 중 자주 페이지 교체가 발생하게 되어 전체 시스템의 성능이 저하된다.
   ② Locality(구역성, 국부성) : 프로세스가 실행되는 동안 일부 페이지만 집중적으로 참조하는 특성을 가지고 있다.

04 ① ORG : 원시 프로그램을 목적 프로그램으로 번역할 때 현재의 오퍼랜드에 있는 값을 다음 명령어의 번지로 할당하는 것
   ② INCLUDE : 다른 어셈블리 언어의 소스 파일을 삽입하는 의사명령

05 ① 인터프리터(Interpreter) : 목적 프로그램을 생성하지 않고 행(줄)단위로 기계어로 번역
   ② 디버거(Debugger) : 번역된 프로그램의 실행 오류를 찾기 위한 프로그램
   ③ 프리프로세서(Preprocessor) : 전처리기는 원시 프로그램을 기계어 프로그램으로 번역하는 대신에 기존의 고수준 컴파일러 언어로 전환하는 역할을 수행한다.

06 로더(loader)의 기능
   ① Allocation(할당)
   ② Linking(연결)
   ③ Relocation(재배치)

07 매크로 프로세서의 기본 수행 작업
   ① 매크로 정의 저장
   ② 매크로 정의 인식
   ③ 매크로 호출 인식 : 원시 프로그램 내에 매크로의

시작을 알리는 Macro 명령을 인식한다.
④ 매크로 호출 확장

08 기계어에 대한 설명
① 프로그램을 작성하고 이해하기가 어렵다.
② 컴퓨터가 직접 이해할 수 있는 언어이다.
③ 기종마다 기계어가 다르므로 언어의 호환성은 없다.
④ 0과 1의 2진수 형태로 표현되어 수행시간이 빠르다.

09 프로세스의 정의
① 실행 중인 프로그램
② 프로시저가 활동 중인 것
③ 프로세스 제어 블록의 존재로서 명시되는 것
④ 운영체제가 관리하는 실행 단위
⑤ 비동기적 행위를 일으키는 주체
⑥ PCB를 가진 프로그램

10
1. compile(컴파일) : 프로그래머가 컴퓨터 언어(예 : C, Fortran, COBOL 등)로 프로그램을 작성한 후 기계(컴퓨터)가 알 수 있는 언어로 바꿔주는 것
2. 로더의 기능 및 순서
   ① 주기억장치 할당(allocation) : 목적 프로그램이 적재될 주기억 장소 내의 공간을 확보
   ② 연결(linking) : 필요할 경우 여러 목적 프로그램들 또는 라이브러리 루틴과의 링크 작업. 외부기호를 참조할 때, 이 주소값들을 연결
   ③ 재배치(relocation) : 목적 프로그램을 실제 주기억 장소에 맞추어 재배치. 상대주소들을 수정하여 절대주소로 변경
   ④ 적재(loading) : 실제 프로그램과 데이터를 주기억 장소에 직접. 직재될 모듈을 주기억장치로 읽어들인다.

11 운영체제의 성능 평가(목적)
① 처리 능력(throughput)의 향상 : 주어진 시간 내에 처리되는 작업의 양의 의미
② 응답(반환)처리 시간(turn-around time)의 단축 : 컴퓨터 명령을 지시한 뒤 그 결과 출력되는 시간을 의미
③ 사용 가능도(availability) : 시스템 운영 시간 중 얼마나 많은 시간을 사용 가능한지에 대한 것
④ 신뢰도(reliability) 향상 : 주어진 작업에 대해서 얼마나 오류 없이 처리하는지에 대한 것

12 언어의 종류 및 특징
① BASIC : 대화형 언어, 인터프리터 언어(행 단위로 프로그램을 번역, 목적 프로그램 미생성)
② COBOL : 사무처리용 언어, 컴파일러 언어(전체 단위로 프로그램을 번역, 목적 프로그램 생성)
③ FORTRAN : 과학기술 계산용 언어, 컴파일러 언어
④ C언어 : UNIX의 개발언어로 시스템적 언어이다. 실시간 통신 등 여러 분야에 적용되는 범용언어. UNIX에 기본적으로 이식되어 있으며 시스템 프로그래밍에 적합
⑤ PASCAL : 대표적인 구조적인 언어이며 학문적인 언어

13 로더(loader)의 종류
① Direct linking loader : 일반적인 로더(general loader)이며 할당, 연결, 재배치, 적재의 기능을 모두 수행하는 가장 근접한 로더
② Absolute loader : 간단한 로더이며 단순히 번역된 목적 프로그램을 입력으로 받아들여 주기억장치의 프로그래머가 지정한 주소에 적재하는 기능을 가지는 로더
③ Compile and go loader
   ㉠ 원시 프로그램의 기계어로 번역하는 순서대로 명령어 및 자료를 직접 주기억장치에 적재하여 곧바로 프로그램을 수행하는 방식의 loader
   ㉡ 연결 기능은 수행하지 않고 할당, 재배치, 적재 작업을 모두 언어번역 프로그램이 담당

14 어셈블리어 명령
① RET(Return from CALL) : CALL로 스택에 PUSH된 주소로 복귀
[보충설명]
   ㉠ 프로시저 프로그램의 호출과정 및 복귀과정에서 CALL 문으로 부른 서브 프로그램에서 메인 프로그램으로 다시 복귀하는 어셈블리 명령어
   ㉡ 서브루틴으로 작성되는 프로시저는 주프로시저에서 호출되어 실행하고, 실행이 끝나면 자신을 호출한 CALL의 다음 명령으로 복귀시켜야 한다. 서브루틴에서 자신을 호출한 곳으로 복귀시키는 어셈블리어 명령

② XCHG(Exchange Register) : 첫 번째 오퍼랜드와 두 번째 오퍼랜드 교환
[보충설명]
㉠ 두 피연산자를 교환하는 경우 임시값을 보관하기 위해 다른 레지스터를 필요로 하지 않아 고속 데이터 교환이 가능한 명령
③ XLAT(Translate byte to AL) : BX : AL이 지시한 테이블의 내용을 AL로 로드
④ LEA(Load Effective Address to Register) : 메모리의 오프셋 값을 레지스터로 로드

15 교착 상태의 4가지 필요 충분 조건
① 상호 배제(Mutual Exclusion)
② 점유와 대기(Hold-and-Wait)
③ 비선점(Non-Preemption)
④ 환형 대기(Circular Wait)

16 어셈블리어로 작성된 원시 프로그램의 수행 순서
원시 프로그램 → 어셈블러(번역기) → 목적 프로그램 → 연결편집기 → 로더 → 실행

17 ① ASSUME : 세그먼트 레지스터에 각 세그먼트의 시작 번지를 할당하여 현재의 세그먼트가 어느 것인가를 지적하게 하는 어셈블리어 명령
② ORG : 어셈블리언어에서 원시 프로그램을 목적 프로그램으로 번역할 때 현재의 오퍼랜드에 있는 값을 다음 명령어의 번지로 할당
③ EQU : 지시어는 숫자형 상수, 레지스터 연관값 또는 프로그램 연관값에 상징된 이름을 부여한다.
④ INCLUDE : 라이브러리에 기억된 내용을 프로시저로 정의하여 서브루틴으로 사용하는 것과 같이 사용할 수 있도록 그 내용을 현재의 프로그램 내에 포함시켜 주는 명령

18 ① 스풀링(spooling) : 프로그램이 프로세서에 의해 수행되는 속도와 프린터 등에서 결과를 처리하는 속도의 차이를 극복하기 위해 디스크 저장 공간을 사용하는 기법
② Preprocessor(프리프로세서) : 전처리기는 원시 프로그램을 기계어 프로그램으로 번역하는 대신에 기존의 고수준 컴파일러 언어로 전환하는 역할을 수행

19 1. 페이징 기법
① 가상 메모리 공간을 일정한 크기의 페이지로 나누어 관리하는 기법
② 각각의 페이지의 물리 메모리 주소 공간을 가지고 있는 페이지 테이블이 존재한다.
③ 페이지는 페이지 테이블에서 프레임의 위치에 변위값을 더한 값이 실제 물리 메모리에 위치한 주소가 된다.
2. 세그먼테이션 기법
① 가상 메모리 공간을 다른 크기인 세그먼트로 나누어 관리하는 기법
② 각각의 세그먼트는 연속적인 공간으로 이루어져 있다.
③ 각각의 세그먼트의 실제 물리 메모리 주소와 크기를 기록하는 세그먼트 테이블이 존재한다.
④ 각각의 세그먼트의 크기가 다르기 때문에 미리 나누어 놓을 수 없다.
⑤ 기본적으로 알고 있는 메모리 영역의 구조가 세그먼테이션 기법으로 이루어져 있다.

20 어셈블리어 명령
① MOV(Move) : 데이터 이동(전송)
② RET(Return from CALL) : CALL로 스택에 PUSH 된 주소로 복귀
③ INT(Interrupt) : 인터럽트 실행

21 병렬 처리를 많은 부류의 문제에 적용하면 속도 저하 및 리소스를 소비하게 된다.

22 ① 인터럽트 방식(Interrupt, PIO) : 중앙처리장치를 경유하는 입출력 방식
② DMA 방식 : 중앙처리장치를 경유하지 않는 입출력 방식
③ Strobe(스트로브, STB) : 입출력장치 간의 자료 전송을 위한 타이밍 유지를 위해 발생시키는 짧은 신호
④ Handshaking(핸드셰이킹) : 입출력장치 간의 자료 전송을 위한 타이밍 유지를 위해 처리되는 신호 교환 절차

23 병렬 연산 방식은 직렬 연산 방식에 비해 속도가 빠르다.

24 OR gate

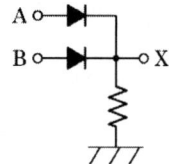

25 ① Instruction Decoder(명령 해독기) : 명령 레지스터에 보낸 명령 해독
② Instruction Counter(명령 계수기) : Program Counter라고 하며 다음에 수행할 명령 주소 기억

26 1. L_1 캐시를 사용할 때 액세스 시간
 메모리 액세스 시간
 =L_1 히트시간+L_1 미스율×L_1 미스 패널티
 =1+0.05×100=6사이클

2. L_1, L_2 캐시를 사용할 때의 액세스 시간
 ① L_1 미스 패널티
 =L_2 히트시간+L_2 미스율×L_2 미스 패널티
 =4+0.2×100=24사이클
 ② 메모리 액세스 시간
 =L_1 히트 시간+L_1 미스율×L_1 미스 패널티
 =1+0.05×24=2.2사이클

∴ 평균 메모리 액세스 시간=$\frac{6}{2.2}$=2.73배 향상

27 ① 사이클 스틸은 중앙처리장치의 상태보존이 필요 없다.
② 인터럽트는 중앙처리장치의 상태보존이 필요하다.
③ 인터럽트는 정전의 경우 최우선 순위를 갖는다.

28 2의 보수 표현
① 1의 보수 표현은 1과 0을 변환
② 2의 보수 표현은 1의 보수에 1을 더한다.
③ 1의 보수는 더할 경우 1과 0을 변환한 후 자릿수가 올라가면 또 더해줘야 하지만, 2의 보수는 필요 없으므로 1의 보수가 더 편리하지만 덧셈 연산은 2의 보수가 더 간단하다.

29 인터럽트의 발생 원인
① 기계적인 문제 : 정전, 데이터 전송과정의 오류, 시스템의 자체 문제
② 프로그램상의 문제 : 불법적인 명령어의 실행, 보호된 기억 공간 접근
③ 의도적 조작 : 시스템 조작자의 의도된 행위
④ 입출력장치 : 입출력장치들의 동작에 CPU 기능 요청

30 병행처리 : 하나의 처리기를 이용해 두 개의 작업이 동시에 실행되는 방식으로 어느 한 순간에는 한 개만 처리 동작을 하게 되는 것(Interleaving 기법 이용)

31 초당 4MB를 전송하는 하드디스크를 100% 사용하려면 초당 8KB로 500번의 DMA가 있으면 된다. 한 번의 DMA 전송에 1000+500=1500클록 사이클이 사용되므로 500번의 DMA 전송에 1500×500=750000클록 사이클이 사용한다.

32 MIPS(Million Instructions Per Second)
① 컴퓨터의 성능을 나타내는 지표
② 1초당 1백만 회의 명령을 실행하는 연산속도
③ 하드웨어의 처리속도의 기준
[참고]
 ① BPS(Bits Per Second) : 정보 전달량[속도]의 단위
 ② IPS(Inches Per Second) : 테이프 리코더의 속도 표시
 ③ LPM(Lines Per Minute) : 분당 인쇄되는 행(줄)의 속도 단위

33 누산기(Acc, Accumulator) : 연산의 결과를 일시적으로 저장하는 연산장치에 포함되어 있는 레지스터이다.

34 ① 1과정 : $(25)_{10} \to (0001\,1001)_2$으로 변환
② 2과정 : $(0001\,1001)_2 \to (1110\,0110)_{1의 보수}$
③ 3과정 :
 $(1110\,0110)_{1의 보수} + 1 = (1111\,0111)_{2의 보수}$
④ 4과정 : 왼쪽으로 1비트 이동 $(1100\,1110)_2$

35 상대(Relative) 주소지정방식
프로그램 카운터(PC)를 레지스터로 사용. 주로 분기 명령어에서 사용

유효주소=변위주소+(PC)

36 ① simplex(단방향 전송) : 한 방향으로만 전송이 가능한 통신 형태
예) 라디오, TV
② half duplex(반이중 전송) : 통신하는 두 단말기가 양방향으로 통신이 가능하나 동시에 전송되지 않음
예) 무전기
③ full duplex(전이중 전송) : 통신하는 두 단말기가 동시에 양방향으로 데이터를 전송 가능
예) 전화기, 컴퓨터 네트워크

37 1. 부 프로그램
① 수행속도가 상대적으로 느리다.
② 프로그램의 크기를 상대적으로 줄일 수 있다.
③ 전체적인 프로그램을 모듈하게 구성할 수 있다.
2. 매크로 : 일반적으로 프로그램의 크기가 커진다.

38 전체 용량 크기=512KB
1워드 크기=4Byte
1페이지 크기(1K 워드)=1Kword×4Byte=4KB
$\dfrac{전체\ 용량\ 크기}{1페이지\ 크기} = \dfrac{512KB}{4KB} = 128개 = 2^7$개이므로 실제 페이지 번호는 7bit로 구성
$512 \times 1024 \times 8 = 4194304/4 = 1048576 = 2^{20}$ 가상 페이지 번호는 20bit로 구성

39 벡터 프로세서(Vector processor)
벡터 프로세서 또는 어레이 프로세서(Array processor)는 벡터라고 불리는 다수의 벡터 데이터(vector data)를 고속으로 처리하기 위해서 만들어진 프로세서

40 1. 다중처리기를 사용하여 개선하고자 하는 주된 목표
① 수행속도
② 신뢰성
③ 유연성
2. 다중 처리기의 개념
① 하나의 시스템에 여러 개의 처리기를 두어 하나의 작업을 여러 처리기에 할당하여 신속하게 처리하는 장치이다.
② 각 프로세스들은 프로세서나 주변장치 등을 공동으로 사용한다.
③ 각 프로세서들은 각각의 전용 기억장치를 사용한다.
④ 다수의 프로세서를 이용해 빠른 처리가 가능하다.

41 명령 사이클 Time
$= \dfrac{1}{CPU\ 클록} = \dfrac{1}{2.5MHz} = \dfrac{1}{2500000Hz} = 0.0000004s$
명령 사이클 $Time \times 수행\ 수 = 0.0000004 \times 13$
$= 0.0000052 = 5.2\mu s$

42 스택의 응용 분야
① 함수 호출의 순서 제어
② 후위표기법으로 표현된 수식의 연산
③ 서브(부) 프로그램 호출 시 복귀주소 저장
④ 인터럽트 처리
⑤ 컴파일러를 이용한 언어번역
⑥ 함수 호출의 순서 제어

43 마이크로컴퓨터의 레벨 구조

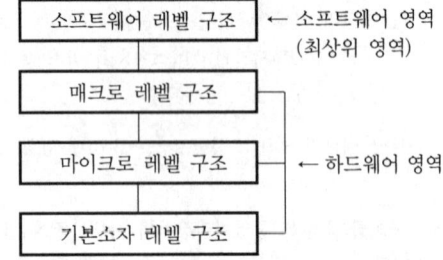

44 ① P-ATA(Parallel-AT Attachment, 병렬 ATA) : 데이터의 경로를 여러 개로 분산시켜 성능을 높이는 병렬 구조의 특성을 가지고 있다.
② RS-232C : PC에서 지원하는 직렬 데이터 전송 방식으로 디지털카메라의 데이터 전송용으로 사용한다.
③ USB(Universal Serial Bus) : PC에 외부기기와 연결하도록 만들어진 규격으로 2Mbps 전송 속도(시리얼 방식의 최대 100배)로 처리할 수 있는 PC 연결 방식이다. 장착 시 별도의 환경 설정이 없으며 재부팅하지 않고 사용이 가능하다.
④ IEEE1394 : 사용 편의성이 우수한 직렬 방식의 버

스이면서 데이터 전송 성능은 기존의 병렬 버스를 능가하는 것이 특징이다.

45 카운터
입력 펄스에 따라 미리 정해진 순서대로 전이하는 레지스터로 사건의 발생횟수를 세거나 동작을 제어하는 타이밍 신호를 만드는 데 사용한다.
① 동기 카운터(synchronous Counter)
② 비동기 카운터(Asynchronous Counter)
③ 링 카운터(Ring Counter)

46 Program manipulation : 프로그램 조작

47 폴링 방식(Polling Scheme, 주기적 검사방식)
버스 중재기가 각 장치에게 버스 사용 여부를 체크하는 방식. 하드웨어로 구현된 폴링 방식과 소프트웨어로 구현된 폴링 방식이 있다.

48 사이클 스틸링(Cycle Stealing)
DMAC가 데이터 전송을 위해 CPU에게서 한 사이클 동안만 버스 사용권을 넘겨받는 것

49 어셈블러(Assembler)의 기능
① 메모리의 할당(storage allocation)
② 기호언어의 기계어로의 번역(format conversion)
③ 에러 기타 진단에 의한 인간 · 장치 간 인터페이스

50 레지스터의 종류
① 명령어 레지스터(IR, Instruction Register) : 중앙처리장치에 의하여 다음에 실행될 명령어가 저장되어 있는 레지스터
② 상태 레지스터(SR, Status Register) : 중앙처리장치에서 수행되는 연산에 관련된 여러 가지 상태 정보를 기억하기 위하여 사용되는 레지스터

51 ① ECL(emitter coupled logic, 이미터 결합 논리) : 2개의 바이폴러 트랜지스터의 이미터를 결합해 디지털 회로를 구성하는 논리. 두 트랜지스터가 포화영역에 들어가지 않으므로 on/off 스위칭 시간이 적게 걸려 바이폴러 디지털 회로 중에서 가장 빠름
② schottky TTL : 종전의 것에 비해 속도 대 소비전력의 trade-off를 개선, schottky 배리어 다이오드를 사용
③ TTL(Transistor-Transistor Logic) : 입력측에서 신호가 들어오면 어떤 조건에 따라 출력측에서 신호가 나오도록 만들어진 회로. 원리는 간단하고 취급이 용이하여 각종 PC나 Wordprocessor 등에 폭넓게 이용되며 ECL(emitter coupled logic)이 대표적인 양극형 논리소자
④ I^{2}L(Integrated Injection Logic) : 저항 대신 Bipolar Transistor 형태의 구조인 PNP형 Transistor 부하와 역동작을 하는 NPN형 Transistor를 이용한 논리회로로 전력소모가 적고 속도가 빠름

52 Cache memory : 컴퓨터의 성능을 향상시키기 위하여 사용되는 고속의 기억장치
주기억장치로 사용되는 RAM에 비하여 접근속도가 상당히 빠르기 때문에 프로그램에서 빈번하게 사용되는 데이터와 명령어들을 주기억장치에서 읽어들여 캐시에 저장하게 되면 컴퓨터와 프로그램에서 정보를 요구할 때마다 빠른 시간 안에 정보를 전달할 수 있기 때문에 실행의 효율성을 높일 수 있다.

53 인터럽트 시스템의 구성
① 인터럽트 요청 신호회로(Interrupt request circuit)
② 인터럽트 처리 루틴(Interrupt handling routine)
③ 인터럽트 서비스 루틴(Interrupt Service routine, ISR)

54 RAM(Random Access Memory) : 휘발성 메모리
[참고]
① PROM(Programmable Read Only Memory, 프로그램 가능 판독 전용 메모리) : 1회에 한해서 새로운 내용(명령, 데이터)을 기록하여 프로그램한 후에는 다시 프로그램할 수 없는 롬
② EPROM(Erasable PROM, 삭제 가능한 롬) : 필요힐 때 기억된 내용을 지우고 다른 내용을 기록할 수 있는 롬
③ Flash memory : 전기적으로 데이터를 지우고 다시 기록할 수 있는 비휘발성 메모리

55 $\dfrac{\text{메모리 용량}}{\text{워드의 크기}} = \dfrac{2048\text{바이트}}{128\text{워드} \times 8\text{비트}}$
$= \dfrac{2048\text{바이트}}{128\text{워드} \times 1\text{바이트}} = 16\text{개}$

56 주소지정방식 5가지
① 암시적(Implied) 주소지정방식 : 주소를 지정하는 필드가 없는 0 Address 명령어에서 스택의 Top 포인터가 가리키는 Operand 방식
② 즉시적(Immediate) 주소지정방식 : 명령어 자체에 Operand부에 실제 데이터를 가지고 있는 방식
③ 직접(Direct) 주소지정방식 : Operand부에 표현된 주소를 이용하여 실제 데이터가 기억된 기억장소에 직접 매핑시킬 수 있는 방식
④ 간접(Indirect) 주소지정방식 : Operand부에 데이터의 주소를 가지고 있는 레지스터의 번호를 지정
⑤ 계산에 의한 주소지정방식 : Operand부와 CPU의 특정 레지스터의 값이 더해져서 유효주소를 계산하는 방식

57 XOR 게이트(Exclusive OR, 배타적 OR)
① 여러 개의 입력 중에서 1의 개수가 홀수로 입력되면 1을 출력한다.
② 입력이 2개인 경우에 두 입력 중 하나만 1로 입력되면 1을 출력하고, 둘 다 1이거나 0이면 0을 출력한다.
③ 논리식 표현 : $X = A \oplus B$

58 제어 신호가 높은 상태(High)일 때 자료출력은 1이며, 제어 신호가 낮은 상태(Low)일 때 자료출력은 0이다.

59 디버깅(Debugging) : 프로그램을 작성하여 기계어 번역 시 또는 실행 시 문법적 오류나 논리적 오류를 바로잡는 과정

60 ① flow charting : process의 흐름을 나타내는 방법
② structured programming : 역행이나 건너뜀에 의한 프로그램 작성 시 혼란을 방지하고 작업의 신속화와 에러 저지를 주목적으로 방법
③ Top-down : 프로그램의 논리를 전개하는 방법

61 $AB + A\overline{BC} = A(B + \overline{BC}) = A(B + \overline{B})(B + C)$
$= A(B + C) = AB + AC$

62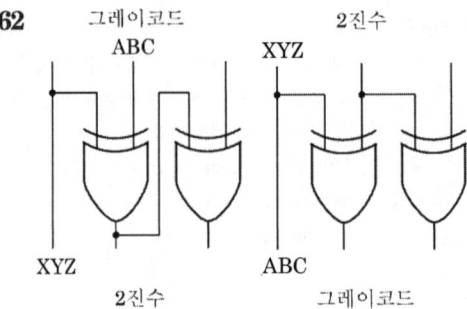

63 예를 들면 8-3=5
$(8)_{10} \to (1000)\ A_3\ A_2\ A_1\ A_0$
$(3)_{10} \to (0011)\ B_3\ B_2\ B_1\ B_0$
각 자리에 입력값 1을 추가한 EX-OR 결과 (1100).
4bit Adder에서는 $A_3\ A_2\ A_1\ A_0$의 (1000)+EX-OR의 (1100)+1=10101이지만, carry가 발생된 over bit 값을 제외한 4-bit 결과 0101, 즉 10진수는 5이다. 따라서 뺄셈의 결과이다.

64

10진수 값	0.5 $=2^{-1}$	0.25 $=2^{-2}$	0.125 $=2^{-3}$	0.0625 $=2^{-4}$	...
2진수 값	0.1	0.01	0.001	0.0001	...

65 존슨 카운터(Johnson Counter)
동일한 수의 플립플롭을 가지고 링 카운터의 2배의 출력을 나타내기 위하여 사용되는 회로로 링 카운터의 마지막 단에서 출력을 끄집어 내어 첫단의 입력과 엇갈리게 결합시켜 놓은 것이다. 4가지의 플립플롭으로 8개의 상태 표현이 가능하다는 것이다. 따라서 이 카운터는 N개의 플립플롭으로 2×N가지의 상태를 나타낼 수가 있다.

66

AB\CD	00	01	11	10
00	x	0	1	x
01	1	0	1	1
11	0	x	x	0
10	1	x	0	1

∴ $\overline{AC}$

AB\CD	00	01	11	10
00	x	0	1	x
01	1	0	1	1
11	0	x	x	0
10	1	x	0	1

∴ $\overline{BD}$

AB\CD	00	01	11	10
00	x	0	1	x
01	1	0	1	1
11	0	x	x	0
10	1	x	0	1

∴ $\overline{AD}$

67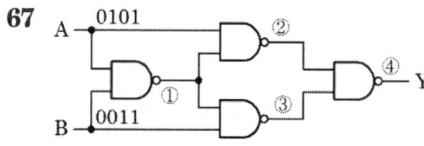

① $\overline{A \cdot B} = \overline{0101 \cdot 0011} = \overline{0001} = 1110$
② $\overline{A \cdot ①의 결과} = \overline{0101 \cdot 1110} = \overline{0100} = 1011$
③ $\overline{B \cdot ①의 결과} = \overline{0011 \cdot 1110} = \overline{0010} = 1101$
④ $\overline{②의 결과 \cdot ③의 결과} = \overline{1011 \cdot 1101} = \overline{1001}$
   $= 0110$

69 $(x+y)(x+y) = xx + xy + xy + yy$
   $= x + xy + y = x(1+y) + y = x + y$

70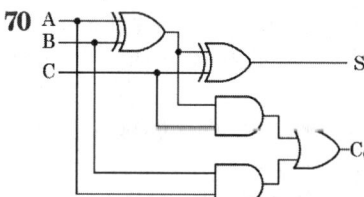

71 논리회로
  1. 조합 논리회로(combinational logic circuit)
    ① 출력신호가 입력신호에 의해서만 결정되는 논리회로
    ② 논리 게이트로 구성되며, 플립플롭과 같은 기억소자들을 포함하지 않는다.
    ③ 종류
      ㉠ 반가산기(half adder)
      ㉡ 전가산기(full adder)
      ㉢ 디코더(decoder)
      ㉣ 멀티플렉서(multiplexer)
      ㉤ 디멀티플렉서(demultiplexer)
  2. 순서 논리회로(sequential logic circuit)
    ① 출력 신호가 입력 신호와 과거의 입력 신호 혹은 논리회로의 현재의 상태에 의하여 결정되는 논리회로
    ② 기억 소자(플립플롭)와 조합 논리회로로 구성된 기억 능력을 가지고 있는 논리회로
    ③ 종류
      ㉠ 레지스터(register)
      ㉡ 시프트 레지스터(shift register)
      ㉢ 계수기(counter)

72 Reset이 Enable이면 D_{out}에는 0이 출력되고, 그렇지 않으면 D_{in}을 한 Clock씩 지연시켜서 D_{out}의 출력으로 내보낸다.

73 변경하여야 할 사항이 발생했을 때 재배선이 필요

74 프로그램 카운터(Program Counter)
  ① 마이크로프로세서 내부의 특수 레지스터 중의 하나
  ② 현재 마이크로프로세서로 읽어 올 명령이나 데이터가 저장되어 있는 메모리나 입출력장치의 주소를 지정하는 기능
  ③ 메모리의 내용을 읽어 온 후에 자동으로 1 증가하여 다음에 실행할 주소를 미리 지정해 주는 기능
  ④ 8bit 마이크로프로세서에서 PC의 크기는 16bit로 구성

76 직렬 가산기(serial adder)
  ① 전가산기 하나만을 이용하여 N비트의 가산을 할 수 있는 가산기
  ② 시프트 레지스터 2개에 입력하여 LSB가 맨 오른쪽에 오도록 하고 전가산기의 합, 올림수를 저장하도

록 합 레지스터와 올림수 스토로지를 전가산기에 연결하는 회로이다.

77 $F = (A \cdot B) \cdot \overline{C} = AB\overline{C}$
① 3상태 버퍼 : 3가지 출력 상태를 갖는 논리 소자의 일종
② 금지회로 : 금지 입력에 입력 1이 되고 있는 동안은 절대로 AND 회로의 출력이 1이 되지 않는 회로
③ 반감산기 : 한 자리인 2진수를 뺄셈하여 차와 빌림수를 구하는 회로이다.

78

입력		출력					
X	Y	OR	NOR	XOR	XNOR	AND	NAND
0	0	0	1	0	1	0	1
0	1	1	0	1	0	0	1
1	0	1	0	1	0	0	1
1	1	1	0	0	1	1	0

79 문자수
=26개의 영문자+10개의 숫자+특수문자 4개
=40개
따라서 alphanumeric 코드의 크기는 $2^6 \geq 40$문자수 이므로 최소 6bit이어야 한다.

80

BCD 코드	0110 0001
10진수	6 1

81 협의의 VAN이 제공하는 기본 기능
① 전송 기능
② 교환 기능
③ 통신 처리 기능

82 "C"는 짝수 패리티 비트 검사에서는 에러가 발생하지 않는 문자이다.

83 OSPF(최단 경로 우선, open shortest path first)가 라우팅 테이블을 만들고 유지하는 과정
① OSPF가 설정된 라우터 간에 헬로우(Hello) 패킷을 주고받아 이웃(neighbor) 및 인접 이웃(adjacent neighbor) 관계를 구성한다. 다른 라우팅 프로토콜 과는 달리, 모든 이웃과 라우팅 정보를 교환하는 것은 아니며, 라우팅 정보를 교환하는 이웃을 인접 이웃이라 한다.
② OSPF에서는 라우팅 정보를 Link-state Advertisement(LSA)라고 한다. 각 라우터들은 전송받은 LSA를 Link-state Database에 저장한다.
③ LSA 교환이 끝나면 이를 근거로 Shortest Path First(SPF) 알고리즘을 사용하여 각 목적지까지의 최적 경로를 계산하고 이를 라우팅 테이블에 저장한다.
④ 이후 주기적으로 헬로 패킷을 전송하여 각 라우터가 정상적으로 동작하고 있음을 인접 라우터에게 알린다.
⑤ 만약 네트워크의 상태가 변하면 위의 과정을 반복하여 다시 라우팅 테이블을 만든다.

84 ① 펄스 폭 변조(PWM, pulse width modulation) : 변조 신호의 크기에 따라서 펄스의 폭을 변화시켜 변조하는 방식

② 펄스 진폭 변조(PAM, pulse amplitude modulation) : 펄스의 폭 및 주기를 일정하게 하고 그 진폭만을 신호파에 따라서 변화시키는 방식

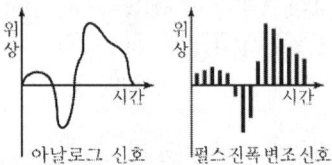

③ 펄스 위상 변조(PPM, pulse phase modulation) : 되풀이하여 주파수 일정의 펄스열을 만들어 각 펄스의 높이와 폭은 일정하게 해 두고 변조파의 진폭에 따라서 펄스의 위치를 변화시키는 변조 방식

85 데이터그램 전송방식과 가상회선 전송방식의 차이점
① 데이터그램(Datagram Circuit) 전송방식 : 패킷에 독립성을 부여하여 중간 노드에 문제가 발생하여도 우회하여 목적지에 도착할 수 있는 방식이다. 따라서 목적지가 같은 패킷이라도 다른 전송로로 진행할 수 있어서 매우 융통성이 있고 소수의 패킷을 전송하는 경우에 유리하다.

② 가상 회선(Virtual Circuit) 전송방식 : 패킷을 전송하기 전에 미리 가상적인 경로를 확보하여 전송하는 방식으로 흐름이나 오류 제어를 서브넷에서 지원하기 때문에 데이터그램 방식보다는 오류가 적다. 그러나 한 노드에서 문제가 생기면 그 노드를 통하는 모든 패킷을 잃어버리게 되는 문제도 있다.

86. 데이터 신호 속도(bps)=보(baud) 속도×전송 비트 수
=1400×3=4200bps

87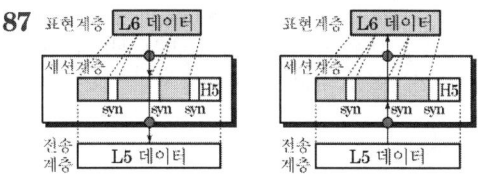

88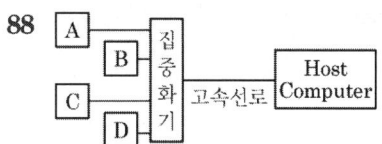

89 자동 반복 요청(ARQ) 기법
① Stop and Wait(정지-대기) ARQ : 송신측은 하나의 블록을 전송한 후 수신측에서 에러의 발생을 점검한 다음 에러 발생 유무 신호를 보내올 때까지 기다리는 ARQ 방식
② Go-Back-N ARQ
　㉠ 여러 블록들을 연속적으로 전송하고, 수신측에서 NAK를 보내오면 송신측이 오류가 발행한 이후의 블록을 모두 재송신하는 방식
　㉡ 전송오류가 발생하지 않으면 쉬지 않고 송신 가능
　㉢ 오류가 발생한 부분부터 재송신하므로 중복 전송의 단점이 있다.
③ Selective Repeat(선택적 재전송) ARQ
　㉠ 여러 블록을 연속적으로 전송하고, 수신측에서 NAK를 보내면 송신측에서는 오류가 난 부분의 블록만 재전송
　㉡ 수신측에서는 데이터를 처리하기 전에 재조합을 하여야 하므로 복잡한 논리회로와 큰 용량의 버퍼가 필요하다.

④ Adaptive(적응적) ARQ
　㉠ 전송효율을 최대로 하기 위해 데이터 블록의 길이를 채널의 상태에 따라 동적으로 변화
　㉡ 전송 효율이 좋다.
　㉢ 제어회로가 매우 복잡하고, 비용이 많이 든다.

90 피기백킹(Piggybacking) 기법
데이터 송수신이 많은 네트워크 환경에서 사용하며 HDLC에서는 I-프레임이 주로 사용된다. 수신측에서 송신측에 데이터 요청을 하였을 경우 송신측은 바로 응답하지 않고 수신측에 데이터를 보낼 환경이 만들어지면 송신측은 수신측에 데이터를 보내면서 이전에 요청한 응답까지 같이 보내는 방식이다.
[참고] HDLC 프레임의 종류
　① I-FRAME : 피기백킹(piggybacking) 기법을 통해 데이터에 대한 확인응답을 보낼 때 사용되는 프레임
　② U-FRAME(비번호) : 연결에 대한 제어신호, 제어정보를 전송
　③ S-FRAME(감독) : 제어신호를 송수신할 때, 연결 설정/해제 등의 정보를 전송

91 물리 계층, 링크 계층, 패킷 계층인 3개의 계층으로 구성된다.

92 OSPF(Open Shortest Path First)
IP 라우팅 프로토콜의 한 종류. RIP보다 규모가 큰 네트워크에서도 사용할 수 있다. 규모가 크고 복잡한 TCP/IP 네트워크에서 나타나는 RIP의 단점을 개선한 라우팅 프로토콜 즉 링크 상태의 라우팅 프로토콜이다.

93 충돌방지의 목적으로 token을 사용하므로 전송 시 token을 확보, 전송을 마친 후에는 token을 반납하여야 한다.

94 UDP(User Datagram Protocol)상에서 동작
① 스트리밍 멀티미디어 응용
② DNS
③ SNMP(Simple Network Management Protocol)

95 오류검출 기법
① 패리티 검사(Parity Check) : 오류를 검출만 할 수 있고 정정은 하지 못한다.
② 해밍 코드 : 검출한 후 직접 수정하는 방식. 자기정정부호방식이다.
③ Cyclic Redundancy Check(순환중복 검사, CRC) : 다항식 코드를 사용하며 동기식 전송, HDLC의 FCS에 사용
④ Block Sum Check(블록합 검사)

96

Class 구분	구조				
	구분	Net ID	Host ID	Host ID	Host ID
Class A	1bit	7bit	8bit	8bit	8bit
	구분	Net ID	Net ID	Host ID	Host ID
Class B	2bit	6bit	8bit	8bit	8bit
	구분	Net ID	Net ID	Net ID	Host ID
Class C	3bit	5bit	8bit	8bit	8bit

Class 구분	실제 할당할 수 있는 IP 주소의 개수
Class A	$(2^8 \times 2^8 \times 2^8) - 2$
Class B	$(2^8 \times 2^8) - 2$
Class C	$2^8 - 2$

97 전송제어 문자
① NAK(Negative ACKnowledge) : 부정응답
② ACK(ACKnowledge) : 긍정응답
③ EOT(End of Transmission) : 종료
④ SOH(Start of Heading) : 헤딩 시작

98 프레임 구조
① SDLC 및 HDLC 모두 비트 위주 프로토콜이며, 고속전송 및 고신뢰성을 보장
② 기본 프레임 구조

Flag	주소 영역	제어 영역	정보 영역	FCS	Flag

㉠ Flag : 프레임의 시작과 끝을 나타내며 고유한 비트 패턴으로 표시 "01111110"의 8비트로 구성
㉡ 주소 영역 : 8비트이나 확장이 가능
㉢ 제어 영역 : 8비트이나 16비트로 확장이 가능
㉣ 정보 영역 : 전송 데이터가 실리게 됨
㉤ FCS : 프레임 오류를 체크하는 데 사용되며 16비트가 기본, 32비트로 확장이 가능

99
① 주파수분할 다중화(FDM, Frequency Divison Multiplexing) : 좁은 주파수 대역을 사용하는 여러 개의 신호들을 넓은 주파수 대역을 가진 하나의 전송로를 통하여 동시에 전송하는 방식
② 시분할 다중화(TDM, Time Division Multiplexing) : 통신 채널에 타임 슬롯을 할당하는 방법에 따라 동기 시분할 다중화방식과 통계 시분할 다중화 방식

100 에러 제어
패킷망에서 데이터 전송 시 전송로 대역폭 제한, 잡음, 간섭, 왜곡에 의해 에러가 발생하고 에러검출 시 재전송을 요구하거나 에러 제어를 수행한다.

2016년 제1회

정답

01	02	03	04	05	06	07	08	09	10
③	①	③	④	②	①	③	②	①	③
11	12	13	14	15	16	17	18	19	20
①	④	③	④	①	④	②	④	①	①
21	22	23	24	25	26	27	28	29	30
④	①	②	②	④	①	②	③	②	②
31	32	33	34	35	36	37	38	39	40
②	③	④	③	④	③	②	②	②	②
41	42	43	44	45	46	47	48	49	50
③	②	③	③	④	②	②	④	②	③
51	52	53	54	55	56	57	58	59	60
③	②	④	②	③	②	①	④	④	④
61	62	63	64	65	66	67	68	69	70
①	③	①	②	②	②	②	②	②	④
71	72	73	74	75	76	77	78	79	80
④	②	②	②	②	②	③	③	③	①
81	82	83	84	85	86	87	88	89	90
②	②	③	③	④	②	③	②	②	②
91	92	93	94	95	96	97	98	99	100
①	②	③	③	①	①	④	④	④	①

01 어셈블리 명령

① CWD(Convert word to double word) : AX의 word data를 부호를 포함하여 DX : AX의 더블 워드로 변환
② MUL(Multiply(Unsigned)) : AX와 오퍼랜드를 곱셈하여 결과를 AX 또는 DX : AX에 저장
③ NEG(Change Sign) : 오퍼랜드의 2의 보수, 즉 부호 반전
④ SUB(Subtract) : Carry를 포함하지 않은 뺄셈

02 1. compile(컴파일) : 프로그래머가 컴퓨터 언어(예 : C, Fortran, COBOL 등)로 프로그램을 작성한 후 기계(컴퓨터)가 알 수 있는 언어로 바꿔주는 것
2. 로더의 기능 및 순서
① 할당(allocation) : 목적 프로그램이 적재될 주기억 장소 내의 공간을 확보
② 연결(linking) : 필요할 경우 여러 목적 프로그램들 또는 라이브러리 루틴과의 링크 작업. 외부기호를 참조할 때, 이 주소값들을 연결
③ 재배치(relocation) : 목적 프로그램을 실제 주기억 장소에 맞추어 재배치. 상대주소들을 수정하여 절대주소로 변경
④ 적재(loading) : 실제 프로그램과 데이터를 주기억 장소에 적재. 적재할 모듈을 주기억장치로 읽어들인다.

03 어셈블리어

① 명령 기능을 쉽게 연상할 수 있는 기호를 기계어와 1 : 1로 대응시켜 코드화한 기호 언어
② 프로그램에 기호화된 명령 및 주소를 사용
③ 어셈블리어의 기본 동작은 동일하지만 작성한 CPU 마다 사용되는 어셈블리어가 다를 수 있다.
④ 데이터가 기억된 번지를 기호(symbol)로 지정
⑤ 어셈블리어로 작성된 원시 프로그램은 목적 프로그램을 생성한 후 실행 가능하다.

04 INCLUDE : 라이브러리에 기억된 내용을 프로시저로 정의하여 서브루틴으로 사용하는 것과 같이 사용할 수 있도록 그 내용을 현재의 프로그램 내에 포함시켜주는 명령

05 ① ASSUME : 세그먼트 레지스터에 각 세그먼트의 시작 번지를 할당하여 현재의 세그먼트가 어느 것인가를 지적하게 하는 어셈블리어 명령
② ORG : 어셈블리언어에서 원시 프로그램을 목적 프로그램으로 번역할 때 현재의 오퍼랜드에 있는 값을 다음 명령어의 번지로 할당
③ EQU : 지시어는 숫자형 상수, 레지스터 연관값 또는 프로그램 연관값에 상징된 이름을 부여한다. 어떤 기호적 이름에 상수값을 할당하는 명령

06 ORG : 어셈블러가 원시 프로그램을 목적 프로그램으로 번역할 때 현재의 Operand에 있는 값을 다음 명령어의 번지로 할당하는 명령

07 어셈블러를 이중 패스(Two Pass)로 구성하는 주된 이유

진향 참조(Forward Reference)-심벌이 정의되기 전에 사용될 수 있기 때문

08 프로그램 수행 순서

compiler → linkage editor → loader

09 Time sharing system
여러 명의 사용자가 사용하는 시스템에서 컴퓨터가 사용자들의 프로그램을 번갈아 가며 처리해 줌으로써 각 사용자에게 독립된 컴퓨터를 사용하는 느낌을 주는 기법

10 매크로 프로세서(Macro Processor) 기본 수행 작업
① 매크로 정의 인식
② 매크로 호출 인식 : 원시 프로그램 내에 매크로의 시작을 알리는 명령 인식
③ 매크로 확장
④ 매크로 호출 확장

11 시스템의 기술적 성능 평가 기준
① 사용 가능도(availability) : 시스템 운영 시간 중 얼마나 많은 시간을 사용 가능 정도
② 처리 능력(throughput) : 주어진 시간 내에 처리되는 작업의 양
③ 반환 시간(turn-around) : 컴퓨터 명령을 지시한 뒤 그 결과 출력되는 시간
④ 신뢰도(reliability) : 주어진 작업에 대해서 얼마나 오류 없이 처리하는 정도

12 Lexical analysis
원시 프로그램을 하나의 긴 스트링으로 보고 원시 프로그램을 문자 단위로 스캐닝하여 문법적으로 의미 있는 그룹들로 분할하는 과정
[참고]
① Codo optimization : 언어 번역기에 의하여 생성되는 최종 실행 프로그램이 보다 적은 기억 장소를 사용하여 보다 빠르게 작업을 처리할 수 있도록, 주어진 환경에서 최상의 명령어 코드를 사용하여 작업을 수행할 수 있도록 하는 것
② Code Generation(코드 생성) : 소스 프로그램을 분석하여 나온 중간 코드를 입력하여 목적 코드 프로그램을 생성하는 과정으로 컴파일 단계 중 하나이다.

13 HRN 스케줄링 기법의 우선순위 계산식
=(대기 시간+서비스 시간)/서비스 시간
[참고] HRN(Highest Response-ratio Next) : SJF 기법의 길고 짧은 작업 간의 불균형을 보완하기 위한 기법으로 대기 시간과 서비스 시간을 이용한 우선순위 계산 공식으로 우선순위를 정하는 스케줄링 기법

14 기계어
① 컴퓨터가 직접 이해할 수 있는 언어이다.
② 기종마다 기계어가 다르다.
③ 0과 1의 2진수 형태로 표현된다.
[참고] 컴파일러 : 인간 중심의 자연어와 비슷한 형태

15 매크로 : 동일하게 반복되는 명령어들의 집합을 필요할 때마다 기술하려면 프로그램의 길이가 길어지므로, 명령어들을 한 번만 기술해 놓고 이름을 지정해서, 명령어들의 집합이 필요할 때 이름만 지정해 주면 프로그램의 길이를 줄일 수 있다.

16 XCHG : 프로그램 내에서 양쪽 오퍼랜드에 기억된 내용을 서로 바꾸어야 할 때 사용

17 파스 트리(Pase tree) : 프로그래밍 언어에서 어떤 표현이 BNF에 의해 바르게 작성되었는지 확인하기 위해 만드는 트리

18 시스템 소프트웨어(System Software)
① H/W와 Application softeware를 연결하는 역할을 수행
② 시스템의 제어 및 관리를 수행
③ 프로그램을 주기억장치에 적재시키거나 인터럽트 관리, 장치관리 등의 기능을 담당
[참고] 항공예약, 자재관리, 인사관리시스템 등은 사용자 소프트웨어의 대표적인 사례이다.

19 매크로의 기능이 추가된 프로그램의 실행 과정에서 매크로 프로세서가 필요한 시점은 원시 프로그램이 번역되기 직전이다.

20 주기억장치의 배치 전략
① 최초 적합 전략(First Fit) : 가용공간 중 배치 가능한 첫 번째 기억공간을 할당
② 최적 적합 전략(Best Fit) : 모든 공간 중에서 배치 가능한 가장 작은 기억공간을 할당

③ 최악 적합 전략 : 입력된 작업에 가장 큰 기억공간을 할당

21 Biquinary Code
① 자료의 전송 시에 발생하는 착오 검색이 용이
② 2개의 1과 5개의 0으로 구성
③ 1은 50부분에 하나 43210 부분에 하나가 있다.
④ 7bit 코드로서 넌웨이티드(Non-weighted) code

22 인터럽트 벡터 : 인터럽트가 발생하였을 때 처리할 수 있는 인터럽트 루틴의 주소 또는 주소를 저장하고 있는 기억장소

23 반감산기에서 차를 얻기 위하여 사용하는 게이트는 EX-OR이다. 이 EX-OR와 같은 기능을 수행하기 위하여 필요한 게이트를 조합할 때, NAND Gate 5개가 필요

24 채널 명령어 구성 요소
① 입·출력 명령의 종류
② 블록의 크기
③ 블록의 위치
④ 데이터 주소(data address)
⑤ flag
⑥ Operation Code

25 big-endian

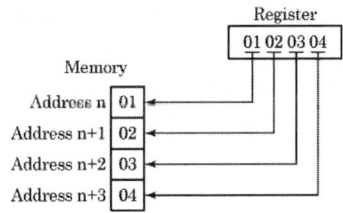

26 주소지정방식
① 상대번지 지정방식 : 현재 번지를 기준으로 이동한 변위로 표시
② 절대번지 지정방식
③ 간접번지 지정방식
④ 직접번지 지정방식

27 짝수 패리티(even parity)

even parity	Data	내용
① 0	01101100	Data bit가 1 짝수일 경우
② 0	10100110	parity는 0
③ 1	10110101	Data bit가 1 홀수일 경우
④ 0	11111111	parity는 0

28 셀렉터(selector) 채널 : 고속의 입·출력장치에 사용되는 데이터 전송 방식

29 플립플롭의 종류
① RS
② T : 입력 단자가 하나이며 1이 입력될 때마다 출력 단자의 상태가 바뀐다.
③ D
④ M/S

30 32bit의 레지스터와 1MHz 클록을 가질 때
① 비트 시간(bit time)
$$\frac{1}{1\text{MHz}} = \frac{1}{1,000,000} = \frac{1}{10^6} = 10^{-6}(s)$$
② 워드 시간(word time)
비트시간×32bit=$10^{-6} \times 32$

31 명령어 형식
① 0-주소 명령어 : 스택
② 1-주소 명령어 : 누산기(Accumulator)-하나의 오퍼랜드만 포함하고 다른 오퍼랜드나 결과값은 누산기에 저장
③ 2-주소 명령어 : 범용레지스터(GPR), 2개의 오퍼랜드가 존재
④ 3-주소 명령어 : 범용레지스터(GPR), 3개의 오퍼랜드가 존재

32 POP A 명령을 수행한 후
① 스택 포인터=3
② A 레지스터의 값=9

33 RISC(Reduced Instruction Set Computer)의 특징
① 축소 명령어 세트 컴퓨터의 약어이다.

② 명령어 코드로 구성하기 위한 bit 수의 증가에 대한 보완으로 개발된 프로세서
③ 명령어들의 사용 빈도를 조사하여 사용 빈도가 높은 명령어만 사용하는 프로세서
④ 명령어 길이가 고정적이다.
⑤ 하드웨어에 의해 직접 명령어가 수행
⑥ 수행 속도가 더 빠르다.
※ CISC(Complex Instruction Set Computer)의 특징
　㉠ 인텔 계열의 거의 모든 프로세서에서 사용(펜티엄을 포함한 인텔사의 x86 시리즈)

34 zero-address 명령어 : stack 구조

35 virtual memory(가상 메모리)는 페이징(paging) 기법을 사용

36 정보 표현 수 $\leq 2^{비트} = 17 \leq 2^{비트} = 2^4 + 1 \leq 2^5$
　∴ 최소 5비트

37
```
         16진수          2진수
         D2E2  →   1101 0010 1110 0010
   AND   00FF  →   0000 0000 1111 1111
         ─────────────────────────────
         00E2  →   0000 0000 1110 0010
```

38 동적 메모리(dynamic memory) : 기억된 자료가 일정 시간이 경과하면 소멸

39 사이클 타임=750ns
$$\frac{1,000,000,000}{750} ≒ 1333333 ≒ 1.3 \times 10^6 \text{개}$$

40 F=A·B 논리식의 회로

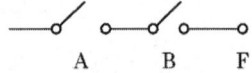

41 핸드셰이킹(Handshaking) : 제어신호를 사용하는 비동기 데이터 전송방법의 하나로 데이터를 상대방 기기에 보냈음을 나타내는 제어신호와 데이터를 받았음을 알리는 제어신호를 사용하여 상호간의 원활한 데이터 전송을 수행할 수 있다.

[참고] handshake(핸드셰이크) : 시험, 계측 및 진단장치의 변경에 앞서 조건을 상호 조절할 필요가 있는 Hardware 또는 Software의 사상열(事象列)

42 입출력 인터페이스(I/O interface) 구성
① 주소 버스
② 데이터 버스
③ 제어 버스
[참고] 디코더(Decoder) : Digital로 코드화된 데이터를 해독하여 Analog 신호로 변환 회로

43 DMA(Direct Memory Access) 방식
① 제어를 위한 별도의 하드웨어가 필요
② 마이크로프로세서로부터 하나의 입출력 명령을 받는다. 마이크로프로세서의 간섭 없이 독자적으로 입출력을 수행
③ 마이크로컴퓨터나 소형 컴퓨터에서 이용
④ 버스를 제어할 수 있는 능력이 필요

44 Stack(스택) : FIFO(First In First Out) 형태로 동작한다.

45 인터럽트 취급 루틴(interrupt processing routine)을 수행하고 있을 때 DMA 요청을 곧바로 받아들인다.

46 캐시 메모리(Cache Memory, 고속기억장치)
① 모든 처리가 하드웨어로 이루어진다.
② CPU와 주기억장치 사이의 속도 차이를 완화
③ cache memory와 주기억장치는 페이지 단위로 정보를 교환
④ 메모리 공간(memory space)보다 번지 공간(address space)이 크다.

47 동기형 계수기의 종류
① 2진 업다운 카운터
② BCD 카운터
③ 2진 카운터

48 비동기식(Asynchronous) 직렬(Serial) 입출력 인터페이스
단위 데이터의 전후에 스타트(start) 신호와 스톱(stop)

신호가 필요

49 strobe 신호 : 어떤 처리의 결과나 상태를 다른 장치에 게 알리기 및 알기 위해 사용하는 신호

50 인터럽트 사이클의 마이크로 연산

t₀ : MBR

51 In-Circuit Emulator(회로 내 모방 프로그램)

마이크로컴퓨터 시스템의 하드웨어 모방이 가능하여 실시간 개발에 유리, 실시간 I/O의 에러 정정을 위한 H/W 및 S/W 기능을 가지고 있는 프로그램

52 펌웨어(firmware) 메모리

① ROM 속에 선택된 프로그램이나 명령을 영원히 내장하는 것
② 일반적으로 주기억장치보다는 가격도 저렴하고 용량도 작으며, 하드웨어의 기능을 펌웨어로 변경하면 속도가 늦어진다.
③ 반도체 메모리에 명령어가 영원히 저장되기 때문에 고체 상태 소프트웨어이다.
④ ROM으로 된 펌웨어는 전원이 차단되어도 내용이 지워지지 않으므로 하드웨어와 소프트웨어의 기능을 대신할 수 있다.

53 Memory Mapped I/O

입·출력 포트의 선택 장소가 메모리 셀 장소와 동일하며 같은 제어선을 갖는 디코더로서 메모리 또는 입·출력 포트를 선택하는 방식

54 인터럽트(Interrupt)가 발생했을 경우 이를 처리하기 전에 그 내용을 기억시킬 필요가 없는 것은 Instruction Register이다.

55 주소 선(address line) 16개=65536byte=64Kbyte

56 범용 직렬 통신장치인 8251 특징

① 양방향 통신을 하기 위하여 더블 버퍼로 구성
② 전송 버퍼, 수신 버퍼가 있다.
③ 동기/비동기식 전송 가능
④ 전송 속도는 DC에서 동기 64Kbps, 비동기 19.2Kbps

까지 가능

57 디스플레이에 문자를 표시하기 위하여 사용하는 ROM의 역할은 문자 패턴을 기억한다.

58 시스템 버스의 종류

① 제어 버스(control bus) : 제어신호들을 전송하는 통로
② 데이터 버스(data bus) : 모듈들 사이로 데이터를 전송하는 통로
③ 주소 버스(address bus) : 데이터가 읽고 쓸 때 기억장소의 주소를 전송하는 통로

59 인스트럭션의 기능별 분류

① 자료전달 기능 : 레지스터들 사이의 정보 전달, CPU와 주기억장치 사이의 정보 이동
② 제어 기능 : 인스트럭션 수행 순서의 제어
③ 입출력 기능 : 주기억장치와 입출력장치 사이의 정보 이동
④ 함수 연산 기능 : 산술적 연산과 논리적 연산

60 마이크로컴퓨터 시스템과 외부회로 사이의 데이터 전달 입출력(I/O) 방식

① programmed I/O : 데이터의 입출력 동작이 CPU가 수행하는 프로그램의 입출력 명령에 의해 수행
② interrupt I/O
③ DMA(direct memory access) : CPU를 거치지 않고 주변장치와 메모리 사이에 직접 데이터를 전달하도록 제어하는 인터페이스 방식으로 고속 주변장치와 컴퓨터 간의 데이터 전송에 많이 사용

61 반가산기

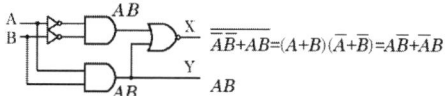

$\overline{\overline{AB}+AB}=(A+B)(\overline{A}+\overline{B})=A\overline{B}+\overline{A}B$

62 일치회로(EX-NOR)

출력 $Z=X\odot Y=\overline{X\oplus Y}=XY+\overline{X}\,\overline{Y}$ 와 같다.

63 AND Gate

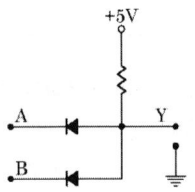

64 JK 플립플롭
Set 입력 단자 및 Rese 입력 단자가 있고 Set 신호로 인해 1의 상태, Reset 신호로 인해 0의 상태로 되는 F/F에서 Set 신호와 Reset 신호가 동시에 가해졌을 때의 상태가 반전하는 F/F

$Q(t)$	$Q(t+1)$	A	B
0	0	0	X
0	1	1	X
1	0	X	1
1	1	X	0

65
7-segment : 세그먼트 방식의 숫자표시 소자로 최대 7개의 세그먼트로 숫자를 표시하는 방식. 7개 모두 통전하면 8의 숫자가 된다.

66 16진수 곱셈

$(1A3)_{16}$
× $(89)_{16}$
$(E03B)_{16}$

0001 1010 0011 → 419
× 0000 1000 1001 → 137
1110 0000 0011 1011
← 57403
E03B

67
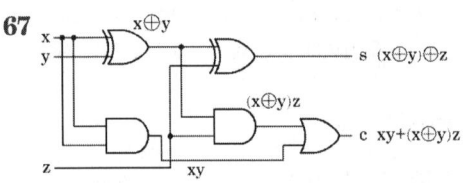

68

A \ BC	00	01	11	10
0			1	
1	1	1	1	1

A+BC일 경우 $(\overline{A}\overline{B}\overline{C})+(\overline{A}\overline{B}\overline{C})+(\overline{A}\overline{B}\overline{C})$의 최대항은
$F = (A+B+C)(A+\overline{B}+C)(A+B+\overline{C})$ 이다.

70
10진수 6을 excess-3 코드
0110+11=1001

71 순서 논리회로의 필수 설계 구성 요소
① 입력, ② 출력, ③ 상태 천이(Shift)

72
Hamming code : Parity check에 의해 에러(error)를 검출하고, 이를 다시 교정할 수 있는 코드
[참고] 문자 표현 코드
① EBCDIC(확장2진화10진코드) : 8bit
② ASCII(미국표준코드) : 7bit
③ BCD(2진화10진코드) : 6bit

73 입력 패턴

(A_1, A_2)	(A_2, B_2)
(0000, 0111) S=0111	(0000, 1000) S=1000 C=0 자리올림 미발생
(1010, 0111) S=0001	(1011, 01①1) S=0010 C=1 자리올림 발생 우측 → 좌측 2번 진행
(1010, 0101) S=1111	(1011, 010①) S=0001 C=1 자리올림 발생 우측 → 좌측 3번 진행 1 1 1 1 1 0 1 1 + 0 1 0 1 ----- 1 0 0 0 1
(1111, 0000) S=1111	(1111, ①111) S=1110 C=1 자리올림 발생 우측 → 좌측 1번 진행

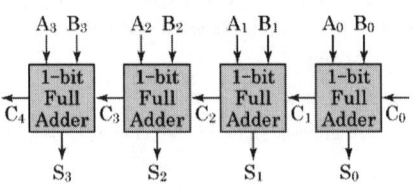

$S = \overline{A}\overline{B}C + \overline{A}B\overline{C} + AB\overline{C} + A\overline{B}\overline{C}$
$C_n = AB + \overline{A}BC + A\overline{B}C$

74 논리 버퍼(buffer)는 지연 소자로서 기능을 한다.

75 DRAM(Dynamic RAM, 동적 램)
전하가 방전되면 기억된 정보를 읽어버리게 되므로 일정한 주기마다 계속해서 재충전해야 하는 소자
① 내부에 커패시터(capacitor)를 사용한다.
② 재생(refresh)시키기 위한 회로가 필요하다.
③ 집적도가 높아 저장 용량이 크다.
[참고] SRAM(Static RAM, 정적 램)
  ① 내부 flip-flop에 데이터를 기억
  ② 전원이 공급되는 동안만 데이터를 기억
  ③ 어드레스에 의해 소자 내의 특정 위치가 지정

76 16진수 뺄셈
```
  A 0 5 C
- 2 4 C A
  7 B 9 2
```

77 직렬 또는 병렬방식 레지스터 전송
① 직렬방식은 데이터를 전송할 때 많은 시간이 필요
② 병렬방식은 하드웨어 규모가 복잡
③ 직렬방식은 클록 펄스에 의해 한 번에 1bit씩 자리 이동
④ 병렬방식은 모든 bit의 데이터를 한 번의 클록 펄스에 모두 전송

78 ECL(Emitter Coupled Logic, 이미터 결합 논리)
① 2개의 바이폴러 트랜지스터의 이미터를 결합해 디지털 회로를 구성하는 논리. 두 트랜지스터가 포화 영역에 들어가지 않으므로 on/off 스위칭 시간이 적게 걸려 바이폴러 디지털 회로 중에서 가장 빠르다.
② Gate당 전력소모(mW)가 가장 많은 소자

79 A(A+B+C+D)=AA+AB+AC+AD
$\qquad\qquad\quad$ =A(1+B+C+D)=A

80 A(A+B)=AA+AB
$\quad\quad\ $ =A+AB=A(1+B)=A

81 5비트이면 양자화 2^5, 즉 32개이다.

82 문자방식 프로토콜
① SOH(Start Of Header) : 헤더의 시작
② ACK(ACKnowledge) : 수신 메시지에 대한 긍정응답
③ SYN(SYNchronization) : 전송데이터의 시작
④ EOT(End Of Text) : 전송 끝, 데이터 링크 초기화 부호

83 블루투스(Bluetooth)
블루투스는 양방향 통신을 위해 TDD 방식을 사용한다.
① 2.4GHz의 ISM 밴드를 이용
② 회로 구성을 간략화
③ 간섭에 비교적 강한 주파수 호핑 방식을 채용
④ RF는 블루투스의 프로토콜 스택에서 물리 계층을 규정(1106)
[참고] L2CAP(Logical Link Control & Adaption Protocol) : 블루투스 베이스밴드와 데이터 링크 계층에 존재하는 논리적 링크 제어 및 적응 프로토콜이다.

84 4bit로 16진 PSK 표현
데이터 신호 속도(kbps)=4kHz×4bit=16kbps

85 LAPB(Link Access Procedure-Balanced Mode)
Modem의 전송 오류 검출용 프로토콜, X.25와 X.75에서 HDLC(고위 데이터 링크)의 부분 집합

86

네트워크	10.0.0.0	
마스크값	255.240.0.0	
	서브네트 ID	호스트 ID
서브네트 ID	10.0.0.0	서브네트당 16×256-2개의 호스트 개수를 가질 수 있다
	10.16.0.0	
	10.32.0.0	
	10.48.0.0	
	10.64.0.0	
	10.80.0.0	
	10.96.0.0	
	10.112.0.0	
	10.128.0.0	
	10.144.0.0	
	10.160.0.0	
	10.176.0.0	
	10.192.0.0	
	10.208.0.0	
	10.224.0.0	
	10.240.0.0	
	10.256.0.0	

87 IEEE 802 표준
① IEEE 802.5 : 토큰 링
② IEEE 802.3 : 이더넷, CSMA/CD
③ IEEE 802.4 : 토큰 버스
④ FDDI(Fiber Distributed Data Interface) : 토큰 링

88 프로토콜의 기본 구성 요소
① 구문(syntax)
② 의미(semantics)
③ 타이밍(timing)

89 해밍 코드 구조

C_1	C_2	8	C_3	4	2	1

90 전송 오류 검출
HDLC 프레임 구성에서 프레임 검사 시퀀스(FCS) 영역의 기능

91 가드 밴드(Guard Band) : 주파수 분할 다중화기(FDM)에서 부채널 간의 상호 간섭을 방지하기 위한 것

92 HDLC(High-level Data Link Control) 프레임 형식

플래그	주소 영역	제어 영역	정보 영역	FCS	플래그

93 3계층(네트워크 계층) : 네트워크 논리적 어드레싱과 라우팅 기능을 수행하는 계층

94 OFDM(Orthogonal Frequency Division Multiplexing, 직교 주파수 분할 다중)
하나의 정보를 여러 개의 반송파로 분할하고, 분할된 반송파 사이의 주파수 간격을 최소화하기 위해 직교 다중화해서 전송하는 통신방식으로, 와이브로 및 디지털 멀티미디어 방송 등에 사용되는 기술
[참고]
① TDM(시분할 다중화, Time Division Multiplexing) : 복수의 데이터나 디지털화한 음성을 각각 시간 슬롯으로 분할하여 전송, 하나의 회선을 복수의 채널로 다중화하는 방식
② DSSS(Direct Seqence Spread Spectrum) : 하나의 신호 심벌을 시퀀스로 확산시켜 통신하는 방식
③ FHSS(Freqency Hopping Spread Spectrum, 주파수 도약 확산 스펙트럼) : 무선 통신에서 반송파를 고정하지 않고 시각에 따라 변화시켜 통신하는 방식

95 채널용량(kbps)
$= 대역폭 \times \log_2(1 + \frac{신호}{잡음})$
$= 150\text{kHz} \cdot \log_2(1+15)$
$= 150 \times 4 = 600\text{kbps}$

96 1000BaseT 규격
① 1000 : 최대 전송속도 1000Mbps
② Base : 베이스 밴드 전송 방식
③ T : UTP(꼬임쌍선) 전송매체
④ 기가 이더넷(Giga-Ethernet)에서 사용

97 전송속도
$= 변조속도 \times 쿼드비트$
$= 3600\text{baud} \times 4\text{bit} = 14400\text{bps}$

98 원천부호화(source coding) 방식
정보신호를 전송하기에 적합하도록 효율적으로 부호화하는 방식으로 정보신호를 디지털 신호로 바꾸고 데이터를 압축하여 제한된 대역폭에서 고속으로 전송되도록 한다.
① DPCM(Differential Pulse Code Modulation, 차분 펄스부호변조) : 전송된 신호로부터 다음에 전송 신호값을 예상하여 예측값과 실제값의 차를 부호화하여 전송하는 방식
② DM(Delta Modulation, 델타변조) : 가장 원시적인 방법. 실제와 이전의 샘플을 비교한 차이를 전송하는 방식
③ LPC(Linear Predictive Coding, 선형 예측 부호화) : 음성 파형의 표본값을 과거의 인접하는 표본값 계열로부터 선형 예측하는 모델에 기초를 두어 음성을 분석
④ 허프만 코딩(Huffman coding) : 기본 아이디어는 발생 확률이 높은 심벌에는 짧은 길이의 코드를 할

당하고 발생 확률이 낮은 심벌에는 긴 길이의 코드를 할당하는 방식

99 정 마크(정 스페이스) 방식 : 2 out of 5 부호를 이용하여 에러를 검출하는 방식

100 슬립(slip) : 디지털 통신망을 구성하는 디지털 교환기 사이에 클록 주파수의 차이가 생겨서 발생되는 데이터의 손실

2016년 제4회

01	02	03	04	05	06	07	08	09	10
③	④	④	①	②	②	②	②	②	④
11	12	13	14	15	16	17	18	19	20
①	④	④	②	①	④	③	③	②	④
21	22	23	24	25	26	27	28	29	30
④	②	④	④	②	④	①	④	③	①
31	32	33	34	35	36	37	38	39	40
④	④	④	④	①	①	②	②	③	④
41	42	43	44	45	46	47	48	49	50
④	④	④	①	②	③	②	④	③	①
51	52	53	54	55	56	57	58	59	60
④	①	④	②	②	②	②	②	②	④
61	62	63	64	65	66	67	68	69	70
④	①	②	④	③	①	①	②	③	②
71	72	73	74	75	76	77	78	79	80
②	②	②	①	②	①	②	④	①	②
81	82	83	84	85	86	87	88	89	90
①	④	②	④	③	①	②	②	④	③
91	92	93	94	95	96	97	98	99	100
②	③	④	①	④	③	③	②	②	①

01 프로세서의 정의
① 실행 가능한 PCB를 가진 프로그램
② 프로세서가 할당하는 개체로서 디스패치가 가능한 단위
③ 목적 또는 결과에 따라 발생되는 사건들의 과정
④ 운영체제가 관리하는 실행 단위
⑤ 실행 중인 프로그램

02 Deadlock의 4가지 필요 조건
① 상호 배제(Mutual exclusion)
② 점유와 대기(Hold and wait)
③ 환형 대기(Circular wait)
④ 비선점(Non-preemption)

03 [조건]
• Address Space 2100번지
• relocation register의 값이 -1000
명령 relocation의 번지
=Address Space 번지-relocation register의 값
=2100-1000=1100

04 직접 연결 로더 기능과 수행 주체
1. 직접 연결 로더(Direct linking loader) 기능과 수행 주체 : 일반적인 로더(general loader)이며 할당, 연결, 재배치, 적재의 기능을 모두 수행하는 가장 근접한 로더
   ① Allocation(할당)-by loader(로더)
   ② Linking(연결)-by loader(로더)
   ③ Relocation(재배치)-by loader(로더)
   ④ Loading(적재)-by loader(로더)
2. 절대 로더(absolute loader) 기능과 수행 주체
   ① Allocation(할당)-by programmer(프로그래머)
   ② Linking(연결)-by programmer(프로그래머)
   ③ Relocation(재배치)-by assembler(어셈블러)
   ④ Loading(적재)-by loader(로더)

05 외부 인터럽트
인터럽트의 종류 중 시스템 타이머에서 일정한 시간이 만료된 경우나 오퍼레이터가 콘솔상의 인터럽트 키를 입력한 경우 발생하는 것

06 시스템(운영체제)의 성능평가기준(benchmark)
① 처리능력(Throughput) : 일정시간 내에 처리하는 일의 양
② 가용도(availability) : 사용할 필요가 있을 때 즉시 사용 가능한 정도
③ 반환시간(Turn-around Time) : 작업을 의뢰한 시간부터 처리가 완료될 때까지 걸린 시간
④ 신뢰도(reliability) : 주어진 문제를 정확하게 해결하는 정도

07 가상 기억장치 관리의 페이지 교체기법 중 (LRU) 페이지 교체기법은 가장 오랫동안 사용되지 않은 페이지를 선택하여 교체하며, (LFU) 페이지 교체기법은 호출된 횟수가 가장 적은 페이지를 교체한다.
[참고]
① LRU(Least Recently Used system, 가장 최근의 사용 횟수 방식)
② LFU(Least Frequently Used, 최소 사용 빈도)

08 어셈블리어 특징
① 실행을 위하여 어셈블러를 통해 목적 프로그램으로 어셈블하는 과정이 필요하다.
② CPU마다 사용되는 어셈블리어가 다를 수 있다.

③ 프로그램에 기호화된 명령 및 주소를 사용한다.
④ 명령 기능을 쉽게 연상할 수 있는 기호를 기계어와 1 : 1로 대응시켜 코드화한 기호 언어이다.

09 ① EQU : 어떤 기호적 이름에 상수값을 할당하는 것
② ORG(Origin) : 상대적 주소를 부호화에서 기억장치의 일부분이 이용되는 경우
③ INCLUDE : 어셈블리어에서 라이브러리에 기억된 내용을 프로시저로 정의하여 서브루틴으로 사용하는 것과 같이 사용할 수 있도록 그 내용을 현재의 프로그램 내에 포함시켜 주는 명령

10 스레드 특징
① 실행 환경을 공유시켜 기억장소의 낭비가 감소
② 프로세스들 간의 통신을 향상
③ 하나의 프로세스를 여러 개의 스레드로 생성하여 병행성을 증진

11 Memory management
운영체제를 자원 관리자(resource manager)의 관점에서 볼 때, 프로세스가 끝나거나 더 이상 기억장치를 필요로 하지 않을 때 이를 회수하기 위한 전략 관리를 담당하는 부분

12 시스템 프로그램 범주
① O.S
② Compilers
③ Scheduler

13 확장된 명령어 수
=매크로 기계어 명령어 수×매크로 호출 수
=3개×3번=9

14 direct addressing
기계어 명령문(machine instruction)의 오퍼랜드가 명령문 수행에 필요한 정보의 메모리 수소를 나타낸다면, 이러한 번지(addressing) 기법

15 INCLUDE : 어셈블리어에서 라이브러리에 기억된 내용을 프로시저로 정의하여 서브루틴으로 사용하는 것과 같이 사용할 수 있도록 그 내용을 현재의 프로그램 내에 포함시켜 주는 명령

16 주기억장치 관리기법
① First-fit : 10K보다 크므로 12K 영역에 할당
② Best-fit : 10K와 가장 근접하므로 12K 영역에 할당
③ 최악 적합(Worst-fit) : 10K와 차이가 큰 35K 영역에 할당

17 Compile And Go Loader : 별도의 로더 없이 언어 번역 프로그램이 로더의 기능까지 수행하는 것

18 Deadlock 상태
다중 프로그래밍 시스템에서 어떤 프로세스가 아무리 기다려도 결코 발생하지 않을 사건을 기다리고 있을 때

19 유틸리티 프로그램 : 주로 사용자 프로그램 개발과 시스템 운용에 도움을 주는 프로그램

20 어셈블리어로 프로그램의 큰 장점
하드웨어를 직접 활용할 수 있어 처리속도가 빠르다.

21 집적회로(IC)의 기본적인 특성
① 전달 지연 시간(propagation delay time)
② 전력 소모(power dissipation)
③ 팬 아웃(pan out)

22 마이크로 오퍼레이션은 클록 펄스에 기준을 두고 실행

23

입력			출력
A	B	C	Y
0	0	0	1=$\bar{A}\bar{B}\bar{C}$
0	0	1	0
0	1	0	1=$\bar{A}B\bar{C}$
0	1	1	0
1	0	0	1=$A\bar{B}\bar{C}$
1	0	1	0
1	1	0	1=$AB\bar{C}$
1	1	1	0

Y=$\bar{A}\bar{B}\bar{C}+\bar{A}B\bar{C}+A\bar{B}\bar{C}+AB\bar{C}$ 이므로 Y=$\bar{C}$

24 가상 메모리(Virtual Memory) : 가용 공간 확대를 도모

25 RAM : 컴퓨터의 주 메모리로 사용하며, 휘발성이 있어 전원이 차단될 경우 기억 내용이 지워지는 특성이 있는 메모리이다.

26 주기억장치 용량이 8192비트=1024바이트=2^{10} byte이고, 워드 길이가 16비트이므로
PC(program counter)=9
AR(address register)=9
DR(data register)=16

27 주기억장치의 용량이
$256MB = 256 \times 2^{20} byte = 2^8 \times 2^{20} byte = 2^{28} byte$이므로 주소 버스는 28bit이다.

29 unpack 형식 : 10진 데이터의 입·출력 시 사용하는 데이터 형식

30 decoder

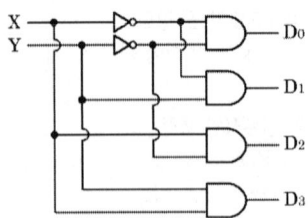

31 CPU가 인스트럭션을 수행하는 순서
인스트럭션 fetch → 인스트럭션 디코딩 → operand fetch → execution → 인터럽트 조사

32 2의 보수 16비트 정수의 범위 : $-2^{15} \sim +2^{15}-1$

33 zero-address 명령 형식
모든 연산은 stack을 이용하여 수행하고, 그 결과도 stack에 보존한다.

34 인터럽트
① 컴퓨터가 정상적인 작업을 수행하는 도중에 발생하는 예기치 않은 일들에 대한 서비스를 수행하는 기능이다.
② 온라인 실시간 처리를 위해 인터럽트 기능은 필수적이다.
③ 입·출력 인터럽트를 이용하면 중앙처리장치와 주변장치 간의 극심한 속도 차이 문제를 해결하여 컴퓨터의 효율을 증대시킬 수 있다.

35 Flynn의 컴퓨터 구조 제안 모델
① SISD(Single Instruction stream Single Data stream : 한 번에 한 개씩의 명령어와 데이터를 처리하는 단일 프로세서 시스템
② SIMD(Single Instruction stream Multiple Data stream) : 여러 개의 프로세서들로 구성. 프로세서들의 동작은 모두 하나의 제어장치에 의해 제어
③ MISD(Multiple Instruction stream Single Data stream) : 각 프로세서들은 서로 다른 명령어들을 실행하지만 처리하는 데이터는 하나의 스트림

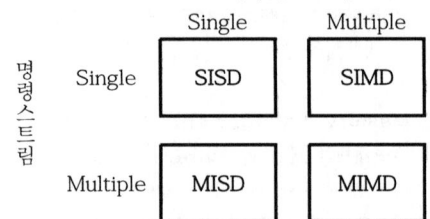

36 파이프라인 처리기
병렬처리 가운데 처리 단계를 stage라고 하는 몇 개의 단계로 나누고 각 stage 사이에는 latch라는 버퍼를 두고 프로그램 수행에 필요한 작업을 시간적으로 중첩하여 수행하는 처리기

37
```
2진수      1 0 0 1
          |⊕ ⊕ ⊕
          ↓ ↓ ↓ ↓
그레이코드  1 1 0 1
```

38 Intel 8051 : 8비트 구조에 해당하는 인텔 컴퓨터 프로세서

39 병렬 처리기의 종류
① 파이프라인(pipeline) 처리기 : 프로그램 내에 내재하는 시간적 병렬성을 활용하기 위하여 프로그램 수행에 필요한 작업을 시간적으로 중첩하여 수행시키는 처리기

② 다중(multi) 처리기 : 시스템상의 여러 처리기에 여러 개의 독립적인 작업을 각각 배정하여 두 개 이상의 처리기를 동시에 수행할 수 있도록 기능을 갖춘 컴퓨터 시스템
③ 배열(array) 처리기 : 한 컴퓨터 내에 여러 개의 처리장치를 배열 형태로 가진다.
④ 데이터 흐름 컴퓨터 : 프로그램 내의 모든 명령어를 그들의 수행에 필요한 피연산자들이 모두 준비되었을 때 프로그램에 나타나는 명령어 순서와 무관하게 수행시키는 것이다. 이러한 방식의 명령어 수행을 데이터 추진 방식이라 한다.
⑤ VLSI 처리기 : 병렬 알고리즘을 직접 하드웨어로 구현하는 새로운 처리기 구조이다.

40 외부입력을 그대로 저장하는 데 D플립플롭이 적당
[참고] D 플립플롭 : 하나의 입력단자에 클록 펄스가 인가하였을 때 입력신호 1이면 1로, 0이면 0으로 클록 펄스의 시간 간격만큼 지연시켜 출력하는 데 사용

41 동기 또는 비동기식으로 마이크로프로세서 간의 필요한 원거리 통신장치
① MODEM(변복조장치, Modulation+Demodulation)
② RS232 Driver/receiver
③ SIO(Serial Input Output, 직렬 입출력)
[참고] PIO(Parallel Input Output, 병렬 입출력) : 데이터 전송에서 각각의 비트들이 채널을 사용하여 동시에 입출력이 수행되는 단거리 통신장치이다.

42 주소지정방식(Addressing Mode) 종류
① 간접 주소지정방식 : 오퍼랜드에 기억장소의 주소가 저장되어 있으나, 가리키는 주소는 기억 장소에 데이터의 유효 주소가 저장되어 있는 방식
② 직접 주소지정방식 : 오퍼랜드의 내용이 유효 주소기 있는 주소
③ 인덱스 주소지정방식 : 인덱스 레지스터의 내용과 변위주소를 더하여 유효 주소를 결정
④ 상대 주소지정방식 : 명령(Instruction)과 자료의 재배치(Relocation)가 가능한 주소지정방식

43 가상 기억장치(Virtual Memory)
사용자에게 실제의 기억 공간보다 더 넓은 주소 공간(address space)을 제공할 수 있다.

44 Cycle steal(=Memory steal)
입출력 시의 입출력 채널과 주기억 간의 데이터 전송 방식의 하나이다.

45 RS-232C(Recommended Stardard-232 C표준 현행판의 3번째의 판)
컴퓨터와 주변장치 또는 데이터 단말장치(DTE)와 데이터 회선 종단장치(DCE)를 상호접속하기 위한 직렬 통신 인터페이스 표준이다.
[참고]
① VME bus(VERSA Module Eurocard Bus) : 국제전기표준회의(IEC 821)와 미국전기전자학회(IEEE 1014)에서 국제표준
② Multi bus : 미국전기전자학회(IEEE 796)에서 표준 버스
③ IEEE-488 bus : 미국전기전자학회가 규정한 근거리 범용 인터페이스 버스의 표준 규격

46 비동기(asynchronous) 직렬 전송
① stop bit, start bit
② framing error
③ information bit

47 명령어는 제어장치에서 해독되어 그 동작이 이루어진다.

48 마이크로컴퓨터 운영체제의 기능
① 파일 보호
② 파일 디렉토리 관리
③ 상주 모니터로의 모드 전환
[참고] 컴파일러 역할 : 프로그램의 번역

49 스택(Stack) : 서브루틴 호출이나 인터럽트 서비스와 같은 동작 후에 되놀아갈 주소를 저장하는 역할
[참고]
① 상태 레지스터(Status register) : 연산 내용과 결과의 여러 가지 상태를 저장하는 레지스터
② 프로그램 계수기(Program counter) : CPU 내에서 수행될 다음 프로그램의 명령어가 들어 있는

기억장치 주소를 가리키고 있는 계수기
③ 메모리 주소 레지스터(Memory address register)
: 다음 실행될 명령의 메모리 주소를 저장하는 레지스터

50 ICE(In-Circuit Emulator, 회로 내 모방 프로그램) 특징
① H/W 모방이 가능하여 실시간 개발에 편리
② 실시간 I/O의 오류 정정을 위한 H/W 및 S/W 기능을 포함하는 프로그램
③ CPU 자체를 치환하고, CPU의 동작을 에뮬레이션 프로그램의 동작을 조사할 수 있는 툴이고, ROM이나 RAM도 ICE 본체에 내장하거나 CPU가 명령을 실행한 주소를 유지한다.

51 마이크로프로세서의 처리 능력(performance)
① clock frequency(클록 주파수)
② data bus width(데이터 버스 폭)
③ addressing mode(주소 방식)

52 매크로(macro)
① 일종의 개방적 서브루틴(opened subroutine)
② 매크로 호출은 매크로 이름을 통해서만 가능
③ 인수 전달이 가능
④ 매크로 확장(macro expansion)은 언어 번역 전에 진행

53 RDRAM(Rambus DRAM)
동기 DRAM의 일종. 램버스사가 개발하였으며 최초의 개인용, 서버, 워크스테이션용 PC 메인보드에 16비트 모듈을 받는 듀얼 채널 메인보드는 RIMM을 추가하거나 짝수로 제거했던 주기억장치이다.

54 DRAM : 비트 단위당 가격이 SRAM에 비해 낮다.

55 shift left : 캐리 플래그가 리셋되었을 때 어떤 무부호 2진수를 곱셈 명령을 사용하지 않고 2로 곱하는 효과를 갖고 있는 명령어
[참고] shift right : 2로 나누는 효과를 갖고 있는 명령어

56 버퍼(Buffer) : 주기억장치와 입·출력장치 사이의 전송 속도차를 극복하기 위해 데이터를 임시 저장하는 장소
[참고] 캐시 메모리 : 주기억장치와 CPU 사이의 전송 속도차를 극복하기 위한 메모리

57 Encoder(부호기) : 8개의 입력키를 3비트 키-코드로 변환하는 장치

58 16Kbyte=$2^4 \times 2^{10}$ byte=2^{14} byte
따라서 어드레스(주소) 라인 수는 14이다.

59 IFF(If-And-Only-If Operation, 등가연산)
A와 B의 값이 모두 참이거나 모두 거짓일 때 참이고, 두 개의 입력값이 다르면 거짓이다. 배타적 부정 논리합(NOR)이다.
[참고] NMI(Non-Maskabel Interrupt, 마스크 불가능 인터럽트) : 심각한 기억장치 오류나 정전 사태와 같은 급박한 상황에서만 인터럽트가 요구가 마이크로프로세서에 전달된다.

60 [조건]
1. 데이터 버스(data bus) : 16비트
2. 어드레스 버스(address bus) : 24비트
주기억장치 용량은
$= 2^{MAR} \times 16bit$
$= (2^4 \times 2^{20}) \times 16bit \leftarrow \therefore MB=2^{20} byte$
$= 16MB \times 16bit \leftarrow \therefore 16bit=1word$
$= 16MB \times 1word$
$\therefore 16MB$

61
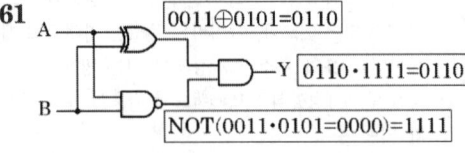

62
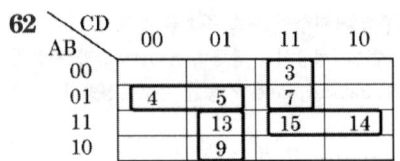

4,5=$\overline{A}B\overline{C}$, 13,9=$A\overline{C}D$, 3,7=$\overline{A}CD$, 14,15=$AB\overline{C}$

$X = ABC + A\overline{C}D + \overline{A}B\overline{C} + \overline{A}CD$

63

A\BC	00	01	11	10
0				
1	1	1	11	1

$AC + AB + AC = AC + AB$
$= (ABC + A\overline{B}C) + (ABC + AB\overline{C})$
$= ABC + A\overline{B}C + AB\overline{C}$

∴ 5input(A, B, $\overline{B}$, C, $\overline{C}$)NAND

64 $-2^8 + 1 \sim 2^8 = -32767 \sim 32768$

16bit의 MSB 가중치(weight)는 32768

65

X\YZ	00	01	11	10
0	1(0)	Π	1(3)	1(2)
1	1(4)	Π	1(7)	Π

$f(X, Y, Z) = \Sigma(0, 2, 3, 4, 7)$
$f(X, Y, Z) = \Pi(1, 5, 6)$

66 여기표 : 플립플롭에서 현재 상태와 다음 상태를 알 때 플립플롭에 어떤 입력을 넣어야 하는지를 나타내는 표

67 해밍 코드 : 에러(error)를 검출하여 정정할 수 있는 부호

[참고] excess-3 코드(3초과 코드)=8421 코드+$(11)_2$

68

A\BC	00	01	11	10
0			1	
1		1	1	1

$F = AB + BC + CA$

69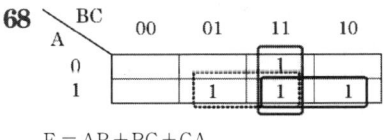

$Y = \overline{A} + B$

A	B	$\overline{A}$	B	Y	
0	0	1	0	1	A=B
0	1	1	1	1	A<B
1	0	0	0	0	A>B
1	1	0	1	1	A=B

70 M/S Flip-Flop : 레이스(Race) 현상을 방지하기 위하여 사용한다.

71 NOR 게이트

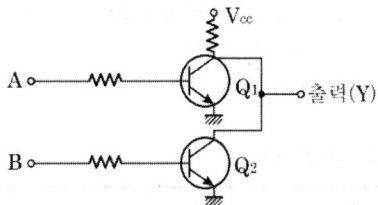

72 사용자가 프로그램 가능한 ROM

① PROM, ② EPROM, ③ EEPROM

[참고] Mask ROM : 제조회사에서 프로그램을 미리 저장한 ROM

73 디멀티플렉서 : 데이터(data) 분배 회로

74 기억요소(memory elements)

① SRAM, ② EEPROM, ③ Register

75 반가산기

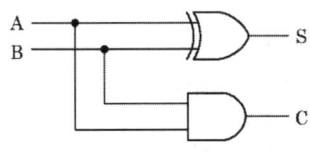

S(합)=$A\overline{B} + \overline{A}B = A \oplus B$
C(자리올림)=AB

76 전가산기 : 회로의 논리함수가 다수결 함수(Majority Function)를 포함하고 있다.

77

$\overline{A \cdot B} = \overline{\overline{A} + \overline{B}} = A + \overline{B}$ (드 모르간의 법칙)

78 교환 법칙

$A + B = B + A$, $A \cdot B = B \cdot A$

79 카운터(Counter) : 입력 펄스의 수를 세는 회로

80 CMOS 회로 특징
① 정전기에 약하여 취급에 주의하여야 한다.
② 동작 주파수가 감소하면 팬 아웃은 증가한다.
③ TTL에 비하여 전력소모가 적다.
④ DC 잡음 여유는 보통 전원 전압의 40% 정도이다.

81 HDLC 프레임 구성

0	111111	0
시작	데이터	끝

82 BGP
EGP(Exterior Gateway Protocol)로 사용되며 AS-Path를 통해 L3 Looping이 발생하는 것을 방지하고, 다양한 Attribute(속성)값을 통해 best path(최적의 경로)를 결정하는 데 있어 관리자의 의도를 반영할 수 있는 라우팅 프로토콜

83 link-state 방식 : OSPF 라우팅 프로토콜이다.

84 전송제어 절차
① 1단계 : 회선 접속
② 2단계 : 데이터 링크 확립
③ 3단계 : 정보 전송
④ 4단계 : 데이터 링크 해제
⑤ 5단계 : 회선 절단

85 Stop-and-wait 방식
한 개의 프레임을 전송하고, 수신측으로부터 ACK 및 NAK 신호를 수신할 때까지 정보 전송을 중지하고 기다리는 ARQ(Automatic Repeat reQuest) 방식

86 PPP(Point to Point Protocol)
① 재전송을 통한 오류 복구와 흐름 제어 기능을 제공하지 않는다.
② LCP와 NCP를 통하여 유용한 기능을 제공
③ IP 패킷의 캡슐화를 제공
④ 동기식과 비동기식 회선 모두를 지원

87 Nyquist 표본화 주기(μs) $= \dfrac{1}{주파수} = \dfrac{1}{f}$
$= \dfrac{1}{4kHz} = \dfrac{1}{4000Hz}$
$= 125\mu s$

88 맨체스터 펄스
1은 한 펄스폭을 2개로 나누어서 반구간은 양(+), 펄스의 나머지 구간은 음(-)으로 구성하고, 0은 1과 반대로 구성하는 데이터 전송방법

89 원천 부호화(source coding) 방식
① DPCM, ② DM, ③ LPC

90

구분	표현
서브넷 마스크 1비트 개수	/22
비트 서브넷 마스크	11111111.11111111.11111100.00000000
10진수 서브넷 마스크	255.255.252.0

91 패킷(packet) 교환
① 패킷 단위로 데이터 전송
② 가변적인 전송 대역폭
③ 가상회선 방식
④ 데이터그램 방식

92 네트워크 표준안
① IEEE 802.5 : 토큰 링 방식
② IEEE 802.2
③ IEEE 802.3 : 이더넷(Ethernet) 방식
④ IEEE 802.6

93 Unnumbered Frame : HDLC의 프레임 중 링크의 설정과 해제, 오류 회복

94 Flooding
패킷교환망의 경로 배정 중 각 노드에 들어오는 패킷을 도착된 링크를 제외한 다른 모든 링크로 복사하여 전송하는 방식

95 채널용량(kbps) = 대역폭 $\times \log_2 (1 + \dfrac{신호}{잡음})$
   $= 150\text{kHz} \times \log_2 (1+15)$
   $= 150\text{kHz} \times 4$
   $= 600\text{kbps}$

96 전송 효율
   $= \dfrac{\text{data bit} + \text{start bit} + \text{stop bit}}{\text{data bit}} \times 100\%$
   $= \dfrac{8+1+2}{8} \times 100\%$
   $= 72.7\%$

97 PSK에서 반송파 간의 위상차 $= \dfrac{2\pi}{M}$

98 TCP 헤더에 포함되는 정보
   ① 긴급 포인터
   ② 네트워크 주소
   ③ 순서 번호
   ④ 체크섬

99 $2^{오류의\ 수} \leq$ 해밍거리이므로 $2^{오류의\ 수} \leq 6$
   따라서 $2^{오류의\ 수} \leq 2^2 + 2$이다.
   ∴ 오류의 수 : 2

100 QPSK(Quadrature Phase Shift Keying, 직교 위상 편이 변조)
   2비트 신호를 00, 01, 10, 11의 4가지 상태를 90°씩 대응시켜 변조를 행하는 방식

2017년 제1회

01	02	03	04	05	06	07	08	09	10
④	③	④	③	②	④	②	④	③	①
11	12	13	14	15	16	17	18	19	20
③	③	④	①	④	④	④	①	②	①
21	22	23	24	25	26	27	28	29	30
②	④	④	③	②	②	②	②	②	①
31	32	33	34	35	36	37	38	39	40
④	①	①	①	④	②	②	②	②	④
41	42	43	44	45	46	47	48	49	50
①	④	③	②	②	④	④	③	②	②
51	52	53	54	55	56	57	58	59	60
①	①	③	④	②	①	④	②	②	①
61	62	63	64	65	66	67	68	69	70
③	①	①	④	③	②	①	②	②	③
71	72	73	74	75	76	77	78	79	80
①	④	②	④	①	③	④	④	③	①
81	82	83	84	85	86	87	88	89	90
④	③	④	③	④	②	①	④	④	③
91	92	93	94	95	96	97	98	99	100
④	③	④	②	②	①	③	②	②	②

01 어셈블리어 : 0과 1로 이루어진 기계어에 1 : 1로 대응하는 기호로 이루어진 언어

02 parse tree
BNF를 이용하여 그 대상을 근(Root)으로 하고, 단말(Terminal) 노드들을 왼쪽에서 오른쪽으로 나열하는 트리로서, 작성된 표현식이 BNF의 정의에 의해 바르게 작성되었는지를 확인하기 위해 만든 트리

03 Job Control Language
일괄 처리 작업을 수행하거나 하부 시스템을 시작하는 방법을 시스템에 지시하는 역할

04 어셈블러를 두 개의 pass로 구성하는 주된 이유
① 한 개의 Pass만을 사용하는 경우는 기호를 모두 정의한 뒤에 해당 기호를 사용하여야 한다.
② 기호를 정의하기 전에 사용할 수 있어 프로그램 작성이 용이하기 때문이다.(전향 참조, Forward reference)
③ 사용의 편의상 정의하기 전에 사용한 주소 상수를 처리하기 위함이다.

05 매크로의 처리 순서
어셈블러 프로그램 → 매크로 처리기 → 어셈블러(Assembler) → 기계어

06 시스템 소프트웨어의 종류
① 운영체제(윈도우 시리즈, 도스, 유닉스 등)
② 프로그래밍 언어
　㉠ 고급 언어(C++, JAVA 등)
　㉡ 저급 언어(기계어), 어셈블리 언어, 컴파일러
③ 데이터베이스 관리시스템(DBMS)
④ 유틸리티 프로그램(노턴 유틸리티, V3 등)

07 평균 실행시간
$$\frac{P_1+P_2+P_3+\cdots+P_N}{N}=\frac{18+6+9}{3}=\frac{33}{3}=11$$

08 어셈블리어의 특징
① 각 명령어가 하나의 기계 명령에 대응되는 Low level 언어
② 데이터가 기억된 번지를 기호(symbol)로 지정
③ 기계어와 1 대 1로 대응시켜서 표현한 기호식 표기법
④ 프로그램에 기호화된 명령 및 주소를 사용
⑤ 기본 동작은 동일하지만 작성한 CPU마다 사용되는 어셈블리어가 다를 수 있다.
⑥ 작성된 원시 프로그램은 목적 프로그램을 생성한 후 실행 가능

09 매크로 정의 : 매크로 명령이 지정하는 동작을 sub-routine 형식으로 정의

10 로더(loader)의 기능
① 할당(Allocation) : 실행 프로그램을 실행시키기 위해 기억장치 내에 옮겨 놓을 공간을 확보하는 기능
② 연결(Linking) : 부 프로그램 호출 시 부 프로그램이 할당된 기억장소의 시작주소를 호출한 부분에 등록하여 연결하는 기능
③ 재배치(Relocation) : 프로그램이 주기억장치 공간에서 위치를 변경
④ 적재(Loading) : 실행 프로그램을 할당된 기억공간에 실제로 옮기는 기능

11 다중처리(Multiprocessing) 시스템

① CPU가 2개 이상
② 제어기능이 복잡
③ 여러 작업이 동시에 수행

12 기계어에 대한 설명
① 프로그램을 작성하고 이해하기가 어렵다.
② 컴퓨터가 직접 이해할 수 있는 언어이다.
③ 기종마다 기계어가 다르므로 언어의 호환성은 없다.
④ 0과 1의 2진수 형태로 표현되어 수행시간이 빠르다.

13 ① 인터프리터(Interpreter) : 목적 프로그램을 생성하지 않고 행(줄)단위로 기계어로 번역
② 디버거(Debugger) : 번역된 프로그램의 실행 오류를 찾기 위한 프로그램
③ 프리프로세서(Preprocessor) : 전처리기는 원시 프로그램을 기계어 프로그램으로 번역하는 대신에 기존의 고수준 컴파일러 언어로 전환하는 역할을 수행

14 ① Direct linking loader : 일반적인 로더(general loader)이며 할당, 연결, 재배치, 적재의 기능을 모두 수행하는 가장 근접한 로더
② Absolute loader : 간단한 로더이며 단순히 번역된 목적 프로그램을 입력으로 받아들여 주기억장치의 프로그래머가 지정한 주소에 적재하는 기능을 가지는 로더
③ Compile and go loader : 원시 프로그램의 기계어로 번역하는 순서대로 명령어 및 자료를 직접 주기억장치에 적재하여 곧바로 프로그램을 수행하는 방식의 loader

15 Table의 종류
① Symbol Table(ST) : 원시 프로그램의 Label 부분에 있는 기호들을 모두 순차적으로 저장하는 테이블
② Literal Table(LT) : 원시 프로그램의 Operand 부분에 있는 Literal들을 순차적으로 저장하는 테이블
③ Machine-Operation Table(MOT) : 어셈블리어의 실행 명령에 대응하는 기계어에 대한 정보를 포함하고 있는 테이블로 어셈블러에 기본적으로 포함
④ Pseudo Operation Table(POT) : 의사 명령과 그 명령을 처리하는 실행 루틴의 주소를 포함하고 있는 테이블로 어셈블러에 기본적으로 포함

16 출제 빈도가 높음
매크로 프로세서가 수행해야 할 작업의 종류
① 매크로 정의 인식
② 매크로 정의 저장
③ 매크로 호출 인식
④ 매크로 호출 확장

17 링킹(Linking)(출제 빈도가 높음)
① 프로그램을 실행하는 중에 다른 목적 프로그램이 필요해졌을 때, 프로그램 제어 기능에 의해 그 프로그램과 연결하는 것
② 따로 따로 작성한 몇 가지의 목적 프로그램 또는 목적 모듈을 결합하여 하나의 목적 프로그램(로드 모듈)으로 하는 것
③ 프로그램을 몇 개 부분으로 나누어 작성했을 경우, 이들 각 부분마다 목적 프로그램이 만들어진다. 또한 프로그램 언어의 언어처리계도 실행 시 라이브러리라고 하는 목적 프로그램을 마련하고 있다. 이들의 목적 프로그램을 결합함으로써 실행할 수 있는 하나의 목적 프로그램이 만들어진다.
④ 종류
  ㉠ 정적 링킹(static linking) : 이러한 링킹을 프로그램 실행에 앞서 연계 편집 프로그램을 사용하여 행하는 것
  ㉡ 동적 링킹(dynamic linking) : 사전에 링킹을 해놓지 않고 프로그램 실행하는 도중에 다른 목적 프로그램이 필요해졌을 때 프로그램의 제어 기능에 의해 링킹하는 것, 즉 컴퓨터에서 프로그램을 실행하는 도중에 필요한 프로그램 모듈을 결합하여 실행을 속행하는 경우의 결합 방식

18 가변 할당 기반의 교체 기법
① PFF(Page Fault Frequency) 알고리즘 : 실제 프로세스의 페이지 부재 발생 간격을 비교하여 페이지 부재율의 높고 낮음을 결정하는 알고리즘
② VMIN(Variable MIN) 알고리즘 : 가변 할당 기반의 교체 기법들 중에 최적의 성능을 발휘할 수 있으며, 미리 참조 스트링이 알려져 있어야 하는 기법
③ WS(Working Set) 알고리즘 : 임의의 시점에 집중적으로 참조 페이지들을 전부 주기억장치에 로딩

시켜 프로세스가 페이지 부재를 발생하지 않도록 실행을 하는 알고리즘

19 페이지 교체 알고리즘(출제 빈도가 높음)
① FIFO(First In First Out) : 가장 먼저 적재된 페이지를 먼저 교체하는 기법
② LRU(Least Recently Used) : 가장 오랫동안 사용되지 않은 페이지를 먼저 교체하는 기법
③ LFU(Least Frequently Used) : 참조된 횟수가 가장 적은 페이지를 먼저 교체하는 기법
④ NUR(Not Used Recently) : 최근에 사용하지 않은 페이지를 먼저 교체하는 기법
⑤ RR(Round Robin) : 스케줄링 정책 중 각 프로세스에게 차례대로 일정한 배당시간 동안 프로세서를 차지하도록 하는 정책으로 일정 시간이 초과되면 강제적으로 다음 프로세스에게 차례를 넘기게 하는 것

20. 운영체제의 성능 평가 기준
① 처리능력(Throughput)
② 반환시간(Turn Around Time)
③ 사용 가능도(Availability)
④ 신뢰도(Reliability)

21 A+B : $R_1 \leftarrow R_2+R_3$
A 또는 B가 참이면 R_2와 R_3의 값을 덧셈하여 그 결과를 R_1에 전송한다.

22 기억장치 평균 액세스 시간
=히트 시간+미스도×미스패널티
여기서, 히트 시간=캐시의 액세스 시간
미스도=1-적중도
적중률=적중도×100%
미스패널티=주기억장치의 액세스 속도
① 적중률=적중도×100이므로
90%=적중도×100%
∴ 적중도=0.9
② 기억장치 평균 액세스 시간
=11+(1-0.9)×20=13sec

23
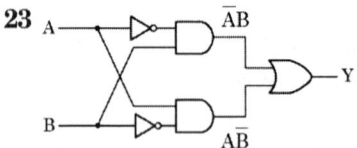
∴ $A\bar{B}+\bar{A}B$ 또는 $\bar{A}B+A\bar{B}$이다.

24 레지스터의 최대 수=Op code 비트
∴ 8개

25 Associative memory
① 데이터의 내용으로 병렬 탐색을 하기에 알맞도록 되어 있다.
② 각 셀이 외부의 인자와 내용을 비교하기 위한 논리 회로
[참고] CAM(Content Addressable Memory)
① 기억된 내용 일부를 이용하여 데이터에 직접 접근할 수 있는 메모리
② 탐색은 전체 워드 또는 한 워드 내의 일부만을 가지고 시행할 수 있다.

26 LOAD 기능
① 1단계 : MAR ← PC, R(read)
② 2단계 : IR ← MBR, PC ← PC+4(명령어 크기)
③ 3단계 : IR Decoding
④ 4단계 : PC ← 다음에 수행할 명령어의 주소

27 Full adder(전가산기)
=Half adder(반가산기)+Half adder(반가산기)

28 기억장치의 용량 단위
① 1024Byte(=1KB, Kilo Byte)
② 1024KB(=1MB, Mega Byte)
③ 1024MB(=1GB, Giga Byte)
④ 1024GB(=1TB, Tera Byte)

29 기억장치 중 CAM(Content Addressabel Memory)을 연관기억장치(associative memory)라고 한다.

30 우선순위 방식
① 회전 우선순위(rotating priority) 방식 : 버스 사용

승인을 받은 버스 마스터는 최하위 우선순위를 가지며, 바로 다음에 위치한 마스터가 최상위 우선순위를 가지도록 하는 방식이다.
② 임의 우선순위 방식 : 버스 사용 승인을 받아서 버스 중재의 동작이 끝날 때마다 우선순위를 정해진 원칙 없이 임의로 결정하는 방식이다.
③ 동등 우선순위 방식 : 모든 버스 마스터들이 동등한 우선순위를 가진다. 이 경우에는 먼저 버스 사용 요구를 한 버스 마스터가 먼저 버스 사용 승인을 받게 되는, FIFO 알고리즘을 사용한다.
④ 최소 최근 사용 우선순위 방식 : 최근 가장 오랫동안 버스 요구 신호를 보내지 않은, 즉 가장 오랫동안 버스를 사용하지 않은 버스 마스터에게 최상위 우선순위를 할당하는 방식이다.

31

	장점	단점
배열	・랜덤 액세스가 빠르다.(매우 빠르게 접근 가능)	・메모리 사용 비효율적 ・배열 내의 자료 이동 및 재구성이 곤란
연결 리스트	・동적으로 메모리 사용 가능 ・메모리 효율적 사용 ・자료 재구성 용이 ・대용량 자료 처리 적합	・특정 위치 자료 검색할 때 느림 ・메모리를 추가적으로 사용하여야 한다.

32 다수결 함수(Majority Function)
① 입력수는 홀수이고 입력이 1이 절반 이상일 때 출력 1이 되는 함수
② 전가산기의 입력 중 2개 이상의 입력이 1인 경우 캐리 2가 1이 되므로 다수결 함수가 포함

33 −72를 9의 보수로 계산하면 99−72=27
18+27=45를 BCD 코드로 표현하면 4 → 0100, 5 → 0101

34 기억장치
① 기억장치는 처리속도와 사용용도, 기억용량의 크기 등에 따라 캐시 기억장치, 주기억장치, 보조기억장치 등으로 나누어진다.
② 주기억장치는 프로그램 기억장소, 입력 데이터 기억장소, 작업 장소 및 출력 데이터 기억 장소로 구성되며, 내부기억장치라고도 한다.
③ 보조기억장치는 주기억장치에 있는 프로그램이나 데이터를 별도의 기억장치에 기억시켜 두었다가 필요할 때에 사용한다.

35 입출력 제어방식
① Programmed I/O
② Interrupt I/O
③ DMA에 의한 I/O
④ 채널에 의한 I/O

36 RISC(Reduced Instruction Set Computer)의 특징
① 축소 명령어 세트 컴퓨터의 약어이다.
② 명령어 코드로 구성하기 위한 bit 수의 증가에 대한 보완으로 개발된 프로세서
③ 명령어들의 사용 빈도를 조사하여 사용 빈도가 높은 명령어만 사용하는 프로세서
④ 명령어 길이가 고정적이다.
⑤ 하드웨어에 의해 직접 명령어가 수행
⑥ 수행 속도가 더 빠르다.
※ CISC(Complex Instruction Set Computer)의 특징
㉠ 인텔 계열의 거의 모든 프로세서에서 사용(펜티엄을 포함한 인텔사의 x86 시리즈)

37 ① SISD(Single Instruction stream Single Data stream : 한 번에 한 개씩의 명령어와 데이터를 처리하는 단일 프로세서 시스템
② SIMD(Single Instruction stream Multiple Data stream) : 여러 개의 프로세서들로 구성. 프로세서들의 동작은 모두 하나의 제어장치에 의해 제어
③ MISD(Multiple Instruction stream Single Data stream) : 각 프로세서들은 서로 다른 명령어들을 실행하지만 처리하는 데이터는 하나의 스트림

		데이터 스트림	
		Single	Multiple
명령스트림	Single	SISD	SIMD
	Multiple	MISD	MIMD

38 $F = A + \overline{A}B = (A + \overline{A})(A + B) = A + B$

39 1. 캐시 기억장치(Cache Memory, 고속기억장치)
   ① 캐시 기억장치는 주기억장치의 유효 액세스 시간을 줄이기 위해 사용된다.
   ② 캐시 기억장치의 관리는 주로 하드웨어에 의하여 구현된다.
   ③ 캐시 기억장치의 구현을 위하여 CAM(content addressable memory)을 많이 사용한다.
   2. 가상 기억장치(Virtual Memory) : 사용자에게 실제의 기억 공간보다 더 넓은 주소 공간(address space)을 제공할 수 있다.

40 사이클 시간(cycle time) : 기억장치에 대해 접근을 시작하고 종료한 후에, 다시 해당 기억장치를 접근할 때까지의 소요시간

41 마이크로프로세서(micro processor) 어셈블리 프로그램의 ORG 명령이 서브루틴(subroutine), 램 스토리지(RAM storage), 메모리 스택(memory stack) 등에 사용된다.

42 ① 절대 주소(고유 주소) : 기억장치에 고유하게 부여된 주소
   ② 상대 주소 : 기준 주소를 필요로 하는 주소로 고유 주소로 변경되어야 기억장치 접근이 가능

43. 1. 제어 프로그램
   ① 감시(Supervisor) 프로그램
   ② 작업관리 프로그램
   ③ 데이터관리 프로그램
   2. 처리 프로그램의 종류
   ① 응용 프로그램
   ② 언어 처리 프로그램
   ③ 유틸리티 프로그램

44 간접 주소지정방식(출제 빈도가 높음)
   기억장치를 가장 많이 접근(Access)하는 방식

45 폐쇄 서브루틴(closed subroutine)
   주루틴(main routine)의 호출명령에 의하여 명령 실행 제어만이 넘겨져서 고유의 루틴처리를 행한다.

46 A/D(Analog/Digital) Converter
   입력된 아날로그 신호의 레벨을 미리 지정된 기준 레벨과 비교하고, 양자화된 레벨을 식별하여 그 값을 디지털 신호로 출력하는 장치

47 DMA(Direct Memory Access)
   가장 많은 양의 자료를 일정 시간에 입·출력할 수 있는 방식

48 UART가 수행하는 동작
   ① 키보드나 마우스로부터 들어오는 인터럽트를 처리
   ② 외부 전송을 위해 패리티 비트를 추가
   ③ 데이터를 외부로 내보낼 때에는 시작 비트와 정지 비트를 추가

49 DMA 제어장치의 필수 레지스터
   ① status register
   ② address register
   ③ data counter

50 CPLD : 주어진 논리 기능을 수행하도록 프로그램 가능한 논리 게이트들을 가진 SPLD를 근간으로 하고 있으며, 전기적 소거 및 프로그램 가능 읽기 전용 기억장치(EEPROM) 등에 사용

51 제어장치 : 주기억장치에 기억된 프로그램의 명령을 해독하여 그 명령 신호를 각 장치에 보내 명령을 처리하도록 지시한다.

53 기억장치 대역폭(bandwidth)
   ① 기억장치가 마이크로프로세서에 1초 동안에 전송할 수 있는 비트 수이다.
   ② 사이클 타임 또는 접근시간과 기억장치에 연결되어 있는 데이터 버스 길이(버스 폭)에 따라 결정된다.
   ③ 한 번에 전송되는 데이터 워드가 크면 대역폭은 증가한다.

54 데이터 선의 수

$$= 독립제어점$$
$$\times \left(\frac{레지스터 구성수 \times (레지스터 구성수 - 1)}{2}\right)$$
$$\times 비트 수)$$
$$= 2 \times \left(\frac{5 \times (5-1)}{2} \times 8\right) = 2 \times (10 \times 8) = 160$$

55 번지를 결정하는 방법
① 제어 어드레스 레지스터를 하나씩 증가
② 마이크로 명령어에서 지정하는 번지로 무조건 분기
③ 매크로 동작 비트로부터 ROM으로의 매핑

56 마이크로프로그램을 이용한 제어 방식
① 변경 가능한 제어기억소자를 사용하면 제어의 변경이 가능하다.
② 개발기간을 단축시킬 수 있고 에러에 대한 진단 및 수정이 쉽다.
③ 제어 논리의 설계를 프로그램 작업으로 수행할 수 있다.
[보충설명] 고정배선제어가 동작 속도를 극대화할 수 있다.

57 인터럽트 반응시간(interrupt response time)
인터럽트 요청신호가 발생한 후부터 해당 인터럽트 취급루틴의 수행이 시작될 때까지

58 병렬 입출력 인터페이스(interface)의 특징
고속의 데이터 전송

59 CAM(Content Addressable Memory)
데이터의 내용으로 병렬 탐색에 가장 적합

60 Tri-state 출력
TTL 출력 종류 중 논리값이 0도 아니고 1도 아닌, 고임피던스 상태를 가지며, 특히 bus 구조에 적합

61 클록 시이클 디임(T)= $\dfrac{1}{클록 주파수(f)}$
$T = \dfrac{1}{10} = 0.1\mu s$

62 출제 빈도가 높음
• Don't care condition(무관 조건) : 입력이 결과에 영향을 미치지 않는 민팀항, (X로 표시)
• $\overline{B}$로 나온 값은 (0, 1, 3, 2)와 (8, 9, 11, 10)으로 묶음값.
• $\overline{C}D$로 나온 값은 (1, 5, 13, 9)로 묶음값.
여기서 3, 13, 11은 무관 조건에 포함되므로 묶음으로 하여 간략하게 다음 이미지와 같이 나타낼 수 있다.

AB\CD	00	01	11	10
00	0	1	3	2
01		5		
11		13	15	
10	8	9	11	10

$f = \overline{B} + \overline{C}D$

63 BCD 코드의 구조는
6bit=2개의 구분 비트(Zone bit)+4개의 디지트 bit(Digit bit)
$(59)_{10} = (000101\ 001001)$ 숫자일 경우 구분 비트는 00이므로 일반적으로 00을 생략한다.
따라서, $(59)_{10} = (0101\ 1001)$이다.

64 논리회로의 종류
① 순차 논리회로 : F/F, 레지스터
② 조합 논리회로 : 전가산기, 반가산기, 비교기, 인코더(ENCODER, 부호기), 디코더(DECODER, 해독기), 다중화기(MUX)

65 BCD 가산기의 덧셈 과정
① 2진수의 덧셈 규칙에 따라 두 수를 더한다.
② 연산 결과 4bit의 집합의 값이 9보다 크거나 자리올림수가 발생하면 틀린 값이다.
③ 틀린 값에 6(0110)을 더한다.

66 홀드 시간 : 플립플롭의 동작 특성 중 클록 펄스가 상승 에지 변이 이후에도 입력값이 변해서는 안 되는 일정한 시간

67 9의 보수(9's complement)
999-298=701

68 Monostable-Multivibrator
입력 트리거 신호가 가해질 때마다 일정한 폭을 갖는 구형파 펄스를 발생시키는 회로

69
$4096 \text{word} = 2^{12} \text{word}$
SRAM은 입출력 공통형이면 $12\text{pin} \times 2 = 24\text{pin}$

70 10진 카운터 회로
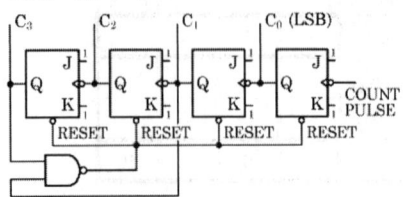

71 기수(홀수) 패리티 발생 회로
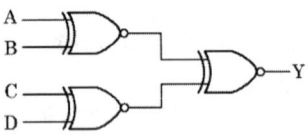

72 오류(Error) 검출 방식
① Checksum
② Parity Code
③ Hamming Code

73 2진수 (11000110)을 Gray code로 변환(출제 빈도가 높음)

```
1 1 0 0 0 1 1 0
↓⊕↓⊕↓⊕↓⊕↓⊕↓⊕↓⊕↓
1 0 1 0 0 1 0 1
```

74 EX-OR 게이트
2진수를 그레이 코드로 변환하는 회로

A	B	EX-OR
0	0	0
0	1	1
1	0	1
1	1	0

75 순서 논리회로의 동작 특성
동일한 입력이 주어져도 내부 상태에 따라 출력이 변경될 수 있다.

76 AND 회로($A \cdot B$)
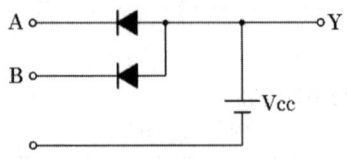

77 EX-OR Gate : 가산과 감산의 기능을 갖는 연산회로를 설계하기 위해 필요한 게이트

78 JK 플립플롭

J	K	Q_{n-1}
0	0	이전상태 Q_n
0	1	0
1	0	1
1	1	반전 $\overline{Q_n}$

79 NAND 게이트
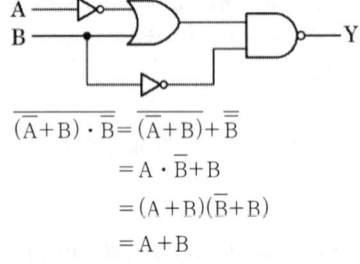

$\overline{(\overline{A}+B) \cdot \overline{B}} = \overline{(\overline{A}+B)} + \overline{\overline{B}}$
$= A \cdot \overline{B} + B$
$= (A+B)(\overline{B}+B)$
$= A+B$

드 모르간 법칙을 사용하면
$A+B = \overline{\overline{A} \cdot \overline{B}}$

$Y = \overline{\overline{A} \cdot \overline{B}}$

80 4×1 multiplexer

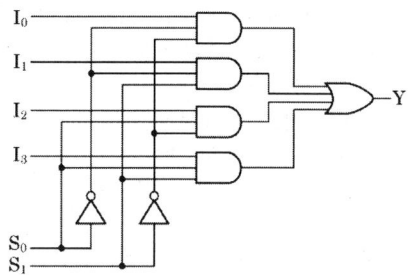

81 IPv4에서 IPv6로 전환(천이)하는 데 사용되는 전략
① Dual stack
② Tunneling
③ Header translation

82 HDLC의 프레임(Frame) 구조(출제 빈도가 높음)
F(Flag) → A(Address) → C(Control) → D(Data) → S(Frame Check Sequence) → F(Flag)

83 나이퀴스트 표본화 주기(T) : $T = \dfrac{1}{2W}$

84 전송 에러 제어 방식
① 전진 에러 수정(FEC, Forward Error Correction) : 송신측에서 오류 정정을 위한 제어 비트를 추가해서 전송하면 수신측에서 이 비트를 사용, 직접 에러를 검출 및 수정하는 방식
  예) 해밍 코드, 상승 코드
② 후진 에러 수정(BEC, Backward Error Correction) : 데이터 전송 중 에러가 발생하면 송신측에 재전송을 요구하는 방식

85 회선교환 방식
① 호 설정이 이루어지고 나면 정보를 연속적으로 전송할 수 있는 전용 통신로와 같은 기능을 갖는다.
② 호 설정이 이루어진 다음은 교환기 내에서 처리를 위한 지연이 거의 없다.
③ 고정된 대역폭으로 데이터를 전송

86 프로토콜
① ARP(Address Resolution Protocol) : 논리 주소인 IP 주소를 물리적인 주소로 변환해 준다. LAN과 같은 물리적 네트워크에서 패킷을 전달하려면 수신자의 MAC과 같은 물리 주소를 알아야 하는 데 해당하는 IP 주소를 BroadCast하여 물리 주소를 요청
② RARP(Reverse Address Resolution Protocol) : ARP의 역과정으로 호스트의 물리적 주소(MAC Address)만을 알고 있을 때 인터넷 주소를 알아내는 데 사용
③ ICMP(Internet Control Message Protocol) : 송신자에게 제어 및 오류 정보 전송을 위한 메시지를 보낸다.

87 패킷 교환 방식
① 데이터그램과 가상회선방식이 있다.
② 축적 교환이 가능하다.
③ 가상회선방식은 연결 지향 서비스라고도 한다.

88 X.25 프로토콜을 구성하는 계층
① 물리 계층, ② 링크 계층, ③ 패킷계층

89 SIGTRAN : 인터넷 망(IP Network)과 유선 전화망(PSTN) 간을 상호 연동시키는 데 사용되는 시그널링 프로토콜

90 프로토콜(Protocol)의 기본적인 요소
① 구문(Syntax), ② 타이밍, ③ 의미(Semantics)

91 CDMA 방식
① 시스템의 포화 상태로 인한 통화 단절 및 혼선이 적다.
② 실내 또는 실외에서 넓은 서비스 권역을 제공한다.
③ 배경 잡음을 방지하고 감쇠시킴으로써 우수한 통화 품질을 제공한다.

92 PAD : 패킷화 기능이 없는 일반형 터미널에 접속하여 패킷의 조립과 분해 기능을 대신해 주는 장치

93 신호속도 = 변조 bit × 변조속도
= 3bit × 2400baud = 7200bps

94 Hamming 코드에서 총 전송비트수가 17비트이므로

해밍 5비트+정보 12비트

95 QPSK 변조방식의 대역폭 효율은 2bps/Hz이다.

96 IP 계층의 프로토콜의 종류
ICMP, ARP, IP

97 OSI 7계층
① 물리 계층(Physical layer) : 규격화되어 있지 않은 비트 전송을 위한 물리적 전송 매체의 기능을 정의 (기계적, 전기적, 기능적, 절차적인 규정)
  ㉠ 케이블 형태(동축 케이블, 양대 케이블, 광 케이블 등)
  ㉡ 데이터 충돌 감지 방식(CSMA, 토큰 방식)
  ㉢ 전송 방식(기저대역, 광대역)
  ㉣ 데이터 부호화 방식(ASK, FSK, PSK)
  ㉤ 신호 형식(아날로그, 디지털)
  ㉥ 변조 방식(AM, FM, PM)
  ㉦ 데이터 레이트(BPS, Baud)
② 데이터 링크 계층(Data link layer) : 물리 계층에서 사용되는 전송 매체를 사용하여 이웃한 통신 기기 사이의 연결 및 데이터 전송 기능과 관리를 규정
  ㉠ 프레임 형식, 순서 및 전송
  ㉡ 채널 제어 및 접속 방식
  ㉢ 에러 검출 및 정정 : ARQ
  ㉣ 흐름 제어
③ 네트워크 계층(Network layer) : 두 네트워크를 연결하는 데 필요한 데이터 전송과 교환 기능의 제공 및 관리를 규정
  ㉠ 시스템 접속 장비 관리
  ㉡ 패킷 관리
  ㉢ 네트워크 연결 관리
  ㉣ 경로 배정(routing)
④ 전송 계층(transport layer) : 다른 네트워크들의 종점 간(end to end)에 신뢰성 있고 투명한 데이터 전송을 기본적으로 제공하고 오류의 복원과 흐름 제어를 담당
  ㉠ 종점 간 인식
  ㉡ 흐름 제어
  ㉢ 네트워크 어드레싱
  ㉣ 네트워크층의 서비스 정도에 따라 최적화 결정
⑤ 세션 계층(Session layer) : 종점들 간의 기본적 연결 서비스에 기능을 부가하여 실체가 특성에 맞게 데이터를 교환할 수 있는 연결 서비스를 제공하고 제어 기능을 수행
  ㉠ 연결 설정, 유지 및 종료
  ㉡ 대화 관리 : 단방향, 반이중, 전이중
  ㉢ 메시지 전송과 수신(데이터 동기화 및 관리)
  ㉣ 에러 복구
⑥ 표현 계층 : 데이터 구문(syntax) 네트워크 내에서 인식이 가능한 표준 형식으로 재구성하는 기능을 수행
  ㉠ 데이터 재구성
  ㉡ 코드 변환
  ㉢ 구문 검색
⑦ 응용 계층 : OSI 환경의 사용자에게 특정한 서비스를 제공하는 기능을 수행하는 계층으로 정보 처리를 수행하는 응용 프로그램과의 인터페이스와 통신을 수행하기 위한 기본적인 응용 기능을 제공
  ㉠ 데이터베이스, 전자 사서함 등
  ㉡ 사용자가 다양한 응용 프로그램을 이용

98 FLSM(Flexed length subnet mask) 방식
192.168.1.0/24

	192.168. 1. 0
/24	11111111.11111111.11111111.00000000
	2552552550
1번째	0~43
2번째	44~87
3번째	88~131
4번째	224 28~59
5번째	192 60~91
6번째	256/6=44

99 아날로그 데이터를 아날로그 신호로 변환하는 변조방식
AM(진폭변조), FM(주파수변조), PM(위상변조)

100 광대역 통합네트워크에서 VoIP 서비스를 제공하기 위한 프로토콜
SIP, H.323, Megaco

2017년 제4회

정답

01	02	03	04	05	06	07	08	09	10
③	③	②	③	①	③	③	①	②	③
11	12	13	14	15	16	17	18	19	20
①	④	④	④	②	④	④	④	②	①
21	22	23	24	25	26	27	28	29	30
①	②	②	①	②	③	①	③	③	③
31	32	33	34	35	36	37	38	39	40
③	①	④	③	③	④	②	①	②	①
41	42	43	44	45	46	47	48	49	50
③	④	②	②	①	②	①	③	④	④
51	52	53	54	55	56	57	58	59	60
③	②	①	③	②	④	②	①	③	③
61	62	63	64	65	66	67	68	69	70
③	①	②	①	③	②	③	②	③	②
71	72	73	74	75	76	77	78	79	80
④	①	①	②	④	③	②	③	②	①
81	82	83	84	85	86	87	88	89	90
④	②	①	④	③	④	③	①	④	②
91	92	93	94	95	96	97	98	99	100
④	④	④	②	②	④	③	③	②	③

01 LTORG 명령
① 현재까지 나타난 리터럴들의 값을 현재의 주기억장치 위치에 넣을 것을 어셈블러에게 지시
② literal pool을 자동으로 생성할 수 없는 경우 유저가 직접 생성
③ 어셈블러는 모든 코드 영역의 끝에서 현재의 문자 저장소를 어셈블한다. 코드 영역의 끝은 AREA 지시어에 의해 다음 영역의 시작 또는 어셈블리의 끝에서 결정
④ 어셈블러는 문자 저장소들을 워드 정렬

02 절대로더(absolute loader)를 사용할 때 4가지 기능과 수행 주체
① Allocation(기억장소할당)-by programmer(프로그래머)
② Linking(연결)-by programmer(프로그래머)
③ Relocation(재배치)-by assembler(어셈블러)
④ Loading(적재)-by loader(로더)
[참고] 절대(Absolute) 로더 : 적재 기능만 하는 간단한 로더(할당, 연결) → 프로그래머, (재배치) → 언어번역기

03 매크로 프로세서 처리 과정
매크로 정의 인식 → 매크로 정의 저장 → 매크로 호출 인식 → 매크로 확장과 인수치환

04 매크로(Macro)
① 한 프로그램 내에서 동일한 코드가 반복되는 코드를 한 번만 작성하여 특정 이름으로 정의한 후 그 코드가 필요할 때마다 정의된 이름으로 호출하여 사용
② 매크로 이름이 호출되면 호출된 횟수만큼 정의된 매크로 코드가 해당 위치에 삽입되어 실행

05 ① 프리프로세서(Preprocessor, 전처리기) : 원시 프로그램을 기계어 프로그램으로 번역하는 대신에 기존의 고수준 컴파일러 언어로 전환하는 역할을 수행
② 링커(Linker) : 여러 객체(Object)를 하나의 실행 가능한 형태의 파일로 구성
③ 에뮬레이터(emulator) : 다른 장치의 기능적 특성을 복사하거나 다른 장치와 동일하게 실행하도록 구현한 장치

06 매크로(Macro)
① 사용자의 반복적인 코드 입력을 줄여들면서 빠르고 효율적으로 할 수 있다.
② 여러 프로그램에서 공통적으로 자주 사용되는 매크로들을 모아놓은 매크로 라이브러리이다.
③ 매크로 내에 또 다른 매크로를 정의할 수 있다.(각각 이름을 붙일 수 있고 별도의 파일로 저장이 가능)
④ 매크로는 문자열 바꾸기와 같이 매크로 이름이 호출되면 호출된 횟수만큼 정의된 매크로 코드가 해당 위치에 삽입되어 실행된다.

07 어셈블리어(Assembly) 명령
① RET(Return from CALL) : CALL로 스택에 PUSH된 주소로 복귀
② INT(Interrupt) : 인터럽트 실행
③ RET(Return from CALL) : CALL로 스택에 PUSH된 주소로 복귀

08 운영체제(OS)의 운용 기법
① 시분할 시스템(Time Sharing System) : 여러 대의 단말기를 주 컴퓨터에 연결하여 다수의 사용자가 동시에 사용할 수 있도록 할당된 시간에 프로그램과 데이터를 처리하는 시스템
② 실시간 처리 시스템(Real Time Processing System) : 컴퓨터에 의한 정보 처리 방식으로 데이터가 발생한 시점에서 필요한 계산 처리를 즉시 수행하여 그 결과를 데이터가 발생한 곳 또는 데이터가 필요한 곳에 되돌려 보내는 시스템
③ 일괄 처리 시스템(Batch Processing System) : 정보나 데이터를 일정 기간 또는 일정 단위로 묶어서 한꺼번에 처리하는 데이터 처리 시스템
④ 분산 처리 시스템(Distributed Processing System) : 운영체제와 메모리를 가지고 독립적으로 운영되며 필요할 때 통신하는 시스템

09 운영체제(OS)의 성능 평가
① 처리 능력(throughput) : 주어진 시간 내에 처리되는 작업량
② 반환 시간(turn-around time) : 컴퓨터 명령을 지시한 뒤 그 결과 출력되는 시간 여부
③ 사용 가능도(availability) : 시스템 운영 시간 중 얼마나 많은 시간을 사용 가능 여부
④ 신뢰도(reliability) : 주어진 작업에 대해서 오류 없이 처리하는 정도

10 어셈블리어 특징
① 명령 기능을 기계어와 1 : 1로 대응시켜 코드화한 기호 언어
② 프로그램에 기호화된 명령 및 주소를 사용
③ 기본 동작은 동일하지만 작성한 CPU마다 다를 수 있다.
④ 데이터가 기억된 번지를 기호(symbol)로 지정
⑤ 작성된 원시 프로그램은 목적 프로그램을 생성한 후 실행 가능

11 링커(linker=link editor의 합성어) : 컴파일러가 만들어낸 하나 이상의 목적 프로그램을 단일 실행 프로그램으로 병합하는 프로그램
[참고] 언어번역 프로그램
① 컴파일러(Compiler) : FORTRAN, COBOL, ALGOL, C와 같은 고급 언어로 작성된 프로그램을 번역하는 프로그램
② 어셈블러(Assembler) : 저급 언어(컴퓨터 언어에 가까운 언어)로서 명령어와 명령이 1 : 1로 대응, 어셈블리어로 작성된 원시 프로그램을 기계어로 번역하는 프로그램
③ 인터프리터(Interpreter) : BASIC, LISP, APL, SNOBOL 등의 언어로 작성된 원시 프로그램을 번역하는 프로그램
[참고] 고급 언어 : 인간이 이해하기 쉬운 언어

12 1. 제어 프로그램
① 감시(Supervisor) 프로그램
② 작업 관리(Job Management) 프로그램
③ 데이터 관리(Data Management) 프로그램
④ 통신 관리(Communication Management) 프로그램

2. 처리 프로그램
① 언어 번역 프로그램(language translator program)
② 서비스 프로그램
③ 문제 프로그램

13 로더(Loader)의 기능
① 할당(Allocation) : 실행 프로그램을 실행시키기 위해 기억장치 내에 옮겨 놓을 공간을 확보하는 기능
② 연결(Linking) : 서브프로그램 호출 시 부 프로그램이 할당된 기억장소의 시작주소를 호출한 부분에 등록하여 연결하는 기능
③ 재배치(Relocation) : 디스크 등의 보조기억장치에 저장된 프로그램이 사용하는 각 주소들을 할당된 기억장소의 실제 주소로 배치시키는 기능
④ 적재(Loading) : 실행 프로그램을 할당된 기억공간에 실제로 옮기는 기능

14 절대 로더(Absolute Loader)
로더의 역할이 축소되어 가장 간단한 프로그램으로 구성, 기억장소 할당이나 연결을 프로그래머가 직접 지정하는 방식이며 프로그래머 입장에서는 매우 어렵고 한번 지정한 주기억 장소의 위치는 변경 곤란

15 프로세서의 기본 수행

① 매크로 정의 저장
② 매크로 정의 인식
③ 매크로 호출 인식 : 원시 프로그램 내에 매크로의 시작을 알리는 Macro 명령을 인식
④ 매크로 호출 확장

16 명령
① ORG : 원시 프로그램을 목적 프로그램으로 번역할 때 현재의 오퍼랜드에 있는 값을 다음 명령어의 번지로 할당
② INCLUDE : 라이브러리에 기억된 내용을 프로시저로 정의하여 서브루틴으로 사용하는 것과 같이 사용할 수 있도록 그 내용을 현재의 프로그램 내에 포함
③ EQU : 어떤 기호적 이름에 상수값을 할당하는 명령

17 ① 스래싱(Thrashing) : 가상 기억장치에서 페이지 교환이 자주 일어나는 현상
② 구역성(locality) : 프로세스가 실행되는 동안 일부 페이지만 집중적으로 참조하는 특성
③ 워킹 세트(Working Set) : 프로세스가 일정 시간 동안 자주 참조하는 페이지의 집합을 의미

18 어셈블러(assembler)에서 패스 작업
① 패스 1 : 기호(Symbol) 테이블을 정의
② 패스 2 : 기호(Symbol) 테이블에서 해당 기호 찾기
[참고] 원시 프로그램을 1차 검색(pass-1)하여 명령어 및 기호 번지들을 데이터베이스 테이블(MOT, POT, ST, LT)에 저장한다. 또한 잘못 사용한 명령이나 기호 번지는 프로그래미가 수정할 수 있도록 오류 메시지를 출력하기도 한다. 이후에는 각 테이블에 저장된 정보들을 이용하여 기계어 코드나 기억 장소를 변환(pass-2)한다.

19 프로그램 수행 순서
원시 프로그램 → 컴파일러 → 목적 프로그램 → 링커 → 로더
① 컴파일러 : 소스 코드를 컴퓨터가 이해할 수 있는 형태의 코드로 번역시켜 목적 프로그램을 생성시켜 주어야 하는 데, 이렇게 번역시켜 주는 작업
② 목적 프로그램: 컴파일러나 어셈블러가 원시 프로그램(소스 코드)을 처리하는 도중 만들어내는 코드
③ 링커 : 링크 에디터(link editor)의 준말로 컴파일러가 만들어 낸 하나 이상의 목적 프로그램을 단일 실행 프로그램으로 병합하는 프로그램
④ 로더 : 외부 기억장치에서 내부 기억장치로 전송하는 프로그램

20 스케줄링 정책을 결정하는 경우에 고려되어야 할 요소
① 자원의 유용도와 체제의 균형
② 자원의 요구도
③ 자원의 제한성

21 워드(Word) : 몇 개의 데이터가 모인 데이터 단위
① 하프 워드(Half Word) : 2바이트로 구성
② 풀 워드(Full Word) : 4바이트로 구성
③ 더블 워드(Double Word) : 8바이트로 구성

22 4096K×16bit의 의미=MAR 용량×MBR 용량
① MAR의 용량 : $4096K = 2^{12} \times 2^{10} byte = 2^{22} byte$
주소 4096K개를 표현하기 위해서는 22개의 Bit가 필요
② MBR의 용량 : 동시에 처리되는 일의 양이 16개의 Bit를 나타낸다.

23 OR 회로

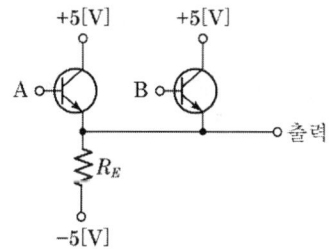

24 ① register addressing mode : 연산에 사용할 데이터가 레지스터에 저장되어 있으며 레지스터를 참조하는 주소지정방식
② immediate addressing mode : 오퍼랜드에 연산에 필요한 숫자 데이터를 직접 넣어주는 방식
③ direct addressing mode : 오퍼랜드 필드의 내용이 실제 데이터가 들어 있는 메모리 주소를 지정하고 있는 유효주소가 되는 방식

25 단정도 부동 소수점(floating point) 표현(32bit)

부호(sign) bit 31	지수(exponent) bit 30~23	소수(Significant) bit 22~0
+:0, -1		1.6250000
0(2)	01111101(2)	1.1010000.....000(2)

$0.01101_{(2)} = 0.40625_{(10)} = 4.0625000e-1$

26 스택 구조 CPU
0-주소 명령형을 갖는 구조의 원리를 사용, 컴퓨터가 수식을 번역하는 경우 피연산자를 연산자 앞에서 처리하는 연산방법

27
고정소수점인 경우 정수의 범위는 1~65535, 최대치(값)은 65535 즉 $2^{16}-1$이다.

28
1페이지의 용량이 4KB이므로 $\frac{512KB}{4KB}=128$개

29
① Program Counter(PC, 프로그램 계수기)
   ㉠ 차기 인스트럭션(Next instruction)의 번지를 지시
   ㉡ 인터럽트 처리 루틴에서 반드시 사용되는 레지스터
② Accumulato(누산기) : 연산장치에 있는 레지스터의 하나로서 연산 결과를 기억하는 레지스터
③ MAR(기억장치 주소 레지스터) : 마이크로프로세서의 명령어 인출 사이클 시 가장 먼저 실행되는 과정 중 기억장치의 위치 주소가 프로그램 카운터(PC)에서 MAR(기억장치 주소 레지스터)로 전송

30
① 채널(Channel) : CPU를 거치지 않고 I/O과 주기억장치 간에 데이터 전송을 담당하는 방식
② Handshaking I/O
   ㉠ 비동기 데이터 전송 시에 2~3개의 제어신호에 의한 송수신 방법
   ㉡ 스트로브(strobe) 제어보다 개선된 방법이다.
   ㉢ 자료 전송률은 속도가 느린 장치에 의해서 결정된다.

31 페이징(paging) 기법
① 가상 메모리 공간을 일정한 크기의 페이지로 나누어 관리하는 기법
② 각각의 페이지의 물리 메모리 주소 공간을 가지고 있는 페이지 테이블이 존재한다.
③ 페이지는 페이지 테이블에서 프레임의 위치에 변위 값을 더한 값이 실제 물리 메모리에 위치한 주소가 된다.

32 biquinary(2중5) 코드
모두 7bit로 구성되며 맨 앞의 두 자릿수 50의 2bit는 10진수의 5보다 크고 작음을 나타내고 나머지 5bit는 counter로 사용하고, 2중5코드에서는 각각의 코드마다 2개의 1과 5개의 0으로 구성한다.

33 파이프라인에 의한 전체 명령어 실행시간
- 파이프라인 단계 수=k
- 실행할 명령어들의 수=N
① 각 파이프라인 단계가 한 클록 주기씩 걸린다면 파이프라인에 의한 전체 명령어 실행 시간
  $T=k+(N-1)$
② 파이프라인 되지 않은 경우의 N개의 명령어들의 실행 시간
  $T=k \times N$

34
두 개의 8비트 레지스터에 저장되어 있는 값을 병렬 덧셈하는 ALU를 설계할 때 전가산기 8개 필요

35 SCSI(small computer system interface)
① ISO에서 국제 표준으로 채택한 소형 컴퓨터의 입출력 버스 인터페이스
② 마이크로컴퓨터를 하드디스크나 프린터 같은 주변기기 또는 다른 컴퓨터, 구내정보통신망에 케이블로 연결하는 데 사용
③ 하나의 접속구에 최대 8대의 기기를 연결

36
연산자부(OP 코드)가 6비트 경우 종류는 2^6개

37
명령어가 가질 수 있는 최대 오퍼랜드 수
$2^{opertion\ code\ bit}=2^5=32$개

38
파이프라인 처리기(pipeline processor) : 컴퓨터 내에

는 처리기가 하나밖에 없지만 한순간에 처리기 내에서 처리되고 있는 명령이 다수가 될 수 있는 처리기

39 ① 소프트웨어적인 방법(폴링, polling) : 가장 높은 우선순위의 인터럽트 자원부터 차례로 검사해서 우선순위가 가장 높은 자원을 찾아내어 이에 해당하는 인터럽트 서비스 루틴을 수행하는 방식
② 하드웨어적인 방법(데이지 체인, daisy-chain) : 인터럽트가 발생하는 모든 장치를 1개의 회선에 직렬 연결 우선순위가 높은 장치를 맨 앞에 위치시키고 나머지 부분은 우선순위에 따라 차례로 연결하는 방식

40 3차원 하이퍼큐브 구조에서 임의의 노드에서 가장 먼 노드까지 메시지를 전송할 때 적어도 3개의 링크를 사용

41 RISC(Reduced Instruction Set Computer)의 특징
① 축소 명령어 세트 컴퓨터의 약어이다.
② 명령어 코드로 구성하기 위한 bit 수의 증가에 대한 보완으로 개발된 프로세서
③ 명령어들의 사용 빈도를 조사하여 사용 빈도가 높은 명령어만 사용하는 프로세서
④ 명령어 길이가 고정적이다.
⑤ 하드웨어에 의해 직접 명령어가 수행
⑥ 수행 속도가 더 빠르다.

42 Linear selection(선형 선택) 방법
Cost가 작지만 주소가 중복되거나 불연속적인 경우 메모리 칩이나 I/O 장치를 하나의 address line으로 선택하는 방법

43 누산기(accumulator)에 저장된 내용의 보수를 구하는 명령이 수행될 때 ALU에서 보수를 취한다.

44 DMA(Direct Memory Access) 방식
CPU(중앙처리장치)를 경유하지 않는 입출력 방식

45 멀티플렉서 채널과 셀렉터 채널의 차이는 I/O 장치의 속도

46 메모리 크기 512byte(2^9byte)는 $2^{어드레스\ 라인}=2^9$이므로 어드레스 라인은 9개이다.

47 명령어 형식
① 0-주소 명령어 : 스택
② 1-주소 명령어 : 누산기(Accumulator), 하나의 오퍼랜드만 포함하고 다른 오퍼랜드나 결과값은 누산기에 저장
③ 2-주소 명령어 : 범용레지스터(GPR), 2개의 오퍼랜드가 존재
④ 3-주소 명령어 : 범용레지스터(GPR), 3개의 오퍼랜드가 존재

48 스택(Stack)에 대한 설명
① 리스트의 한쪽 끝으로만 자료의 삽입, 삭제 작업이 이루어지는 자료구조이다.
② 후입선출(LIFO) 방식으로 자료를 처리한다.
③ 스택의 가장 밑바닥을 Bottom이라고 한다.
④ 스택으로 할당된 기억공간에 가장 마지막으로 삽입된 자료가 기억된 공간을 가리키는 요소를 TOP이라고 한다.
⑤ 자료의 삽입과 삭제가 Top에서 이루어진다.

49 Host Syste과 Target System 케이블 연결
① Serial Cable : UART 직렬장치를 이용한 통신. Target System의 프로그램이 정상적으로 작동하는지 모니터링하기 위해서 사용
② JTAG(Joint Test Action Group) Cable : Target System으로 프로그램을 Download(Writing)할 때 사용
[JTAG으로 임베디드 시스템 개발 시 프로그램 다운, 실행, 디버깅하는 장비]
③ Ethernet/USB 케이블 : Target Sytem으로 프로그램을 다운로드할 때 사용

50 마이크로컴퓨터 기억장치 평가 요소
① 기억용량, ② 동작속도, ③ 신뢰도

51 컴퓨터의 PRU 4가지 단계
① Interrupt cycle : 하드웨어로 실현되는 서부루틴의 호출, 인터럽트 발생 시 복귀주소(PC)를 저장시키고, 제어순서를 인터럽트 처리 프로그램의 첫번째

명령으로 옮기는 단계
② Fetch cycle : 주기억장치의 지정장소에서 명령을 읽어 CPU로 가지고 오는 단계
③ Execution cycle : 실제로 명령을 이행하는 단계
④ Indirect cycle : 인스트럭션의 수행 시 유효주소를 구하기 위한 메이저 상태

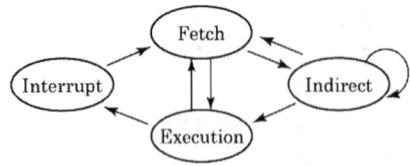

52 상태 레지스터(Status Register)
마이크로프로세서나 처리기의 내부에 상태 정보를 간직하도록 설계된 레지스터. 일반적으로 마이크로프로세서는 Carry, Overflow, Sign, 0-Interrupt로 인터럽트를 나타내는 상태 레지스터를 가지고 있으며 패리티, 가능 상태, 인터럽트 등을 포함할 수 있다.

53 RAM(Random Access Memory) : 기억내용을 임의로 읽거나 변경할 수 있는 기억소자로서 전원을 차단하면 기억내용이 사라지므로 휘발성 기억소자라 한다.
① SRAM(Static Random Access Memory) : 정적 RAM) : 전원공급을 계속하는 한 저장된 내용을 기억하는 메모리로서 플립플롭으로 구성된다.
② DRAM(Dynamic Random Access Memory : 동적 RAM) : 전원공급이 계속되더라도 주기적으로 재기억(refresh)을 하여야 기억되는 메모리로서 반도체의 극간 정전용량에 의해 메모리가 구성된다.

54 1. 가상(virtual) 메모리
① 주기억장치의 용량 부족을 해결하기 위해 대용량의 보조기억장치를 주기억장치의 일부처럼 사용
② 크기가 큰 프로그램을 실행할 수 있지만 처리속도가 느려진다.
2. 캐시(cache) 메모리
① CPU(중앙처리장치)와 주기억장치 사이에 위치하며 고속의 처리를 위해 사용되는 메모리
② DRAM(동적 램)의 속도 문제를 해결하기 위한 방법
③ 속도가 빠른 SRAM(정적 램)을 주기억장치와 CPU 사이에 위치시킨 고속의 버퍼 메모리이다.

55 단일 회선 인터럽트 체제에서 인터럽트 원인을 판별하는 방법
① 폴링 방식
② 벡터 방식

56 1. zero-address instruction(0-주소 명령)
① 명령 코드만 존재하고 주소부가 없는 형식
② 스택(LIFO) 구조의 컴퓨터에서 사용(PUSH, POP)
③ 레지스터에 있는 직접 데이터를 사용하기 때문에 처리속도가 빠르다.
2. one-address instruction(1-주소 명령)
① 명령어의 주소부가 하나만 있는 명령어
② 이항연산 수행 가능, 누산기를 기준으로 연산을 수행
3. two-address instruction(2-주소 명령)
① 명령어의 주소부가 2부분으로 구성되어 하나는 피연산 데이터, 하나는 연산 데이터를 각각 기억
② (결과-1)=(피연산-1) 연산 (연산-2)
4. three-address instruction(3-주소 명령)
① 명령어의 주소부가 3부분으로 구성되어 주소-1은 피연산 데이터, 주소-2는 연산 데이터, 주소-3은 결과를 기억
② 하나의 명령어에 3개의 오퍼랜드 필드를 모두 포함시켜 명령어의 길이가 길어졌지만 기계어로 변환시키면 전체 명령어들의 수는 작아진다.
③ (결과-3)=(피연산-1) 연산 (연산-2)

57 Memory Mapped I/O 방식
① ARM, MIPS, PowerPC, M68K에서 많이 사용된다.
② 이 방식은 메모리와 I/O가 하나의 연속된 어드레스 영역에 할당하여 I/O가 차지하는 만큼 메모리 용량은 감소한다.
③ CPU 입장에서는 메모리와 I/O가 동일한 외부기기로 간주되므로 이들을 접근하기 위해서 같은 신호를 사용한다.(Read/Write)
④ 소프트웨어적으로도 메모리에 대한 접근이나 I/O에 대한 데이터 입출력이 동일한 것으로 간주되므로 Load, Store 명령에 의해 수행

58 RS-232C(Recommended Stardard-232 C표준 현행판의 3번째의 판)
컴퓨터와 주변장치 또는 데이터 단말장치(DTE)와 데이터 회선 종단장치(DCE)를 상호접속하기 위한 직렬 통신 인터페이스 표준

59 사이클 스틸
① 주기억장치의 사이클 타임을 중앙처리장치로부터 DMA가 일시적으로 빼앗는 것으로 중앙처리장치는 주기억장치에 접근할 수 없다.
② 중앙처리장치의 상태보존이 필요 없다.
[참고] 인터럽트는 중앙처리장치의 상태보존이 필요

60 인터럽트 요청 및 서비스
인터럽트 요청 → 인터럽트 인식 → 레지스터 내용의 저장 → I/O 주변장치 인식 → 인터럽트 해결 → 주프로그램으로 복귀 → 주프로그램의 실행

61 ① 디멀티플렉서 : 1개의 입력선을 받아들여 n개의 선택선의 조합에 의해 2^n 개의 출력선 중에서 하나를 선택하여 출력하는 회로이며 데이터 분배기(Data distributor)라고도 한다.

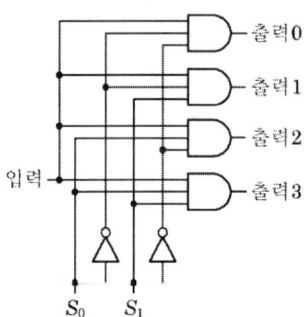

② 멀티플렉서 : 2^n 개의 입력 중에서 하나를 선택하여 하나의 출력선으로 내보내기 위해서는 최고 n비트의 선택입력이 필요하다. 이 n개의 선택 입력 조합으로 입력을 선택하여 출력하는 회로이며 데이터 셀렉터(data selector)라고도 한다.

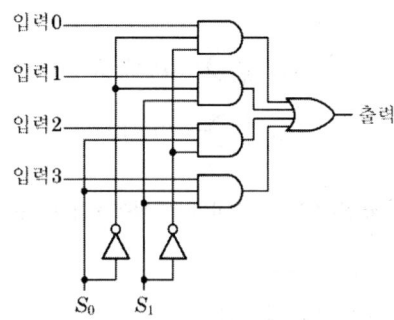

62 리플 캐리 가산기
반가산기를 구현하고 반가산기를 합성하여 전가산기를 구현한 다음 1개의 반가산기와 3개의 전가산기를 합성하여 4비트 리플 캐리 가산기를 구현한다.

63

10진수 245	
8진수 455	$4 \times 8^2 + 5 \times 8^1 + 5 \times 8^0$ $= 256 + 40 + 5 = 301$
16진수 FC	$F \times 16^1 + C \times 16^0$ $= 15 \times 16^1 + 12 \times 16^0 = 252$
2진수 11101011	$1 \times 2^7 + 1 \times 2^6 + 1 \times 2^5 + 0 \times 2^4 + 1 \times 2^3$ $+ 0 \times 2^2 + 1 \times 2^1 + 1 \times 2^0$ $= 128 + 64 + 32 + 0 + 8 + 0 + 2 + 1$ $= 235$

64 그레이 코드로 변환

2진수	10110101	2진수 좌⊕우=결과
그레이(gray) 코드	11101111	위⊕아래=결과

65 드 모르간 공식을 사용하게 되면
$F = \overline{wx + \overline{x}y + z} = \overline{wx} \cdot \overline{\overline{x}y} \cdot \overline{z}$

66 ① 전가산기 : 반가산기 2개와 OR 게이트로 구성

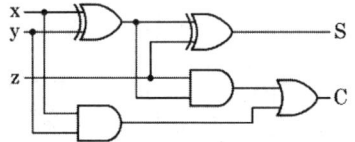

② 반가산기

$$S = X\overline{Y} + \overline{X}Y = X \oplus Y$$
$$C = XY$$

67 클록 펄스(Clock Pulse)에 의해 동작되는 순서 논리 회로
① RS 플립플롭 회로
② JK 플립플롭 회로
③ T 플립플롭 회로
④ D 플립플롭 회로

68 D 플립플롭 : JK 플립플롭의 J, K 사이를 NOT 게이트로 연결

D	Q	Q+
0	0	0
0	1	0
1	0	1
1	1	1

69 ① 동기식 카운터 : 모든 플립플롭이 하나의 공통 클록 펄스에 연결되어 있어서 모든 플립플롭이 동시에 트리거된다.
② 비동기식 카운터(리플 카운터) : 앞단에 있는 플립플롭의 출력이 뒷단에 있는 플립플롭의 클록 펄스(CP)로 사용
단점은 전파 지연

70 5가지의 상태 변환이므로 최소 3개의 플립플롭이다.

71 F(A, B, C, D)
$= \Sigma(0, 1, 2, 4, 5, 9, 13) + \Sigma_d(8, 10, 12, 14)$

CD\AB	00	01	11	10
00	0	1		2
01	4	5		
11	12	13		14
10	8	9		10

72 $(X+Y)(X+Z) = XX + XZ + XY + YZ = X + XZ + XY + YZ$
$= X(1 + Z + Y) + YZ$
$= X + YZ$

73 멀티플렉서(Multiplexer, MUX)
2^n개의 입력 중에서 하나를 선택하여 하나의 출력선으로 내보내기 위해서는 최고 n비트의 선택입력이 필요한다. n개의 선택 입력 조합으로 입력을 선택하여 출력하는 회로

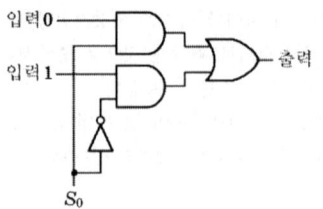

74 오픈 컬렉터(open collector) 출력
트랜지스터의 컬렉터 or 드레인이 개방된 형태의 구조의 출력회로로 트랜지스터가 BJT인 경우이다.

75 반가산기

$$S = X\overline{Y} + \overline{X}Y = X \oplus Y$$
$$C = XY$$

76 계수기(Count, 계수회로) : 입력 펄스의 수를 세는 회로

77 $Y = AB + A\overline{B} + \overline{A}B = A(B + \overline{B}) + \overline{A}B$
$= A + \overline{A}B = (A + \overline{A})(A + B)$
$= A + B$

78 데이터 버스 16비트(2byte), 번지 버스 8비트
메모리용량 $= 2^1 \times 2^8 = 2^9 = 512$byte

79 $\overline{A} + \overline{B} = \overline{AB}$ 이므로 NAND이다.

80 $\overline{(\overline{A+B}) + (\overline{\overline{A}+\overline{B}})} = (A+B) \cdot (\overline{A}+\overline{B})$
$= A\overline{A} + A\overline{B} + \overline{A}B + B\overline{B}$
$= A\overline{B} + \overline{A}B$

81 인터넷(네트워크) 계층 - 주소 지정, 경로 설정

① IP(Internet Protocol) : 여러 개의 패킷 교환망들의 상호 연결을 위한 범용 비연결성 프로토콜
② ICMP(Internet Group Management Protocol) : 인터넷 그룹 관리 프로토콜
③ ARP(Address Resolution Protocol) : 주소 분석 프로토콜. 수신할 때 사용(IP → MAC)
④ RARP(Reverse Address Resolution Protocol) : 호스트의 물리적 주소로부터 IP 주소를 구할 수 있도록 하는 프로토콜. 송신할 때 사용(MAC → IP)
⑤ IGMP(인터넷 그룹 관리 프로토콜, Internet Group Management Protocol) : 호스트와 인접 라우터가 멀티캐스트 그룹 멤버십을 구성하는 데 사용하는 통신 프로토콜이다. 특히 IPTV와 같은 곳에서 호스트가 특정 그룹에 가입하거나 탈퇴하는 데 사용하는 프로토콜을 가리킨다. TTL(Time to Live)가 제공되며 최초의 리포트를 잃어버리면 업데이트하지 않고 그대로 진행 처리를 하는 것이 특징이다.
[비대칭 프로토콜]

82 맨체스터(Manchester) 부호화

매 비트 구간에서는 한 번 이상의 신호 준위 천이가 발생하므로 이를 이용하여 클록 신호를 추출할 수 있어 동기화 능력을 가지게 되는 디지털 신호 부호화 방식

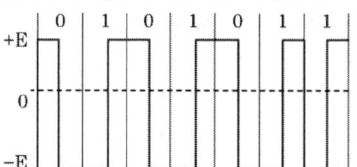

83 HDLC는 링크 구성 방식에 따라 세 가지 동작 모드
① NRM(정규 응답 모드)
② ABM(비동기 균형 모드)
③ ARM(비동기 응답 모드)

84 Shannon의 채널용량(Channel Capacity)

정해진 오류 발생률 내에서 채널을 통해 최대로 전송할 수 있는 정보량. 측정 단위는 초당 전송되는 비트 수가 된다.

$C[bps] = BW \cdot \log_2(1 + \frac{S}{N})$로 주어진다.

여기서, BW : 대역폭, S/N : 신호 대 잡음비

$100bps = 10kHz \cdot \log_2(1 + \frac{S}{N})$

$\therefore \frac{S}{N} = 1023$

85 1주기당 PAM 신호 = $\frac{10kHz}{1kHz}$ = 10개

86 IPv6의 특징
① 주소체계는 128비트 길이
② 암호화와 인증 옵션 기능을 제공
③ 멀티미디어의 실시간 처리가 가능
④ 프로토콜의 확장을 허용하도록 설계
⑤ 현재의 IPv4와도 상호 운용이 가능하다.
⑥ 자동으로 네트워크 환경구성이 가능하다.
⑦ 유니, 애니, 멀티캐스트로 나뉜다.
⑧ IPng(IP Next Generation), 즉 차세대 IP

87 1. HDLC 프레임 구조

시작 플래그 (F)	주소 영역 (A)	제어 영역 (C)	정보 영역 (I)	FCS	종료 플래그 (F)
8비트	8비트	8비트	가변	16비트	8비트

① F(Flag) : 프레임의 시작과 끝을 나타내기 위해 사용하며, 고유의 패턴(01111110) 8bit로 구성되어 있다.
② 주소(Address) 영역 : 송신 시스템과 수신 시스템의 주소를 기록한다.
③ 제어(Control) 영역 : 정보 전송 프레임 I형식, 링크 감시제어용 S형식, 확장용 U형식이 있다.
④ 정보(Information) 영역 : 송수신 단말장치 간 교환되는 사용자 정보와 제어 정보이다.
⑤ FCS(Frame Check Sequence) 영역 : 수신 프레임의 에러 검출 부분으로 CRC 방식을 사용한다.

2. HDLC 프레임의 종류
① I-FRAME : 피기백킹(piggybacking) 기법을 통해 네티어에 내한 확인응답을 보낼 때 사용되는 프레임
② U-FRAME(비번호) : 연결에 대한 제어신호, 제어정보를 전송
③ S-FRAME(감독) : 제어신호를 송수신할 때, 연결 설정/해제 등의 정보를 전송

88 가상회선 방식 : 패킷들은 경로가 설정된 후 경로에 따라 순서적으로 전송되는 방식

89 1. TCP(Transmission Control Protocol) : 인터넷상에서 데이터를 메시지의 형태로 보내기 위해 IP와 함께 사용하는 프로토콜
① 전이중 서비스를 제공한다.
② 연결형 서비스이다.
③ 신뢰성 있는 전송 계층 프로토콜
2. UDP(User Datagram Protocol) : 데이터를 데이터그램 단위로 처리하는 프로토콜
① 검사 합을 제외하고 오류 제어 메커니즘이 없다.
② 비연결형 서비스이다.
③ 비신뢰성 있는 전송 계층 프로토콜

90 controlled slip
디지털 통신에서 동기가 일치하지 않을 경우 데이터의 연속적인 손실을 방지하기 위해서는 제어하여야 한다. 슬립 제어는 한 프레임 단위로 데이터를 중복 또는 누락하는 방법으로 이루어지기 때문에 1슬립의 발생은 한 프레임 단위의 데이터의 손실을 의미한다.

91 X.25의 3개 레벨들은 다음의 기능을 수행
① 물리적 레벨(전송단위는 비트) : DTE와 DCE 간의 물리적 연결(link)을 가로질러 데이터를 전송하는 전기적, 기능적, 절차적 특징들을 규정
② 링크 레벨 프로토콜(전송단위는 프레임) : DTE에서 PSN으로의 연결을 거친 신뢰할 수 있는 데이터 전송을 보증하기 위한 절차를 규정
③ 패킷 레벨 : PSN을 거친 이 패킷들을 교환하기 위한 절차뿐만 아니라 데이터를 패킷으로 구조화하는 방법

92 시분할 다중화(Time Division Multiplexing)
① 시분할 다중화에는 동기식 시분할 다중화와 통계적 시분할 다중화 방식이 있다.
② 동기식 시분할 다중화 방식
㉠ 전송 프레임마다 각 시간 슬롯이 해당 채널에게 고정적으로 할당
㉡ 통계적 시분할 다중화보다 전송 용량이 낭비가 많으므로 비효율적이다.
③ 통계적 시분할 다중화 방식 : 전송할 데이터가 있는 채널만 차례로 시간 슬롯을 이용하여 전송

93 2번째 프레임 오류가 발생하게 되면 발생 프레임 이후의 프레임은 모두 재전송을 하므로 2번째 프레임과 5번째 프레임이 재전송되므로 프레임의 개수는 4개이다.

94 데이터 전송 제어 절차
① 통신회선 접속 : 일반 교환망에서의 물리적인 접속 단계
② 데이터 링크 설정 : 데이터 송·수신을 위한 논리적인 경로를 구성하는 단계
③ 데이터 전송 : 송·수신측 간에 메시지 전송 단계
④ 데이터 링크 종결 : 링크 확립을 종료하는 단계로 논리적인 경로를 해제하는 단계
⑤ 통신회선 절단 : 교환망에 연결된 회선 접속 단계로 물리적인 접속을 해제하는 단계

95 QPSK(Quadrature Phase Shift Keying)
I와 Q의 각 1비트씩, 즉 2비트 디지털 입력신호에 따라 반송파의 위상이 $180°(360° \times \frac{1}{2})$의 차이가 나도록 2가지 위상값으로 할당

96 디지털 변조(Keying) 방식
① ASK(Amplitude Shift Keying)
② FSK(Frequency Shift Keying)
③ PSK(Phase Shift Keying)
④ QAM(Quadrature Amplitude Modulation)

97 ① RIP(Routing Information Protocol) : 정보를 교환할 때 자신이 가지고 있는 모든 Network에 정보 전달
② BGP(Border Gateway Protocol) : 자율 시스템(AS) Number가 다른 네트워크 간에 Routing Information을 주고받는 Exterior Gateway Protocol이다.
③ OSPF(Open Shortest Path First) : 내부 라우팅의 일종으로 링크 상태 알고리즘을 사용하는 대규모 네트워크에 적합

98 HDLC 프레임의 종류
① I-FRAME : 피기백킹(piggybacking) 기법을 통해 데이터에 대한 확인응답을 보낼 때 사용되는 프레임

② U-FRAME(비번호) : 연결에 대한 제어신호, 제어 정보를 전송

③ S-FRAME(감독) : 제어신호를 송수신할 때, 연결 설정/해제 등의 정보를 전송

99 8진 PSK 변조 방식은 3bit이므로 대역폭 효율은 3bps/Hz이다.

예) 3bit×2400Baud=7200bps

100

OSI Model Layers	TCP/IP Protocol Architecture Layers
Application Layer	Application Layer
Presentation Layer	
Session Layer	
Transport Layer	Transport Layer
Network Layer	Internet Layer
Data-Link Layer	Network Interface Layer
Physical Layer	

Telnet | FTP | SMTP | DNS | RIP | SNMP

TCP | UDP

IP | IGMP | ICMP

ARP

Ethernet | Token Ring | Frame Relay | ATM

2018년 제4회

01	02	03	04	05	06	07	08	09	10
②	①	②	②	④	①	①	①	②	②
11	12	13	14	15	16	17	18	19	20
①	④	②	④	③	③	③	②	④	④
21	22	23	24	25	26	27	28	29	30
②	①	②	④	②	④	②	③	②	④
31	32	33	34	35	36	37	38	39	40
②	①	③	②	③	④	②	④	①	②
41	42	43	44	45	46	47	48	49	50
③	④	②	③	②	④	③	②	②	②
51	52	53	54	55	56	57	58	59	60
④	④	④	④	①	②	①	②	③	④
61	62	63	64	65	66	67	68	69	70
①	②	②	③	②	②	④	③	②	①
71	72	73	74	75	76	77	78	79	80
④	②	①	②	①	①	②	④	②	②
81	82	83	84	85	86	87	88	89	90
①	②	③	②	④	④	①	②	③	③
91	92	93	94	95	96	97	98	99	100
③	①	②	①	①	①	④	④	②	①

01 로더(loader)의 기능
① 할당(Allocation) : 실행 프로그램을 실행시키기 위해 기억장치 내에 옮겨 놓을 공간을 확보하는 기능
② 연결(Linking) : 부 프로그램 호출 시 부 프로그램이 할당된 기억장소의 시작주소를 호출한 부분에 등록하여 연결하는 기능
③ 재배치(Relocation)
④ 적재(Loading) : 실행 프로그램을 할당된 기억공간에 실제로 옮기는 기능

02 객체지향 매크로 어셈블러는 컴파일링 속도의 향상을 위해 매크로 프리프로세서와 어셈블러 통합 구성

03 1. 선점형 스케줄링 알고리즘
① SRT(Shortest Remaining Time) : SJF처럼 CPU 점유시간이 가장 짧은 프로세스에 CPU를 우선적으로 먼저 할당하는 방식
② RR(Round Robin) : 프로세스들 사이에 우선순위를 부여하지 않고 순서대로 시간단위로 CPU를 할당하는 방식
③ MQ(Multi-level Queue) : 프로세스를 특정 그룹으로 분류할 수 있을 경우 그룹에 따라 각기 다른 분배 상태 큐를 사용하는 기법

2. 비선점형 스케줄링 알고리즘
① FIFO(First In First Out) : 가장 간단한 방식
② SJF(Shortest Remaining Time First Scheduling) : 평균대기시간을 최소화하기 위해 CPU 점유시간이 가장 짧은 프로세스에 CPU를 우선적으로 먼저 할당하는 방식
③ HRN(Highest Response-ratio Next) : 실행시간이 긴 프로세스에 불리한 SJF 기법을 보완하기 위한 것으로 대기 시간과 서비스 시간을 이용하는 방식

04 1. 제어 프로그램
① 감시(Supervisor) 프로그램
② 작업 제어(Job Control) 프로그램
③ 자료 관리(Data Management) 프로그램
④ 통신 관리(Communication Management) 프로그램

2. 처리 프로그램
① 언어 번역 프로그램
② 서비스 프로그램
③ 문제 프로그램

05 목적 모듈 간의 기호적 호출을 실제적인 주소로 변환

06 1. 의사 명령(어셈블러 명령) : 원시 프로그램을 어셈블할 때 어셈블러가 하여야 할 동작을 지시하는 명령
예) START, END, USING, DROP, EQU 등
2. 실행 명령(어셈블리어 명령) : 데이터를 처리하는 명령
예) A, AH, AR, S, SR, L, LA, ST, C, BNE 등
[참조] USING : 범용 레지스터를 베이스 레지스터로 할당하는 의사 명령

07 주기억장치 관리 기법의 배치 전략
① 최초 적합(first-fit) 전략 : 첫 번째 분할 영역에 배치시키는 방법
② 최적 적합(best-fit) 전략 : 가장 작게 남기는 분할 영역에 배치시키는 방법
③ 최악 적합(worst-fit) 전략 : 입력된 작업을 가장 큰 공백에 배치하는 방법

08 어셈블리어
① ASSUME : 세그먼트 레지스터에 각 세그먼트의 시작 번지를 할당하여 현재 세그먼트가 어느 것인가를 알려주는 명령
② ORG : 원시 프로그램을 목적 프로그램으로 번역할 때 현재의 오퍼랜드에 있는 값을 다음 명령어의 번지로 할당
③ INCLUDE : 라이브러리에 기억된 내용을 프로시저로 정의하여 그 내용을 현재의 프로그램 내에 포함시켜 주는 명령
④ EQU : 지시어는 숫자형 상수, 레지스터 연관 값, 프로그램 연관 값에 상징된 이름을 부여

09 FIFO(First In First Out)
각 페이지가 주기억장치에 적재될 때 시간을 기억하여 가장 먼저 가장 오래 있었던 페이지를 먼저 교체하는 기법

참조 페이지	페이지 프레임	페이지 부재
1	❶	○
2	1, ❷	○
1	❶, 2	
0	1, 2, ❸	○
4	❹, 2, 0,	○
1	4, ❶, 0	○
3	4, 1, ❸	○
4	❹, 1, 3	
2	❷, 1, 3	○
1	2, ❶, 3	
4	2, ❹, 3	○
1	2, 4, ❶	○
3	❸, 4, 1	○
2	3, ❷, 1	○
4	3, 2, ❹	○
페이지 결함의 발생 횟수		12회

10 재배치(relocation)
절대로더(absolute loader)를 이용할 경우 어셈블러에 의해 처리한다.
[참조] Absolute loader : 간단한 로더이며 단순히 번역된 목적프로그램을 입력으로 받아들여 주기억장치의 프로그래머가 지정한 주소에 적재하는 기능을 가지는 로더

11 프로세서(Processor) 스케줄링 분류
1. 선점(Preemptive) 스케줄링
   - 하나의 프로세스가 실행 중일 때 우선순위가 가장 빠른 프로세스가 CPU를 먼저 점유
   - 우선순위가 높은 프로세스를 빠르게 처리
   - 대화식 시분할 시스템에 사용
   - SRT, Round Robin, 다단계 큐, 다단계 피드백 큐, 선점우선순위
2. 비선점(Non-Preemptive) 스케줄링
   - 프로세스가 CPU를 할당하게 되면 완료될 때까지 사용
   - 모든 프로세스에 대한 요구를 공정하게 처리
   - 일괄처리방식
   - FCFS, SJF, 우선순위, HRN, 기한부

12
- Thrashing : 프로그램의 수가 많아지거나 또는 한 프로그램에서 사용하는 페이지의 수가 사용 가능한 페이지 frame에 비해서 매우 크게 되어 대부분의 시간을 페이지 장애를 처리하는 데 보내게 되는 현상
- Deadlock : 다중 프로그래밍 시스템에서 어떤 프로세스가 아무리 기다려도 결코 발생하지 않을 사건을 기다리는 상태
- Working Set : 프로세스가 일정 시간 동안 자주 참조하는 페이지의 집합을 의미
- Semaphore : E. J. Dijkstra가 제안한 방법으로 반드시 상호 배제의 원리가 지켜야 하는 공유 영역에 대하여 각각의 프로세스들이 접근하기 위하여 사용되는 두 개의 연산 P와 V라는 연산을 통해서 프로세스 사이의 동기를 유지하고 상호 배제의 원리를 보장

13 교착상태의 해결 방법
① 예방(Prevention)
② 발견(Detection)
③ 회피(Avoidance) : 발생 가능성을 인정하고 교착상태가 발생하려고 할 때, 교착상태 가능성을 피해가는 방법
④ 복구(Recovery)

14 기계어에 대한 설명
① 저급 언어이므로 프로그램을 작성하고 이해하기가

어렵다.
② 컴퓨터가 직접 이해할 수 있는 언어이다.
③ 기종마다 기계어가 다르므로 언어의 호환성은 없다.
④ 0과 1의 2진수 형태로 표현되어 수행시간이 빠르다.

15 1. 배치(Placement) 전략 : 페이지나 세그먼트를 주기억장치의 어느 곳에 적재할 것인가를 결정하는 전략
2. 교체(Replacement) 전략 : 새로 들어온 페이지 장소를 마련하기 위해서 어떤 페이지를 주기억장치로부터 제거할 것인가를 결정하는 전략

16 시스템(운영체제)의 성능평가기준(benchmark)
① 처리능력(Throughput) : 일정시간 내에 처리하는 일의 양
② 가용도(availability) : 사용할 필요가 있을 때 즉시 사용 가능한 정도
③ 반환시간(Turn-around Time) : 작업을 의뢰한 시간부터 처리가 완료될 때까지 걸린 시간
④ 신뢰도(reliability) : 주어진 문제를 정확하게 해결하는 정도

17 어셈블러를 두 개의 pass로 구성하는 주된 이유
① 한 개의 Pass만을 사용하는 경우는 기호를 모두 정의한 뒤에 해당 기호를 사용하여야 한다.
② 기호를 정의하기 전에 사용할 수 있어 프로그램 작성이 용이하기 때문이다.(전향 참조, Forward reference)
③ 사용의 편의상 정의하기 전에 사용한 주소 상수를 처리하기 위함이다.

18 Code Generation(코드 생성)
소스 프로그램을 분석하여 나온 중간 코드를 입력하여 목적 코드 프로그램을 생성하는 과정으로 컴파일 단계 중 하나이다.

19 1. Thrashing : 다중 프로그래밍 시스템이나 가상기억장치를 사용하는 시스템에서 하나의 프로세스 수행 과정 중 페이지의 교체가 자주 발생하게 되어 전체 시스템의 성능이 저하
2. Locality(구역성, 국부성) : 프로세스가 실행되는 동안 일부 페이지만 집중적으로 참조하는 특성을 가짐

20 프로그래밍 언어의 실행 과정
원시 프로그램→컴파일러→목적 프로그램→링커→로더
[참조]
① 컴파일러 : 소스 코드를 컴퓨터가 이해할 수 있는 형태의 코드로 번역시켜 목적 프로그램을 생성, 번역을 시켜주는 작업
② 목적 프로그램 : 컴파일러나 어셈블러가 원시 프로그램을 처리하는 도중 만들어내는 코드
③ 링커(link editor) : 컴파일러가 만들어낸 하나 이상의 목적 프로그램을 단일 실행 프로그램으로 병합하는 프로그램
④ 로더 : 외부 기억장치에서 내부 기억장치로 전송하는 프로그램

21 캐시 메모리(Cache Memory)
① CPU와 메모리의 속도차를 줄이기 위해 사용하는 고속 버퍼
② 시간 단축을 위해 연관기억장치(CAM, Associative Memory) 사용
③ Cache 적중률 = $\dfrac{\text{Cache에 적중되는 횟수}}{\text{전체 기억장치 Access 횟수}}$

22 1. RAM(Random Access Memory) : 기억내용을 임의로 읽거나 변경할 수 있는 기억소자로서 전원을 차단하면 기억내용이 사라지므로 휘발성 기억소자라 한다.
① SRAM(Static Random Memory : 정적 RAM) : 전원공급을 계속하는 한 저장된 내용을 기억하는 메모리로서 플립플롭으로 구성된다.
② DRAM(Dynamic Random Access Memory : 동적 RAM) : 전원공급이 계속되더라도 주기적으로 재기억(refresh)을 해야 기억되는 메모리로서 반도체의 극간 정전용량에 의해 메모리가 구성된다.
2. ROM(Read Only Memory) : 읽어내기 전용으로, 사용자가 기억된 내용을 바꾸어 넣을 수 없는 기억소자로서 전원을 차단하여도 기억 내용을 보존한다.
① Mask ROM : 제조과정에서 프로그램 등을 기억시킨 것으로 전용 자동제어에 사용한다.
② PROM : 사용자가 프로그램 등을 1회에 한하여 써넣을 수 있는 기억소자이다.

③ EPROM : 사용자가 프로그램 등을 여러 번 지우고 써넣을 수 있는 기억소자로서, 자외선이나 특정전압 전류로써 내용을 지우고 다시 기록할 수 있다.
④ EEPROM(Electrical Erasable Programmable ROM) : 기록 내용을 전기신호에 의하여 삭제할 수 있으며, 롬 라이터로 새로운 내용을 써넣을 수도 있는 기억소자이다.

23 parallel process

1. SISD : 한 번에 한 개씩의 명령어와 데이터를 처리하는 단일 프로세서 시스템
2. SIMD : 여러 개의 프로세서들로 구성, 프로세서들의 동작은 모두 하나의 제어장치에 의해 제어
3. MISD : 각 프로세서들은 서로 다른 명령어들을 실행하지만 처리하는 데이터는 하나의 스트림
4. MIMD : 여러 개의 처리기가 각각 다른 데이터 스트림에 대하여 다른 인스트럭션 스트림을 수행하는 구조

		데이터 스트림	
		Single	Multiple
명령스트림	Single	SISD	SIMD
	Multiple	MISD	MIMD

24 누산기(AC)의 값 = 550 + 950 = 1500

| 22 | 0(AC의 값 550) | ADD | 457(메모리 값 : 950) |

- 0 : 직접주소방식을 나타내는 모드 비트이며 현 AC의 값은 550
- 457 : 간접 메모리 번지(참조 주소)의 값 950
- ADD : 더하기

25 CPU에서 DMA 제어기로 보내는 자료
① DMA를 시작시키는 명령
② 입·출력하고자 하는 자료의 양
③ 입력 또는 출력을 결정하는 명령

26 하드와이어 설계 방식
① 구현되는 논리회로는 명령코드에 따라 복잡하므로 비용이 많이 들어감
② 소프트웨어 없이 하드웨어만으로 설계된 제어장치이므로 제어 메모리는 불필요하다.
③ 속도는 빠르지만 ①과 같은 특성을 가지고 있어 거의 사용하지 않음

27 직접 메모리 액세스(DMA)
① CPU의 도움 없이 메모리와 I/O 장치 사이에서 전송을 시행
② CPU와 DMA 제어기는 메모리와 버스를 공유
③ 사이클 스틸을 발생하여 메모리 장치와 I/O 장치 사이의 자료 전송을 수행

28

S	R	Q(t+1)	J	K	Q
0	0	Q(t)	0	0	이전상태
0	1	0	0	1	0
1	0	1	1	0	1
1	1	Q(t)	1	1	부정(toggle)

29 연관(Associative) 기억장치
① 주소가 불필요
② 속도 향상을 위한 고속메모리
③ CAM(Content Addressable Memory)이라고도 한다.
④ 데이터의 내용에 의해 접근되는 메모리 방식
⑤ Mapping Table 구성에 주로 사용
⑥ 주소에 접근하지 않고 기억된 내용의 일부를 이용할 수 있다.

30 메모리 인터리빙(interliving) 특징
① 복수 모듈 기억장치를 이용한다.
② 기억장치에 접근을 각 모듈에 번갈아 가면서 하도록 한다.
③ 각 인스트럭션에서 사용하는 데이터의 주소에 관계가 있다.
④ 고속의 블록 단위 전송이 가능하다.
⑤ 캐시 기억장치, 고속 DMA 전송 등에서 많이 사용된다.

31 캐시 메모리의 크기
3-way × 2워드의 크기 × 2세트의 비트

$=3\text{-way} \times 2^3 \times 2^{10} \text{byte}$
$=24 \times 1024 \text{byte}$
$=24\text{KB}$

32 연산회로에서 필요한 신호
① 덧셈신호
② 보수신호
③ 끝자리올림신호

33 $F = \overline{w}x + yz$

wx\yz	00	01	11	10
00	⓪	1	3	②
01		⑤	7	
11			15	
10			11	

yz
$\overline{w}x$

34 1. RISC(Reduced Instruction Set Computer)의 특징
① 축소 명령어 세트 컴퓨터의 약어이다.
② 명령어 코드로 구성하기 위한 bit 수의 증가에 대한 보완으로 개발된 프로세서
③ 명령어들의 사용 빈도를 조사하여 사용 빈도가 높은 명령어만 사용
④ 명령어 길이가 고정적이다.
⑤ 하드웨어에 의해 직접 명령어가 수행
⑥ 수행 속도가 더 빠르다.
2. CISC(Complex Instruction Set Computer)의 특징
• 인텔 계열의 거의 모든 프로세시에서 사용 (펜티엄을 포함한 인텔사의 x86 시리즈)

35 • 3비트일 경우 최대 $2^3 = 8$개
• 4비트일 경우 최대 $2^4 = 16$개
• 5비트일 경우 최대 $2^5 = 32$개
• 17비트일 경우 최대 $2^{17} = 131{,}072$개
• $2^4 < x \le 2^5 = 16 < x \le 32$ 이므로 5비트 필요

37 1. 짝수 패리티 검출 방식
• 2진 정보 속에 있는 1의 개수가 패리티 비트를 포함하여 짝수가 되도록 패리티 비트를 부가하는 방식
• 2진 정보 속에 있는 1의 개수가 패리티 비트를 제외하고 홀수가 되도록 패리티 비트를 부가하는 방식
2. 홀수 패리티 검출 방식
• 2진 정보 속에 있는 1의 개수가 패리티 비트를 포함하여 홀수가 되도록 패리티 비트를 부가하는 방식
• 2진 정보 속에 있는 1의 개수가 패리티 비트를 제외하고 짝수가 되도록 패리티 비트를 부가하는 방식

38 data flow machine(데이터 흐름형 컴퓨터)
명령어를 실행할 경우 명령어 순서에 관계없이 피연산자의 준비 여부에 따라 실행되는 방식

39 1. Cycle steal : DMA가 CPU의 사이클을 스틸해서 기억장치 버스를 점유, CPU의 기억장치 액세스를 잠시 정지시키는 것으로 CPU는 훔쳐진 사이클 동안 다른 작업을 행하지 못한다.
2. 사이클 스틸과 인터럽트의 차이
① 사이클 스틸은 주기억장치의 사이클 타임을 중앙처리장치로부터 DMA가 일시적으로 빼앗는 것으로 중앙처리장치는 주기억장치에 접근할 수 없다.
② instruction 수행 도중에 cycle steal이 발생하면 CPU는 그 cycle steal 동안 정지된 상태가 된다.

40 인터럽트 우선순위
정전·전원 이상 → 기계 고장 → 외부 → 입출력 → 프로그램 검사 → SVC(Supervisor Call)

41 컴퓨터의 PRU는 4가지 단계
① Interrupt cycle : 하드웨어로 실현되는 서부루틴의 호출, 인터럽트 발생 시 복귀주소(PC)를 저장시키고, 제어순서를 인터럽트 처리 프로그램의 첫번째 명령으로 옮기는 단계
② Fetch cycle : 주기억장치의 지정장소에서 명령을 읽어 CPU로 가지고 오는 단계
③ Execution cycle : 명령어 실행 시 기억장치로부터 가져온 내용이 지정하는 동작을 수행하는 단계
④ Indirect cycle : 인스트럭션의 수행 시 유효주소를 구하기 위한 메이저 상태

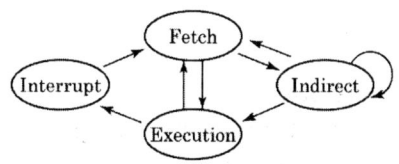

42 명령어 형식
① 0-주소 명령어 : 스택(stack)
② 1-주소 명령어 : 누산기(AC) : 연산의 결과를 일시적으로 기억하는 레지스터
③ 2-주소 명령어 : 계산 결과를 시험할 필요가 있을 때 계산 결과가 기억장치에 기억될 뿐 아니라 중앙처리장치에도 남아 있어서 중앙처리장치 내에서 직접 시험이 가능하므로 시간이 절약되는 인스트럭션 형식
④ 3-주소 명령어 : 연산 후 입력 자료가 변하지 않고 보존되는 특징의 장점을 갖는 인스트럭션 형식

43 고급 언어 or 어셈블리어로 작성된 수행 순서
원시 프로그램 → 컴파일러 or 어셈블러(번역기) → 목적 프로그램 → 연계편집기 → 로더 → 실행

44 입출력 인터페이스(I/O interface) 구성
① 주소 버스 : 데이터를 전송할 위치를 지정하는 단방향 버스
② 데이터 버스 : 데이터를 전송하는 양방향 버스
③ 제어 버스 : 명령 또는 제어 신호를 보내는 양방향 버스

45 1. 컴파일러 : 원시 프로그램(고수준 언어)을 기계어로 바꾸는 소프트웨어이다.
2. 로더(Loader) : 프로그램을 실행하기 위하여 프로그램을 보조기억장치로부터 컴퓨터의 주기억장치에 적재시키는 기능

47 1. cygwin(시그윈) : 마이크로소프트 윈도에서 POSIX 기반 소프트웨어를 구동 및 개발할 수 있는 환경을 제공한다. GNU GPL로 배포되어 자유롭게 사용
2. perl : 주로 유닉스계의 운영체계(OS)로 사용되고 있는 프로그램 언어. www 서버의 백 앤드(back End) 처리를 실행하는 게이트웨이 프로그램의 개발 등에 이용되고 있다.

48 입출력 프로세서
자료의 입출력 연산을 제어하고 관리하는 프로세서이며, 중앙처리장치가 입출력 연산에 관여하지 않으므로 처리시간을 단축할 수 있다.

49 명령어를 실행하는데 걸리는 시간
$$\frac{1}{2.5\text{MHz}} = \frac{1}{2500000\text{Hz}} = 0.000004\text{s} = 4\mu\text{s}$$

50 상태 레지스터(status register)
마이크로프로세서나 처리기의 내부에 상태 정보를 간직하도록 설계된 레지스터. 일반적으로 마이크로프로세서는 carry, overflow, sign, 0 인터럽트를 나타내는 상태 레지스터를 가지고 있으며 parity, 가능 상태, 인터럽트 등을 포함

51 1. 채널(Channel) : CPU를 거치지 않고 입·출력과 주기억장치 간에 데이터 전송을 담당하는 방식
2. Handshaking I/O : 비동기 데이터 전송시에 2~3개의 제어신호에 의한 송수신 방법

52 프로그램 입·출력(Programmed I/O) 동작
- 원하는 I/O 방식은 원하는 I/O이 완료 여부를 검사하기 위해서 CPU가 상태 Flag를 조사하여 I/O가 완료이며 MDR(MBR)과 AC 사이의 자료전송도 CPU와 직접 처리하는 I/O 방식
- I/O 작업 시 CPU는 계속 I/O 작업에 관여하므로 다른 작업을 수행할 수 없다.

53 1. UART(Universal Asynchromous Receiver/Transmitter) : Rx(데이터 수신), Tx(데이터 송신), GND가 서로 연결이 되어야 하며, 상호간의 baud rate를 일치시켜 주는 비동기 통신
2. SATA(Serial AT attachment, 직렬 ATA) : HDD, DVD 및 CD-RW 등 기존 IDE(Integrated Drive Electronico) 장치이 접속 규격인 병렬 방식의 각종 ATA 규격과 호환성을 갖는 직렬 방식의 인터페이스 규격

54 DMA의 3개의 레지스터의 기능
① 주소 레지스터의 메모리 주소는 버스 버퍼를 통해

주소 버스로 가며, 한 워드 전송 시 한 워드씩 증가
② 워드 카운터 레지스터 : 한 워드의 전송 때마다 감소되어 0과 비교
③ 제어 레지스터 : 전송모드를 지정하는 데 사용

55 주요 연산 및 기능
① AND(Masking Operation)
- 비수치 데이터에서 마스크를 이용하여 불필요한 부분(일부분 혹은 전체)을 제거하기 위한 연산
- 삭제할 부분의 비트를 0과 AND시켜서 삭제

② OR(Selective-Set)
- 두 개의 데이터를 섞거나 일부분에 삽입하는 데 사용되는 연산
- 특정 비트에 1을 세트(Set)시키는 연산

③ XOR(비교, Compare)
- 자료의 특정 비트를 반전시키고자 하는 경우에 사용
- 비교(compare) 동작과 같은 동작을 하는 논리 연산
- 연산에서 overflow가 발생했을 경우 이것을 검출할 때 사용되는 논리 게이트

④ NOT(보수, Complement)
- 각 비트의 값을 반전시키는 연산
- 보수를 구할 때 사용

56 CPU 소켓 인터페이스
① PGA(Pin Grid Array) 구조 : 인텔의 i486 CPU부터 사용
② DIP 구조
③ BGA(Ball Grid Array) 구조 : 인텔 저가 시장용 CPU에 적용
④ LGA(Land Grid Array) 구조 : 인텔 펜티엄4(프레스캇)부터 사용

57 데이터 신호는 양방향 신호

58 중앙처리장치(CPU)의 하드웨어(hardware) 요소 기능
① 기억 기능, ② 연산 기능, ③ 제어 기능

59 파이프라인 처리기(pipeline processor)
컴퓨터 내에는 처리기가 하나밖에 없지만 한순간에 처리기 내에서 처리되고 있는 인스트럭션이 다수가 될 수 있는 처리기

60 스택(Stack)
① 리스트의 한쪽 끝으로만 자료의 삽입, 삭제 작업이 이루어지는 자료구조
② 가장 먼저 삽입된 자료가 가장 나중에 삭제되는 FILO 방식
③ 스택에서 할당된 기억공간에 가장 마지막으로 삽입된 자료가 기억된 공간을 가리키는 요소를 TOP이라고 한다.
④ Recursive subroutine 호출 시 복귀주소를 저장할 때 스택을 이용

61 전달지연 시간이 가장 짧은 것
ECL - TTL - CMOS - MOS

62 드모르간 공식 : AND(·) ↔ OR(+)
예) $\overline{A+B} \Leftrightarrow \overline{A} \cdot \overline{B}, \ \overline{A \cdot B} \Leftrightarrow \overline{A} + \overline{B}$
$\overline{WX + YZ}$의 보수는 $(W+\overline{X})(\overline{Y}+Z)$

63 8진 카운터는 $2^{플립플롭의 갯수} = 2^3 = 8$이므로 J-K플립플롭은 3개

64 출력주파수 = $\dfrac{입력주파수}{2^{플립플롭의 개수}}$
$= \dfrac{800Hz}{2^3} = \dfrac{800Hz}{8} = 100Hz$

65
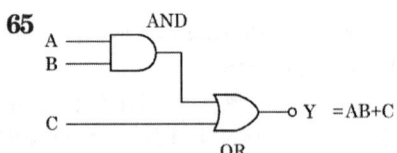
Y = AB+C

66 레지스터(register)
중앙처리장치(CPU) 내부에서 처리할 명령어나 연산의 중간값을 일시적으로 기억하는 임시기억장소이다.

67 16진수 1자릿수를 2진수 4자릿수로 변환 후 2진수 3자리를 8진수 1자리로 표현

16진수	A	F	6	3
2진수	1010	1111	0110	0011
	1 010	111	101 100	011
8진수	1 2	7	5 4	3

68 D플립플롭

하나의 입력단자에 클록 펄스가 인가하였을 때 입력신호 1이면 1로, 0이면 0으로 클록 펄스의 시간 간격만큼 지연시켜 출력하는 데 사용

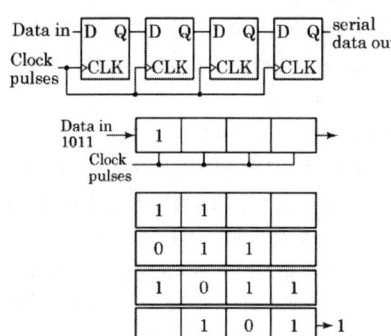

69

D	$Q_0(t)$	$Q(t+1)$
0	0	0
0	1	0
1	0	1
1	1	1

70 2진 리플 카운터(binary ripple counter)

보수로 만드는 기능이 있는 T 또는 JK플립플롭들이 직렬로 연결

71 OR 회로

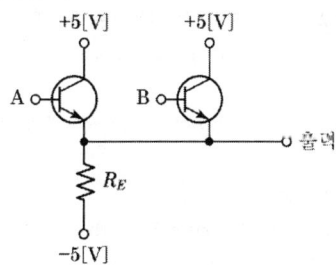

73 짝수 패리티 비트의 해밍(hamming) 코드

	C1	C2	8	C3	4	2	1
0011011→0011001	0	0	1	1	0	1	1
C1 8 4 1 →	0	0	0	1			→ 0 0 0 1
C2 8 2 1 →		0	0		1	1	→ 0 1 0 1
C3 4 2 1 →				1	0	1 1	→ 1 0 0 1

74 F(A, B, C, D)
= AB'C + AB'D + AC'(BC' + C'D') + AB'D
= AB'(C+D) + AC'(B+D') + AB'D
= AB'(C+D+D) + AC'(B+D')
= AB'(C+D) + AC'(B+D')

AB\CD	00	01	11	10
00				
01			A'BC	A'BC
11	ABC'	AC'D'		
10		AB'D	AB'C AB'D	AB'C

76 CPU 내의 레지스터 간의 전송

1. 직렬방식 레지스터 전송
   ① 데이터를 전송할 때 많은 시간이 필요
   ② 하드웨어 규모가 간단
   ③ 클록 펄스에 의해 한번에 1bit씩 전송
2. 병렬방식 레지스터 전송
   ① 데이터는 단시간 전송 동작
   ② 하드웨어 규모가 복잡
   ③ 모든 bit의 데이터를 한 클록 펄스 동안 동시에 전송

78 전가산기(Full Adder)

반가산기 2개와 OR 게이트로 구성

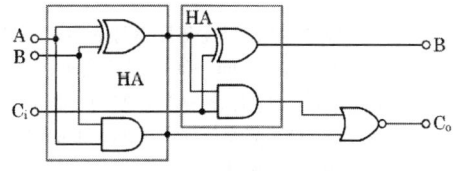

79 디코더(해독기, 복호기, Decoder)

입력 n개이라면 출력의 수는 2^n 개이다.

2진 부호(BCD)를 10진수로 변환

80 자기 보수 코드(self complementing code)
0과 1을 바꾸어 보수화할 경우 10진수에 대한 9의 보수를 간단하게 구현할 수 있는 코드
① 2421 코드
② 3-초과 코드=8421코드+$(11)_2$
③ 51111 코드

[참조] 5중 2코드 : 10진수의 수가 5개의 2진수 비트로 표현되는 코드. 2개는 한쪽의 값, 나머지 3개는 다른 쪽의 값과 같은 코드이다. 예) 두 개가 1이면 나머지는 3개는 0이다.

가중치	7421 0
1	0001 1
2	0010 1
3	0011 0
4	0100 1
5	0101 0
6	0110 0
7	1000 1
8	1001 0
9	1010 0
0	1100 0

81 통신 프로토콜의 기본 구성 요소
① 구문(Syntax) : 데이터 형식, 부호화, 신호 레벨(Signal Level) 등이 있다.
② 의미(Semantic) : 전송 제어 및 오류 처리를 위한 정보 등을 규정한다.
③ 시간(Timing) : 두 개체 간에 통신 속도를 조정하거나 메시지의 전송 및 순서

82 에러 제어에 사용되는 자동반복 요청(ARQ) 기법
① 정지-대기(Stop-and-Wait) ARQ : 송신측은 하나의 블록을 전송한 후 수신측에서 에러의 발생을 점검한 다음 에러 발생 유무 신호를 보내올 때까지 기다리는 ARQ 방식
② Go-back-N ARQ : 전송오류제어 중 오류가 발생한 프레임뿐만 아니라 오류검출 후 모든 프레임을 재전송하는 ARQ 방식

③ 선택적 재전송(Selective-Repeat) ARQ : 버퍼의 사용량이 상대적으로 큰 ARQ 방식

83 데이터 전송 속도(bps)=1200baud×4
$\qquad$ =4800bps
$16(2^4)$상 위상변조는 4bit일 경우이다.

84 LAN의 매체 접근 제어 방식
① CSMA/CD
② Token Ring : 프레임의 충돌을 방지하기 위해 권리를 얻은 쪽에서만 송신할 수 있는 방식
③ Token Bus

[참조] 데이터 링크계층은 두 개의 하부 계층으로 구성
1. 매체접근제어(MAC, media access control) 계층 : 물리적 매개체를 통하여 데이터를 어떻게 보낼 것인가를 담당
2. 논리링크제어(LLC, logical link control) 계층 : 두 개의 하부 계층은 데이터 링크계층의 인접 노드 사이의 데이터 전송을 담당

85 Stop-and-Wait ARQ(정지대기방식)
자동 재전송 요청(ARQ) 중 데이터 프레임의 정확한 수신 여부를 매번 확인하면서 다음 프레임을 전송해 나가는 가장 간단한 오류제어 방식
① 구현이 간단하고 송신측에서 최대 프레임 크기의 버퍼가 1개만 있어도 된다.
② 각각의 프레임에 대해서 확인(ACK) 메시지가 필요하다.
③ 전송시간이 긴 경우 전송효율이 저하, 반이중 방식에도 가능

86 OSI-7 계층의 전송계층에서 사용되는 프로토콜
① TCP(Transmission Control Protocol) : 연결 지향형
② UDP(User Data Protocol) : 비연결 지향형

87 IEEE 802 표준
• IEEE 802.0 - SEC(Sponsor Ececutive Commitee)
• IEEE 802.1 - HILI(Higher Layer Interface)
• IEEE 802.2 - LLC(Logic Link Control)
• IEEE 802.3 - CSMA/CD

- IEEE 802.4 - Token Bus
- IEEE 802.5 - Token Ring
- IEEE 802.6 - DQDB
- IEEE 802.7 - Broadband TAG
- IEEE 802.8 - Fiber Optic TAG
- IEEE 802.9 - IVD(Integrated Voice and Data)
- IEEE 802.10 - LAN Security
- IEEE 802.11 - Wireless LAN
- IEEE 802.12 - Fast LAN
- IEEE 802.14 - Cable Modem
- IEEE 802.15 - Wireless Personal Area Network
- IEEE 802.15.4(ZigBee, 통합 리모콘) - 저전력, 저가격, 저속도를 목표로 하는 WPAN의 표준 중의 하나임. 블루투스나 802.11x 계열의 WLAN보다 단순하고 간단
- IEEE 802.16 - WMAN(와이브로)
- IEEE 802.16e(Mobile WiMAX) - 이동성과 비가시 거리 통신을 지원하여 공간 제약 없는 무선
- IEEE 802.17 - Broadband Wireless Acess

88

Grobal Net ID	10.0.0.0
Mask	255.240.0.0
Sub Net ID	(1) 10.0.0.0 (할당 가능한 IP 10.0.0.1~10.15.255.254) (2) 10.16.0.0 (할당 가능한 IP 10.16.0.1~10.31.255.254) (3) 10.32.0.0 (할당 가능한 IP 10.32.0.1~10.47.255.254) : (16) 10.240.0.0 (할당 가능한 IP 10.240.0.1~10.255.255.254)
※ 16개의 서브넷으로 분할	

89 82번 해설 참조 요망

90 토큰 패싱의 특징
① 통신장비 수가 많으면 토큰의 순회시간이 길어져 네트워크의 속도 저하
② 토큰이 유실되었을 때 무한정 대기
③ 전송량이 많은 네트워크에서 효과적이다.
④ 주기적으로 데이터 전송이 이루어지므로 데이터 전송속도 제어 가능
⑤ 데이터 전송에 있어서 충돌 발생이 일어나지 않는다.

91 비연결형(connectionless) 네트워크 프로토콜
데이터를 전송하기 전에 회선을 구축하여야 할 필요가 없는 개방형 시스템 상호연결 네트워크 계층 프로토콜 (IP, ICMP, IGMP)

92 샤논의 정리
채널(전송)용량 $C = Bw \cdot \log_2(1+0)$
$= 0[Hz] \cdot \log_2(1)$
$= 0[bps]$

93 1. 플러딩(flooding) : 대규모 네트워크에서 수정된 라우팅 정보를 모든 노드에 빠르게 배포하는 수단
2. 랜덤중계방식(random routing) : 중계경로를 임의로 불규칙하게 선택하는 방식으로 신뢰성이 높다.
3. 적응적 경로 지정(adaptive routing) : 통신망 상태, 즉 선로 고장률이나 통신량 형태 등의 변화에 따라 메시지의 전달 경로를 선택하는 방식
4. 고정경로배정(fixed routing) : 임의의 노드에서 목적지까지 가야 할 경로가 가상회로의 설정 시에 정해지고 가상회로 종료 시까지 변함없이 사용되는 방식

94 1. 피기백킹(piggybacking) 응답 : 수신측이 별도의 ACK를 보내지 않고 상대편으로 향하는 데이터 전문을 이용하여 응답
2. HDLC 프레임의 종류
① I-FRAME : 정보를 전송
② U-FRAME(비번호) : 링크의 설정과 해제, 오류 회복을 위해 주로 사용
③ S-FRAME(감독) : 제어신호를 송수신할 때, 연결 설정/해세 등의 정보를 전송

95 라우팅 프로토콜
① RIP(Routing Information Protocol) : 정보를 교환할 때 자신이 가지고 있는 모든 Network 정보 전달 (Full Route Database)
② BGP(Border Gateway Protocol) : 자율시스템(AS) Number가 다른 네트워크 간에 Routing Information을 주고받는 Exterior Gateway Protocol
③ OSPF(Open Shortest Path First) : 내부 라우팅 프로토콜의 일종으로 링크 상태 알고리즘을 사용하

는 대규모 네트워크에 적합

96 1. PCM(펄스코드변조)에서 송신의 순서 :
표본화(sampling) → 양자화(quantization) → 부호화(encoding)
2. 디지털 수신 시스템의 순서 :
캐리어 복조 → 채널 복호화 → 원천 복호화

97 IPv4에서 IPv6의 전환기술
① Dual Stack : 하나의 시스템에서 IPv6와 IPv4를 동시에 설정하여 사용
② Tunneling : IPv6 네트워크 사이에 IPv4 네트워크가 존재하는 경우 IPv6 간 통신을 지원
③ Header Translation : 각 Host나 네트워크에서 IPv4 패킷을 IPv6 패킷으로 Gateway를 이용, 변환

98 다중화(Multiplexing)
효율적인 전송을 위해 넓은 대역폭(고속 전송속도)을 가진 하나의 전송 링크를 통하여 여러 신호(데이터)를 동시에 실어 보내는 기술

99 다중접속방식
1. FDMA(주파수 분할 다중 접속) : 주어진 주파수 대역폭을 일정한 대역폭으로 나누어 통신 가입자에게 할당하여 다수의 가입자가 동시에 통화를 할 수 있도록 하는 방식
2. TDMA(시분할 다중 접속) : 시간을 일정 구간의 타임 슬롯으로 나누어 각 가입자에 분배, 할당하고 가입자는 자신에게 할당된 Time Slot만을 이용하여 통화하도록 하는 방식
3. CDMA(코드 분할 다중 접속) : 동일한 주파수 대역이나 시간영역을 사용하는 다수의 가입자에게 서로 다른 코드를 할당하여 여러 가입자가 통신이 가능하도록 하며 통신가입자 구분을 코드로 하는 방식

100 1. HTTP : Hyper Text Transper Protocol
2. SMTP(Sent Mail Transfer Protocol) : 보내는 메일 서버 프로토콜
3. FTP(File Transfer Protocol) : 파일 전송 프로토콜
4. SNMP(Simple Network Management Protocol) : 단순 망 관리 프로토콜

2019년 제4회

[정답]

01	02	03	04	05	06	07	08	09	10
②	③	④	④	②	③	③	④	①	②
11	12	13	14	15	16	17	18	19	20
②	②	④	②	②	②	②	①	①	②
21	22	23	24	25	26	27	28	29	30
①	②	②	②	②	④	②	②	③	④
31	32	33	34	35	36	37	38	39	40
③	④	③	④	①	①	②	②	②	②
41	42	43	44	45	46	47	48	49	50
①	②	④	②	④	②	②	②	②	①
51	52	53	54	55	56	57	58	59	60
②	②	②	④	③	②	③	②	②	②
61	62	63	64	65	66	67	68	69	70
②	③	②	④	④	④	③	③	②	②
71	72	73	74	75	76	77	78	79	80
②	①	②	②	②	①	①	①	①	①
81	82	83	84	85	86	87	88	89	90
②	②	④	②	②	②	②	③	②	④
91	92	93	94	95	96	97	98	99	100
④	④	④	①	②	②	②	③	④	④

01 1. 에이징(aging) 기법 or 노화 기법
① 프로세스의 우선순위가 낮아 무한정 기다리게 되는 경우, 한 번 양보하거나 기다린 시간에 비례하여 일정 시간이 지나면 우선순위를 한 단계씩 높여 가까운 시간 안에 자원을 할당받도록 하는 기법
② SJF, 우선순위 기법에서 발생할 수 있는 무한 연기 상태, 기아 상태 예방
2. 구역성(locality) : 한번 호출된 자료나 명령은 곧바로 다시 사용될 가능성이 있으며, 또한 한 기억장소가 호출되면 인접된 장소들이 연속되어 사용될 가능성이 높음을 의미하는 것
3. 세마포어(semaphore) : 운영체계의 자원을 경쟁적으로 사용하는 다중 프로세스에서 처리를 조정하거나 또는 동기화시키는 기술
4. 문맥전환(context switching) or 문맥교환
① 하나의 프로세스에서 다른 프로세스로 CPU가 할당되는 과정에서 발생되는 것
② 새로운 프로세스에게 CPU를 할당하기 위해 현재 CPU가 할당된 프로세스의 상태 정보를 저장하고, 새로운 프로세스의 상태 정보를 설정한 후 CPU를 할당하여 실행되도록 하는 작업

③ 오버헤드(Overhead) 시간에 포함

02 시스템 소프트웨어(System Software)
① H/W와 Application softeware를 연결하는 역할을 수행
② 시스템의 제어 및 관리를 수행
③ 프로그램을 주기억장치에 적재시키거나 인터럽트 관리, 장치관리 등의 기능을 담당
[Tip] 항공예약, 자재관리, 인사관리시스템 등이 사용자 소프트웨어의 대표적인 사례이다.

03 Formal grammar의 4가지 형태
① 정규 문법(Regular grammar)
② 문맥자유형 문법(Context-free grammar) : 유한 자동기에 적용되는 문법
③ 문맥 의존형 문법(Context sensitive grammar)
④ 비제한 문법(no restriction grammar)

04 1. LEA(Load Effective Address, 유효주소 로드) : Source operand(두번째)의 주소값을 Destination operand(첫번째)로 데이터 복사
2. NEG : 피연산자의 2의 보수를 계산하여 결과를 피연산자에 저장한다.
3. CWD(Convert Word to Dword) : Word 크기를 Dword로 확장

05 로더(loader)의 기능
① 할당(Allocation) : 실행 프로그램을 실행시키기 위해 기억장치 내에 옮겨 놓을 공간을 확보하는 기능
② 연결(Linking) : 부 프로그램 호출 시 부 프로그램이 할당된 기억장소의 시작주소를 호출한 부분에 등록하여 연결하는 기능
③ 재배치(Relocation)
④ 적재(Loading) : 실행 프로그램을 할당된 기억공간에 실제로 옮기는 기능

06 구문 분석 방법
① 주어진 문장이 정의된 문법 구조에 따라 정당하게 하나의 문장으로서 합법적으로 사용될 수 있는가를 확인하는 작업으로 토큰들을 문법에 따라 분석하는 작업을 수행하는 단계이다.

② 원시 프로그램의 문장의 구조가 정상적으로 구현되었는지 파스 트리로 표현하여 판단한다.
③ 파스(parse) 트리는 고급 언어로 작성된 프로그램을 구문 분석하여 그 문장의 구조를 트리로 표현한 것으로 루트, 중간, 단말 노드로 구성된다.
④ 구문 분석에는 하향식 파싱(Top-down parsing)과 상향식 파싱(Bottom-up parsing)이 있다.

07 1. 시간 구역성(temporal locality)
① 순환(looping, 반복)
② 부 프로그램(subroutine, 서브루틴)
③ 스택(stack)
④ 집계(counting, totaling)에 사용되는 변수
2. 공간 구역성(space locality)
① 배열 순회(array traversa)
② 순차적 코드
③ 관련된 변수들을 서로 근처에 선언

08 어셈블러를 두 개의 pass로 구성하는 주된 이유
① 한 개의 Pass만을 사용하는 경우는 기호를 모두 정의한 뒤에 해당 기호를 사용하여야 한다.
② 기호를 정의하기 전에 사용할 수 있어 프로그램 작성이 용이하기 때문이다.(전향 참조, Forward reference)
③ 사용의 편의상 정의하기 전에 사용한 주소 상수를 처리하기 위함이다.

09 Binding
Global reference들을 절대번지로 바꾸거나 linking과 상대번지를 바꾸는 과정 등과 같이 변하기 쉬운 것을 확고하게 결정짓는 것
[참조]
1. Thrashing : 가상기억장치에서 페이지 교환이 자주 일어나는 현상
2. Parsing : 언어해석기에서 프로그램의 구조와 작업 내용을 이해하고 이를 기계어로 번역하기 위하여 문법에 정의된 내용에 따라 연산자, 피연산자, 키워드 등을 판별하고 이들 각각의 구성 요소들의 구조를 알아내는 작업

10 1. 운영체제(OS)의 기능
① 자원보호 기능
② 자원 스케줄링 기능

③ 기억장치 관리 기능
2. 언어번역 프로그램 종류
① 컴파일러 : 고급 언어의 번역기로 목적 프로그램(기계어) 생산
② 인터프리터 : 대화식 언어의 번역기, 목적 프로그램 생산하지 않음
③ 어셈블러 : 기호 언어인 어셈블리어의 번역기, 목적 프로그램 생산

11 용어 설명
1. text editor(문서편집기) : 문서 파일의 작성 및 수정 편집 등에 이용되는 유틸리티 프로그램
2. tracer(추적기) : 시스템의 동작을 시계열적으로 모니터링하기 위한 도구의 총칭
3. linker(링커) : 컴파일러가 만들어낸 하나 이상의 목적 프로그램을 단일 실행 프로그램으로 병합하는 프로그램

12 어셈블리어
① 의사 명령(Pseudo instruction, 어셈블러 명령) : 원시 프로그램을 어셈블할 때 어셈블러가 하여야 할 동작을 지시하는 명령
예) START, END, USING, DROP, EQU 등
② 실행 명령(어셈블리어 명령) : 데이터를 처리하는 명령
예) A, AH, AR, S, SR, L, LA, ST, C, BNE 등
[참조]
1. BALR
• 형식 : BALR R1, R2(RR형식)
• 의미 : register R1에 다음 명령어의 주소를 적재하고 register R2가 가지고 있는 번지 값으로 분기, 만약 R2가 "0"이면 다음 명령 수행
2. USING
• 형식 : USING addr, R2(가연산자)
• 의미 : register R2를 base register로 지정하고 register R2의 내용을 address로 한다는 정보를 어셈블러에게 전달

13 매크로 프로세서의 기본 수행 작업
① 매크로 정의 저장
② 매크로 정의 인식
③ 매크로 호출 인식 : 원시 프로그램 내에 매크로의

시작을 알리는 Macro 명령을 인식한다.
④ 매크로 호출 확장

14 교착 상태의 발생 조건
① 상호 배제(Mutual Exclusion)
② 점유와 대기(Hold-and-Wait)
③ 비선점(Non-Preemption)
④ 환형 대기(Circular Wait)

15 워킹 셋(Working Set) 설명
① 프로세스가 실행하는 과정에서 시간이 지남에 따라 자주 참조하는 페이지들의 집합이 변화하기 때문에 워킹 셋은 시간에 따라 바뀌게 된다.
② 프로그램의 구역성(Locality) 특징을 이용한다.
③ 워킹 셋에 속한 페이지를 참조하면 프로세스의 기억장치 사용은 안정상태가 된다.
④ 실행 중인 프로세스가 일정 시간 동안에 참조하는 페이지의 집합을 의미한다.

16 프로그램 수행 순서
Source Program → Compiler → Object Program → Linkage editor → Loader → Run

17 1. Time Sharing System : 운영체제의 운용 기법 중 여러 명의 사용자가 사용하는 시스템에서 컴퓨터가 사용자들의 프로그램을 번갈아 가며 처리하여 줌으로써 각 사용자에게 독립된 컴퓨터를 사용하는 느낌을 주는 기법
2. Swapping : 시분할 시스템 방식에서 주기억장치 내용을 일시적으로 보조기억장치 데이터나 프로그램과 교체하는 방법

18 작업제어 언어(job-control language) 설명
① 프로그램의 순서적 실행을 지시한다.
② 입출력장치의 배당을 위한 프로그램에서 정의된 논리적 장치와 물리적 장치를 연결한다.
③ 프로그램 및 시스템 운영에 관한 지시를 운영체제에게 전달한다.
④ 기종마다 다르다.
⑤ 사용자와 시스템과의 교량적 역할을 담당한다.
⑥ 어카운팅(accounting)에 필요한 정보를 제공한다.

19 1. ASSUME : 세그먼트 레지스터에 각 세그먼트의 시작 번지를 할당하여 현재의 세그먼트가 어느 것인가를 지적하게 하는 어셈블리 명령
2. ORG : 어셈블리언어에서 원시 프로그램을 목적 프로그램으로 번역할 때 현재의 오퍼랜드에 있는 값을 다음 명령어의 번지로 할당
3. EQU : 지시어는 숫자형 상수, 레지스터 연관 값 또는 프로그램 연관 값에 상징된 이름을 부여한다. 즉, 어셈블리어에서 어떤 기호적 이름에 상수 값을 할당하는 명령

20 페이징 시스템에서 페이지의 크기에 관한 설명
① 페이지의 크기가 작을수록 페이지 테이블의 크기가 커진다.
② 참조되는 정보와 무관한 정보들이 많이 적재되어 내부단편화가 증가한다.
③ 페이지의 크기가 클수록 참조되는 정보와 무관한 정보들이 많이 적재된다.
④ 작은 크기의 페이지가 보다 적절한 작업세트를 유지할 수 있다.

21 마이크로 명령 형식
① 수평 마이크로 명령(Horizontal Micro Instruction)
 • 마이크로 명령의 한 비트가 한 개의 마이크로 동작을 관할하는 명령
 • Micro Operation부가 m(Bit)일 때 m개의 마이크로 동작을 표현
 • Address부의 주소에 의해 다음 마이크로 명령의 주소를 결정
② 수직 마이크로 명령(Vretical Micro Instruction)
 • 제어 메모리 외부에서 디코딩 회로를 필요로 하는 마이크로 명령
 • 한 개의 마이크로 명령으로 한 개의 마이크로 동작만 제어
③ 나노 명령(Nano Instruction)
 • 나노 메모리라는 낮은 레벨의 메모리에 저장된 마이크로 명령
 • 수직 마이크로 명령을 수행하는 제어기에서 디코더를 ROM(나노 메모리)으로 대치하여 두 메모리 레벨로 구성
 • 제어 메모리의 각 Word에는 나노 명령이 저장되어 있는 나노 메모리의 번지들을 저장하고 있다.

22 기억장치의 용량 단위
① 1024Byte(=1KB, Kilo Byte)
② 1024KB(=1MB, Mega Byte)
③ 1024MB(=1GB, Giga Byte)
④ 1024GB(=1TB, Tera Byte)

23 인터럽트 전처리 루틴(pre processing routine)의 기능
인터럽트 불능 인스트럭션을 수행하여 모든 인터럽트 장치가 인터럽트 요청을 못하게 한다.

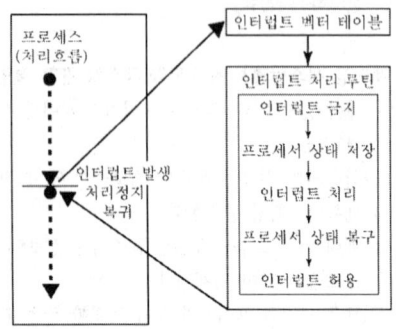

24 Full adder(전가산기) 구성
① Half adder(반가산기) 2개와 OR Gate 1개
② EX-OR(배타적 OR) 4개와 AND Gate 2개 및 OR Gate 1개

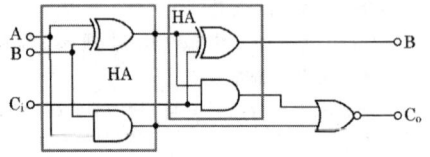

25 전원 공급에 따른
① 휘발성 메모리 : RAM(SRAM, DRAM)
② 비휘발성 메모리 : MASK-ROM, PROM, EPROM, EEPROM

26 $A\overline{B}+\overline{A}B$ 또는 $\overline{AB}+\overline{\overline{A}\overline{B}}$ 이다.

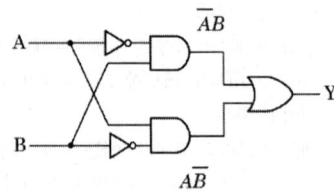

27 CAM(Content Addressable Memory)은 저장된 내용의 일부를 이용하여 정보의 위치를 검색

28

항목	소프트웨어	하드웨어
반응 속도	저속	고속
회로 복잡도	단순	복잡
경제성	경제적	비경제적
융통성	있다	없다

29 전달지연 시간이 가장 짧은 것
ECL - TTL - CMOS - MOS
[참조]
1. TTL(Transistor transistor logic) : 게이트를 구성할 때 바이폴라 집합 트랜지스터를 사용. 전압 0[V]에 대응시켜 마크가 생길 때마다 +V, -V를 교대로 변환하는 펄스 구성을 바이폴러 신호라고 한다. RZ(Return to Zero) 구성에서 바이폴러 신호
2. CMOS(Complementary metal oxide semiconductor) : TTL이 바이폴러 트랜지스터를 사용하는 반면 CMOS는 FET(Field effect transistor)를 사용
3. ECL(Emitter coupled logic) : 가장 빠른 스위칭 속도를 가지고 있으나 전력 소모가 크다.

30 계층적 기억장치
다양한 성능과 용량가격을 가진 여러 종류의 기억장치를 적절하게 조합시켜 시스템의 처리능력을 유지하는 작업에 기본이 되는 기억계층이다.

31 짝수(우수)패리티로 변환된 해밍 코드

P1	P2	D3	P4	D5	D6	D7
0	1	0	0	1	0	1

▶P1인 경우

짝수(우수) 패리티	홀수(기수) 패리티
0(P1)	1(P1)
0-1-1(D3-D5-D7)	0-1-1(D3-D5-D7)

▶P2인 경우

짝수(우수) 패리티	홀수(기수) 패리티
1(P2)	0(P2)
0-1-0(D3-D5-D6)	0-1-0(D3-D5-D6)

▶ P3인 경우

짝수(우수) 패리티	홀수(기수) 패리티
0(P3)	1(P3)
1-0-1(D5-D6-D7)	1-0-1(D5-D6-D7)

32 다중 처리기 상호 연결 방법

① 시분할 공유버스(Time shared single bus) : 프로세서, 기억장치, 입출력장치들 간에 하나의 통신로만을 제공하는 방법
② 크로스바 교환행렬(Crossbar switching matrix) : 공유 버스 시스템에서 버스의 수를 기억장치의 수만큼 증가시키는 구조
③ 하이퍼큐브 상호 연결망 : 대단히 많은 수의 처리를 비교적 경제적인 방법으로 연결
④ 다중포트 메모리(Multiport storage) : 크로스바 교환행렬과 시분할 공유버스를 혼합한 형태

33 전가산기(full-adder)

1개의 Full adder(전가산기)를 구성하기 위해서는 최소 Half adder(반가산기)가 2개 필요

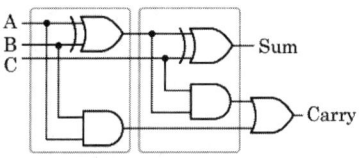

∴ 입력 3개, 출력 2개

34 X+Y=950. 4+82=1032.4
정규화=소수값×지수값
∴ 0.10324×10^4

35 우선순위 방식

① 회전 우선순위(rotating priority)방식 : 버스 사용 승인을 받은 버스 마스터는 최하위 우선순위를 가지며, 바로 다음에 위치한 마스터가 최상위 우선순위를 가지도록 하는 방식이다.
② 임의 우선순위 방식 : 버스 사용 승인을 받아서 버스 중재의 동작이 끝날 때마다 우선순위를 정해진 원칙 없이 임의로 결정하는 방식이다.
③ 동등 우선순위 방식 : 모든 버스 마스터들이 동등한 우선순위를 가진다. 이 경우에는 먼저 버스 사용 요구를 한 버스 마스터가 먼저 버스 사용 승인을 받게 되는, FIFO 알고리즘을 사용한다.
④ 최소 최근 사용 방식 : 최근 가장 오랫동안 버스 요구 신호를 보내지 않은, 즉 가장 오랫동안 버스를 사용하지 않은 버스 마스터에게 최상위 우선순위를 할당하는 방식이다.

36 명령어 구성

연산코드	주소영역		
(OP Code)	Operand-1	Operand-2	Operand-3
ADD	A	B	C

※ 주소지정방식 : 0, 1, 2, 3-Address

37 최대 병렬수행도 P 값=슬라이스의 길이×단어의 길이
=16×8
=128

38 f(주파수)=400MHz=400×10^6Hz
Ic(명령어)=2백만개=2,000,000명령어
∴ 평균 CPI
=$(1 \times 0.55)+(3 \times 0.2)+(6 \times 0.2)+(8 \times 0.05)$
=2.75

∴ MIPS율 = $\frac{f}{CPI} \times 10^6 = \frac{400 \times 10^6}{2.75} \times 10^6$
= $\frac{400}{2.75}$ = 145.45

[참조]
- MIPS(Millions of instructions per second) : 컴퓨터 처리 속도 단위로 사용
- CPI(Clock Per Instruction) : 명령어가 실행되는 동안의 클럭 수

39 인터럽트 발생 시 동작 순서

① 인터럽트 요청 신호 발생
② 현재 수행 중인 프로그램의 상태를 저장
③ 어느 장치가 인터럽트를 요청했는지 찾는다.
④ 인터럽트 취급 루틴을 수행
⑤ 보존한 프로그램 상태로 복귀

[추가 설명] 인터럽트에 대한 설명
- 인터럽트란 컴퓨터가 정상적인 작업을 수행하는 도중에 발생하는 예기치 않은 일들에 대한 서비스를 수행하는 기능

- 온라인 실시간 처리를 위해 인터럽트 기능은 필수적이다.
- 입출력 인터럽트를 이용하면 중앙처리장치와 주변장치 간의 현저한 속도 차이 문제를 해결하여 효율을 증대시킬 수 있다.

40 마이크로프로그램을 이용하는 제어장치의 구성 요소
① 순서 제어 모듈 : 마이크로 명령어의 실행 순서를 결정하는 회로들의 집합
② 서브루틴 레지스터(SBR) : 마이크로프로그램에서 서브루틴이 호출되는 경우에 현재의 CAR 내용을 일시적으로 저장하는 레지스터
③ 제어 버퍼 레지스터(CBR) : 제어 기억장치로부터 읽혀진 마이크로 명령어 비트들을 일시적으로 저장하는 레지스터
④ 제어 기억장치 : 마이크로 명령어들로 이루어진 마이크로프로그램을 저장하는 내부 기억장치
⑤ 제어 주소 레지스터(CAR) : 다음에 실행할 마이크로 명령어의 주소를 저장하는 레지스터
⑥ Instruction Decoder : 명령어 레지스터로부터 들어오는 명령어의 연산코드를 해독하여 해당 연산을 수행하기 위한 루틴의 시작 주소를 결정

41 1. Tri-state 출력 : 3상태 출력이란 집적회로 등의 출력으로 1, 0 이외에 고 임피던스 상태가 얻는 출력
2. 오픈 컬렉터(open collector) 출력 : 트랜지스터의 컬렉터 혹은 드레인이 개방된 형태의 구조의 출력 회로로 트랜지스터가 BJT인 경우

42 1. 캐시 기억장치(Cache Memory) : CPU의 속도가 주기억장치의 처리 속도보다 고속이기 때문에 프로그램의 실행 속도를 CPU의 속도에 접근시키기 위해 만든 고속 기억장치
2. 연상 기억장치 : 기억 장소가 그 위치의 기억 내용이나 그 일부에 의하여 식별되는 기억장치

43 간접 주소
① 실제 데이터를 가져오기 위해서는 메모리를 2번 이상 참조해야 된다.
② 명령어의 주소 부분에 레지스터의 주소가 들어 있다.
③ 직접 주소 방식보다 속도가 느리다.

44 UART(Universal asynchronous receiver/transmitter, 범용 비동기화 송수신기)가 수행 동작
① 키보드나 마우스로부터 들어오는 인터럽트를 처리
② 외부 전송을 위해 패리티 비트를 추가
③ 데이터를 외부로 내보낼 때에는 시작 비트와 정지 비트를 추가
④ 컴퓨터로부터 병렬회로를 통해 범용 바이트들을 외부에 전달하기 위해 하나의 단일 직렬 비트 스트림으로 변환
⑤ 다른 종류의 인터럽트 처리와 컴퓨터의 동작 속도를 장치의 속도와 동등하게 맞추도록 요구하는 장치를 관리

45 핸드셰이킹(Handshaking)
① 제어신호를 사용하는 비동기 데이터 전송방법의 하나로 데이터를 상대방 기기에 보냄을 나타내는 제어신호와 데이터를 받음을 알리는 제어신호를 사용하여 상호간의 원활한 데이터 전송을 수행할 수 있다.
② 입출력장치의 비동기식 제어방식에서 가장 많이 사용되는 방식
[사전] handshake(헨드셰이크) : 시험, 계측 및 진단 장치의 변경에 앞서 조건을 상호 조절할 필요가 있는 Hardware 또는 Software의 사상렬

46 • 0123번지에 CALL A를 수행한 후 PC에 기억된 값은 1234번지이고,
• 1285번지에 CALL B를 수행한 후 PC에 기억된 값은 2345번지이다.

47 제어 메모리에서 번지를 결정하는 방법
① 서브루틴은 call과 return
② 마이크로 명령에서 지정하는 번지로 무조건 분기
③ 상태 비트에 따른 조건부 분기
④ 매크로 동작 비트로부터 ROM으로 매핑
⑤ 제어 주소 레지스터를 하나씩 증가

48 1. GPIB(General Purpose Interface Bus, 범용 인터페이스 버스) : 센서나 프로그래밍이 가능한 기기장치 등을 컴퓨터에 접속할 때 사용되는 IEEE 488 표준 병렬 인터페이스이다. 24핀 커넥터를 사용하면 최대 15개의 디바이스를 서로 연결하여 접속할 수 있다.
2. RS-232C(Recommended Stardard-232 C표준 현

행판의 3번째의 판) : 컴퓨터와 주변장치 또는 데이터 단말장치(DTE)와 데이터 회선 종단장치(DCE)를 상호 접속하기 위한 직렬통신 인터페이스 표준이다.
3. S-100 : Altair 8800 PC에서 처음 사용된 100편 접속점을 갖는 백플레인 접속 규격
4. RS-485(Recommended Standard 485) : 최대 드라이버 리시버 수가 각각 32개 구성, 10Mbps 최대 속도에 최장 거리 1200m까지 홈 네트워크를 지원하는 일종의 직렬 통신 프로토콜 표준

[Tip]
- VME bus(VERSA Module Eurocard Bus) : 국제전기표준회의(IEC 821)와 미국전기전자학회(IEEE 1014)는 국제표준
- Multi bus : 미국전기전자학회(IEEE 796)에서 표준 버스
- IEEE-488 bus : 미국전기전자학회가 규정한 근거리 범용 인터페이스 버스의 표준 규격

49 마이크로오퍼레이션(CPU 동작) 순서

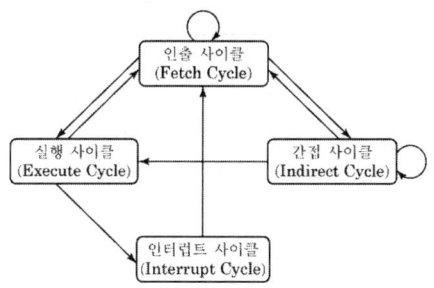

1. Fetch Cycle(인출단계) : 주기억장치에서 중앙처리장치의 명령 레지스터로 가져와 해독하는 단계
2. Indirect Cycle(간접단계) : Fetch 단계에서 해석한 주소를 읽어온 후에 그 주소가 간접 주소이면 유효 주소를 계산하는 단계
3. Execute Cycle(실행단계) : Fetch 단계에서 인출하여 해석한 명령을 실행하는 단계
4. Interrupt Cycle(인터럽트 단계) : 인터럽트 발생 시 복귀주소(PC)를 저장시키고, 인터럽트 처리 후에는 항상 Fetch 단계로 복구하는 단계

50 제어장치의 구현 방식

1. 마이크로프로그램 제어방식
   ① 처리속도가 다소 느림
   ② 중앙처리장치(CPU)의 구조가 변경되어도 제어장치의 마이크로 프로그램만 변경함으로써 경제적이다.
2. 하드와이어드 제어방식
   ① 게이트, 플립플롭, 디코더(Decoder) 등 디지털 논리회로를 이용하여 제어 논리회로 구성
   ② CPU 구조가 변경되는 경우 배선을 전부 바꾸어야 하는 단점

51 DMA(Direct Memory Access) 제어기의 구성 요소

① 인터페이스 회로 : CPU와 입, 출력장치와의 통신 담당
② 주소 레지스터 : 기억장치와 위치 지정을 위한 번지 기억
③ 워드 카운트 레지스터 : 전송되어야 할 워드의 수를 표시
④ 제어 레지스터 : 전송 방식 결정
⑤ 데이터 버스 버퍼, 주소 버스 버퍼 : 전송에 사용할 자료나 주소를 임시로 저장

[DMA 동작 순서]

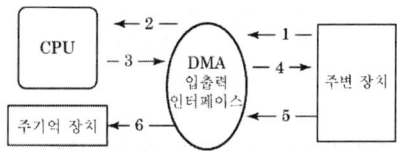

52 특정 비트만 0으로 설정
예)

X X X X X (X) X X AND 1 1 1 1 1 0 1 1		괄호의 비트를 0으로 지정할 경우 기존 값을 유지하기 위한 설정 → "1"과 AND 연산 "0"값을 설정 → "0"과 AND 연산
X X X X X (0) X X		AND 연산 수행 시 x인 경우 x로 설정, 0인 경우 한쪽이 0이므로 결과값은 항상 0

53 CMOS(Complementary metal oxide semiconductor)형 IC

① 작동속도가 80~100나노초가 표준이다.
② 반도체 구조가 간단하고 칩상의 공간을 작게 차지

하여 유리하며 따라서 소자의 집적도를 높일 수 있기 때문에 VLSI에도 널리 사용된다. 사용자 입장에서는 소비전력이 매우 작고 잡음 여유도가 크다는 것이 더욱 유리하다.

54 데이지 체인(Daisy chain)

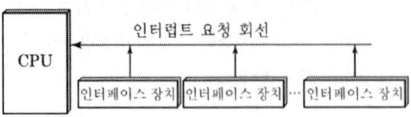

① 인터럽트의 우선순위를 결정하기 위하여 직렬 연결한 하드웨어 회로이다.
② 벡터에 의한 인터럽트 처리 방법이다.
③ 우선순위에 기초한 인터럽트 처리 방법이다.
④ 인터럽트된 모든 장치들은 벡터를 동시에 보낼 수 있다.

55
1. 부호 없는 Unsigned 연산
   예) 4bit 연산에서 1010+1000=⬜0100 ← 맨앞에 있는 ⬜은 사라짐
   이 경우를 Carry flag가 설정
2. 부호 있는 Unsigned 연산
   예) 4bit 연산에서 0011+0001=0100
   이 경우를 Overflow flag가 설정

56 표준 비동기 직렬 데이터 전송에서 데이터 양식

비트	설명
시작 비트 (a start bit(0))	1비트, 항상 "Low" → 0
데이터 비트 (5 to 8 data bit)	5~9비트 데이터 차례로 전송
패리티 비트 (parity bit)	1의 개수가 없음(no) 짝수(even), 홀수(odd) 패리티 중 선택
정지 비트 (stop bit)	1비트 또는 2비트 항상 "High" → 1

```
|←――――― FRAME ―――――→|
(IDLE)\St\0\1\2\3\4\5\6\7\8\P\Sp1\Sp2\(St/IDLE)
```

St   Start bit, always low.
(n) Data bits(0 to 8).
P   Parity bit. Can be odd or even.
Sp   Stop bit, always high.
IDLE No transfers on the communication line(R×D or T×D). An IDLE line must be high.

57 인출 단계(Fetch Cycle)
주기억장치 지정장소로부터 명령을 읽어 중앙처리장치에 가져오는 단계

• 마이크로 오퍼레이션

Fetch Cycle 마이크로 오퍼레이션
MAR←PC
MBR←M(NMAR), PC←PC+1
IR←MBR
F←1 OR R←1

Interrupt Cycle 마이크로 오퍼레이션
MBR(AD) ← PC, PC ← 0
MAR ← PC, PC ← PC+1
M(MAR) ← MBR, IEN ← 0
F ← 0, R ← 0

Indirect Cycle 마이크로 오퍼레이션
MAR ← MBR
MBR ← M(MAR)

[참조] DBUS(Data Bus, MBR)
M(Memory)
ABUS(Address Bus, MAR)
IR(Instruction Register)
RD(Read)
WR(Write)

58 CPU 회로

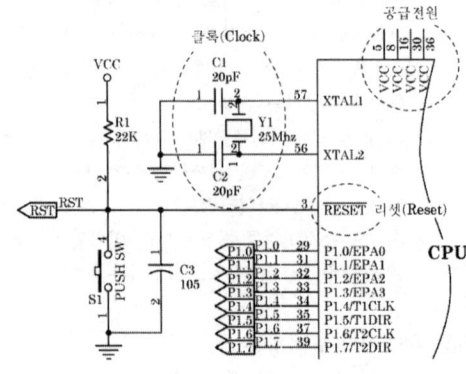

59 MAR과 MBR
  ① MAR(Memory Address Register, 메모리 주소 레지스터) : 기억장치를 I/O하는 데이터의 번지를 기억하는 레지스터
  ② MBR(Memory Buffer Register, 메모리 버퍼 레지스터) : 기억장치를 I/O하는 데이터가 잠시 기억되는 레지스터

60 DRAM(Dynamic Random Access Memory, 동적 램)
  Random Access Memory의 한 종류로 정보를 구성하는 개개의 bit를 각기 분리된 Capacitor에 저장하는 기억장치이다. 각각의 Capacitor가 담고 있는 전자의 수에 따라 비트의 1과 0을 나타내지만 결국 Capacitor가 전자를 누전하므로 기억된 정보를 잃게 되는 것을 방지하기 위해 기억장치의 내용을 일정 시간마다 재생시켜야 한다. 정보를 유지하려면 지속적인 전기공급이 필요하기 때문에 휘발성 기억장치(Volatile Memory)에 속한다.

61 레지스터(register)
  CPU의 산술연산과 논리연산할 때, 처리할 데이터와 메모리를 제어하는데 필요한 정보와 그에 따른 컴퓨터의 상태에 대한 정보를 저장하는 임시 기억장소이다.

62

플립플롭의 수	계수기
2	2^2진 계수기 즉 4진 계수기
3	2^3진 계수기 즉 4진 계수기
4	2^4진 계수기 즉 4진 계수기
5	2^4진 계수기 즉 4진 계수기

63 1. 기본 클록 주파수(f)
$$= \frac{1}{주기(T)} = \frac{1}{1000\text{ns}} = \frac{1}{1000 \times 10^{-9}}$$
$$= 1,000,0000\text{Hz} = 1\text{MHz}$$
  2. A의 주기일 경우 2진 계수기
  A의 주기 클록 주파수(f)
$$= 2 \times \frac{1}{1000 \times 10^{-9}} = 2,000,0000\text{Hz} = 2\text{MHz}$$
  3. B의 주기일 경우 4진 계수기
  B의 주기 클록 주파수(f)
$$= 4 \times \frac{1}{1000 \times 10^{-9}} = 4,000,0000\text{Hz} = 4\text{MHz}$$

64 Exclusive-OR(베타적 OR)

A	B	EX-OR
0	0	0
0	1	1
1	0	1
1	1	0

65 10진수 0.4375를 2진수로 변환
  $(0.0111)_2$일 경우
  $0 \times 2^{-1} + 1 \times 2^{-2} + 1 \times 2^{-3} + 1 \times 2^{-4}$
  $= (0 \times 0.5) + (1 \times 0.25) + (1 \times 0.125) + (1 \times 0.0625)$
  $= 0.4375$

66

S R	Q+
0 0	Q(이전상태)
0 1	0
1 0	1
1 1	불능상태

J K	Q+
0 0	Q(이전상태)
0 1	0
1 0	1
1 1	Toggle(부정)

CLK T	Q+
0 0	Q(이전상태)
0 1	Q(이전상태)
1 0	0
1 1	Toggle(부정)

CLK D	Q+
0 0	Q(이전상태)
0 1	Q(이진상 대)
1 0	0
1 1	1

67 3초과코드 = 8421코드 + $(11)_2$
  즉, 8421코드 = 3초과 코드 $- (11)_2 = 0101 - 11 = 0010$

68 비동기식 카운터(리플 카운터, ripple counter)
앞쪽에 있는 플립플롭의 출력이 뒤쪽에 있는 플립플롭의 클록으로 사용. 동기식 카운터에 비해 회로가 간단하지만 전달지연이 커진다는 단점이 있다.

69 $(10110)_2$ 일 경우
1의 보수 = 01001
2의 보수 = 1의 보수 + 1 = $(01001)_{1의 보수}$ + 1
= 01010

70 $AB + A\overline{B}C = A(B + \overline{B}C) = A(B + \overline{B})(B + C)$
$= A(B + C) = AB + AC$
여기에서 $(B + \overline{B}) = 1$

71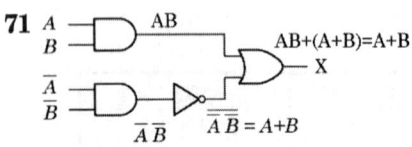

72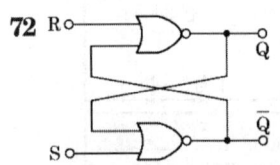

S	R	Q+
0	0	Q(이전상태)
0	1	0
1	0	1
1	1	불능상태

J	K	Q+
0	0	Q(이전상태)
0	1	0
1	0	1
1	1	Toggle(부정)

73

A	B	C	F	논리변수
0	0	0	0	
0	0	1	0	
0	1	0	0	
0	1	1	1	$\overline{A}BC$
1	0	0	0	
1	0	1	1	$A\overline{B}C$
1	1	0	1	$AB\overline{C}$
1	1	1	1	ABC

$F = \overline{A}BC + A\overline{B}C + AB\overline{C} + ABC$

74 진리표

A B	OR	NOR
0 0	0	1
0 1	1	0
1 0	1	0
1 1	1	0

75
```
    BCD의  0100 0010 → 10진수  4 2
  +       0011 0110 →         3 6
          0111 1000            7 8
```

76 1. D0, D1, D3, D4, D5 설정 시 논리값

	X Y Z	F
D0	0 0 0	x'y'z'
D1	0 0 1	x'y'z
D2	0 1 0	
D3	0 1 1	x'yz
D4	1 0 0	xy'z'
D5	1 0 1	xy'z
D6	1 1 0	
D7	1 1 1	

x'y'z' + x'y'z + x'yz + xy'z' + xy'z

[카르노맵 구현 시]

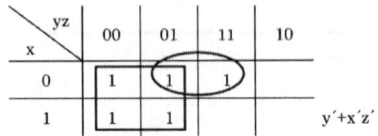
y' + x'z'

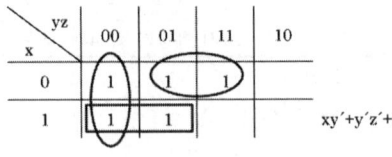
xy' + y'z' + x'z

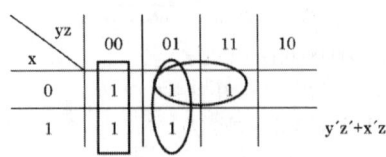
y'z' + x'z + y'z

77 1. Decoder(해독기) : BCD 코드 또는 8421코드를 10진수로 변환하는 회로로 AND 게이트들로 구성
2. Encoder(부호기) : 10진수를 BCD 코드 또는 8421

코드로 변환하는 회로로 OR 게이트들로 구성

[참조]
1. 디멀티플렉서(Demultiplexer) : 1개의 입력선을 받아들여 n개의 선택선의 조합에 의해 2^n개의 출력선 중에서 하나를 선택하여 출력하는 회로이며 데이터 분배기(Data distributor)라고도 한다.

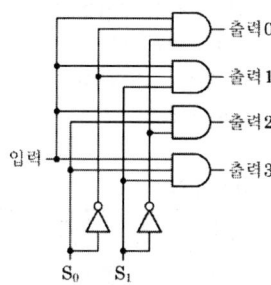

2. 멀티플렉서(Multiplexer) : 2^n개의 입력 중에서 하나를 선택하여 하나의 출력선으로 내보내기 위해서는 최고 n비트의 선택입력이 필요하다. 이 n개의 선택 입력 조합으로 입력을 선택하여 출력하는 회로이며 데이터 셀렉터(data selector)라고도 한다.

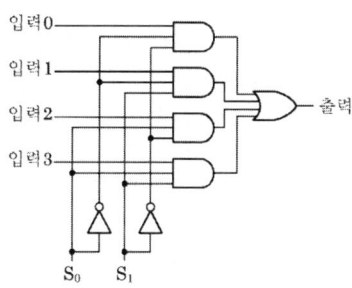

78 OR 회로

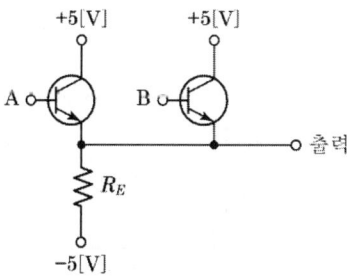

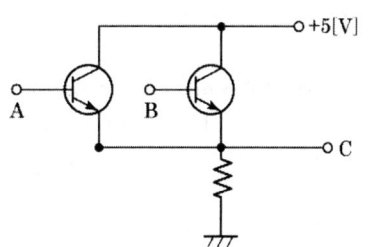

79 디지털 IC의 특성을 나타내는 중요한 비교 평가 요소
① 전파 지연 시간(propagation delay time)
② 전력 소모(power dissipation)
③ 팬 아웃(fan-out)
④ 잡음여유(noise margin)

80 X=1, Y=1

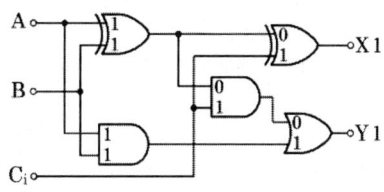

81 지연확산
송신된 전파가 다중 경로 전파 환경에 의해 수신 시간이 퍼지는 현상
[참조] 도플러 효과 : 움직이는 물체가 내는 파동의 파장이 실제 파장과 달라져 보이는 현상

82 HDLC 프레임구조

시작 플래그 (F)	주소 영역 (A)	제어 영역 (C)	정보 영역 (I)	FCS	종료 플래그 (F)
8비트	8비트	8비트	가변	16비트	8비트

1. F(Flag) : 프레임의 시작과 끝을 나타내기 위해 사용하며, 고유의 패턴(01111110) 8bit로 구성
2. 주소(Address)영역 : 송신 시스템과 수신시스템의 주소를 기록
3. 제어(Control)영역 : 정보 전송 프레임 I형식, 링크 감시제어용 S형식, 확장용 U형식
4. 정보(Information)영역 : 송수신 단말장치 간 교환되는 사용자 정보와 제어 정보
5. FCS(Frame Check Sequence)영역 : 수신 프레임

의 에러 검출 부분으로 CRC 방식을 사용

83 라우팅 프로토콜(Routing protocol)
① 링크 스테이트 라우팅 프로토콜을 통한 내부 게이트웨이 라우팅
예) OSPF, IS-IS
② 경로 벡터나 거리 벡터 프로토콜을 통한 내부 게이트웨이 라우팅
예) IGRP, EIGRP
③ 외부 게이트웨이 라우팅 : 경계 경로 프로토콜(BGP)은 자율 시스템 사이에서 트래픽을 교환할 목적으로 인터넷에 쓰이는 라우팅 프로토콜
[참고] BGP(Border Gateway Protocol) : 인터넷에서 주 경로 지정을 담당하는 프로토콜의 한 종류, 인터넷에서 자율 시스템(AS) 중 라우팅 및 도달 가능성 정보를 교환하기 위해 설계된, 표준화된 외부 게이트웨이 프로토콜의 하나이다.

84 4상 위상변조일 경우 2bit이므로
전송속도=2400baud×2bit=4800bps

85 IEEE 802.11
① 802.11a : 5GHz 대역의 전파를 사용하는 규격, OFDM 기술을 사용 최고 54Mbps까지의 전송 속도를 지원
② 802.11b : 802.11 규격을 기반으로 더욱 발전시킨 기술, 최고 전송속도는 11Mbps이나 CSMA/CA 구현 과정에서 6~7Mbps 정도의 효율을 갖는다.
③ 802.11g : 802.11a규격과 전송속도가 동일하지만 2.4GHz 대역을 사용, 801.11b 규격과 호환 현재 널리 사용
④ 802.11e : QoS, 패킷 버스팅 등 기능 확장 기술

86 PSK는 반송파의 위상이 M진수를 가지며, 위상차는 $\frac{2\pi}{M}$ 이다.
[2π 라디안은 360°, π 라디안은 180°]
① BPSK(Binary-PSK) : M=2(2^1)인 경우, 2종류의 신호를 사용, 위상차는 $\frac{2\pi}{2}=\pi$ 라디안은 180°
② QPSK(Quad-PSK) : M=4(2^2)인 경우, 4종류의 신호를 사용, 위상차는 $\frac{2\pi}{4}=\frac{\pi}{2}$ 라디안은 90°
③ 8-ary PSK : M=8(2^3)인 경우, 8종류의 신호를 사용, 위상차는 $\frac{2\pi}{8}=\frac{\pi}{4}$ 라디안은 45°
④ 16-ary PSK : M=16(2^4)인 경우, 16종류의 신호를 사용, 위상차는 $\frac{2\pi}{16}=\frac{\pi}{8}$ 라디안은 22.5°

87 Protocol(프로토콜, 통신규약)
컴퓨터끼리 또는 컴퓨터와 단말기 사이 등에서 정보교환이 필요한 경우, 이를 원활하게 하기 위하여 정한 여러 가지 통신 규약

88 HDLC 프레임구조

시작 플래그 (F)	주소 영역 (A)	제어 영역 (C)	정보 영역 (I)	FCS	종료 플래그 (F)
8비트	8비트	8비트	가변	16비트	8비트

89 ① HDLC(데이터 링크 제어 절차)의 제어 명령어
• RR : 수신 준비가 되어 있다는 것을 알림
• UA : 비 번호제 명령에 대한 응답
• SNRM : 정규 응답 모드로의 데이터링크 설정을 요청
• SARM : 동기 평형 모드로서의 연결 설정 요구
② HDLC에 대한 설명
• 수 Mbps 단위의 데이터 전송이 가능하다.
• 비동기 방식보다 전송이 효율이 우수하다.
• 반이중, 전이중 전송 방식이 모두 가능하다.

90 ATM(Asynchronous Transfer Mode) 또는 Cell 구조
데이터를 53바이트의 고정된 크기의 작은 Cell 단위로 전송(Cell 기반 스위칭 기술)

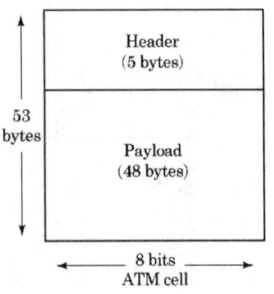

91 X.25(ITU-T 권고 X 시리즈, 디지털 데이터 전송 회선용의 통신 규격)

공중 데이터망에서의 패킷 형태로 동작하는 단말을 위한 데이터 단말장치(DTE)와 데이터 회선 종단 장치(DCE) 간의 인터페이스를 규정

92 채널용량 $C = BW \cdot \log_2(1 + \frac{S}{N})$에서 전송용량을 증가시키기 위한 방법
- BW(Band Width) : 전송대역폭을 넓힌다.
- S(Signal) : 신호전력의 크기를 높인다.
- N(Noise) : 잡음전력의 크기를 줄인다.
- $\frac{S}{N}$: 신호대잡음비를 높인다.

93 인터넷 계층의 프로토콜
① IP(Internet Protocol)
- 전송할 데이터에 주소를 지정과 경로를 설정하는 기능
- 비연결형인 데이터그램 방식을 사용으로 인한 신뢰성이 떨어진다.

② ICMP(Internet Control Message Protocol, 인터넷 제어 메시지 프로토콜)
- 헤더는 8Byte로 구성, IP와 조합하여 통신 중에 발생하는 오류 처리와 전송 경로 변경 등을 위한 제어 메시지를 관리하는 역할

[참조]

계층	기능	프로토콜	전송단위
응용계층	서비스 제공 응용 프로그램	DNS, FTP, SSH, HTTP, Telnet	메시지
전송계층	응용프로그램으로 데이터를 전달. 데이터흐름 제어 및 전송 신뢰성 담당	TCP, UDP	세그먼트
네트워크 계층	주소 관리 및 경로 탐색	IP, ICMP	패킷
링크계층	네트워크 장치 드라이브	ARP	프레임
물리계층	케이블 등 전송매체	구리선, 광케이블, 무선	비트

- SNMP(간이 망 관리 프로토콜, Simple Network Management Protocol) : IP 네트워크상의 장치로부터 정보를 수집 및 관리하며, 또한 정보를 수정하여 장치의 동작을 변경하는 데에 사용되는 인터넷 표준 프로토콜

94 계층별 대표 프로토콜

계층	프로토콜
응용 계층	HTTP, SMTP, SNMP, FTP, Telnet, SSH &Scp, NFS, RTSP
표현 계층	JPEG, MPEG, XDR, ASN.1, SMB, AFP
세션 계층	TLS, SSH, ISO 8327/CCITT X.255, RPC, NetBIOS, AppleTalk
전송 계층	TCP, UDP, RTP, SCTP, SPX, AppleTalk
네트워크 계층	IP, ICMP, IGMP, X.25, CLNP, ARP, RARP, BGP, OSPF, RIP, IPX, DDP
데이터 링크 계층	LAN(Ethernet, Token Ring), WAN(PPP, HDLC), Frame relay, ISDN, ATM, 무선랜, FDDI
물리 계층	전선, 전파, 광섬유, 동축케이블, 도파관, PSTN, Repeater, DSU, CSU, Modem

① PPP(The Point-to-Point Protocol) : 서로 다른 업체의 원격 액세스 소프트웨어들이 시리얼라인상으로 서로 연결하여 TCP/IP 프로토콜로 통신할 수 있도록 만들기 위해 제정된 표준 규약

② RS-232C(Recomended Standard 232C) : EIA/TIA에서 표준으로 제정한 통신규격으로 보통 직렬 통신/V.24

[참조] OSI 계층(7 Layer)
① Application Layer(응용 계층)
② Presentation Layer(표현 계층)
③ Session Layer(세션 계층)
④ Transport Layer(전송 계층)
⑤ Network Layer(네트워크 계층)
⑥ Data Link Layer(데이터 링크 계층)
- BSC(문자 방식 프로토콜) : 반이중방식으로만 가능 링크형태
- SCLC(비트 방식 프로토콜) : 단방향, 반이중, 전이중방식이 가능
- HDLC(비트 방식 프로토콜) : SDLC방식과 유사한 신뢰성 높고 고속전송이 가능

⑦ Physical Layer(물리 계층)

95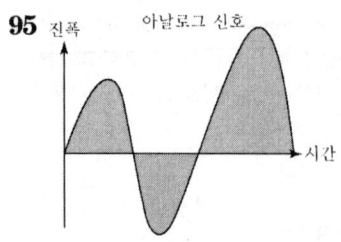

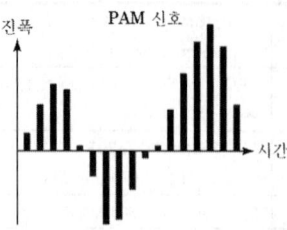

[참조] PCM(Pulse Code Modulation)
① PCM은 음성 정보와 같은 아날로그 정보를 디지털 신호로 변환하기 위해 널리 사용되는 방식이다.
② 입력 아날로그 데이터를 일정한 주기마다 표본화하여 PAM(Pulse Amplitude Modulation, 펄스진폭변조) 펄스로 만든다.
③ 300~3400Hz 범위에 대부분의 주파수 성분을 가지는 음성 정보의 경우, 표본화 주파수를 8000Hz로 하면 원래의 음성 정보를 손실 없이 유지할 수 있다.

96 1. Stop-and-Wait ARQ : 자동 재전송 요청(ARQ) 중 데이터 프레임의 정확한 수신 여부를 매번 확인하면서 다음 프레임을 전송해 나가는 가장 간단한 오류제어 방식
2. Go-back-N ARQ : 한 개의 프레임을 전송하고, 수신측으로부터 ACK 및 NAK 신호를 수신할 때까지 정보 전송을 중지하고 기다리는 ARQ(automatic repeat request)방식

97 1. 주파수 : 시간에 대한 신호의 변화율
① 최고 주파수 : 짧은 기간 내의 변화는 높은 주파수
② 최저 주파수 : 긴 기간에 걸친 변화는 낮은 주파수
2. 신호의 대역폭은 주파수 스펙트럼의 넓이
대역폭=최고 주파수-최소 주파수

98 FDM(Frequency-Division Multiplexing) 방식
① 주파수 분할 다중화는 전화의 장거리 전송망에 도입되어 사용되어 왔다.
② 인접한 채널 간의 간섭을 막기 위해 일반적으로 보호대역(Guard Band)을 사용한다.
③ 여러 신호를 전송 매체의 서로 다른 주파수 대역을 이용하여 동시에 전송하는 기술이다.
[참조] WDM(Wave-Division Multiplexing, 파장분할다중화기)방식 : 가변 파장 송신장치, 가변 파장 수신 장치를 사용하여 특정채널을 선택한다.

99 연속적인 신호파형은 정현파(사인파)이며,
표본화 주파수=신호주파수×2
따라서 주기$(T) = \dfrac{1}{2 \times 신호주파수(f_s)}$

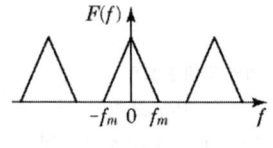

$T_S < \dfrac{1}{2f_m}$ 경우

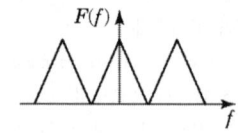

$T_S = \dfrac{1}{2f_m}$ 경우

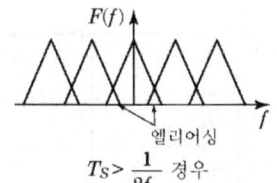

$T_S > \dfrac{1}{2f_m}$ 경우

100 패킷교환망
① 패킷(Packet) : 메시지를 정해진 크기의 비트 수로 나눈 다음 정해진 형식에 맞추어 만들어진 데이터 블록
② 종류 : 가상회선 교환 방식, 데이터그램 교환 방식
③ 패킷 교환망 기능 : 트래픽 제어, 경로 제어, 데이터의 전달, 오류 제어, 논리채널 등
④ 패킷 교환에 사용되는 프로토콜 : X.25

2020년 제4회

정답

01	02	03	04	05	06	07	08	09	10
①	③	②	④	①	④	②	③	③	②
11	12	13	14	15	16	17	18	19	20
①	④	③	④	③	②	③	②	②	③
21	22	23	24	25	26	27	28	29	30
②	③	④	②	③	④	①	④	④	③
31	32	33	34	35	36	37	38	39	40
②	④	②	④	③	④	②	②	①	③
41	42	43	44	45	46	47	48	49	50
④	①	④	①	③	①	①	②	④	②
51	52	53	54	55	56	57	58	59	60
①	④	④	②	③	②	①	③	④	②
61	62	63	64	65	66	67	68	69	70
②	①	①	③	③	②	③	②	④	③
71	72	73	74	75	76	77	78	79	80
③	①	②	④	②	③	②	①	②	①
81	82	83	84	85	86	87	88	89	90
②	②	③	③	②	④	③	①	②	④
91	92	93	94	95	96	97	98	99	100
②	④	④	③	④	①	④	④	②	②

01 로더(Loader)의 기능
① Loading(적재) : 실행 프로그램을 할당된 기억공간에 실제로 옮기는 기능
② Allocation(할당) : 실행 프로그램을 실행시키기 위해 기억장치 내에 옮겨 놓을 공간을 확보하는 기능
③ Linking(연결) : 부프로그램 호출 시 부프로그램이 할당된 기억장소의 시작 주소를 호출한 부분에 등록하여 연결하는 기능
④ Relocation(재배치) : 절대 로더(absolute loader)를 이용할 경우 어셈블러에 의해 처리

02 파일 시스템(File System)
운영체제(OS)가 파티션이나 디스크에 파일들이 연속되게 하기 위해 사용하는 방법. 파일은 주로 보조기억장치에 저장하여 사용한다.

03 프로세스(Process)의 정의
① 실행 가능한 PCB를 가진 프로그램
② 프로시저가 활동 중인 것
③ 프로세서가 할당되는 실체
④ 비동기적 행위를 일으키는 주체
⑤ 운영체제가 관리하는 실행 단위
⑥ 프로세스 제어 블록의 존재로서 명시되는 것
⑦ 실행 중인 프로그램
⑧ 목적과 또는 결과에 따라 발생되는 사건들의 과정
⑨ 프로세서가 할당하는 개체로서 디스패치가 가능한 단위

04 ② compiler(컴파일러) : BASIC, COBOL, PASCAL 등의 프로그래밍(고급) 언어를 기계어로 번역하는 프로그램
③ assembler(어셈블러) : 기호 언어로 쓰여진 프로그램을 기계어 프로그램으로 번역하는 프로그램
④ interpreter(인터프리터) : BASIC, LISP 등의 프로그래밍(고급) 언어를 기계어(목적 프로그램)를 생성하지 않고 바로 실행하는 프로그램

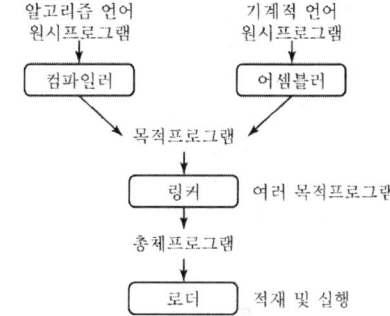

05 사용 가능한 보조기억장치는 DASD 장치이어야 한다.
[참고] DASD(direct-access storage device) : 직접 접근 기억장치(임의의 정보에 직접 도달함)

06 시스템 소프트웨어(System Software)
① 제어 프로그램(Control program)
  ㉠ 감시 프로그램 : 시스템 전체의 동작을 감독
  ㉡ 작업 제어 프로그램 : 작업이 순서대로 처리되도록 관리
  ㉢ 자료 관리 프로그램 : 처리에 필요한 각종 파일이나 데이터 관리
② 처리 프로그램(Process program)
  ㉠ 언어 번역 프로그램 : 사용자가 작성한 프로그램을 기계어로 번역
  ㉡ 서비스 프로그램 : 처리의 효율을 높이기 위한 프로그램
  ㉢ 문제 처리 프로그램 : 사용자가 자신의 업무 처

리를 위해 작성한 프로그램

07 어셈블러의 종류
① 단일 패스 어셈블러
  ㉠ 원시 프로그램을 하나의 명령문씩 읽는 즉시 기계어로 번역하여 목적 프로그램을 생성
  ㉡ 한 개의 Pass만을 사용하는 경우는 기호를 모두 정의한 뒤에 해당 기호를 사용하여야 한다.
② 이중 패스 어셈블러
  ㉠ 원시 프로그램을 앞에서부터 끝까지 읽어서 1단계의 작업을 수행한 후 다시 처음부터 읽으면서 1단계에서 수행한 결과를 사용하여 완전한 목적 프로그램을 생성
③ 크로스 어셈블러 : 원시 프로그램을 컴파일러가 수행되고 컴퓨터의 기계어로 번역하는 것이 아니라, 다른 기종에 맞는 기계어로 번역하는 것
[참고] 어셈블러를 두 개의 pass로 구성하는 주된 이유
  ① 한 개의 Pass만을 사용하는 경우는 기호를 모두 정의한 뒤에 해당 기호를 사용하여야 한다.
  ② 기호를 정의하기 전에 사용할 수 있어 프로그램 작성이 용이하기 때문이다.(전향 참조, Forward reference)
  ③ 사용의 편의상 정의하기 전에 사용한 주소 상수를 처리하기 위함이다.

08 PROLOG(프롤로그, programming in logic, 논리형 프로그래밍 언어)
예)
```
?- likes(X, mary).
    질문 "mary를 좋아하는 대상이 무엇인가?"
X=john;
    첫 번째 답. ";" 치면
X=paul;
    두 번째 답. 다시 ";"를 치면
no
    더 이상의 답이 없음
```

09 절대 로더(absolute loader) 4가지 기능과 수행 주체
① Allocation(기억장소 할당) : by programmer(프로그래머)
② Linking(연결) : by programmer(프로그래머)
③ Relocation(재배치) : by assembler(어셈블러)
④ Loading(적재) : by loader(로더)
[참조]
  ① 컴파일러(Compiler) : 원시 프로그램을 기계어로 바꾸는 번역기
  ② 로더(Loader) : 프로그램을 실행하기 위하여 보조기억장치로부터 주기억장치에 적재시키는 기능

10
① 의사 명령(어셈블러 명령) : 원시 프로그램을 어셈블할 때 어셈블러가 하여야 할 동작을 지시하는 명령
예) START, END, USING, DROP, EQU 등
[참고]
  ㉠ USING : 범용 레지스터를 베이스 레지스터로 할당하는 의사 명령
  ㉡ EQU : 어떤 기호적 이름에 상수값을 할당하는 명령어
② 실행 명령(어셈블리어 명령) : 데이터를 처리하는 명령
예) A, AH, AR, S, SR, L, LA, ST, C, BNE 등

11 이중 패스 어셈블러에서 pass의 기능
① Pass-1의 기능
  ㉠ 기계명령표를 참조
  ㉡ 명령어들의 상대주소(Location Counter) 결정
  ㉢ 기호(Symbol)의 재배치 여부 결정
  ㉣ 기호표(ST) 작성
② Pass-2의 기능
  ㉠ 명령어 자체를 2진 코드로 전환
  ㉡ 명령어의 기호, 상수 대신 기호표, Literal 표에서 찾은 값으로 전환
  ㉢ 로더에 필요한 ESD(External Symbol Dictionary) 및 RLD(Relocation and Linking Dictionary) 작성

12 매크로프로세서 기본 수행 작업
매크로 정의 인식 → 매크로 정의 저장 → 매크로 호출 인식 → 매크로 확장과 인수치환
[참고] 매크로 정의 : 주프로그램에서 매크로의 이름을 기술하는 것

13 연결 편집기(Linkage Editor)
어셈블러에 의하여 독자적으로 번역된 여러 개의 목적 프로그램과 프로그램에서 사용되는 내장 함수들을 하

나로 모아서 컴퓨터에서 실행될 수 있는 실행 프로그램을 생성하는 역할을 하는 것

14 어셈블리어의 기본 동작은 동일하지만 작성한 CPU마다 사용되는 어셈블리어가 다를 수 있다.

15 로더의 종류
① 절대 로더(Absolute Loader) : 목적 프로그램을 기억 장소에 적재시키는 기능만 수행하는 로더로서, 할당 및 연결 작업은 프로그래머가 프로그램 작성 시 수행하며, 재배치는 언어 번역 프로그램이 담당
② 직접 연결 로더(Direct Linking Loader) : 일반적인 기능의 로더로, 로더의 기본 기능 4가지를 모두 수행하는 로더
③ Compile And Go 로더 : 별도의 로더 없이 언어 번역 프로그램이 로더의 기능까지 수행하는 방식(할당, 재배치, 적재 작업을 모두 언어 번역 프로그램이 담당)
④ 동적 적재 로더(Dynamic Loading Loader) : 프로그램을 한꺼번에 적재하는 것이 아니라 실행 시 필요한 일부분만을 적재하는 로더

16 ① 시스템 소프트웨어
  ㉠ 시스템의 제어 및 관리를 수행
  ㉡ 하드웨어와 응용 소프트웨어를 연결하는 역할을 수행한다.
  ㉢ 프로그램을 주기억장치에 적재시키거나 인터럽트 관리, 장치 관리 등의 기능을 담당한다.
② 링커(연결 편집기, Linkage Editor) : 언어 번역 프로그램이 생성한 목적 프로그램과 또 다른 목적 프로그램, 라이브러리 함수 등을 연결하여 실행 가능한 프로그램을 만드는 것

17 부트 로더(boot loader)
컴퓨터를 부팅시킬 때 외부 기억장치로부터 운영체계를 읽어와 컴퓨터 사용이 가능하도록 주기억장치에 설치해 주는 프로그램으로, 컴퓨터의 동작 순서 등이 기억되어 있는 기억장치(ROM)에 저장되어 있다.

18 연산장치 : 복잡한 계산을 처리

19 RET(Return from CALL)
CALL로 스택에 PUSH된 주소로 복귀
① 프로시저 프로그램의 호출과정 및 복귀과정에서 CALL 문으로 부른 서브 프로그램에서 메인 프로그램으로 다시 복귀하는 어셈블리 명령어
② 서브 루틴으로 작성되는 프로시저는 주프로시저에서 호출되어 실행하고, 실행이 끝나면 자신을 호출한 CALL의 다음 명령으로 복귀시켜야 한다. 서브 루틴에서 자신을 호출한 곳으로 복귀시키는 어셈블리어 명령

20 로더(Loader)의 기능
① Allocation(할당) : 실행 프로그램을 실행시키기 위해 기억장치 내에 옮겨 놓을 공간을 확보하는 기능
② Loading(적재) : 실행 프로그램을 할당된 기억공간에 실제로 옮기는 기능
③ Relocation(재배치) : 실행 프로그램을 기억장치 내 임의의 장소에 적재될 수 있도록 조정하는 작업
④ Linking(연결) : 부프로그램 호출 시 부프로그램이 할당된 기억장소의 시작 주소를 호출한 부분에 등록하여 연결하는 기능

21 병렬 컴퓨터의 특징
① 일부 하드웨어 오류가 발생하더라도 전체 시스템은 동작할 수 있다.
② 프로그램 작성이 어려워진다.
③ 기억장치를 공유할 수 있다.

22 채널의 종류와 특징
① 선택 채널(selector channel) : 자기디스크, 자기테이프, 자기드럼 등 고속 입출력장치의 입출력에 이용
② 다중 채널 : 프린터나 카드 리더 같은 저속 입출력장치의 입출력에 이용
③ 블록 다중 채널 : 다중 채널과 같이 동시에 다수의 입출력장치를 제어. 자기디스크, 자기테이프, 자기드럼과 같은 고속 입출력장치의 입출력에 이용
④ 바이트 멀티플렉서 채널 : 단말기, 프린터, 카드판독기 등과 같은 비교적 저속의 입출력장치를 제어하는 채널로 한 번에 한 바이트만 전송하는 것
[참고] 채널 : CPU를 경유하지 않고 입출력과 주기억

장치 간에 데이터 전송을 담당하는 방식

23 ① 10진수 : 0~9까지 10개의 수를 표현
② 16진수 : 0~9의 10개와 A~F의 6개의 문자를 수로 표현

24 인터럽트 벡터
인터럽트가 발생했을 때 그 인터럽트를 처리할 수 있는 서비스 루틴들의 주소를 가지고 있는 공간

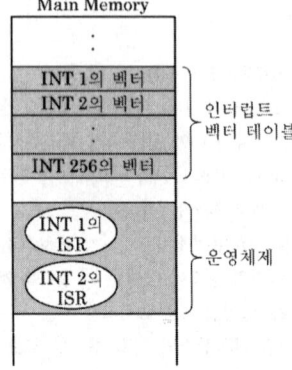

- 오른쪽이 길어지면 벡터 테이블 글자를 아래로 내려서 그려주세요.

25 캐시 기억장치(cache memory)
① CPU와 주기억장치 사이에 두는 반도체의 고속 기억장치
② 프로그램의 실행 속도를 높이는 데 사용

26 제어장치(Control Unit)의 구성 요소
① Control Memory(제어 기억장치) : 마이크로 명령어들로 이루어진 마이크로프로그램을 저장하는 내부 기억장치
② Instruction Decoder(명령 해독기) : 명령어 레지스터(IR)로부터 들어오는 명령어의 연산 코드를 해독하여 해당 연산을 수행하기 위한 루틴의 시작 주소를 결정
③ Control Buffer Register(CBR, 제어 버퍼 레지스터) : 제어 기억장치로부터 읽혀진 마이크로 명령어 비트들을 일시적으로 저장하는 레지스터
④ Control Address Register(CAR, 제어 주소 레지스터) : 다음에 실행할 마이크로 명령어의 주소를 저장

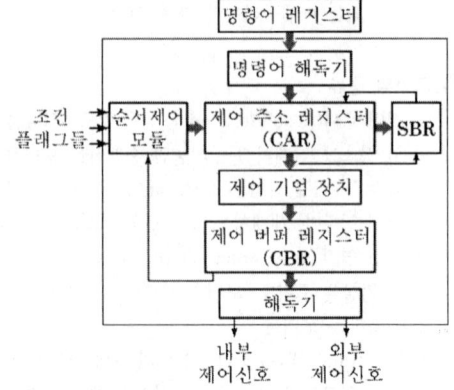

27 마이크로 사이클 시간의 종류
① 비동기식 : 모든 마이크로 오퍼레이션에 대해 서로 다른 사이클을 정의
② 동기 가변식
  ㉠ 수행시간이 유사한 것끼리 모아서 군을 형성
  ㉡ CPU 시간을 효율적으로 이용
  ㉢ 수행시간 차이가 클 때 유리
  ㉣ 제어가 복잡
③ 동기 고정식
  ㉠ 제어장치의 구현이 간단
  ㉡ 여러 종류의 마이크로 오퍼레이션 수행 시 CPU 사이클 시간이 실제적인 오퍼레이션 시간보다 길다.
  ㉢ CPU의 시간 이용이 비효율

28 자기 테이프(Magnetic tape)
플라스틱 테이프 겉에 자성 재료를 바른 테이프로 대부분 컴퓨터 기억, 오디오, 비디오를 기록하는 데에 사용된다. 순차 접근(SASD)만 가능한 기억장치이며 속도가 느리고 저장되어 있는 데이터 이용이 불편하지만, 가격이 저렴하고 용량이 크다.

29 Emulation
다른 컴퓨터의 기계어 명령대로 실행할 수 있는 기능

30 논리회로의 종류
  ① 순서 논리회로 : 플립플롭, 레지스터, 계수기
  ② 조합 논리회로 : 가산기(전가산기, 반가산기), 인코더(Encoder, 부호기), 디코더(decoder, 해독기), 멀티플렉서(다중화기) 등

31 인터럽트(interrupt)
  CPU가 프로그램을 실행하는 중 외부의 어떤 변화로 실행이 정지되고 다른 프로그램이 먼저 실행되는 일
  [참고] DMA(direct memory access) : 직접 기억장치 접근

32 연산자(Op-code, Operation-code)
  실시될 특정 연산을 지정하는 부호
  ① 함수 연산 기능(function operation) 예) ADD
  ② 전달 기능(transfer operation) 예) LOAD, STORE
  ③ 제어 기능(control operation) 예) WRITE, READ, CALL
  ④ 입출력 기능(input output operation)

33 마이크로 오퍼레이션

  외부신호(컴퓨터 명령)   입력 데이터
            ↓   ↓
      ┌─────────┐ 제어신호 ┌─────────┐
      │ 제어장치 │ (마이크로연산)│ 처리장치 │
      └─────────┘ ←상태신호─ └─────────┘
                                  ↓
                              출력 데이터

  ① 명령을 수행하기 위해 CPU 내의 레지스터와 플래그 상태 변환을 일으키는 작업
  ② 레지스터에 저장된 데이터에 의해서 이루어지는 동작
  ③ 마이크로 오퍼레이션을 순서적으로 일어나게 하는 데 필요한 신호를 제어신호라고 한다.
  ④ 마이크로 오퍼레이션은 Clock 펄스에 기준을 두고 실행

34 간접 사이클
  ① MAR ← MBR(addr) : MBR에 있는 명령어의 번지 부분을 MAR에 전송
  ② MBR ← M(MAR) : 메모리에서 MAR이 지정하는 위치의 값을 MBR에 전송
  [참고]
    ① 실행 사이클 : 명령을 제어하는 장치가 새로운 명령을 판독한 후 실행이 끝나기까지 수행하는 사이클
    ② 간접 사이클 : 명령어에 포함되어 있는 addr 정보를 이용하여 그 명령어 수행에 필요한 데이터의 addr을 인출하는 사이클
    ③ 인터럽트 사이클 : 각 명령어의 수행 주기 끝에 인터럽트 발생의 확인과 이를 처리하는 사이클

35 제어장치(Control Unit)
  모든 장치가 연계적으로 동작할 수 있도록 하고, 주기억장치에서 명령어를 해독하여 결과에 따라 제어신호를 전달하는 장치
  ① 제어장치의 기능(역할)
    ㉠ 입력장치에서 입력된 데이터를 기억장소에 저장
    ㉡ 기억장치에 있는 데이터를 연산장치로 이동
    ㉢ 연산장치에서 연산이 완료되면 그 결과를 다시 기억장치로 이동
    ㉣ 기억장치에 저장된 데이터를 출력장치로 이동시켜 출력

36 $F = A + \overline{A}B = (A + \overline{A})(A + B)$
  $= 1(A + B) = A + B$

37 ① 내부 인터럽트 : 데이터 및 프로그램의 오류, 입출력 인터럽트 등의 시스템 내부에서 발생되는 인터럽트
  ② 외부 인터럽트 : 조작원이 인터럽트 신호를 보내거나, 정전 또는 정해진 시간에 도달되었을 때 타이머에서 요청하는 인터럽트, 기계적 고장 등의 시스템의 외적 요인으로 발생되는 인터럽트
  [참고] 인터럽트(Interrupt)의 종류
    ① 외부 인터럽트(external interrupt) : Timer 종료, Operator의 키 조작, Power 문제
    ② 기계 착오(오류) 인터럽트(machine check interrupt) : 기계 고장
    ③ 프로그램(검사) 인터럽트(program check interrupt) : 프로그램의 명령 사용법 등의 잘못이 있을 때 0으로 나누는 경우, Overflow, Underflow, Strack이 넘치는 경우, 불법적인 명령어를 사용하는 경우 등
    ④ 입출력 인터럽트(I/O interrupt) : 데이터의 I/O
    ⑤ 감시 프로그램 호출 인터럽트(supervisior call

interrupt) : 사용자 모드에서 감시 관리 모드로 CPU의 상태를 변화시킴

38 누산기(Accumulator, 어큐뮬레이터)
컴퓨터의 연산장치에서 합산(合算)한 결과를 일시적으로 저장하는 레지스터의 한 가지

[참고]
① 0-주소 명령어 : Operand부 없이 OP-Code부만으로 구성. 주소 사용 없이 스택에 연산자와 피연산자를 넣었다 꺼내어 연산한 후 결과를 다시 스택에 넣으면서 연산, 자료는 남지 않는다.

Op Code (연산자)

② 1-주소 명령어 : Operand부가 1개로 구성. 명령어 형식은 누산기(AC, Accumulator)를 이용하여 명령어 처리

Op Code (연산자)	Operand 1 (Address 1)

③ 2-주소 명령어 : 가장 일반적으로 사용. 여러 개의 범용 레지스터를 가진 시스템에서 사용한다. 연산의 결과는 주로 Operand 1에 저장되며, 이때 Operand 1에 있던 원래의 자료가 파괴된다.

Op Code (연산자)	Operand 1 (Address 1)	Operand 2 (Address 2)

④ 3-주소 명령어 : Operand부가 3개로 구성. 여러 개의 범용 레지스터(GPR)를 가진 컴퓨터에서 사용

Op Code (연산자)	Operand 1 (Address 1)	Operand 2 (Address 2)	Operand 3 (Address 3)

39 그레이 코드(gray code)
연속된 수가 1개의 비트만 다른 특징을 지닌다. 주로 데이터 전송, 입출력장치, 아날로그-디지털 간 변환과 주변장치에 사용된다.

2진수에서 그레이 코드 변환도	그레이 코드에서 2진수 변환도
$B_3\ B_2\ B_1\ B_0$ → $G_3\ G_2\ G_1\ G_0$	$G_3\ G_2\ G_1\ G_0$ → $B_3\ B_2\ B_1\ B_0$

[참고] 자기 보수 코드(Self-complemneting code) : 각 자리의 2진수 0을 1로, 1을 0으로 상호 교환으로 보수를 얻을 수 있는 코드
예) 2421 코드, 51111 코드 등

40
① Static memory : 정상 상태에서 정보 보관 능력이 있는 소자를 이용한 기억장치
② Core memory : 페라이트를 바깥지름이 0.2~0.5mm 정도인 작은 고리 모양으로 가공하여 자심을 만들고, 자심 속의 회전하는 방향에 따라 2진 정보를 기억
③ Dynamic memory : 전원을 공급하더라도 일정 시간이 지나면 데이터가 점점 사라져간다.
④ Destructive memory : 읽혀지는 정보가 기억장소에서 파괴되는 기억장치

41 플래그 레지스터
컨트롤 플래그 레지스터는 상태 플래그, 컨트롤 플래그, 시스템 플래그들의 집합이다. 시스템이 reset되어 초기화되면 이 레지스터는 0x000000002의 값을 갖는다.

31	~	22	21	20	19	18	17
0	~	0	ID	VIP	VIF	AC	VM

16	15	14	13	12	11	10	9	8
RF	0	NT	IOPL		OF	DF	IF	TF

8	7	6	5	4	3	2	1	0
TF	SF	ZF	0	AF	0	PF	1	CF

① 상태 플래그(Status flags)
  ㉠ CF(carry flag) : 덧셈의 결과가 높은 자리 올림수가 발생하거나 뺄셈 후 빌림 수가 발생하면 1(set), 아니면 0(clear)
  ㉡ PF(parith flag)
  ㉢ ZF(zero flag)
  ㉣ SF(Sign flag) : 부호가 있는 정수의 부호 비트를 나타낸다. 양수이면 0(clear), 음수이면 1(set)
  ㉤ OF(overflow flag) : 오버플로 혹은 언더플로가 발생하면 1(set), 아니면 0(clear)
  ㉥ DF(direction flag)
② 시스템 플래그(System flags)

㉠ IF(interrupt enable flag)
㉡ TF(Trap flag)
㉢ IOPL(I/O privilege level)
㉣ NT(Nested task flag)
㉤ RF(Resume flag)
㉥ VM(Virtual 8086 mode flag)
㉦ AC(Alignment check flag)
㉧ VIF(Virtual Interrup flag)
㉨ ID(Identification flag)

42 RISC(축소 명령 집합 컴퓨터)
명령 세트를 간소화하여 고속 동작을 꾀하려는 컴퓨터이다. CISC에서는 하드웨어가 스택을 지원하지만, RISC에는 없다.
[참고] RISC/CISC 비교

구분	CISC	RISC
구조	복잡한 구조	단순한 구조
구성	복잡, 많은 명령어	간단, 최소 명령어
명령어 길이	다양한 길이	고정된 길이
레지스터	작음	많음
속도	느림	빠름
용도	개인용 컴퓨터	서버, 워크스테이션

43 운영체제의 기능
① 프로세스 관리
② 입출력 관리
③ 사용자 인터페이스 제공
④ 기억장치 관리
⑤ 장치인식
⑥ 네트워크 관리
[참고] 사용자 프로그램의 번역 및 실행 : 컴파일러

44 ① 상태 레지스터 : 어떠한 기능을 수행할 수 있는 기기 내부에 상태 정보를 간직하도록 설계된 레지스터
② 인덱스 레지스터 : 유효 주소를 계산하는데 사용되는 주소 정보를 저장
③ 명령 레지스터 : 기억장치에서 읽어낸 명령을 받아서 그것을 실행하기 위하여 일시적으로 기억하여 두는 레지스터

45 0-주소 명령어 형식
① 연산 코드(OP code) 존재
② 스택(Stack) 사용
③ 연산자와 피연산자를 스택에 넣고 빼내어 연산한 결과를 스택에 다시 저장하는 구조
④ push, pop 연산

46 기억장치의 특성을 결정하는 요소
① Cycle Time : 기억장치에 읽기 신호를 보낸 후 다음 신호를 보낼 수 있을 때까지의 시간 간격
② 기억용량
③ Access Time(접근시간) : 기억장치에 읽기 요청이 발생한 시간부터 요구한 정보를 꺼내서 사용 가능할 때까지 시간(탐색시간+대기시간+전송시간)
④ Bandwidth(대역폭, 전송률) : 기억장치를 연속적으로 액세스할 때 초당 처리할 수 있는 비트수(기억장치의 자료 처리 속도를 나타내는 단위, bps)

47 ① 로더(Loader) : 운영체제의 한 부분. 디스크나 테이프에 저장된 목적 프로그램을 읽어서 주기억장치에 올린 다음 수행시키는 프로그램
② 컴파일러(compiler) : 일상 언어에 가까운 문장으로 작성한 프로그램을 기계어로 번역하는 언어 처리 프로그램
③ 어셈블러(assembler) : 어셈블리 언어로 된 프로그램이나 명령어를 기계어로 번역할 수 있는 프로그램
④ 인터프리터(interpreter) : 고급 언어로 작성된 원시 코드 명령문을 한 번에 한 줄씩 읽어서 실행하는 프로그램

48 ① 분기 명령 : 실행 조건에 따라 순서를 변경하여 다른 명령어를 실행할 수 있게 하는 명령
② 반복 명령 : 실행 조건을 부여하여 조건에 부합하는 동안 반복하도록 하는 명령

49 SRAM과 DRAM 비교

Static RAM(SRAM)	Dynamic RAM(DRAM)
• 캐시메모리 사용 • 전원이 공급되는 동안에는 내용이 그대로 유지 • 전력손실이 크다. • DRAM보다 구조가 복잡 • 비트당 가격 비싸다. • CPU의 Cache로 사용 • 액세스 속도를 중요시한 소자	• 전원이 공급되어도 일정 시간이 지나면 내용이 지워지므로 충전이 필요 • 전력손실이 적다. • SRAM보다 구조가 간단 • 비트당 가격이 저렴 • 주기억장치로 사용 • 액세스 속도가 비교적 느림

50 입출력 제어 방식

① programmed I/O : 입출력이 완료되었는지의 여부를 검사하기 위해 CPU가 상태 flag를 계속 조사하여 CPU가 직접 처리하는 I/O 방식

② interruput I/O : CPU가 계속 flag를 검사하지 않고, 준비가 되면 입출력 인터페이스가 컴퓨터에게 알려 입출력이 이루어지는 방식

③ DMA에 의한 I/O(direct memory access, 직접 기억장치 접근) : 입출력 전송 시 CPU의 간섭없이 보다 빠른 데이터 전송이 가능

51
하드웨어적인 방법을 Vectored Interrupt(벡터 인터럽트)라고 한다. 인터럽트를 요청할 수 있는 장치에 버스를 직렬 또는 병렬로 연결해 인터럽트 요청 번호를 CPU에 알리는 방식

52 PLA(Programmable Logic Array)를 이용한 회로 구성

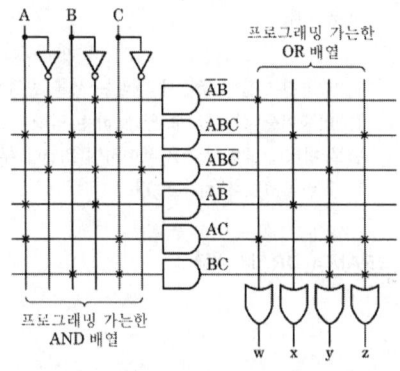

53 DMA
기억장치와 입출력장치 및 주변장치 사이에서 CPU를 통하지 않고 직접 데이터를 전송해 정보를 처리하는 방식

54 즉시 주소지정방식(Immediate mode)
명령어 자체 오퍼랜드(실제 데이터)를 가지고 있는 방식
[참고]
① 직접 주소지정방식(Direct address mode) : 명령어의 오퍼랜드부에 표현된 주소를 이용
② 오퍼랜드(operand) : 연산의 대상이 되는 변수 또는 명령어에서 명령의 대상이 되는 부분

55
입력과 출력이 각각 존재하므로 2개이므로 $(2 \times 8) \times 5$, 상호 병렬 전송이며, 양방향으로 필요하므로
$((2 \times 8) \times 5) \times 2 = 160$

56 n비트 마이크로프로세서 : n비트 내부 버스와 n비트 레지스터의 크기

① 마이크로프로세서(microprocessor)
   ㉠ 마이크로컴퓨터의 CPU의 기능을 1개의 칩에 집적한 것
   ㉡ 연산과 제어를 실행할 수 있음
   ㉢ 단말기 · 프린터 · 팩시밀리 · 각종 전자 제품 등에 사용
② 레지스터의 크기 : 8비트, 16비트, 32비트, 64비트에 따라 구분
③ 내부 버스
   ㉠ CPU와 주변장치 간의 데이터 전송에 사용되는 통로
   ㉡ 버스 폭에 따라 8bit, 16bit, 32bit, 64bit로 구분(워드의 표기를 의미)

57 마이크로프로그램 제어 명령어

① 산술, 논리, 시프트 명령 : ADD, INC, CMA, AND, CLA, SHR, SHL 등
② 메모리와 프로세서 레지스터 사이에 정보를 이동시키는 명령 : LDA, STA 등
③ 상황을 설정하기 위하여 정보 상태를 검사 또는 분기하는 명령 : BUN, BSA, ISZ, SKIP, BR, JMP, CALL, RET 등
④ 입출력 : IN, OUT, PUSH, POP 등
⑤ 컴퓨터를 정지시키는 명령 : HLT 등

[참고]
1. 무번지 명령 형식(0-Address 형식)
   ① 명령 코드만 존재하고 번지부가 없는 형식
   ② 스택을 사용(PUSH, POP)
   ③ 레지스터에 있는 데이터를 직접 사용하므로 처리속도가 빠름
2. 용어 설명
   ① BR(branch) : 분기의 종류와 다음에 실행할 마이크로 명령어의 주소를 결정하는 방법을 명시
   ② AND(and) : 두 오퍼랜드에 대해 논리 AND를 수행하여 그 결과를 목적지 오퍼랜드에 저장
   ③ CALL(call) : 제어를 프로시저로 넘긴다. RET를 사용하여 제어를 CALL 다음의 명령어로 되돌린다.

58 ① 명령어 : 컴퓨터에 연산이나 일정한 동작을 명령하는 기계어
② 명령어 형식=OP Code+Operand(Address)
  0주소 명령어 : OP-Code
  1주소 명령어 : OP-Code+Address 1
  2주소 명령어 : OP-Code+Address+Address 2
  3주소 명령어 : OP-Code+Address+Address 2+ Address 3
  3주소 명령어 : OP-Code+Address +Address 2+ Address 3+NIA
③ 제어장치에서 해독되어 그 동작이 이루어진다.

59 Cycle stealing(사이클 도용)
1. 개념
   ① CPU와 DMA가 동시에 버스를 사용하고자 할 때 속도가 빠른 CPU가 느린 DMA에게 BUS 사용권을 먼저 제공
   ② DMA가 메모리와의 데이터 전송을 위해 프로세서의 한 Cycle을 중지시키고 작업을 실행하는 것을 의미
2. 사용 목적 : CPU가 먼저 BUS를 사용하면 DMA는 계속 사용할 수 없는 자원 부족 현상이 일어날 수 있는 문제 해결

60 인터럽트(interrupt) 처리 과정
인터럽트 요구 → 인터럽트 선별 → 인터럽트 확인 →
CPU 레지스터 보존 → 인터럽트 서비스 루틴 실행 → CPU 레지스터 상태복귀와 인터럽트 서비스 루틴의 종료

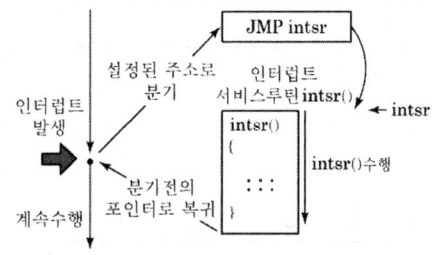

61 입력 T=High이면 Q의 출력이 반대 논리로 천이
입력 T=Low이면 Q의 출력이 상태 천이 없이 유지,
T(toggles)는 상태가 반전되는 것

$$T = \frac{1}{f} \times 2 = \frac{1}{500\text{kHz}} \times 2 = \frac{1}{500000\text{Hz}} \times 2$$
$$= 0.000004\text{s} = 4\mu\text{s}$$

[참고] ① 동작의 특성 방정식
$Q_{next} = T \oplus Q = \overline{T}Q + T\overline{Q}$ (EX-OR 동작의 확장)
② T 플립플롭의 특성표와 여기표 동작

T 플립플롭 동작			
특성표			
T	Q	$Q_{n.e.x.t}$	기능
0	0	0	홀딩 상태
0	1	1	홀딩 상태
1	0	1	토글
1	1	0	토글

T 플립플롭 동작			
여기표			
T	Q	$Q_{n.e.x.t}$	동작
0	0	0	상태유지
0	1	1	상태유지
1	0	1	반대 천이
1	1	0	반대 천이

③ T=High가 계속 유지되면 클럭 신호의 주기가 2배 늘어나고, 주파수는 $\frac{1}{2}$로 된다.

62 니블(nibble)
1byte의 절반, 즉 4bit를 하나의 단위로 한 것
[참고] 정보의 단위 비교

비트 → 바이트 → 워드 → 필드 → 레코드 → 파일 → 데이터베이스

63

부호가 다른 두 수의 덧셈	부호가 다른 두 수의 뺄셈
1101 + -1100 ⓪ 0001	1101 - -1100 ① 11001
곱셈 1101×2=①1010	나눗셈 1101÷2=0110.①

64 기수 : 홀수(Odd), 우수 : 짝수(Even)

10진수	5	9	2	패리티 비트
기수 패리티	0101	1001	0010	⓪
	8421코드에서 "1" 설정 개수가 홀수이면 ⓪, 짝수이면 ①			
우수 패리티	0101	1001	0010	①
	8421코드에서 "1" 설정 개수가 홀수이면 ①, 짝수이면 ⓪			

65 ① decoder(해독기) : 데이터를 하나의 코드화된 형태로부터 다른 코드 형식으로 바꾸는 장치
② multiplexer : 복수의 입력 중에서 1개를 선택해서 출력하는 전환회로

66 시프트 레지스터의 내용을 왼쪽으로 한번 시프트하면 원래 데이터의 2배가 된다.
[참고] 시프트 레지스터(Shift register) : 입력 펄스가 가해질 때마다 내용이 한 자리씩 이동하는 레지스터

67 ② 8진수 455 : 10진수 301
③ 16진수 FC : 10진수 252
④ 2진수 11101011 : 10진수 235

68

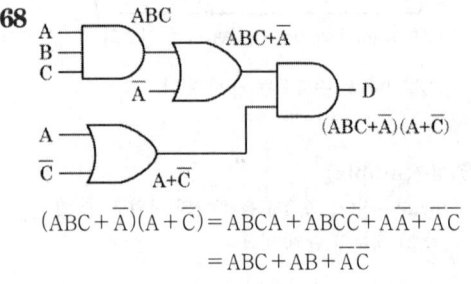

$(ABC+\overline{A})(A+\overline{C}) = ABCA + ABC\overline{C} + A\overline{A} + \overline{AC}$
$= ABC + AB + \overline{AC}$

$= AB(C+1) + \overline{AC} = AB + \overline{AC}$

69 ① NOR 게이트

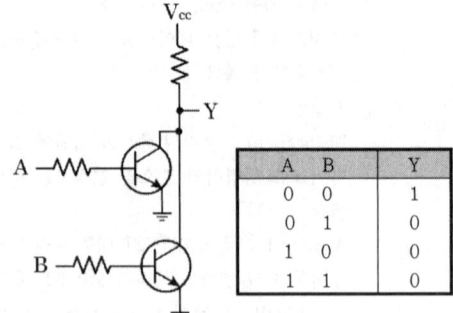

A	B	Y
0	0	1
0	1	0
1	0	0
1	1	0

② NAND 게이트

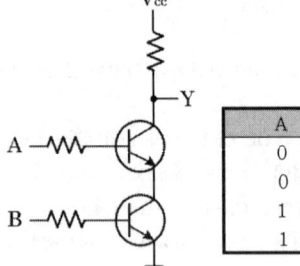

A	B	Y
0	0	1
0	1	1
1	0	1
1	1	0

70 74HC14일 경우

$f = \dfrac{1.2}{RC} = \dfrac{1.2}{(10\times 10^3) \times (0.005 \times 10^{-6})}$
$= \dfrac{1.2}{5\times 10^{-5}} = \dfrac{1.2 \times 10^5}{5} = 24000\text{Hz}$
$= 24[\text{kHz}]$

[참고]

① 74HC1G14일 경우 $f = \dfrac{0.8}{RC}$

② 74HCT1G14일 경우 $f = \dfrac{0.67}{RC}$

71

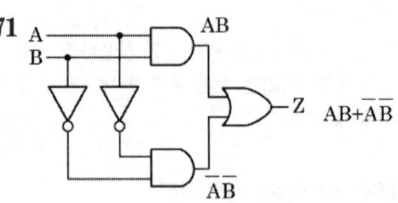

72

A	B	Y
0	0	1 $\overline{A}\overline{B}$
0	1	0
1	0	1 $A\overline{B}$
1	1	1 AB

$Y = \overline{A}\overline{B} + A\overline{B} + AB = \overline{B}(\overline{A}+A) + AB$
$= \overline{B} + AB = (\overline{B}+A)(\overline{B}+B) = A + \overline{B}$

73 조건 ABCD가 1001일 때

① $A\overline{D} + \overline{B}C = (1 \cdot \overline{1}) + (\overline{0} \cdot 0)$
$\qquad = (1 \cdot 0) + (1 \cdot 0) = 0 + 0 = 0$

② $AD = 1 \cdot 1 = 1$

③ $AC + BD = (1 \cdot 0) + (0 \cdot 1) = 0 + 0 = 0$

④ $B\overline{D} = 0 \cdot \overline{1} = 0 \cdot 0 = 0$

74 그레이 코드(gray code)

2진법 부호의 일종으로, 연속된 수가 1개의 비트만 다른 특징을 지닌다. 연산에는 쓰이지 않고 주로 데이터 전송, 입출력 장치, 아날로그-디지털 간 변환과 주변 장치에 쓰인다.

모뎀에서 2진 코드 또는 그레이 코드 8개 bit로 변환을 하지만, 문제에서는 제시하는 전체 bit로 2진 코드에서 그레이 코드로, 그레이 코드를 2진수로 변환할 수 있다.

2진 코드를 4bit씩 끊어서 그레이 코드로 변환하지 않고, 제시하는 bit 갯수만큼 좌측 첫번째 bit값은 첫번째 bit 결과값으로 나타내고, 나머지 bit값들은 EX-OR로 변환하여 결과 bit값을 나타낼 수 있다.

아래 이미지를 살펴보면 좀 더 잘 이해할 수 있다.
(EX-OR에서 00이면 0, 01이면 1, 10이면 1, 11이면 0의 논리값)

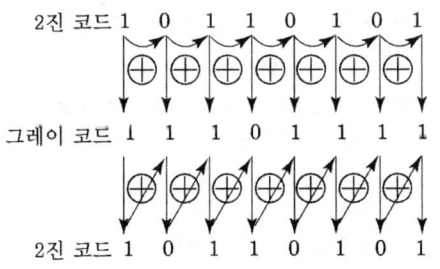

75 2진 리플 계수기(비동기 카운터)

① 플립플롭의 출력 전이가 다른 플립플롭을 트리거시키는 원인으로 작용
② JK 플립플롭을 사용하는 경우 모든 J 입력과 K 입력은 모두 논리값 "1"로 한다.
③ 매 클럭 펄스가 입력될 때마다 보수(반전, 토글)됨

76 JK 플립플롭을 사용한 D 플립플롭

Input	Output	
D	Q	Q
0	0	0
0	1	0
1	0	1
1	1	1

D Flip-Flop

Output		Input	
Q	Q	J	K
0	0	0	X
0	1	1	X
1	0	X	1
1	1	X	0

JK Flip-Flop

D	Q	Q	J=D	K=D
0	0	0	0	[X]
0	1	0	X	[1]
1	0	1	[1]	X
1	1	1	[X]	0

Coversion Table

77 EPROM(erasable programmable read-only memory)

PROM의 일종으로 일단 기억시킨 내용을 소거(消去)하고 다른 데이터를 기억시킬 수 있는 LSI

기억 용량 = $2^{MAR} \times MBR = 2^{주소 선} \times 2^{데이터 선}$
$\qquad = 2^{12}\text{bit} \times 2^4\text{bit}$

78 $f = \overline{B} + \overline{C}D$

AB\CD	00	01	11	10
00	0	1	[3]	2
01		5		
11		[13]	[15]	
10	8	9	[11]	10

79 동기식 5진 카운터

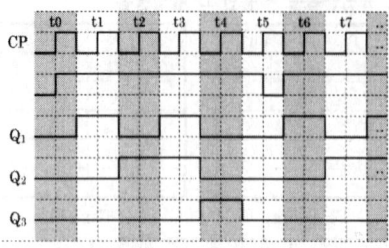

80 $Q(T+1) = (R+Q')'$, $Q'(T+1) = (S+Q)'$

S	R	$Q_{(t+1)}$
0	0	$Q_{(t)}$ 불변
0	1	0
1	0	1
1	1	부정

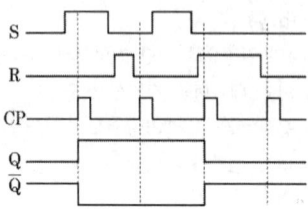

81 소요 주파수 대역=(최대 주파수편이+변조파)×2
   =(75+4)×2=158

   [참고] 반송파 : 전신(電信)·전화·텔레비전 따위의 음성이나 영상의 신호파를 전송하는 데 사용하는 고주파 전류

82 Analog 신호를 Digital 신호로 변환하는 PCM(pulse code modulation) 3단계 과정

표본화(Sampling) → 양자화(Quantizing) → 부호화(Encoding)

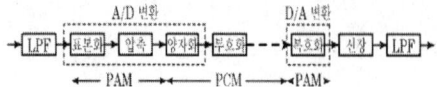

83 패킷교환방식
① 데이터그램과 가상회선방식이 있다.
② 축적 교환이 가능
③ 패킷의 전송지연이 발생
④ 통신내용을 일시 저장
⑤ 가상회선 패킷교환방식은 연결지향 서비스를 제공
⑥ 데이터그램 패킷교환방식은 비연결형 서비스를 제공
⑦ 전송할 수 있는 패킷의 길이는 제한
⑧ 속도 및 프로토콜이 상이한 기기 간에도 통신이 가능
⑨ 에러 및 장애에 강하다.

84 다중접속방식
① FDMA(주파수 분할 다중 접속) : 주어진 주파수 대역폭을 일정한 대역폭으로 나누어 통신 가입자에게 할당하여 다수의 가입자가 동시에 통화를 할 수 있도록 하는 방식
② TDMA(시분할 다중 접속) : 시간을 일정 구간의 타임 슬롯으로 나누어 각 가입자에 분배, 할당하고 가입자는 자신에게 할당된 타임 슬롯만을 이용하여 통화하도록 하는 방식
③ CDMA(코드 분할 다중 접속) : 동일한 주파수 대역이나 시간영역을 사용하는 다수의 가입자에게 서로 다른 코드를 할당하여 여러 가입자가 통신이 가능하도록 하며 통신가입자 구분을 코드로 하는 방식
  ㉠ 시스템의 포화 상태로 인한 통화 단절 및 혼선이 적다.
  ㉡ 실내 또는 실외에서 넓은 서비스 권역을 제공
  ㉢ 배경 잡음 방지하고 감쇄시킴으로써 우수한 통화 품질을 제공한다.

85 샤논의 정리

채널 용량[C]= 대역폭×$\log_2(1+\frac{신호전력}{잡음전력})$

= $(1\times10^6)\times\log_2(1+1)$ = 1Mb/s

[참고] 채널(전송) 용량을 증가시키기 위한 방법
① 전송대역폭을 넓힌다.
② 신호의 크기를 높인다.
③ 잡음의 크기를 줄인다.
④ 신호대잡음비를 높인다.

86 SONET(동기식 광 통신망)의 특징

광매체상에서 동기식 데이터 전송을 하기 위한 표준 기술, SDH와 국제적으로 동등하다. 두 기술 모두 전통적인 유사 동기식 디지털 계위(PDH) 장비에 대해 더 빠르면서도 비용은 적게 드는 네트워크 접속 방법
① 초기 설계 시 64Kbps 음성 네트워크를 기반으로 설계
② 북미 통신표준기인 T1위원회에서 승인한 광전송 표준

87 IEEE : Institute of Electrical and Electronics Engineers(미국 전기·전자 통신학회)
IEEE 802 표준
- IEEE 802.0 - SEC(Sponsor Ececutive Commitee)
- IEEE 802.1 - HILI(Higher Layer Interface)
- IEEE 802.2 - LLC(Logic Link Control)
- IEEE 802.3 - CSMA/CD
- IEEE 802.4 - Token Bus
- IEEE 802.5 - Token Ring
- IEEE 802.6 - DQDB
- IEEE 802.7 - Broadband TAG
- IEEE 802.8 - Fiber Optic TAG
- IEEE 802.9 - IVD(Integrated Voice and Data)
- IEEE 802.10 - LAN Security
- IEEE 802.11 - Wireless LAN
- IEEE 802.12 - Fast LAN
- IEEE 802.14 - Cable Modem
- IEEE 802.15 - Wireless Personal Area Network
- IEEE 802.15.4(ZigBee, 통합 리모콘) - 저전력, 저가격, 저속도를 목표로 하는 WPAN의 표준 중의 하나임. 블루투스나 802.11x 계열의 WLAN보다 단순하고 간단
- IEEE 802.16 - WMAN(와이브로)
- IEEE 802.16e(Mobile WiMAX) - 이동성과 비가시 거리 통신을 지원하여 공간 제약 없는 무선
- IEEE 802.17 - Broadband Wireless Acess

88 HDLC 프레임의 종류
① I-FRAME : 데이터에 대한 확인 응답을 보낼 때 사용되는 프레임
② U-FRAME(비번호) : 링크의 설정과 해제, 오류 회복을 위해 주로 사용
③ S-FRAME(감독) : 제어신호를 송수신할 때, 연결 설정/해제 등의 정보를 전송

89 PPP : 오류감지 기능이 있다.
[참고] 프로토콜(Protocol) : 데이터를 원활히 주고 받기 위하여 약속한 여러 가지 규약. 정보 포맷(format)·교신 절차·에러 검출법 등을 정함

90 OSI(open systems interconnection, 개방형 시스템 간 상호접속) 7계층
① 물리 계층 : 규격화되어 있지 않은 비트 전송을 위한 물리적 전송 매체의 기능을 정의(기계적, 전기적, 기능적, 절차적인 규정)
② 데이터 링크 계층(Data link layer) : 물리 계층에서 사용되는 전송 매체를 사용하여 이웃한 통신 기기 사이의 연결 및 데이터 전송 기능과 관리를 규정. 채널 제어, 에러 검출 및 정정, 흐름 제어 기능
③ 네트워크 계층(Network layer) : 두 네트워크를 연결하는 데 필요한 데이터 전송과 교환 기능의 제공 및 관리를 규정. 패킷 관리, 네트워크 연결 관리, 경로 배정 기능
④ 전송 계층(transport layer) : 다른 네트워크들의 종점간(end to end)에 신뢰성 있고 투명한 데이터 전송을 기본적으로 제공하고 오류의 복원과 흐름 제어를 담당
⑤ 세션 계층(Session layer) : 종점들 간의 기본적 연결 서비스에 기능을 부가하여 실체가 특성에 맞게 데이터를 교환할 수 있는 연결 서비스를 제공하고 제어 기능을 수행. 연결 설정 및 유지 및 종료, 메시지 전송과 수신, 에러 복구 기능
⑥ 표현 계층 : 데이터 구문(syntax) 네트워크 내에서 인식이 가능한 표준 형식으로 재구성하는 기능을 수행
⑦ 응용 계층 : OSI 환경의 사용자에게 특정한 서비스를 제공하는 기능을 수행하는 계층으로 정보 처리를 수행하는 응용 프로그램과의 인터페이스와 통신을 수행하기 위한 기본적인 응용 기능을 제공

91 HDLC의 링크 구성 방식에 따른 3가지 동작 모드
① NRM(정규 응답 모드) : 반이중 또는 멀티포인트 불균형 링크 구성에 사용. 주 스테이션이 종속 스테이션으로 데이터 전송을 임의로 개시할 수 있다. 종속 스테이션은 주 스테이션의 허락이 있을 때만

송신되므로 불균형 구성이 된다.
② ABM(비동기 균형 모드) : P2P 균형 링크에 사용된다. 종속 스테이션과 주 스테이션의 차이가 없이 동등한 기능을 수행한다.
③ ARM(비동기 응답 모드) : 종속 스테이션이 주 스테이션의 허락 없이 전송이 가능하다. 링크 설정과 오류 제어 등은 주 스테이션만 수행한다.

92 ① RIP(Routing Information Protocol) : 정보를 교환할 때 자신이 가지고 있는 모든 Network 정보 전달
② BGP(BorderGateway Protocol) : 자율시스템(AS) Number가 다른 네트워크 간에 Routing Information을 주고 받는 Exterior Gateway Protocol이다.
③ OSPF(Open Shortest Path First) : 내부 라우팅 프로토콜의 일종으로 링크상태 알고리즘을 사용하는 대규모 네트워크에 적합

93 RIP(Routing Information Protocol)의 장단점
1. 장점
   ① 표준 프로토콜
   ② 간단 설정과 운영
   ③ 시스템 자원의 소모가 적음
2. 단점
   ① 홉 카운트 메트릭 이용으로 비효율 발생
   ② 속도와 거리 지연 등의 고려 불가로 대규모 네트워크에 부적합
   ③ 15 초과 홉수에 대한 제한
   ④ 서브넷 정보 처리 불가
   ⑤ 라우팅 루프 발생

94 IP 주소가 172.16.20.0/25일 경우
① 172.16.20.0 : 네트워크 IP 주소(예약된 주소)
② /25 : 255.255.255.128 서브
③ 네트워크 주소 172. 16. 20.   0
   AND   255.255.255.128
   방송 주소   172. 16. 20. 127   : 방송 IP 주소(예약된 주소)
④ 172.16.20.1 ~ 172.16.20.126 : 서브넷의 예약되어 있는 주소를 제외한 주소. 할당 가능한 호스트의 주소 범위

95 패킷 교환망 기능
① 패킷 다중화 : 한 개의 통신회선을 사용하면서도 동시에 다수의 터미널과 통신을 수행하는 기능
② 경로 제어(Routing) : 전송 경로 중에서 최적의 패킷 교환 경로를 찾는 기능(성능 기준, 경로의 결정 시간과 장소, 정보 발생지, 경로 정보의 갱신 시간)
③ 흐름 제어 : 패킷의 양이나 속도를 규제하는 기능
④ 에러 제어
⑤ 패킷 경로 설정 요소 중 정보 도착지는 없음. 엑세스 제어 기능 없음, 집중화 기능 없음
[참고] 재밍(Jamming) : 제대로 수신하지 못하게 방해하는 기법

96 눈 패턴(eye-pattern)
디지털 중첩의 파형이 사람의 눈과 비슷해 아이 패턴이라 부른다.
눈이 열린 높이만큼을 잡음에 대한 여분/여유로 잡을 수 있다. 신호에 잡음이 많을수록 eye opening의 정도가 줄고, 반대로 신호 세기가 좋을수록 eye opening은 커진다.

97 ① Stop-and-wait ARQ 방식 : 데이터 프레임의 정확한 수신 여부를 매번 확인하면서 다음 프레임을 전송해 나가는 가장 간단한 오류제어 방식
② NAK(negative acknowledge) : 텔레타이프에서 부정 응답

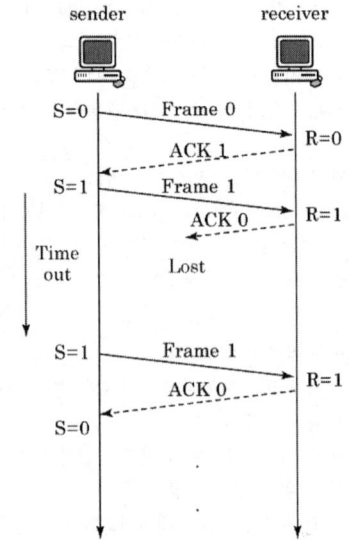

98 전송 에러 제어 방식
① 전진 에러 수정(FEC, Forward Error Correction)
: 송신측에서 오류 정정을 위한 제어 비트를 추가해서 전송하면 수신측에서 이 비트를 사용하여 직접 에러를 검출 및 수정하는 방식. 순방향 오류 정정 방식을 취함
예) 해밍 코드, 상승 코드
② 후진 에러 수정(BEC, Backward Error Correction)
: 데이터 전송 중 에러가 발생하면 송신측에 재전송을 요구하는 방식
[참고] CRC : 순환 중복 검사. 데이터의 오류를 검출하는 방법으로 가장 널리 사용됨

99 해밍 거리(n)가
㉠ 홀수 n일 때 정정(교정, 수정) 가능한 오류의 수 : $(n-1)/2$
예) n=3이면 $(3-1)/2=1$
㉡ 짝수 n일 때 정정(교정, 수정) 가능한 오류의 수 : $(n-2)/2$
예) n=4이면 $(4-2)/2=1$
※ 검출 가능한 오류의 수 : $(n-1)$
예) n=3이면 $(3-1)=2$
예) n=4이면 $(4-1)=3$
검출할 수 있는 최대 오류의 수는 2이다.

100 전송 제어 절차
① 1단계(회선 접속) : 일반 교환망에서의 물리적인 접속 단계
② 2단계(데이터 링크 확립) : 데이터 송·수신을 위한 논리적인 경로를 구성하는 단계
③ 3단계(정보 전송) : 송·수신측 간에 메시지 전송 단계
④ 4단계(데이터 링크 해제) : 링크 확립을 종료하는 단계로 논리적인 경로를 해제하는 단계
⑤ 5단계(회선 절단) : 교환망에 연결된 회선 접속 단계로 물리적인 접속을 해제하는 단계

2021년 제4회

01	02	03	04	05	06	07	08	09	10
①	④	③	①	③	③	③	③	②	④
11	12	13	14	15	16	17	18	19	20
①	④	②	②	②	②	②	②	②	①
21	22	23	24	25	26	27	28	29	30
②	②	②	④	②	①	③	②	③	②
31	32	33	34	35	36	37	38	39	40
①	①	③	②	①	③	④	④	④	①
41	42	43	44	45	46	47	48	49	50
③	①	③	②	④	②	③	④	④	②
51	52	53	54	55	56	57	58	59	60
③	③	②	③	①	②	①	③	④	①
61	62	63	64	65	66	67	68	69	70
②	①	③	②	③	②	②	④	②	②
71	72	73	74	75	76	77	78	79	80
①	①	②	④	③	①	②	①	②	④
81	82	83	84	85	86	87	88	89	90
③	③	②	④	①	④	③	②	④	④
91	92	93	94	95	96	97	98	99	100
①	③	②	③	①	③	④	①	④	④

01 ① 예약어 : 정해진 의미를 갖고, 그 이외의 의미로 사용해서는 안 되는 언어
② 식별자 : 변수, 배열, 절차 등을 식별하는데 사용하는 문자의 열
③ 디렉티브 : 컴퓨터 명령어와 같은 형식을 갖지만, 번역을 제어하는데 사용되는 프로그램 명령어
[참고] 어셈블리어
① 명령 기능을 쉽게 연상할 수 있는 기호를 기계어와 1 : 1로 대응시켜 코드화한 기호 언어
② 프로그램에 기호화된 명령 및 주소를 사용
③ 어셈블리어의 기본 동작은 동일하지만 작성한 CPU마다 사용되는 어셈블리어가 다를 수 있다.
④ 어셈블리어에서는 데이터가 기억된 번지를 기호(symbol)로 지정
⑤ 어셈블리어로 작성된 원시 프로그램은 목적 프로그램을 생성한 후 실행 가능하다.

02 컴파일러(Compiler) 언어와 인터프리터(Interpreter) 언어의 차이점
① 인터프리터 언어가 번역 속도가 빠르고, 실행 속도가 느리다.
② 인터프리터 언어는 대화식 처리가 가능하나, 일반적으로 컴파일러 언어는 불가능하다.
③ 컴파일러 언어는 목적 프로그램이 생성되는 반면, 인터프리터 언어는 목적 프로그램이 생성되지 않는다.

03 절대 로더(Absolute Loader)
① 단순히 번역된 목적 프로그램을 입력으로 받아들여 주기억장치의 프로그래머가 지정한 주소에 적재하는 기능을 가지는 로더
② 목적 프로그램을 기억 장소에 적재시키는 기능만 수행하는 간단한 로더
③ 할당 및 연결 작업은 프로그래머가 프로그램 작성 시 수행
④ 재배치는 언어 번역 프로그램이 담당

04 시스템 성능의 평가 기준
① 처리량
② 지연·응답시간(Turnaround time)
③ 신뢰도
④ 사용 가능도(가동률)

05 세그먼테이션(Segmentation)
① 각 세그먼트를 프로그램의 논리적인 구성 단위로 나누어 배정할 수 있다.
② 사용자, 프로그래머 관점의 메모리 관리 기법이다.
③ 기억장치의 보호나 공유, 논리적 구조화가 쉽다.

06 어셈블러를 두 개의 pass로 구성하는 주된 이유
① 한 개의 Pass만을 사용하는 경우는 기호를 모두 정의한 뒤에 해당 기호를 사용하여야 한다.
② 기호를 정의하기 전에 사용할 수 있어 프로그램 작성이 용이하다(전향 참조, Forward reference).
③ 사용의 편의상 정의하기 전에 사용한 주소 상수를 처리하기 위함이다.

07 기계어
CPU의 종류에 따라서 서로 다른 코드(기계어)를 갖게 된다.

08 시분할 시스템
하나의 컴퓨터 시스템을 복수의 사용자가 동시에 대화

식으로 사용하는 이용 형태로 일정 시간 내에 복수의 과업을 실행할 수 있도록 내부 처리 기구를 갖고 있다.
① 장점
  ㉠ 빠른 응답 제공
  ㉡ 소프트웨어의 중복 회피 가능
  ㉢ 프로세서 유휴시간 감소
② 단점
  ㉠ 신뢰성 문제
  ㉡ 보안 의문 및 사용자 프로그램과 데이터의 무결성
  ㉢ 데이터통신의 문제

09 시스템 프로그램의 종류
오퍼레이팅 시스템, 유틸리티 프로그램, 데이터베이스 관리시스템(DBMS), 온라인 제어 프로그램 등
① 컴파일러(complier) : 소스 코드를 컴퓨터가 이해할 수 있는 형태의 코드로 번역시켜 목적 프로그램을 생성시켜 주어야 하는 데, 이렇게 번역시켜 주는 작업
② 로더(loader) : 목적 프로그램(Object Program)을 실행하기 위해 메모리에 적재하는 역할을 수행하는 시스템 프로그램

10 ① 패스 1의 데이터베이스
  ㉠ 입력된 원시 프로그램
  ㉡ 매크로 정의 테이블(MDT)
  ㉢ 매크로 정의 테이블 계수기(MDTC : Macro Definition Table Counter)
  ㉣ 매크로 이름 테이블 계수(MNTC : Macro Name Table Counter)
  ㉤ 형식 인수표 : 매크로 정의를 저장하기 전에 형식 인수를 색인(Index) 표시로 치환하기 위해 사용
  ㉥ 스택, 실인수의 개수 : 매크로 내의 매크로 호출을 처리하기 위해 사용되며, 스택에는 실인수와 매크로 정의표가 포함
② 패스 2의 데이터베이스
  ㉠ 입력된 원시 프로그램
  ㉡ 매크로 정의 테이블(패스 1에서 주어짐)
  ㉢ 매크로 이름 테이블(패스 1에서 주어짐)
  ㉣ 매크로 정의 테이블 포인터(MDTP : Macro Definition Table Pointer) → 매크로 확장 시에 현재 확장되고 있는 MDT 내의 문장의 위치

지정을 위해 쓰이는 변수
  ㉤ 실인수표 : 저장된 매크로 정의 내의 색인표시를 매크로 호출 시의 인수값으로 치환하기 위하여 사용

11 Y에 X를 추가

12 매크로 프로세서가 수행해야 할 작업의 종류(출제 빈도 높음)
① 매크로 정의 인식
② 매크로 정의 저장
③ 매크로 호출 인식
④ 매크로 호출 확장

13 로더(loader)의 기능
① 할당(Allocation) : 실행 프로그램을 실행시키기 위해 기억장치 내에 옮겨 놓을 공간을 확보하는 기능
② 연결(Linking) : 부프로그램 호출 시 부프로그램이 할당된 기억장소의 시작 주소를 호출한 부분에 등록하여 연결하는 기능
③ 재배치(Relocation)
④ 적재(Loading) : 실행 프로그램을 할당된 기억공간에 실제로 옮기는 기능

14 페이지 교체 기법(출제 빈도가 높음)
① FIFO(First In First Out) : 가장 먼저 적재된 페이지를 먼저 교체하는 기법
② LRU(Least Recently Used) : 가장 오랫동안 사용되지 않은 페이지를 먼저 교체하는 기법
③ LFU(Lease Frequently Used) : 참조된 횟수가 가장 적은 페이지를 먼저 교체하는 기법
④ NUR(Not Used Recently) : 최근에 사용하지 않은 페이지를 먼저 교체하는 기법
⑤ RR(Round Robin) : 스케줄링 정책 중 각 프로세스에서 차례대로 일정한 배당 시간 동안 프로세서를 차지하도록 하는 정책으로 일정 시간이 초과하면 강제적으로 다음 프로세스에서 차례를 넘기게 하는 것

15 ① parse tree : 작성된 표현식이 BNF의 정의로 바르게 작성되었는지를 확인하기 위해 만들어진 것
② Linkage Editor : 실행 가능한 프로그램을 만들기 위해 컴파일 부호의 목적 모듈을 서로 연결시키는

것. 따로 작성된 목적 모듈들을 서로 연결하고 이미 주기억장치에 저장되어 있는 모듈의 전부 또는 일부를 새로운 모듈과 연결시킨다.
③ BNF : 문맥 자유 문법의 표기법 중 하나
④ Associative Array(연관 배열) : 하나의 키와 하나의 값이 연관되어 있으며, 키를 통해 연관되는 값을 얻을 수 있다.

16 평균 실행시간

$$\frac{P1+P2+P3+...+PN}{N} = \frac{18+6+9}{3} = \frac{33}{3} = 11$$

17 재배치(Relocation)
디스크 등의 보조기억장치에 저장된 프로그램이 사용하는 각 주소를 할당된 기억장소의 실제 주소로 배치하는 기능

18 ① Direct linking loader : 일반적인 로더(general loader)이며 할당, 연결, 재배치, 적재의 기능을 모두 수행하는 가장 근접한 로더
② Absolute loader : 간단한 로더이며 단순히 번역된 목적 프로그램을 입력으로 받아들여 주기억장치의 프로그래머가 지정한 주소에 적재하는 기능을 가지는 로더
③ Compile and go loader : 원시 프로그램의 기계어로 번역하는 순서대로 명령어 및 자료를 직접 주기억장치에 적재하여 곧바로 프로그램을 수행하는 방식

19 어셈블리어의 장점
① 각 장치들의 구체적 동작 제어
② 기계어 하나에 하나의 니모닉 명령어
③ 프로세서마다 별도로 정의
④ 기계어에 가깝다.
⑤ 빠른 속도
⑥ 컴퓨터 구조에 따라 사용하는 기계어가 다르다. 따라서 기계어에 대응되어 만들어지는 어셈블리어도 각각 다르게 된다.

20 ① 파일 시스템 : 데이터의 파일이 저장매체에 저장되는 방식
② 유닉스 계열 파일 시스템 : ext(ext1, ext2, ext3, ext4)

21 bpi(bit per inch)
자기 테이프의 기록 밀도를 나타내는 단위로써 자기 테이프 1트랙의 1인치에 기록할 수 있는 비트의 수로 일반적인 자기 테이프는 800~6250bpi 정도의 밀도를 가진다.

22 ① MBR(Memory Buffer Register) : 기억장치에 저장될 단어를 가지고 있거나, 기억장치로부터 읽힌 다음 자료를 저장하는 데 사용
② MAR(Memory Address Register) : MBR로부터 쓰어지거나 읽혀질 단어의 기억장치 주소를 저장
③ AC(Accumulator) : 연산 결과를 일시적으로 보관하는 누산기
[참고] AND : 논리곱, ADD : 가산 연산, JMP : 점프 수행, BSA : 2진 동기 어댑터

23 Flynn이 제안한 병렬 컴퓨터 구조

	Single Instruction Stream ↓	Multiple Instruction Stream ↓↓↓
Single Data Stream →	SISD	MISD
Multiple Data Stream ⇒	SIMD	MIMD

① SISD(Single Instruction Single Date) : 한 순간에 하나의 명령과 데이터를 처리
② SIMD(Single Instruction Multi Date) : 하나의 명령이 서로 다른 데이터를 병렬적으로 취급하며 하나의 제어장치에 의해 독립된 처리 과정을 실행
③ MISD(Multi Instruction Single Date) : 하나의 데이터에 대해 여러 개의 명령들로 연산되어지는 형태로 현재 이러한 형태의 컴퓨터 구조는 구현된 제품이 없다.
④ MIMD(Multi Instruction Multi Date) : 다중처리기 컴퓨터로 불린다. 여러 개의 처리장치를 갖고 있으므로 다중 명령어들은 동시에 다른 데이터를 처리할 수 있다.

24 ① 인터럽트(interrupt) : CPU(중앙처리장치)가 프로그램을 실행하는 중 외부의 어떤 변화로 실행이 정지되고 다른 프로그램이 먼저 실행되는 일
② 인터럽트의 발생 원인
㉠ 기계적인 문제 : 정전, 데이터 전송과정의 오류, 시스템의 자체 문제
㉡ 프로그램상의 문제 : 불법인 명령어의 실행, 보호된 기억공간 접근
㉢ 의도적 조작 : 시스템 조작자의 의도된 행위
㉣ 입출력장치 : 입출력장치들의 동작에 CPU 기능 요청

25 반감산기
한 자리인 2진수를 뺄셈하여 차와 빌림수를 구하는 회로이다.
① 차 : $X = A \oplus B$
② 빌림수 : $Y = \overline{A} B$

26 병렬 전송방식에 의한 레지스터 전송은 직렬 전송방식에 비해 속도가 느리고 결선의 수가 많다는 단점을 가지고 있다.

27 마이크로사이클 시간의 종류
① 비동기식 : 모든 마이크로오퍼레이션에 대해 서로 다른 사이클을 정의
② 동기 가변식
㉠ 수행 시간이 유사한 것끼리 모아서 군을 형성
㉡ CPU 시간을 효율적으로 이용
㉢ 수행 시간 차이가 클 때 유리
㉣ 제어가 복잡
③ 동기 고정식
㉠ 제어장치의 구현이 간단
㉡ 여러 종류의 마이크로오퍼레이션 수행 시 CPU 사이클 시간이 실제적인 오퍼레이션 시간보다 길다.
㉢ CPU의 시간 이용이 비효율

28 DMA(direct memory access) : 직접 기억장치 접근

29 SRAM은 인버터 래치로, DRAM은 커패시터로 저장한다.
[참고] SRAM과 DRAM 비교

Static RAM(SRAM)	Dynamic RAM(DRAM)
• 캐시메모리 사용	• 전원이 공급되어도 일정 시간이 지나면 내용이 지워지므로 충전이 필요
• 전원이 공급되는 동안에는 내용이 그대로 유지	
• 전력손실이 크다.	• 전력손실이 적다.
• DRAM보다 구조가 복잡	• SRAM보다 구조가 간단
• 비트당 가격 비싸다.	• 비트당 가격이 저렴
• CPU의 Cache로 사용	• 주기억장치로 사용

30 연관 기억장치(associative memory)
① 데이터의 내용으로 병렬 탐색을 하기에 알맞게 되어 있다.
② 각 셀이 외부의 인자와 내용을 비교하기 위한 논리 회로를 가지고 있다.
③ 탐색은 전체 워드 또는 한 워드 내의 일부만을 가지고 시행될 수 있다.
④ CAM(Content Addressable Memory)이라고 한다.

31 멀티플렉서(Multiplexer, 다중화기)
2^n개의 입력 중에서 하나를 선택하여 하나의 출력선으로 내보내기 위해서는 최고 n 비트의 선택입력이 필요하다. 이 n개의 선택입력 조합으로 입력을 선택하여 출력하는 회로이며 데이터 셀렉터(data selector)라고도 한다.

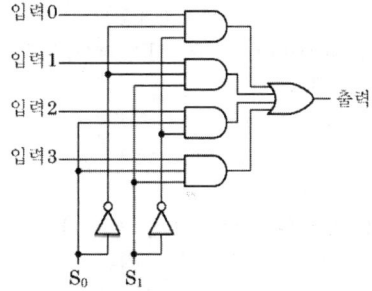

[참고] 디멀티플렉서(Demultiplexer) : 1개의 입력선을 받아들여 n개의 선택 선의 조합에 의해 2^n개의 출력선 중에서 하나를 선택하여 출력하는 회로이며 데이터 분배기(Data distributor)라고도 한다.

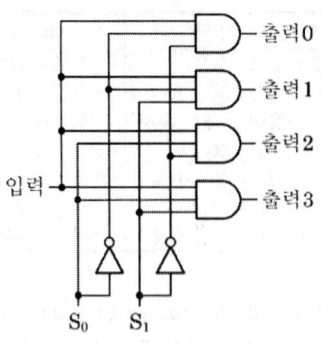

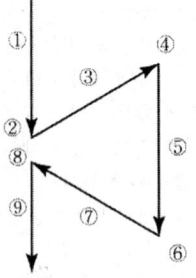

① 주프로그램 실행 → ② 인터럽트 발생 → ③ 복귀 주소 저장 → ④ 인터럽트 벡터로 점프 → ⑤ 인터럽트 처리 → ⑥ 인터럽트 처리 완료 → ⑦ 복귀주소 로드 → ⑧ 마지막에 실행되었던 주소로 점프 → ⑨ 주프로그램 실행

32 대표적으로 자기 테이프는 SASD(Sequence Access Storage Device, 순차접근기억장치)이며, 자기 디스크는 DASD(Direct Access Storage Device, 직접접근기억장치)이다.

33 ① 다중 처리기 : 하나의 시스템에 여러 개의 프로세서를 두어 하나의 작업을 각 처리기에서 할당하여 수행한다.
② 배열 처리기 : 여러 개의 연산장치를 병렬로 연결하여 일반적인 컴퓨터보다 행렬 연산을 고속으로 할 수 있게 만든 처리기

34 Major State 4단계
① Fetch Cycle : 명령어 해독
② Indirect Cycle : 해독된 명령어가 간접 주소인 경우 유효주소 계산
③ Execute Cycle : 명령의 실행
④ Interrupt Cycle : 인터럽트 처리

35 인터럽트 벡터(Interrupt Vector)
① 인터럽트 발생 시 프로세서의 인터럽트 서비스가 특정 장소로 분기하여 서비스 제공
② 인터럽트를 발생한 장치가 프로세서에서 분기할 곳의 정보를 제공
③ 인터럽트 벡터의 필수적인 것은 분기 번지(복귀 주소)
④ 하드웨어 신호로 특정 번지의 서브루틴을 수행하는 것
[참고] 인터럽트 처리 과정

36 평균 기억장치 액세스 시간(T_a)
=(T_c×캐시 적중률)+(T_m×(1-캐시 적중률))
=(50×0.7)+(400×(1-0.7))
=35+(400×0.3)=35+120=155ns

37 ① MAR(메모리 주소 레지스터) : 기억장치를 출입하는 데이터의 번지를 나타내는 레지스터
② MBR(메모리 버퍼 레지스터) : 기억장치를 출입하는 데이터가 잠시 기억되는 레지스터

38 ① Adder(가산기) : 두 수의 합을 구하는 회로
② Comparator(비교기) : 어떤 정보의 2개 데이터를 비교하여 크기, 순서, 특성 등에 대해 체크, 검출하는 회로
③ Decoder(복호기) : 입력된 부호에 대응하는 출력을 발생시키는 전자회로
④ Subtractor(감산기) : 디지털 신호를 사용하여 뺄셈 기능을 수행하는 장치

39 인출(fetch) 사이클
한 명령의 실행 사이클 중에 인터럽트 요청을 받아 인터럽트를 처리한 후 실행되는 사이클로, 주기억장치에서 CPU의 명령 레지스터로 가져와 해독하는 단계

40 선택 채널(Selector channel)
① 제어기의 입장에서 하나의 입출력장치의 독점인 것처럼 운용

② 단 하나의 주변장치로만 데이터의 처리가 가능한 입출력 채널
③ 자기 디스크, 자기 테이프, 자기 드럼과 같은 고속 입출력장치의 이용

41 Immediate Addressing Mode(즉시 주소지정방식)
명령어에서 OP-code 다음에 실제 오퍼랜드(operand) 값이 오는 주소지정방식
[참고] 즉시 주소 > 레지스터 주소 > 직접 주소 > 레지스터 간접 주소 > 간접 주소

42 ① ATX(Advanced Technology Extended) : x86 아키텍처 컴퓨터의 메인보드 표준 규격으로 폼 팩터 규격이라고 한다. 1990년대 중반까지 쓰이던 AT 규격을 대체하기 위해 인텔에서 만들었다. 1995년 발표된 이 규격은 메인보드뿐만 아니라 메인보드가 설치되는 컴퓨터 케이스와 전원공급장치에도 영향을 주었다.
② AGP(Accelerated Graphics Port, 가속 그래픽 포트)
③ PCI(Peripheral component Interconnect Bus) : 컴퓨터 메인보드에 주변장치를 장착하는 데 쓰이는 컴퓨터 버스의 일종
④ IrDA(Infrared Data Association, 적외선 통신 협회) : 개인영역 네트워크(PAN)와 같이 비교적 짧은 범위의 데이터 교환에 사용되는 물리적 통신 프로토콜

43 레이저 프린터는 출력장치이다.
[참고]
① OCR(Optical Character Reader) : 광학문자판독기
② BCR(Bar Code Reader)
  ㉠ 바코드 판독기
  ㉡ 편의점이나 백화점 포스기에 사용
  ㉢ 서로 다른 굵기를 가진 고유한 선에 빛을 비춰 반사된 값을 코드화시켜서 판독

44 제어장치(Control Unit)
주기억장치에 기억된 프로그램의 명령을 해독하여 그 명령 신호를 각 장치에 보내 명령을 처리하도록 지시하는 것

45 ① 프로그램에 의한 입출력(Programmed Input/Output) 방식 : 중앙처리장치(CPU)에 가장 많이 의존하는 입·출력 방식
③ 인터럽트 입출력(Interrupt Input/Output) 방식 : 입출력 장치가 데이터의 전송을 요구하거나 전송이 끝났음을 알리는 방식
④ DMA에 Input/Output 방식 : 중앙처리장치로부터 입·출력 지시를 받으면 직접 주기억장치에 접근하여 데이터를 입·출력하고, 입·출력에 관한 모든 동작을 독립적으로 수행하는 입·출력 제어 방식

46 보조기억장치는 비휘발성 기억장치이고, 주기억장치인 RAM(Random Access Memory)은 휘발성 기억장치이다.

47 주소지정방식(Addressing Mode)의 종류
① 간접 주소지정방식(Indirect Addressing Mode) : 오퍼랜드에 기억장소의 주소가 저장되어 있으나, 가리키는 주소는 기억장소에 데이터의 유효 주소가 저장된 방식
② 직접 주소 방식(Direct Addressing Mode) : 오퍼랜드의 내용이 유효 주소가 있는 주소

48 RF(Radio Frequency) 전송은 무선(Wireless) 전송의 개념이므로 레지스터 간의 자료 전송 방식과는 무관하다.
[참고] Radio : 넓은 의미에서의 무선 전체를 가리키는 말이었으나 변천되어 전파에 의한 음성방송과 이를 수신하는 기기

49 Byte Multiplexer Channel(바이트 다중 채널)
동시에 작동하는 여러 개의 주변장치와 내부 기억장치 사이에서 바이트 단위로 데이터의 전송을 병행하는 방식
[참고] Seloctor Channel(선택 채널)
① 고속 I/O 장치에 사용되는 데이터 전송방식
② 고속의 입·출력장치에 적합하고 버스트(burst) 방식으로 데이터를 전송하는 것

50 운영체제(OS)의 구성 요소
① 제어 프로그램
  ㉠ 감시 프로그램
  ㉡ 작업 제어 프로그램 : Job Scheduler, Master Scheduler
  ㉢ 자료 관리 프로그램
② 처리 프로그램

㉠ 언어 번역기(Language Translator Program)
  : 어셈블러, 컴파일러(Compiler), 인터프리터
㉡ 서비스 프로그램(Service Program) : 연결 편집기, 정렬/합병 프로그램, 유틸리티
㉢ 문제 프로그램

51 페이징(Paging)
프로세스가 사용하는 메모리 공간을 나누어서 비연속적으로 실제 메모리에 할당하는 메모리 관리 기법이다.

52 Direct Access
원하는 데이터가 저장된 기억장소 근처로 이동한 다음, 순차적 검색을 통해서 원하는 데이터에 접근하는 방법이다. 접근 시간은 원하는 데이터의 위치와 이전 접근 위치에 따라 결정된다. 하드 디스크, 플로피 디스크, CD-ROM, DVD 등이 있다.

53 Spooling(스풀링)
① simultaneous peripheral operations on-line의 약어
② 주변장치와 컴퓨터 처리장치 간에 데이터를 전송할 때 처리시간을 단축하기 위해 보조기억장치를 완충 기억장치로 사용
③ 일괄처리에 있어 작업의 I/O를 다른 작업의 실행과 병행하여 행하는 것

54 기계어(Machine Language)
① 프로그램을 작성하고 이해하기가 어렵다.
② 컴퓨터가 직접 이해할 수 있는 언어는 저급 언어이다.
③ 기종마다 기계어가 다르므로 언어의 호환성은 없다.
④ 0과 1의 2진수 형태로 표현되어 수행 시간이 빠르다.
[참고]
  ① 고급 언어(HLL) : 컴파일러 언어
  ② 저급 언어(LLL) : 어셈블리어(기호 언어), 기계어

55 스택 포인터의 구조는 FILO(First In Last Out) 레지스터 구조로 되어 있다.

56 ① 산술 연산 명령어 : ADD(덧셈, 추가), INC(증가), DIV(나누기)
② 논리 연산 명령어 : NOT, OR, AND

57 ① Nested Subroutine(중첩 서브루틴) : 하나의 서브루틴 안에 중첩되어 존재하는 또 다른 서브루틴
② Open Subroutine(개방 서브루틴) : 주 프로그램 내 호출된 곳에 이 서브루틴 해당 부호가 삽입되는 것
③ Closed Subroutine(폐쇄 서브루틴) : 1개의 기억영역에 위치하여 여러 연결, 호출순서, 명령어를 이용해 1 이상의 장소의 루틴과 연결할 수 있는 서브루틴

58 주소 설계 시 고려사항
① 표현의 효율성 : 빠르게 접근하고 주소지정에 적은 비트수를 사용할 수 있도록 다양한 어드레스 모드를 사용할 수 있어야 한다.
② 사용의 편리성 : 다양하고 융통성 있는 프로그램 작업을 위해 포인터, 프로그램 재배치 등의 편의를 제공하여야 한다.
③ 주소공간과 기억공간의 독립성 : 프로그램상에서 사용한 주소를 변경 없이 실제 기억공간 내의 주소를 재배치할 수 있도록 서로 독립적이어야 한다.

59 핸드셰이킹(Handshaking)
① 제어 신호를 사용하는 비동기 데이터 전송 방법의 하나로 데이터를 상대방 기기에 보냄을 나타내는 제어 신호와 데이터를 받음을 알리는 제어 신호를 사용하여 상호 간의 원활한 데이터 전송을 수행할 수 있다.
② 입출력장치의 비동기식 제어 방식에서 가장 많이 사용되는 방식
[참고] handshake : 시험, 계측 및 진단장치의 변경에 앞서 조건을 상호 조절할 필요가 있는 Hardware 또는 Software의 사상렬

60 Stack(스택)
① 리스트의 한쪽 끝으로만 자료의 삽입, 삭제 작업이 이루어지는 자료구조이다.
② 후입선출(LIFO) 방식으로 자료를 처리한다.
③ 스택의 가장 밑바닥을 Bottom이라고 한다.
④ 스택으로 할당된 기억공간에 가장 마지막으로 삽입된 자료가 기억된 공간을 가리키는 요소를 TOP이라고 한다.
⑤ 자료의 삽입과 삭제가 Top에서 이루어진다.
[참고] ALU(arithmetic and logic unit) : 산술 논리

장치, 연산장치

61 $Z = AB + \overline{A}C + BCD$

AB\CD	00	01	11	10
00			1	1
01			1 1	1
11	1	1	1 1	1
10				

$\overline{A}C$, AB, BCD

∴ $Z = AB + \overline{A}C$

62 다수결 회로
다수결 결정 논리를 연산할 수 있는 회로. 3 이상의 홀수인 n개의 입력 단자와 1개의 출력 단자가 있을 때, 절반 이상의 입력이 참이면 참이 출력된다.
$F = AB + BC + AC$

63 2진화 10진 코드(BCD) 형식
① 9일 때

0	0	1	0	0	1
Zone bit		Digit bit			

· 0~9 숫자 : Zone bit 00
· 부호 : 양수 1, 음수 0
· 2의 보수 : 9인 1001에서 2의 보수 0110+1=0111

② -9일 때

0	0	1	0	0	1
Zone bit		Digit bit			

64 $Y = AB + C$인 경우 (·, AND)는 직렬 스위치 접속, (+, OR)는 병렬 스위치 접속

65 excess-3 코드(3초과 코드) 1100 0110인 경우 [12-3=9] [6-3=3]이다.

66 그레이 코드(gray code)
2진법 부호의 일종으로, 연속된 수가 1개의 비트만 다른 특징을 지닌다. 연산에는 쓰이진 않고 주로 데이터 전송, 입출력장치, 아날로그-디지털 간 변환과 주변 장치에 쓰인다.

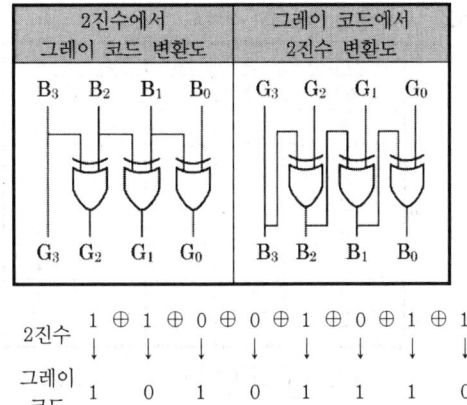

2진수 1 ⊕ 1 ⊕ 0 ⊕ 0 ⊕ 1 ⊕ 0 ⊕ 1 ⊕ 1
         ↓   ↓   ↓   ↓   ↓   ↓   ↓   ↓
그레이 1   0   1   0   1   1   1   0
코드

67 $\overline{A} \cdot B + A \cdot \overline{B} = A \oplus B$
배타적 OR(EX-OR)을 불일치회로라고 한다.

68 ① 16진수 1자리수를 2진수 4자리수로 표현
   16진수 AF63 → 2진수 1010 1111 0110 0011
② 2진수 3자리씩 묶어서 8진수 1자리수로 표현
   2진수 1 010 111 101 100 011 → 8진수 127543

69 ① $3400_{(10)}$
② $D48_{(16)}$ → $1101\ 0100\ 1000_{(2)}$ →
   $2048 + 1024 + 256 + 64 + 8_{(10)} → 3400_{(10)}$
③ $6510_{(8)}$ → $110\ 101\ 001\ 000_{(2)}$ →
   $8 + 64 + 256 + 1024 + 2048_{(10)} → 3400_{(10)}$
④ $110101001010_{(2)}$ →
   $2048 + 1024 + 256 + 64 + 8 + 2_{(10)} → 3402_{(10)}$

70 10진수 42+29=71에서 3-초과 코드 7+3=10, 1+3=4인 경우 1010 0100이다.

71 ① 우측 산술시프트 : 부호는 유지하면서 부호 절대치는 0으로 들어오고, 1의 보수, 2의 보수의 부호에는 동일한 값으로 이동
② 좌측 산술시프트 : 부호는 유지하면서 부호 절대치, 2의 보수는 0으로 들어오고, 1의 보수는 부호와 동일한 값으로 이동

72 4비트 존슨 카운터의 상태표

클록펄스	Q_0	Q_1	Q_2	Q_3
초기	0	0	0	0
1	1	0	0	0
2	1	1	0	0
3	1	1	1	0
4	1	1	1	1
5	0	1	1	1
6	0	0	1	1
7	0	0	0	1

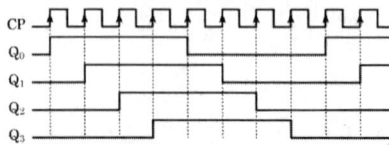

[참고] 존슨 카운터
① n의 플립플롭으로 구성된 링 카운터는 n가지의 서로 다른 상태를 출력
② 존슨 카운터는 2^n 가지의 서로 다른 상태를 출력

73 ① 링 카운터 : 임의의 시간에 오직 1개의 플립플롭만 1이 되고, 나머지는 모두 클리어된다.
④ 존슨 카운터(Johnson Counter) : 같은 수의 플립플롭을 가지고 링 카운터의 2배의 출력을 나타내기 위하여 사용되는 회로로 링 카운터의 마지막 단에서 출력을 끄집어내어 첫 단의 입력과 엇갈리게 결합해 놓은 것

74 ① 멀티플렉서 : 2^n 개의 입력이 1개의 출력
② 디멀티플렉서 : 1개의 입력이 2^n 개의 출력
③ 인코더 : 2^n 개의 입력선으로 입력된 값을 n개의 출력선으로 출력
④ 디코더 : n-bit의 코드화된 정보를 그 코드의 각 bit 조합에 따라 2^n 개의 출력으로 번역하는 회로

75 디멀티플렉서(Demultiplexer)

입력		출력			
S_0	S_1	I_0	I_1	I_2	I_3
0	0	1	0	0	0
0	1	0	1	0	0
1	0	0	0	1	0
1	1	0	0	0	1

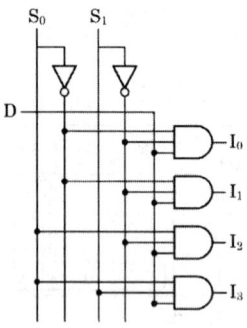

76 제시된 문제 이미지는 3비트 2진 카운터의 상태 변화도이다.

현재 상태			차기 상태		
A	B	C	A	B	C
0	0	0	0	0	1
0	0	1	0	1	0
0	1	0	0	1	1
0	1	1	1	0	0
1	0	0	1	0	1
1	0	1	1	1	0
1	1	0	1	1	1
1	1	1	0	0	0

[상태도]
[참고] 플립플롭 : 1비트의 정보를 보관, 유지할 수 있는 회로

77 디코더를 이용한 전가산기
Sum(합)의 OR 게이트에서 볼 때 4 입력과 Carry Out의 OR 게이트에서 볼 때 4 입력 구조로 되어 있다.

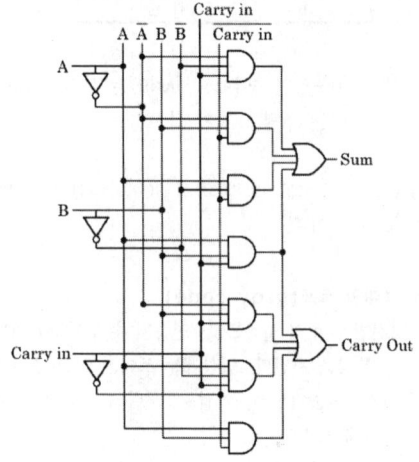

[참고] 디코더(Decoder, 해독기, 복호기) : 인코더와 정반대의 기능을 수행하며, n 비트의 2진 코드 입력 때문에 최대 2^n개의 출력을 둔다.

X	Y	D_3	D_2	D_1	D_0
0	0	0	0	0	1
0	1	0	0	1	0
1	0	0	1	0	0
1	1	1	0	0	0

78 T 플립플롭

① JK F/F의 J와 K 입력을 묶어서 하나의 입력신호 T로 동작
② JK F/F 동작 중에서 입력이 모두 0(hold)이거나 1(toggle)인 경우만 이용
③ T 플립플롭의 입력 T=0이면, Q는 hold, T=1이면, Q는 toggle 상태

79 JK 마스터/슬레이브 플립플롭

① 홀드 시간이 요구되지 않는다.
② Edge trigger 방식보다 잡음에 영향이 크다.
③ JK 플립플롭 2개와 Not gate 1개로 구성

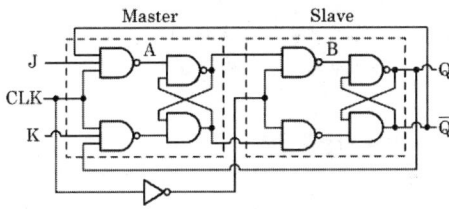

80 동기식 5진 카운터

동기시 작동을 위하여 같은 클록 펄스 신호로 직접 클록 펄스가 가해지도록 한다. 5진 카운터에서는 3개의 플립플롭을 사용한다.

상태도 : 0 → 1 → 2 → 3 → 4

클록 펄스	Q_1	Q_2	Q_3
Initially	0	0	0
1	1	0	0
2	0	1	0
3	1	1	0
4	0	0	1
5	0	0	0
6	1	0	0
7	0	1	0
⋮	⋮	⋮	⋮

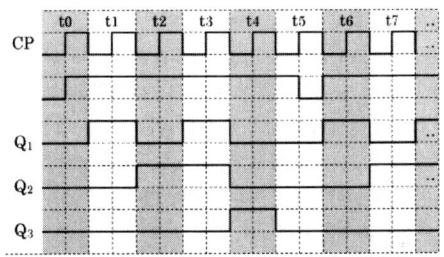

81 ① LAP-B(Link Access Procedure, Balanced)

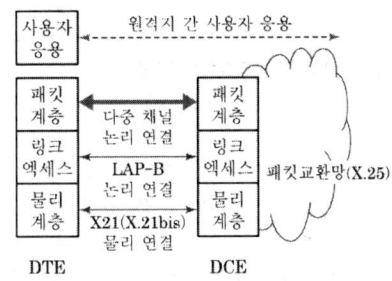

② LAP-B 프레임 구조

Flag	주소	제어	정보 데이터	FCS	Flag
1	1	1	128~4096	2	1byte

[참고]
① LAP : 노드 간에 데이터 링크를 구성할 때에 데이터 링크에 접속하는 절차
② HDLC(High-level Data-Link Control) : 컴퓨터 데이터 통신에 적합한 전송제어방식
③ X.25 : 사용자 장치(DTE)와 패킷 네트워크 노드(DCE) 간의 데이터 교환 절차 정의
④ ITU-T(International Telecommunication Union-Telecommunication) : ITU의 상설기관으로 전기통신 표준에 관한 연구 및 표준화를 수행하는 기관

82 라우팅 프로토콜(Routing Protocol)

① RIP(Routing Information Protocol) : 최대 홉 카운트를 15개로 한정했기 때문에 소규모 네트워크에 주로 사용되는 프로토콜
② BGP(Border Gateway Protocol) : 라우팅 프로토콜 중 EGP(Exterior Gateway Protocol)로 사용되며 AS-Path를 통해 L3 Looping이 발생하는 것을 방지하고, 다양한 Attribute 값을 통해 best path를 결정하는 데 있어 관리자의 의도를 반영할 수 있

는 라우팅 프로토콜
③ OSPF(Open Shortest Path First) : 내부 라우팅 프로토콜의 일종으로 링크 상태 알고리즘을 사용하는 대규모 네트워크에 적합
[참고]
① SMTP(Sent Mail Transfer Protocol, 보내는 메일서버 프로토콜)
② SNMP(Simple Network Management Protocol, 간이 망 관리 프로토콜)

83 OSI(open systems interconnection, 개방형 시스템 간 상호접속) 7계층
① 물리 계층(Physical layer) : 규격화되어 있지 않은 비트 전송을 위한 물리적 전송 매체의 기능을 정의(기계적, 전기적, 기능적, 절차적인 규정)
  ㉠ 케이블 형태(동축 케이블, 양대 케이블, 광 케이블 등)
  ㉡ 데이터 충돌 감지 방식(CSMA, 토큰 방식)
  ㉢ 전송 방식(기저대역, 광대역)
  ㉣ 데이터 부호화 방식(ASK, FSK, PSK)
  ㉤ 신호 형식(아날로그, 디지털)
  ㉥ 변조 방식(AM, FM, PM)
  ㉦ 데이터 레이트(BPS, Baud)
② 데이터 링크 계층(Data link layer) : 물리 계층에서 사용되는 전송 매체를 사용하여 이웃한 통신 기기 사이의 연결 및 데이터 전송 기능과 관리를 규정
  ㉠ 프레임 형식, 순서 및 전송
  ㉡ 채널 제어 및 접속 방식
  ㉢ 에러 검출 및 정정 : ARQ
  ㉣ 흐름 제어
③ 네트워크 계층(Network layer) : 두 네트워크를 연결하는 데 필요한 데이터 전송과 교환 기능의 제공 및 관리를 규정
  ㉠ 시스템 접속 장비 관리
  ㉡ 패킷 관리
  ㉢ 네트워크 연결 관리
  ㉣ 경로 배정(routing)
  ㉤ 데이터그램 또는 가상 회선 개설
④ 전송 계층(transport layer) : 다른 네트워크들의 종점 간(end to end)에 신뢰성 있고 투명한 데이터 전송을 기본적으로 제공하고 오류의 복원과 흐름 제어를 담당

  ㉠ 종점 간 인식
  ㉡ 흐름 제어
  ㉢ 네트워크 어드레싱
  ㉣ 네트워크층의 서비스 정도에 따라 최적화 결정
⑤ 세션 계층(Session layer) : 종점 간의 기본적 연결 서비스에 기능을 부가하여 실체가 특성에 맞게 데이터를 교환할 수 있는 연결 서비스를 제공하고 제어기능을 수행
  ㉠ 연결 설정, 유지 및 종료
  ㉡ 대화 관리 : 단방향, 반이중, 전이중
  ㉢ 메시지 전송과 수신(데이터 동기화 및 관리)
  ㉣ 에러 복구
⑥ 표현 계층 : 데이터 구문(syntax) 네트워크 내에서 인식이 가능한 표준 형식으로 재구성하는 기능을 수행
  ㉠ 데이터 재구성
  ㉡ 코드 변환
  ㉢ 구문 검색
⑦ 응용 계층 : OSI 환경의 사용자에게 특정한 서비스를 제공하는 기능을 수행하는 계층으로 정보 처리를 수행하는 응용 프로그램과의 인터페이스와 통신을 수행하기 위한 기본적인 응용 기능을 제공
  ㉠ 데이터베이스, 전자 사서함 등
  ㉡ 사용자가 다양한 응용 프로그램을 이용

84 시분할 다중화 방식
① 동기식 시분할 다중화 방식 : 전송 시간을 일정한 간격의 시간 슬롯으로 나누고, 이를 주기적으로 각 채널에 할당한다.
② 통계적 시분할 다중화 방식 : 전송 데이터가 있는 경우에만 시간 슬롯을 할당한다.
③ 동기식 시분할 다중화 방식 : 전송 프레임마다 각 시간 슬롯이 해당 채널에 고정적으로 할당되기 때문에 결과적으로 전송 매체의 전송 능력이 낭비된다.

85 정지-대기(Stop-and-wait) ARQ 방식
① 가장 단순한 형태의 ARQ이다.
② 송신측은 하나의 블록을 전송한 후 수신측에서 ACK(긍정 응답), NAK(부정 응답)가 올 때까지 기다리다가 재전송하는 방식이다.
③ 구현 방법이 단순하다.
④ 송·수신측에 1개의 버퍼(Buffer)가 필요하다.

⑤ 다른 ARQ에 비해 전송 효율이 낮다.
[참고] ARQ(Automatic Repeat Request, 오류 검출 후 재전송 방식) : 통신 시스템에서 수신측은 오류 검출을 한 후 이를 송신측에 알리고 재전송을 요구하는 방식으로 정방향과 역방향으로 채널이 필요하다.

86 레벨 수=$2^{비트 수}$이므로 $128=2^{비트 수}$
∴ 비트 수 7bit
[참고] Analog 신호를 Digital 신호로 변환하는 PCM (pulse code modulation) 3단계 과정
표본화(Sampling) → 양자화(Quantizing) → 부호화(Encoding)

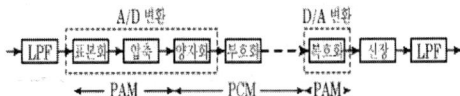

87 $\dfrac{n(n-1)}{2} = \dfrac{30(30-1)}{2} = 435$개

88 83번 해설 참고 요망

89 ICMP(Internet Control Message Protocol)
호스트와 게이트웨이 간의 에러 및 제어정보를 제어

90 ① IEEE(Institute of Electrical and Electronics Engineers) : 미국 전기·전자통신학회
② IEEE 802 표준
- IEEE 802.0 – SEC(Sponsor Ececutive Commitee)
- IEEE 802.1 – HILI(Higher Layer Interface)
- IEEE 802.2 – LLC(Logic Link Control)
- IEEE 802.3 – CSMA/CD
- IEEE 802.4 – Token Bus
- IEEE 802.5 – Token Ring
- IEEE 802.6 – DQDB
- IEEE 802.7 – Broadband TAG
- IEEE 802.8 – Fiber Optic TAG
- IEEE 802.9 – IVD(Integrated Voice and Data)
- IEEE 802.10 – LAN Security
- IEEE 802.11 – Wireless LAN(무선 LAN 규격)
- IEEE 802.12 – Fast LAN
- IEEE 802.14 – Cable Modem
- IEEE 802.15 – Wireless Personal Area Network
- IEEE 802.15.4(ZigBee, 통합 리모콘) : 저전력, 저가격, 저속도를 목표로 하는 WPAN의 표준 중의 하나임. 블루투스나 802.11x 계열의 WLAN보다 단순하고 간단
- IEEE 802.16 – WMAN(와이브로)
- IEEE 802.16e(Mobile WiMAX) – 이동성과 비가시거리 통신을 지원하여 공간 제약 없는 무선
- IEEE 802.17 – Broadband Wireless Acess

91 HDLC 프레임 구조

시작 플래그 (F)	주소 영역 (A)	제어 영역 (C)	정보 영역 (I)	FCS	종료 플래그 (F)
8비트	8비트	8비트	가변	16비트	8비트

① F(Flag) : 프레임의 시작과 끝을 나타내기 위해 사용하며, 고유의 패턴(01111110) 8bit로 구성되어 있다.
② 주소(Address) 영역 : 송신 시스템과 수신 시스템의 주소를 기록한다.
③ 제어(Control) 영역 : 정보 전송 프레임 I형식, 링크 감시제어용 S형식, 확장용 U형식이 있다.
④ 정보(Information) 영역 : 송수신 단말장치 간 교환되는 사용자 정보와 제어 정보이다.
⑤ FCS(Frame Check Sequence) 영역 : 수신 프레임의 에러 검출 부분으로 CRC 방식을 사용한다.
[참고] HDLC 프레임의 종류
① I-FRAME : 피기백킹(piggybacking) 기법을 통해 데이터에 대한 확인응답을 보낼 때 사용되는 프레임
② U-FRAME(비번호) : 연결에 대한 제어신호, 제어정보를 전송
③ S-FRAME(감독) : 제어신호를 송수신할 때, 연결 설정/해제 등의 정보를 전송

92 ① 디지털 변조
㉠ ASK(Amplifier Shift Keying) : 진폭 편이 변조
㉡ FSK(Frequency Shift Keying) : 주파수 편이 변조
㉢ PSK(Phase Shift Keying) : 위상 편이 변조
② 아날로그 변조
㉠ AM(Amplifier Modulation) : 진폭 변조

    ㉡ FM(Frequency Modulation) : 주파수 변조
    ㉢ PM(Phase Modulation) : 위상 변조

93 X.25의 3개 레벨 기능을 수행
① 물리적 레벨(전송 단위는 비트) : DTE와 DCE 간의 물리적 연결(link)을 가로질러 데이터를 전송하는 전기적, 기능적, 절차적 특징들을 규정
② 링크 레벨 프로토콜(전송 단위는 프레임) : DTE에서 PSN으로의 연결을 거친 신뢰할 수 있는 데이터 전송을 보증하기 위한 절차를 규정
③ 패킷 레벨 : PSN을 거친 이 패킷들을 교환하기 위한 절차뿐만 아니라 데이터를 패킷으로 구조화하는 방법

94 전송속도
   변조속도×변조 비트=2400[baud]×3[bit]
               =7200[bps]
   (단, 8진 PSK일 경우 3bit로 표현)

95 베이스 밴드(Base Band) 전송방식
단말장치 등에서 처리된 디지털 데이터를 다른 주파수 대역으로 변조하지 않고 직류 펄스 파형 그대로 전송하기 때문에 신호의 품질이 우수하다.

96 데이터 교환
1. 회선 교환 방식(Circuit Switching)
   ① 정보량이 많을 때와 파일 전송 등의 긴 연속적인 메시지 전송에 적합
   ② 고정 대역폭을 사용하고 각 전문은 동일한 물리적 경로에 따른다.
   ③ 일대일 정보통신에 좋음
   ④ 통신 과정 : 호(Call) 설정 → 데이터 전송 → 호(Call) 해제
2. 메시지 교환 방식(Message Switching)
   ① 하나의 메시지 단위로 축척(저장) 후 전달(store-and-forward) 방식에 의해 데이터를 교환하는 방식
   ② 메시지 축척 후 교환방식
   ③ 수신측이 준비 안 된 경우에도 지연 후 전송이 가능하다. 따라서 응답시간이 느리다.
   ④ 메시지마다 전송 경로가 다르고 수신 주소를 붙여서 전송
   ⑤ 전송지연 시간이 가장 길다.
   ⑥ 응답시간이 느려서 대화형 데이터 전송에는 부적합
3. 패킷 교환 방식(Packet Switching) : 메시지를 일정한 길이의 패킷으로 잘라서 전송하는 방식
   ① 가상 회선 방식
     ㉠ 송수신 국 사이에 논리적 연결이 설정됨
     ㉡ 통신 과정 : 호(Call) 설정 → 데이터(패킷) 전송 → 호(Call) 해제
     ㉢ 별도의 호 설정 과정이 있다는 것이 회선 교환 방식과의 공통점임
     ㉣ 패킷의 발생 순서대로 전송
   ② 데이터그램 방식
     ㉠ 데이터의 전송 시에 일정 크기의 데이터 단위로 쪼개어 특정 경로의 설정 없이 전송되는 방식
     ㉡ 수신측에서 도착한 패킷들의 순서를 재정리하여야 한다.
     ㉢ 데이터를 쪼개어 전송하고 순서 없이 수신 후 재정리하는 방식을 말한다.

97 1. TCP(Transmission Control Protocol) : 인터넷상에서 데이터를 메시지의 형태로 보내기 위해 IP와 함께 사용하는 프로토콜
   ① 전이중 서비스를 제공한다.
   ② 연결형 서비스이다.
   ③ 신뢰성 있는 전송 계층 프로토콜
2. UDP(User Datagram Protocol) : 데이터를 데이터그램 단위로 처리하는 프로토콜
   ① 검사 합을 제외하고 오류 제어 메커니즘이 없다.
   ② 비연결형 서비스이다.
   ③ 비신뢰성 있는 전송 계층 프로토콜

98 다중 접속 방식
① FDMA(Frequency Division Multiple Access, 주파수 분할 다중 접속)
   ㉠ 다중화하고자 하는 각 채널의 신호는 각기 다른 반송 주파수로 변조된다.
   ㉡ 부채널 간의 상호 간섭을 방지하기 위해 가드 밴드(guard band)를 주어야 한다.
   ㉢ 전송 매체에서 사용 가능한 주파수 대역이 전송

하고자 하는 각 터미널의 신호대역보다 넓은 경우에 적용된다.
② TDMA(Time Division Multiple Access, 시분할 다중 접속)
  ㉠ 시분할 다중화에는 동기식 시분할 다중화와 통계적 시분할 다중화 방식이 있다.
  ㉡ 동기식 시분할 다중화 방식은 전송 프레임마다 각 시간 슬롯이 해당 채널에 고정적으로 할당된다.
  ㉢ 통계적 시분할 다중화 방식은 전송할 데이터가 있는 채널만 차례로 시간 슬롯을 이용하여 전송한다.
③ CDMA(Code Division Multiple Access, 코드 분할 다중 접속) : 각 채널이 상호 간섭 없는 코드를 이용하여 주파수나 시간을 모두 공유하면서 각 데이터에 특별한 코드를 부여하는 방식

99

OSI 참조모델	TCP/IP 프로토콜	종류
응용 계층	응용 계층	HTTP, FTP, TELNET, SNMP, POP3, DNS
표현 계층		
세션 계층		
전송 계층	전송 계층	TCP, UDP
네트워크 계층	인터넷 계층	IP, ICMP, ARP
데이터 링크 계층	네트워크 접근 계층	MAC
물리 계층		

[참고]
① ARP(Address Resolution Protocol) : 네트워크에 연결된 시스템은 논리 주소를 가지고 있으며, 이 논리 주소를 물리 주소로 변환시켜 주는 프로토콜
② HTTP(Hyper Text Transper Protocol) : TCP/IP 관련 프로토콜 중 하이퍼 텍스트 전송을 위한 프로토콜
③ SMTP(Sent Mail Transfer Protocol) : 보내는 메일 서버 프로토콜
④ FTP(File Transfer Protocol) : 파일 전송 프로토콜

100 ① 샤논(Shannon)의 채널 용량(Channel Capacity) : 정해진 오류발생률 내에서 채널을 통해 최대로 전송할 수 있는 정보량. 측정 단위는 초당 전송되는 비트 수가 된다.

② 샤논의 채널 용량 공식

$$C[\text{bps}] = BW \cdot \log_2\left(1 + \frac{S}{N}\right)$$

(여기서, BW : 대역폭, S/N : 신호대잡음비)

$$C[\text{bps}] = 150\text{kHz} \cdot \log_2(1+15)$$
$$= 150\text{kHz} \cdot \log_2 16$$
$$= 150 \cdot 4 = 600[\text{kbps}]$$

memo

전자계산기기사 과년도 7주완성

초판	1쇄 발행	2019년 1월 05일
2판	1쇄 발행	2020년 1월 05일
3판	1쇄 발행	2022년 3월 15일
	2쇄 발행	2024년 1월 05일

지은이 계산기문제연구회
펴낸이 김 주 성
펴낸곳 도서출판 엔플북스
주　소 경기도 구리시 체육관로 113번길 45, 114-204(교문동, 두산)
전　화 (031)554-9334
F A X (031)554-9335

등　록 2009. 6. 16　제398-2009-000006호

저자와의
협의하에
인지생략

정가 34,000원
ISBN 978-89-6813-375-6　13560

※ 파손된 책은 교환하여 드립니다.
　 본 도서의 내용 문의 및 궁금한 점은 저희 카페에 오셔서 글을 남겨주시면 성의껏 답변해 드리겠습니다.
　 http://cafe.daum.net/enplebooks